Fundamentos da Moderna Manufatura

O GEN | Grupo Editorial Nacional – maior plataforma editorial brasileira no segmento científico, técnico e profissional – publica conteúdos nas áreas de ciências exatas, humanas, jurídicas, da saúde e sociais aplicadas, além de prover serviços direcionados à educação continuada e à preparação para concursos.

As editoras que integram o GEN, das mais respeitadas no mercado editorial, construíram catálogos inigualáveis, com obras decisivas para a formação acadêmica e o aperfeiçoamento de várias gerações de profissionais e estudantes, tendo se tornado sinônimo de qualidade e seriedade.

A missão do GEN e dos núcleos de conteúdo que o compõem é prover a melhor informação científica e distribuí-la de maneira flexível e conveniente, a preços justos, gerando benefícios e servindo a autores, docentes, livreiros, funcionários, colaboradores e acionistas.

Nosso comportamento ético incondicional e nossa responsabilidade social e ambiental são reforçados pela natureza educacional de nossa atividade e dão sustentabilidade ao crescimento contínuo e à rentabilidade do grupo.

Fundamentos da Moderna Manufatura

Versão SI

Volume 2

Quinta Edição

Mikell P. Groover

Professor Emérito de Engenharia Industrial e de Sistemas, da Lehigh University

Tradução

Luiz Claudio de Queiroz

Tradução e Revisão Técnica

Givanildo Alves dos Santos

Doutor em Engenharia Aeronáutica e Mecânica, Professor do Instituto Federal de São Paulo (IFSP)

O autor e a editora agradecem as contribuições do Dr. Gregory L. Tonkay, Professor-Associado de Engenharia Industrial e de Sistemas e Decano Associado do College of Engineering and Applied Science, Lehigh University.

Apesar dos melhores esforços do autor, dos tradutores, do editor e dos revisores, é inevitável que surjam erros no texto. Assim, são bem-vindas as comunicações de usuários sobre correções ou sugestões referentes ao conteúdo ou ao nível pedagógico que auxiliem o aprimoramento de edições futuras. Os comentários dos leitores podem ser encaminhados à **LTC — Livros Técnicos e Científicos Editora** pelo e-mail ltc@grupogen.com.br.

Traduzido de
PRINCIPLES OF MODERN MANUFACTURING SI VERSION, FIFTH EDITION

ISBN: 978-1-118-47420-4

Travessa do Ouvidor, 11
Rio de Janeiro, RJ – CEP 20040-040
Tels.: 21-3543-0770 / 11-5080-0770
Fax: 21-3543-0896
ltc@grupogen.com.br
www.ltceditora.com.br

Capa: Kenji Ngieng
Imagem: © hywit dimyadi/iStockphoto
Editoração Eletrônica: Arte & Ideia

CIP-BRASIL. CATALOGAÇÃO NA PUBLICAÇÃO
SINDICATO NACIONAL DOS EDITORES DE LIVROS, RJ

G914f
5. ed.
v. 2

Groover, Mikell P.
Fundamentos da moderna manufatura : versão SI, volume 2 / Mikell P. Groover ; tradução Givanildo Alves dos Santos, Luiz Claudio de Queiroz. – 5. ed. – Rio de Janeiro : LTC, 2017.

il.; 28 cm.

Tradução de: Principles of modern manufacturing SI version
Inclui bibliografia e índice
ISBN: 978-85-216-3389-1

1. Engenharia mecânica. 2. Engenharia industrial. 3. Engenharia de produção. 4. Processos de fabricação. I. Santos, Givanildo Alves dos. II. Queiroz, Luiz Claudio de. III. Título.

17-41743 CDD: 658.5
CDU: 658.5

PREFÁCIO

Os volumes 1 e 2 de ***Fundamentos da Moderna Manufatura*** foram escritos para um curso introdutório ou para dois cursos sequenciais sobre manufatura voltados para a graduação em Engenharia Mecânica, Industrial, de Produção e de Manufatura. Pode ser apropriado também para cursos de tecnologia relacionados a essas disciplinas de engenharia. A maior parte do conteúdo dos volumes está focada nos processos de fabricação (manufatura), mas também cobre materiais de engenharia e sistemas de produção. Materiais, processos e sistemas são a base para a manufatura moderna e as três grandes áreas temáticas abrangidas nos volumes da obra.

ABORDAGEM

O objetivo do autor nesta e em edições anteriores é fornecer um tratamento moderno e quantitativo da manufatura. A pretensão de ser "moderno" baseia-se no seguinte: (1) abordagem equilibrada sobre os principais materiais de engenharia (metais, cerâmicas, polímeros e materiais compósitos), (2) inclusão de processos de manufatura desenvolvidos recentemente, além dos processos tradicionais que têm sido utilizados e refinados ao longo de muitos anos, (3) cobertura abrangente sobre tecnologia de manufatura de produtos eletrônicos. Os livros-texto concorrentes tendem a enfatizar os metais e seu processamento em detrimento dos outros materiais de engenharia, cujas aplicações e métodos de processamento têm crescido significativamente nas últimas décadas. Além disso, a maioria dos livros concorrentes fornece cobertura mínima sobre fabricação de eletrônicos. No entanto, a importância comercial dos produtos eletrônicos e de suas indústrias associadas tem crescido substancialmente nas últimas décadas.

A pretensão da obra em ser mais "quantitativa" está baseada em sua ênfase sobre ciência da manufatura e na maior utilização de modelos matemáticos e problemas quantitativos (final de capítulo) do que outros livros de manufatura. No caso de alguns processos, trata-se da primeira obra sobre processos de manufatura a fornecer uma cobertura de engenharia quantitativa do tópico.

ORGANIZAÇÃO DO LIVRO

Os dois volumes de ***Fundamentos da Moderna Manufatura*** contêm 37 capítulos. O primeiro volume vai do Capítulo 1 ao 16, e o segundo do 17 ao 37. O Capítulo 1 apresenta uma introdução e visão geral sobre manufatura. A manufatura é definida, e os materiais, processos e sistemas de manufatura são brevemente descritos. Uma seção sobre custos de produção é novidade nesta edição. O capítulo é concluído com uma lista de desenvolvimentos que têm afetado a manufatura nos últimos 50 anos ou mais.

Os 36 capítulos remanescentes estão organizados em 10 partes. A Parte I, intitulada Propriedades dos Materiais e Atributos do Produto, consiste em cinco capítulos, do 2 ao 6, que descrevem as importantes características dos materiais de engenharia e suas aplicações, conforme os atributos dos produtos que são fabricados com eles.

A Parte II inicia a cobertura dos processos de mudança de forma, os quais estão organizados em quatro categorias: (1) processos de solidificação, (2) processamento de partículas, (3) processos de conformação mecânica e (4) processos de remoção de material. Essa Parte II consiste em cinco capítulos sobre processos de solidificação que incluem fundição de metais, processamento de vidros e processos de conformação para plásticos. Na Parte III, o processamento de pós de metais e cerâmicas é coberto em dois capítulos. A Parte IV trata dos processos de conformação mecânica dos metais, tais como laminação, forjamento, extrusão e conformação de chapas metálicas. Finalmente, a Parte V, no segundo volume, discute os processos de remoção de material. Quatro capítulos são dedicados à usinagem, e dois capítulos cobrem retificação (e processos abrasivos latos) e tecnologias não convencionais de remoção de material.

A Parte VI consiste em dois capítulos sobre outros tipos de operações de processamento: processos de melhoria de propriedades e de tratamento de superfícies. Melhoria de propriedades é realizada por tratamento térmico, e tratamento de superfícies inclui operações como limpeza, eletrodeposição, processos de deposição em fase vapor e revestimento (pintura).

Os processos de união e montagem são considerados na Parte VII, que está organizada em quatro capítulos sobre soldagem, brasagem, solda branda, união por adesivos, e montagem mecânica.

Diversos processos específicos que não se enquadram no esquema de classificação anterior são cobertos na Parte VIII, intitulada Processos Especiais e Tecnologias de Montagem. Trata-se de cinco capítulos que abrangem prototipagem rápida e manufatura aditiva, processamento de circuitos integrados, montagem de produtos eletrônicos, microfabricação e nanofabricação.

A Parte IX começa a cobertura dos sistemas de manufatura. Seus dois capítulos tratam dos tipos de tecnologias de automação em uma fábrica, tais como controle numérico e robótica industrial, e como essas tecnologias são integradas ao sistema, tais como linhas de produção, células de manufatura e sistemas flexíveis de manufatura. Finalmente, a Parte X trata dos sistemas de apoio à manufatura: planejamento do processo, produção enxuta e controle de qualidade e inspeção.

Para auxiliar no processo de aprendizagem dos estudantes, os seguintes materiais são fornecidos no texto:

- Mais de 360 problemas distribuídos no final dos capítulos. As respostas para os problemas selecionados são encontradas no Apêndice, na parte final do livro (antes do índice).
- Muitos exemplos de problemas numéricos ao longo do texto. Esses exemplos de problemas são similares a alguns dos exercícios-problemas no final dos capítulos.
- Mais de 700 Questões de Revisão distribuídas no final dos capítulos. Essas questões são descritivas considerando que quase todos os problemas no final dos capítulos são quantitativos.
- Notas Históricas descrevendo a origem de muitos tópicos de manufatura discutidos no texto.

NOVIDADES DESTA EDIÇÃO

Esta quinta edição baseia-se na quarta edição. As adições e alterações na quinta edição incluem o seguinte:

- A quantidade de capítulos foi reduzida de 39 para 37 por meio da consolidação de vários capítulos. Os três capítulos da quarta edição sobre materiais de engenharia (Capítulos 6, 7 e 8) foram combinados em um único capítulo, e os dois capítulos, também da quarta edição, sobre engenharia de manufatura (Capítulo 37) e planejamento e controle da produção (Capítulo 38) foram reunidos em um capítulo. O Capítulo 34 sobre microfabricação e nanofabricação da quarta edição foi expandido para dois capítulos, considerando o crescimento da importância desses tópicos em manufatura.
- No Capítulo 1, duas novas seções foram adicionadas sobre custos da produção (análise de tempo de ciclo e de custos) e desenvolvimentos recentes que afetam a manufatura.
- Diretrizes de resolução de problemas foram adicionadas aos capítulos sobre usinagem.

- O capítulo sobre prototipagem rápida foi revisado de forma ampla, e uma nova seção sobre análise de tempo de ciclo e de custos foi adicionada. O título do capítulo foi modificado para Prototipagem Rápida e Manufatura Aditiva, para refletir a evolução das tecnologias PR.
- O capítulo sobre processamento de circuitos integrados foi atualizado. A cobertura da regra de Rent foi expandida para incluir como a mesma pode ser aplicada a diversos tipos diferentes de circuitos integrados.
- O capítulo sobre encapsulamento de produtos eletrônicos foi reorganizado, com maior ênfase à tecnologia de montagem em superfície.
- Uma nova seção sobre a classificação dos produtos de nanotecnologia foi acrescentada à cobertura sobre nanofabricação.
- Uma seção sobre customização em massa foi adicionada ao capítulo sobre sistemas integrados de manufatura.
- Uma seção sobre produção enxuta e sistema Toyota de produção foi adicionada ao capítulo sobre planejamento de processo e controle de produção.
- Notas históricas novas foram adicionadas sobre metrologia, prototipagem rápida e produção enxuta.
- O número de exemplos de problemas incorporados ao texto foi incrementado, de 45 na quarta edição, para 63 na quinta. Estão incluídos novos exemplos de problemas de custos da produção, ensaio de tração, tempo de corte (usinagem), custos de prototipagem rápida e processamento de circuitos integrados.
- Muitos dos problemas de final de capítulo são novos ou revisados. As respostas para os problemas selecionados de final de capítulo são disponibilizadas em um apêndice no final da obra.

AGRADECIMENTOS

Gostaria de expressar meu apreço aos seguintes profissionais que participaram como revisores técnicos de conjuntos individuais de capítulos para a quinta edição: Iftikhar Ahmad (George Mason University), J. T. Black (Auburn University), David Bourell (University of Texas at Austin), Paul Cotnoir (Worcester Polytechnic Institute), Robert E. Eppich (American Foundryman's Society), Osama Eyeda (Virginia Polytechnic Institute and State University), Wolter Fabricky (Virginia Polytechnic Institute and State University), Keith Gardiner (Lehigh University), R. Heikes (Georgia Institute of Technology), Jay R. Geddes (San Jose State University), Ralph Jaccodine (Lehigh University), Steven Liang (Georgia Institute of Technology), Harlan MacDowell (Michigan State University), Joe Mize (Oklahoma State University), Colin Moodie (Purdue University), Michael Philpott (University of Illinois at Urbana-Champaign), Corrado Poli (University of Massachusetts at Amherst), Chell Roberts (Arizona State University), Anil Saigal (Tufts University), G. Sathyanarayanan (Lehigh University), Malur Srinivasan (Texas A&M University), A. Brent Strong (Brigham Young University), Yonglai Tian (George Mason University), Gregory L. Tonkay (Lehigh University), Chester VanTyne (Colorado School of Mines), Robert Voigt (Pennsylvania State University) e Charles White (GMI Engineering and Management Institute).

Pela revisão de determinados capítulos na segunda edição, gostaria de agradecer a John T. Berry (Mississippi State University), Rajiv Shivpuri (The Ohio State University), James B. Taylor (North Carolina State University), Joel Troxler (Montana State University) e Ampere A. Tseng (Arizona State University).

Por recomendações e encorajamentos na terceira edição, gostaria de agradecer a vários colegas da Lehigh, incluindo John Coulter, Keith Gardiner, Andrew Herzing, Wojciech Misiolek, Nicholas Odrey, Gregory Tonkay, e Marvin White. Sou especialmente grato a Andrew Herzing, do Materials Science and Engineering Department da Lehigh, pela revisão do novo capítulo de nanofabricação, e a Greg Tonkay de meu próprio departamento, por desenvolver muitos dos novos e revisados problemas e questões nesta nova edição. Dos muitos e importantes problemas de final de capítulo com que ele contribuiu, eu destacaria o Problema 30.15 (desta quinta edição) como verdadeiramente um problema de lição de casa (*homework*) de classe mundial.

Por suas recomendações na quarta edição, gostaria de agradecer aos seguintes profissionais: Barbara Mizdail (The Pennsylvania State University – Berks campus) e Jack Feng (anteriormente de Bradley University e atualmente em Caterpillar, Inc.) pelas questões sobre transporte e retorno de seus estudantes, Larry Smith (St. Clair College, Windsor, Ontario) por sua recomendação de utilização da norma ASME para furação, Richard Budihas (Voltaic LLC) por sua contribuição para a pesquisa sobre nanotecnologia e processamento de circuitos integrados, e ao colega Marvin White, da Lehigh, por suas percepções sobre tecnologia de circuitos integrados.

Pelas revisões da quarta edição que foram incorporadas à quinta edição, gostaria de agradecer aos seguintes profissionais: Gayle Ermer (Calvin College), Shivan Haran (Arkansas State University), Yong Huang (Clemson University), Marian Kennedy (Clemson University), Aram Khachatourians (California State University, Northridge), Amy Moll (Boise State University), Victor Okhuysen (California State Polytechnic University, Pomona), Ampere Tseng (Arizona State University), Daniel Waldorf (California State Polytechnic University, San Luis Obispo) e Parviz Yavari (California State University, Long Beach).

Além disso, quero agradecer a meus colegas da Wiley: Editora Executiva Linda Ratts, Editora de Projeto Gladys Soto, e Editor de Produção Sênior Sinchee Tham por suas recomendações e empenhos em benefício do livro. E, finalmente, gostaria de agradecer a muitos de meus colegas da Lehigh por suas contribuições para a quinta edição: David Angstadt, do Lehigh's Department of Mechanical Engineering and Mechanics; Ed Force II, Laboratório Técnico em nosso George E. Kane Manufacturing Technology Laboratoy; e Marcia Groover, minha esposa e colega de universidade. Algumas vezes escrevo livros sobre como os computadores são utilizados em manufatura, mas, quando meu computador precisa de conserto, é a ela que eu chamo.

SOBRE O AUTOR

Mikell P. Groover é professor emérito de Engenharia Industrial e de Sistemas da Lehigh University. Ele concluiu sua formação em Artes e Ciência, em 1961; graduação em Engenharia Mecânica, em 1962; mestrado (M.Sc.) em Engenharia Industrial, em 1966; e Ph.D., em 1969, todos pela Lehigh University, nos Estados Unidos. Groover possui registro profissional de engenharia no estado da Pensilvânia. Sua experiência industrial inclui vários anos como engenheiro de produção na Eastman Kodak Company. Desde que ingressou na Lehigh University, ele se envolve em atividades de consultoria, pesquisa e projetos para diversas indústrias.

Sua área de ensino e pesquisa inclui processos de fabricação, sistemas de produção, automação, movimentação de materiais, planejamento de instalações industriais e sistemas de trabalho. Groover recebeu vários prêmios pela excelência no ensino na Lehigh University, bem como os prêmios ***Albert G. Holzman Outstanding Educator Award***, do Institute of Industrial Engineers (1995), e ***SME Education Award***, da Society of Manufacturing Engineers SME (2001). Suas publicações incluem mais de 75 artigos técnicos e 13 livros (listados a seguir). Seus livros são utilizados em todo o mundo, traduzidos para o francês, alemão, espanhol, português, russo, japonês, coreano e chinês. A primeira edição do presente livro, ***Fundamentals of Modern Manufacturing***, recebeu o ***IIE Joint Publishers Award*** (1996) e o ***M. Eugene Merchant Manufacturing Textbook Award***, da Society of Manufacturing Engineers (1996). Dr. Groover é membro do Institute of Industrial Engineers (1987) e da Society of Manufacturing Engineers (1996).

LIVROS DO AUTOR

Automation, Production Systems, and Computer-Aided Manufacturing, Prentice Hall, 1980.

CAD/CAM: Computer-Aided Design and Manufacturing, Prentice Hall, 1984 (em coautoria com E. W. Zimmers, Jr.).

Industrial Robotics: Technology, Programming, and Applications, McGraw-Hill Book Company, 1986 (em coautoria com M. Weiss, R. Nagel e N. Odrey).

Automation, Production Systems, and Computer Integrated Manufacturing, Prentice Hall, 1987.

Fundamentals of Modern Manufacturing: Materials, Processes, and Systems, originalmente publicado pela Prentice Hall em 1996, e posteriormente publicado pela John Wiley & Sons, Inc., 1999.

Automation, Production Systems, and Computer Integrated Manufacturing, 2. ed., Prentice Hall, 2001.

Fundamentals of Modern Manufacturing: Materials, Processes, and Systems, 2. ed., John Wiley & Sons, Inc., 2002.

Work Systems and the Methods, Measurement, and Management of Work, Pearson Prentice Hall, 2007.

Fundamentals of Modern Manufacturing: Materials, Processes, and Systems, 3. ed., John Wiley & Sons, Inc., 2007.

Automation, Production Systems, and Computer Integrated Manufacturing, 3. ed., Pearson Prentice Hall, 2008.

Fundamentals of Modern Manufacturing: Materials, Processes, and Systems, 4. ed., John Wiley & Sons, Inc., 2010. *Fundamentos da moderna manufatura* é a versão internacional e modificada deste livro, publicada em 2011.

Introduction to Manufacturing Processes, John Wiley & Sons, Inc., 2012. [Ed. bras. *Introdução aos processos de fabricação*, LTC, 2014.]

Fundamentals of Modern Manufacturing: Materials, Processes, and Systems, 5. ed., John Wiley & Sons, Inc., 2013.

SUMÁRIO GERAL

Volume 1

1 INTRODUÇÃO E VISÃO GERAL DE MANUFATURA

Parte I Propriedades dos Materiais e Atributos do Produto

2 A NATUREZA DOS MATERIAIS
3 PROPRIEDADES MECÂNICAS DOS MATERIAIS
4 PROPRIEDADES FÍSICAS DOS MATERIAIS
5 MATERIAIS DE ENGENHARIA
6 DIMENSÕES, SUPERFÍCIES E SUAS MEDIDAS

Parte II Processos de Solidificação

7 FUNDAMENTOS DA FUNDIÇÃO DE METAIS
8 PROCESSOS DE FUNDIÇÃO DE METAIS
9 PROCESSAMENTO DOS VIDROS
10 PROCESSOS DE CONFORMAÇÃO PARA PLÁSTICOS
11 PROCESSAMENTO DE COMPÓSITOS DE MATRIZ POLIMÉRICA E BORRACHA

Parte III Processos Particulados de Metais e Cerâmicas

12 METALURGIA DO PÓ
13 PROCESSAMENTO DE MATERIAIS CERÂMICOS E CERMETOS

Parte IV Processos de Conformação Mecânica dos Metais

14 FUNDAMENTOS DA CONFORMAÇÃO DOS METAIS
15 PROCESSOS DE CONFORMAÇÃO VOLUMÉTRICA DE METAIS
16 CONFORMAÇÃO DE CHAPAS METÁLICAS

Apêndice

Índice

Volume 2

Parte V Processos de Remoção de Materiais

17 TEORIA DA USINAGEM DE METAIS
18 OPERAÇÕES DE USINAGEM E MÁQUINAS-FERRAMENTA
19 TECNOLOGIA DE FERRAMENTAS DE CORTE
20 CONSIDERAÇÕES ECONÔMICAS E SOBRE O PROJETO DE PRODUTO EM USINAGEM
21 RETIFICAÇÃO E OUTROS PROCESSOS ABRASIVOS
22 PROCESSOS NÃO CONVENCIONAIS DE USINAGEM

Parte VI Processos de Melhoria de Propriedades e de Tratamento de Superfícies

23 TRATAMENTO TÉRMICO DE METAIS
24 OPERAÇÕES DE TRATAMENTO DE SUPERFÍCIE

Parte VII Processos de União e Montagem

25 FUNDAMENTOS DE SOLDAGEM
26 PROCESSOS DE SOLDAGEM
27 BRASAGEM, SOLDA BRANDA E UNIÃO POR ADESIVOS
28 MONTAGEM MECÂNICA

Parte VIII Processos Especiais e Tecnologias de Montagem

29 PROTOTIPAGEM RÁPIDA E MANUFATURA ADITIVA
30 PROCESSAMENTO DE CIRCUITOS INTEGRADOS
31 MONTAGEM E ENCAPSULAMENTO DE PRODUTOS ELETRÔNICOS
32 TECNOLOGIAS DE MICROFABRICAÇÃO
33 TECNOLOGIAS DE NANOFABRICAÇÃO

Parte IX Sistemas de Manufatura

34 TECNOLOGIAS DE AUTOMAÇÃO PARA SISTEMAS DE MANUFATURA
35 SISTEMAS INTEGRADOS DE MANUFATURA

Parte X Sistemas de Apoio à Manufatura

36 PLANEJAMENTO DE PROCESSO E CONTROLE DE PRODUÇÃO
37 CONTROLE DE QUALIDADE E INSPEÇÃO

Apêndice

Índice

SUMÁRIO

Parte V Processos de Remoção de Materiais 1

17 TEORIA DA USINAGEM DE METAIS 1

17.1 Visão Geral da Tecnologia de Usinagem 3
17.2 Teoria da Formação de Cavacos em Usinagem de Metais 7
17.3 Relações de Força e a Equação de Merchant 11
17.4 Relações de Potência e Energia em Usinagem 17
17.5 Temperatura de Corte 19

18 OPERAÇÕES DE USINAGEM E MÁQUINAS-FERRAMENTA 24

18.1 Usinagem e Geometria da Peça 24
18.2 Torneamento e Operações Relacionadas 27
18.3 Furação e Operações Relacionadas 37
18.4 Fresamento 41
18.5 Centros de Usinagem e Centros de Torneamento 49
18.6 Outras Operações de Usinagem 51
18.7 Operações de Usinagem para Geometrias Especiais 56
18.8 Usinagem em Alta Velocidade 64

19 TECNOLOGIA DE FERRAMENTAS DE CORTE 69

19.1 Vida da Ferramenta 69
19.2 Materiais para Ferramenta 76
19.3 Geometria da Ferramenta 85
19.4 Fluidos de Corte 96

20 CONSIDERAÇÕES ECONÔMICAS E SOBRE O PROJETO DE PRODUTO EM USINAGEM 103

20.1 Usinabilidade 103
20.2 Tolerâncias e Acabamento Superficial 106
20.3 Seleção das Condições de Corte 110
20.4 Considerações de Projeto de Produto para Usinagem 117

21 RETIFICAÇÃO E OUTROS PROCESSOS ABRASIVOS 122

21.1 Retificação 123
21.2 Outros Processos Abrasivos 140

22 PROCESSOS NÃO CONVENCIONAIS DE USINAGEM 146

22.1 Processos por Energia Mecânica 147
22.2 Processos de Usinagem Eletroquímica 151
22.3 Processos por Energia Térmica 155
22.4 Usinagem Química 164
22.5 Considerações Práticas 169

Parte VI Processos de Melhoria de Propriedades e de Tratamento de Superfícies 175

23 TRATAMENTO TÉRMICO DE METAIS 175

23.1 Recozimento 176
23.2 Transformação Martensítica nos Aços 176
23.3 Endurecimento por Precipitação 180
23.4 Endurecimento Superficial 182
23.5 Métodos e Instalações de Tratamento Térmico 183

24 OPERAÇÕES DE TRATAMENTO DE SUPERFÍCIE 187
24.1 Processos de Limpeza Industrial 188
24.2 Difusão e Implantação Iônica 192
24.3 Revestimentos e Processos Relacionados 194
24.4 Revestimento de Conversão 198
24.5 Processos de Deposição em Fase Vapor 199
24.6 Revestimentos Orgânicos 206
24.7 Esmalte à Porcelana e Outros Revestimentos Cerâmicos 208
24.8 Processos Térmicos e Mecânicos de Revestimento 209

Parte VII Processos de União e Montagem 213

25 FUNDAMENTOS DE SOLDAGEM 213
25.1 Visão Geral da Tecnologia de Soldagem 215
25.2 Junta Soldada 217
25.3 Física da Soldagem 220
25.4 Aspectos de uma Junta Soldada por Fusão 224

26 PROCESSOS DE SOLDAGEM 228
26.1 Soldagem a Arco 228
26.2 Soldagem por Resistência 239
26.3 Soldagem a Gás Oxicombustível 246
26.4 Outros Processos de Soldagem por Fusão 250
26.5 Soldagem no Estado Sólido 253
26.6 Qualidade da Solda 259
26.7 Soldabilidade 263
26.8 Considerações de Projeto em Soldagem 264

27 BRASAGEM, SOLDA BRANDA E UNIÃO POR ADESIVOS 269
27.1 Brasagem 269
27.2 Solda Branda 275
27.3 União por Adesivos 279

28 MONTAGEM MECÂNICA 287
28.1 Elementos de Fixação Roscados 288
28.2 Rebites e Ilhoses 294
28.3 Métodos de Montagem Baseados em Ajustes com Interferência 296
28.4 Outros Métodos de Fixação Mecânica 300
28.5 Moldagem de Insertos e Elementos de Fixação Integrados 301
28.6 Projeto Orientado à Montagem (DFA) 303

Parte VIII Processos Especiais e Tecnologias de Montagem 309

29 PROTOTIPAGEM RÁPIDA E MANUFATURA ADITIVA 309
29.1 Fundamentos de Prototipagem Rápida e Manufatura Aditiva 311
29.2 Processos de Manufatura Aditiva 313
29.3 Análise de Tempo de Ciclo e de Custos 321
29.4 Aplicações de Manufatura Aditiva 325

30 PROCESSAMENTO DE CIRCUITOS INTEGRADOS 330
30.1 Visão Geral do Processamento de CIs 332
30.2 Processamento do Silício 335
30.3 Litografia 339
30.4 Processos com Camadas Utilizados na Fabricação de CI 343

30.5 Integrando as Etapas de Fabricação 350
30.6 Encapsulamento de CI 351
30.7 Rendimento no Processamento de CIs 357

31 MONTAGEM E ENCAPSULAMENTO DE PRODUTOS ELETRÔNICOS 362
31.1 Encapsulamento de Produtos Eletrônicos 362
31.2 Placa de Circuito Impresso 364
31.3 Montagem da Placa de Circuito Impresso 373
31.4 Tecnologia de Conectores Elétricos 380

32 TECNOLOGIAS DE MICROFABRICAÇÃO 386
32.1 Produtos de Microssistemas 386
32.2 Processos de Microfabricação 393

33 TECNOLOGIAS DE NANOFABRICAÇÃO 403
33.1 Produtos e Aplicações de Nanotecnologia 404
33.2 Introdução à Nanociência 408
33.3 Processos de Nanofabricação 413

Parte IX Sistemas de Manufatura 421

34 TECNOLOGIAS DE AUTOMAÇÃO PARA SISTEMAS DE MANUFATURA 421
34.1 Fundamentos de Automação 422
34.2 *Hardware* para Automação 425
34.3 Controle Numérico Computadorizado 430
34.4 Robótica Industrial 442

35 SISTEMAS INTEGRADOS DE MANUFATURA 451
35.1 Manuseio de Materiais 451
35.2 Fundamentos de Linhas de Produção 454
35.3 Linhas de Montagem Manuais 456
35.4 Linhas de Produção Automatizadas 461
35.5 Manufatura Celular 465
35.6 Sistemas e Células Flexíveis de Manufatura 469
35.7 Manufatura Integrada por Computador 475

Parte X Sistemas de Apoio à Manufatura 481

36 PLANEJAMENTO DE PROCESSO E CONTROLE DE PRODUÇÃO 481
36.1 Planejamento do Processo 483
36.2 Outras Funções da Engenharia de Manufatura 491
36.3 Planejamento e Controle da Produção 495
36.4 Sistemas de Entrega *Just-In-Time* 502
36.5 Produção Enxuta 505

37 CONTROLE DE QUALIDADE E INSPEÇÃO 511
37.1 Qualidade do Produto 511
37.2 Capabilidade do Processo e Tolerâncias 512
37.3 Controle Estatístico de Processo 514
37.4 Programas de Qualidade em Manufatura 519
37.5 Princípios de Inspeção 525
37.6 Tecnologias Modernas de Inspeção 527

APÊNDICE 537
ÍNDICE 539

Material Suplementar

Este livro conta com os seguintes materiais suplementares:

- Ilustrações da obra em formato de apresentação em (.pdf) (restrito a docentes);
- PowerPoint Slides: arquivos em (.ppt), em inglês, contendo apresentações para uso em sala de aula (restrito a docentes);
- Solutions Manual: arquivos em (.pdf), em inglês, contendo manual de soluções dos exercícios e problemas (restrito a docentes);
- Teste de Múltipla Escolha: arquivo em (.pdf) (acesso livre);
- Teste de Múltipla Escolha com Respostas: arquivo em (.pdf) (restrito a docentes).

O acesso aos materiais suplementares é gratuito. Basta que o leitor se cadastre em nosso site (www.grupogen.com.br), faça seu login e clique em GEN-IO, no menu superior do lado direito.

É rápido e fácil. Caso haja alguma mudança no sistema ou dificuldade de acesso, entre em contato conosco (sac@grupogen.com.br).

GEN-IO (GEN | Informação Online) é o repositório de materiais suplementares e de serviços relacionados com livros publicados pelo GEN | Grupo Editorial Nacional, maior conglomerado brasileiro de editoras do ramo científico-técnico-profissional, composto por Guanabara Koogan, Santos, Roca, AC Farmacêutica, Forense, Método, Atlas, LTC, E.P.U. e Forense Universitária. Os materiais suplementares ficam disponíveis para acesso durante a vigência das edições atuais dos livros a que eles correspondem.

Parte V Processos de Remoção de Materiais

17 Teoria da Usinagem de Metais

Sumário

17.1 Visão Geral da Tecnologia de Usinagem

17.2 Teoria da Formação de Cavacos em Usinagem de Metais
17.2.1 O Modelo de Corte Ortogonal
17.2.2 Formação Efetiva do Cavaco

17.3 Relações de Força e a Equação de Merchant
17.3.1 Forças no Corte de Metais
17.3.2 A Equação de Merchant

17.4 Relações de Potência e Energia em Usinagem

17.5 Temperatura de Corte
17.5.1 Métodos Analíticos para Calcular Temperaturas de Corte
17.5.2 Medição da Temperatura de Corte

Os ***processos de remoção de materiais*** são uma família de operações de mudança de forma (Figura 1.5) na qual o excesso de material é removido de uma peça de trabalho inicial para que permaneça apenas a geometria final desejada. A "árvore genealógica" é exibida na Figura 17.1. O ramo mais importante da família é a ***usinagem convencional***, na qual é utilizada uma ferramenta de corte afiada para cortar mecanicamente o material a fim de atingir a geometria desejada. Os três processos de usinagem mais comuns são torneamento, furação e fresamento. As "outras operações de usinagem" na Figura 17.1 incluem aplainamento, brochamento e serramento. Este capítulo começa a cobertura da usinagem, que vai até o Capítulo 20.

Outro grupo de processos de remoção de materiais consiste nos ***processos abrasivos***, que removem mecanicamente o material pela ação de partículas duras, abrasivas. Esse grupo de processos, que inclui a retificação, é abordado no Capítulo 21. Os "outros processos abrasivos" na Figura 17.1 incluem afiação, lapidação e superacabamento. Finalmente, existem ***processos não tradicionais*** ou ***não convencionais***, que usam várias formas de energia diferentes de uma ferramenta de corte afiada ou partículas abrasivas para remover o material. As formas de energia

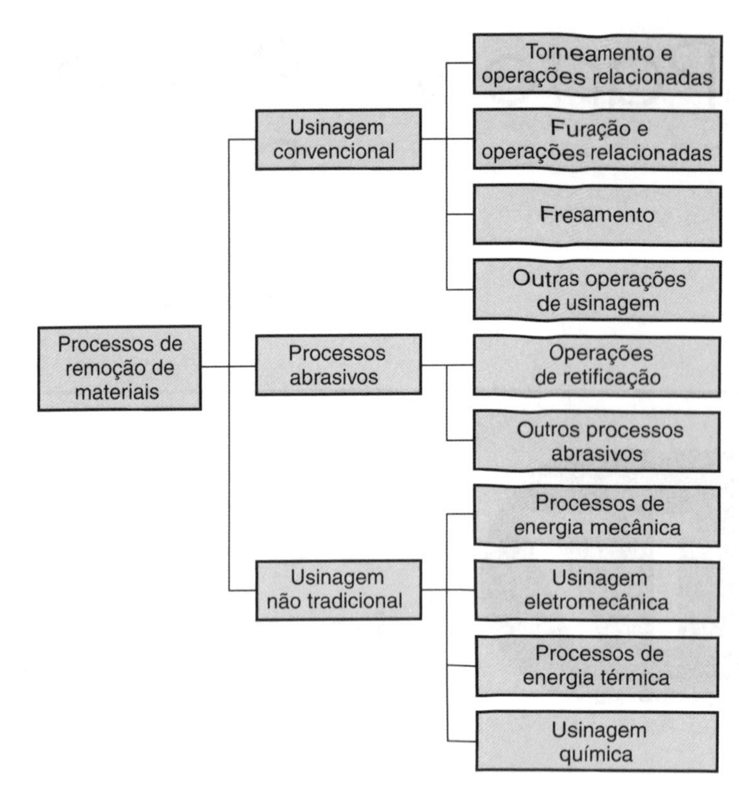

FIGURA 17.1 Classificação dos processos de remoção de materiais.

incluem mecânica, eletroquímica, térmica e química.[1] Os processos não tradicionais são discutidos no Capítulo 22.

Usinagem é um processo de manufatura no qual é utilizada uma ferramenta de corte afiada para cortar o material e obter a forma desejada. A ação de corte predominante na usinagem envolve a deformação por cisalhamento do material de trabalho para formar o cavaco; à medida que o cavaco é removido, uma nova superfície é exposta. A usinagem é aplicada com mais frequência para dar forma a metais. O processo é ilustrado no diagrama da Figura 17.2.

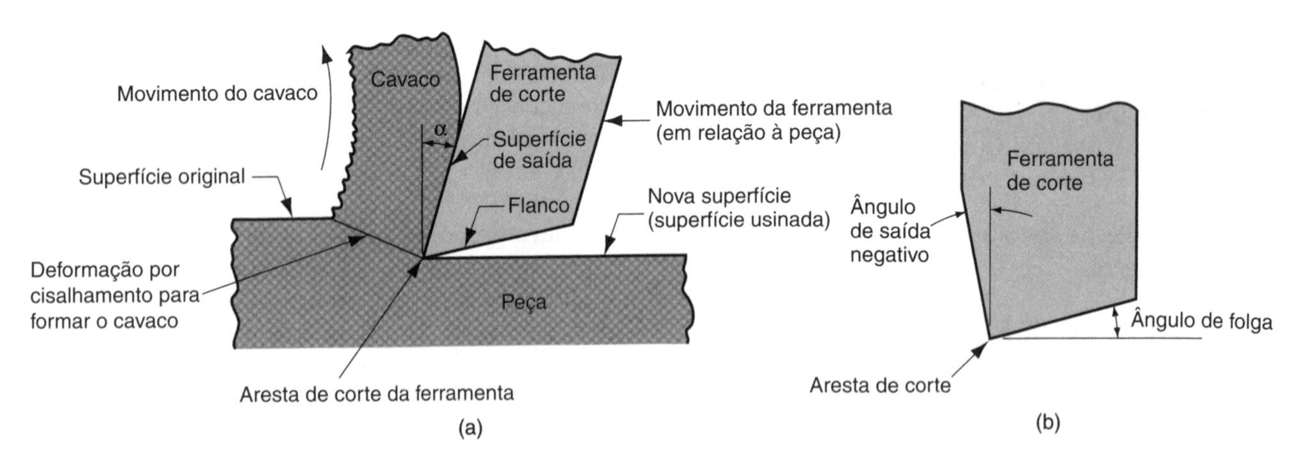

FIGURA 17.2 (a) Vista em corte transversal do processo de usinagem. (b) Ferramenta com ângulo de saída negativo; compare com o ângulo de saída positivo em (a).

[1]Algumas das formas de energia mecânica nos processos não tradicionais usam partículas abrasivas e, portanto, se sobrepõem com os processos abrasivos no Capítulo 21.

A usinagem é um dos mais importantes processos de fabricação. A Revolução Industrial e o crescimento das economias baseadas em manufatura do mundo remontam, em grande parte, ao desenvolvimento das várias operações de usinagem (Nota Histórica 18.1). A usinagem é importante comercialmente e tecnologicamente por várias razões:

- ***Variedade de materiais de trabalho.*** A usinagem pode ser aplicada a uma ampla gama de materiais de trabalho. Praticamente todos os metais sólidos podem ser usinados. Plásticos e compósitos de plásticos também podem ser cortados por usinagem. As cerâmicas apresentam dificuldades devido à sua alta dureza e fragilidade; no entanto, a maioria das cerâmicas pode ser cortada, com sucesso, pelos processos abrasivos de usinagem discutidos no Capítulo 21.
- ***Variedade de formas e características geométricas.*** A usinagem pode ser utilizada para criar quaisquer geometrias irregulares, como superfícies planas, furos redondos e cilindros. Introduzindo variações nas formas das ferramentas e em suas trajetórias, é possível criar geometrias irregulares, como filetes de rosca e ranhuras-T. Combinando várias operações de usinagem em sequência, é possível produzir formas de complexidade e variedade quase ilimitadas.
- ***Precisão dimensional.*** A usinagem pode produzir dimensões com tolerâncias muito estreitas. Alguns processos de usinagem conseguem atingir tolerâncias de $\pm 0{,}025$ mm, muito mais precisas do que a maioria dos demais processos.
- ***Bons acabamentos superficiais.*** A usinagem é capaz de gerar acabamentos superficiais muito bons. Os valores de rugosidade menores que 0,4 μm podem ser alcançados nas operações de usinagem convencionais. Alguns processos abrasivos podem alcançar acabamentos ainda melhores.

Por outro lado, há certas desvantagens associadas à usinagem e a outros processos de remoção de materiais:

- ***Desperdício de material.*** A usinagem tem como característica inerente o desperdício de material. Os cavacos gerados em uma operação de usinagem são material perdido. Embora possam ser reciclados, esses cavacos geralmente representam desperdício em termos da unidade de operação.
- ***Consumo de tempo.*** Uma operação de usinagem geralmente leva mais tempo para dar forma a determinada peça do que os processos alternativos de mudança de forma, como fundição e forjamento.

A usinagem é feita, em geral, após outros processos de fabricação, como a fundição ou deformação volumétrica (por exemplo, forjamento, trefilação de uma barra). Os outros processos criam a forma geral da peça bruta, e a usinagem proporciona a geometria final, as dimensões finais e o acabamento desejado.

17.1 Visão Geral da Tecnologia de Usinagem

A usinagem não é apenas um processo, mas um grupo de processos. A característica comum é o uso de uma ferramenta de corte para formar o cavaco que é removido da peça. Para realizar a operação, é necessário um movimento relativo entre a ferramenta e a peça. Esse movimento relativo é alcançado, na maioria das operações de usinagem, por meio de um movimento primário, chamado de ***velocidade de corte***, e um movimento secundário, chamado de ***avanço***. A forma da ferramenta e sua penetração na superfície de trabalho, combinadas com esses movimentos, produz a geometria desejada da superfície de trabalho resultante.

Tipos de Operações de Usinagem Existem muitos tipos de operações de usinagem, cada um deles sendo capaz de gerar a geometria e a textura superficial de deter-

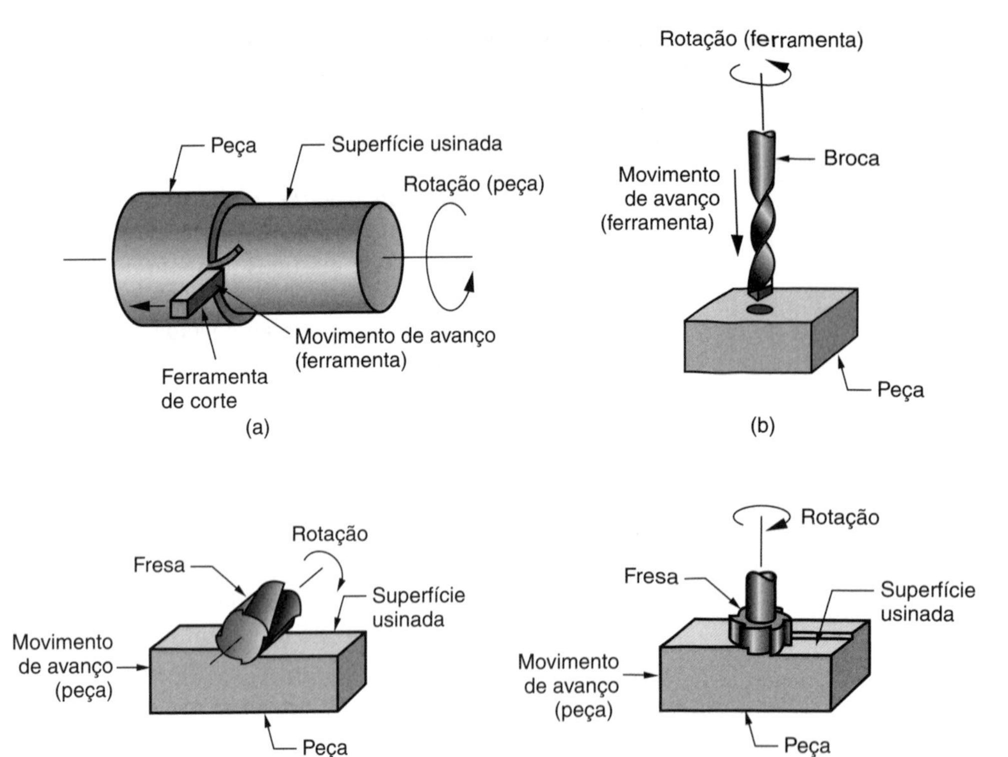

FIGURA 17.3 Os três tipos mais comuns de processos de usinagem: (a) torneamento, (b) furação e duas formas de fresamento: (c) fresamento periférico e (d) fresamento frontal.

minada peça. Essas operações são discutidas detalhadamente no Capítulo 18, mas por enquanto é conveniente identificar e definir os três tipos mais comuns: torneamento, furação e fresamento, ilustrados na Figura 17.3.

No ***torneamento***, é utilizada uma ferramenta de corte com uma única aresta de corte para remover o material da peça rotativa a fim de gerar uma forma cilíndrica, como na Figura 17.3(a). O movimento que produz a velocidade de corte no torneamento é proporcionado pela rotação da peça, e o movimento de avanço é obtido pela ferramenta de corte se movendo lentamente em uma direção paralela ao eixo de rotação da peça. A ***furação*** é utilizada para produzir um furo com seção circular. É realizada por uma ferramenta rotativa que possui caracteristicamente duas arestas de corte. A ferramenta é introduzida na peça em uma direção paralela ao seu eixo de rotação para formar o furo cilíndrico, como na Figura 17.3(b). No ***fresamento***, uma ferramenta rotativa com múltiplas arestas de corte avança lentamente através do material para gerar um plano ou superfície reta. A direção do movimento de avanço é perpendicular ao eixo de rotação da ferramenta. O movimento que produz a velocidade de corte é proporcionado pela fresa rotativa. As duas formas básicas de fresamento são o periférico e o frontal, como nas Figuras 17.3(c) e 17.3(d).

Outras operações convencionais de usinagem incluem aplainamento, brochamento e serramento (Seção 18.6). Além disso, a retificação e operações abrasivas similares são incluídas frequentemente na categoria de usinagem. Esses processos quase sempre vêm em seguida às operações convencionais de usinagem e são utilizados para alcançar um acabamento superficial superior na peça.

A Ferramenta de Corte Uma ferramenta de corte tem uma ou mais arestas de corte e é feita de um material mais duro que o material a ser usinado. A aresta de corte serve para separar o cavaco do material de origem, como na Figura 17.2. Conectadas à aresta de corte existem duas superfícies da ferramenta: a superfície de saída e o flanco. A superfície de saída, que direciona o fluxo do cavaco recém-formado, é orientada em certo ângulo chamado de ***ângulo de saída* α**. Este ângulo é medido em relação a um

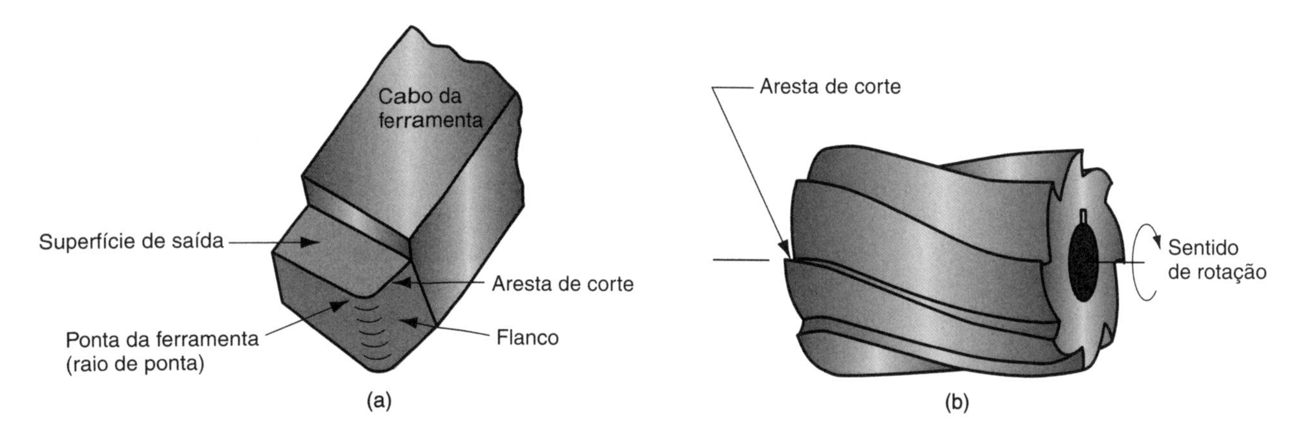

FIGURA 17.4 (a) Ferramenta monocortante exibindo a superfície de saída, o flanco e a ponta da ferramenta; e (b) uma fresa helicoidal representativa das ferramentas com múltiplas arestas de corte (multicortantes).

plano perpendicular à superfície gerada. O ângulo de saída pode ser positivo, como na Figura 17.2(a), ou negativo, como em (b). O flanco da ferramenta proporciona uma folga entre a ferramenta e a superfície de trabalho recém-gerada, protegendo assim a superfície contra abrasão, que poderia degradar o acabamento. Essa superfície do flanco é orientada em um ângulo chamado de ***ângulo de folga***.

A maioria das ferramentas de corte tem, na prática, geometrias mais complexas do que as da Figura 17.2. Existem dois tipos básicos, cujos exemplos estão ilustrados na Figura 17.4: (a) ferramentas monocortantes e (b) ferramentas multicortantes. Uma ***ferramenta monocortante*** tem uma aresta de corte e é utilizada em operações como o torneamento. Além das características da ferramenta exibidas na Figura 17.2, há uma única ponta de corte da qual o nome dessa ferramenta de corte é derivado. Durante a usinagem, a ponta da ferramenta penetra abaixo da superfície original da peça. A ponta geralmente é arredondada em determinado raio, chamado de raio de ponta. As ***ferramentas multicortantes*** têm mais de uma aresta de corte e frequentemente realizam seu movimento relativo à peça por meio de rotação. A furação e o fresamento usam ferramentas rotativas com múltiplas arestas de corte (multicortantes). A Figura 17.4(b) mostra uma fresa helicoidal utilizada no fresamento periférico. Embora a forma seja bem diferente de uma ferramenta monocortante, muitos elementos da geometria da ferramenta são similares. As ferramentas monocortantes e multicortantes e os materiais utilizados nelas são discutidos em mais detalhes no Capítulo 19.

Condições de Corte O movimento relativo é necessário entre a ferramenta e a peça para executar uma operação de usinagem. O movimento primário ocorre em certa ***velocidade de corte*** v_c. Além disso, a ferramenta precisa ser movida de um lado a outro da peça. Esse é um movimento muito mais lento, chamado de ***avanço*** f (*feed*). A dimensão de corte restante é a penetração da ferramenta de corte abaixo da superfície original, chamada de ***profundidade de usinagem*** a_p. Coletivamente, a velocidade de corte, avanço e profundidade de usinagem denominam-se ***condições de corte***. Elas formam as três dimensões do processo de usinagem, e para certas operações (por exemplo, principalmente operações com ferramenta monocortante) elas podem ser utilizadas para calcular a taxa de remoção de material do processo:

$$\varphi_{RM} = v_c f a_p \tag{17.1}$$

em que φ_{RM} = taxa de remoção do material, mm^3/s; v_c = velocidade de corte, m/s, que precisa ser convertida para mm/s; f = avanço, mm; e a_p = profundidade de usinagem, mm.

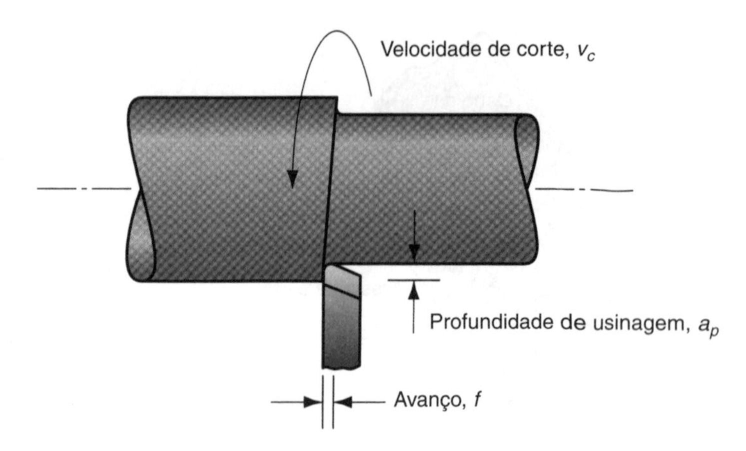

FIGURA 17.5 Velocidade de corte, avanço e profundidade de usinagem de uma operação de torneamento.

As condições de corte para uma operação de torneamento são retratadas na Figura 17.5. As unidades típicas utilizadas na velocidade de corte são m/min. O avanço no torneamento é apresentado em mm por revolução (mm/rev), e a profundidade de usinagem é apresentada em mm. Em outras operações de usinagem as interpretações das condições de corte podem ser diferentes. Por exemplo, em uma operação de furação a profundidade é interpretada como a profundidade do furo usinado.

As operações de usinagem são divididas frequentemente em duas categorias, distinguidas pela finalidade e pelas condições de corte: usinagem de desbaste e usinagem de acabamento. Usinagens de ***desbaste*** são empregadas para remover grandes quantidades de material da peça bruta, o mais rápido possível, a fim de produzir um formato próximo do desejado, deixando material suficiente na peça para a operação subsequente de acabamento. Usinagens de ***acabamento*** são empregadas para finalizar a peça e alcançar as dimensões finais, tolerâncias e acabamento superficial. Nas operações de usinagem de um processo produtivo, geralmente são empregados um ou mais cortes de desbaste na peça, seguidos por um ou dois cortes de acabamento. As operações de desbaste são feitas com avanços e profundidades elevados – avanços de 0,4-1,25 mm/rev e profundidades de 2,5-20 mm são típicos. As operações de acabamento são feitas com avanços e profundidades baixos - avanços de 0,125-0,4 mm/rev e profundidades de 0,75-2,0 mm são típicos. As velocidades de corte são menores no desbaste do que no acabamento.

Frequentemente é aplicado um ***fluido de corte*** na operação de usinagem para refrigerar e lubrificar a ferramenta de corte. Os fluidos de corte são discutidos na Seção 19.4. Geralmente, as condições de corte incluem a decisão de usar ou não um fluido de corte e a escolha do fluido adequado. Considerando o material a ser trabalhado e a ferramenta, a escolha dessas condições influencia muito na determinação do sucesso de uma operação de usinagem.

Máquinas-Ferramenta Uma máquina-ferramenta é utilizada para fixar o material da peça, posicionar a ferramenta em relação à peça e fornecer potência ao processo de usinagem na velocidade, avanço e profundidade configurados. Ao controlar a ferramenta, o material de trabalho e as condições de corte, as máquinas-ferramenta permitem que as peças sejam produzidas com grande precisão e reprodutibilidade, com tolerâncias de até 0,025 mm, ou mais estreitas. O termo ***máquina-ferramenta*** se aplica a qualquer máquina motorizada que realize uma operação de usinagem, incluindo a retificação. O termo também é aplicado às máquinas que realizam operações de conformação de metal e de estampagem (Capítulos 15 e 16).

As máquinas-ferramenta tradicionais utilizadas para realizar torneamento, furação e fresamento são os tornos, furadeiras e fresadoras, respectivamente. As máquinas-ferramenta convencionais geralmente são comandadas por um operador humano, que faz a fixação da peça a ser usinada, retira as peças após o processo, troca as ferramentas de corte e ajusta as condições de corte. Muitas máquinas-ferramenta modernas são projetadas para executar suas operações com uma forma de automação chamada de comando numérico computadorizado — CNC (Seção 34.3).

17.2 Teoria da Formação de Cavacos em Usinagem de Metais

A geometria da maioria das operações práticas de usinagem é relativamente complexa. Existe um modelo simplificado de usinagem que despreza muitas das complexidades geométricas, mas ainda assim descreve muito bem a mecânica do processo, chamado de ***corte ortogonal*** (Figura 17.6). Apesar de um processo de usinagem real ser tridimensional, o modelo do corte ortogonal tem apenas duas dimensões que exercem papéis ativos na análise.

17.2.1 O MODELO DE CORTE ORTOGONAL

Por definição, o corte ortogonal usa uma ferramenta em forma de cunha na qual a aresta de corte é perpendicular à direção da velocidade de corte. À medida que a ferramenta é forçada a penetrar o material, forma-se o cavaco pela deformação por cisalhamento ao longo de um plano chamado ***plano de cisalhamento***, que é orientado em um ângulo ϕ em relação à superfície usinada. A falha (ruptura) do material só ocorre na extremidade da aresta de corte da ferramenta, resultando na separação do cavaco e do material da peça. Ao longo do plano de cisalhamento, em que a maior parte da energia mecânica é consumida na usinagem, o material é deformado plasticamente.

A ferramenta no corte ortogonal tem apenas dois elementos de geometria: (1) ângulo de saída e (2) ângulo de folga. Conforme indicado anteriormente, o ângulo de saída α determina a direção em que o cavaco flui na superfície da ferramenta, à medida que é retirado da peça; e o ângulo de folga proporciona uma pequena folga entre o flanco da ferramenta e a superfície de trabalho recém-gerada.

Durante o corte, a aresta de corte da ferramenta é posicionada a certa distância abaixo da superfície original do material. Isso corresponde à espessura do material que formará o cavaco, t_o, chamado espessura do cavaco indeformado, ou espessura de corte.

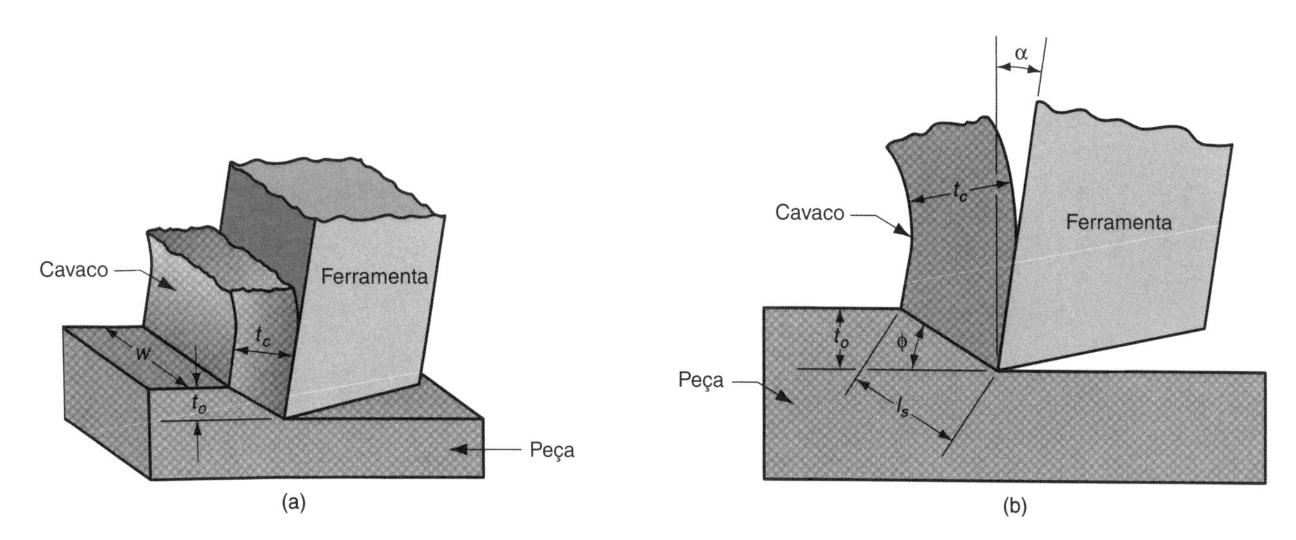

FIGURA 17.6 Corte ortogonal: (a) como um processo tridimensional e (b) como ele se reduz a duas dimensões na vista lateral.

À medida que o cavaco é formado ao longo do plano de cisalhamento, sua espessura aumenta para t_c. A razão entre t_o e t_c é a ***razão de espessura do cavaco*** (ou simplesmente a ***razão do cavaco***) r:

$$r = \frac{t_o}{t_c} \tag{17.2}$$

Como a espessura do cavaco, após o corte, sempre é maior que a espessura correspondente antes do corte, a razão do cavaco sempre será menor que 1,0.

Além de t_o, o cavaco indeformado tem uma largura w, como mostra a Figura 17.6(a), embora essa dimensão não contribua muito para a análise no corte ortogonal.

A geometria do modelo de corte ortogonal permite estabelecer uma relação importante entre a razão de espessura do cavaco, o ângulo de saída e o ângulo do plano de cisalhamento. Considere que l_s é o comprimento do plano de cisalhamento. Podem-se fazer as seguintes substituições: $t_o = l_s \operatorname{sen} \phi$, e $t_c = l_s \cos(\phi - \alpha)$. Desse modo,

$$r = \frac{l_s \operatorname{sen} \phi}{l_s \cos(\phi - \alpha)} = \frac{\operatorname{sen} \phi}{\cos(\phi - \alpha)}$$

Isso pode ser rearranjado para determinar ϕ da seguinte forma:

$$\tan \phi = \frac{r \cos \alpha}{1 - r \operatorname{sen} \alpha} \tag{17.3}$$

A deformação de cisalhamento que ocorre ao longo do plano de cisalhamento pode ser estimada examinando a Figura 17.7. A parte (a) exibe a deformação de cisalhamento aproximada por uma série de placas paralelas deslizando umas contra as outras e

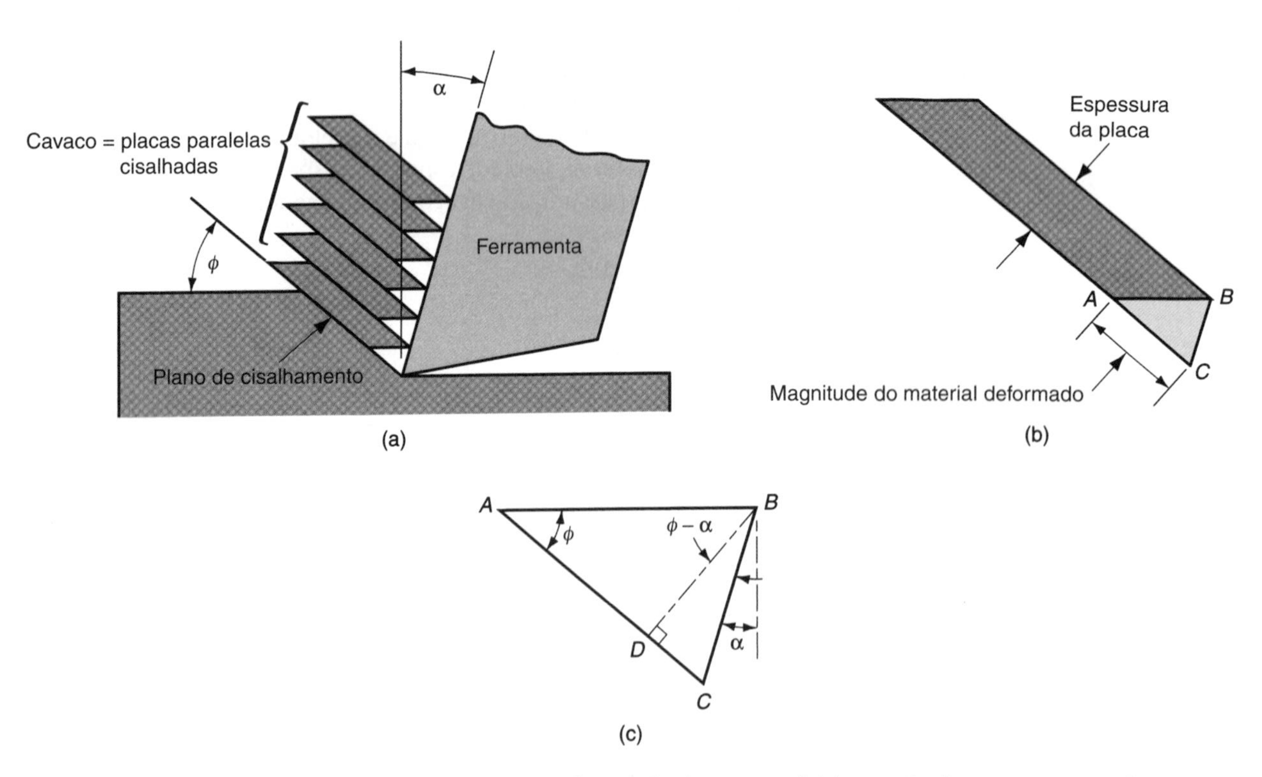

FIGURA 17.7 Deformação de cisalhamento durante a formação do cavaco: (a) formação do cavaco retratada como uma série de placas paralelas deslizando uma em relação à outra; (b) uma das placas isolada para ilustrar a definição de deformação de cisalhamento baseada nesse modelo de placas paralelas; e (c) triângulo de deformação de cisalhamento utilizado para derivar a Equação (17.4).

formando o cavaco. Coerente com a definição de deformação de cisalhamento (Subseção 3.1.4), cada placa sobre a deformação de cisalhamento é exibida na Figura 17.7(b). Referindo-se à parte (c), isso pode ser apresentado como

$$\gamma = \frac{AC}{BD} = \frac{AD + DC}{BD}$$

que pode ser reduzido para a seguinte definição de deformação por cisalhamento em corte de metais:

$$\gamma = \tan(\phi - \alpha) + \cot \phi \tag{17.4}$$

Exemplo 17.1
Corte ortogonal

Em uma operação de usinagem que se aproxima do corte ortogonal, a ferramenta de corte tem um ângulo de saída = 10°. A espessura do cavaco indeformado t_o = 0,50 mm e a espessura do cavaco (após o corte) t_c = 1,125 mm. Calcule o ângulo do plano de cisalhamento e a deformação de cisalhamento na operação.

Solução: A razão de espessura do cavaco pode ser determinada a partir da Equação (17.2):

$$r = \frac{0{,}50}{1{,}125} = 0{,}444$$

O ângulo do plano de cisalhamento é fornecido pela Equação (17.3):

$$\tan \phi = \frac{0{,}444 \cos 10}{1 - 0{,}444 \text{ sen } 10} = 0{,}4738$$

$$\phi = \mathbf{25{,}4°}$$

Finalmente, a deformação de cisalhamento é calculada a partir da Equação (17.4):

$$\gamma = \tan(25{,}4 - 10) + \cot 25{,}4$$

$$\gamma = 0{,}275 + 2{,}111 = \mathbf{2{,}386}$$

17.2.2 FORMAÇÃO EFETIVA DO CAVACO

É preciso observar que existem diferenças entre o modelo ortogonal e um processo de usinagem real. Primeiro, o processo de deformação por cisalhamento não ocorre ao longo de um plano, mas dentro de uma região. Se o cisalhamento ocorresse em um plano de espessura zero, isso implicaria que a ação de cisalhamento deve ocorrer instantaneamente, à medida que passar pelo plano, em vez de ao longo de algum período de tempo finito (embora breve). Para o material se comportar de modo realista, a deformação por cisalhamento precisa ocorrer dentro de uma zona fina de cisalhamento. Esse modelo mais realista do processo de deformação por cisalhamento em usinagem é ilustrado na Figura 17.8. Experimentos de usinagem de metal indicaram que a espessura da zona de cisalhamento é de apenas alguns milésimos de uma polegada. Uma vez que a zona de cisalhamento é tão fina, não há uma grande perda de precisão, na maioria dos casos pelo fato de nos referirmos a essa zona como um plano.

Segundo, além da deformação de cisalhamento que ocorre na zona de cisalhamento, outra ação de cisalhamento ocorre no cavaco após sua formação. Esse outro cisalhamento se chama cisalhamento secundário, para distingui-lo do cisalhamento primário.

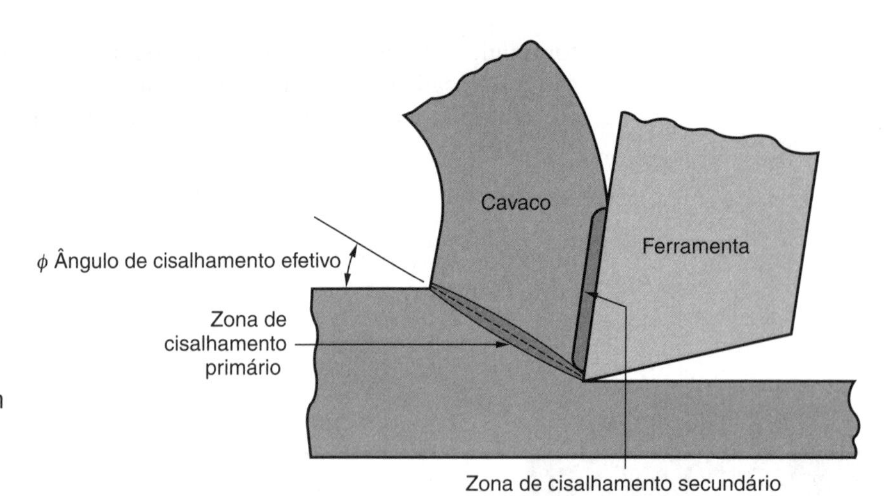

FIGURA 17.8 Visualização mais realista da formação do cavaco, mostrando a zona de cisalhamento em vez do plano de cisalhamento. Também é exibida a zona de cisalhamento secundário resultante do atrito entre a ferramenta e o cavaco.

O cisalhamento secundário resulta do atrito entre o cavaco e a ferramenta, à medida que esse cavaco se desliza ao longo da superfície de saída da ferramenta. Seu efeito aumenta com o maior atrito entre a ferramenta e o cavaco. As zonas primária e secundária de cisalhamento podem ser vistas na Figura 17.8.

Terceiro, a formação do cavaco depende do tipo de material que está sendo usinado e das condições de corte da operação. Quatro tipos básicos de cavaco podem ser distinguidos, como ilustra a Figura 17.9:

- ***Cavaco descontínuo.*** Quando materiais relativamente frágeis (por exemplo, ferro fundido) são usinados em baixas velocidades de corte, os cavacos se formam frequentemente em segmentos separados (às vezes os segmentos ficam levemente conectados). Isso tende a conferir uma textura irregular à superfície usinada. O atrito elevado entre a ferramenta e o cavaco e o grande avanço e elevada profundidade de usinagem promovem a formação desse tipo de cavaco.
- ***Cavaco contínuo.*** Quando materiais de trabalho dúcteis são usinados em altas velocidades e com avanços e profundidades relativamente pequenos, formam-se cavacos contínuos longos. Normalmente é possível obter um bom acabamento de superfície quando esse cavaco se forma. Uma aresta de corte afiada na ferramenta e um baixo atrito entre a ferramenta e o cavaco estimulam a formação de cavacos contínuos. Os cavacos longos e contínuos (como no torneamento) podem causar problemas em relação ao descarte dos mesmos e/ou podem se emaranhar na ferramenta. Para solucionar esses problemas, as ferramentas de torneamento costumam ser equipadas com quebra-cavacos (Subseção 19.3.1).

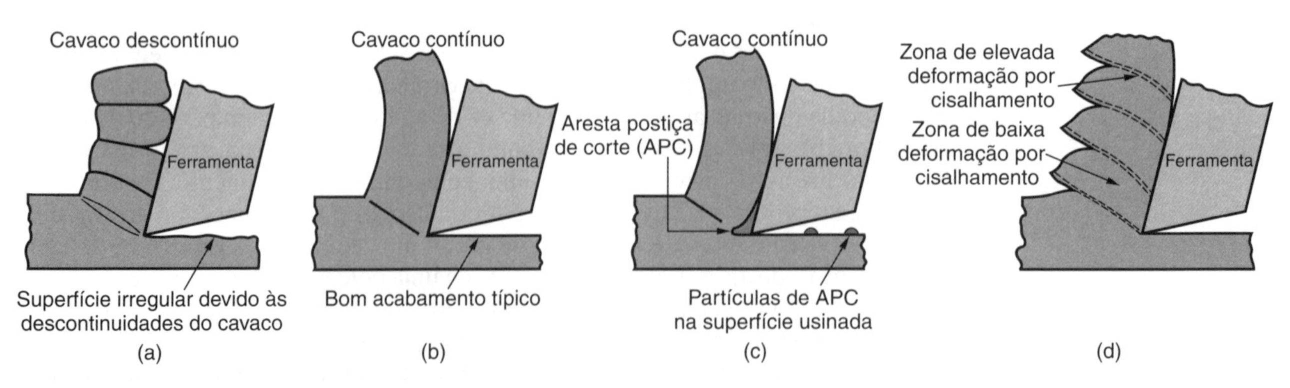

FIGURA 17.9 Quatro tipos de formação de cavaco no corte de metais: (a) descontínuo, (b) contínuo, (c) contínuo com aresta postiça e (d) segmentado.

- ***Cavaco contínuo com aresta postiça.*** Durante a usinagem de materiais dúcteis em velocidades de corte baixas a médias, o atrito entre a ferramenta e o cavaco tende a fazer com que partes do material de trabalho adiram à superfície de saída da ferramenta, perto da aresta de corte. Essa formação se chama aresta postiça de corte (APC). A formação de uma APC é cíclica; ela se forma, aumenta e depois fica instável e quebra. Grande parte da APC desprendida é retirada com o cavaco, às vezes levando partes da superfície de saída da ferramenta com ela, reduzindo a vida útil da ferramenta de corte. Partes da APC desprendida que não são levadas com o cavaco ficam incorporadas à superfície usinada, fazendo com que a superfície fique áspera.

Os tipos de cavaco anteriores foram classificados pela primeira vez por Ernst no final dos anos 1930 [13]. Desde então, os metais disponíveis utilizados em usinagem, os materiais de corte e as velocidades de corte aumentaram, e um quarto tipo foi identificado:

- ***Cavacos segmentados (o termo cisalhamento localizado é também empregado para esse quarto tipo de cavaco).*** Esses cavacos são semicontínuos no sentido de que possuem uma aparência de dente de serra que é produzida por uma formação de cavaco cíclica de alta deformação por cisalhamento, alternada com baixa deformação por cisalhamento. Esse quarto tipo de cavaco está mais associado com certos metais difíceis de usinar, como as ligas de titânio, superligas à base de níquel, e aços inoxidáveis austeníticos, quando são usinados em velocidades de corte mais elevadas. No entanto, o fenômeno também é encontrado com metais mais comuns (por exemplo, aços) quando são cortados em altas velocidades [13].[2]

17.3 Relações de Força e a Equação de Merchant

Várias forças podem ser definidas em relação ao modelo de corte ortogonal. Com base nessas forças, a tensão de cisalhamento, o coeficiente de atrito e certas outras relações podem ser definidas.

17.3.1 FORÇAS NO CORTE DE METAIS

Considere as forças que agem no cavaco durante o corte ortogonal na Figura 17.10(a). As forças aplicadas contra o cavaco pela ferramenta podem ser separadas em duas componentes mutuamente perpendiculares: força de atrito e força normal ao atrito. A ***força de atrito*** F é a força que resiste ao fluxo do cavaco ao longo da superfície de saída da ferramenta. A ***força normal ao atrito*** N é perpendicular à força de atrito. Essas duas componentes podem ser usadas para definir o coeficiente de atrito entre a ferramenta e o cavaco:

$$\mu = \frac{F}{N} \tag{17.5}$$

A força de atrito e sua força normal podem ser somadas vetorialmente para formar uma força resultante R, que é orientada em um ângulo β, chamado ângulo de atrito. O ângulo de atrito está relacionado ao coeficiente de atrito como

$$\mu = \tan \beta \tag{17.6}$$

Além das forças da ferramenta que agem no cavaco, existem duas componentes de força aplicadas pela peça no cavaco: a força de cisalhamento e a força normal ao cisalhamento. A ***força de cisalhamento*** F_s é aquela que faz com que a deformação por

[2]Uma descrição mais completa do tipo de cavaco segmentado pode ser encontrada em Trent & Wright [Referência 13], pp. 348-367.

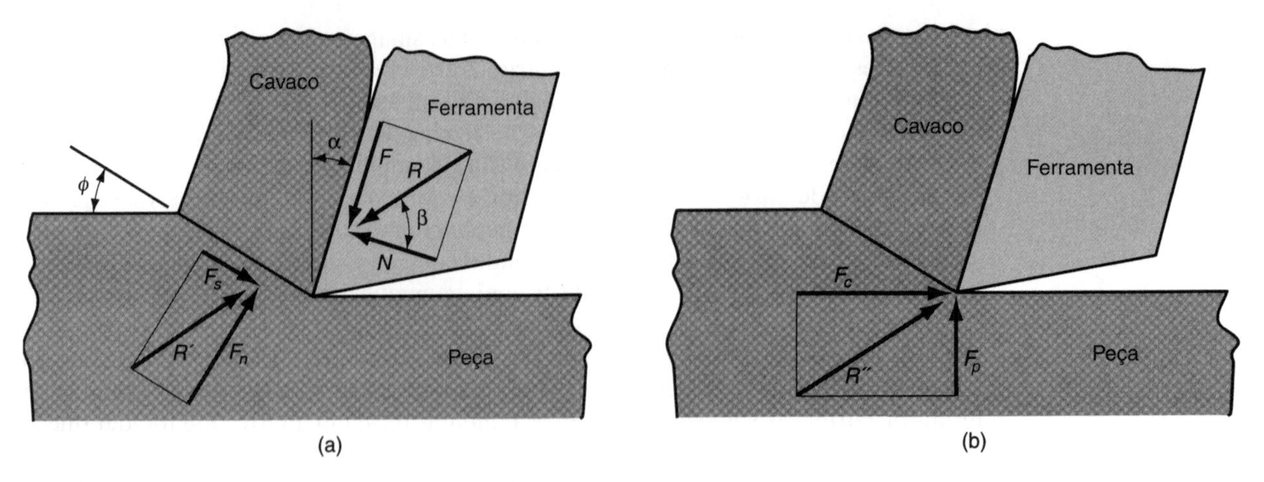

FIGURA 17.10 Forças no corte de metais: (a) forças que agem no cavaco no corte ortogonal e (b) forças que agem na ferramenta e que podem ser medidas.

cisalhamento ocorra no plano de cisalhamento, e a ***força normal ao cisalhamento*** F_n é perpendicular à força de cisalhamento. Usando a força de cisalhamento, as tensões de cisalhamento que agem ao longo do plano de cisalhamento entre a peça e o cavaco podem ser definidas:

$$\tau = \frac{F_s}{A_s} \tag{17.7}$$

em que A_s = área do plano de cisalhamento. Essa área do plano de cisalhamento pode ser calculada como

$$A_s = \frac{t_o w}{\text{sen}\phi} \tag{17.8}$$

A tensão de cisalhamento na Equação (17.7) representa o nível de tensão necessário para realizar a operação de usinagem. Portanto, essa tensão é igual à tensão de escoamento por cisalhamento do material de trabalho ($\tau = S$) sob as condições em que ocorre o corte.

A soma vetorial das duas componentes de força F_s e F_n produz a força resultante R'. Para que as forças que agem no cavaco fiquem em equilíbrio, essa resultante R' deve ser igual em módulo, de sentido oposto e colinear à resultante R.

Nenhuma das quatro componentes de força F, N, F_s e F_n pode ser medida diretamente em uma operação de usinagem, pois as direções em que são aplicadas variam com as diferentes geometrias das ferramentas e condições de corte. Entretanto, é possível que a ferramenta de corte seja instrumentada usando um dispositivo de medição de força chamado dinamômetro, de modo que outras duas componentes de força agindo contra a ferramenta possam ser medidas diretamente: força de corte e força de penetração. A ***força de corte*** F_c é na direção do corte, a mesma direção da velocidade de corte v_c, e a ***força de penetração*** F_p é perpendicular à força de corte e está associada com a espessura do cavaco indeformado t_o. A força de corte e a força de penetração são exibidas na Figura 17.10(b), junto com sua força resultante R''. As direções respectivas dessas forças são conhecidas; portanto, os transdutores de força no dinamômetro podem ser alinhados em conformidade.

É possível derivar equações para relacionar as quatro componentes de força, que não podem ser medidas, às duas forças que podem ser medidas. Usando o diagrama de força na Figura 17.11, podemos derivar as seguintes relações trigonométricas:

$$F = F_c \text{ sen } \alpha + F_p \cos \alpha \tag{17.9}$$

$$N = F_c \cos \alpha - F_p \text{ sen } \alpha \tag{17.10}$$

$$F_s = F_c \cos\phi - F_p \operatorname{sen}\phi \qquad (17.11)$$

$$F_n = F_c \operatorname{sen}\phi + F_p \cos\phi \qquad (17.12)$$

Se a força de corte e a força de penetração forem conhecidas, essas quatro equações podem ser empregadas para calcular estimativas da força de cisalhamento, força de atrito e força normal ao atrito. Com base nessas estimativas de força, a tensão de cisalhamento e o coeficiente de atrito podem ser determinados.

Note que, no caso especial de corte ortogonal, quando o ângulo de saída $\alpha = 0$, as Equações (17.9) e (17.10) se reduzem a $F = F_p$ e $N = F_c$, respectivamente. Desse modo, nesse caso especial, a força de atrito e sua força normal podem ser medidas diretamente pelo dinamômetro.

Exemplo 17.2 Tensão de cisalhamento em usinagem

Suponha, no Exemplo 17.1, que a força de corte e a força de penetração sejam medidas durante a operação de corte ortogonal: $F_c = 1559$ N e $F_p = 1271$ N. A largura da operação de corte ortogonal $w = 3{,}0$ mm. Com base nesses dados, determine a tensão de escoamento por cisalhamento do material de trabalho.

Solução: A partir do Exemplo 17.1, o ângulo de saída $\alpha = 10°$ e o ângulo do plano de cisalhamento $\phi = 25{,}4°$. A força de cisalhamento pode ser calculada a partir da Equação (17.11):

$$F_s = 1559 \cos 25{,}4 - 1271 \operatorname{sen} 25{,}4 = 863 \text{ N}$$

A área do plano de cisalhamento é fornecida pela Equação (17.8):

$$A_s = \frac{(0{,}5)(3{,}0)}{\operatorname{sen} 25{,}4} = 3{,}497 \text{ mm}^2$$

Assim, a tensão de cisalhamento, que é igual à tensão de escoamento por cisalhamento do material de trabalho, é

$$\tau = S = \frac{863}{3{,}497} = 247 \text{ N/mm}^2 = \mathbf{247\ MPa}$$

Esse exemplo demonstra que a força de corte e a força de penetração estão relacionadas à tensão de escoamento por cisalhamento do material de trabalho. As relações podem ser estabelecidas de uma maneira mais direta. Relembrando da Equação (17.7), em que a força de cisalhamento $F_s = S\,A_s$, o diagrama de força da Figura 17.11 pode ser utilizado para obter as seguintes equações:

$$F_c = \frac{S t_o w \cos(\beta - \alpha)}{\operatorname{sen}\phi \cos(\phi + \beta - \alpha)} = \frac{F_s \cos(\beta - \alpha)}{\cos(\phi + \beta - \alpha)} \qquad (17.13)$$

e

$$F_p = \frac{S t_o w \operatorname{sen}(\beta - \alpha)}{\operatorname{sen}\phi \cos(\phi + \beta - \alpha)} = \frac{F_s \operatorname{sen}(\beta - \alpha)}{\cos(\phi + \beta - \alpha)} \qquad (17.14)$$

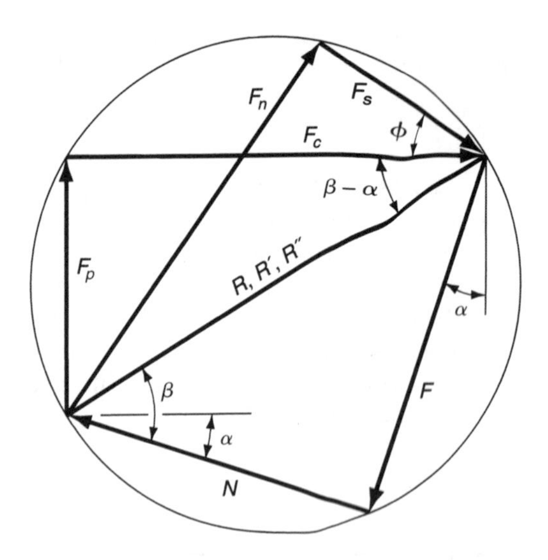

FIGURA 17.11 Diagrama de força exibindo as relações geométricas entre F, N, F_s, F_n, F_c e F_p.

Essas equações nos permitem estimar a força de corte e a força de penetração em uma operação de corte ortogonal, se conhecermos a tensão de escoamento por cisalhamento do material de trabalho.

17.3.2 A EQUAÇÃO DE MERCHANT

Uma das relações importantes no corte de metais foi derivada por Eugene Merchant [10]. Sua derivação se baseou no pressuposto do corte ortogonal, mas sua validade geral se estende para as operações de usinagem tridimensionais. Merchant começou com a definição da tensão de cisalhamento apresentada na forma da seguinte relação derivada pela combinação das Equações (17.7), (17.8) e (17.11):

$$\tau = \frac{F_c \cos \phi - F_p \text{sen } \phi}{(t_o\, w/\text{sen } \phi)} \tag{17.15}$$

Merchant argumentou que, de todos os ângulos possíveis provenientes da aresta de corte da ferramenta em que a deformação por cisalhamento pode ocorrer, há um ângulo ϕ que predomina. Esse é o ângulo em que a tensão de cisalhamento é exatamente igual à tensão de escoamento por cisalhamento do material de trabalho, e então a deformação por cisalhamento ocorre nesse ângulo. Para todos os outros ângulos de cisalhamento possíveis, a tensão de cisalhamento é menor que a tensão de escoamento por cisalhamento; logo, a formação do cavaco não pode ocorrer nesses ângulos. Na verdade, o material de trabalho assumirá um ângulo do plano de cisalhamento que minimiza a energia. Esse ângulo pode ser determinado com a obtenção da derivada da tensão de cisalhamento τ na Equação (17.15) em relação a ϕ e definindo a derivada igual a zero. Solucionando para ϕ, obtém-se a relação cujo nome foi dado em homenagem a Merchant:

$$\phi = 45 + \frac{\alpha}{2} - \frac{\beta}{2} \tag{17.16}$$

Entre os pressupostos na equação de Merchant está que a tensão de escoamento por cisalhamento do material de trabalho é constante, não afetada pela taxa de deformação, temperatura e outros fatores. Como esse pressuposto é violado nas operações de usinagem práticas, a Equação (17.16) deve ser considerada uma relação aproximada em vez de uma equação matemática exata. Contudo, considere sua aplicação no exemplo a seguir.

Exemplo 17.3 Estimando o ângulo de atrito

Usando os dados e resultados dos exemplos anteriores, determine (a) o ângulo de atrito e (b) o coeficiente de atrito.

Solução: (a) Do Exemplo 17.1, $\alpha = 10°$ e $\phi = 25{,}4°$. Rearranjando a Equação (17.16), o ângulo de atrito pode ser estimado:

$$\beta = 2\,(45) + 10 - 2\,(25{,}4) = \mathbf{49{,}2°}$$

(b) O coeficiente de atrito é dado pela Equação (17.6):

$$\mu = \tan 49{,}2 = \mathbf{1{,}16}$$

Lições Baseadas na Equação de Merchant O valor real da equação de Merchant é que ela define a relação geral entre o ângulo de saída, o atrito entre a ferramenta e o cavaco e o ângulo do plano de cisalhamento. O ângulo do plano de cisalhamento pode ser aumentado (1) aumentando o ângulo de saída e (2) diminuindo o ângulo de atrito (e o coeficiente de atrito) entre a ferramenta e o cavaco. O ângulo de saída pode ser aumentado pelo projeto adequado da ferramenta, e o ângulo de atrito pode ser reduzido usando um fluido de corte lubrificante.

A importância de aumentar o ângulo do plano de cisalhamento pode ser vista na Figura 17.12. Se todos os outros fatores continuarem iguais, um ângulo maior do plano de cisalhamento resultará em uma área menor desse plano de cisalhamento. Como a tensão de escoamento por cisalhamento é aplicada nessa área, a força de cisalhamento necessária para formar o cavaco vai diminuir quando a área do plano de cisalhamento for menor. Um ângulo maior do plano de cisalhamento resulta em menos energia de corte, menos requisitos de potência e menor temperatura de corte. Esses são bons motivos para tentar tornar o ângulo do plano de cisalhamento o maior possível durante a usinagem.

Aproximação do Torneamento pelo Corte Ortogonal O modelo ortogonal pode ser utilizado para aproximar o torneamento e certas outras operações de usinagem com ferramenta monocortante, contanto que o avanço nessas operações seja pequeno em

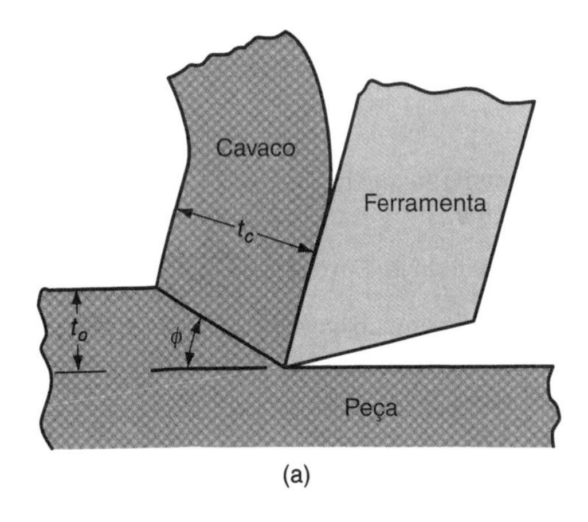

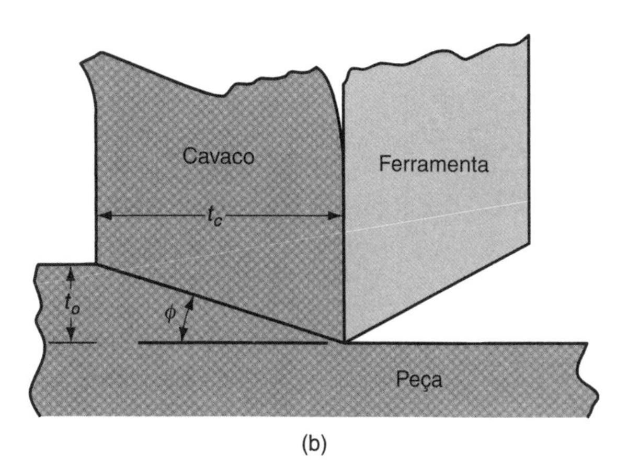

FIGURA 17.12 Efeito do ângulo do plano de cisalhamento ϕ: (a) maior ϕ com área resultante do plano de cisalhamento menor; (b) menor ϕ com área correspondente do plano de cisalhamento maior. Repare que o ângulo de saída é maior em (a), o que tende a aumentar o ângulo de cisalhamento de acordo com a equação de Merchant.

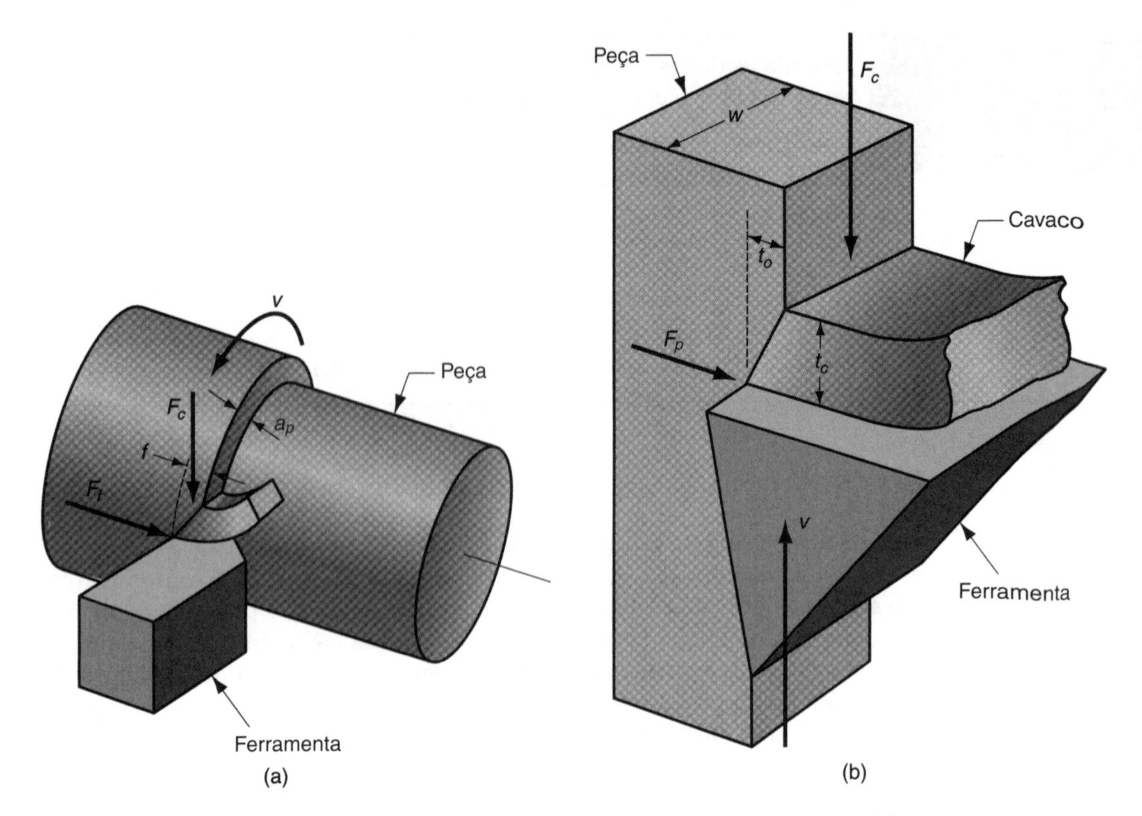

FIGURA 17.13 Aproximação do torneamento pelo modelo ortogonal: (a) torneamento; e (b) o corte ortogonal correspondente.

relação à profundidade de usinagem. Desse modo, a maior parte do corte estará relacionada à direção do avanço, e o corte na ponta da ferramenta será desprezível. A Figura 17.13 indica a conversão de uma situação de corte para a outra.

A interpretação das condições de corte é diferente nos dois casos. A espessura do cavaco indeformado t_o no corte ortogonal corresponde ao avanço f no torneamento; e a largura do corte w no corte ortogonal corresponde à profundidade de usinagem a_p no torneamento. Além disso, a força de penetração F_p no modelo ortogonal corresponde à força de avanço F_f no torneamento. A velocidade de corte e a força de corte têm os mesmos significados nos dois casos. A Tabela 17.1 resume as conversões.

TABELA • 17.1 Relação de conversão: operação de torneamento *versus* corte ortogonal.

Operação de Torneamento	Modelo de Corte Ortogonal
Avanço f =	Espessura do cavaco indeformado t_o
Profundidade a_p =	Largura de corte w
Velocidade de corte v_c =	Velocidade de corte v_c
Força de corte F_c =	Força de corte F_c
Força de avanço F_f =	Força de penetração F_p

17.4 Relações de Potência e Energia em Usinagem

Uma operação de usinagem requer potência. A força de corte em uma operação de usinagem de um processo produtivo pode ultrapassar 1000 N, conforme sugerido pelo Exemplo 17.2. As velocidades de corte típicas são de várias centenas de m/min. O produto da força e da velocidade de corte fornece a potência (energia por unidade de tempo) necessária para realizar uma operação de usinagem:

$$P_c = F_c v_c \tag{17.17}$$

em que P_c = potência de corte, N-m/s ou W; F_c = força de corte, N; e v_c = velocidade de corte, m/s.

A potência bruta necessária para operar a máquina-ferramenta é maior do que a potência fornecida para o processo de corte, devido às perdas mecânicas no motor e no sistema de transmissão da máquina. Essas perdas podem ser contabilizadas pela eficiência mecânica da máquina-ferramenta:

$$P_g = \frac{P_c}{E} \tag{17.18}$$

em que P_g = potência bruta do motor da máquina-ferramenta, W; e E = eficiência mecânica da máquina-ferramenta. Os valores típicos de E para as máquinas-ferramenta são de aproximadamente 90 %.

Muitas vezes é útil converter potência em potência por unidade da taxa de volume do metal removido. Isso se chama ***potência unitária***, P_u, definida como:

$$P_u = \frac{P_c}{\varphi_{RM}} \tag{17.19}$$

em que φ_{RM} = taxa de remoção de material, mm³/s. A taxa de remoção de material pode ser calculada como o produto de $v_c t_o w$. Isso é a Equação (17.1) usando as conversões da Tabela 17.1. A potência unitária também é conhecida como ***energia específica*** U.

$$U = P_u = \frac{P_c}{\varphi_{RM}} = \frac{F_c v}{v t_o w} = \frac{F_c}{t_o w} \tag{17.20}$$

As unidades da energia específica normalmente são N-m/mm³. No entanto, a última expressão na Equação (17.20) sugere que as unidades poderiam ser reduzidas para N/mm². Faz mais sentido manter as unidades como N-m/mm³ ou J/mm³.

Exemplo 17.4 Relações de potência em usinagem

Continuando com os exemplos anteriores, determine a potência de corte e a energia específica na operação de usinagem, se a velocidade de corte = 100 m/min. Resumindo os dados e os resultados dos exemplos anteriores, t_o = 0,50 mm, w = 3,0 mm, F_c = 1557 N.

Solução: A partir da Equação (17.17), a potência na operação é

$$P_c = (1557 \text{ N})(100 \text{ m/min}) = 155.700 \text{ N-m/min} = 155.700 \text{ J/min} = 2595 \text{ J/s} = 2595 \text{ W}$$

A energia específica é calculada a partir da Equação (17.20):

$$U = \frac{155.700}{100(10^3)(3,0)(0,5)} = \frac{155.700}{150.000} = \mathbf{1,038\ N\text{-}m/mm^3}$$

TABELA • 17.2 Valores da potência unitária e da energia específica de materiais selecionados, usando ferramentas de corte afiadas e espessura de cavaco antes do corte (indeformado) t_o = 0,25 mm.

Material	Dureza Brinell	Energia Específica *U* ou Potência Unitária P_u N-m/mm³
Aço-carbono	150–200	1,6
	201–250	2,2
	251–300	2,8
Aços-liga	200–250	2,2
	251–300	2,8
	301–350	3,6
	351–400	4,4
Ferro fundido	125–175	1,1
	175–250	1,6
Aço inoxidável	150–250	2,8
Alumínio	50–100	0,7
Ligas de alumínio	100–150	0,8
Latão	100–150	2,2
Bronze	100–150	2,2
Ligas de magnésio	50–100	0,4

Dados compilados de [6], [8], [11] e de outras fontes.

A potência unitária e a energia específica proporcionam uma medida útil de quanta potência (ou energia) é necessária para remover uma unidade de volume de metal durante a usinagem. Usando essa medida, diferentes materiais podem ser comparados em termos de seus requisitos de potência e energia. A Tabela 17.2 apresenta uma lista de valores de potência unitária e energia específica para materiais selecionados.

Os valores na Tabela 17.2 se baseiam em dois pressupostos: (1) a ferramenta de corte é afiada e (2) a espessura do cavaco indeformado t_o = 0,25 mm. Se esses pressupostos não forem satisfeitos, será preciso fazer alguns ajustes. A potência de corte necessária para as ferramentas desgastadas é maior, e isso se reflete nos maiores valores de energia específica e potência unitária. Como um guia aproximado, os valores na tabela devem ser multiplicados por um fator entre 1,00 e 1,25, dependendo do grau de desgaste da ferramenta. Para ferramentas afiadas, o fator é 1,00. Para ferramentas em uma operação de acabamento, que estão quase totalmente gastas, o fator é de aproximadamente 1,10, e para ferramentas em uma operação de desbaste e que estão praticamente gastas, o fator é 1,25.

A espessura do cavaco indeformado t_o também afeta os valores de energia específica e de potência unitária. À medida que t_o é reduzido, os requisitos de potência unitária aumentam. Essa relação é denominada ***efeito de escala***. Por exemplo, a retificação, na qual os cavacos são extremamente pequenos em comparação com a maioria das demais operações de usinagem, requer valores muito altos de energia específica. Os valores de U e P_u na Tabela 17.2 ainda podem ser usados para estimar a potência e a energia em situações nas quais t_o não é igual a 0,25 mm aplicando um fator de correção para levar em conta qualquer diferença na espessura do cavaco indeformado. A Figura 17.14 fornece valores desse fator de correção em função de t_o. Os valores da potência unitária e da energia específica na Tabela 17.2 devem ser multiplicados pelo fator de correção adequado quando t_o não for igual a 0,25 mm.

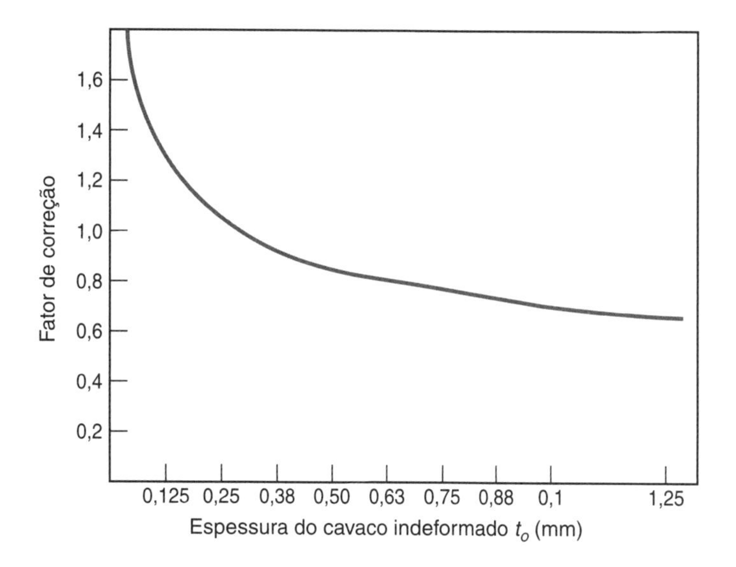

FIGURA 17.14 Fator de correção para potência unitária e energia específica quando os valores da espessura do cavaco indeformado t_0 forem diferentes de 0,25 mm.

TABELA • 17.3 Guia de Solução de Problemas de Potência.

Problema	Possíveis Soluções
Requisitos de potência de corte altos demais para a máquina-ferramenta	Reduzir a velocidade de corte Reduzir a profundidade de usinagem e/ou avanço Usar um material mais usinável Usar uma máquina-ferramenta com mais potência Usar um fluido de corte Usar uma ferramenta de corte com ângulo de saída maior

Além da afiação da ferramenta e do efeito de escala, outros fatores também influenciam os valores da energia específica e da potência unitária em determinada operação. Esses outros fatores incluem o ângulo de saída, a velocidade de corte e o fluido de corte. À medida que o ângulo de saída ou a velocidade de corte aumentam, ou quando é adicionado o fluido de corte, os valores de U e P_u são ligeiramente reduzidos.

A Tabela 17.3 apresenta um guia de solução de problemas que resume as ações que podem ser tomadas para mitigar problemas em que os requisitos de potência da operação de usinagem ultrapassam a capacidade da máquina-ferramenta.

17.5 Temperatura de Corte

Da energia total consumida em usinagem, quase toda ela (~98 %) é convertida em calor. Esse calor pode fazer com que as temperaturas se tornem muito elevadas na interface cavaco-ferramenta – mais de 600 °C não é incomum. A energia restante (~2 %) é retida como energia elástica no cavaco.

As temperaturas de corte são importantes porque as temperaturas elevadas (1) reduzem a vida útil da ferramenta, (2) produzem cavacos quentes que representam ameaças à segurança do operador da máquina, e (3) podem provocar imprecisões nas dimensões da peça devido à expansão térmica do material da peça. Esta seção discute o cálculo e a medição das temperaturas em usinagem.

17.5.1 MÉTODOS ANALÍTICOS PARA CALCULAR TEMPERATURAS DE CORTE

Existem vários métodos analíticos para calcular estimativas da temperatura de corte. As Referências [3], [5], [9] e [15] apresentam algumas dessas abordagens. O método por Cook [5] foi derivado, usando dados experimentais de uma série de materiais para estabelecer valores paramétricos para a equação resultante. A equação pode ser utilizada para prever o aumento na temperatura na interface cavaco-ferramenta durante a usinagem:

$$\Delta T = \frac{0{,}4U}{\rho C}\left(\frac{v_c t_o}{K}\right)^{0{,}333}$$

em que ΔT = aumento médio da temperatura na interface cavaco-ferramenta, °C; U = energia específica na operação, N-m/mm³ ou J/mm³; v_c = velocidade de corte, m/s; t_o = espessura do cavaco indeformado, m; ρC = calor específico volumétrico do material, J/mm³- °C; K = difusividade térmica do material, m²/s.

Exemplo 17.5 Temperatura de corte

Para a energia específica obtida no Exemplo 17.4, calcule o aumento na temperatura acima da temperatura ambiente de 20 °C. Use os dados fornecidos pelos exemplos anteriores neste capítulo; v_c = 100 m/min, t_o = 0,50 mm. Além disso, o calor específico volumétrico do material = 3,0 (10^{-3}) J/mm³-°C, e a difusividade térmica = 50(10^{-6}) m²/s (ou 50 mm²/s).

Solução: A velocidade de corte precisa ser convertida para mm/s: v_c = (100 m/min) (10^3 mm/m)/(60 s/min) = 1667 mm/s. Agora a Equação (17.21) pode ser utilizada para calcular o aumento médio na temperatura:

$$\Delta T = \frac{0{,}4(1{,}038)}{3{,}0(10^{-3})}\,°\mathrm{C}\left(\frac{1667(0{,}5)}{50}\right)^{0.333} = (138{,}4)(2{,}552) = \mathbf{353°C}$$

17.5.2 MEDIÇÃO DA TEMPERATURA DE CORTE

Foram desenvolvidos métodos experimentais para medir as temperaturas em usinagem. A técnica de medição mais utilizada é o ***termopar cavaco-ferramenta***. Esse termopar consiste na ferramenta e no cavaco como dois metais diferentes formando a junção do termopar. Conectando adequadamente os fios elétricos à ferramenta e à peça de trabalho (que está conectada ao cavaco), a tensão gerada na interface cavaco-ferramenta durante o corte pode ser monitorada usando um potenciômetro de gravação, ou outro dispositivo apropriado para a coleta de dados. A tensão de saída do termopar cavaco-ferramenta (medida em mV) pode ser convertida no valor correspondente de temperatura por meio de equações de calibração para a combinação particular de ferramenta e peça.

O termopar cavaco-ferramenta tem sido utilizado por pesquisadores para investigar a relação entre temperatura e condições de corte, como velocidade e avanço. Trigger [14] determinou a relação velocidade-temperatura com a seguinte forma geral:

$$T = K\, v_C^m \tag{17.22}$$

em que T = temperatura medida na interface cavaco-ferramenta e v_c = velocidade de corte. Os parâmetros K e m dependem das condições de corte (exceto v_c) e do material usinado. A Figura 17.15 traz o gráfico da temperatura *versus* a velocidade de corte de vários materiais, com as equações, da forma apresentada pela Equação (17.22), deter-

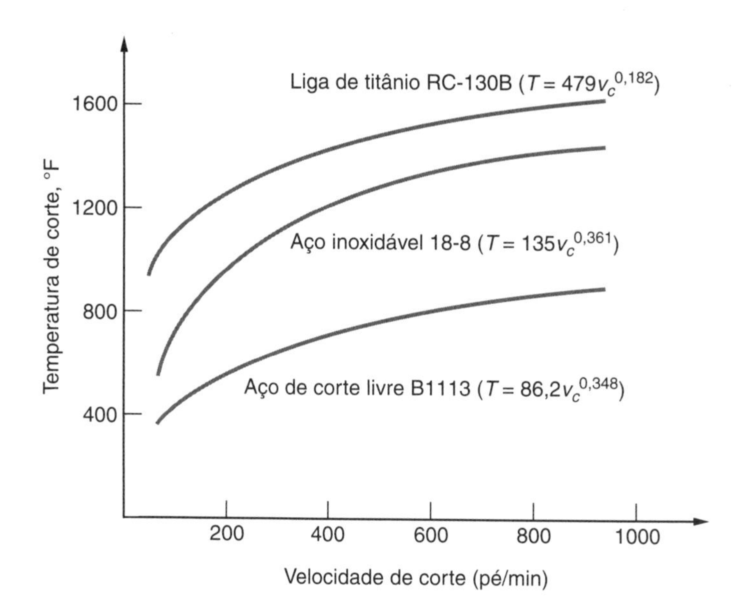

FIGURA 17.15 Temperaturas de corte medidas experimentalmente e plotadas em relação à velocidade de três materiais, indicando uma concordância geral com a Equação (17.22). Baseada nos dados em [9].[1]

minadas para cada material. Existe uma relação similar entre a temperatura de corte e o avanço; no entanto, o efeito do avanço na temperatura não é tão forte quanto o da velocidade de corte. Esses resultados empíricos tendem a suportar a validade geral da equação de Cook: Equação (17.21).

Referências

[1] ***ASM Handbook***, Vol. 16: ***Machining***. ASM International, Materials Park, Ohio, 1989.

[2] Black, J, and Kohser, R. ***DeGarmo's Materials and Processes in Manufacturing***, 11th ed., John Wiley & Sons, Hoboken, New Jersey, 2012.

[3] Boothroyd, G., and Knight, W. A. ***Fundamentals of Metal Machining and Machine Tools***, 3rd ed. CRC Taylor and Francis, Boca Raton, Florida, 2006.

[4] Chao, B. T., and Trigger, K. J. "Temperature Distribution at the Tool–Chip Interface in Metal Cutting." ***ASME Transactions***. Vol. 77, October 1955, pp. 1107–1121.

[5] Cook, N. "Tool Wear and Tool Life." ***ASME Transactions, Journal of Engineering for Industry***. Vol. 95, November 1973, pp. 931–938.

[6] Drozda, T. J., and Wick, C. (eds.). ***Tool and Manufacturing Engineers Handbook***. 4th ed. Vol. I: ***Machining***. Society of Manufacturing Engineers, Dearborn, Michigan, 1983.

[7] Kalpakjian, S., and Schmid, S. ***Manufacturing Processes for Engineering Materials***, 5th ed. Pearson Prentice Hall, Upper Saddle River, New Jersey, 2007.

[8] Lindberg, R. A. ***Processes and Materials of Manufacture***, 4th ed. Allyn and Bacon, Boston, 1990.

[9] Loewen, E. G., and Shaw, M. C. "On the Analysis of Cutting Tool Temperatures," ***ASME Transactions***. Vol. 76, No. 2, February 1954, pp. 217–225.

[10] Merchant, M. E. "Mechanics of the Metal Cutting Process: II. Plasticity Conditions in Orthogonal Cutting," ***Journal of Applied Physics***. Vol. 16, June 1945, pp. 318–324.

[11] Schey, J. A. ***Introduction to Manufacturing Processes***, 3rd ed. McGraw-Hill, New York, 1999.

[12] Shaw, M. C. ***Metal Cutting Principles***, 2nd ed. Oxford University Press, Oxford, UK, 2005.

[13] Trent, E. M., and Wright, P. K. ***Metal Cutting***, 4th ed. Butterworth Heinemann, Boston, 2000.

[14] Trigger, K. J. "Progress Report No. 2 on Tool–Chip Interface Temperatures." ***ASME Transactions***. Vol. 71, No. 2, February 1949, pp. 163–174.

[15] Trigger, K. J., and Chao, B. T. "An Analytical Evaluation of Metal Cutting Temperatures." ***ASME Transactions***. Vol. 73, No. 1, January 1951, pp. 57–68.

[1]As unidades relatadas no artigo de Loewen e Shaw na ASME [9] foram °F para a temperatura de corte e pé/min para a velocidade de corte. Essas unidades foram mantidas nos gráficos e equações da nossa figura.

Questões de Revisão

17.1 Quais são as três categorias básicas de processos de remoção de materiais?

17.2 O que diferencia a usinagem dos outros processos de fabricação?

17.3 Identifique algumas das razões pelas quais a usinagem é importante comercialmente e tecnologicamente.

17.4 Nomeie os três processos de usinagem mais comuns.

17.5 Quais são as duas categorias básicas de ferramentas de corte em usinagem? Forneça dois exemplos de operações de usinagem que usem cada um dos tipos de ferramentas.

17.6 Quais são os parâmetros de uma operação de usinagem que estão incluídos no escopo das condições de corte?

17.7 Explique a diferença entre desbaste e acabamento em usinagem.

17.8 O que é uma máquina-ferramenta?

17.9 O que é uma operação de corte ortogonal?

17.10 Por que o modelo de corte ortogonal é útil na análise da usinagem de metais?

17.11 Nomeie e descreva abreviadamente os quatro tipos de cavacos que podem ocorrer no corte de metais.

17.12 Identifique as quatro forças que agem no cavaco no modelo de corte ortogonal de metais, mas que não podem ser medidas diretamente em uma operação.

17.13 Identifique as duas forças que podem ser medidas no modelo de corte ortogonal de metais.

17.14 Qual é a relação entre o coeficiente de atrito e o ângulo de atrito no modelo de corte ortogonal?

17.15 Descreva em palavras o que nos diz a equação de Merchant.

17.16 De que forma a potência necessária em uma operação de corte está relacionada com a força de corte?

17.17 Qual é a energia específica em usinagem de metais?

17.18 O que significa o termo efeito de escala no corte de metais?

17.19 O que é um termopar cavaco-ferramenta?

Problemas

As respostas dos problemas marcados com **(A)** são apresentadas no Apêndice, no final do livro.

Formação de Cavaco e Forças de Usinagem

17.1 **(A)** O ângulo de saída em uma operação de corte ortogonal = 12°. A espessura do cavaco indeformado = 0,30 mm e a espessura do cavaco (após o corte) = 0,70 mm. Calcule (a) o ângulo do plano de cisalhamento e (b) a deformação por cisalhamento da operação.

17.2 No Problema 17.1, suponha que o ângulo de saída fosse modificado para 0°. Considerando que o ângulo de atrito continue o mesmo, determine (a) o ângulo do plano de cisalhamento, (b) a espessura do cavaco e (c) a deformação por cisalhamento da operação.

17.3 Em uma operação de torneamento, a velocidade de corte = 1,8 m/s. Avanço = 0,30 mm/rev, e profundidade de usinagem = 2,6 mm. Ângulo de saída = 8°. Após o corte, a espessura do cavaco = 0,56 mm. Determine (a) o ângulo do plano de cisalhamento, (b) a deformação por cisalhamento, e (c) a taxa de remoção de material. Use o modelo de corte ortogonal como uma aproximação do processo de torneamento.

17.4 **(A)** A força de corte e a força de penetração em uma operação de corte ortogonal são 1470 N e 1589 N, respectivamente. Ângulo de saída = 5°, largura de corte = 5,0 mm, espessura do cavaco indeformado = 0,6 mm, e razão da espessura do cavaco = 0,38. Determine (a) a tensão de escoamento por cisalhamento do material usinado e (b) o coeficiente de atrito na operação.

17.5 Em uma operação de corte ortogonal, o ângulo de saída = −5°, espessura do cavaco indeformado = 0,2 mm, e largura do corte = 4,0 mm. A razão do cavaco = 0.4. Determine (a) a espessura do cavaco após o corte, (b) o ângulo de cisalhamento, (c) o ângulo de atrito, (d) o coeficiente de atrito e (e) a deformação por cisalhamento.

17.6 **(A)** Aço com baixo teor de carbono e resistência à tração = 300 MPa e tensão de escoamento por cisalhamento = 220 MPa é torneado a uma velocidade de corte = 2,5 m/s. Avanço = 0,20 mm/rev, e profundidade de usinagem = 3,0 mm. O ângulo de saída = 5° na direção do fluxo do cavaco. A razão do cavaco resultante = 0,45.

Usando o modelo ortogonal para aproximar o torneamento, determine a força de corte e a força de penetração.

17.7 Mostre como a Equação (17.3) é derivada da definição de razão do cavaco, Equação (17.2) e Figura 17.6(b).

17.8 Mostre como a Equação (17.4) é derivada da Figura 17.7.

17.9 Derive as equações de força de F, N, F_s e F_n [Equações (17.9) a (17.12) no texto] usando o diagrama de forças da Figura 17.11.

Potência e Energia de Usinagem

17.10 **(A)** Em uma operação de torneamento em aço inoxidável, a velocidade de corte = 150 m/min, avanço = 0,25 mm/rev, e profundidade de usinagem = 7,5 mm. Quanta potência o torno vai consumir ao realizar essa operação, se sua eficiência mecânica = 90 %? Use a Tabela 17.2 para obter o valor aproximado da energia específica.

17.11 No Problema 17.10, calcule o requisito de potência do torno se o avanço = 0,50 mm/rev.

17.12 O aço-carbono simples, com dureza Brinell de 275 HB, é torneado com uma velocidade de corte = 200 m/min. A profundidade de usinagem = 6,0 mm. O motor do torno tem 25 kW nominais (brutos), e sua eficiência mecânica = 90 %. Usando o valor apropriado da energia específica segundo a Tabela 17.2, determine o avanço máximo que pode ser utilizado nessa operação. Recomenda-se o uso de uma calculadora de planilha para os cálculos iterativos necessários neste problema.

17.13 Uma operação de torneamento é realizada em alumínio. Com base nos valores da energia específica da Tabela 17.2, determine a taxa de remoção de material e a potência de corte na operação sob os seguintes conjuntos de condições de corte: (a) Velocidade de corte = 5,6 m/s, avanço = 0,25 mm/rev, e profundidade de usinagem = 2,0 mm; e (b) velocidade de corte = 1,3 m/s, avanço = 0,75 mm/rev, e profundidade de usinagem = 4,0 mm.

17.14 Um dos supervisores na oficina de usinagem reclama de um problema com uma operação na seção de torneamento. Parece que o torno tem uma tendência a desacelerar ou empacar no meio da operação de corte, indicando que a máquina tem uma potência aquém da necessária para o material de trabalho e as condições de corte. Sem saber nada mais sobre o problema, quais atitudes podem ser tomadas e que mudanças podem ser feitas para mitigar esse problema de potência?

Temperatura de Corte

17.15 **(A)** O corte ortogonal é realizado em um metal cujo calor específico de massa = 1,0 J/g-C, massa específica = 2,9 g/cm^3 e difusividade térmica = 0,8 cm^2/s. Velocidade de corte = 3,5 m/s, espessura do cavaco indeformado = 0,25 mm e largura de corte = 2,2 mm. Força de corte = 950 N. Determine a temperatura de corte se a temperatura ambiente = 22 °C.

17.16 Considere uma operação de torneamento realizada em aço cuja dureza = 225 HB a uma velocidade de corte = 3,0 m/s, avanço = 0,25 mm e profundidade de usinagem = 4,0 mm. Usando valores das propriedades térmicas encontrados nas tabelas e definições da Seção 4.1 e o valor apropriado da energia específica da Tabela 17.2, calcule uma estimativa da temperatura de corte. Suponha a temperatura ambiente = 20 °C.

17.17 Em uma operação de torneamento, a velocidade de corte = 200 m/min, avanço = 0,25 mm/rev e profundidade de usinagem = 4,00 mm. A difusividade térmica do material de trabalho = 20 mm^2/s e o calor específico volumétrico = 3,5(10^{-3}) J/mm^3-C. Se o aumento da temperatura acima da temperatura ambiente (20 °C) é medido por um termopar cavaco-ferramenta como igual a 700 °C, determine a energia específica para o material de trabalho nessa operação.

17.18 Durante uma operação de torneamento, um termopar cavaco-ferramenta foi utilizado para medir a temperatura de corte. Os seguintes dados de temperatura foram coletados durante os cortes em três velocidades de corte diferentes (avanço e profundidade foram mantidos constantes): (1) v_c = 100 m/min, T = 505 °C, (2) v_c = 130 m/min, T = 552 °C, (3) v_c = 160 m/min, T = 592 °C. Determine uma equação para a temperatura em função da velocidade de corte que está na forma da equação de Trigger, Equação (17.22).

18 Operações de Usinagem e Máquinas-Ferramenta

Sumário

18.1 Usinagem e Geometria da Peça

18.2 Torneamento e Operações Relacionadas
18.2.1 Condições de Corte no Torneamento
18.2.2 Operações Relacionadas ao Torneamento
18.2.3 O Torno Mecânico
18.2.4 Outros Tipos de Tornos
18.2.5 Mandriladoras

18.3 Furação e Operações Relacionadas
18.3.1 Condições de Corte na Furação
18.3.2 Operações Relacionadas à Furação
18.3.3 Furadeiras

18.4 Fresamento
18.4.1 Tipos de Operações de Fresamento
18.4.2 Condições de Corte em Fresamento
18.4.3 Fresadoras

18.5 Centros de Usinagem e Centros de Torneamento

18.6 Outras Operações de Usinagem
18.6.1 Aplainamento
18.6.2 Brochamento
18.6.3 Serramento

18.7 Operações de Usinagem para Geometrias Especiais
18.7.1 Rosqueamento
18.7.2 Engrenagens

18.8 Usinagem em Alta Velocidade

A usinagem é o mais versátil e preciso de todos os processos de fabricação em sua capacidade para produzir uma grande diversidade de geometrias e características das peças. A fundição também pode produzir uma série de formas, mas não tem a precisão e a exatidão da usinagem. Este capítulo descreve as operações de usinagem importantes e também as máquinas-ferramenta utilizadas para executá-las. A Nota Histórica 18.1 apresenta uma breve narrativa do desenvolvimento da tecnologia de máquinas-ferramenta.

18.1 Usinagem e Geometria da Peça

As peças usinadas podem ser classificadas por ter ou não uma geometria de revolução (Figura 18.1). Uma peça com ***geometria de revolução*** tem uma forma cilíndrica ou discoide. A operação característica que produz essa geometria é aquela em que uma ferramenta de corte remove material de uma peça giratória. Entre os exemplos estão o torneamento interno e o torneamento externo. A furação está intimamente relacionada, exceto que uma forma cilíndrica interna é criada e a ferramenta gira (em vez da peça) na maioria das operações de furação. Uma peça ***sem geometria de revolução*** (também chamada ***prismática***) tem a forma de bloco ou placa, como na Figura 18.1(b). Essa geometria é obtida por meio de movimentos lineares da peça, combinados com movimentos de rotação ou lineares da ferramenta. As operações nessa categoria incluem fresamento, aplainamento e serramento.

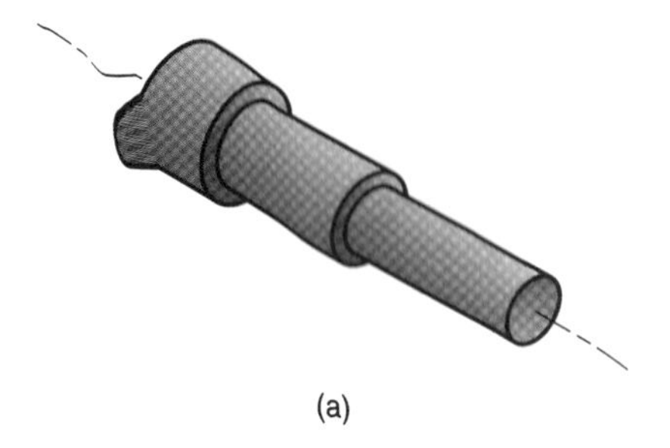
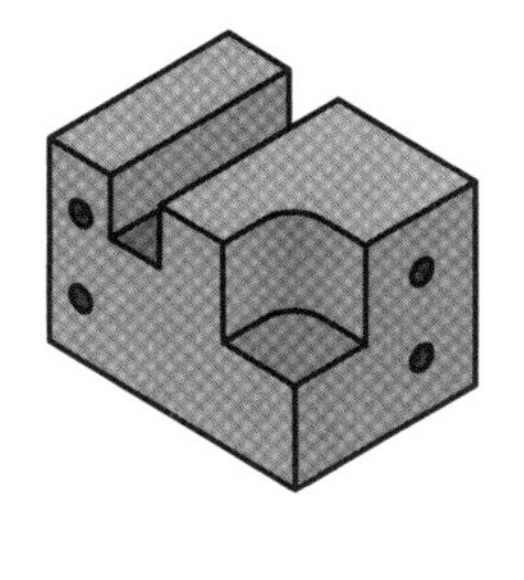
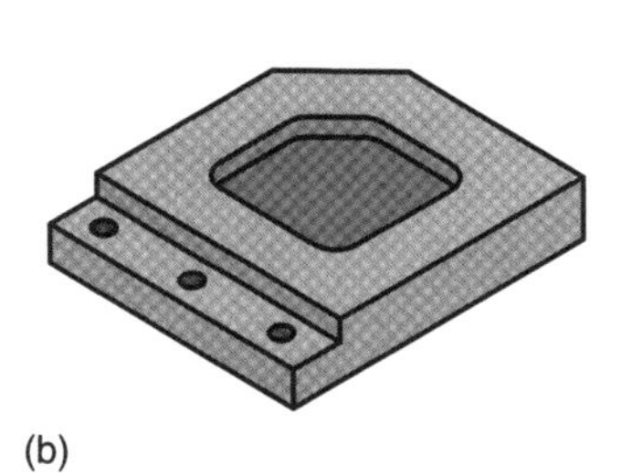

(a) (b)

FIGURA 18.1 As peças usinadas são classificadas em (a) com geometria de revolução ou (b) sem geometria de revolução, exibidas aqui por um bloco e uma placa.

Nota Histórica 18.1 *Tecnologia das máquinas-ferramenta*

A remoção de material como um meio de produzir coisas remonta ao período pré-histórico, quando o homem aprendeu a entalhar a madeira e a lascar a pedra para criar ferramentas de caça e cultivo. Existem evidências arqueológicas de que os antigos egípcios usavam um mecanismo de corda de arco giratória para fazer furos.

O desenvolvimento das máquinas-ferramenta modernas está intimamente relacionado com a Revolução Industrial. Quando James Watt criou a sua primeira máquina a vapor, na Inglaterra, por volta de 1763, um dos problemas técnicos com os quais se deparou foi fazer o furo do cilindro suficientemente preciso para impedir que o vapor escapasse em volta do pistão. John Wilkinson construiu uma ***mandriladora*** movida por uma roda d'água, aproximadamente em 1775, o que permitiu a Watt construir a sua máquina a vapor. Essa mandriladora é frequentemente reconhecida como a primeira máquina-ferramenta.

Outro cidadão inglês, Henry Maudsley, desenvolveu o primeiro ***torno mecânico a vapor*** em 1880, aproximadamente. Embora o torneamento da madeira já tivesse sido alcançado havia muitos séculos, a máquina de Maudsley acrescentou um carro de ferramentas mecanizado com o qual o avanço e as operações de rosqueamento podiam ser executados com precisão muito maior do que antes.

Eli Whitney é creditado pelo desenvolvimento da primeira ***fresadora*** nos Estados Unidos por volta de 1818. O desenvolvimento da ***plaina*** ocorreu na Inglaterra, entre 1800 e 1835, em resposta à necessidade de criar componentes para o motor a vapor, equipamentos têxteis e outras máquinas associadas à Revolução Industrial. A ***furadeira de coluna*** elétrica foi desenvolvida por James Nasmyth em 1846, aproximadamente, permitindo a criação de furos precisos em metal.

A maioria dos tornos, mandriladoras, fresadoras, plainas e furadeiras utilizadas nos dias de hoje tem os mesmos projetos básicos das versões iniciais desenvolvidas nos últimos dois séculos. Os centros de usinagem modernos – máquinas-ferramenta capazes de realizar mais de um tipo de operação de corte – foram introduzidos no final dos anos 1950, após o desenvolvimento do controle numérico (Nota Histórica 34.1).

Cada operação de usinagem produz uma geometria característica devido a dois fatores: (1) os movimentos relativos entre a ferramenta e a peça a ser usinada e (2) a forma da ferramenta de corte. Essas operações que criam a forma da peça são classificadas como geração e formação. Na ***geração***, a geometria da peça é determinada pela trajetória do avanço da ferramenta de corte. A trajetória seguida pela ferramenta durante seu movimento de avanço é transmitida para a superfície de trabalho a fim de criar a forma. Entre os exemplos de geração estão o torneamento cilíndrico, o torneamento cônico, o torneamento curvilíneo (ou de perfis), o fresamento com fresa cilíndrica tangencial e o fresamento com fresa de topo, todos ilustrados na Figura 18.2. Em cada uma dessas operações, a remoção de material é feita pelo movimento que produz a velocidade de corte na operação, mas a forma da peça é determinada pelo movimento de avanço. Por exemplo, no torneamento curvilíneo e no fresamento de um perfil exibidos na figura, o movimento de avanço resulta em alterações na profundidade e espessura, respectivamente, à medida que o corte prossegue.

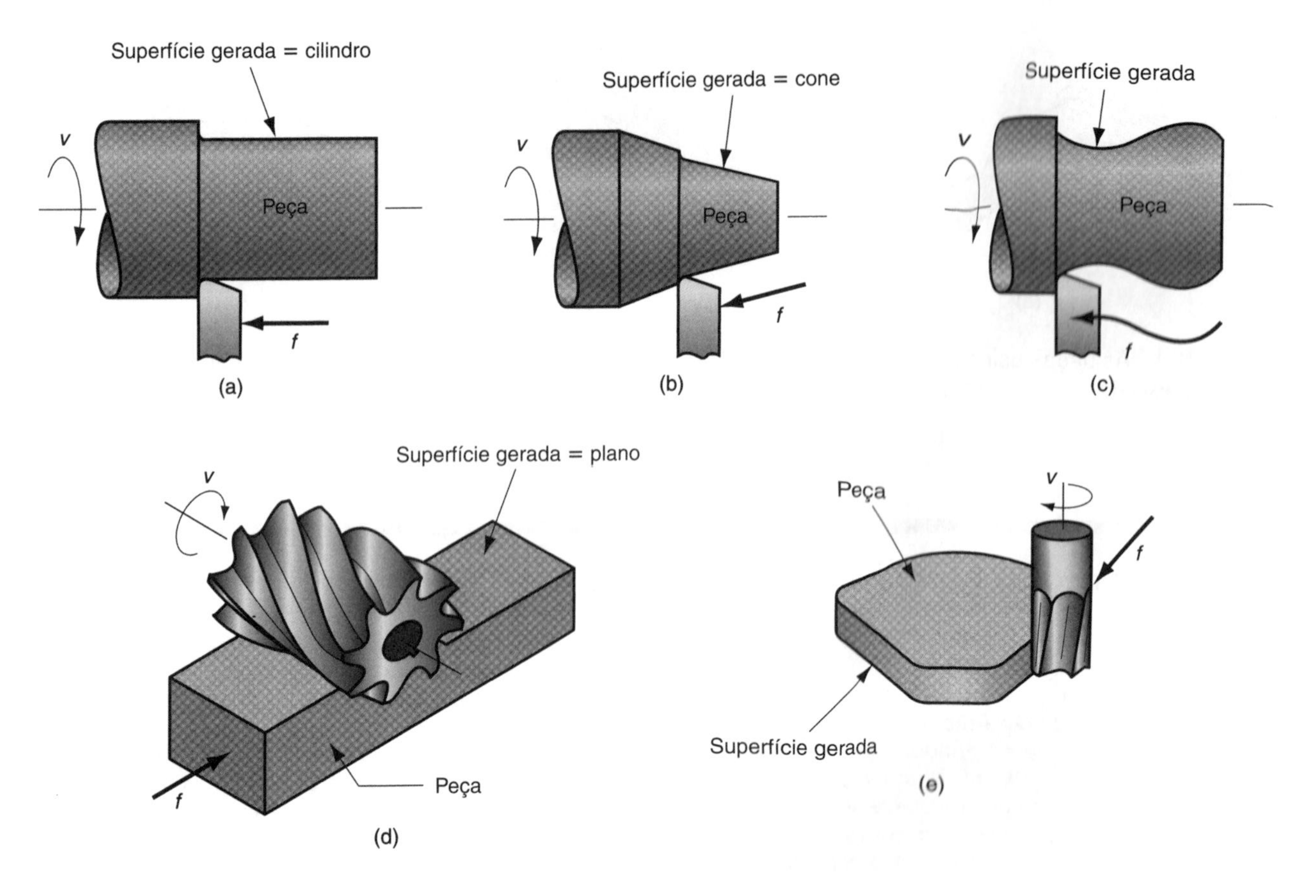

FIGURA 18.2 Geração de forma em usinagem: (a) torneamento cilíndrico, (b) torneamento cônico, (c) torneamento de perfis ou curvilíneo, (d) fresamento cilíndrico tangencial e (e) fresamento de um perfil com fresa de topo.

Na ***formação***, a forma da peça é criada pela geometria da ferramenta de corte. Na verdade, a aresta de corte da ferramenta tem o inverso da forma a ser produzida na superfície da peça. O perfilamento radial, a furação e o brochamento são exemplos desse caso. Nessas operações, ilustradas na Figura 18.3, a forma da ferramenta de corte é transmitida para a peça de trabalho para criar sua geometria. As condições de corte na formação incluem frequentemente a velocidade do movimento primário combinada com um movimento de avanço direcionado para a peça. A profundidade de usinagem nessa categoria de usinagem se refere normalmente à penetração final na peça após a conclusão do movimento de avanço.

A formação e a geração às vezes são combinadas em uma única operação, conforme ilustrado na Figura 18.4, para rosqueamento em um torno e ranhura em uma fresadora. No rosqueamento, a ponta da ferramenta de corte determina a forma dos filetes, mas a grande velocidade de avanço gera essas roscas. No fresamento da ranhura (também chamado fresamento de rasgos), a largura da ferramenta de corte determina a largura dessa ranhura, mas é o movimento de avanço que cria a ranhura.

A usinagem é classificada como um processo secundário. Em geral, os processos secundários se seguem aos processos básicos, cujo propósito é estabelecer a forma inicial de uma peça bruta. Os exemplos de processos básicos incluem fundição, forjamento e laminação. As formas produzidas por esses processos requerem frequentemente o trabalho posterior por processos secundários. As operações de usinagem servem para transformar as formas iniciais em geometrias finais especificadas no projeto da peça. Por exemplo, a barra é a forma inicial, mas a geometria final após uma série de operações de usinagem é um eixo. Os processos básicos e os secundários são descritos em mais detalhes na Subseção 36.1.1 sobre planejamento de processos.

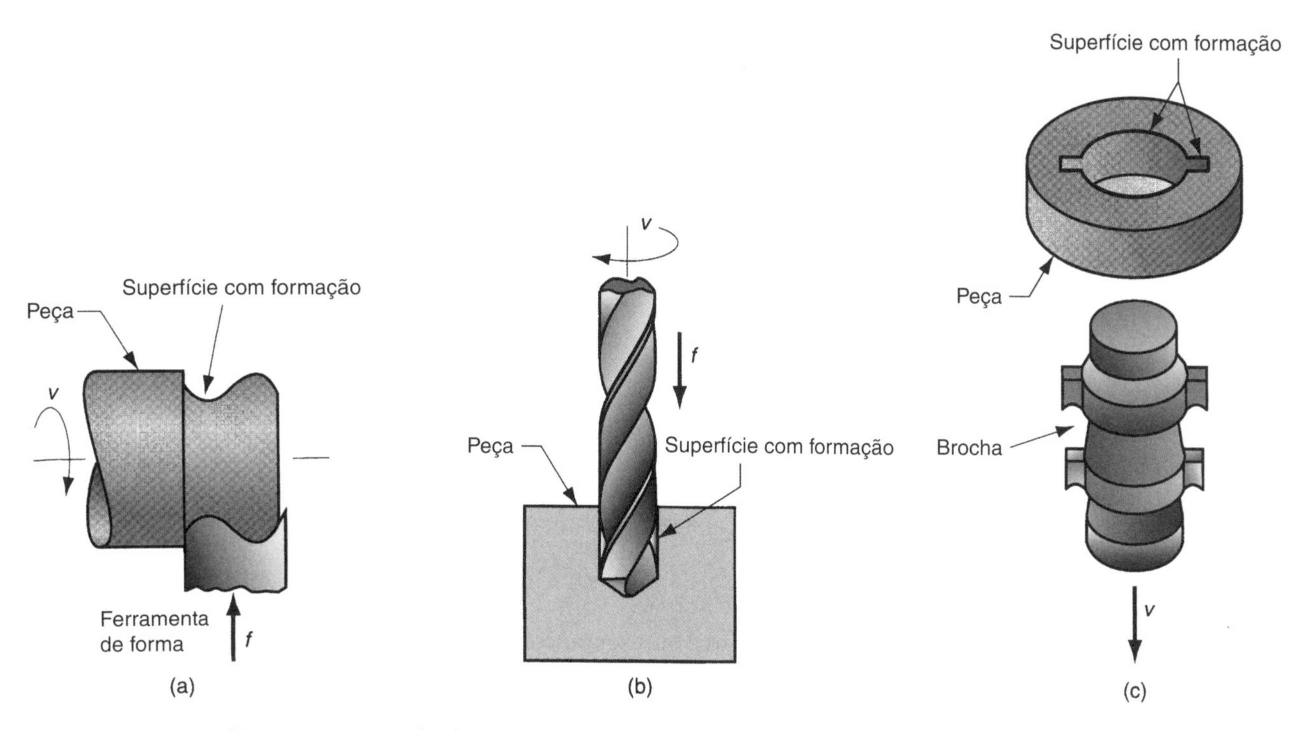

FIGURA 18.3 Formação para criar formas em usinagem: (a) perfilamento radial, (b) furação e (c) brochamento.

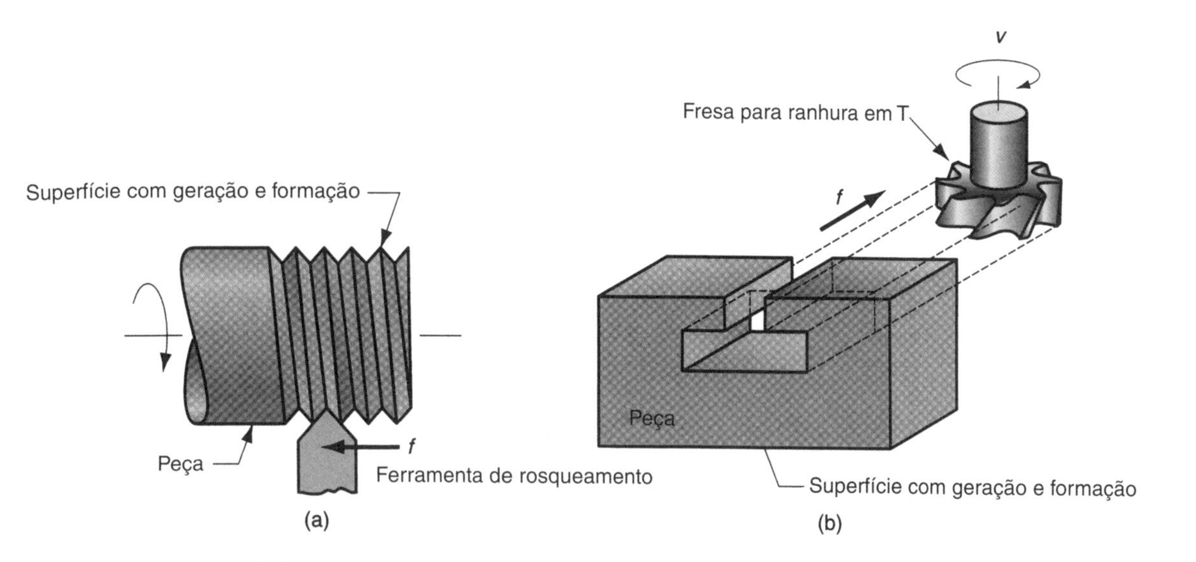

FIGURA 18.4 Combinação de formação e geração para criar forma: (a) rosqueamento no torno e (b) fresamento de ranhura.

18.2 Torneamento e Operações Relacionadas

Torneamento é um processo de usinagem no qual uma ferramenta monocortante remove material da superfície de uma peça giratória. A ferramenta é avançada em uma direção paralela ao eixo de rotação para gerar uma geometria cilíndrica, conforme ilustrado nas Figuras 18.2(a) e 18.5. As ferramentas monocortantes utilizadas no torneamento e em outras operações de usinagem são discutidas na Subseção 19.3.1. Tradicionalmente, o torneamento é feito em uma máquina-ferramenta chamada ***torno***, que fornece energia para girar a peça em uma determinada rotação e avançar a ferramenta em uma determinada velocidade e profundidade de usinagem.

18.2.1 CONDIÇÕES DE CORTE NO TORNEAMENTO

A rotação no torneamento está relacionada com a velocidade de corte desejada na superfície da peça cilíndrica por meio da equação

$$N = \frac{v_c}{\pi D_o} \tag{18.1}$$

em que N = rotação, rpm; v_c = velocidade de corte, m/min; e D_o = diâmetro original da peça, m.

A operação de torneamento reduz o diâmetro da peça, de sua medida original D_o, para o diâmetro final D_f, como determinado pela profundidade de usinagem a_p:

$$D_f = D_o - 2a_p \tag{18.2}$$

O avanço em torneamento é apresentado geralmente em mm/rev. Esse avanço pode ser convertido para uma velocidade de percurso linear em mm/min pela fórmula

$$V_f = Nf \tag{18.3}$$

em que v_f = velocidade de avanço, mm/min; e f = avanço, mm/rev.

O tempo para usinar de uma extremidade de uma peça cilíndrica até a outra é dado por

$$T_c = \frac{L}{f_r} \tag{18.4}$$

em que T_c = tempo de corte, min; e L = comprimento da peça cilíndrica, mm. Um cálculo mais direto do tempo de corte é fornecido pela seguinte equação:

$$T_c = \frac{\pi D_o L}{f v_c} \tag{18.5}$$

em que D_o = diâmetro da peça, mm; L = comprimento da peça, mm; f = avanço, mm/rev; e v_c = velocidade de corte, mm/min. Por uma questão prática, frequentemente é

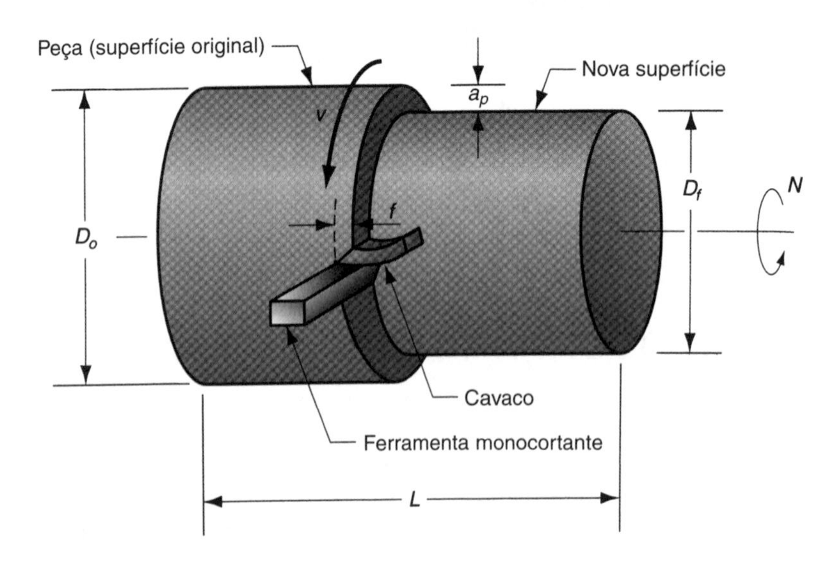

FIGURA 18.5 Operação de torneamento.

acrescentada uma pequena distância ao tamanho da peça no início e no final da peça para permitir a aproximação e o afastamento da ferramenta. Desse modo, a duração do movimento de avanço durante o trabalho será maior que T_c.

A taxa volumétrica de remoção de material pode ser determinada de maneira mais conveniente pela seguinte equação:

$$\varphi_{RM} = vfd \tag{18.6}$$

em que φ_{RM} = taxa de remoção de material, mm³/min. Usando essa equação, as unidades de f são expressadas simplesmente em mm, desprezando a natureza rotacional do torneamento. Além disso, deve-se ter cuidado para garantir que as unidades da velocidade sejam coerentes com as de f e a_p.

Exemplo 18.1
Tempo de Corte no Torneamento

Uma operação de torneamento é feita em uma peça cilíndrica cujo diâmetro = 120 mm e o comprimento = 450 mm. Velocidade de corte = 2,0 m/s, avanço = 0,25 mm/rev e profundidade de usinagem = 2,2 mm. Determine (a) o tempo de corte e (b) a taxa de remoção de material.

Solução: (a) Visando à coerência das unidades, velocidade de corte v_c = 2000 mm/s. Usando a Equação (18.5),

$$T_c = \frac{\pi D_o L}{f v_c} = \frac{\pi(120)(450)}{(2000)(0{,}25)} = 339{,}3 \text{ s} = \mathbf{5{,}65\ min}$$

(b) $\varphi_{RM} = 2000(0{,}25)(2{,}2) =$ **1100 mm³/s**

18.2.2 OPERAÇÕES RELACIONADAS AO TORNEAMENTO

Várias outras operações de usinagem podem ser realizadas em um torno, além do torneamento em si; entre elas, temos as operações ilustradas na Figura 18.6:

a) ***Faceamento***. A ferramenta é avançada na direção radial na peça giratória em uma das extremidades para criar uma superfície plana nessa extremidade.
b) ***Torneamento cônico***. Em vez de avançar a ferramenta em paralelo com o eixo de rotação da peça, a ferramenta é avançada em um ângulo, criando assim um cilindro afunilado ou uma forma cônica.
c) ***Torneamento curvilíneo***. Em vez de avançar a ferramenta ao longo de uma linha reta paralela ao eixo de rotação, como no torneamento simples, a ferramenta acompanha um contorno não linear, criando assim uma forma curva na peça torneada.
d) ***Perfilamento radial***. Nessa operação, às vezes chamada de ***formação***, a ferramenta tem uma forma que é transmitida para a peça ao introduzir essa ferramenta radialmente na peça.
e) ***Chanframento***. A aresta de corte da ferramenta é utilizada para produzir um ângulo na borda do cilindro, formando um "chanfro".
f) ***Sangramento***. A ferramenta (bedame) é avançada na peça giratória em algum ponto de seu comprimento para cortar a peça. Às vezes essa operação é chamada de ***corte com bedame***.
g) ***Rosqueamento***. Uma ferramenta pontiaguda é avançada linearmente na superfície externa da peça giratória em uma direção paralela ao eixo de rotação em uma grande velocidade de avanço efetiva, produzindo assim os filetes no cilindro. Os métodos de rosqueamento são discutidos em mais detalhes na Subseção 18.7.1.

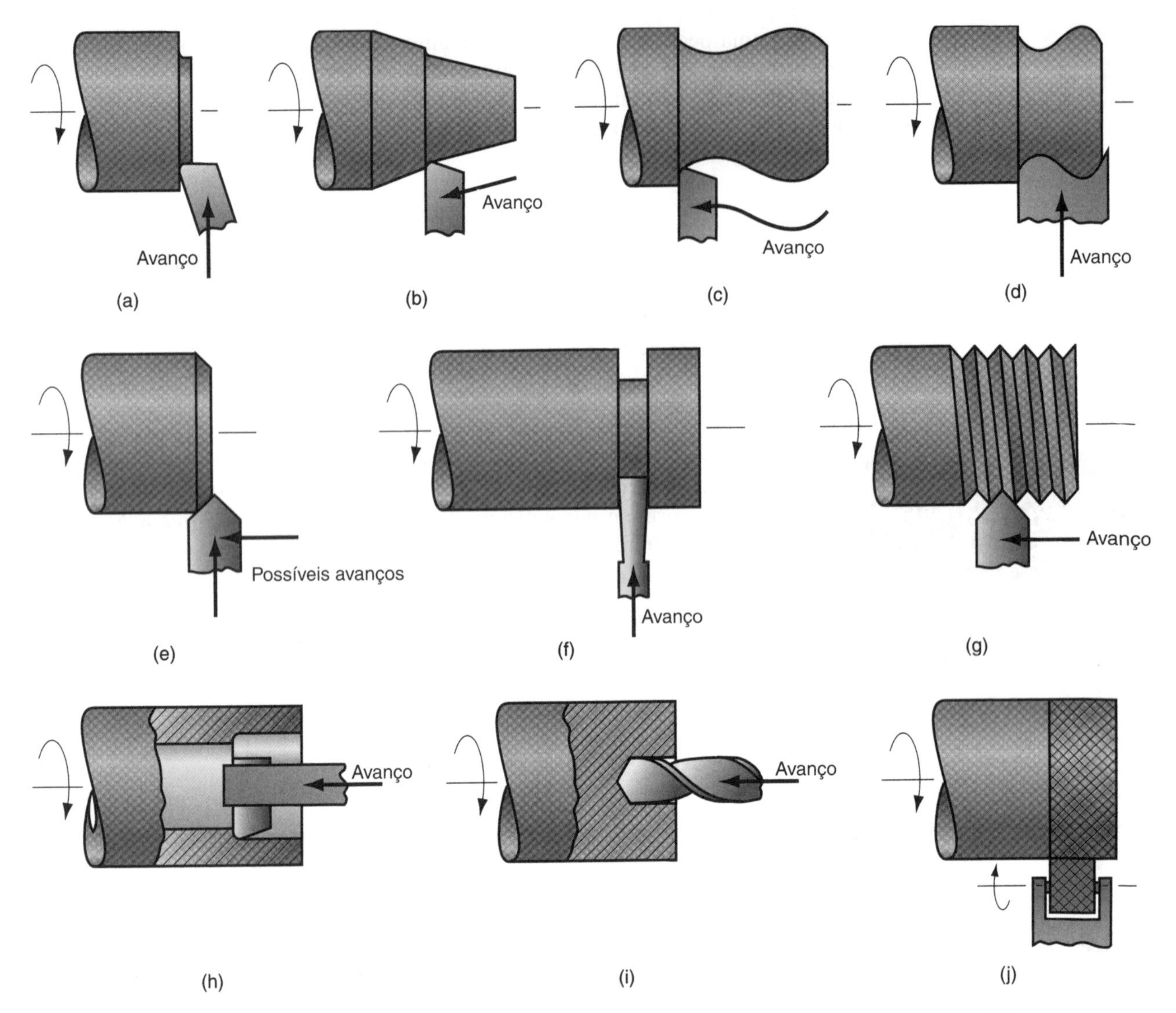

FIGURA 18.6 Operações de usinagem além do próprio torneamento que são realizadas em um torno: (a) faceamento, (b) torneamento cônico, (c) torneamento curvilíneo, (d) perfilamento radial, (e) chanframento, (f) sangramento, (g) rosqueamento, (h) broqueamento, (i) furação e (j) recartilhado.

h) ***Broqueamento***. Uma ferramenta monocortante é avançada linearmente, paralela ao eixo de rotação, no diâmetro interno de um furo existente na peça.
i) ***Furação***. A furação pode ser feita em um torno avançando a broca na peça giratória ao longo de seu eixo. O ***alargamento*** pode ser feito de modo similar.
j) ***Recartilhado***. Essa não é uma operação de usinagem, pois não envolve corte de material. Em vez disso, é uma operação de conformação de metais utilizada para produzir um padrão hachurado regular na superfície de trabalho.

A maioria das operações de torno usa ferramentas monocortantes. Torneamento, faceamento, torneamento cônico, torneamento curvilíneo, chanframento e broqueamento são feitos usando ferramentas monocortantes. Uma operação de rosqueamento é executada usando uma ferramenta monocortante concebida com uma geometria que molda a rosca. Certas operações exigem ferramentas que não sejam monocortantes. O torneamento de perfilamento radial é feito em uma ferramenta especialmente projetada, chamada ferramenta de forma. A forma do perfil na ferramenta estabelece a forma da peça. Uma ferramenta de corte é basicamente uma ferramenta de forma.

A furação é feita por uma broca (Subseção 19.3.2). O recartilhado é feito por uma ferramenta específica que consiste em dois rolos de conformação endurecidos, cada um montado entre os centros. Os rolos de conformação têm o padrão desejado do recartilhado em suas superfícies. Para realizar o recartilhado, a ferramenta é pressionada contra a peça giratória com pressão suficiente para imprimir o padrão na superfície da peça.

18.2.3 O TORNO MECÂNICO

O torno básico usado para tornear e realizar outras operações relacionadas é um ***torno mecânico***. Trata-se de uma máquina-ferramenta versátil, operada manualmente e amplamente utilizada em baixa e média produção. O termo ***mecânico*** remonta à época em que essas máquinas eram acionadas por motores a vapor.

Tecnologia do Torno Mecânico A Figura 18.7 é um esboço de torno mecânico exibindo seus componentes principais. O ***cabeçote fixo*** contém a unidade de acionamento para girar o eixo árvore, que gira a peça. O ***cabeçote móvel***, oposto ao cabeçote fixo, tem um centro montado para apoiar a outra extremidade da peça.

A ferramenta de corte é fixada no ***porta-ferramenta*** que, por sua vez, é preso ao ***carro transversal***, montado no ***carro principal***. O carro principal é projetado para deslizar ao longo do ***barramento*** do torno para avançar a ferramenta em uma direção paralela ao eixo de rotação. O barramento é como um trilho ao longo do qual o carro principal anda, e é feito com grande precisão para atingir um alto grau de paralelismo relativo ao eixo de rotação. O barramento se situa na ***base*** do torno, proporcionando uma estrutura rígida para a máquina-ferramenta.

O carro principal é acionado por um fuso que gira em uma velocidade adequada para obter a velocidade de avanço desejada. O carro transversal é projetado para avançar na direção perpendicular ao movimento do carro principal. Desse modo, movendo o carro principal, a ferramenta pode ser avançada em paralelo com o eixo da peça para realizar um torneamento cilíndrico; ou, movendo o carro transversal, a ferramenta pode ser avançada radialmente na peça para executar o faceamento, o perfilamento radial ou as operações de corte.

O torno mecânico convencional e a maioria das outras máquinas descritas nesta seção são ***tornos horizontais***; ou seja, o eixo principal é horizontal. Isso é conveniente

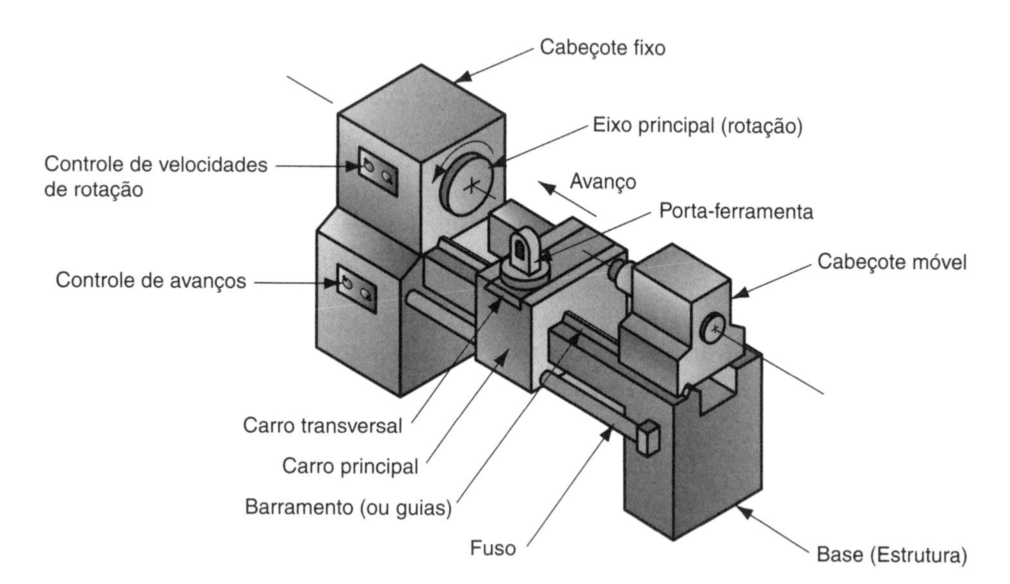

FIGURA 18.7 Diagrama de um torno mecânico indicando seus componentes principais.

para a maioria dos trabalhos de torneamento, nos quais o comprimento é maior do que o diâmetro. Para os trabalhos em que o diâmetro é grande em relação ao comprimento e a peça a ser usinada é pesada, é mais conveniente orientar a peça para que ela gire em torno de um eixo vertical; essas máquinas são chamadas de ***tornos verticais***.

O tamanho de um torno mecânico é designado pelo diâmetro admissível sobre o barramento e pela distância máxima entre as pontas. O ***diâmetro admissível*** sobre o barramento é o maior diâmetro possível da peça que pode ser fixada no eixo principal, determinado como o dobro da distância entre o eixo e o barramento da máquina. O tamanho máximo real de uma peça cilíndrica que pode ser acomodada no torno é menor que o diâmetro admissível porque o conjunto composto pelo carro principal e pelo carro transversal também ocupa parte do espaço disponível. A ***distância máxima entre pontas*** indica o comprimento máximo de uma peça que pode ser montada entre pontas no cabeçote fixo e no cabeçote móvel. Por exemplo, um torno de 350 mm × 1,2 m indica que o diâmetro admissível sobre o barramento é de 350 mm e que a distância máxima entre pontas é de 1,2 m.

Métodos para Fixação da Peça em um Torno Existem quatro métodos comuns utilizados para fixar as peças no torneamento. Esses métodos de fixação consistem em vários mecanismos para prender a peça, centralizá-la e mantê-la em posição paralela ao eixo principal e girá-la. Os métodos, ilustrados na Figura 18.8, são (a) montagem da peça entre pontas, (b) placa de castanhas, (c) pinça e (d) placa plana.

Fixar a peça ***entre pontas*** se refere ao uso de duas pontas, uma no cabeçote fixo e outra no cabeçote móvel, como na Figura 18.8(a). Esse método é adequado para peças com grandes razões entre comprimento e diâmetro. No centro do cabeçote fixo, um dispositivo chamado ***grampo*** ou ***arrastador*** é fixado na parte externa da peça e utilizado para induzir a rotação do eixo. O centro do cabeçote móvel tem uma ponta cuneiforme que é inserida em um orifício cônico na extremidade da peça. A ponta do cabeçote móvel pode ser fixa ou rotativa. Uma ***ponta rotativa*** gira apoiada em um rolamento no cabeçote móvel, de modo que não há rotação relativa entre a peça e a ponta; portanto, não há atrito entre a ponta rotativa e a peça. Por outro lado, uma ***ponta fixa*** é presa ao cabeçote móvel, de modo que ela não gira; em vez disso, a peça gira sobre a ponta. Devido ao atrito e à geração de calor resultante, essa configuração é utilizada normalmente em rotações mais baixas. A ponta rotativa pode ser utilizada em velocidades mais elevadas.

A ***placa de castanhas***, Figura 18.8(b), está disponível em vários modelos, com três ou quatro castanhas para prender a peça cilíndrica em seu diâmetro externo. As castanhas são projetadas frequentemente para que também possam prender o diâmetro interno de uma peça tubular. Uma placa ***autocentrante*** tem um mecanismo para mover as castanhas para dentro ou para fora simultaneamente, centralizando assim a peça no eixo principal. Outras placas permitem a operação independente de cada castanha. As placas podem ser utilizadas com ou sem a ponta no cabeçote móvel. Para peças com pequenas razões entre comprimento e diâmetro, geralmente fixar a peça na placa de um modo de viga em balanço é suficiente para suportar as forças de corte. Nas barras longas é necessária a ponta no cabeçote móvel para obter apoio.

Uma ***pinça*** consiste em uma bucha tubular com ranhuras longitudinais percorrendo a metade de seu comprimento e espaçadas igualmente em volta de sua circunferência, como na Figura 18.8(c). O diâmetro interno da pinça é utilizado para fixar a peça cilíndrica, tal como uma barra. Em virtude das ranhuras, uma extremidade da pinça pode ser apertada para reduzir seu diâmetro e proporcionar uma pressão suficiente para a fixação da peça. Como há um limite para a redução que se pode obter em uma pinça de qualquer diâmetro, esses dispositivos de fixação de peças precisam ser fabricados em vários tamanhos para corresponder ao tamanho da peça em operação.

Uma ***placa plana***, Figura 18.8(d), é um dispositivo fixado ao eixo do torno que é utilizado para prender peças com formas irregulares. Devido à sua forma irregular, essas peças não podem ser fixadas por outros métodos. A placa, portanto, é equipada com grampos customizados para a geometria da peça em questão.

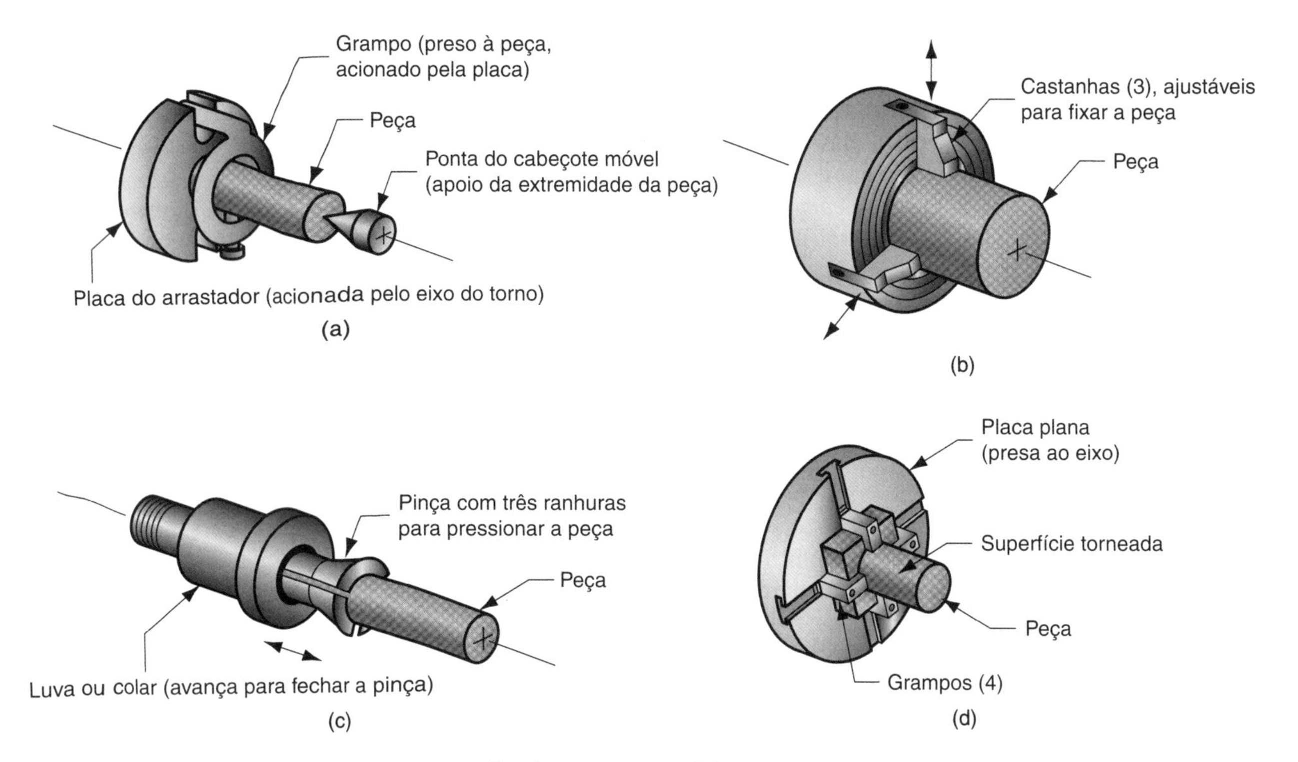

FIGURA 18.8 Quatro métodos de fixação utilizados nos tornos: (a) montagem da peça entre pontas usando um arrastador, (b) placa de três castanhas, (c) pinça e (d) placa plana para peças não cilíndricas.

18.2.4 OUTROS TIPOS DE TORNOS

Além do torno mecânico, foram desenvolvidas outras máquinas-ferramenta para torneamento para satisfazer determinadas funções ou automatizar o processo de torneamento. Entre essas máquinas estão (1) o torno de ferramentaria, (2) o torno com avanço manual, (3) o torno revólver, (4) os tornos com fixação por mandril ou por pinça, (5) o torno automático e (6) o torno com controle numérico.

O torno de ferramentaria e o torno de avanço manual estão intimamente relacionados com o torno mecânico. O ***torno de ferramentaria*** é menor e tem uma faixa mais ampla de velocidades e avanços disponíveis. Também é construído para uma precisão maior, coerente com sua finalidade de fabricar componentes para ferramentas, utensílios e outros dispositivos de alta precisão.

O ***torno com avanço manual*** tem uma construção mais simples do que o torno mecânico. Não tem o conjunto de carro principal e transversal e, portanto, nenhum fuso para acionar o carro. A ferramenta de corte é segura pelo operador usando um suporte preso ao torno como apoio. As velocidades são mais altas em um torno com avanço manual, mas o número de configurações de velocidade é limitado. As aplicações desse tipo de máquina incluem torneamento de madeira, o repuxo de metal (Subseção 16.6.3) e operações de polimento (Subseção 21.2.4).

Um ***torno revólver*** é um torno operado manualmente no qual o cabeçote móvel é substituído por uma torre que contém até seis ferramentas de corte. Essas ferramentas podem ser acionadas rapidamente contra a peça, uma a uma, indexando a torre. Além disso, o porta-ferramenta convencional utilizado em um torno mecânico é substituído por uma torre de quatro lados capaz de indexar até quatro ferramentas na posição correta. Por isso, dada a capacidade de mudar rapidamente de uma ferramenta de corte para outra, o torno revólver é utilizado no trabalho de alta produtividade que requer uma sequência de cortes na peça.

Como o nome sugere, um ***torno com fixação por mandril*** utiliza um mandril em seu eixo para fixar a peça. O cabeçote móvel não existe em um torno com fixação por mandril; logo, as peças não podem ser montadas entre centros. Isso restringe o uso de um torno de fixação por mandril a peças curtas e leves. A preparação e a operação são similares às do torno revólver, exceto que as ações de avanço das ferramentas de corte são controladas automaticamente e não por um operador humano. A função do operador é carregar e descarregar as peças.

Um ***torno com fixação por pinça*** é similar a um ***torno com fixação por mandril***, exceto que se utiliza uma pinça (em vez de um mandril), permitindo que uma barra longa seja posicionada no cabeçote fixo. No fim de cada ciclo de usinagem uma operação de corte separa a nova peça. Então a barra de material é empurrada adiante para a confecção da nova peça. A alimentação de material e a indexação e alimentação das ferramentas de corte são feitas automaticamente. Em virtude de seu alto nível de automação, é chamado frequentemente de ***torno automático***. Uma de suas aplicações importantes é na produção de parafusos e produtos similares.

Os tornos com fixação por pinça, que são alimentados por barras, podem ser classificados como de único eixo ou de múltiplos eixos. Um ***torno alimentado por barra de eixo único*** tem um eixo que permite normalmente apenas uma ferramenta de corte de cada vez na única peça de trabalho sendo usinada. Desse modo, enquanto cada ferramenta está cortando a peça, as outras estão ociosas. (Os tornos revólver e os tornos com fixação por mandril também são limitados por essa operação sequencial, e não simultânea, das ferramentas.) Para aumentar a utilização de ferramentas de corte e a produtividade, existem os ***tornos alimentados por barra de múltiplos eixos***. Essas máquinas têm mais de um eixo; logo, várias peças podem ser usinadas simultaneamente por várias ferramentas. Por exemplo, um torno automático com seis eixos trabalha em seis peças de uma vez, como na Figura 18.9. No final de cada ciclo de usinagem, os eixos (incluindo pinças e barras) são girados para a posição seguinte. Na ilustração, cada peça é concluída no final de cada ciclo. Em consequência, o torno automático com seis eixos tem uma produtividade muito elevada.

O sequenciamento e a atuação dos movimentos nos tornos automáticos e tornos com fixação por mandril são controlados tradicionalmente por cames e outros dispositivos mecânicos.

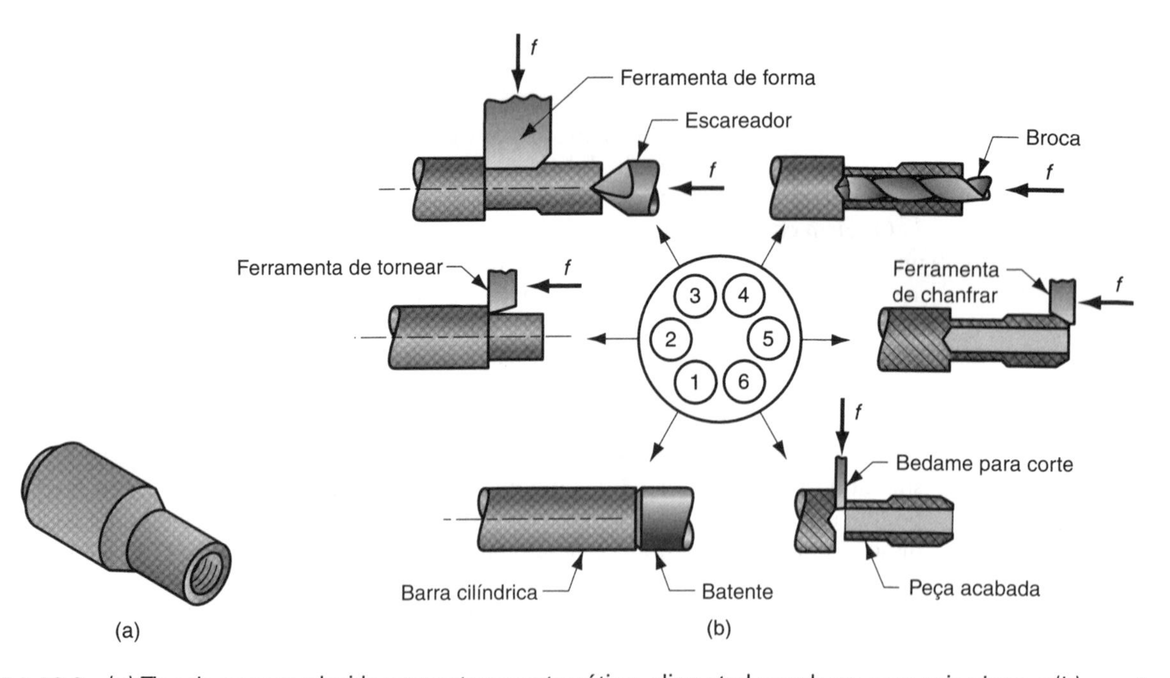

FIGURA 18.9 (a) Tipo de peça produzida em um torno automático, alimentado por barra com seis eixos; e (b) sequência de operações para produzir a peça: (1) alimentação da barra até o batente ou topador, (2) tornear o diâmetro principal, (3) formar o segundo diâmetro e escarear, (4) furar, (5) chanfrar e (6) cortar.

A forma moderna de controle denomina-se ***comando numérico computadorizado*** (CNC), no qual as operações da máquina-ferramenta são controladas por um "programa de instruções" consistindo em um código alfanumérico (Seção 34.3). O CNC proporciona um meio mais sofisticado e versátil de controle do que os dispositivos mecânicos. O CNC levou ao desenvolvimento de máquinas-ferramenta capazes de realizar ciclos mais complexos e geometrias de peça mais complexas, e um nível mais alto de operação automatizada do que tornos automáticos e com fixação por mandril convencional. O torno CNC é um exemplo dessas máquinas em torneamento. Ele é particularmente útil para operações de torneamento curvilíneo e trabalhos com tolerâncias estreitas. Hoje, os tornos automáticos com fixação por mandril e por pinça são implementados com a tecnologia CNC.

18.2.5 MANDRILADORAS

O mandrilamento é similar ao torneamento. Ele usa uma ferramenta monocortante contra uma peça fixa. Tipicamente, no mandrilamento é usinado o diâmetro interno de um furo preexistente. Na verdade, o mandrilamento é similar a uma operação de torneamento interno. Na língua inglesa, a nomenclatura utilizada para a operação de mandrilamento (*boring*) é a mesma para a operação que, em português, indica o torneamento interno, denominada broqueamento. As máquinas-ferramenta utilizadas para realizar as operações de mandrilamento se chamam ***mandriladoras***. É de se esperar que as mandriladoras tenham características em comum com os tornos; na realidade, como foi indicado previamente, os tornos são utilizados às vezes para fazer o broqueamento.

As mandriladoras podem ser horizontais ou verticais. A designação se refere à orientação do eixo de rotação da ferramenta. Em uma operação de ***broqueamento horizontal***, a configuração pode ser de duas maneiras. A primeira configuração é uma em que a peça é fixada a um eixo giratório e a ferramenta é presa a uma ferramenta de broquear em balanço, que avança sobre a peça, conforme ilustrado na Figura 18.10(a).
A ferramenta de broquear nessa configuração precisa ser muito rígida para evitar deflexão e vibração durante o corte. Para alcançar alta rigidez, as ferramentas de broquear são feitas de metal duro, cujo módulo de elasticidade se aproxima de 620×10^3 MPa. A Figura 18.11 mostra uma ferramenta de broquear de metal duro.

A segunda configuração possível é uma em que a ferramenta é montada em uma barra de mandrilar, e essa barra é apoiada e girada entre centros. A peça é presa a um mecanismo de avanço que a desloca através da barra de mandrilar na qual está montada a ferramenta. Essa configuração, Figura 18.10(b), pode ser utilizada para realizar uma operação de mandrilar em uma mandrilhadora.

Uma ***mandriladora de eixo vertical*** é utilizada para peças grandes e pesadas com diâmetros grandes; frequentemente o diâmetro da peça de trabalho é maior que seu comprimento. Como na Figura 18.12, a peça é fixada a uma mesa de trabalho que gira em relação

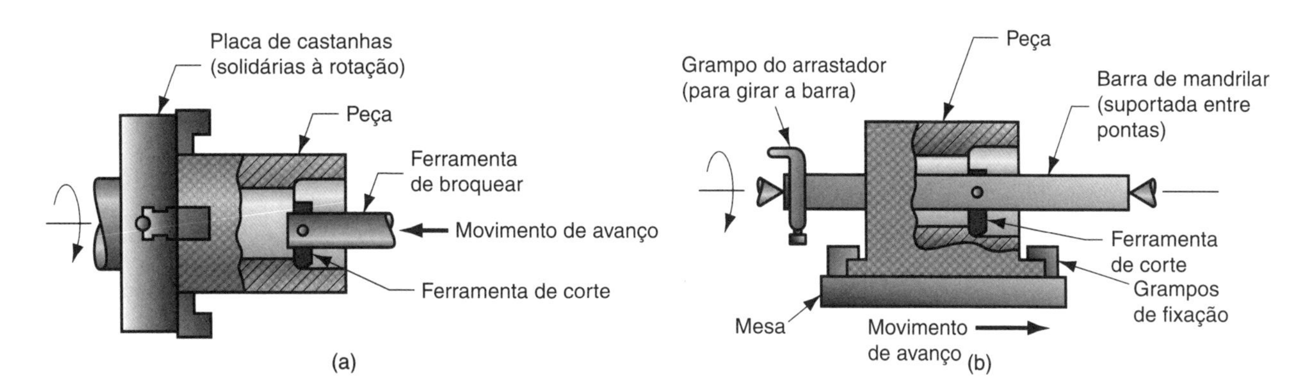

FIGURA 18.10 Duas formas de broqueamento: (a) ferramenta de broquear avança em uma peça em rotação e (b) peça, não rotativa, avança em uma barra de mandrilar em rotação.

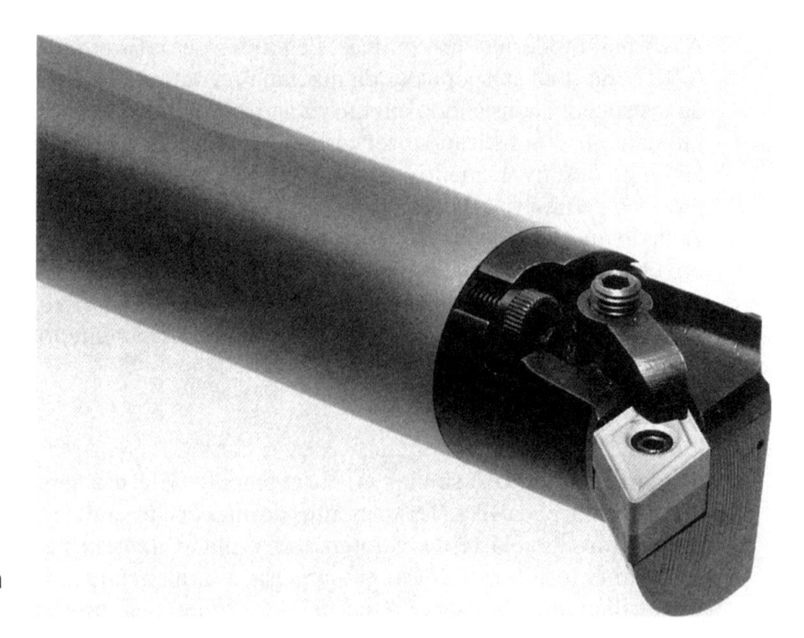

FIGURA 18.11 Barra de brocar feita de metal duro (WC-Co) que usa pastilhas intercambiáveis de metal duro. (Cortesia da Kennametal Inc.)

à base da máquina. Existem mesas de trabalho de até 12 m de diâmetro. A mandriladora típica consegue posicionar e usar várias ferramentas de corte simultaneamente. As ferramentas são montadas em cabeçotes que podem avançar horizontalmente e verticalmente em relação à mesa de trabalho. Um ou dois cabeçotes são montados em um trilho horizontal (ou transversal) acima da mesa de trabalho. As ferramentas de corte montadas acima da peça podem ser utilizadas para faceamento e mandrilamento. Além das ferramentas no trilho horizontal, mais um ou dois cabeçotes podem ser montados nas colunas laterais da máquina para permitir o torneamento no diâmetro externo da peça de trabalho.

Os cabeçotes utilizados em uma mandriladora vertical incluem torres para acomodar várias ferramentas de corte. Isso dificulta a distinção entre essa máquina e um ***torno revólver vertical***. Alguns fabricantes de máquinas-ferramenta fazem a distinção alegando que o torno revólver vertical é utilizado para diâmetros de trabalho de até 2,5 m, enquanto a mandriladora vertical é utilizada para diâmetros maiores [7]. Além disso, as mandriladoras verticais são aplicadas frequentemente a trabalhos de um único tipo, enquanto os tornos revólver verticais são utilizados para produção em lote.

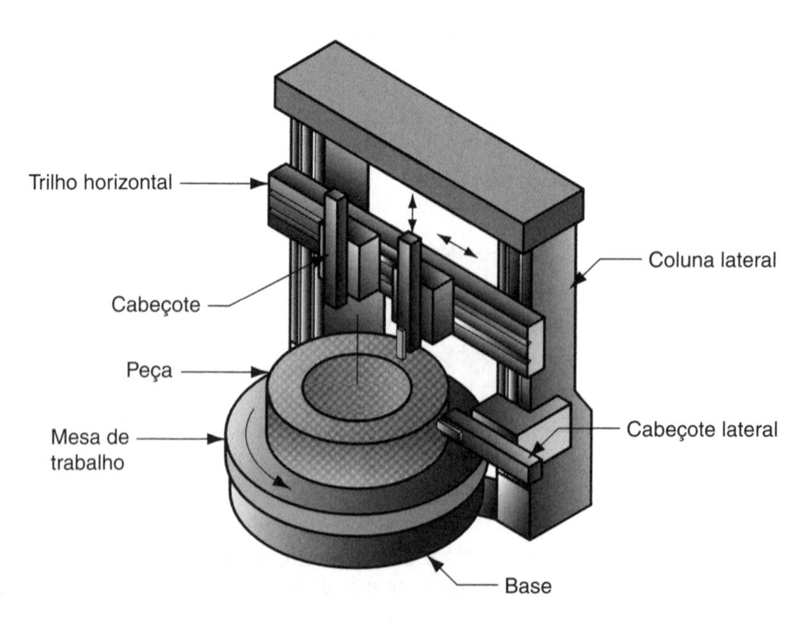

FIGURA 18.12 Mandriladora de eixo vertical.

18.3 Furação e Operações Relacionadas

A furação, Figura 18.3(b), é uma operação de usinagem utilizada para criar um furo circular em uma peça de trabalho. Isso contrasta com o broqueamento, que só pode ser utilizado para aumentar um furo existente. A maioria das operações de furação é feita usando uma ferramenta cilíndrica giratória que possui duas arestas de corte em sua extremidade útil (de trabalho). A ferramenta é denominada ***broca***, cuja forma mais comum é a broca helicoidal (Subseção 19.3.2). A broca giratória avança para dentro da peça estacionária e forma um furo cujo diâmetro é igual ao da broca. A furação é feita habitualmente em uma ***furadeira***, embora outras máquinas-ferramenta também possam realizar essa operação.

18.3.1 CONDIÇÕES DE CORTE NA FURAÇÃO

A velocidade de corte em uma operação de furação é a velocidade tangencial com que o diâmetro externo da broca gira. Essa velocidade é especificada dessa maneira por uma questão de conveniência, embora quase todo o corte seja feito realmente em velocidades mais baixas, à medida que se aproxima do eixo de rotação. Para configurar a velocidade de corte desejada na furação é preciso determinar a velocidade rotacional da broca. Considere que N representa a velocidade de rotação em rpm,

$$N = \frac{v_c}{\pi D} \tag{18.7}$$

em que v_c = velocidade de corte, mm/min; e D = diâmetro da broca, mm. Em algumas operações de furação, a peça é girada em torno de uma ferramenta estacionária, mas a mesma equação se aplica.

O avanço f na furação é especificado em mm/rev. Os avanços recomendados são aproximadamente proporcionais ao diâmetro da broca; os avanços mais elevados são utilizados com brocas de maior diâmetro. Como são (geralmente) duas arestas de corte na ponta da broca, a espessura do cavaco indeformado (espessura de corte) em cada aresta de corte é a metade do avanço. O avanço pode ser convertido para velocidade de avanço usando a mesma equação do torneamento:

$$v_f = Nf \tag{18.8}$$

em que v_f = velocidade de avanço, mm/min.

Os furos criados são passantes ou cegos, exibidos na Figura 18.13 com uma broca helicoidal no início da operação. Nos ***furos passantes*** a broca sai do outro lado da peça; nos ***furos cegos*** isso não acontece. O tempo de corte necessário para criar um furo passante pode ser determinado pela seguinte fórmula:

$$T_c = \frac{t + A}{v_f} \tag{18.9}$$

em que T_c = tempo de corte (furação), min; t = espessura da peça, mm; v_f = velocidade de avanço, mm/min; e A = altura aproximada da ponta da broca, representando a distância que a broca deve penetrar na peça até que a aresta de corte esteja executando o corte em todo o diâmetro do furo, Figura 18.13(a). Essa altura é fornecida por

$$A = 0{,}5\, D \tan\left(90 - \frac{\theta}{2}\right) \tag{18.10}$$

em que A = altura, mm; e θ = ângulo da ponta da broca, °. Na criação de um furo passante, o movimento de avanço geralmente vai além do lado oposto da peça, tornando assim a duração real do corte um pouco maior que T_c na Equação (18.9).

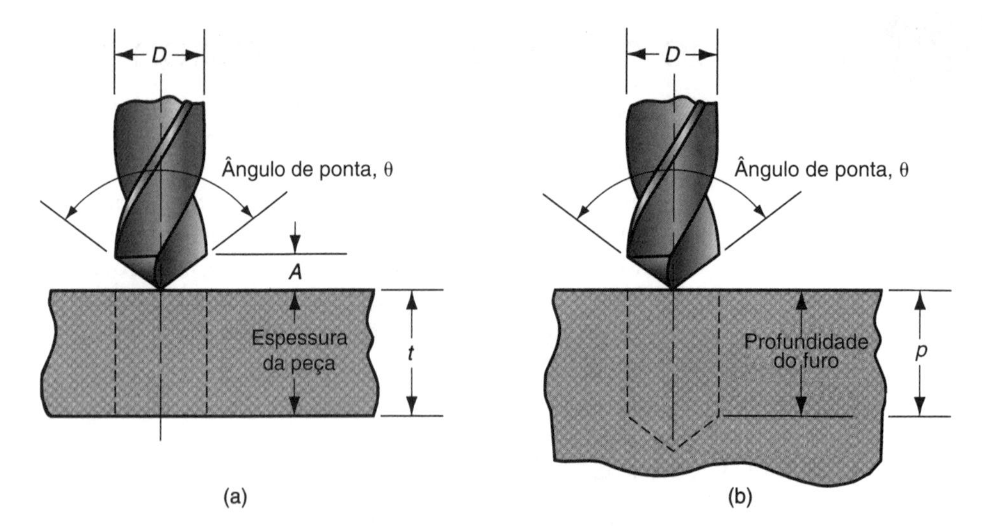

FIGURA 18.13 Dois tipos de furos: (a) furo passante e (b) furo cego.

Em um furo cego, a profundidade do furo p é definida como a distância da superfície da peça até a profundidade em que foi usinado o diâmetro total, Figura 18.13(b). Desse modo, em um furo cego o tempo de corte é determinado por

$$T_c = \frac{P + A}{v_f} \tag{18.11}$$

em que A = altura da ponta pela Equação (18.10).

A taxa de remoção de material na furação é determinada como o produto da área da seção transversal do furo e a velocidade de avanço:

$$\varphi_{RM} = \frac{\pi D^2 v_f}{4} \tag{18.12}$$

Essa equação só é válida após a broca atingir o diâmetro total e excluir a altura da aproximação.

Exemplo 18.2 Tempo de corte em furação

Uma operação de furação é feita para criar um furo passante em uma chapa de aço com 15 mm de espessura. Velocidade de corte = 0,5 m/s e avanço = 0,22 mm/rev. A broca helicoidal de 20 mm de diâmetro tem um ângulo de ponta de 118°. Determine (a) o tempo de corte e (b) a taxa de remoção do material depois que a broca alcançar o diâmetro total.

Solução: (a) $N = v/\pi D\ 0{,}5(10^3)/\pi(20) = 7{,}96$ rev/s

$$v_f = Nf = 7{,}96(0{,}22) = 1{,}75 \text{ mm/s}$$

$$A = 0{,}5(20) \tan(90 - 118/2) = 6{,}01 \text{ mm}$$

$$T_c = (t + A)/v_f = (15 + 6{,}01)/1{,}75 = 12{,}0 \text{ s} = \mathbf{0{,}20\ min}$$

(b) $R_{RM} = \pi(20)^2(1{,}75)/4 = \mathbf{549{,}8\ mm^3/s}$

18.3.2 OPERAÇÕES RELACIONADAS À FURAÇÃO

Várias operações relacionadas com a furação são ilustradas na Figura 18.14 e descritas nesta subseção. A maioria dessas operações é realizada após a furação; primeiro, um furo deve ser criado pela furação e depois esse furo é modificado por uma das outras operações. A furação de centro e o rebaixamento de ressalto são exceções a essa regra. Todas as operações usam ferramentas rotativas.

(a) ***Alargamento.*** O alargamento é utilizado para aumentar ligeiramente o diâmetro de um furo, para proporcionar melhor tolerância em seu diâmetro e para melhorar o acabamento de superfície. A ferramenta se chama ***alargador*** e normalmente possui arestas retas.

(b) ***Atarraxamento*** ou ***Rosqueamento com macho.*** Essa operação é feita por uma ferramenta chamada de ***macho*** e é utilizada para usinar roscas internas em um furo preexistente. O rosqueamento com macho é discutido, em mais detalhes, na Subseção 18.7.1.

(c) ***Rebaixamento.*** O rebaixamento proporciona um furo escalonado no qual um diâmetro maior é feito na parte do furo realizado previamente. Um furo rebaixado é utilizado para posicionar uma cabeça de parafuso em um furo, de modo que ela não se projete acima da superfície da peça. A ferramenta chama-se ***rebaixador***, que pode realizar o rebaixamento da furação escalonada ou o rebaixamento de faces.

(d) ***Escareamento*** ou ***Rebaixamento cônico.*** É similar à furação escalonada, exceto que o rebaixo é em forma de cone para parafusos e porcas com cabeça chata. A ferramenta cônica utilizada é chamada de ***escareador***.

(e) ***Furação de centro.*** Essa operação realiza um furo inicial para estabelecer maior precisão do local da furação subsequente, ou seja, realizando a centragem para o furo seguinte. A ferramenta é denominada ***broca de centro***.

(f) ***Rebaixamento de faces.*** O rebaixamento de faces ou ressaltos é similar ao fresamento, sendo utilizado o ***rebaixador*** para usinar uma superfície plana em uma área específica da peça usinada.

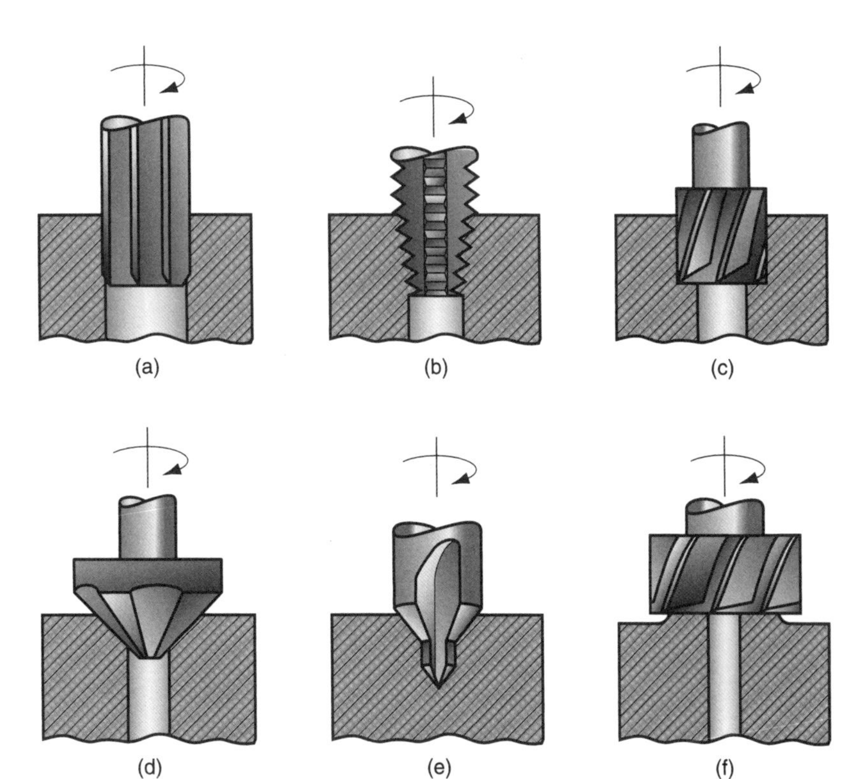

FIGURA 18.14 Operações de usinagem relacionadas à furação:
(a) alargamento,
(b) rosqueamento com macho,
(c) rebaixamento,
(d) escareamento ou rebaixamento cônico,
(e) furação de centro e
(f) rebaixamento de faces.

18.3.3 FURADEIRAS

A máquina-ferramenta padrão para furação é a furadeira. Existem vários tipos de furadeiras, sendo a mais básica a ***furadeira de coluna*** (Figura 18.15). A ***furadeira de coluna*** é posicionada diretamente no chão e consiste em uma mesa para apoiar a peça, um cabeçote que fornece o movimento de rotação para a furação, uma base e uma coluna de apoio. Uma furadeira similar, porém menor, é a ***furadeira de bancada***, que fica montada em uma mesa ou bancada e não no chão.

A ***furadeira radial*** (Figura 18.16) é uma máquina de grande porte, projetada para realizar furos em peças grandes. Ela tem um braço radial ao longo do qual o cabeçote de furação pode ser movido e fixado na posição do furo. Portanto, o cabeçote pode ser posicionado ao longo do braço em posições significativamente distantes da coluna para acomodar peças grandes. O braço radial também pode ser girado em torno da coluna para furar peças dispostas em diferentes posições da mesa de trabalho.

As ***furadeiras em série*** ou ***furadeiras de árvores múltiplas*** consistem basicamente em duas a seis furadeiras verticais, com árvores múltiplas, interligadas em um arranjo linear. Cada árvore gira e opera independentemente, e elas compartilham uma mesa de trabalho comum, de modo que diversas furações e operações relacionadas podem ser executadas em sequência (por exemplo, furo de centro, furação, rebaixamento e atarraxamento), simplesmente deslizando a peça ao longo da mesa de trabalho de uma furadeira para outra. Uma máquina relacionada é a ***furadeira de múltiplos cabeçotes***, na qual vários cabeçotes de furação estão interligados para fazer múltiplos furos simultaneamente na peça.

Além disso, existem as ***furadeiras com controle numérico computadorizado*** para controlar o posicionamento dos furos nas peças. Essas furadeiras muitas vezes são equipadas com magazines para gerenciar várias ferramentas que podem ser indexadas sob o controle do programa CNC. O termo ***furação CNC*** é utilizado para essas máquinas-ferramenta.

A fixação da peça em uma furadeira é realizada prendendo a peça em uma morsa, dispositivo de fixação ou gabarito. ***Morsa*** é um elemento geral de fixação que possui duas garras que prendem a peça na posição. Um ***dispositivo de fixação*** geralmente é personalizado para a peça em questão. O dispositivo de fixação pode ser projetado para obter alta precisão no posicionamento da peça em relação à operação de usinagem, maior produtividade e mais conveniência de uso pelo operador. Um ***gabarito*** é um dispositivo de fixação que também é especialmente projetado para a peça. A característica distintiva entre um gabarito e um dispositivo de fixação é que o gabarito proporciona um meio de guiar a ferramenta durante a operação e furação. Um dispositivo de fixação não tem essa característica de orientação da ferramenta. Um gabarito utilizado para furar se chama ***gabarito de furação***.

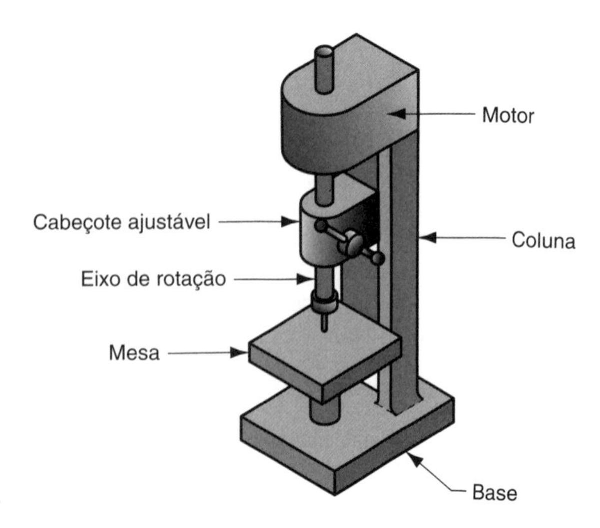

FIGURA 18.15 Furadeira de coluna.

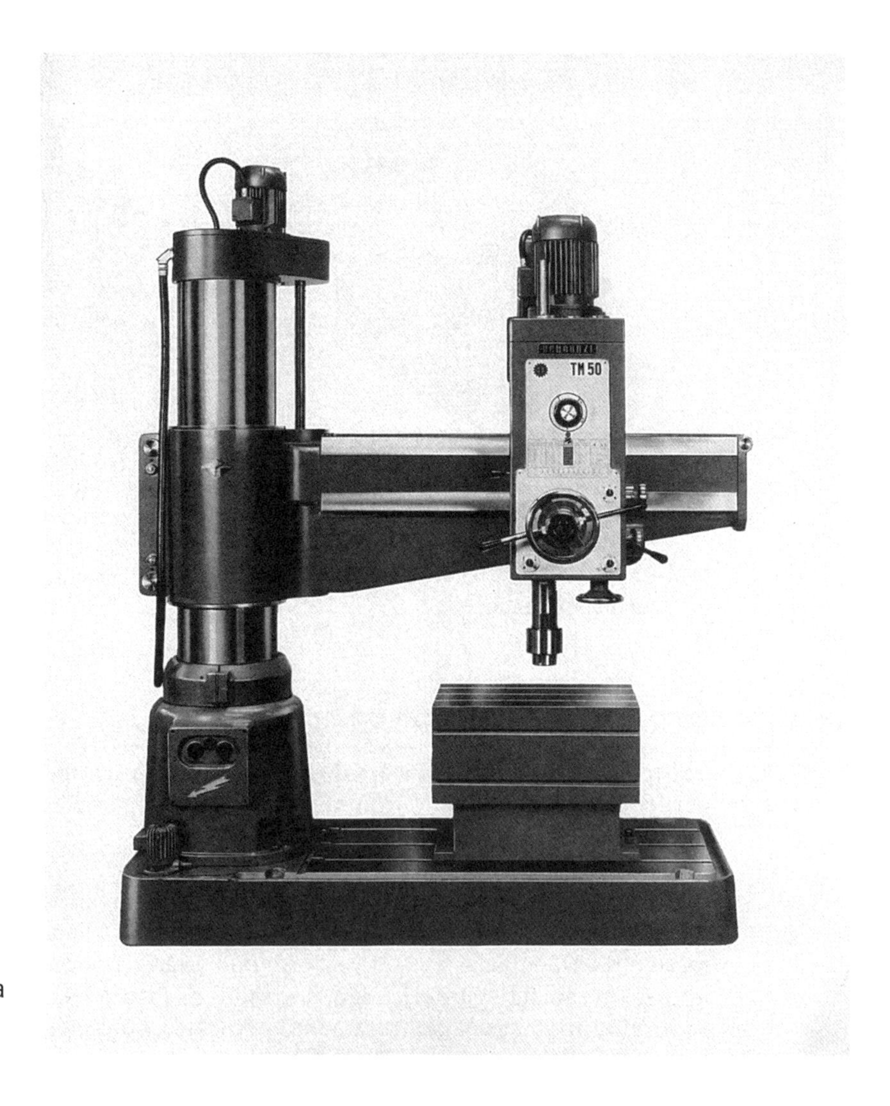

FIGURA 18.16 Furadeira radial. (Cortesia da Willis Machinery and Tools.)

18.4 Fresamento

Fresamento (ou fresagem) é uma operação de usinagem na qual uma peça é avançada em direção a uma ferramenta cilíndrica rotativa com várias arestas de corte, conforme ilustrado na Figura 18.2(d) e (e). (Em raros casos, utiliza-se uma ferramenta com uma aresta de corte, chamada ***bailarina***.) O eixo de rotação da ferramenta de corte é perpendicular à direção do avanço. Essa orientação entre o eixo da ferramenta e a direção de avanço é uma das características que distinguem o fresamento da furação. Na furação, a ferramenta de corte é avançada em uma direção paralela a seu eixo de rotação. A ferramenta de corte no fresamento é denominada ***fresa*** e as arestas de corte se chamam dentes. Os aspectos relacionados à geometria da fresa são discutidos na Subseção 19.3.2. A máquina-ferramenta convencional que realiza essa operação é a ***fresadora***.

A forma geométrica criada pelo fresamento é uma superfície plana. Outras geometrias de trabalho podem ser criadas pela trajetória da fresa ou pela geometria da fresa. Em virtude da variedade de formas possíveis e de suas altas taxas de produtividade, o fresamento é uma das operações de usinagem mais versáteis e utilizadas.

O fresamento é uma operação de ***corte interrompido***; os dentes da fresa entram na peça e saem dela durante cada revolução. Essa ação de corte interrompido sujeita os dentes a forças cíclicas de impacto e a choque térmico em cada rotação. O material e a geometria da fresa precisam ser projetados para resistir a essas condições.

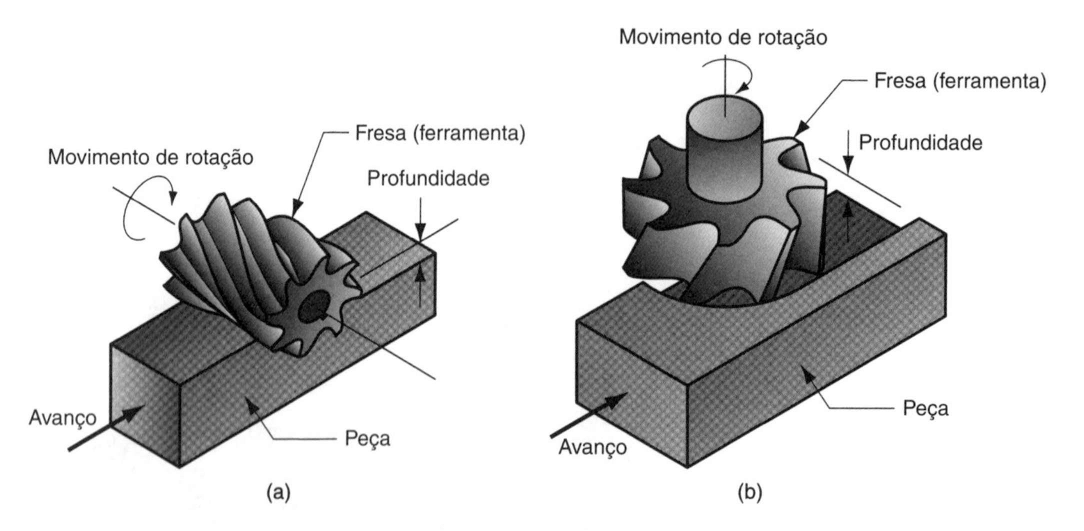

FIGURA 18.17 Dois tipos básicos de operações de fresamento: (a) fresamento periférico e (b) fresamento frontal.

18.4.1 TIPOS DE OPERAÇÕES DE FRESAMENTO

Existem dois tipos de operações de fresamento, exibidos na Figura 18.17: (a) fresamento periférico e (b) fresamento frontal. A maioria das operações de fresamento cria geometria por geração (Seção 18.1).

Fresamento Periférico No fresamento periférico, também chamado de ***fresamento cilíndrico tangencial***, o eixo da ferramenta é paralelo à superfície a ser usinada, e a operação é realizada pelas arestas de corte que estão na periferia externa da fresa. Vários tipos de fresamento periférico são mostrados na Figura 18.18: (a) ***fresamento tangencial de face***, a forma básica do fresamento periférico, no qual a largura da fresa ultrapassa a superfície da peça nos dois lados; (b) ***fresamento de canais***, também chamado ***fresamento de ranhuras***, no qual a largura da fresa é menor que a largura da peça, criando uma ranhura nesta peça – quando a fresa é muito fina, essa operação pode ser utilizada para fresar entalhes pequenos ou cortar a peça em duas, o que se chama ***fresamento de disco***; (c) ***fresamento de rasgos***, no qual a fresa faz a usinagem de um rasgo, ou um canto, em uma das laterais da peça; (d) ***fresamento de rasgos paralelos***, que é praticamente a mesma coisa que o fresamento de rasgos, apenas o corte acontece nos dois lados da

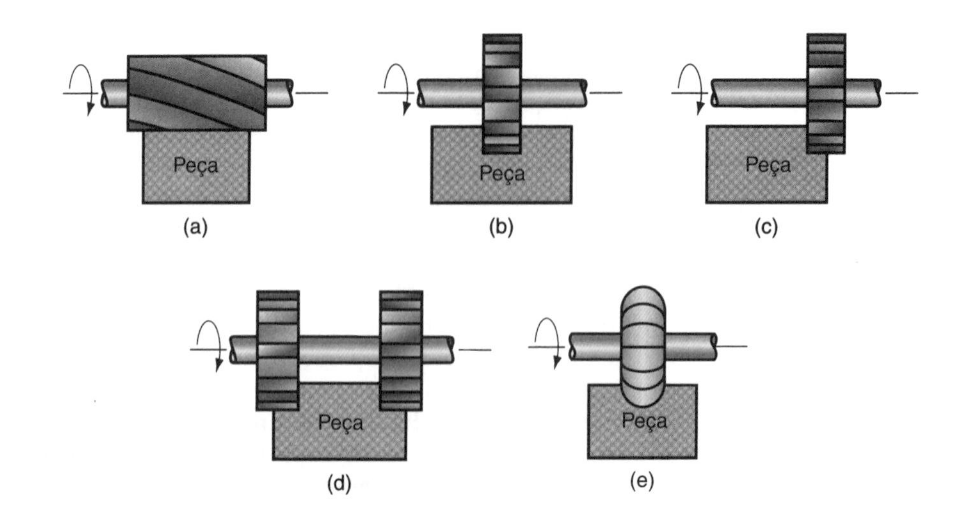

FIGURA 18.18 Fresamento periférico:
(a) fresamento tangencial de face,
(b) fresamento de canais,
(c) fresamento de rasgos,
(d) fresamento de rasgos paralelos e
(e) fresamento de perfil.

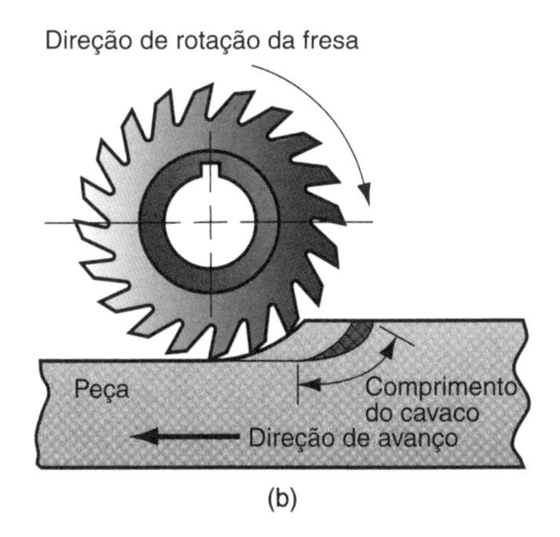

FIGURA 18.19 Duas formas de operação de fresamento periférico com fresa de 20 dentes: (a) fresamento discordante e (b) fresamento concordante.

peça ao mesmo tempo; e (e) ***fresamento de perfil***, no qual os dentes da fresa têm um perfil especial que determina a forma do entalhe que será cortado na peça. Portanto, o fresamento de perfil é classificado como uma operação de formação (Seção 18.1).

No fresamento periférico, a direção de rotação da fresa distingue duas formas de fresamento: discordante e concordante. Essas formas estão ilustradas na Figura 18.19. No ***fresamento discordante***, também chamado de ***fresamento convencional***, a direção do movimento dos dentes da fresa é oposta à direção de avanço da peça em relação à ferramenta. Trata-se de fresamento "contra o avanço". No ***fresamento concordante***, a direção da passagem do dente pela peça é a mesma direção do avanço quando o dente corta a peça. Trata-se de fresamento "a favor do avanço".

As geometrias relativas dessas duas formas de fresamento resultam em diferenças em suas ações de corte. No fresamento discordante, o cavaco formado por cada dente da fresa começa muito fino e aumenta de espessura durante o giro da fresa. Por esse motivo, é chamado, em inglês, de *up milling*, em função do aumento da espessura do cavaco. No fresamento concordante (*down milling* ou *climb milling*), cada cavaco começa com a máxima espessura e diminui de espessura durante o corte. O comprimento do cavaco no fresamento concordante é menor do que no fresamento discordante (a diferença foi exagerada na figura). Isso significa que o dente da fresa entra em contato com a peça por menos tempo por volume de material cortado e isso tende a aumentar a vida útil da ferramenta no fresamento concordante.

A direção da força de corte é tangencial à periferia da fresa que está cortando a peça. No fresamento discordante, isso tem a tendência de erguer a peça, à medida que os dentes da fresa saem do material. No fresamento concordante, essa direção da força de corte é para baixo, orientada contra a peça, tendendo a manter a peça contra a mesa da fresadora.

Fresamento Frontal No fresamento frontal, o eixo da fresa é perpendicular à superfície que está sendo fresada, e a usinagem é realizada tanto pelas arestas de corte, que estão na periferia, quanto pelas arestas secundárias, que estão na base da fresa. Como no fresamento periférico, existem várias formas de fresamento frontal, sendo algumas delas exibidas na Figura 18.20: (a) ***fresamento de faceamento convencional***, no qual o diâmetro da fresa é maior do que a largura da peça, de modo que a fresa cobre a peça por completo nos dois lados; (b) ***fresamento de faceamento parcial***, em que a fresa ultrapassa apenas um dos lados da superfície da peça; (c) ***fresamento de topo***, no qual o diâmetro da fresa é menor do que a largura da peça de modo a gerar um rebaixo nessa peça; (d) ***fresamento de borda***, uma forma de fresamento de topo no qual a periferia da peça é usinada com as arestas principais da fresa; (e) ***fresamento de cavidade***, outra forma de fresamento de topo utilizado para fresar cavidades ou bolsões em peças planas, também chamado de ***fresamento de mergulho ou rampa***; e (f) ***fresamento de superfícies curvas***, no qual uma fresa de ponta esférica (em vez de ponta reta) é movida para a

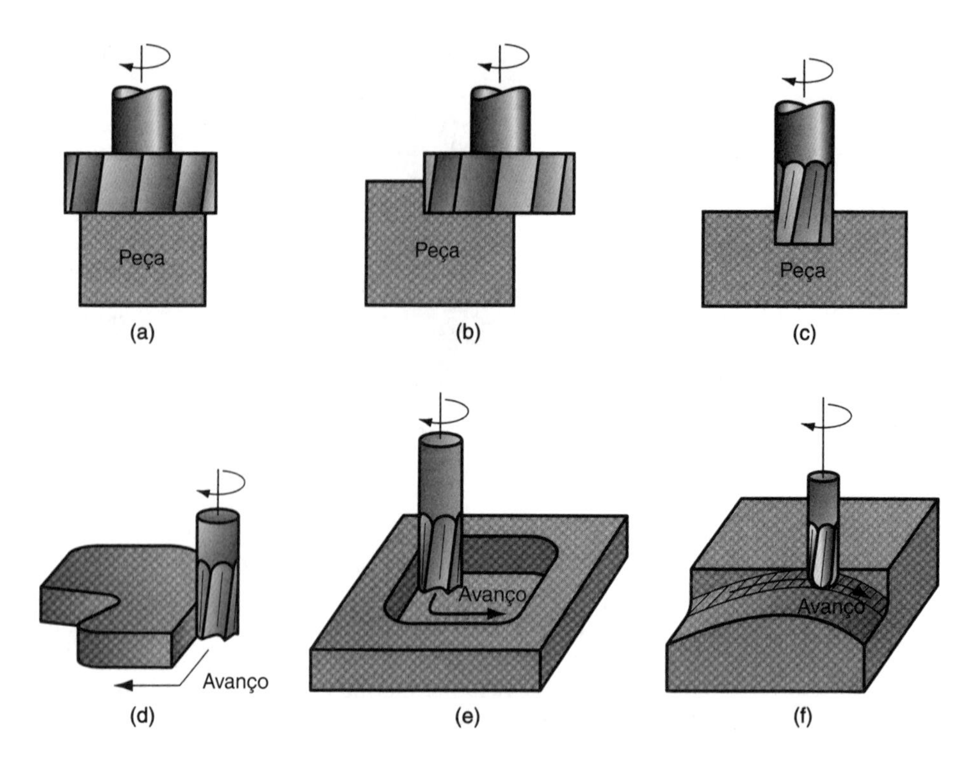

FIGURA 18.20 Fresamento frontal: (a) fresamento de faceamento convencional, (b) fresamento de faceamento parcial, (c) fresamento de topo, (d) fresamento de borda, (e) fresamento de cavidades e (f) fresamento de superfícies curvas.

frente e para trás na peça, seguindo uma trajetória curvilínea em intervalos próximos para criar uma forma tridimensional na superfície da peça. O mesmo controle básico da fresa é necessário para usinar os contornos das cavidades de moldes e matrizes, situação em que a operação se chama ***fresamento de moldes e matrizes***.

18.4.2 CONDIÇÕES DE CORTE EM FRESAMENTO

A velocidade de corte é determinada no diâmetro externo de uma fresa. Isso pode ser convertido para velocidade de rotação da fresa usando uma fórmula que agora deve ser familiar:

$$N = \frac{v_c}{\pi D} \tag{18.13}$$

O avanço no fresamento é fornecido frequentemente como um avanço por dente da fresa f_z. Essa grandeza representa o tamanho do cavaco formado por cada aresta de corte. Isso pode ser convertido para velocidade de avanço, levando em conta a rotação e o número de dentes da fresa, da seguinte maneira:

$$v_f = N z_t f_z \tag{18.14}$$

em que v_f = velocidade de avanço, em mm/min; N = velocidade de rotação, em rpm; Z = número de dentes da fresa; e f_z = avanço por dente (*chip load*), em mm/dente.

A taxa de remoção de material no fresamento é determinada usando o produto da área da seção transversal de corte e a velocidade de avanço. Consequentemente, se uma operação de fresamento horizontal estiver cortando uma peça com largura w a uma profundidade a_p, a taxa de remoção do material será

$$\varphi_{RM} = w a_p v_f \tag{18.15}$$

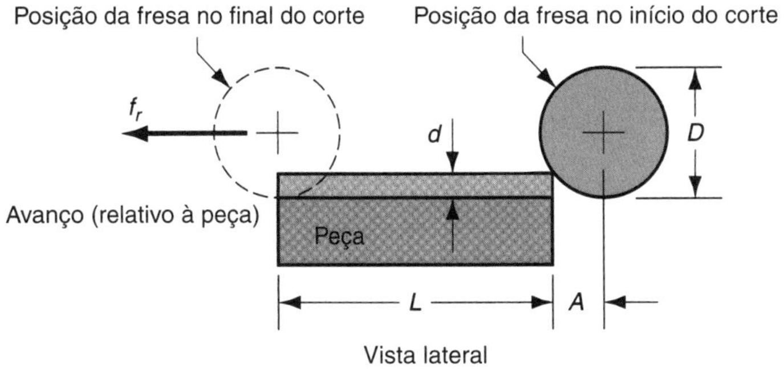

Posição da fresa no final do corte
Posição da fresa no início do corte
f_r
d
D
Avanço (relativo à peça)
Peça
L
A
Vista lateral

FIGURA 18.21 Fresamento tangencial de face exibindo a entrada da fresa na peça.

Isso despreza o percurso de entrada da fresa antes que ela esteja totalmente em contato com a superfície da peça. A Equação (18.15) pode ser aplicada no fresamento de topo, fresamento de faceamento e outras operações de fresamento, fazendo os ajustes adequados no cálculo da área da seção transversal do corte.

O tempo necessário para fresar uma peça de comprimento L deve levar em conta a distância necessária para o completo engajamento da fresa com a peça. Primeiro, considere o caso do fresamento tangencial de face (Figura 18.21). Para determinar o tempo necessário para realizar a operação, a distância de aproximação A até a entrada da fresa é fornecida por

$$A = \sqrt{a_p (D - d)} \tag{18.16}$$

em que a_p = profundidade de usinagem, mm; e D = diâmetro da fresa, mm. O tempo T_c no qual a fresa está efetivamente fresando a peça é, portanto,

$$T_c = \frac{L + A}{v_f} \tag{18.17}$$

No fresamento frontal, considere os dois casos possíveis retratados na Figura 18.22. O primeiro caso é quando a fresa é centrada sobre uma peça retangular, como na Figura 18.22(a). A fresa avança da direita para a esquerda através da peça. Para que a fresa alcance a largura total da peça, ela precisa percorrer uma distância de aproximação fornecida por

$$A = 0{,}5\left(D - \sqrt{D^2 - w^2}\right) \tag{18.18}$$

em que D = diâmetro da fresa, mm, e w = largura da peça, mm. Se $D = w$, então a Equação (18.18) se reduz para $A = 0{,}5D$. E, se $D < w$, então um entalhe é usinado na peça e $A = 0{,}5D$.

O segundo caso é quando a fresa é deslocada para um lado da peça, como na Figura 18.22(b). Nesse caso, a distância de aproximação é fornecida por

$$A = \sqrt{w(D - w)} \tag{18.19}$$

em que w = largura do corte, mm. Em ambos os casos, o tempo de corte é fornecido por

$$T_c = \frac{L + A}{v_f} \tag{18.20}$$

É preciso enfatizar em todos esses cenários de fresamento que T_c representa o tempo em que os dentes da fresa estão em contato com a peça, criando cavacos. Distâncias de aproximação e afastamento são usualmente acrescentadas ao início e ao fim de cada corte para permitir acesso de carga e descarga da peça. Desse modo, a duração real do movimento de avanço da fresa provavelmente é maior que T_m.

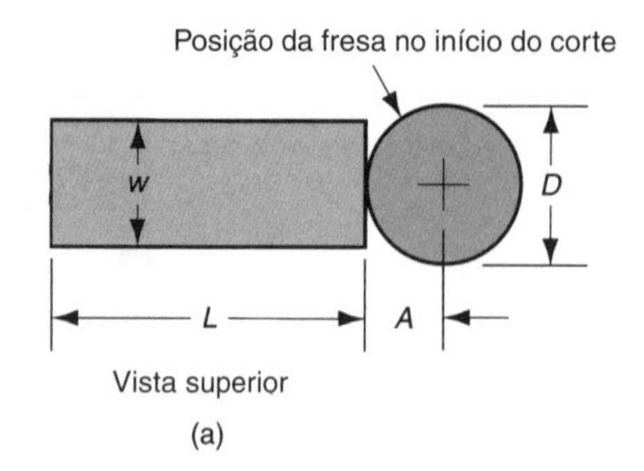

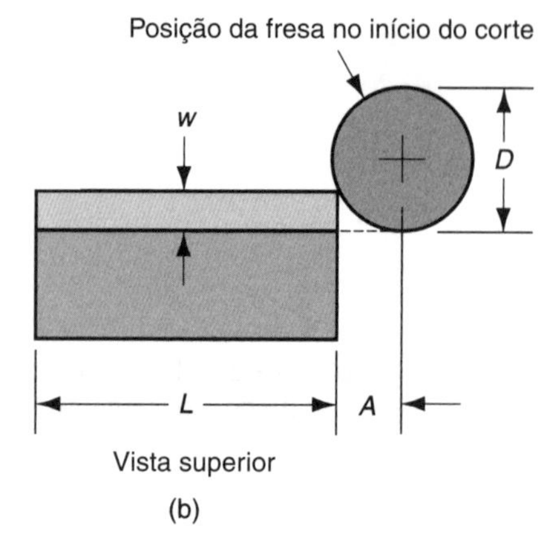

FIGURA 18.22 Fresamento frontal exibindo distâncias percorridas pela fresa em dois casos: (a) quando a fresa está centrada em relação à largura da peça e (b) quando a fresa é deslocada do centro, ainda sobre a peça.

Exemplo 18.3 Tempo de corte no fresamento periférico

Uma operação de fresamento periférico é realizada em uma peça retangular com 320 mm de comprimento por 60 mm de largura e 56 mm de espessura. A fresa de 65 mm de diâmetro tem quatro dentes, 80 mm de comprimento e ultrapassa em 10 mm as duas margens laterais da peça. A operação reduz a espessura da peça a 50 mm. Velocidade de corte = 0,50 m/s e avanço por dente = 0,24 mm/dente. Determine (a) o tempo de corte e (b) a taxa de remoção de material depois que a fresa estiver totalmente em contato com a superfície da peça.

Solução: (a) $N = v_c/\pi D = 0{,}50(10^3)/\ \pi(65) = 2{,}45$ rev/s

$$v_f = Nz_t f_z = 2{,}45(4)(0{,}24) = 2{,}35 \text{ mm/s}$$

Profundidade de usinagem $a_p = 56 - 50 = 6$ mm

$$A = (6(65 - 6))^{0{,}5} = 18{,}8 \text{ mm}$$

$$T_c = (320 + 18{,}8)/2{,}35 = 144{,}2 \text{ s} = \mathbf{2{,}40\ min}$$

(b) $\varphi_{RM} = wa_p v_f = 60(6)(2{,}35) = \mathbf{846\ mm^3/s}$

18.4.3 FRESADORAS

As fresadoras devem proporcionar a rotação necessária para a fresa e uma mesa para fixar, posicionar e avançar a peça. Várias máquinas-ferramenta satisfazem esses requisitos. Para começar, as fresadoras podem ser classificadas em horizontais ou verticais. Uma ***fresadora horizontal*** tem um eixo horizontal, e esse modelo é bem adequado para realizar o fresamento periférico (por exemplo, fresamento tangencial de face, canais, cantos e perfil) em peças com geometria aproximadamente cúbicas. Uma ***fresadora vertical*** tem um eixo vertical, e sua orientação é adequada para o fresamento de faceamento, fresamento de topo, fresamento de moldes, e matrizes em peças relativamente planas.

Além da orientação da rotação do eixo, as fresadoras podem ser classificadas nos seguintes tipos: (1) fresadora de coluna e console, (2) fresadora de mesa fixa, (3) fresadora de arrasto, (4) fresadora copiadora, (5) fresadora CNC.

A ***fresadora de coluna e console*** é a máquina-ferramenta básica para o fresamento. Seu nome vem do fato de que seus dois componentes principais são uma ***coluna***, que suporta o eixo, e um ***console***, que suporta a mesa de trabalho. Ela está disponível nas

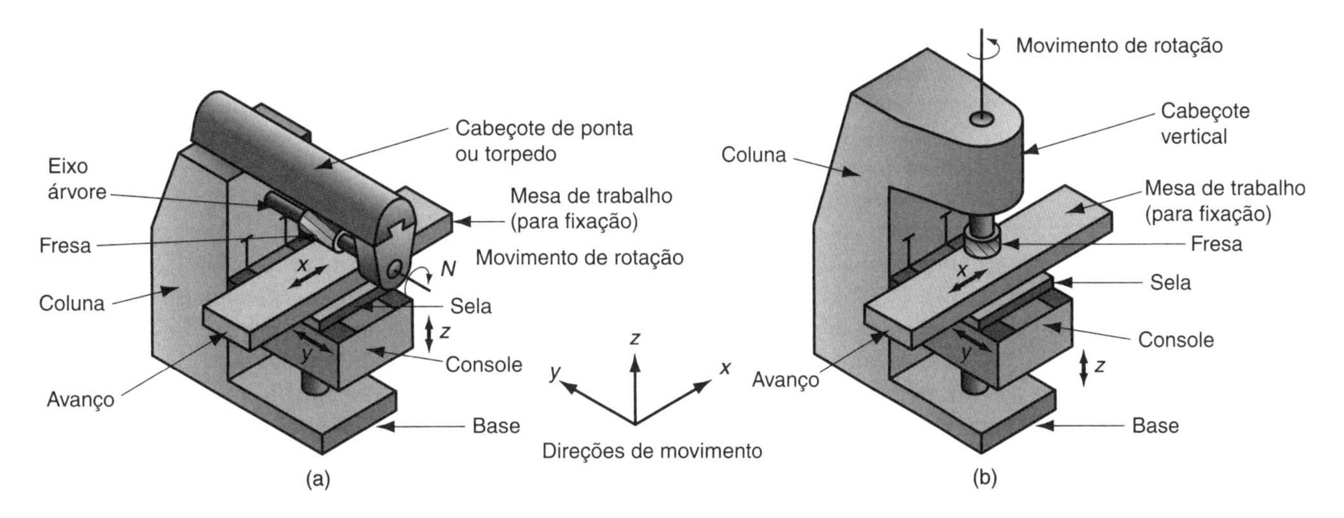

FIGURA 18.23 Dois tipos básicos de fresadoras de coluna e console: (a) horizontal e (b) vertical.

configurações horizontal e vertical, conforme ilustrado na Figura 18.23. Na versão horizontal, o eixo porta-fresa em geral fixa a ferramenta. Esse ***eixo*** fornece basicamente o movimento de rotação, e as fresas podem ser posicionadas com o auxílio de luvas espaçadoras. Todo esse conjunto gira com o eixo. Em fresadoras horizontais, um braço rígido, chamado cabeçote de ponta ou torpedo, fornece o suporte para o eixo. Na fresadora vertical, o eixo árvore é vertical, e as fresas giram em torno de seu eixo nessa posição.

Uma das características da fresadora de coluna e console que a torna tão versátil é a sua capacidade de avançar a mesa em qualquer um dos eixos x-y-z. A mesa pode ser movimentada na direção x, a sela pode ser movimentada na direção y, e o console movimentado verticalmente na direção z.

Devem ser destacadas duas máquinas especiais do tipo coluna e console. Uma é a ***fresadora universal com mesa divisora*** [Figura 18.24(a)], que tem uma mesa que pode ser girada em um plano horizontal (em torno do eixo vertical) em qualquer ângulo especificado. Isso facilita o corte de formas angulares e hélices nas peças. Outra máquina especial é a ***fresadora ferramenteira*** [Figura 18.24(b)], na qual o cabeçote contendo o eixo árvore está situado na extremidade do torpedo; o torpedo pode ser ajustado sobre

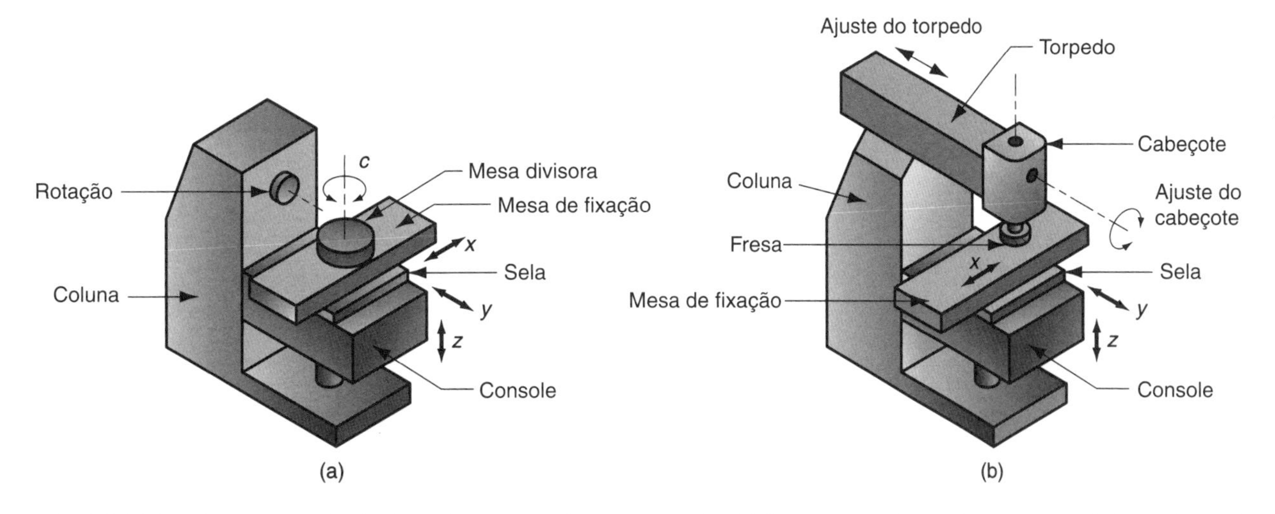

FIGURA 18.24 Tipos especiais de fresadoras de coluna e console: (a) fresadora universal com mesa divisora (torpedo, árvore e fresa omitidos por uma questão de clareza na visualização); e (b) fresadora ferramenteira.

a mesa para posicionar a fresa em relação à peça. O cabeçote também pode ser inclinado para alcançar a orientação angular da fresa em relação à peça. Essas características proporcionam uma versatilidade considerável na usinagem de peças com formas diversificadas.

As ***fresadoras de mesa fixa*** são projetadas para altas taxas de produção. São construídas com maior rigidez do que as fresadoras de coluna e console, permitindo assim que elas alcancem velocidades de avanço e profundidades de usinagem maiores, necessárias para altas taxas de remoção de material. A construção característica da fresadora de mesa fixa é exibida na Figura 18.25. A mesa é montada diretamente na base da máquina-ferramenta, em vez de usar o conceito menos rígido do tipo console. Essa construção limita o movimento possível da mesa ao avanço longitudinal da peça em relação à fresa. A fresa é montada em um cabeçote que pode ser ajustado verticalmente ao longo da coluna da máquina. As fresadoras de mesa fixa com um único eixo de rotação se chamam fresadoras ***simplex***, como na Figura 18.25, e estão disponíveis nos modelos horizontais ou verticais. As fresadoras ***duplex*** usam dois eixos de rotação. Os cabeçotes normalmente estão posicionados horizontalmente em lados opostos da mesa para realizar operações simultâneas durante o avanço da peça. As fresadoras ***triplex*** acrescentam um terceiro eixo montado verticalmente sobre a mesa para aumentar ainda mais a capacidade de usinagem.

As ***fresadoras de arrasto*** são as maiores fresadoras. Sua aparência geral e sua construção são as de uma grande plaina (veja a Figura 18.31); a diferença é que o fresamento é feito no lugar do aplainamento. Consequentemente, um ou mais eixos rotativos substituem as ferramentas de corte monocortantes utilizadas nas plainas, e o movimento da peça através da ferramenta é um movimento de avanço em vez de um movimento de velocidade de corte. As fresas de arrasto são construídas para usinar peças muito grandes. A mesa e a base da máquina são pesadas e relativamente próximas do nível do piso, e uma estrutura do tipo ponte suporta o cabeçote que se move sobre a extensão da mesa.

Uma ***fresadora copiadora*** é projetada para reproduzir a geometria de uma peça irregular que foi criada em um gabarito. Usando avanço manual operado por um fresador, ou avanço automático pela própria máquina-ferramenta, um topador é usado para seguir o perfil do gabarito enquanto o cabeçote duplica a trajetória adotada para usinar a forma desejada. As fresadoras copiadoras são de dois tipos: (1) ***perfil em x-y***, em que o contorno de um gabarito plano é o perfil usinado usando o controle em dois eixos; e (2) ***perfil em x-y-z***, em que o sensor acompanha um gabarito tridimensional usando um sistema de controle de três eixos. As fresadoras copiadoras têm sido utilizadas para criar formas que não podem ser geradas facilmente por um movimento simples de avanço da peça contra a fresa. As aplicações incluem moldes e matrizes. Nos últimos anos, muitas dessas aplicações foram assumidas pelas fresadoras de comando numérico computadorizado (CNC).

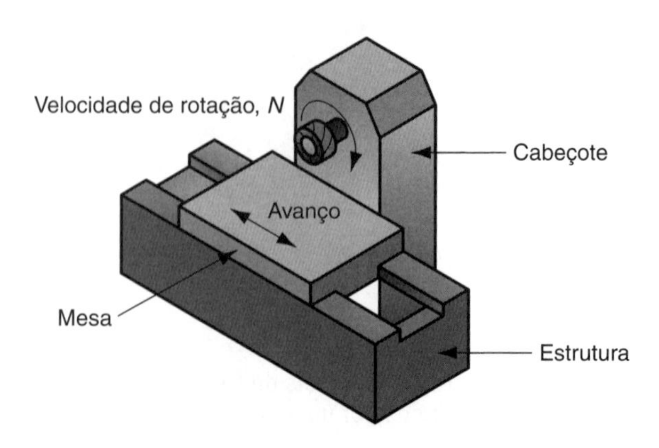

FIGURA 18.25 Fresadora simplex horizontal.

As *fresadoras CNC* são máquinas-ferramenta em que a trajetória da fresa é controlada por dados alfanuméricos em vez de um modelo físico. São particularmente adequadas para o fresamento de perfil, de cavidades, contorno de superfície e de matrizes, em que dois ou três eixos da mesa precisam ser controlados simultaneamente para atingir a trajetória de corte necessária. Normalmente, é necessário um operador para mudar as fresas e também para carregar e descarregar as peças.

18.5 Centros de Usinagem e Centros de Torneamento

Um ***centro de usinagem***, ilustrado na Figura 18.26, é uma máquina-ferramenta altamente automatizada, capaz de executar múltiplas operações de usinagem com comando numérico computadorizado em uma configuração com operação humana mínima. Os trabalhadores são necessários para carregar e descarregar peças, o que frequentemente leva muito menos tempo do que o tempo de ciclo de máquina; assim, um trabalhador pode ser capaz de atender a mais de uma máquina. As operações específicas realizadas em um centro de usinagem são o fresamento e a furação, que usam ferramentas de corte rotativas.

As características típicas que distinguem um centro de usinagem e as máquinas-ferramenta convencionais e que o tornam tão produtivo são:

- ***Múltiplas operações em um setup.*** A maior parte das peças exige mais de uma operação para usinar completamente a geometria desejada. As peças complexas podem exigir dezenas de operações de usinagem diferentes, cada uma delas exigindo sua própria máquina-ferramenta, *setup* e ferramenta de corte. Os centros de usinagem são capazes de realizar a maioria das operações, ou todas, em um único local, minimizando assim o tempo de configuração e de produção.
- ***Troca automática de ferramenta.*** Para mudar de uma operação de usinagem para outra, as ferramentas de corte precisam ser trocadas. Isso é feito em um centro de usinagem sob o controle do programa de CNC por um trocador automático de ferramentas que realiza a troca entre o eixo da máquina-ferramenta e um ***magazine de armazenamento de ferramentas***. A capacidade desses magazines costuma variar de 16 a 80 ferramentas de corte. A máquina na Figura 18.26 tem dois magazines de armazenamento no lado esquerdo da coluna.

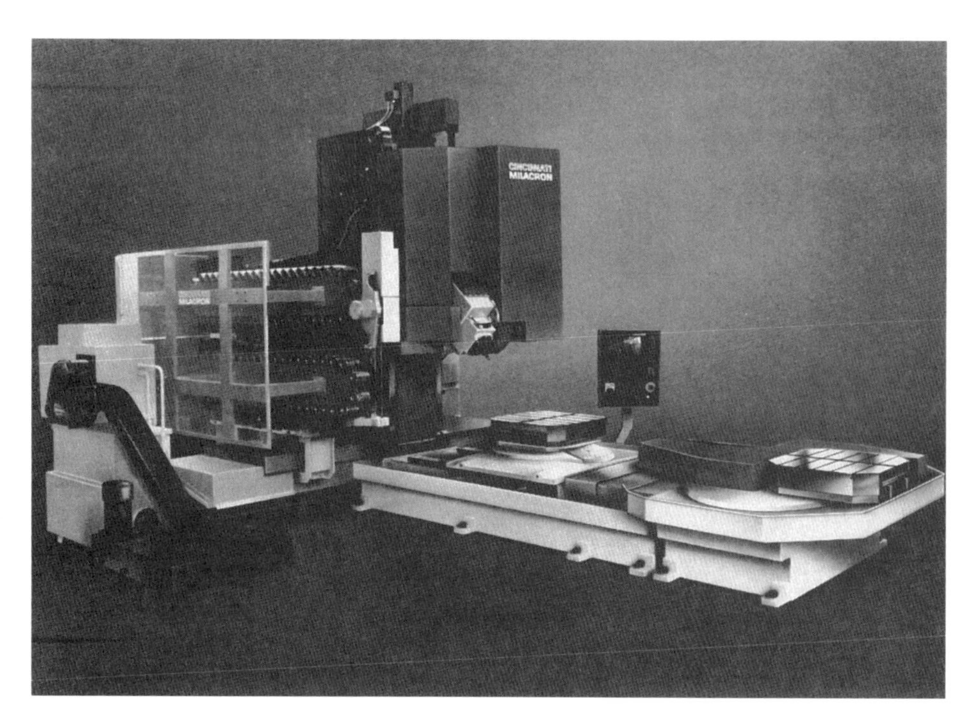

FIGURA 18.26 Um centro de usinagem universal. A capacidade de orientar o cabeçote faz com que esta máquina tenha cinco eixos. (Cortesia da Cincinnati Milacron.)

- ***Trocadores de paletes.*** Alguns centros de usinagem são equipados com trocadores de paletes, que são transferidos automaticamente de uma posição lateral para a posição de usinagem, conforme está mostrado na Figura 18.26. As peças ficam fixas em paletes presos aos trocadores. Nessa configuração, o operador pode descarregar a peça anterior e carregar a próxima peça enquanto a máquina-ferramenta está envolvida na usinagem da peça atual. O tempo improdutivo na máquina, portanto, é reduzido.
- ***Posicionamento automático da peça.*** Muitos centros de usinagem têm mais de três eixos. Um dos eixos adicionais é projetado frequentemente como uma mesa rotativa para posicionar a peça em algum ângulo específico relativo ao eixo de rotação da ferramenta. A mesa rotativa permite que a ferramenta faça a usinagem nos quatro lados da peça com um só *setup*.

Os centros de usinagem são classificados como horizontais, verticais ou universais. A designação se refere à orientação do eixo de rotação. Os centros de usinagem horizontais (CUHs) trabalham normalmente com peças em forma de cubo, nas quais os quatro lados verticais do cubo podem ser alcançados pela ferramenta. Os centros de usinagem verticais (CUVs) são adequados para peças planas nas quais a ferramenta consegue usinar a superfície de topo. Os centros de usinagem universais possuem cabeçotes que rotacionam seus eixos de ferramenta para qualquer ângulo entre horizontal e vertical, como na Figura 18.26.

O sucesso dos centros de usinagem CNC levou ao desenvolvimento dos centros de torneamento CNC. Um ***centro de torneamento CNC*** moderno (Figura 18.27) é capaz de realizar vários torneamentos e operações relacionadas, torneamento de perfil e indexação automática de ferramentas, tudo sob o controle do computador. Além disso, os centros de torneamento mais sofisticados conseguem (1) medir a peça (verificar as dimensões principais após a usinagem), (2) monitorar as ferramentas (sensores para indicar quando as ferramentas estão desgastadas), (3) efetuar a troca automática de ferramentas quando as mesmas atingem o desgaste limite, e até mesmo (4) a troca automática da peça após a conclusão do ciclo de trabalho [14].

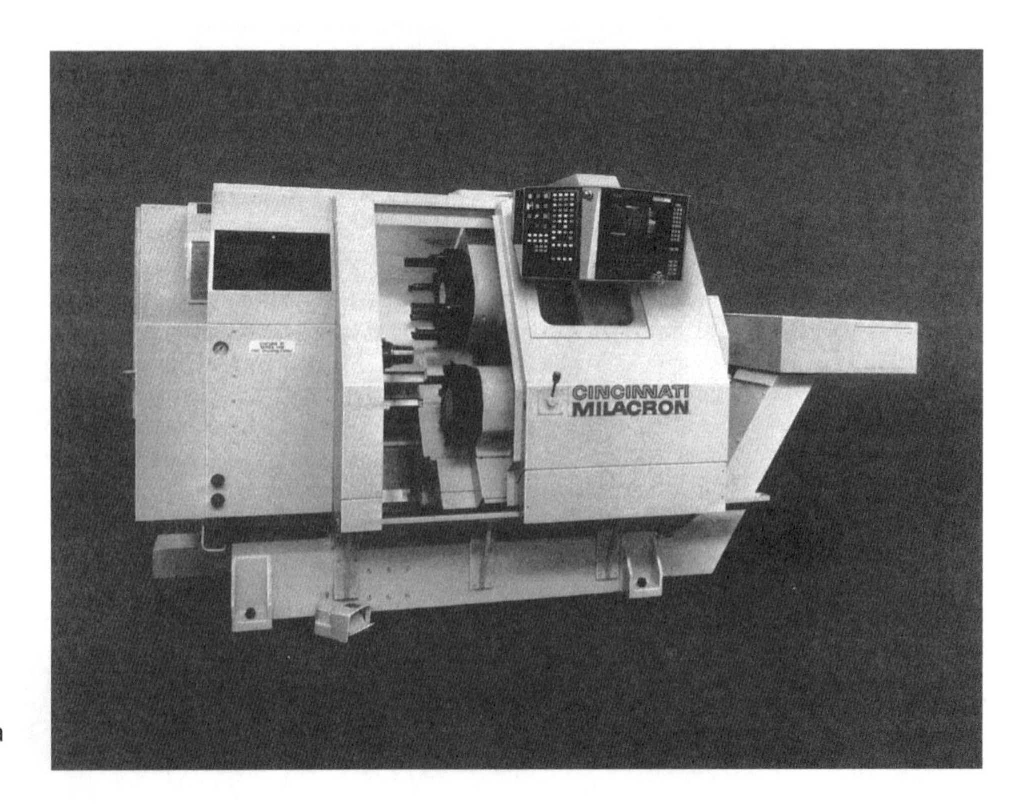

FIGURA 18.27 Centro de torneamento CNC de quatro eixos. (Cortesia da Cincinnati Milacron.)

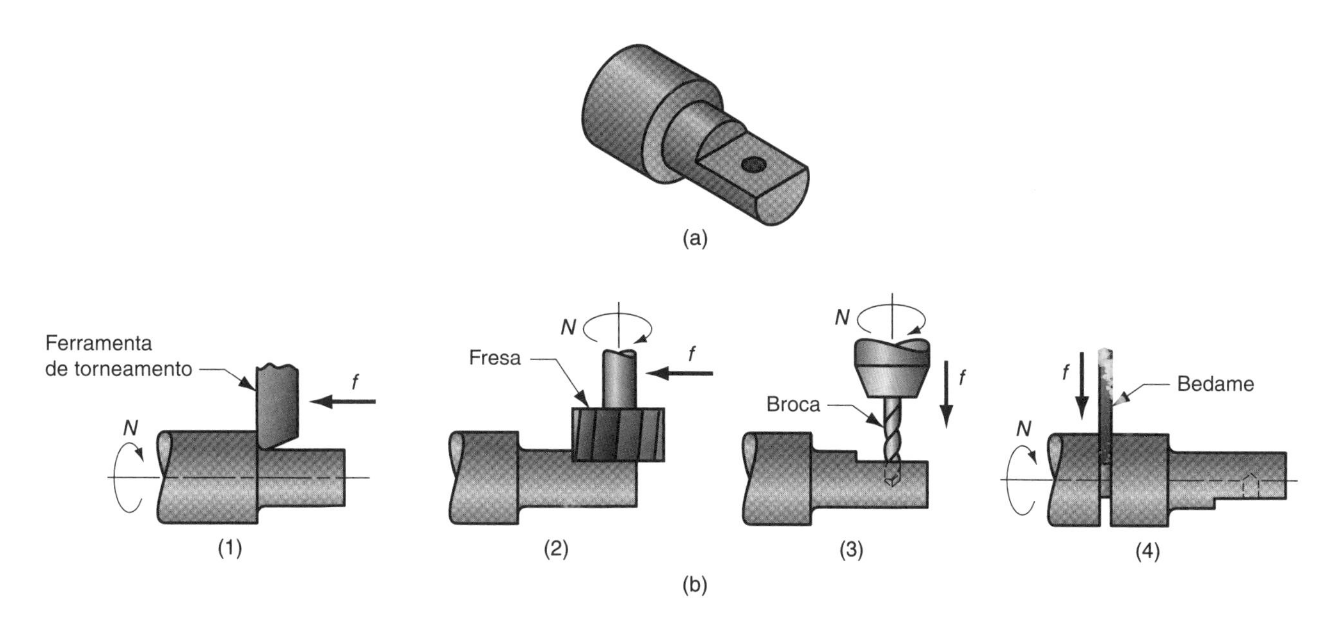

FIGURA 18.28 Operação de um centro de torno fresamento: (a) exemplo de peça com superfícies torneadas, fresadas e furadas; e (b) sequência de operações de um centro de torno fresamento: (1) tornear o segundo diâmetro, (2) fresar com a peça na posição angular programada, (3) criar o furo com a peça na posição desejada e (4) fazer o sangramento da peça (corte).

Outro tipo de máquina-ferramenta relacionada com os centros de usinagem e centros de torneamento é o ***centro de torno fresamento CNC***. Essa máquina tem a configuração geral de um centro de torneamento; além disso, ela consegue posicionar uma peça cilíndrica em um determinado ângulo para que a ferramenta de corte rotativa (por exemplo, fresa) possa usinar a superfície exterior da peça, conforme ilustrado na Figura 18.28. Um centro de torneamento comum não tem capacidade para parar a peça em uma posição angular definida e não consegue usinar com ferramentas rotativas em outro eixo além do eixo de simetria da peça.

Mais avanços na tecnologia de máquinas-ferramenta levaram o centro de torno fresamento um passo adiante, ao integrar outras funcionalidades em uma única máquina. As outras funcionalidades incluem (1) combinar fresamento, furação e torneamento com retificação, soldagem e inspeção, tudo em uma única máquina-ferramenta; (2) usar vários eixos de rotação ao mesmo tempo, seja em uma única peça, seja em duas peças diferentes; e (3) automatizar a manipulação de peça acrescentando robôs industriais à máquina [2], [20]. Os termos ***máquinas-ferramenta CNC multitarefas*** e ***máquinas-ferramenta CNC multifunções*** são utilizados ocasionalmente para designar essas máquinas-ferramenta.

18.6 Outras Operações de Usinagem

Além de tornear, furar e fresar, várias outras operações de usinagem devem ser incluídas neste levantamento: (1) aplainamento, (2) brochamento e (3) serramento.

18.6.1 APLAINAMENTO

Aplainamento é a operação de usinagem que envolve o uso de uma ferramenta monocortante com movimento linear alternativo em relação à peça. No aplainamento convencional, uma superfície reta e plana é criada por essa ação. Duas configurações do processo de aplainamento são ilustradas na Figura 18.29. Na Figura 18.29(a), o movimento de corte é obtido pelo movimento da ferramenta de corte sobre a peça, enquanto na Figura 18.29(b), o movimento de corte é obtido pelo movimento da peça em direção à ferramenta.

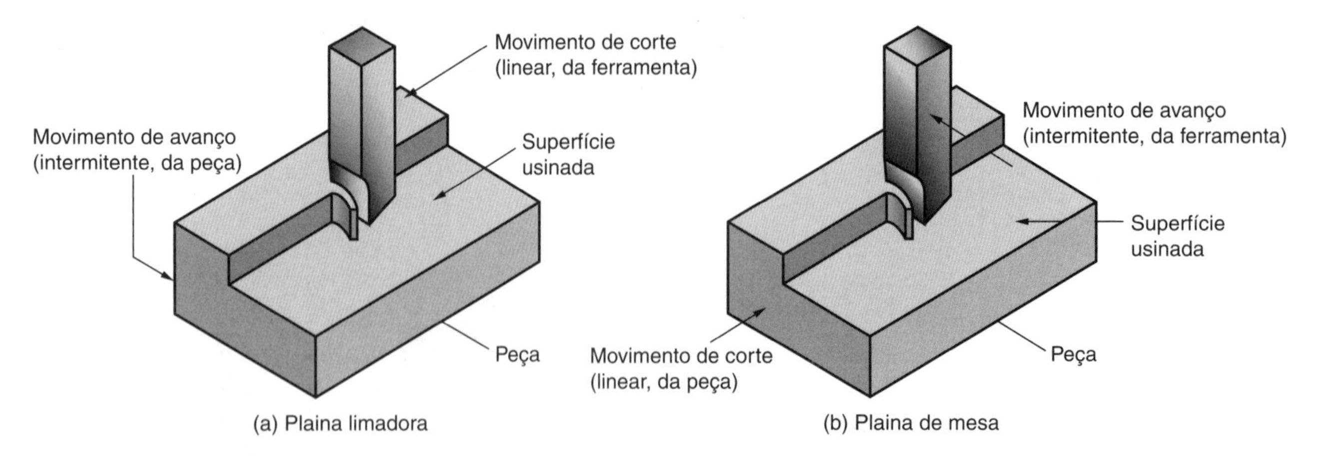

FIGURA 18.29 (a) Aplainamento realizado em plaina limadora e (b) aplainamento realizado em plaina de mesa ou de arraste.

As ferramentas de corte utilizadas no aplainamento são ferramentas de uma única aresta principal de corte. Ao contrário do torneamento, ocorre um corte intermitente no aplainamento, sujeitando a ferramenta a uma carga de impacto mediante a entrada na peça. Além disso, essas máquinas-ferramenta são limitadas a velocidades baixas devido a seu movimento de partida e parada (oscilatório). Normalmente as condições ditam o uso de ferramentas de corte de aço rápido.

Plaina Limadora O aplainamento é realizado em uma máquina-ferramenta chamada ***plaina limadora*** (Figura 18.30). Os componentes da plaina limadora incluem um ***carro torpedo*** que se move em relação a uma ***coluna***, para proporcionar o movimento de corte, e uma mesa de fixação, que prende a peça e faz o movimento de avanço. O movimento do carro torpedo consiste em um curso de avanço (para a frente) para realizar o corte e um curso de retorno durante o qual a ferramenta é erguida ligeiramente para se afastar da peça e depois é reposicionada para um novo passe. Na conclusão de cada curso de retorno, a mesa de trabalho é movimentada transversalmente em relação à trajetória de corte para permitir a usinagem de toda a superfície da peça. O avanço é especificado em mm/passe. O mecanismo de acionamento do carro torpedo pode ser hidráulico ou mecânico. O acionamento hidráulico tem maior flexibilidade no ajuste do tamanho do curso e uma velocidade mais uniforme durante o curso para a frente, porém é mais caro do que uma unidade de acionamento mecânico. Os acionadores

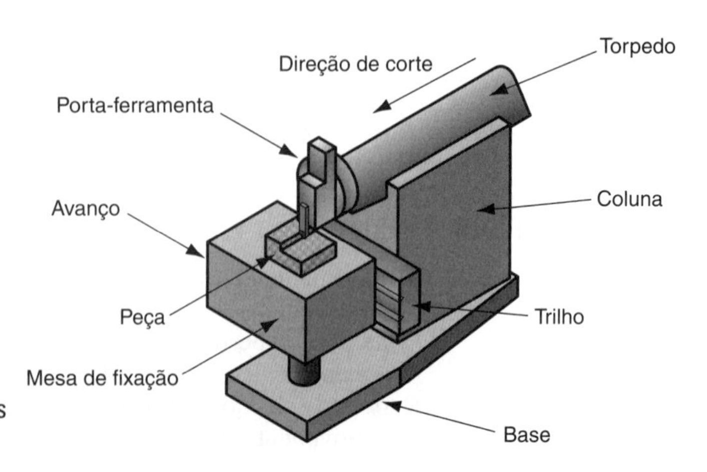

FIGURA 18.30 Componentes de uma plaina limadora.

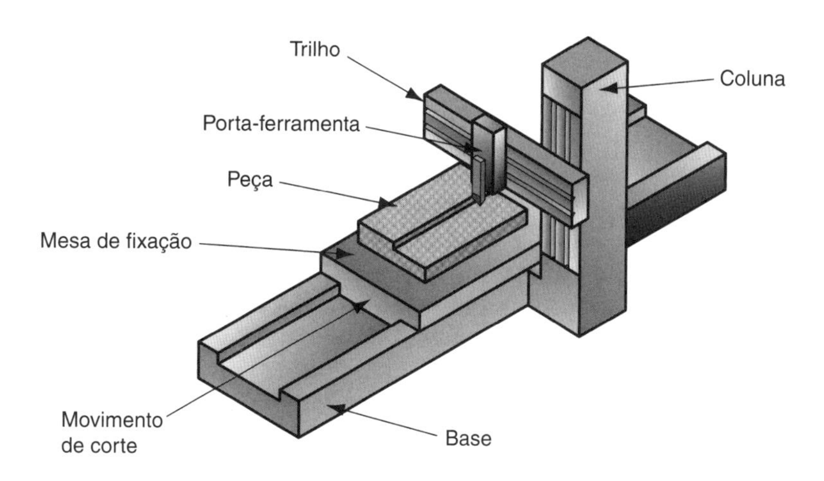

FIGURA 18.31 Plaina de mesa de coluna única.

mecânicos e hidráulicos são projetados para alcançar velocidades maiores no curso de retorno (não cortante) do que no curso para a frente (cortante), aumentando assim a proporção de tempo gasto cortando.

Plaina de Mesa A máquina-ferramenta para aplainar é a ***plaina de mesa*** ou ***plaina de arrasto***. A velocidade de corte é alcançada pelo movimento alternado de uma mesa de fixação que move a peça de encontro à ferramenta de corte de monocortante. A estrutura e a capacidade de movimento de uma plaina de mesa permitem que sejam usinadas peças maiores que as comportadas por uma plaina limadora. As plainas de mesa podem ser classificadas como plainas de mesa abertas ou com duas colunas. A ***plaina de mesa aberta***, também conhecida como ***plaina de coluna única*** (Figura 18.31), tem uma única coluna suportando o trilho (carro transversal) no qual está montado o cabeçote. Outro cabeçote também pode ser montado e avançado ao longo da coluna vertical. No final de cada curso, cada cabeçote é movido em relação ao trilho (ou à coluna) para realizar o movimento de avanço intermitente. A configuração da plaina de mesa aberta permite que peças muito largas sejam usinadas.

Uma ***plaina com coluna dupla*** possui duas colunas, uma de cada lado do conjunto base e mesa de trabalho. As colunas suportam o carro transversal, no qual um ou mais cabeçotes são montados. As duas colunas proporcionam uma estrutura mais rígida para a operação; entretanto, as duas colunas limitam a largura da peça que pode ser usinada nessa máquina.

O aplainamento pode ser utilizado para usinar formas diferentes além das superfícies planas. A restrição é que a superfície de corte deve ser reta. Isso permite o corte de entalhes, ranhuras, dentes de engrenagem e outras formas, conforme ilustrado na Figura 18.32. Máquinas e geometrias de ferramentas especiais devem ser especificadas para cortar algumas dessas formas. Um exemplo importante é a ***geradora de engrenagens***, uma

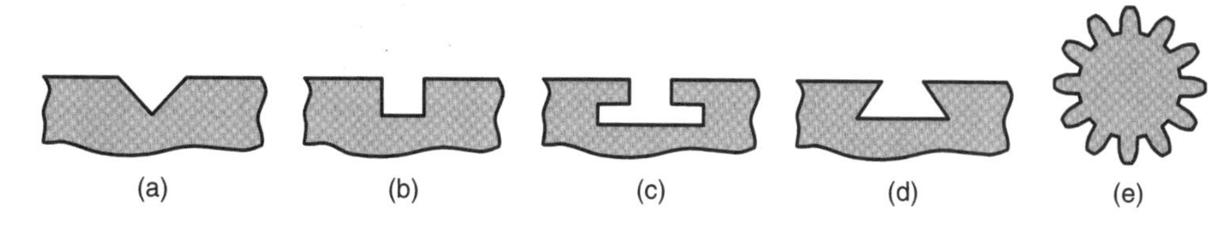

FIGURA 18.32 Tipos de geometrias que podem ser usinadas pelo aplainamento: (a) ranhura em V, (b) ranhura quadrada, (c) ranhura em T, (d) ranhura de encaixe "rabo de andorinha" e (e) dentes de engrenagem.

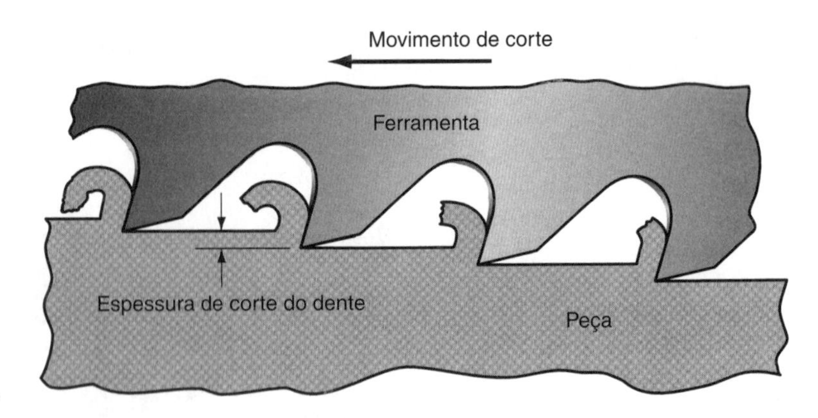

FIGURA 18.33 A operação de brochamento.

plaina vertical com um projeto específico para a rotação da mesa de avanço sincronizado com o cabeçote, que é utilizada para gerar dentes em engrenagem. A geradora de engrenagens e outros métodos de produção de engrenagens são discutidos na Subseção 18.7.2.

18.6.2 BROCHAMENTO

Brochamento é a operação de usinagem realizada com a utilização de uma ferramenta multicortante movimentada linearmente em relação à peça na direção do eixo da ferramenta, como na Figura 18.33. A máquina-ferramenta se chama ***brochadeira***, e a ferramenta de corte se chama ***brocha***. Os aspectos da geometria da brocha são discutidos na Subseção 19.3.2. Em certos trabalhos em que se pode aplicar o brochamento, trata-se de um método de usinagem altamente produtivo. Entre as vantagens, temos o bom acabamento da superfície, as tolerâncias estreitas, e diversas formas geométricas que podem ser produzidas. Devido à geometria complexa e frequentemente customizada da brocha, a usinagem é cara.

Existem dois tipos principais de brochamento: o externo (também chamado de brochamento de superfície) e o interno. O ***brochamento externo*** é feito na superfície externa da peça para criar determinada seção transversal sobre a superfície. A Figura 18.34(a) mostra algumas seções transversais possíveis que podem ser realizadas pelo brochamento externo. O ***brochamento interno*** é realizado na superfície interna de um furo na peça. Consequentemente, deve haver um vazado (ou furo) inicial na peça para que a brocha possa ser inserida no início do passe de brochamento. A Figura 18.34(b) indica algumas das formas que podem ser produzidas pelo brochamento interno.

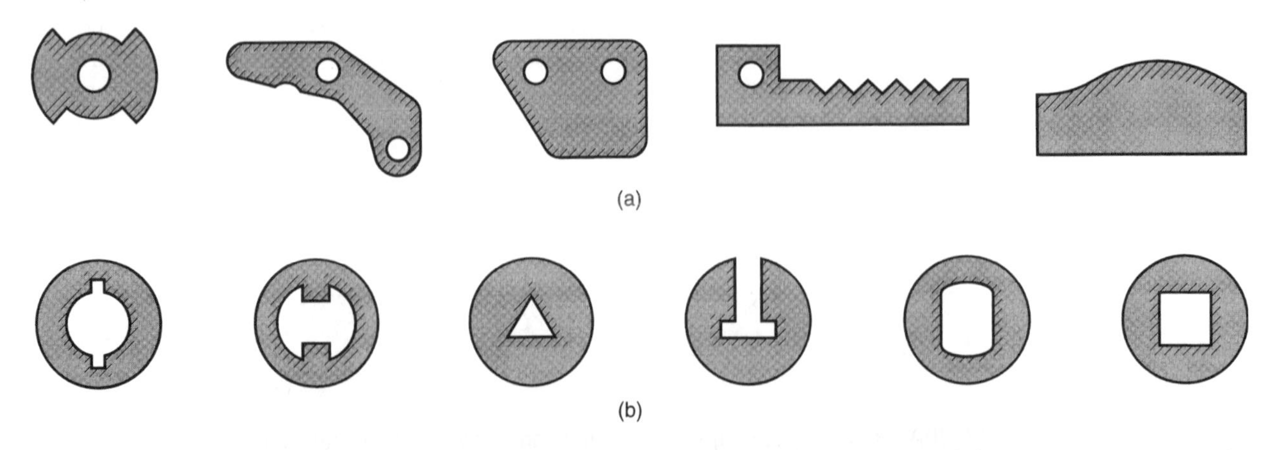

FIGURA 18.34 Formas de peças que podem ser usinadas por: (a) brochamento externo e (b) brochamento interno. As hachuras indicam as superfícies usinadas pelo brochamento.

A função básica da brochadeira é proporcionar um movimento linear preciso da ferramenta sobre a peça estacionária, mas existem várias maneiras de como isso pode ser feito. A maioria das brochadeiras pode ser classificada como máquinas verticais ou horizontais. A ***brochadeira vertical*** é projetada para mover a brocha ao longo de uma trajetória vertical, ao passo que a ***brochadora horizontal*** move a brocha ao longo de uma trajetória horizontal. As brochadeiras, em sua maioria, exercem tração na brocha, ultrapassando a peça. No entanto, há exceções a essa ação de tração (de puxar). A primeira exceção é um tipo relativamente simples, chamado ***brochadeira por compressão***, utilizado somente para brochamento interno, que empurra a ferramenta através da peça. Outra exceção é a ***brochadeira contínua***, na qual as peças são fixadas em uma correia ou em um disco e movidas até passarem sobre uma brocha estacionária. Devido à sua operação contínua, essa máquina pode ser utilizada somente para brochamento de superfície.

18.6.3 SERRAMENTO

Serramento é um processo pelo qual se faz uma fenda fina na peça por uma ferramenta que consiste em uma série de dentes curtamente espaçados. O serramento é utilizado normalmente para separar uma peça em duas partes ou para cortar uma parte indesejada de uma peça. Essas operações são chamadas frequentemente de operações de ***corte***. Como muitas fábricas necessitam de operações de corte em algum ponto da sequência de produção, o serramento é um processo de manufatura importante.

Na maioria das operações de serramento a peça fica parada e a ***lâmina de serra*** é movida em relação à peça. A geometria do dente da lâmina de serra é discutida na Subseção 19.3.2. Existem três tipos básicos de serramento, como na Figura 18.35, de acordo com o tipo de movimento no qual a lâmina se envolve: (a) serras alternativas, (b) serras de fita, e (c) serras circulares.

O ***serramento alternativo*** [Figura 18.35(a)] envolve um movimento linear de ida e volta da serra contra a peça. Esse método de serramento é utilizado frequentemente nas operações de corte. O corte é feito apenas no curso para a frente da lâmina de serra. Devido à sua ação de corte intermitente, o uso da serra de lâmina é inerentemente menos eficiente do que os outros métodos de serramento, ambos contínuos. A ***lâmina dentada da serra*** é uma ferramenta esbelta e fina com dentes de corte em uma lateral. Esse tipo de serramento pode ser realizado manualmente com um ***arco de serra*** ou com um equipamento chamado ***serra alternativa***. Uma ***serra alternativa*** proporciona um mecanismo de acionamento para operar a lâmina de serra em uma velocidade desejada; mas também se aplica um determinado avanço ou pressão de corte.

O ***serramento com serras de fita*** envolve um movimento linear contínuo, usando uma ***lâmina de serra*** que tem a forma de um laço flexível infinito e com dentes em uma lateral. A máquina de corte é uma ***serra de fita***, que proporciona um mecanismo de acionamento semelhante ao de uma correia para mover continuamente e guiar a lâmina da serra de fita pela peça. As serras de fita são classificadas como verticais ou horizontais. A designação se refere à direção do movimento da lâmina de serra durante o corte. As serras de fita verticais são utilizadas para cortar e também em outras operações, como a criação de contornos e entalhes. O ***desbaste de contorno*** em uma serra de fita envolve cortar um perfil de peça a partir de uma chapa. A ***usinagem de uma fenda*** compreende o corte de uma fina fenda em uma peça, uma operação para a qual a serra de fita é bem adequada.

As serras de fita verticais podem ser operadas manualmente, em que o operador guia e avança a peça contra a serra de fita, ou automaticamente, em que a peça é avançada continuamente em direção à lâmina. Inovações recentes no projeto das serras de fita permitiram o uso do CNC para realizar o contorno de peças complexas. Alguns dos detalhes da operação de serra de fita vertical são ilustrados na Figura 18.35(b). As serras de fita horizontais são utilizadas normalmente em operações de corte similares àquelas das serras alternativas.

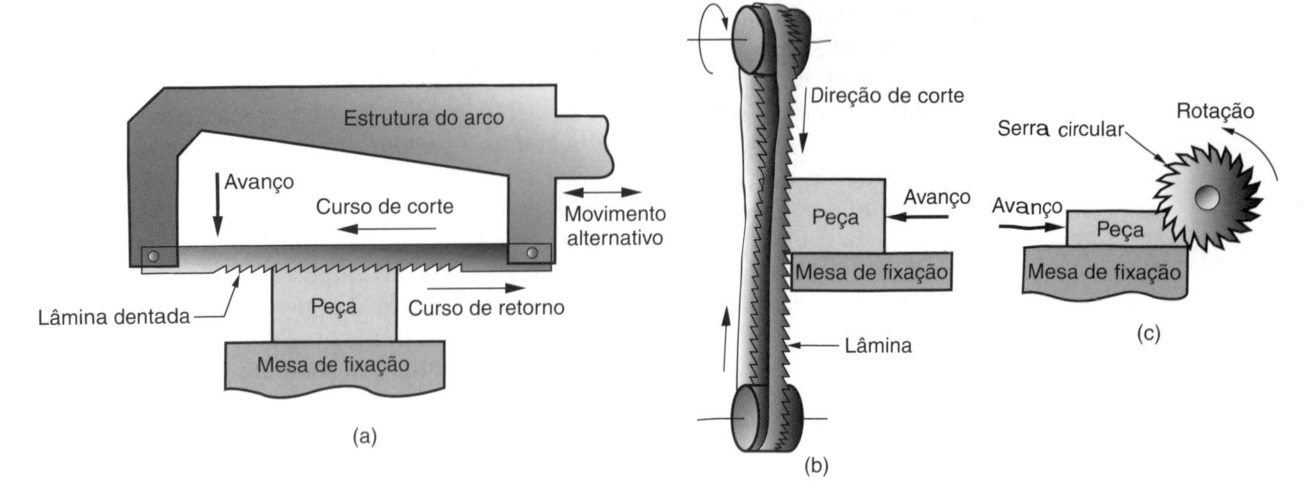

FIGURA 18.35 Três tipos de operações de serramento: (a) com serra de lâmina, (b) com serra de fita vertical e (c) com serra circular.

O ***serramento com serras circulares*** [Figura 18.35(c)] utiliza uma lâmina rotativa para promover um movimento contínuo da ferramenta sobre a peça. As serras circulares são utilizadas com frequência para cortar barras longas, tubos e formas similares em um comprimento especificado. A ação de corte é similar à operação de fresamento de canal, exceto que o disco de serra é mais fino e contém mais dentes de corte do que uma fresa de disco. As máquinas de serramento com serras circulares possuem eixos de acionamento para girar a lâmina dentada e um mecanismo de avanço para direcionar a serra rotativa de encontro à peça.

Duas operações relacionadas com o serramento circular são as de corte com disco abrasivo e as de serramento por fricção. No ***corte com disco abrasivo***, utiliza-se um disco para realizar operações de corte em materiais duros que seriam difíceis de cortar com lâmina convencional. No ***serramento por fricção***, um disco de aço é girado contra a peça em velocidade muito alta, resultando em atrito e calor que amolecem suficientemente o material para permitir a penetração do disco na peça. A velocidade de corte nessas duas operações é muito maior do que a da serra circular.

18.7 Operações de Usinagem para Geometrias Especiais

Uma das razões para a importância tecnológica da usinagem é sua capacidade para produzir características geométricas únicas, como roscas de parafuso e dentes de engrenagem. Esta seção discute os processos de corte que são utilizados para obter essas formas, a maioria deles sendo adaptações das operações de usinagem discutidas anteriormente neste capítulo.

18.7.1 ROSQUEAMENTO

Componentes rosqueados são amplamente utilizados como fixadores na montagem (parafusos e porcas – Seção 28.1) e para transmissão de movimento em maquinário (por exemplo, parafusos de avanço em sistemas de posicionamento – Subseção 34.3.2). As roscas podem ser definidas como sulcos helicoidais formados em volta do exterior de um cilindro (roscas externas) ou do interior de um furo circular (roscas internas). A laminação de rosca ou de filete (Seção 15.2) é o método mais comum para produzir roscas externas, mas o processo não é econômico para a produção de pouca quantidade, e o metal da peça de trabalho deve ser dúctil. Os componentes metálicos rosqueados também podem ser feitos por fundição, especialmente na fundição de precisão e na fundição sob pressão (Subseções 8.2.4 e 8.3.3), e as peças plásticas com roscas podem ser moldadas por injeção (Seção 10.6). Finalmente, os componentes rosqueados podem ser usinados, e este é o tópico abordado aqui. A discussão é organizada em rosqueamento externo e interno.

Roscas Externas O método mais simples e versátil de usinar uma rosca externa em uma peça cilíndrica é o ***torneamento de roscas*** (ou ***torneamento com ferramenta simples***), que emprega uma ferramenta de corte monocortante, perfilada no formato da rosca desejada, em um torno. Esse processo é ilustrado na Figura 18.6(g). O diâmetro inicial da peça é igual ao diâmetro maior da rosca. A ferramenta deve ter o perfil do sulco da rosca, e o torno deve ser capaz de manter a mesma relação entre a ferramenta e a peça nas sucessivas passagens para usinar uma espiral consistente. Essa relação é alcançada por meio do fuso de avanço do torno (veja a Figura 18.7). Frequentemente é necessário mais de um passe de torneamento. O primeiro passe realiza uma ligeira usinagem; a ferramenta é afastada e rapidamente levada de volta ao ponto de partida; e cada passe subsequente traça a mesma espiral usando profundidades de usinagem sempre maiores até estabelecer a forma desejada do sulco da rosca. O rosqueamento por torneamento é adequado para quantidades pequenas, ou mesmo quantidades médias de produção, mas os métodos menos demorados são mais econômicos para a alta produção.

Uma alternativa para o uso de uma ferramenta monocortante é o ***cossinete de abrir roscas***, ou ***tarraxa***, exibido na Figura 18.36. Para usinar uma rosca externa, o cossinete é girado em volta da barra metálica cilíndrica de diâmetro adequado, começando em uma extremidade e prosseguindo até a outra extremidade. Os dentes de corte na abertura do cossinete são afunilados, de modo que a profundidade inicial de usinagem é menor no início da operação, alcançando finalmente a profundidade total da rosca no lado posterior da tarraxa. O passo dos dentes de corte do cossinete determina o passo da rosca que está sendo usinada. O cossinete na Figura 18.36 tem uma fenda que permite o ajuste do tamanho da abertura para compensar o desgaste dos dentes da ferramenta, ou para proporcionar pequenas diferenças no tamanho da rosca. Os cossinetes usinam as roscas em um único passe, em vez de vários passes como no rosqueamento por torneamento (ferramenta monocortante).

Os cossinetes são utilizados frequentemente em operações manuais, nas quais o cossinete é fixado a um suporte, o porta-cossinete, que pode ser girado à mão. Se a peça tiver um obstáculo na outra extremidade, o cossinete deve ser desparafusado da rosca recém-criada para que possa ser removido. Isso não é apenas demorado, mas também traz o risco de possíveis danos às superfícies da rosca. Nas operações de rosqueamento mecanizadas, os tempos de ciclo podem ser reduzidos usando ***cossinetes de expansão*** (***de autoabertura***), que são projetados com um dispositivo automático que abre as ares-

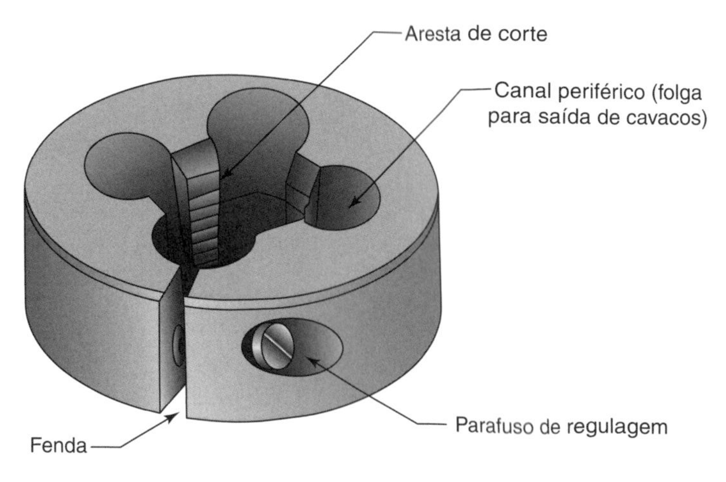

FIGURA 18.36 Cossinete.

tas de corte no final de cada usinagem. Isso acaba com a necessidade de cossinete da peça e evita possíveis danos às roscas. Os cossinetes de expansão são pados com quatro conjuntos de dentes de corte, como na tarraxa na Figura 18.36, exceto que os dentes podem ser ajustados e removidos para serem amolados, e o mecanismo de suporte da ferramenta possui o recurso de autoabertura. São necessários diferentes conjuntos de dentes de corte para diferentes tamanhos de rosca.

O termo ***rosqueamento com cabeçotes automáticos*** é aplicado frequentemente nas operações de produção que utilizam cossinetes de expansão. Existem dois tipos de equipamentos de rosqueamento com cabeçotes automáticos: (1) estacionários, nos quais a peça gira e o cossinete fica estacionário, como em uma operação de torneamento; e (2) rotativos (ou giratórios), nos quais o cossinete gira e a peça não, como em uma operação de furação.

Duas outras operações de rosqueamento externo devem ser mencionadas: fresamento de rosca e retificação de rosca. O ***fresamento de rosca*** envolve o uso de uma fresa para usinar as roscas de um parafuso. Uma configuração possível é ilustrada na Figura 18.37. Nessa operação, uma fresa, cujo perfil é o do sulco da rosca, é orientada em um ângulo igual ao ângulo de hélice da rosca e é avançada longitudinalmente, à medida que a peça é girada lentamente. As possíveis razões para preferir o fresamento de rosca em vez do cinzelamento são: (a) o tamanho da rosca é grande demais para ser usinado imediatamente com uma tarraxa; (2) o fresamento de rosca geralmente produz roscas mais precisas e lisas.

A ***retificação de rosca*** é similar ao fresamento de rosca, exceto que a ferramenta é um rebolo com a forma do sulco da rosca, e a rotação aplicada ao rebolo é muito maior do que na fresa. O processo pode ser empregado para conformar completamente as roscas ou fazer o acabamento das roscas que foram formadas por um dos processos discutidos anteriormente. A retificação de rosca é especialmente aplicável às roscas que foram endurecidas por tratamento térmico.

Roscas Internas O processo mais comum para usinar roscas internas é o ***rosqueamento com macho***, ou ***atarraxamento***, no qual uma ferramenta cilíndrica com dentes cortantes dispostos em uma espiral, cujo passo é igual ao da rosca, é girada e avançada

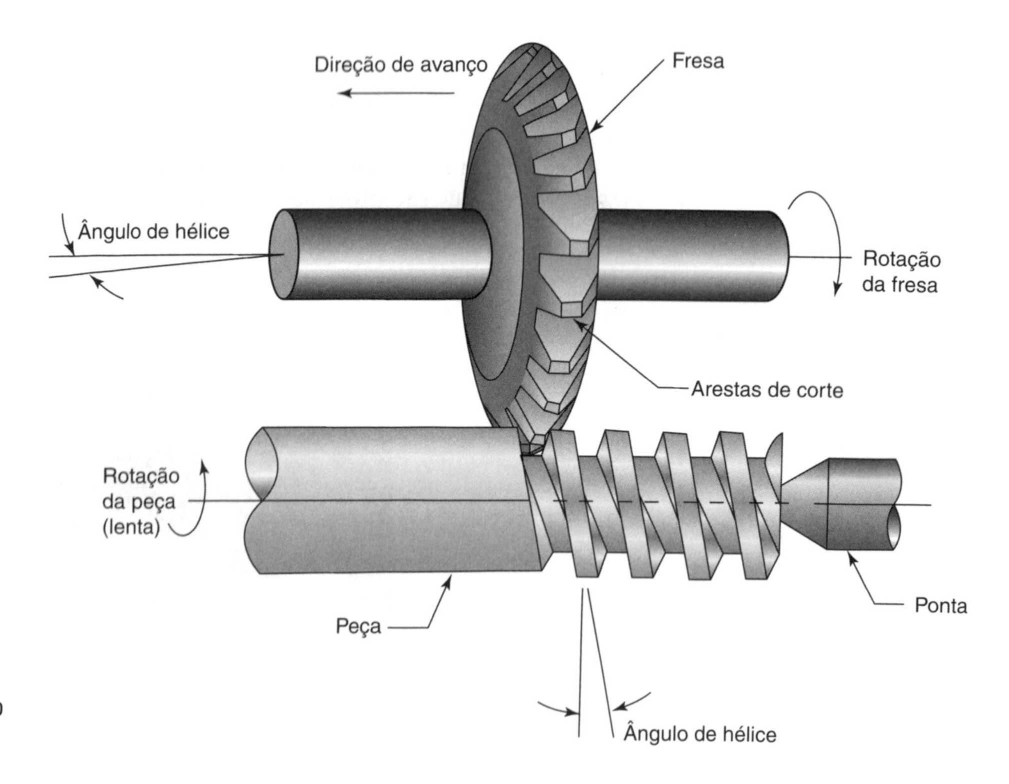

FIGURA 18.37 Fresamento de rosca usando uma fresa.

simultaneamente em um furo preexistente. A operação é ilustrada na Figura 18.14(b), e a ferramenta de corte se chama ***macho*** (***de tarraxa***). A extremidade da ferramenta é ligeiramente cônica para facilitar a entrada no furo. O tamanho inicial do furo é aproximadamente igual ao menor diâmetro da rosca. Na versão mais simples do processo, o macho é uma peça sólida, e a operação de rosqueamento é feita em uma furadeira equipada com um cabeçote para macho, que permite a penetração no furo a uma velocidade que corresponde ao passo da rosca. No final da operação, a rotação do eixo é invertida para que o macho seja desparafusado do furo.

Além dos machos sólidos, existem machos com retração automáticos, como os cossinetes de expansão disponíveis para rosqueamento externo. Os ***machos com retração automáticos*** têm dentes cortantes que retraem automaticamente dentro da ferramenta quando a rosca foi usinada, permitindo que sejam rapidamente removidos do furo sem inverter a rotação do eixo. Desse modo, é possível obter tempos de ciclo menores.

Embora o rosqueamento produtivo possa ser feito em furadeiras e outras máquinas-ferramenta convencionais (por exemplo, tornos, tornos revólver), vários tipos de máquinas especializadas foram desenvolvidos para taxas de produção mais altas. As rosqueadeiras de fuso único (ou rosqueadeiras monofuso) realizam o rosqueamento em uma peça de cada vez, com carregamento e descarregamento automático ou manual das peças brutas. As rosqueadeiras de múltiplos fusos (ou rosqueadeiras multifuso) operam em várias peças simultaneamente e proporcionam tamanhos de furos e passos de rosca diferentes, obtidos ao mesmo tempo. Finalmente, as furadeiras de árvores múltiplas (Subseção 18.3.3) podem ser configuradas para executar furação, alargamento e rosqueamento em sequência rápida na mesma peça.

18.7.2 ENGRENAGENS

Engrenagens são componentes de máquinas utilizados para transmitir movimento e potência entre eixos rotativos. Conforme ilustrado na Figura 18.38, a transmissão do movimento de rotação é alcançada entre as engrenagens encaixadas pelos dentes situados em volta de suas respectivas circunferências. Os dentes têm uma forma curva especial, chamada curva evolvente, que minimiza o atrito e o desgaste entre os dentes das engrenagens encaixadas. Dependendo do número relativo de dentes das duas engrenagens, a rotação pode ser aumentada ou diminuída de uma engrenagem para outra, com a diminuição ou aumento correspondente no torque. Esses efeitos de velocidade são examinados na Subseção 34.3.2 sobre sistemas de posicionamento por controle numérico.

Existem vários tipos de engrenagens; o mais básico e menos complicado de produzir é a ***engrenagem cilíndrica de dentes retos*** representada na Figura 18.38. Ela tem dentes paralelos ao eixo de rotação da engrenagem. Uma engrenagem com dentes que formam um ângulo relativo ao eixo de rotação se chama ***engrenagem helicoidal***. O modelo de dente helicoidal permite que mais de um dente esteja em contato para uma operação mais suave. As engrenagens de dentes retos e helicoidais promovem rotação entre eixos cujas linhas de centro são paralelas. Outros tipos, como as ***engrenagens cônicas***, promovem movimento entre os eixos que estão em um ângulo entre si, geralmente de 90°. Uma ***cremalheira*** é uma barra ou trilho dentado (engrenagem de raio infinito), que permite a conversão do movimento de rotação para movimento linear (por exemplo, o par pinhão-cremalheira de direção de automóveis). A variedade de tipos de engrenagens é grande demais para discutirmos aqui, e o leitor interessado deve procurar textos sobre projeto de máquinas, a fim de obter uma abordagem do projeto e mecânica das engrenagens. Esta seção se concentra na fabricação das engrenagens.

Várias das operações de processamento discutidas nos capítulos anteriores podem ser utilizadas para produzir engrenagens. Essas operações incluem fundição de precisão, fundição sob pressão, moldagem de plástico por injeção, metalurgia do pó, forjamento, e outras operações de conformação mecânica (por exemplo, laminação de engrenagens [Seção 15.2)]. A vantagem dessas operações em relação à usinagem é a economia de

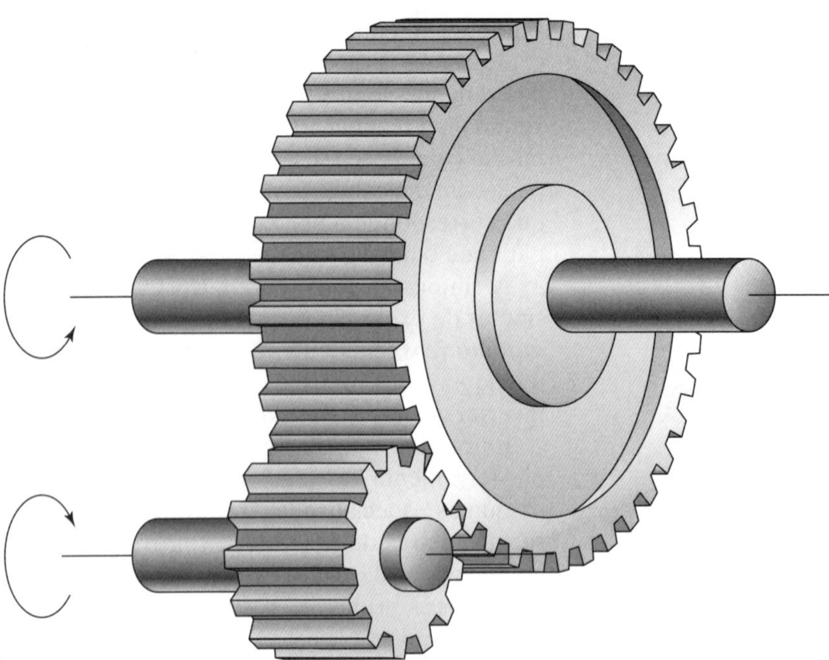

FIGURA 18.38 Par de engrenagens cilíndricas de dentes retos (engrenadas).

material, já que não são produzidos cavacos. As operações de estampagem de chapas metálicas (Seção 16.1) são utilizadas para produzir engrenagens finas para relógios. As engrenagens produzidas por todas as operações precedentes podem ser utilizadas frequentemente sem processamento posterior. Em outros casos, uma operação básica de processamento de forma, como fundição ou forjamento, é utilizada para produzir uma peça metálica de partida que depois é usinada para formar os dentes da engrenagem. As operações de acabamento são frequentemente necessárias para atingir determinadas precisões das dimensões dos dentes.

As principais operações de usinagem utilizadas para produzir os dentes das engrenagens são o fresamento de forma, a geração por fresa caracol, o aplainamento de engrenagens e o brochamento de engrenagens. O fresamento de forma e o brochamento são considerados operações de formação com base na Seção 18.1, enquanto as operações de geração por fresa caracol e aplainamento são classificadas como operações de geração. Os processos de acabamento dos dentes de engrenagem incluem rebarbamento, retificação e brunimento de engrenagens. Muitos desses processos empregados para fabricar engrenagens também são utilizados para produzir elementos estriados, rodas dentadas, além de outros componentes especiais de máquinas.

Fresamento de Forma Neste processo, ilustrado na Figura 18.39, os dentes são usinados individualmente sobre um disco por uma fresa cujas arestas de corte têm a forma dos espaços (ou vãos) entre os dentes da engrenagem. A usinagem realizada é classificada como operação de formação (Seção 18.1), pois a forma do cortador determina a geometria dos dentes da engrenagem. A desvantagem do fresamento de forma é que as taxas de produção são baixas, uma vez que cada vão entre os dentes é produzido um de cada vez, e o disco da engrenagem precisa ser rotacionado (indexado) entre cada passe para estabelecer o tamanho correto do dente da engrenagem, o que também leva tempo. A vantagem do fresamento de forma em relação à geração por fresamento caracol (processo discutido a seguir) é que a fresa é muito mais barata. As baixas taxas de produção e o custo relativamente baixo das ferramentas fazem que o fresamento de forma seja adequado para produção em baixa quantidade.

Geração por Fresa Caracol (Hobbing) Geração por fresa caracol também é uma operação de fresamento, mas a fresa, chamada ***fresa caracol*** (***hob***), é muito mais com-

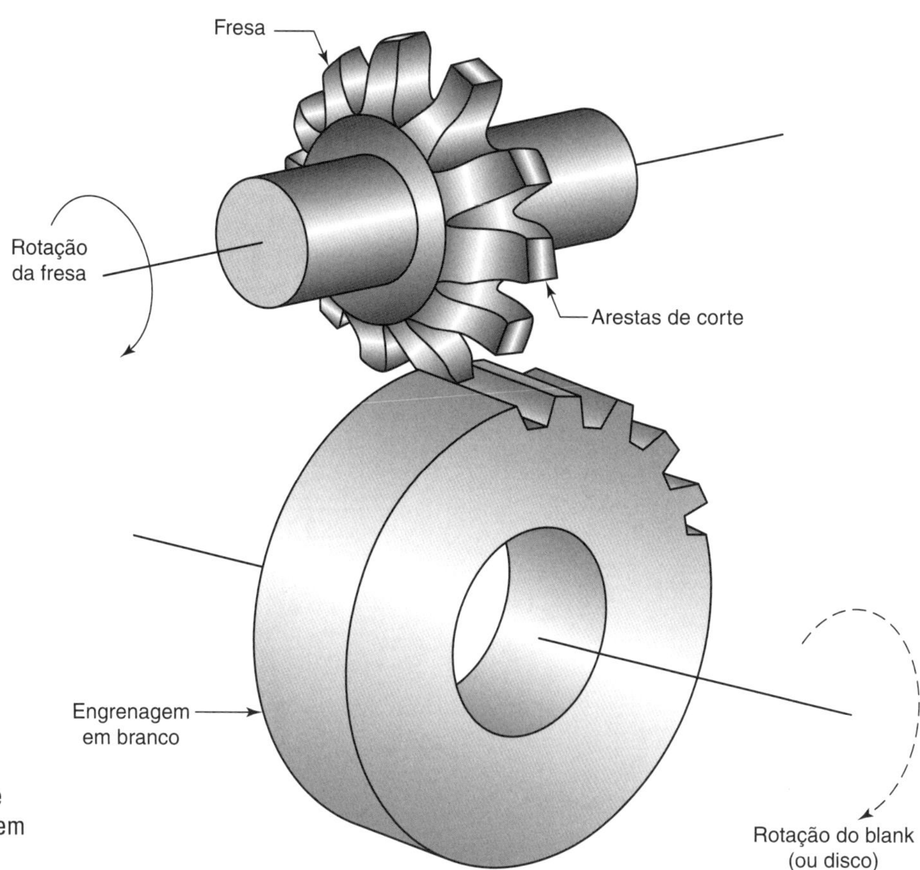

FIGURA 18.39 Fresamento de forma dos dentes de engrenagem no disco da engrenagem.

plexa e, portanto, muito mais cara do que uma fresa comum. Além disso, são necessárias fresadoras especiais (chamadas ***fresadoras de engrenagens***) para obter os movimentos relativos de rotação e avanço entre a fresa e o bloco da engrenagem. Esse processo de fabricação de engrenagens é ilustrado na Figura 18.40. Conforme a figura, a fresa caracol tem uma ligeira hélice, e sua rotação deve ser coordenada com a rotação muito mais lenta do bloco da engrenagem para que os gumes de corte da fresa caracol se encaixem nos dentes do bloco da engrenagem, à medida que forem sendo produzidos. Isso é realizado para fabricar uma engrenagem cilíndrica de dentes retos, deslocando o eixo de rotação da fresa caracol 90º a menos que o ângulo de hélice relativo ao eixo do bloco da engrenagem. Além desses movimentos rotativos da fresa caracol e da peça, também é necessário um movimento linear para avançar a fresa caracol em relação ao bloco por toda sua espessura. Vários dentes são produzidos simultaneamente na geração por fresa caracol, permitindo taxas de produção mais elevadas do que no fresamento de forma. Consequentemente, é um processo amplamente utilizado na produção de engrenagens em quantidades médias e altas.

Aplainamento de Engrenagens No aplainamento de engrenagens, um movimento alternado da ferramenta de corte é utilizado no lugar de um movimento rotacional, o qual ocorre no fresamento de forma e na geração por fresa caracol. Duas formas bastante diferentes de operação de aplainamento (Subseção 18.6.1) são utilizadas para produzir engrenagens. No primeiro tipo, uma ferramenta monocortante faz vários passes para gerar gradualmente o perfil de cada dente usando controles computadorizados ou um molde. O disco da engrenagem é girado ou reposicionado lentamente, com o mesmo perfil sendo transmitido para cada dente. O procedimento é lento e aplicado apenas na fabricação de engrenagens muito grandes.

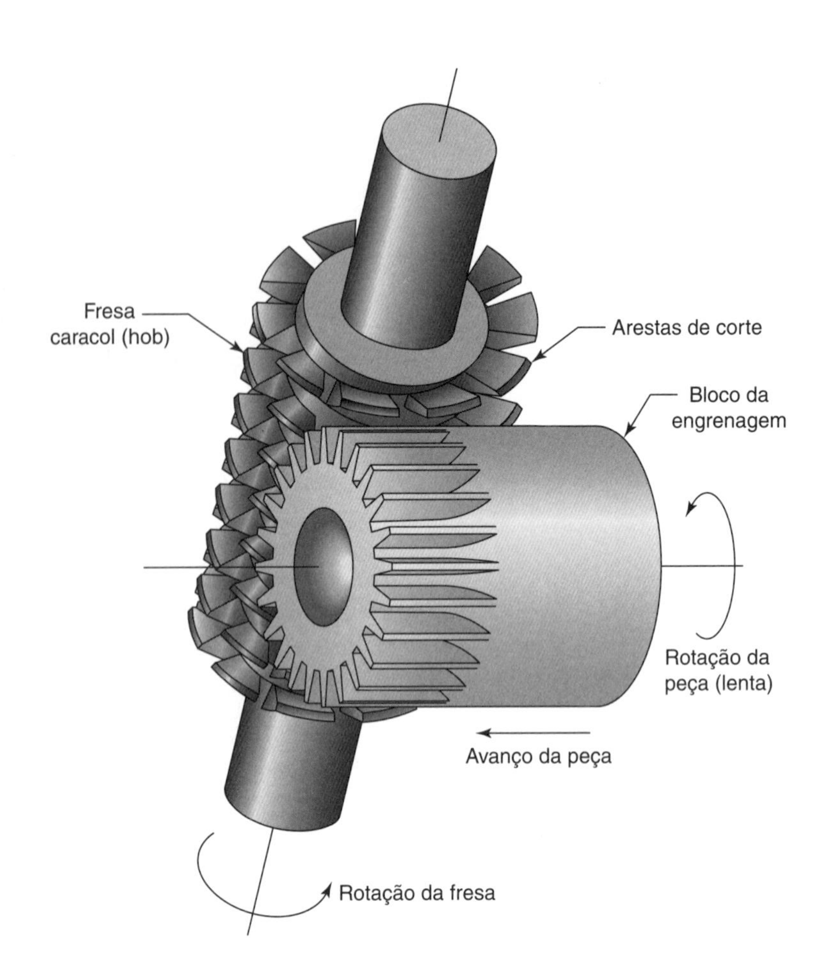

FIGURA 18.40 Engrenagem produzida por geração por fresa caracol.

No segundo tipo de operação de aplainamento de engrenagem, o cortador tem a forma geral de uma engrenagem, com os dentes cortantes em um lado. Os eixos do cortador e do disco da engrenagem são paralelos, conforme ilustrado na Figura 18.41, e a ação é similar a um par de engrenagens conjugadas, exceto que o movimento alternado do cortador cria gradualmente a forma dos dentes correspondentes em seu componente par, no caso, o disco da engrenagem. No início da operação em um determinado disco da engrenagem, o cortador é avançado contra esse disco após cada curso até alcançar a profundidade necessária. Em seguida, após cada passe sucessivo da ferramenta, o cortador e o disco da engrenagem são girados um pouco (indexados) para manter o mesmo espaçamento dos dentes em cada um deles. O aplainamento de engrenagem pelo segundo método é amplamente utilizado na indústria, e existem máquinas especializadas (chamadas ***geradoras de engrenagens***) para realizar o processo.

Brochamento de Engrenagens O brochamento (Subseção 18.6.2) como processo de fabricação de engrenagens tem um tempo de ciclo de produção curto e alto custo de ferramenta. Portanto, é econômico apenas para altos volumes de produção. A boa precisão dimensional e o acabamento fino da superfície também são características do brochamento de engrenagens. O processo pode ser aplicado a engrenagens externas (a engrenagem convencional) e a engrenagens internas (dentes no interior da engrenagem). Para fazer engrenagens internas, a operação é similar à exibida na Figura 18.3(c), exceto que o corte transversal da ferramenta consiste em uma série de dentes cortantes em forma de engrenagem, de tamanho crescente, para formar os dentes da engrenagem em etapas sucessivas, à medida que a brocha é puxada através da peça. Para produzir engrenagens externas, a brocha é tubular, com dentes virados para dentro. Conforme mencionado, o custo das ferramentas é elevado em ambos os casos, em virtude da geometria complexa.

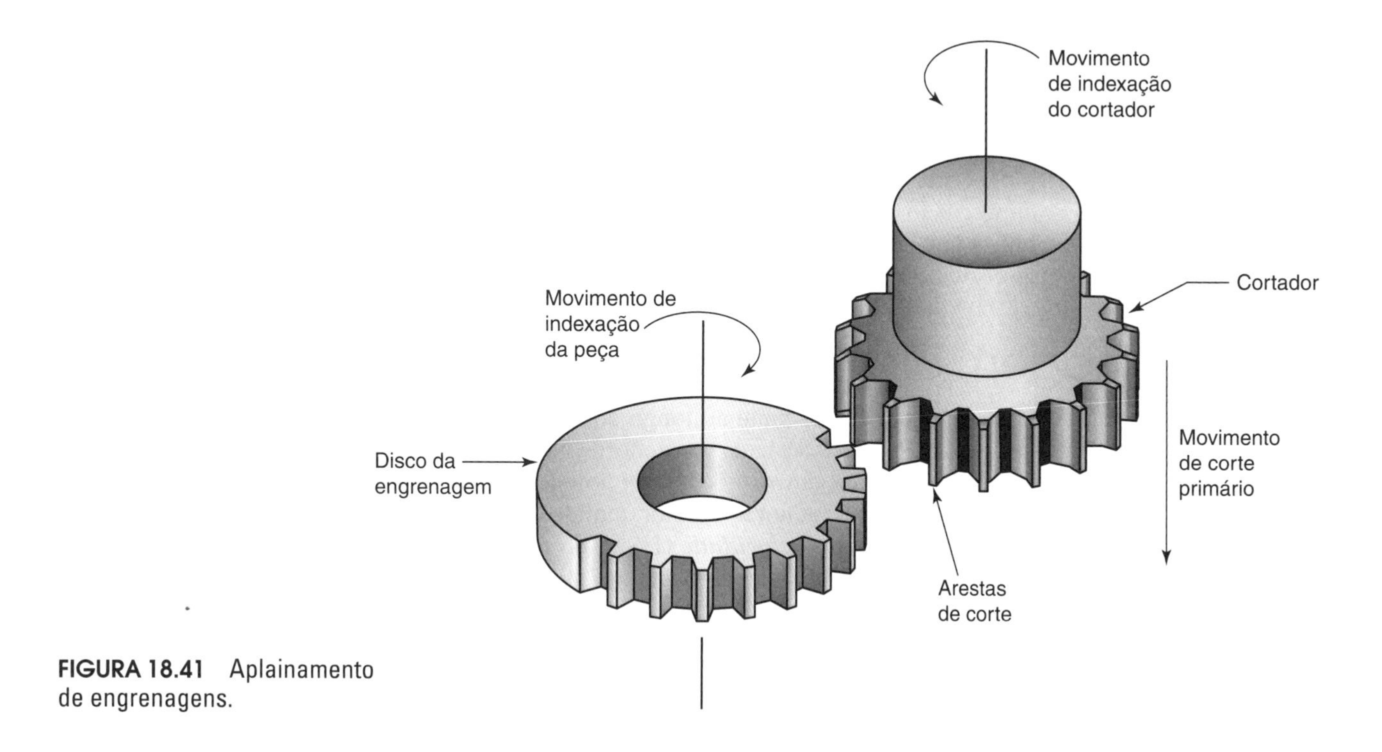

FIGURA 18.41 Aplainamento de engrenagens.

Operações de Acabamento Algumas engrenagens metálicas podem ser utilizadas sem tratamento térmico, enquanto as utilizadas nas aplicações mais exigentes normalmente são tratadas termicamente para endurecer os dentes visando à resistência máxima ao desgaste. Infelizmente, o tratamento térmico (Capítulo 23) resulta frequentemente em distorção da peça, e a forma adequada do dente da engrenagem precisa ser restaurada. Tratada termicamente ou não, geralmente é necessário algum tipo de acabamento para melhorar a precisão dimensional e o acabamento superficial da engrenagem após a usinagem. Os processos de acabamento aplicados às engrenagens que não foram tratadas termicamente incluem remoção de rebarbas (rebarbamento ou raspagem) e rolagem. Os processos de acabamento aplicados a engrenagens endurecidas incluem retificação, lapidação e brunimento (Capítulo 21).

Rebarbamento de engrenagens (ou ***processo de rolagem***) envolve o uso de um cortador em forma de engrenagem, engrenado e girado com a engrenagem. A ação de corte resulta do movimento alternado do cortador durante a rotação. Cada dente do cortador em forma de engrenagem tem múltiplas arestas cortantes ao longo de sua largura, produzindo cavacos muito pequenos e removendo muito pouco metal da superfície de cada dente da engrenagem. O aplainamento de engrenagens provavelmente é o processo industrial mais comum para acabamento de engrenagens; frequentemente é aplicado a uma engrenagem, antes do tratamento térmico e depois, seguido por retificação e/ou lapidação após o tratamento térmico.

Rolagem é um processo de conformação por deformação plástica em que uma ou mais matrizes em forma de engrenagem são roladas em contato com a engrenagem, sendo aplicada pressão pelas matrizes para efetuar trabalho a frio nos dentes da engrenagem. Desse modo, os dentes são reforçados por encruamento, e o acabamento da superfície é melhor.

Retificação, brunimento e lapidação são três processos de acabamento que podem ser utilizados em engrenagens endurecidas. A ***retificação de engrenagens*** pode se basear em qualquer um de dois métodos. O primeiro é a retificação de forma, na qual o rebolo tem a forma exata do espaçamento do dente (similar ao fresamento de forma), e um passe do rebolo (ou uma série de passes) é feito para o acabamento de cada dente na engrenagem. O outro método envolve a geração do perfil do dente usando um rebolo convencional reto. Ambos os métodos de retificação são muito demorados e caros.

Brunimento e lapidação, conforme discutidos nas Subseções 21.2.1 e 21.2.2, respectivamente, são dois processos de acabamento que podem ser adaptados ao acabamento de engrenagens usando abrasivos muito finos. As ferramentas nos dois processos geralmente possuem a geometria de uma engrenagem que se encaixa na engrenagem que está sendo processada. O brunimento de engrenagens utiliza uma ferramenta (*hone*) feita de plástico impregnado com abrasivos, ou aço revestido com carboneto. A lapidação de engrenagens utiliza uma ferramenta de ferro fundido (outros metais, às vezes, são utilizados) e a ação de corte ocorre por meio de composto de polimento contendo abrasivos.

18.8 Usinagem em Alta Velocidade

Uma tendência persistente ao longo da história da usinagem de metais tem sido o uso de velocidades de corte cada vez maiores. Nos últimos anos, tem havido um interesse renovado nessa área, em virtude de seu potencial para maiores taxas de produção, prazos mais curtos, custos menores e maior qualidade das peças. Em sua definição mais simples, a ***usinagem em alta velocidade*** (HSM, do inglês ***high-speed machining***) significa usar velocidades de corte significativamente maiores do que as utilizadas nas operações de usinagem convencionais. Alguns exemplos de valores de velocidade de corte na usinagem convencional e na HSM são apresentados na Tabela 18.1, segundo dados compilados pela Kennametal Inc.[1]

Outras definições de HSM foram desenvolvidas para lidar com a ampla variedade de materiais das peças e das ferramentas utilizadas em usinagem. Uma definição popular de HSM é a ***relação DN*** – o diâmetro do eixo (mm) multiplicado pela velocidade máxima do eixo (rpm). Na usinagem em alta velocidade, a relação DN típica está entre 500.000 e 1.000.000. Essa definição permite que rolamentos de diâmetro maior caiam no intervalo HSM, embora operem em velocidades rotacionais mais baixas do que os rolamentos menores.

As velocidades típicas de rotação na HSM variam de 8.000 a 35.000 rpm, embora haja alguns eixos projetados para girar a 100.000 rpm.

TABELA • 18.1 Comparação das velocidades de corte utilizadas na usinagem convencional *versus* usinagem em alta velocidade com materiais selecionados.

	Ferramentas Inteiriças (fresas de topo, brocas)[a]		Ferramentas Indexáveis (fresas de facear)[a]	
	Velocidade Convencional	Usinagem em Alta Velocidade	Velocidade Convencional	Usinagem em Alta Velocidade
Material Usinado	m/min	m/min	m/min	m/min
Alumínio	300+	3000+	600+	3600+
Ferro fundido maleável	150	360	360	1200
Ferro fundido nodular	105	250	250	900
Aço de corte fácil	105	360	360	600
Aço-liga	75	250	210	360
Titânio	40	60	45	90

Fonte: Kennametal Inc. [3].

[a]Ferramentas inteiriças são compostas de um corpo único, enquanto ferramentas indexáveis usam insertos indexáveis ao seu corpo. Os materiais adequados a serem utilizados como insertos incluem metal duro de diversos graus para todos os materiais, cerâmicas, diamantes policristalinos para alumínio, e nitreto cúbico de boro para aços (veja na Seção 19.2 uma discussão desses materiais de ferramentas).

[1]A Kennametal Inc. é líder na produção de ferramentas de corte.

Outras definições enfatizam taxas de produção mais altas e prazos de execução menores, em vez de funções da velocidade do eixo. Nesse caso, entram em jogo fatores importantes não relacionados ao corte, como velocidades transversais rápidas e trocas rápidas e automáticas de ferramentas (tempos de 7 segundos ou menos entre cavacos).

Os requisitos da usinagem em alta velocidade incluem: (1) eixos com rolamentos especiais projetados para operação em altos valores de rpm; (2) capacidade de proporcionar elevada velocidade de avanço, normalmente em torno de 50 m/min; (3) movimento de controle CNC com recursos que permitem ao controlador prever as mudanças de direção e fazer ajustes para evitar erros de trajetória da ferramenta (*undershooting* ou *overshooting*); (4) ferramentas de corte, porta-ferramentas e eixos balanceados para minimizar os efeitos da vibração; (5) sistemas de fornecimento de fluido de corte com pressões maiores do que na usinagem convencional; e (6) sistemas de controle e remoção de cavacos, apropriados para lidar com as taxas de remoção de metal muito maiores. Igualmente importantes são os materiais das ferramentas de corte. Conforme apresentado na Tabela 18.1, vários materiais de ferramenta são utilizados na usinagem em alta velocidade, e esses materiais são discutidos no próximo capítulo.

As aplicações da HSM parecem se dividir em três categorias [3]. Uma é a indústria aeroespacial, por empresas como a Boeing, em que longos componentes estruturais de fuselagem das aeronaves são usinados a partir de grandes blocos de alumínio. É necessária muita remoção de material, principalmente por fresamento. As peças resultantes são caracterizadas por paredes finas e grandes razões entre superfície e volume, mas elas podem ser produzidas mais rapidamente e são mais confiáveis do que os conjuntos envolvendo múltiplos componentes e juntas rebitadas. Uma segunda categoria envolve a usinagem do alumínio por múltiplas operações, a fim de produzir uma série de componentes para a indústria automotiva, de computadores e de equipamentos médicos. Múltiplas operações de corte significam muitas trocas de ferramentas, bem como muitas acelerações e desacelerações dos equipamentos. Desse modo, as trocas rápidas de ferramentas e o controle de trajetória das ferramentas são importantes nessas aplicações. A terceira categoria de aplicação da HSM é na indústria de moldes e matrizes. Nesse caso, a usinagem em alta velocidade envolve muita remoção de metal para criar a cavidade do molde ou matriz e as operações necessárias para obter acabamento fino das superfícies.

Referências

[1] Aronson, R. B. "Spindles are the Key to HSM." ***Manufacturing Engineering***, October 2004, pp. 67–80.

[2] Aronson, R. B. "Multitalented Machine Tools." ***Manufacturing Engineering***, January 2005, pp. 65–75.

[3] Ashley, S. "High-speed Machining Goes Mainstream." ***Mechanical Engineering***, May 1995, pp. 56–61.

[4] ***ASM Handbook***, Vol. 16: ***Machining***. ASM International, Materials Park, Ohio, 1989.

[5] Black, J, and Kohser, R. ***DeGarmo's Materials and Processes in Manufacturing***, 11th ed. John Wiley & Sons, Hoboken, New Jersey, 2012.

[6] Boston, O. W. ***Metal Processing***. 2nd ed. John Wiley & Sons, New York, 1951.

[7] Drozda, T. J., and Wick, C. (eds.). ***Tool and Manufacturing Engineers Handbook***. 4th ed. Vol. I, ***Machining***. Society of Manufacturing Engineers, Dearborn, Michigan, 1983.

[8] Eary, D. F., and Johnson, G. E. ***Process Engineering: for Manufacturing***. Prentice-Hall, Inc., Englewood Cliffs, N.J., 1962.

[9] Kalpakjian, S., and Schmid, S. R. ***Manufacturing Engineering and Technology***, 6th ed. Prentice Hall, Upper Saddle River, New Jersey, 2010.

[10] Kalpakjian, S., and Schmid S. R. ***Manufacturing Processes for Engineering Materials***, 5th ed. Pearson Prentice Hall, Upper Saddle River, New Jersey, 2007.

[11] Krar, S. F., and Ratterman, E. ***Superabrasives: Grinding and Machining with CBN and Diamond***. McGraw-Hill, New York, 1990.

[12] Lindberg, R. A. ***Processes and Materials of Manufacture***, 4th ed. Allyn and Bacon, Boston, 1990.

[13] Marinac, D. "Smart Tool Paths for HSM." ***Manufacturing Engineering***, November 2000, pp. 44–50.

[14] Mason, F., and Freeman, N. B. "Turning Centers Come of Age." Special Report 773, ***American Machinist***, February 1985, pp. 97–116.

[15] ***Modern Metal Cutting***. AB Sandvik Coromant, Sandvik, Sweden, 1994.

[16] Ostwald, P. F., and J. Munoz. ***Manufacturing Processes and Systems***, 9th ed. John Wiley & Sons, New York, 1997.

[17] Rolt, L. T. C. ***A Short History of Machine Tools***. The M.I.T. Press, Cambridge, Massachusetts 1965.

[18] Steeds, W. ***A History of Machine Tools—1700–1910***. Oxford University Press, London, 1969.

[19] Trent, E. M., and Wright, P. K. ***Metal Cutting***, 4th ed. Butterworth Heinemann, Boston, 2000.

[20] Witkorski, M., and Bingeman, A. "The Case for Multiple Spindle HMCs." ***Manufacturing Engineering***, March 2004, pp. 139–148.

Questões de Revisão

18.1 Quais são as diferenças entre peças com geometria de revolução e peças prismáticas em usinagem?

18.2 Faça a distinção entre operações de geração e formação nos processos de usinagem.

18.3 Dê dois exemplos de operações de usinagem nos quais a geração e a formação se combinam para produzir geometria de peças.

18.4 Descreva o processo de torneamento.

18.5 Qual é a diferença entre rosqueamento no torno e rosqueamento com macho?

18.6 Em que a operação de broqueamento difere de uma operação de torneamento?

18.7 O que quer dizer a designação 30 cm × 90 cm no torno?

18.8 Mencione as várias maneiras em que uma peça pode ser fixada em um torno.

18.9 Qual é a diferença entre uma ponta rotativa e uma ponta fixa, quando esses termos são utilizados no contexto de fixação da peça no torno.

18.10 Em que um torno revólver difere de um torno mecânico?

18.11 O que é um furo cego?

18.12 Qual é a característica distintiva de uma furadeira radial?

18.13 Qual é a diferença entre fresamento periférico e fresamento frontal?

18.14 Descreva o fresamento de borda.

18.15 O que é fresamento de cavidades?

18.16 Descreva a diferença entre fresamento discordante e fresamento concordante.

18.17 Em que uma fresadora de mesa fixa difere de uma fresadora de coluna e console?

18.18 O que é um centro de usinagem?

18.19 Qual é a diferença entre um centro de usinagem e um centro de torneamento?

18.20 O que um centro de torno fresamento pode realizar que um centro de torneamento convencional não pode?

18.21 Como se diferem a plaina limadora e a plaina de mesa?

18.22 Qual é a diferença entre brochamento interno e brochamento externo?

18.23 Identifique as três formas básicas de operação de serramento.

Problemas

As respostas dos problemas marcados com (**A**) são apresentadas no Apêndice, no final do livro.

Torneamento e Operações Relacionadas

18.1 **(A)** Um torno mecânico é utilizado para tornear uma peça cilíndrica de 150 mm de diâmetro por 500 mm de comprimento. Velocidade de corte = 2,50 m/s, avanço = 0,30 mm/ver, e profundidade de usinagem = 3,0 mm. Determine (a) o tempo de corte e (b) a taxa de remoção de material.

18.2 Em uma operação de torneamento, a peça cilíndrica tem 375 mm de comprimento e 150 mm de diâmetro. Avanço = 0,30 mm/rev e profundidade de usinagem = 4,0 mm. Que velocidade de corte deve ser utilizada para alcançar um tempo de corte de 5,0 minutos?

18.3 Uma superfície cônica é torneada em um torno automático. A peça tem 550 mm de comprimento, com diâmetros mínimo e máximo de 100 mm e 200 mm em faces opostas. O controle automático no torno permite que a velocidade na superfície seja mantida em um valor constante de 200 m/min ajustando a velocidade rotacional em função do diâmetro da peça. Avanço = 0,25 mm/rev e profundidade de usinagem = 3,0 mm. A operação de desbaste já foi realizada e essa é a operação final na peça. Determine (a) o tempo necessário para tornear o cone e (b) as velocidades rotacionais no início e no fim do corte (suponha que o corte comece em um diâmetro menor).

18.4 Em relação ao trabalho de torneamento cônico do Problema 18.3, suponha que o torno automático com controle de velocidade na superfície não esteja disponível e que deva ser utilizado o torno convencional. Determine a velocidade rotacional que faria o trabalho exatamente no mesmo tempo da parte (a) daquele problema.

Furação

18.5 **(A)** Uma operação de furação é realizada em uma peça de aço usando uma broca de 12,7 mm de diâmetro com ângulo de ponta = 118°. O furo é cego, com uma profundidade de 60 mm. Velocidade de corte = 15 m/min e avanço = 0,20 mm/rev. Determine (a) o tempo de corte da operação e (b) a taxa de remoção de material após a entrada da ponta da broca.

Fresamento

18.6 **(A)** O fresamento periférico é feito na superfície de topo de uma peça retangular de 400 mm de comprimento por 50 mm de largura. A fresa tem 70 mm de diâmetro e possui cinco dentes. Ela ultrapassa a largura da peça em ambas as laterais. Velocidade de corte = 60 m/min, avanço por dente = 0,25 mm/dente e profundidade de usinagem = 6,5 mm. Determine (a) o tempo de corte da operação e (b) a taxa máxima de remoção de material durante o corte.

18.7 Uma operação de fresamento de faceamento remove 6,0 mm da superfície do topo de uma peça retangular de alumínio com 300 mm de comprimento por 90 mm de largura e 75 mm de espessura. A fresa realiza uma trajetória centrada na peça. Ela possui quatro dentes e tem 100 mm de diâmetro. Velocidade de corte = 2,0 m/s e avanço por dente = 0,27 mm/dente. Determine (a) o tempo de corte e (b) a taxa máxima de remoção de cavaco durante o corte.

18.8 A superfície de topo de uma peça retangular é usinada em uma operação de fresamento periférico. A peça tem 735 mm de comprimento por 50 mm de largura e 95 mm de espessura. A fresa, que tem 65 mm de diâmetro e possui cinco dentes, ultrapassa a largura da peça igualmente nas duas laterais. Velocidade de corte = 60 m/min, avanço por dente = 0,20 mm/dente e profundidade de usinagem = 7,5 mm. (a) Determine o tempo necessário para fazer um passe sobre a superfície, dado que as definições de configuração da máquina proporcionam uma distância de aproximação de 5 mm antes de o corte real começar e uma distância de afastamento de 25 mm após o corte real terminar. (b) Qual é a taxa máxima de remoção de material durante o corte?

Centros de Usinagem e Centros de Torneamento

18.9 **(A)** Um centro de usinagem com controle numérico computadorizado triaxial é operado por um trabalhador que carrega e descarrega as peças entre os ciclos de usinagem. O tempo de usinagem leva 5,75 minutos, e o trabalhador leva 2,80 minutos usando um guindaste para descarregar a peça recém-concluída e carregar e prender a próxima peça na mesa de fixação da máquina. Foi feita uma proposta para instalar um trocador de paletes de duas posições na máquina para que o trabalhador e a máquina-ferramenta possam realizar suas respectivas tarefas simultaneamente em vez de sequencialmente. O trocador de paletes transferiria as peças entre a mesa de fixação da máquina e a estação de carga/descarga em 15 s. Determine (a) o tempo de ciclo atual da operação e (b) o tempo de ciclo se a proposta for implementada. (c) Qual é o aumento percentual na produção, por hora, que resultaria da utilização do trocador de paletes?

18.10 Uma peça é produzida usando seis máquinas-ferramenta convencionais consistindo em três fresadoras e três furadeiras. Os tempos de ciclo de máquina nesses equipamentos são 4,7 minutos, 2,3 minutos, 0,8 minuto, 0,9 minuto, 3,4 minutos e 0,5 minuto. O tempo médio de carga/descarga de cada operação é 1,25 minuto. Os tempos de *setup* correspondentes das seis máquinas são 1,55 hora, 2,82 horas, 57 minutos, 45 minutos, 3,15 horas e 36 minutos, respectivamente. O tempo total de manuseio de material para levar uma peça entre as máquinas é de 20 minutos (consistindo em cinco movimentos entre as seis máquinas). Um centro de usinagem com controle numérico computadorizado foi instalado, e todas as seis operações serão realizadas nesse centro para produzir a peça. O tempo de *setup* do centro de usinagem para essa tarefa é 1,0 hora. Além disso, a máquina precisa ser programada para essa peça ("programação da peça"), o que leva 3,0 horas. O tempo de ciclo de máquina é a soma dos tempos de ciclo de máquina das seis máquinas. O tempo de carga/descarga é 1,25 minuto. (a) Qual é o tempo total para produzir uma dessas peças usando as seis máquinas convencionais, se o total consistir em todos os *setups*, tempos de ciclo de máquina, tempos de carga/descarga e tempos de transferência da peça entre as máquinas? (b) Qual é o tempo total para produzir uma dessas peças usando o centro de usinagem CNC, se o total consistir no tempo de *setup*, tempo de programação, tempo de ciclo de máquina e tempo de carga/descarga? Quais são as economias percentuais no tempo total, comparadas com sua resposta em (a)? (c) Se a mesma peça for produzida em um lote de 20 peças, qual é o tempo total para produzi-las nas mesmas condições de (a), exceto que o tempo total de manuseio de material para levar 20 peças em uma unidade de carga entre as máquinas é de 40 minutos? (d) Se a peça for produzida em um lote de 20 peças no centro de usinagem CNC, qual é o tempo total para produzi-las nas mesmas condições da parte (b) e quais são as economias percentuais no tempo total, comparadas com sua resposta em (c)? (e) Nos pedidos futuros de 20 unidades da mesma peça, o tempo de programação não será incluído no tempo total porque a programação da peça já foi feita e salva. Nesse caso, quanto tempo leva para produzir as 20 peças usando o centro de usinagem, e quais são as economias percentuais no tempo total, comparadas com sua resposta em (c)?

Outras Operações

18.11 **(A)** Uma plaina é utilizada para reduzir a espessura de uma peça de ferro fundido de 50 mm para 45 mm. A superfície de topo da peça tem 550 mm de comprimento por 200 mm de largura. Velocidade de corte = 0,125 m/s e avanço = 0,50 mm/passe. O carro torpedo da plaina é acionado hidraulicamente e tem um tempo de curso de retorno correspondente a 50% do tempo de curso de corte. Mais 100 mm são adicionados antes e depois da peça para ocorrer aceleração e desaceleração. Supondo que o carro torpedo se move paralelamente à dimensão longitudinal da peça, quanto tempo ele levaria para usinar?

18.12 A usinagem em alta velocidade está sendo considerada para produzir a peça de alumínio no Problema 18.7. Todas as condições de corte continuam as mesmas, exceto a velocidade de corte e o tipo de inserto utilizado no cortador. Suponha que a velocidade de corte estará no limite fornecido na Tabela 18.1. Determine (a) o novo tempo de corte da peça e (b) a nova taxa de remoção de metal. (c) Essa peça é uma boa candidata para a usinagem em alta velocidade? Explique.

19 Tecnologia de Ferramentas de Corte

Sumário

19.1 Vida da Ferramenta
19.1.1 Desgaste da Ferramenta
19.1.2 Vida da Ferramenta e a Equação de Taylor

19.2 Materiais para Ferramentas
19.2.1 Aço Rápido e Seus Antecessores
19.2.2 Ligas Fundidas de Cobalto
19.2.3 Metal Duro, Cermets e Metal Duro Revestido
19.2.4 Cerâmicas
19.2.5 Diamantes Sintéticos e Nitreto Cúbico de Boro

19.3 Geometria da Ferramenta
19.3.1 Geometria de Ferramentas Monocortantes
19.3.2 Ferramentas Multicortantes

19.4 Fluidos de Corte
19.4.1 Tipos de Fluidos de Corte
19.4.2 Aplicação dos Fluidos de Corte

As operações de usinagem são executadas utilizando ferramentas de corte. As elevadas forças e temperaturas durante a usinagem criam um ambiente muito severo para a ferramenta. Se a força de corte ficar alta demais, a ferramenta quebra. Se a temperatura de corte ficar alta demais, o material da ferramenta amolece e falha. Se nenhuma dessas duas condições provocarem a falha da ferramenta, o desgaste contínuo da aresta de corte acaba levando à falha.

A tecnologia da ferramenta de corte tem dois aspectos principais: o material da ferramenta e a geometria dessa ferramenta. O primeiro aspecto diz respeito ao desenvolvimento de materiais que consigam suportar as forças, temperaturas e ação de desgaste no processo de usinagem. O segundo aspecto trata da otimização da geometria da ferramenta de corte para o material dessa ferramenta e para uma determinada operação. É conveniente começar considerando a vida da ferramenta, pois é um pré-requisito para grande parte da discussão subsequente sobre materiais para ferramentas. Também parece adequado incluir um tópico sobre fluidos de corte no final deste capítulo; os fluidos de corte são utilizados frequentemente nas operações de usinagem para prolongar a vida de uma ferramenta de corte.

19.1 Vida da Ferramenta

Conforme sugerido pelo parágrafo de abertura, há três hipóteses possíveis para a falha de uma ferramenta durante a usinagem:

1. ***Falha por fratura.*** Esse modo de falha ocorre quando a força de corte em um ponto da aresta de corte se torna excessiva, fazendo com que falhe repentinamente por ruptura frágil.
2. ***Falha por temperatura.*** Essa falha ocorre quando a temperatura de corte é alta demais para o material da ferramenta, fazendo com que o material na região da aresta de corte amoleça, e levando à deformação plástica e à perda da afiação.

3. ***Desgaste gradual.*** O desgaste gradual da aresta de corte causa perda de geometria da ferramenta, redução na eficiência do corte, aceleração do desgaste, à medida que a ferramenta se torna mais desgastada; finalmente, causa falha da ferramenta de maneira similar a uma falha por temperatura.

As falhas por fratura e temperatura resultam na perda prematura da ferramenta de corte. Portanto, esses dois modos de falha são indesejáveis. Das três falhas de ferramenta possíveis, a aceitável é o desgaste gradual, pois leva ao uso mais prolongado possível da ferramenta, com a vantagem econômica associada desse uso mais longo.

A qualidade do produto também deve ser considerada quando se tenta controlar o modo de falha da ferramenta. Quando a ponta da ferramenta falha subitamente durante um corte, muitas vezes ela causa danos à superfície usinada. Esse dano exige o retrabalho da superfície ou o possível sucateamento da peça. O dano pode ser evitado selecionando condições de corte que favoreçam o desgaste gradual da ferramenta em vez da falha por fratura ou temperatura, e trocando a ferramenta antes da falha catastrófica da aresta de corte.

19.1.1 DESGASTE DA FERRAMENTA

O desgaste gradual ocorre em duas regiões principais da ferramenta de corte: na superfície de saída e no flanco. Consequentemente, podem ser distinguidos dois tipos principais de desgaste da ferramenta: desgaste de cratera e desgaste de flanco, ilustrados nas Figuras 19.1 e 19.2. Uma ferramenta monocortante é utilizada para explicar o desgaste da ferramenta e o mecanismo que o causa. O ***desgaste de cratera*** [Figura 19.2(a)] consiste em uma cavidade na superfície de saída da ferramenta que se forma e cresce a partir da ação do cavaco deslizando contra a superfície. As altas tensões e temperaturas caracterizam a interface de contato cavaco-ferramenta, contribuindo para a ação de desgaste. A cratera pode ser medida por sua profundidade ou por sua área. O ***desgaste de flanco*** [Figura 19.2(b)] ocorre no flanco da ferramenta. Ele resulta do atrito entre a superfície recém-gerada e o flanco adjacente à aresta de corte. O desgaste de flanco é medido pela largura média de desgaste, VB. Essa largura de desgaste às vezes é chamada de ***marca de desgaste do flanco***.

Certas características do desgaste de flanco podem ser identificadas. Primeiro, uma condição extrema de desgaste de flanco aparece frequentemente na aresta de corte no local correspondente à superfície original da peça, o chamado ***desgaste de entalhe***. Ele ocorre porque a superfície original é mais dura e/ou mais abrasiva do que o material interno, que poderia ser ocasionado pelo endurecimento da peça provocado por en-

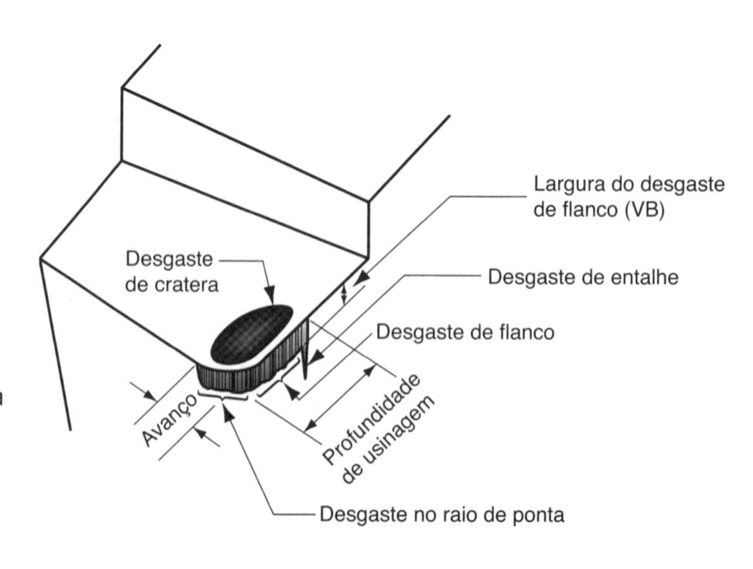

FIGURA 19.1 Diagrama da ferramenta de corte desgastada exibindo os locais principais e os tipos de desgaste que ocorrem.

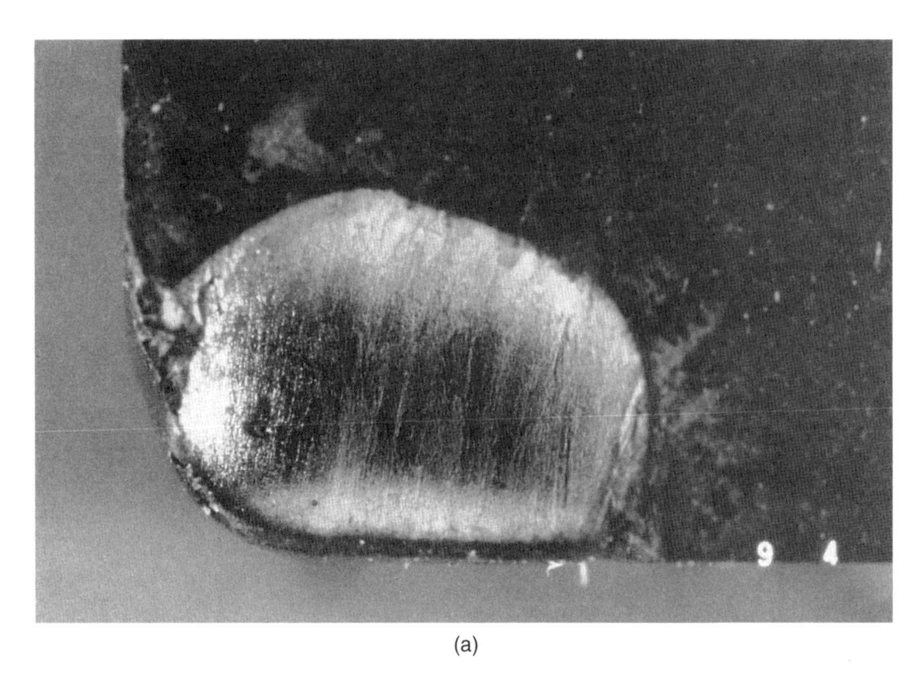

(a)

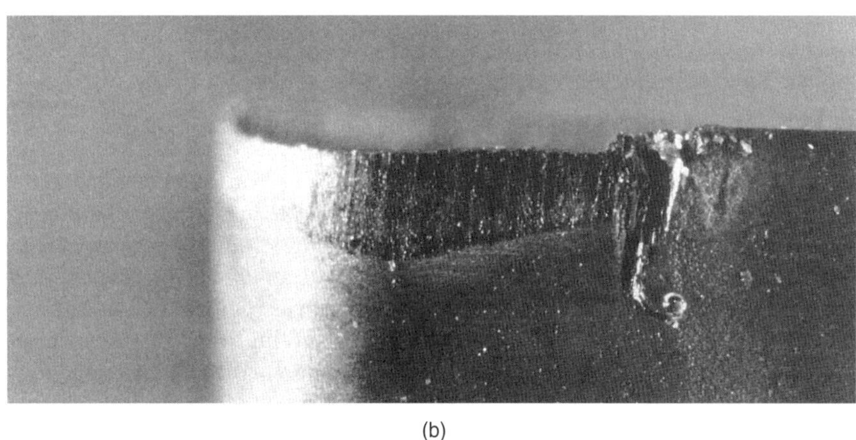

(b)

FIGURA 19.2
(a) Desgaste de cratera e (b) desgaste de flanco em uma ferramenta de metal duro, vista por meio de microscópio de um fabricante de ferramenta. (Cortesia de George E. Kane Manufacturing Technology Laboratory, Lehigh University; fotos de J. C. Keefe.)

cruamento pela deformação plástica a frio ou usinagem prévia, partículas de areia na superfície decorrente da fundição, ou por outras razões. Como uma consequência da superfície mais dura, o desgaste é acelerado nesse local. Uma segunda região de desgaste de flanco que pode ser identificada é o ***desgaste no raio de ponta***; esse desgaste ocorre no raio de ponta da ferramenta próximo ao final da aresta de corte.

Os mecanismos de usinagem que ocasionam desgaste nas interfaces cavaco-ferramenta e ferramenta-peça podem ser resumidos da seguinte forma:

- ***Abrasão.*** Esta é a ação mecânica de desgaste causada por partículas duras no material usinado, riscando e removendo pequenas partes da ferramenta. Essa ação abrasiva ocorre no desgaste de flanco e no desgaste de cratera, sendo uma causa importante de desgaste de flanco.
- ***Adesão (Attrition).*** Quando dois metais são forçados a manter contato um com o outro sob alta pressão e temperatura, ocorre adesão (soldagem) entre eles. Essas condições estão presentes entre o cavaco e a superfície de saída da ferramenta. À medida que o cavaco flui pela ferramenta, pequenas partículas dessa ferramenta aderem ao cavaco e são removidas da superfície, resultando em desgaste por *attrition* da superfície.

- ***Difusão.*** Este é um processo no qual a troca de átomos ocorre por meio da fronteira de contato entre os dois materiais (Seção 4.3). No caso do desgaste de ferramenta, a difusão ocorre na fronteira cavaco-ferramenta, fazendo com que a superfície da ferramenta fique desprovida dos átomos responsáveis por sua dureza. À medida que esse processo continua, a superfície da ferramenta fica mais susceptível à abrasão e à adesão. Acredita-se que a difusão seja um dos principais mecanismos do desgaste de cratera.
- ***Reações químicas.*** As altas temperaturas e as superfícies limpas na interface cavaco-ferramenta, na usinagem em alta velocidade, podem resultar em reações químicas, particularmente oxidação, na superfície de saída da ferramenta. A camada oxidada, sendo mais macia que o material original da ferramenta, é cisalhada para fora expondo um novo material para sustentar o processo de reação.
- ***Deformação plástica.*** Outro mecanismo que contribui para o desgaste da ferramenta é a deformação plástica da aresta de corte. As forças de corte que agem na aresta de corte em alta temperatura fazem com que a aresta se deforme plasticamente, tornando-se mais vulnerável à abrasão da superfície da ferramenta. A deformação plástica contribui principalmente para o desgaste de flanco.

A maioria desses mecanismos de desgaste da ferramenta é acelerada em velocidades de corte mais altas e em temperaturas mais elevadas. A difusão e a reação química são particularmente sensíveis à temperatura elevada.

19.1.2 VIDA DA FERRAMENTA E A EQUAÇÃO DE TAYLOR

Com o prosseguimento do corte, os vários mecanismos de desgaste resultam em níveis crescentes de desgaste na ferramenta de corte. A relação geral do desgaste da ferramenta *versus* tempo de corte é mostrada na Figura 19.3. Embora a relação exibida seja para o desgaste de flanco, ocorre uma relação similar para o desgaste de cratera. Normalmente é possível identificar três regiões na curva típica do crescimento do desgaste. A primeira é o ***período inicial***, no qual a aresta de corte nova desgasta rapidamente no início de seu uso. A primeira região ocorre dentro de alguns minutos de corte. O período inicial é seguido pelo desgaste que ocorre em uma taxa razoavelmente uniforme. Isso se chama região de ***desgaste à taxa constante***. Na figura, essa região é retratada como uma função linear do tempo, embora haja desvios da reta na usinagem real. Finalmente, o desgaste alcança um nível em que sua taxa começa a acelerar. Isso marca o início da ***região de falha***, na qual as temperaturas de corte são mais altas e a eficiência geral do processo de usinagem é reduzida. Se deixar o processo prosseguir, a ferramenta acaba sofrendo uma falha por temperatura.

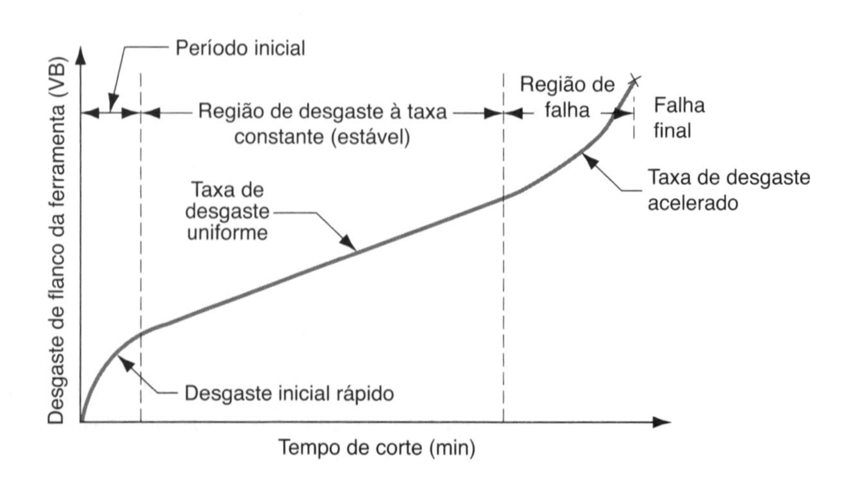

FIGURA 19.3 Desgaste da ferramenta em função do tempo de corte. Desgaste de flanco (VB) utilizado aqui como medida do desgaste da ferramenta. O desgaste de cratera segue uma curva de crescimento similar.

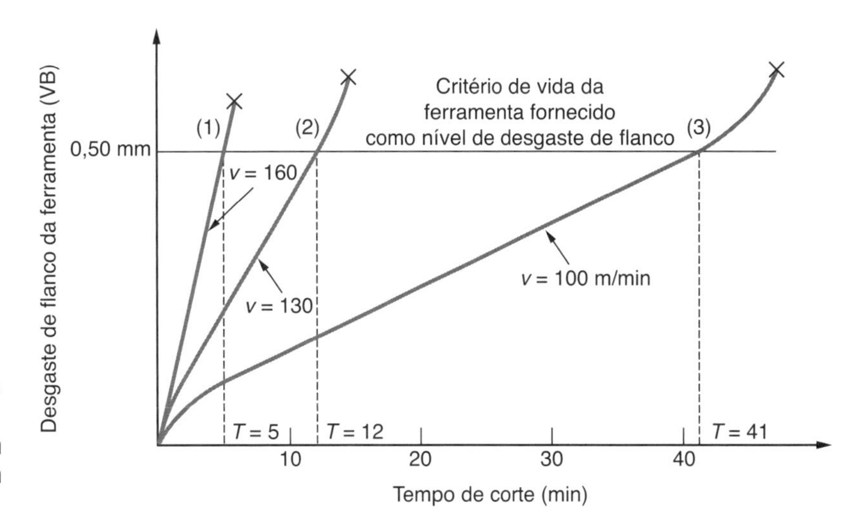

FIGURA 19.4 Efeito da velocidade de corte no desgaste de flanco da ferramenta (VB) para três velocidades de corte. Valores hipotéticos de velocidade e de vida da ferramenta exibidos para um critério de vida da ferramenta de 0,50 mm de desgaste de flanco.

A inclinação da curva de desgaste da ferramenta na região com taxa constante é afetada pelo material da peça e pelas condições de corte. Os materiais mais duros fazem com que aumente a taxa de desgaste (inclinação da curva de desgaste da ferramenta). A velocidade, o avanço e a profundidade de usinagem maiores têm um efeito similar, com a velocidade sendo o mais importante dos três. Se as curvas de desgaste da ferramenta forem construídas para diferentes velocidades de corte, os resultados aparecem como na Figura 19.4. À medida que a velocidade de corte aumenta, a taxa de desgaste aumenta; então o mesmo nível de desgaste é alcançado em menos tempo.

A ***vida da ferramenta*** é definida como a duração do tempo de corte em que a ferramenta pode ser utilizada. Usar a ferramenta até a falha catastrófica final é uma maneira de definir sua vida. Isso é indicado na Figura 19.4 pelo final de cada curva de desgaste da ferramenta. No entanto, em produção, frequentemente é uma desvantagem usar a ferramenta até ocorrer sua falha, em virtude das dificuldades para afiar novamente a ferramenta e dos problemas com a qualidade da superfície usinada. Como uma alternativa, pode ser escolhido um nível de desgaste da ferramenta como critério para estabelecer sua vida, e a ferramenta é substituída quando o desgaste alcançar esse nível. Um critério conveniente para a vida útil da ferramenta é certo valor de desgaste de flanco, como 0,5 mm, ilustrado como a linha horizontal no gráfico. Quando cada uma das três curvas cruza essa linha, a vida da ferramenta correspondente é definida como terminada. Se os pontos de intersecção forem projetados para o eixo do tempo, os valores da vida da ferramenta podem ser identificados.

Equação de Taylor para a Vida da Ferramenta Se os valores de vida da ferramenta das três curvas de desgaste na Figura 19.4 forem traçados em um gráfico log-log (natural) da velocidade de corte *versus* vida da ferramenta, a relação resultante será uma linha reta, conforme a Figura 19.5.[1]

A descoberta dessa relação em 1900, aproximadamente, é creditada a F.W. Taylor. Ela pode ser apresentada em forma de equação e se chama equação de Taylor para a vida da ferramenta:

$$v_c T^n = C \tag{19.1}$$

em que v_c = velocidade de corte, m/min; T = vida da ferramenta, min; e n e C são parâmetros cujos valores dependem do avanço, da profundidade de usinagem, do material

[1]O leitor pode observar, na Figura 19.5, que a variável dependente (vida da ferramenta) foi representada no eixo horizontal e que a variável independente (velocidade de corte), no eixo vertical. Embora isso seja uma inversão da convenção normal de representação, é a maneira pela qual a relação de Taylor para a vida da ferramenta é representada frequentemente.

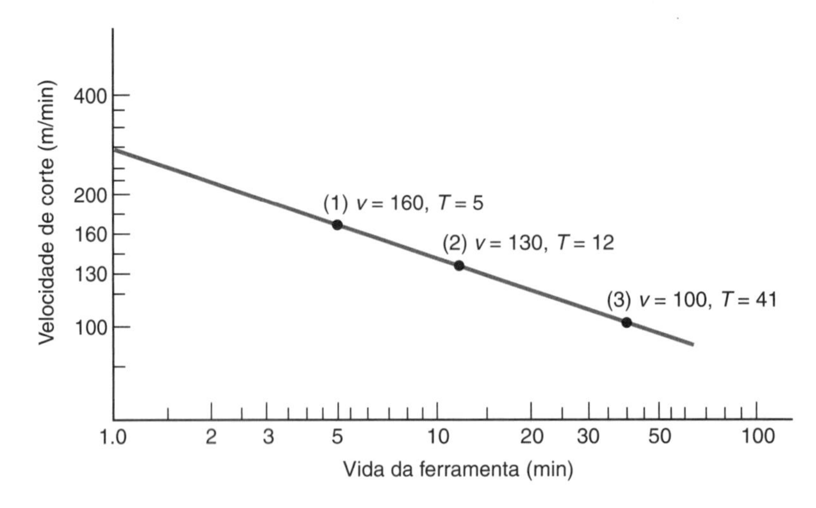

FIGURA 19.5 Gráfico log-log natural da velocidade de corte *versus* vida da ferramenta

da peça, do ferramental (em particular do material) e do critério de vida utilizado. O valor de n é a constante relativa de um determinado material de ferramenta, ao passo que o valor de C depende do material da ferramenta, do material da peça de trabalho e das condições de corte.

Basicamente, a Equação (19.1) afirma que as velocidades de corte mais altas resultam em vidas menores das ferramentas. Relacionando esses parâmetros n e C à Figura 19.5, n é a inclinação do gráfico (apresentada em termos lineares em vez de na escala de eixos) e C é a intercepção no eixo da velocidade. C representa a velocidade de corte que resulta em uma vida de 1 minuto para a ferramenta.

O problema com a Equação (19.1) é que as unidades no lado direito da equação não são coerentes com as unidades do lado esquerdo. Para tornar as unidades coerentes, a equação deve ser apresentada na forma

$$v_c T^n = C\,(T_{ref}^{\,n}) \tag{19.2}$$

em que T_{ref} = um valor de referência para C. T_{ref} é simplesmente 1 minuto quando são utilizados m/min e minutos para v_c e T, respectivamente. A vantagem da Equação (19.2) é vista quando se deseja usar a equação de Taylor com unidades diferentes de m/min e minutos – por exemplo, se a velocidade de corte fosse apresentada em m/s e a vida da ferramenta em s. Nesse caso, T_{ref} seria 60 s, e C, portanto, seria o mesmo valor de velocidade da Equação (19.1), embora convertido para unidades de m/s. A inclinação n teria o mesmo valor numérico que na Equação (19.1).

Exemplo 19.1 Equação de Taylor para a vida da ferramenta

Determine os valores de C e n no gráfico da Figura 19.5, usando dois dos três pontos na curva e solucionando simultaneamente equações na forma da Equação (19.1).

Solução: Escolhendo os dois pontos extremos: v_c = 160 m/min, T = 5 min; e v_c = 100 m/min, T = 41 min; as duas equações são:

$$160(5)^n = C$$
$$100(41)^n = C$$

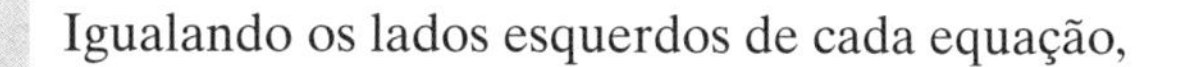

Igualando os lados esquerdos de cada equação,

$$160(5)^n = 100\,(41)^n$$

Extraindo o logaritmo natural de cada termo,

$$\ln(160) + n \ln(5) = \ln(100) + n \ln(41)$$

$$5{,}0752 + 1{,}6094\,n = 4{,}6052 + 3{,}7136\,n$$

$$0{,}4700 = 2{,}1042\,n$$

$$n = \frac{0{,}4700}{2{,}1042} = \mathbf{0{,}223}$$

Substituindo este valor de n na equação inicial, o valor de C é obtido:

$$C = 160(5)^{0{,}223} = \mathbf{229}$$

$$C = 100(41)^{0{,}223} = 229$$

A equação de Taylor para os dados da Figura 19.5 é, portanto, $v_c T^{0{,}223} = 229$.

Uma versão ampliada da Equação (19.2) pode ser formulada para incluir os efeitos do avanço, da profundidade de usinagem, e até mesmo da dureza do material:

$$v_c T^n f^m a_p{}^p H^p = K T_{\text{ref}}{}^n f_{\text{ref}}{}^m a_{p\text{ref}}{}^p H_{\text{ref}}{}^q \qquad (19.3)$$

em que f = avanço, mm; a_p = profundidade de usinagem, mm; H = dureza, apresentada em uma escala de dureza apropriada; m, p e q são expoentes com valores determinados experimentalmente para as condições de operação; K = uma constante análoga a C na Equação (19.2); e f_{ref}, $a_{p\text{ref}}$ e H_{ref} são valores de referência para avanço, profundidade de usinagem e dureza. Os valores de m e p, os expoentes de avanço e profundidade, são menores que 1,0. Isso indica o maior efeito da velocidade de corte na vida da ferramenta porque o expoente de v_c é 1,0. Após a velocidade, o avanço é o próximo em importância; então m tem um valor maior que p. O expoente da dureza da peça, q, também é menor que 1,0.

Talvez a maior dificuldade em aplicar a Equação (19.3) em uma operação de usinagem prática seja a enorme quantidade de dados de usinagem que seriam necessários para determinar os parâmetros da equação. As variações nos materiais usinados e nas condições de teste também causam dificuldades ao introduzir variações estatísticas nos dados. A Equação (19.3) é válida por indicar tendências gerais entre suas variáveis, mas não por sua capacidade para prever com exatidão o desempenho da vida da ferramenta. Para diminuir esses problemas e tornar o escopo da equação mais controlável, frequentemente alguns dos termos são eliminados. Por exemplo, omitir a profundidade e a dureza reduz a Equação (19.3) para o seguinte:

$$v_c T^n f^m = K T_{\text{ref}}{}^n f_{\text{ref}}{}^m \qquad (19.4)$$

em que os termos têm o mesmo significado de antes, exceto que a constante K terá uma interpretação ligeiramente diferente.

Critérios de Vida da Ferramenta em Produção Embora o desgaste de flanco seja o critério de vida da ferramenta na discussão anterior sobre a equação de Taylor, esse critério não é muito prático em um ambiente de produção em virtude das dificuldades e do tempo necessário para medir o desgaste de flanco. A seguir, são apresentados nove critérios alternativos de vida da ferramenta que são mais convenientes em uma operação de usinagem em produção, alguns deles reconhecidamente subjetivos:

1. A falha completa da aresta de corte (falha por fratura, falha por temperatura ou desgaste até o rompimento completo da ferramenta). Esse critério tem desvantagens, conforme foi discutido anteriormente.
2. A inspeção visual do desgaste de flanco (ou desgaste de cratera) pelo operador da máquina (sem uso de microscópio). Esse critério é limitado pelo bom senso do operador e por sua capacidade para observar o desgaste da ferramenta a olho nu.
3. O teste da unha na aresta de corte feito pelo operador para testar irregularidades.
4. Alterações no som emitido pela operação, conforme o julgamento do operador.
5. Os cavacos se formam como fitas filamentosas, difíceis de descartar.
6. A degradação do acabamento superficial da peça.
7. O maior consumo de energia na operação, conforme medido por um wattímetro conectado à máquina-ferramenta.
8. Contagem de peças. O operador é instruído a trocar a ferramenta após determinado número de peças terem sido usinadas.
9. Tempo de corte cumulativo. Similar à contagem de peças, exceto que o período de tempo em que a ferramenta esteve cortando é monitorado. Isso é possível nas máquinas-ferramentas controladas por computador; o computador é programado para manter os dados sobre o tempo de corte total de cada ferramenta.

19.2 Materiais para Ferramenta

Os três modos de falha da ferramenta permitem identificar três propriedades importantes e necessárias em um material de ferramenta:

- ***Tenacidade.*** Para evitar a falha por fratura, o material da ferramenta deve possuir alta tenacidade. Tenacidade é a capacidade que um material tem para absorver energia sem falhar. Frequentemente é caracterizada por uma combinação de resistência e ductilidade do material.
- ***Dureza a quente.*** Dureza a quente é a capacidade que um material tem para reter sua dureza em altas temperaturas. Isso é necessário, em virtude do ambiente de alta temperatura em que a ferramenta opera.
- ***Resistência ao desgaste.*** Dureza é a propriedade mais importante e necessária para resistir ao desgaste abrasivo. Todos os materiais de ferramenta de corte devem ser duros. No entanto, a resistência ao desgaste no corte de metais não depende apenas da dureza da ferramenta devido aos outros mecanismos de desgaste da ferramenta. Outras características que afetam a resistência incluem o acabamento superficial da ferramenta (uma superfície mais lisa significa um coeficiente de atrito mais baixo), a afinidade química entre o material da ferramenta e o da peça, e a utilização ou não do fluido de corte.

Os materiais de ferramenta de corte atingem essa combinação de propriedades em níveis variados. Nesta seção, são discutidos os seguintes materiais de ferramenta de corte: (1) aços rápidos e seus antecessores, aços-carbono e aços com baixa liga, (3) metal duro, cermets e metal duro revestido, (4) cerâmicas, (5) diamante sintético e nitreto cúbico de boro. Antes de examinar cada um desses materiais, será útil uma breve visão geral e comparação técnica. O desenvolvimento histórico desses materiais é descrito na

TABELA • 19.1 Valores típicos de dureza (em temperatura ambiente) e de resistência à ruptura transversal para vários materiais de ferramenta.[a]

Material	Dureza	Resistência à Ruptura Transversal
		MPa
Aço-carbono	60 HRC	5200
Aço rápido	65 HRC	4100
Liga fundida de cobalto	65 HRC	2250
Metal duro (WC)		
Baixa concentração de Co	93 HRA, 1800 HK	1400
Alta concentração de Co	90 HRA, 1700 HK	2400
Cermet (TiC)	2400 HK	1700
Alumina (Al_2O_3)	2100 HK	400
Nitreto cúbico de boro	5000 HK	700
Diamante policristalino	6000 HK	1000
Diamante natural	8000 HK	1500

Compilado de [4], [9], [17] e outras fontes.
[a]*Nota*: Os valores de dureza e resistência à ruptura transversal são apenas comparativos e típicos. As variações nas propriedades resultam de diferenças na composição e processamento.

Nota Histórica 19.1. Comercialmente, os materiais de ferramenta mais importantes são o aço rápido e o metal duro, o cermet e o metal duro revestido. Essas duas categorias contribuem com mais de 90% das ferramentas de corte utilizadas nas operações de usinagem.

A Tabela 19.1 e a Figura 19.6 apresentam dados das propriedades de vários materiais de ferramenta. As propriedades são aquelas relacionadas aos requisitos de uma ferramenta de corte: dureza, tenacidade e dureza a quente. A Tabela 19.1 apresenta a dureza em temperatura ambiente e a resistência à ruptura transversal (também conhecida como resistência à flexão, s_{rf}) de materiais selecionados. A resistência à ruptura

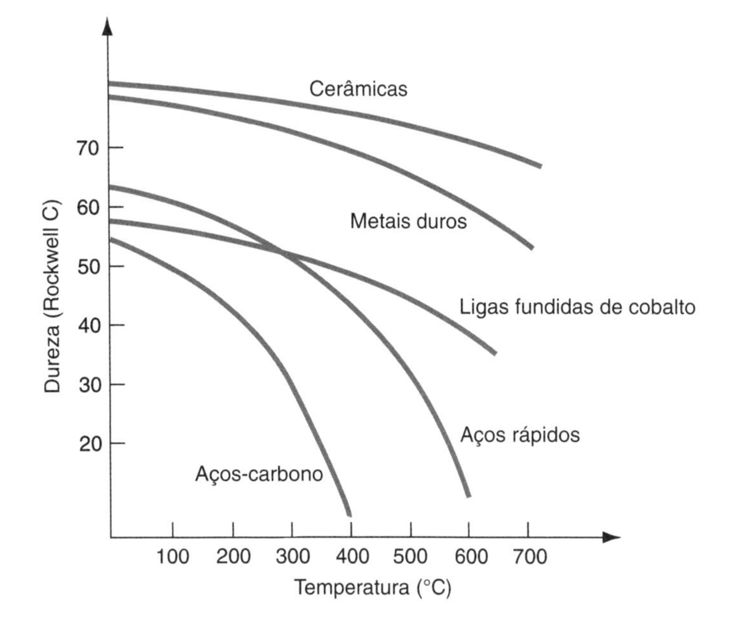

FIGURA 19.6 Relações típicas da dureza a quente de materiais de ferramenta selecionados. O aço-carbono exibe uma perda rápida de dureza, à medida que a temperatura aumenta. O aço rápido é substancialmente melhor, enquanto os metais duros e as cerâmicas são significativamente mais duros em temperaturas elevadas.

Nota Histórica 19.1 *Materiais de ferramenta de corte*

Em 1800, a Inglaterra liderava a Revolução Industrial, e o ferro foi o principal metal nesse movimento. As melhores ferramentas para cortar o ferro eram feitas de aço fundido pelo processo de cadinho, inventado em 1742 por B. Huntsman. O aço fundido, cujo teor de carbono se situa entre o ferro forjado e o ferro fundido, pode ser endurecido pelo tratamento térmico para usinar os outros metais. Em 1868, R. Mushet descobriu que, ao deixar 7% de tungstênio no aço de cadinho, foi obtido um aço ferramenta endurecido por resfriamento ao ar após tratamento térmico. O aço ferramenta de Mushet era bem superior ao seu predecessor na usinagem.

Frederic W. Taylor se destaca como uma figura importante na história das ferramentas de corte. Por volta de 1880 em Midvale Steel, na Filadélfia, e mais tarde em Bethlehem Steel, em Bethlehem, Pensilvânia, ele começou uma série de experimentos que duraram um quarto de século, resultando em uma compreensão muito maior do processo de corte de metais. Entre os desenvolvimentos resultantes do trabalho de Taylor e do colega Maunsel White em Bethlehem estava o ***aço rápido*** (HSS, do inglês ***high-speed steel***), uma classe de aços ferramenta de alta liga que permitiam velocidades de corte substancialmente maiores do que as ferramentas de corte anteriores. A superioridade do aço rápido resultou não só da liga mais alta, mas também de refinamentos no tratamento térmico. As ferramentas feitas com o novo aço permitiram velocidades de corte mais de duas vezes superiores às de aço de Mushet e quase quatro vezes às de aço-carbono fundido.

O carboneto de tungstênio (WC) foi sintetizado pela primeira vez no final dos anos 1890. Levou quase três décadas para ser desenvolvido o material de ferramenta de corte pela sinterização do WC com um aglutinante metálico para formar os ***metais duros.*** Eles foram utilizados pela primeira vez no corte de metais em meados dos anos 1920, na Alemanha e, no final dos anos 1920, nos Estados Unidos. As ferramentas de corte de ***cermet*** baseadas em carboneto de titânio foram introduzidas pela primeira vez nos anos 1950, mas sua importância comercial data dos anos 1970. Os primeiros ***metais duros revestidos,*** consistindo em um revestimento sobre um substrato de WC-Co, foram utilizados pela primeira vez por volta de 1970. Os materiais de revestimento incluíam TiC, TiN e Al_2O_3. Os metais duros revestidos, modernos, têm três ou mais revestimentos desses e de outros materiais duros.

As tentativas de usar ***cerâmica de alumina*** em usinagem datam do início dos anos 1900 na Europa. Sua fragilidade inibiu o sucesso nessas primeiras aplicações. Refinamentos no processo que transcorreram durante décadas resultaram em melhorias nas propriedades desses materiais. O uso comercial das ferramentas de corte cerâmicas nos Estados Unidos data de meados dos anos 1950.

Os primeiros diamantes industriais foram produzidos pela General Electric Company em 1954. Eram diamantes monocristalinos que foram aplicados com algum sucesso em operações de retificação a partir de 1957, aproximadamente. A maior aceitação das ferramentas de corte diamantadas resultou do uso do ***diamante policristalino sinterizado*** (SPD, do inglês ***sintered polycrystalline diamond***), datando do início dos anos 1970. Um material de ferramenta similar, o ***nitreto cúbico de boro*** sinterizado, foi introduzido em 1969 pela GE, com o nome comercial de Borazon.

transversal (Subseção 3.1.3) é uma propriedade utilizada para indicar a tenacidade de materiais duros. A Figura 19.6 mostra a dureza em função da temperatura para vários dos materiais de ferramenta discutidos nesta seção.

Além dessas comparações entre as propriedades, é útil comparar os materiais em termos de n e C na equação de Taylor. Em geral, o desenvolvimento de novos materiais de ferramenta de corte resultou em aumentos nos valores desses dois parâmetros. A Tabela 19.2 apresenta valores alternativos de n e C para materiais de ferramenta de corte selecionados.

O desenvolvimento cronológico dos materiais de ferramenta seguiu, em linhas gerais, uma trajetória na qual os novos materiais permitiram velocidades de corte cada vez mais altas. A Tabela 19.3 identifica os materiais de ferramenta de corte, junto com seu ano de introdução aproximado e velocidade de corte máxima permitida na qual podem ser utilizados.

Aumentos notáveis na produtividade da usinagem foram viabilizados por avanços na tecnologia dos materiais das ferramentas, conforme indicado na tabela. Na prática, as máquinas-ferramenta nem sempre acompanharam o ritmo da tecnologia das ferramentas de corte. Limitações de potência, de rigidez da máquina-ferramenta, dos mancais dos eixos, e o uso disseminado de equipamento mais antigo na indústria agiram para subutilizar as possíveis velocidades superiores permitidas pelas ferramentas de corte disponíveis.

TABELA • 19.2 Valores representativos de *n* e *C* na equação de Taylor para a vida da ferramenta [Equação (19.1)], para materiais de ferramenta selecionados.

		C	
		Usinagem de Outros Metais	Usinagem de Aço
Material da Ferramenta	*n*	m/min	m/min
Aço-carbono para ferramenta	0,1	70	20
Aço rápido	0,125	120	70
Metal duro	0,25	900	500
Cermet	0,25		600
Metal duro revestido	0,25		700
Cerâmica	0,6		3000

Compilado de [4], [9] e outras fontes.
Os valores dos parâmetros são aproximados para torneamento com avanço = 0,25 mm/rev e profundidade = 2,5 mm. A coluna Usinagem de Outros Metais se refere aos metais de corte fácil, como o alumínio, o latão e o ferro fundido. A coluna Usinagem de Aço se refere à usinagem de aço doce (não endurecido). É preciso observar que, na prática, podem-se esperar grandes variações nesses valores.

TABELA • 19.3 Materiais de ferramenta de corte com suas datas aproximadas de uso inicial e velocidades de corte permitidas.

		Allowable Cutting Speed[a]	
		Usinagem de Outros Metais	Usinagem de Aço
Material da Ferramenta	Ano de Início do Uso	m/min	m/min
Aço-carbono para ferramenta	1800s	Abaixo de 10	Abaixo de 5
Aço rápido	1900	25–65	17–33
Ligas fundidas de cobalto	1915	50–200	33–100
Metais duros (WC)	1930	330–650	100–300
Cermets (TiC)	1950s		165–400
Cerâmicas (Al_2O_3)	1955		330–650
Diamantes sintéticos	1954, 1973	390–1300	
Nitreto cúbico de boro	1969		500–800
Metais duros revestidos	1970		165–400

[a] Compilado de [9], [12], [16], [19] e outras fontes.

19.2.1 AÇO RÁPIDO E SEUS ANTECESSORES

Antes do desenvolvimento do aço rápido, o aço-carbono e o aço de Mushet eram os principais materiais das ferramentas para corte de metais. Hoje, esses aços raramente são utilizados nas aplicações de usinagem industrial. Os aços-carbono utilizados como ferramentas de corte poderiam ser tratados termicamente para alcançar uma dureza relativamente alta (~ 60 Rockwell C), em virtude de seu teor de carbono razoavelmente alto. No entanto, com baixos níveis de liga eles possuem pouca dureza a quente (Figura 19.6), o que os torna inutilizáveis no corte de metais, exceto em velocidades tão baixas que são impraticáveis pelos padrões atuais. O aço de Mushet continha os elementos de liga tungstênio (4% a 12%) e manganês (2% a 4%), além do carbono. Ele foi substituído pelo aço rápido e outros avanços na metalurgia do aço ferramenta.

Aço rápido (HSS - *High Speed Steel*) é um aço ferramenta de alta liga, capaz de manter a dureza em temperaturas elevadas com comportamento melhor do que os aços com alto teor de carbono e os aços de baixa liga. Sua boa dureza a quente permite que as ferramentas feitas de HSS sejam utilizadas em velocidades de corte mais altas. Em comparação com outros materiais de ferramenta na época de seu desenvolvimento, foi um autêntico merecedor do seu nome "rápido". Existe uma grande variedade de aços rápidos, mas eles podem ser divididos em dois tipos básicos: (1) os de tungstênio, designados pela categoria T dada pelo *American Iron and Steel Institute* (AISI); e (2) os de molibdênio, designado pela categoria M da AISI.

Os ***aços rápidos ao tungstênio*** contêm tungstênio (W) como seu ingrediente principal de liga. Outros elementos de liga são o cromo (Cr) e o vanádio (V). Uma das categorias originais e mais bem conhecidas de aços rápidos é a T1, ou aço rápido 18-4-1, contendo 18% W, 4% Cr e 1% V. Os ***aços rápidos ao molibdênio*** contêm combinações de tungstênio e molibdênio (Mo), além dos mesmos elementos de liga das categorias T. Às vezes o cobalto é adicionado ao aço rápido para melhorar sua dureza a quente. Naturalmente, o aço rápido contém carbono, o elemento comum a todos os aços. Os teores típicos e as funções de cada elemento de liga no aço rápido são apresentados na Tabela 19.4.

Em termos comerciais, o aço rápido é um dos materiais de ferramenta de corte mais importantes utilizados atualmente, apesar do fato de que foi introduzido mais de um século atrás. O aço rápido é especialmente adequado às aplicações que envolvem complicadas geometrias de ferramenta, como brocas, machos, fresas e brochas. Essas formas complexas geralmente são mais fáceis e baratas de produzir a partir do aço rápido não endurecido do que outros materiais de ferramenta. Depois, podem ser tratadas termicamente para que a dureza da aresta de corte seja obtida (65 Rockwell C), considerando que a tenacidade da parte interna da ferramenta também é boa. As ferramentas de aço rápido possuem mais tenacidade que qualquer outro material de ferramenta mais duro, que não seja o aço, utilizado em usinagem, como os metais duros e as cerâmicas. Mesmo para ferramentas monocortantes, o aço rápido é popular entre os profissionais de

TABELA • 19.4 Teores típicos e funções dos elementos de liga no aço rápido.

Elemento de Liga	Teor Típico no Aço Rápido, % de Peso	Funções no Aço Rápido
Tungstênio	Aço rápido tipo T: 12-20	Aumenta a dureza a quente
	Aço rápido tipo M: 1,5-6	Melhora a resistência à abrasão por meio da formação de carbonetos duros no aço rápido
Molibdênio	Aço rápido tipo T: nenhum	Aumenta a dureza a quente
	Aço rápido tipo M: 5-10	Melhora a resistência à abrasão por meio da formação de carbonetos duros no aço rápido
Cromo	3,75–4,5	Temperabilidade profunda durante o tratamento térmico
		Melhora a resistência à abrasão por meio da formação de carbonetos duros no aço rápido. Resistência à corrosão (efeito menor)
Vanádio	1–5	Combina-se com o carbono para resistência ao desgaste
		Retarda o crescimento de grão para melhor tenacidade
Cobalto	0–12	Aumenta a dureza a quente
Carbono	0,75–1,5	Principal elemento no endurecimento no aço
		Fornece carbono suficiente para formar carbonetos com outros elementos de liga para resistência ao desgaste

usinagem, em virtude da facilidade com a qual uma geometria de ferramenta desejada pode ser afiada. Ao longo dos anos, foram feitas melhorias na formulação metalúrgica e no processamento do aço rápido, de modo que sua classe de material de ferramenta continua competitiva em muitas aplicações. Além disso, as ferramentas de aço rápido, particularmente as brocas, são revestidas frequentemente com um filme fino de nitreto de titânio (TiN) para promover aumentos significativos no desempenho de corte. Os processos de deposição física de vapor (Subseção 24.5.1) são utilizados com frequência para revestir essas ferramentas de HSS.

19.2.2 LIGAS FUNDIDAS DE COBALTO

As ferramentas de corte compostas de ligas fundidas de cobalto consistem em cobalto, aproximadamente 40% a 50%; cromo, em torno de 25% a 35%; e tungstênio, frequentemente 15% a 20%; com quantidades residuais de outros elementos. Essas ferramentas são fabricadas na geometria desejada por fundição em moldes de grafite e depois retificadas no formato final com a afiação da aresta de corte. A alta dureza é alcançada no fundido, uma vantagem sobre o aço rápido, que requer tratamento térmico para alcançar sua dureza. A resistência ao desgaste das ligas fundidas de cobalto é melhor que a do aço rápido, mas não tão boa quanto a do metal duro. A tenacidade das ferramentas fundidas de cobalto é melhor que a das ferramentas de carboneto, mas não tão boa quanto a das ferramentas de aço rápido. A dureza a quente também se situa entre esses dois materiais.

Como se poderia esperar em virtude de suas propriedades, as aplicações das ferramentas fundidas de cobalto geralmente estão entre as de aço rápido e de metal duro. Elas são capazes de cortes de desbaste pesados em velocidades maiores que as do aço rápido e avanços maiores que os do metal duro. Os materiais que podem ser usinados incluem ferrosos e não ferrosos, bem como materiais não metálicos, como os plásticos e o grafite. Hoje, as ferramentas de liga fundida de cobalto não são tão importantes comercialmente quanto as de aço rápido ou de metal duro. Elas foram introduzidas por volta de 1915 como um material de ferramenta que permitiria velocidades de corte mais altas do que o aço rápido. Os carbonetos foram desenvolvidos subsequentemente e se provaram superiores às ligas fundidas de Co na maioria das situações de corte.

19.2.3 METAL DURO, CERMETS E METAL DURO REVESTIDO

Cermets são definidos como compostos de materiais ***cer***âmicos e ***met***álicos (Subseção 5.4.2). Utilizando uma linguagem técnica, os carbonetos se incluem nesta definição; no entanto, os cermets baseados em WC-Co, inclusive o WC-TiC-TaC-Co, são conhecidos como metais duros no uso comum. Em terminologia de ferramenta de corte, o termo cermet é aplicado aos compostos de cerâmica e metal contendo TiC, TiN e outros materiais cerâmicos, excluindo o WC. Um dos avanços nos materiais de ferramenta de corte envolve a aplicação de um revestimento muito fino a um substrato de WC-Co. Essas ferramentas são denominadas metais duros revestidos. Desse modo, existem três materiais de ferramenta importantes e intimamente relacionados a serem discutidos: (1) metais duros, (2) cermets e (3) metais duros revestidos.

Metais Duros Os carbonetos sinterizados (chamados de ***metais duros***) são uma classe de material de ferramenta de alta dureza formulada a partir do carboneto de tungstênio (WC, Subseção 5.2.2) usando técnicas de metalurgia do pó (Capítulo 12) com cobalto (Co) como ligante (Subseções 5.4.2 e 13.3.1). Pode haver outros compostos de carboneto na mistura, como carboneto de titânio (TiC) e/ou carboneto de tântalo (TaC), além do WC.

As primeiras ferramentas de corte de metal duro foram fabricadas de WC-Co e podiam ser utilizadas para usinar ferros fundidos e materiais não ferrosos em velocidades de corte maiores que as possíveis com o aço rápido e com as ligas fundidas de cobalto. No entanto, quando ferramentas de WC-Co puro eram utilizadas para cortar aço, o desgaste de cratera ocorria rapidamente, levando à falha precoce das ferramentas. Existe uma forte afinidade química entre o aço e o carbono no WC, resultando em um desgaste acelerado pela difusão e reação química na interface cavaco-ferramenta para essa combinação de ferramenta-peça. Consequentemente, as ferramentas de WC-Co puro não podem ser usadas eficientemente para usinar aço. Subsequentemente foi descoberto que adições de carboneto de titânio e carboneto de tântalo à mistura WC-Co retardavam significativamente a taxa de desgaste de cratera durante o corte do aço. Essas novas ferramentas de WC-TiC-TaC-Co podiam ser utilizadas para usinagem de aço. O resultado é que os metais duros se dividem em dois tipos básicos: (1) classe de metal duro não indicada para usinar aço, consistindo em apenas WC-Co; e (2) classe de metal duro para aços, com combinações de TiC e TaC adicionados ao WC-Co.

As propriedades gerais dos dois tipos de metais duros são similares: (1) elevada resistência mecânica à compressão, mas baixa a moderada resistência à tração; (2) elevada dureza (90 a 95 HRA); (3) boa dureza a quente; (4) boa resistência ao desgaste; (5) elevada condutividade térmica; (6) elevado módulo de elasticidade – valores de E até 600 $\times$ 10^3 MPa, aproximadamente; e (7) tenacidade mais baixa que a do aço rápido.

A ***classe de metal duro não indicada para aço*** se refere aos metais duros adequados para usinar alumínio, latão, cobre, magnésio, titânio e outros metais não ferrosos; inusitadamente, o ferro fundido cinzento está incluído neste grupo de materiais. O tamanho do grão e o teor de cobalto são os fatores que influenciam as propriedades do material do metal duro. O tamanho de grão típico encontrado nos metais duros convencionais varia de 0,5 a 5 μm (20 e 200 μ-in). À medida que o tamanho de grão aumenta, a dureza e a dureza a quente diminuem, mas a resistência à ruptura transversal aumenta.[2] O teor típico de cobalto nos metais duros utilizados nas ferramentas de corte é de 3% a 12%. Na medida em que o teor de cobalto aumenta, a resistência à ruptura transversal melhora, à custa da dureza e da resistência ao desgaste. Os metais duros com baixas porcentagens de cobalto (3% a 6%) têm elevada dureza e baixa resistência à ruptura transversal, enquanto os metais duros com alto teor de Co (6% a 12%) têm elevada resistência à ruptura transversal, porém dureza mais baixa (Tabela 19.1). Consequentemente, os metais duros com teor de cobalto mais elevado são utilizados em operações de desbaste e cortes interrompidos (como no fresamento), enquanto os metais duros com menor teor de cobalto (portanto, dureza mais alta e maior resistência ao desgaste) são utilizados no acabamento.

A ***classe de metal duro indicada para o aço*** é utilizada na usinagem de aços com baixo teor de carbono, aço inoxidável e outros aços. Para essa classe de metal duro, parte do carboneto de tungstênio é substituída pelo carboneto de titânio e/ou carboneto de tântalo. O TiC é o aditivo mais popular na maioria das aplicações. Tipicamente, de 10% a 25% do WC devem ser substituídos por combinações de TiC e TaC. Essa composição aumenta a resistência ao desgaste de cratera no corte de aço, mas tende a afetar adversamente o desgaste de flanco nas aplicações de corte de materiais metálicos que excluem o aço. É por isso que são necessárias duas categorias básicas de metal duro.

Nos últimos anos, um dos desenvolvimentos importantes na tecnologia de metal duro é o uso de tamanhos de grão muito finos (tamanhos submicrométricos) de vários carbonetos constituintes (WC, TiC e TaC). Embora os tamanhos de grão pequenos estejam associados com maior dureza, mas com menor resistência à ruptura transversal (s_{rf}), a diminuição na s_{rf} é reduzida ou revertida nas partículas de tamanho submicrométrico. Portanto, esses carbonetos de grãos ultrafinos possuem alta dureza combinada com boa tenacidade.

---

[2]O efeito do tamanho de grão (GS, do inglês *grain size*) na resistência à ruptura transversal (TRS, do inglês *transverse rupture strength*) é mais complicado do que o que foi demonstrado aqui. Dados publicados indicam que o efeito do GS na TRS é influenciado pelo teor de cobalto. Em teores mais baixos de Co (< 10%), a TRS na realidade aumenta, à medida que o GS aumenta, mas no teor de Co mais alto (> 10%), a TRS diminui com o aumento do GS [2], [5].

TABELA • 19.5 O sistema de classificação da ANSI para metais duros.

Aplicação em Usinagem	Classes para Usinagem de Outros Metais	Classes para Usinagem de Aço	Cobalto e Propriedades
Desbaste	C1	C5	Alto teor de Co para máxima tenacidade
Uso geral	C2	C6	Médio a alto Co
Acabamento	C3	C7	Baixo a médio Co
Acabamento de precisão	C4	C8	Baixo teor de Co para máxima dureza
Materiais usinados	Al, latão, Ti, ferro fundido	Aço-carbono e aço-liga	
Componentes típicos	WC–Co	WC–TiC–TaC–Co	

Como os dois tipos básicos de metal duro foram introduzidos nos anos 1920 e 1930, o número crescente e a variedade de materiais de engenharia complicaram a escolha do metal duro mais adequado para determinada aplicação de usinagem. Para abordar o problema da seleção de classe de metal duro foram desenvolvidos dois sistemas de classificação: (1) o sistema ANSI,[3] desenvolvido nos Estados Unidos em 1942; e (2) o sistema ISO R513-1975(E), introduzido pela International Organization for Standardization (ISO) em torno de 1964. No sistema ANSI, resumido na Tabela 19.5, as classes de metal duro são divididas em dois grupos básicos, correspondendo à categoria indicada ao corte de corte e à categoria não indicada ao corte de aço. Dentro de cada grupo existem quatro níveis, correspondentes a desbaste, uso geral, acabamento e acabamento de precisão.

O sistema ISO R513-1975(E), intitulado "Aplicação de Metal Duro para Usinagem por Remoção de Cavaco", classifica todas as classes de metal duro para usinagem em três grupos básicos, cada um com sua letra e código de cor, como está resumido na Tabela 19.6. Dentro de cada grupo, as classes estão numeradas em uma escala que varia de dureza máxima até tenacidade máxima. As classes mais duras são utilizadas em operações de acabamento (altas velocidades, baixos avanços e profundidades), enquanto as classes mais tenazes são utilizadas em operações de desbaste. O sistema de classificação ISO também pode ser utilizado para recomendar aplicações para cermets e metais duros revestidos.

Os dois sistemas correspondem entre si, da seguinte forma: As classes ANSI C1 a C4 correspondem às classes ISO K, mas em ordem numérica inversa, e as classes ANSI C5 a C8 correspondem às classes ISO P, novamente em ordem numérica inversa.

TABELA • 19.6 O sistema ISO R513-1975(E) "Aplicação de Metal Duro para Usinagem por Remoção de Cavaco".

Grupo	Tipo de Carboneto	Materiais Usinados	Classe (Cobalto e Propriedades)
P (azul)	WC-TiC-TaC-Co altamente ligado	Aço, aço fundido, ferro fundido nodular (metais ferrosos com cavacos longos)	P01 (baixo Co para dureza máxima) até P50 (alto Co para tenacidade máxima)
M (amarelo)	WC-TiC-TaC-Co ligado	Aço de corte fácil, ferro fundido cinzento, aço inoxidável austenítico, superligas	M10 (baixo Co para dureza máxima) até M40 (alto Co para tenacidade máxima)
K (vermelho)	WC-Co apenas	Metais e ligas não ferrosos, ferro fundido cinzento (metais ferrosos com cavacos curtos), não metálicos	K01 (baixo Co para dureza máxima) até K40 (alto Co para tenacidade máxima)

[3]ANSI = American National Standards Institute.

Cermets Embora os metais duros sejam classificados tecnicamente como compostos de cermet, o termo ***cermet*** em tecnologia de ferramentas de corte é reservado geralmente para combinações de TiC, TiN e carbonitreto de titânio (TiCN), com níquel e/ou molibdênio como ligantes. Alguns cermets são mais complexos em termos químicos (por exemplo, cerâmicas como Ta_xNb_yC e ligantes como Mo_2C). No entanto, os cermets excluem compostos metálicos baseados sobretudo em WC-Co. Entre as aplicações dos cermets, temos o acabamento em alta velocidade e o semiacabamento dos aços, aços inoxidáveis e ferros fundidos. Geralmente essas ferramentas permitem velocidades mais altas, em comparação com as classes de metal duro para corte de aço. Caracteristicamente são utilizados avanços menores para alcançar um melhor acabamento de superfície, muitas vezes eliminando a necessidade de retificação.

Metais Duros Revestidos Ocorrido por volta de 1970, o desenvolvimento dos carbonetos revestidos representou um avanço significativo na tecnologia de ferramentas de corte. Os ***metais duros revestidos*** são um inserto de metal duro revestido com uma ou mais finas camadas de material resistente ao desgaste, como carboneto de titânio, nitreto de titânio e/ou óxido de alumínio (Al_2O_3). O revestimento é aplicado ao substrato por deposição química de vapor ou deposição física de vapor (Seção 24.5). A espessura do revestimento é de apenas 2,5 a 13 μm. Foi constatado que os revestimentos mais espessos tendem a ser frágeis, resultando em trincas, lascamentos e separação do substrato.

A primeira geração de metais duros revestidos tinha apenas uma única camada de revestimento (TiC, TiN, ou Al_2O_3). Mais recentemente, foram desenvolvidos insertos revestidos que consistem em múltiplas camadas. A primeira camada aplicada à base de WC-Co geralmente é TiN ou TiCN, em virtude da boa adesão e do coeficiente de expansão térmica similar. Outras camadas de várias combinações de TiN, TiCN, Al_2O_3 e TiAlN são aplicadas subsequentemente (veja a Figura 24.8).

Os metais duros revestidos são utilizados para usinar ferros fundidos e aços em operações de torneamento e fresamento. São mais bem aplicados em altas velocidades de corte, em situações em que a força dinâmica e o choque térmico são mínimos. Se as condições se tornarem muito severas, como em algumas operações de corte interrompido, pode ocorrer lascamento do revestimento, resultando na falha prematura da ferramenta. Nessa situação, é preferível usar os metais duros não revestidos com maior tenacidade. Quando aplicadas corretamente, as ferramentas de metal duro revestido permitem aumentos nas velocidades de corte admissíveis, em comparação com os metais duros sem revestimento (ou recobrimento).

O uso das ferramentas de metal duro revestido está se expandindo para aplicações em metais não ferrosos e em materiais não metálicos visando a aumentar a vida da ferramenta e alcançar velocidades de corte mais altas. São necessários diferentes materiais de revestimento, como carboneto de cromo (CrC), nitreto de zircônio (ZrN) e diamante [11].

19.2.4 CERÂMICAS

As ferramentas de corte em cerâmica foram introduzidas comercialmente nos Estados Unidos em meados dos anos 1950, embora seu desenvolvimento e uso na Europa sejam datados do início dos anos 1900. Hoje, as ferramentas de corte em cerâmica são compostas principalmente de grãos finos de ***óxido de alumínio*** (Al_2O_3), prensados e sinterizados em pastilhas a altas pressões e temperaturas, sem ligante. O óxido de alumínio normalmente é muito puro (99% é típico), embora alguns fabricantes adicionem outros óxidos (como o óxido de zircônio) em pequenas quantidades. Na produção de ferramentas de cerâmica, é importante utilizar um tamanho de grão muito fino do pó de óxido de alumínio (alumina) e maximizar a densidade da mistura por meio da compactação em alta pressão para melhorar a baixa tenacidade do material.

As ferramentas de corte em óxido de alumínio são mais bem-sucedidas no torneamento em alta velocidade do ferro fundido e do aço. As aplicações também incluem torneamento de acabamento de aços endurecidos usando altas velocidades de corte, baixos avanços e profundidades, e uma montagem rígida do conjunto. Ocorrem muitas falhas prematuras das ferramentas cerâmicas por fratura, em virtude de montagens não rígidas da máquina-ferramenta, que sujeitam as ferramentas ao choque mecânico. Quando aplicadas corretamente, as ferramentas de corte de cerâmicas podem ser utilizadas para conseguir um acabamento superficial muito bom (por exemplo, fresamento de desbaste), em razão de sua baixa tenacidade. Além de seu uso como inserto nas operações de usinagem convencionais, o Al_2O_3 é amplamente utilizado como um abrasivo nos processos de retificação e em outros processos abrasivos (Capítulo 21).

Outras cerâmicas disponíveis comercialmente como material de ferramenta de corte incluem nitreto de silício (SiN), ***sialon*** (nitreto de silício e óxido de alumínio, SiN -Al_2O_3), óxido de alumínio e carboneto de titânio (Al_2O_3-TiC) e óxido de alumínio reforçado com monocristais de carboneto de silício (*whiskers*). Essas ferramentas se destinam frequentemente a aplicações especiais, uma discussão que está além do escopo deste tratamento introdutório.

19.2.5 DIAMANTES SINTÉTICOS E NITRETO CÚBICO DE BORO

O diamante é conhecido como o material mais duro. Conforme algumas medidas de dureza, o diamante é três a quatro vezes mais duro que o carboneto de tungstênio ou o óxido de alumínio. Uma vez que a dureza é uma das propriedades desejáveis de uma ferramenta de corte, é natural pensar nos diamantes para aplicações em usinagem e retificação. As ferramentas de corte de diamante sintético são feitas de diamante policristalino sinterizado (PCD), que data do início dos anos 1970. O ***diamante policristalino sinterizado*** é fabricado pela sinterização de cristais de grãos finos de diamante submetidos a temperaturas e pressões elevadas, na geometria desejada. Pouco ou nenhum ligante é utilizado. Os cristais têm uma orientação aleatória, e isso confere uma tenacidade considerável às ferramentas de diamantes policristalinos em comparação com monocristais de diamantes. Os insertos para ferramentas são feitos tipicamente pela deposição de uma camada de PCD com aproximadamente 0,5 mm de espessura sobre a superfície de um metal duro de uma base. Insertos muito pequenos também têm sido feitos de 100% PCD.

As aplicações de ferramentas de corte de diamante incluem usinagem em alta velocidade de metais não ferrosos e abrasivos não metálicos, como fibra de vidro, grafite e madeira. A usinagem do aço, de outros metais não ferrosos, e de ligas à base de níquel com ferramentas PCD é impraticável devido à afinidade química que existe entre esses metais e o carbono (um diamante, afinal de contas, é carbono).

Depois do diamante, o ***nitreto cúbico de boro*** (Subseção 5.2.2) é o material mais duro conhecido, e sua fabricação em insertos para ferramentas de corte é basicamente a mesma do PCD, ou seja, revestimentos em insertos de WC-Co. O nitreto cúbico de boro (simbolizado cBN) não reage quimicamente com o ferro e o níquel, como acontece com o PCD; portanto, as aplicações das ferramentas revestidas com cBN são para usinagem do aço e de ligas à base de níquel. Tanto as ferramentas de PCD quanto as de cBN são caras, como se poderia esperar, e as aplicações devem justificar o custo adicional do ferramental.

19.3 Geometria da Ferramenta

Uma maneira importante de classificar as ferramentas de corte é de acordo com o processo de usinagem. Desse modo, existem ferramentas de torneamento, ferramentas de sangrar (bedame), fresas, brocas, alargadores, machos, e muitas outras ferramentas de corte denominadas conforme a operação em que são utilizadas, cada uma com sua geometria própria – em alguns casos, bem singular.

Como indicado na Seção 17.1, as ferramentas de corte podem ser divididas em ferramentas monocortantes e multicortantes. As ferramentas monocortantes são utilizadas em torneamento, mandrilamento e aplainamento. As ferramentas multicortantes são

TABELA • 19.7 Guia de Solução de Problemas das Ferramentas de Corte.

Problema	Possíveis Soluções
Falha por fratura	Aumentar a rigidez da montagem (por exemplo, porta-ferramentas maior)
	Reduzir o avanço e/ou profundidade de usinagem
	Aumentar a velocidade de corte
	Usar um material para ferramenta com maior tenacidade (por exemplo, se for cerâmica, mudar para metal duro)
	Aumentar o raio de ponta e/ou o ângulo de posição
	Usar um ângulo de folga menor na aresta de corte
Falha por temperatura	Usar fluido de corte refrigerante (Subseção 19.4.1)
	Reduzir a velocidade de corte
	Reduzir o avanço e/ou a profundidade de usinagem
	Usar um material para ferramenta de corte com maior dureza a quente (por exemplo, se for aço rápido, trocar por metal duro; se for metal duro, selecionar uma classe com menor teor de ligante)
Desgaste rápido demais	Usar um fluido de corte lubrificante (Subseção 19.4.1)
	Reduzir a velocidade de corte
	Usar um material de ferramenta de corte com maior resistência ao desgaste (por exemplo, se for carboneto cimentado, trocar por carboneto revestido)
	Aumentar o ângulo de folga, raio da ponta e/ou ângulo de posição
	Usar ferramenta de corte com acabamento mais fino na superfície de saída

utilizadas em furação, alargamento, rosqueamento, fresamento, brochamento e serramento. Muitos dos princípios que se aplicam às ferramentas monocortantes também se aplicam aos outros tipos de ferramentas de corte, simplesmente porque o mecanismo de formação do cavaco é basicamente o mesmo para todas as operações de usinagem.

A Tabela 19.7 apresenta um guia de solução de problemas que resume muitas das ações que podem ser tomadas para reduzir problemas de ferramental que poderiam resultar da aplicação não ideal das condições de corte, material da ferramenta e/ou geometria da ferramenta.

19.3.1 GEOMETRIA DE FERRAMENTAS MONOCORTANTES

O formato genérico de uma ferramenta de corte monocortante é ilustrado na Figura 17.4(a). A Figura 19.7 mostra um desenho mais detalhado.

O ângulo de saída de uma ferramenta de corte foi tratado anteriormente como um parâmetro. Em uma ferramenta monocortante, a orientação da superfície de saída é definida por dois ângulos: ***ângulo facial de saída*** (α_f) e ***ângulo lateral de saída*** (α_l). Juntos, esses ângulos são importantes na determinação da direção do escoamento de cavaco pela superfície de saída. A superfície de folga, ou de flanco, da ferramenta é definida pelo ***ângulo facial de folga*** (γ_f) e pelo ***ângulo lateral de folga*** (γ_l). Esses ângulos determinam o tamanho da folga entre a ferramenta e a superfície da peça recém-criada. A aresta de corte de uma ferramenta monocortante é dividida em duas partes: aresta principal e aresta secundária (ou lateral). Essas duas partes são separadas pela ponta da ferramenta, que tem um determinado raio de adoçamento, chamado de raio da ponta. O ***ângulo de posição*** (χ) determina a entrada da aresta principal da ferramenta no material e pode ser utilizado para reduzir a força repentina que a ferramenta experimenta quando entra na peça. O complemento do ângulo de posição ($90°-\chi$) é representado na Figura 19.7. O ***raio de ponta*** (r_ε) determina, em grande parte, a textura da superfície gerada na operação. Uma ferramenta muito pontiaguda (com raio de ponta pequeno) resulta em marcas de avanço bem nítidas na superfície (Subseção 20.2.2). O ***ângulo de***

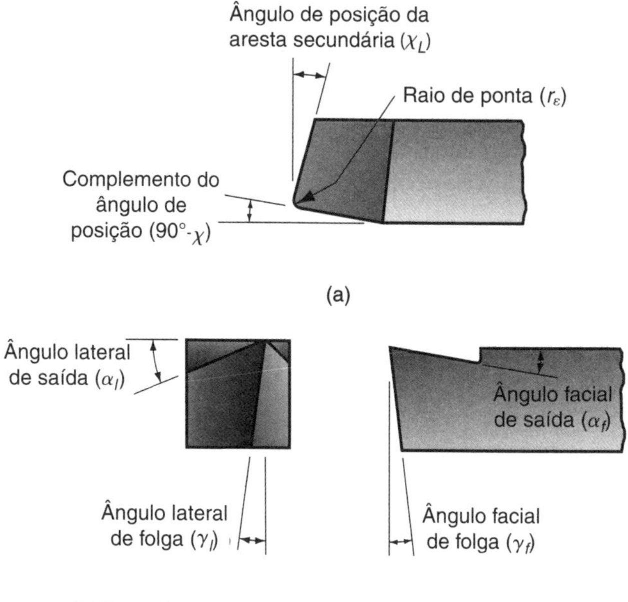

FIGURA 19.7 (a) Sete elementos da geometria de uma ferramenta monocortante, e (b) indicação da convenção que define os sete elementos.

posição da aresta secundária (χ_L) proporciona uma folga entre a aresta secundária (ou lateral) da ferramenta e a superfície da peça recém-gerada, reduzindo assim o atrito contra a superfície.

No total, são sete elementos de geometria de ferramenta para uma ferramenta monocortante. Quando especificados na ordem a seguir, esses elementos formam uma designação padronizada que representa toda a ***geometria da ferramenta***: ângulo facial de saída (α_f), e ângulo lateral de saída (α_l), ângulo facial de folga (γ_f), ângulo lateral de folga (γ_l), ângulo de posição da aresta secundária (χ_L), complemento do ângulo de posição (90°-χ) e raio de ponta (r_ε). Por exemplo, uma ferramenta monocortante utilizada em torneamento poderia ter a seguinte especificação: 5, 5, 7, 7, 20, 15, 0,8 mm.

Quebra-Cavacos O descarte do cavaco é um problema encontrado frequentemente em torneamento e outras operações contínuas. Cavacos longos e serrilhados são gerados com frequência, especialmente quando se torneiam materiais dúcteis em alta velocidade. Esses cavacos constituem um risco para o operador da máquina e o acabamento da peça, e interferem na operação automática do processo de torneamento. Os ***quebra-cavacos*** são utilizados frequentemente em ferramentas monocortantes para obrigar o cavaco a se curvar com maior intensidade do que o faria naturalmente, causando com isso sua fratura. Existem duas formas principais de projeto de quebra-cavaco utilizadas frequentemente em ferramentas monocortantes, ilustradas na Figura 19.8: (a) quebra-cavaco na própria superfície de saída da ferramenta de corte e (b) quebra-cavaco postiço, projetado como um dispositivo adicional na superfície de saída da ferramenta. A distância do quebra-cavaco pode ser ajustada no segundo tipo (postiço) para diferentes condições de corte.

Efeito do Material da Ferramenta na Geometria da Ferramenta Foi observado na discussão da equação de Merchant (Subseção 17.3.2) que um ângulo de saída positivo geralmente é desejável porque reduz as forças de corte, a temperatura e o consumo de energia. As ferramentas de corte de aço rápido quase sempre são afiadas com ângulos de saída positivos, variando tipicamente de +5° a +20°. O aço rápido tem boa resistência e tenacidade, de modo que uma seção transversal mais fina da ferramenta gerada pelos elevados ângulos de saída positivos normalmente não ocasiona problema com quebra da ferramenta. As ferramentas de aço rápido são feitas predominantemente de uma

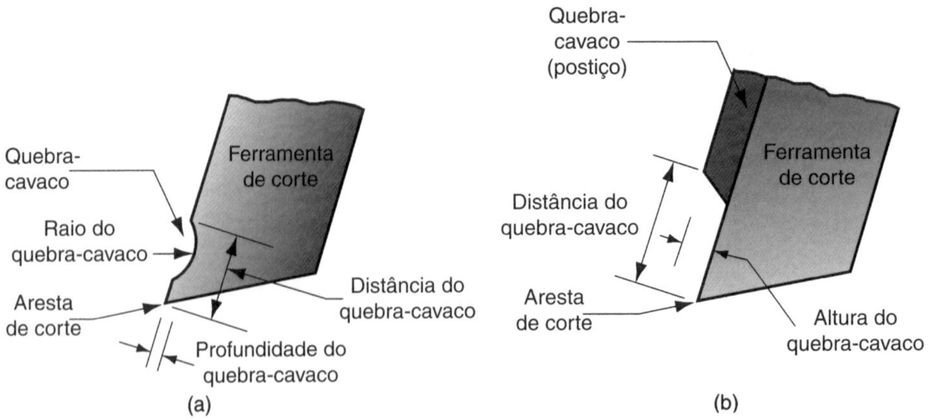

FIGURA 19.8 Dois métodos de quebra do cavaco nas ferramentas monocortantes: (a) na própria ferramenta e (b) postiço.

única peça. O tratamento térmico do aço rápido pode ser controlado para proporcionar uma aresta de corte dura, mantendo ao mesmo tempo um núcleo tenaz no interior da ferramenta.

Com o desenvolvimento dos materiais para ferramentas muito duros (por exemplo, metais duros e cerâmicas), foram necessárias mudanças na geometria das ferramentas. Como um grupo, esses materiais têm maior dureza e menor tenacidade do que o aço rápido. Além disso, suas resistências ao cisalhamento e à tração são baixas em relação a suas resistências à compressão, e suas propriedades não podem ser manipuladas por meio de tratamento térmico, como as do aço rápido. Por fim, o custo por unidade de peso desses materiais muito duros é mais alto que o custo do aço rápido. Esses fatores afetaram de várias maneiras o projeto de ferramentas de corte com materiais muito duros.

Primeiro, os materiais muito duros precisam ser projetados com ângulos de saída negativos ou com pequenos ângulos de saída positivos. Essa mudança tende a carregar a ferramenta mais em compressão e menos em cisalhamento, favorecendo assim a alta resistência compressiva desses materiais mais duros. Os metais duros, por exemplo, são utilizados com ângulos de saída normalmente no intervalo de –5° a +10°. As cerâmicas têm ângulos de saída entre –5° e –15°. Os ângulos de folga são os menores possíveis (5° é comum) para proporcionar o máximo possível de apoio para a aresta de corte.

Outra diferença é a maneira como a aresta de corte da ferramenta é mantida em posição. A maneira alternativa de prender e posicionar a aresta de corte em uma ferramenta monocortante é ilustrada na Figura 19.9. A geometria de uma ferramenta de aço rápido é constituída a partir de uma haste sólida (*bit*), como mostra a parte (a) da figura. O custo mais elevado e as diferenças nas propriedades e no processamento dos materiais de ferramenta mais duros deram origem ao uso de insertos soldados ou fixados mecanicamente a um suporte de ferramenta. A parte (b) mostra um inserto soldado, no qual um inserto de metal duro é soldado por brasagem a um cabo de ferramenta. O cabo é feito de aço ferramenta visando à resistência e tenacidade. A parte (c) ilustra a possível fixação mecânica de um inserto em um porta-ferramenta. A fixação mecânica é empregada em metais duros, cerâmicas e outros materiais duros. A grande vantagem do inserto fixado mecanicamente é que cada pastilha contém múltiplas arestas de corte. Quando uma aresta desgasta, o inserto é retirado, reposicionado (rotacionado no porta-ferramenta) até a próxima aresta não desgastada, e reapertado no porta-ferramenta. Quando todas as arestas de corte estiverem desgastadas, o inserto é descartado e substituído.

Insertos Os insertos para ferramentas de corte são amplamente utilizados em usinagem porque são econômicos e adaptáveis a muitos tipos diferentes de operações de usinagem: torneamento, mandrilamento, rosqueamento, fresamento e até mesmo furação. Eles estão disponíveis em uma série de formatos e tamanhos, para várias situações

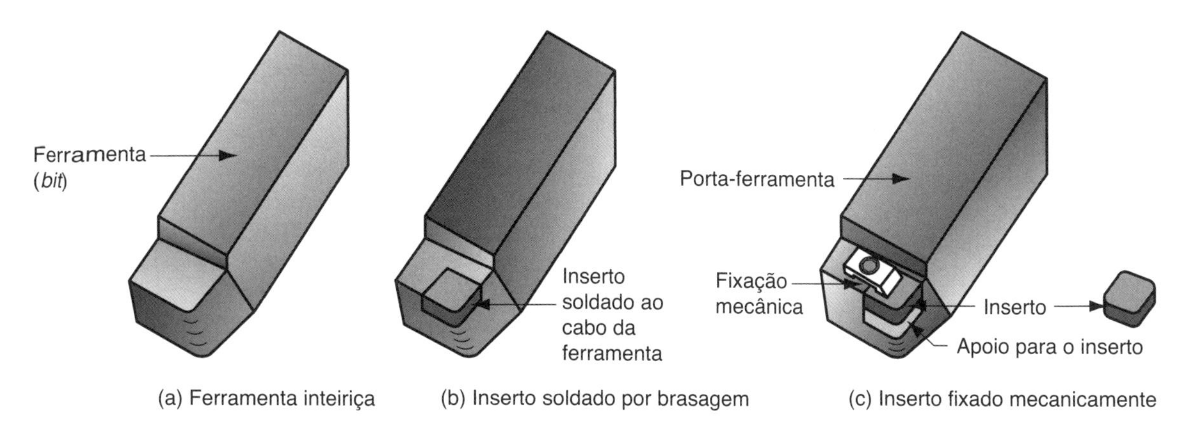

FIGURA 19.9 Três maneiras de fixar e posicionar a aresta de corte em uma ferramenta monocortante: (a) ferramenta sólida (inteiriça), típica em aço rápido; (b) inserto soldado, uma maneira de fixar um inserto de metal duro; e (c) inserto fixado mecanicamente, utilizado em metais duros, cerâmicas e outros materiais para ferramentas muito duros.

de corte encontradas na prática. A Figura 19.9(c) mostra um inserto quadrado. Outras formas comuns utilizadas em operações de torneamento são exibidas na Figura 19.10. Em geral, o maior ângulo de ponta deve ser selecionado visando resistência e economia. Os insertos circulares possuem ângulos de ponta grandes (e raios de ponta grandes) exatamente por causa de sua forma. Os insertos com ângulos de ponta grandes são inerentemente mais resistentes e menos propensos a lascar ou quebrar durante o corte, mas exigem mais potência, e há maior probabilidade de vibração. A vantagem econômica dos insertos circulares é que eles podem ser indexados (rotacionados) muitas vezes para obter mais cortes por inserto. Os insertos quadrados apresentam quatro arestas de corte, os insertos triangulares têm três arestas, enquanto as formas rômbicas têm apenas duas. Menos arestas são uma desvantagem econômica. Se os dois lados do inserto puderem ser utilizados (por exemplo, na maioria das aplicações de ângulo de saída negativo), então o número de arestas de corte dobra. As formas rômbicas (especialmente com ângulos de ponta mais agudos) são utilizadas devido à sua versatilidade e acessibilidade quando

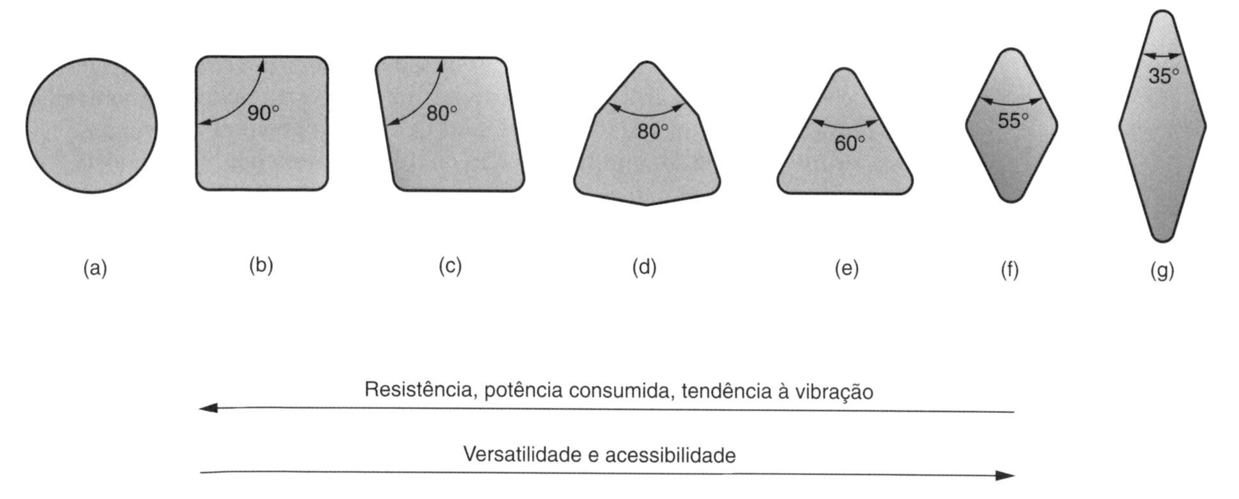

FIGURA 19.10 Formatos comuns de inserto: (a) circular ou redondo, (b) quadrado, (c) rômbico com dois ângulos de ponta de 80°, (d) hexagonal com três ângulos de ponta de 80°, (e) triangular (equilátero), (f) rômbico com dois ângulos de ponta de 55°, (g) rômbico com dois ângulos de ponta de 35°. Também são exibidas as características típicas da geometria. Resistência, potência consumida e tendência à vibração aumentam com as geometrias quanto mais à esquerda; enquanto a versatilidade e acessibilidade tendem a melhorar com as geometrias à direita.

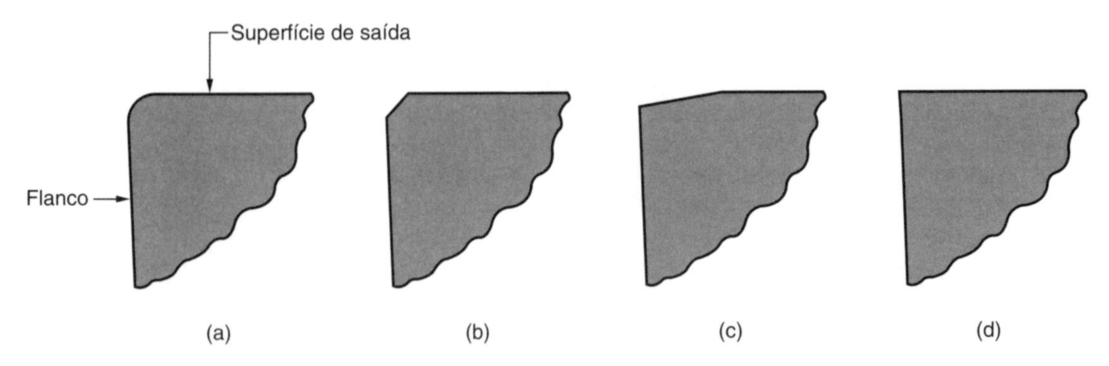

FIGURA 19.11 Tipos de preparação de aresta aplicados ao inserto: (a) raio, (b) e (c) chanfro e (d) canto vivo (sem preparação de aresta).

são realizadas várias operações. Essas formas podem ser posicionadas mais facilmente em espaços apertados e podem ser utilizadas não só para tornear, mas também para facear [Figura 18.6(a)], e para o torneamento curvilíneo [Figura 18.6(c)].

Os insertos geralmente não são produzidos com arestas de corte perfeitamente afiadas, pois uma aresta afiada é menos resistente e quebra com mais facilidade, especialmente em materiais de ferramenta muito duros e frágeis, dos quais são feitos os insertos (metais duros, metais duros revestidos, cermets, cerâmicas, cBN e diamante). Algum tipo de alteração de formato é feito frequentemente na aresta de corte em um nível quase microscópico. O efeito dessa ***preparação da aresta*** é o de aumentar sua resistência ao promover uma transição mais gradual entre a aresta de folga (flanco) e a superfície de saída da ferramenta. Os tipos de preparação de aresta mais comuns são exibidos na Figura 19.11: (a) raio ou arredondamento da aresta, também chamado de preparação arredondada, (b e (c) chanfro. A título de comparação, uma aresta de corte com canto vivo é exibida em (d). O raio em (a) é de apenas 0,025 mm, e o chanfro em (c) é 15° ou 20°. Combinações dessas preparações de aresta são aplicadas frequentemente a uma única aresta de corte para maximizar seu efeito de elevar a resistência mecânica.

19.3.2 FERRAMENTAS MULTICORTANTES

A maioria das ferramentas multicortantes é utilizada em operações de usinagem, nas quais a ferramenta gira. Os exemplos primários são a furação e o fresamento. Por outro lado, o brochamento e algumas operações de serramento (serramento alternativo e com serra de fitas) usam ferramentas multicortantes que operam com um movimento linear. Outras operações de serramento (com serras circulares) usam lâminas giratórias.

Brocas Existem várias ferramentas de corte para fazer furos, mas a ***broca helicoidal*** é, de longe, a mais comum. Ela vem em diâmetros que variam de 0,15 mm a 75 mm, aproximadamente. As brocas helicoidais são amplamente utilizadas na indústria para produzir furos rapidamente e economicamente.

A geometria padrão da broca helicoidal é ilustrada na Figura 19.12. O corpo da broca tem dois ***canais helicoidais*** (a forma helicoidal confere à broca helicoidal o seu nome). O ângulo do canal helicoidal é conhecido como ***ângulo de hélice***, cujo valor típico é 30°. Durante a furação, os canais agem como vias de passagem para retirada de cavacos do furo. Embora seja desejável que as aberturas dos canais sejam grandes para proporcionar a folga máxima para os cavacos, o corpo da broca deve dar resistência à ferramenta ao longo de seu comprimento. Essa resistência é proporcionada pelo ***núcleo***, que é formado pela espessura interna da broca entre os canais.

A ponta da broca helicoidal tem um formato cônico. Um valor típico do ***ângulo da ponta*** é 118°. A ponta pode ser fabricada de várias maneiras, mas a geometria mais co-

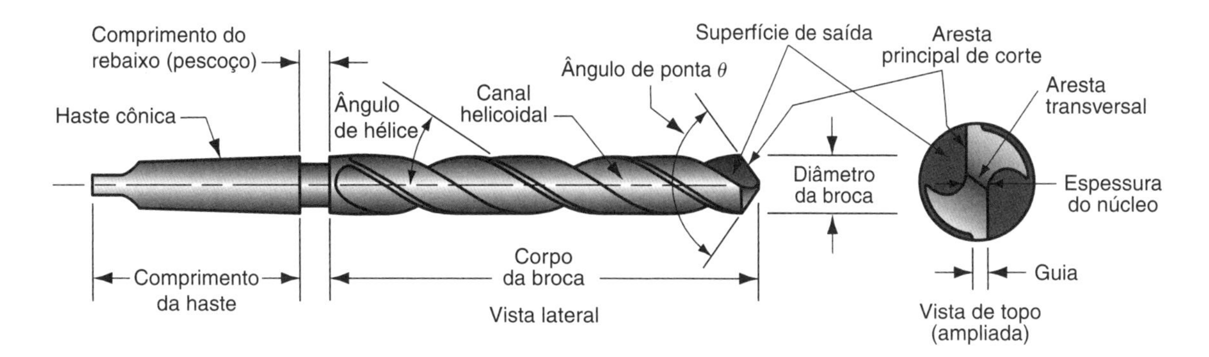

FIGURA 19.12 Geometria padrão de uma broca helicoidal.

mum tem a presença da ***aresta transversal***, como na Figura 19.12. Duas arestas de corte estão ligadas à aresta transversal, levando aos canais. A superfície de cada canal helicoidal adjacente à aresta de corte age como superfície de saída da ferramenta.

A ação cortante da broca helicoidal é complexa. A rotação e o avanço da broca resultam em um movimento relativo entre as arestas de corte e a peça para formar os cavacos. A velocidade de corte ao longo de cada aresta de corte varia em função da distância desse ponto até o eixo de rotação. Consequentemente, a eficiência da ação de corte varia, sendo mais eficiente no diâmetro externo da broca e menos eficiente no centro. Na verdade, a velocidade relativa na ponta da broca é zero; então, não ocorre corte. Em vez disso, a aresta transversal da ponta da broca empurra para os lados o material do centro, à medida que penetra no furo; é necessária uma grande força de avanço para que a broca helicoidal entre no material. Além disso, no início da operação, a aresta transversal giratória tende a deslizar sobre a superfície da peça, provocando a perda de precisão posicional do furo. Foram desenvolvidas várias alternativas de afiação de ponta de broca para solucionar esse problema.

A remoção de cavaco pode ser um problema na furação. A ação de corte ocorre dentro do furo, e os canais precisam proporcionar folga suficiente em todo o comprimento da broca para permitir que os cavacos sejam retirados do furo. À medida que o cavaco é formado, sua passagem pelos canais é forçada até a superfície da peça. O atrito prejudica a operação, de duas maneiras. Além do atrito usual no corte de metal entre o cavaco e a superfície de saída, o atrito também resulta do contato entre o diâmetro externo da broca e o furo recém-formado. Isso eleva a temperatura da broca e da peça. A aplicação de fluido de corte na ponta da broca para reduzir o atrito e o calor é difícil porque os cavacos fluem em sentido oposto. Devido à remoção do cavaco e ao calor, uma broca helicoidal normalmente é limitada a uma profundidade de furo equivalente a quatro vezes o seu diâmetro, aproximadamente. Algumas brocas helicoidais são projetadas com canais de refrigeração interna por todo seu comprimento, através dos quais pode ser bombeado um fluido de corte para o furo perto da ponta da broca, fornecendo assim o fluido diretamente na região de corte. Uma abordagem alternativa com as brocas helicoidais que não possuem refrigeração interna é usar um procedimento de "pica-pau" durante a operação de furação. Nesse procedimento, a broca é retirada periodicamente do furo para remover os cavacos antes de ir mais adiante na direção de avanço.

As brocas helicoidais são feitas normalmente de aço rápido. A geometria da broca é fabricada antes do tratamento térmico, e depois a superfície externa da broca (arestas de corte e superfícies que sofrem atrito) é endurecida enquanto mantém um núcleo interno relativamente tenaz. A retificação é utilizada para afiar as arestas de corte e formar a geometria da ponta da broca.

Embora as brocas helicoidais sejam as ferramentas mais comuns para usinagem de furos, também existem outros tipos de brocas. As ***brocas paralelas*** (ou ***de canais retos***) operam como as brocas helicoidais, exceto que os canais para remoção dos cavacos são

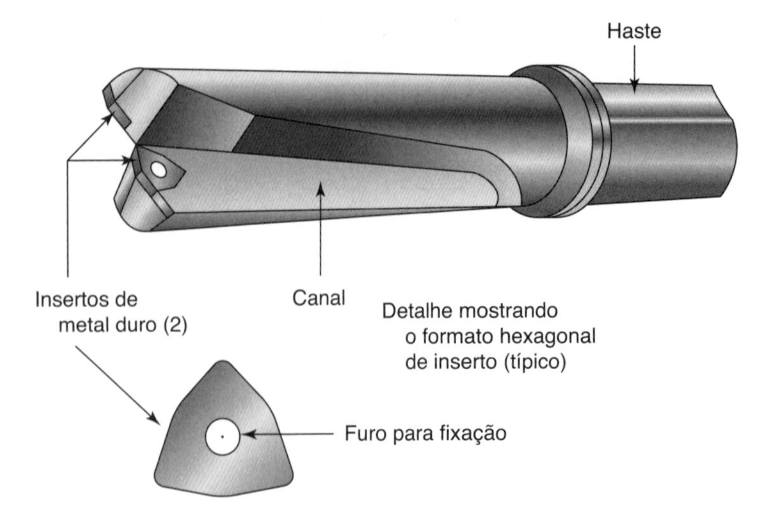

FIGURA 19.13 Broca paralela que usa insertos indexáveis.

retos ao longo do comprimento da ferramenta em vez de espiralados (helicoidais). O projeto mais simples da broca paralela permite que sejam utilizadas pastilhas de metal duro como arestas de corte, ou como insertos soldados ou como indexáveis. A Figura 19.13 ilustra a broca paralela de inserto indexável. Os insertos de metal duro permitem velocidades de corte mais elevadas e maiores taxas de produção do que as brocas helicoidais de aço rápido. No entanto, a gama de diâmetros das brocas de insertos indexáveis disponíveis comercialmente vai aproximadamente de 16 mm a 127 mm [9].

Uma broca paralela concebida para furação profunda é a ***broca canhão*** (*gun drill*), exibida na Figura 19.14. Enquanto a broca helicoidal geralmente se limita a uma razão de 4:1 entre a profundidade e o diâmetro, e a broca de canais retos se limita a uma razão de 3:1 (aproximadamente), a broca canhão consegue fazer furos com uma profundidade de até 125 vezes o seu diâmetro. Conforme a figura, a broca canhão tem uma aresta de corte de metal duro, um único canal para remoção dos cavacos e um canal de refrigeração interna por todo seu comprimento. Na operação típica de furação profunda, a peça gira em torno da broca estacionária (o contrário da maioria das operações de furação), e o fluido refrigerante escoa para o processo de corte e para fora do furo ao longo do canal, levando os cavacos com ele. As brocas canhão para furação profunda variam de 2 mm a aproximadamente 50 mm de diâmetro.

Foi mencionado anteriormente que as brocas helicoidais estão disponíveis, com diâmetros de até 75 mm. As brocas helicoidais desse dimensionamento são incomuns, pois é necessário muito metal na broca. Uma alternativa para os furos de diâmetro grande é a ***broca espada***, ilustrada na Figura 19.15. O padrão de tamanhos varia de 25 a 152 mm.

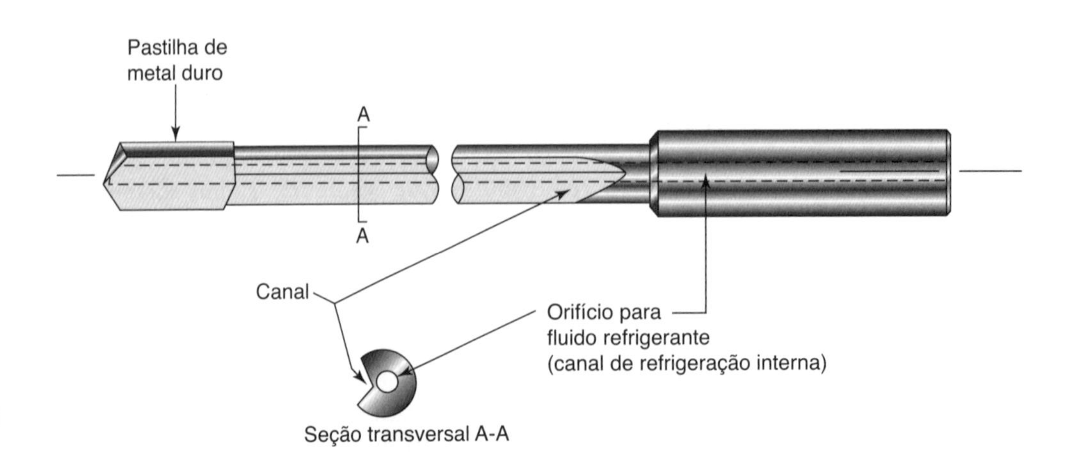

FIGURA 19.14 Broca canhão.

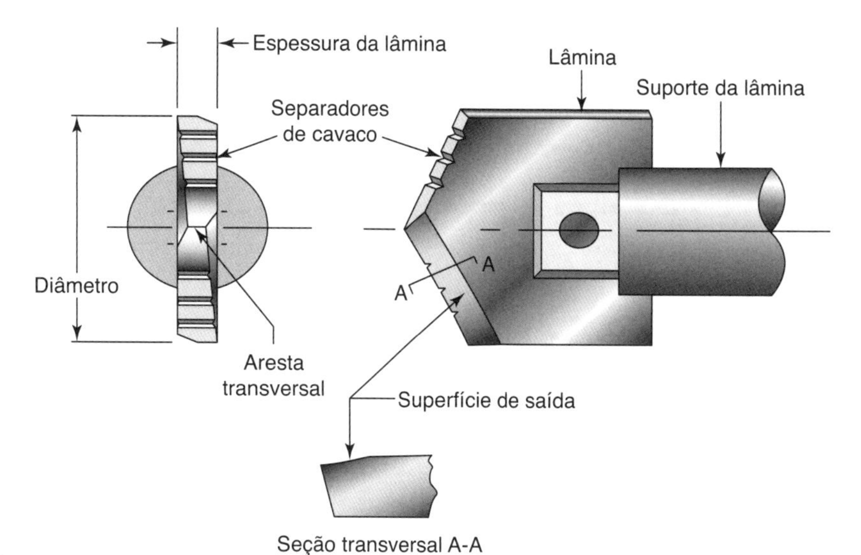

FIGURA 19.15 Broca espada.

A broca intercambiável é presa ao porta-ferramenta, que proporciona rigidez durante o corte. A massa da broca espada é muito menor que a da broca helicoidal de mesmo diâmetro.

Mais informações sobre as ferramentas para fabricação de furos podem ser encontradas nas Referências [3] e [9].

Fresas A classificação das fresas está intimamente associada às operações de fresamento descritas na Subseção 18.4.1. Os principais tipos de fresas são:

- ***Fresas cilíndricas tangenciais.*** São utilizadas no fresamento tangencial. Como indicam as Figuras 18.17(a) e 18.18(b), elas têm um formato cilíndrico com várias fileiras de dentes. As arestas de corte geralmente são orientadas em um ângulo de hélice (como nas figuras) para reduzir o impacto ao entrar na peça usinada, e se chamam ***fresas cilíndricas helicoidais***. Os elementos da geometria de ferramenta de uma fresa tangencial são exibidos na Figura 19.16.
- ***Fresas de perfil constante.*** São fresas tangenciais cujas arestas de corte têm um perfil especial que é reproduzido na peça, como na Figura 18.18(e). Uma aplicação impor-

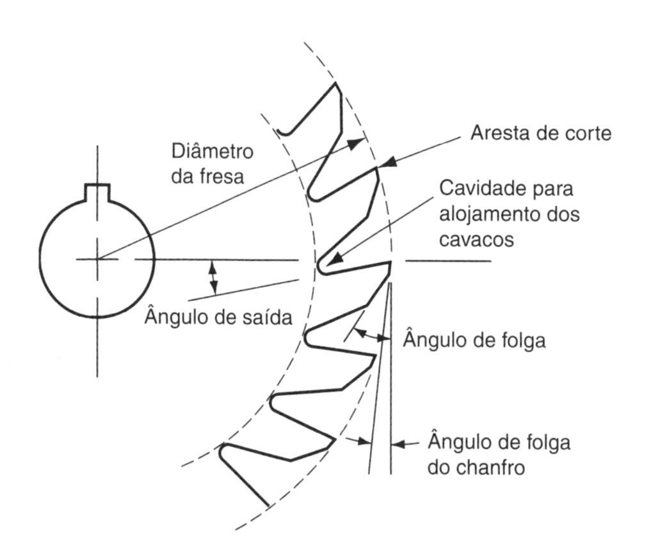

FIGURA 19.16 Elementos da geometria de ferramenta de uma fresa tangencial com 18 dentes.

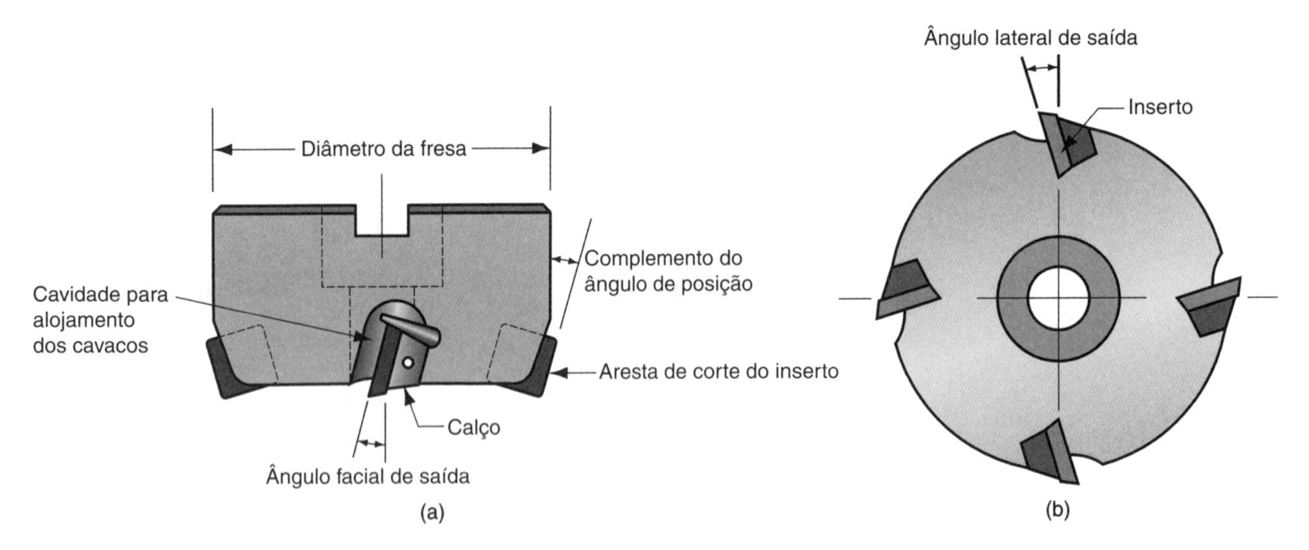

FIGURA 19.17 Elementos da geometria de ferramenta de uma fresa de facear com quatro dentes: (a) vista lateral e (b) vista inferior.

tante é na fabricação de engrenagens, na qual a fresa de perfil constante é formatada para cortar as ranhuras entre os dentes, produzindo com isso a geometria dos dentes da engrenagem.

➢ ***Fresas de facear.*** São projetadas com dentes que cortam na periferia e na base da fresa. As fresas de facear podem ser feitas de aço rápido, como na Figura 18.17(b), ou podem ser projetadas para usar insertos de metal duro. A Figura 19.17 mostra uma fresa de facear com quatro dentes utilizando insertos.

➢ ***Fresas de topo.*** Conforme a Figura 18.20(c), uma fresa de topo se parece com uma broca, mas uma inspeção detalhada mostra que ela é projetada para cortar principalmente com as arestas que estão na periferia e muito menos com as arestas da parte inferior. (Uma broca corta somente com sua extremidade enquanto penetra na peça.) As fresas de topo são projetadas com pontas retas, pontas com raios e pontas esféricas. As fresas de topo podem ser utilizadas em fresamento de faceamento, fresamento de perfis e cavidades, fresamento de canais, fresamento de superfícies e fresamento de moldes e matrizes.

Brochas A terminologia e a geometria da brocha estão ilustradas na Figura 19.18. A brocha consiste em uma série de dentes diferentes ao longo de seu comprimento. O avanço é executado pelo degrau crescente entre os dentes sucessivos na brocha. Esta ação de avanço é única entre as operações de usinagem, pois a maioria das operações realiza o avanço por meio de um movimento relativo que é executado pela ferramenta ou pela peça. O material total removido em um único passe da brocha é o resultado cumulativo do avanço progressivo da ferramenta. O movimento de velocidade é obtido pela trajetória linear da ferramenta passando pela peça. A forma da superfície usinada é determinada pelo perfil das arestas de corte na brocha, particularmente da aresta de corte final. Em virtude de sua geometria complexa e das baixas velocidades utilizadas no brochamento, a maioria das brochas é feita de aço rápido. No brochamento de certos ferros fundidos, as arestas de corte são insertos de metal duro, soldados ou fixados mecanicamente na ferramenta de brochamento.

Lâminas de Serra Para cada uma das três operações de serramento (Subseção 18.6.3), as lâminas de serra possuem certas características comuns, incluindo a forma, o espaçamento e a disposição dos dentes, como mostra a Figura 19.19. A ***forma dos dentes*** diz respeito à geometria de cada dente. O ângulo de saída, o ângulo de folga, o espaça-

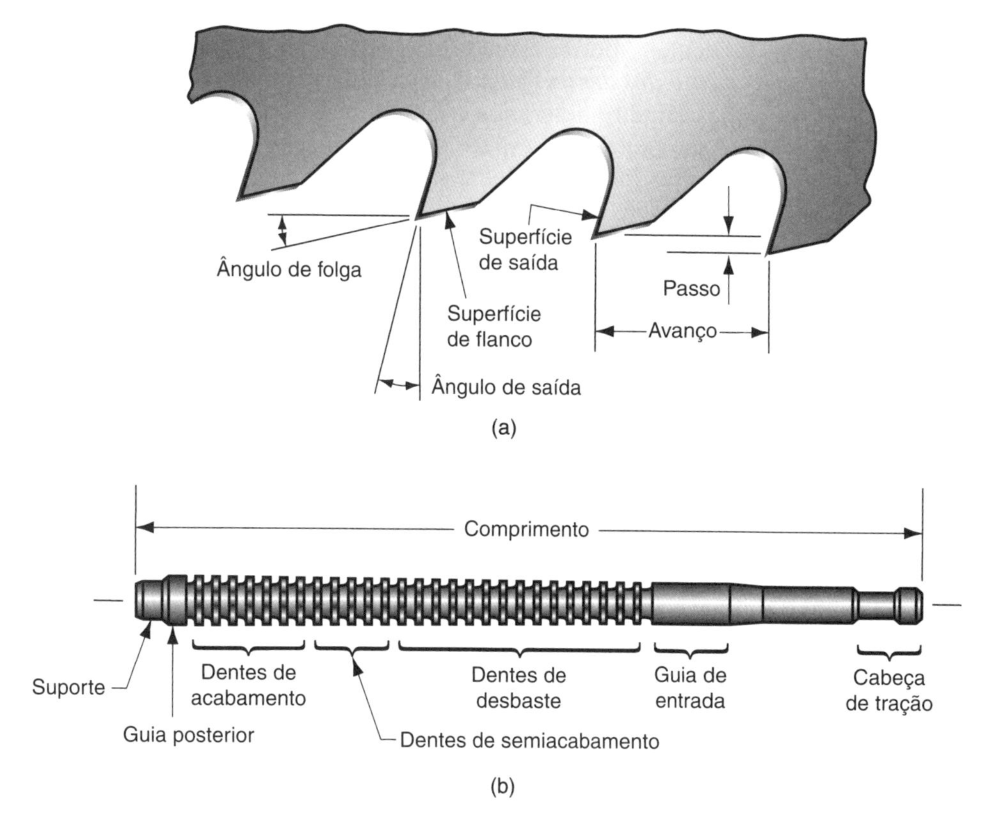

FIGURA 19.18 A brocha: (a) terminologia da geometria do dente e (b) uma brocha típica utilizada para brochamento interno.

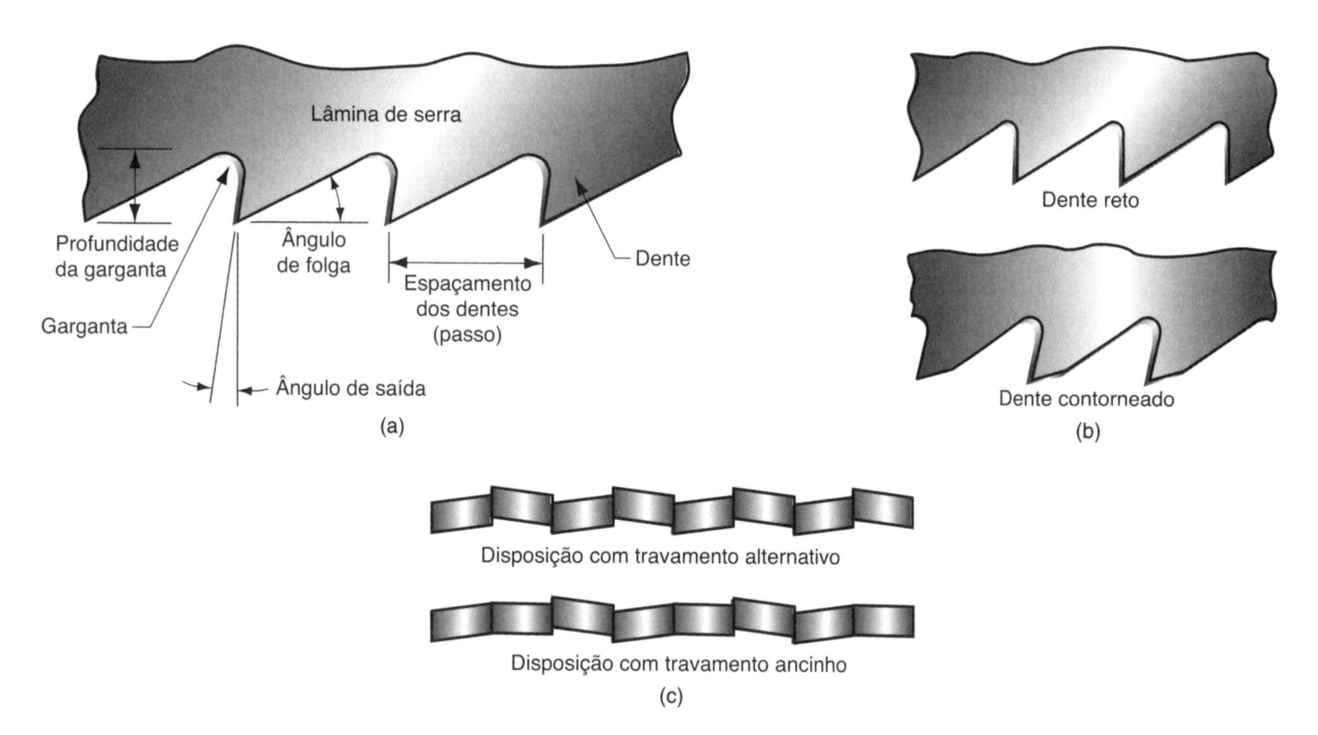

FIGURA 19.19 Características das lâminas de serra: (a) nomenclatura das geometrias de lâmina de serra, (b) duas formas comuns dos dentes e (c) dois tipos de disposição dos dentes.

mento dos dentes e outras características da geometria são exibidos na Figura 19.19(a). O ***espaçamento dos dentes*** (***passo***) é a distância entre os dentes adjacentes na lâmina de serra. Esse parâmetro determina o tamanho dos dentes e o tamanho da garganta entre os dentes. A garganta deixa espaço para a formação do cavaco pelo dente de corte adjacente. Diferentes formas de dente são convenientes para diferentes materiais a serem cortados e situações de corte. Duas formas utilizadas frequentemente nas lâminas de serra alternativa e serra de fita são exibidas na Figura 19.19(b). A ***disposição dos dentes*** permite que o corte da lâmina de serra seja mais largo que a própria lâmina; caso contrário, a lâmina colaria nas paredes da fenda criada pela serra. Duas disposições comuns dos dentes são ilustradas na Figura 19.19(c).

19.4 Fluidos de Corte

Um ***fluido de corte*** é qualquer líquido ou gás aplicado diretamente na operação de usinagem para melhorar o desempenho do corte. Os fluidos de corte tratam de dois problemas principais: (1) geração de calor nas zonas de cisalhamento e atrito e (2) atrito nas interfaces cavaco-ferramenta e ferramenta-peça. Além de remover o calor e diminuir o atrito, os fluidos de corte proporcionam outros benefícios, como remover os cavacos (especialmente na retificação e fresagem), reduzir a temperatura da peça visando a um manejo mais fácil, reduzir as forças e potências de corte, melhorar a estabilidade dimensional da peça e melhorar o acabamento da superfície.

19.4.1 TIPOS DE FLUIDOS DE CORTE

Existem vários de tipos de fluidos de corte disponíveis comercialmente. É conveniente discuti-los primeiro, de acordo com a função, e depois classificá-los segundo sua formulação química.

Funções do Fluido de Corte Há duas categorias gerais de fluidos de corte, correspondendo aos dois principais problemas para os quais são projetados para enfrentar: refrigerantes e lubrificantes. Os ***refrigerantes*** são fluidos de corte projetados para reduzir os efeitos da temperatura na operação de usinagem. Eles têm um efeito limitado na quantidade de calor gerada no corte; em vez disso, eles levam embora o calor gerado, reduzindo assim a temperatura da ferramenta e da peça. Isso ajuda a prolongar a vida da ferramenta de corte. A capacidade de um fluido de corte para reduzir as temperaturas nas operações de usinagem depende de suas propriedades térmicas. O calor específico e a condutividade térmica são as propriedades mais importantes (Subseção 4.2.1). A água tem elevado calor específico e elevada condutividade térmica em relação aos outros líquidos e é por isso que a água é utilizada como base nos fluidos de corte refrigerantes. Essas propriedades permitem que o refrigerante remova o calor da operação, reduzindo com isso a temperatura da ferramenta de corte.

Os fluidos de corte refrigerantes parecem ser os mais eficazes nas velocidades de corte relativamente altas em que a geração de calor e as altas temperaturas são problemas. Eles são mais eficazes nos materiais de ferramenta mais susceptíveis às falhas por temperatura, como os aços rápidos utilizados frequentemente nas operações de torneamento e fresagem, em que é gerada grande quantidade de calor.

Os ***lubrificantes*** frequentemente são fluidos à base de óleo (porque os óleos possuem boas qualidades lubrificantes) formulados para reduzir o atrito nas interfaces cavaco-ferramenta e ferramenta-peça. Os fluidos de corte lubrificantes operam por meio de ***lubrificação de extrema pressão***, uma forma especial de lubrificação que envolve a formação de finas camadas sólidas de sal em superfícies metálicas limpas e aquecidas por meio da reação química com o lubrificante. Compostos de enxofre, cloro e fósforo no lubrificante causam a formação de camadas superficiais, que agem separando as duas superfícies metálicas (ou seja, cavaco e ferramenta). Esses filmes de extrema pressão

são muito mais eficazes na redução do atrito no corte de metais do que a lubrificação convencional, que se baseia na presença de filmes líquidos entre as duas superfícies.

Os fluidos de corte lubrificantes são mais eficazes nas velocidades de corte mais baixas. Eles tendem a perder sua eficácia nas velocidades elevadas, acima de 120 m/min, pois o movimento do cavaco nessas velocidades impede o fluido de corte de alcançar a interface cavaco-ferramenta. Além disso, as altas temperaturas de corte nessas velocidades fazem com que os óleos vaporizem antes de conseguir lubrificar. As operações de usinagem, como furação e rosqueamento, geralmente se beneficiam dos lubrificantes. Nessas operações, a formação de aresta postiça de corte é retardada e o torque na ferramenta é menor.

Embora a finalidade principal de um lubrificante seja reduzir o atrito, ele também diminui a temperatura na operação por meio de vários mecanismos. Primeiro, o calor específico e a condutividade térmica do lubrificante ajudam a remover o calor da operação, reduzindo assim a temperatura. Segundo, como o atrito é menor, o calor gerado pelo atrito também é menor. Terceiro, um coeficiente de atrito mais baixo significa um ângulo de atrito menor. De acordo com a equação de Merchant [Equação (17.16)], um ângulo de atrito baixo provoca o aumento do ângulo do plano de cisalhamento, reduzindo assim a quantidade de calor gerada na zona de cisalhamento.

Existe tipicamente um efeito redundante entre os dois tipos de fluido de corte. Os refrigerantes são formulados com ingredientes que ajudam a reduzir o atrito, e os lubrificantes têm propriedades térmicas que, embora não tão boas quanto as da água, removem o calor da operação de corte. Os fluidos de corte (tanto os refrigerantes quanto os lubrificantes) manifestam seu efeito na equação de Taylor para a vida da ferramenta pelos valores de C mais altos. O aumento de 10% a 40% é comum. A inclinação n não é afetada de modo significativo.

Composição Química dos Fluidos de Corte Existem quatro categorias de fluidos de corte, segundo a composição química: (1) óleos de corte, (2) óleos emulsionados, (3) fluidos semissintéticos, e (4) fluidos sintéticos. Todos esses fluidos de corte têm funções refrigerantes e lubrificantes. Os óleos de corte são mais eficazes como lubrificantes, enquanto as outras três categorias são mais eficazes como refrigerantes porque consistem basicamente em água.

Os ***óleos de corte*** se baseiam em óleo derivado do petróleo, de origem animal, marinha ou vegetal. Os óleos minerais (baseados em petróleo) são o tipo principal, em virtude de sua abundância e características lubrificantes geralmente desejadas. Para atingir a capacidade de lubrificação máxima, frequentemente são combinados vários tipos de óleo no mesmo fluido. Aditivos químicos também são misturados com os óleos para aumentar as qualidades lubrificantes. Esses aditivos contêm compostos de enxofre, cloro e fósforo, e são criados para reagir quimicamente com a superfície do cavaco e a superfície da ferramenta, formando filmes sólidos (lubrificação de extrema pressão) que ajudam a evitar o contato de metal com metal entre as duas superfícies.

Óleos emulsionados consistem em gotas de óleo suspensas em água. O fluido é gerado misturando óleo (normalmente óleo mineral) em água usando um agente emulsificante para promover a mistura e a estabilidade da emulsão. Uma proporção típica entre água e óleo é 30:1. Aditivos químicos à base de enxofre, cloro e fósforo são utilizados com frequência para promover lubrificação de extrema pressão. Como contêm óleo e água, os óleos emulsionados combinam qualidades refrigerantes e lubrificantes em um único fluido de corte.

Fluidos sintéticos são produtos químicos em uma solução aquosa, em vez de óleos em emulsão. Os produtos químicos dissolvidos incluem compostos de enxofre, cloro e fósforo, mais agentes para promover a "molhabilidade". Esses produtos químicos se destinam a proporcionar algum grau de lubrificação para a solução. Os fluidos sintéticos fornecem boas qualidades refrigerantes, mas suas qualidades lubrificantes são menores que as dos outros tipos de fluidos de corte. Os ***fluidos semissintéticos*** têm pequenas quantidades de óleo emulsionado adicionadas para aumentar as características lubrifi-

TABELA • 19.8 Guia de Solução de Problemas Relacionados aos Fluidos de Corte.

Problema	Prováveis Condições e Sintomas	Possíveis Mudanças no Fluido de Corte
Calor	Falha prematura da ferramenta devido à alta temperatura Velocidade de corte alta demais para a ferramenta O cavaco adere à superfície de saída Corte contínuo (por exemplo, torneamento, furação)	Aumentar a vazão do fluido Se for óleo de corte, reduzir o nível de viscosidade Se for óleo de corte, tentar óleo emulsionado Se for óleo emulsionado, aumentar a proporção de água Se for óleo emulsionado, tentar óleo sintético ou semissintético
Desgaste	Velocidade de corte baixa Desgaste rápido da ferramenta O material da peça usinada é o aço de alta resistência à tração ou liga resistente ao calor O material da peça é abrasivo (por exemplo, fundido em molde de areia)	Se for óleo emulsionado, tentar óleo de corte Se for óleo emulsionado, aumentar a proporção de óleo Se for fluido sintético, tentar óleo emulsionado Tentar fluido com aditivos quimicamente ativos para lubrificação de extrema pressão
Vibração	Vibração Rigidez inadequada da montagem do conjunto	Se estiver seco, tentar o uso de um fluido de corte para tratar da vibração por meio de amortecimento hidráulico Se for fluido de corte, usar fluido com maior viscosidade

cantes do fluido de corte. Na verdade, eles são uma classe híbrida entre os fluidos sintéticos e os óleos emulsionados.

A Tabela 19.8 apresenta um guia de solução de problemas de usinagem relacionados ao uso de fluidos de corte.

19.4.2 APLICAÇÃO DOS FLUIDOS DE CORTE

Os fluidos de corte são aplicados nas operações de usinagem de várias maneiras, e esta subseção considera esses métodos de aplicação. Também é considerado o problema de contaminação do fluido de corte e quais passos devem ser dados para tratar do problema.

Métodos de Aplicação O método mais comum é o ***jorro de fluido a baixa pressão***, às vezes chamado simplesmente de aplicação de fluido, porque geralmente é utilizado com fluido de corte refrigerante. Nesse método, um fluxo contínuo de fluido é direcionado para a interface ferramenta-peça ou cavaco-ferramenta da operação de usinagem. Um segundo método de aplicação é a ***aplicação por névoa***, utilizada principalmente em fluidos de corte à base de água. Nesse método, o fluido é direcionado para a operação na forma de uma névoa (gotículas suspensas) em alta velocidade carregada por um jato de ar pressurizado. A aplicação por névoa geralmente não é tão eficaz quanto o jorro de fluido no arrefecimento da ferramenta. No entanto, devido ao fluxo de ar de alta velocidade, a aplicação por névoa pode ser mais eficaz no fornecimento de fluido de corte para áreas difíceis de acessar pela aplicação de fluido convencional.

A ***aplicação manual*** por meio de um borrifador (almotolia) ou pincel às vezes é utilizada para aplicar lubrificantes em operações de rosqueamento e outras operações em que a velocidade de corte é baixa, e o atrito é um problema. Geralmente não é o método de aplicação preferido pela maioria das oficinas de usinagem, em virtude da variabilidade dessa aplicação.

Filtragem de Fluido de Corte e Usinagem a Seco Os fluidos de corte podem ser contaminados ao longo do tempo com uma série de substâncias estranhas, como óleos sujos (óleo de máquina, óleo hidráulico etc.), lixo (pontas de cigarro, alimentos etc.), pequenos cavacos, fungos e bactérias. Além de causar odores e riscos à saúde, os fluidos de corte contaminados não executam bem sua função lubrificante. Os modos alternativos de lidar com esse problema são (1) substituir o fluido de corte em intervalos regulares e frequentes (talvez duas vezes por mês); (2) usar um sistema de filtragem para limpar, contínua ou periodicamente, o fluido; ou (3) usinagem a seco, ou seja, usinagem sem fluidos de corte. Em virtude da crescente preocupação com a poluição ambiental e com a legislação associada, o descarte dos fluidos se tornou caro e contrário ao bem-estar público em geral.

Hoje estão sendo instalados sistemas de filtragem em muitas oficinas de usinagem para solucionar o problema de contaminação. As vantagens desses sistemas incluem (1) prolongamento da vida do fluido de corte entre as trocas – em vez de substituir o fluido uma ou duas vezes por mês foram relatadas vidas úteis de um ano; (2) menor custo de descarte do fluido, já que o descarte é muito menos frequente quando é utilizado um filtro; (3) fluido de corte mais limpo para um melhor ambiente de trabalho e menores riscos à saúde; (4) menos manutenção da máquina-ferramenta; e (5) vida mais longa da ferramenta. Existem vários tipos de sistema de filtragem, e os benefícios de sua utilização são discutidos na Referência [19].

A terceira alternativa se chama ***usinagem a seco***, significando que nenhum fluido de corte é utilizado. A usinagem a seco evita os problemas de contaminação do fluido de corte, de seu descarte e de sua filtragem, mas pode levar a seus próprios problemas: (1) superaquecimento da ferramenta, (2) operação em velocidades de corte e taxas de produção mais baixas para prolongar a vida da ferramenta, e (3) ausência de benefícios de remoção de cavacos nas operações de retificação e fresagem. Os fabricantes de ferramentas de corte desenvolveram determinadas classes de metal duro, com ou sem revestimento, para uso em usinagem a seco.

Referências

[1] Aronson, R. B. "Using High-Pressure Fluids," ***Manufacturing Engineering,*** June 2004, pp. 87–96.

[2] ***ASM Handbook,*** Vol. 16: ***Machining.*** ASM International, Materials Park, Ohio, 1989.

[3] Black, J, and Kohser, R. ***DeGarmo's Materials and Processes in Manufacturing,*** 11th ed., John Wiley & Sons, Hoboken, New Jersey, 2012.

[4] Brierley, R. G., and Siekman, H. J. ***Machining Principles and Cost Control.*** McGraw-Hill Book Company, New York, 1964.

[5] Carnes, R., and Maddock, G. "Tool Steel Selection," ***Advanced Materials & Processes***, June 2004, pp. 37–40.

[6] Cook, N. H. "Tool Wear and Tool Life," ***ASME Transactions***, ***Journal of Engineering for Industry,*** Vol. 95, November 1973, pp. 931–938.

[7] Davis, J. R. (ed.), ***ASM Specialty Handbook Tool Materials.*** ASM International, Materials Park, Ohio, 1995.

[8] Destephani, J. "The Science of pCBN," ***Manufacturing Engineering,*** January 2005, pp. 53–62.

[9] Drozda, T. J., and Wick, C. (eds.). ***Tool and Manufacturing Engineers Handbook,*** 4th ed., Vol. I. ***Machining.*** Society of Manufacturing Engineers, Dearborn, Michigan, 1983.

[10] Esford, D. "Ceramics Take a Turn," ***Cutting Tool Engineering,*** Vol. 52, No. 7, July 2000, pp. 40–46.

[11] Koelsch, J. R. "Beyond TiN," ***Manufacturing Engineering,*** October 1992, pp. 27–32.

[12] Krar, S. F., and Ratterman, E. ***Superabrasives: Grinding and Machining with CBN and Diamond.*** McGraw-Hill, New York, 1990.

[13] Liebhold, P. "The History of Tools," ***Cutting Tool Engineer,*** June 1989, pp. 137–138.

[14] ***Machining Data Handbook,*** 3rd ed., Vols. I and II. Metcut Research Associates, Inc., Cincinnati, Ohio, 1980.

[15] ***Modern Metal Cutting.*** AB Sandvik Coromant, Sandvik, Sweden, 1994.

[16] Owen, J. V. "Are Cermets for Real?" ***Manufacturing Engineering,*** October 1991, pp. 28–31.

[17] Pfouts, W. R. "Cutting Edge Coatings," ***Manufacturing Engineering,*** July 2000, pp. 98–107.

[18] Schey, J. A. ***Introduction to Manufacturing Processes,*** 3rd ed. McGraw-Hill, New York, 1999.

[19] Shaw, M. C. ***Metal Cutting Principles,*** 2nd ed. Oxford University Press, Oxford, UK, 2005.

[20] Spitler, D., Lantrip, J., Nee, J., and Smith, D. A. ***Fundamentals of Tool Design,*** 5th ed. Society of Manufacturing Engineers, Dearborn, Michigan, 2003.

[21] Tlusty, J. ***Manufacturing Processes and Equipment.*** Prentice Hall, Upper Saddle River, New Jersey, 2000.

Questões de Revisão

19.1 Quais são os dois principais aspectos da tecnologia de ferramentas de corte?

19.2 Denomine os três modos de falha de ferramenta em usinagem.

19.3 Quais são os dois locais principais de uma ferramenta de corte em que ocorre desgaste?

19.4 Identifique os mecanismos pelos quais as ferramentas de corte se desgastam durante a usinagem.

19.5 Qual é a interpretação física do parâmetro C na equação de Taylor para a vida da ferramenta?

19.6 Além da velocidade de corte, quais são as outras variáveis incluídas na versão expandida da equação de Taylor?

19.7 Quais são os critérios de vida da ferramenta utilizados nas operações de usinagem de produção?

19.8 Identifique três propriedades desejáveis de um material de ferramenta de corte.

19.9 Quais são os principais elementos de liga no aço rápido?

19.10 Quais são as diferenças dos componentes entre as classes de ferramenta de metal duro para usinagem de aço e outros materiais?

19.11 Identifique alguns dos compostos comuns que formam os revestimentos finos na superfície dos insertos de metal duro.

19.12 Denomine os sete elementos da geometria de uma ferramenta de corte monocortante.

19.13 Por que as ferramentas de corte cerâmicas geralmente são projetadas com ângulos de saída negativos?

19.14 Identifique as formas alternativas de fixar uma ferramenta de corte durante a usinagem.

19.15 Denomine as duas categorias principais de fluido de corte de acordo com a função.

19.16 Denomine as quatro categorias de fluido de corte de acordo com a composição química.

19.17 Quais são os principais mecanismos de lubrificação por meio dos quais os fluidos de corte atuam?

19.18 Quais são os métodos de aplicação dos fluidos de corte em uma operação de usinagem?

19.19 Por que os sistemas de filtragem do fluido de corte estão se tornando mais comuns, e quais são suas vantagens?

19.20 A usinagem a seco está sendo considerada pelas oficinas de usinagem, em virtude de certos problemas inerentes ao uso dos fluidos de corte. Quais são os problemas associados ao uso desses fluidos?

19.21 Cite alguns dos novos problemas introduzidos pela usinagem a seco.

Problemas

As respostas dos problemas marcados com **(A)** são apresentadas no Apêndice A, no final do livro.

Vida da Ferramenta e a Equação de Taylor

19.1 Para o gráfico de vida da ferramenta da Figura 19.5, mostre que o ponto de dados médio (v_c = 130 m/min, T = 12 min) é coerente com a equação de Taylor determinada no Problema Exemplo 19.1.

19.2 Nos gráficos de desgaste da ferramenta da Figura 19.4, a falha completa da ferramenta de corte é indicada pela extremidade de cada curva de desgaste. Usando a falha completa como critério da vida da ferramenta em vez de 0,50 mm de desgaste de flanco, os dados resultantes são: (1) v_c = 160 m/min, T = 5,75 min; (2) v_c = 130 m/min, T = 14,25 min; e (3) v_c = 100 m/min, T = 47 min. Determine os parâmetros n e C na equação de vida da ferramenta de Taylor para esses dados.

19.3 **(A)** Em testes de torneamento em aço-liga usando ferramentas de metal duro revestido, foram coletados dados de desgaste de flanco em um avanço de 0,30 mm/rev e uma profundidade de 3,0 mm. A uma velocidade de 125 m/min, desgaste de flanco = 0,12 mm em 1 min, 0,27 mm em 5 min, 0,45 mm em 11 min, 0,58 mm em 15 min, 0,73 em 20 min e 0,97 mm em 25 min. A uma velocidade de 165 m/min, desgaste de flanco = 0,22 mm em 1 min, 0,47 mm em 5 min, 0,70 mm em 9 min, 0,80 mm em 11 min e 0,99 mm em 13 min. O último valor em cada caso é quando ocorre a falha final da ferramenta. (a) Em uma folha de papel milimetrado, trace o gráfico do desgaste de flanco em função do tempo nas duas velocidades. Usando 0,75 mm de desgaste de flanco como critério de vida da ferramenta, determine a vida da ferramenta nas duas velocidades de corte. (b) Em uma folha de papel log-log, trace os resultados obtidos na parte (a) para determinar os valores de n e C na equação de Taylor. (c) A título de comparação, calcule os valores de n e C na equação de Taylor resolvendo as equações simultâneas. Os valores e n e C resultantes são iguais?

19.4 Solucione o Problema 19.3, exceto que o critério de vida da ferramenta é 0,50 mm de desgaste de flanco, em vez de 0,75 mm.

19.5 Testes de torneamento usando ferramentas de metal duro resultaram em uma vida da ferramenta igual a 1 minuto em uma velocidade de corte de 4,8 m/s e uma vida igual a 22 minutos em uma velocidade de 2,0 m/s. (a) Encontre os valores de n e C na equação de Taylor para a vida da ferramenta. (b) Projete o tempo de duração que a ferramenta teria a uma velocidade de 1,0 m/s.

19.6 **(A)** Os dados a seguir foram coletados durante testes da ferramenta no torneamento: (1) quando a velocidade de corte = 100 m/min, vida da ferramenta = 9 minutos; (2) quando a velocidade de corte = 75 m/min, vida da ferramenta = 35 minutos. (a) Determine os valores de n e C na equação de Taylor. Com base em sua equação, (b) calcule a vida da ferramenta em uma velocidade de 110 m/min, e (c) calcule a velocidade correspondente a uma vida da ferramenta de 20 minutos.

19.7 Em uma operação de torneamento, o diâmetro da peça = 102 mm e o comprimento = 400 mm. Utiliza-se na operação um avanço de 0,26 mm/rev. Se a velocidade de corte = 3,0 m/s, a ferramenta precisa ser trocada a cada cinco peças usinadas; mas, se a velocidade de corte = 2,0 m/s, a ferramenta pode ser utilizada para produzir 22 peças entre as trocas de ferramenta. Determine a equação de Taylor para esse trabalho.

19.8 Uma série de testes de torneamento é realizada para determinar os parâmetros n, m e K na versão expandida da equação de Taylor [Equação (19.4)]. Os dados a seguir foram obtidos durante os testes: (1) velocidade de corte = 1,9 m/s, avanço = 0,22 mm/rev, vida da ferramenta = 10 min; (2) velocidade de corte = 1,3 m/s, avanço = 0,22 mm/rev, vida da ferramenta = 47 min; e (3) velocidade de corte = 1,9 m/s, avanço = 0,32 mm/rev, vida da ferramenta = 8 min. (a) Determine n, m e K. (b) Usando sua equação, calcule a vida da ferramenta quando a velocidade de corte for 1,5 m/s e o avanço for 0,28 mm/rev.

19.9 Os valores de n e C na Tabela 19.2 se baseiam em uma velocidade de avanço de 0,25 mm/rev e uma profundidade de usinagem = 2,5 mm. Determine quantos milímetros cúbicos de aço seriam removidos de cada um dos seguintes materiais de ferramenta se, em cada caso, fosse exigida uma vida da ferramenta de 10 minutos: (a) aço-carbono, (b) aço rápido, (c) metal duro e (d) cerâmica. Recomenda-se o uso de uma planilha de cálculo.

19.10 Uma série de furos de 10 mm de diâmetro foi feita em placas de ferro fundido, de 30 mm de espessura, para determinar a vida da ferramenta em duas velocidades de corte. Em uma velocidade superficial de 25 m/min, a broca de aço rápido durou o suficiente para fazer 44 furos. A 35 m/min, a broca durou o suficiente para fazer cinco furos. Avanço = 0,08 mm/rev. Determine os valores de n e C relativos a esses dados na equação de Taylor para a vida da ferramenta, em que a velocidade de corte v_c é expressa em m/min e a vida da ferramenta T é expressa em minutos. Ignore os efeitos da entrada e saída da broca no furo. Considere a profundidade de usinagem igual a exatamente 30 mm, correspondente à espessura da placa.

19.11 **(A)** O diâmetro externo de um cilindro feito de liga de titânio precisa ser torneado. O diâmetro original é 400 mm e o comprimento é 1100 mm. Avanço = 0,35 mm/rev e profundidade de usinagem = 2,5 mm. O corte será feito com uma ferramenta de metal duro na qual os parâmetros da equação de Taylor são: n = 0,24 e C = 450. As unidades da equação de Taylor são minutos para a vida da ferramenta e m/min para a velocidade de corte. Calcule a velocidade de corte que vai permitir uma vida da ferramenta 10% maior do que o tempo de corte da peça.

19.12 A peça a ser usinada em uma operação de torneamento tem 88 mm de diâmetro e 550 mm de comprimento. Um avanço de 0,30 mm/rev é utilizado na operação. Se a velocidade de corte = 3,3 m/s, a ferramenta precisa ser trocada a cada três peças usinadas; mas, se a velocidade de corte for 2,2 m/s, a ferramenta pode ser utilizada para produzir 14 peças entre as trocas de ferramenta. Encontre a velocidade de corte que vai permitir que uma ferramenta seja utilizada para produzir um lote de 40 peças, que é o tamanho da próxima encomenda dessas peças.

19.13 **(A)** A oficina de usinagem recebeu um pedido para tornear três cilindros de aço-liga. O diâmetro inicial = 250 mm e o comprimento = 625 mm. Avanço = 0,30 mm/rev e profundidade de usinagem = 2,5 mm. Uma ferramenta de corte de metal duro será utilizada, na qual os parâmetros da equação de Taylor são n = 0,25 e C = 700, em que as unidades são minutos para a vida da ferramenta e m/min para a velocidade de corte. Calcule a velocidade de corte que vai permitir uma vida da ferramenta exatamente igual ao tempo de corte das três peças.

Aplicações de Ferramental

19.14 O aço rápido é o material de ferramenta especificado para uma determinada operação de torneamento de acabamento na seção de tornos da oficina de usinagem. O problema é que a vida da ferramenta é muito menor do que o supervisor considera que deveria ser. Um fluido de corte lubrificante é utilizado na operação, e o operador da máquina reclama da fumaça que emana do fluido. (a) Analise o problema e (b) recomende algumas mudanças que poderiam ser feitas para solucionar o problema.

19.15 Especifique a classe ANSI ou as classes (C1 a C8 na Tabela 19.5) de metal duro em cada uma das seguintes situações: (a) cortar as roscas da entrada e da saída de uma válvula de latão, (b) tornear o diâmetro de um eixo de aço com alto teor de carbono de 10,7 cm para 8,9 cm, (c) fazer um fresamento frontal final usando uma profundidade de usinagem pequena e um avanço pequeno em uma peça de titânio, e (d) mandrilar os cilindros de um bloco de motor de automóvel de aço-liga antes de realizar o brunimento.

19.16 Para fins de controle de estoque, uma oficina de usinagem limita em quatro as classes de metal duro. As composições químicas dessas classes são: Classe 1 contém 95% WC e 5% Co; Classe 2 contém 82% WC, 4% Co e 14% TiC; Classe 3 contém 80% WC, 10% Co e 10% TiC; e Classe 4 contém 89% WC e 11% Co. (a) Quais são as classes adequadas para usinar ferro fundido? (b) Qual classe deve ser utilizada para torneamento de acabamento do aço não endurecido? (c) Qual classe deve ser utilizada em desbaste realizado no fresamento de alumínio? (d) Qual classe deve ser utilizada para torneamento de acabamento do latão? Em cada caso, explique sua recomendação.

19.17 Apresente o grupo ISO R513-1975(E) (letra e cor na Tabela 19.6) e se o número seria na direção da extremidade inferior ou superior dos intervalos de cada uma das seguintes situações: (a) fresamento da superfície da gaxeta principal do cabeçote de um cilindro de alumínio de um automóvel (o cabeçote do cilindro tem um furo para cada cilindro e deve ser plano e liso para se acoplar ao bloco), (b) desbaste e um eixo de aço endurecido, (c) fresamento de um compósito de polímero reforçado com fibra de vidro, e (d) fresamento da forma bruta de uma matriz feita de aço antes de ser endurecida.

19.18 Uma operação de torneamento é realizada em um eixo de aço com diâmetro = 127 mm e comprimento = 813 mm. Um canal, ou chaveta, foi fresado ao longo de seu comprimento. A operação de torneamento reduz o diâmetro do eixo. Para cada um dos seguintes materiais para ferramenta, indicar se é um candidato razoável ao uso na operação: (a) aço-carbono, (b) aço rápido, (c) metal duro, (d) cerâmica, e (e) diamante policristalino sinterizado. Para cada material que não for um bom candidato explique por que não pode ser utilizado.

Fluidos de Corte

19.19 **(A)** Em uma operação de torneamento usando ferramentas de aço rápido, a velocidade de corte = 100 m/min. A equação de Taylor para a vida da ferramenta tem parâmetros n = 0,125 e C = 120 (m/min) quando a operação é realizada a seco. Quando é utilizado um fluido de corte tipo refrigerante na operação, o valor de C aumenta em 15%. Determine o aumento percentual na vida da ferramenta se a velocidade de corte for mantida em 100 m/min.

19.20 Insertos de metal duro para ferramenta de corte são utilizados em uma operação de fresamento para remover quantidade significativa de material de um aço fundido em molde de areia. Essa operação de desbaste é feita em baixa velocidade de corte, elevada profundidade e elevado avanço, e sem fluido de corte. O problema é que os insertos se desgastam rapidamente, e o supervisor acredita que deve ser utilizado um fluido semissintético para diminuir a temperatura de corte. (a) Analise o problema e (b) recomende algumas mudanças que poderiam ser feitas para solucioná-lo.

19.21 Uma broca helicoidal de 6,0 mm de diâmetro em aço rápido está sendo utilizada em uma operação de furação em aço doce. Um óleo de corte é aplicado pelo operador, pincelando o lubrificante na ponta da broca e nos canais antes de cada furo. As condições de corte são: velocidade = 25 m/min, avanço = 0,10 mm/ver, e profundidade do furo = 42 mm. O supervisor diz que "a velocidade e o avanço estão de acordo com o manual" para esse material a ser usinado. Contudo, ele diz que "os cavacos estão entupindo os canais, gerando calor de atrito, e a broca está falhando prematuramente devido ao superaquecimento". (a) Analise o problema e (b) recomende algumas mudanças que poderiam ser feitas para solucioná-lo.

20 Considerações Econômicas e sobre o Projeto de Produto em Usinagem

Sumário

20.1 Usinabilidade

20.2 Tolerâncias e Acabamento Superficial
20.2.1 Tolerâncias na Usinagem
20.2.2 Acabamento Superficial na Usinagem

20.3 Seleção das Condições de Corte
20.3.1 Seleção do Avanço e da Profundidade de Usinagem
20.3.2 Otimização da Velocidade de Corte

20.4 Considerações de Projeto de Produto para Usinagem

Este capítulo conclui a cobertura da usinagem convencional com vários tópicos restantes. O primeiro tópico é a usinabilidade, que diz respeito à forma com que as propriedades do material afetam o desempenho da usinagem. O segundo tópico diz respeito às tolerâncias e acabamentos superficiais (Capítulo 6) que se pode esperar nos processos de usinagem. Terceiro, é explorada a escolha das condições de corte (velocidade, avanço e profundidade de usinagem) em uma operação de usinagem. Essa escolha define, em grande parte, o sucesso econômico de uma determinada operação. Finalmente, são fornecidas algumas diretrizes a serem consideradas pelos projetistas de produto quando projetarem peças que devam ser produzidas por meio de usinagem.

20.1 Usinabilidade

As propriedades do material usinado têm influência significativa no sucesso da operação de usinagem. Essas propriedades e outras características do processo são resumidas frequentemente pelo termo "usinabilidade". ***Usinabilidade*** denota a facilidade com que um determinado material (frequentemente um metal) pode ser usinado utilizando as ferramentas e condições de corte adequadas.

Existem vários critérios utilizados para avaliar a usinabilidade; os mais importantes são: (1) vida da ferramenta, (2) forças e potência, (3) acabamento superficial e (4) facilidade de retirada dos cavacos. Embora a usinabilidade se refira geralmente ao material usinado, é preciso reconhecer que o desempenho da usinagem depende mais do que apenas o material. O tipo de operação de usinagem, as ferramentas e as condições de corte também são fatores importantes. Além disso, o critério de usinabilidade é uma fonte de variação. Um material pode render uma vida mais longa da ferramenta, enquanto outro material proporciona um melhor acabamento superficial. Todos esses fatores dificultam a avaliação da usinabilidade.

O ensaio de usinabilidade envolve frequentemente a comparação de materiais usinados. O desempenho durante a usinagem de um material de teste é medido em relação ao desempenho de um material base (material padrão). As possíveis medidas do desempenho no teste de usinabilidade incluem (1) vida da ferramenta, (2) desgaste da ferramenta, (3) força de corte, (4) potência na operação, (5) temperatura de corte e (6) taxa de remoção de material sob as condições de teste padrão. O desempenho relativo é apresentado como um número de índice, chamado de classificação de índice de usinabilidade (*IU*). O material utilizado como padrão recebe um índice de usinabilidade igual a 1,00. O aço B1112 é utilizado frequentemente como o material padrão nas comparações de usinabilidade. Os materiais que são mais fáceis de usinar do que o material padrão recebem classificações acima de 1,00, e os materiais mais difíceis de usinar têm classificações abaixo de 1,00. Os índices de usinabilidade são apresentados frequentemente como porcentagens em vez de números de índice. O exemplo a seguir ilustra como um índice de usinabilidade pode ser determinado utilizando um teste de vida da ferramenta como base de comparação.

Exemplo 20.1
Usinabilidade

Vários testes de vida da ferramenta são realizados em dois materiais submetidos a condições de corte idênticas, variando somente a velocidade de corte no procedimento de teste. O primeiro material, definido como o material padrão, produz uma equação de Taylor $v_c T^{0,28} = 350$, e o outro material (material de teste) produz uma equação de Taylor $v_c T^{0,27} = 440$, em que a velocidade de corte está em m/min, e a vida da ferramenta está em min. Determine o índice de usinabilidade do material de teste utilizando a velocidade de corte que proporciona uma vida de 60 min para a ferramenta como base de comparação. Essa velocidade é indicada por v_{60}.

Solução: O material padrão tem um índice de usinabilidade = 1,0. Seu valor v_{60} pode ser determinado a partir da equação de Taylor, da seguinte forma:

$$v_{60} = (350/60^{0,28}) = 111 \text{ m/min}$$

A velocidade de corte que proporciona uma vida da ferramenta de 60 min para o material de teste é determinada de modo similar:

$$v_{60} = (440/60^{0,27}) = 146 \text{ m/min}$$

Consequentemente, o índice de usinabilidade pode ser calculado como

$$IU(\text{para material testado}) = \frac{146}{111} = 1{,}31\ (\mathbf{131\%})$$

Muitos fatores relacionados com o material usinado afetam o desempenho da usinagem. As propriedades mecânicas importantes incluem dureza e resistência. À medida que a dureza aumenta, o desgaste abrasivo da ferramenta aumenta, de modo que a vida da ferramenta diminui. A resistência é indicada frequentemente como resistência à tração, embora a usinagem envolva tensões de cisalhamento. Naturalmente, a resistência ao cisalhamento e a resistência à tração estão correlacionadas. À medida que a resistência do material aumenta, as forças de corte, a energia específica de corte e a temperatura de corte aumentam, tornando o material mais difícil de usinar. Por outro lado, a dureza muito baixa pode ser prejudicial para o desempenho da usinagem. Por exemplo, o aço de baixo carbono, que tem uma dureza relativamente baixa, costuma ser dúctil demais para ser bem usinado. A alta ductilidade causa rasgamento do metal quando o cavaco se forma, resultando em um acabamento ruim e em problemas com a retirada dos cavacos. A trefilação a frio é utilizada com frequência nas barras de aço com baixo teor de carbono para aumentar a dureza superficial e promover a quebra do cavaco durante o corte.

A composição química de um metal tem efeito importante nas propriedades; em alguns casos, a química afeta os mecanismos de desgaste que agem no material da ferramenta. Por meio dessas relações, a composição química também afeta a usinabilidade. O teor de carbono tem um efeito significativo nas propriedades do aço. À medida que o teor de carbono aumenta, a resistência e a dureza do aço aumentam; isso reduz o desempenho da usinagem. Muitos elementos de liga adicionados ao aço para melhorar suas propriedades são prejudiciais para a usinabilidade. O cromo, o molibdênio e o tungstênio formam carbonetos no aço, que aumentam o desgaste da ferramenta e reduzem a usinabilidade. O manganês e o níquel adicionam resistência e tenacidade ao aço, que reduz a usinabilidade. Certos elementos podem ser adicionados ao aço para melhorar o desempenho da usinagem, como o chumbo, o enxofre e o fósforo. Esses aditivos têm

TABELA • 20.1 Valores aproximados da dureza Brinell e índices de usinabilidade típicos para materiais selecionados.

Material Usinado	Dureza Brinell (HB)	Índice de Usinabilidade[a]	Material Usinado	Dureza Brinell (HB)	Índice de Usinabilidade[a]
Aço padrão: B1112	180–220	1,00	Aço ferramenta (não endurecido)	200–250	0,30
Aço com baixo carbono: C1008, C1010, C1015	130–170	0,50	Ferro fundido		
Aço com médio carbono: C1020, C1025, C1030	140–210	0,65	Macio	60	0,70
Aço com alto carbono: C1040, C1045, C1050	180–230	0,55	Dureza média	200	0,55
Aços-liga 24[b]			Duro	230	0,40
1320, 1330, 3130, 3140	170–230	0,55	Superligas		
4130	180–200	0,65	Inconel	240–260	0,30
4140	190–210	0,55	Inconel X	350–370	0,15
4340	200–230	0,45	Waspalloy	250–280	0,12
4340 (fundido)	250–300	0,25	Titânio		
6120, 6130, 6140	180–230	0,50	Puro	160	0,30
8620, 8630	190–200	0,60	Ligas	220–280	0,20
B1113	170–220	1,35	Alumínio		
Aços de usinagem fácil	160–220	1,50	2-S, 11-S, 17-S	macio	5,00[c]
Aço Inoxidável			Ligas de alumínio (macias)	macio	2,00[d]
301, 302	170–190	0,50	Ligas de alumínio (duras)	duro	1,25[d]
304	160–170	0,40	Cobre	macio	0,60
316, 317	190–200	0,35	Latão	macio	2,00[d]
403	190–210	0,55	Bronze	macio	0,65[d]
416	190–210	0,90			

Os valores são estimativas médias com base nas Referências [1], [4], [5], [7] e outras referências. Os índices representam velocidades de corte relativas a uma determinada vida da ferramenta (veja o Exemplo 20.1).

[a] Os índices de usinabilidade são apresentados em forma percentual (número apresentado × 100%).

[b] A lista de aços-liga não pretende ser completa. A tabela inclui algumas das ligas mais comuns e indica o intervalo de índices de usinabilidade para esses aços.

[c] A usinabilidade do alumínio varia amplamente, sendo apresentada aqui como $IU = 5,00$, mas o intervalo provavelmente é de 3,00 a 10,00 ou mais.

[d] As ligas de alumínio, latões e bronzes também variam significativamente quanto ao desempenho na usinagem. Diferentes tipos têm diferentes índices de usinabilidade. Para cada caso, tentamos reduzir a variação a um valor médio único para indicar o desempenho relativo com outros materiais.

o efeito de reduzir o coeficiente de atrito entre a ferramenta e o cavaco, reduzindo com isso as forças, a temperatura e a formação de aresta postiça de corte. Tais efeitos resultam em maior vida da ferramenta e melhor acabamento superficial. Os aços-liga formulados para melhorar a usinabilidade são denominados ***aços de fácil usinagem***.

Existem relações similares em outros materiais usinados. A Tabela 20.1 apresenta metais selecionados e seus índices de usinabilidade aproximados. Esses índices se destinam a resumir o desempenho de usinagem dos materiais.

20.2 Tolerâncias e Acabamento Superficial

As operações de usinagem são utilizadas para produzir peças com geometrias definidas, tolerâncias e acabamentos de superfície especificados pelo engenheiro de produto. Esta seção examina essas questões de tolerância e acabamento superficial em usinagem.

20.2.1 TOLERÂNCIAS NA USINAGEM

Há variabilidade dimensional em qualquer processo de fabricação, e são utilizadas tolerâncias para definir os limites admissíveis dessa variabilidade (Subseção 6.1.1). A usinagem é selecionada frequentemente quando as tolerâncias são estreitas, pois ela é mais precisa do que a maioria dos outros processos de mudança de geometria. A Tabela 20.2 indica as tolerâncias típicas que podem ser alcançadas na maioria das operações de usinagem examinadas no Capítulo 18. Deve ser mencionado que os valores nessa tabulação representam condições ideais, ainda que prontamente alcançáveis em uma fábrica moderna. Se a máquina-ferramenta for usada e antiga, a variabilidade do processo provavelmente será maior que a ideal, e essas tolerâncias serão difíceis de obter. Por outro lado, as máquinas-ferramenta mais novas podem alcançar tolerâncias mais estreitas do que as apresentadas na tabela.

TABELA • 20.2 Valores típicos de tolerâncias e de rugosidade média de superfície alcançáveis nas operações de usinagem.

Operação de Usinagem	Tolerância – Capabilidade Típica mm	Rugosidade Superficial Típica μm	Operação de Usinagem	Tolerância – Capabilidade Típica mm	Surface Roughness AA—Typical μm
Torneamento, broqueamento		0,8	Alargamento		0,4
Diâmetro $D < 25$ mm	±0,025		Diâmetro $D < 12$ mm	±0,025	
25 mm $< D <$ 50 mm	±0,05		12 mm $< D <$ 25 mm	±0,05	
Diâmetro $D > 50$ mm	±0,075		Diâmetro $D > 25$ mm	±0,075	
Furação*		0,8	Fresamento		0,4
Diâmetro $D < 2,5$ mm	±0,05		Periférico	±0,025	
2.5 mm $< D <$ 6 mm	±0,075		Faceamento	±0,025	
6 mm $< D <$ 12 mm	±0,10		Topo	±0,05	
12 mm $< D <$ 25 mm	±0,125		Aplainamento com plaina de mesa	±0,025	1,6
Diâmetro $D > 25$ mm	±0,20		Aplainamento com plaina limadora	±0,075	1,6
Brochamento	±0,025	0,2	Serramento	±0,50	6,0

*As tolerâncias de furação são apresentadas tipicamente como tolerâncias bilaterais assimétricas (por exemplo, +0,25/−0,05). Os valores nesta tabela são apresentados como tolerância bilateral simétrica (por exemplo, ±0,15).
Compilado de várias referências, incluindo [2], [5], [7], [8], [12] e [15].

Tolerâncias mais estreitas significam geralmente custos mais elevados. Por exemplo, se o projetista especificar uma tolerância de ±0,10 mm em um diâmetro de um furo de 6,0 mm, essa tolerância pode ser obtida por uma operação de furação, segundo a Tabela 20.2. No entanto, se o projetista especificar uma tolerância de ±0,025 mm, então é necessário realizar uma operação adicional de alargamento para satisfazer essa faixa dimensional mais estreita. Isso não significa que as tolerâncias mais folgadas são sempre boas. Muitas vezes acontece que as tolerâncias mais estreitas e a menor variabilidade na usinagem dos componentes individuais levarão a menos problemas na montagem, no teste do produto final, na aplicação de campo e na aceitação do cliente. Embora esses custos nem sempre sejam fáceis de quantificar como custos de produção diretos, eles podem ser importantes. As tolerâncias mais estreitas fazem com que a fábrica obtenha melhor controle sobre seus processos de fabricação e podem levar à redução dos custos operacionais totais da empresa a longo prazo.

20.2.2 ACABAMENTO SUPERFICIAL NA USINAGEM

Como a usinagem frequentemente é um processo de fabricação que determina a geometria e as dimensões finais da peça, ela também é um processo que determina a textura superficial da peça (Subseção 6.3.2). A Tabela 20.2 apresenta a rugosidade superficial típica que pode ser obtida em várias operações de usinagem. Esses acabamentos devem ser facilmente obtidos pelas máquinas-ferramenta modernas e submetidas a uma boa manutenção.

A rugosidade de uma superfície usinada depende de muitos fatores que podem ser agrupados da seguinte forma: (1) fatores relacionados à geometria, (2) fatores relacionados ao material usinado e (3) fatores relacionados à vibração e à máquina-ferramenta. A discussão da rugosidade superficial nesta subseção examina esses fatores e seus efeitos.

Fatores Relacionados com a Geometria São os parâmetros de usinagem que determinam a geometria da superfície de uma peça usinada. Eles incluem (1) tipo de operação de usinagem; (2) geometria da ferramenta de corte, com destaque para o raio da ponta; e (3) avanço. A geometria da superfície que deveria resultar desses fatores é denominada rugosidade superficial "ideal" ou "teórica", que é o acabamento que deve ser obtido na ausência dos fatores relacionados ao material usinado, às vibrações e à máquina-ferramenta.

O tipo de operação se refere ao processo de usinagem utilizado para gerar a superfície. Por exemplo, o fresamento periférico, o fresamento de faceamento e o aplainamento produzem uma superfície plana; no entanto, a geometria da superfície gerada a cada operação é diferente, em virtude das diferenças na forma da ferramenta e na maneira com que ela interage com a superfície. Uma noção dessas diferenças pode ser obtida observando a Figura 6.14, que exibe direções de sulcos possíveis de uma superfície.

A geometria da ferramenta e o avanço se combinam para formar a geometria da superfície. A forma da ponta da ferramenta é um fator importante da geometria da ferramenta. Os efeitos podem ser vistos na Figura 20.1, relativa a uma ferramenta monocortante. Com o mesmo avanço, um raio de ponta maior faz com que as marcas de avanço sejam menos acentuadas, levando assim a um melhor acabamento. Se dois avanços forem comparados com o mesmo raio de ponta, o maior avanço aumenta a separação entre as marcas da ferramenta, levando a um aumento no valor da rugosidade teórica superficial. Se a velocidade de avanço for suficientemente grande e o raio de ponta for suficientemente pequeno para que a aresta de corte secundária (ou lateral) participe da criação da nova superfície, então o ângulo da aresta de corte secundária vai afetar a geometria da superfície. Nesse caso, um ângulo maior da aresta de corte secundária resulta em um valor maior de rugosidade superficial. Teoricamente, um ângulo da aresta de corte secundária igual a zero produziria uma superfície perfeitamente lisa; no entanto, imperfeições na ferramenta, no material usinado e no processo de usinagem impedem a obtenção de um acabamento ideal como esse.

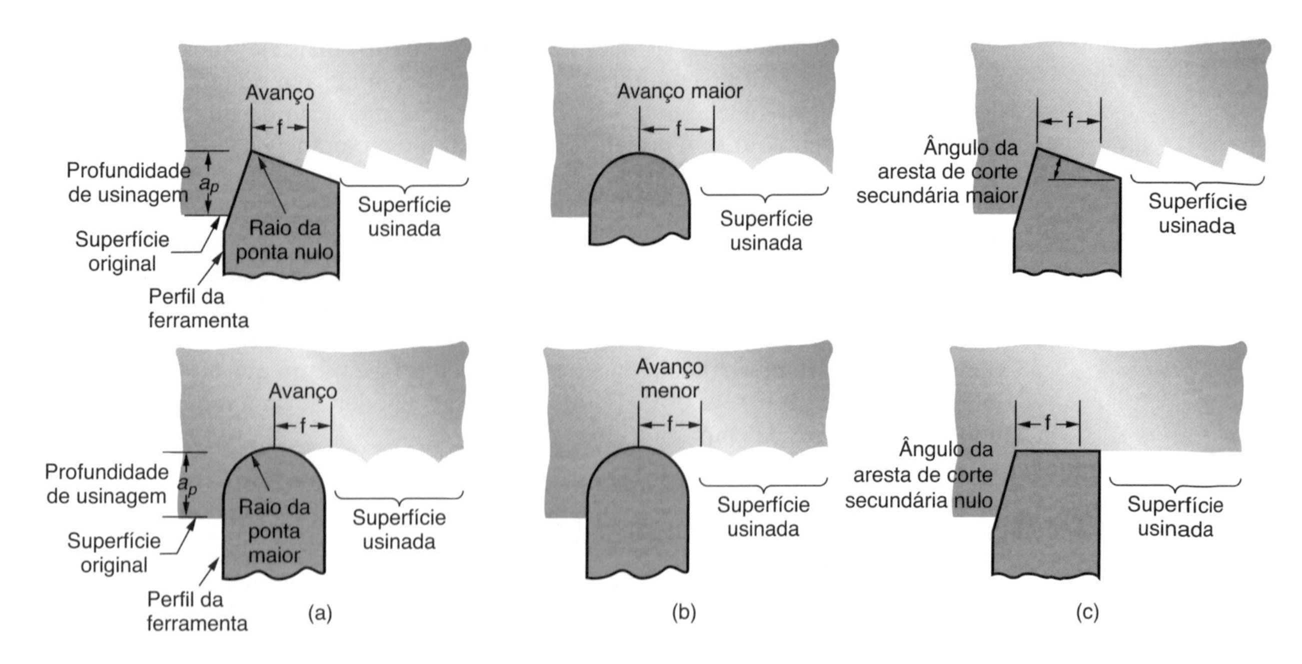

FIGURA 20.1 Efeito dos fatores geométricos na determinação do acabamento teórico em uma superfície usinada por ferramentas monocortantes: (a) efeito do raio da ponta, (b) efeito do avanço e (c) efeito do ângulo de posição da aresta de corte secundária.

Os efeitos do raio da ponta e do avanço podem ser combinados em uma equação para prever a rugosidade média teórica de uma superfície produzida por uma ferramenta monocortante. A equação se aplica a operações como torneamento e aplainamento:

$$R_i = \frac{f^2}{32 r_\varepsilon} \tag{20.1}$$

em que R_i = rugosidade média teórica (ou ideal) da superfície, mm; f = avanço, mm; e r_ε = raio da ponta da ferramenta, mm. A equação supõe que o raio da ponta não é nulo e que o avanço e o raio da ponta são os fatores principais que determinam a geometria da superfície. Os valores de R_i serão em unidades de mm, que podem ser convertidas para μm. A Equação (20.1) também pode ser utilizada para estimar a rugosidade ideal da superfície no fresamento de faceamento com insertos, usando f para representar o avanço por dente.

A Equação (20.1) supõe que a ferramenta de corte está afiada. À medida que a ferramenta se desgasta, a forma da ponta muda, o que é refletido na geometria da superfície usinada. Para um desgaste suave, o efeito é imperceptível. No entanto, quando o desgaste da ferramenta se torna significativo, especialmente o desgaste do raio da ponta, a rugosidade superficial se afasta muito em comparação com os valores ideais fornecidos pela Equação (20.1).

Fatores Relacionados com o Material Usinado Na maioria das operações de usinagem não é possível alcançar o acabamento de superfície ideal, em virtude de fatores relacionados ao material usinado e à sua interação com a ferramenta. Os fatores relacionados com o material usinado que afetam o acabamento incluem (1) formação de aresta postiça de corte (APC) – à medida que ela se forma e quebra ciclicamente, partículas são depositadas na superfície usinada fazendo com que tenha uma textura "áspera como uma lixa"; (2) danos à superfície ocasionados pela curvatura do cavaco que se move em direção à região de corte; (3) lascamento da superfície usinada durante a formação do cavaco na usinagem de materiais dúcteis; (4) trincas de superfície ocasio-

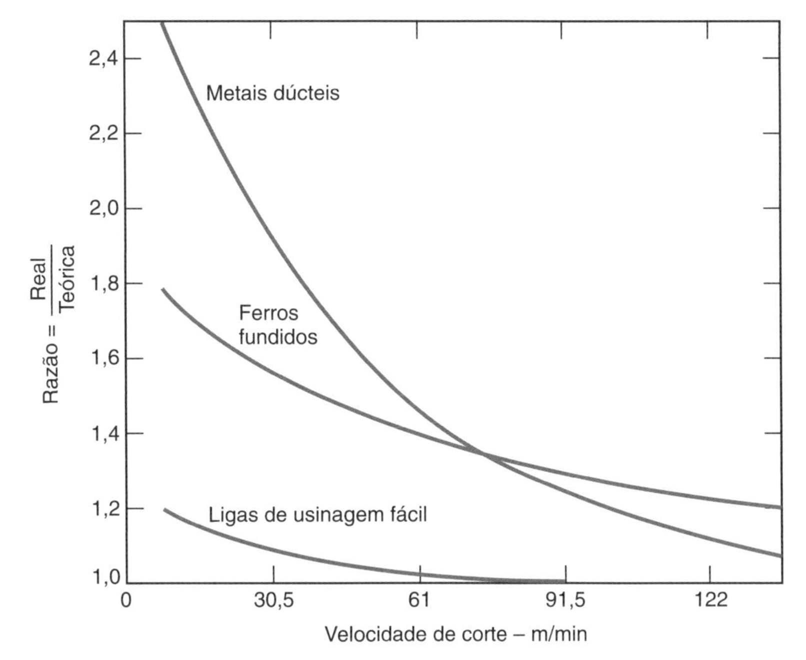

FIGURA 20.2 Razão entre a rugosidade superficial real e a rugosidade superficial ideal de diferentes tipos de materiais. (Fonte: General Electric Co. data [14].)

nadas pela formação do cavaco descontínuo durante a usinagem de materiais frágeis; e (5) atrito entre o flanco da ferramenta e a superfície usinada. Esses fatores relacionados com o material são influenciados pela velocidade de corte e pelo ângulo de saída, de tal modo que um aumento na velocidade de corte ou no ângulo de saída geralmente melhora o acabamento superficial.

Os fatores relacionados com o material frequentemente fazem com que o acabamento superficial real seja pior do que o ideal. Uma razão empírica pode ser desenvolvida para converter o valor de rugosidade ideal para uma estimativa do valor real de rugosidade de superfície. Essa razão leva em conta a formação da aresta postiça de corte, do lascamento e de outros fatores. O valor da razão depende da velocidade de corte e também do material usinado. A Figura 20.2 mostra a razão entre a rugosidade superficial real e a rugosidade ideal em função da velocidade de corte para diferentes tipos de materiais.

O procedimento para prever a rugosidade superficial real em uma operação de usinagem é estimar a rugosidade superficial ideal e depois multiplicar esse valor pela razão entre a rugosidade real e a rugosidade ideal para o tipo de material usinado. Isso pode ser resumido como

$$R_a = r_{ai} R_i \tag{20.2}$$

em que R_a = valor estimado da rugosidade real; r_{ai} = razão entre o acabamento superficial real e o ideal, segundo a Figura 20.2, e R_i = valor da rugosidade ideal, segundo a Equação (20.1).

Exemplo 20.2 Rugosidade superficial

Uma operação de torneamento é realizada em aço C1008 (um aço dúctil) usando uma ferramenta com um raio de ponta = 1,2 mm. Velocidade de corte = 100 m/min e avanço = 0,25 mm/rev. Calcule a rugosidade superficial estimada nessa operação.

Solução: A rugosidade superficial ideal pode ser calculada a partir da Equação (20.1):

$$R_i = (0{,}25)^2/(32 \times 1{,}2) = 0{,}0016 \text{ mm} = 1{,}6\ \mu\text{m}$$

A partir do gráfico na Figura 20.2, a razão entre a rugosidade real e ideal dos metais dúcteis a 100 m/min é aproximadamente 1,25. Consequentemente, a rugosidade superficial real da operação seria (aproximadamente)

$$R_a = 1{,}25 \times 1{,}6 = \mathbf{2{,}0\ \mu m}$$

Fatores Relacionados com a Vibração e a Máquina-Ferramenta Esses fatores estão relacionados com a máquina-ferramenta, o ferramental e a configuração na operação. Eles incluem *chatter* ou vibrações na máquina-ferramenta ou na ferramenta de corte; deflexão da fixação, resultando frequentemente em vibração; e folga no mecanismo de avanço, particularmente nas máquinas-ferramenta mais antigas. Se esses fatores relacionados com as máquinas-ferramenta puderem ser minimizados ou eliminados, a rugosidade superficial na usinagem será determinada principalmente pelos fatores geométricos e pelos materiais usinados já descritos nesta seção.

Chatter e/ou vibrações em uma operação de usinagem podem resultar em ondulação acentuada na superfície usinada. Quando ocorre o *chatter*, há um ruído característico que pode ser reconhecido por qualquer operador experiente. Os possíveis passos para reduzir ou eliminar a vibração incluem (1) aumento da rigidez e/ou do amortecimento na configuração do processo, (2) operação em uma velocidade de rotação que não provoque forças cíclicas cujas frequências se aproximem da frequência natural do sistema máquina-ferramenta, (3) redução do avanço e das profundidades de usinagem para diminuir as forças de corte e (4) mudança do perfil da ferramenta de corte para reduzir as forças. A geometria da peça às vezes pode desempenhar um papel importante na ocorrência de *chatter*. Seções transversais finas tendem a aumentar a probabilidade de apresentar esse fenômeno, exigindo apoios extras para melhorar a condição.

20.3 Seleção das Condições de Corte

Um dos problemas práticos em usinagem é escolher as condições de corte apropriadas para determinada operação. Essa é uma das tarefas no planejamento do processo (Seção 36.1). Para cada operação, devem ser tomadas decisões sobre a máquina-ferramenta, ferramenta(s) de corte, e condições de corte. Essas decisões precisam considerar a usinabilidade do material da peça, a geometria dessa peça, seu acabamento superficial etc.

20.3.1 SELEÇÃO DO AVANÇO E DA PROFUNDIDADE DE USINAGEM

As condições de corte em uma operação de usinagem consistem na velocidade de corte, avanço, profundidade de usinagem e fluido de corte (se deve ser utilizado um fluido de corte e, se for preciso utilizá-lo, que tipo de fluido de corte). As considerações sobre o ferramental frequentemente são o fator dominante nas decisões a respeito dos fluidos de corte (Seção 19.4). A profundidade de usinagem, com frequência, é predeterminada pela geometria da peça e da sequência da operação. Muitas tarefas exigem uma série de operações de desbaste seguidas por uma operação final de acabamento. Nas operações de desbaste, a profundidade de usinagem deve ser a maior possível dentro das limitações de potência disponível, da rigidez da máquina-ferramenta e da configuração, da resistência da ferramenta de corte etc. Na operação de acabamento, a profundidade é ajustada para alcançar as dimensões finais da peça.

Então, o problema se reduz à escolha do avanço e da velocidade de corte. Em geral, os valores desses parâmetros devem ser decididos na ordem: ***primeiro o avanço e, em seguida, a velocidade de corte***. A determinação do avanço conveniente para uma dada operação de usinagem depende dos seguintes fatores:

- ***Ferramenta.*** Que tipo de ferramenta será utilizado? Materiais para ferramenta mais duros (por exemplo, metais duros, cerâmicas etc.) tendem a fraturar com mais facilidade do que o aço rápido. Essas ferramentas normalmente são utilizadas em velocidades de avanço menores. O aço rápido consegue tolerar maiores avanços devido à sua maior tenacidade.
- ***Desbaste ou acabamento.*** As operações de desbaste envolvem avanços elevados, normalmente de 0,5 a 1,25 mm/rev em torneamento; as operações de acabamento envolvem avanços baixos, normalmente de 0,125 a 0,4 mm/rev em torneamento.
- ***Restrições para o avanço no desbaste.*** Se a operação for de desbaste, qual é a máxima velocidade de avanço que pode ser definida? Para maximizar a taxa de remoção de metal, o avanço deve ser o mais alto possível. Os limites superiores do avanço são impostos pelas forças de corte, rigidez da configuração do sistema e às vezes pela potência da máquina.
- ***Requisitos da superfície em operações de acabamento.*** Se a operação for de acabamento, qual é o acabamento superficial desejado? O avanço é um fator importante no acabamento superficial, e cálculos como os do Exemplo 20.2 podem ser utilizados para estimar o avanço que irá produzir um acabamento superficial desejado.

20.3.2 OTIMIZAÇÃO DA VELOCIDADE DE CORTE

A escolha da velocidade de corte se baseia em fazer o melhor uso da ferramenta de corte, o que normalmente significa escolher uma velocidade que proporcione uma alta taxa de remoção de metal e, ainda assim, uma vida da ferramenta adequadamente longa. Foram derivadas fórmulas matemáticas para determinar a velocidade de corte ótima para uma operação de usinagem, uma vez que os vários componentes de tempo e custo da operação sejam conhecidos. A derivação original dessas equações de ***condições econômicas em usinagem*** é creditada a W. Gilbert [10]. As fórmulas permitem que a velocidade de corte ótima seja calculada para qualquer um dos dois objetivos: (1) taxa de produção máxima ou (2) custo unitário mínimo. Os dois objetivos buscam atingir um equilíbrio entre a taxa de remoção de material e a vida útil da ferramenta. As fórmulas se baseiam em uma equação de Taylor conhecida para a ferramenta utilizada na operação. Consequentemente, o avanço, a profundidade de usinagem e o material a ser usinado já foram configurados. A derivação será ilustrada para uma operação de torneamento. Derivações semelhantes podem ser desenvolvidas para outros tipos de operações de usinagem [3].

Maximização da Taxa de Produção Para a taxa de produção máxima, determina-se a velocidade que minimiza o tempo do ciclo de produção por peça. Minimizar o tempo de corte por unidade equivale a maximizar a taxa de produção. Esse objetivo é importante nos casos em que a ordem de produção precisa ser concluída o mais rápido possível.

Em torneamento, existem três elementos de tempo que contribuem para o tempo total do ciclo de produção de uma peça:

1. ***Tempo de manipulação da peça*** T_m. É o tempo que o operador gasta colocando a peça na máquina-ferramenta no início do ciclo de produção e retirando a peça após a conclusão da usinagem. Qualquer tempo adicional necessário para reposicionar a ferramenta no início do próximo ciclo também deve ser incluído aqui.
2. ***Tempo de corte*** T_c. Esse é o tempo no qual a ferramenta está realmente envolvida no corte de metal durante o ciclo.

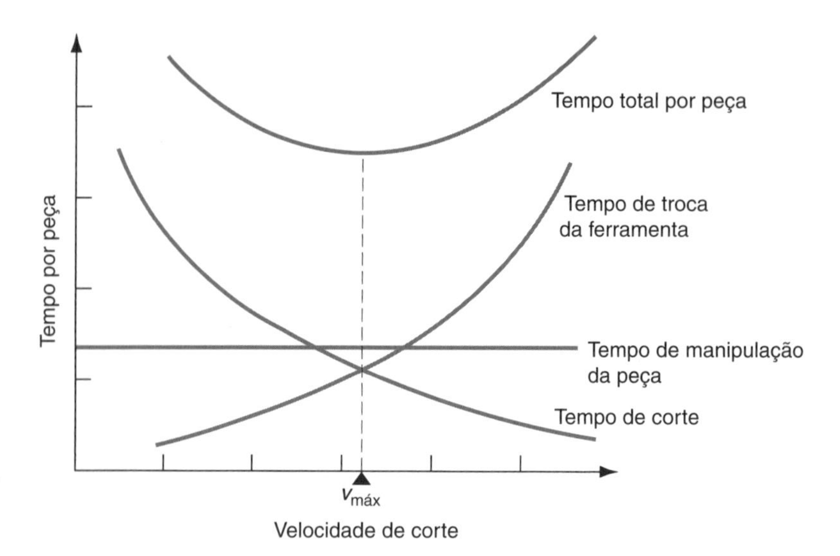

FIGURA 20.3 Representação dos elementos de tempo em um ciclo de usinagem em função da velocidade de corte. O tempo total do ciclo, por peça, é minimizado em certo valor da velocidade de corte. Essa é a velocidade para a taxa de produção máxima.

3. ***Tempo de troca da ferramenta*** T_f. No final da vida da ferramenta, a mesma precisa ser trocada, o que leva tempo. Esse tempo deve ser distribuído pelo número de peças usinadas durante a vida da ferramenta. Considere n_p = número de peças usinadas em uma vida da ferramenta (o número de peças usinadas com uma aresta de corte até a ferramenta ser substituída); assim, o tempo de troca de ferramenta por peça = T_f/n_p.

A soma desses três elementos de tempo fornece o tempo total do ciclo por unidade para o ciclo de produção:

$$T_p = T_m + T_c + \frac{T_f}{n_p} \tag{20.3}$$

em que T_p = tempo do ciclo de produção por peça, min; e os outros termos foram definidos anteriormente.

O tempo de ciclo T_p é uma função da velocidade de corte. À medida que a velocidade de corte aumenta, T_c diminui e T_f/n_p aumenta; T_m não é afetado pela velocidade. Essas relações são exibidas na Figura 20.3.

O tempo de ciclo por peça é minimizado em certo valor da velocidade de corte. Essa velocidade ideal pode ser identificada reformulando a Equação (20.3) em função da velocidade. O tempo de corte em uma operação de torneamento cilíndrico é fornecido pela Equação (18.5) mencionada anteriormente:

$$T_c = \frac{\pi D L}{v_c f}$$

em que T_c = tempo de corte, min; D = diâmetro da peça, mm; L = comprimento da peça, mm; f = avanço, mm/rev; e v_c = velocidade de corte, mm/min para promover a coerência das unidades.

O número de peças por ferramenta n_p também é uma função da velocidade. Pode-se demonstrar que

$$n_p = \frac{T}{T_c} \tag{20.4}$$

em que T = vida da ferramenta, min/ferramenta; e T_c = tempo de corte por peça, min/peça. Tanto T quando T_c são funções da velocidade; portanto, essa razão é função da velocidade:

$$n_p = \frac{fC^{1/n}}{\pi D L v_c^{1/n-1}} \tag{20.5}$$

O efeito dessa relação é fazer com que o termo T_f/n_p na Equação (20.3) aumente quando a velocidade de corte aumentar. Substituindo as Equações (18.5) e (20.5) na Equação (20.3) para calcular T_p,

$$T_p = T_m + \frac{\pi DL}{fv_c} + \frac{T_f(\pi DLv_c^{1/n-1})}{fC^{1/n}} \tag{20.6}$$

O tempo de ciclo por peça é mínimo na velocidade de corte em que a derivada da Equação (20.6) é zero:

$$\frac{dT_p}{dv_c} = 0$$

Solucionar essa equação produz a velocidade de corte para obter taxa de produção máxima na operação:

$$v_{\text{máx}} = \frac{C}{\left[\left(\frac{1}{n} - 1\right) T_f\right]^n} \tag{20.7}$$

em que $v_{\text{máx}}$ é apresentada em m/min. A vida da ferramenta correspondente à taxa de produção máxima é

$$T_{\text{máx}} = \left(\frac{1}{n} - 1\right) T_f \tag{20.8}$$

Minimização do Custo por Unidade Para obter o custo mínimo por unidade determina-se a velocidade que minimiza o custo de produção por peça na operação. Para derivar as equações nesse caso, identificam-se os quatro componentes de custo que determinam o custo total de produção de uma peça durante uma operação de torneamento:

1. ***Custo do tempo de manipulação da peça.*** Esse é o custo do tempo que o operador gasta carregando e descarregando a peça da máquina. Considere C_o = taxa de custo (por exemplo, R$/min) do operador e da máquina. Desse modo, o custo do tempo de manipulação da peça é C_oT_m.
2. ***Custo do tempo de corte.*** Esse é o custo do tempo em que a ferramenta está em contato com a peça durante a usinagem. Utilizando C_o mais uma vez para representar o custo do operador, por minuto, e da máquina-ferramenta, o custo do tempo de corte = C_oT_c.
3. ***Custo do tempo de troca da ferramenta.*** O custo do tempo de troca da ferramenta = C_oT_f/n_p.
4. ***Custo da ferramenta.*** Além do tempo de troca da ferramenta, a própria ferramenta tem um custo que precisa ser adicionado ao custo total da operação. Esse custo equivale ao custo por aresta de corte C_f, dividido pelo número de peças usinadas com essa aresta de corte n_p. Desse modo, o custo da ferramenta, por peça, é fornecido por C_f/n_p.

O custo da ferramenta requer uma explicação, pois é afetado por diferentes situações de aplicação da ferramenta. No caso de pastilhas intercambiáveis (por exemplo, insertos de metal duro), o custo da ferramenta é determinado como

$$C_f = \frac{P_f}{n_a} \tag{20.9}$$

em que C_f = custo por aresta de corte, R$/vida da ferramenta; P_f = preço do inserto, R$/inserto; e n_a = número de arestas de corte por inserto. Isso depende do tipo de inserto; por exemplo, os insertos triangulares que podem ser utilizados apenas de um lado (ferramenta com ângulo de saída positivo) possuem três arestas/inserto; se ambos os lados do inserto podem ser utilizados (ferramenta com ângulo de saída negativo), existem seis arestas/inserto; e assim por diante.

Para ferramentas que podem ser reafiadas (por exemplo, ferramentas inteiriças de aço rápido e ferramentas de metal duro com insertos soldados), o custo da ferramenta inclui o preço de compra mais o custo de afiação:

$$C_f = \frac{P_f}{n_r} + T_r C_r \tag{20.10}$$

em que C_f = custo por vida da ferramenta, R$/vida da ferramenta; P_f = preço de compra da ferramenta inteiriça ou com inserto soldado, R$/ferramenta; n_r = quantidade de vidas por ferramenta, que é o número de vezes em que a ferramenta pode ser afiada antes de não poder mais ser utilizada (5-10 vezes para ferramentas de desbaste e 10-20 vezes para ferramentas de acabamento); T_r = tempo para afiar ou reafiar a ferramenta, min/vida da ferramenta; e C_r = taxa de reafiação, R$/min.

A soma dos quatro componentes do custo fornece o custo total por unidade C_p para o ciclo de usinagem:

$$C_p = C_o T_m + C_o T_c + \frac{C_o T_f}{n_p} + \frac{C_f}{n_p} \tag{20.11}$$

C_p é função da velocidade de corte, assim como T_p é função de v_c. As relações dos termos individuais e do custo total em função da velocidade de corte são exibidas na Figura 20.4. A Equação (20.11) pode ser reescrita em termos de v_c, produzindo:

$$C_p = C_o T_m + \frac{C_o \pi D L}{f v_c} + \frac{(C_o T_f + C_f)(\pi D L v_c^{1/n-1})}{f C^{1/n}} \tag{20.12}$$

A velocidade de corte que obtém o custo mínimo por peça na operação pode ser determinada extraindo a derivada da Equação (20.12) em relação a v_c, igualando a zero e calculando $v_{\text{mín}}$:

$$v_{\text{mín}} = C\left(\frac{n}{1-n} \cdot \frac{C_o}{C_o T_f + C_f}\right)^n \tag{20.13}$$

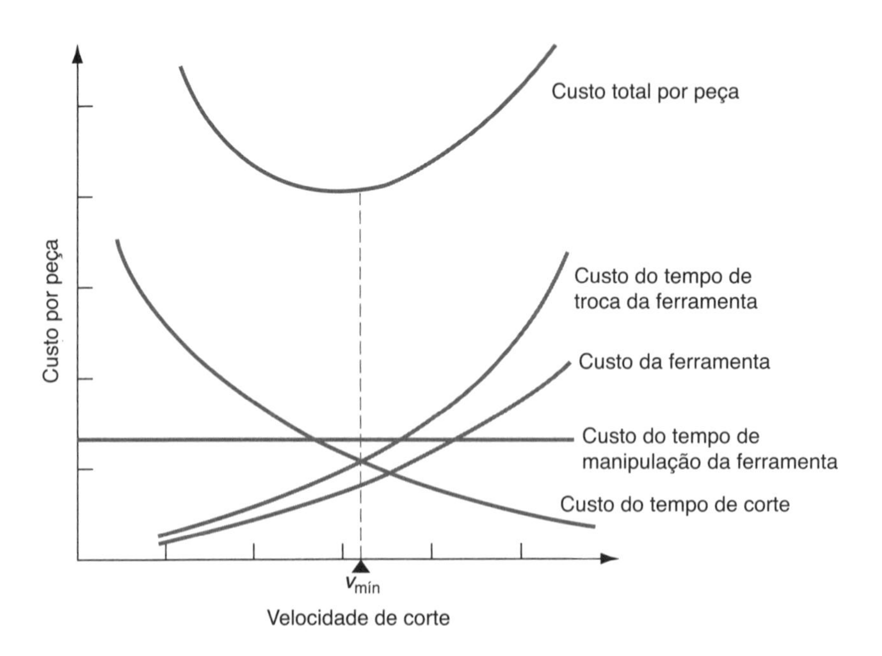

FIGURA 20.4 Representação dos componentes do custo em uma operação de usinagem em função da velocidade de corte. Custo total por peça minimizado em certo valor da velocidade de corte. Essa é a velocidade para o custo mínimo por peça.

A vida da ferramenta correspondente é fornecida por

$$T_{mín} = \left(\frac{1}{n} - 1\right)\left(\frac{C_o T_f + C_f}{C_o}\right) \qquad (20.14)$$

Exemplo 20.3 Determinação das velocidades de corte em condições econômicas de usinagem

Suponha que deva ser realizada uma operação de torneamento de um aço doce com uma ferramenta de aço rápido, com os parâmetros da equação de Taylor $n = 0{,}125$, $C = 70$ m/min (Tabela 20.2). Comprimento da peça = 500 mm e diâmetro = 100 mm. Avanço = 0,25 mm/rev. Tempo de manipulação por peça = 5,0 min e tempo de troca da ferramenta = 2,0 min. Custo da máquina e do operador = R$ 30,00/hora e custo da ferramenta = R$ 3,00 por aresta de corte. Determine: (a) velocidade de corte para taxa de produção máxima e (b) velocidade de corte para o custo mínimo.

Solução: (a) A velocidade de corte para alcançar taxa de produção máxima é fornecida pela Equação (20.7):

$$v_{máx} = 70\left(\frac{0{,}125}{0{,}875} \cdot \frac{1}{2}\right)^{0{,}125} = \mathbf{50\ m/min}$$

(b) Convertendo C_o = R$ 30,00/hora para R$ 0,50/min, a velocidade de corte para custo mínimo é fornecida pela Equação (20.13):

$$v_{mín} = 70\left(\frac{0{,}125}{0{,}875} \cdot \frac{0{,}50}{0{,}5(2) + 3{,}00}\right)^{0{,}125} = \mathbf{42\ m/min}$$

Exemplo 20.4 Taxa de produção e custo em condições econômicas de usinagem

Determine a taxa de produção por hora e o custo por peça para as duas velocidades de corte calculadas no Exemplo 20.3

Solução: (a) Para a velocidade de corte visando à taxa de produção máxima, $v_{máx}$ = 50 m/min, o tempo de corte por peça e a vida da ferramenta são calculados da seguinte forma:

$$\text{Tempo de corte } T_c = \frac{\pi(0{,}5)(0{,}1)}{(0{,}25)(10^{-3})(50)} = 12{,}57 \text{ min/pç}$$

$$\text{Vida da ferramenta } T = \left(\frac{70}{50}\right)^{8} = 14{,}76 \text{ min/aresta de corte}$$

O número de peças por ferramenta $n_p = 14{,}76/12{,}57 = 1{,}17$. Use $n_p = 1$. Segundo a Equação (20.3), o tempo médio do ciclo de produção para a operação é

$$T_p = 5{,}0 + 12{,}57 + 2{,}0/1 = 19{,}57 \text{ min/pç}$$

A taxa de produção por hora correspondente $R_p = 60/19{,}57 =$ **3,1 peças/hora**. Segundo a Equação (20.11), o custo médio por peça na operação é

$$C_p = 0{,}50(5{,}0) + 0{,}50(12{,}57) + 0{,}50(2{,}0)/1 + 3{,}00/1 = \mathbf{R\$12{,}79/pç}$$

(b) Para a velocidade de corte visando ao custo mínimo de produção por peça, $v_{mín}$ = 42 m/min, o tempo de corte por peça e a vida da ferramenta são calculados da seguinte forma:

$$\text{Tempo de corte } T_m = \frac{\pi(0{,}5)(0{,}1)}{(0{,}25)(10^{-3})(42)} = 14{,}96 \text{ min/pç}$$

$$\text{Vida da ferramenta } T = \left(\frac{70}{42}\right)^8 = 59{,}54 \text{ min/aresta de corte}$$

O número de peças por ferramenta n_p = 59,54/14,96 = 3,98 → Use n_p = 3 para evitar a falha durante a fabricação da quarta peça. O tempo médio do ciclo de produção na operação é

$$T_p = 5{,}0 + 14{,}96 + 2{,}0/3 = 20{,}63 \text{ min/pç.}$$

A taxa de produção por hora correspondente R_p = 60/20,63 = **2,9 peças/hora**. O custo médio por peça na operação é

$$C_p = 0{,}50(5{,}0) + 0{,}50(14{,}96) + 0{,}50(2{,}0)/3 + 3{,}00/3 = \textbf{R\$11,32/pç}$$

Repare que a taxa de produção é maior com $v_{máx}$ e o custo por peça é mínimo com $v_{mín}$.

Alguns Comentários sobre Condições Econômicas em Usinagem Algumas observações práticas podem ser feitas em relação a essas equações da velocidade de corte ótima. Primeiro, à medida que os valores de C e n aumentam na equação de Taylor para vida da ferramenta, a velocidade de corte ótima aumenta de acordo com a Equação (20.7) ou Equação (20.13). As ferramentas de corte de metal duro e de cerâmicas devem ser utilizadas em velocidades significativamente maiores do que as das ferramentas de aço rápido.

Segundo, à medida que o tempo de troca da ferramenta e/ou o custo da ferramenta (T_f e C_f) aumentam, as equações da velocidade de corte produzem valores menores. As velocidades mais baixas permitem que as ferramentas durem mais tempo e é um desperdício trocar as ferramentas com tanta frequência, se o custo das ferramentas ou o tempo para trocá-las for alto. Um efeito importante desse fator de custo da ferramenta é que os insertos intercambiáveis geralmente possuem uma vantagem econômica substancial em relação às ferramentas reafiáveis. Embora o custo por inserto seja significativo, o número de arestas por inserto é suficientemente grande e o tempo necessário para trocar a aresta de corte é suficientemente baixo para que a ferramenta intercambiável atinja maiores taxas de produção e menores custos por unidade de produto.

Terceiro, $v_{máx}$ é sempre maior que $v_{mín}$. O termo C_f/n_p na Equação (20.13) tem o efeito de empurrar o valor ótimo da velocidade para a esquerda na Figura 20.4, resultando em um valor mais baixo que o da Figura 20.3. Em vez de correr o risco de usinar em uma velocidade acima de $v_{máx}$ ou abaixo de $v_{mín}$, algumas oficinas de usinagem procuram operar no intervalo entre $v_{mín}$ e $v_{máx}$ – um intervalo denominado frequentemente "intervalo de máxima eficiência".

Os procedimentos descritos para selecionar avanços e velocidades de corte em usinagem muitas vezes são difíceis de aplicar na prática. A melhor velocidade de avanço é difícil de determinar porque as relações entre avanço e acabamento superficial, força, potência e outras restrições não estão prontamente disponíveis para cada máquina-ferramenta. A experiência, o bom senso e a experimentação são necessários para selecionar o avanço correto. A velocidade de corte ótima é difícil de calcular porque os parâmetros da equação de Taylor C e n normalmente não são conhecidos sem testes prévios. Os testes desse tipo em um ambiente de produção são caros.

20.4 Considerações de Projeto de Produto para Usinagem

Vários aspectos importantes de projeto de produto já foram considerados na discussão de tolerância e acabamento superficial (Seção 20.2). Nesta seção, algumas diretrizes de projeto para usinagem são apresentadas, e foram compiladas das Referências [1], [5] e [15]:

- *Se for possível, as peças devem ser projetadas para não precisar de usinagem.* Se isso não for possível, então minimize a quantidade de material retirado por usinagem nas peças. Em geral, um produto de custo inferior é obtido por meio de processos *net shape*, como a fundição de precisão, o forjamento com matriz fechada ou a moldagem (em plástico); ou processos *near net shape*, como o forjamento em matriz fechada. As razões pelas quais a usinagem pode ser necessária incluem tolerâncias estreitas, bom acabamento superficial, e características geométricas especiais, como roscas, furos de precisão, seções cilíndricas com alto grau de cilindricidade e geometrias similares que não podem ser alcançadas por outros processos, exceto por meio de usinagem.
- *As tolerâncias devem ser especificadas para satisfazer os requisitos funcionais, mas a capabilidade do processo também deve ser considerada.* Observe na Tabela 20.2 a capabilidade de tolerância em usinagem. As tolerâncias excessivamente estreitas adicionam custo e podem não agregar valor à peça. À medida que as tolerâncias ficam mais apertadas (menores), os custos dos produtos geralmente aumentam devido ao processamento adicional, elementos de fixação, inspeção, triagem, retrabalho e sucata.
- *O acabamento superficial deve ser especificado para satisfazer os requisitos funcionais e/ou estéticos, mas os acabamentos melhores geralmente aumentam os custos de processamento ao exigir outras operações, como retificação ou lapidação.*
- *Elementos que serão usinados e contêm cantos vivos e arestas em projeto devem ser evitados; frequentemente eles são difíceis de realizar por meio de usinagem.* Os cantos vivos internos exigem ferramentas de corte pontiagudas que tendem a quebrar durante a usinagem. Arestas e cantos externos tendem a criar rebarbas e são perigosos para manusear.
- *Os furos profundos que precisam ser alargados devem ser evitados.* O alargamento de furos profundos requer uma barra de mandrilar longa. As barras de mandrilar devem ser rígidas, e muitas vezes isso requer o uso de materiais de elevado módulo de elasticidade, como o metal duro, que é caro.
- *As peças usinadas devem ser projetadas de forma a utilizar matérias-primas a partir de um estoque padronizado.* Escolha dimensões exteriores iguais ou próximas a uma dimensão padrão de estoque para minimizar a retirada de material por usinagem; por exemplo, projetar eixos com diâmetros externos iguais ou próximos aos diâmetros de barras padronizadas.
- *As peças devem ser projetadas para serem suficientemente rígidas e resistirem às forças de corte e de fixação durante a usinagem.* Se for possível, deve ser evitada a usinagem de peças longas e esbeltas, de grandes peças planas, de peças com paredes finas e formas similares.
- *Rebaixos, como na Figura 20.5*, devem ser evitados porque costumam exigir configurações adicionais das operações e/ou ferramentas especiais; eles também podem levar à concentração de tensões em serviço.
- *Os materiais com boa usinabilidade devem ser selecionados pelo projetista (Seção 20.1).* Como um guia aproximado, a classificação de usinabilidade de um material está correlacionada com a velocidade de corte permitida e com a taxa de produção que pode ser aplicada. Desse modo, as peças feitas de materiais com baixa usinabilidade custam mais para serem produzidas. As peças endurecidas por tratamento térmico geralmente devem ser acabadas ou usinadas com ferramentas de custo mais alto após o endurecimento para atingir a dimensão final e a tolerância.

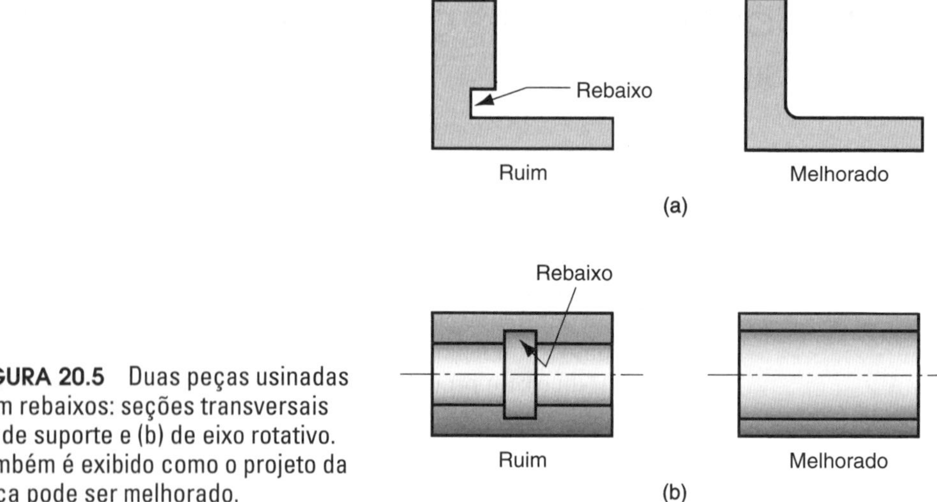

FIGURA 20.5 Duas peças usinadas com rebaixos: seções transversais (a) de suporte e (b) de eixo rotativo. Também é exibido como o projeto da peça pode ser melhorado.

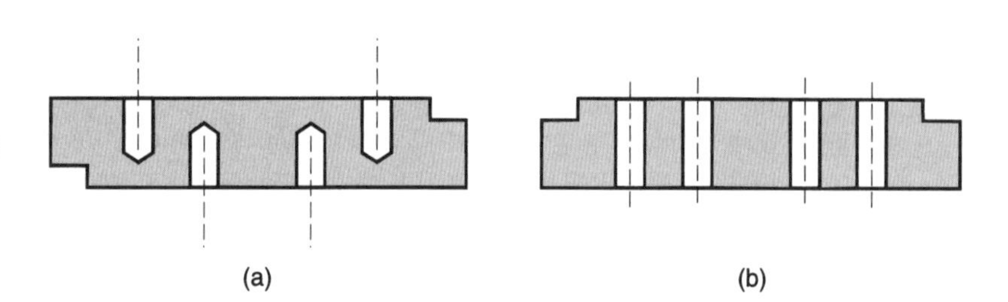

FIGURA 20.6 Duas peças com furos de características similares: (a) furos que devem ser usinados a partir das duas faces, exigindo duas configurações de fixação e (b) furos que podem ser usinados a partir de uma face somente.

- *As peças usinadas devem ser projetadas com geometria tal que possam ser produzidas em um número mínimo de configurações (setups) – se possível, apenas uma configuração.* Geralmente, isso significa características geométricas que podem ser usinadas com acesso a somente um dos lados da peça (veja a Figura 20.6).
- *As peças usinadas devem ser projetadas com características geométricas que possam ser alcançadas com ferramentas de corte padronizadas.* Isso significa evitar os furos de tamanhos incomuns, roscas e geometria com formas incomuns que exijam ferramentas com geometria especial. Além disso, é útil projetar peças cujo número de ferramentas de corte necessárias na usinagem seja minimizado; muitas vezes, isso permite que a peça seja feita em uma única configuração da máquina, como em um centro de usinagem (Seção 18.5).

Referências

[1] Bakerjian, R. (ed.). ***Tool and Manufacturing Engineers Handbook***. 4th ed. Vol VI, ***Design for Manufacturability***. Society of Manufacturing Engineers, Dearborn, Michigan, 1992.

[2] Black, J, and Kohser, R. ***DeGarmo's Materials and Processes in Manufacturing***, 11th ed., John Wiley & Sons, Hoboken, New Jersey, 2012.

[3] Boothroyd, G., and Knight, W. A. ***Fundamentals of Metal Machining and Machine Tools***, 3rd ed. CRC Taylor & Francis, Boca Raton, Florida, 2006.

[4] Boston, O. W. ***Metal Processing***, 2nd ed. John Wiley & Sons, New York, 1951.

[5] Bralla, J. G. (ed.). ***Design for Manufacturability Handbook***, 2nd ed. McGraw-Hill, New York, 1998.

[6] Brierley, R. G., and Siekman, H. J. ***Machining Principles and Cost Control***. McGraw-Hill, New York, 1964.

[7] Drozda, T. J., and Wick, C. (eds.). ***Tool and Manufacturing Engineers Handbook***. 4th ed. Vol I, ***Machining***. Society of Manufacturing Engineers, Dearborn, Michigan, 1983.
[8] Eary, D. F., and Johnson, G. E. ***Process Engineering: for Manufacturing***. Prentice-Hall, Inc., Englewood Cliffs, New Jersey, 1962.
[9] Ewell, J. R. "Thermal Coefficients—A Proposed Machinability Index." ***Technical Paper MR67-200***. Society of Manufacturing Engineers, Dearborn, Michigan, 1967.
[10] Gilbert, W. W. "Economics of Machining." ***Machining—Theory and Practice***. American Society for Metals, Metals Park, Ohio, 1950, pp. 465–485.
[11] Groover, M. P. "A Survey on the Machinability of Metals." ***Technical Paper MR76-269***. Society of Manufacturing Engineers, Dearborn, Michigan, 1976.
[12] ***Machining Data Handbook***, 3rd ed. Vols. I and II, Metcut Research Associates, Cincinnati, Ohio, 1980.
[13] Schaffer, G. H. "The Many Faces of Surface Texture." Special Report 801, ***American Machinist & Automated Manufacturing***, June 1988, pp. 61–68.
[14] ***Surface Finish***. Machining Development Service, Publication A-5, General Electric Company, Schenectady, New York (no date).
[15] Trucks, H. E., and Lewis, G. ***Designing for Economical Production***. 2nd ed. Society of Manufacturing Engineers, Dearborn, Michigan, 1987.
[16] Van Voast, J. ***United States Air Force Machinability Report***. Vol. 3. Curtis-Wright Corporation, 1954.

Questões de Revisão

20.1 Defina usinabilidade.

20.2 Quais são os critérios pelos quais a usinabilidade é avaliada frequentemente em uma operação de usinagem em produção?

20.3 Mencione algumas das propriedades mecânicas e físicas importantes que afetam a usinabilidade de um material.

20.4 Por que os custos tendem a aumentar quando é exigido um melhor acabamento superficial em uma peça usinada?

20.5 Quais são os fatores básicos que afetam o acabamento de superfície em usinagem?

20.6 Quais são os parâmetros que têm a maior influência na determinação da rugosidade superficial ideal R_i em uma operação de torneamento?

20.7 Mencione algumas atitudes que podem ser tomadas para reduzir ou eliminar as vibrações durante a usinagem.

20.8 Quais são os fatores em que se deve basear a escolha do avanço em uma operação de usinagem?

20.9 O custo unitário em uma operação de usinagem é a soma dos quatro termos de custo. Os três primeiros termos são: (1) custo de colocação e retirada da peça, (2) custo do tempo em que a ferramenta está realmente cortando a peça, e (3) custo do tempo para trocar a ferramenta. Qual é o quarto termo?

20.10 Qual velocidade de corte é sempre mais baixa em uma determinada operação de usinagem: a velocidade de corte para o custo mínimo ou a velocidade de corte para a taxa de produção máxima? Por quê?

Problemas

As respostas dos problemas marcados com (**A**) são apresentadas no Apêndice A, no final do livro.

Usinabilidade

20.1 O índice de usinabilidade deve ser determinado para um novo material usando a velocidade de corte para uma vida da ferramenta como base de comparação. Para o material padrão (aço B1112), os dados de teste resultaram nos parâmetros da equação de Taylor $n = 0{,}24$ e $C = 450$, em que a velocidade de corte está em m/min e a vida da ferramenta em min. No novo material, os valores paramétricos foram $n = 0{,}28$ e $C = 490$. Foram utilizadas ferramentas de metal duro. Calcule os índices de usinabilidade do novo material usando como critério de vida da ferramenta (a) 60 minutos, (b) 10 minutos e (c) 1,0 minuto. (d) O que os resultados mostram a respeito das dificuldades de medição da usinabilidade?

20.2 **(A)** Os índices de usinabilidade devem ser determinados para um novo aço. Para o material padrão (aço B1112), os dados de teste resultaram nos parâmetros da equação de Taylor $n = 0{,}29$ e $C = 490$. Para o novo material, os parâmetros de Taylor foram $n = 0{,}23$ e $C = 430$. As unidades da velocidade de corte estão em m/min, e as unidades da vida da ferramenta, em minutos. Esses resultados foram obtidos utilizando ferramentas de metal duro. Calcule os índices de usinabilidade do novo material usando os seguintes critérios: (a) velocidade de corte para uma vida da ferramenta de 30 min e (b) a vida da ferramenta para uma velocidade de corte de 150 m/min.

Rugosidade Superficial

20.3 **(A)** Em uma operação de torneamento em ferro fundido, o raio da ponta da ferramenta = 1,2 mm, avanço = 0,22 mm/rev, e velocidade de corte = 100 m/min. Calcule uma estimativa da rugosidade superficial desse corte.

20.4 **(A)** Uma peça usinada em um torno mecânico deve ter a rugosidade de 1,6 μm. A peça é feita de liga de alumínio de usinagem fácil. Velocidade de corte = 200 m/min e profundidade de usinagem = 4,0 mm. O raio da ponta = 1,5 mm. Determine o avanço que irá alcançar a rugosidade especificada.

20.5 Solucione o Problema 20.4 anterior, substituindo a peça por uma feita de ferro fundido em vez de alumínio e a velocidade de corte é reduzida para 100 m/min.

20.6 Uma peça de alumínio dúctil em uma operação de torneamento tem uma rugosidade superficial especificada em 1,25 μm. Velocidade de corte = 1,5 m/s e profundidade de usinagem = 3,0 mm. O raio da ponta da ferramenta = 1,2 mm. Determine o avanço que irá alcançar essa rugosidade superficial.

20.7 A especificação de rugosidade de superfície em uma peça de ferro fundido em uma operação de torneamento é 0,8 μm. Velocidade de corte = 75 m/min, avanço = 0,5 mm/rev, e profundidade de usinagem = 4,0 mm. Determine o mínimo raio da ponta que irá obter o acabamento especificado nessa operação.

20.8 Uma operação de fresamento de faceamento não está produzindo o acabamento superficial necessário na peça. A ferramenta usa quatro insertos e é uma fresa de facear. O operador da oficina de usinagem acha que o problema é que o material da peça é dúctil demais para a tarefa, mas os testes dessa propriedade estão bem dentro do intervalo de ductilidade do material especificado pelo projetista. Sem saber mais nada sobre a tarefa, quais mudanças (a) nas condições de corte e (b) nas ferramentas você sugeriria para melhorar o acabamento superficial?

Condições Econômicas em Usinagem

20.9 **(A)** Uma ferramenta de aço rápido é utilizada para tornear uma peça de aço com 350 mm de comprimento e 75 mm de diâmetro. Os parâmetros na equação de Taylor são: $n = 0{,}13$ e $C = 75$ (m/min) para um avanço de 0,4 mm/rev. O operador e a máquina-ferramenta custam R$ 36,00/hora, e o custo da ferramenta por aresta de corte = R$ 4,25. São necessários 3,0 minutos para carregar e descarregar a peça na máquina e 4,0 minutos para trocar as ferramentas. Determine (a) a velocidade de corte para a taxa de produção máxima, (b) vida da ferramenta e (c) tempo do ciclo e custo por unidade produzida.

20.10 Solucione o Problema 20.9 considerando para o item (a) a velocidade de corte para o custo mínimo.

20.11 A mesma classe de metal duro para ferramenta está disponível em duas formas para operações de torneamento na oficina de usinagem: insertos intercambiáveis e insertos soldados que devem ser afiados. Os parâmetros da equação de Taylor para essa classe são $n = 0{,}25$ e $C = 300$ (m/min) para as condições de corte consideradas. Para os insertos intercambiáveis, o preço de cada um deles é R$ 6,00; existem quatro arestas de corte por inserto, e o tempo médio de troca da ferramenta = 1,0 min. Para o inserto soldado, o preço da ferramenta = R$ 30,00 e ela pode ser utilizada 15 vezes no total antes de ser descartada. O tempo de troca da ferramenta, no caso do inserto soldado, é de 3,0 min. O tempo padrão para afiar ou reafiar a aresta de corte é de 5,0 min, e o custo da afiadora de ferramentas é de R$ 20,00/hora. A peça a ser utilizada na comparação tem 375 mm de comprimento e 62,5 mm de diâmetro e demora 2,0 minutos para ser colocada e retirada do torno. Avanço = 0,30 m/rev. Nos dois casos, compare (a) a velocidade de corte para o custo mínimo, (b) a vida da ferramenta e (c) o tempo do ciclo e o custo por unidade produzida. (d) Qual ferramenta você recomendaria?

20.12 Solucione o Problema 20.11, considerando para o item (a) a velocidade de corte para a máxima taxa de produção.

20.13 Três materiais para ferramenta (aço rápido, metal duro e cerâmica) devem ser comparados para a mesma operação de torneamento em um lote de 50 peças de aço. Para a ferramenta de aço rápido, os parâmetros da equação de Taylor são: $n = 0,130$ e $C = 80$ (m/min). O preço da ferramenta de aço rápido é R$ 20,00 e estima-se que possa ser reafiada 15 vezes, a um custo de R$ 2,00 por afiação. O tempo de troca da ferramenta é de 3 min. As ferramentas de metal duro e de cerâmica são insertos e utilizam o mesmo porta-ferramenta. Os parâmetros da equação de Taylor para o metal duro são $n = 0,30$ e $C = 650$ (m/min); e para a cerâmica, $n = 0,6$ e $C = 3500$ (m/min). O custo por inserto de metal duro é R$ 8,00 e de cerâmica é R$ 10,00. Há seis arestas de corte por inserto em ambos os casos. O tempo de troca da ferramenta = 1,0 min nos dois casos. O tempo para trocar uma peça = 2,5 min. Avanço = 0,30 mm/rev e profundidade de usinagem = 3,5 mm. Custo do operador e tempo de máquina = R$ 40,00/hora. Diâmetro da peça = 73 mm e comprimento = 250 mm. Tempo de preparação do lote = 2,0 horas. Nos três casos, compare (a) velocidades de corte para o custo mínimo, (b) vidas da ferramenta, (c) tempos do ciclo, (d) custos por unidade produzida e (e) tempo total para fabricar o lote e taxas de produção. (f) Qual é a proporção do tempo gasto realmente usinando o metal para cada ferramenta? Recomenda-se o uso de uma planilha eletrônica.

20.14 Solucione o Problema 20.13, considerando nos itens (a) e (b) as velocidades de corte e as vidas da ferramenta para a máxima taxa de produção. Recomenda-se o uso de uma planilha eletrônica.

20.15 Verifique se a derivada da Equação (20.6) resulta na Equação (20.7).

20.16 Verifique se a derivada da Equação (20.12) resulta na Equação (20.13).

21 Retificação e Outros Processos Abrasivos

Sumário

21.1 Retificação
21.1.1 O Rebolo de Retificação
21.1.2 Análise do Processo de Retificação
21.1.3 Considerações de Aplicação na Retificação
21.1.4 Operações de Retificação e Retificadoras

21.2 Outros Processos Abrasivos
21.2.1 Brunimento
21.2.2 Lapidação
21.2.3 Superacabamento
21.2.4 Polimento e Espelhamento

A usinagem abrasiva envolve remoção de material pela ação de partículas abrasivas duras, frequentemente aglomeradas sob a forma de um rebolo. Retificação é o processo abrasivo mais importante. Em termos do número de máquinas-ferramenta em uso, a retificação é a mais comum de todas as operações metalúrgicas [11]. Outros processos abrasivos tradicionais incluem afiação, lapidação, superacabamento, polimento e brunimento. Os processos de usinagem abrasiva geralmente são utilizados como operações de acabamento, embora alguns processos abrasivos sejam capazes de altas taxas de remoção de material, rivalizando com as das operações de usinagem convencional.

O uso de abrasivos para produzir peças provavelmente é o processo de remoção de material mais antigo (Nota Histórica 21.1). Os processos abrasivos são importantes, comercial e tecnologicamente, pelas seguintes razões:

- Eles podem ser utilizados em todos os tipos de materiais, variando dos metais moles até os aços endurecidos e materiais não metálicos, como as cerâmicas e o silício.
- Alguns desses processos podem produzir acabamentos superficiais extremamente finos, de até 0,025 μm.
- Em determinados processos abrasivos, as dimensões podem ser obtidas com tolerâncias excessivamente rigorosas.

A usinagem por jato d'água abrasivo e a usinagem por ultrassom também são processos abrasivos, já que a remoção de material é obtida por meio de abrasivos. No entanto, eles são classificados frequentemente como processos não tradicionais, e são abordados no Capítulo 22.

21.1 Retificação

Retificação é um processo de remoção de material realizado por partículas abrasivas contidas em um rebolo que gira em velocidades periféricas muito altas. O rebolo geralmente tem a forma de disco, sendo balanceado precisamente para altas velocidades de rotação.

Nota Histórica 21.1 *Desenvolvimento dos processos abrasivos*

O uso de abrasivos precede o de quaisquer outras operações de usinagem. Existe uma evidência arqueológica de que os povos antigos usavam pedras abrasivas, como o arenito encontrado na natureza, para afiar ferramentas e armas, além de remover partes indesejadas de materiais mais moles para criar utensílios domésticos.

A retificação se tornou uma ocupação técnica importante no antigo Egito. As grandes pedras utilizadas para construir as pirâmides egípcias eram cortadas na dimensão por um processo de retificação rudimentar. A retificação de metais remonta a 2000 a.C., aproximadamente, e era uma habilidade altamente valorizada na época.

Os primeiros materiais abrasivos eram os encontrados na natureza, como o arenito, que consiste principalmente em quartzo (SiO_2); o esmeril, que consiste em corindo (Al_2O_3) mais quantidades iguais ou menores dos minerais ferrosos hematita (Fe_2O_3) e magnetita (Fe_3O_4); e o diamante. Os primeiros rebolos eram cortados de arenito e indubitavelmente girados manualmente. No entanto, os rebolos feitos dessa maneira não tinham uma qualidade consistente.

No início dos anos 1800, os primeiros rebolos foram produzidos na Índia. Foram utilizados para lapidar pedras preciosas, um negócio importante na Índia, à época. Os abrasivos eram o corindo, o esmeril ou o diamante. O material aglomerante era orgânico: a goma-laca (*shellac*). A tecnologia foi exportada para a Europa e Estados Unidos, e outros materiais aglomerantes foram subsequentemente introduzidos: aglomerante de borracha em meados dos anos 1800, aglomerante vitrificado por volta de 1870, goma-laca em 1880, e aglomerante resinoide nos anos 1920, com o desenvolvimento do primeiro termorrígido (resina fenol-formaldeído).

No final dos anos 1800, os abrasivos sintéticos começaram a ser produzidos: carboneto de silício (SiC) e óxido de alumínio (Al_2O_3). Por meio da fabricação de abrasivos, a composição química e o tamanho de cada grão abrasivo podiam ser controlados com mais rigor, resultando em rebolos de qualidade superior.

As primeiras retificadoras reais eram produzidas pela empresa americana Brown & Sharpe nos anos 1860 para retificar peças de máquinas de costura, uma indústria importante durante o período. As retificadoras também contribuíram para o desenvolvimento da indústria de bicicletas nos anos 1890 e, mais tarde, da indústria automobilística. O processo de retificação era utilizado para dimensionar e acabar peças tratadas termicamente (endurecidas) nesses produtos.

Os diamantes superabrasivos e o nitreto cúbico de boro são produtos do século XX. Os diamantes sintéticos foram produzidos pela primeira vez pela General Electric Company, em 1955. Esses abrasivos eram utilizados para afiar ferramentas de corte de metal duro, e hoje continuam a ser uma das aplicações mais importantes de abrasivos de diamante. O nitreto cúbico de boro (cBN), que fica atrás apenas do diamante no que diz respeito à dureza, foi sintetizado pela primeira vez em 1957, pela GE, usando um processo similar ao de criação dos diamantes sintéticos. O nitreto cúbico de boro se tornou um abrasivo importante para usinar aços endurecidos.

A retificação pode ser comparada ao processo de fresamento. O corte ocorre na periferia ou na face do rebolo, similar ao fresamento frontal ou radial. A retificação periférica é muito mais comum do que a retificação radial. O rebolo giratório consiste em muitos dentes de corte (as partículas abrasivas), e a peça é avançada em direção ao rebolo para obter a remoção do material. Apesar dessas semelhanças, existem diferenças significativas entre retificação e fresamento: (1) os grãos abrasivos no rebolo são muito menores e mais numerosos do que os dentes em uma fresa; (2) a velocidade de corte na retificação é muito maior do que no fresamento; (3) os grãos abrasivos em um rebolo são orientados aleatoriamente e possuem, em média, um ângulo de inclinação negativo muito elevado; e (4) um rebolo apresenta autoafiação – à medida que se desgastam, os grãos abrasivos ficam cegos e fraturam, criando arestas de corte novas ou são arrancados para fora da superfície do rebolo para expor novos grãos.

21.1.1 O REBOLO DE RETIFICAÇÃO

Um rebolo consiste em partículas abrasivas e material aglomerante (ligante). O material aglomerante mantém as partículas no lugar e estabelece a forma e a estrutura do rebolo. Esses dois ingredientes e a maneira como são fabricados determinam os cinco parâmetros básicos de um rebolo: (1) material abrasivo, (2) tamanho de grão, (3) material aglomerante, (4) grau do rebolo e (5) estrutura do rebolo. Para atingir o desempenho desejado em determinada aplicação, cada parâmetro deve ser cuidadosamente selecionado.

Material Abrasivo Diferentes materiais abrasivos são adequados para a retificação de diferentes materiais. As propriedades gerais de um material abrasivo utilizado nos rebolos incluem alta dureza, resistência ao desgaste, tenacidade e friabilidade. Dureza, resistência ao desgaste e tenacidade são propriedades desejáveis para qualquer material de ferramenta de corte. ***Friabilidade*** se refere à capacidade do material abrasivo de fraturar quando a aresta de corte do grão se desgastar, expondo assim uma nova aresta afiada.

O desenvolvimento dos abrasivos de retificação é descrito na Nota Histórica 21.1. Hoje, os materiais abrasivos de maior importância comercial são o óxido de alumínio (alumina), o carboneto de silício, o nitreto cúbico de boro e o diamante. Eles são descritos resumidamente na Tabela 21.1, junto com os respectivos valores de dureza relativa.

Tamanho de Grão O tamanho de grão das partículas abrasivas é importante na determinação do acabamento da superfície e da taxa de remoção de material. Pequenas granulometrias produzem melhores acabamentos, ao passo que tamanhos de grãos maiores permitem maiores taxas de remoção de material. Desse modo, deve ser feita uma escolha entre esses dois objetivos ao selecionar o tamanho do grão abrasivo. A seleção do tamanho do grão também depende, até certo ponto, da dureza do material usinado. Os materiais mais duros requerem menor tamanho de grão para cortar com eficácia, e os materiais mais macios exigem maior tamanho de grão.

O tamanho do grão é medido pelo procedimento das malhas de peneiras, conforme explicado na Seção 12.1. Nesse procedimento, os menores tamanhos de grão têm números maiores, e vice-versa. O tamanho dos grãos utilizados nos rebolos varia frequentemente de 8 a 250. A peneira de tamanho 8 é muito grossa, e a de tamanho 250 é muito fina. Granulometrias ainda mais finas são utilizadas para lapidação e superacabamento (Seção 21.2).

TABELA • 21.1 Abrasivos de maior importância na retificação.

Abrasivo	Descrição	Dureza Knoop
Óxido de alumínio (Al_2O_3)	Material abrasivo mais utilizado (Subseção 5.2.2) para retificar aços e outras ligas ferrosas, ligas de alta resistência.	2100
Carboneto de silício (SiC)	Mais duro que Al_2O_3, mas não tão tenaz (Subseção 5.2.1). As aplicações incluem metais dúcteis, como alumínio, latão e aço inoxidável, bem como materiais frágeis, como alguns ferros fundidos e certas cerâmicas. Não pode ser utilizado eficazmente para a retificação de aços, em virtude da forte afinidade química entre o carbono no SiC e o ferro nos aços.	2500
Nitreto cúbico de boro (cBN)	Quando utilizado como um abrasivo, o cBN (Subseção 5.2.2) é produzido sob o nome comercial Borazon, pela General Electric Company. Os rebolos de cBN são utilizados em materiais endurecidos, como os aços ferramenta endurecidos e as ligas aeroespaciais.	5000
Diamante	Os abrasivos de diamantes podem ser naturais e artificiais. Os rebolos de diamante são utilizados geralmente em aplicações de retificação em materiais duros e abrasivos, como cerâmicas, metais duros e vidros.	7000

TABELA • 21.2 Materiais aglomerantes utilizados nos rebolos.

Material aglomerante	Descrição
Aglomerante vitrificado	Consiste basicamente em argila cozida e materiais cerâmicos. A maior parte dos rebolos em uso comum consiste em rebolos vitrificados. São resistentes e rígidos, resistentes a temperaturas elevadas e relativamente não afetados por água e óleo, e podem ser utilizados nos fluidos de retificação.
Aglomerante de silicato	Consiste em silicato de sódio (Na_2SO_3). As aplicações geralmente são limitadas a situações em que a geração de calor precisa ser minimizada, como na afiação de ferramentas de corte.
Aglomerante de borracha	O mais flexível dos materiais aglomerantes e utilizado nos discos de corte.
Aglomerante resinoide	Consiste em várias resinas termofixas, como o fenol-formaldeído. Tem uma resistência muito alta e é utilizado nas operações de retificação de desbaste e em discos de corte.
Aglomerante de goma-laca (*Shellac*)	Relativamente resistente, mas não é rígido; utilizado frequentemente nas aplicações que exigem um bom acabamento superficial.
Aglomerante metálico	Metal, geralmente bronze, é o material aglomerante comum dos rebolos de diamante e de cBN. O processamento de particulados (Capítulos 12 e 13) é utilizado para unir a matriz metálica e os grãos abrasivos na periferia externa do disco, conservando assim os materiais abrasivos caros.

Materiais Aglomerantes O material aglomerante mantém os grãos abrasivos unidos e estabelece a forma e a integridade estrutural do rebolo. As propriedades desejáveis do material aglomerante incluem resistência, tenacidade, dureza, e resistência à temperatura. O material aglomerante deve ser capaz de suportar as forças centrífugas e as altas temperaturas experimentadas pelo rebolo, resistir à fragmentação durante os esforços de impacto do rebolo e manter os grãos abrasivos rigidamente coesos para realizar a ação cortante, enquanto permite que os grãos desgastados sejam desalojados para que novos grãos possam ser expostos. Os materiais aglomerantes utilizados com frequência nos rebolos são identificados e descritos, resumidamente, na Tabela 21.2.

Estrutura e Grau do Rebolo ***Estrutura do rebolo*** se refere ao espaçamento relativo dos grãos abrasivos no rebolo. Além dos grãos abrasivos e do material aglomerante, os rebolos podem conter espaços vazios ou poros, conforme ilustrado na Figura 21.1. As proporções volumétricas de grãos, aglomerante e poros podem ser expressas como

$$P_g + P_a + P_p = 1{,}0 \tag{21.1}$$

em que P_g = proporção de grãos abrasivos no volume total do rebolo, P_a = proporção de material aglomerante, e P_p = proporção de poros (espaços vazios).

A estrutura do rebolo é medida em uma escala que varia de "aberta" a "densa". Uma estrutura aberta é aquela em que P_p é relativamente grande e P_g é relativamente pequena. Ou seja, há mais poros e menos grãos por unidade de volume em um rebolo de estrutura aberta. Por outro lado, uma estrutura densa é aquela em que P_p é relativa-

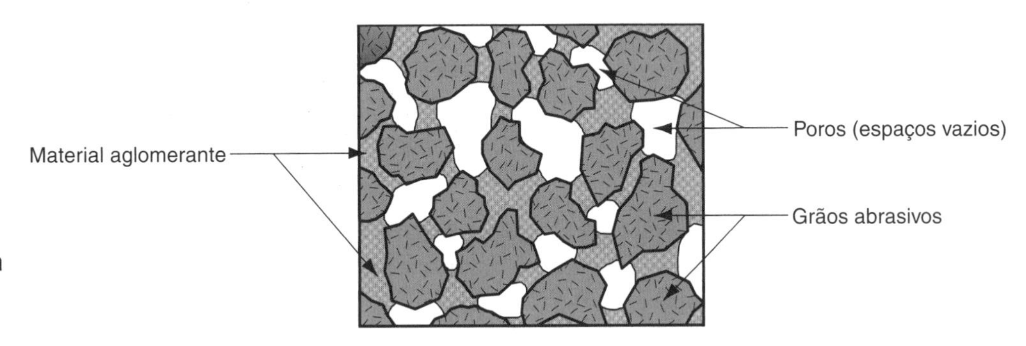

FIGURA 21.1 Estrutura típica de um rebolo de retificação.

TABELA • 21.3 Sistema de classificação dos rebolos convencionais de retificação, conforme a Norma ANSI B74.13-1977 [2].

30 A 46 H 6 V XX

Nome do fabricante do rebolo (opcional).

Tipo do aglomerante: B = Resinoide, BF = Resinoide reforçado, E = *Shellac*, R = Borracha, RF = Borracha reforçada, S = Silicato, V = Vitrificado.

Estrutura: A escala varia de 1 a 15: 1 = estrutura muito densa, 15 = estrutura muito aberta.

Grau: A escala vai de A a Z: A = macio, M = médio, Z = duro

Tamanho do grão: Grosso = 8 a 24, Médio = 30 a 60, Fino = 70 a 180, Muito fino = 220 a 600.

Tipo do abrasivo: A = óxido de alumínio, C = carboneto de silício.

Prefixo: Símbolo do fabricante para o abrasivo (opcional).

mente pequena, e P_g é maior. Geralmente, as estruturas abertas são recomendadas nas situações em que deve ser garantido o escoamento dos cavacos. As estruturas densas são utilizadas para obter melhor acabamento superficial e controle dimensional.

Grau do rebolo indica a resistência do rebolo em reter os grãos abrasivos durante o corte. Isso depende, em grande parte, da quantidade de aglomerante presente na estrutura do rebolo [P_a na Equação (21.1)]. O grau é medido em uma escala que varia entre macio e duro. Os rebolos "macios" perdem grãos prontamente, ao passo que os rebolos "duros" retêm seus grãos abrasivos. Os rebolos macios são utilizados geralmente em aplicações que exigem baixas taxas de remoção de material e retificação de materiais duros. Os rebolos duros são utilizados geralmente para atingir altas taxas de remoção de material e para retificação de materiais relativamente macios.

Especificação do Rebolo de Retificação Os parâmetros anteriores podem ser designados concisamente em um sistema de classificação padronizado de rebolos de retificação definido pelo *American National Standards Institute* (ANSI) [2]. Esse sistema de classificação usa números e letras para especificar tipo de abrasivo, tamanho do grão, grau, estrutura e material aglomerante. A Tabela 21.3 apresenta uma versão abreviada da Norma ANSI, indicando como os números e as letras são interpretados. A norma também prevê o fornecimento de outras identificações que poderiam ser utilizadas pelos fabricantes de rebolos de retificação. A Norma ANSI para rebolos de diamante e de nitreto cúbico de boro é ligeiramente diferente da norma para os rebolos convencionais. O sistema de classificação desses rebolos de retificação mais recentes é apresentado na Tabela 21.4.

TABELA • 21.4 Sistema de classificação dos rebolos de diamante e de nitreto cúbico de boro, conforme a Norma ANSI B74.13-1977 [2].

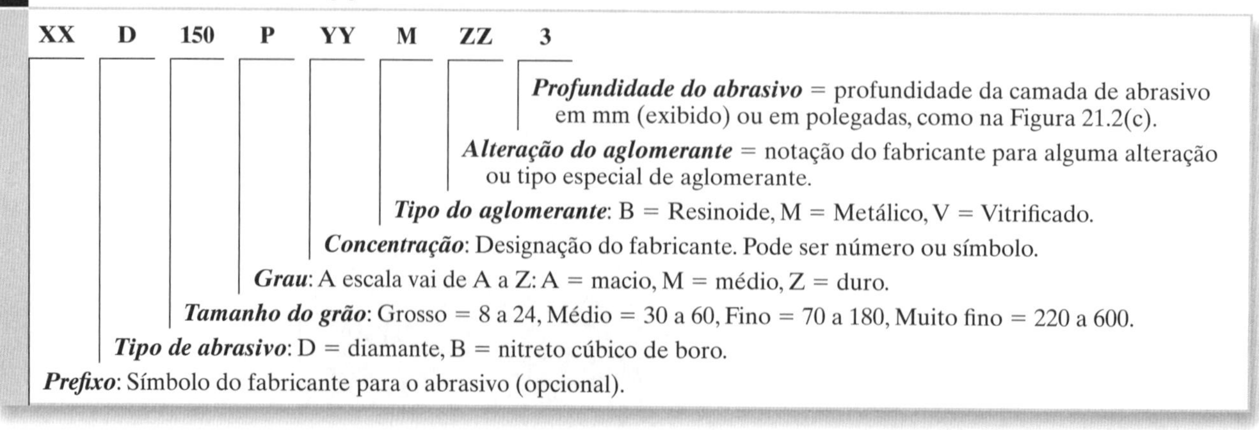

XX D 150 P YY M ZZ 3

Profundidade do abrasivo = profundidade da camada de abrasivo em mm (exibido) ou em polegadas, como na Figura 21.2(c).

Alteração do aglomerante = notação do fabricante para alguma alteração ou tipo especial de aglomerante.

Tipo do aglomerante: B = Resinoide, M = Metálico, V = Vitrificado.

Concentração: Designação do fabricante. Pode ser número ou símbolo.

Grau: A escala vai de A a Z: A = macio, M = médio, Z = duro.

Tamanho do grão: Grosso = 8 a 24, Médio = 30 a 60, Fino = 70 a 180, Muito fino = 220 a 600.

Tipo de abrasivo: D = diamante, B = nitreto cúbico de boro.

Prefixo: Símbolo do fabricante para o abrasivo (opcional).

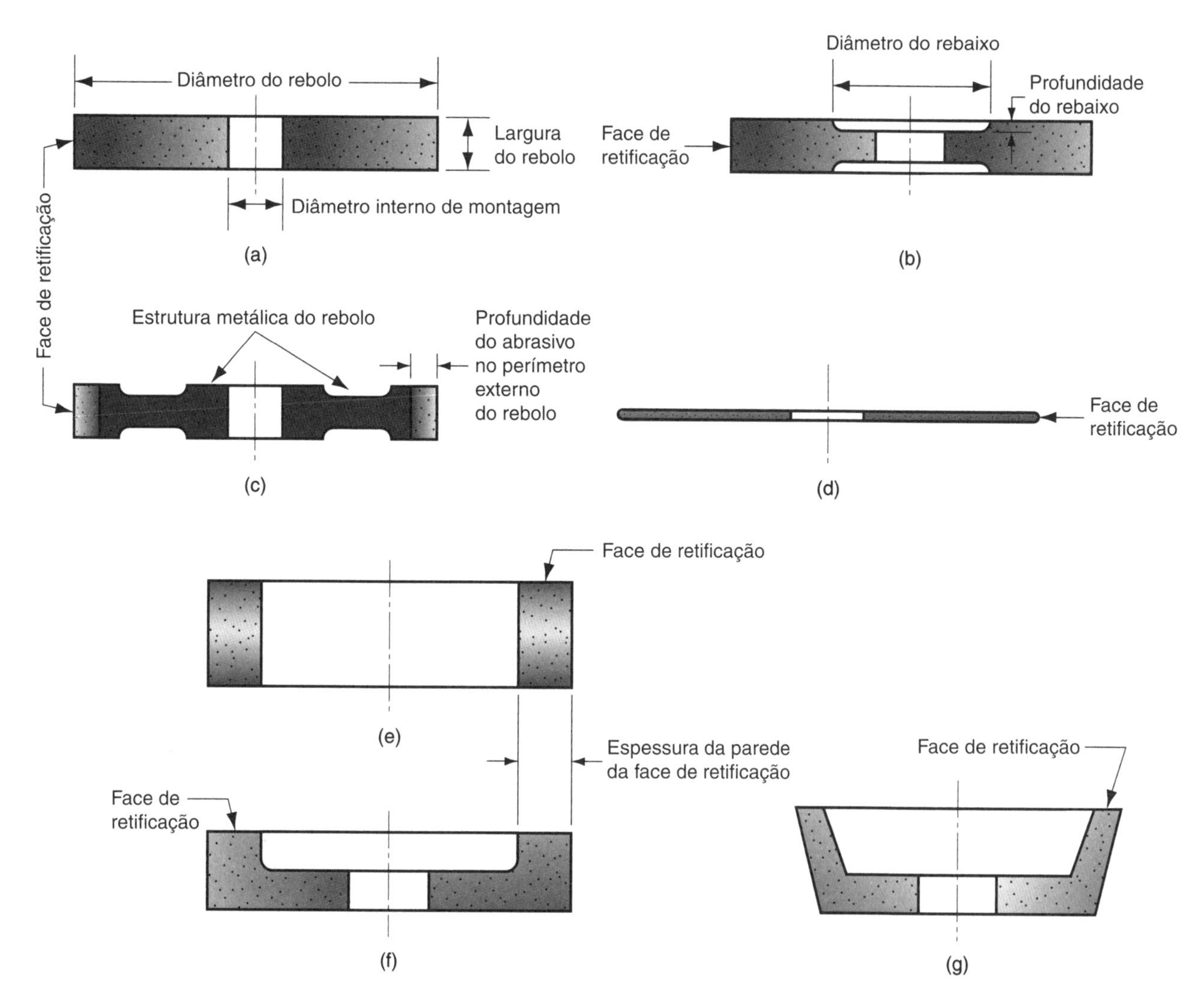

FIGURA 21.2 Alguns dos formatos normalizados de rebolos de retificação: (a) reto, (b) com rebaixo dos dois lados, (c) rebolo de estrutura metálica com abrasivo na circunferência externa, (d) rebolo de corte abrasivo, (e) rebolo cilíndrico, (f) rebolo tipo copo reto, (g) rebolo de copo cônico.

Os rebolos são fabricados em várias formas e tamanhos, como mostra a Figura 21.2. As configurações (a), (b) e (c) são rebolos tangenciais nos quais a remoção do material é feita pela circunferência externa do rebolo. Um rebolo de corte abrasivo, típico, é exibido em (d), que também envolve o corte tangencial. Os rebolos (e), (f) e (g) são rebolos planos, em que a face plana do rebolo remove material da superfície da peça.

21.1.2 ANÁLISE DO PROCESSO DE RETIFICAÇÃO

As condições de corte na retificação são caracterizadas por velocidade muito elevada e espessura de corte muito pequena, em comparação com o fresamento e outras operações de usinagem tradicionais. Usando a retificação plana para ilustrar, a Figura 21.3(a) mostra as características principais do processo. A velocidade periférica do rebolo é determinada pela velocidade rotacional do mesmo:

$$v = \pi DN \tag{21.2}$$

em que v = velocidade superficial do rebolo, m/min; N = velocidade de rotação, rpm; e D = diâmetro do rebolo, m.

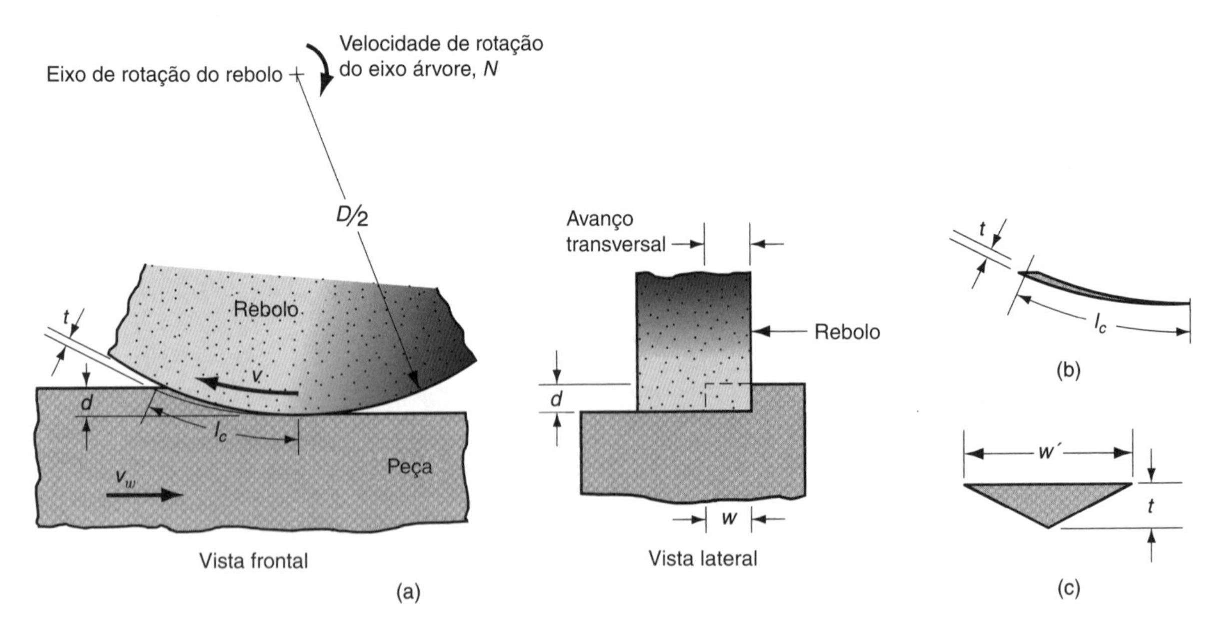

FIGURA 21.3 (a) Geometria da retificação plana, exibindo as condições de corte; (b) perfil longitudinal presumido; e (c) seção transversal de um único cavaco.

A profundidade de usinagem a_p, também chamada de ***entrada*** na retificação, é a penetração do rebolo abaixo da superfície original da peça. À medida que a operação prossegue, o rebolo é avançado lateralmente através da superfície em cada passagem pela peça. Isso se chama ***avanço longitudinal*** e determina a largura da trajetória de retificação w na Figura 21.3(a). Essa largura, multiplicada pela profundidade a_p, determina a área da seção transversal de corte. Na maioria das operações de retificação, a peça se movimenta em direção ao rebolo a uma determinada velocidade v_f, de modo que a taxa de remoção de material é

$$\varphi_{RM} = v_f w a_p \tag{21.3}$$

Cada grão do rebolo corta um cavaco individual, cuja forma longitudinal depois do corte é exibida na Figura 21.3(b) e cuja seção transversal presumida é triangular, conforme a Figura 21.3(c). No ponto de saída do grão da peça, onde a seção transversal do cavaco é maior, esse triângulo tem altura t e largura w'.

Em uma operação de retificação, estamos interessados em como as condições de corte se combinam com os parâmetros do rebolo para influenciar (1) o acabamento superficial, (2) as forças e a energia, (3) a temperatura na superfície da peça e (4) o desgaste do rebolo.

Acabamento Superficial A maior parte das operações de retificação comercial é realizada para alcançar um acabamento superficial superior ao que se pode conseguir com a usinagem convencional. O acabamento superficial da peça é afetado pelo tamanho de cada cavaco formado durante a retificação. Um fator óbvio na determinação do tamanho do cavaco é o tamanho do grão – grãos menores produzem acabamentos melhores.

Considere as dimensões de um cavaco. A partir da geometria do processo de retificação na Figura 21.3, pode ser demonstrado que o comprimento médio de um cavaco é dado por

$$l_c = \sqrt{Da_p} \tag{21.4}$$

em que l_c é o comprimento do cavaco, mm; D = diâmetro do rebolo, mm; e a_p = profundidade de usinagem, ou entrada, mm. Isso presume que o cavaco é formado por um grão que age por todo o arco de varredura exibido no diagrama.

A Figura 21.3(c) mostra a seção transversal de um cavaco gerado na retificação. A forma da seção transversal é triangular, com largura w' maior que a espessura t por um fator chamado taxa de aspecto do grão r_g, definida por

$$r_g = \frac{w'}{t} \tag{21.5}$$

Os valores típicos da taxa de aspecto do grão são de 10 a 20.

O número de grãos ativos (dentes de corte) por milímetro quadrado na periferia externa do rebolo é indicado por C. Em geral, menor tamanho de grão fornece valores de C maiores. C também está relacionado com a estrutura do rebolo. Uma estrutura mais densa significa mais grãos por unidade de área. Com base no valor de C, o número de cavacos formados por tempo n_c é fornecido por

$$n_c = vwC \tag{21.6}$$

em que v = velocidade do rebolo, mm/min; w = avanço longitudinal, mm; e C = grãos por área na superfície do rebolo, grãos/mm^2. Parece lógico que o acabamento superficial será melhorado aumentando o número de cavacos formados por unidade de tempo na superfície da peça para uma determinada largura w. Portanto, segundo a Equação (21.6), aumentar v e/ou C vai melhorar o acabamento.

Forças e Energia Se a força necessária para conduzir a peça em direção ao rebolo for conhecida, a energia específica de retificação poderá ser determinada como

$$U = \frac{F_c v}{v_f w a_p} \tag{21.7}$$

em que U = energia específica, J/mm^3; F_c = força de corte, que é a força para conduzir a peça em direção ao rebolo, N; v = velocidade do rebolo, m/min; v_f = velocidade de deslocamento da peça, mm/min; w = largura do corte, mm; e a_p = profundidade de usinagem, mm.

Na retificação, a energia específica é muito maior do que na usinagem convencional. Há várias razões para isso. A primeira razão é o ***efeito de escala*** em usinagem. A espessura do cavaco na retificação é muito menor do que em outras operações de usinagem, como o fresamento. De acordo com o efeito de escala (Seção 17.4), os cavacos pequenos na retificação fazem com que a energia necessária para remover cada unidade de volume de material seja significativamente maior do que na usinagem convencional – aproximadamente 10 vezes maior.

Em segundo lugar, cada grão em um rebolo possui ângulos de inclinação extremamente negativos. O ângulo de inclinação médio é aproximadamente –30°, com valores em alguns grãos individuais que podem chegar a –60°. Esses ângulos de inclinação muito baixos resultam em valores baixos de ângulo no plano de cisalhamento e em altas tensões de cisalhamento, ambos significando níveis energéticos elevados na retificação.

Terceiro, a energia específica é elevada na retificação porque nem todos os grãos individuais estão engajados no corte real. Em virtude das posições e orientações aleatórias dos grãos no rebolo, alguns deles não se projetam o bastante na superfície da peça para realizar o corte. Podem ser reconhecidos três tipos de ações dos grãos, conforme ilustrado na Figura 21.4: (a) ***corte***, em que os grãos se projetam suficientemente profundos na superfície da peça para formar um cavaco e remover o material; (b) ***amassamento***, no qual o grão se projeta na peça, mas não o bastante para provocar o corte; em vez disso, a superfície de trabalho se deforma, e a energia é consumida sem qualquer remoção de material; e (c) ***fricção***, na qual o grão entra em contato com a superfície da peça, mas ocorre apenas fricção por abrasão, consumindo assim a energia sem remover qualquer material.

O efeito de escala, os ângulos de inclinação negativos e as ações ineficazes dos grãos se combinam para tornar o processo de retificação ineficiente em termos de consumo de energia por unidade de volume de material removido.

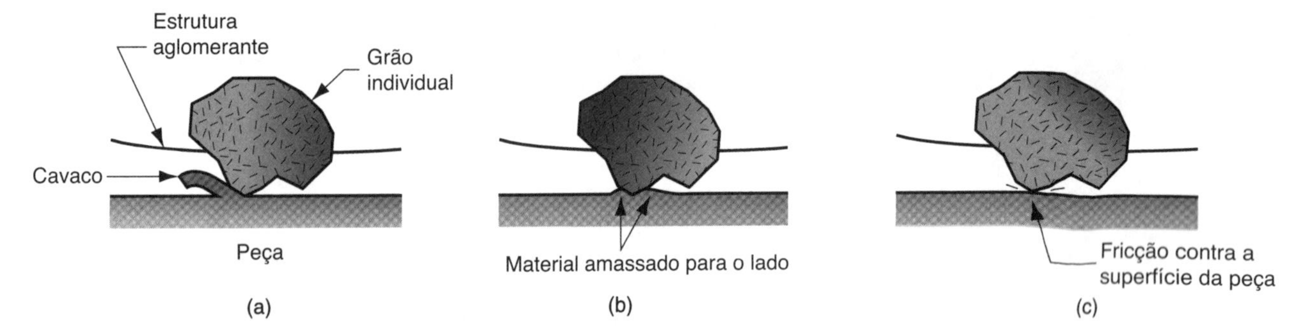

FIGURA 21.4 Três tipos de ações dos grãos em retificação: (a) corte, (b) amassamento e (c) fricção.

Usando a relação da energia específica na Equação (21.7) e supondo que a ação da força de corte em um único grão no rebolo é proporcional a $r_g t$, é possível mostrar [10] que

$$F_c' = K_1\left(\frac{r_g v_f}{vC}\right)^{0,5}\left(\frac{a_p}{D}\right)^{0,25} \tag{21.8}$$

em que F_c' é a força de corte que atua sobre um grão individual, K_1 é uma constante de proporcionalidade que depende da resistência do material a ser cortado, da afiação do grão individual e dos outros termos que foram definidos anteriormente. A importância prática dessa relação é que F_c' tem influência no fato de um grão individual ser puxado para fora do rebolo, um fator importante na capacidade do rebolo de "afiar-se". Voltando à discussão sobre grau do rebolo, um rebolo duro pode parecer mais macio, aumentando a força de corte que age em um grão individual por meio de ajustes adequados em v_f, v e a_p, segundo a Equação (21.8).

Temperaturas na Superfície da Peça Devido ao efeito de escala, elevados ângulos de inclinação negativos, abrasão e fricção dos grãos abrasivos contra a superfície da peça, o processo de retificação é caracterizado por altas temperaturas. Ao contrário das operações de usinagem convencionais em que a maior parte do calor gerado no processo é realizado fora, no cavaco, grande parte do calor na retificação permanece na superfície usinada [11], resultando em altas temperaturas na superfície da peça. As altas temperaturas superficiais têm vários efeitos danosos possíveis, principalmente queimas e trincas superficiais. As marcas de queima se mostram como descolorações na superfície provocadas por oxidação. As queimas de retificação costumam ser um sinal de defeitos metalúrgicos situados nas camadas subsuperficiais da peça. As trincas de superfície são perpendiculares ao sentido de rotação do rebolo. Elas indicam um caso extremo de danos térmicos à superfície usinada.

Um segundo efeito térmico potencialmente danoso é o amolecimento da superfície da peça. Muitas operações de retificação são realizadas em peças que foram tratadas termicamente a fim de obter elevada dureza. As altas temperaturas na retificação podem fazer com que a superfície perca parte de sua dureza. Terceiro, os efeitos térmicos na retificação podem provocar tensões residuais na superfície da peça, possivelmente diminuindo a resistência à fadiga desse elemento.

É importante compreender quais são os fatores que influenciam as temperaturas superficiais na retificação. Experimentalmente, foi observado que a temperatura superficial depende da energia por área da superfície usinada (intimamente relacionada com a energia específica U). Como ela varia inversamente com a espessura do cavaco, é possível mostrar que a temperatura superficial T_s está relacionada com os parâmetros de retificação, da seguinte forma [10]:

$$T_s = K_2 a_p^{0,75}\left(\frac{r_g C v}{v_f}\right)^{0,5} D^{0,25} \tag{21.9}$$

em que K_2 = uma constante de proporcionalidade. A implicação prática dessa relação é que os danos causados pelas altas temperaturas na superfície da peça podem ser atenuados por meio da redução da profundidade de usinagem a_p, velocidade do rebolo v e número de grãos ativos por milímetro quadrado no rebolo C, ou aumentando a velocidade de deslocamento da peça v_f. Além disso, os rebolos de retificação com estrutura densa e elevado grau de dureza tendem a causar problemas térmicos. Naturalmente, a utilização de um fluido de corte também pode diminuir as temperaturas de retificação.

Desgaste do Rebolo Os rebolos desgastam-se de modo similar às ferramentas de corte convencionais. Três mecanismos são reconhecidos como causas principais do desgaste nos rebolos: (1) fratura do grão, (2) desgaste por abrasão e (3) fratura do aglomerante. A ***fratura do grão*** ocorre quando uma parte do grão quebra, mas o resto dele permanece ligado no rebolo. Nas bordas da área fraturada surgem novas arestas de corte no rebolo. A tendência do grão à fratura se chama ***friabilidade***. Alta friabilidade significa que os grãos fraturam com mais facilidade, em virtude das forças de corte sobre os mesmos (F_c').

O ***desgaste por abrasão*** (***attritious wear***) envolve o embotamento de cada grão, resultando em pontos lisos e arestas arredondadas. O desgaste por abrasão é análogo ao desgaste em uma ferramenta de corte convencional, sendo ocasionado por mecanismos físicos similares, incluindo a abrasão e a difusão; também é causado por reações químicas entre o material abrasivo e o material da peça, na presença de temperaturas muito altas.

A ***fratura do aglomerante*** (ou do ligante) ocorre quando os grãos individuais são puxados para fora do material aglomerante. A tendência para esse mecanismo depende do grau de dureza do rebolo, entre outros fatores. A fratura do aglomerante ocorre porque o grão ficou cego em virtude do desgaste por abrasão, e a força de corte resultante é excessiva. Grãos afiados cortam com mais eficiência e com menor força de corte; portanto, eles permanecem ligados na estrutura aglomerante.

Os três mecanismos combinados para provocar o desgaste do rebolo estão retratados na Figura 21.5. Podem ser identificadas três regiões de desgaste. Na primeira região, os grãos estão inicialmente afiados e o desgaste é acelerado devido às fraturas dos grãos. Isso corresponde ao período inicial (*break-in*) no desgaste da ferramenta convencional. Na segunda região, a taxa de desgaste é razoavelmente constante, resultando em uma relação linear entre o desgaste do rebolo e o volume de metal removido. Essa região é caracterizada pelo desgaste por abrasão, com alguma fratura de grão e aglomerante. Na terceira região da curva de desgaste do rebolo, os grãos ficam cegos, e a quantidade de deslizamento e fricção aumenta em relação ao corte. Além disso, alguns cavacos entopem os poros do rebolo. Isso se chama ***carregamento do rebolo*** e prejudica a ação cortante, levando a maior aquecimento e a temperaturas mais altas na superfície da peça. Como consequência, a eficiência da retificação diminui e o volume do rebolo removido aumenta com relação ao volume de metal removido.

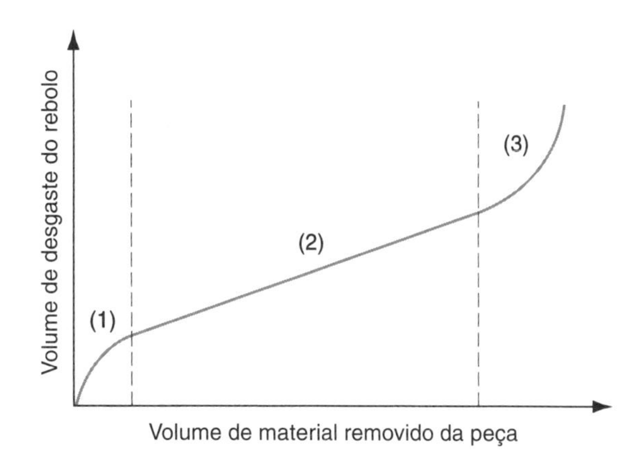

FIGURA 21.5 Curva de desgaste típica de um rebolo de retificação. O desgaste é convenientemente representado em gráfico como uma função do volume de material removido e não como uma função do tempo. (Baseado em [16].)

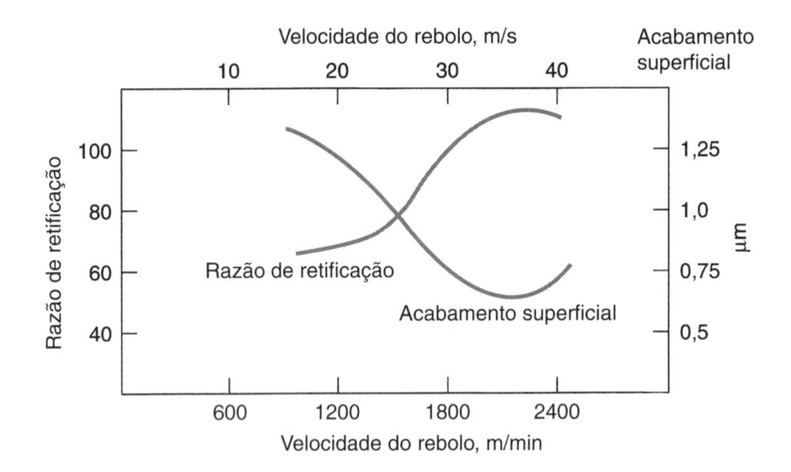

FIGURA 21.6 A razão de retificação e o acabamento superficial em função da velocidade do rebolo. (Baseado em dados de Krabacher [14].)

A ***razão de retificação*** é um termo empregado para indicar o declive da curva de desgaste do rebolo. Especificamente,

$$qr = \frac{V_m}{V_r} \tag{21.10}$$

em que q_r = razão de retificação, V_m = volume de material removido da peça, e V_r = volume correspondente do rebolo que foi desgastado no processo. A razão de retificação tem a maior importância na região de desgaste linear da Figura 21.5. Os valores típicos dessa taxa estão entre 95 e 125 [5], a qual é aproximadamente cinco ordens de grandeza menor do que a relação análoga na usinagem convencional. A razão de retificação geralmente é maior quando é aumentada a velocidade v do rebolo. A razão para isso é que o tamanho do cavaco formado por cada grão é menor com velocidades maiores, e então o montante da fratura do grão é reduzido. Como as velocidades de rebolo maiores também melhoram o acabamento superficial, há uma vantagem geral em operações em altas velocidades de retificação. No entanto, quando as velocidades ficam altas demais, o desgaste por abrasão e as temperaturas superficiais na peça aumentam. Como consequência, a razão de retificação é reduzida e o acabamento de superfície é prejudicado. Este efeito foi relatado originalmente por Krabacher [14], como mostra a Figura 21.6.

Quando o rebolo está na terceira região da curva de desgaste, ele deve ser afiado novamente por meio de um procedimento chamado ***dressagem***, que consiste em (1) romper os grãos embotados sobre a periferia externa do rebolo para expor grãos novos afiados e (2) remover cavacos que obstruem o rebolo. Isso é feito por um disco rotativo, uma vara de abrasivo, ou outro rebolo de retificação operando em alta velocidade contra o rebolo a ser dressado à medida que ele gira. Embora a dressagem afie o rebolo, ela não garante a forma do mesmo. ***Perfilamento*** é um procedimento alternativo que não só afia o rebolo, mas também restaura sua forma cilíndrica e garante que esteja alinhado com seu perímetro externo. O procedimento utiliza uma ferramenta de ponta de diamante (outros tipos de ferramentas de perfilar também são utilizados) que é avançada lentamente e precisamente pelo rebolo enquanto ele gira. Uma profundidade muito pequena (0,025 mm ou menos) é adotada no perfilamento do rebolo.

21.1.3 CONSIDERAÇÕES DE APLICAÇÃO NA RETIFICAÇÃO

Esta subseção tenta reunir a discussão prévia dos parâmetros dos rebolos com a análise teórica da retificação e considerar sua aplicação prática. Também são considerados os fluidos de corte, que são utilizados frequentemente nas operações de retificação.

TABELA • 21.5 Diretrizes de aplicação da retificação.

Problema ou Objetivo da Aplicação	Recomendação ou Diretriz
Retificação de aços e da maioria dos ferros fundidos	Escolher óxido de alumínio como abrasivo.
Retificação da maioria dos metais não ferrosos	Escolher carboneto de silício como abrasivo.
Retificação de aços ferramenta endurecidos e de certas ligas aeroespaciais	Escolher nitreto cúbico de boro como abrasivo.
Retificação de materiais abrasivos duros, tais como cerâmicas, carbonetos sinterizados e vidros	Escolher diamante como abrasivo.
Retificação de metais (macios)	Escolher grande tamanho de grão e rebolo de elevado grau de dureza.
Retificação de metais (duros)	Escolher pequeno tamanho de grão e rebolo de baixo grau de dureza.
Otimização do acabamento superficial	Escolher pequeno tamanho de grão e rebolo de estrutura densa. Usar alta velocidade do rebolo (v), baixa velocidade da peça (v_f).
Maximização da taxa de remoção de material	Selecionar grande tamanho de grão, rebolo de estrutura mais aberta e aglomerante vitrificado.
Minimização dos danos térmicos, trincas e empenamentos na superfície da peça	Manter o rebolo afiado. Dressar o rebolo com frequência. Usar profundidades de usinagem menores (a_p), baixas velocidades do rebolo (v) e altas velocidades da peça (v_f).
Se o rebolo vitrificar e queimar	Escolher rebolo macio (com baixo grau de dureza) e estrutura aberta.
Se o rebolo quebrar rápido demais	Escolher rebolo com elevado grau de dureza e estrutura densa.

Compilado de [8], [11] e [16].

Diretrizes de Aplicação Existem muitas variáveis na retificação que afetam o desempenho e o sucesso da operação. As diretrizes apresentadas na Tabela 21.5 são úteis para classificar as muitas complexidades e selecionar os parâmetros adequados de rebolos e também as condições de retificação.

Fluidos de Corte na Retificação A aplicação adequada dos fluidos de corte é eficaz na redução dos efeitos térmicos e das altas temperaturas da superfície usinada descritas anteriormente. Quando utilizados nas operações de retificação, os fluidos de corte são chamados de fluidos de retificação. As funções desempenhadas pelos fluidos de retificação são similares às dos fluidos de corte (Seção 19.4). As duas funções comuns são a redução do atrito e a remoção do calor gerado no processo. Além disso, a remoção dos cavacos gerados e a redução da temperatura da superfície usinada são muito importantes na retificação.

Os tipos de fluido de corte químicos incluem os óleos de retificação e emulsões. Os óleos de retificação são derivados do petróleo e de outras fontes. Esses produtos são atraentes porque o atrito é um fator demasiadamente importante na retificação. No entanto, eles apresentam risco de incêndio e são nocivos para a saúde do operador, e seu custo é alto em comparação com as emulsões. Além disso, sua capacidade para remover o calor é menor que a dos fluidos de corte à base de água. Por conseguinte, misturas de óleo em água são mais comumente recomendadas como fluido de retificação. Essas misturas são feitas frequentemente em concentrações mais altas do que as emulsões utilizadas como fluidos de corte convencionais. Dessa maneira, o mecanismo de redução de atrito é enfatizado.

21.1.4 OPERAÇÕES DE RETIFICAÇÃO E RETIFICADORAS

A retificação é utilizada tradicionalmente no acabamento de peças cujas geometrias já foram criadas por outras operações. Consequentemente, as retificadoras são máquinas que foram desenvolvidas para retificar superfícies planas lisas, cilíndricas externas e internas, e formas de contorno, tais como os fios (de roscas). As formas de contorno são criadas com frequência por rebolos especiais que têm o formato oposto ao do contorno desejado para ser transmitido para a peça. A retificação também é utilizada em ferramentarias para formar as geometrias das ferramentas de corte. Além desses usos tradicionais, as aplicações da retificação estão se ampliando e incluindo operações de alta velocidade e grande remoção de material. A discussão das operações e máquinas nesta seção inclui os seguintes tipos: (1) retificação tangencial plana, (2) retificação cilíndrica, (3) retificação sem centros, (4) retificação *creep feed*, e (5) outras operações de retificação.

Retificação Plana A retificação plana, ou retificação de superfície, é utilizada normalmente para retificar superfícies planas lisas. Ela é realizada utilizando a periferia do rebolo ou a face plana do rebolo. Uma vez que o trabalho normalmente é executado em uma orientação horizontal, a retificação tangencial é realizada pela rotação do rebolo em torno de um eixo horizontal, e a retificação de topo é realizada pela rotação do rebolo em torno de um eixo vertical. Em ambos os casos, o movimento relativo da peça é obtido por meio do movimento consecutivo do rebolo pela peça. Essas combinações possíveis de orientações do rebolo e movimentos da peça fornecem os quatro tipos de retificadoras planas, ilustrados na Figura 21.7.

Dos quatro tipos, a máquina de eixo horizontal com mesa alternativa é a mais comum, exibida na Figura 21.8. A retificação é executada pela conjunção de movimentos consecutivos de vaivém da peça longitudinalmente sob o rebolo a uma profundidade muito pequena e o movimento transversal do rebolo a uma determinada distância entre os cursos. Nessa operação, a largura do rebolo geralmente é menor do que a da peça usinada.

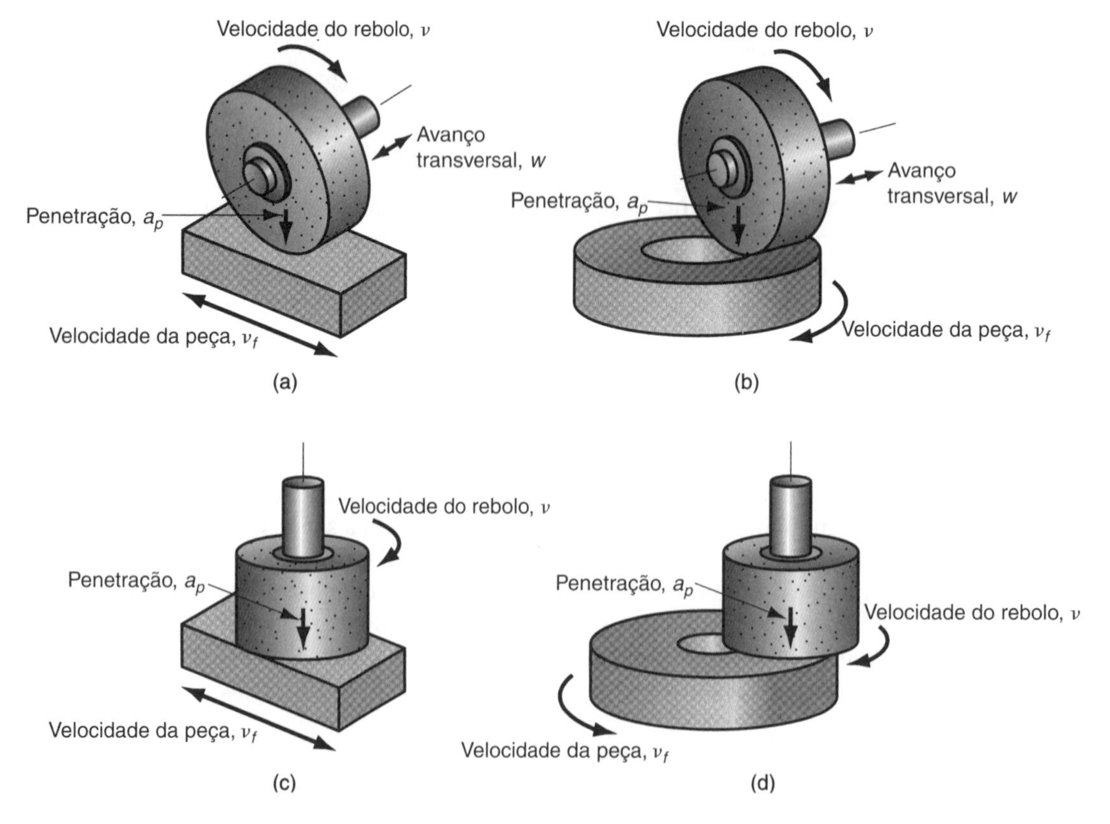

FIGURA 21.7 Quatro tipos de retificação plana: (a) eixo horizontal com mesa de movimento alternativo, (b) eixo horizontal com mesa giratória, (c) eixo vertical com mesa de movimento alternativo e (d) eixo vertical com mesa giratória.

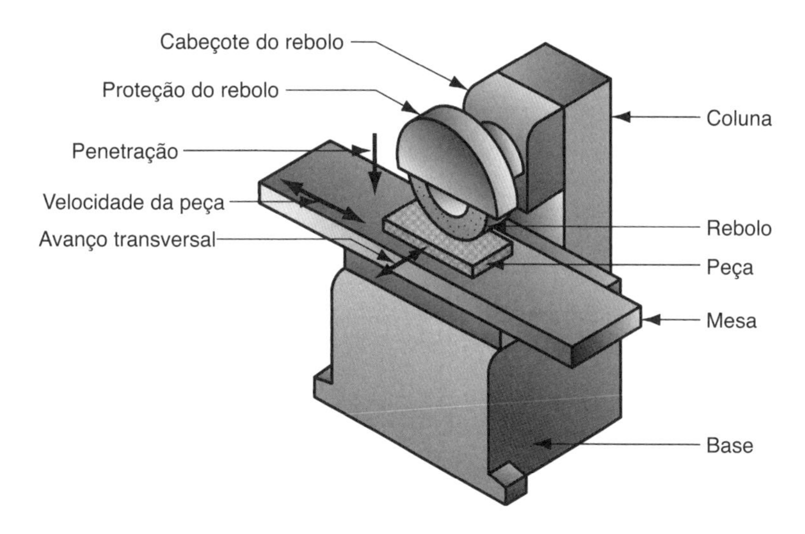

FIGURA 21.8 Retificadora plana com eixo horizontal e mesa com movimento alternativo.

Além de sua aplicação convencional, uma retificadora com eixo horizontal e mesa alternativa (de vaivém) pode ser utilizada para formar superfícies especiais empregando rebolos de forma. Em vez de o rebolo avançar transversalmente através da peça durante seu movimento de vaivém, o rebolo de imersão é ***mergulhado*** verticalmente na peça. O formato do rebolo, portanto, é transmitido para a superfície da peça usinada.

As retificadoras com eixos verticais e mesas com movimento alternativo são configuradas para que o diâmetro do rebolo seja maior que a largura da peça usinada. Consequentemente, essas operações podem ser realizadas sem usar um movimento de avanço transversal. Em vez disso, a retificação ocorre pelo movimento de vaivém da peça pelo rebolo e pela penetração vertical desse rebolo na peça até a dimensão desejada. Essa configuração é capaz de produzir uma superfície muito lisa na peça usinada.

Dos dois tipos de retificadoras de mesa giratória da Figura 21.7(b) e (d), as máquinas de eixo vertical são mais comuns. Devido à área de contato superficial relativamente grande entre o rebolo e a peça, as retificadoras de eixo vertical com mesa giratória são capazes de alcançar altas taxas de remoção de metal quando equipadas com rebolos adequados.

Retificação Cilíndrica Como seu nome sugere, a retificação cilíndrica é utilizada para peças de revolução. Essas operações se dividem em dois tipos básicos, segundo a Figura 21.9: (a) retificação cilíndrica externa e (b) retificação cilíndrica interna.

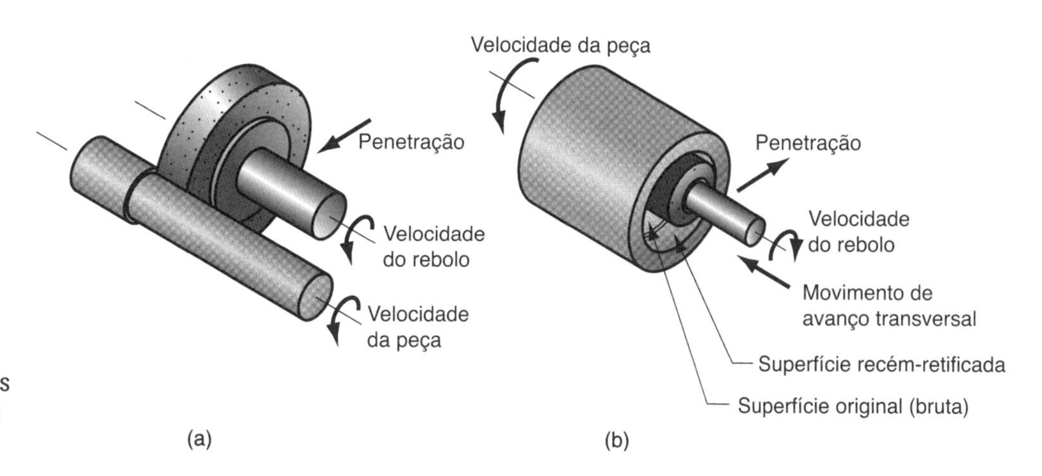

FIGURA 21.9 Dois tipos de retificação cilíndrica: (a) externa e (b) interna.

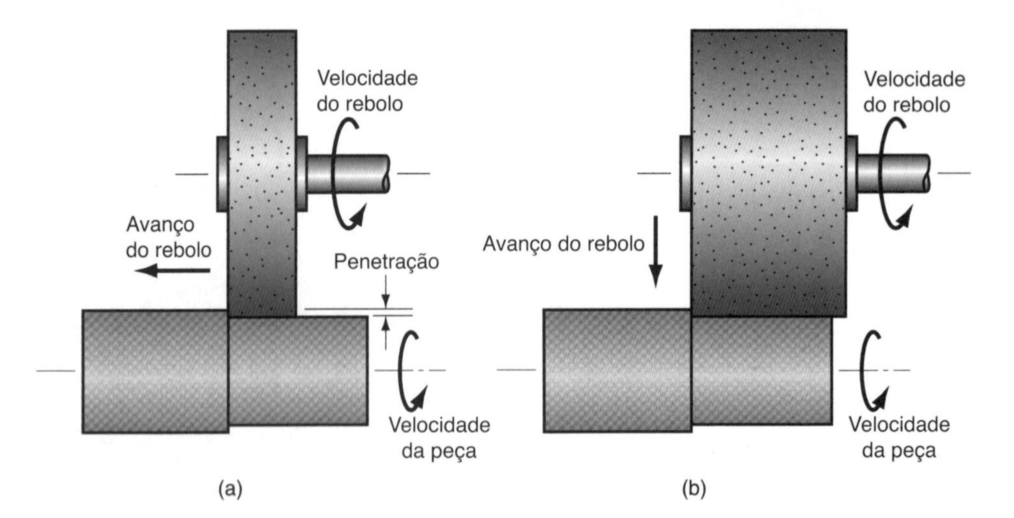

FIGURA 21.10 Dois tipos de movimento de avanço na retificação cilíndrica externa: (a) avanço lateral (transversal) e (b) avanço de mergulho.

A ***retificação cilíndrica externa*** (também chamada de ***retificação entre centros*** para distingui-la da retificação sem centros, *centerless*) é realizada de modo parecido com a operação de torneamento. As retificadoras utilizadas nessas operações se assemelham bastante a um torno em que o porta-ferramentas foi substituído por um motor de alta velocidade para girar o rebolo. A peça cilíndrica gira entre centros para promover uma velocidade superficial de 18-30 m/min [16], e o rebolo, girando a 1200-2000 m/min, é engajado para realizar o corte. Há dois tipos possíveis de movimento de avanço: o avanço lateral e o de mergulho, exibidos na Figura 21.10. No avanço lateral, ocorre a retificação longitudinal na qual o rebolo avança em uma direção paralela ao eixo de rotação da peça usinada. O avanço é definido dentro de um intervalo típico de 0,0075 a 0,075 mm. Um movimento longitudinal alternativo é promovido ocasionalmente na peça ou no rebolo para melhorar o acabamento superficial. No avanço de mergulho (ou de penetração), o rebolo avança radialmente na peça usinada. Os rebolos perfiladores usam esse tipo de movimento de avanço.

A retificação cilíndrica externa é utilizada para o acabamento de peças que foram usinadas em dimensões aproximadas e tratadas termicamente para obtenção da dureza desejada. Essas peças incluem eixos, virabrequins, eixos árvores, rolamentos e buchas, e rolos de laminadoras. A operação de retificação produz a dimensão final e o acabamento superficial almejado nessas peças endurecidas.

A ***retificação cilíndrica interna*** opera de certa forma como uma operação de mandrilhamento. A peça é normalmente fixada em um mandril e rotacionada para proporcionar velocidades superficiais de 20 a 60 m/min [16]. São empregadas velocidades superficiais do rebolo similares às da retificação cilíndrica externa. O rebolo avança em uma de duas maneiras: avanço transversal [Figura 21.9(b)] ou avanço de mergulho. Obviamente, o diâmetro do rebolo na retificação cilíndrica interna deve ser menor que o furo inicial da peça a ser retificada. Muitas vezes, isso significa que o diâmetro do rebolo é bem pequeno, necessitando de velocidades rotacionais muito altas para alcançar a velocidade superficial desejada. A retificação cilíndrica interna é utilizada no acabamento de superfícies internas endurecidas de pistas de rolamentos e superfícies de buchas.

Retificação sem Centros (*Centerless*) Retificação sem centros é um processo alternativo para retificar as superfícies cilíndricas externas e internas. Como seu nome sugere, a peça a ser usinada não é fixada entre centros. Isso resulta em uma redução no tempo de manuseio da peça; portanto, a retificação sem centros é utilizada com frequência para processos de alta produtividade. A configuração da ***retificação cilíndrica externa sem centros*** (Figura 21.11) consiste em dois discos: o rebolo de retificação e uma roda reguladora. As peças, que podem ser muitas peças individuais curtas ou barras compridas (por exemplo, de 3 a 4 m de comprimento), são suportadas por um encosto (lâmina de apoio)

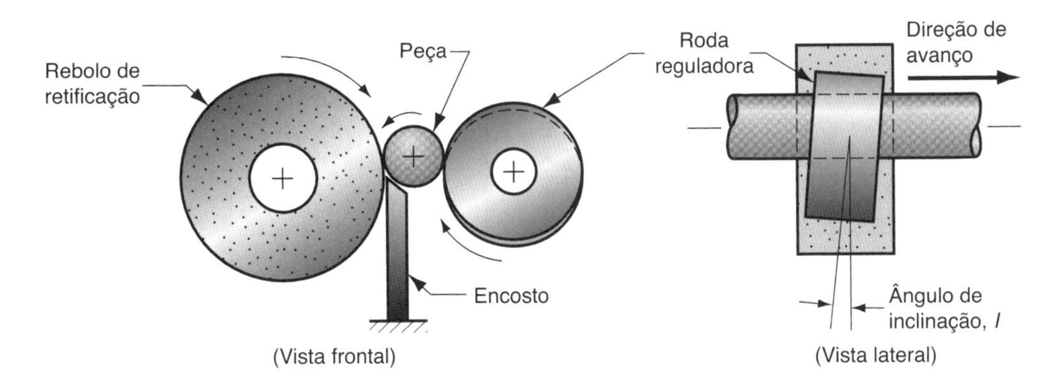

FIGURA 21.11 Retificação cilíndrica externa sem centros (*centerless*).

e alimentadas por meio dos dois discos. O rebolo de retificação faz o corte, girando em velocidades superficiais de 1200 a 1800 m/min. A roda reguladora gira em velocidades muito menores e fica inclinada a um ângulo pequeno, I, para controlar o avanço da peça. A equação a seguir pode ser utilizada para prever a velocidade de avanço com base no ângulo de inclinação e em outros parâmetros do processo [16]:

$$f_r = \pi D_r N_r \operatorname{sen} I \tag{21.11}$$

em que f_r = velocidade de avanço, mm/min; D_r = diâmetro da roda reguladora, mm; N_r = velocidade de rotação da roda reguladora, rev/min; e I = ângulo de inclinação da roda reguladora.

A configuração típica na ***retificação cilíndrica interna sem centros*** é exibida na Figura 21.12. No lugar da lâmina de apoio, dois rolos de suporte são utilizados para manter a posição da peça. A roda reguladora é inclinada a um pequeno ângulo para controlar o avanço da peça através do rebolo. Em virtude da necessidade de apoiar o rebolo retificador, o avanço da peça através do rebolo, como uma retificação sem centros externa, não é possível. Portanto, a operação de retificação não consegue alcançar as mesmas taxas de produção elevadas do processo sem centro externo. Sua vantagem é a capacidade de proporcionar uma concentricidade muito precisa entre os diâmetros interno e externo em uma peça tubular, tal como uma pista de rolamento.

Retificação *Creep Feed* Uma forma relativamente nova de retificação é a retificação *creep feed*, desenvolvida por volta de 1958. A retificação *creep feed* é executada com profundidades de usinagem muito elevadas e em velocidades de avanço muito baixas; daí o nome: *profunda*. A comparação com a retificação plana convencional é ilustrada pela Figura 21.13.

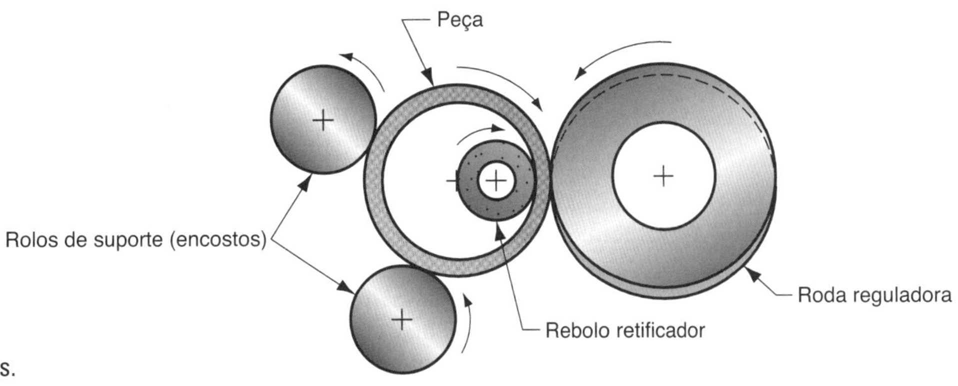

FIGURA 21.12 Retificação cilíndrica interna sem centros.

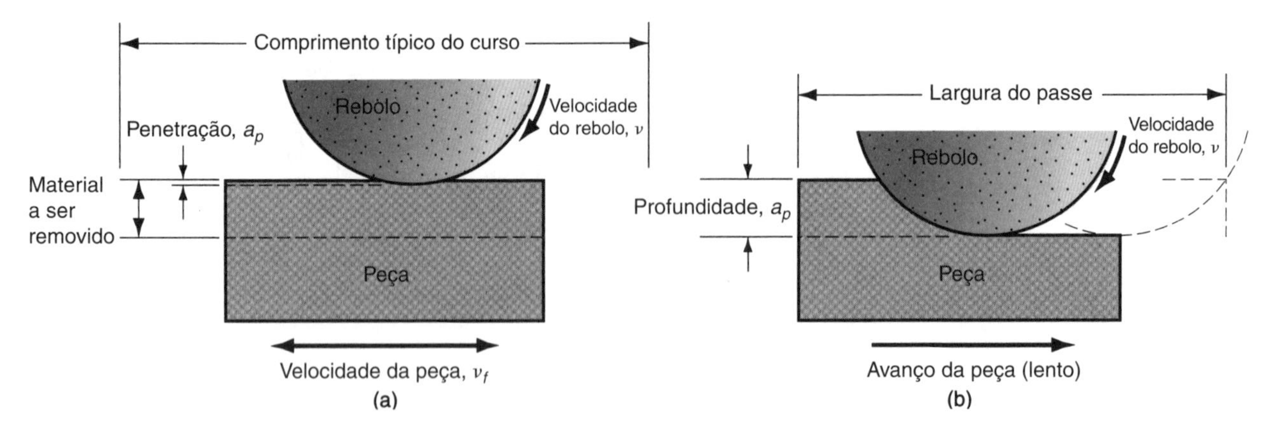

FIGURA 21.13 Comparação (a) da retificação plana convencional e (b) da retificação *creep feed*.

As profundidades de usinagem na retificação *creep feed* são de 1000 a 10.000 vezes maiores que na retificação plana convencional, e as velocidades de avanço são reduzidas aproximadamente na mesma proporção. No entanto, a taxa de remoção de material e a taxa de produtividade são maiores na retificação *creep feed* porque o rebolo corta continuamente. Isso contrasta com a retificação plana convencional em que o movimento alternativo da peça resulta em uma significativa perda de tempo durante cada curso.

A retificação *creep feed* pode ser aplicada na retificação plana e na retificação cilíndrica externa. As aplicações na retificação plana incluem a retificação de ranhuras e perfis. O processo parece ser especialmente adequado para os casos em que as razões entre profundidade e largura são relativamente grandes. As aplicações cilíndricas incluem roscas, engrenagens e outros componentes cilíndricos. O termo ***retificação profunda*** é utilizado na Europa para descrever essas aplicações de retificação cilíndrica externa da retificação *creep feed*.

A introdução de retificadoras projetadas com características especiais para retificação *creep feed* impulsionou o interesse pelo processo. As características incluem [11] alta estabilidade estática e dinâmica, guias altamente precisas, duas a três vezes a potência de eixo árvore das retificadoras convencionais, velocidades de mesa consistentes para avanços lentos, sistemas de alimentação de fluidos de retificação de alta pressão, e sistemas de dressagem capazes de dressar os rebolos durante o processo. As vantagens típicas da retificação *creep feed* incluem (1) altas taxas de remoção de material, (2) maior precisão das superfícies fabricadas e (3) redução das temperaturas na superfície da peça.

Outras Operações de Retificação Várias outras operações de retificação devem ser mencionadas abreviadamente para completar o levantamento. Essas operações incluem afiação de ferramentas, retificação de gabarito, retificadora de discos, esmerilhadeiras e retificação com cintas abrasivas.

As ferramentas de corte são feitas de aço ferramenta temperado e de outros materiais duros. As ***afiadoras de ferramentas*** são retificadoras especiais de vários modelos para afiar e recondicionar ferramentas de corte. Elas têm dispositivos para posicionar e orientar as ferramentas a fim de afiar as superfícies desejadas em ângulos e raios especificados. Algumas afiadoras de ferramentas são de propósito geral, enquanto outras afiam as geometrias exclusivas de tipos de ferramentas específicos. As retificadoras universais de ferramentas usam acessórios especiais e ajustes para acomodar uma série de geometrias de ferramentas. As retificadoras específicas para determinadas ferramentas incluem afiadores de fresas de engrenagens, de fresas de vários tipos, de brochas e de brocas.

Retificadoras de gabarito são máquinas de retificar utilizadas tradicionalmente para polir furos em peças de aço temperado, com alta precisão. As aplicações originais incluem matrizes e ferramentas de conformação mecânica. Embora essas aplicações ainda

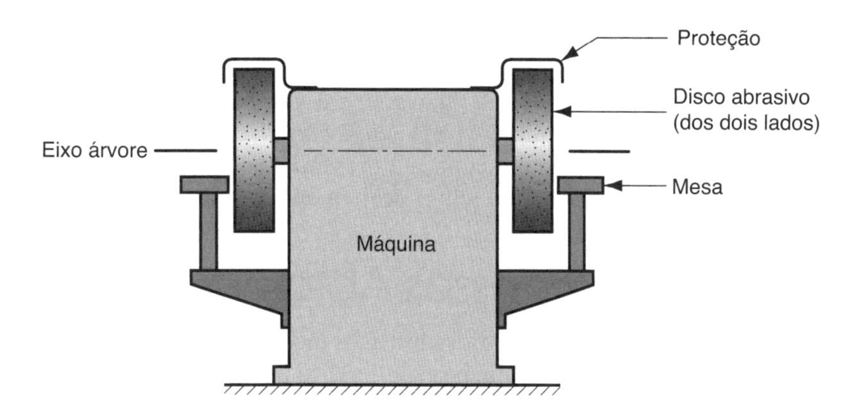

FIGURA 21.14 Configuração típica de uma retificadora de disco (esmeril a disco).

sejam importantes, as retificadoras de gabarito são utilizadas hoje em uma ampla gama de aplicações em que alta precisão e bom acabamento são necessários em componentes endurecidos. O controle numérico está disponível nas modernas retificadoras de gabarito para a obtenção de operações automatizadas.

Retificadoras de disco (disco de esmeril) são máquinas com grandes discos abrasivos montados nas duas extremidades de um eixo horizontal, como na Figura 21.14. O trabalho é executado (geralmente de forma manual) contra a superfície plana do disco abrasivo para realizar a operação de retificação. Algumas retificadoras de disco têm duplo eixo. Ao configurar os discos com o distanciamento adequado, a peça pode ser alimentada automaticamente entre os dois discos e retificada simultaneamente em lados opostos. As vantagens da retificadora de disco são a boa planicidade e o paralelismo com altas taxas de produção.

A ***esmerilhadeira*** tem uma configuração similar à de uma retificadora de disco. A diferença é que a retificação é realizada sobre a periferia externa do rebolo e não sobre a superfície plana lateral. Portanto, os rebolos são diferentes dos discos de retificação. A esmerilhadeira consiste em uma operação manual utilizada para operações de retificação de desbaste, como a remoção de rebarbas de peças fundidas e forjadas, e desbaste de juntas soldadas.

A ***retificação com cinta abrasiva*** (lixadeira) emprega partículas abrasivas coladas a uma cinta (de pano) flexível. Uma configuração típica é ilustrada na Figura 21.15. O suporte da cinta é necessário quando a peça é pressionada contra ela, e esse suporte é fornecido por um rolo ou cilindro situado atrás da cinta. Um cilindro plano é utilizado para as peças que têm uma superfície plana. Um cilindro macio pode ser utilizado, se for desejável que a cinta abrasiva se ajuste ao contorno geral da peça durante a retificação. A velocidade da cinta depende do material que está sendo retificado; é comum um

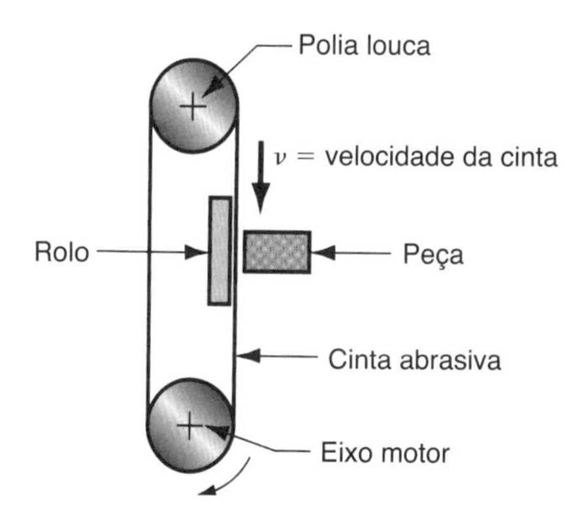

FIGURA 21.15 Retificação com cinta abrasiva.

intervalo de 750 a 1700 m/min [16]. Devido às melhorias nos abrasivos e aglomerantes, a retificação com cinta abrasiva está sendo cada vez mais utilizada para maiores taxas de remoção de material, em vez de retificação de polimento que era a sua aplicação tradicional. O termo ***cinta abrasiva*** (lixadeira) refere-se às aplicações de retífica mais leves, em que a peça é pressionada contra a cinta para remover rebarbas e saliências e produzir um melhor acabamento de forma manual e rápida.

21.2 Outros Processos Abrasivos

Outros processos abrasivos incluem brunimento, lapidação, superacabamento, polimento e espelhamento (polimento fino). São utilizados exclusivamente como operações de acabamento. A forma inicial da peça é criada por algum outro processo; depois, a peça é acabada por uma dessas operações para alcançar acabamento superficial superior. As geometrias usuais de peça e os valores típicos de rugosidade superficial nesses processos estão indicados na Tabela 21.6. A título de comparação, os dados correspondentes da retificação também são apresentados.

Outra classe de operações de acabamento, chamada de acabamento em massa (Subseção 24.1.2), é utilizada no acabamento de peças em lote em vez de individualmente. Esses métodos de acabamento em massa também são utilizados para limpeza e rebarbação.

21.2.1 BRUNIMENTO

Brunimento (*honing*) é um processo abrasivo realizado por um conjunto de segmentos abrasivos ligados. Uma aplicação comum é o acabamento dos furos de camisas de motores de combustão interna. Outras aplicações incluem rolamentos, cilindros hidráulicos e tambores de armas. Os acabamentos superficiais de 0,12 μm, aproximadamente, ou um pouco melhores são obtidos tipicamente nessas aplicações. Além disso, o brunimento produz uma superfície brunida, cruzada, característica que tende a reter a lubrificação durante a operação do componente, contribuindo assim para seu funcionamento e vida útil em serviço.

O processo de brunimento de uma superfície cilíndrica interna é ilustrado pela Figura 21.16. A ferramenta de brunir (brunidor) consiste em um conjunto de segmentos abrasivos montados em um suporte. Quatro segmentos são utilizados na ferramenta exibida na figura, mas o número deles depende do diâmetro do furo. De dois a quatro

TABELA • 21.6 Geometrias de peças típicas para brunimento, lapidação, superacabamento, polimento e espelhamento.

Processo	Geometrias de Peças Típicas	Rugosidade Superficial μm
Retificação, tamanho de grão médio	Superfícies planas, cilindros externos, furos redondos	0,4–1,6
Retificação, tamanho de grão fino	Superfícies planas, cilindros externos, furos redondos	0,2–0,4
Brunimento	Furos redondos (por exemplo, cilindros de motor)	0,1–0,8
Lapidação	Superfícies planas ou ligeiramente esféricas (por exemplo, lentes)	0,025–0,4
Superacabamento	Superfícies planas, cilindros externos	0,013–0,2
Polimento	Formas mistas	0,025–0,8
Espelhamento	Formas mistas	0,013–0,4

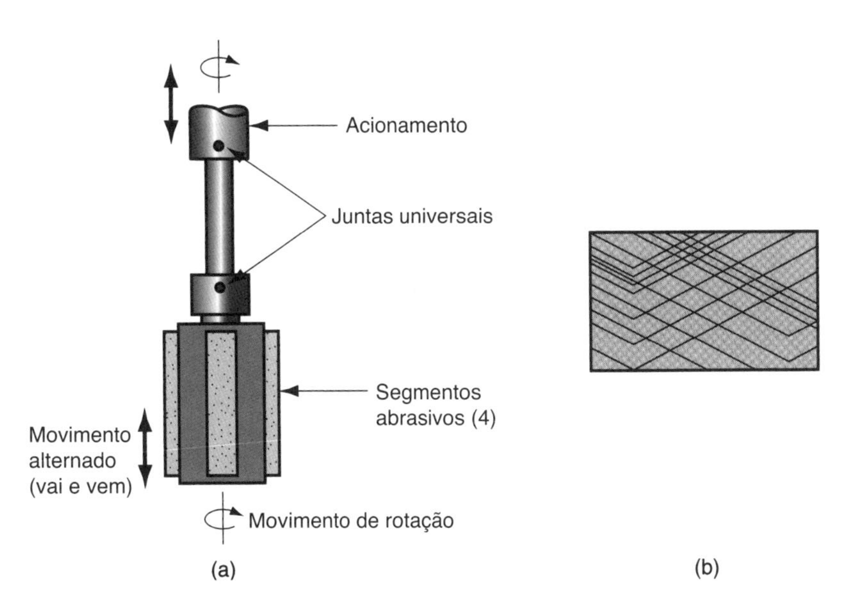

FIGURA 21.16 O processo de brunimento: (a) o brunidor utilizado para superfícies internas e (b) padrão hachurado criado pela ação do brunidor.

segmentos seriam utilizados para furos pequenos (por exemplo, tambores de armas) e dez ou mais seriam utilizados para furos de diâmetro maior. O movimento da ferramenta de brunir é uma combinação de rotação e movimento alternativo linear, regulado de tal forma que um determinado ponto no segmento abrasivo não percorra a mesma trajetória repetidamente. Esse movimento um tanto complexo contribui para o padrão hachurado (riscos diagonais) na superfície do furo. A velocidade de brunimento é de 15 a 150 m/min [3]. Durante o processo, os segmentos são pressionados para fora, contra a superfície do furo, para produzir a ação cortante abrasiva desejada. As pressões de brunimento de 1 a 3 MPa são típicas. O brunidor é mantido no furo por duas juntas universais, fazendo com que a ferramenta acompanhe o eixo do furo definido previamente. O brunimento alarga e dá acabamento ao furo, mas não pode mudar sua localização.

Os tamanhos de grão no brunimento variam de 30 a 600. O mesmo conflito de escolha entre o melhor acabamento e maiores taxas de remoção de material, que existe na retificação, também existe no brunimento. A quantidade de material removido da superfície de trabalho durante uma operação de brunimento pode ser de até 0,5 mm, mas geralmente é muito menos que isso. Um fluido de corte deve ser utilizado no brunimento para refrigerar e lubrificar a ferramenta e ajudar a remover os cavacos.

21.2.2 LAPIDAÇÃO

Lapidação é um processo abrasivo usado para produzir acabamentos superficiais de extrema precisão e suavidade. É utilizada na produção de lentes ópticas, superfícies metálicas de rolamentos, calibres, e outras peças que exigem acabamento muito bom. As peças metálicas sujeitas à fadiga (carregamentos cíclicos), ou superfícies que precisam ser utilizadas para estabelecer uma vedação com uma peça de acoplamento, costumam ser lapidadas.

Em vez de uma ferramenta abrasiva, a lapidação usa uma suspensão fluida de partículas abrasivas muito finas entre a peça e a ferramenta de lapidação. O processo é ilustrado na Figura 21.17, aplicado à confecção de lentes. O fluido com os abrasivos é denominado ***composto de polimento*** e tem a aparência geral de uma massa esbranquiçada. Os fluidos utilizados para fazer o composto incluem óleos e querosene. Os abrasivos comuns são o óxido de alumínio e o carboneto de silício, com tamanhos de grão típicos entre 300 e 600. A ferramenta de lapidação se chama ***disco de lapidar*** e tem o

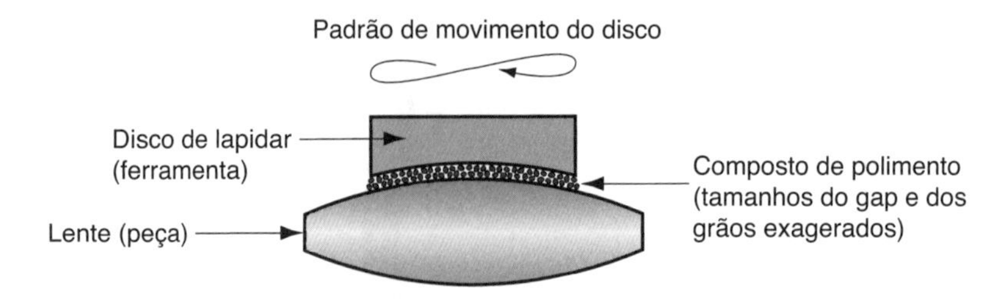

FIGURA 21.17 O processo de lapidação na fabricação de lentes.

formato inverso da forma desejada na peça. Para realizar o processo, o disco é pressionado contra a peça e movido para frente e para trás sobre a superfície em um padrão de movimento em forma de oito, ou outro padrão qualquer, sujeitando todas as partes da superfície à mesma ação. Às vezes a lapidação é efetuada manualmente, mas as máquinas de lapidação executam o processo com maior consistência e eficiência.

Os materiais utilizados para fabricar os discos de lapidar vão do aço e ferro fundido ao cobre e chumbo. Os discos de madeira também têm sido empregados. Como um composto de polimento é utilizado em vez de uma ferramenta abrasiva, o mecanismo pelo qual esse processo funciona é um pouco diferente da retificação e do brunimento. Acredita-se que dois mecanismos de corte alternativos atuem na lapidação [3]. O primeiro mecanismo é que as partículas abrasivas rolam e deslizam entre o disco e a peça, ocorrendo cortes muito pequenos nas duas superfícies. O segundo mecanismo é que os abrasivos se incorporam à superfície do disco, e a ação de corte é muito similar à da retificação. É provável que a lapidação seja uma combinação desses dois mecanismos, dependendo da dureza relativa da peça e do disco. Nos discos feitos de materiais moles, o mecanismo de incorporação do grão à superfície é enfatizado; nos discos duros (rígidos), predomina o mecanismo de rolamento e deslizamento.

21.2.3 SUPERACABAMENTO

Superacabamento é um processo abrasivo similar ao de brunimento. Os dois processos usam um segmento ou bastão abrasivo, em movimento alternado e pressionado contra a superfície a ser acabada. O superacabamento difere do brunimento nos seguintes aspectos [4]: (1) os passes são mais curtos, 5 mm; (2) são utilizadas frequências mais elevadas, até 1500 passes por minuto; (3) são aplicadas pressões menores entre a ferramenta e a superfície, abaixo de 0,28 MPa; (4) a velocidade da peça é menor, 15 m/min ou menos; e (5) os tamanhos de grãos geralmente são menores. O movimento relativo entre a ferramenta abrasiva e a superfície da peça é variado, de modo que os grãos individuais não percorrem novamente a mesma trajetória. Utiliza-se um fluido de corte para refrigerar a superfície da peça e remover os cavacos.

Além disso, o fluido tende a separar a ferramenta abrasiva da superfície da peça após atingir certo nível de acabamento, evitando assim mais ação de corte. O resultado dessas condições de operação é o acabamento espelhado, com rugosidade superficial em torno de 0,025 μm. O superacabamento pode ser utilizado para terminar superfícies externas planas e cilíndricas. O processo é ilustrado na Figura 21.18 quanto às superfícies cilíndricas externas.

21.2.4 POLIMENTO E ESPELHAMENTO

O polimento é utilizado para remover riscos e rebarbas e suavizar superfícies irregulares por meio de grãos abrasivos ligados a um disco de polir que gira a altas velocidades – aproximadamente 2300 m/min. Os discos são feitos de lona, couro, feltro e até mesmo papel; desse modo, eles são um tanto flexíveis. Os grãos abrasivos são colados na perife-

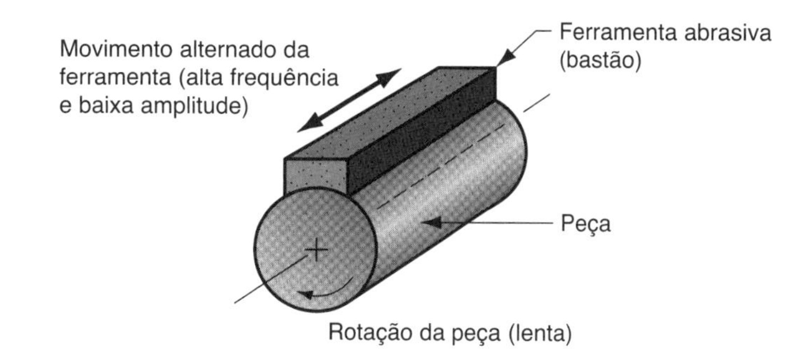

FIGURA 21.18 Superacabamento de uma superfície cilíndrica externa.

ria externa do disco. Após os abrasivos se desgastarem, o disco é alimentado com novos grãos. São utilizadas granulometriais de 20 a 80 para o polimento grosseiro, de 90 a 120 para o polimento de acabamento, e acima de 120 para o polimento fino. As operações de polimento são realizadas quase sempre manualmente.

O ***espelhamento*** é similar ao polimento, no que diz respeito à aparência, mas sua função é diferente. O espelhamento é utilizado para proporcionar superfícies atraentes e altamente lustrosas. Os discos de espelhamento são feitos de materiais similares aos utilizados nos discos de polimento – couro, feltro, algodão etc. – mas, os discos de espelhamento geralmente são mais macios. Os abrasivos são muito finos e estão contidos em uma pasta de polimento, que é pressionada contra a superfície externa do disco enquanto ele gira. Isso contrasta com o polimento em que os grãos abrasivos são colados à superfície do disco. Assim como no polimento, as partículas abrasivas devem ser substituídas periodicamente. O espelhamento é em geral executado manualmente, embora máquinas tenham sido projetadas para realizar o processo automaticamente. Geralmente a velocidade vai de 2400 a 5200 m/min.

Referências

[1] Andrew, C., Howes, T. D., and Pearce, T. R. A. ***Creep Feed Grinding***. Holt, Rinehart and Winston, London, 1985.

[2] ***ANSI Standard B74.13-1977***, "Markings for Identifying Grinding Wheels and Other Bonded Abrasives." American National Standards Institute, New York, 1977.

[3] Armarego, E. J. A., and Brown, R. H. ***The Machining of Metals***. Prentice-Hall, Englewood Cliffs, New Jersey, 1969.

[4] Aronson, R. B. "More Than a Pretty Finish," ***Manufacturing Engineering***, February 2005, pp. 57–69.

[5] Bacher, W. R., and Merchant, M. E. "On the Basic Mechanics of the Grinding Process," ***Transactions ASME***, Series B, Vol. 80, No. 1, 1958, p. 141.

[6] Black, J, and Kohser, R. ***DeGarmo's Materials and Processes in Manufacturing***, 11th ed., John Wiley & Sons, Hoboken, New Jersey, 2012.

[7] Black, P. H. ***Theory of Metal Cutting***. McGraw-Hill, New York, 1961.

[8] Boothroyd, G., and Knight, W. A. ***Fundamentals of Metal Machining and Machine Tools***, 3rd ed. CRC Taylor & Francis, Boca Raton, Florida, 2006.

[9] Boston, O. W. ***Metal Processing***, 2nd ed. John Wiley & Sons, New York, 1951.

[10] Cook, N. H. ***Manufacturing Analysis***. Addison-Wesley, Reading, Massachusetts, 1966.

[11] Drozda, T. J., and Wick, C. (eds.). ***Tool and Manufacturing Engineers Handbook***. 4th ed. Vol. I, ***Machining***. Society of Manufacturing Engineers, Dearborn, Mich., 1983.

[12] Eary, D. F., and Johnson, G. E. ***Process Engineering: for Manufacturing***. Prentice-Hall, Englewood Cliffs, New Jersey, 1962.

[13] Kaiser, R. "The Facts about Grinding." ***Manufacturing Engineering***, Vol. 125, No. 3, September 2000, pp. 78–85.

[14] Krabacher, E. J. "Factors Influencing the Performance of Grinding Wheels." ***Transactions ASME***, Series B, Vol. 81, No. 3, 1959, pp. 187–199.

[15] Krar, S. F. ***Grinding Technology***, 2nd ed. Delmar Publishers, Florence, Kentucky, 1995.

[16] ***Machining Data Handbook***. 3rd ed. Vol. I and II. Metcut Research Associates, Cincinnati, Ohio, 1980.

[17] Malkin, S. ***Grinding Technology: Theory and Applications of Machining with Abrasives***, 2nd ed. Industrial Press, New York, 2008.

[18] Phillips, D. "Creeping Up." ***Cutting Tool Engineering***. Vol. 52, No. 3, March 2000, pp. 32–43.

[19] Rowe, W., ***Principles of Modern Grinding Technology***, Elsevier Applied Science Publishers, New York, 2009.

[20] Salmon, S. "Creep-Feed Grinding Is Surprisingly Versatile," ***Manufacturing Engineering***, November 2004, pp. 59–64.

Questões de Revisão

21.1 Por que os processos abrasivos são importantes, tecnológica e comercialmente?

21.2 Quais são os cinco parâmetros básicos de um rebolo?

21.3 Quais são os principais materiais abrasivos utilizados nos rebolos?

21.4 Mencione alguns dos principais materiais aglomerantes utilizados nos rebolos?

21.5 O que é estrutura do rebolo?

21.6 O que é grau do rebolo?

21.7 Por que os valores de energia específica são muito mais elevados na retificação do que nos processos de usinagem tradicionais, como a fresagem?

21.8 A retificação cria altas temperaturas. De que forma a temperatura pode ser prejudicial à retificação?

21.9 Quais são os três mecanismos de desgaste do rebolo de retificação?

21.10 O que é dressagem, em relação aos rebolos?

21.11 O que é perfilamento, em relação aos rebolos?

21.12 Que material abrasivo alguém poderia escolher para retificar uma ferramenta de corte de metal duro?

21.13 Quais são as funções de um fluido de retificação?

21.14 O que é retificação sem centros (*centerless*)?

21.15 Em que a retificação *creep feed* difere da retificação convencional?

21.16 Em que a retificação com cinta abrasiva difere de uma operação convencional de retificação plana?

21.17 Mencione algumas operações abrasivas disponíveis para atingir acabamentos superficiais muito bons.

Problemas

As respostas para os Problemas indicados com **(A)** são apresentadas no Apêndice, no final do livro.

21.1 **(A)** Diâmetro do rebolo = 150 mm e profundidade de usinagem (penetração) = 0,06 mm em uma operação de retificação plana. Velocidade do rebolo = 1600 m/min, velocidade da peça = 0,30 m/s, e avanço transversal = 5 mm. O número de grãos ativos por área superficial do rebolo = 50 grãos/cm^2. Determine (a) o comprimento médio por cavaco, (b) a taxa de remoção de metal e (c) o número de cavacos formados por unidade de tempo para a parte da operação em que o rebolo está em contato com a peça.

21.2 Em uma operação de retificação cilíndrica externa em um tubo de aço endurecido cujo raio externo = 42,5 m, diâmetro do rebolo = 100 mm e largura do rebolo = 20 mm. A peça gira a uma velocidade superficial de 25 m/min, o rebolo gira a 1800 rpm, profundidade de usinagem (penetração) = 0,05 mm e avanço lateral (transversal) = 0,50 mm/rev. Existem 45 grãos ativos/cm^2 de superfície de rebolo, e a operação é realizada a seco. Determine (a) a taxa de remoção de material, (b) o número de cavacos formados por unidade de tempo e (c) o volume médio por cavaco. (d) Se a força tangencial de corte na peça = 55 N, calcule a energia específica nesta operação.

21.3 Uma operação de retificação cilíndrica interna é utilizada para terminar um furo interno a partir de um diâmetro inicial de 250,00 mm até um diâmetro final de 252,5 mm. O furo tem 125 mm de comprimento. Um rebolo com um diâmetro inicial de 150,00 mm e uma largura de 20,00 mm é utilizado. Após a operação, o diâmetro do rebolo foi reduzido para 149,75 mm. Determine a razão de retificação nesta operação.

21.4 Em uma operação de retificação sem centros (*centerless*), o diâmetro do rebolo = 250 mm e o diâmetro da roda reguladora = 150 mm. O rebolo gira a 1800 rpm e a roda reguladora a 200 rpm. O ângulo de inclinação da roda reguladora = 2,0°. Determine a taxa de produção das peças cilíndricas com 15,0 mm de diâmetro e 135 mm de comprimento.

21.5 Uma operação de retificação sem centros (*centerless*) usa uma roda reguladora com 125 mm de diâmetro e gira a 300 rpm. Em que ângulo de inclinação a roda reguladora deve ser ajustada, se fosse desejado retificar uma peça com comprimento = 1,5 m e diâmetro = 12 mm em exatamente 15 s?

21.6 Deseja-se comparar os tempos de ciclo necessários para retificar uma determinada peça usando a retificação plana tradicional e a retificação *creep feed*. A peça tem 200 mm de comprimento, 30 mm de largura e 75 mm de espessura. Para fazer uma comparação válida, o rebolo em ambos os casos tem 250 mm de diâmetro, 35 mm de largura e gira a 1500 rpm. Deseja-se remover 25 mm de material a partir da superfície. Quando é utilizada a retificação plana tradicional, o avanço é configurado em 0,025 mm, e o rebolo passa duas vezes (para frente e para trás) pela superfície da peça durante cada passe antes de restabelecer nova profundidade. Não há avanço transversal, pois a largura do rebolo é maior que a largura da peça. Cada passe é feito em uma velocidade de 12 m/min, mas o rebolo ultrapassa a peça em ambos os lados. Com a aceleração e desaceleração, o rebolo fica em contato com a peça 50 % do tempo em cada passe. Quando é utilizada a retificação *creep feed*, a profundidade aumenta em 1000 vezes e o avanço diminui em 1000 vezes. Quanto tempo vai levar para completar a operação de retificação (a) com o método tradicional e (b) com a retificação *creep feed*?

21.7 Em certa operação de retificação, o grau do rebolo deve ser "M" (médio), mas o único rebolo disponível é grau "T" (duro). Deseja-se fazer com que o rebolo pareça mais macio promovendo mudanças nas condições de corte. Que mudanças você recomendaria?

21.8 Uma liga de alumínio deve ser retificada em uma operação de retificação cilíndrica externa para obter um bom acabamento superficial. Especifique os parâmetros adequados do rebolo e as condições de retificação para esse trabalho.

21.9 Uma brocha de aço rápido (endurecido) deve ser afiada para atingir um bom acabamento. Especifique os parâmetros adequados do rebolo para esse trabalho.

21.10 Com base nas equações no texto, derive uma equação para calcular o volume médio por cavaco formado no processo de retificação.

22 Processos Não Convencionais de Usinagem

Sumário

22.1 Processos por Energia Mecânica
22.1.1 Usinagem por Ultrassom
22.1.2 Usinagem por Jatos d'Água
22.1.3 Outros Processos Abrasivos Não Convencionais

22.2 Processos de Usinagem Eletroquímica
22.2.1 Usinagem Eletroquímica
22.2.2 Rebarbação e Retificação Eletroquímica

22.3 Processos por Energia Térmica
22.3.1 Processos por Eletroerosão
22.3.2 Usinagem por Feixe de Elétrons
22.3.3 Usinagem por Feixe de Laser
22.3.4 Processos de Corte a Arco
22.3.5 Processos de Corte Oxicombustível

22.4 Usinagem Química
22.4.1 Princípios Mecânicos e Químicos da Usinagem Química
22.4.2 Processos de Usinagem Química

22.5 Considerações Práticas

Os processos de usinagem convencionais (isto é, torneamento, furação, fresamento) usam uma ferramenta de corte afiada para retirar um cavaco da peça por meio de deformação por cisalhamento. Além desses métodos convencionais, há um grupo de processos que usam outros mecanismos para remover material. O termo ***usinagem não convencional*** refere-se a esse grupo que remove o excesso de material por meio de várias técnicas que envolvem energia mecânica, energia térmica, elétrica ou química (ou combinações dessas energias). Eles não usam uma ferramenta de corte afiada como nos processos convencionais.

Os processos não convencionais (ou não tradicionais) vêm sendo desenvolvidos desde a Segunda Guerra Mundial, principalmente em resposta às necessidades de usinagem novas e incomuns que não poderiam ser satisfeitas pelos métodos convencionais. Essas necessidades e a resultante importância comercial e tecnológica dos processos não convencionais incluem:

- A necessidade de usinar materiais metálicos e não metálicos recém-desenvolvidos. Esses novos materiais costumam ter propriedades especiais (por exemplo, alta resistência, alta dureza, alta tenacidade) que dificultam ou impossibilitam a usinagem pelos métodos convencionais.
- A necessidade de produzir peças com geometrias incomuns e/ou complexas que não podem ser obtidas facilmente e, em alguns casos, é impossível obtê-las por usinagem convencional.
- A necessidade de evitar danos superficiais, incluindo frequentemente as tensões residuais criadas pela usinagem convencional.

Muitas dessas necessidades estão associadas com os setores aeroespacial e eletrônico, que se tornaram cada vez mais importantes nas últimas décadas.

Existem literalmente dezenas de processos de usinagem não convencionais; a maioria deles é exclusiva em sua gama de aplicações. No presente capítulo serão abordados os mais importantes. Discussões mais detalhadas desses métodos não tradicionais são apresentadas em várias das referências.

Os processos não convencionais são classificados frequentemente de acordo com a forma principal de energia utilizada para efetuar a remoção do material. Segundo essa classificação, existem quatro tipos:

1. ***Mecânica.*** A energia mecânica em alguma forma que não envolve a ação de uma ferramenta de corte convencional é utilizada nesses processos não convencionais. A erosão do material da peça por um fluxo em alta velocidade de abrasivos ou fluido (ou ambos) é uma forma típica de ação mecânica nesses processos.
2. ***Elétrica.*** Esses processos não convencionais utilizam energia eletroquímica para remover material; o mecanismo é o inverso da galvanoplastia.
3. ***Térmica.*** Esses processos usam energia térmica para cortar ou moldar a peça. A energia térmica é aplicada geralmente em uma parte muito pequena da superfície da peça, fazendo com que essa parte seja removida por fusão e/ou vaporização. A energia térmica é gerada pela conversão a partir da energia elétrica.
4. ***Química.*** A maioria dos materiais (particularmente os metais) é susceptível a um ataque químico por certos ácidos ou outros reagentes. Na usinagem química, os produtos químicos removem seletivamente o material de partes da peça, enquanto outras partes da superfície são protegidas por uma máscara.

22.1 Processos por Energia Mecânica

Esta seção examina vários dos processos não convencionais que usam energia mecânica em vez de uma ferramenta de corte afiada: (1) usinagem por ultrassom; (2) processos a jato d'água; e (3) outros processos abrasivos.

22.1.1 USINAGEM POR ULTRASSOM

A usinagem por ultrassom (USM, do inglês *ultrasonic machining*) é um processo de usinagem não convencional em que os abrasivos contidos em uma suspensão são movidos em alta velocidade contra a peça por uma ferramenta vibratória em baixa amplitude e alta frequência. As amplitudes são em torno de 0,075 mm, e as frequências são de aproximadamente 20.000 Hz. A ferramenta oscila em uma direção perpendicular à superfície da peça e é avançada lentamente para a peça, de modo que a forma da ferramenta é transmitida para a peça. Entretanto, é a ação dos abrasivos, colidindo com a superfície da peça, que realiza o corte. A disposição geral do processo USM é mostrada na Figura 22.1.

Os materiais para ferramentas comuns usados na USM incluem aços-carbono e aços inoxidáveis. Os materiais abrasivos na USM incluem nitreto de boro, carboneto de boro, óxido de alumínio, carboneto de silício e diamante. O tamanho de grão (Subseção 12.1.1) varia de 100 a 2000. A amplitude de vibração deve ser configurada aproximadamente igual ao tamanho do grão, e o tamanho do *gap* deve ser mantido em aproximadamente duas vezes o tamanho do grão. Até um grau significativo, o tamanho do grão determina o acabamento superficial na nova superfície da peça. Além do acabamento superficial, a taxa de remoção de material é uma variável de desempenho importante em usinagem por ultrassom. Para um determinado material da peça, a taxa de remoção na USM aumenta com maior frequência e amplitude de vibração.

A ação de corte na usinagem por ultrassom atua na ferramenta e também na peça. À medida que as partículas abrasivas corroem a superfície da peça, elas também desgastam a ferramenta, afetando assim a sua forma. Portanto, é importante conhecer os volumes relativos de material da peça e de material da ferramenta removidos durante o processo – de modo similar à razão de retificação (Subseção 22.1.2). Essa razão de ma-

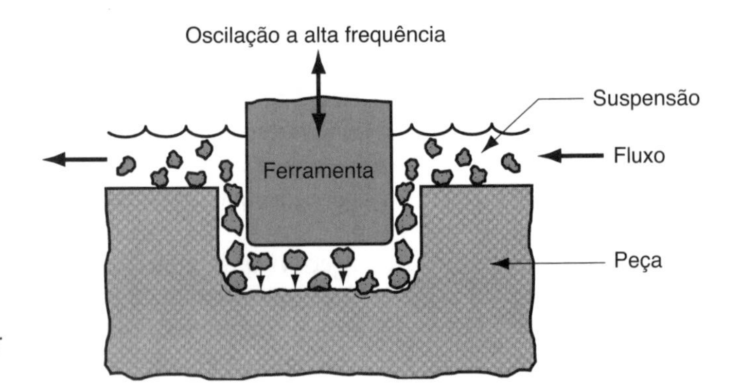

FIGURA 22.1 Usinagem por ultrassom.

terial removido em relação ao desgaste da ferramenta varia de acordo com os diferentes materiais de peça, de 100:1 para o corte de vidro até aproximadamente 1:1 para o corte de aço ferramenta.

A suspensão na USM consiste em uma mistura de água e partículas abrasivas. A concentração de abrasivos na água varia de 20 % a 60 % [5]. A suspensão deve circular continuamente para manter grãos novos em ação no intervalo (*gap*) entre a ferramenta e a peça. Ela também remove os cavacos e grãos desgastados criados pelo processo de corte.

O desenvolvimento da usinagem por ultrassom foi motivado pela necessidade de usinar materiais duros e frágeis, tais como as cerâmicas, o vidro e os carbonetos. Também é utilizada com sucesso em certos metais, como o aço inoxidável e o titânio. As formas obtidas pela USM incluem furos não redondos, furos passantes ao longo de um eixo curvo e operações de cunhagem, nas quais um padrão de imagem na ferramenta é transferido para uma superfície plana da peça.

22.1.2 USINAGEM POR JATOS D'ÁGUA

Os dois processos descritos nesta seção removem material por meio de jatos d'água em alta velocidade, ou uma combinação de água e abrasivos.

Corte por Jato d'Água O corte por jato d'água (WJC, do inglês *water jet cutting*) usa um jato d'água fino, de alta pressão e em alta velocidade, direcionado para a superfície da peça para provocar o corte, conforme ilustrado na Figura 22.2. Para obter o jato d'água fino, utiliza-se uma pequena abertura de bocal com 0,1 a 0,4 mm de diâmetro. Para proporcionar fluxo de energia suficiente para o corte, são utilizadas pressões de até 400 MPa, e o jato atinge velocidades de até 900 m/s. O fluido é pressurizado, até o nível desejado, por uma bomba hidráulica. A unidade do bocal consiste em um suporte feito de aço inoxidável e um precioso bocal feito de safira, rubi ou diamante. O bocal de diamante dura mais, porém custa mais. Devem ser utilizados sistemas de filtração no corte por jato d'água para separar os cavacos produzidos durante o processo.

Os fluidos de corte empregados no corte por jato d'água são soluções de polímeros, que são preferidas em virtude de sua tendência a produzir um jato coerente. Os fluidos de corte foram discutidos antes, no contexto da usinagem convencional (Seção 19.4), mas o termo jamais foi tão bem aplicado quanto no corte por jato d'água.

Os parâmetros importantes para o processo incluem a distância do bocal, o diâmetro da abertura do bocal, a pressão d'água e a velocidade de avanço do corte. Como mostrado na Figura 22.2, a ***distância do bocal*** é a distância entre a abertura do bocal e a superfície da peça. Geralmente é desejável que essa distância seja pequena, para minimizar a dispersão do fluxo do fluido antes que ele atinja a superfície. A distância típica do bocal é de 3,2 mm. O tamanho do orifício do bocal afeta a precisão do corte; aberturas menores são utilizadas para cortes mais finos em materiais mais finos. Para cortar materiais mais espessos, é necessário utilizar um jato de maior fluxo e pressões

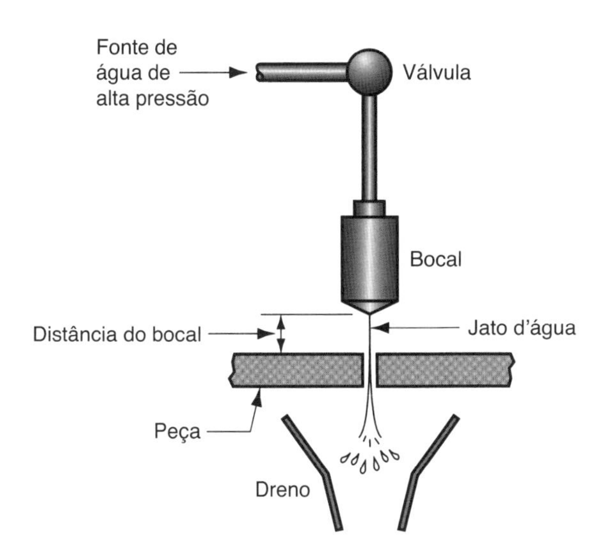

FIGURA 22.2 Corte por jato d'água.

mais elevadas. A velocidade de avanço do corte refere-se à velocidade com que o bocal do corte por jato d'água percorre ao longo da linha de corte. As velocidades de avanço típicas variam de 5 mm/s a mais de 500 mm/s, dependendo do material da peça e de sua espessura [5]. O processo de corte por jato d'água geralmente é automatizado usando controle numérico computadorizado ou robôs industriais para manipular a unidade de bocal ao longo da trajetória desejada.

O corte com jato d'água pode ser utilizado eficazmente para cortar contornos estreitos em materiais planos, como plásticos, têxteis, materiais compósitos, placas de piso, carpetes, couro e papelão. Podem ser instaladas células automatizadas com bicos de corte por jato d'água, montadas em uma ferramenta robótica, para traçar perfis de gabaritos de corte irregulares nas três dimensões, como no corte e recorte de painéis de automóveis antes da montagem [9]. Nessas aplicações, as vantagens do corte por jato d'água incluem (1) ausência de rebarbas ou de queima da superfície da peça, típicas em outros processos mecânicos ou térmicos, (2) perda mínima de material devido à zona de corte estreita, (3) ausência de poluição ambiental e (4) facilidade de automatizar o processo. Uma limitação do corte por jato d'água é que o processo não é adequado para cortar materiais frágeis (por exemplo, vidro) devido à sua tendência a trincar durante o corte.

Corte por Jato d'Água Abrasivo Quando o corte por jato d'água é usado em peças metálicas, devem ser acrescentadas partículas abrasivas ao jato d'água para facilitar o corte. Portanto, esse processo se chama ***corte por jato d'água abrasivo*** (AWJC, do inglês *abrasive water jet cutting*). A introdução das partículas abrasivas no fluxo complica o processo ao aumentar o número de parâmetros que devem ser controlados. Entre os parâmetros adicionais, temos o tipo de abrasivo, o tamanho do grão e a taxa de fluxo. O óxido de alumínio, o dióxido de silício e a granada (um mineral de silicato) são materiais abrasivos típicos, em tamanhos de grãos que variam de 60 a 120. As partículas abrasivas são acrescentadas ao fluxo de água em aproximadamente 0,25 kg/min após o mesmo ter saído do bocal.

Os outros parâmetros do processo incluem os que são comuns ao corte por jato d'água: o diâmetro de abertura do bocal, a pressão d'água e a distância do bocal. Os diâmetros do orifício do bocal variam de 0,25 a 0,63 mm – um pouco maiores que no corte por jato d'água, para permitir taxas de fluxo maiores e maior energia contida no fluxo antes da injeção dos abrasivos. As pressões d'água são aproximadamente as mesmas que no corte por jato d'água. As distâncias do bocal são um pouco menores, para minimizar o efeito da dispersão do fluido de corte que agora contém partículas abrasivas. As distâncias do bocal típicas estão entre ¼ e ½ das distâncias utilizadas no corte por jato d'água.

22.1.3 OUTROS PROCESSOS ABRASIVOS NÃO CONVENCIONAIS

Dois outros processos de energia mecânica usam abrasivos para fazer a rebarbação e o polimento ou outras operações em que muito pouco material é removido.

Usinagem por Jato Abrasivo Sem confundir com o corte por jato d'água abrasivo, é o processo chamado usinagem por jato abrasivo (AJM, do inglês *abrasive jet machining*), um processo de remoção de material causado pela ação de um jato de gás em alta velocidade, contendo pequenas partículas abrasivas, como mostrado na Figura 22.3. O gás é seco e as pressões de 0,2 a 1,4 MPa são utilizadas para empurrar esse gás através dos orifícios dos bocais, com diâmetro de 0,075 a 1,0 mm, em velocidades de 2,5 a 5,0 m/s. Os gases incluem ar seco, nitrogênio, dióxido de carbono e hélio.

Normalmente, o processo é feito de forma manual por um operador que direciona o bocal até a peça. As distâncias típicas entre a ponta do bocal e a superfície da peça variam de 3 a 75 mm. A estação de trabalho deve ser configurada para proporcionar ventilação adequada ao operador.

A usinagem por jato abrasivo é utilizada normalmente como um processo de acabamento, em vez de um processo de produção para corte. As aplicações incluem rebarbação, esmerilhamento, limpeza e polimento. O corte é feito, com êxito, em materiais duros e frágeis (por exemplo, vidro, silício, mica e cerâmica) em forma de chapas finas e planas. Os abrasivos típicos utilizados na usinagem por jato abrasivo incluem óxido de alumínio (para alumínio e latão), carboneto de silício (para aço inoxidável e cerâmica) e esferas de vidro (para polimento). Os tamanhos dos grãos são pequenos, de 15 a 40 μm de diâmetro, e devem ser uniformes para uma determinada aplicação. É importante não reciclar os abrasivos, pois os grãos usados fraturam (e, portanto, ficam menores), desgastam-se e se contaminam.

Usinagem por Fluxo Abrasivo Esse processo foi desenvolvido nos anos 1960 para rebarbar e polir áreas de difícil acesso usando partículas abrasivas misturadas com um polímero viscoelástico, que é forçado a escoar através ou em torno das superfícies e bordas da peça. O polímero tem a consistência de massa de vidro. O carboneto de silício é um abrasivo típico. A usinagem por fluxo abrasivo (AFM, do inglês *abrasive flow machining*) é bastante conveniente para as passagens internas, que quase sempre são inacessíveis pelos métodos convencionais. A mistura abrasivo-polímero, chamada de mídia de jateamento, passa pelas regiões alvos da peça submetidas a pressões que variam de 0,7 a 20 MPa. Além de rebarbar e polir, outras aplicações da AFM incluem a formação de raios em arestas de corte, remoção de asperezas em superfícies de fundidos e outras operações de acabamento. Essas aplicações são encontradas nos setores aeroespacial, automotivo e de fabricação de matrizes. O processo pode ser automatizado, para dar acabamento a centenas de peças, por hora, e assim torná-lo viável e econômico.

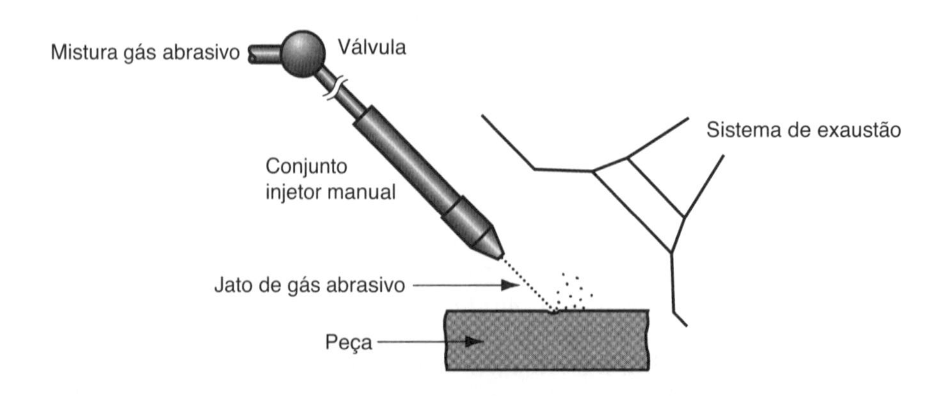

FIGURA 22.3 Usinagem por jato abrasivo (AJM).

Uma configuração comum é posicionar a peça entre dois cilindros opostos, um contendo a mídia e o outro vazio. A mídia é forçada a fluir para a peça, partindo do primeiro cilindro para o outro, e depois novamente, quantas vezes forem necessárias para alcançar a remoção de material e o acabamento desejado.

22.2 Processos de Usinagem Eletroquímica

Um grupo importante de processos não convencionais utiliza a energia elétrica para remover material. Esse grupo é identificado pelo termo ***processos eletroquímicos***, pois a energia elétrica é utilizada em combinação com reações químicas para realizar a remoção de material. Na verdade, esses processos são o inverso da galvanoplastia (Subseção 24.3.1). O material da peça deve ser um condutor nos processos de usinagem eletroquímica.

22.2.1 USINAGEM ELETROQUÍMICA

O processo básico nesse grupo é a usinagem eletroquímica (ECM, do inglês *electrochemical machining*). A usinagem eletroquímica remove metal de uma peça condutora de eletricidade por meio de dissolução anódica, na qual a forma da peça é obtida por uma ferramenta eletrodo em grande proximidade com a peça, mas sem tocá-la, por meio de um eletrólito fluindo rapidamente. A ECM é basicamente uma operação de desgalvanização. Conforme ilustrado na Figura 22.4, a peça é o anodo, e a ferramenta é o catodo. O princípio subjacente ao processo é que esse material é desgalvanizado do anodo (o polo positivo) e depositado no catodo (o polo negativo) na presença de um banho eletrolítico (Seção 4.5). A diferença na ECM é que o banho de eletrólito flui rapidamente entre os dois polos e carrega o produto da reação, de modo que ele não se deposita sobre a ferramenta.

O eletrodo (ferramenta), feito geralmente de cobre, latão ou aço inoxidável, é concebido para possuir aproximadamente o perfil inverso da forma final desejada para a peça. Deve ser permitida uma tolerância no dimensionamento da ferramenta para que haja o *gap* entre a ferramenta e a peça. Para efetuar a remoção do material, o eletrodo é avançado na peça a uma taxa igual à de remoção do material da peça. A taxa de remoção de material é determinada pela Primeira Lei de Faraday, que afirma que a quantidade de mudanças químicas produzidas por uma corrente elétrica (isto é, a quantidade de metal dissolvido) é proporcional à quantidade de eletricidade que passa pela solução (corrente $\times$ tempo):

$$V = CIt \tag{22.1}$$

em que V = volume de metal removido, mm^3; C = uma constante chamada taxa de remoção específica que depende do peso atômico, da valência e da densidade do material da peça, mm^3/A-s; I = corrente, A; e t = tempo, s.

Com base na lei de Ohm, corrente $I = E/R$, em que E = tensão elétrica, e R = resistência elétrica. Sob as condições de operação da ECM, a resistência é fornecida por

$$R = \frac{gr}{A} \tag{22.2}$$

em que g = *gap* entre o eletrodo e a peça, mm; r = resistividade do eletrólito, ohm-mm; e A = área de superfície entre a peça e a ferramenta no *gap* de trabalho frontal, mm^2. Substituindo essa expressão em R na lei de Ohm,

$$I = \frac{EA}{gr} \tag{22.3}$$

E substituindo essa equação na equação que define a lei de Faraday,

$$V = \frac{C(EAt)}{gr} \tag{22.4}$$

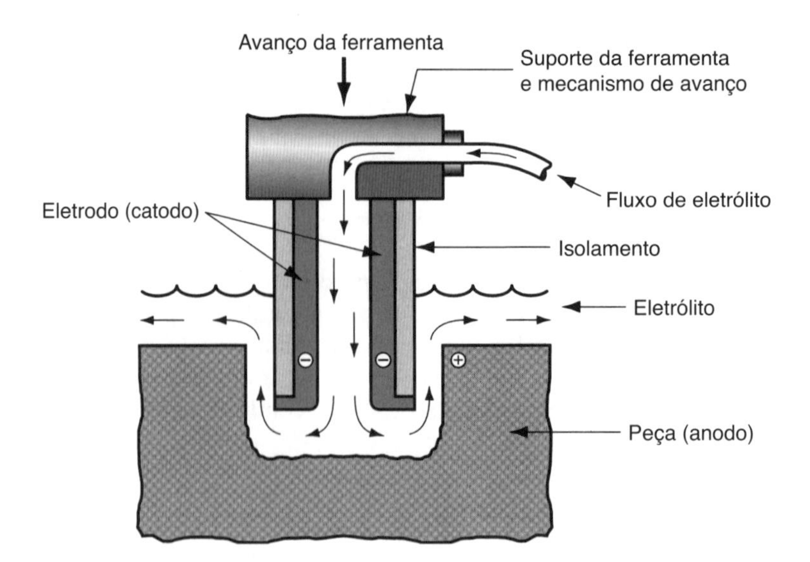

FIGURA 22.4 Usinagem eletroquímica (ECM).

É conveniente converter essa equação em uma expressão para a velocidade de avanço, ou seja, a velocidade em que o eletrodo pode avançar para a peça. Essa conversão pode ser feita em duas etapas. Primeiro, dividindo os dois lados da Equação (22.4) por At (área × tempo) para converter o volume de metal removido em uma taxa de deslocamento linear:

$$\frac{V}{At} = v_f = \frac{CE}{gr} \tag{22.5}$$

em que v_f = velocidade de avanço, mm/s. Segundo, substitua I/A no lugar de $E/(gr)$, conforme fornecido pela Equação (22.3). Desse modo, a velocidade de avanço na usinagem eletroquímica será

$$v_f = \frac{CI}{A} \tag{22.6}$$

em que A = área frontal do eletrodo, mm^2. Essa é a área projetada da ferramenta na direção de avanço na peça. Os valores da taxa de remoção específica C são apresentados na Tabela 22.1 para vários materiais de trabalho. Repare que essa equação supõe uma eficiência de 100 % de remoção de material. A eficiência real está na faixa de 90 % a 100 % e depende da forma da ferramenta, da tensão e da densidade de corrente, além de outros fatores.

TABELA • 22.1 Valores típicos da taxa de remoção específica C para materiais de trabalho selecionados em usinagem eletroquímica.

Material[a]	Taxa de Remoção Específica C mm³/amp-s	Material[a]	Taxa de Remoção Específica C mm³/amp-s
Alumínio (3)	$3,44 \times 10^{-2}$	Aços:	
Cobre (1)	$7,35 \times 10^{-2}$	Baixa liga	$3,0 \times 10^{-2}$
Ferro (2)	$3,69 \times 10^{-2}$	Alta liga	$2,73 \times 10^{-2}$
Níquel (2)	$3,42 \times 10^{-2}$	Inoxidável	$2,46 \times 10^{-2}$
		Titânio (4)	$2,73 \times 10^{-2}$

Dados compilados de [8].

[a] As valências mais comuns fornecidas entre parênteses ( ) são consideradas na determinação da taxa de remoção específica C. Para valência diferente, multiplique C pela valência mais comum e divida pela atual valência.

Exemplo 22.1
Usinagem eletroquímica

Uma operação de ECM deve ser utilizada para fazer um furo em uma chapa de alumínio de 12 mm de espessura. O furo tem uma seção transversal retangular de 10 mm por 30 mm. A operação de ECM será realizada com uma corrente = 1200 A. A eficiência deverá ser de 95 %. Determine a velocidade de avanço e o tempo necessário para cortar a chapa.

Solução: De acordo com a Tabela 22.1, a taxa de remoção específica C do alumínio = $3{,}44 \times 10^{-2}$ mm³/A-s. A área frontal do eletrodo A = 10 mm × 30 mm = 300 mm². Em um nível de corrente de 1200 A, a velocidade de avanço será

$$v_f = 0{,}0344 \text{ mm}^3/\text{A-s} = 0{,}1376 \text{ mm/s}$$

A uma eficiência de 95 %, a velocidade de avanço real será

$$v_f = 0{,}1376 \text{ mm/s } (0{,}95) = \mathbf{0{,}1307 \text{ mm/s}}$$

O tempo da máquina através da chapa de 12 mm será

$$T_m = \frac{12{,}0}{0{,}1307} = 91{,}8 \text{ s} = \mathbf{1{,}53 \text{ min}}$$

As equações precedentes indicam os parâmetros de processo importantes para determinar a taxa de remoção de metal e a velocidade de avanço em usinagem eletroquímica: distância do *gap* g, resistividade do eletrólito r, corrente I e área frontal do eletrodo A. A distância do *gap* (folga) precisa ser controlada rigorosamente. Se g ficar grande demais, o processo eletroquímico desacelerará. No entanto, se o eletrodo tocar a peça, ocorrerá um curto-circuito, que interromperá o processo. Por uma questão prática, a distância do *gap* é mantida frequentemente dentro da faixa de 0,075 a 0,75 mm.

A água é utilizada como base para o eletrólito na ECM. Para reduzir a resistividade do eletrólito, sais, como o NaCl ou $NaNO_3$, são adicionados à solução. Além de carregar da área de trabalho o material que foi removido da peça, o fluxo de eletrólito também serve para remover o calor e as bolhas de hidrogênio, criados nas reações químicas do processo. O material é removido da peça na forma de partículas microscópicas que devem ser separadas do eletrólito por meio de centrifugação, sedimentação ou outros meios. As partículas separadas formam uma lama espessa, cujo descarte é um problema ambiental associado à usinagem eletroquímica.

É necessária uma grande quantidade de energia elétrica para realizar a ECM. Como as equações indicam, a taxa de remoção de metal é determinada pela potência elétrica, especificamente a densidade de corrente que pode ser fornecida para a operação. A tensão na usinagem eletroquímica é mantida relativamente baixa para minimizar a formação de arco elétrico na folga.

A usinagem eletroquímica é utilizada geralmente em aplicações em que o metal da peça é muito duro ou difícil de usinar, ou em que a geometria da peça é difícil (ou impossível) de obter pelos métodos de usinagem convencionais. A dureza da peça não faz diferença na ECM, pois a remoção de metal não é mecânica. As aplicações típicas de ECM incluem (1) ***matrizes profundas***, que envolvem a usinagem de formas irregulares e contornos em matrizes de forjamento, moldes de plástico e outras ferramentas de moldagem; (2) furação múltipla, na qual muitos furos podem ser feitos simultaneamente com ECM, e furação convencional provavelmente exigiria que os furos fossem feitos sequencialmente; (3) furos que não sejam redondos, pois a ECM não usa brocas giratórias; e (4) rebarbação.

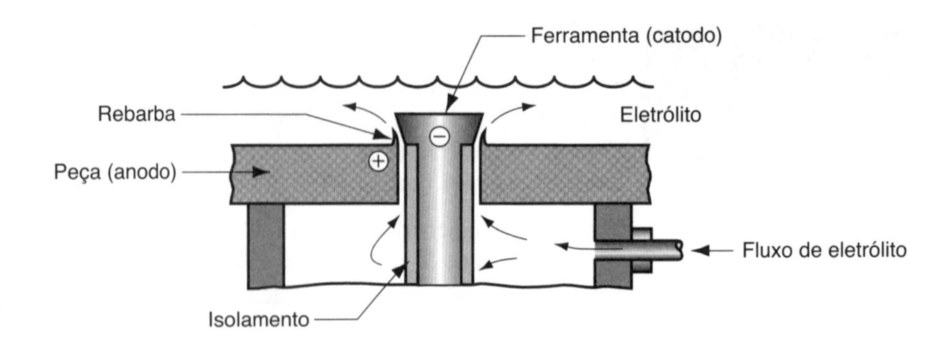

FIGURA 22.5 Rebarbação eletroquímica (ECD).

As vantagens da ECM incluem (1) poucos danos à superfície da peça, (2) nenhuma rebarba, como em usinagem convencional, (3) baixo desgaste da ferramenta (o desgaste da ferramenta resulta apenas do fluxo de eletrólito) e (4) taxas de remoção de metal relativamente altas em metais duros e difíceis de usinar. As desvantagens da ECM são (1) custo significativo da energia elétrica para acionar a operação e (2) problemas de descarte da lama (borra) do eletrólito.

22.2.2 REBARBAÇÃO E RETIFICAÇÃO ELETROQUÍMICA

Rebarbação eletroquímica (ECD, do inglês *electrochemical deburring*) é uma adaptação da usinagem eletroquímica, concebida para remover rebarbas ou arredondar cantos vivos em peças metálicas por meio de dissolução anódica. Uma possível configuração para a ECD é exibida na Figura 22.5. O furo na peça, com rebarbas afiadas, é do tipo produzido em uma operação de furação convencional de furo passante. O eletrodo (ferramenta) é projetado para concentrar a ação de remoção de metal sobre a rebarba. As partes da ferramenta que não estão sendo usadas para usinar são isoladas. O eletrólito flui através do furo para levar as partículas de rebarba. Os princípios de operação da usinagem eletroquímica também se aplicam à rebarbação eletroquímica. No entanto, uma vez que muito menos material é removido na rebarbação eletroquímica, o tempo de ciclo é muito menor. Um tempo de ciclo típico na ECD é menor que um minuto. O tempo pode ser maior, se for desejável arredondar os cantos além de remover a rebarba.

A ***retificação eletroquímica*** (ECG, do inglês *electrochemical grinding*) é uma forma especial de usinagem eletroquímica na qual um rebolo de retificação com um material aglomerante condutivo é utilizado para aumentar a dissolução anódica da superfície da peça metálica, conforme ilustrado na Figura 22.6. Os abrasivos utilizados na ECG incluem o óxido de alumínio e o diamante. O material aglomerante é metálico (para

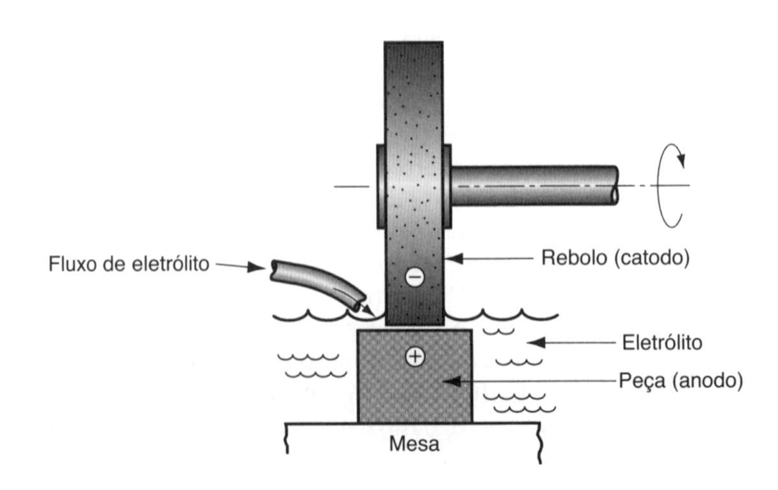

FIGURA 22.6 Retificação eletroquímica (ECG).

abrasivos de diamante) ou é resina aglomerante impregnada com partículas metálicas para transformá-la em um condutor elétrico (para óxido de alumínio). Os grãos abrasivos salientes do rebolo em contato com a peça estabelecem a distância do *gap* na ECG. O eletrólito flui através do *gap* entre os grãos para desempenhar seu papel na eletrólise.

A decapagem é responsável por 95 %, ou mais, da remoção de metal na ECG, e a ação abrasiva do rebolo remove os 5 % restantes, ou menos, principalmente na forma de películas de sal que se formaram durante as reações eletroquímicas na superfície da peça. Como a maior parte da usinagem é feita pela ação eletroquímica, o rebolo na ECG dura muito mais do que um rebolo na retificação convencional. O resultado é uma razão de retificação muito maior. Além disso, a dressagem do rebolo é muito menos necessária. Essas são as vantagens significativas do processo. As aplicações da retificação eletroquímica incluem afiação de ferramentas de metal duro (carboneto sinterizado) e retificação de agulhas cirúrgicas, tubos de paredes finas e peças frágeis.

22.3 Processos por Energia Térmica

Os processos de remoção de material baseados em energia térmica são caracterizados por temperaturas localizadas muito altas – suficientemente quentes para remover o material por fusão ou vaporização. Devido às altas temperaturas, esses processos ocasionam danos físicos e metalúrgicos à nova superfície da peça. Em alguns casos, o acabamento resultante é tão ruim, que é necessário um processamento subsequente para polir a superfície. Esta seção examina vários processos por energia térmica que são comercialmente importantes: (1) usinagem por eletroerosão e eletroerosão a fio, (2) usinagem por feixe de elétrons, (3) usinagem a laser, (4) processos de corte a arco e (5) processos de corte oxicombustível.

22.3.1 PROCESSOS POR ELETROEROSÃO

Os processos por eletroerosão removem metal por meio de uma série de descargas elétricas discretas (faíscas) que provocam temperaturas localizadas suficientemente altas para fundir ou vaporizar o metal na proximidade imediata da descarga. Os dois processos principais nessa categoria são (1) usinagem por eletroerosão e (2) usinagem por eletroerosão a fio. Esses processos podem ser utilizados apenas em peças de materiais eletricamente condutores.

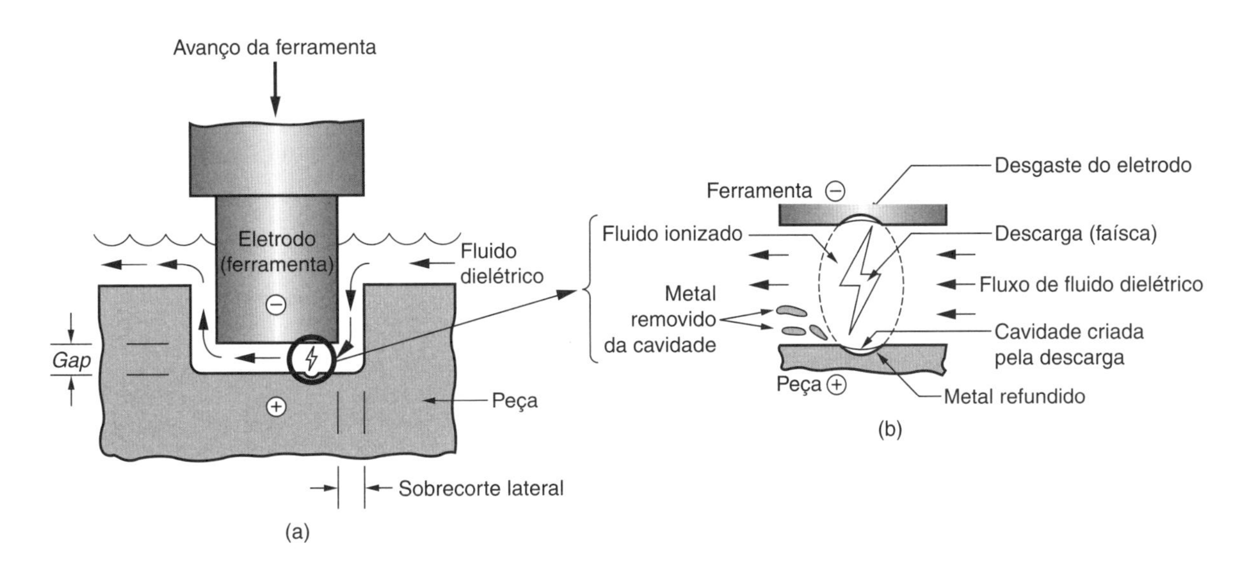

FIGURA 22.7 Usinagem por eletroerosão (EDM): (a) configuração geral, e (b) vista ampliada do *gap*, mostrando a descarga e a remoção de material.

Usinagem por Eletroerosão A usinagem por eletroerosão (EDM, do inglês *electric discharge machining*) é um dos processos não convencionais mais utilizados. A Figura 22.7 ilustra uma configuração de EDM. A forma da superfície da peça acabada é produzida por um eletrodo com a forma desejada. As faíscas ocorrem através de um pequeno *gap* entre a ferramenta e a superfície da peça. O processo de EDM deve ocorrer na presença de um fluido dielétrico, que cria um caminho para cada descarga à medida que o fluido fica ionizado na região do *gap*. As descargas são geradas por uma fonte de alimentação de corrente direta (contínua) pulsada, ligada à peça e à ferramenta.

A Figura 22.7(b) mostra uma vista ampliada do *gap* entre a ferramenta e a peça. A descarga ocorre no local em que as duas superfícies estão mais próximas. O fluido dielétrico é ionizado nesse local e cria um caminho para a descarga. A região em que ocorre a descarga se aquece a temperaturas extremamente altas, de modo que uma pequena parte da superfície da peça se funde repentinamente e é removida. Depois o dielétrico, fluindo, libera a pequena partícula (chamada de "cavaco"). Como a superfície da peça no local da descarga anterior agora está separada da ferramenta por uma distância maior, esse local é menos propenso a ser o sítio de outra faísca até as regiões circundantes terem sido reduzidas ao mesmo nível ou inferior. Embora as descargas individuais removam o metal em pontos muito localizados, elas ocorrem centenas ou milhares de vezes por segundo, de modo que a erosão gradual de toda a superfície ocorre na área do *gap*.

Dois importantes parâmetros de processo em EDM são a corrente de descarga e a frequência de ocorrência das descargas. À medida que algum desses parâmetros aumenta, a taxa de remoção de metal aumenta. A rugosidade superficial também é afetada pela corrente e pela frequência, como mostra a Figura 22.8(a). O melhor acabamento superficial é obtido na EDM operando em altas frequências e baixas correntes de descarga. À medida que o eletrodo penetra a peça, ocorre o sobrecorte lateral (*overcutting*). ***Sobrecorte lateral*** em EDM é a distância pela qual a cavidade usinada na peça ultrapassa o tamanho da ferramenta em cada lado da mesma, conforme ilustrado na Figura 22.7(a). Ele é produzido porque as descargas elétricas ocorrem nos lados da ferramenta e também em sua área frontal. O tamanho do sobrecorte lateral é uma função da corrente e da frequência, como mostra a Figura 22.8(b), e pode equivaler a vários centésimos de milímetros.

As altas temperaturas da faísca que fundem a peça também fundem a ferramenta, criando uma pequena cavidade na superfície oposta à cavidade produzida na peça. O desgaste da ferramenta é medido normalmente como a taxa de remoção de material da peça com relação ao material removido da ferramenta (similar à razão de retificação). Essa taxa de desgaste varia entre 1,0 e 100, ou um pouco mais do que isso, dependendo da combinação dos materiais da peça e do eletrodo. Os eletrodos são feitos de grafite, cobre, latão, cobre tungstênio, prata tungstênio e outros materiais. A escolha depende do tipo de fonte de energia disponível na máquina de EDM, do tipo de material da peça a ser usinada e se a operação a ser realizada é de desbaste ou de acabamento. Grafite

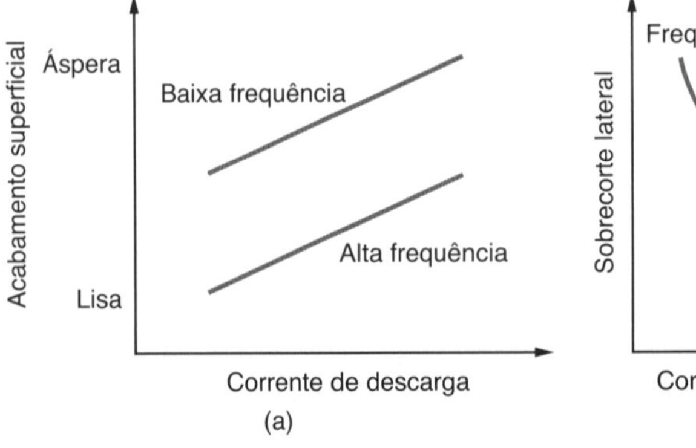

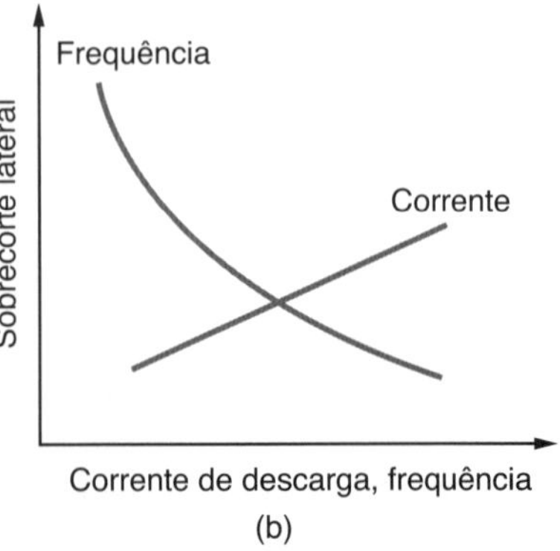

FIGURA 22.8 (a) Acabamento superficial em EDM em função da corrente de descarga e da frequência das descargas. (b) Sobrecorte lateral em EDM em função da corrente de descarga e da frequência das descargas.

é o material preferido para muitas aplicações devido a suas características de fusão. Na verdade, a grafite não se funde. Ela vaporiza em temperaturas muito altas, e a cavidade criada pela faísca geralmente é menor que a criada na maioria dos demais materiais de eletrodo para EDM. Consequentemente, na maioria das vezes é obtida uma alta razão entre a remoção de material da peça e o desgaste da ferramenta de grafite.

A dureza e a resistência do material da peça não são fatores relevantes em EDM, pois o processo não é uma competição de dureza entre a ferramenta e a peça. O ponto de fusão do material da peça é uma propriedade importante, e a taxa de remoção de metal pode ser relacionada com o ponto de fusão de forma aproximada pela seguinte fórmula empírica, baseada em uma equação descrita por Weller [18]:

$$\varphi_{RM} = \frac{KI}{T_f^{1,23}} \tag{22.7}$$

em que φ_{RM} = taxa de remoção de metal, mm³/s; K = constante de proporcionalidade cujo valor = 664; I = corrente de descarga, A; e T_f = temperatura de fusão do metal da peça, °C. Os pontos de fusão de metais selecionados são mostrados na Tabela 4.1.

Exemplo 22.2
Usinagem por Eletroerosão

O cobre deve ser usinado em uma operação de EDM. Considerando que a corrente de descarga = 25 A, qual é a taxa de remoção de metal prevista?

Solução: Segundo a Tabela 4.1, o ponto de fusão do cobre é 1083 °C. Usando a Equação (22.7), a taxa de remoção de metal prevista é

$$\varphi_{RM} = \frac{664(25)}{1083^{1,23}} = \mathbf{3{,}07\ mm^3/s}$$

Os fluidos dielétricos usados na EDM incluem óleos de hidrocarbonetos, querosene e água destilada ou deionizada. O fluido dielétrico serve como isolante no *gap*, exceto quando ocorre ionização na presença de uma faísca. Suas outras funções são limpar os cavacos para retirá-los do *gap* e remover o calor da ferramenta e da peça.

As aplicações de uma usinagem por eletroerosão incluem a fabricação de ferramentas e a produção de peças. O ferramental para muitos dos processos mecânicos discutidos neste livro é feito frequentemente por EDM, incluindo moldes para injeção de plásticos, matrizes de extrusão, fieiras de trefilação, matrizes de forjamento e matrizes para estampagem de chapas metálicas. Assim como na usinagem eletroquímica, o termo ***matriz profunda*** é utilizado para operações em que é produzida uma cavidade de molde, e o processo EDM é por vezes referido como ***eletroerosão por penetração***. Para muitas das aplicações, os materiais utilizados para fabricar as ferramentas são difíceis (ou impossíveis) de usinar pelos métodos convencionais. Certas peças de produção também exigem a aplicação de EDM. Entre os exemplos temos as peças delicadas que não são suficientemente rígidas para suportar as forças de corte convencionais, a perfuração de furos em que o eixo do furo é em ângulo agudo com a superfície, de modo que a broca convencional não conseguiria começar o furo, e a usinagem de metais duros e exóticos.

Eletroerosão a Fio A eletroerosão a fio (EDWC, do inglês *electric discharge wire cutting*), chamada frequentemente de ***EDM a fio***, é uma forma especial de usinagem por eletroerosão que usa um fio de pequeno diâmetro como eletrodo para fazer um corte estreito na peça. A ação cortante na eletroerosão a fio é obtida por energia térmica das descargas elétricas entre o fio eletrodo e a peça. A EDM a fio é ilustrada pela Figura 22.9. A peça é avançada, passando pelo fio, para obter a linha de corte desejada,

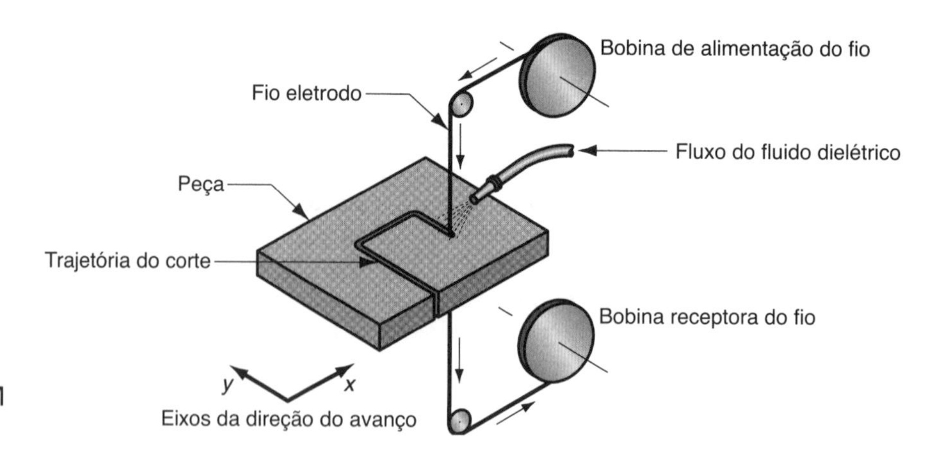

FIGURA 22.9 Eletroerosão a fio (EDWC), também chamada de EDM a fio.

de modo parecido com uma operação de serra de fita. O comando numérico é utilizado para controlar os movimentos da peça durante o corte. Enquanto corta, o fio é alimentado, lenta e continuamente, entre uma bobina de alimentação e uma bobina de recepção para apresentar para a peça um eletrodo inteiramente novo, de diâmetro constante. Assim como na EDM, a EDM a fio deve ser executada na presença de um dielétrico. Este é aplicado por bocais direcionados para a interface ferramenta-peça, como mostra a figura, ou a peça é submersa em um banho dielétrico.

Os diâmetros do fio variam de 0,076 a 0,30 mm, dependendo da largura de corte desejada. Os materiais utilizados para fazer o fio incluem bronze, cobre, tungstênio e molibdênio. Os fluidos dielétricos incluem água deionizada ou óleo. Assim como na EDM, há um sobrecorte lateral na EDM a fio que torna o corte maior do que o diâmetro do fio, como mostra a Figura 22.10. Esse sobrecorte lateral está no intervalo de 0,020 a 0,050 mm. Após as condições de corte terem sido estabelecidas para um determinado corte, o sobrecorte lateral permanece bem constante e previsível.

Embora a usinagem por eletroerosão a fio pareça com a operação de serra de fita, sua precisão ultrapassa, em muito, a da serra de fita. O corte é muito mais estreito, os cantos podem ser mais agudos, e as forças de corte contra a peça são nulas. Além disso, a dureza e a tenacidade do material da peça não afetam o desempenho do corte. O único requisito é que o material da peça seja condutor de eletricidade.

As características especiais da EDM a fio a tornam ideal para fabricar componentes para matrizes de estampagem. Uma vez que o corte é tão estreito, muitas vezes é possível fabricar o punção e a matriz em um único corte, conforme sugerido pela Figura 22.11. Outras ferramentas e peças com formas complexas, como as ferramentas de perfilar de torno, matrizes de extrusão e moldes finos, são feitas com usinagem por eletroerosão a fio.

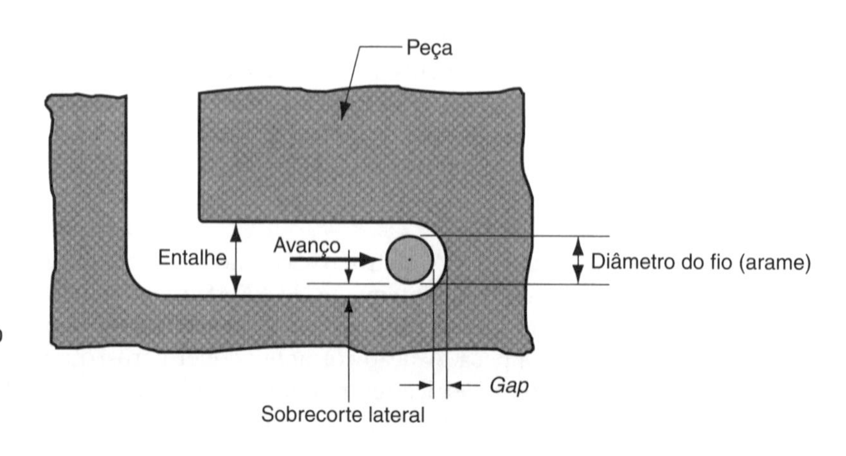

FIGURA 22.10 Definição de corte e sobrecorte lateral na usinagem por eletroerosão a fio.

FIGURA 22.11 Contorno irregular de uma placa metálica inteiriça produzido por EDM a fio. (A fotografia é cortesia de Makino.)

22.3.2 USINAGEM POR FEIXE DE ELÉTRONS

A usinagem por feixe de elétrons (EBM, do inglês *electron beam machining*) é um dos vários processos industriais que usam feixes de elétrons. Além da usinagem, outras aplicações da tecnologia incluem tratamento térmico (Subseção 23.5.2) e soldagem (Seção 26.4). A ***usinagem por feixe de elétrons*** usa um fluxo de elétrons em alta velocidade focalizado na superfície da peça para remover o material por fusão e vaporização. Um esquema do processo de EBM é ilustrado na Figura 22.12. Um canhão de feixe de elétrons gera um fluxo contínuo que é acelerado a aproximadamente 75 % da velocidade da luz e focalizado através de uma lente eletromagnética na superfície da peça. A lente é capaz de reduzir a área do feixe para um diâmetro mínimo de 0,025 mm. Quando os elétrons colidem com a superfície, a energia cinética desses elétrons é convertida em energia térmica de densidade extremamente elevada que funde ou vaporiza o material em uma área muito localizada.

A usinagem por feixe de elétrons é utilizada para uma série de aplicações de corte de alta precisão em qualquer material conhecido. As aplicações incluem perfuração de furos com diâmetros extremamente pequenos – até 0,05 mm de diâmetro, perfuração de furos com razões muito altas entre profundidade e diâmetro – mais de 100:1, e corte de ranhuras com apenas 0,025 mm de largura, aproximadamente. Esses cortes podem ser feitos para tolerâncias muito apertadas, sem forças de corte ou desgaste da ferramenta. O processo é ideal para microusinagem e geralmente é limitado às operações de corte em peças finas – na faixa de 0,25 a 6,3 mm de espessura. A usinagem por feixe de elétrons deve ser feita em uma câmara de vácuo para eliminar a colisão dos elétrons com as moléculas de gás. Outras limitações incluem a alta energia necessária e o equipamento caro.

22.3.3 USINAGEM POR FEIXE DE LASER

Os lasers são utilizados em uma série de aplicações industriais, incluindo tratamento térmico (Subseção 23.5.2), soldagem (Seção 26.4), prototipagem rápida (Seção 29.2), medições (Subseção 37.6.2) e também traçagem, corte e furação (descritos aqui). O termo ***laser*** significa amplificação de luz por emissão estimulada de radiação (em inglês, ***light***

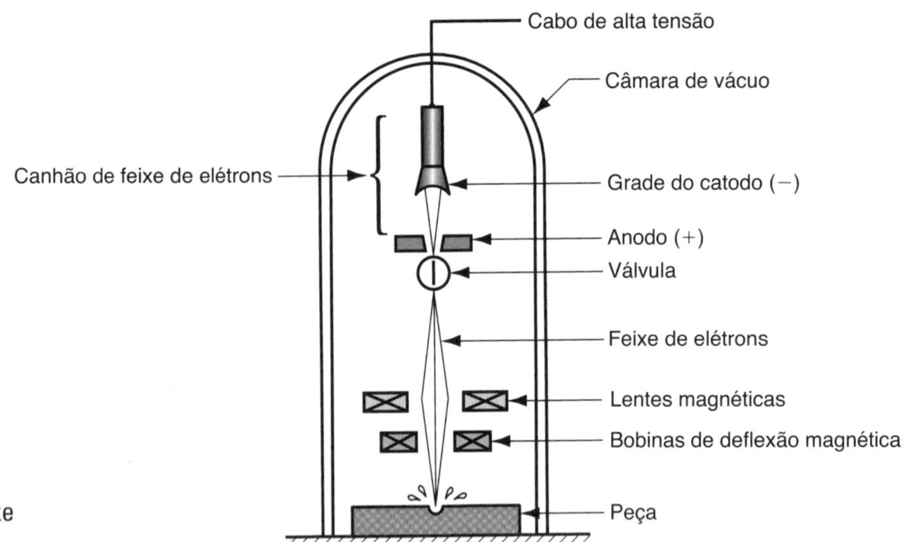

FIGURA 22.12 Usinagem por feixe de elétrons (EBM).

***a**mplification by **s**timulated **e**mission of **r**adiation*). Um laser é um transdutor óptico que converte energia elétrica em um feixe de luz altamente coerente. Um feixe de luz laser tem várias propriedades que o distinguem de outras formas de luz: é monocromático (teoricamente, a luz tem um único comprimento de onda) e muito colimado (os raios luminosos no feixe são quase perfeitamente paralelos). Essas propriedades permitem que a luz gerada por um laser seja focalizada, usando lentes ópticas convencionais, sobre um ponto muito pequeno, resultando em densidades de energia muito altas. Dependendo da quantidade de energia contida no feixe luminoso e de seu grau de concentração no ponto, os diversos processos a laser identificados anteriormente podem ser realizados.

A ***usinagem a laser*** ou ***usinagem por feixe de laser*** (LBM, do inglês *laser beam machining*) utiliza a energia luminosa de um laser para remover material por meio de vaporização e ablação. A configuração do processo é ilustrada na Figura 22.13. Os tipos de lasers utilizados em LBM são os gasosos de dióxido de carbono e de estado sólido

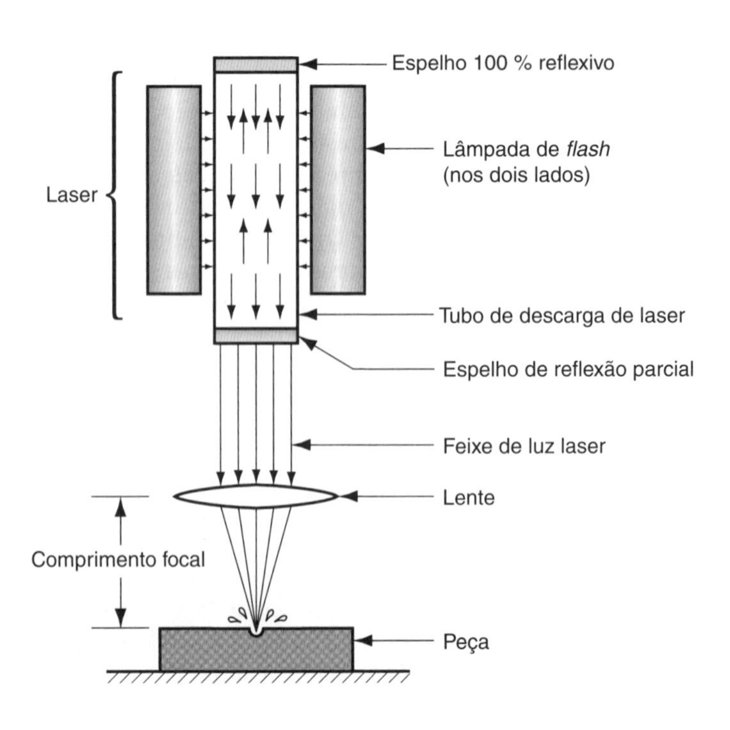

FIGURA 22.13 Usinagem a laser (LBM).

FIGURA 22.14 Peças produzidas por usinagem a laser. Os modelos de bicicleta à direita têm aproximadamente 20 mm de comprimento. (Cortesia de George E. Kane Manufacturing Technology Laboratory, Lehigh University.)

(do qual existem vários tipos). Na usinagem a laser, a energia do feixe de luz coerente é concentrada não só opticamente, mas também em termos de tempo. O feixe de luz é pulsado para que a energia liberada resulte em um impulso contra a superfície da peça, que produz uma combinação de fusão e evaporação, com a retirada do material fundido da superfície em alta velocidade.

A usinagem a laser é utilizada para realizar vários tipos de furação, cortes, entalhes, traçagem e operações de marcação. É possível produzir furos de pequeno diâmetro – de 0,025 mm. Para furos maiores, acima de 0,50 mm de diâmetro, o feixe de laser é controlado para cortar o contorno do furo. A usinagem a laser não é considerada um processo de produção em massa e geralmente é utilizada em material fino. A gama de materiais de peça que podem ser usinados a laser é praticamente ilimitada. As propriedades ideais de um material para LBM incluem alta absorção de energia luminosa, pouca refletividade, boa condutividade térmica, baixo calor específico, baixo ponto de fusão e baixo ponto de vaporização. Naturalmente, nenhum material tem a combinação ideal dessas propriedades. A lista real de materiais processados por LBM inclui metais com alta dureza e resistência, metais macios, cerâmicas, vidro e epóxi de vidro, plásticos, borracha, tecido e madeira. A Figura 22.14 mostra várias peças usinadas a laser.

22.3.4 PROCESSOS DE CORTE A ARCO

O calor intenso de um arco elétrico pode ser utilizado para fundir praticamente qualquer metal com a finalidade de soldar ou cortar. A maioria dos processos de corte a arco usa o calor gerado por um arco elétrico entre um eletrodo e uma peça metálica (frequentemente uma chapa ou placa plana) para fazer um corte que separa a peça por meio de fusão. Os processos de corte a arco mais comuns são (1) corte a arco plasma e (2) corte a arco com eletrodo de carbono e proteção (atmosfera) gasosa [11].

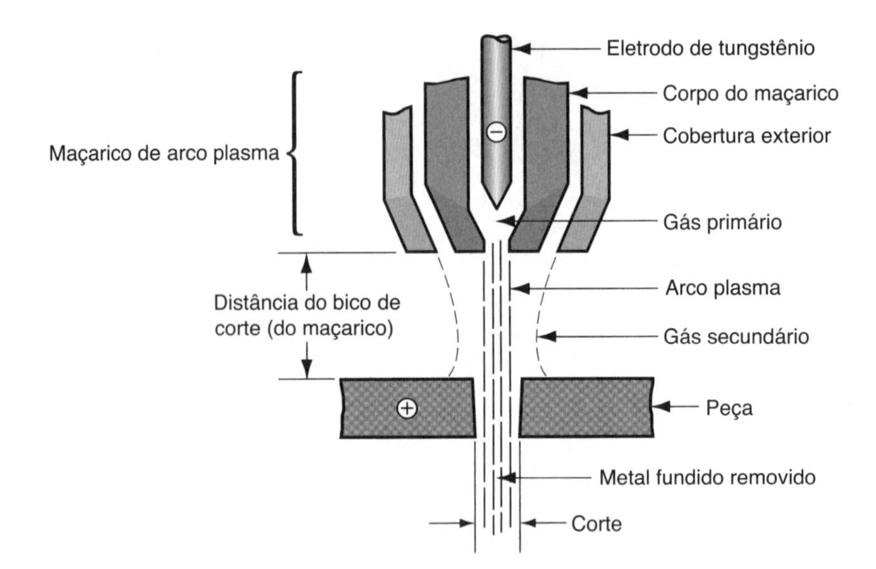

FIGURA 22.15 Corte a arco plasma (PAC).

Corte a Arco Plasma (ou Corte a Plasma) O ***plasma*** é um gás ionizado superaquecido eletricamente. O corte a arco plasma (PAC, do inglês *plasma arc cutting*) usa um fluxo de plasma operando em temperaturas na faixa de 10.000 °C a 14.000 °C para cortar metal por derretimento (fusão), como mostra a Figura 22.15. A ação de corte opera direcionando o fluxo de plasma de alta velocidade para a peça, derretendo-a e soprando o metal fundido através do corte. O arco plasma é gerado entre um eletrodo dentro do maçarico e a peça, que é o anodo. O plasma flui através de um bocal refrigerado a água, que contrai e direciona o fluxo para o local desejado na peça. O jato de plasma resultante é um fluxo bem colimado de alta velocidade e com temperaturas extremamente altas em seu centro; esse jato é suficientemente quente para cortar o metal que, em alguns casos, pode chegar a 150 mm de espessura.

Os gases utilizados para criar o plasma no PAC incluem nitrogênio, argônio, hidrogênio, ou uma mistura desses gases. Esses gases são denominados gases primários no processo. Os gases secundários ou a água costumam ser direcionados para circundar o jato de plasma e ajudar a confinar o arco e limpar o corte, removendo o metal fundido enquanto o corte se forma.

A maioria das aplicações de PAC envolve o corte de chapas e placas metálicas planas. As operações incluem a perfuração de furos e o corte ao longo de uma trajetória definida. A trajetória desejada pode ser cortada com o uso de um maçarico manual manipulado por um operador humano, ou direcionando a trajetória de corte do maçarico sob o controle numérico (CN). Para a produção mais rápida e maior precisão, o CN é preferido em virtude do maior controle sobre as importantes variáveis de processo, como as distâncias entre a abertura do bico de corte do maçarico e a superfície da peça e a velocidade de avanço. O corte a arco plasma pode ser utilizado para cortar quase qualquer material eletricamente condutor. Os metais cortados frequentemente pelo PAC incluem aço-carbono, aço inoxidável e alumínio. A vantagem do CN nessas aplicações é a alta produtividade. As velocidades de avanço ao longo da linha de corte podem ser de até 200 mm/s em placas de alumínio de 6 mm, e de 85 mm/s em placas de aço de 6 mm [8]. As velocidades de avanço devem ser reduzidas para metais mais espessos. Por exemplo, a velocidade de avanço máxima para cortar a espessura de 100 mm de alumínio é de, aproximadamente, 8 mm/s [8]. As desvantagens do PAC são (1) a superfície de corte é áspera e (2) o dano metalúrgico à superfície é o mais grave entre os processos não convencionais de metalurgia.

Corte a Arco com Eletrodo de Carbono e Proteção Gasosa Neste processo, o arco é gerado entre um eletrodo de carbono e a peça metálica, e um jato de ar de alta velocidade é utilizado para soprar a porção fundida do metal. Esse procedimento pode ser utilizado para formar um corte para separar a peça ou para goivar uma cavidade na peça. A goivagem é empregada para preparar as arestas das placas para soldagem, por exemplo, para criar um chanfro em forma de U em uma junta de topo (Subseção 25.2.1). O corte a arco com eletrodo de carbono e proteção gasosa é utilizado em uma série de materiais metálicos, incluindo ferro fundido, aço-carbono, aço de baixa liga e aços inoxidáveis, e em várias ligas não ferrosas. Os salpicos de metal fundido constituem um perigo e uma desvantagem do processo.

Outros Processos de Corte a Arco Vários outros processos a arco elétrico são utilizados em aplicações de corte, embora não tão generalizadamente quanto o corte a arco plasma e o corte a arco com eletrodo de carbono e proteção gasosa. Esses outros processos incluem (1) corte a arco com proteção gasosa, (2) corte a arco com eletrodos revestidos, (3) corte a arco com eletrodo de tungstênio e proteção gasosa, e (4) corte a arco com eletrodo de carbono. As tecnologias são as mesmas utilizadas na soldagem a arco (Seção 26.1), exceto que o calor do arco elétrico é usado para cortar.

22.3.5 PROCESSOS DE CORTE OXICOMBUSTÍVEL

Uma família amplamente utilizada de processos de corte térmicos, conhecida popularmente como ***corte por chama*** ou ***oxicorte***, usa o calor da combustão de certos gases combustíveis combinados com a reação exotérmica do metal com o oxigênio. O maçarico de corte utilizado nesses processos é projetado para fornecer uma mistura de gás combustível nas quantidades adequadas e para direcionar um fluxo de oxigênio para a região de corte. O mecanismo primário de remoção do material no oxicorte (OFC, do inglês *oxifuel cutting*) é a reação química do oxigênio com o metal base. A finalidade da combustão do oxicombustível é elevar a temperatura na região do corte para suportar a reação. Esses processos são utilizados frequentemente para cortar placas de metais ferrosos em que a oxidação rápida do ferro ocorre de acordo com as seguintes reações [11]:

$$Fe + O \rightarrow FeO + \text{calor} \tag{22.8a}$$

$$3Fe + 2O_2 \rightarrow Fe_3O_4 + \text{calor} \tag{22.8b}$$

$$2Fe + 1{,}5O_2 \rightarrow Fe_2O_3 + \text{calor} \tag{22.8c}$$

A segunda dessas reações [Equação (22.8b)] é a mais significante em termos de geração de calor.

O mecanismo de corte dos metais não ferrosos é um pouco diferente. Esses metais geralmente são caracterizados por temperaturas de fusão mais baixas do que as dos metais ferrosos, e são mais resistentes à oxidação. Nesses casos, o calor da combustão da mistura oxicombustível desempenha um papel importante na criação do corte. Além disso, para promover a reação de oxidação do metal, frequentemente são adicionados, ao fluxo de oxigênio, fundentes químicos ou pós metálicos.

Os combustíveis utilizados no oxicorte incluem acetileno (C_2H_2), MAPP (metilacetileno-propadieno – C_3H_4), propileno (C_3H_6) e propano (C_3H_8). As temperaturas da chama e os calores de combustão desses combustíveis são apresentados na Tabela 26.2. O acetileno queima na temperatura de chama mais alta e é o combustível mais utilizado para soldar e cortar. No entanto, existem certos perigos no armazenamento e manuseio do acetileno, que devem ser considerados (Subseção 26.3.1).

Os processos de corte oxicombustível são realizados manualmente ou por máquinas. Os maçaricos operados manualmente são utilizados para trabalhos de reparo, corte de sucata metálica, remoção de massalotes de fundição em areia e operações similares que exigem geralmente uma precisão mínima. Para o trabalho de produção, a máquina de corte por chama permite velocidades maiores e mais precisão. Esse equipamento costuma ser controlado numericamente para permitir o corte de formatos perfilados.

22.4 Usinagem Química

A usinagem química (CHM, do inglês *chemical machining*) é um processo não convencional em que o material é removido por meio de um forte ataque químico. As aplicações como um processo industrial começaram logo depois da Segunda Guerra Mundial, na indústria aeronáutica. O uso de substâncias químicas para remover material indesejado de uma peça pode ser feito de várias maneiras, e diferentes termos foram desenvolvidos para distinguir as aplicações. Esses termos incluem fresamento químico, estampagem química, gravação química e usinagem fotoquímica (PCM, do inglês *photochemical machining*). Todos eles usam o mesmo mecanismo de remoção de material, e é conveniente discutir as características gerais da usinagem química antes de definir cada um dos processos.

22.4.1 PRINCÍPIOS MECÂNICOS E QUÍMICOS DA USINAGEM QUÍMICA

O processo de usinagem química consiste em várias etapas. As diferenças nas aplicações e nas maneiras como as etapas são implementadas contribuem para as diferentes formas de CHM. As etapas são:

1. ***Limpeza.*** A primeira etapa é uma operação de limpeza que assegura a remoção uniforme do material das superfícies a serem atacadas.
2. ***Mascaramento.*** Um revestimento protetor chamado máscara é aplicado em certas partes da superfície da peça. Essa máscara é feita de um material quimicamente resistente ao ataque (o termo ***resiste*** é usado para o material da máscara). Portanto, é aplicado nas partes da superfície da peça que não devem ser atacadas.
3. ***Ataque.*** Essa é a etapa de remoção de material. A peça é imersa em um reagente que ataca quimicamente aquelas partes da superfície da peça que não estão protegidas pela máscara. O método de ataque usual é converter o material da peça (por exemplo, um metal) em um sal que se dissolve no material de ataque e, desse modo, é removido da superfície. Quando a quantidade de material desejada tiver sido removida, a peça é retirada do ataque e lavada para interromper o processo.
4. ***Retirada da máscara.*** A máscara é removida da peça.

As duas etapas na usinagem química, que envolvem variações significativas nos métodos, materiais e parâmetros de processo, são o mascaramento e o ataque – etapas 2 e 3.

Os materiais das máscaras incluem neoprene, cloreto de polivinil, polietileno e outros polímeros. O mascaramento pode ser feito por qualquer um dos três métodos: (1) corte e descascamento, (2) resistência fotográfica e (3) serigrafia. O método ***corte e descascamento*** aplica a máscara sobre a peça inteira por imersão, pintura ou *spray* (pulverização). A espessura resultante da máscara é de 0,025 a 0,125 mm. Após endurecer, a máscara é cortada usando uma lâmina de traçagem, sendo descascada nas áreas da superfície da peça que devem ser atacadas. A operação de corte da máscara é feita à mão, normalmente guiando a máscara por meio de um gabarito. O método de corte e descascamento é utilizado geralmente em peças grandes, baixas quantidades de produção, e nos casos em que a precisão não é um fator crítico. Esse método não pode atingir tolerâncias mais rigorosas do que ±0,125 mm, exceto com cuidado extremo.

Como o nome sugere, o método de ***resistência fotográfica*** (chamado de forma abreviada de método ***fotorresistência***) usa técnicas fotográficas para realizar a etapa de mascaramento. Os materiais de máscara contêm produtos químicos fotossensíveis. São aplicados à superfície da peça e expostos à luz através de uma imagem negativa das áreas que se deseja gravar. Essas áreas da máscara podem ser removidas da superfície usando técnicas fotográficas desenvolvidas. Esse procedimento deixa as superfícies da peça desejadas protegidas pela máscara, e as áreas restantes ficam desprotegidas, vulneráveis ao ataque químico. As técnicas de mascaramento fotossensíveis são aplicadas

TABELA • 22.2 Materiais e ataques comumente usados na CHM, com taxas de penetração típicas e fatores de ataque.

Material da Peça	Ataque	Taxa de Penetração mm/min	Fator de Ataque
Alumínio	$FeCl_3$	0,020	1,75
e suas ligas	$NaOH$	0,025	1,75
Cobre e suas ligas	$FeCl_3$	0,050	2,75
Magnésio e suas ligas	H_2SO_4	0,038	1,0
Silício	$HNO_3 : HF : H_2O$	muito lenta	NA
Aços doces	$HCl:HNO_3$	0,025	2,0
	$FeCl_3$	0,025	2,0
Titânio	HF	0,025	1,0
e suas ligas	$HF : HNO_3$	0,025	1,0

Compilado de [5], [8] e [18].
NA = dados não disponíveis.

normalmente na produção, em grandes quantidades, de peças pequenas e com exigências de tolerâncias estreitas. As tolerâncias menores que ±0,0125 mm podem ser atingidas [18].

No método de ***serigrafia*** (***silk screen***), a máscara é aplicada por meio de métodos de impressão. Nesses métodos, a máscara é pintada sobre a superfície da peça através de uma estampa ou malha de aço inoxidável. Há um estêncil incorporado à malha que protege as áreas que devem ser gravadas a partir da área pintada. Desse modo, a máscara é pintada nas áreas que não devem ser gravadas. O método de tela resistente é utilizado geralmente em aplicações situadas entre os dois outros métodos de mascaramento em termos de precisão, dimensões da peça e lotes de produção. As tolerâncias de ±0,075 mm podem ser alcançadas com esse método de mascaramento.

A escolha do ***reagente*** depende do material da peça a ser gravado, da profundidade desejada e da taxa de remoção de material, e dos requisitos de acabamento superficial. O decapante também deve ser compatível com o tipo de máscara utilizada, para assegurar que o material de mascaramento não seja atacado quimicamente pelo produto corrosivo. A Tabela 22.2 apresenta alguns dos materiais usinados por CHM, junto com os ataques geralmente utilizados nesses materiais. Também estão incluídas na tabela as taxas de penetração e fatores de ataque. Os parâmetros são explicados em seguida.

As taxas de remoção de material na usinagem química são indicadas geralmente como taxas de penetração, mm/min, pois as taxas de ataque químico do material da peça pelo reagente corrosivo são direcionadas para a superfície. A taxa de penetração não é afetada pela área de superfície. As taxas de penetração apresentadas na Tabela 22.2 são valores típicos para um determinado material e reagente.

As profundidades de usinagem em CHM são de até 12,5 mm em painéis de aeronaves feitos de chapas metálicas. No entanto, muitas aplicações requerem profundidades de apenas alguns centésimos de milímetros. Junto com a penetração na peça, o ataque também ocorre lateralmente sob a máscara, conforme ilustrado na Figura 22.16. O efei-

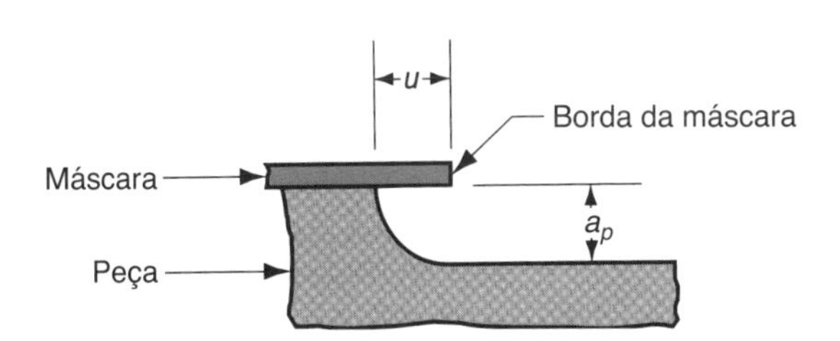

FIGURA 22.16 Rebaixo na usinagem química (CHM).

to é denominado ***rebaixo*** e deve ser levado em conta no projeto da máscara para que o corte resultante tenha as dimensões especificadas. Em um determinado material da peça, o rebaixo está diretamente relacionado com a profundidade de usinagem. A constante de proporcionalidade do material se chama fator de ataque, definido como

$$f_a = \frac{a_p}{u} \tag{22.9}$$

em que f_a = fator de ataque; a_p = profundidade de usinagem, mm; e u = rebaixo, mm. As dimensões u e a_p são definidas na Figura 22.16. Diferentes materiais de peça têm diferentes fatores de ataque em usinagem química. Alguns valores típicos são apresentados na Tabela 22.2. O fator de ataque pode ser utilizado para determinar as dimensões das áreas de corte sob a máscara, de modo que possam ser obtidas as dimensões especificadas das áreas atacadas na peça.

22.4.2 PROCESSOS DE USINAGEM QUÍMICA

Esta subseção descreve os principais processos de usinagem química: (1) fresamento químico, (2) estampagem química, (3) gravação química e (4) usinagem fotoquímica.

Fresamento Químico O fresamento químico foi o primeiro processo de CHM a ser comercializado. Durante a Segunda Guerra Mundial, uma empresa de aviação nos Estados Unidos começou a usar o fresamento químico para remover metal dos componentes aeronáuticos. Hoje, a usinagem química ainda é muito utilizada na indústria de aeronaves para remover material da asa da aeronave e dos painéis da fuselagem visando a reduzir o peso. É aplicável a peças grandes, em que quantidades substanciais de metal são removidas durante o processo. O método de mascaramento por corte e descascamento é empregado. Geralmente utiliza-se um gabarito que leva em conta o rebaixo que ocorrerá durante o ataque. A sequência de etapas do processamento é ilustrada pela Figura 22.17.

A usinagem química produz um acabamento superficial que varia com os diferentes materiais de peça. A Tabela 22.3 fornece uma amostragem dos valores. O acabamento superficial depende da profundidade de penetração. À medida que a profundidade aumenta, o acabamento piora, aproximando-se do lado superior dos intervalos fornecidos na tabela. O dano metalúrgico decorrente da usinagem química é muito pequeno, talvez em torno de 0,005 mm na superfície da peça.

Estampagem Química A estampagem química (*chemical blanking*) usa erosão química para cortar peças metálicas muito finas – de até 0,025 mm de espessura e/ou com perfis de corte complexos. Nos dois casos, os métodos convencionais de punção e matriz

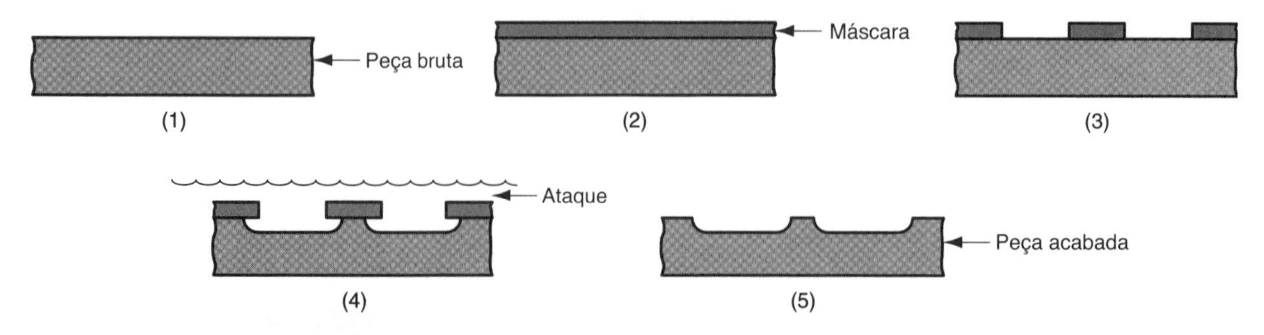

FIGURA 22.17 Sequência de etapas de processamento na usinagem química: (1) limpeza da peça bruta, (2) aplicação da máscara, (3) cópia, corte e descascamento da máscara nas áreas a serem gravadas, (4) ataque, e (5) remoção da máscara e limpeza para produção da peça acabada.

TABELA • 22.3 Acabamentos superficiais previstos na usinagem química.

Material de Peça	Faixa de Acabamentos Superficiais μm
Alumínio e suas ligas	1,8–4,1
Magnésio	0,8–1,8
Aços doces	0,8–6,4
Titânio e suas ligas	0,4–2,5

Compilado de [8] e [18].

não funcionam porque as forças de estampagem danificam o metal, ou o custo das ferramentas seria proibitivo, ou ambos. A estampagem química produz peças sem rebarbas, uma vantagem em relação às operações de corte convencionais.

Os métodos utilizados para aplicar a máscara na estampagem química são a fotorresistência ou a serigrafia. Para padrões de corte pequenos e/ou complexos e tolerâncias estreitas, utiliza-se o método de fotorresistência. Podem ser realizadas tolerâncias tão rigorosas quanto ±0,0025 mm em peças de 0,025 mm de espessura usando o método de mascaramento por fotorresistência. À medida que a espessura da peça aumenta, tolerâncias maiores podem ser permitidas. Os métodos de mascaramento por serigrafia não são tão precisos quanto o método por fotorresistência. As pequenas dimensões da peça na estampagem química exclui o mascaramento por corte e o descascamento.

Usando o método de serigrafia (*silk screen*) para ilustrar, as etapas da estampagem química são mostradas na Figura 22.18. Como a decapagem química ocorre em ambos os lados da peça durante a estampagem química, é importante que o procedimento de mascaramento promova alinhamento preciso entre os dois lados. Caso contrário, a erosão na direção oposta da peça não vai ficar alinhada. Isso é particularmente crítico nas peças de dimensões pequenas e com formas complexas.

A aplicação da estampagem química geralmente é limitada aos materiais finos e/ou peças complexas, pelas razões já citadas. A espessura máxima é de aproximadamente 0,75 mm. Além disso, os materiais endurecidos e frágeis podem ser processados por estampagem química, uma vez que os métodos mecânicos certamente quebrariam a peça.

Gravação Química A gravação química (*chemical engraving*) é um processo de usinagem química para fazer placas indicadoras (com nomes) e outros painéis planos com letras e/ou desenhos em um dos lados. Essas placas e painéis seriam feitos usando máquina de gravação convencional ou processo similar, não fosse a gravação química. A gravação química pode ser empregada para fazer painéis com letras em baixo-relevo ou alto-relevo, simplesmente invertendo as partes do painel a serem atacadas. O mas-

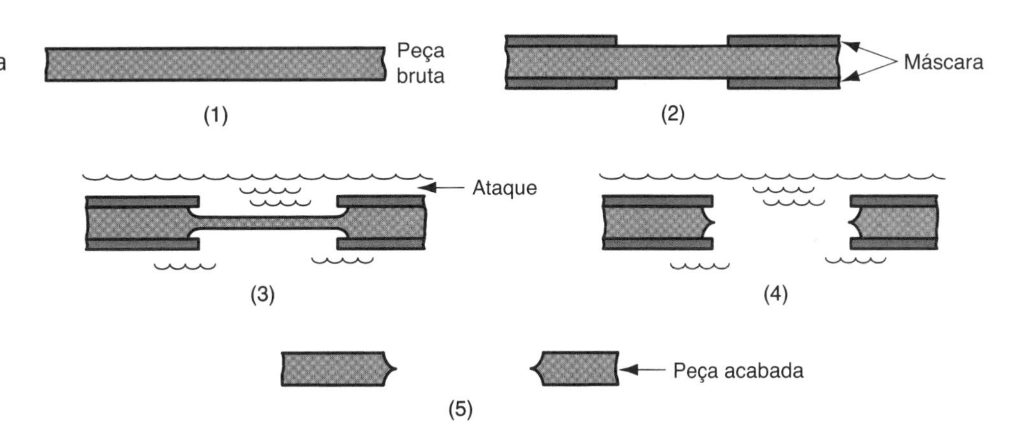

FIGURA 22.18 Sequência das etapas de processamento na estampagem química: (1) limpeza da peça bruta, (2) aplicação da máscara por meio da pintura da serigrafia, (3) ataque (parcialmente realizado), (4) ataque (completo) e (5) remoção da máscara e limpeza para produção da peça acabada.

caramento é feito por fotorresistência ou serigrafia. A sequência na gravação química é similar à de outros processos de CHM, exceto que uma operação de preenchimento vem após o ataque. O propósito do preenchimento é aplicar tinta ou outro revestimento nas áreas rebaixadas que foram criadas pelo ataque. Depois, o painel será imerso em uma solução que dissolve a máscara, mas não ataca o material de revestimento. Desse modo, a máscara é removida, o revestimento permanece nas áreas gravadas, mas não nas áreas mascaradas. O efeito é o de padrão luz e sombra.

Usinagem Fotoquímica A usinagem fotoquímica (PCM, do inglês *photochemical machining*) é a usinagem química em que é empregado o método de mascaramento por fotorresistência. Portanto, o termo pode ser aplicado corretamente para estampagem química e gravação química quando esses métodos utilizarem a fotorresistência. A PCM é empregada em metalurgia quando são necessárias tolerâncias estreitas e/ou perfis intricados em peças planas. Os processos fotoquímicos também são utilizados extensivamente na indústria eletrônica para produzir projetos de semicondutores em circuitos complexos (Seção 30.3). A Figura 22.19 mostra várias peças fabricadas por estampagem fotoquímica e gravação fotoquímica.

A Figura 22.20 mostra a sequência de etapas na usinagem fotoquímica conforme ela é aplicada na estampagem química. Existem várias maneiras de expor fotograficamente a imagem desejada para obter o negativo. A figura mostra o negativo em contato com a superfície do produto fotorresistente durante a exposição. Trata-se de impressão de contato, mas existem outros métodos de impressão fotográfica para expor o negativo por meio de um sistema de lentes para ampliar ou reduzir o tamanho do padrão impresso na superfície do filme. Os materiais fotossensíveis comuns são sensíveis à luz ultravioleta, mas não à luz de outros comprimentos de onda. Portanto, com a iluminação adequada na fábrica, não há necessidade de executar as etapas do processo em uma sala escura. Depois que a operação de mascaramento estiver concluída, as etapas restantes do procedimento são similares às dos outros métodos de usinagem química.

Na usinagem fotoquímica, o termo correspondente ao fator de ataque, **anisotropia**, é definido como a profundidade de usinagem a_p dividida pelo rebaixo u (veja a Figura 22.16). Essa é a mesma definição dada na Equação (22.9).

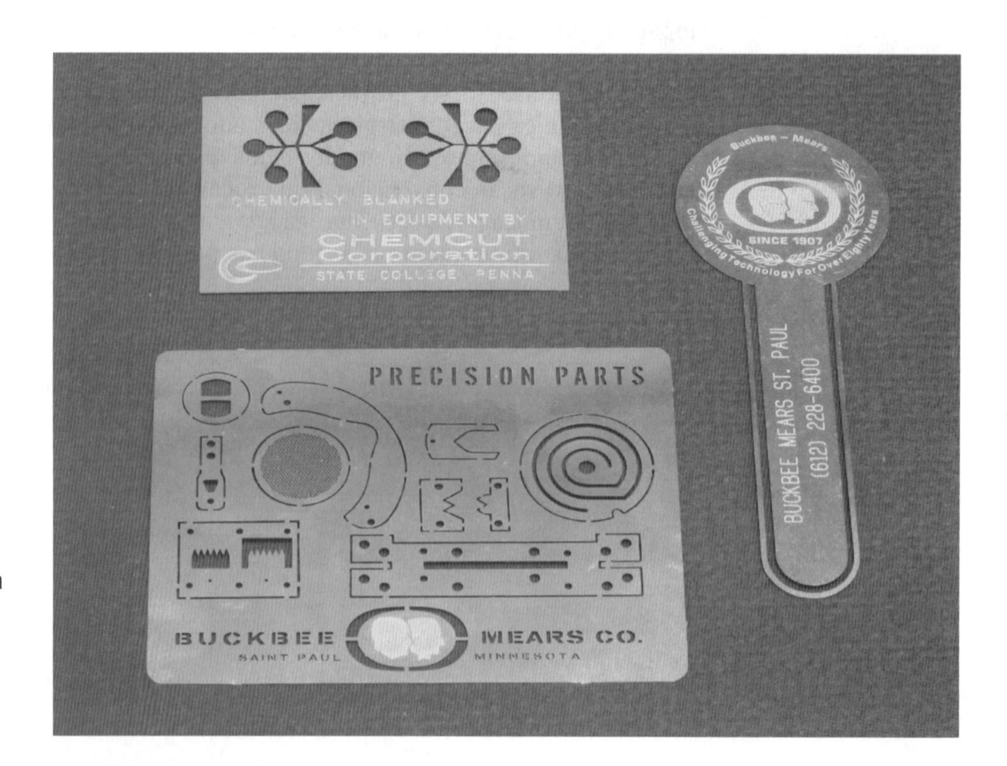

FIGURA 22.19 Peças fabricadas por estampagem fotoquímica e gravação fotoquímica. (Cortesia de George E. Kane Manufacturing Technology Laboratory, Lehigh University.)

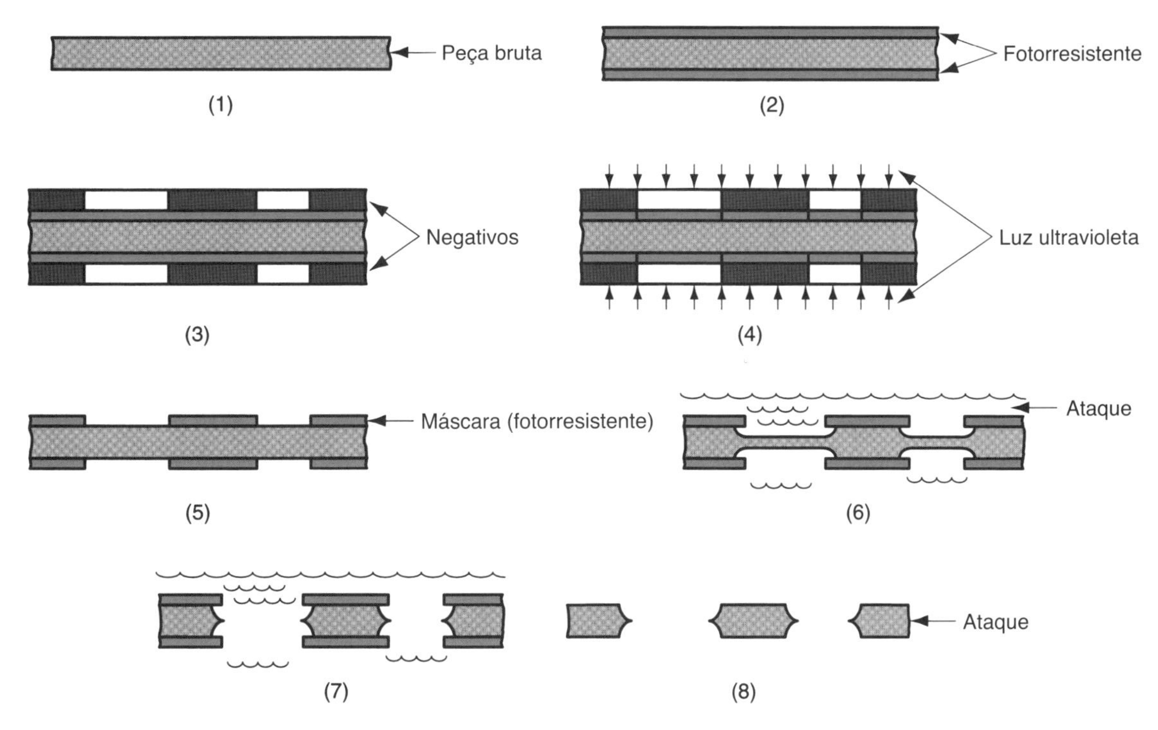

FIGURA 22.20 Sequência de etapas de processamento na usinagem fotoquímica: (1) limpeza da peça bruta; (2) aplicação da máscara por imersão, pulverização ou pintura; (3) colocação do negativo na máscara; (4) exposição à luz ultravioleta; (5) remoção da máscara das áreas a serem atacadas; (6) ataque (parcial); (7) ataque (completo); (8) remoção da máscara e limpeza da peça acabada.

22.5 Considerações Práticas

As aplicações típicas dos processos não tradicionais incluem características geométricas especiais e materiais de peça que não podem ser prontamente processados pelas técnicas convencionais. Esta seção examina essas questões e resume as características gerais de desempenho dos processos não tradicionais.

Geometria e Materiais das Peças A Tabela 22.4 apresenta algumas das formas especiais das peças para as quais os processos não convencionais são adequados, junto com os processos não convencionais que tendem a ser os mais adequados.

Como um grupo, os processos não convencionais podem ser aplicados a quase todos os materiais de peças, metálicos e não metálicos. No entanto, alguns processos não são adequados para certos materiais. A Tabela 22.5 relaciona a aplicabilidade dos processos não convencionais a vários tipos de materiais. Vários desses processos podem ser utilizados em metais, mas não em materiais não metálicos. Por exemplo, usinagem eletroquímica, usinagem por eletroerosão e processo de corte a arco plasma requerem peças de materiais condutores elétricos. Geralmente isso limita a sua aplicabilidade às peças metálicas. A usinagem química depende da disponibilidade de um reagente (produto corrosivo) apropriado para o material de peça em questão. Como os metais são mais susceptíveis ao ataque químico por vários reagentes, a CHM é utilizada frequentemente para processar metais. Com algumas exceções, os processos de usinagem por ultrassom, jato abrasivo, feixe de elétrons e a laser podem ser utilizados tanto em materiais metálicos quanto em não metálicos. A usinagem por jato d'água geralmente é limitada ao corte de materiais plásticos, papelão, têxteis e outros materiais que não possuem a resistência dos metais.

TABELA • 22.4 Características geométricas das peças e processos não convencionais de usinagem adequados.

Característica Geométrica	Processo Provável
Furos muito pequenos. Diâmetros menores que 0,125 mm, em alguns casos 0,025 mm, geralmente menores que a faixa de diâmetros das brocas convencionais.	EBM, LBM
Furos com grande relação entre profundidade e diâmetro; por exemplo, $a_p/D > 20$. Exceto com utilização de brocas canhão, esses furos não podem ser usinados nas operações de furação convencionais.	ECM, EDM
Furos não redondos. Os furos não redondos não podem ser feitos com uma ferramenta giratória.	EDM, ECM
Ranhuras estreitas em placas de vários materiais. Essas ranhuras não são necessariamente em linha reta. Em alguns casos, ranhuras têm formas extremamente complexas.	EBM, LBM, WJC, EDM a fio, AWJC
Microusinagem. Além de usinar furos pequenos e ranhuras estreitas, existem outras aplicações de remoção de material em que a peça e/ou as regiões a serem cortadas são muito pequenas.	PCM, LBM, EBM
Cavidades rasas e detalhes superficiais em peças planas. Há uma gama significativa nas dimensões das peças nessa categoria, de *chips* microscópios de circuito integrado a grandes painéis de aeronaves.	CHM
Formas especiais de contornos e aplicações em moldes e matrizes. Essas aplicações às vezes são chamadas de matrizes punções.	EDM, ECM

Desempenho dos Processos Não Convencionais Os processos não convencionais são caracterizados geralmente pelas baixas taxas de remoção de material e pelas altas energias específicas em relação às operações de usinagem convencionais. A capacidade de controle dimensional e acabamento superficial dos processos não convencionais varia amplamente, com alguns dos processos proporcionando alta precisão e bom acabamento, e outros produzindo baixa precisão e acabamento pobre. O dano à superfície também deve ser considerado. Alguns desses processos produzem muito pouco dano metalúrgico na superfície e imediatamente abaixo desta, ao passo que outros (principalmente os processos térmicos) provocam danos consideráveis à superfície. A Tabela 22.6 compara essas características dos métodos não tradicionais proeminentes, usando

TABELA • 22.5 Processos de usinagem não convencionais selecionados e sua aplicabilidade a vários materiais. A título de comparação, o fresamento e a retificação convencionais estão incluídos na compilação.

	Processos Não Convencionais								Processos Convencionais	
	Mecânicos		Elétricos		Térmicos		Químicos			
Material da Peça	**USM**	**WJC**	**ECM**	**EDM**	**EBM**	**LBM**	**PAC**	**CHM**	**Fresamento**	**Retificação**
Alumínio	C	C	B	B	B	B	A	A	A	A
Aço	B	D	A	A	B	B	A	A	A	A
Superligas	C	D	A	A	B	B	A	B	B	B
Cerâmica	A	D	D	D	A	A	D	C	D	C
Vidro	A	D	D	D	B	B	D	B	D	C
Silício[a]			D	D	B	B	D	B	D	B
Plásticos	B	B	D	D	B	B	D	C	B	C
Papelão[b]	D	A	D	D			D	D	D	D
Têxteis[c]	D	A	D	D			D	D	D	D

Compilado de [18] e de outras referências. Legenda: A = boa aplicação, B = aplicação razoável, C = aplicação pobre, D = não aplicável, e as lacunas em branco indicam que não havia dados disponíveis durante a compilação.

[a]Refere-se ao silício usado na fabricação de *chips* de circuitos integrados.

[b]Inclui outros produtos de papel.

[c]Inclui feltro, couro e materiais similares.

TABELA • 22.6 Características de usinagem dos processos não convencionais.

	Processos Não Convencionais								Processos Convencionais	
	Mecânicos		Elétricos		Térmicos		Químicos			
Material da Peça	**USM**	**WJC**	**ECM**	**EDM**	**EBM**	**LBM**	**PAC**	**CHM**	**Fresamento**	**Retificação**
Taxas de remoção de material	C	C	B	C	D	D	A	B–D[a]	A	B
Controle dimensional	A	B	B	A–D[b]	A	A	D	A–B[b]	B	A
Acabamento superficial	A	A	B	B–D[b]	B	B	D	B	B–C[b]	A
Dano à superfície[c]	B	B	A	D	D	D	D	A	B	B–C[b]

Compilado de [18]. Legenda: A = excelente, B = bom, C = razoável, D = ruim.
[a]A classificação depende da dimensão da peça e do método de mascaramento.
[b]A classificação depende das condições de corte.
[c]No dano à superfície, uma classificação B (bom) significa poucos danos, e uma classificação D (ruim) significa penetração profunda do dano à superfície; os processos térmicos podem causar danos até 0,50 mm abaixo da nova superfície gerada.

o fresamento e a retificação plana para fins de comparação. A inspeção dos dados revela grandes diferenças nas caraterísticas de usinagem. Ao comparar as características de usinagem não convencional com as da usinagem convencional, é preciso lembrar que os processos não tradicionais são utilizados geralmente onde os métodos convencionais não são práticos ou econômicos.

Referências

[1] Aronson, R. B. "Waterjets Move into the Mainstream," ***Manufacturing Engineering***, April 2005, pp. 69–74.

[2] Bellows, G., and Kohls, J. B. "Drilling without Drills," Special Report 743, ***American Machinist***, March 1982, pp. 173–188.

[3] Benedict, G. F. ***Nontraditional Manufacturing Processes***. Marcel Dekker, New York, 1987.

[4] Dini, J. W. "Fundamentals of Chemical Milling," Special Report 768, ***American Machinist***, July 1984, pp. 99–114.

[5] Drozda, T. J., and C. Wick (eds.). ***Tool and Manufacturing Engineers Handbook***. 4th ed. Vol. I, ***Machining***. Society of Manufacturing Engineers, Dearborn, Michigan, 1983.

[6] El-Hofy, H., ***Advanced Machining Processes: Nontraditional and Hybrid Machining Processes***, McGraw-Hill, New York, 2005.

[7] Guitrau, E. "Sparking Innovations." ***Cutting Tool Engineering***, Vol. 52, No. 10, October 2000, pp. 36–43.

[8] ***Machining Data Handbook***, 3rd ed., Vol. 2. Machinability Data Center, Metcut Research Associates, Cincinnati, Ohio, 1980.

[9] Mason, F. "Water Jet Cuts Instrument Panels," ***American Machinist & Automated Manufacturing***, July 1988, pp. 126–127.

[10] McGeough, J. A. ***Advanced Methods of Machining***. Chapman and Hall, London, UK, 1988.

[11] O'Brien, R. L. ***Welding Handbook***. 8th ed. Vol. 2, ***Welding Processes***. American Welding Society, Miami, Florida, 1991.

[12] Pandey, P. C., and Shan, H. S. ***Modern Machining Processes***. Tata McGraw-Hill, New Delhi, India, 1980.

[13] Vaccari, J. A. "The Laser's Edge in Metalworking," Special Report 768, ***American Machinist***, August 1984, pp. 99–114.

[14] Vaccari, J. A. "Thermal Cutting," Special Report 778, ***American Machinist***, July 1988, pp. 111–126.

[15] Vaccari, J. A. "Advances in Laser Cutting," ***American Machinist & Automated Manufacturing***, March 1988, pp. 59–61.

[16] Waurzyniak, P. "EDM's Cutting Edge," ***Manufacturing Engineering***, Vol. 123, No. 5, November 1999, pp. 38–44.

[17] website: engineershandbook.com/MfgMethods.

[18] Weller, E. J. (ed.). ***Nontraditional Machining Processes***. 2nd ed. Society of Manufacturing Engineers, Dearborn, Michigan, 1984.

Questões de Revisão

22.1 Por que os processos não convencionais de remoção de material são importantes?

22.2 Existem quatro categorias de processos de usinagem não convencionais baseadas no tipo principal de energia. Cite as quatro categorias.

22.3 Como funciona o processo de usinagem por ultrassom?

22.4 Descreva o processo de corte por jato d'água.

22.5 Qual é a diferença entre corte por jato d'água, corte por jato d'água abrasivo e usinagem por jato abrasivo?

22.6 Cite os três tipos de usinagem eletroquímica.

22.7 Identifique as duas desvantagens significativas da usinagem eletroquímica.

22.8 De que forma o aumento da corrente de descarga afeta a remoção de material e o acabamento superficial na usinagem por eletroerosão?

22.9 O que quer dizer o termo sobrecorte lateral na usinagem por eletroerosão?

22.10 Identifique as duas principais desvantagens do corte por arco plasma?

22.11 Indique alguns dos combustíveis utilizados no corte por oxicombustível.

22.12 Cite as quatro principais etapas na usinagem química.

22.13 Quais são os três métodos de execução da etapa de mascaramento em usinagem química?

22.14 O que é fotorresistência em usinagem química?

Problemas

As respostas para os Problemas indicados com **(A)** são apresentadas no Apêndice, no final do livro.

Problemas de Aplicação

22.1 Identifique, na aplicação a seguir, um ou mais processos não convencionais de usinagem que poderiam ser utilizados e apresente argumentos para justificar sua escolha. Suponha que a geometria da peça ou o material da peça (ou ambos) impede(m) o uso da usinagem convencional. A aplicação é uma matriz de furos de 0,1 mm de diâmetro em uma placa de 3,2 mm de espessura feita de aço ferramenta endurecido. A matriz é retangular, com 75 por 125 mm e com uma distância entre furos de 1,6 mm em cada direção.

22.2 Identifique, na aplicação a seguir, um ou mais processos não convencionais de usinagem que poderiam ser utilizados e apresente argumentos para justificar sua escolha. Suponha que a geometria da peça ou o material da peça (ou ambos) impede(m) o uso da usinagem convencional. A aplicação é a gravação de uma placa de impressão, feita de alumínio, que deve ser utilizada em uma impressora *offset* para fazer pôsteres de 275 por 350 mm do endereço de Lincoln em Gettysburg.

22.3 Identifique, na aplicação a seguir, um ou mais processos não convencionais de usinagem que poderiam ser utilizados e apresente argumentos para justificar sua escolha. Suponha que a geometria da peça ou o material da peça (ou ambos) impede(m) o uso da usinagem convencional. A aplicação é um furo passante na forma da letra L em uma placa de vidro de 12,5 mm de espessura. As dimensões do "L" são de 25 por 15 mm e a largura do furo é de 3 mm.

22.4 Identifique, na aplicação a seguir, um ou mais processos não convencionais de usinagem que poderiam ser utilizados e apresente argumentos para justificar sua escolha. Suponha que a geometria da peça ou o material da peça (ou ambos) impede(m) o uso da usinagem convencional. A aplicação é um furo cego na forma da letra G em um cubo de aço de 50 mm de aresta. As dimensões totais do G são de 25 por 19 mm, a profundidade do furo é de 3,8 mm e sua largura é de 3 mm.

22.5 Grande parte do trabalho na Empresa Cortamos Qualquer Coisa envolve corte e conformação de chapas planas de fibra de vidro para a indústria de barcos de recreio. Os métodos manuais baseados em serras portáteis são utilizados atualmente para realizar a operação de corte, mas a produção é lenta e o descarte de material é alto. O encarregado diz que a empresa deve investir em uma máquina de corte a arco plasma, mas o gerente da fábrica acha que a máquina seria cara demais. O que você acha? Justifique sua resposta indicando as características do processo que tornam o corte a arco plasma atraente ou não nessa aplicação.

22.6 Uma fábrica de móveis que produz poltronas e sofás precisa cortar grande quantidade de tecidos. Muitos desses tecidos são fortes e resistentes ao desgaste, tornando difícil cortá-los. Quais processos não convencionais você recomendaria para a empresa nessa aplicação? Justifique sua resposta indicando as características do processo que o tornam atraente.

Usinagem Eletroquímica

22.7 **(A)** Em uma operação de usinagem eletroquímica, a área frontal do eletrodo de trabalho é de 1555 mm^2. Corrente aplicada = 1200 A e tensão = 12 V. O material a ser cortado é o níquel (valência = 2). Consulte, na Tabela 22.1, a taxa de remoção específica do níquel. (a) Se o processo for 90 % eficiente, determine a taxa de remoção de metal em mm^3/min. (b) Se a resistividade do eletrólito = 150 ohm-mm, determine o *gap* de trabalho.

22.8 Um furo quadrado deve ser cortado usando usinagem eletroquímica em uma placa de aço-liga de 12 mm de espessura. A taxa de remoção específica desse aço é 3,7 por 10^{-2} mm^3/A-s. O furo tem 35 mm em cada lado, mas o eletrodo utilizado para realizar o furo é ligeiramente menor que 35 mm nos lados para permitir o sobrecorte lateral, e seu formato inclui um furo no centro para permitir o fluxo do eletrólito e para reduzir a área de corte. Essa geometria de ferramenta resulta em uma área frontal de 245 mm^2. A corrente aplicada = 1200 A. (a) Usando uma eficiência de 95 %, quanto tempo vai levar para fazer o furo? (b) Se a ferramenta for projetada com uma área frontal igual à dimensão do furo, quanto tempo vai levar para fazer o furo?

Usinagem por Eletroerosão

22.9 **(A)** Uma operação de usinagem por eletroerosão é feita no tungstênio. Determine a quantidade de metal removido na operação após 1 hora, com uma corrente de descarga de 20 A nesse metal. Use unidades métricas e apresente as respostas em mm^3/h. Consulte, na Tabela 4.1, a temperatura de fusão do tungstênio.

22.10 Em uma operação de usinagem por eletroerosão a fio realizada em aço C1080 de 12 mm de espessura, usando um eletrodo de fio de tungstênio cujo diâmetro = 0,125 mm, a experiência anterior sugere que o sobrecorte será de 0,02 mm, de modo que a largura do corte será igual a 0,165 mm. Usando uma corrente de descarga de 15 A, qual é a velocidade de avanço que pode ser utilizada na operação? Estime a temperatura de fusão do aço com 0,80 % de carbono a partir do diagrama de fases da Figura 5.1.

22.11 Uma operação de usinagem por eletroerosão a fio é utilizada para cortar componentes de punção e matriz a partir de placas de aço ferramenta de 25 mm de espessura. No entanto, em cortes preliminares, o acabamento superficial na aresta de corte é ruim. Quais mudanças na corrente de descarga e na frequência das descargas devem ser feitas para melhorar o acabamento?

Usinagem Química

22.12 O fresamento químico é utilizado em uma indústria aeronáutica para criar cavidades em seções das asas fabricadas de uma liga de alumínio. A espessura inicial da peça é de 25 mm. Uma série de cavidades retangulares com 200 mm por 400 mm e com 15 mm de profundidade deve ser criada. Os cantos de cada retângulo têm um raio de 15 mm. O reagente de ataque é o NaOH. Consulte, na Tabela 22.2, a taxa de penetração e o fator de ataque. Determine (a) a taxa de remoção de metal em mm^3/min, (b) o tempo necessário para o ataque até a profundidade especificada e (c) as dimensões necessárias para a abertura da máscara do tipo corte e descascamento para alcançar as dimensões desejadas das cavidades sobre a peça.

22.13 Em uma determinada operação de estampagem química, um ataque com ácido sulfúrico é utilizado para remover material de uma chapa de liga de magnésio. A chapa tem 0,25 mm de espessura. O método de serigrafia (*silk screen*) foi utilizado no mascaramento para permitir altas taxas de produção. Acontece que o processo está produzindo uma grande quantidade de sucata. As tolerâncias especificadas de ±0,025 mm não estão sendo alcançadas. O encarregado do departamento de usinagem química reclama que deve haver algo errado com o ácido sulfúrico. "Talvez a concentração esteja errada", ele sugere. Analise o problema e recomende uma solução.

Parte VI Processos de Melhoria de Propriedades e de Tratamento de Superfícies

23 Tratamento Térmico de Metais

Sumário

23.1 Recozimento

23.2 Transformação Martensítica nos Aços
- 23.2.1 A Curva de Transformação Tempo Temperatura
- 23.2.2 Tratamento Térmico
- 23.2.3 Temperabilidade

23.3 Endurecimento por Precipitação

23.4 Endurecimento Superficial

23.5 Métodos e Instalações de Tratamento Térmico
- 23.5.1 Fornos para Tratamento Térmico
- 23.5.2 Métodos de Endurecimento Superficial Seletivo

Os processos de fabricação tratados nos capítulos anteriores envolvem a conformação da geometria da peça. Essa parte do livro considera os processos que melhoram as propriedades da peça (Capítulo 23) ou aplicam algum tratamento superficial a ela, como limpeza ou revestimento (Capítulo 24). As operações de melhoria das propriedades são realizadas para melhorar as propriedades mecânicas ou físicas do material. Elas não alteram o formato da peça, pelo menos não intencionalmente. As operações mais importantes de melhorias das propriedades são os tratamentos térmicos. O ***tratamento térmico*** envolve vários procedimentos de aquecimento e resfriamento realizados para efetuar alterações microestruturais no material, o que por sua vez afeta suas propriedades mecânicas. Suas aplicações mais comuns são nos metais, e são discutidas neste capítulo. Tratamentos similares são feitos em vitrocerâmicas (Subseção 5.2.3), em vidros temperados (Subseção 9.3.1), em metalurgia do pó e em cerâmicas (Subseções 12.3.3 e 13.2.3).

Os tratamentos térmicos podem ser realizados em uma peça metálica nas diversas etapas de seu processo de fabricação. Em alguns casos, o tratamento é aplicado antes da conformação plástica (por exemplo, para reduzir a dureza do metal visando facilitar sua conformação enquanto está aquecido). Em outros casos, o tratamento térmico é utilizado para aliviar os efeitos do encruamento que ocorrem durante a conformação, de modo que o material possa ser submetido a uma deformação adicional. O tratamento térmico também pode ser feito perto da etapa final, para atingir a resistência mecânica e dureza necessárias no produto final. Os principais tratamentos térmicos são recozimento, transformação martensítica nos aços, endurecimento por precipitação e tratamento de endurecimento superficial.

23.1 Recozimento

Recozimento consiste em aquecer o metal até uma temperatura adequada, mantendo essa temperatura por um tempo determinado (chamado ***encharque***) e resfriar lentamente. Um metal é recozido por qualquer um destes motivos: (1) reduzir a dureza e fragilidade, (2) alterar a microestrutura para que possam ser obtidas as propriedades mecânicas desejáveis, (3) reduzir a dureza para melhorar a usinabilidade e a conformabilidade, (4) recristalizar metais trabalhados a frio (endurecidos por deformação) e (5) aliviar as tensões residuais induzidas por processos anteriores. Diferentes designações são empregadas no recozimento, dependendo dos detalhes do processo e da temperatura utilizada em relação à temperatura de recristalização do metal que está sendo tratado.

O ***recozimento pleno*** está associado a metais ferrosos (frequentemente aços com baixo ou médio teor de carbono); ele envolve aquecer a liga para o campo austenítico (zona crítica), seguido por resfriamento lento no forno para produzir perlita grosseira. A ***normalização*** envolve aquecimento e encharque similares aos do recozimento, mas as taxas de resfriamento são maiores. Deixa-se o aço resfriar ao ar em temperatura ambiente. Isso resulta em perlita fina, maior resistência e dureza, porém menor ductilidade do que a obtida no tratamento por recozimento pleno.

As peças trabalhadas a frio frequentemente são recozidas para diminuir os efeitos do encruamento e aumentar a ductilidade. O tratamento permite que o metal encruado recristalize parcialmente ou completamente, dependendo das temperaturas, períodos de encharque e taxas de resfriamento. Quando o recozimento é feito para permitir que seja realizado mais trabalho a frio na peça, ele se chama ***recozimento intermediário***. Quando feito na peça acabada (deformada a frio) para remover os efeitos do encruamento e quando não será feita uma deformação subsequente, é chamado simplesmente de ***recozimento***. O processo em si é basicamente o mesmo, mas são empregadas designações diferentes para indicar o propósito do tratamento.

Se as condições de recozimento permitem a recuperação total do metal deformado a frio para a estrutura de grãos original, então ocorre a ***recristalização***. Após esse tipo de recozimento, o metal tem a nova forma criada pela operação de conformação, mas sua estrutura de grãos e suas propriedades a ela associadas são essencialmente as mesmas de antes do trabalho a frio. As condições que tendem a favorecer a recristalização são a temperatura mais alta, o maior tempo de encharque e a taxa de resfriamento menor. Se o processo de recozimento só permitir o retorno parcial da estrutura de grãos para seu estado original, ele se chama tratamento ***de recuperação***. A recuperação permite que o metal retenha a maior parte de seu encruamento obtido no trabalho a frio, mas a tenacidade da peça é melhorada.

O alívio de tensão não é, em geral, o objetivo das operações anteriores de recozimento. No entanto, o recozimento às vezes é feito somente para aliviar tensões residuais na peça, o chamado ***recozimento de alívio de tensão***, que ajuda a reduzir a distorção e as variações dimensionais que poderiam ocorrer nas peças com tensões residuais.

23.2 Transformação Martensítica nos Aços

O diagrama de fases do sistema ferro-carbono na Figura 5.1 indica as fases de ferro e de carbeto de ferro (cementita) presentes sob condições de equilíbrio. Ele considera que o resfriamento a partir de altas temperaturas é suficientemente lento para permitir que a austenita se decomponha em uma mistura de ferrita e cementita (Fe_3C) à temperatura ambiente. Essa reação de decomposição requer a difusão e outros processos que dependem do tempo e da temperatura para transformar o metal em sua microestrutura final de equilíbrio. No entanto, sob condições de resfriamento rápido, vez que as reações de equilíbrio são inibidas, a austenita se transforma em uma fase fora do equilíbrio chamada martensita. A ***martensita*** é uma fase dura e frágil, que tem a capacidade única de elevar a resistência mecânica dos aços a níveis muito altos.

23.2.1 A CURVA DE TRANSFORMAÇÃO TEMPO TEMPERATURA

A natureza da transformação martensítica pode ser mais bem compreendida usando a curva de transformação tempo-temperatura (curva TTT) para o aço eutetoide, ilustrada na Figura 23.1. A curva TTT mostra como a taxa de resfriamento afeta a transformação da austenita em várias fases possíveis. As fases podem ser divididas entre (1) formas alternativas de ferrita e cementita e (2) martensita. O tempo é exibido (logaritmicamente, por conveniência) ao longo do eixo horizontal e a temperatura no eixo vertical. A curva é interpretada começando do tempo zero e na região austenítica (algum ponto acima da linha de temperatura A_1 para a composição em questão) e avançando para baixo e para a direita ao longo de uma trajetória que representa o modo como o metal é resfriado em função do tempo. A curva TTT exibida na figura é para uma composição específica de aço (0,80 % carbono). A forma da curva é diferente para outras composições.

Em taxas de resfriamento lentas, a trajetória avança através da região indicando transformação em perlita ou bainita, que são formas alternativas de misturas de ferrita e cementita. Como essas transformações levam tempo, o diagrama TTT mostra duas linhas – o início e o fim das transformação, à medida que o tempo passa, indicadas para regiões das diferentes fases por meio dos subscritos *s* (*start*) e *f* (*final*), respectivamente. A ***perlita*** é uma mistura das fases ferrita e cementita na forma de pequenas lamelas paralelas. É obtida pelo resfriamento lento da austenita, de modo que a trajetória do resfriamento passa por P_s, acima do "nariz" da curva TTT. A ***bainita*** é uma mistura alternativa das mesmas fases que podem ser produzidas pelo resfriamento inicial rápido até uma temperatura um pouco acima de M_s; assim, o nariz da curva TTT é evitado. A isto se segue um resfriamento muito mais lento passando por B_s e para a região de ferrita e cementita. A bainita tem uma estrutura similar a agulhas ou penas, e consiste em regiões de carbetos muito pequenos.

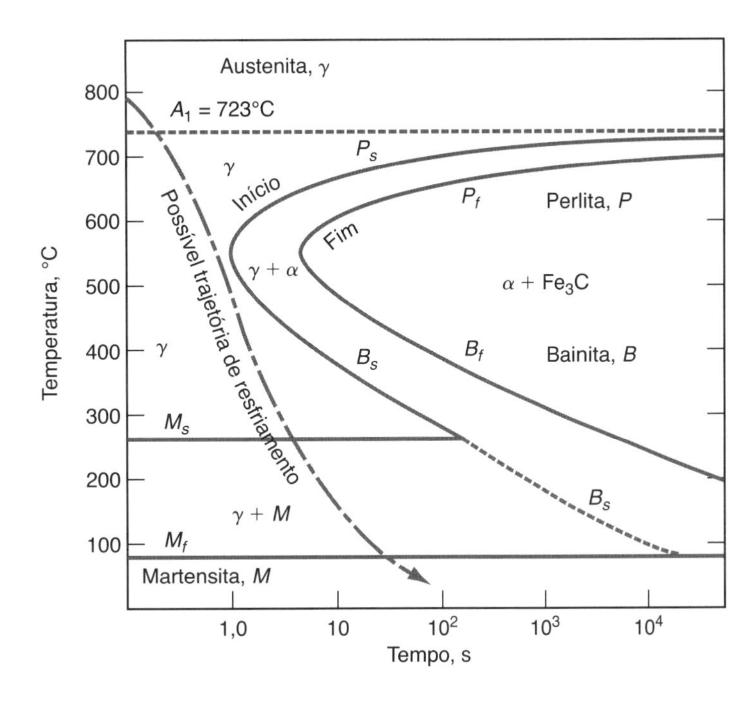

FIGURA 23.1 A curva TTT, mostrando a transformação da austenita em outras fases em função do tempo e da temperatura para um aço de composição aproximada de 0,80 % C. A trajetória de resfriamento exibida aqui produz martensita.

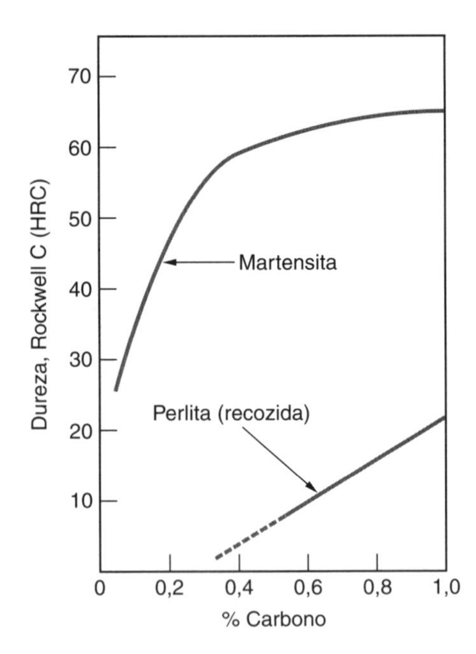

FIGURA 23.2 A dureza dos aços-carbono em função do teor de carbono da martensita (temperada) e da perlita (recozida).

Se o resfriamento ocorrer em uma taxa suficientemente rápida (indicada pela linha tracejada na Figura 23.1), a austenita é transformada em martensita. A ***martensita*** é uma fase diferenciada que consiste em uma solução sólida de ferro e carbono cuja composição é a mesma da austenita da qual derivou. A estrutura cúbica de face centrada da austenita é transformada quase instantaneamente na estrutura tetragonal de corpo centrado (TCC) da martensita – sem o processo de difusão dependente do tempo necessário para separar a ferrita e a cementita das transformações anteriores.

Durante o resfriamento, a transformação martensítica começa em certa temperatura M_s e acaba em uma temperatura inferior M_f, como mostra o diagrama TTT. Nos pontos entre esses dois níveis, o aço é uma mistura de austenita e martensita. Se o resfriamento for interrompido em uma temperatura entre as linhas M_s e M_f, a austenita vai se transformar em bainita à medida que a trajetória tempo-temperatura cruza o limiar B_s. O valor da temperatura correspondente a M_s é influenciado pelos elementos de liga, incluindo o carbono. Em alguns casos, a linha M_s é inferior à temperatura ambiente, possibilitando que esses aços formem martensita pelos métodos de tratamento térmico tradicionais.

A dureza extrema da martensita resulta da deformação da rede cristalina criada pelos átomos de carbono aprisionados na estrutura TCC, promovendo assim barreiras para a movimentação das discordâncias. A Figura 23.2 mostra o efeito significativo que a transformação martensítica tem na dureza de aços para teores crescentes de carbono.

23.2.2 TRATAMENTO TÉRMICO

O tratamento térmico para produzir a martensita consiste em duas etapas: austenitização e têmpera. Essas etapas são seguidas frequentemente pelo revenimento para produzir martensita revenida. A ***austenitização*** envolve o aquecimento do aço até uma temperatura suficientemente alta, a ponto de ser transformado parcial ou totalmente em austenita. Essa temperatura pode ser determinada a partir do diagrama de fase para a composição particular da liga. A transformação para austenita envolve mudança de fase, que requer tempo e também aquecimento. Consequentemente, o aço deve ser mantido a uma temperatura elevada por um período de tempo suficiente para permitir que a nova fase se forme e que seja alcançada a homogeneidade necessária da composição.

A etapa de ***têmpera*** envolve o resfriamento da austenita com rapidez suficiente para evitar a passagem pelo nariz da curva TTT, conforme indicado na trajetória de resfria-

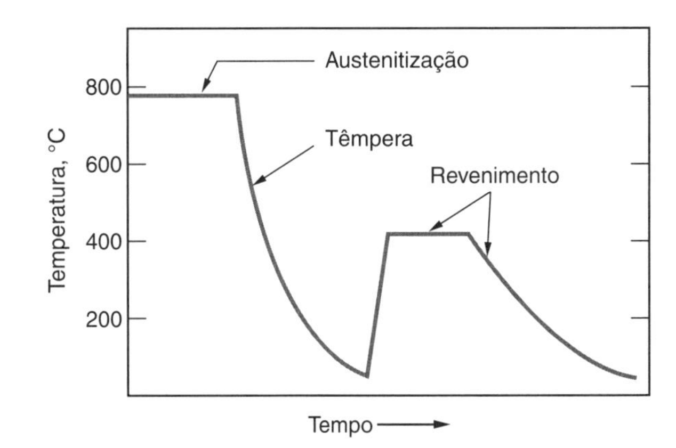

FIGURA 23.3 Tratamento térmico típico do aço: austenitização, têmpera e revenimento.

mento exibida na Figura 23.1. A taxa de resfriamento depende do meio de têmpera e da taxa de transferência de calor da peça de aço. Vários meios de têmpera são utilizados na prática industrial de tratamento térmico: (1) salmoura – água salgada, frequentemente com agitação; (2) água – parada, sem agitação; (3) óleo, sem agitação; e (4) ar. A têmpera em salmoura sob agitação proporciona taxas de resfriamento mais elevadas da superfície da peça aquecida, enquanto a têmpera ao ar dá a menor taxa. O problema é que quanto mais eficiente for o meio de têmpera quanto ao resfriamento, maior é a probabilidade de causar tensões internas, distorção e trincas na peça.

A taxa de transferência de calor em uma peça depende muito de sua massa e geometria. Uma peça grande, de formato cúbico, vai resfriar mais lentamente do que uma chapa fina e pequena. O coeficiente de condutividade térmica k da composição específica do metal também é um fator que influencia o fluxo de calor. Há uma variação considerável em k para diferentes tipos de aço; por exemplo, o aço com baixo teor de carbono tem um valor de k típico igual a 0,046 J/s-mm-°C, ao passo que um aço altamente ligado pode ter um terço desse valor.

A martensita é dura e frágil. O ***revenimento*** é um tratamento térmico aplicado a aços endurecidos para reduzir a fragilidade, aumentar a ductilidade e a tenacidade, e aliviar as tensões na estrutura da martensita. Esse tratamento envolve o aquecimento e encharque em uma temperatura inferior à de austenitização por aproximadamente uma hora, seguido de resfriamento lento. Isso resulta na precipitação de partículas muito finas de carbetos da solução ferro e carbono da martensita e transforma gradualmente a estrutura cristalina de TCC para CCC. Essa nova estrutura se chama ***martensita revenida***. Uma pequena redução na resistência e dureza acompanha o aumento de ductilidade e tenacidade. A temperatura e o tempo de tratamento de revenido controlam o grau de amolecimento do aço temperado, pois a mudança da martensita temperada para a revenida envolve difusão.

Reunidas, as três etapas do tratamento térmico dos aços para produzir martensita revenida podem ser retratadas como na Figura 23.3. Existem dois ciclos de aquecimento e resfriamento: o primeiro para produzir martensita e o segundo para revenir a martensita.

23.2.3 TEMPERABILIDADE

Temperabilidade se refere à capacidade relativa de um aço endurecer pela transformação martensítica. É a propriedade que determina a profundidade abaixo da superfície temperada na qual o aço está endurecido, ou a severidade da têmpera necessária para alcançar a dureza a uma dada profundidade. Os aços com boa temperabilidade podem ser endurecidos a maior profundidade e não requerem altas taxas de resfriamento. A temperabilidade não se refere à máxima dureza que pode ser alcançada no aço; isso depende do teor de carbono.

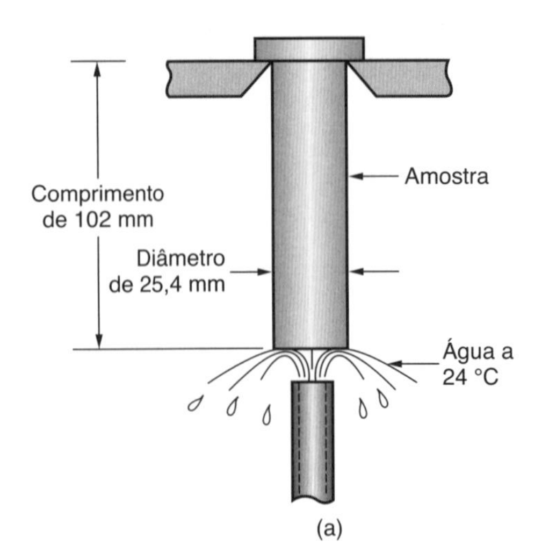

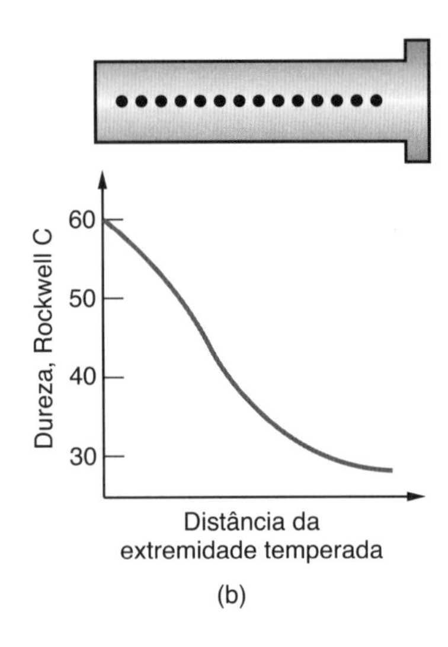

FIGURA 23.4 O ensaio Jominy: (a) configuração do ensaio, exibindo a extremidade temperada da amostra; e (b) curva típica da dureza em função da distância à extremidade temperada.

A temperabilidade de um aço é aumentada pela presença de elementos de liga. Os elementos de liga que mais influenciam são o cromo, o manganês, o molibdênio (e níquel, com menor eficiência). O mecanismo pelo qual esses elementos de liga atuam é prolongando o tempo necessário ao início da transformação da austenita em perlita no diagrama TTT. De fato, a curva TTT é deslocada para a direita, permitindo assim taxas de resfriamento menores durante a têmpera. Portanto, o resfriamento pode seguir uma trajetória com resfriamento mais lento até a temperatura M_s, evitando mais facilmente o nariz da curva TTT.

O método mais comum para medir a temperabilidade é o ***ensaio Jominy da extremidade temperada***. O teste envolve aquecer uma amostra padrão, de diâmetro = 25,4 mm e comprimento = 102 mm, até a região austenítica, e depois resfriar uma extremidade com jato de água fria, enquanto a amostra é mantida na posição vertical, conforme a Figura 23.4(a). A taxa de resfriamento na amostra diminui com o aumento da distância a partir da extremidade temperada. A temperabilidade é indicada pela dureza da amostra em função da distância a partir da face resfriada, como na Figura 23.4(b).

23.3 Endurecimento por Precipitação

O endurecimento por precipitação envolve a formação de partículas finas (precipitados) que atuam como barreiras ao movimento das discordâncias e, desse modo, elevam a resistência e endurecem o metal. É o principal tratamento térmico para aumentar a resistência de ligas de alumínio, cobre, magnésio, níquel e outros metais não ferrosos. O endurecimento por precipitação também pode ser utilizado para aumentar a resistência de determinados aços. Quando aplicado aos aços, o processo se chama ***maraging*** (uma abreviação de martensita e *aging* [em inglês, significa envelhecimento]), e os aços que passam por esse processo são denominados aços maraging.

A condição necessária que determina se a liga pode ter sua resistência aumentada pelo endurecimento por precipitação é a presença de uma linha de solubilidade, como mostra o diagrama de fases da Figura 23.5(a). A liga, cuja composição pode ser endurecida por precipitação, é aquela que apresenta duas fases em temperatura ambiente, mas que pode ser aquecida até uma temperatura que dissolva a segunda fase. A composição C satisfaz esse requisito. O processo de tratamento térmico consiste em três etapas, que estão mostradas na Figura 23.5(b): (1) ***solubilização***, na qual a liga é aquecida a uma temperatura T_s acima da linha *solvus* para a região monofásica alfa e mantida por um

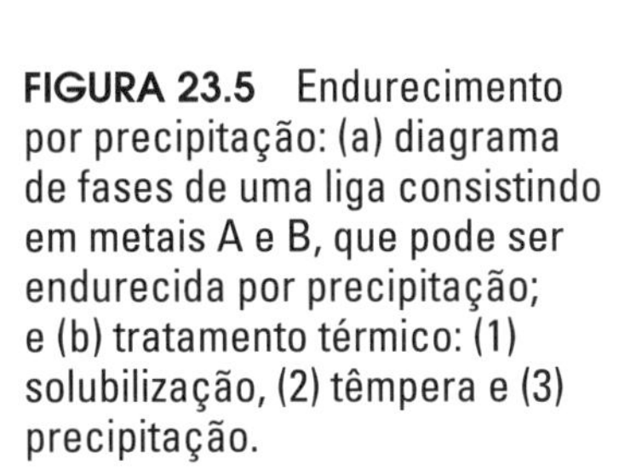

FIGURA 23.5 Endurecimento por precipitação: (a) diagrama de fases de uma liga consistindo em metais A e B, que pode ser endurecida por precipitação; e (b) tratamento térmico: (1) solubilização, (2) têmpera e (3) precipitação.

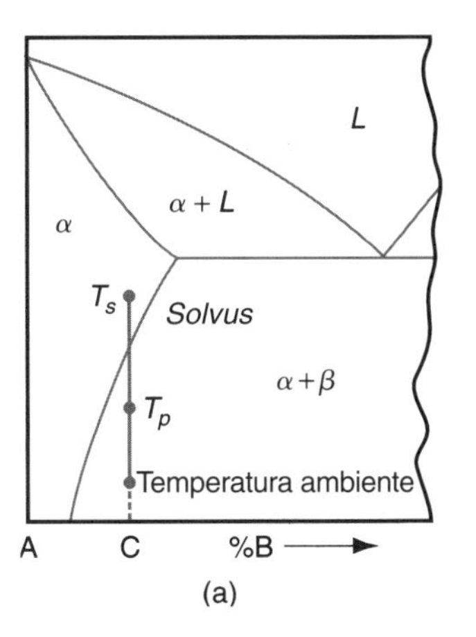

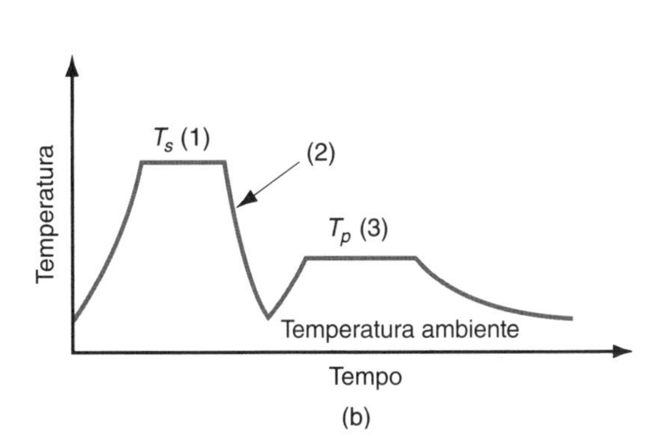

período de tempo suficiente para dissolver a fase beta; (2) ***têmpera*** até a temperatura ambiente para criar uma solução sólida supersaturada; e (3) ***tratamento de precipitação***, no qual a liga é aquecida a uma temperatura T_p, abaixo de T_s, ocasionando precipitação de partículas finas da fase beta. Essa terceira etapa se denomina ***envelhecimento*** e, por essa razão, o tratamento térmico inteiro às vezes é chamado de ***endurecimento por envelhecimento***. Entretanto, o envelhecimento pode ocorrer em algumas ligas à temperatura ambiente, e então o termo ***endurecimento por precipitação*** parece mais preciso para o processo de tratamento térmico em três etapas que está sendo discutido aqui. Quando a etapa de envelhecimento é realizada à temperatura ambiente, ela se chama ***envelhecimento natural***. Quando é realizada a uma temperatura elevada, como na figura, o termo ***envelhecimento artificial*** é utilizado com frequência.

Ao longo da etapa de envelhecimento é que a alta resistência mecânica e a dureza na liga são alcançadas. A combinação de temperatura e tempo durante o tratamento de precipitação (envelhecimento) é fundamental para obter as propriedades desejadas na liga. Em temperaturas de tratamento de precipitação mais elevadas, como na Figura 23.6(a), a dureza chega a valores máximos em tempos relativamente curtos, ao passo que, nas temperaturas mais baixas, como em (b), mais tempo é necessário para endurecer a liga, mas sua dureza máxima tende a ser maior do que no primeiro caso. Como se pode ver no gráfico, a continuação do processo de envelhecimento resulta em uma redução nas propriedades de dureza e resistência mecânica, chamada ***superenvelhecimento***. Seu efeito global é similar ao do recozimento.

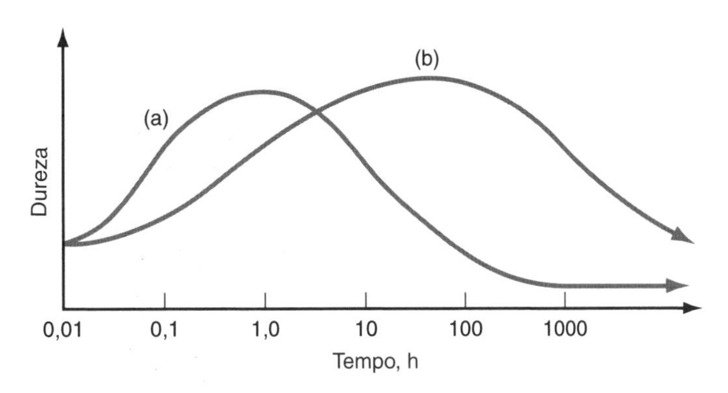

FIGURA 23.6 Efeito da temperatura e do tempo durante o tratamento de precipitação (envelhecimento): (a) com temperatura de precipitação elevada; e (b) com temperatura de precipitação mais baixa.

23.4 Endurecimento Superficial

Endurecimento superficial se refere a qualquer um dos vários tratamentos termoquímicos aplicados aos aços em que a composição da superfície da peça é alterada pela adição de carbono, nitrogênio ou outros elementos. Os tratamentos mais comuns são cementação, nitretação e carbonitretação. Esses processos são aplicados frequentemente a peças de aços baixo carbono para obter uma camada externa dura e resistente ao desgaste, mantendo ao mesmo tempo um núcleo tenaz. O termo ***endurecimento superficial*** é utilizado com frequência nesses tratamentos.

Cementação (ou ***carbonetação***) é o tratamento de endurecimento superficial mais comum, e envolve o aquecimento da peça de aço baixo carbono na presença de um meio rico em carbono, de modo que o carbono seja difundido na superfície. De fato, a camada superficial é convertida em aço alto carbono, resultando em uma dureza maior que a do núcleo de baixo carbono. O meio rico em carbono pode ser criado de várias maneiras. Um método envolve o uso de materiais carbonáceos, como carvão ou coque, colocados em um recipiente fechado contendo as peças. Esse processo, chamado de ***cementação em caixa***, produz uma camada relativamente espessa na superfície da peça, variando de 0,6 a 4 mm, aproximadamente. Outro método, chamado de ***cementação gasosa***, utiliza hidrocarbonetos, como o propano (C_3H_8), dentro de um forno selado para difundir o carbono na peça. A espessura da caixa nesse tratamento é fina, de 0,13 a 0,75 mm. Outro processo é a ***cementação líquida***, que emprega um banho de sais fundidos contendo cianeto de sódio (NaCN), cloreto de bário ($BaCl_2$) e outros compostos para difundir o carbono no aço. Esse processo produz camada superficial de espessura geralmente entre as dos outros dois tratamentos. As temperaturas típicas da cementação ficam entre 875 e 925 °C, bem dentro do campo austenítico.

A cementação seguida pela têmpera produz um endurecimento superficial de aproximadamente 60 HRC. No entanto, como a região interna da peça consiste em aço baixo carbono, e por isso sua temperabilidade é baixa, ela não é afetada pela têmpera e continua relativamente tenaz e dúctil, e resistente aos impactos e à fadiga.

Nitretação é o tratamento no qual o nitrogênio é difundido para a superfície de aços-liga especiais, produzindo uma camada dura e fina, sem necessidade de têmpera. Para ser mais efetivo, o aço deve conter determinados elementos de liga, como alumínio (0,85-1,5 %) ou cromo (5 % ou mais). Esses elementos formam compostos de nitreto que se precipitam como partículas muito finas na camada superficial e endurecida do aço. Os métodos de nitretação incluem: ***nitretação gasosa***, em que peças de aço são aquecidas em uma atmosfera de amônia (NH_3) ou outra mistura gasosa rica em nitrogênio; e ***nitretação líquida***, em que as peças são mergulhadas em banhos de sal de cianeto fundido. Os dois processos são executados a 500 °C, aproximadamente. A espessura da camada varia de 0,025 mm a até 0,5 mm, aproximadamente, com durezas de até 70 HRC.

Como o nome sugere, ***carbonitretação*** é o tratamento em que o carbono e o nitrogênio são absorvidos na camada superficial do aço, frequentemente por aquecimento em um forno contendo carbono e amônia. A espessura da camada vai de 0,07 a 0,5 mm, com dureza comparável à dos outros dois tratamentos.

Dois outros tratamentos de endurecimento superficial difundem cromo e boro, respectivamente, no aço para produzir espessura de camada superficial tipicamente de apenas 0,025 a 0,05 mm. A ***cromagem*** (ou cromação) requer altas temperaturas e um tempo maior do que os tratamentos anteriores de endurecimento superficial, mas a camada superficial resultante não só é dura e resistente ao desgaste, mas também é resistente ao calor e à corrosão. O processo geralmente é aplicado aos aços baixo carbono. As técnicas para difundir o cromo na superfície incluem: empacotamento de peças de aço em pós ou grânulos ricos em cromo, imersão em banho de sal fundido contendo Cr e sais de Cr, e deposição química de vapor (Subseção 24.5.2).

A ***boretação*** é realizada em aços ferramenta, ligas à base de níquel e cobalto, e ferros fundidos, além dos aços-carbono, usando pós, sais ou atmosferas gasosas contendo boro. O processo resulta em uma camada superficial, fina, com alta resistência à abrasão e baixo coeficiente de atrito. A dureza da camada superficial atinge 70 HRC. Quando a boretação é utilizada em aços baixo carbono e baixa liga, a resistência à corrosão é maior.

23.5 Métodos e Instalações de Tratamento Térmico

A maior parte das operações de tratamento térmico é realizada em fornos. Além disso, outras técnicas podem ser empregadas para aquecer seletivamente apenas a superfície da peça ou uma parte dessa superfície. Deve-se mencionar que parte do equipamento descrito nesta seção é utilizada para outros processos além do tratamento térmico; esses equipamentos incluem derretimento de metais para fundição (Subseção 8.4.1); aquecimento antes do trabalho a quente (Seção 14.3); brasagem, soldagem e união adesiva (Capítulo 27); e processamento de semicondutores (Capítulo 30).

23.5.1 FORNOS PARA TRATAMENTO TÉRMICO

Os fornos variam bastante em termos de tecnologia, tamanho e capacidade, construção e controle atmosférico. Frequentemente, eles aquecem as peças por meio de uma combinação de radiação, convecção e condução. As tecnologias de aquecimento se dividem entre o aquecimento com combustível e o aquecimento elétrico. Os ***fornos de aquecimento por combustível*** normalmente são de ***aquecimento direto***, significando que a peça fica exposta diretamente aos produtos da combustão. Os combustíveis podem ser gases (como o gás natural ou propano) e óleos que podem ser atomizados (como o óleo diesel e o óleo combustível). A química dos produtos da combustão pode ser controlada, ajustando a mistura ar e combustível ou oxigênio e combustível para minimizar a formação de óxido na superfície da peça. Os ***fornos elétricos*** usam resistência elétrica para aquecer; eles são mais limpos, silenciosos, e promovem um aquecimento mais uniforme, porém são mais caros para adquirir e operar.

Um forno convencional é um equipamento projetado para resistir à perda de calor e acomodar o tamanho da peça a ser processada. Os fornos são classificados como fornos intermitentes (ou fornos de carga por lotes) ou fornos contínuos. Os ***fornos intermitentes*** são mais simples, consistindo basicamente em um sistema de aquecimento em uma câmara isolada, com uma porta para carregar e descarregar a peça. Os ***fornos contínuos*** geralmente são utilizados para taxas de produção maiores e proporcionam um meio de movimentação da peça pelo interior da câmara de aquecimento.

São necessárias atmosferas especiais em certas operações de tratamento térmico, como em alguns dos tratamentos de endurecimento superficial. Essas atmosferas incluem ambientes ricos em carbono e nitrogênio para difusão desses elementos na superfície da peça. O controle de atmosfera também é desejável nas operações de tratamento térmico convencionais para evitar a oxidação excessiva ou descarbonetação.

Outros tipos de fornos incluem fornos de banho de sal e fornos de leito fluidizado. Os ***fornos de banho de sal*** consistem em recipiente contendo sais fundidos de cloretos e/ou nitratos. As peças a serem tratadas são imersas no meio derretido. Os ***fornos de leito fluidizado*** têm um recipiente em que pequenas partículas inertes ficam suspensas em um fluxo de alta velocidade de gás quente. Nas condições adequadas, o comportamento agregado das partículas parece fluido; assim, ocorre o aquecimento rápido das peças imersas no leito particulado.

23.5.2 MÉTODOS DE ENDURECIMENTO SUPERFICIAL SELETIVO

Esses métodos aquecem apenas a superfície da peça ou determinadas regiões da superfície da peça. São diferentes dos métodos de endurecimento superficial (Seção 23.4) porque não ocorrem alterações químicas. Aqui os tratamentos são apenas térmicos. Os métodos de endurecimento superficial seletivo (ou têmpera superficial) incluem têmpera por chama, têmpera por indução, aquecimento por resistência de alta frequência, têmpera por feixe de elétrons e têmpera a laser.

Têmpera por chama (ou ***endurecimento por chama direta***) envolve o aquecimento da superfície da peça por meio de um ou mais maçaricos, seguido por resfriamento rápido. Como processo de endurecimento, é aplicado aos aços-carbono e aços-liga, além dos ferros fundidos. Os combustíveis incluem acetileno (C_2H_2), propano (C_3H_8) e outros gases. O nome têmpera por chama invoca imagens de uma operação altamente manual com ausência geral de controle sobre os resultados; no entanto, o processo pode ser configurado para incluir controle de temperatura, equipamentos para posicionar a peça em relação à chama, e dispositivos de indexação que operam em um tempo de ciclo preciso, todos eles proporcionando um controle rigoroso sobre o tratamento térmico resultante. É rápido e versátil, prestando-se à alta produção e também a componentes grandes, como as grandes engrenagens que ultrapassam a capacidade dos fornos.

Têmpera por indução envolve a aplicação de energia induzida eletromagneticamente, fornecida por uma bobina de indução para uma peça com propriedade de condução elétrica. O aquecimento por indução é amplamente utilizado na indústria em processos como brasagem, soldagem, união adesiva e vários tratamentos térmicos. Quando utilizada para endurecer o aço, a têmpera (resfriamento severo) vem depois do aquecimento. Uma configuração típica é ilustrada pela Figura 23.7. A bobina de aquecimento por indução carrega uma corrente alternada de alta frequência que induz uma corrente na peça envolvida para efetuar o aquecimento. A superfície, uma parte da superfície, ou a massa inteira da peça pode ser aquecida pelo processo. O aquecimento indutivo proporciona um método rápido e eficiente de aquecer qualquer material condutor elétrico. Os tempos de ciclo de aquecimento são curtos, então o processo se presta à alta produção e também a volumes intermediários de produção.

O ***aquecimento por resistência de alta frequência*** (*HF*, do inglês *high-frequency*) é utilizado para endurecer regiões superficiais específicas de peças pela aplicação de calor localizado por resistência de alta frequência (400 kHz é um valor comum). Uma configuração típica é exibida na Figura 23.8. O aparato consiste em um condutor de proximidade refrigerado a água, situado sobre a região a ser aquecida. Contatos são presos à peça nas extremidades da região (alvo). Quando a corrente de alta frequência é aplicada, a região embaixo do condutor de proximidade é aquecida rapidamente a uma alta temperatura – o aquecimento até o intervalo austenítico requer tipicamente menos de um segundo. Quando a energia é desligada, a região, frequentemente uma linha estreita como na figura, é temperada por transferência de calor para o metal circundante. A profundidade da região tratada é de aproximadamente 0,63 mm; a dureza depende do teor de carbono do aço e pode variar a até 60 HRC [11].

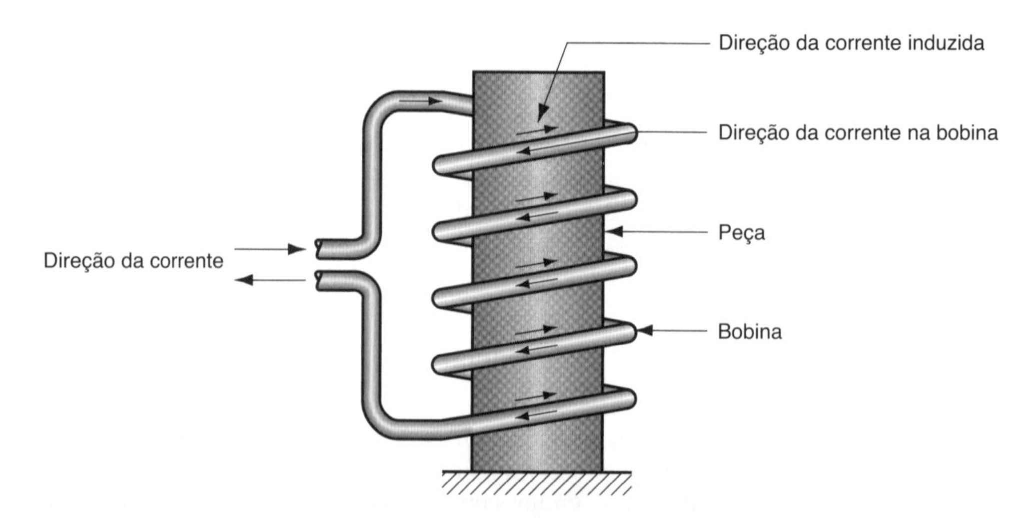

FIGURA 23.7 Configuração típica do aquecimento por indução. Corrente alternada de alta frequência em uma bobina que induz corrente na peça, aquecendo-a.

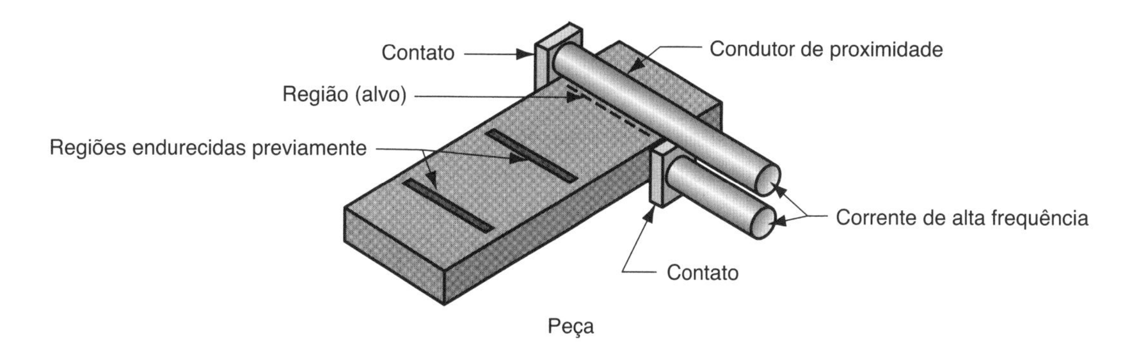

FIGURA 23.8 Montagem típica do aquecimento por resistência de alta frequência.

Têmpera por feixe de elétrons (*EB*, do inglês *electron beam*) envolve o endurecimento superficial localizado do aço, em que o feixe de elétrons é focalizado em uma pequena região, resultando no acúmulo rápido de calor. As temperaturas de austenitização muitas vezes podem ser alcançadas em menos de um segundo. Quando o feixe direcionado é removido, a região aquecida é imediatamente temperada e endurecida pela transferência de calor para o metal frio circundante. Uma desvantagem do aquecimento por feixe de elétrons é que os melhores resultados são alcançados quando o processo é realizado em um vácuo. É necessária uma câmara de vácuo especial, assim como tempo para obter o vácuo, reduzindo assim a produtividade.

Têmpera a laser (*LB*, do inglês *laser beam*) utiliza laser de alta intensidade de luz coerente focalizado em uma região pequena. O feixe frequentemente é movido ao longo de um trajeto definido na superfície da peça, causando aquecimento do aço até a região austenítica. Quando o feixe é movimentado, a região é imediatamente temperada pela condução térmica para o metal circundante. ***Laser*** é um acrônimo para amplificação da luz por emissão estimulada de radiação (em inglês, *light amplification by stimulated emission of radiation*). A vantagem da têmpera por laser em relação à têmpera por feixe de elétrons é que os feixes de laser não exigem um vácuo para alcançar os melhores resultados. Os níveis de densidade energética no aquecimento nesses dois tipos de têmpera superficial (LB e EB) são mais baixos do que no corte ou na soldagem.

Referências

[1] ***ASM Handbook***. Vol. 4, ***Heat Treating***. ASM International, Materials Park, Ohio, 1991.

[2] Babu, S. S., and Totten, G. E. ***Steel Heat Treatment Handbook***, 2nd ed. CRC Taylor & Francis, Boca Raton, Florida, 2006.

[3] Brick, R. M., Pense, A. W., and Gordon, R. B. ***Structure and Properties of Engineering Materials***, 4th ed. McGraw-Hill, New York, 1977.

[4] Chandler, H. (ed.). ***Heat Treater's Guide: Practices and Procedures for Irons and Steels***. ASM International, Materials Park, Ohio, 1995.

[5] Chandler, H. (ed.). ***Heat Treater's Guide: Practices and Procedures for Nonferrous Alloys***. ASM International, Materials Park, Ohio, 1996.

[6] Dossett, J. L., and Boyer, H. E. ***Practical Heat Treating***, 2nd ed. ASM International, Materials Park, Ohio, 2006.

[7] Flinn, R. A., and Trojan, P. K. ***Engineering Materials and Their Applications***, 5th ed. John Wiley & Sons, New York, 1995.

[8] Guy, A. G., and Hren, J. J. ***Elements of Physical Metallurgy***, 3rd ed. Addison-Wesley, Reading, Massachusetts, 1974.

[9] Ostwald, P. F., and Munoz, J. ***Manufacturing Processes and Systems***, 9th ed. John Wiley & Sons, New York, 1997.

[10] Vaccari, J. A. "Fundamentals of heat treating," Special Report 737, ***American Machinist***. September 1981, pp. 185–200.

[11] Wick, C. and Veilleux, R. F. (eds.). ***Tool and Manufacturing Engineers Handbook***, 4th ed. Vol. 3, ***Materials, Finishing, and Coating***. Section 2: Heat Treatment. Society of Manufacturing Engineers, Dearborn, Michigan, 1985.

Questões de Revisão

23.1 Por que os metais são tratados termicamente?
23.2 Identifique as razões importantes pelas quais os metais são recozidos.
23.3 Qual é o tratamento térmico mais importante para endurecer os aços?
23.4 Qual é o mecanismo pelo qual o carbono eleva a resistência dos aços durante o tratamento térmico?
23.5 Qual é a informação fornecida pela curva TTT?
23.6 Qual é a finalidade do revenimento da martensita?
23.7 Defina temperabilidade.
23.8 Cite alguns elementos que têm os efeitos mais relevantes na temperabilidade dos aços.
23.9 Indique como os elementos de liga que aumentam a temperabilidade dos aços afetam a curva TTT.
23.10 Defina endurecimento por precipitação.
23.11 Como a cementação é realizada?
23.12 Identifique os métodos seletivos de endurecimento superficial.

24 Operações de Tratamento de Superfície

Sumário

24.1 Processos de Limpeza Industrial
24.1.1 Limpeza Química
24.1.2 Limpeza Mecânica e Tratamentos de Superfície

24.2 Difusão e Implantação Iônica
24.2.1 Difusão
24.2.2 Implantação Iônica

24.3 Revestimentos e Processos Relacionados
24.3.1 Eletrodeposição
24.3.2 Eletroformação
24.3.3 Deposição Química
24.3.4 Imersão a Quente

24.4 Revestimento de Conversão
24.4.1 Revestimento de Conversão Química
24.4.2 Anodização

24.5 Processos de Deposição em Fase Vapor
24.5.1 Deposição Física de Vapor
24.5.2 Deposição Química de Vapor

24.6 Revestimentos Orgânicos
24.6.1 Métodos de Aplicação
24.6.2 Revestimento à Base de Pós

24.7 Esmalte à Porcelana e Outros Revestimentos Cerâmicos

24.8 Processos Térmicos e Mecânicos de Revestimento
24.8.1 Processos Térmicos de Revestimento
24.8.2 Deposição Mecânica

Os processos discutidos neste capítulo modificam as superfícies das peças e/ou produtos. As principais categorias de operações realizadas nas superfícies são (1) limpeza, (2) tratamentos de superfície e (3) revestimento e deposição de filmes finos. Limpeza se refere aos processos de limpeza industrial que removem manchas e contaminantes resultantes do processamento prévio ou do ambiente industrial. Eles incluem métodos de limpeza química e mecânica. Os tratamentos de superfície são operações mecânicas e físicas que alteram a superfície da peça de alguma maneira, como na melhoria do seu acabamento ou impregnando com átomos de outro material para mudar suas propriedades químicas e físicas.

O revestimento e a deposição de filmes finos incluem vários processos que aplicam uma camada de material à superfície. Os produtos feitos de material metálico quase sempre são revestidos por eletrodeposição (por exemplo, cromagem), pintura ou outro processo. As principais razões para revestir um metal são (1) proporcionar proteção contra corrosão, (2) melhorar a aparência do produto (por exemplo, conferir uma determinada cor ou textura), (3) aumentar a resistência ao desgaste e/ou reduzir o coeficiente de atrito, (4) aumentar a condutividade elétrica, (5) aumentar a resistência elétrica, (6) preparar a superfície metálica para o processamento subsequente e (7) recuperar superfícies desgastadas ou erodidas durante o serviço. Às vezes, os materiais não metálicos também são revestidos. Entre os exemplos temos (1) peças plásticas revestidas para conferir a elas uma aparência metálica; (2) revestimento antirreflexo em lentes de vidro; e (3) certos processos de revestimento e deposição utilizados na fabricação de *chips* semicondutores (Capítulo 30) e placas de circuito impresso (Capítulo 31). Em todos os casos, a boa adesão deve ser alcançada entre o revestimento e o substrato; para que isso ocorra, a superfície do substrato deve estar bem limpa.

24.1 Processos de Limpeza Industrial

A maioria das peças precisa ser limpa uma ou mais vezes durante sua sequência de fabricação. Os processos químicos e/ou mecânicos são utilizados para realizar essa limpeza. Os métodos de limpeza química usam produtos químicos para remover óleos e manchas indesejados da superfície da peça. A limpeza mecânica envolve a remoção de substâncias de uma superfície por meio de operações mecânicas de vários tipos. Essas operações atendem frequentemente a outros propósitos, como a remoção de rebarbas, redução de rugosidade, adição de brilho e melhoria das propriedades superficiais.

24.1.1 LIMPEZA QUÍMICA

Uma superfície típica é recoberta por vários filmes, óleos, sujeiras e outros contaminantes (Subseção 6.3.1). Embora algumas dessas substâncias possam operar de uma maneira benéfica (como o filme de óxido no alumínio), frequentemente é desejável remover os contaminantes da superfície. Esta seção discute algumas considerações gerais relacionadas à limpeza e avalia os principais processos de limpeza química utilizados na indústria.

Algumas das razões importantes para a necessidade de as peças manufaturadas (e produtos) serem limpas(os) são: (1) preparar a superfície para o processamento industrial subsequente, tal como uma aplicação de revestimento ou de adesivos; (2) melhorar as condições de higiene para os trabalhadores e clientes; (3) remover contaminantes que poderiam reagir quimicamente com a superfície; e (4) melhorar a aparência e o desempenho do produto.

Considerações Gerais na Limpeza Não existe apenas um método de limpeza que possa ser utilizado para todas as tarefas de limpeza. Assim como vários sabões e detergentes são necessários para os diferentes trabalhos domésticos (lavagem de roupas, lavagem de louças, lavagem de panelas, limpeza de banheiro etc.), também são necessários vários métodos de limpeza para solucionar diferentes problemas de limpeza na indústria. Os fatores importantes na escolha de um método de limpeza são (1) o contaminante a ser removido, (2) o grau de limpeza necessário, (3) o material do substrato a ser limpo, (4) o propósito da limpeza, (5) fatores ambientais e de segurança, (6) dimensões e geometria da peça e (7) exigências de produção e custo.

Vários tipos de contaminantes se acumulam nas superfícies das peças, em função do processamento anterior ou do ambiente industrial. Para escolher o melhor método de limpeza, primeiro é preciso identificar o que deve ser limpo. Os contaminantes de superfície encontrados na fábrica se dividem geralmente em uma das seguintes categorias: (1) óleos e graxa, que incluem lubrificantes utilizados em usinagem; (2) partículas sólidas, como cavacos, partículas abrasivas, sujidades encontradas em oficinas, poeira e materiais similares; (3) resíduos de polimento; e (4) filmes de óxido, ferrugens e carepas.

O grau de limpeza refere-se à quantidade de contaminantes remanescentes após uma determinada operação de limpeza. As peças a serem preparadas para aceitar um revestimento (por exemplo, pintura, filme metálico) ou adesivo precisam estar bem limpas; senão, a adesão do material revestido é colocada em risco. Em outros casos, pode ser desejável que a operação de limpeza deixe um resíduo na superfície da peça para proteção contra corrosão durante o armazenamento, substituindo na verdade um contaminante na superfície por outro que é benéfico. Muitas vezes, é difícil medir o grau de limpeza de maneira quantificável. Um teste simples é um ***método de limpeza*** (*wiping method*) em que a superfície é limpa com um pano branco, limpo, e a quantidade de sujeira absorvida pelo pano é observada. Não é quantitativo, mas é um teste fácil de usar.

O material do substrato deve ser considerado na escolha de um método de limpeza de modo que os produtos químicos de limpeza não causem reações nocivas. Para citar alguns exemplos: o alumínio é dissolvido pela maioria dos ácidos e alcalinos; o magnésio é atacado por muitos ácidos; o cobre é atacado pelos ácidos oxidantes (por exemplo, ácido nítrico); os aços são resistentes aos alcalinos, mas reagem com praticamente todos os ácidos.

Alguns métodos de limpeza são apropriados para preparar a superfície para pintura, enquanto outros são melhores para deposição. A proteção ambiental e a segurança do trabalhador estão se tornando cada vez mais importantes nos processos industriais. Os métodos de limpeza e os produtos químicos associados devem ser escolhidos para evitar poluição e perigos para a saúde.

Processos de Limpeza Química A limpeza química usa vários tipos de produtos químicos para efetuar a remoção de contaminantes da superfície. Os principais métodos de limpeza química são: (1) limpeza alcalina, (2) limpeza por emulsão, (3) limpeza com solventes, (4) limpeza ácida e (5) limpeza ultrassônica. Em alguns casos, a ação química é potencializada por outras formas de energia; por exemplo, a limpeza ultrassônica usa vibrações mecânicas de alta frequência combinadas com a ação química.

A ***limpeza alcalina*** é o método de limpeza industrial mais utilizado. Como seu nome indica, ela emprega álcalis para remover óleos, graxas, ceras e vários tipos de partículas (cavacos, sílica, carbono e ferrugem leve) de uma superfície metálica. As soluções de limpeza alcalina consistem em sais hidrossolúveis de baixo custo, tais como hidróxidos de sódio e potássio (NaOH, KOH), carbonato de sódio (Na_2CO_3), bórax ($Na_2B_4O_7$), fosfatos e silicatos de sódio e potássio, combinados com dispersantes e surfactantes (ou tensoativos) em água. O método de limpeza é executado, de forma frequente, por imersão ou aspersão, em temperaturas de 50 °C a 95 °C. Após a aplicação da solução alcalina, utiliza-se um enxágue em água para remover o resíduo alcalino. As superfícies metálicas limpas pelas soluções alcalinas são usadas em eletrodeposição ou em revestimentos de conversão.

A ***limpeza eletrolítica***, também chamada ***eletrolimpeza***, é um processo relacionado em que se aplica uma diferença de potencial de 3 a 12 V de corrente direta a peças imersas em solução alcalina. A ação eletrolítica resulta na geração de bolhas de gás na superfície da peça, ocasionando uma ação de esfregamento que ajuda na remoção de filmes de sujeira mais resistentes.

A ***limpeza por emulsão*** usa solventes orgânicos (óleos) dispersos em solução aquosa. O uso de emulsificantes adequados (sabões) resulta em um fluido de limpeza bifásico (óleo em água), que atua pela dissolução ou emulsificação da sujeira da superfície da peça. O processo pode ser utilizado em peças metálicas ou não metálicas. A limpeza por emulsão deve ser seguida pela limpeza alcalina para eliminar todos os resíduos do solvente orgânico antes de se revestir a superfície.

Na ***limpeza com solventes***, as sujeiras orgânicas, como óleos e graxas, são removidas de uma superfície metálica por meio de substâncias químicas que dissolvem as sujeiras. As técnicas de aplicação comuns incluem abrasão, imersão, aspersão e desengraxamento com vapor. O ***desengraxamento com vapor*** usa vapores quentes de solventes para dissolver e remover óleo e graxa da superfície da peça. Os solventes comuns incluem tricloroetileno (C_2HCl_3), diclorometano (CH_2Cl_2) e tetracloroetileno (C_2Cl_4), todos eles com pontos de ebulição relativamente baixos.[1] O desengraxamento por vapor consiste em aquecer o solvente líquido, até seu ponto de ebulição, em um recipiente para produzir vapores quentes. As peças a serem limpas são expostas ao vapor, que condensa nas superfícies relativamente frias das peças, dissolvendo os contaminantes e escoando para o fundo do recipiente. Condensadores posicionados no topo do contêiner impedem que vapores escapem para a atmosfera. Isso é importante porque esses solventes são classificados como poluentes do ar, segundo o código americano *Clean Air Act* de 1992 [10].

A ***limpeza ácida*** remove óleos e óxidos de fácil remoção das superfícies metálicas por meio de imersão, aspersão ou abrasão manual. O processo é executado em temperatura ambiente ou temperatura elevada. Os fluidos de limpeza comuns são as soluções ácidas combinadas com solventes miscíveis em água, com efeito umectante e emulsificante. Os ácidos de limpeza incluem o clorídrico (HCl), o nítrico (HNO_3), o fosfórico (H_3PO_4) e o sulfúrico (H_2SO_4), cuja escolha depende do metal de base e do propósito da limpeza. Por exemplo, o ácido fosfórico produz um filme fino de fosfato na superfície

[1] O ponto de ebulição mais elevado dos três solventes é 121 °C para o C_2Cl_4.

metálica, que pode ser útil na preparação para a pintura. Um processo de limpeza intimamente relacionado é a ***decapagem ácida***, que envolve um tratamento mais severo para remover óxidos espessos, ferrugens e carepas de laminação; geralmente ele resulta em algum ataque corrosivo à superfície metálica, que serve para melhorar a adesão de revestimentos orgânicos.

A ***limpeza ultrassônica*** combina limpeza química e agitação mecânica do fluido de limpeza para proporcionar um método altamente efetivo de remoção dos contaminantes superficiais. O fluido de limpeza geralmente é uma solução aquosa contendo detergentes alcalinos. A agitação mecânica é produzida por vibrações em alta frequência com amplitude suficiente para provocar cavitação – formação de bolhas de vapor de baixa pressão. À medida que a onda de vibração passa por determinado ponto da solução, a região de baixa pressão é seguida por uma frente de alta pressão que implode a bolha, produzindo com isso uma onda de pressão capaz de penetrar as partículas do contaminante aderidas à superfície da peça. O rápido ciclo de cavitação e implosão ocorre por todo o meio líquido, tornando assim a limpeza ultrassônica eficaz, mesmo em peças complexas e com formatos internos intricados. O processo de limpeza é feito com frequência entre 20 e 45 kHz, e a solução de limpeza normalmente está aquecida, tipicamente de 65 °C a 85 °C.

24.1.2 LIMPEZA MECÂNICA E TRATAMENTOS DE SUPERFÍCIE

A limpeza mecânica envolve a remoção física de sujeiras, carepas ou filmes da superfície da peça por meio de abrasão ou ação mecânica similar. Os processos utilizados na limpeza mecânica também atendem a outras funções além da limpeza, como rebarbação e melhoria do acabamento superficial.

Jateamento Abrasivo e *Shot Peening* O jateamento usa o impacto em alta velocidade de partículas para limpar e preparar a superfície. O mais conhecido desses métodos é o ***jateamento de areia***, que usa partículas de areia (SiO_2) como abrasivo. Várias outras substâncias também são usadas no jateamento, incluindo partículas duras de óxido de alumínio (Al_2O_3) e carboneto de silício (SiC) e materiais menos duros, como grânulos de náilon e cascas de nozes trituradas. Essas partículas são projetadas contra a superfície alvo por meio de ar pressurizado ou força centrífuga. Em algumas aplicações, o processo é realizado a úmido, em que as partículas finas presentes em uma lama aquosa são projetadas contra a superfície por pressão hidráulica.

No jateamento por ***shot peening***, um jato a alta velocidade de pequenas partículas de aço fundido (chamadas, em inglês, de ***shot***) é direcionado para a superfície metálica e, com isso, deforma a frio, induzindo tensões compressivas nas camadas superficiais. O *shot peening* é utilizado principalmente para melhorar a resistência à fadiga das peças metálicas. Portanto, sua finalidade é diferente da finalidade do jateamento com areia, embora a limpeza superficial seja obtida como resultado adicional da operação.

Tamboreamento e Outros Processos de Acabamento em Massa Tamboreamento, acabamento vibratório e outras operações similares compreendem um grupo de processos de acabamento conhecidos como métodos de acabamento em massa. O ***acabamento em massa*** envolve o acabamento de peças em massa por meio de agitação em um contêiner, normalmente com a presença de um meio abrasivo (abrasivos). A agitação causa o atrito das peças com as partículas abrasivas, e elas ainda se atritam entre si, realizando a ação de acabamento desejada. Os métodos de acabamento em massa são utilizados para rebarbação, decapagem, separação de partes da peça, polimento, arredondamento, brunimento e limpeza. As peças incluem estampados, fundidos, forjados, extrudados e peças usinadas. Às vezes, até mesmo peças de materiais plásticos ou de cerâmicas são submetidas a essas operações de acabamento em massa para alcançar o acabamento desejado. As peças processadas por esses métodos geralmente são pequenas e, portanto, o acabamento individual é antieconômico.

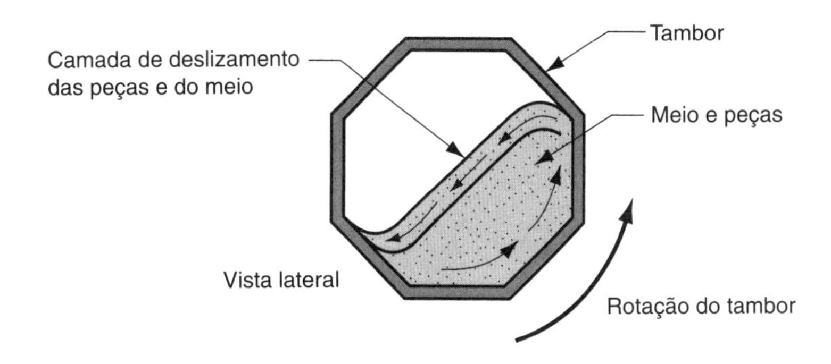

FIGURA 24.1 Diagrama do tamboreamento mostrando o deslizamento das peças e do meio abrasivo durante o processo de acabamento dessas peças.

Os métodos de acabamento em massa incluem tamboreamento, acabamento vibratório e várias técnicas que utilizam força centrífuga. O ***tamboreamento*** (também chamado de ***acabamento em tambor***) envolve o uso de um tambor horizontal, com seção transversal hexagonal ou octogonal, no qual as peças são misturadas pela rotação do tambor em velocidades de 10 a 50 rpm. O acabamento é feito pela ação de deslizamento do meio abrasivo e das peças à medida que o tambor gira. Conforme retratado na Figura 24.1, o conteúdo do tambor se eleva devido à rotação, seguido por uma queda das camadas mais altas (rolamento) em função da gravidade. Este ciclo de subida e rolamento ocorre continuamente e, com o passar do tempo, sujeita todas as peças à mesma ação de acabamento. No entanto, como somente as peças localizadas na parte mais elevada sofrem acabamento, o tamboreamento é um processo relativamente lento em comparação com os métodos de acabamento em massa. Às vezes são necessárias muitas horas de tamboreamento para completar o processamento. Outras desvantagens do acabamento por tamboreamento incluem os altos níveis de ruído e a necessidade de grandes espaços para os equipamentos.

O ***acabamento vibratório*** foi introduzido no final dos anos 1950 como uma alternativa para o tamboreamento. Um vaso vibrante sujeita todas as peças à agitação com o meio abrasivo, ao contrário de somente as peças localizadas na parte superior, como ocorre no tamboreamento. Consequentemente, os tempos de processamento para o acabamento vibratório são significativamente menores. Os contêineres abertos usados nesse método permitem a inspeção das peças durante o processamento, e o ruído é reduzido.

A maior parte dos ***meios*** nessas operações é abrasiva; no entanto, alguns meios realizam operações de acabamento de modo não abrasivo, como o brunimento e o endurecimento superficial. O meio pode ser feito de material natural ou sintético. Os meios naturais incluem coríndon, granito, calcário e até mesmo madeira dura. O problema com alguns materiais é que eles geralmente são macios (e, portanto, desgastam-se mais rápido) e de tamanho não uniforme (às vezes se aderem nas peças). Os meios sintéticos podem ser produzidos com grande uniformidade de tamanho e de dureza. Esses materiais incluem Al_2O_3 e SiC, compactados com formato e tamanho desejados, usando resinas poliésteres como ligantes. As formas desses meios incluem esferas, cones, cilindros e outras formas geométricas regulares, como na Figura 24.2(a). O aço também é utilizado como meio de acabamento em massa nas formas como as exibidas na Figura 24.2(b) para brunimento, endurecimento superficial e operações de rebarbação suave. As formas exibidas na Figura 24.2 vêm em vários tamanhos. A escolha do meio se baseia no tamanho e na forma da peça, bem como nas necessidades de acabamento.

Na maioria dos processos de acabamento em massa é utilizado um composto com o meio. O ***composto*** de acabamento em massa é uma combinação de reagentes químicos para ter funções específicas, como limpeza, resfriamento, inibição de corrosão (das peças e meios feitos de aço) e aumento do brilho e cor das peças (especialmente no brunimento).

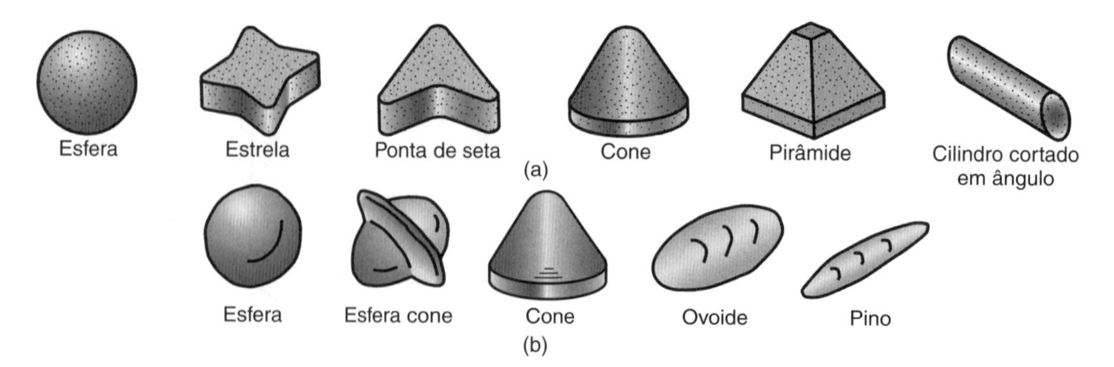

FIGURA 24.2 Formas típicas dos meios pré-fabricados utilizados nas operações de acabamento em massa: (a) meios abrasivos para acabamento, e (b) meios de aço para brunimento.

24.2 Difusão e Implantação Iônica

Esta seção discute dois processos em que a superfície de um substrato é impregnada com átomos estranhos que alteram sua composição química e suas propriedades.

24.2.1 DIFUSÃO

Difusão envolve a alteração das camadas superficiais do material pela difusão dos átomos de um material diferente (frequentemente um elemento químico) na superfície (Seção 4.3). O processo de difusão impregna as camadas superficiais do substrato com átomos diferentes, mas a superfície ainda contém uma alta proporção de material do substrato (material base). Um perfil típico da composição química em função da profundidade de penetração a partir da superfície de uma peça metálica revestida por difusão é ilustrado na Figura 24.3. A característica de uma superfície impregnada por difusão é que o elemento difundido tem uma concentração máxima na superfície e diminui rapidamente com a distância abaixo da superfície. O processo de difusão tem aplicações importantes em metalurgia e fabricação de semicondutores.

Nas aplicações metalúrgicas, a difusão é utilizada para alterar a composição química da superfície dos metais em uma série de processos e tratamentos. Um exemplo importante é o endurecimento superficial, como ***cementação***, ***nitretação***, ***carbonitretação***, ***cromagem*** (ou ***cromação***) e ***boretação*** (Seção 24.4). Nesses tratamentos, um ou mais elementos (C e/ou Ni, Cr ou Bo) são difundidos pela superfície do ferro ou aço para dentro da peça.

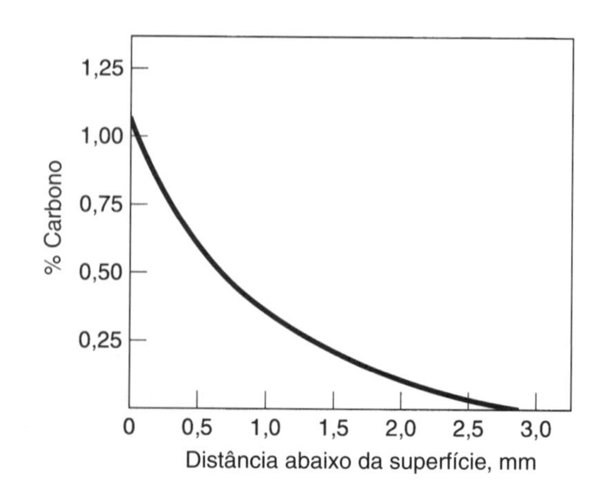

FIGURA 24.3 Perfil característico do elemento difundido em função da profundidade de penetração a partir da superfície na difusão. O gráfico fornecido aqui é do carbono difundido em ferro. (Fonte: [6].)

Há outros processos de difusão em que os objetivos principais são a resistência à corrosão e/ou a resistência à oxidação em alta temperatura. A aluminização e a siliconização são exemplos importantes. A ***aluminização***, também conhecida como ***calorização***, envolve a difusão do alumínio no aço-carbono, aços-liga e ligas de níquel e de cobalto. O tratamento é feito por (1) ***difusão em bloco***, na qual as peças são embaladas com pós de alumínio e cozidas em alta temperatura para criar a camada de difusão; ou (2) ***método de lama*** (***slurry method***), em que as peças são imersas ou aspergidas com uma mistura de pós de alumínio e ligantes, depois secas e cozidas.

Siliconização é um tratamento do aço em que o silício é difundido na superfície da peça para criar uma camada com boa resistência à corrosão e ao desgaste, e resistência moderada ao calor. O tratamento é feito aquecendo a peça em pós de carboneto de silício (SiC) com uma atmosfera contendo vapores de tetracloreto de silício ($SiCl_4$). A siliconização é menos comum que a aluminização.

Aplicações em Semicondutores No processamento de semicondutores, a difusão de um elemento impuro na superfície de um *chip* de silício é utilizada para mudar as propriedades elétricas na superfície e criar componentes eletrônicos, como transistores e diodos. O Capítulo 30 examina como a difusão é utilizada para realizar essa ***dopagem***, como é chamada, além de outros processos em semicondutores.

24.2.2 IMPLANTAÇÃO IÔNICA

Implantação iônica é uma alternativa à difusão quando este último método não for viável em virtude das altas temperaturas necessárias. O processo de implantação iônica envolve o recobrimento por átomos de um (ou mais) elemento(s) estranho(s) em uma superfície de substrato usando um feixe de partículas ionizadas de alta energia. O resultado é uma alteração das propriedades químicas e físicas na camada próxima à superfície do substrato. A penetração dos átomos produz uma camada alterada muito mais fina do que a difusão, conforme indicado por uma comparação mostrada nas Figuras 24.3 e 24.4. Além disso, o perfil de concentração do elemento impregnado é bem diferente do perfil de difusão característico.

As vantagens da implantação iônica são as seguintes: (1) processamento em baixa temperatura; (2) bom controle e reprodutibilidade da profundidade de penetração das impurezas; (3) os limites de solubilidade podem ser excedidos sem ocorrer precipitação dos átomos em excesso. A implantação iônica pode substituir certos processos de revestimentos, em que suas vantagens incluem (4) ausência de rejeitos, como ocorre na ele-

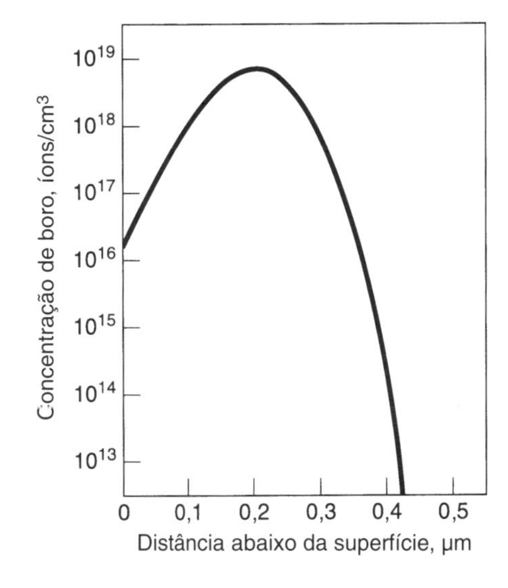

FIGURA 24.4 Perfil da composição química superficial tratada pela implantação iônica. (Fonte: [17].) Gráfico típico do boro implantado em silício. Repare a diferença na forma do perfil e na profundidade da camada alterada em comparação com a difusão na Figura 24.3.

trodeposição e em muitos processos de revestimentos, e (5) nenhuma descontinuidade entre o revestimento e o substrato. As principais aplicações da implantação iônica são na modificação das superfícies metálicas para melhorar as propriedades e a fabricação de componentes semicondutores.

24.3 Revestimentos e Processos Relacionados

O revestimento envolve o recobrimento por uma fina camada metálica na superfície de um substrato. O substrato normalmente é metálico, embora existam métodos para revestir peças de plásticos e de cerâmicas. A tecnologia de deposição mais familiar e utilizada é a eletrodeposição.

24.3.1 ELETRODEPOSIÇÃO

Eletrodeposição, também conhecida como ***deposição eletroquímica***, é um processo eletrolítico (Seção 4.5) em que íons metálicos do eletrólito são depositados em uma peça polarizada catodicamente. A configuração é exibida na Figura 24.5. O anodo geralmente é feito do metal que está sendo depositado e, portanto, serve como a fonte do metal de deposição. A corrente direta de uma fonte de alimentação externa passa entre o anodo e o catodo. O eletrólito é uma solução aquosa composta de ácidos, bases ou sais; ele conduz corrente elétrica pelo movimento dos íons metálicos em solução. Para obter os melhores resultados, as peças devem estar quimicamente limpas imediatamente antes da eletrodeposição.

Princípios da Eletrodeposição A deposição eletroquímica baseia-se nas duas leis físicas de Faraday. Resumidamente, as leis afirmam que (1) a massa de uma substância liberada na eletrólise é proporcional à quantidade de eletricidade que passa pela célula; e (2) a massa de material liberado é proporcional a seu equivalente eletroquímico (razão entre massa atômica e valência). Os efeitos podem ser avaliados pela equação

$$V = CIt \tag{24.1}$$

em que V = volume de metal depositado, mm^3; C = constante de deposição, que depende do equivalente eletroquímico e da massa específica, mm^3/A-s; I = corrente, A; e t = tempo durante o qual a corrente é aplicada, s. O produto It (corrente × tempo) é a carga elétrica que atravessa a célula, e o valor de C indica a quantidade de material depositado na peça (catodo) por unidade de carga elétrica.

Na maioria dos metais de deposição, nem toda a energia elétrica no processo é usada para deposição; parte da energia pode ser consumida em outras reações concomitantes, como a liberação de hidrogênio no catodo. Isso reduz a quantidade de metal depositado.

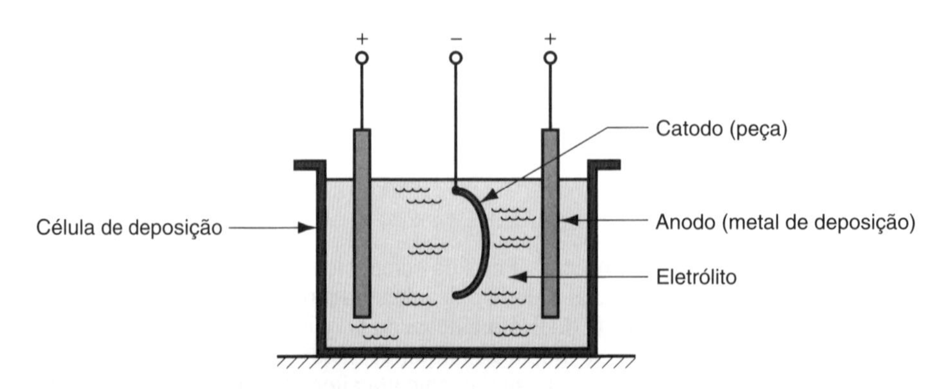

FIGURA 24.5 Esquema de eletrodeposição.

A quantidade real depositada no catodo (peça) dividida pela quantidade teórica fornecida pela Equação (24.1) se chama ***eficiência catódica***. Levando em conta a eficiência catódica, uma equação mais realista para determinar o volume de metal depositado é

$$V = ECIt \tag{24.2}$$

em que E = eficiência catódica, e os outros termos são definidos como antes. Os valores típicos da eficiência catódica E e da constante de deposição C para diferentes metais são apresentados na Tabela 24.1. A espessura média do depósito pode ser determinada a partir do seguinte:

$$d = \frac{V}{A} \tag{24.3}$$

em que d = profundidade ou espessura do depósito, mm; V = volume de metal depositado a partir da Equação (24.2); e A = superfície da peça depositada, mm^2.

Exemplo 24.1 Eletrodeposição

Uma peça de aço com área A = 125 cm^2 deve ser niquelada. Qual será a espessura média da niquelagem se forem aplicados 12 A por 15 minutos em um banho eletrolítico de ácido sulfúrico?

Solução: A partir da Tabela 24.1, a eficiência catódica do níquel é $E = 0,95$ e a constante de deposição $C = 3,42(10^{-2})$ mm^3/A-s. Usando a Equação (24.2), o volume total de metal depositado na superfície da peça em 15 minutos é fornecido por

$$V = 0,95\ (3,42 \times 10^{-2})\ (12)\ (15)\ (60) = 350,9 \text{ mm}^3$$

Isso é distribuído por uma área A = 125 cm^2 = 12.500 mm^2; logo, a espessura média do depósito é

$$d = \frac{350,9}{12500} = \mathbf{0,028\ mm}$$

TABELA • 24.1 Eficiências catódicas típicas na eletrodeposição e valores da constante de deposição C.

Metal de Deposição[a]	Eletrólito	Eficiência Catódica %	Constante de Deposição C[a] mm^3/amp-s
Cádmio (2)	Cianeto	90	$6,73 \times 10^{-2}$
Cromo (3)	Cromo – ácido sulfúrico	15	$2,50 \times 10^{-2}$
Cobre (1)	Cianeto	98	$7,35 \times 10^{-2}$
Ouro (1)	Cianeto	80	$10,6 \times 10^{-2}$
Níquel (2)	Ácido sulfúrico	95	$3,42 \times 10^{-2}$
Prata (1)	Cianeto	100	$10,7 \times 10^{-2}$
Estanho (4)	Ácido sulfúrico	90	$4,21 \times 10^{-2}$
Zinco (2)	Cloreto	95	$4,75 \times 10^{-2}$

Compilado de [17].

[a]Valências mais comuns exibidas entre parênteses ( ); este é o valor considerado na determinação da constante de deposição C. Para uma valência diferente, calcule a novo valor de C multiplicando seu valor na tabela pela valência mais comum e depois dividindo-o pela nova valência.

Métodos e Aplicações Existem vários equipamentos para eletrodeposição, cuja escolha depende do tamanho, da geometria da peça, da quantidade de produção e do metal de deposição. Os principais métodos são (1) cuba, (2) porta-peça e (3) processo contínuo. A ***deposição em cuba*** é feita em tambores giratórios orientados horizontalmente ou em ângulo (35°). O método é adequado para revestir muitas peças pequenas em uma cuba. O contato elétrico é estabelecido pela ação de rotação das próprias peças e por conectores externamente ligados à cuba. Existem limitações para a deposição em cuba; a ação de rotação inerente ao processo pode danificar peças de metal macio, componentes com rosca, peças que requerem bom acabamento superficial, e peças pesadas contendo arestas afiadas.

A ***deposição em porta-peças*** é utilizada para peças grandes, pesadas ou complexas demais para a deposição em cuba. Os porta-peças são fabricados de cobre e têm grande capacidade, e com formatos adequados para segurar as peças em ganchos, por prendedores, ou ainda em cestas. Para evitar a deposição no próprio porta-peças de cobre, eles são isolados, exceto nos locais onde ocorre contato com a peça. Os porta-peças contendo as peças são movidos por uma sequência de tanques que efetuam a operação de eletrodeposição. O ***processo contínuo*** é um método de alta produção em que a peça consiste em uma tira contínua tracionada pela solução de deposição por meio de um carretel. O revestimento de fios é um exemplo das aplicações adequadas. Pequenas peças metálicas estampadas mantidas por longas tiras também podem ser revestidas por esse método. O processo pode ser ajustado para que somente regiões específicas das peças sejam revestidas, como, por exemplo, os pinos de conectores elétricos revestidos com ouro.

Os metais comuns para revestimentos por eletrodeposição incluem zinco, níquel, estanho, cobre e cromo. O aço é o metal de substrato mais comum. Os metais preciosos (ouro, prata, platina) são revestidos em joias. O ouro também é utilizado em conectores elétricos.

Os produtos de ***aço revestido com zinco*** incluem fivelas, produtos na forma de fios, quadros de conexão elétrica e várias peças feitas de chapas metálicas. O revestimento de zinco serve como uma barreira de sacrifício para a corrosão do aço que está embaixo. Um processo alternativo de deposição de zinco sobre o aço é a galvanização (Subseção 24.3.4). O ***revestimento de níquel*** (também conhecido como ***niquelagem***) é utilizado para proteção contra a corrosão e para fins decorativos sobre aços, bronze, fundidos de zinco e outros metais. As aplicações incluem acessórios automotivos e outros bens de consumo. O níquel também é usado como uma base para camadas muito finas de cromo. O ***revestimento de estanho*** é muito utilizado para proteção contra corrosão em "latas de estanho" e outros recipientes de alimentos. O revestimento de estanho também é utilizado para melhorar a soldagem de componentes elétricos.

O ***cobre*** tem várias aplicações importantes como metal de revestimento. É amplamente utilizado como um revestimento decorativo sobre aço e zinco, isoladamente ou formando liga com zinco, como chapa de latão. Também tem aplicações importantes na eletrodeposição de placas de circuito impresso (Seção 31.2). Finalmente, o cobre é depositado, com frequência, no aço como uma base por baixo do revestimento de níquel e/ou cromo. O ***revestimento de cromo*** (também conhecido como ***cromatização***) é valorizado por sua aparência decorativa e amplamente utilizado em produtos automotivos, móveis de escritórios e produtos de cozinha. Ele também produz um dos revestimentos mais duros entre todos os revestimentos eletrodepositados; portanto, é amplamente utilizado em peças que exigem resistência ao desgaste (por exemplo, pistões e cilindros hidráulicos, anéis de pistão, componentes de motores de aeronaves, e roscas-guia em máquinas têxteis).

24.3.2 ELETROFORMAÇÃO

Este processo é praticamente o mesmo da eletrodeposição, mas sua finalidade é bem diferente. A eletroformação envolve a deposição eletrolítica do metal sobre um molde até alcançar a espessura necessária; depois o molde é removido para deixar a peça formada.

Enquanto na eletrodeposição típica a espessura é de apenas 0,05 mm ou menos, as peças eletroformadas costumam ser substancialmente mais espessas, dc modo que o ciclo de produção é proporcionalmente mais lento.

Os moldes utilizados na eletroformação são sólidos ou descartáveis. O molde sólido apresenta conicidade ou outra forma que permita a remoção da peça eletroformada. Os moldes descartáveis são destruídos durante a remoção da peça; eles são utilizados quando a forma da peça impede o uso de um molde sólido. Os moldes descartáveis são fusíveis ou solúveis. O tipo fusível é feito de ligas de baixo ponto de fusão, plástico, cera ou outro material que possa ser removido por fusão. Quando são utilizados materiais não condutores, o molde deve ser metalizado para aceitar o revestimento eletrodepositado. Os padrões solúveis são feitos de um material que pode ser prontamente dissolvido por produtos químicos; por exemplo, o alumínio pode ser dissolvido em hidróxido de sódio (NaOH).

As peças eletroformadas são fabricadas em cobre, níquel e ligas de níquel e cobalto. As aplicações incluem moldes finos de lentes, discos compactos (CDs) e videodiscos (DVDs); folhas de cobre utilizadas para produzir *blank* de placas de circuito impresso e matrizes de gravação e impressão. Os moldes de discos compactos e videodiscos representam uma aplicação exigente porque os detalhes da superfície que deve ser impressa no disco são medidos em μm (1 μm = 10^{-6} m). Esses detalhes são obtidos facilmente por meio de eletroformação.

24.3.3 DEPOSIÇÃO QUÍMICA

A deposição química (em inglês, *electroless plating*) é um processo de revestimento induzido inteiramente por reações químicas – não é necessária nenhuma fonte externa de corrente elétrica. A deposição do metal na superfície da peça ocorre em uma solução aquosa contendo íons do metal de revestimento desejado. O processo usa um agente redutor, e a superfície da peça age como um catalisador da reação.

Os metais que podem ser revestidos quimicamente são limitados; quanto aos que podem ser processados por essa técnica, o custo geralmente é maior do que o da deposição eletroquímica. Os metais quimicamente depositados mais comuns são o níquel e algumas de suas ligas (Ni-Co, Ni-P e Ni-B). O cobre e, em menor grau de uso, o ouro também são utilizados como metais de revestimento. O revestimento com níquel por esse processo é utilizado em aplicações que exigem alta resistência à corrosão e ao desgaste. A deposição química de cobre é utilizada para revestir, pelos furos passantes, as placas de circuito impresso (Subseção 31.2.3). O cobre também pode ser utilizado para revestir peças de plástico com finalidades decorativas. As vantagens citadas para a deposição química incluem (1) espessura uniforme do depósito, mesmo em peças com geometrias complexas (um problema da eletrodeposição); (2) o processo pode ser utilizado em substratos metálicos e não metálicos; e (3) não há necessidade de fonte de energia de corrente contínua para induzir o processo.

24.3.4 IMERSÃO A QUENTE

Imersão a quente é o processo em que o substrato é imerso em um banho com outro metal fundido; mediante a remoção do substrato do banho, o outro metal é revestido no primeiro. Naturalmente, o substrato deve possuir uma temperatura de fusão mais alta do que o outro metal. Os substratos mais comuns são o aço-carbono e o ferro fundido. Zinco, alumínio, estanho e chumbo são os metais de revestimentos mais usuais. A imersão a quente funciona formando camadas de transição de ligas de composições variadas. Próximo ao substrato, formam-se compostos intermetálicos dos dois metais, e, na face exterior, há uma solução sólida com predominância do metal de revestimento. As camadas de transição proporcionam excelente adesão do revestimento.

A principal finalidade da imersão a quente é a proteção anticorrosiva. Normalmente, dois mecanismos atuam para promover essa proteção: (1) proteção por efeito barreira –

o revestimento serve simplesmente como isolamento para o substrato; e (2) proteção de sacrifício – o revestimento corrói por meio de um processo eletroquímico lento, preservando o substrato.

A imersão a quente tem vários nomes, dependendo do metal de revestimento: ***galvanização***, quando o zinco (Zn) é depositado sobre o aço ou ferro fundido; ***aluminização***, quando o alumínio (Al) reveste o substrato; ***estanhagem***, quando o estanho (Sn) é usado como revestimento; e ***banho de chumbo*** descreve o revestimento do aço com liga de chumbo e estanho (Pb-Sn). A galvanização é, disparadamente, o mais importante processo de imersão a quente, datando de 200 anos, aproximadamente. A galvanização é aplicada às peças acabadas de aço e ferro fundido em processo de batelada, e em processo contínuo automatizado para chapas, fitas, canos, tubos e fios. A espessura do revestimento é tipicamente de 0,04 a 0,09 mm. A espessura é controlada, em grande parte, pelo tempo de imersão. A temperatura do banho é mantida em torno de 450 °C.

O uso comercial da aluminização é crescente e tem aumentado em relação à galvanização. A imersão a quente do alumínio proporciona excelente proteção anticorrosiva; em alguns casos, é cinco vezes mais efetiva que a galvanização [17]. A imersão a quente do estanho proporciona uma excelente proteção anticorrosiva não tóxica para o aço em aplicações de recipientes de alimentos, equipamentos de laticínio e aplicações de solda. A imersão a quente tem superado gradualmente a eletrodeposição como método comercial preferencial para revestir o aço com estanho. O banho de chumbo envolve imersão a quente de uma liga chumbo e estanho para revestir o aço. A liga consiste predominantemente em chumbo (somente 2-15 % Sn); entretanto, o estanho é necessário para obter a adesão satisfatória do revestimento. Banho de chumbo é o mais barato dos métodos de revestimento do aço, mas sua proteção contra a corrosão é limitada.

24.4 Revestimento de Conversão

Revestimentos de conversão referem-se à família de processos em que um filme fino, de óxido, fosfato ou cromato é formada sobre a superfície metálica por reação química ou eletroquímica. A imersão e aspersão são dois métodos comuns para expor a superfície metálica aos reagentes químicos. Os metais mais comuns tratados são o aço (incluindo o aço galvanizado), o zinco e o alumínio. No entanto, quase qualquer produto metálico pode ser beneficiado por esse tratamento. As razões para usar um processo de revestimento de conversão são as seguintes: (1) promover proteção contra corrosão, (2) preparar a superfície para pintura, (3) aumentar a resistência ao desgaste, (4) permitir que a superfície retenha melhor os lubrificantes para os processos de conformação mecânica, (5) aumentar a resistência elétrica da superfície, (6) proporcionar um acabamento decorativo e (7) identificar a peça [17].

Os processos de revestimento de conversão dividem-se em duas categorias: (1) tratamentos químicos, que envolvem apenas reações químicas, e (2) anodização, que consiste em reações eletroquímicas para produzir um revestimento de óxido (anodização é uma contração de ***oxidação anódica***).

24.4.1 REVESTIMENTO DE CONVERSÃO QUÍMICA

Esses processos expõem o metal base a certos reagentes químicos que formam finos filmes superficiais não metálicos. Reações semelhantes ocorrem na natureza; a oxidação do ferro e do alumínio são exemplos. Enquanto a ferrugem destrói o ferro progressivamente, a formação de um fino filme de Al_2O_3 no alumínio protege o metal base. A finalidade desses tratamentos de conversão química é produzir este último efeito. Os dois principais processos são a fosfatização e a cromatização.

O revestimento de conversão por ***fosfatização*** transforma a superfície do metal base em um filme protetor de fosfato pela exposição a soluções de certos sais de fosfatos (por exemplo, Zn, Mg e Ca) junto com ácido fosfórico (H_3PO_4) diluído. Os revestimentos têm espessura que varia de 0,0025 a 0,05 mm. Os metais base mais comuns são o zinco e o aço, incluindo o aço galvanizado. O revestimento serve como uma preparação para a pintura automotiva e de máquinas pesadas.

O revestimento de conversão por ***cromatização*** converte o metal base em várias formas de filmes de cromato usando soluções aquosas de ácido crômico, sais de cromato e outros reagentes. Os metais tratados por esse método incluem o alumínio, o cádmio, o cobre, o magnésio e o zinco (e suas ligas). A imersão da peça é o método de aplicação comum. Os revestimentos de conversão de cromato são um pouco mais finos do que os de fosfato, geralmente menos de 0,0025 mm. As razões mais comuns para o revestimento por cromatização são (1) proteção contra corrosão, (2) base para pinturas e (3) finalidades decorativas. Os revestimentos de cromato podem ser incolores ou coloridos; as cores disponíveis são verde-oliva, bronze, amarelo e azul.

24.4.2 ANODIZAÇÃO

Embora os processos anteriores normalmente sejam realizados sem eletrólise, a anodização é o tratamento eletrolítico que produz uma camada de óxido estável sobre a superfície metálica. Suas aplicações mais comuns são em alumínio e magnésio, mas também se aplica em zinco, titânio e outros metais menos comuns. Os revestimentos de anodização são utilizados principalmente para fins decorativos; eles também proporcionam proteção contra a corrosão.

É instrutivo comparar a anodização com a eletrodeposição porque ambas são processos eletrolíticos. Duas diferenças se destacam: (1) Na eletrodeposição, a peça a ser revestida é o catodo na reação. Por outro lado, na anodização a peça é o anodo, ao passo que o tanque de processamento é catódico. (2) Na eletrodeposição, o revestimento é cultivado pela redução de íons e adesão de um segundo metal à superfície do metal base. Na anodização, o revestimento superficial é formado pela reação eletroquímica do substrato para formar a camada de óxido.

As camadas anodizadas variam frequentemente entre espessuras de 0,025 a 0,075 mm. Pigmentos podem ser incorporados ao processo de anodização para criar uma ampla gama de cores; isso é especialmente comum em alumínio anodizado. Revestimentos muito espessos podem ser formados, de até 0,25 mm, no alumínio por meio de um processo especial chamado ***anodização dura***; esses revestimentos se destacam pela alta resistência ao desgaste e à corrosão.

24.5 Processos de Deposição em Fase Vapor

O processo de deposição em fase vapor forma um revestimento fino no substrato por meio de condensação ou reação química de um gás sobre a superfície do substrato. As duas categorias de processos dentro desse escopo são a deposição física de vapor e a deposição química de vapor.

24.5.1 DEPOSIÇÃO FÍSICA DE VAPOR

A deposição física de vapor (PVD, do inglês *physical vapor deposition*) é um grupo de processos de deposição de filme fino em que o material é convertido para a fase vapor, em uma câmara de vácuo, e condensado sobre a superfície do substrato como uma camada muito fina. A PVD pode aplicar uma ampla gama de materiais de revestimento: metais, ligas, cerâmicas e outros compostos inorgânicos, e até mesmo certos polímeros. Os substratos possíveis incluem metais, vidros e plásticos. Desse modo, a PVD representa uma tecnologia de revestimento versátil, aplicável a uma combinação quase ilimitada de substâncias de revestimento e materiais do substrato.

As aplicações do processo PVD incluem revestimentos decorativos em peças de plásticos e metais, como troféus, brinquedos, canetas, lápis, caixas de relógios e ornatos interiores de automóveis. Os revestimentos são filmes finos de alumínio (aproximadamente 150 nm) depositados como laquê transparente para conferir um aspecto de prata ou cromo de alto brilho. Outro uso da PVD é aplicar revestimentos antirreflexos de fluoreto de magnésio (MgF_2) em lentes ópticas. A PVD é aplicada na fabricação de equipamentos eletrônicos, principalmente para depositar metal visando a formar conexões elétricas em circuitos eletrônicos. Finalmente, a PVD é amplamente utilizada para revestir ferramentas de corte e moldes de injeção de plásticos com nitreto de titânio (TiN), visando a proporcionar resistência ao desgaste.

Todos os processos de deposição física de vapor consistem nas seguintes etapas: (1) síntese do vapor de revestimento, (2) transporte do vapor até o substrato e (3) condensação do vapor sobre a superfície do substrato. Essas etapas geralmente são executadas dentro de uma câmara de vácuo, de modo que a evacuação da câmara deve preceder o processo de PVD.

A síntese do vapor de revestimento pode ser feita por qualquer um dos vários métodos, como o aquecimento por resistência elétrica ou bombardeamento iônico para vaporizar um sólido (ou um líquido). Esses métodos e outras variações resultam em vários processos de PVD. Eles são agrupados em três tipos principais: (1) evaporação a vácuo, (2) *sputtering* e (3) deposição iônica. A Tabela 24.2 apresenta um resumo desses processos.

Evaporação a Vácuo Certos materiais (principalmente metais puros) podem ser depositados sobre os substratos, primeiro transformando-os do estado sólido para o gasoso (fase vapor), sob vácuo, e depois deixando-os condensar-se sobre a superfície do substrato. O esquema do processo de evaporação a vácuo é exibido na Figura 24.6. O material a ser depositado, chamado fonte, é aquecido a uma temperatura suficientemente elevada, a ponto de evaporar-se (ou sublimar-se). Como o aquecimento é feito sob vácuo, a temperatura necessária para a vaporização é significativamente mais baixa que a temperatura correspondente necessária sob pressão atmosférica. Além disso, a ausência de ar na câmara impede a oxidação do material fonte às temperaturas de aquecimento.

Vários métodos podem ser empregados para aquecer e vaporizar o material. Um cadinho mantém o material fonte antes da vaporização. Entre os métodos de vaporização importantes estão o aquecimento por resistência e o bombardeamento por feixe de elétrons. O ***aquecimento por resistência*** é a tecnologia mais simples. Um metal refratário (por exemplo, W, Mo) é usado no cadinho que tem o formato adequado para suportar o material fonte. É aplicada uma corrente para aquecer o cadinho, que então aquece o material em contato com seu interior. Um problema com esse método de aquecimento é a possível formação de liga entre o cadinho e seu conteúdo, de modo que o filme depositado fique contaminado com o metal do cadinho de aquecimento por resistência. Na

TABELA • 24.2 Resumo dos processos de deposição física de vapor (PVD).

Processo PVD	Características e comparações	Materiais de revestimento
Evaporação a vácuo	O equipamento tem um custo relativamente baixo e é simples; a deposição de compostos é difícil; a adesão do revestimento não é tão boa quanto a de outros processos de PVD	Ag, Al, Au, Cr, Cu, Mo, W.
Sputtering	Melhor poder de lançamento e adesão do revestimento que a evaporação a vácuo, consegue revestir compostos, taxas de deposição menores e controle do processo mais difícil que a evaporação a vácuo	Al_2O_3, Au, Cr, Mo, SiO_2, Si_3N_4, TiC, TiN.
Deposição iônica	Melhor recobrimento e adesão do revestimento dos processos de PVD, controle do processo mais complexo, taxas de deposição maiores que as do *sputtering*	Ag, Au, Cr, Mo, Si_3N_4, TiC, TiN.

Compilado de [2].

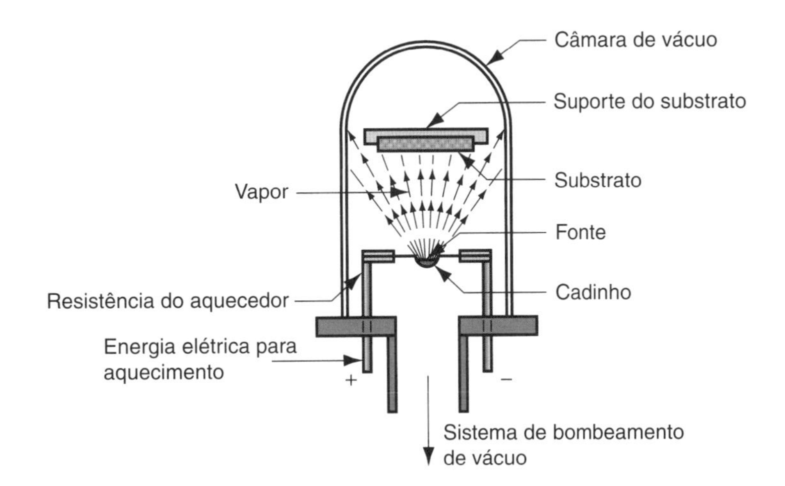

FIGURA 24.6 Esquema de evaporação a vácuo do processo de PVD.

evaporação por feixe de elétrons, um fluxo de elétrons a alta velocidade é direcionado para bombardear a superfície do material fonte e provocar vaporização. Ao contrário do aquecimento por resistência, muito pouca energia age no aquecimento do cadinho, minimizando assim a contaminação do material do cadinho com o revestimento.

Seja qual for a técnica de vaporização, os átomos evaporados saem do cadinho e seguem trajetórias retilíneas até colidirem com outras moléculas de gás ou atingirem uma superfície sólida. O vácuo dentro da câmara praticamente elimina outras moléculas de gás, reduzindo com isso a probabilidade de colisões dos átomos vaporizados. A superfície do substrato a ser revestida geralmente é posicionada em relação à fonte, de modo a ser a provável superfície sólida na qual os átomos vaporizados serão depositados. Um manipulador mecânico é utilizado, às vezes, para girar o substrato para que todas as superfícies sejam revestidas. Mediante o contato com a superfície relativamente fria do substrato, o nível de energia dos átomos incidentes é subitamente reduzido até o ponto em que não conseguem permanecer no estado vapor; eles se condensam e se aderem à superfície do sólido, formando um filme fino depositado.

Sputtering Se a superfície de um sólido (ou líquido) for bombardeada por partículas atômicas de energia suficientemente alta, cada átomo da superfície poderá adquirir energia suficiente, devido à colisão, para ser ejetado da superfície por transferência de momento. Esse é o processo conhecido como *sputtering*. A forma mais conveniente de dotar as partículas de alta energia é com gás ionizado, como argônio energizado por meio de um campo elétrico para formar um plasma. Como um processo de PVD, o ***sputtering*** envolve o bombardeamento do material de revestimento catódico com íons argônio (Ar^+), fazendo com que os átomos da superfície escapem e depois sejam depositados sobre o substrato, formando um filme fino sobre a superfície do substrato. O substrato deve ser colocado perto do catodo e frequentemente aquecido para melhorar a ligação dos átomos do revestimento. Um arranjo típico é exibido na Figura 24.7.

Enquanto a evaporação a vácuo é limitada geralmente aos metais, o *sputtering* pode ser aplicado a quase qualquer material – peças metálicas e não metálicas, ligas, cerâmicas e polímeros. Filmes de ligas e compostos podem ser depositados por *sputtering* sem mudar a composição química. Os filmes de compostos químicos também podem ser depositados empregando gases reativos que formam óxidos, carbonetos ou nitretos com *sputtering* metálico.

As desvantagens do *sputtering* PVD incluem (1) baixas taxas de deposição e (2) uma vez que os íons bombardeados sobre a superfície consistem em gás, frequentemente podem ser encontrados resíduos desse gás na camada depositada, e os gases aprisionados às vezes afetam adversamente as propriedades mecânicas.

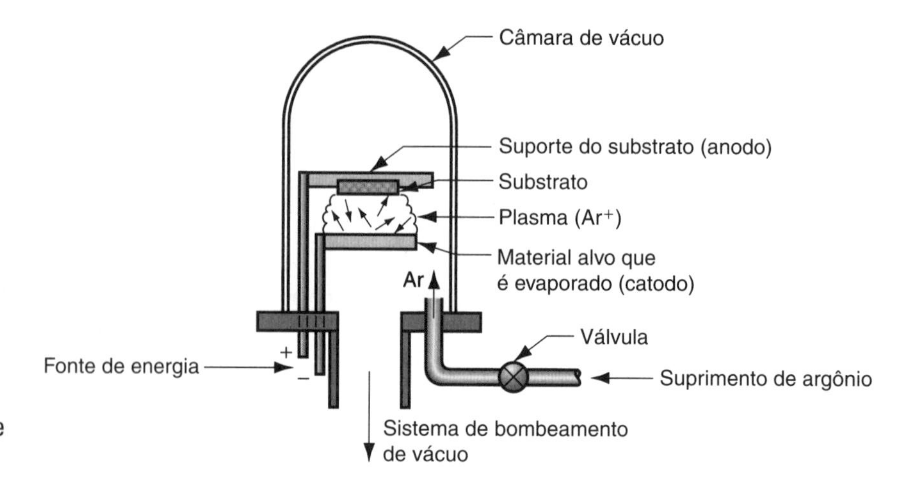

FIGURA 24.7 Um arranjo possível para o *sputtering*, que é uma forma de deposição física de vapor.

Deposição Iônica A deposição iônica usa a combinação de *sputtering* e evaporação a vácuo para depositar um filme fino sobre o substrato. O processo funciona da seguinte forma: O substrato é configurado para ser o catodo na parte superior da câmara, e o material fonte é colocado na parte inferior. Depois, é produzido o vácuo na câmara. O gás argônio é injetado e um campo elétrico é aplicado para ionizar o gás (Ar^+) e gerar o plasma. Isso resulta em um bombardeamento de íons (*sputtering*) do substrato, de tal modo que sua superfície é limpa até uma condição de limpeza atômica (interprete isso como "muito limpa"). Em seguida, o material fonte é aquecido suficientemente para gerar vapor que se deposita. O método de aquecimento utilizado aqui é similar ao utilizado na evaporação a vácuo: aquecimento por resistência e bombardeamento por feixe de elétrons. As moléculas do vapor passam através do plasma e revestem o substrato. O *sputtering* continua durante a deposição, de modo que o bombardeamento iônico consiste não apenas em íons de argônio originais, mas também em íons do material fonte que foram energizados enquanto estavam submetidos ao mesmo campo energético do argônio. O efeito dessas condições de processamento é a produção de filmes de espessura uniforme e excelente aderência ao substrato.

A deposição iônica é aplicável a peças que têm geometria irregular devido ao espalhamento que existe no campo de plasma. Um exemplo interessante é o revestimento com TiN das ferramentas de corte feitas de aço rápido (por exemplo, bits de usinagem). Além da uniformidade do revestimento e da boa aderência, outras vantagens do processo incluem alta taxa de deposição, alta densidade do filme, e a capacidade de revestir paredes internas de furos e formatos ocos.

24.5.2 DEPOSIÇÃO QUÍMICA DE VAPOR

A deposição física de vapor envolve a deposição de um revestimento por condensação no substrato da fase vapor; trata-se estritamente de um processo físico. Por comparação, a ***deposição química de vapor*** (CVD, do inglês *chemical vapor deposition*) envolve a interação entre a mistura de gases e a superfície do substrato aquecido, causando a decomposição química de alguns constituintes dos gases e a formação de um filme sólido no substrato. As reações ocorrem em uma câmara de reação fechada. O produto da reação (um metal ou um composto) nucleia e cresce sobre a superfície do substrato, formando o revestimento. A maioria das reações de CVD exige calor. No entanto, dependendo das substâncias químicas envolvidas, as reações podem ser induzidas por outras fontes de energia possíveis, como a luz ultravioleta ou o plasma. O processo de CVD inclui uma ampla faixa de pressão e temperatura, podendo ser aplicada a uma grande variedade de revestimentos e materiais do substrato.

Os processos metalúrgicos industriais baseados na deposição química de vapor remontam aos anos 1800 (por exemplo, o processo Mond da Tabela 24.3). O interesse moderno em CVD se concentra em suas aplicações de recobrimentos, tais como ferramentas de metal duro revestidas, células solares, metal refratário depositado em palhetas de turbinas de motores a jato, e outras aplicações em que é importante a resistência ao desgaste, à corrosão, à erosão e ao choque térmico. Além disso, a CVD é uma tecnologia importante na fabricação de circuitos integrados.

As vantagens associadas à CVD incluem (1) capacidade de depositar materiais refratários a temperaturas inferiores ao respectivos pontos de fusão ou temperaturas de sinterização; (2) controle do tamanho de grão; (3) execução do processo à pressão atmosférica – não requer equipamento para produzir vácuo; e (4) boa ligação do revestimento com o substrato [1]. As desvantagens são: (1) a natureza corrosiva e/ou tóxica dos reagentes necessita de uma câmara fechada e também de sistema especial de exaustão e equipamentos de tratamento dos rejeitos; (2) certos reagentes são relativamente caros; e (3) o aproveitamento dos reagentes usados é baixo.

TABELA • 24.3 Alguns exemplos de reações na deposição química de vapor (CVD).

1. O ***processo Mond*** inclui o processo de CVD para a decomposição do níquel a partir do tetarcarbonil de níquel ($Ni(CO)_4$), que é um composto intermediário formado da redução do minério de níquel:

$$Ni(CO)_4 \xrightarrow{200\,°C} Ni + 4CO \tag{24.4}$$

2. Revestimento de carboneto de titânio (TiC) em substrato de carbeto de tungstênio cementado (WC-Co) para produzir ferramenta de corte de alto desempenho:

$$TiCl_4 + CH_4 \xrightarrow[H_2 \text{ em excesso}]{1000\,°C} TiC + 4HCl \tag{24.5}$$

3. Revestimento de nitreto de titânio (TiN) em substrato de carbeto de tungstênio cementado (WC-Co) para produzir ferramenta de corte de alto desempenho:

$$TiCl_4 + 0{,}5N_2 + 2H_2 \xrightarrow{900\,°C} TiN + 4HCl \tag{24.6}$$

4. Revestimento de óxido de alumínio (Al_2O_3) em substrato de carbeto de tungstênio cementado (WC-Co) para produzir ferramenta de corte de alto desempenho:

$$2AlCl_3 + 3CO_2 + 3H_2 \xrightarrow{500\,°C} Al_2O_3 + 3CO + 6HCl \tag{24.7}$$

5. Revestimento de nitreto de silício (Si_3N_4) em silício (Si), um processo da fabricação de semicondutores:

$$3SiF_4 + 4NH_3 \xrightarrow{1000\,°C} Si_3N_4 + 12HF \tag{24.8}$$

6. Revestimento de dióxido de silício (SiO_2) em silício (Si), uma etapa do processo da fabricação de semicondutores:

$$2SiCl_3 + 3H_2O + 0{,}5O_2 \xrightarrow{900\,°C} 2SiO_2 + 6HCl \tag{24.9}$$

7. Revestimento do metal refratário, tungstênio (W), em substrato, em peças, como palhetas de turbina de motores a jato:

$$WF_6 + 3H_2 \xrightarrow{600\,°C} W + 6HF \tag{24.10}$$

Compilado de [6], [13] e [17].

Materiais e Reações Usados no Processo de CVD Em geral, os metais facilmente eletrodepositados não são bons candidatos para CVD, devido ao perigo dos reagentes que precisam ser utilizados e aos custos do armazenamento seguro deles. Os metais adequados para revestimento por CVD incluem tungstênio, molibdênio, titânio, vanádio e tântalo. A deposição química de vapor é especialmente adequada para a deposição de compostos, como o óxido de alumínio (Al_2O_3), dióxido de silício (SiO_2), nitreto de silício (Si_3N_4), carboneto de titânio (TiC) e nitreto de titânio (TiN). A Figura 24.8 ilustra as aplicações de CVD e PVD para proporcionar revestimentos resistentes ao desgaste em ferramentas de corte de metal duro.

Os gases reacionais ou vapores utilizados frequentemente são os hidretos metálicos (MH_x), cloretos (MCl_x), fluoretos (MF_x) e carbonílicos ($M(CO)_x$), em que M corresponde ao metal a ser depositado e x é usado para balancear as valências do composto. Outros gases, como hidrogênio (H_2), nitrogênio (N_2), metano (CH_4), dióxido de carbono (CO_2) e amônia (NH_3), são utilizados em algumas das reações. A Tabela 24.3 apresenta alguns exemplos de reações de CVD que resultam na deposição de metal ou cerâmica sobre um substrato. As temperaturas típicas em que essas reações são executadas também são fornecidas na tabela.

Equipamento do Processamento A deposição química de vapor é realizada em um reator, que consiste em (1) sistema de fornecimento dos reagentes, (2) câmara de deposição e (3) sistema de reciclagem/descarte. Embora as configurações do reator sejam diferentes dependendo da aplicação, um possível reator de CVD é ilustrado na Figura 24.9. O propósito do sistema de fornecimento de reagentes é fornecer esses rea-

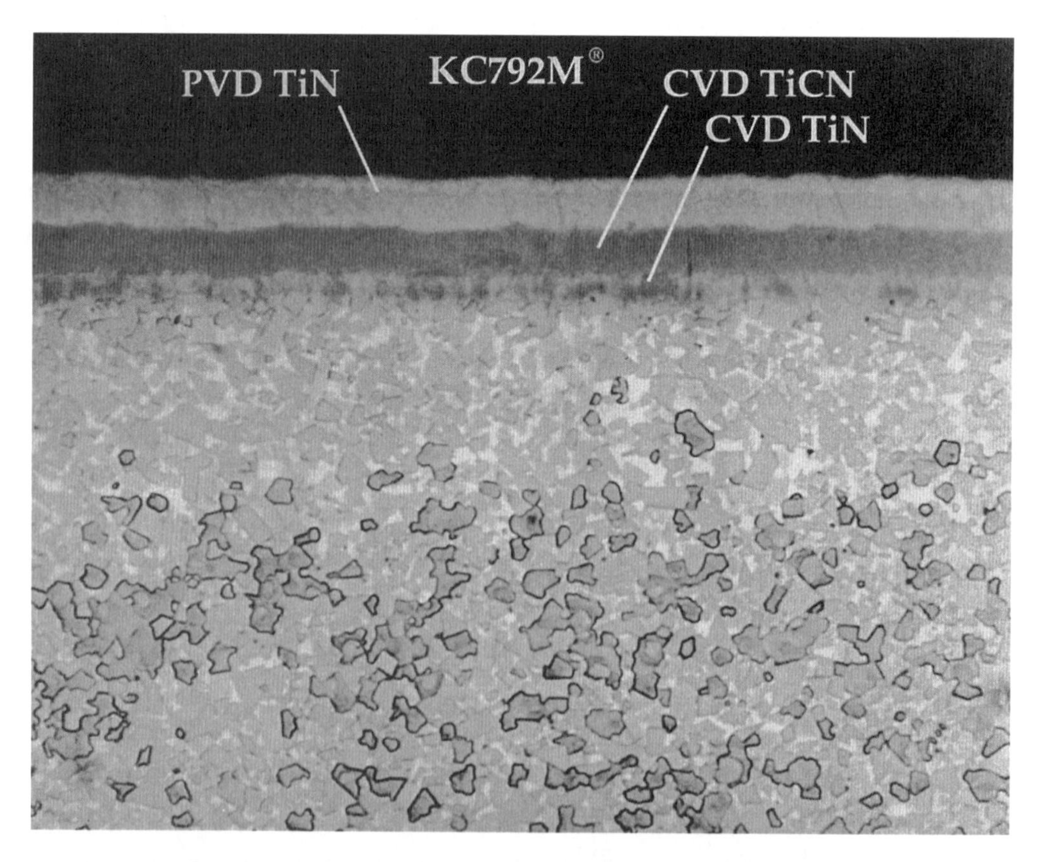

FIGURA 24.8 Fotomicrografia da seção transversal de uma ferramenta de corte de metal duro revestido (Kennametal Grade KC792M); a deposição química de vapor foi utilizada para revestir com TiN e TiCN a superfície de um substrato de WC-Co, seguida por um revestimento de TiN aplicado por deposição física de vapor. (Foto cortesia da Kennametal Inc.)

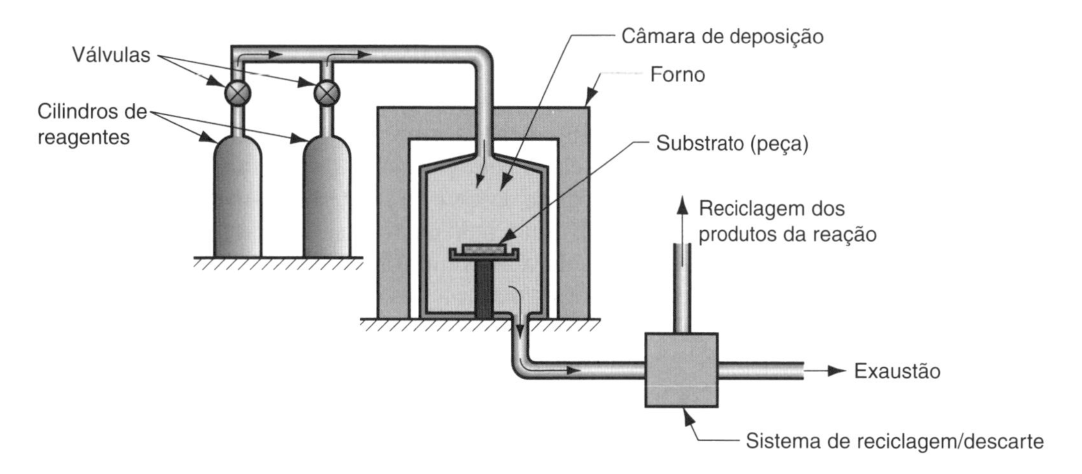

FIGURA 24.9 Reator típico utilizado em deposição química de vapor.

gentes para a câmara de deposição nas proporções corretas. São necessários diferentes tipos de sistema de alimentação, dependendo de os reagentes serem fornecidos como gás, líquido ou sólido (por exemplo, em pelotas ou em pós).

A câmara de deposição contém o substrato e as reações químicas que levam à deposição de produtos de reação na superfície do substrato. A deposição ocorre a temperaturas elevadas, e o substrato tem que ser aquecido por meio de indução, radiação ou outros meios. As temperaturas de deposição para diferentes reações de CVD variam de 250 a 1950 °C; portanto, a câmara deve ser projetada para satisfazer essas exigências de temperatura.

O terceiro componente do reator é o sistema de reciclagem/descarte, cuja função é tornar inofensivos os subprodutos da reação de CVD. Isso inclui a coleta dos materiais tóxicos, corrosivos e/ou inflamáveis, seguido pelo processamento e descarte adequados.

Formas Alternativas de CVD O que foi descrito é a ***deposição química de vapor em pressão atmosférica***, na qual as reações acontecem aproximadamente na pressão atmosférica. Em muitas reações, há vantagens em realizar o processo em pressões bem abaixo da atmosférica. Isso se chama ***deposição química de vapor em baixa pressão*** (LPCVD, do inglês *low-pressure chemical vapor deposition*), na qual as reações ocorrem em vácuo parcial. As vantagens da LPCVD incluem (1) espessura uniforme, (2) bom controle sobre a composição e estrutura, (3) processamento em baixa temperatura, (4) deposição rápida e (5) alto rendimento e custos de processamento mais baixos [13]. O problema técnico com a deposição química de vapor em baixa pressão é projetar as bombas de vácuo para criar o vácuo parcial quando os produtos da reação não são apenas quentes, mas também podem ser corrosivos. Essas bombas devem incluir sistemas para resfriar e reter os gases corrosivos antes de alcançarem a unidade de bombeamento real.

Outra variação de CVD é a ***deposição química de vapor assistida por plasma*** (PACVD, do inglês *plasma assisted chemical vapor deposition*), na qual a deposição no substrato é realizada pela reação dos componentes no vapor que foi ionizado por meio de uma descarga elétrica (ou seja, plasma). Na verdade, a energia contida no plasma, e não a energia térmica, é utilizada para ativar as reações químicas. As vantagens da PACVD incluem (1) temperaturas mais baixas do substrato, (2) maior poder de cobertura, (3) melhor adesão e (4) maiores taxas de deposição [6]. As aplicações incluem deposição de nitreto de silício (Si_3N_4) no processamento de semicondutores, revestimentos de TiN e TiC em ferramentas, e revestimentos de polímeros. O processo também é conhecido como deposição química de vapor reforçada por plasma, deposição química de vapor por plasma, ou simplesmente deposição por plasma.

24.6 Revestimentos Orgânicos

Os revestimentos orgânicos são polímeros e resinas produzidos de forma natural ou sintética, frequentemente formulados para serem aplicados como tintas líquidas que secam ou endurecem como filmes finos nos substratos. Esses revestimentos são valorizados pela variedade de cores e texturas possíveis, por sua capacidade para proteger a superfície do substrato, pelo baixo custo e pela facilidade com que podem ser aplicados. Esta seção considera as composições dos revestimentos orgânicos e os métodos para aplicá-los. Embora a maioria dos revestimentos orgânicos seja aplicada na forma líquida, alguns são aplicados como pó. Esta alternativa é examinada na Subseção 24.6.2.

Os revestimentos orgânicos são formulados para conter o seguinte: (1) veículos, que conferem ao revestimento suas propriedades; (2) corantes ou pigmentos, que transmitem cor ao revestimento; (3) solventes, para dissolver os polímeros e resinas e acrescentar fluidez adequada ao líquido; e (4) aditivos.

Os ***veículos*** nos revestimentos orgânicos são polímeros e resinas que determinam as propriedades no estado sólido do revestimento, como a resistência, as propriedades físicas e a adesão à superfície do substrato. O veículo agrega os pigmentos e outros componentes do revestimento durante e após a aplicação à superfície. Os veículos mais comuns nos revestimentos orgânicos são os óleos naturais (utilizados para produzir tintas à base de óleo) e resinas de poliésteres, poliuretanos, epóxis, acrílicos e celuloses.

Os corantes e pigmentos conferem cor ao revestimento. ***Corantes*** são compostos solúveis que colorem o revestimento líquido, mas não encobrem o substrato. Desse modo, os revestimentos tingidos por corantes geralmente são transparentes ou translúcidos. ***Pigmentos*** são partículas sólidas, uniformes e de tamanho microscópico, dispersas no revestimento líquido, mas insolúveis nesse líquido. Esses pigmentos não só colorem o revestimento, mas também bloqueiam a superfície. Como os pigmentos são material particulado, eles também tendem a reforçar o revestimento.

Os ***solventes*** são utilizados para dissolver o veículo e outros componentes da composição do revestimento líquido. Os solventes comuns utilizados nos revestimentos orgânicos são os hidrocarbonetos alifáticos e aromáticos, alcoóis, ésteres, cetonas e solventes cloretados. São necessários solventes diferentes para veículos diferentes. Os ***aditivos*** nos revestimentos orgânicos incluem surfactantes (para facilitar o espalhamento sobre a superfície), biocidas, fungicidas, espessantes, estabilizadores de congelamento/descongelamento, estabilizantes de calor e luz, agentes coalescentes, plastificantes, antiespumantes e catalisadores para promover ligações cruzadas (reticulação). Esses componentes são formulados para obtenção de uma ampla variedade de revestimentos, como as tintas, lacas e vernizes.

24.6.1 MÉTODOS DE APLICAÇÃO

O método de aplicação de um revestimento orgânico a uma superfície depende de fatores, como composição do revestimento líquido, espessura necessária do revestimento, taxa de produção e considerações de custo, tamanho da peça e requisitos ambientais. Para qualquer um dos métodos de aplicação, é de importância primordial que a superfície seja preparada adequadamente. Isso inclui a limpeza e o possível tratamento de superfície, como a deposição de camada de fosfato. Em alguns casos, superfícies metálicas são revestidas antes do revestimento orgânico para alcançar proteção máxima contra corrosão.

Com qualquer método de revestimento, a eficiência da transferência é uma medida crítica. A ***eficiência de transferência*** é a proporção de tinta fornecida para o processo que realmente fica depositada na superfície da peça. Alguns métodos rendem uma eficiência de transferência de 30 % (significando que 70 % da tinta são desperdiçados e não podem ser recuperados).

Os métodos disponíveis para aplicação de revestimentos orgânicos líquidos incluem pincel ou rolo, aspersão, imersão e pintura por lavagem. Em alguns casos, são aplicados vários revestimentos sucessivos à superfície do substrato para alcançar o resultado desejado. A carroceria de um automóvel é um exemplo importante; a sequência típica aplicada à carroceria de chapas metálicas em um automóvel produzido em massa inclui: (1) fosfatização aplicada por imersão, (2) tinta de fundo (*primer*) aplicada por imersão, (3) tintas coloridas aplicadas por aspersão e (4) pintura de acabamento (para alto brilho e proteção adicional) aplicada por aspersão.

O ***pincel*** e o ***rolo*** são os dois métodos de aplicação mais familiares para a maioria das pessoas. Eles têm alta eficiência de transferência – próxima de 100 %. A aplicação manual é adequada para a baixa produção, mas não para a produção em massa. Enquanto o pincel é bem versátil, o rolo é limitado às superfícies planas.

A ***aspersão*** (*spray*) é um método de produção amplamente utilizado para aplicar revestimentos orgânicos. O processo atomiza o líquido de revestimento em uma névoa imediatamente antes da deposição sobre a superfície da peça. Quando as gotas atingem a superfície, elas coalescem, formando um revestimento uniforme na região localizada perto do local diretamente aspergido. Se for feito adequadamente, o revestimento por aspersão promove uma cobertura uniforme em toda a superfície da peça.

O revestimento por aspersão pode ser feito manualmente em cabines de pintura ou pode fazer parte de um processo automatizado. A eficiência de transferência é relativamente baixa (tão baixa quanto 30 %) com esse método. A eficiência pode ser aprimorada pela ***aspersão eletrostática***, na qual a peça é eletricamente aterrada e as gotas atomizadas são carregadas eletrostaticamente. Isso faz com que as gotas sejam atraídas para a superfície da peça, aumentando a eficiência de transferência para valores de até 90 % [17]. A aspersão é utilizada extensivamente na indústria automotiva para aplicar revestimentos de pintura externa às carrocerias dos automóveis. Também é utilizada para revestir eletrodomésticos e outros bens de consumo.

A ***imersão*** emprega grande quantidade de revestimento líquido à peça e permite que o excesso drene e seja reciclado. O método mais simples é o ***dip coating***, no qual a peça é imersa em um tanque aberto contendo material de revestimento líquido; quando a peça é retirada, o excesso de líquido drena de volta para o tanque. Uma variação do *dip coating* é a ***deposição eletroforética***, na qual a peça é carregada eletricamente e depois imersa em um banho de tinta que contém carga oposta. Isso melhora a adesão e permite o uso de tintas à base de água (que reduzem o risco de incêndio e danos ambientais).

No processo de ***pintura por lavagem***, as peças são movidas através de uma cabine de pintura fechada, onde uma série de bicos projeta o líquido sobre as superfícies da peça. O excesso de líquido é drenado por coletores, o que permite a reutilização.

Uma vez aplicado, o revestimento orgânico deve ser convertido de líquido para sólido. O termo ***secagem*** é utilizado com frequência para descrever esse processo de conversão. Muitos revestimentos orgânicos secam por evaporação de seus solventes. No entanto, para formar um filme durável na superfície do substrato, é necessária uma conversão posterior, chamada cura. A ***cura*** envolve uma reação química da resina orgânica em que a polimerização ou ligação cruzada acontece, endurecendo o revestimento.

O tipo de resina determina o tipo de reação química que ocorre na cura. Os métodos principais pelos quais a cura é efetuada nos revestimentos orgânicos são [17] (1) ***cura à temperatura ambiente***, que envolve a evaporação do solvente e a oxidação da resina (a maioria das lacas cura por esse método); (2) ***cura à temperatura elevada***, na qual são utilizadas temperaturas elevadas para acelerar a evaporação do solvente, bem como promover a polimerização e a ligação cruzada da resina; (3) ***cura catalítica***, na qual as resinas de partida requerem agentes reativos misturados imediatamente antes da aplicação para promover a polimerização e a ligação cruzada (epóxis e tintas de poliuretano são exemplos); e (4) ***cura por radiação***, na qual várias formas de radiação, como micro-ondas, luz ultravioleta e feixe de elétrons, são necessárias para curar a resina.

24.6.2 REVESTIMENTO À BASE DE PÓS

Os revestimentos orgânicos discutidos anteriormente são sistemas líquidos que consistem em resinas solúveis (ou pelo menos miscíveis) em um solvente adequado. Os revestimentos à base de pós são diferentes. Eles são aplicados a seco, finamente pulverizados, e as partículas sólidas são fundidas na superfície para formar um filme líquido uniforme, após o qual elas se ressolidificam, resultando em um revestimento seco. Os sistemas de revestimento à base de pós tiveram um crescimento significativo em sua importância comercial entre os revestimentos orgânicos, desde meados dos anos 1970.

Os revestimentos à base de pós são classificados como termoplásticos ou termofixos. Os pós termoplásticos mais comuns incluem cloreto de polivinila, náilon, poliéster, polietileno e polipropileno. Geralmente eles são aplicados como revestimentos relativamente espessos, 0,08–0,30 mm. Os pós termofixos mais comuns são epóxi, poliéster e acrílico. Eles são aplicados na forma de resinas não curadas que polimerizam e formam ligações cruzadas sob aquecimento ou por ação de outro componente. As espessuras de revestimento são tipicamente de 0,025 a 0,075 mm.

Existem dois métodos principais de aplicação de revestimentos à base de pós: aspersão e leito fluidizado. No método de ***aspersão***, uma carga eletrostática é atribuída a cada partícula, visando a atraí-la para a superfície de uma peça aterrada eletricamente. Existem vários modelos de pistolas para transmitir carga aos pós. As pistolas podem ser operadas manualmente ou por robôs industriais. O ar comprimido é utilizado para projetar os pós pelo bocal. Os pós são secos e aspergidos, e quaisquer partículas excedentes que não adiram à superfície podem ser recicladas (a menos que sejam misturadas várias cores na mesma cabine de pintura). Os pós podem ser aspergidos contra a superfície da peça à temperatura ambiente, e, em seguida, pelo aquecimento da peça para fundir os pós; ou eles podem ser aspergidos sobre a peça preaquecida acima do ponto de fusão do pó, o que frequentemente ocasiona um revestimento mais espesso.

O ***leito fluidizado*** é uma alternativa menos utilizada para a aspersão eletrostática. Nesse método, a peça a ser revestida é preaquecida e passa por um leito fluidizado, no qual os pós estão suspensos (fluidizados) por corrente de ar. Os pós aderem-se à superfície da peça, formando o revestimento. Em algumas implementações desse método de revestimento, os pós são carregados eletrostaticamente para aumentar a atração à superfície da peça aterrada.

24.7 Esmalte à Porcelana e Outros Revestimentos Cerâmicos

Porcelana é uma cerâmica feita de caulim, feldspato e quartzo (Subseção 5.2.1). Pode ser aplicada a substratos de metais, como aço, ferro fundido e alumínio, como um esmalte de porcelana vítrea. Os revestimentos de porcelana são valorizados por sua beleza, cor, suavidade, facilidade de limpeza, inércia química e durabilidade geral. ***Esmalte à porcelana*** é o nome dado à tecnologia desses materiais de revestimento cerâmico e aos processos pelos quais são aplicados.

Esmalte à porcelana é utilizado em uma ampla gama de produtos, incluindo louças de banheiro (por exemplo, pias, banheiras, vasos sanitários), aparelhos domésticos (por exemplo, aquecedores de água, lava-louças, máquinas de lavar roupa), utensílios de cozinha, utensílios hospitalares, componentes de turbina, silenciosos de automóveis e placas de circuito eletrônico. As composições das porcelanas variam de acordo com as necessidades do produto. Algumas porcelanas são formuladas visando à cor e à beleza, enquanto outras são concebidas para funções como resistência aos produtos químicos e às intempéries, capacidade para suportar altas temperaturas de serviço, dureza, resistência à abrasão e resistência elétrica.

Como um processo, a esmaltação à porcelana consiste em (1) preparar o material de revestimento, (2) aplicá-lo à superfície, (3) secar, se necessário, e (4) queimar. A preparação envolve converter a porcelana vítrea para partículas finas, chamadas ***fritas***, que são moídas no tamanho adequado. Os métodos de aplicação das fritas são similares aos métodos utilizados para aplicar revestimentos orgânicos, embora o material de partida seja inteiramente diferente. Alguns métodos de aplicação envolvem a mistura das fritas com água como veículo (a mistura se chama ***barbotina***), enquanto outros métodos aplicam a porcelana como um pó seco. As técnicas incluem aspersão, aspersão eletrostática, revestimento por escoamento (lavagem), imersão e eletrodeposição. A queima é feita em temperaturas por volta de 800 °C. A queima é um processo de ***sinterização*** (Subseção 13.1.4), no qual as fritas são transformadas em porcelana vítrea não porosa. A espessura típica do revestimento varia de 0,075 a 2 mm. A sequência de processamento pode ser repetida várias vezes para obter a espessura desejada.

Além da porcelana, outras cerâmicas são utilizadas como revestimentos para fins especiais. Esses revestimentos contêm geralmente um alto teor de alumina, que os torna mais adequados para aplicações refratárias. As técnicas para aplicar os revestimentos são similares às anteriores, exceto pelas temperaturas de queima mais elevadas.

24.8 Processos Térmicos e Mecânicos de Revestimento

Esses processos aplicam revestimentos discretos que são geralmente mais espessos que os revestimentos depositados por outros processos considerados neste capítulo. Eles se baseiam em energia térmica ou mecânica.

24.8.1 PROCESSOS TÉRMICOS DE REVESTIMENTO

Esses métodos usam energia térmica de várias formas para aplicar um revestimento cuja função é proporcionar resistência à corrosão, erosão, desgaste e oxidação em alta temperatura. O processo inclui (1) aspersão térmica, (2) faceamento duro e (3) processo de sobreposição flexível.

Na ***aspersão térmica***, materiais de revestimento fundidos ou semifundidos são aspergidos sobre o substrato, onde se solidificam e aderem à superfície. Uma ampla gama de materiais de revestimento pode ser aplicada; as categorias são metais comercialmente puros e ligas metálicas; cerâmicas (óxidos, carbonetos e certos vidros); outros compostos metálicos (sulfetos, silicetos); cermetos; e certos plásticos (epóxi, náilon, Teflon e outros). Os substratos incluem metais, cerâmicas, vidro, alguns plásticos, madeira e papel. Nem todos os revestimentos podem ser aplicados a todos os substratos. Quando o processo é utilizado para aplicar um revestimento metálico, os termos ***metalização*** ou ***aspersão metálica*** são empregados.

As tecnologias utilizadas para aquecer o material de revestimento são a chama de oxicombustível, o arco elétrico e o arco plasma. O material de revestimento inicial está na forma de fio ou bastão, ou pode ser um pó. Quando é utilizado o fio (ou bastão), a fonte de calor funde a extremidade dianteira do fio, separando-a assim do restante do material. O material fundido é atomizado por um fluxo de gás em alta velocidade (ar comprimido ou outra fonte) e as gotículas são aspergidas contra a superfície da peça. Quando é utilizado o pó, um alimentador libera partículas finas em uma corrente de gás que as transporta para a chama, onde são fundidas. Os gases em expansão na chama projetam o pó fundido (ou semifundido) contra a peça. A espessura do revestimento por aspersão térmica geralmente é maior do que em outros processos de deposição; o intervalo típico é de 0,05 a 2,5 mm.

As primeiras aplicações do revestimento por aspersão foram a reconstrução de áreas desgastadas em componentes de maquinário usados e para recuperar peças que foram usinadas em tamanhos subdimensionados. O sucesso da técnica levou ao seu uso na manufatura como um processo de revestimento para resistência contra corrosão, proteção contra altas temperaturas, resistência ao desgaste, condutividade elétrica, resistência elétrica, blindagem contra interferência eletromagnética e outras funções.

O ***faceamento duro*** é uma técnica de revestimento em que são aplicadas ligas na forma de depósitos soldados aos substratos (metais). O que distingue o faceamento duro é que a fusão ocorre entre o revestimento e o substrato, como na soldagem por fusão (Subseção 25.1.1), enquanto a ligação na aspersão térmica é tipicamente um entrelaçamento mecânico que não resiste tanto ao desgaste abrasivo. Desse modo, o faceamento duro é especialmente adequado para componentes que requerem boa resistência ao desgaste. As aplicações incluem o revestimento de peças novas e a reparação da superfície de peças usadas e muito desgastadas, erodidas ou corroídas. Uma vantagem do faceamento duro que deve ser mencionada é que ele é executado facilmente fora do ambiente relativamente controlado da fábrica por meio de muitos dos processos de soldagem comuns, como a soldagem a gás oxiacetileno e a soldagem a arco. Alguns dos materiais de revestimento comuns incluem aços e outras ligas de ferro, ligas de cobalto e ligas de níquel. A espessura do revestimento usualmente é de 0,75 a 2,5 mm, embora espessuras de até 9 mm sejam possíveis.

O ***processo de sobreposição flexível*** é capaz de depositar um material de revestimento muito duro, como o carboneto de tungstênio (WC), na superfície de um substrato. Essa é uma vantagem importante do processo em comparação com outros métodos, permitindo a dureza do revestimento de aproximadamente 70 HRC (dureza em escala Rockwell C). O processo também pode ser utilizado para aplicar revestimentos somente em regiões selecionadas da peça. No processo de sobreposição flexível, um tecido impregnado com pós de cerâmica dura ou pós de metais e outro tecido impregnado com liga de brasagem são colocados no substrato e aquecidos para fundir o pó com a superfície. Em geral, a espessura dos revestimentos sobrepostos é de 0,25 a 2,5 mm. Além dos revestimentos de WC e WC-Co, também são aplicadas ligas de cobalto e níquel. As aplicações incluem dentes de motosserras, brocas para perfuração de rochas, matrizes de extrusão e peças similares que exigem boa resistência ao desgaste.

24.8.2 DEPOSIÇÃO MECÂNICA

Neste processo de revestimento, a energia mecânica é utilizada para criar um revestimento metálico em uma superfície. Na deposição mecânica, as peças a serem revestidas, junto com os pós (metálicos) de revestimento, esferas de vidro, e produtos químicos especiais para promover a ação de revestimento, são misturados em um tambor. Os pós são microscópicos – 5 μm de diâmetro; já as esferas de vidro são muito maiores – 2,5 mm de diâmetro. Enquanto a mistura desliza dentro do tambor, a energia mecânica desse tambor giratório é transmitida pelas esferas de vidro golpeando os pós metálicos contra a superfície da peça e resultando em uma ligação mecânica ou metalúrgica. Os metais depositados devem ser maleáveis para proporcionar uma junção satisfatória com o substrato. Os metais de deposição incluem zinco, cádmio, estanho e chumbo. O termo ***galvanização mecânica*** é utilizado para peças revestidas de zinco. Os metais ferrosos são os mais comumente revestidos; outros metais incluem o latão e o bronze. As aplicações típicas são elementos fixadores como parafusos, porcas e pregos. A espessura do revestimento na deposição mecânica geralmente é de 0,005 a 0,025 mm. O zinco é depositado mecanicamente a uma espessura aproximada de 0,075 mm.

Referências

[1] ***ASM Handbook***, Vol. 5, ***Surface Engineering***, ASM International, Materials Park, Ohio, 1993.

[2] Budinski, K. G. ***Surface Engineering for Wear Resistance***. Prentice Hall, Inc., Englewood Cliffs, New Jersey, 1988.

[3] Durney, L. J. (ed.). ***The Graham's Electroplating Engineering Handbook***, 4th ed. Chapman & Hall, London 1996.

[4] Freeman, N. B. "A New Look at Mass Finishing," Special Report 757, ***American Machinist***, August 1983, pp. 93–104.

[5] George, J. ***Preparation of Thin Films***. Marcel Dekker, Inc., New York, 1992.

[6] Hocking, M. G., Vasantasree, V., and Sidky, P. S. ***Metallic and Ceramic Coatings***. Addison-Wesley Longman, Reading, Massachusetts, 1989.

[7] ***Metal Finishing***, Guidebook and Directory Issue. Metals and Plastics Publications, Inc., Hackensack, New Jersey, 2000.

[8] Morosanu, C. E. ***Thin Films by Chemical Vapour Deposition***. Elsevier, Amsterdam, The Netherlands, 1990.

[9] Murphy, J. A. (ed.). ***Surface Preparation and Finishes for Metals***. McGraw Hill, New York, 1971.
[10] Sabatka, W. "Vapor Degreasing," Available at www.pfonline.com.
[11] Satas, D. (ed.). ***Coatings Technology Handbook***, 2nd ed. Marcel Dekker, New York, 2000.
[12] Stuart, R. V. ***Vacuum Technology, Thin Films, and Sputtering***. Academic Press, New York, 1983.
[13] Sze, S. M. ***VLSI Technology***, 2nd ed. McGraw-Hill, New York, 1988.
[14] Tracton, A. A. (ed.) ***Coatings Technology Handbook***, 3rd ed. CRC Taylor & Francis, Boca Raton, Florida, 2006.
[15] Tucker, Jr., R. C. "Surface Engineering Technologies," ***Advanced Materials & Processes***, April 2002, pp. 36–38.
[16] Tucker, Jr., R. C. "Considerations in the Selection of Coatings," ***Advanced Materials & Processes***, March 2004, pp. 25–28.
[17] Wick, C., and Veilleux, R. (eds.). ***Tool and Manufacturing Engineers Handbook***, 4th ed., Vol III, ***Materials, Finishes, and Coating***. Society of Manufacturing Engineers, Dearborn, Michigan, 1985.

Questões de Revisão

24.1 Mencione algumas das razões importantes para as peças manufaturadas precisarem de limpeza.
24.2 Os tratamentos mecânicos das superfícies são feitos frequentemente por outros motivos além da limpeza. Quais são esses motivos?
24.3 Quais são os tipos básicos de contaminantes que devem ser limpos das superfícies metálicas na manufatura?
24.4 Cite alguns métodos de limpeza química importantes.
24.5 Além da limpeza superficial, qual é a principal função do *shot peening*?
24.6 O que significa o termo acabamento em massa?
24.7 Qual é a diferença entre difusão e implantação iônica?
24.8 O que é calorização?
24.9 Por que os metais são revestidos?
24.10 Identifique os tipos mais comuns de processos de revestimento.
24.11 Quais são os dois mecanismos básicos de proteção contra corrosão?
24.12 Qual é o metal mais revestido?
24.13 Um dos tipos de molde da eletroformação é o molde sólido. Como a peça é removida de um molde sólido?
24.14 Qual é a diferença entre deposição química e deposição eletroquímica?
24.15 O que é revestimento de conversão?
24.16 Como a anodização se diferencia dos outros processos de conversão?
24.17 O que é deposição física de vapor?
24.18 Qual é a diferença entre deposição física de vapor (PVD) e deposição química de vapor (CVD)?
24.19 Cite algumas das aplicações de PVD.
24.20 Cite os materiais mais comuns depositados por PVD em ferramentas de corte.
24.21 Cite algumas vantagens da deposição química de vapor.
24.22 Quais são os dois compostos de titânio mais comuns usados no revestimento de ferramentas de corte por meio de deposição química de vapor?
24.23 Identifique os quatro principais componentes dos revestimentos orgânicos.
24.24 O que quer dizer o termo eficiência de transferência em tecnologia de revestimento orgânico?
24.25 Descreva os principais métodos de aplicação dos revestimentos orgânicos nas superfícies.
24.26 Os termos secagem e cura têm significados diferentes. Indique-os.
24.27 Na esmaltação à porcelana o que significa *fritas*?

Problemas

As respostas para os problemas indicados com **(A)** são apresentadas no Apêndice, no final do livro.

Eletrodeposição e Eletroformação

24.1 **(A)** Uma chapa de aço com área de 185 cm^2 deve ser revestida com zinco. Qual é a espessura média de galvanização, se forem aplicados 15 A por 10 minutos em um eletrólito cloretado?

24.2 Uma peça estampada de aço deve ser niquelada para proteção contra corrosão. A peça é uma placa plana, retangular, com 3,2 mm de espessura, e cujas faces têm dimensões de 13 e 16 cm. A operação de niquelagem é executada em um banho eletrolítico de ácido sulfúrico usando uma corrente de 15 A por 10 minutos. Determine a espessura média de niquelagem produzida por essa operação.

24.3 **(A)** Um lote de 40 peças idênticas deve ser cromado usando porta-peças. Cada peça tem uma área de 12,7 cm^2. Se a espessura desejada para o revestimento for de 0,010 mm sobre a superfície de cada peça, quanto tempo a operação de revestimento deve consumir a uma corrente de 100 A?

24.4 Em uma operação de eletroformação, determine (a) o volume (cm^3) e (b) a massa (em g) de estanho que é depositado em um molde catódico, se forem aplicados 45 A de corrente por 60 minutos.

24.5 A produção de folhas de cobre utilizadas nas placas de circuito impresso é realizada por uma operação de eletroformação em que um tambor de titânio girando lentamente age como catodo para depositar o cobre em sua superfície (Subseção 31.2.2). O tambor tem diâmetro de 500 mm e largura de 450 mm. Em qualquer momento durante o processo, 35 % da área circunferencial do tambor é submersa em banho eletrolítico (as extremidades do tambor são isoladas para impedir a deposição). À medida que a folha de cobre sai do banho, ela é descascada da superfície do tambor. Se a espessura da folha for de 0,04 mm na superfície do tambor quando for descascada e o processo operar a uma corrente de 450 A, determine a velocidade de rotação do tambor.

Parte VII Processos de União e Montagem

25 Fundamentos de Soldagem

Sumário

25.1 Visão Geral da Tecnologia de Soldagem
25.1.1 Tipos de Processos de Soldagem
25.1.2 Soldagem como uma Operação Comercial

25.2 Junta Soldada
25.2.1 Tipos de Juntas
25.2.2 Tipos de Soldas

25.3 Física da Soldagem
25.3.1 Densidade de Potência
25.3.2 Equilíbrio Térmico na Soldagem por Fusão

25.4 Aspectos de uma Junta Soldada por Fusão

Esta parte do livro considera os processos utilizados para unir duas ou mais peças em uma unidade montada. Esses processos são classificados na parte inferior do diagrama da Figura 1.5. O termo ***união*** geralmente é utilizado em soldagem, brasagem, solda branda e união por adesivos, que formam união permanente entre as peças – uma junta que não pode ser separada facilmente. O termo ***montagem*** se refere normalmente aos métodos mecânicos de fixação das peças. A montagem mecânica é discutida no Capítulo 28. Alguns desses métodos permitem a desmontagem fácil, enquanto outros não permitem. Brasagem, solda branda e união por adesivos são discutidas no Capítulo 27. A abordagem dos processos de união e montagem começa com a soldagem, tratada neste capítulo e nos próximos.

Soldagem é o processo de união de materiais no qual duas ou mais peças são coalescidas em suas superfícies de contato pela aplicação adequada de calor e/ou pressão. Muitos processos de soldagem são executados usando apenas calor, sem aplicação de pressão; outros por uma combinação de calor e pressão; e ainda outros apenas por pressão, sem aplicação externa de calor. Em alguns processos de soldagem, um material de ***adição*** é acrescentado para facilitar a coalescência. A montagem das peças unidas por soldagem se chama ***conjunto soldado***. A soldagem é associada, na maioria das vezes, a peças metálicas, mas o processo também é utilizado para unir plásticos. Aqui, a discussão vai se concentrar nos metais.

A soldagem é um processo relativamente novo (Nota Histórica 25.1). Sua importância comercial e tecnológica deriva do seguinte:

- A soldagem promove uma junta permanente. Os componentes tornam-se uma unidade.
- As juntas soldadas podem ser mais resistentes que os materiais de base, se for utilizado um metal de adição que tenha propriedades de resistência superiores às dos materiais de base, e se forem utilizadas técnicas de soldagem adequadas.
- A soldagem frequentemente é a maneira mais econômica para unir componentes em termos de uso de material e custos de fabricação. Métodos mecânicos alternativos de montagem exigem alterações de formas mais complexas (por exemplo, perfurações) e adição de elementos de fixação (por exemplo, rebites ou parafusos). O conjunto mecânico resultante normalmente é mais pesado do que o conjunto soldado correspondente.
- A soldagem não se restringe ao ambiente industrial. Ela pode ser realizada "em campo".

Embora a soldagem tenha as vantagens indicadas anteriormente, ela também tem certas limitações e desvantagens (ou potenciais desvantagens):

- A maioria das operações de soldagem é executada manualmente e é cara, em termos de custo da mão de obra. Muitas operações de soldagem são consideradas "serviços especializados", e a mão de obra para executar essas operações pode ser escassa.

Nota Histórica 25.1 *Origens da soldagem*

Embora a soldagem seja considerada um processo relativamente novo conforme é praticado atualmente, suas origens remontam à Antiguidade. Por volta de 1000 a.C., os egípcios e outros no leste do Mediterrâneo aprenderam a realizar a soldagem por forjamento (Subseção 26.5.2). Era uma extensão natural do forjamento a quente, que eles utilizaram para criar armas, ferramentas e outros utensílios. Os artigos de bronze soldados por forjamento foram recuperados por arqueólogos nas pirâmides do Egito. Desses primórdios até a Idade Média, o comércio ferreiro desenvolveu a arte de soldagem por marteladas até um alto nível de maturidade. Objetos de ferro soldados, e de outros metais, foram encontrados e datados dessa época na Índia e Europa.

Somente nos anos 1800 é que as bases tecnológicas da soldagem moderna foram estabelecidas. Foram feitas duas descobertas importantes, ambas atribuídas ao cientista inglês Sir Humphrey Davy: (1) o arco elétrico e (2) o gás acetileno.

Aproximadamente em 1801, Davy observou que um arco elétrico poderia ser feito entre dois eletrodos de carbono. No entanto, somente em meados dos anos 1800, quando foi inventado o gerador elétrico, a energia elétrica ficou disponível em quantidade suficiente para sustentar a ***soldagem a arco***. Foi a um russo, Nikolai Benardos, que trabalhava em um laboratório da França, que foi concedida uma série de patentes do processo de soldagem a arco com eletrodos de carbono (uma na Inglaterra em 1885 e outra nos Estados Unidos em 1887). Na virada do século, a soldagem a arco com eletrodo de carbono se tornou um processo comercial popular para unir metais.

As invenções de Benardos parecem ter se limitado à soldagem a arco com eletrodo de carbono. Em 1892, um americano chamado Charles Coffin recebeu a patente dos Estados Unidos por desenvolver um processo de soldagem a arco utilizando um eletrodo metálico. A característica exclusiva era que o eletrodo adicionava material de adição à junta soldada (o processo a arco com eletrodo de carbono não deposita um material de adição). A ideia de revestir o eletrodo metálico (proteger o processo de soldagem em relação à atmosfera) foi desenvolvida posteriormente, com aperfeiçoamentos no processo de soldagem a arco com eletrodos revestidos, sendo realizada na Inglaterra e Suécia, a partir de 1900.

Entre 1885 e 1900, foram desenvolvidas por Elihu Thompson várias formas de ***soldagem por resistência***. Essas formas incluem a soldagem por ponto e soldagem por costura, dois métodos de união amplamente utilizados hoje em dia na metalurgia de chapas.

Apesar de Davy ter descoberto o gás acetileno inicialmente nos anos 1800, a ***soldagem a gás oxicombustível*** exigiu o desenvolvimento subsequente de maçaricos para combinar acetileno e oxigênio, aproximadamente em 1900. Durante os anos 1890, o hidrogênio e o gás natural foram misturados com oxigênio para soldagem, mas a chama de oxiacetileno alcançava temperaturas significativamente mais altas.

Esses três processos de soldagem – a arco, por resistência e a gás oxicombustível – constituem a ampla maioria das operações de soldagem realizadas atualmente.

- A maioria dos processos de soldagem é inerentemente perigosa por envolver o uso de alta energia.
- Como a soldagem efetua uma ligação permanente entre os componentes, ela não permite desmontagem simples. Se o produto tiver que ser desmontado ocasionalmente (por exemplo, para reparo ou manutenção), então não se deve utilizar soldagem como método de montagem.
- A junta soldada pode apresentar certos tipos de defeitos que são difíceis de detectar. Os defeitos podem reduzir a resistência da junta.

25.1 Visão Geral da Tecnologia de Soldagem

A soldagem envolve a coalescência localizada ou a união de duas peças metálicas em suas superfícies de atrito. As ***superfícies de atrito*** são as partes em contato ou muito próximas que irão ser unidas. A soldagem é feita frequentemente nas peças feitas do mesmo material, mas algumas operações de soldagem podem ser utilizadas para unir metais dissimilares.

25.1.1 TIPOS DE PROCESSOS DE SOLDAGEM

Foram catalogados 50 tipos diferentes de operações de soldagem pela Sociedade Americana de Soldagem (American Welding Society — AWS). Eles utilizam vários tipos ou combinações de energia para fornecer a potência necessária. Os processos de soldagem podem ser divididos em dois grupos principais: (1) soldagem por fusão e (2) soldagem no estado sólido.

Soldagem por Fusão Os processos de soldagem por fusão usam calor para fundir os metais de base. Em muitas operações de soldagem por fusão é adicionado um metal de adição na poça fundida para facilitar o processo e proporcionar volume e resistência à junção soldada. Uma operação de soldagem por fusão em que nenhum metal de adição é adicionado se chama solda ***autógena***. A categoria de fusão inclui os processos de soldagem mais utilizados, que podem ser organizados nos seguintes grupos gerais (as iniciais entre parênteses são designações da American Welding Society):

- ***Soldagem a arco (AW**, do inglês *arc welding*)**.** A soldagem a arco se refere a um grupo de processos de soldagem nos quais o aquecimento dos metais é feito por um arco elétrico, como mostra a Figura 25.1. Algumas operações de soldagem a arco também aplicam pressão durante o processo, e a maioria utiliza um metal de adição.
- ***Soldagem por resistência (RW**, do inglês *resistance welding*)**.** A soldagem por resistência alcança coalescimento usando calor da resistência elétrica ao fluxo de corrente que passa entre a superfície de contato de duas peças mantidas unidas sob pressão.

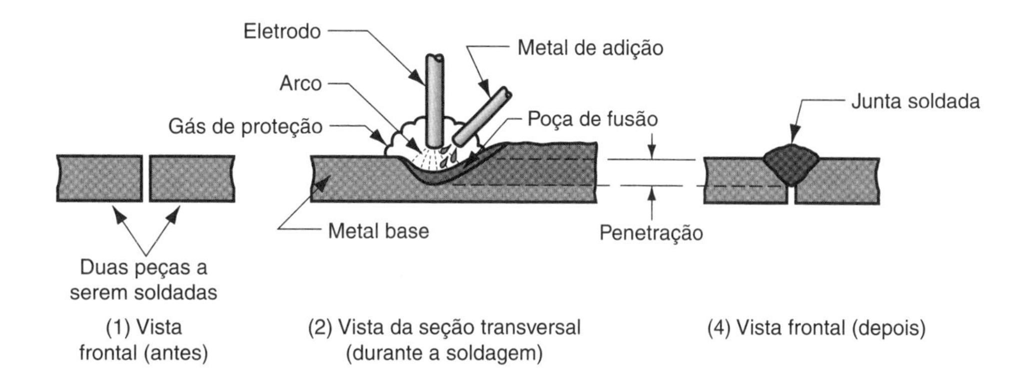

FIGURA 25.1 Aspectos básicos da soldagem a arco: (1) antes de soldar; (2) durante a soldagem (o metal base é fundido, e o metal de adição é adicionado à poça de fusão); e (3) o conjunto soldado. Existem muitas variações de processo de soldagem a arco.

- ***Soldagem por gás oxicombustível (OFW,** do inglês *oxyfuel gas welding*).* Esses processos de união usam gás oxicombustível, como a mistura de oxigênio e acetileno, para produzir chama quente para fundir o metal de base e o metal de adição, se for utilizado metal de adição.
- Outros processos de soldagem por fusão. Outros processos de soldagem que produzem fusão de metal incluem a ***soldagem por feixe de elétrons*** e a ***soldagem a laser***.

Certos processos a arco e a oxicombustível também são utilizados para cortar metais (Subseções 22.3.4 e 22.3.5).

Soldagem no Estado Sólido A soldagem no estado sólido refere-se aos processos de união nos quais o coalescimento resulta da aplicação de pressão isolada, ou combinada com calor. Se for utilizado o calor, a temperatura no processo fica abaixo do ponto de fusão dos metais que estão sendo soldados. Nenhum metal de adição é utilizado. Os processos de soldagem representativos nesse grupo incluem:

- ***Soldagem por difusão (DFW,** do inglês *diffusion welding*).* Duas superfícies são unidas sob pressão em temperatura elevada e coalescem por difusão no estado sólido.
- ***Soldagem por atrito (FRW,** do inglês *friction welding*).* A coalescência é alcançada pelo calor do atrito entre duas superfícies.
- ***Soldagem por ultrassom (USW,** do inglês *ultrasonic welding*).* Pressão moderada é aplicada entre as duas peças, e um movimento oscilante em frequências ultrassônicas é utilizado na direção paralela à superfície de contato. A combinação das forças vibratórias e normal resulta em tensões de cisalhamento que removem filmes de superfície e alcançam as ligações atômicas das superfícies.

Os vários processos de soldagem são descritos, com mais detalhes, no Capítulo 26. O levantamento anterior deve fornecer um panorama suficiente para a discussão sobre terminologia e princípios de soldagem no presente capítulo.

25.1.2 SOLDAGEM COMO UMA OPERAÇÃO COMERCIAL

As principais aplicações da soldagem são (1) construções, como edifícios e pontes; (2) tubulações, vasos de pressão, caldeiras e tanques de armazenagem; (3) construção de navios; (4) aviões e aeroespacial; e (5) indústria automotiva e ferroviária [1]. A soldagem é realizada em vários locais e em diversas indústrias. Devido à sua versatilidade como uma técnica de montagem para produtos comerciais, muitas operações de soldagem são feitas em fábricas. No entanto, vários dos processos tradicionais, como soldagem a arco e a gás oxicombustível, usam equipamentos que podem ser facilmente movimentados; portanto, essas operações não se limitam à fábrica. Elas podem ser realizadas em canteiros de obras, estaleiros, plantas dos clientes e oficinas de reparo de automóveis.

A maioria das operações de soldagem são trabalhos complexos. Por exemplo, a soldagem a arco é feita frequentemente por um operário qualificado, chamado ***soldador***, que controla manualmente a trajetória ou colocação da solda para unir peças separadas em uma unidade maior. Nas operações industriais em que a soldagem a arco é feita manualmente, o soldador em geral trabalha com um segundo operador, chamado ***ajustador***. É tarefa do ajustador organizar os componentes de modo individual para que o soldador possa realizar a solda. Fixadores de solda e posicionadores de solda são utilizados para esse fim. Um ***fixador de solda*** é um dispositivo para travar e reter os componentes na posição fixa para solda. É fabricado sob medida para a geometria peculiar do conjunto soldado e, portanto, deve ser economicamente justificável com base na quantidade de montagens a serem produzidas. Um ***posicionador de solda*** é um dispositivo que prende as peças e também move a montagem para a posição desejada visando à soldagem. Isso é diferente de um fixador de solda que apenas segura as peças em uma única posição fixa. A posição desejada geralmente é aquela em que o caminho da solda é plano e horizontal.

A Questão da Segurança A soldagem é inerentemente perigosa para os trabalhadores. Devem ser tomadas precauções rigorosas de segurança pelas pessoas que realizam essas operações. As altas temperaturas dos metais fundidos na soldagem constituem um perigo óbvio. Na soldagem a gás, os combustíveis (por exemplo, acetileno) são um risco de incêndio. A maioria desses processos usa alta energia para provocar fusão das superfícies das peças a serem unidas. Em muitos processos de soldagem, a energia elétrica é a fonte de energia térmica, então há o perigo de choque elétrico para o trabalhador. Certos processos de soldagem têm perigos peculiares. Na soldagem a arco, por exemplo, é emitida a radiação ultravioleta, que é nociva à visão humana. Um capacete especial que inclua um visor com filtros para visualização deve ser utilizado pelo soldador. Esses filtros evitam a radiação perigosa, mas são tão escuros que deixam o soldador praticamente cego, exceto quando o arco é atingido. Faíscas, respingos de metal fundido, fumaças e vapores aumentam os riscos associados com as operações de soldagem. Devem ser utilizadas unidades de ventilação para exaurir os gases perigosos gerados por alguns fluxos e metais fundidos utilizados em soldagem. Se a operação for executada em ambiente confinado, processos especiais de ventilação ou exaustores são necessários.

Automação na Soldagem Devido aos riscos da soldagem manual, e no intuito de aumentar a produtividade e melhorar a qualidade do produto, várias formas de mecanização e automação vêm sendo desenvolvidas. As categorias incluem máquinas de soldagem (soldagem mecânica), soldagem automática e soldagem robótica.

A ***soldagem mecânica*** pode ser definida como soldagem mecanizada com equipamento que executa a operação sob a supervisão contínua de um operador. É acompanhada normalmente por uma cabeça de soldagem, que é movida por meio mecânico relativo a uma plataforma de trabalho, ou por movimento da peça em relação a uma cabeça de soldagem estacionária. O operador deve observar continuamente e interagir com o equipamento para controlar a operação.

Se a operação é realizada por um equipamento que não requer controle do operador, ela é chamada de ***soldagem automática***. Um operador geralmente está presente para supervisionar o processo e detectar variações em relação às condições normais. O que distingue a soldagem automática da soldagem mecânica é a existência do controlador do ciclo de solda cuja função é regular o movimento do arco e o posicionamento da peça, sem o controle humano contínuo. A soldagem automática requer fixador de solda e/ou posicionador de solda para posicionar a peça em relação à cabeça de soldagem. Também requer um grau de consistência e precisão mais alto nas peças componentes utilizadas na estrutura soldada. Por essas razões, a soldagem automática pode ser justificada apenas para produções em larga escala.

Na ***soldagem robótica*** um robô industrial ou manipulador programável é utilizado para controlar automaticamente o movimento da cabeça de soldagem em relação à peça (Seção 34.4). A versatilidade alcançada pelo braço de um robô permite o uso de fixação relativamente simples, e a capacidade de o robô ser reprogramado para configurações de novas peças permite que essa forma de automação seja justificável para quantidades de produção relativamente baixas. Uma célula de soldagem a arco robótica típica consiste em dois fixadores de soldagem e um ajustador humano para carregar e descarregar peças enquanto o robô solda. Além da soldagem a arco, os robôs industriais também são utilizados na montagem final, em plantas automobilísticas, para executar soldagem por resistência em partes do carro (Figura 34.16).

25.2 Junta Soldada

A soldagem produz uma conexão sólida entre duas peças, chamada junta soldada. Uma ***junta soldada*** é a junção das arestas ou superfícies das peças que são unidas por soldagem. Esta seção aborda duas classificações relacionadas com as juntas soldadas: (1) tipos de juntas e (2) tipos de soldas empregadas para unir as peças que formam as juntas.

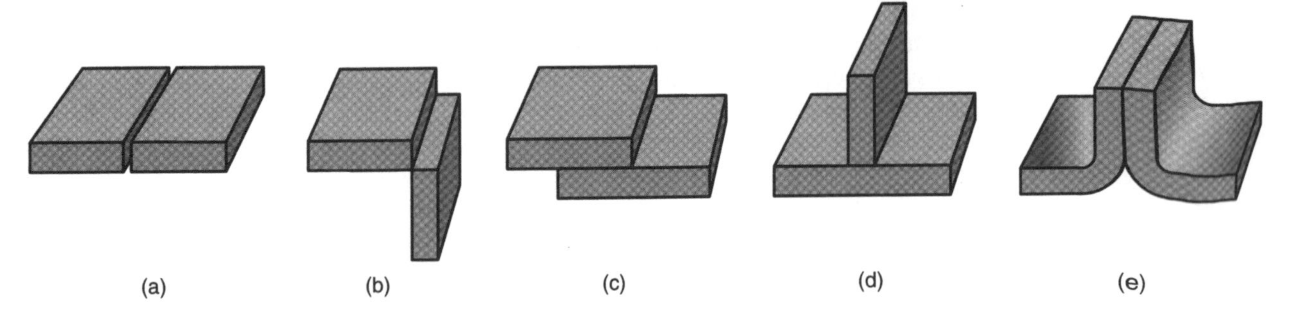

FIGURA 25.2 Cinco tipos básicos de juntas: (a) de topo, (b) de canto, (c) sobreposta, (d) em Tê e (e) em aresta.

25.2.1 TIPOS DE JUNTAS

Existem cinco tipos básicos de juntas para unir duas peças. Os cinco tipos de juntas não se limitam à soldagem; eles também se aplicam a outras técnicas de união e fixação. Com referência à Figura 25.2, os cinco tipos de juntas podem ser definidos como:

(a) ***Junta de topo***. Nesse tipo de junta, as peças se situam no mesmo plano e estão unidas por suas extremidades.

(b) ***Junta de canto***. As peças em uma junta de canto formam um ângulo reto e são unidas no canto do ângulo.

(c) ***Junta sobreposta***. Essa junta consiste em duas peças sobrepostas.

(d) ***Junta em Tê***. Em uma junta em Tê, uma peça é perpendicular à outra na forma aproximada de uma letra "T".

(e) ***Junta em aresta***. As peças na junta lateral são paralelas, com pelo menos uma de suas arestas em comum, e a junta é feita na(s) aresta(s) comum(ns).

25.2.2 TIPOS DE SOLDAS

Cada uma das juntas acima mencionadas pode ser feita por soldagem. É conveniente distinguir entre o tipo de junta e a maneira como ela é soldada – o tipo de solda. As diferenças entre os tipos de solda estão na geometria (tipo de junta) e no processo de soldagem.

Uma ***solda de filete*** é utilizada para preencher as arestas das peças criadas nas juntas de canto, sobrepostas e em Tê, como na Figura 25.3. O metal de adição é utilizado para promover uma seção transversal aproximadamente com a forma de um triângulo retângulo. É o tipo de solda mais comum na soldagem a arco e oxicombustível porque exige preparação mínima da aresta – as arestas retas das peças são utilizadas. As soldas de filete podem ser simples ou duplas (isto é, soldado ao longo de um lado ou em ambos) e podem ser contínuas ou intermitentes (isto é, soldado ao longo de todo o comprimento da junta ou com espaços sem solda ao longo desse comprimento).

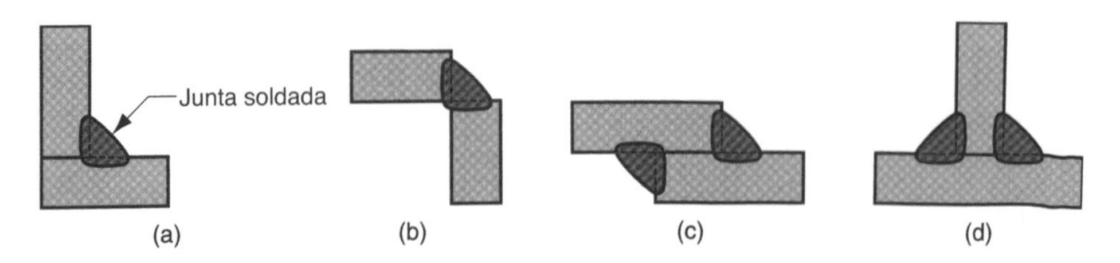

FIGURA 25.3 Várias formas de soldas de filete: (a) junta de canto com filete interno simples; (b) junta de canto com filete externo simples; (c) junta sobreposta com filete duplo; e (d) junta em Tê com filete duplo. As linhas tracejadas mostram as arestas das peças originais.

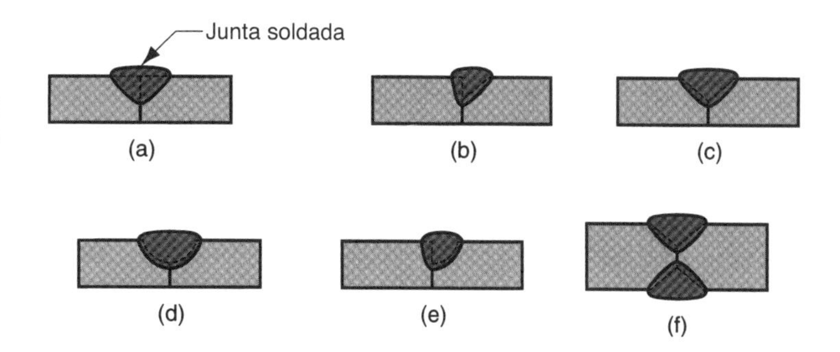

FIGURA 25.4 Algumas soldas de chanfro típicas: (a) solda de chanfro reta, um lado; (b) solda de chanfro bisel; (c) solda de chanfro em V; (d) solda de chanfro em U; (e) solda de chanfro em J; (f) solda de chanfro em V dupla para seções mais espessas. As linhas tracejadas mostram as arestas originais das peças.

As ***soldas em chanfro*** geralmente requerem que as arestas das peças tenham a forma de um chanfro para facilitar a penetração da solda. As formas dos chanfros incluem chanfro reto, bisel, em V, em U, e em J, e em um ou em ambos os lados, como mostra a Figura 25.4. O metal de adição é utilizado para preencher a junta, normalmente para soldagem a arco ou oxicombustível. A preparação das arestas das peças, em vez do uso da aresta reta, requer procedimento adicional, mas é muitas vezes empregada para aumentar a resistência da junta soldada, ou quando peças mais espessas serão soldadas. Embora muito mais associadas com a junta de topo, as soldas em chanfro são utilizadas em todos os tipos de junta, exceto as juntas sobrepostas.

As ***soldas tampão*** e ***solda de fenda*** são utilizadas para fixar placas planas, como mostrado na Figura 25.5, usando um ou mais furos ou ranhuras na peça superior e depois preenchendo com metal de adição para fundir as duas peças.

As soldas por ponto e as soldas por costura, utilizadas em juntas sobrepostas, estão esquematizadas na Figura 25.6. A ***solda por ponto*** é uma pequena seção fundida entre as superfícies de duas folhas ou placas. Normalmente são necessárias várias soldas por ponto para unir as peças. Essa solda está intimamente associada com a soldagem por resistência. A ***solda por costura*** é similar à solda por ponto, exceto por consistir em uma seção fundida de forma mais ou menos contínua entre duas folhas ou placas.

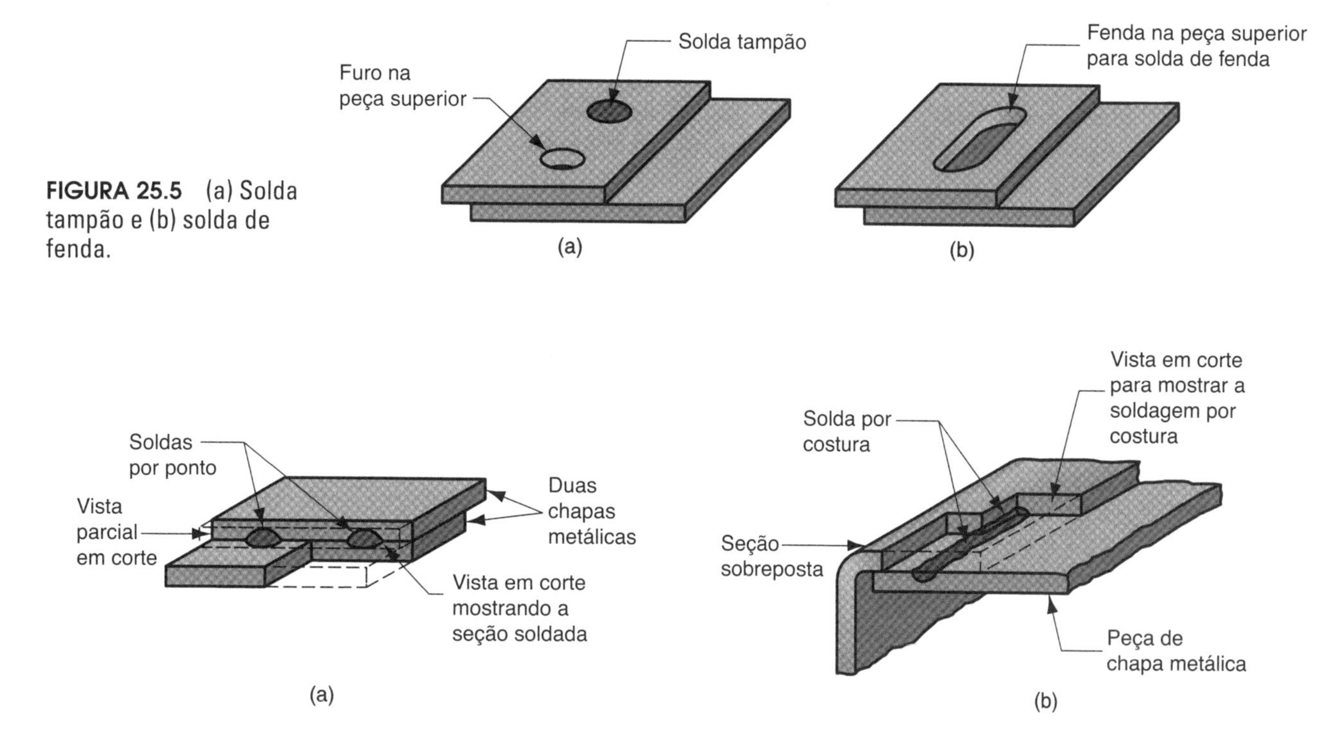

FIGURA 25.5 (a) Solda tampão e (b) solda de fenda.

FIGURA 25.6 (a) Solda por ponto e (b) solda por costura.

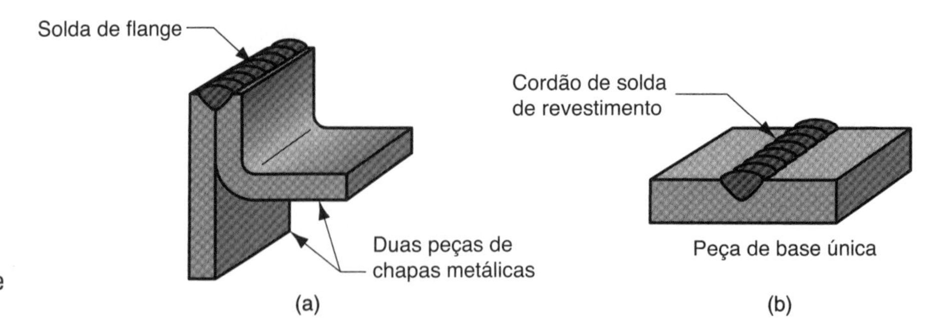

FIGURA 25.7 (a) Solda de flange e (b) solda de acabamento.

As soldas de flange e as soldas de acabamento são exibidas na Figura 25.7. A ***solda de flange*** é feita nas arestas de duas (ou mais) peças, normalmente metal em chapa ou placa fina, com pelo menos uma das peças sendo flangeada, como mostrado na Figura 25.7(a). A ***solda de acabamento*** não é utilizada para unir peças, mas sim para depositar metal de adição na superfície de um metal de base em um ou mais cordões de solda. Os cordões de solda podem ser feitos em uma série de passes paralelos sobrepostos, cobrindo com isso maiores áreas da peça base. O propósito é aumentar a espessura da placa ou promover um revestimento protetor na superfície.

25.3 Física da Soldagem

Embora existam vários mecanismos de coalescimento para soldagem, a fusão é, de longe, o meio mais comum. Esta seção considera as relações físicas que permitem a soldagem por fusão. A densidade de potência e sua importância são examinadas em primeiro lugar e depois são definidas as equações de calor e energia que descrevem um processo de soldagem.

25.3.1 DENSIDADE DE POTÊNCIA

Para obter a fusão, é fornecida uma fonte de energia térmica de alta densidade às superfícies de atrito, e as temperaturas resultantes são suficientes para provocar a fusão localizada nos metais de base. Se for adicionado um metal de adição, a densidade térmica deve ser suficientemente alta para fundi-lo também. A densidade de potência pode ser definida como a potência térmica transferida para a peça de trabalho por unidade de área, W/mm^2. O tempo para fundir o metal é inversamente proporcional à densidade de potência. Em densidades de potência baixas, é necessária uma quantidade de tempo significativa para provocar a fusão. Se a densidade de potência for baixa demais, o calor é conduzido para a peça com a mesma rapidez com que é adicionado à superfície, e a fusão nunca ocorre. Constatou-se que a densidade de potência mínima necessária para fundir a maioria dos metais na soldagem é de aproximadamente 10 W/mm^2. À medida que a densidade térmica aumenta, o tempo de fusão diminui. Se a densidade de potência for alta demais – acima de aproximadamente 10^5 W/mm^2 – as temperaturas locais vaporizam o metal na região afetada. Desse modo, existe uma faixa de valores para a densidade de potência dentro da qual a soldagem pode ser feita. As diferenças entre os processos de soldagem nessa faixa são (1) a taxa em que a soldagem pode ser feita e/ou (2) o tamanho da região que pode ser soldada. A Tabela 25.1 fornece uma comparação das densidades de potência para os principais processos de soldagem por fusão. A soldagem a gás oxicombustível é capaz de desenvolver grande quantidade de calor, mas a densidade térmica é relativamente baixa em virtude de sua propagação sobre uma grande área. O gás oxiacetileno, o mais quente dos oxicombustíveis, queima em uma temperatura máxima de 3500 °C. Por comparação, a soldagem a arco produz alta energia sobre uma área menor, resultando em temperaturas locais de 5500 °C a 6000 °C.

TABELA • 25.1 Comparação de vários processos de soldagem por fusão com base em suas densidades de potência.

Processo de Soldagem	Densidade de Potência Aproximada W/mm²
Soldagem a gás oxicombustível	10
Soldagem a arco	50
Soldagem por resistência	1000
Soldagem a laser	9000
Soldagem por feixe de elétrons	10,000

Por questões metalúrgicas, é desejável fundir o metal com energia mínima, e as densidades de potência elevadas geralmente são preferíveis.

A densidade de potência pode ser calculada como a potência adicionada à superfície dividida pela área de superfície correspondente:

$$DP = \frac{P}{A} \tag{25.1}$$

em que DP = densidade de potência, W/mm²; P = potência adicionada à superfície, W; e A = área da superfície sobre a qual a energia é adicionada, mm². A questão é mais complicada do que o indicado pela Equação (25.1). Uma complicação é que a fonte de potência (por exemplo, o arco) está se movendo em muitos processos de soldagem, resultando no preaquecimento antes da operação e pós-aquecimento atrás da mesma. Outra complicação é que a densidade de potência não é uniforme por toda a superfície afetada; ela é distribuída em função da área, conforme demonstrado pelo exemplo a seguir.

Exemplo 25.1 Densidade de potência em soldagem

Uma fonte de calor transfere 3000 W para a superfície de uma peça metálica. O calor atinge a superfície em uma área circular, com intensidades que variam dentro do círculo. A distribuição é realizada da seguinte forma: 70 % da potência são transferidos a um círculo interno de diâmetro de 5 mm, e 90 % são transferidos a um círculo concêntrico, de diâmetro de 12 mm. Quais são as densidades de potência (a) no círculo interno de 5 mm de diâmetro e (b) no anel circular de 12 mm de diâmetro externo situado em volta do círculo interno e concêntrico a ele?

Solução: (a) O círculo interno tem uma área $A = \frac{\pi(5)^2}{4} = 19{,}63$ mm²

A potência dentro dessa área $P = 0{,}70 \times 3000 = 2100$ W

Desse modo, a densidade de potência $DP = \frac{2100}{19{,}63} = \mathbf{107\ W/mm^2}$

(b) A área do anel no interior do círculo é $A = \frac{\pi(12^2 - 5^2)}{4} = 93{,}4$ mm²

A potência nessa região $P = 0{,}9\ (3000) - 2100 = 600$ W.

A densidade de potência é, portanto, $DP = \frac{600}{93{,}4} = \mathbf{6{,}4\ W/mm^2}$

Observação: A densidade de potência parece alta o bastante para fundir o círculo interno, mas provavelmente não é suficiente no anel externo a esse círculo.

25.3.2 EQUILÍBRIO TÉRMICO NA SOLDAGEM POR FUSÃO

A quantidade de calor necessária para fundir um determinado volume de metal depende (1) do calor, para elevar a temperatura do metal sólido até seu ponto de fusão, que depende do calor específico volumétrico do metal; (2) do ponto de fusão do metal; e (3) do calor, para transformar o metal da fase sólida para líquida no ponto de fusão, que depende do calor de fusão do metal. Até uma aproximação razoável, essa quantidade de calor pode ser estimada pela seguinte equação [5]:

$$U_f = KT_f^2 \tag{25.2}$$

em que U_f = a unidade de energia para fusão (isto é, a quantidade de calor necessária para fundir uma unidade volumétrica de metal começando na temperatura ambiente), J/mm^3; T_f = ponto de fusão do metal em escala de temperatura absoluta, °K; e K = constante cujo valor é $3{,}33 \times 10^{-6}$ quando a escala Kelvin é utilizada. As temperaturas de fusão absolutas de metais selecionados são apresentadas na Tabela 25.2

Nem toda a energia gerada na fonte de calor é utilizada na fusão do metal de solda. Existem dois mecanismos de transferência de calor em ação, os dois podendo reduzir a quantidade de calor gerado que é utilizada pelo processo de soldagem. A situação é ilustrada na Figura 25.8. O primeiro mecanismo envolve a transferência de calor entre a fonte e a superfície da peça de trabalho. Esse processo tem um ***fator de transferência de calor*** f_1, definido como a razão do calor efetivamente recebido pela peça de trabalho, dividido pelo calor total gerado na fonte. O segundo mecanismo envolve a condução de calor distante da área de solda a ser dissipado por todo o metal de trabalho, de modo que somente uma parte do calor transferido para a superfície está disponível para a fusão. Esse ***fator de fusão*** f_2 é a proporção de calor recebido na superfície da peça de trabalho que pode ser utilizada para fusão. O efeito combinado desses dois fatores é reduzir a energia térmica disponível para soldagem, da seguinte forma:

$$Q_s = f_1 f_2 Q_T \tag{25.3}$$

em que Q_s = calor disponível para soldagem, J; f_1 = fator de transferência de calor; f_2 = fator de fusão; e Q_T = total de calor gerado pelo processo de soldagem, J.

Os fatores f_1 e f_2 variam de valor entre zero e um. É conveniente separar conceitualmente f_1 e f_2, embora eles ajam de maneira concordante durante o processo de soldagem. O fator de transferência de calor f_1 é determinado, em grande parte, pelo processo de soldagem e pela capacidade de converter a fonte de energia (por exemplo, energia

TABELA • 25.2 Temperatura de fusão em escala de temperatura absoluta para metais selecionados.

Metal	Temperatura de Fusão °K[a]	Metal	Temperatura de Fusão °K[a]
Ligas de alumínio	930	Aço	
Ferro fundido	1530	Baixo teor de carbono	1760
Cobre e ligas		Médio teor de carbono	1700
Puro	1350	Alto teor de carbono	1650
Latão, naval	1160	Baixa liga	1700
Bronze (90 Cu–10 Sn)	1120	Aços inoxidáveis	
Inconel	1660	Austenítico	1670
Magnésio	940	Martensítico	1700
Níquel	1720	Titânio	2070

Baseado em valores de [2].
[a] Escala Kelvin = temperatura em centígrados (Celsius) +273.

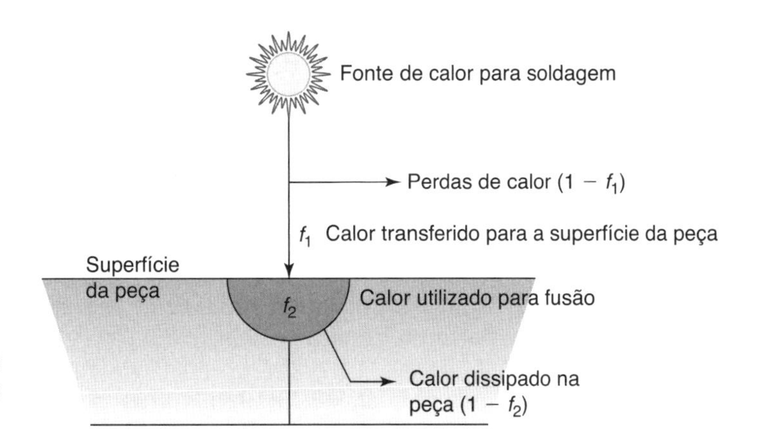

FIGURA 25.8 Mecanismos de transferência de calor na soldagem por fusão.

elétrica) em calor utilizável na superfície da peça de trabalho. Os processos de soldagem a arco são relativamente eficientes nisso, enquanto os processos de soldagem a gás oxicombustível são relativamente ineficientes.

O fator de fusão f_2 depende do processo de soldagem, mas também é influenciado pelas propriedades térmicas do metal, configuração da junta e espessura da peça de trabalho. Os metais com alta condutividade térmica, como o alumínio e o cobre, representam um problema na soldagem, em virtude da rápida dissipação do calor da área de contato aquecida. O problema é agravado pelas fontes de calor de soldagem com baixa densidade de potência (por exemplo, soldagem a gás oxicombustível), porque o aporte de calor é distribuído sobre uma área mais extensa, facilitando com isso a condução na peça. Em geral, uma alta densidade de potência combinada com um material de peça de baixa condutividade resulta em um alto fator de fusão.

Agora, pode ser escrita uma equação de equilíbrio entre o aporte de energia e a energia necessária para a soldagem:

$$Q_s = U_f V \tag{25.4}$$

em que Q_s = energia térmica total de uma operação de soldagem, J; U_f = unidade de energia necessária para fundir o metal, J/mm^3; e V = o volume de metal fundido, mm^3.

A maioria das operações de soldagem são variações de processos; ou seja, a energia térmica total Q_s é entregue a uma determinada taxa, e o cordão de solda é feito em certa velocidade de soldagem. Isso é característico, por exemplo, da maioria das operações de soldagem a arco, de muitas operações de soldagem a gás oxicombustível e até mesmo de algumas operações de soldagem por resistência. Portanto, é adequado expressar a Equação (25.4) como uma equação da taxa de equilíbrio:

$$q_s = U_f q_v \tag{25.5}$$

em que q_s = taxa de energia de calor liberada para a operação de soldagem, J/s = W; e q_v = fluxo em volume de metal soldado, mm^3/s. Na soldagem de um cordão contínuo, a taxa de deposição em volume de metal soldado é o produto da área de solda A_s e da velocidade de soldagem v. Substituindo esses termos na equação anterior, a equação da taxa de equilíbrio pode ser expressa como

$$q_s = f_1 f_2 q_A = U_f A_s v \tag{25.6}$$

em que f_1 e f_2 são os fatores de transferência de calor e de fusão, respectivamente; q_A = taxa (fluxo) de aporte de energia gerada pela fonte de potência de soldagem, W; A_s = área da seção transversal da solda, mm^2; e v = velocidade de soldagem de uma operação de soldagem, mm/s. No Capítulo 26, examina-se como a densidade de potência na Equação (25.1) e a taxa de aporte de energia da Equação (25.6) são elaboradas para alguns dos processos de soldagem.

Exemplo 25.2 Velocidade de soldagem

A fonte de energia para um determinado ajuste de soldagem gera 3500 W, que podem ser transferidos para a superfície de trabalho com um fator de transferência de calor = 0,7. O metal a ser soldado é o aço com baixo teor de carbono, cuja temperatura de fusão, segundo a Tabela 25.2, é 1760 °K. O fator de fusão na operação é 0,5. Uma solda de filete contínuo deve ser feita com uma área de seção transversal = 20 mm². Determine a velocidade de deslocamento em que a operação de soldagem pode ser executada.

Solução: Primeiro, encontre a unidade de energia necessária para fundir o metal U_f a partir da Equação (25.2).

$$U_f = 3{,}33(10^{-6}) \times 1760^2 = 10{,}3 \text{ J/mm}^3$$

Rearranjando a Equação (25.6) para resolver a velocidade de soldagem, temos $v = \frac{f_1 f_2 q_A}{U_f A_s}$, e solucionando para as condições do problema,

$$v = \frac{0{,}7(0{,}5)(3500)}{10{,}3(20)} = \mathbf{5{,}95\ mm/s}$$

25.4 Aspectos de uma Junta Soldada por Fusão

A maioria das juntas soldadas é unida por fusão. Conforme ilustrado na vista em corte da seção transversal da Figura 25.9(a), uma junta soldada por fusão típica em que foi adicionado metal de adição consiste em várias zonas: (1) zona de fusão, (2) interface da solda, (3) zona termicamente afetada e (4) zona do metal base que não foi afetada.

A ***zona de fusão*** consiste em uma mistura de metal de adição e metal base que se fundiu completamente. Essa região é caracterizada por alto grau de homogeneidade entre os componentes metálicos que foram fundidos durante a soldagem. A mistura desses componentes é motivada, em grande parte, pela convecção na poça de solda fundida. A solidificação na zona de fusão tem semelhanças com um processo de fundição ou de lingotamento. Na soldagem, o molde é formado pelas arestas ou superfícies não fundidas dos componentes que estão sendo soldados. A diferença significativa entre solidificação em fundição ou em lingotamento e em soldagem é que ocorre crescimento do grão epitaxial apenas na soldagem. O leitor pode lembrar que na fundição ou no lingotamento os grãos metálicos são formados a partir da fusão pela nucleação de partículas sólidas na parede do molde, seguida pelo crescimento do grão. Na soldagem, por outro lado, o estágio de nucleação da solidificação é evitado pelo mecanismo de ***crescimento de grão epitaxial***, em que os átomos da poça de fusão se solidificam nas lacunas preexistentes do metal de base, sólido, adjacente. Consequentemente, a estrutura do grão na zona de fusão perto da zona termicamente afetada tende a seguir a orientação cristalográfica da zona circundante afetada pelo calor. Posteriormente, na zona de fusão se desenvolve uma orientação preferencial em que os grãos são aproximadamente perpendiculares aos limites da interface de solda. A estrutura resultante na zona de fusão solidificada tende a apresentar grãos colunares grosseiros, conforme apresentado na Figura 25.9(b). A estrutura do grão depende de vários fatores, incluindo o processo de soldagem, os metais que estão sendo soldados (por exemplo, metais similares *versus* metais dissimilares soldados), se é ou não utilizado um metal de adição, e a taxa de alimentação em que a soldagem é executada. Uma discussão detalhada sobre metalurgia de soldagem está além do escopo deste texto. Os leitores interessados podem consultar qualquer uma das diversas Referências [1], [4], [5].

A segunda zona na junta soldada é a ***interface da solda***, um contorno estreito que separa a zona de fusão da zona termicamente afetada. A interface consiste em uma faixa fina de metal base que foi fundido ou parcialmente fundido (fusão localizada dentro dos

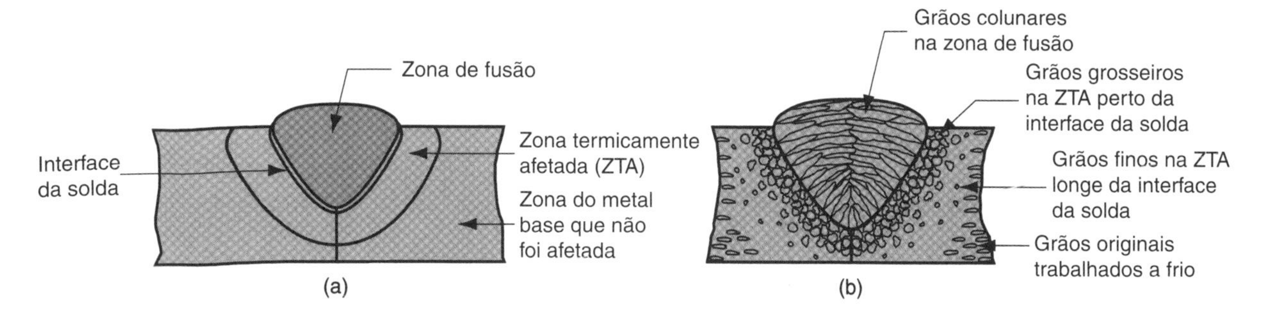

FIGURA 25.9 Seção transversal de uma junta soldada por fusão típica: (a) zonas principais na junta e (b) estrutura do grão típica.

grãos) durante o processo de soldagem, mas depois imediatamente solidificado antes de qualquer mistura com o metal na zona de fusão. Sua composição química é, portanto, idêntica à do metal base.

A terceira zona na solda por fusão típica é a ***zona termicamente afetada*** (ZTA). O metal nesta zona sofreu temperaturas abaixo de seu ponto de fusão, porém altas o suficiente para ocasionar alterações microestruturais no metal sólido. A composição química na zona termicamente afetada é a mesma do metal base, mas essa região foi tratada termicamente devido às temperaturas de soldagem, de modo que suas propriedades e estrutura foram alteradas. A quantidade de danos metalúrgicos na ZTA depende de fatores, como a quantidade de aporte térmico e as temperaturas máximas alcançadas, a distância da zona de fusão, o intervalo de tempo no qual o metal se sujeitou a altas temperaturas, a taxa de resfriamento e as propriedades térmicas do metal. O efeito nas propriedades mecânicas na zona termicamente afetada geralmente é negativo, e é nessa região da junta soldada que ocorrem frequentemente as falhas de soldagem.

À medida que a distância da zona de fusão aumenta, a ***zona do metal base que não foi afetada*** é finalmente alcançada, na qual nenhuma alteração metalúrgica ocorre. Todavia, o metal base que circunda a ZTA é suscetível a estado de tensão residual elevada, resultante da contração da zona de fusão.

Referências

[1] ***ASM Handbook***, Vol. 6, ***Welding, Brazing, and Soldering***. ASM International, Materials Park, Ohio, 1993.

[2] Cary, H. B., and Helzer, S. C. ***Modern Welding Technology***, 6th ed. Pearson/Prentice-Hall, Upper Saddle River, New Jersey, 2005.

[3] Datsko, J. ***Material Properties and Manufacturing Processes***. John Wiley & Sons, New York, 1966.

[4] Messler, R. W., Jr. ***Principles of Welding: Processes, Physics, Chemistry, and Metallurgy***. John Wiley & Sons, New York, 1999.

[5] ***Welding Handbook***, 9th ed., Vol. 1, ***Welding Science and Technology***. American Welding Society, Miami, Florida, 2007.

[6] Wick, C., and Veilleux, R. F. ***Tool and Manufacturing Engineers Handbook***, 4th ed., Vol. IV, ***Quality Control and Assembly***. Society of Manufacturing Engineers, Dearborn, Michigan, 1987.

Questões de Revisão

25.1 Quais são as vantagens e desvantagens da soldagem em comparação com outros tipos de operações de montagem?

25.2 Quais são as duas descobertas de Sir Humphrey Davy que levaram ao desenvolvimento da tecnologia de soldagem moderna?

25.3 O que quer dizer o termo superfície de atrito?

25.4 Defina o termo solda por fusão.
25.5 Qual é a diferença fundamental entre uma solda por fusão e uma solda no estado sólido?
25.6 O que é solda autógena?
25.7 Discuta as razões pelas quais a maioria das operações de soldagem é inerentemente perigosa.
25.8 Qual é a diferença entre soldagem com máquina (soldagem mecânica) e soldagem automática?
25.9 Mencione e esboce os cinco tipos de junta.
25.10 Defina e esboce uma solda de filete.
25.11 Defina e esboce uma solda de chanfro.
25.12 Por que uma solda de acabamento é diferente dos outros tipos de solda?
25.13 Por que é desejável usar fontes de energia para soldagem que tenham altas densidades térmicas?
25.14 O que é a unidade de energia de fusão em soldagem e quais são os fatores dos quais ela depende?
25.15 Defina e diferencie os dois termos em soldagem: fator de transferência de calor e fator de fusão.
25.16 O que é a zona termicamente afetada (ZTA) na solda por fusão?

Problemas

As respostas para os Problemas indicados com **(A)** são apresentadas no Apêndice, no final do livro.

Densidade de Potência

25.1 **(A)** Em um processo de soldagem a laser, qual é a quantidade de calor por unidade de tempo (J/s) transferida para o metal se o calor estiver concentrado em um círculo com diâmetro de 0,25 mm? Use a densidade de potência fornecida na Tabela 25.1.

25.2 Uma fonte de calor transfere 3000 J/s para a superfície de uma peça metálica. A área aquecida é circular e a intensidade do calor diminui, à medida que o raio aumenta: 75 % do calor está concentrado em uma área circular de 3,5 mm de diâmetro. A densidade de potência resultante é suficiente para fundir o metal?

Unidade de Energia de Fusão

25.3 **(A)** Calcule a unidade de energia de fusão do alumínio. Use a Tabela 25.2 como referência para a temperatura de fusão.

25.4 Calcule a unidade de energia de fusão do aço com baixo teor de carbono. Use a Tabela 25.2 como referência para a temperatura de fusão.

25.5 Calcule e represente graficamente, em eixos de escala linear, a relação da unidade de energia de fusão em função da temperatura. Use as temperaturas seguintes para construir o gráfico: 200 °C, 400 °C, 600 °C, 800 °C, 1000 °C, 1200 °C, 1400 °C, 1600 °C, 1800 °C e 2000 °C. No gráfico, marque as posições de alguns dos metais de soldagem da Tabela 25.2. Recomenda-se o uso de um programa de planilha para fazer os cálculos.

25.6 **(A)** Uma solda de filete em aço com baixo teor de carbono tem uma área de seção transversal de 20,0 mm^2 e 250 mm de comprimento. Determine (a) a quantidade de calor (em joules) necessária para realizar a soldagem e (b) a quantidade de calor que deve ser gerada pela fonte de calor, se o fator de transferência de calor = 0,80 e o fator de fusão = 0,60.

25.7 Uma solda de chanfro em U é utilizada para soldagem de topo de duas placas de aço inoxidável austenítico de 7,0 mm de espessura em uma operação de soldagem a arco. O chanfro em U é preparado usando uma fresa, de maneira tal que o raio do chanfro é de 3,0 mm; no entanto, durante a soldagem, a penetração da solda faz com que mais 1,5 mm de metal seja fundido. Desse modo, a área da seção transversal final da solda pode ser aproximada por um semicírculo com raio = 4,5 mm. O comprimento da solda = 250 mm. O fator de fusão do ajuste = 0,65 e o fator de transferência de calor = 0,90. Supondo que a superfície superior resultante do cordão de solda esteja nivelada com a superfície superior das placas, determine (a) a quantidade de calor (em joules) necessária para fundir o volume de metal nessa solda (metal de adição mais metal base) e (b) o calor que deve ser gerado na fonte de calor.

25.8 Em um experimento controlado, são necessários 3700 J para fundir a quantidade de metal que está em um cordão de solda de 150,0 mm de comprimento com área de seção transversal de 6,0 mm^2. (a) Usando a Tabela 25.2, qual é o metal mais provável? (b) Se o fator de transferência de calor for 0,85 e o fator de fusão for 0,55 para o processo de soldagem, quanto calor deve ser gerado na fonte de soldagem para obter essa solda?

25.9 Deseja-se comparar dois métodos de determinação da unidade de energia de fusão (U_f) para o alumínio. O primeiro método é pela Equação (25.2). O segundo método é calcular U_f como a soma (1) do calor necessário para aumentar a temperatura do metal de temperatura ambiente até seu ponto de fusão, que é o calor específico volumétrico multiplicado pelo aumento de temperatura; e (2) do calor de fusão. Resumindo o segundo método, $U_f = \rho C(T_f - T_{amb}) + \rho Q_f$, em que ρ = massa específica, C = calor específico, T_f e T_{amb} são as temperaturas de fusão e ambiente, respectivamente, e Q_f = calor de fusão. As Tabelas 4.1 e 4.2 fornecem os valores da maioria dessas propriedades. O calor de fusão do alumínio = 398 kJ/kg. Os valores são suficientemente próximos para validar a Equação (25.2)?

Equilíbrio Energético em Soldagem

25.10 **(A)** A potência desenvolvida em uma operação de soldagem a arco = 3000 W. Essa potência é transferida para a superfície de trabalho com fator de transferência de calor = 0,80. O metal a ser soldado é o alumínio, cujo ponto de fusão é dado na Tabela 25.2. Suponha que o fator de fusão = 0,40. Uma solda de filete deve ser feita com uma área de seção transversal = 20,0 mm^2. Determine a velocidade de soldagem em que a operação de soldagem pode ser realizada.

25.11 Solucione o problema anterior, exceto que o metal a ser soldado é aço com alto teor de carbono e o fator de fusão = 0,60.

25.12 Uma operação de soldagem a arco em níquel é realizada com uma solda de chanfro. A área de seção transversal da solda é 30,0 mm^2. A velocidade de soldagem é 4,0 mm/s. O fator de transferência de calor é 0,82 e o fator de fusão = 0,70. Determine a taxa de geração de calor necessária da fonte de soldagem para realizar essa solda.

25.13 Uma solda de filete é utilizada para unir duas placas de aço com médio teor de carbono, cada uma com espessura de 5,0 mm. As placas são unidas em um ângulo de 90° usando uma junta de canto com filete interno. A velocidade da cabeça de soldagem é 6 mm/s. Suponha que a seção transversal do cordão de solda se aproxime de um triângulo retângulo isósceles com um comprimento de cateto = 4,5 mm, fator de transferência de calor = 0,80 e fator de fusão = 0,58. Determine a taxa de geração de calor necessária da fonte de soldagem para realizar a solda.

25.14 Uma solda de acabamento é aplicada a uma placa em forma de anel feita de aço com baixo teor de carbono. O diâmetro externo do anel = 750 mm e seu diâmetro interno = 500 mm. O metal de adição é um grau mais duro (liga) de aço, cujo ponto de fusão é presumidamente o mesmo do metal base. Uma espessura de 4,0 mm será acrescentada à placa, mas, com penetração no metal base, a espessura total fundida durante a soldagem = 7,0 mm. A superfície será aplicada girando o anel enquanto a cabeça de soldagem avança de fora para dentro do anel, criando com isso um caminho de soldagem em espiral. A operação será executada automaticamente com os cordões estabelecidos em uma operação longa, contínua, a uma velocidade de 8,0 mm/s, usando passes de solda com 6 mm de distância uns dos outros. Suponha que o cordão de solda tenha uma área de seção transversal retangular de 7 mm por 6 mm. O fator de transferência de calor = 0,8 e o fator de fusão = 0,65. Determine (a) a taxa de calor que deve ser gerado na fonte de soldagem, e (b) quanto tempo vai levar para realizar a operação de acabamento.

26 Processos de Soldagem

Sumário

26.1 Soldagem a Arco
26.1.1 Tecnologia Geral de Soldagem a Arco
26.1.2 Processos de Soldagem a Arco – Eletrodos Consumíveis
26.1.3 Processos de Soldagem a Arco – Eletrodos Não Consumíveis

26.2 Soldagem por Resistência
26.2.1 Fonte de Calor em Soldagem por Resistência
26.2.2 Processos de Soldagem por Resistência

26.3 Soldagem a Gás Oxicombustível
26.3.1 Soldagem a Gás Oxiacetileno
26.3.2 Gases Alternativos para Soldagem a Gás Oxicombustível

26.4 Outros Processos de Soldagem por Fusão

26.5 Soldagem no Estado Sólido
26.5.1 Considerações Gerais sobre Soldagem no Estado Sólido
26.5.2 Processos de Soldagem no Estado Sólido

26.6 Qualidade da Solda

26.7 Soldabilidade

26.8 Considerações de Projeto em Soldagem

Os processos de soldagem se dividem em duas categorias principais: (1) ***soldagem por fusão***, na qual a coalescência é obtida pela fusão das superfícies de duas peças a serem unidas, em alguns casos adicionando um metal de adição na junta; e (2) ***soldagem no estado sólido***, na qual se utiliza calor e/ou pressão para obter a coalescência, mas sem fundir os metais de base e sem adicionar metal de adição.

A soldagem por fusão é, sem dúvida, a categoria mais importante. Ela inclui (1) soldagem a arco, (2) soldagem por resistência, (3) soldagem a gás oxicombustível e (4) outros processos de soldagem por fusão – que não podem ser classificados em nenhum dos três primeiros tipos. Os processos de soldagem por fusão são discutidos nas quatro primeiras seções deste capítulo. A Seção 26.5 cobre a soldagem no estado sólido. E nas três seções finais do capítulo são examinadas questões comuns a todas as operações de soldagem: qualidade da solda, soldabilidade e projeto em soldagem.

26.1 Soldagem a Arco

Soldagem a arco (AW, do inglês *arc welding*) é um processo de soldagem por fusão no qual a coalescência dos metais é obtida pelo calor do arco elétrico entre um eletrodo e a peça de trabalho. O mesmo processo básico também é utilizado no corte a arco (Subseção 22.3.4). Um processo de soldagem a arco genérico é exibido na Figura 26.1. Um arco elétrico é uma descarga de corrente elétrica pela abertura de um circuito. Ele é mantido pela presença de uma coluna de gás ionizada termicamente (chamada plasma), por meio da qual flui a corrente. Para iniciar o arco em um processo AW, o eletrodo é colocado em contato com a peça de trabalho e depois separado rapidamente da mesma por uma curta distância. A energia elétrica do arco assim formado produz temperaturas de 5500 °C, ou mais, quente o suficiente para fundir qualquer metal. A poça de metal fundido, consistindo nos metais de base e no metal de adição (se for utilizado), se forma perto da ponta do eletrodo. Na maioria dos processos de soldagem a arco elétrico adiciona-se

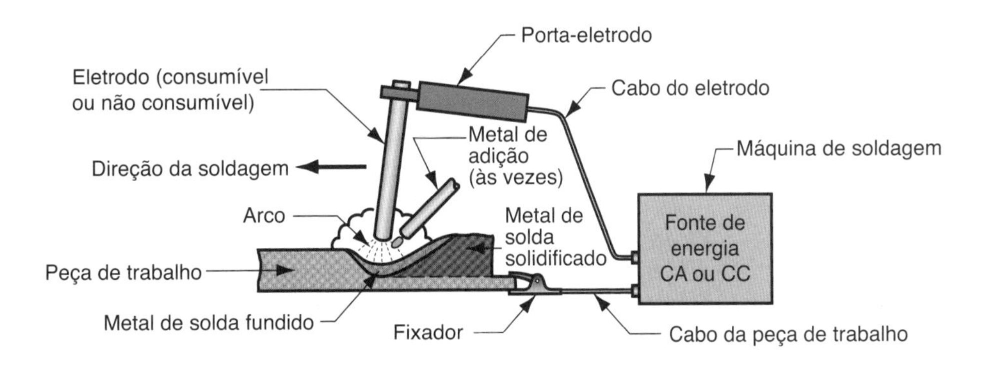

FIGURA 26.1 A configuração básica e o circuito elétrico de um processo de soldagem a arco.

metal de adição durante a operação para aumentar o volume e a resistência da junta soldada. À medida que o eletrodo é movido ao longo da junta, a poça de fusão se solidifica em seu caminho.

O movimento do eletrodo em relação à peça é realizado por um soldador (soldagem manual) ou por meios mecânicos (isto é, soldagem por máquina, soldagem automática ou soldagem robótica). Um dos aspectos problemáticos da soldagem a arco elétrico manual é que a qualidade da junta soldada depende da habilidade e do procedimento de trabalho do soldador. A produtividade também é um problema. Muitas vezes ela é medida como ***duração do arco*** (também chamada de ***arc-on time***) – a proporção de horas em que o arco está aberto durante a soldagem:

$$\text{Duração do arco} = (\text{duração do arco aberto em horas})/(\text{horas totais empregadas na soldagem}) \tag{26.1}$$

Essa definição pode ser aplicada para um soldador ou uma estação de trabalho mecanizada. Para soldagem manual, a duração do arco normalmente é de 20 %. São necessários períodos de descanso frequentes para o soldador superar a fadiga na soldagem a arco elétrico manual, que requer coordenação manual-visual em condições estressantes. A duração do arco aumenta em aproximadamente 50 % (mais ou menos, dependendo da operação) para soldagem mecânica (por máquina), automática e robótica.

26.1.1 TECNOLOGIA GERAL DE SOLDAGEM A ARCO

Antes de descrever cada processo de soldagem a arco é instrutivo examinar algumas das questões técnicas gerais que se aplicam a esses processos.

Eletrodos Os eletrodos utilizados nos processos AW são classificados como consumíveis ou não consumíveis. Os ***eletrodos consumíveis*** fornecem a fonte de metal de adição em soldagem a arco elétrico. Esses eletrodos estão disponíveis em duas formas principais: varetas e arame. O problema com as varetas de solda consumíveis, pelo menos nas operações de soldagem em grande escala, é que os eletrodos precisam ser trocados periodicamente, reduzindo a duração de arco do soldador. O arame de solda consumível tem a vantagem de poder ser alimentado continuamente à poça de fusão a partir de carretéis contendo grandes comprimentos de arame, evitando assim as interrupções frequentes que ocorrem quando se utilizam as varetas de solda. Tanto nas formas de vareta quanto nas de arame, o eletrodo é consumido pelo arco durante o processo de soldagem e adicionado à junta soldada, como metal de adição.

Os ***eletrodos não consumíveis*** são feitos de tungstênio (ou raramente de carbono), que resiste à fusão pelo arco. Apesar de seu nome, um eletrodo não consumível é esgotado gradualmente durante o processo de soldagem (a vaporização é o mecanismo principal), análogo ao desgaste gradual de uma ferramenta de corte em uma operação de usinagem. Nos processos AW que utilizam eletrodos não consumíveis, qualquer metal de adição utilizado na operação deve ser fornecido por meio de um arame separado, introduzido na poça de fusão.

Proteção do Arco Nas temperaturas elevadas da soldagem a arco elétrico, os metais que estão sendo unidos são quimicamente reativos com oxigênio, nitrogênio e hidrogênio do ar. As propriedades mecânicas da junta soldada podem ser seriamente degradadas por essas reações. Desse modo, promove-se algum meio para proteger o arco do ar ao redor, em quase todos os processos AW. A proteção do arco é obtida pelo revestimento da ponta do eletrodo, arco, e poça de solda fundida com uma camada de gás ou fluxo, ou ambos, que inibe a exposição do metal de solda ao ar.

Os gases de proteção mais comuns incluem o argônio e o hélio. Na soldagem de metais ferrosos com certos processos AW, utilizam-se o oxigênio e o dióxido de carbono, geralmente combinados com Ar e/ou He, para produzir uma atmosfera oxidante ou controlar a forma da solda.

O ***fluxo*** é um material utilizado para prevenir a formação de óxidos e outros contaminantes indesejados, ou para dissolvê-los e facilitar a remoção. Durante a soldagem, o fluxo funde-se e transforma-se em escória líquida, cobrindo a operação e protegendo o metal de solda fundido. A escória endurece mediante o resfriamento e deve ser removida posteriormente por rebarbação ou escovação. O fluxo é formulado frequentemente para atender várias funções adicionais: (1) proporcionar atmosfera protetora para a soldagem, (2) estabilizar o arco e (3) reduzir os respingos.

O método de aplicação do fluxo é diferente em cada processo. As técnicas de aplicação incluem (1) despejar fluxo granular sobre a operação de soldagem, (2) usar um eletrodo revestido com material de fluxo, no qual o revestimento se funde durante a soldagem para cobrir a operação e (3) usar eletrodos tubulares contendo fluxo no núcleo, o qual é liberado à medida que o eletrodo é consumido. Essas técnicas são discutidas, em mais detalhes, nas descrições de cada processo AW.

Fontes de Energia em Soldagem a Arco Tanto a corrente contínua (CC) quanto a corrente alternada (CA) são utilizadas na soldagem a arco elétrico. As máquinas CA são mais baratas em termos de aquisição e operação, mas geralmente se restringem à soldagem de metais ferrosos. O equipamento CC pode ser utilizado em todos os metais, com bons resultados, sendo conhecido geralmente pelo melhor controle do arco.

Em todos os processos de soldagem a arco elétrico, a energia (potência elétrica) para conduzir a operação é o produto da corrente I que passa pelo arco e a tensão E através do mesmo. Essa energia é convertida em calor, mas nem todo o calor é transferido para a superfície de trabalho. Convecção, condução, radiação e respingos contribuem para as perdas que reduzem a quantidade de calor disponível. O efeito das perdas é expresso pelo fator de transferência de calor f_1 (Subseção 25.3.2). Alguns valores representativos de f_1 para vários processos AW são fornecidos na Tabela 26.1. Os fatores de transferência de calor são maiores nos processos AW que usam eletrodos consumíveis porque a maior parte do calor consumido na fusão do eletrodo é transferida subsequentemente para a peça de trabalho como metal fundido. O processo com o menor valor de f_1 na Tabela 26.1 é a soldagem a arco com eletrodo de tungstênio e proteção gasosa, que usa um eletrodo não consumível. O fator de fusão f_2 (Subseção 25.3.2) reduz ainda mais o calor disponível para a soldagem. O balanço da energia em soldagem a arco elétrico é definido por

$$q_s = f_1 f_2 I E = U_f A_s v \tag{26.2}$$

em que E = tensão elétrica, V; I = corrente, A; e os outros termos são definidos na Subseção 25.3.2. As unidades de q_s são W (corrente multiplicada por tensão elétrica), que é igual a J/s.

TABELA • 26.1 Fatores de transferência de calor para vários processos de soldagem a arco elétrico.

Processos AW	Fatores de Transferência de Calor f_1 Típicos
Soldagem a arco com eletrodos revestidos	0,9
Soldagem a arco com proteção gasosa	0,9
Soldagem a arco com arame tubular	0,9
Soldagem a arco submerso	0,95
Soldagem a arco com eletrodo de tungstênio e proteção gasosa	0,7

Compilado de [1].

Exemplo 26.1 Energia em soldagem a arco elétrico

Uma operação de soldagem a arco com eletrodo de tungstênio e proteção gasosa é feita com corrente de 300 A e tensão elétrica de 20 V. O fator de fusão $f_2 = 0{,}5$, e a unidade de energia de fusão do metal $U_f = 10$ J/mm^3. Determine (a) a energia na operação, (b) a taxa de geração de calor da solda e (c) o fluxo em volume de metal soldado.

Solução: (a) A energia nessa operação de soldagem a arco elétrico é

$$P = IE = (300\text{ A})(20\text{ V}) = \mathbf{6000\ W}$$

(b) A partir da Tabela 26.1, o fator de transferência de calor $f_1 = 0{,}7$. A taxa de calor utilizada na soldagem é dada por

$$q_s = f_1 f_2 I\,E = (0{,}7)(0{,}5)(6000) = 2100\text{ W} = \mathbf{2100\ J/s}$$

(c) O fluxo em volume de metal soldado é

$$q_v = (2100\text{ J/s})/(10\text{ J/mm}^3) = \mathbf{210\ mm^3/s}$$

26.1.2 PROCESSOS DE SOLDAGEM A ARCO – ELETRODOS CONSUMÍVEIS

Uma série de importantes processos de soldagem a arco elétrico usa eletrodos consumíveis. Esses processos são discutidos nesta seção. Os símbolos dos processos de soldagem são os utilizados pela American Welding Society.

Soldagem a Arco com Eletrodos Revestidos A ***soldagem a arco com eletrodos revestidos*** (SMAW, do inglês *shielded metal arc welding*) é um processo AW que utiliza um eletrodo consumível consistindo em uma vareta de metal de adição revestida com elementos químicos que fornecem o fluxo e a proteção. O processo é ilustrado nas Figuras 26.2 e 26.3. O eletrodo de soldagem (SMAW às vezes é chamado de ***soldagem com eletrodos***) tem de 225 a 450 mm de comprimento e de 2,5 a 9,5 mm de diâmetro. O metal de adição utilizado na vareta deve ser compatível com o metal a ser soldado, cuja composição habitualmente é muito próxima da composição do metal base. O revestimento consiste em celulose em pó (isto é, pós de algodão e de madeira) misturada com óxidos, carbonatos e outros ingredientes, unidos por um ligante de silicato. Os pós metálicos, às vezes, são incluídos no revestimento para aumentar a quantidade de metal de adição e acrescentar elementos de liga. O calor do processo de soldagem funde o revestimento e promove atmosfera protetora e escória para a operação de soldagem. Também ajuda a estabilizar o arco e regular a taxa de fusão do eletrodo.

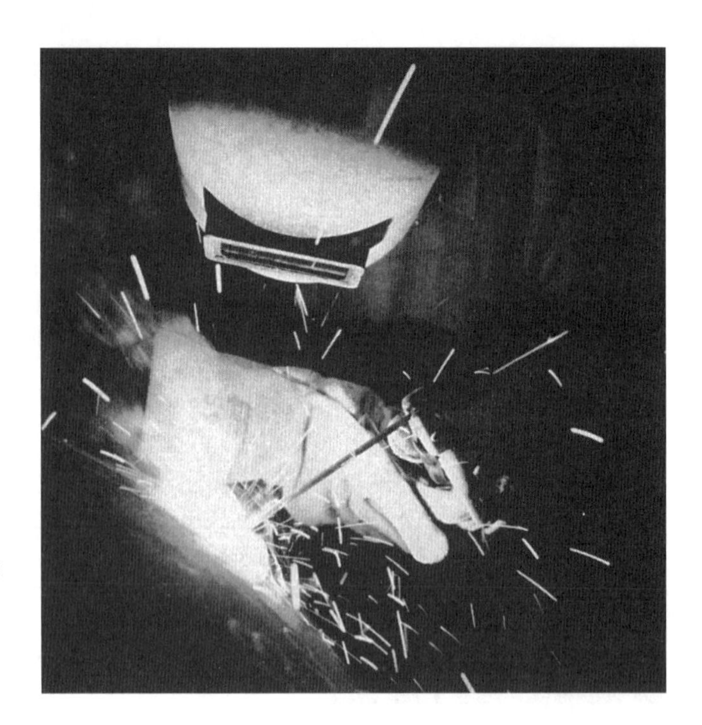

FIGURA 26.2 Soldagem a arco com eletrodos revestidos (soldagem com eletrodos) realizada por um soldador (humano). (Fotografia cortesia de Hobart Brothers Company.)

Durante a operação, a extremidade não revestida da vareta metálica de soldagem (oposta à ponta de soldagem) é fixada em um suporte de eletrodo (porta-eletrodo) conectado à fonte de energia. O suporte tem uma alça isolante para que possa ser segurado e manipulado por um soldador humano. As correntes geralmente utilizadas na SMAW variam de 30 a 300 A em voltagens de 15 a 45 V. A escolha dos parâmetros de alimentação adequados depende dos metais a serem soldados, do tipo e comprimento do eletrodo e da profundidade de penetração da solda necessária. A fonte de alimentação, os cabos conectores e o porta-eletrodo podem ser comprados por alguns milhares de dólares.

A soldagem a arco com eletrodos revestidos em geral é executada manualmente. As aplicações mais comuns incluem edificações, tubulações, estruturas de máquinas, construção naval, processos de fabricação em oficina e trabalhos de reparos. É recomendado o uso de soldagem oxicombustível quando se trata de seções mais espessas – acima de 5 mm – em virtude de sua maior densidade de potência. O equipamento é portátil e de baixo custo, tornando o processo SMAW altamente versátil e provavelmente o mais utilizado entre os processos de soldagem a arco. Os metais base incluem aços, aços inoxidáveis, ferros fundidos e certas ligas não ferrosas. O processo não é utilizado (ou é raramente utilizado) para alumínio e suas ligas, ligas de cobre e titânio.

Uma desvantagem da soldagem a arco com eletrodos revestidos, como uma operação de produção, é o uso de eletrodo de vareta consumível. À medida que as varetas são usadas, elas devem ser substituídas periodicamente. Isso reduz a duração de arco com esse

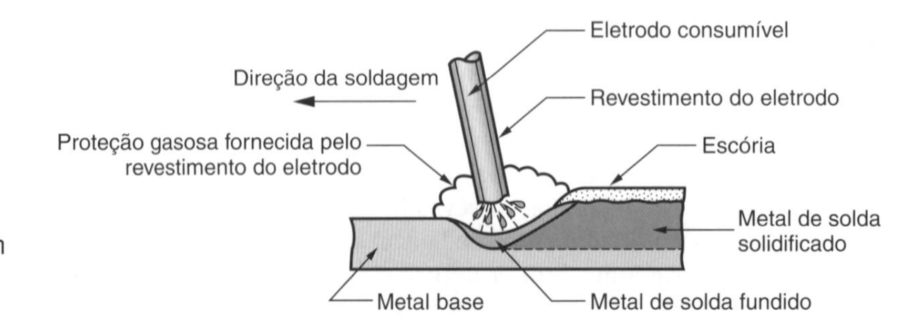

FIGURA 26.3 Soldagem a arco com eletrodos revestidos (SMAW).

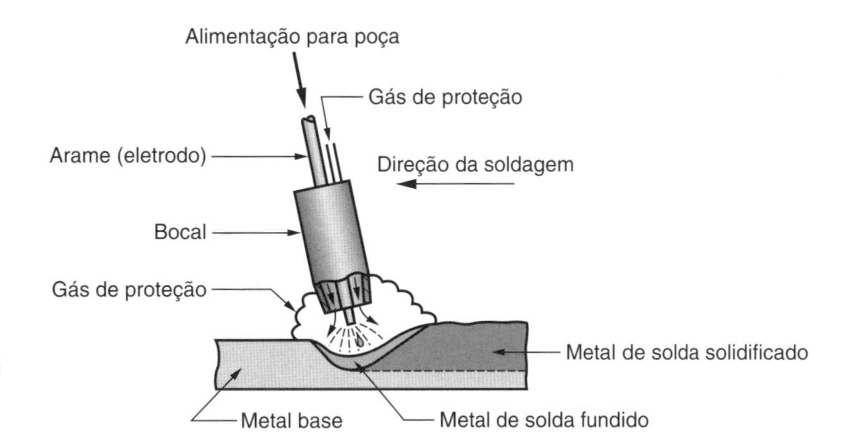

FIGURA 26.4 Soldagem a arco com proteção gasosa (GMAW).

processo de soldagem. Outra limitação é o nível de corrente que pode ser usado. Como o comprimento da vareta varia durante a operação e afeta a resistência do eletrodo ao calor, os níveis de corrente devem ser mantidos dentro de um intervalo seguro, ou o revestimento vai superaquecer e fundir-se prematuramente quando iniciar nova soldagem. Alguns dos outros processos AW superam as limitações do comprimento da vareta de soldagem do processo SMAW usando alimentação contínua de eletrodo de arame.

Soldagem a Arco com Proteção Gasosa A ***soldagem a arco com proteção gasosa*** (GMAW, do inglês *gas metal arc welding*) é um processo AW no qual o eletrodo é um arame metálico não revestido (nu) consumível, e a proteção é obtida pelo preenchimento do arco com um gás. O arame nu é alimentado, contínua e automaticamente, a partir de um carretel por meio da pistola de soldagem, conforme ilustrado na Figura 26.4. A Figura 26.5 mostra uma pistola de soldagem. Os diâmetros do arame variam de 0,8 a 6,5 mm no processo GMAW, com o tamanho dependendo da espessura das peças que serão unidas e da taxa de deposição desejada. Os gases utilizados para proteger incluem gases inertes, como o argônio e o hélio, e gases ativos, como o dióxido de carbono. A escolha dos gases (e mistura dos gases) depende do metal a ser soldado, bem como de outros fatores. Os gases inertes são utilizados para soldar ligas de alumínio e aços inoxidáveis, enquanto o CO_2 é utilizado frequentemente para soldar aços com baixo e médio teor de carbono. A combinação do arame (eletrodo) não revestido e dos gases de proteção elimina a deposição de escória no cordão de solda e, com isso, elimina a necessidade de esmerilhamento manual e remoção da escória. O processo GMAW é, portanto, ideal para soldagens multipasses na mesma junta.

Os vários metais empregados no processo GMAW e as variações do próprio processo originaram uma série de nomes para a soldagem a arco com gás de proteção. Quando foi introduzido no final dos anos 1940, o processo foi aplicado para a soldagem do alumínio usando gás inerte (argônio) para proteção. O nome aplicado a esse processo foi ***soldagem MIG*** (soldagem com gás inerte, abreviação em inglês de ***m***etal ***i***nert ***g***as). Quando o mesmo processo de soldagem foi aplicado ao aço, constatou-se que os gases inertes eram muito caros, e então utilizou-se o CO_2 para substituí-los. Daí o termo ***soldagem*** $\boldsymbol{CO_2}$. Refinamentos na GMAW para a soldagem do aço levaram ao uso de misturas de gases, incluindo o CO_2 e o argônio, e até mesmo oxigênio e argônio.

O processo GMAW é amplamente utilizado em operações de fabricação nas indústrias para soldagem de vários metais ferrosos e não ferrosos. Como usa alimentação contínua de arame de solda em vez de varetas de soldagem, tem uma vantagem significativa em relação ao processo SMAW em termos de duração de arco, quando executada manualmente. Pelo mesmo motivo, ela também se presta à automatização da soldagem a arco. Após a soldagem com eletrodos (varetas), os tocos de vareta restantes e também o resíduo de metal de adição permanecem; logo, a utilização de material de eletrodo é maior com GMAW. Outras características do processo GMAW incluem a eliminação da

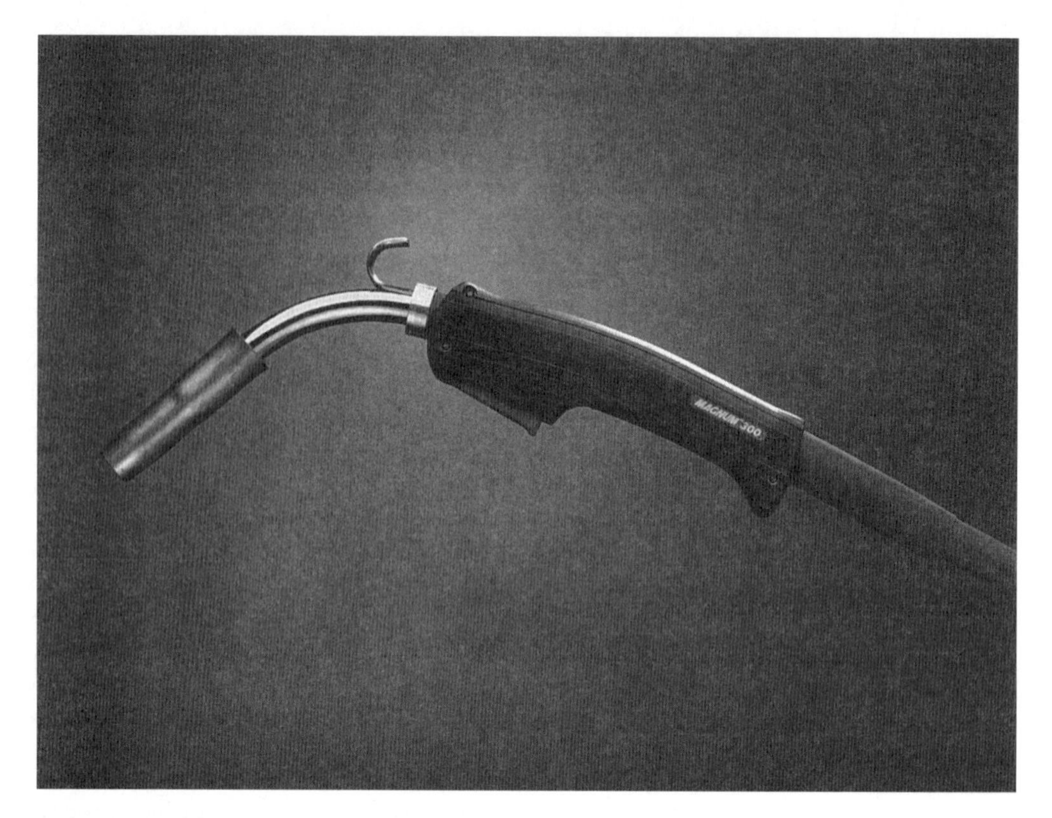

FIGURA 26.5 Pistola de soldagem para processo de soldagem a arco com proteção gasosa. (Cortesia da Lincoln Electric Company.)

remoção de escória (pois não há utilização de fluxo) e maiores taxas de deposição do que as do processo SMAW e boa versatilidade.

Soldagem a Arco com Arame Tubular Esse processo de soldagem a arco elétrico foi desenvolvido no início dos anos 1950 como uma adaptação da soldagem a arco com eletrodos revestidos, para superar as limitações impostas pelo uso de eletrodos revestidos em forma de varetas. A ***soldagem a arco com arame tubular*** (FCAW, do inglês *flux-cored arc welding*), ou soldagem com arame tubular, é um processo de soldagem a arco no qual o eletrodo é um tubo consumível, contínuo, que contém fluxo e outros elementos em seu núcleo. Os outros elementos podem incluir desoxidantes e elementos de liga. O "arame" tubular é flexível e, portanto, pode ser fornecido na forma de bobinas para ser alimentado continuamente por meio de uma pistola de soldagem a arco. Existem duas variações do processo FCAW: (1) autoprotegido (*self-shielded*) e (2) proteção gasosa (*gas shielded*). Na primeira variação do processo FCAW, a proteção da soldagem a arco foi proporcionada por um núcleo com fluxo, recebendo assim o nome de ***soldagem com arame tubular autoprotegido***. O núcleo nessa forma de FCAW inclui não só os fluxos, mas também os elementos que geram gases protetores para o arco. A segunda variação do processo FCAW, desenvolvida em especial para a soldagem de aços, obtém a proteção do arco a partir de gases fornecidos externamente, de modo semelhante à soldagem a arco com proteção gasosa. Essa variação se chama ***soldagem com arame tubular e proteção gasosa***. Como utiliza um eletrodo contendo seu próprio fluxo, com gases de proteção separados, essa variação de soldagem poderia ser considerada um híbrido dos processos SMAW e GMAW. Os gases de proteção normalmente empregados são o dióxido de carbono para aços doces, ou misturas de argônio e dióxido de carbono para aços inoxidáveis. A Figura 26.6 ilustra o processo FCAW, com o gás (opcional) diferenciando entre os dois tipos.

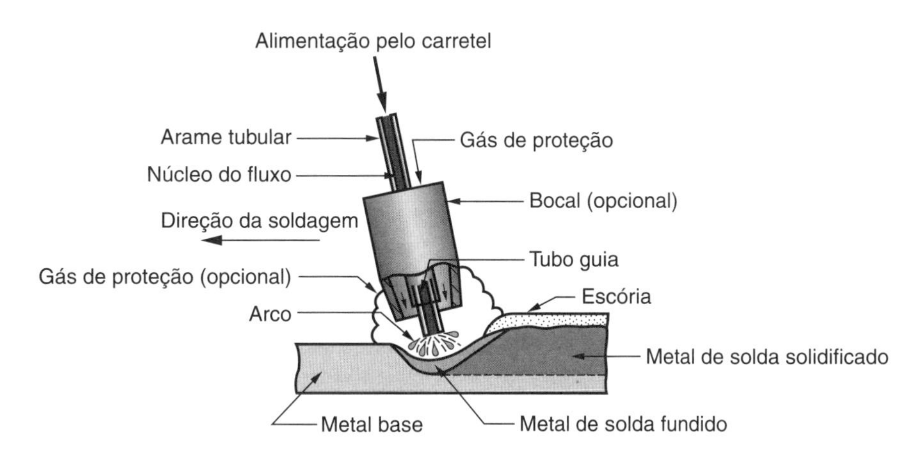

FIGURA 26.6 Soldagem a arco com arame tubular. A presença ou ausência da proteção gasosa fornecida externamente distingue os dois tipos: (1) autoprotegido, no qual o núcleo fornece os elementos para proteção; e (2) proteção gasosa, em que os gases de proteção são fornecidos externamente.

O processo FCAW tem vantagens similares ao processo GMAW devido à alimentação contínua do eletrodo. Ele é utilizado principalmente para soldar aços e aços inoxidáveis, com ampla variedade de faixa de espessuras. É conhecido por sua capacidade de produzir juntas soldadas de altíssima qualidade, planas e uniformes.

Soldagem por Eletrogás A soldagem por eletrogás (EGW, do inglês *electrogas welding*) é um processo AW que utiliza um eletrodo consumível, contínuo (arame tubular com fluxo no interior ou arame com proteção gasosa fornecida externamente), e sapatas de retenção para conter o metal fundido. O processo é aplicado principalmente para soldas de topo vertical, conforme ilustra a Figura 26.7. Quando o arame tubular é empregado, nenhum gás externo é fornecido e o processo pode ser considerado uma aplicação especial do processo FCAW autoprotegido. Quando é utilizado um arame inteiriço com gases de proteção provenientes de uma fonte externa, isso é considerado um caso especial de GMAW. As sapatas de retenção são refrigeradas a água para prevenir sua inclusão na poça de fusão. Junto com as bordas das peças que estão sendo soldadas, as sapatas formam um recipiente, bem parecido com uma cavidade de molde, no qual o metal fundido do eletrodo e das peças base é inserido gradualmente. O processo é realizado automaticamente, com uma cabeça de solda móvel se deslocando verticalmente para cima para encher a cavidade em um único passe.

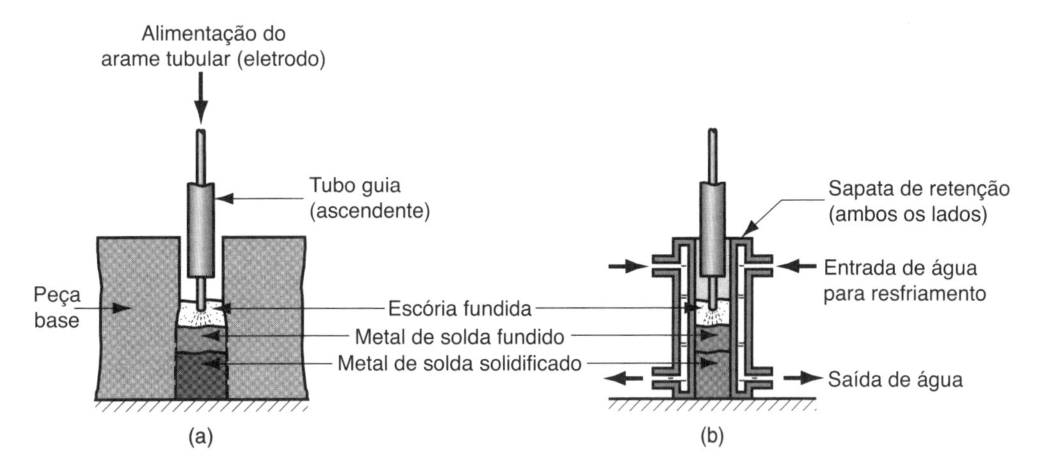

FIGURA 26.7 Soldagem por eletrogás usando arame tubular: (a) vista frontal com sapata de retenção removida para maior clareza e (b) vista lateral exibindo as sapatas de retenção em ambos os lados.

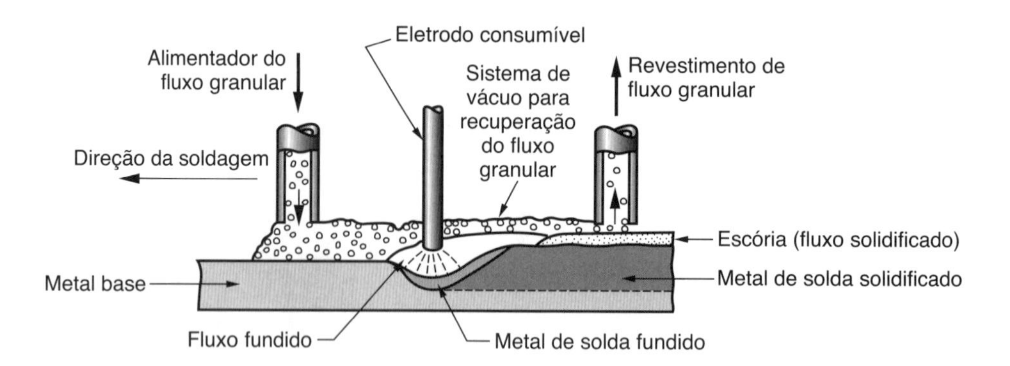

FIGURA 26.8 Soldagem a arco submerso (SAW).

As principais aplicações da soldagem por eletrogás são em aços (baixo e médio carbono, baixa liga e certos aços inoxidáveis) na construção de grandes tanques de armazenamento e na construção naval. As espessuras de 12 a 75 mm estão dentro da capacidade do processo EGW. Além de solda de topo, também pode ser utilizada nas soldas de filete e de chanfro, sempre na orientação vertical. Algumas vezes, sapatas de retenção especialmente projetadas devem ser fabricadas para as formas de juntas envolvidas.

Soldagem a Arco Submerso Esse processo, desenvolvido durante os anos 1930, foi um dos primeiros processos AW a serem automatizados. A ***soldagem a arco submerso*** (SAW, do inglês *submerged arc welding*) é um processo de soldagem a arco que usa arame (eletrodo) nu, consumível e contínuo, e a proteção do arco é proporcionada por uma camada de fluxo granular. O arame é alimentado automaticamente no arco a partir de uma bobina. O fluxo é introduzido na junta, ligeiramente à frente do arco de solda, por gravidade, proveniente de um funil, como mostrado na Figura 26.8. A operação de soldagem fica completamente submersa na camada de fluxo granular, prevenindo centelhas, respingos e radiação, que são muito nocivos em outros processos AW. Desse modo, o soldador no processo SAW não precisa usar as incômodas viseiras necessárias nas outras operações (porém óculos de segurança e luvas de proteção, naturalmente, são necessários). A parte do fluxo mais próxima do arco é fundida, misturando com o metal de solda fundido para remover as impurezas e depois solidificar sobre a junta de solda e formar uma escória vítrea. A escória e os grânulos de fluxo (não fundidos) sobre o topo proporcionam boa proteção da atmosfera e bom isolamento térmico para a área de solda, resultando em resfriamento relativamente lento e junta de solda de alta qualidade, conhecida por sua tenacidade e ductilidade. Conforme representado no esboço, o fluxo não fundido remanescente após a soldagem pode ser recuperado e reutilizado. A escória sólida revestindo a solda deve ser retirada, na maioria das vezes manualmente.

A soldagem a arco submerso é amplamente utilizada na fabricação de aços para perfis estruturais (por exemplo, vigas em I soldadas); costuras longitudinais e circunferências para tubos de grande diâmetro, vasos de pressão; e componentes soldados para máquinas pesadas. Nesses tipos de aplicações, placas de aço de 25 mm de espessura e mais pesadas são soldadas rotineiramente por esse processo. Os aços de baixo carbono, baixa liga e inoxidáveis podem ser prontamente soldados pelo processo SAW; mas não os aços de alto carbono, os aços ferramenta e a maioria dos metais não ferrosos. Devido à alimentação por gravidade do fluxo granular, as peças sempre devem estar na posição horizontal, e uma placa de apoio frequentemente é necessária por baixo da junta durante a operação de soldagem.

26.1.3 PROCESSOS DE SOLDAGEM A ARCO – ELETRODOS NÃO CONSUMÍVEIS

Os processos AW discutidos anteriormente usam eletrodos consumíveis. A soldagem a arco com eletrodo de tungstênio e proteção gasosa, a soldagem a arco plasma e vários outros processos usam eletrodos não consumíveis.

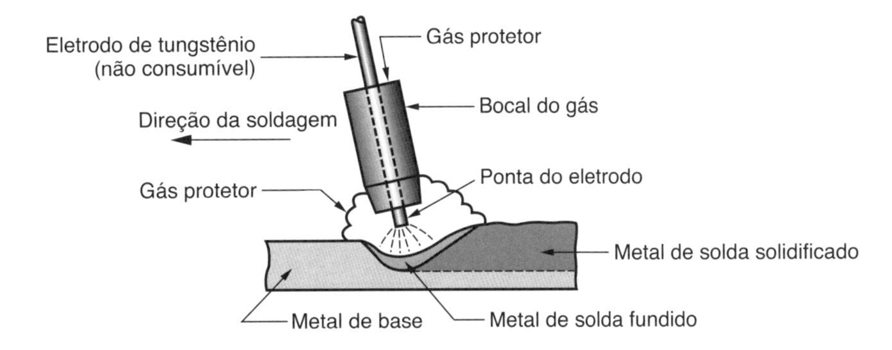

FIGURA 26.9 Soldagem a arco com eletrodo de tungstênio e proteção gasosa (GTAW).

Soldagem a Arco com Eletrodo de Tungstênio e Proteção Gasosa A soldagem a arco com eletrodo de tungstênio e proteção gasosa (GTAW, do inglês *gas tungsten arc welding*) é um processo AW que usa um eletrodo de tungstênio não consumível e um gás inerte para proteção do arco. O termo ***soldagem TIG*** (abreviado do termo em inglês ***t***ungsten ***i***nert ***g***as) é aplicado frequentemente a esse processo (na Europa, o termo é ***soldagem WIG*** – o símbolo químico do tungstênio é W, de Wolfram). O processo GTAW pode ser implementado com ou sem metal de adição. A Figura 26.9 ilustra o último caso. Quando é utilizado um metal de adição, o mesmo é adicionado à poça de fusão a partir de uma vareta ou arame separado, sendo então fundido pelo calor do arco, em vez de transferido através do arco, como nos processos AW com eletrodo consumível. O tungstênio é um bom material para eletrodo devido a seu alto ponto de fusão de 3410 °C. Os gases protetores típicos são o argônio, o hélio, ou a mistura desses elementos gasosos.

O processo GTAW é aplicável a quase todos os materiais em uma ampla gama de espessuras. Também pode ser utilizado para unir várias combinações de metais dissimilares. Suas aplicações mais comuns são para alumínio e aço inoxidável. Ferros fundidos, forjados e, naturalmente, o tungstênio são difíceis de soldar por processo GTAW. Nas aplicações de soldagem de aço, o processo GTAW geralmente é mais lento e mais caro do que os processos AW com eletrodo consumível, exceto quando se trata de seções finas, quando são necessárias as soldas de qualidade muito alta. Quando chapas finas são soldadas pelo processo TIG com tolerâncias mais apertadas, o metal de adição normalmente não é adicionado. O processo pode ser realizado manualmente ou por métodos mecânicos ou automatizados em todos os tipos de junta. As vantagens do processo GTAW, nas aplicações para as quais é adequado, incluem soldas de altíssima qualidade, sem respingos de solda, uma vez que não há transferência de metal de adição através do arco, e muito pouca ou nenhuma limpeza pós-soldagem, pois não se utiliza fluxo.

Soldagem a Arco Plasma A soldagem a arco plasma (PAW, do inglês *plasma arc welding*) é uma forma especial de soldagem TIG em que um arco plasma constrito é direcionado para a área de solda. No processo PAW, um eletrodo de tungstênio está contido em um bocal especialmente projetado, que concentra um fluxo de gás inerte de alta velocidade (por exemplo, argônio ou misturas argônio-hidrogênio) na região do arco para formar um fluxo de arco plasma intensamente quente à alta velocidade, como na Figura 26.10. Os gases argônio, argônio-hidrogênio, e hélio também são utilizados como gases de proteção do arco.

As temperaturas na soldagem a arco plasma alcançam 17.000 °C ou mais, suficientemente quentes para fundir qualquer metal conhecido. A razão para essas temperaturas tão altas no processo PAW (significativamente mais altas que as do processo GTAW) é uma consequência da constrição do arco. Embora os níveis de energia tipicamente empregados no processo PAW estejam abaixo dos utilizados no processo GTAW, a energia é altamente concentrada para produzir um jato de plasma de pequeno diâmetro e densidade de potência muito alta.

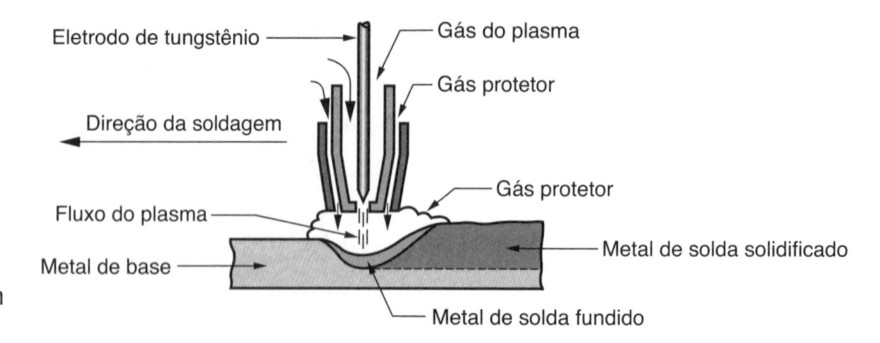

FIGURA 26.10 Soldagem a arco plasma (PAW).

A soldagem a arco plasma foi introduzida por volta de 1960, mas demorou a popularizar-se. Nos últimos anos, sua utilização está crescendo, como alternativa ao processo GTAW, em aplicações como subconjuntos de automóveis, armários metálicos, portas, molduras de janelas e eletrodomésticos. Em virtude das características especiais do processo PAW, suas vantagens nessas aplicações incluem boa estabilidade do arco, maior controle da penetração que a maioria dos demais processos AW, altas velocidades de soldagem e excelente qualidade da solda. O processo pode ser utilizado para soldar quase qualquer metal, incluindo o tungstênio. Os metais mais difíceis de soldar com o processo PAW incluem bronze, ferros fundidos, chumbo e magnésio. Outras limitações são o alto custo do equipamento e os maiores tamanhos de tocha em relação às demais operações AW, o que tende a restringir o acesso a algumas configurações de junta.

Outros Processos de Soldagem a Arco e Processos Relacionados Os processos AW anteriores são os mais importantes comercialmente. Existem vários outros que devem ser mencionados, que são casos especiais ou variações dos principais processos AW.

Soldagem a Arco com Eletrodo de Carbono (CAW, do inglês *carbon arc welding*) é um processo de soldagem a arco no qual é utilizado um eletrodo de carbono (grafite) não consumível. Esse processo tem importância histórica por ter sido o primeiro processo de soldagem a arco a ser desenvolvido, mas hoje sua importância comercial é praticamente nula. O processo a arco com eletrodo de carbono é utilizado como uma fonte de calor para brasagem e reparação de peças de ferro fundido. Também pode ser utilizado em algumas aplicações para depositar em superfícies materiais resistentes ao desgaste. Os eletrodos de grafite para soldagem têm sido largamente substituídos pelo tungstênio (nos processos GTAW e PAW).

Soldagem de pinos (SW, do inglês *stud welding*) é um processo de soldagem a arco, especializado para unir pinos ou componentes similares às peças base. A Figura 26.11 ilustra uma operação SW típica, na qual a proteção é obtida pelo uso de um anel de

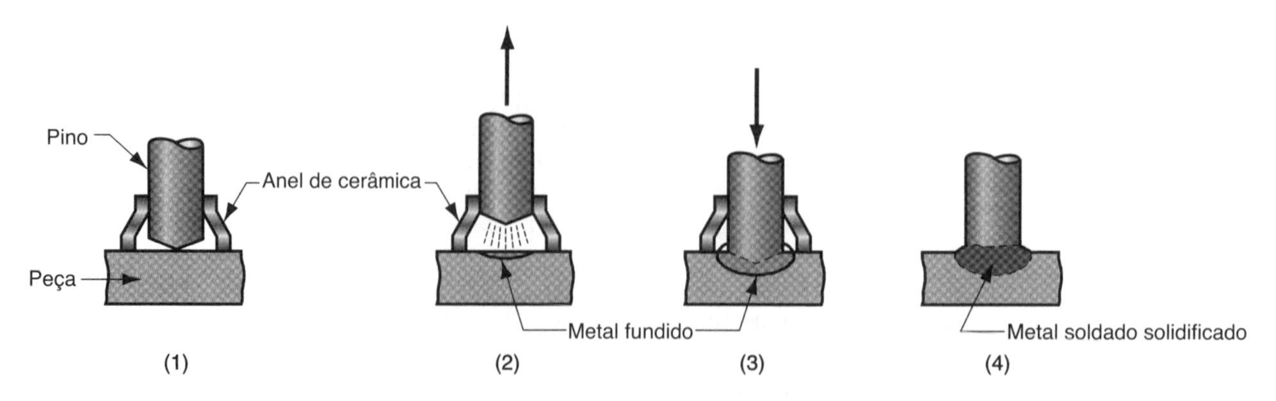

FIGURA 26.11 Soldagem de pinos (SW): (1) o pino é posicionado; (2) a corrente flui da pistola de solda, e o pino é puxado da base (toque e retração do pino) para estabelecer o arco e criar a poça de fusão; (3) o pino é mergulhado na poça de fusão; e (4) o anel de cerâmica é removido após a solidificação.

cerâmica. Para começar, o pino é movimentado por uma pistola de solda especial que controla automaticamente os parâmetros de tempo e potência das etapas exibidas na sequência. O trabalhador só deve posicionar a pistola de solda no local apropriado contra a peça base, na qual o pino será fixado, e puxar o gatilho. As aplicações do processo SW incluem fixadores com rosca para fixação de alças em utensílios de cozinha, aletas de radiação térmica em máquinas, e situações de montagem similares. Nas operações de alta produção, a soldagem de pinos tem vantagens em relação aos rebites, acessórios soldados a arco manualmente e orifícios perfurados e rosqueados.

26.2 Soldagem por Resistência

A soldagem por resistência (RW, do inglês *resistance welding*) é um grupo de processos de soldagem por fusão que usa uma combinação de calor e pressão para obter coalescência, com o calor sendo gerado pela resistência elétrica decorrente do fluxo de corrente entre as junções a serem soldadas. Os principais componentes na soldagem por resistência são exibidos na Figura 26.12 para uma operação de soldagem por pontos, o processo mais amplamente utilizado nesse grupo. Os componentes consistem em peças a serem soldadas (normalmente peças de chapas metálicas), dois eletrodos em posições opostas, um meio de aplicação de pressão para pressionar as peças entre os eletrodos e uma fonte de alimentação CA, a partir da qual se possa aplicar uma corrente controlada. A operação resulta em uma zona fundida entre as duas peças, chamada de ***ponto de solda*** (ou *lente de solda* ou *pepita de solda*) na soldagem por pontos.

Em comparação com a soldagem a arco, a soldagem por resistência não usa gases protetores, fluxo ou metal de adição; e os eletrodos que conduzem a energia elétrica no processo não são consumíveis. O processo RW é classificado como soldagem por fusão porque o calor aplicado quase sempre causa a fusão das superfícies em atrito. No entanto, há exceções. Algumas operações de soldagem baseadas em aquecimento por resistência elétrica usam temperaturas abaixo dos pontos de fusão dos metais de base; logo, não ocorre fusão.

26.2.1 FONTE DE CALOR EM SOLDAGEM POR RESISTÊNCIA

A energia térmica fornecida para a operação de soldagem depende do fluxo de corrente, da resistência do circuito e da duração da aplicação da corrente. Isso pode ser representado pela equação

$$Q = I^2 Rt \tag{26.3}$$

em que Q = calor gerado, J; I = corrente, A; R = resistência elétrica, Ω; e t = tempo, s.

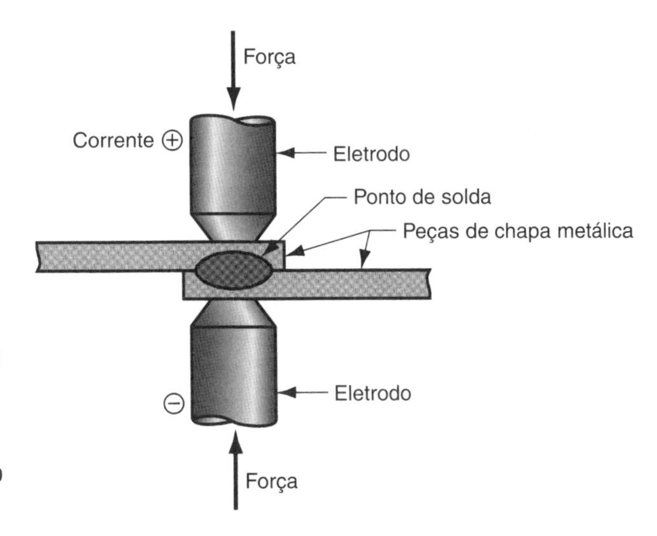

FIGURA 26.12 Soldagem por resistência (RW), exibindo os componentes da soldagem por pontos, o processo predominante no grupo RW.

A corrente utilizada nas operações de soldagem por resistência é muito alta (5000-20.000 A, normalmente), embora a tensão elétrica seja relativamente baixa (geralmente abaixo de 10 V). A duração *t* da corrente é curta na maioria dos processos, durando talvez 0,1 a 0,4 s em uma operação típica de soldagem por pontos.

A razão pela qual é utilizada uma corrente elevada no processo RW é que (1) o termo ao quadrado na Equação (26.3) amplifica o efeito da corrente e (2) a resistência é muito baixa (em torno de 0,0001 Ω). A resistência no circuito de soldagem é a soma (1) da resistência dos eletrodos, (2) das resistências das peças de trabalho, (3) das resistências do contato entre os eletrodos e as peças de trabalho e (4) da resistência do contato das superfícies em atrito. Desse modo, há geração de calor em todas essas regiões de resistência elétrica. A situação ideal é que as superfícies de atrito tenham a maior resistência resultante na soma, pois esse é o local desejado para a solda. A resistência dos eletrodos é minimizada pelo uso de metais com resistividades muito baixas, como o cobre. Além disso, os eletrodos frequentemente são refrigerados a água para dissipar o calor que é gerado. As resistências das peças de trabalho são função das resistividades dos metais de base e das espessuras das peças. As resistências de contato entre os eletrodos e as peças são determinadas pelas áreas de contato (isto é, tamanho e forma do eletrodo) e pela condição das superfícies (por exemplo, limpeza das superfícies de trabalho e carepas no eletrodo). Finalmente, a resistência das superfícies em atrito depende do acabamento e limpeza da superfície, da área de contato e da pressão. Não deve haver tinta, óleo, sujeira ou outros contaminantes separando as superfícies de contato.

Exemplo 26.2 Soldagem por resistência

A operação de soldagem por resistência por pontos é realizada em duas placas de aço de 2,5 mm de espessura usando 12.000 A durante 0,20 s. Os eletrodos têm 6 mm de diâmetro sobre as superfícies de contato. Presume-se que a resistência seja 0,0001 Ω e que o ponto de soldagem resultante tenha 6 mm de diâmetro e 3 mm de espessura, em média. A energia de fusão para o metal é de $U_f = 12{,}0$ J/mm³. Qual porção do calor gerado foi utilizada para formar o ponto de solda e qual porção foi dissipada para a peça de trabalho, eletrodos e ar circundante?

Solução: O calor gerado na operação é fornecido pela Equação (26.3) como

$$Q = (12.000)^2(0{,}0001)(0{,}2) = 2880 \text{ J}$$

O volume do ponto de solda (presumidamente em forma de disco) é

$$V = 3\,\frac{\pi(6)^2}{4} = 84{,}8 \text{ mm}^3.$$

O calor necessário para fundir esse volume de metal é $Q_f = 84{,}8(12{,}0) =$ **1018 J**.

O calor remanescente, 2880 – 1018 = **1862 J** (64,7 % do total), é perdido para o metal da peça de trabalho, eletrodos e ar circundante. De fato, essa perda representa o efeito combinado do fator de transferência de calor f_1 e do fator de fusão f_2 (Subseção 25.3.2).

O sucesso na soldagem por resistência depende da pressão e também do calor. As funções principais da pressão em processos RW são (1) forçar o contato entre os eletrodos e as peças de trabalho e entre as duas superfícies de trabalho antes de aplicar a corrente e (2) pressionar as superfícies de atrito em conjunto para obter a coalescência quando for alcançada a temperatura de soldagem adequada.

As vantagens gerais da soldagem por resistência incluem: (1) não ser necessário usar metal de adição, (2) possibilidade de altas taxas de produção, (3) presta-se à mecanização e automação, (4) o nível de habilidade do operador é menor do que o necessário para a soldagem a arco, e (5) boa reprodutibilidade e confiabilidade. As desvantagens são: (1) o custo do equipamento é alto – normalmente muito mais alto do que a maioria das operações de soldagem a arco; e (2) os tipos de juntas que podem ser soldadas se limitam a juntas sobrepostas para a maioria dos processos RW.

26.2.2 PROCESSOS DE SOLDAGEM POR RESISTÊNCIA

Os processos de soldagem por resistência de maior importância comercial são soldagem por pontos, costura e projeção.

Soldagem por Pontos A soldagem por pontos é, de longe, o processo predominante nesse grupo, sendo amplamente utilizado para produção, em massa, de automóveis, de aparelhos eletrônicos, móveis metálicos, e outros produtos feitos de chapa metálica. Se considerarmos que a carroceria de um automóvel típica tem aproximadamente 10.000 soldas de ponto, e que a produção anual de automóveis no mundo todo é medida em dezenas de milhões de unidades, a importância econômica da soldagem por pontos pode ser apreciada.

A ***soldagem por pontos*** (RSW, do inglês *resistance spot welding*) é um processo RW no qual a fusão das superfícies de atrito de uma junta sobreposta é obtida em um local por eletrodos em posições opostas. O processo é utilizado para unir chapas metálicas de 3 mm de espessura ou menos, usando uma série de soldas de ponto, em situações nas quais não é necessária a montagem hermética. O tamanho e a forma da solda por ponto são determinados pela ponta do eletrodo, sendo mais comum a forma arredondada, mas também podem ser utilizadas as formas hexagonal, quadrada e outras. O ponto de solda resultante tem, tipicamente, de 5 a 10 mm de diâmetro, com uma zona termicamente afetada se estendendo um pouco além da lente no metal de base. Se a solda for feita adequadamente, sua resistência será comparável à do metal circundante. As etapas do ciclo de soldagem por pontos são retratadas na Figura 26.13.

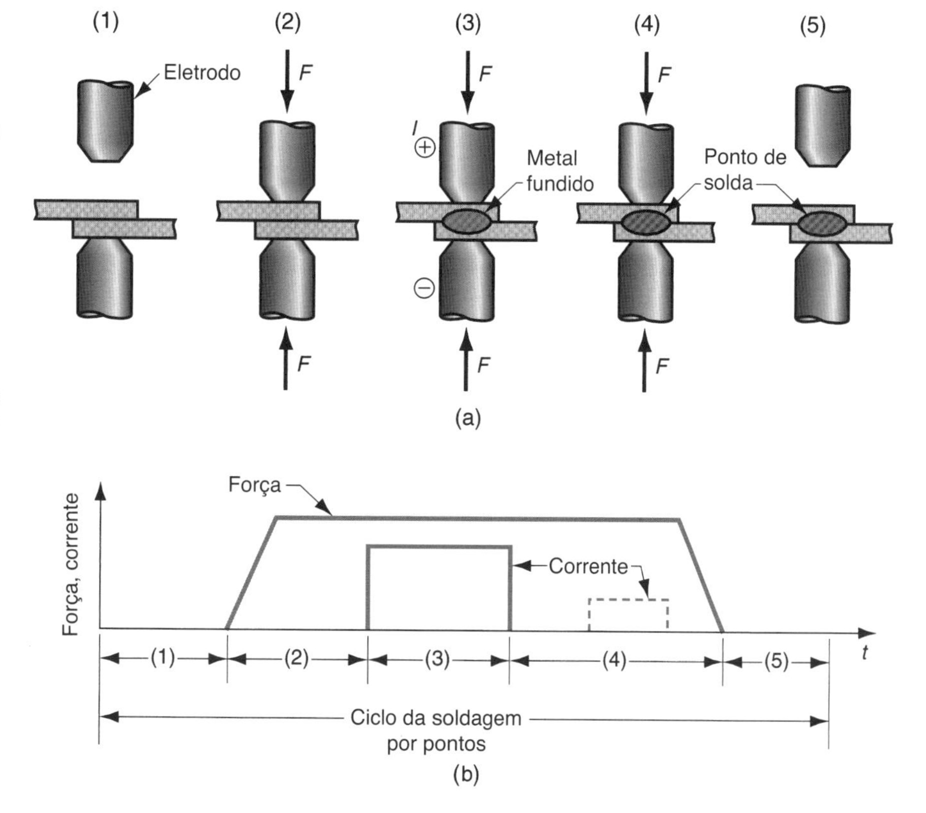

FIGURA 26.13 (a) Etapas de um ciclo de soldagem por pontos (RSW) e (b) gráfico da força de aperto e da corrente durante o ciclo. A sequência é: (1) as peças são inseridas entre os eletrodos abertos, (2) os eletrodos são fechados e a força é aplicada, (3) tempo de solda – a corrente é ligada, (4) a corrente é desligada, mas a força é mantida ou aumentada (às vezes, é aplicada uma corrente reduzida perto do final dessa etapa para aliviar tensões na região da solda), e (5) os eletrodos são abertos e o conjunto soldado é removido.

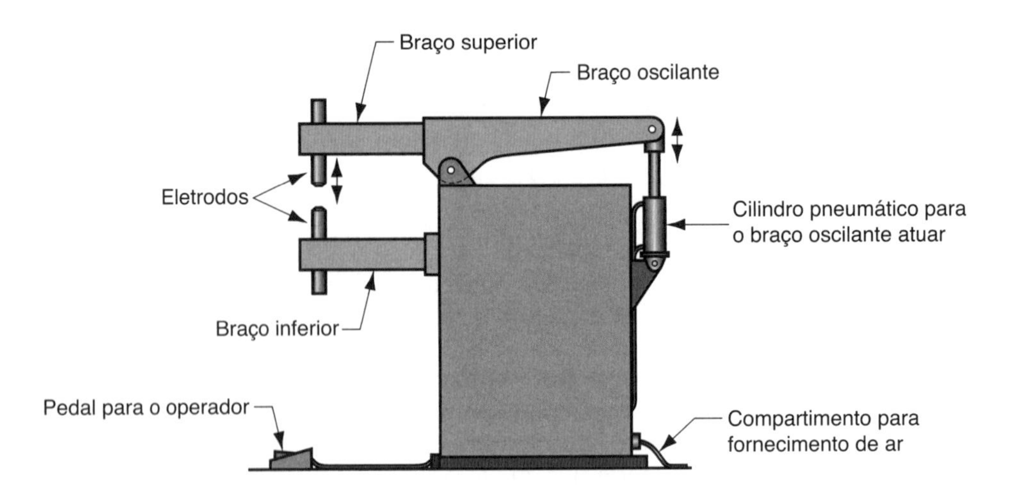

FIGURA 26.14 Máquina de soldagem por pontos com braço oscilante.

Os materiais utilizados nos eletrodos do processo RSW consistem em dois grupos principais: (1) ligas à base de cobre e (2) composições de metais refratários, como combinações de tungstênio e cobre. O segundo grupo é reconhecido pela maior resistência ao desgaste. Assim como na maioria dos processos de fabricação, o ferramental na soldagem por pontos desgasta gradualmente, à medida que é utilizado. Na prática, os eletrodos são projetados com passagens internas para refrigeração a água.

Devido a seu uso industrial generalizado, existem vários tipos de máquinas e métodos para executar as operações de soldagem por pontos. O equipamento consiste em máquinas de soldagem com braço oscilante e máquinas de soldagem de pontos similares a prensas, além de pistolas portáteis de soldagem de pontos. A ***máquina de soldagem por pontos com braço oscilante***, exibida na Figura 26.14, tem um eletrodo inferior estacionário e um eletrodo superior móvel que pode ser erguido e abaixado para carregar e descarregar a peça de trabalho. O eletrodo superior está montado em um braço oscilante, cujo movimento é controlado por um pedal operado pelo trabalhador. As máquinas modernas podem ser programadas para controlar a força e a corrente durante o ciclo de soldagem.

As ***máquinas de soldagem por pontos tipo prensa*** destinam-se a trabalhos em grande escala. O eletrodo superior tem movimento linear promovido por uma prensa vertical e tem alimentação pneumática ou hidráulica. A ação da prensa permite a aplicação de forças maiores, e os controles normalmente permitem a programação de ciclos de solda complexos.

Os dois tipos de máquinas mencionados anteriormente são máquinas de soldagem por pontos estacionárias, nas quais a peça de trabalho é levada para a máquina. Para trabalhos em larga escala e pesados, é difícil mover e posicionar as peças nas máquinas estacionárias. Para esses casos, existem ***pistolas portáteis de soldagem por pontos*** disponíveis em vários tamanhos e configurações. Esses equipamentos consistem em dois eletrodos em posições opostas contendo mecanismo de pinça. Cada unidade é leve o suficiente para ser segura e manuseada por um soldador humano ou um robô industrial. A pistola está ligada à fonte de energia e é controlada por meio de cabos elétricos flexíveis e de mangueiras de ar. A refrigeração dos eletrodos, se necessário, também pode ser efetuada por meio de uma mangueira de água. As pistolas portáteis de soldagem por pontos são amplamente utilizadas nas instalações de montagem final dos automóveis para soldagem por pontos das carrocerias. Algumas dessas pistolas são operadas por pessoas, mas os robôs industriais se tornaram a tecnologia preferida, conforme ilustrado na Figura 34.16.

Soldagem por Costura Na soldagem por costura (RSEW, do inglês *resistance seam welding*), os eletrodos em forma de vareta na soldagem por pontos são trocados por eletrodos giratórios na forma de rodas ou rolos, como mostrado na Figura 26.15, e uma

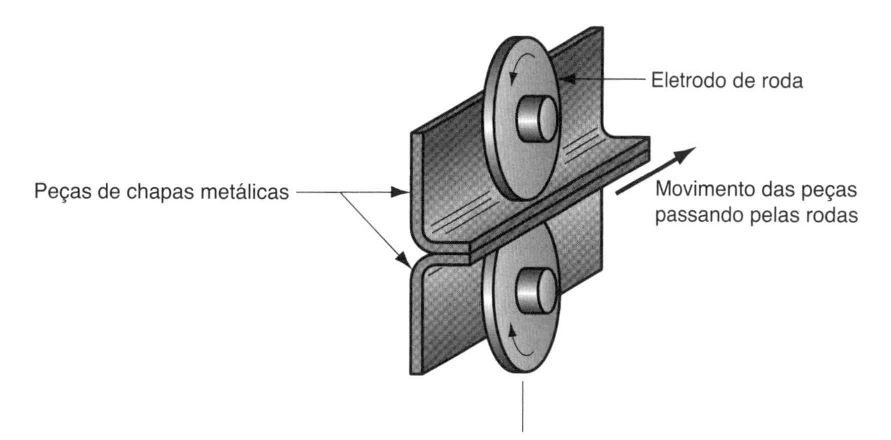

FIGURA 26.15 Soldagem por costura (RSEW).

série de soldas por pontos sobrepostas são feitas ao longo da junta. O processo é capaz de produzir juntas herméticas, e suas aplicações industriais incluem a produção de tanques de gasolina, silenciosos de automóveis e vários outros recipientes fabricados de chapas metálicas. Tecnicamente, o processo RSEW é similar à soldagem por pontos, exceto que os eletrodos de roda introduzem certas complexidades. Como a operação normalmente é executada de maneira contínua, e não de maneira discreta (por etapas), as costuras devem ser ao longo de uma linha reta ou uniformemente curva. Cantos pontiagudos e descontinuidades similares são difíceis de lidar. Além disso, a deformação das peças é mais um fator que influencia na soldagem por costura, e são necessários fixadores para fixar a peça de trabalho na posição e minimizar a distorção.

O espaçamento entre as lentes da solda na soldagem por costura depende do movimento das rodas em relação à corrente de soldagem aplicada. No método de operação habitual, chamado ***soldagem contínua***, o eletrodo de roda gira continuamente em uma velocidade constante, e a corrente é ativada em intervalos de tempo coerentes com o espaçamento desejado entre os pontos de solda ao longo da costura. A frequência das descargas de corrente normalmente é configurada para que os pontos de solda sobrepostos sejam produzidos. Mas, se a frequência for suficientemente reduzida, então haverá espaços entre os pontos de solda, e esse método é denominado ***soldagem por ponto*** (*ponto individual*). Em outra variação, a corrente de soldagem permanece em níveis constantes (em vez de ser pulsada), de modo que é produzida uma verdadeira soldagem por costura contínua. Essas variações são descritas na Figura 26.16.

Uma alternativa para a soldagem contínua é a ***soldagem sobreposta***, na qual o eletrodo de roda é parado periodicamente para fazer a solda por pontos. A quantidade de rotações da roda entre as paradas determina a distância entre os pontos de solda ao longo da costura, produzindo padrões similares para (a) e (b) na Figura 26.16.

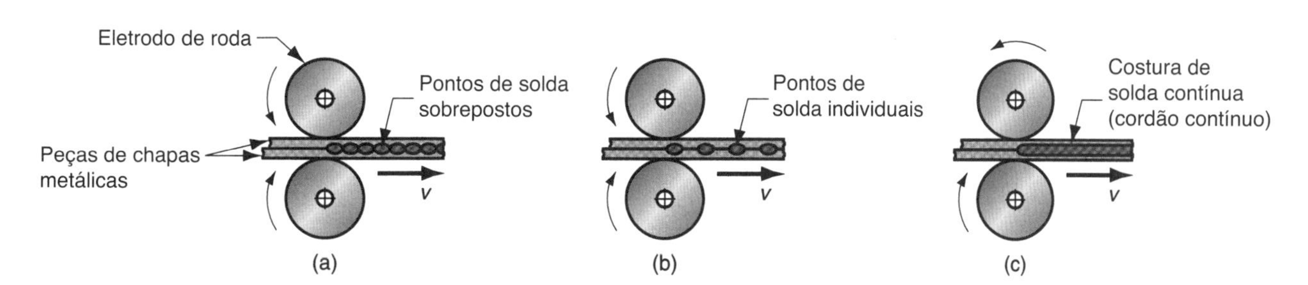

FIGURA 26.16 Diferentes tipos de costuras produzidas por eletrodos de roda: (a) soldagem por costura convencional, na qual são produzidos pontos sobrepostos; (b) soldagem por ponto (pontos de solda individuais); e (c) soldagem por costura contínua.

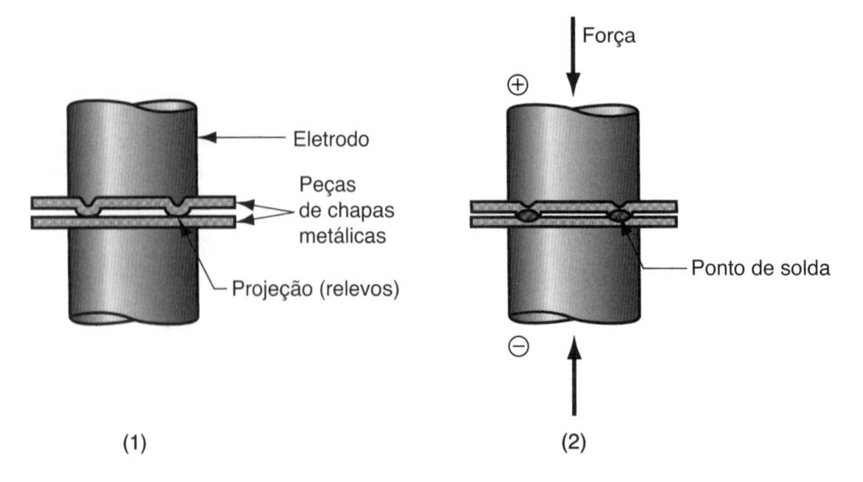

FIGURA 26.17 Soldagem por projeção (RPW): (1) início da operação, contato entre as peças em projeção; e (2) quando a corrente é aplicada, formam-se pontos de solda nas projeções, similares aos da soldagem por pontos.

As máquinas de soldagem por costura são semelhantes às máquinas de soldagem por pontos do tipo prensa, exceto que os eletrodos em forma de roda são utilizados no lugar dos eletrodos em forma de vareta usuais. O resfriamento da peça de trabalho e das rodas costuma ser necessário no processo RSEW, e isso é feito direcionando a água para as partes superior e inferior das superfícies das peças de trabalho, perto dos eletrodos de roda.

Soldagem por Projeção ou Ressalto A soldagem por projeção (RPW, do inglês *resistance projection welding*) é um processo RW no qual a coalescência ocorre em um ou mais pontos de contato, relativamente pequenos, nas peças. Esses pontos de contato são determinados pelo projeto das peças a serem unidas e podem consistir em projeções, relevos, ou interseções localizadas das peças. Um caso típico no qual duas peças de chapas metálicas são soldadas é descrito na Figura 26.17. A peça superior foi fabricada com dois pontos em relevo para contactar outra peça no início do processo. Pode-se argumentar que a gravação dos relevos encarece as peças, mas esse acréscimo no custo pode ser muito menor que a economia no custo da soldagem.

Existem variações da soldagem por projeção; duas delas são exibidas na Figura 26.18. Em uma variação, fixadores com projeções conformadas ou usinadas podem ser permanentemente unidos à chapa ou placa por RPW, facilitando as operações de montagem subsequentes. Outra variação, denominada ***soldagem com arames cruzados***, é utilizada para fabricar produtos de arames soldados, como arames para cercas, carrinhos de compras e grelhas de fogão. Nesse processo, as superfícies de contato dos arames redondos servem como projeções para concentrar o aquecimento por resistência elétrica para soldagem.

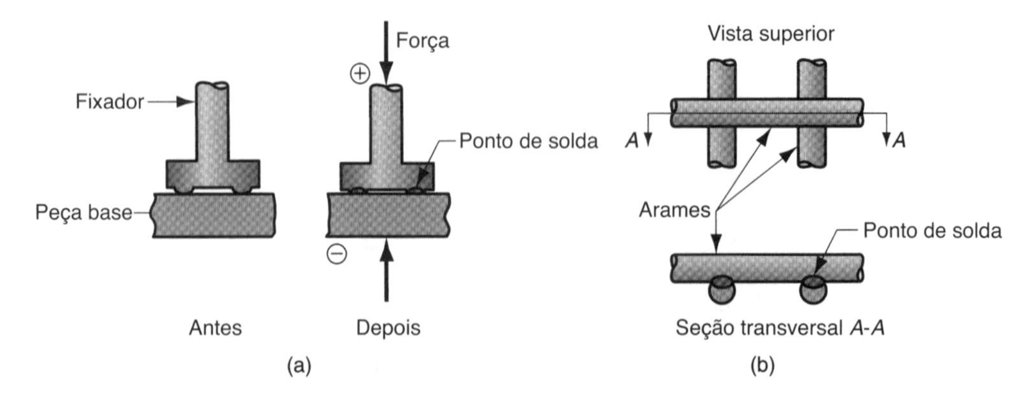

FIGURA 26.18 Variações da soldagem por projeção ou ressalto: (a) soldagem de um fixador, conformado ou usinado, sobre uma peça de chapa metálica; e (b) soldagem com arames cruzados.

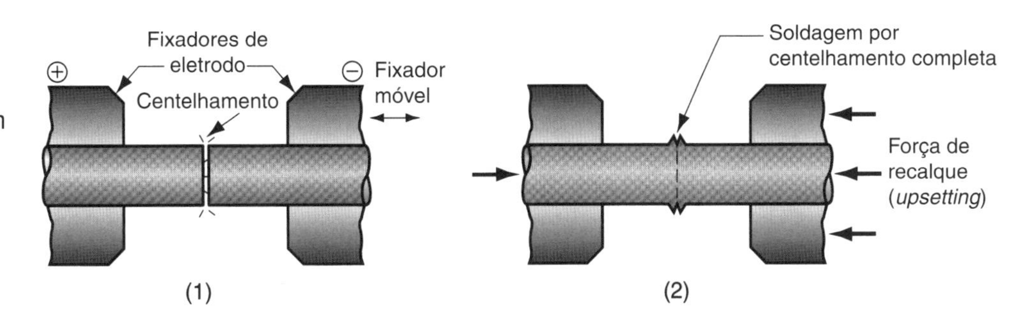

FIGURA 26.19 Soldagem por centelhamento (FW): (1) aquecimento por resistência elétrica; e (2) recalque (*upsetting*) – as peças são pressionadas uma contra a outra.

Outras Operações de Soldagem por Resistência Além dos principais processos RW descritos anteriormente, vários outros processos de soldagem nesse grupo devem ser identificados: por centelhamento, por resistência pura, autógena a golpe (por percussão) e soldagem por resistência por alta frequência.

Na ***soldagem por centelhamento*** (FW, do inglês *flash welding*), normalmente utilizada para juntas de topo (topo a topo), as duas superfícies a serem unidas são colocadas em contato ou quase em contato, sendo aplicada uma corrente elétrica para aquecer as superfícies até o ponto de fusão; após isso, as superfícies são pressionadas e formam a solda. As duas etapas são descritas na Figura 26.19. Além do aquecimento por resistência elétrica, ocorre alguma operação por arco (chamada ***centelhamento***, daí o nome do processo de soldagem), dependendo da extensão do contato entre as superfícies; portanto, a soldagem por centelhamento às vezes é classificada no grupo de soldagem por arco. Normalmente, a corrente é interrompida durante o recalque (*upsetting*). Algum metal e contaminantes nas superfícies são espremidos pela junta e devem ser subsequentemente usinados para proporcionar uma junta de tamanho uniforme.

As aplicações da soldagem por centelhamento incluem a soldagem a topo de tiras de aço em operações de laminação, união das extremidades de fios na trefilação e soldagem de peças tubulares. As extremidades a serem unidas devem ter a mesma seção transversal. Para esses tipos de aplicações de alta produção, a soldagem por centelhamento é rápida e econômica, mas o equipamento é caro.

A ***soldagem por resistência pura*** (UW, do inglês *upset welding*) é similar à soldagem por centelhamento, exceto que no processo UW as superfícies de contato são pressionadas uma contra a outra durante o aquecimento e o recalque. Na soldagem por centelhamento, as etapas de aquecimento e pressão são separadas durante o ciclo. O aquecimento no processo UW é feito inteiramente por resistência elétrica nas superfícies de contato; não ocorre formação de centelha. Quando as superfícies de contato são aquecidas até uma temperatura adequada abaixo do ponto de fusão, a pressão nas peças é aumentada para produzir recalque e coalescência na região de contato. Desse modo, a soldagem por resistência pura não é um processo de soldagem por fusão no mesmo sentido dos demais processos de soldagem discutidos. As aplicações do processo UW são similares às da soldagem por centelhamento; unir extremidades de fios, canos, tubos etc.

A ***soldagem autógena a golpe ou por percussão*** (PEW, do inglês *percussion welding*) também é similar à soldagem por centelhamento, exceto que a duração do ciclo de solda é extremamente curta, durando tipicamente apenas de 1 a 10 ms. O aquecimento rápido é feito pela descarga rápida de energia elétrica entre as duas superfícies a serem unidas, seguida imediatamente pelo impacto da colisão de uma peça contra a outra, formando a solda. O aquecimento é muito localizado, tornando o processo atraente para aplicações eletrônicas nas quais as dimensões são muito pequenas e os componentes vizinhos podem ser sensíveis ao calor.

A ***soldagem por resistência por alta frequência*** (HFRW, do inglês *high-frequency resistance welding*) é um processo de soldagem por resistência em que é utilizada uma corrente alternada de alta frequência para o aquecimento, seguida pela aplicação rápida de uma força de recalque para provocar coalescência, como mostrado na Figura 26.20(a). As frequências são de 10 a 500 kHz, e os eletrodos fazem contato com a peça de traba-

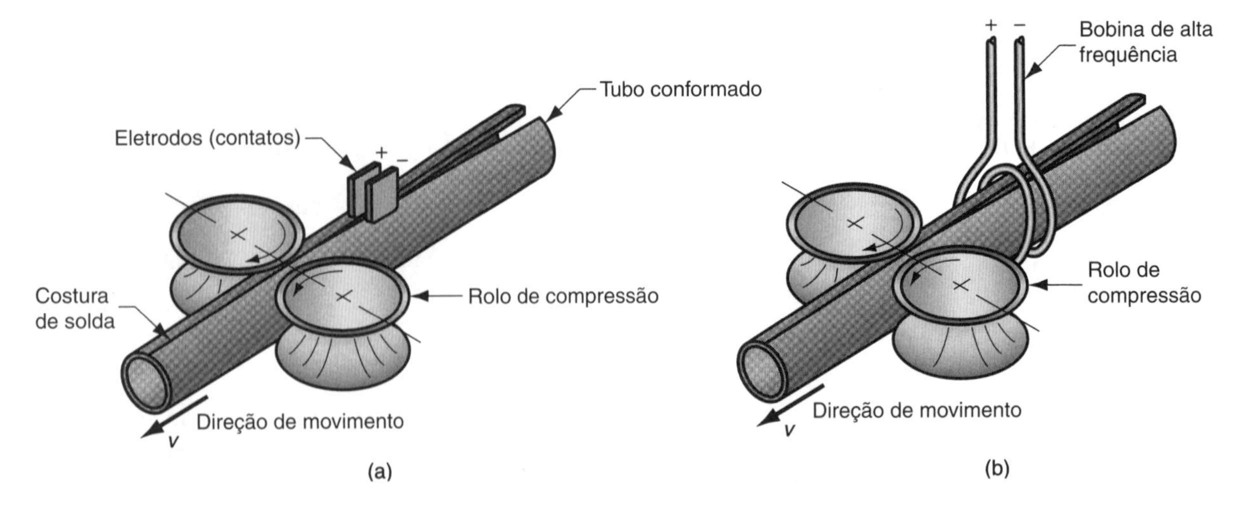

FIGURA 26.20 Soldagem de tubo com costura por (a) soldagem por resistência por alta frequência e (b) soldagem por indução por alta frequência.

lho na proximidade imediata da junta de solda. Em uma variação do processo, chamada ***soldagem por indução por alta frequência*** (HFIW, do inglês *high-frequency induction welding*), a corrente de aquecimento é induzida nas peças por uma bobina de indução de alta frequência, como mostrado na Figura 26.20(b). A bobina não faz contato físico com a peça de trabalho. As principais aplicações dos processos HFRW e HFIW são a soldagem de topo contínua gerando costuras longitudinais em tubos e canos metálicos.

26.3 Soldagem a Gás Oxicombustível

Soldagem a gás oxicombustível (OFW, do inglês *oxyfuel gas welding*) é o termo utilizado para descrever o grupo de operações FW em que a soldagem é realizada por meio da queima de vários combustíveis misturados com oxigênio. Os processos OFW empregam vários tipos de gases, que é a principal distinção entre os membros desse grupo. O gás oxicombustível também é utilizado frequentemente em maçaricos para cortar e separar placas metálicas e outras peças (Subseção 22.3.5). O processo OFW mais importante é a soldagem oxiacetileno.

26.3.1 SOLDAGEM A GÁS OXIACETILENO

A soldagem oxiacetileno (OAW, do inglês *oxyacetylene welding*) é um processo de soldagem por fusão, realizado por chama de alta temperatura, decorrente da combustão de acetileno e oxigênio. A chama é direcionada por um maçarico. Às vezes, um metal de adição é adicionado em processo OAW, e uma pressão é, ocasionalmente, aplicada entre as superfícies de contato. A operação típica de OAW é esboçada na Figura 26.21.

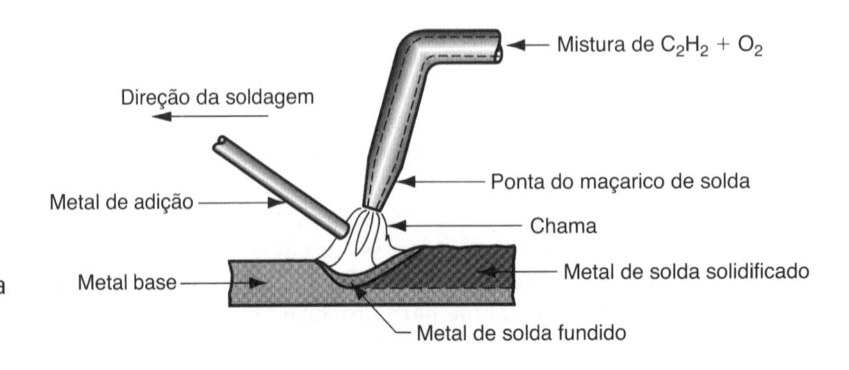

FIGURA 26.21 Uma típica operação de soldagem oxiacetileno (OAW).

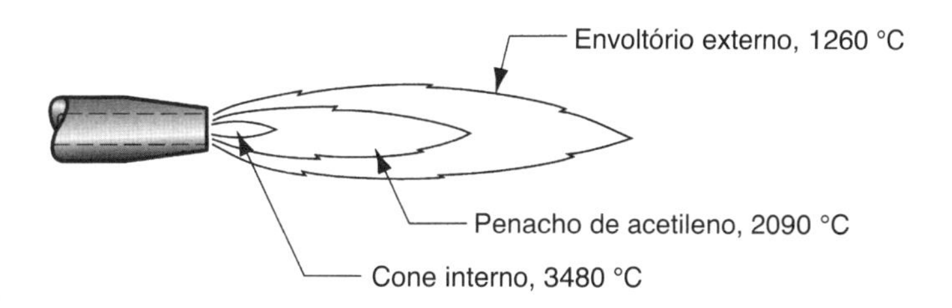

FIGURA 26.22 A chama neutra de um maçarico oxiacetileno indicando as temperaturas alcançadas.

Quando é utilizado um metal de enchimento, normalmente ele tem a forma de vareta com diâmetro variando de 1,6 a 9,5 mm. A composição do metal de adição deve ser similar à do metal base. Frequentemente, o metal de adição é revestido com um ***fluxo***, que ajuda a limpar as superfícies e prevenir a oxidação, criando assim uma junta soldada de melhor qualidade.

O acetileno (C_2H_2) é o combustível mais popular do grupo OFW porque é capaz de temperaturas mais altas do que qualquer um dos outros – até 3480 °C. A chama do processo OAW é produzida pela reação química de acetileno e de oxigênio em duas reações. A primeira reação, ou reação primária, é definida por

$$C_2H_2 + O_2 \rightarrow 2CO + H_2 + \text{calor} \tag{26.4a}$$

ambos os produtos são combustíveis, o que leva à segunda reação, ou reação secundária:

$$2CO + H_2 + 1{,}5O_2 \rightarrow 2CO_2 + H_2O + \text{calor} \tag{26.4b}$$

As duas reações de combustão são visíveis na chama de acetileno, emitida pelo maçarico. Quando a mistura de acetileno e oxigênio está na proporção de 1:1, conforme descrito na Equação (26.4), resulta em ***chama neutra***, exibida na Figura 26.22. A reação primária é vista como um cone interno da chama (que é um branco brilhante), enquanto a reação secundária é exibida pelo envoltório externo (que é quase incolor, mas com tons variando do azul ao laranja). A temperatura máxima da chama é alcançada na ponta do cone interno; as temperaturas da reação secundária são um pouco abaixo das do cone interno. Durante a soldagem, o envoltório externo se expande e cobre as superfícies de trabalho que estão sendo unidas, protegendo-as, assim, da atmosfera circundante.

O calor total liberado durante as duas reações de combustão é de 55×10^6 J/m³ de acetileno. No entanto, devido à distribuição de temperatura na chama, a maneira pela qual a chama se propaga sobre a superfície de trabalho e as perdas para o ar, as densidades de potência e os fatores de transferência de calor na soldagem oxiacetileno são relativamente baixos; $f_1 = 0{,}10$ a $0{,}30$.

Exemplo 26.3 Geração de calor em soldagem oxiacetileno

Um maçarico de oxiacetileno fornece 0,3 m³ de acetileno por hora e um volume igual de oxigênio para uma operação OAW em aço de 4,5 mm de espessura. O calor gerado pela combustão é transferido para a superfície de trabalho com um fator de transferência de calor $f_1 = 0{,}20$. Se 75 % do calor da chama se concentrar em uma área circular na superfície de trabalho com 9,0 mm de diâmetro, encontre (a) a taxa de calor liberada durante a combustão, (b) a taxa de calor transferido para a superfície de trabalho e (c) a densidade de potência média na área circular.

Solução: (a) A taxa de calor gerada pela tocha é o produto do fluxo em volume de acetileno vezes o calor de combustão:

$$q_s = (0{,}3 \text{ m}^3/\text{h})(55 \times 10^6 \text{ J/m}^3) = 16{,}5 \times 10^6 \text{ J/h ou } \mathbf{4583 \text{ J/s}}$$

(b) Com um fator de transferência de calor $f_1 = 0,20$, a taxa de calor recebida na superfície de trabalho é

$$f_1 q_s = 0,20(4583) = \mathbf{917\ J/s}$$

(c) A área do círculo em que 75 % do calor da chama estão concentrados é

$$A = \frac{\pi(9)^2}{4} = 63,6\ mm^2.$$

A densidade de potência no círculo é encontrada dividindo o calor disponível pela área do círculo:

$$DP = \frac{0,75(917)}{63,6} = \mathbf{10,8\ W/mm^2}$$

A combinação de acetileno e oxigênio é altamente inflamável e, portanto, o ambiente em que é feito o processo OAW é perigoso. Alguns dos perigos estão relacionados especificamente com o acetileno. O C_2H_2 puro é um gás incolor e inodoro. Por motivo de segurança, o acetileno comercial é processado para ter o odor característico de alho. Uma das limitações físicas do gás é que ele é instável a pressões muito acima de 1 atm (0,1 MPa). Consequentemente, os cilindros de armazenamento do acetileno são embalados com um material de enchimento poroso (como amianto, madeira de balsa e outros materiais) saturado com acetona (CH_3COCH_3). O acetileno se dissolve em acetona líquida; na verdade, a acetona dissolve cerca de 25 vezes o seu próprio volume de acetileno, proporcionando, assim, um meio relativamente seguro de armazenar esse gás de soldagem. O soldador usa proteção ocular e cutânea (óculos de proteção, luvas e roupa protetora) como uma precaução de segurança adicional, e diferentes roscas são padronizadas para cilindros de acetileno e oxigênio e mangueiras para evitar a conexão acidental de gases errados. A manutenção adequada do equipamento é fundamental. O equipamento de OAW é relativamente barato e portátil. Portanto, é um processo econômico e versátil, bem adequado para a produção em baixa quantidade e para as tarefas de reparo. Raramente é utilizado para soldar chapas ou placas com mais de 6,4 mm de espessura devido às vantagens da soldagem por arco nessas aplicações. Embora o processo OAW possa ser mecanizado, geralmente é realizado manualmente e, portanto, depende da habilidade do soldador para produzir uma junta soldada de alta qualidade.

26.3.2 GASES ALTERNATIVOS PARA SOLDAGEM A GÁS OXICOMBUSTÍVEL

Vários membros do grupo OFW se baseiam em outros gases diferentes do acetileno. A maioria dos combustíveis alternativos é apresentada na Tabela 26.2, junto com suas temperaturas de queima e calores de combustão. A título de comparação, o acetileno está incluído na lista. Embora o oxiacetileno seja o combustível do processo OFW mais comum, cada um dos outros gases pode ser utilizado em certas aplicações – limitadas tipicamente à soldagem de chapas metálicas e metais com baixas temperaturas de fusão e brasagem (Seção 27.1). Além disso, alguns usuários preferem esses gases alternativos por motivo de segurança.

O combustível que compete mais intimamente com o acetileno em termos de temperatura de queima e aquecimento é o metilacetileno propadieno. É um combustível desenvolvido pela Dow Chemical Company, vendido sob o nome comercial de ***MAPP***. O MAPP (C_3H_4) tem características de aquecimento similares às do acetileno e pode ser armazenado sob pressão como um líquido, evitando com isso os problemas de armazenagem associados ao C_2H_2.

TABELA • 26.2 Gases utilizados na soldagem e/ou corte oxicombustível, com as temperaturas da chama e os calores de combustão.

Combustível	Temperatura[a] °C	Calor de Combustão MJ/m³
Acetileno (C_2H_2)	3087	54,8
MAPP[b] (C_3H_4)	2927	91,7
Hidrogênio (H_2)	2660	12,1
Propileno[c] (C_3H_6)	2900	89,4
Propano (C_3H_8)	2526	93,1
Gás natural[d]	2538	37,3

Compilado de [10].
[a]Temperaturas de chama neutra são comparadas porque essa é a chama que seria mais utilizada para soldagem.
[b]MAPP é a abreviação comercial de metilacetileno propadieno.
[c]O propileno é usado principalmente no corte com chama.
[d]Os dados se baseiam no gás metano (CH_4); o gás natural consiste em etano (C_2H_6) e em metano; a temperatura da chama e o calor de combustão variam com a composição.

Quando o hidrogênio é queimado com o oxigênio como combustível, o processo é denominado ***soldagem a gás oxi-hidrogênio*** (OHW, do inglês *oxyhydrogen welding*). Conforme mostrado na Tabela 26.2, a temperatura de soldagem no processo OHW é inferior à temperatura possível em soldagem oxiacetileno. Além disso, a cor da chama não é afetada pelas diferenças na mistura de hidrogênio e oxigênio e, portanto, é mais difícil para o soldador ajustar o maçarico.

Outros combustíveis utilizados em processo OFW incluem o propano e o gás natural. O propano (C_3H_8) está mais associado com brasagem, solda branda e corte do que com soldagem. O gás natural consiste principalmente em etano (C_2H_6) e metano (CH_4). Quando misturado com oxigênio, ele alcança uma chama de alta temperatura e está se tornando mais comum nas pequenas oficinas de soldagem.

Soldagem a Gás e Pressão Esse é um processo OFW especial, diferenciado pelo tipo de aplicação e não pelo gás combustível. A ***soldagem a gás e pressão*** (PGW, do inglês *pressure gas welding*) é um processo de soldagem por fusão no qual a coalescência é obtida ao longo de todas as superfícies de contato das duas peças pelo aquecimento das mesmas com uma mistura de combustível adequada (normalmente gás oxiacetileno) e depois aplicando pressão para unir as superfícies. Uma aplicação típica é ilustrada na Figura 26.23.

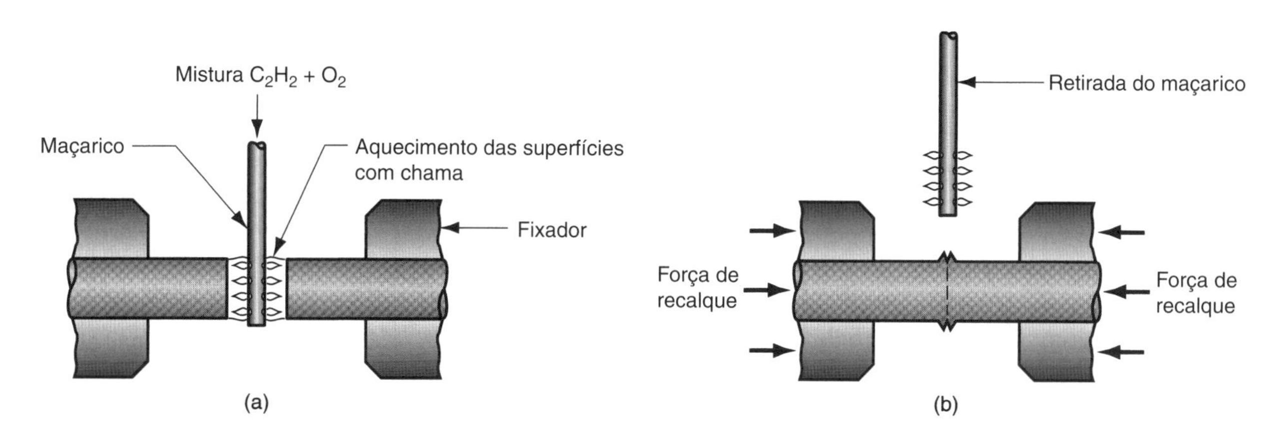

FIGURA 26.23 Uma aplicação de soldagem a gás e pressão: (a) aquecimento das duas peças e (b) aplicação de pressão para formar a solda.

As peças são aquecidas até começar a fusão das superfícies. O maçarico de aquecimento é retirado e as peças são pressionadas uma contra a outra e mantidas em alta pressão enquanto ocorre a solidificação. Nenhum metal de adição é utilizado no processo PGW.

26.4 Outros Processos de Soldagem por Fusão

Alguns processos de soldagem por fusão não podem ser classificados como soldagem a arco, por resistência ou oxicombustível. Cada um desses outros processos utiliza tecnologia única para desenvolver calor para fusão; e normalmente as aplicações são únicas.

Soldagem por Feixe de Elétrons A soldagem por feixe de elétrons (EBW, do inglês *electron-beam welding*) é um processo de soldagem por fusão no qual o calor da soldagem é produzido por um fluxo de alta intensidade e uma corrente extremamente concentrada de elétrons que incidem sobre a superfície de trabalho. O equipamento é similar ao utilizado em usinagem por feixe de elétrons (Subseção 22.3.2). Um canhão de feixe de elétrons opera em alta-tensão para acelerar os elétrons (isto é, tipicamente de 10 a 150 kW) e as correntes de feixe são baixas (medidas em miliampères). A energia em processo EBW não é excepcional, mas a densidade de potência é. A densidade de potência alta é obtida concentrando o feixe de elétrons em uma área muito pequena da superfície de trabalho, de modo que a densidade de potência DP se baseia em

$$DP = \frac{f_1 EI}{A} \tag{26.5}$$

em que DP = densidade de potência, W/mm^2; f_1 = fator de transferência de calor (valores típicos para EBW variam de 0,8 a 0,95 [9]); E = tensão elétrica de aceleração, V; I = corrente do feixe, A; e A = área da superfície de trabalho na qual o feixe de elétrons é concentrado, mm^2. As áreas de soldagem típicas para EBW variam de 13×10^{-3} a 2000×10^{-3} mm^2.

O processo começou nos anos 1950 no campo da energia atômica. Quando foi desenvolvida pela primeira vez, a soldagem teve de ser feita em câmara de vácuo para minimizar a perturbação do feixe de elétrons pelas moléculas do ar. Esse requisito foi, e ainda é, uma inconveniência significativa no ambiente de produção, em virtude do tempo necessário para evacuar a câmara antes da soldagem. O tempo de bombeamento, como é chamado, pode levar até uma hora, dependendo do tamanho da câmara e do nível de vácuo necessário. Hoje, a tecnologia do processo EBW evoluiu, a ponto de algumas operações serem executadas sem vácuo. Três categorias podem ser destacadas: (1) ***soldagem de alto vácuo*** (*high-vacuum welding* – EBW-HV), na qual a soldagem é executada no mesmo vácuo da geração do feixe; (2) ***soldagem de médio vácuo*** (*medium-vacuum welding* – EBW-MV), na qual a operação é realizada em uma câmara separada, onde se obtém um vácuo apenas parcial; e (3) ***soldagem sem vácuo*** (*nonvacuum welding* – EBW-NV), na qual a soldagem é feita próxima à pressão atmosférica. O tempo de bombeamento durante o carregamento e descarregamento de peça é reduzido no processo EBW de médio vácuo e minimizado no processo EBW sem vácuo, mas paga-se um preço por essa vantagem. Nas duas últimas operações, o equipamento deve incluir um ou mais divisores de vácuo (orifícios muito pequenos que impedem o fluxo de ar, mas permitem a passagem do feixe de elétrons) para separar o gerador de feixe (que exige um alto vácuo) da câmara de trabalho. Além disso, no processo EBW sem vácuo, a peça deve ficar próxima do orifício do canhão de feixe de elétrons, aproximadamente 13 mm, ou menos. Finalmente, os processos de baixo vácuo não conseguem alcançar a alta qualidade de soldagem e as relações profundidade-largura obtidas pelo processo EBW-HV.

Quaisquer metais que possam ser soldados podem ser submetidos ao processo EBW, bem como certos metais difíceis de soldar e refratários que não são adequados aos processos AW. Os tamanhos das peças de trabalho variam desde chapas finas até placas grossas. O processo EBW é aplicado principalmente nas indústrias automotiva, aeroespacial e nuclear. No setor automotivo, conjuntos soldados por feixe de elétrons incluem coletores em alumínio, conversores de torque em aço, escapamentos catalíticos e componentes de transmissão. Nessas e em outras aplicações, a soldagem por feixe de elétrons é conhecida pelas soldas de alta qualidade de perfis profundos e/ou estreitos, limitada zona termicamente afetada e baixa distorção térmica. As velocidades de soldagem são altas em comparação com outras operações de soldagem contínua. Nenhum metal de adição é utilizado, e não são necessários fluxo ou gases de proteção. As desvantagens do processo EBW incluem alto custo do equipamento, necessidade de preparação e de alinhamento preciso da junta, e as limitações associadas com a realização do processo sob vácuo, como foi discutido anteriormente. Além disso, há preocupações de segurança, pois o processo EBW gera raios X, dos quais os humanos devem ser protegidos.

Soldagem por Feixe de Laser Soldagem por feixe de laser (LBW, do inglês *laser-beam welding*), ou soldagem a laser, é um processo de soldagem por fusão no qual o coalescimento é alcançado pela energia de um feixe de luz coerente e altamente concentrado, focalizado sobre a junta a ser soldada. O termo ***laser*** é abreviatura de *l*ight *a*mplification by *s*timulated *e*mission of *r*adiation (amplificação da luz pela emissão estimulada de radiação). Essa mesma tecnologia é utilizada na usinagem por feixe de laser (Subseção 22.3.3). O processo LBW é realizado normalmente com gases de proteção (por exemplo, hélio, argônio, nitrogênio e dióxido de carbono) para prevenir a oxidação. Normalmente não é adicionado um metal de adição.

O processo LBW produz soldas de alta qualidade, penetração elevada e uma zona estreita afetada termicamente. Essas características são similares às alcançadas na soldagem por feixe de elétrons, e os dois processos são frequentemente comparados. Existem várias vantagens do processo LBW em relação ao processo EBW: não requer câmara de vácuo, não são emitidos raios X, e os feixes de laser podem ser concentrados e direcionados por lentes ópticas e espelhos. Por outro lado, o processo LBW não possui a capacidade do processo EBW de soldas profundas e elevadas relações entre profundidade e largura. A profundidade máxima em soldagem a laser é aproximadamente 19 mm, ao passo que o processo EBW pode ser utilizado para profundidades de solda de 50 mm ou mais; e a razão profundidade por largura em LBW se limita tipicamente a 5:1, aproximadamente. Devido à energia altamente concentrada na pequena área do feixe de laser, o processo é utilizado com frequência para unir peças pequenas.

Soldagem por Eletroescória Esse processo usa o mesmo equipamento básico de algumas operações de soldagem a arco e utiliza um arco para iniciar a soldagem. No entanto, não é um processo AW porque não é utilizado um arco durante a soldagem. A ***soldagem por eletroescória*** (ESW, do inglês *electroslag welding*) é um processo de soldagem por fusão em que o coalescimento é obtido pela escória fundida quente, eletricamente condutora, agindo nas peças base e no metal de adição. Conforme mostrado na Figura 26.24, a configuração geral do processo ESW é similar à do processo de soldagem por eletrogás. É realizado em uma orientação vertical (exibida aqui para soldagem de topo), usando sapatas de retenção refrigeradas a água para conter a escória fundida e o metal de solda. No começo do processo, o fluxo granular condutivo é colocado na cavidade. A ponta do eletrodo consumível é posicionada perto do fundo da cavidade, e um arco é gerado por um curto período de tempo para iniciar a fusão do fluxo. Depois de criada uma poça de escória, o arco é extinto e a corrente passa do eletrodo para o metal base através da escória condutiva, de modo que a resistência elétrica gera calor para manter o processo de soldagem. Como a massa específica da escória é menor que a do metal fundido, ela permanece na parte superior para proteger a poça de solda. A solidificação ocorre a partir do fundo, enquanto mais metal fundido é adicionado de cima por meio do eletrodo e das extremidades das peças base. O processo continua gradualmente até chegar ao topo da junta.

Soldagem por Aluminotermia ***Thermit*** é a marca comercial para ***thermite***, mistura de pó de alumínio e óxido de ferro que produz uma reação exotérmica quando inflamada. É utilizada em bombas incendiárias e para soldagem. Como processo de solda-

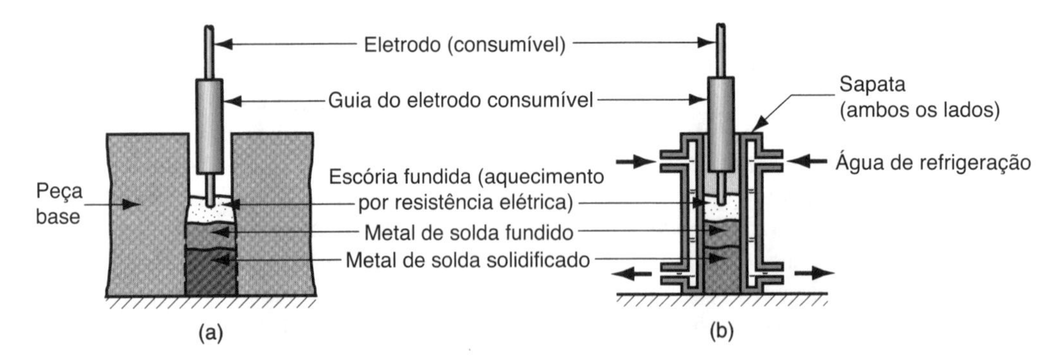

FIGURA 26.24 Soldagem por eletroescória (ESW): (a) vista frontal com sapata de retenção removida por questão de clareza; (b) vista lateral mostrando o esquema da sapata de retenção. A configuração é similar à soldagem por eletrogás (Figura 26.7), exceto que o aquecimento por resistência elétrica da escória fundida é utilizado para fundir os metais de base e de adição.

gem, o uso de Thermit remonta a 1900, aproximadamente. A ***soldagem por aluminotermia*** (TW, do inglês *thermit welding*) é um processo de soldagem por fusão em que o calor para o coalescimento é produzido pelo metal fundido superaquecido, a partir de uma reação química do Thermit. O metal de adição é obtido por meio do metal líquido; e, embora o processo seja utilizado para união, ele tem mais coisas em comum com a fundição do que com a soldagem.

Os pós de alumínio e óxido de ferro finamente misturados (em uma mistura 1:3), quando inflamados à temperatura por volta de 1300 °C, produzem a seguinte reação química:

$$8Al + 3Fe_3O_4 \rightarrow 9Fe + 4Al_2O_3 + \text{calor} \qquad (26.6)$$

A temperatura da reação é em torno de 2500 °C, resultando em ferro fundido superaquecido, mais óxido de alumínio, que flutua para a parte superior como uma escória e protege o ferro da atmosfera. Na soldagem por aluminotermia, o ferro superaquecido (ou aço, se a mistura dos pós é formulada adequadamente) está contido em um cadinho situado acima da junta a ser soldada, conforme indicado pelo diagrama do processo TW na Figura 26.25. Após a reação ter sido completada (cerca de 30 s, independentemente da quantidade de Thermit envolvida), o cadinho é drenado e o metal líquido flui para um molde construído especialmente para circundar a junta de solda. Como o metal entra quente demais, ele funde as extremidades das peças base, provocando o coalescimento mediante a solidificação. Após resfriar, o molde é quebrado e as entradas e os tirantes são removidos por maçarico oxiacetileno ou por outro método.

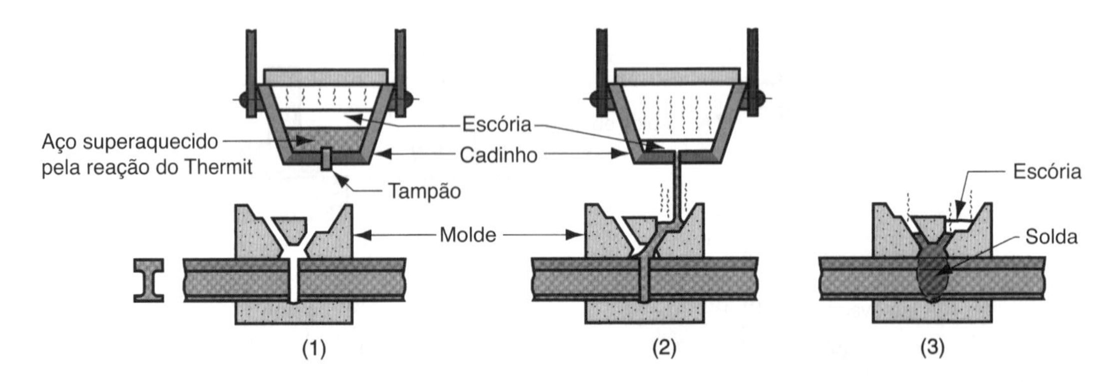

FIGURA 26.25 Soldagem por aluminotermia: (1) Thermit inflamado; (2) vazamento a partir do cadinho, metal superaquecido flui para o molde; (3) metal se solidifica para produzir a junta de solda.

A soldagem por aluminotermia tem aplicações em junta de trilhos ferroviários (conforme retratado na figura), e no reparo de grandes trincas em aços fundidos e forjados, eixos de grandes diâmetros, quadros para máquinas e lemes de navios. A superfície da solda nessas aplicações muitas vezes é suficientemente plana para que não seja necessário um acabamento posterior.

26.5 Soldagem no Estado Sólido

Na soldagem no estado sólido, o coalescimento das superfícies das peças é alcançado por (1) pressão isoladamente ou (2) calor e pressão. Para alguns processos no estado sólido, o tempo também é um fator. Se forem utilizados o calor e a pressão, a quantidade de calor por si só não é suficiente para gerar a fusão das superfícies de trabalho. Em outras palavras, a fusão das peças não ocorreria usando apenas o calor que é aplicado externamente nesses processos. Em alguns casos, a combinação de calor e pressão, ou a maneira particular em que a pressão é aplicada isoladamente, gera energia suficiente para provocar fusão localizada das superfícies em atrito. O metal de adição não é utilizado na soldagem no estado sólido.

26.5.1 CONSIDERAÇÕES GERAIS SOBRE SOLDAGEM NO ESTADO SÓLIDO

Na maioria dos processos no estado sólido, a ligação metalúrgica é criada com pouca ou nenhuma fusão dos metais base. Para ligar metalurgicamente dois metais similares ou dissimilares, os dois metais devem ser colocados em contato para que suas forças atômicas de atração coesivas atuem entre si. No contato físico normal entre as duas superfícies, o contato completo é proibido pela presença de filmes químicos, gases, óleos etc. Para que a ligação atômica tenha sucesso, esses filmes e outras substâncias devem ser removidos. Na soldagem por fusão (bem como em outros processos de união, como a brasagem e a solda branda), os filmes são dissolvidos ou queimados em altas temperaturas, e a ligação atômica é estabelecida pela fusão e solidificação dos metais nesses processos. Mas, na soldagem no estado sólido, os filmes e outros contaminantes devem ser removidos por outros meios para permitir a ligação metalúrgica. Em alguns casos, é feita uma limpeza completa das superfícies imediatamente antes do processo de soldagem; já em outros casos, a ação de limpeza é feita como parte integrante da união das superfícies das peças. Resumindo, os ingredientes essenciais para uma solda no estado sólido bem-sucedida são que as duas superfícies devem estar bem limpas e precisam ser colocadas em estreito contato físico umas com as outras para permitir a ligação atômica.

Os processos de soldagem que não envolvem fusão têm várias vantagens em relação aos processos de soldagem por fusão. Se não ocorrer fusão, então não há zona termicamente afetada e, portanto, o metal em volta da junta retém suas propriedades originais. Muitos desses processos produzem juntas soldadas que compreendem a interface de contato total entre as duas peças e não em pontos distintos ou costuras, como na maioria das operações de soldagem por fusão. Além disso, alguns desses processos são bem aplicáveis às ligações de metais dissimilares, sem a preocupação com as diferenças de expansão térmica, condutividade e outros problemas que surgem normalmente quando metais dissimilares são fundidos e depois solidificados durante a união.

26.5.2 PROCESSOS DE SOLDAGEM NO ESTADO SÓLIDO

O grupo de soldagem no estado sólido inclui processos de união mais antigos, bem como alguns dos mais modernos. Cada processo nesse grupo tem sua maneira exclusiva de criar a ligação das superfícies em atrito. A cobertura começa com a soldagem por forjamento, o primeiro processo de soldagem.

Soldagem por Forjamento A soldagem por forjamento tem importância histórica no desenvolvimento da tecnologia de fabricação. O processo data de aproximadamente 1000 a.C., quando os ferreiros da Antiguidade aprenderam a unir duas peças de metal (Nota Histórica 25.1). A ***soldagem por forjamento*** é um processo de soldagem no qual os componentes a serem unidos são aquecidos até altas temperaturas de trabalho e depois forjados juntos por meio de um martelo ou outros meios. Era necessária uma habilidade considerável dos ferreiros que a praticavam para alcançar uma boa solda, em termos dos padrões atuais. O processo pode ser de interesse histórico; porém, tem pouca importância comercial hoje em dia, exceto por suas variantes que são discutidas a seguir.

Soldagem por Forjamento a Frio Soldagem por forjamento a frio (CW, do inglês *cold welding*) é um processo de soldagem no estado sólido realizado pela aplicação de alta pressão entre superfícies de contato limpas, à temperatura ambiente. As superfícies de atrito devem estar excepcionalmente limpas para que o processo seja realizado, e a limpeza é feita habitualmente por desengorduramento e escovação imediatamente antes da união. Além disso, pelo menos um dos metais a serem soldados (de preferência ambos) deve ser bastante dúctil e livre de encruamento. Metais moles, como o alumínio e o cobre, podem ser facilmente soldados a frio. As forças de compressão aplicadas no processo resultam em trabalho a frio das peças metálicas, reduzindo a espessura em até 50 %; mas também ocasionam deformação plástica localizada nas superfícies de contato, resultando em coalescimento. Nas peças pequenas, as forças podem ser aplicadas por ferramentas simples operadas manualmente. Em trabalhos mais pesados, são necessárias prensas mais potentes para exercer a força requerida. Nenhum calor é aplicado a partir de fontes externas em processo CW, mas o processo de deformação eleva a temperatura de trabalho. As aplicações da soldagem por forjamento a frio incluem a preparação de conexões elétricas.

Soldagem por Laminação Soldagem por laminação é uma variação da soldagem por forjamento ou soldagem por forjamento a frio, dependendo de o aquecimento externo das peças de trabalho ser aplicado antes do processo. A ***soldagem por laminação*** (ROW, do inglês *roll welding*) é um processo de soldagem no estado sólido no qual é aplicada pressão suficiente para provocar o coalescimento por meio de rolos, com ou sem aplicação externa de calor. O processo é ilustrado na Figura 26.26. Se não for aplicado calor externo, o processo se chama ***soldagem por laminação a frio***; se for aplicado calor, utiliza-se o termo ***soldagem por laminação a quente***. As aplicações da soldagem por laminação incluem: revestimento de aço doce ou de baixa liga com aço inoxidável visando a resistência à corrosão; preparação de tiras bimetálicas para medir a temperatura; e produção de moedas do tipo "sanduíche" para a Casa da Moeda dos Estados Unidos.

Soldagem por Pressão a Quente A soldagem por pressão a quente (HPW, do inglês *hot pressure welding*) é outra variação da soldagem por forjamento na qual o coalescimento ocorre a partir da aplicação de calor e pressão suficientes para causar deformação considerável dos metais de base. A deformação rompe a superfície do filme de óxido, deixando assim um metal limpo para estabelecer uma boa ligação entre as duas peças.

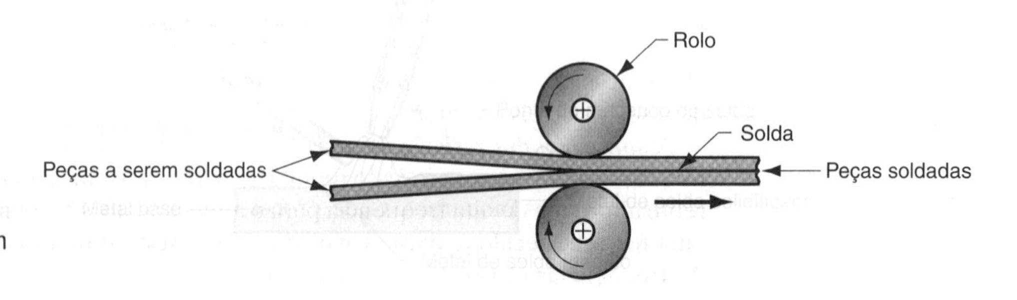

FIGURA 26.26 Soldagem por laminação (ROW).

É necessário um tempo para que ocorra difusão através das superfícies de atrito. Geralmente a operação é executada em uma câmara de vácuo ou na presença de um meio de proteção. As aplicações principais do processo HPW são na indústria aeroespacial.

Soldagem por Difusão Soldagem por difusão (DFW, do inglês *diffusion welding*) é um processo de soldagem no estado sólido que resulta da aplicação de calor e pressão, geralmente em atmosfera controlada, concedendo tempo suficiente para a ocorrência da difusão e do coalescimento. As temperaturas são bem abaixo dos pontos de fusão dos metais (cerca de 0,5 T_f é o máximo), e a deformação plástica nas superfícies é mínima. O principal mecanismo de coalescimento é a difusão no estado sólido, que envolve a migração dos átomos através das interfaces entre as superfícies de contato. As aplicações do processo DFW incluem a união de metais de alta resistência e refratários nas indústrias aeroespacial e nuclear. O processo é utilizado para unir metais similares e dissimilares; no último caso, uma camada de enchimento consistindo em metal diferente é inserida frequentemente entre os dois metais de base para promover a difusão. O tempo para que a difusão ocorra entre as superfícies de atrito pode ser significativo, exigindo mais de uma hora em algumas aplicações [10].

Soldagem por Explosão Soldagem por explosão (EXW, do inglês *explosion welding*) é um processo de soldagem no estado sólido no qual o rápido coalescimento de duas superfícies metálicas é ocasionado pela energia de detonação de um explosivo. O processo é utilizado frequentemente para unir dois metais dissimilares, em particular para aplicar um metal como revestimento de um metal base, sobre grandes áreas. As aplicações incluem a produção de chapas resistentes à corrosão e placas para equipamentos nas indústrias química e petrolífera. O termo ***revestimento por explosão*** é utilizado nesse contexto. Nenhum metal de adição é aplicado no processo EXW, assim como não há aplicação de calor externo. Além disso, não ocorre nenhuma difusão durante o processo (o tempo é curto demais). A natureza da ligação é metalúrgica, em muitos casos combinada com interação mecânica que resulta em uma interface irregular ou ondulada entre os metais.

O processo para revestir uma placa metálica com outra pode ser descrito usando como referência a Figura 26.27. Nesse arranjo, as duas placas estão em uma configuração paralela, separadas por certa distância, com a carga explosiva acima da placa superior, chamada de ***placa de revestimento*** (*metal de revestimento*). Uma camada de amortecimento (por exemplo, borracha, plástico) é utilizada com frequência entre o explosivo e a placa de revestimento para proteger sua superfície. A placa inferior, chamada de ***metal de apoio*** (*metal base*), repousa sobre um batente. Quando a detonação é iniciada, a carga explosiva se propaga de uma extremidade da placa de revestimento até a outra, que está representada no detalhe exibido na Figura 26.27 (2). Uma das dificuldades para compreender o que acontece no processo EXW é o erro comum de que uma explosão ocorre instanta-

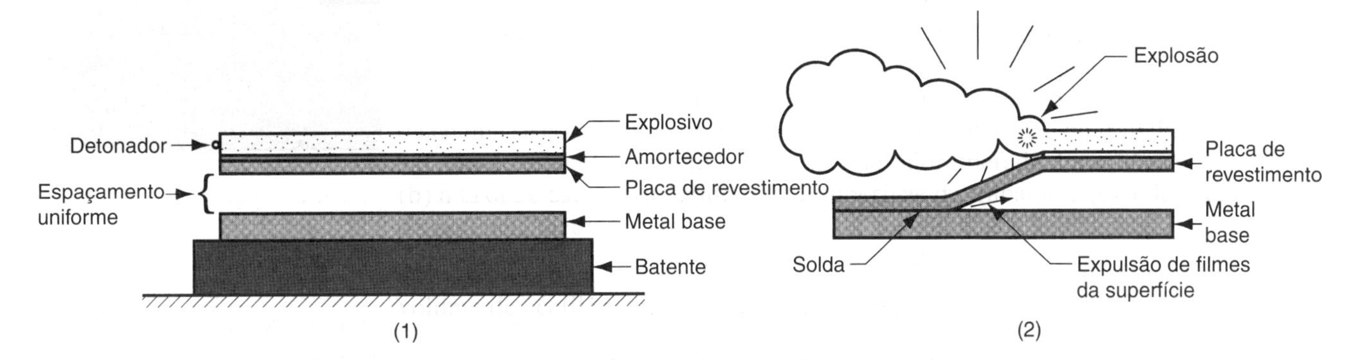

FIGURA 26.27 Soldagem por explosão (EXW): (1) arranjo de configuração em paralelo, e (2) durante a detonação da carga explosiva.

neamente; na realidade, ela é uma reação progressiva, embora reconhecidamente muito rápida – com taxas de propagação tão elevadas como 8500 m/s. A zona de alta pressão resultante impulsiona a placa de revestimento e provoca sua colisão com o metal de apoio, progressivamente e em alta velocidade, de modo que assume uma forma angular, à medida que a explosão avança, conforme ilustrado no esboço. A placa superior permanece na posição da região em que o explosivo ainda não foi detonado. A colisão em alta velocidade, ocorrendo de modo progressivo e angular como é o caso, faz com que as superfícies fiquem fluidas no ponto de contato, e quaisquer filmes superficiais são expelidos para a frente a partir do ápice do ângulo. As superfícies em colisão são, portanto, quimicamente limpas e o comportamento fluido do metal, que envolve alguma fusão interfacial, promove o contato maior entre as superfícies, levando à ligação metalúrgica. As variações na velocidade de colisão e no ângulo de impacto durante o processo podem resultar em uma interface ondulada entre os dois metais. Esse tipo de interface reforça a ligação porque aumenta a área de contato e tende a travar mecanicamente as duas superfícies.

Soldagem por Atrito A soldagem por atrito é amplamente utilizada comercialmente, sendo propensa aos métodos de produção automatizados. O processo foi desenvolvido na (antiga) União Soviética e introduzido nos Estados Unidos por volta de 1960. ***Soldagem por atrito*** (FRW, do inglês *friction welding*) é um processo de soldagem no estado sólido no qual o coalescimento é alcançado pelo calor gerado pelo atrito combinado com pressão. O atrito é induzido pelo contato e movimento relativo entre as duas superfícies, geralmente pela rotação de uma peça em relação à outra, elevando a temperatura na interface da junta até a faixa de trabalho quente dos metais envolvidos. Depois, as peças são induzidas uma contra a outra com força suficiente para formar uma ligação metalúrgica. A sequência é apresentada na Figura 26.28 para soldagem de duas peças cilíndricas, que é uma aplicação típica. A força de compressão axial recalca as peças, e uma rebarba é produzida pelo material deslocado. Quaisquer filmes superficiais que pudessem estar nas superfícies de contato são eliminados durante o processo. A rebarba deve ser retirada subsequentemente (por exemplo, por torneamento) para promover uma superfície plana na região da solda. Quando executada corretamente, não ocorre fusão nas superfícies de atrito. Normalmente não se utilizam metal de adição, fluxo e gases protetores. A Figura 26.29 mostra a seção transversal de uma junta soldada por atrito.

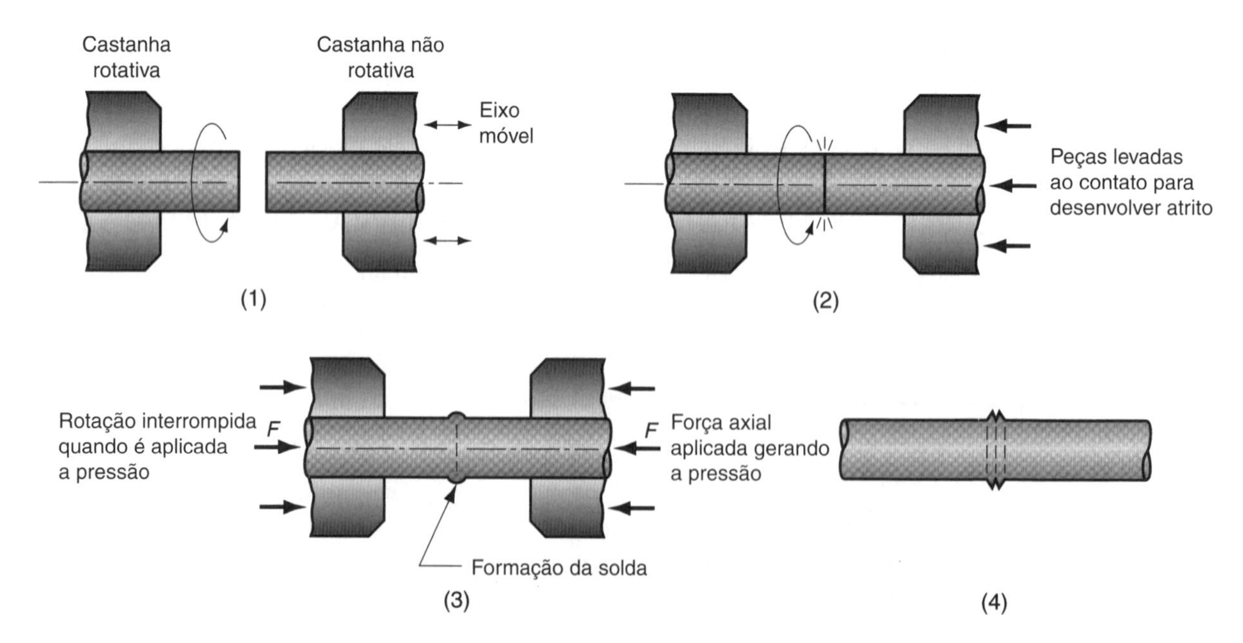

FIGURA 26.28 Soldagem por atrito (FRW): (1) peça giratória, sem contato; (2) peças induzidas ao contato para gerar calor de atrito; (3) rotação interrompida e pressão axial aplicada; e (4) solda executada.

FIGURA 26.29 Seção transversal da junta de topo de dois tubos de aço soldados por atrito. (Cortesia da George E. Kane Manufacturing Technology Laboratory, Lehigh University.)

Quase todas as operações do processo FRW usam rotação para desenvolver o calor de atrito para soldagem. Existem dois sistemas principais de movimento, distinguindo dois tipos de processo FRW: (1) soldagem por atrito por arraste contínuo e (2) soldagem por atrito inercial. Na ***soldagem por atrito por arraste contínuo*** (***não inercial***), a peça é conduzida a uma velocidade rotacional constante e pressionada para ter contato com a peça estacionária em um determinado nível de força, de modo que o calor de atrito é gerado na interface. Quando a temperatura de trabalho a quente adequada é alcançada, aplica-se um travamento para interromper a rotação abruptamente, e simultaneamente as peças são forçadas em conjunto por pressões de forjamento. Na ***soldagem por atrito inercial***, a peça girando é conectada a um volante, que tem velocidade predeterminada. Depois, o volante é desacoplado do motor de acionamento, e as peças são pressionadas uma contra a outra. A energia cinética armazenada no volante é dissipada na forma de calor de atrito para provocar a coalescência nas superfícies adjacentes. O ciclo total dessas operações é de aproximadamente 20 segundos.

As máquinas utilizadas para soldagem por atrito têm a aparência de um torno mecânico. Elas exigem um fuso potente para girar uma peça em alta velocidade, e um meio para aplicar a força axial entre a peça que gira e a peça fixa. Com seus tempos de ciclo pequenos, o processo se presta à produção em grande escala, sendo aplicado na soldagem de vários eixos e peças tubulares em indústrias, como automotiva, aeronáutica, agrícola, de petróleo, e gás natural. O processo produz uma estreita zona termicamente afetada e pode ser utilizado para unir metais dissimilares. No entanto, pelo menos uma das peças deve estar em rotação, rebarbas em geral devem ser removidas e o recalque reduz os comprimentos das peças (que devem ser levados em consideração no projeto do produto).

As operações de soldagem por atrito convencional, discutidas anteriormente, utilizam movimento rotativo para desenvolver o atrito necessário entre as superfícies de atrito. Uma versão mais recente do processo é a ***soldagem por atrito linear***, na qual um movimento de alternado linear é utilizado para gerar calor de atrito entre as peças. Isso elimina a necessidade de pelo menos uma das peças ser rotacional (por exemplo, cilíndrica, tubular).

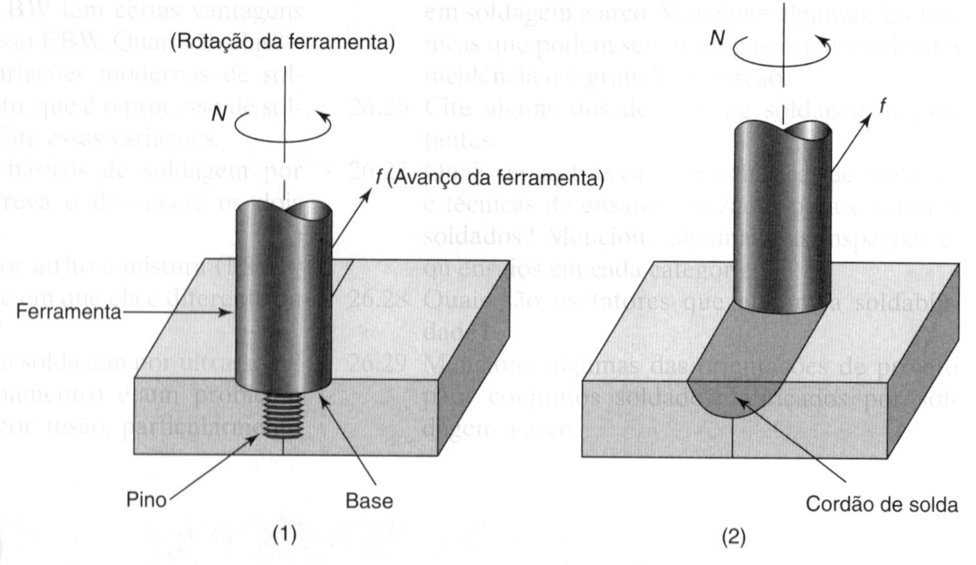

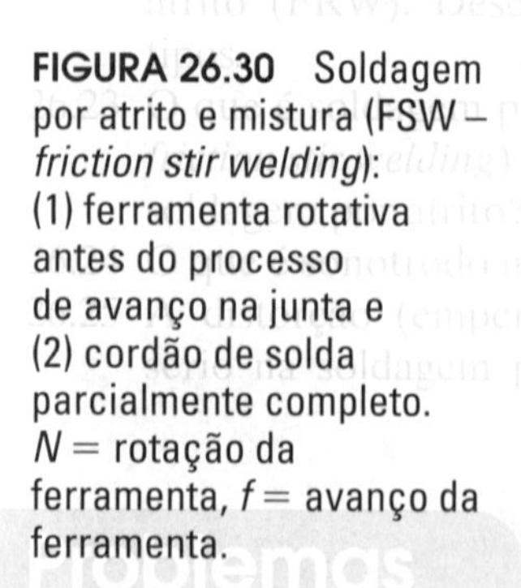

FIGURA 26.30 Soldagem por atrito e mistura (FSW – *friction stir welding*): (1) ferramenta rotativa antes do processo de avanço na junta e (2) cordão de solda parcialmente completo. N = rotação da ferramenta, f = avanço da ferramenta.

Soldagem por Atrito e Mistura (*Friction Stir Welding*) A soldagem por atrito e mistura (FSW), ilustrada na Figura 26.30, é um processo de soldagem no estado sólido no qual uma ferramenta rotativa avança ao longo da linha de união entre duas peças a serem soldadas, gerando calor de atrito e agitação mecânica do metal para formar o cordão de solda. O nome desse processo deriva da ação de agitação ou mistura. O processo FSW diferencia-se do processo FRW convencional pelo fato de que o calor de atrito é gerado por uma ferramenta resistente ao desgaste, separada, em vez das próprias peças. O processo FSW foi desenvolvido, em 1991, no *The Welding Institute*, em Cambridge, Inglaterra.

A ferramenta rotativa é escalonada, consistindo em uma base ("ombro" cilíndrico) e um pequeno pino projetado abaixo dele. Durante a soldagem, a base entra em atrito com as superfícies de topo das duas peças, desenvolvendo grande parte do calor de atrito, enquanto o pino gera calor adicional misturando mecanicamente o metal ao longo das superfícies de topo. O pino tem geometria projetada para facilitar a ação de mistura. O calor produzido pela combinação de atrito e mistura não funde o metal, mas o amolece até uma condição altamente plástica. À medida que a ferramenta avança ao longo da junta, a superfície principal do pino gira e pressiona o metal em torno dele e em seu caminho, desenvolvendo forças que forjam o metal em uma costura de solda. A base serve para restringir o fluxo de metal plastificado em torno do pino.

O processo FSW é utilizado nas indústrias aeroespacial, automotiva, ferroviária e naval. As aplicações típicas são as de junta de topo em grandes peças de alumínio. Outros metais, incluindo aço, cobre e titânio, bem como polímeros e compósitos também têm sido soldados por FSW. As vantagens nessas aplicações incluem: (1) boas propriedades mecânicas da junta de solda; (2) são evitadas as questões de gases tóxicos, empenamento, problemas de proteção e outros problemas associados à soldagem por arco; (3) pouca distorção ou contração; e (4) bom aspecto da solda. As desvantagens incluem: (1) produção de um furo quando a ferramenta é retirada da peça de trabalho; e (2) necessidade de serviço pesado de fixação das peças.

Soldagem por Ultrassom Soldagem por ultrassom (SW, do inglês *ultrasonic welding*) é um processo de soldagem no estado sólido em que dois componentes são unidos sob uma modesta pressão de aperto, e são aplicadas tensões de cisalhamento oscilatórias de frequência ultrassônica na interface visando provocar o coalescimento. A operação é ilustrada na Figura 26.31 para soldagem sobreposta, que é a aplicação típica. O movimento oscilatório entre as duas peças rompe quaisquer filmes superficiais, permitindo o contato maior e a forte ligação metalúrgica entre as superfícies. Embora o aquecimento

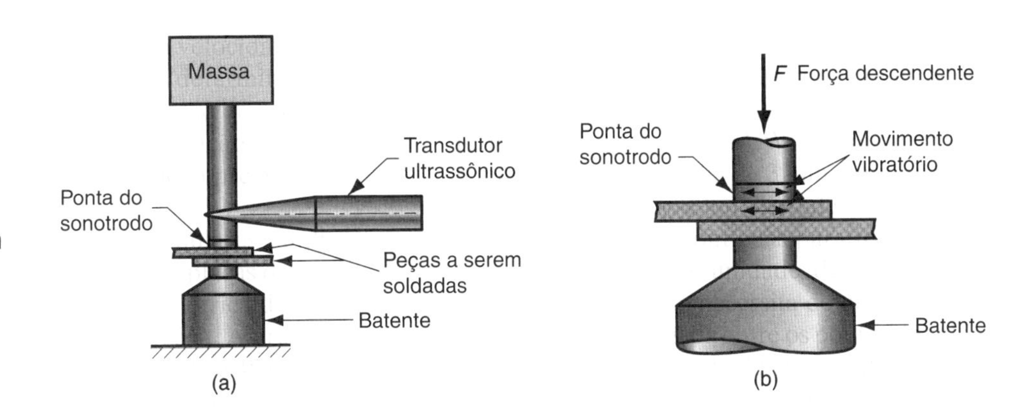

FIGURA 26.31 Soldagem por ultrassom (USW): (a) configuração geral para uma junta sobreposta; e (b) detalhe da área de solda.

das superfícies de contato ocorra devido ao atrito interfacial e à deformação plástica, as temperaturas resultantes são bem inferiores ao ponto de fusão. No processo USW não é necessário usar metais de adição, fluxos ou gases de proteção.

O movimento oscilatório é transmitido para a peça de trabalho superior por meio de um ***sonotrodo***, que é acoplado a um transdutor ultrassônico. Esse dispositivo converte energia elétrica em movimento vibratório de alta frequência. As frequências típicas utilizadas nos processos USW são de 15 a 75 kHz, com amplitudes de 0,018 a 0,13 mm. As pressões de aperto são bem inferiores às utilizadas na soldagem por forjamento a frio e não produzem deformação plástica relevante entre as superfícies. O tempo de soldagem sob essas condições é menor que 1 segundo.

As operações de USW geralmente são limitadas às juntas sobrepostas em materiais moles, como o alumínio e o cobre. A soldagem de materiais mais duros provoca o desgaste rápido do sonotrodo que entra em contato com a peça superior. As peças de trabalho devem ser relativamente pequenas, e a soldagem de espessuras inferiores a 3 mm é o caso típico. As aplicações incluem terminais de fiação e emendas nas indústrias elétrica e eletrônica (elimina a necessidade de solda branda), montagem de painéis de chapas de alumínio, soldagem de tubos em painéis solares e outras tarefas de montagem de pequenas peças.

26.6 Qualidade da Solda

A finalidade de qualquer processo de soldagem é unir dois ou mais componentes em uma única estrutura. A integridade física da estrutura assim formada depende da qualidade da solda. A discussão da qualidade da solda tem a ver principalmente com a soldagem a arco, o processo de soldagem mais utilizado e aquele para o qual a questão da qualidade é mais crítica e complexa.

Tensões Residuais e Distorção O aquecimento e resfriamento rápido em regiões localizadas da peça de trabalho durante a soldagem por fusão, especialmente na soldagem a arco, resulta em expansão térmica e contração que provocam tensões residuais na solda. Por sua vez, essas tensões podem provocar distorção e empenamento do conjunto soldado.

A situação na soldagem é complexa porque (1) o aquecimento é muito localizado, (2) a fusão dos metais base ocorre de forma localizada nessas regiões e (3) há movimentação da região do aquecimento e fusão (pelo menos na soldagem a arco). Considere uma solda de topo de duas placas por soldagem a arco, como a exibida na Figura 26.32(a). A operação começa em uma extremidade e segue para a extremidade oposta. À medida que avança, forma-se uma poça de fusão a partir do metal base (e do metal de adição, caso seja utilizado) que se solidifica rapidamente após o arco em movimento. As partes da peça de trabalho imediatamente adjacentes ao cordão de solda ficam extremamente quentes e se expandem, enquanto as partes distantes da solda continuam relativamente

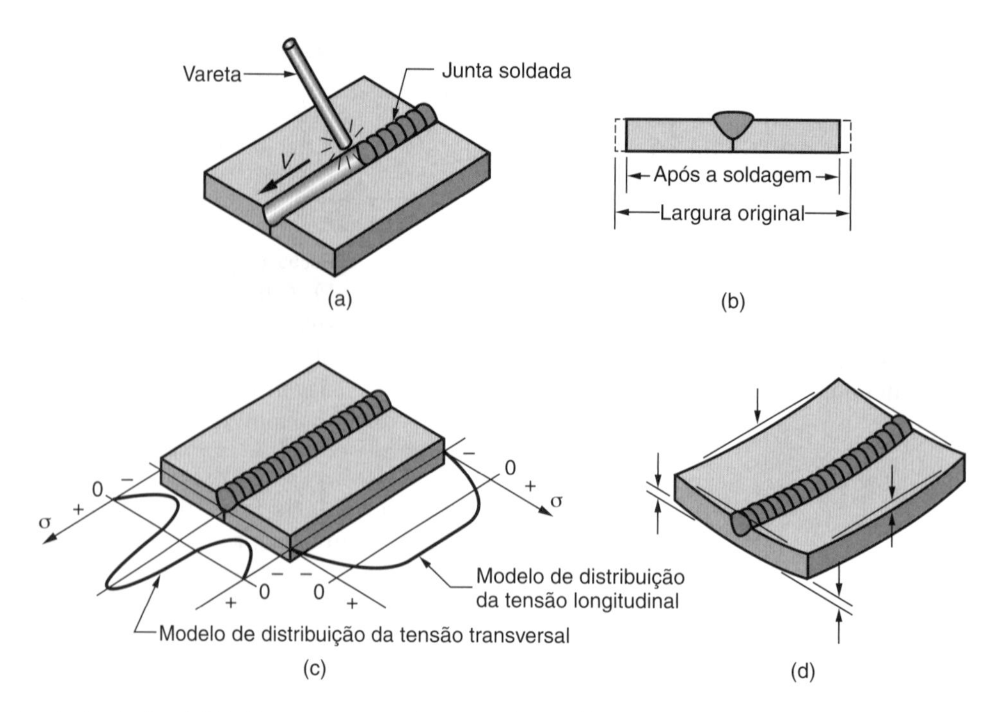

FIGURA 26.32 (a) Soldagem de topo de duas placas; (b) contração transversal em toda a largura do conjunto soldado; (c) modelo de tensões residuais transversal e longitudinal; e (d) provável empenamento no conjunto soldado.

frias. A poça de solda se solidifica rapidamente na cavidade entre as duas peças e, à medida que ela e o metal ao redor se resfriam e se contraem, ocorre a contração por toda a extensão da solda, como mostrado na Figura 26.32(b). A tensão residual na costura da solda gera tensões compressivas reativas nas regiões das peças longe da solda. As tensões residuais e a contração também ocorrem ao longo do comprimento do cordão de solda. Como as regiões externas das peças base permaneceram relativamente frias e com dimensões inalteradas, enquanto o cordão de solda se solidificou a partir de temperaturas muito altas e depois se contraiu, as tensões trativas residuais continuam longitudinalmente no cordão de solda. Os modelos de distribuição de tensões longitudinal e transversal são retratados na Figura 26.32(c). O resultado final dessas tensões residuais, transversalmente e longitudinalmente, pode causar empenamento no conjunto soldado, como mostrado na Figura 26.32(d).

A junta de topo soldada a arco no exemplo é apenas um entre vários tipos de juntas e operações de soldagem. As tensões residuais induzidas termicamente e a distorção concomitante são possíveis problemas em quase todos os processos de soldagem por fusão e em certas operações de soldagem no estado sólido, em que ocorre um aquecimento significativo. A seguir, são apresentadas algumas técnicas para minimizar o empenamento em um conjunto soldado: (1) ***Fixadores de soldagem*** podem ser utilizados para restringir fisicamente o movimento das peças durante a soldagem. (2) ***Dissipadores de calor*** podem ser utilizados para remover rapidamente o calor a partir das seções das peças soldadas a fim de reduzir a distorção. (3) ***Soldagem de ponteamento*** de vários pontos ao longo da junta pode criar uma estrutura rígida antes da soldagem de costura contínua. (4) ***Condições de soldagem*** (velocidade, quantidade de metal de adição usado etc.) podem ser selecionadas para reduzir a distorção. (5) As peças de base podem ser ***preaquecidas*** para reduzir o nível de tensões térmicas experimentadas pelas peças. (6) O tratamento térmico de ***alívio de tensão*** pode ser realizado no conjunto soldado, seja em um forno para um conjunto pequeno de peças soldadas, seja usando métodos que possam ser aplicados em campo para grandes estruturas. (7) Um ***projeto adequado*** do conjunto de peças soldadas pode, por si só, reduzir o grau de empenamento.

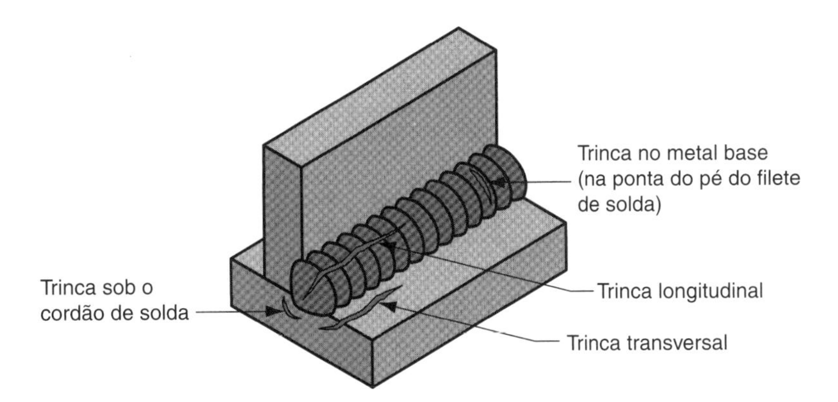

FIGURA 26.33 Várias formas de trincas de soldagem.

Defeitos em Soldagem Além das tensões residuais e da distorção na montagem final, outros defeitos podem ocorrer na soldagem. A seguir, é apresentada uma breve descrição de cada uma das principais categorias, com base na classificação que consta em Cary [3]:

- ***Trincas.*** As trincas são interrupções tipo fraturas na própria solda ou no metal de base adjacente à solda. Talvez seja o defeito de soldagem mais grave porque constitui uma descontinuidade no metal, que reduz significativamente a resistência da solda. Várias formas estão definidas na Figura 26.33. As trincas de soldagem são ocasionadas pela fragilização ou baixa ductilidade da solda e/ou do metal de base combinada com a alta restrição durante a contração. Geralmente, esse defeito precisa ser reparado.
- ***Vazios ou cavidades.*** Estes incluem várias porosidades e vazios de contração. A ***porosidade*** consiste em pequenos vazios no metal da solda, formados por gases aprisionados durante a solidificação. As formas dos vazios variam, de esférica (bolha) a alongada (vermiforme). A porosidade resulta geralmente da inclusão de gases atmosféricos, enxofre no metal de solda, ou contaminantes sobre a superfície. Os ***vazios de contração*** são cavidades formadas pela contração durante a solidificação. Esses dois tipos de defeitos de cavidade são similares aos defeitos encontrados em fundição e enfatizam a estreita correlação entre fundição e soldagem.
- ***Inclusões sólidas.*** São materiais sólidos não metálicos aprisionados no interior do metal de solda. A forma mais comum é a de inclusões de escórias geradas durante os processos de soldagem a arco que utilizam fluxo. Em vez de flutuar na poça de solda, esferas de escória são encapsuladas durante a solidificação do metal. Outras formas de inclusões são os óxidos metálicos que se formam durante a soldagem de metais, como o alumínio, que normalmente tem um revestimento superficial de Al_2O_3.
- ***Fusão incompleta.*** Várias formas desse defeito são ilustradas na Figura 26.34. Também conhecido como ***falta de fusão***, o defeito é simplesmente um cordão de solda no qual a fusão não ocorreu ao longo de toda a seção transversal da junta. Um defeito relacionado é a ***falta de penetração***, que significa que a fusão não penetrou o suficiente até a raiz da junta.
- ***Forma imperfeita ou contorno inaceitável.*** A solda deve ter um determinado perfil desejado para obter resistência máxima, conforme indicado na Figura 26.35(a) para uma solda de chanfro em V. Esse perfil de solda maximiza a resistência da junta soldada e evita a fusão incompleta; também evita a falta de penetração. Alguns dos defeitos comuns de forma e contorno de solda são ilustrados na Figura 26.35.
- ***Defeitos diversos.*** Esta categoria inclui ***aberturas de arco***, quando o soldador permite acidentalmente que o eletrodo toque o metal de base próximo à junta, deixando marca na superfície; e o ***respingo excessivo***, no qual as gotas do metal de solda fundido respingam nas peças de base.

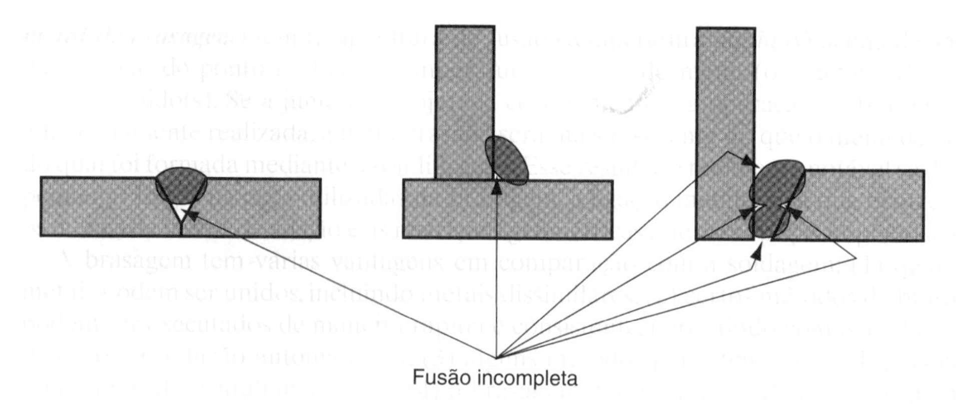

FIGURA 26.34 Várias formas de fusão incompleta.

Inspeção e Métodos de Ensaio Há uma série de métodos de ensaio e inspeção para avaliar a qualidade da junta soldada. Procedimentos padronizados foram desenvolvidos e especificados ao longo de anos por sociedades comerciais e de engenharia, como a American Welding Society (AWS). Para o propósito de facilitar a discussão, esses procedimentos de inspeção e teste podem ser divididos em três categorias: (1) visual, (2) não destrutivos, e (3) destrutivos.

A ***inspeção visual*** é sem dúvida o método de inspeção de soldagem mais utilizado. Um inspetor examina visualmente o conjunto soldado quanto (1) à conformidade com as especificações dimensionais do projeto da peça, (2) ao empenamento, e (3) a trincas, cavidades, fusão incompleta e outros defeitos visíveis. O inspetor de soldagem também determina se outros ensaios são justificáveis, geralmente na categoria de ensaios não destrutivos. A limitação da inspeção visual é que apenas defeitos superficiais são detectáveis; os defeitos internos não podem ser analisados por métodos visuais.

Os ***ensaios não destrutivos*** (END) incluem vários métodos que não danificam as amostras a serem inspecionadas. ***Ensaios por líquido penetrante*** e ***líquido penetrante fluorescente*** são métodos para detectar pequenos defeitos, como trincas e cavidades que se propagam na superfície. Os fluorescentes penetrantes são altamente visíveis quando expostos à luz ultravioleta, e seu uso é, portanto, mais sensível que os líquidos não fluorescentes.

Vários outros métodos de END devem ser mencionados. O ***ensaio por partículas magnéticas*** se limita aos materiais ferromagnéticos. Um campo magnético é estabelecido na peça, e são espalhadas partículas magnéticas na superfície. Os defeitos subsuperficiais, como trincas e inclusões, se revelam pela distorção do campo magnético, fazendo com que as partículas fiquem concentradas em certas regiões na superfície. O ***ensaio por ultrassom*** envolve o uso de ondas sonoras de alta frequência (> 20 kHz) direcionadas através da amostra. São detectadas descontinuidades (por exemplo, trincas, inclusões,

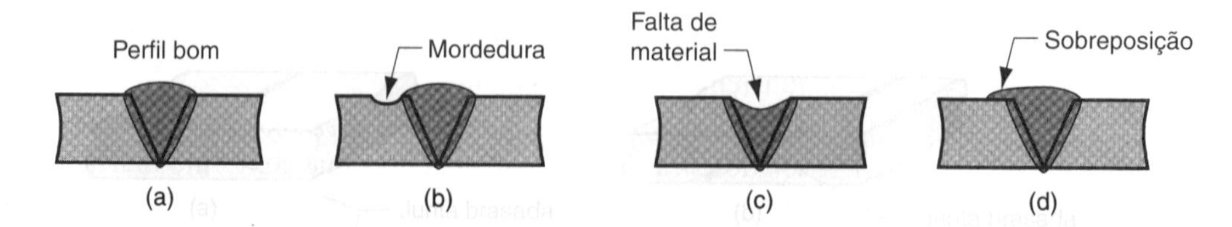

FIGURA 26.35 (a) Perfil de solda desejável para solda de junta de chanfro em V. A mesma junta, mas com vários defeitos de soldagem: (b) *mordedura*, em que uma porção afastada do metal de base é fundida; (c) *falta de material (deposição insuficiente)*, depressão na solda abaixo do nível da superfície do metal de base adjacente; e (d) *sobreposição*, na qual o metal de solda derrama além da junta e se espalha sobre a superfície do metal de base, mas não ocorre fusão.

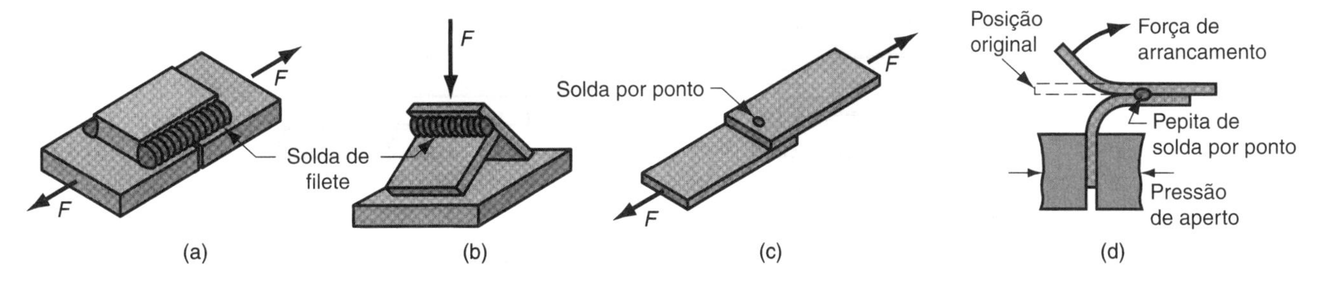

FIGURA 26.36 Ensaios mecânicos empregados em soldagem: (a) ensaios de tração e cisalhamento de um conjunto soldado, (b) ensaio de ruptura do filete, (c) ensaio de cisalhamento de solda de pontos, (d) ensaio de arrancamento para solda de pontos.

porosidade) pelas perdas de transmissão sonora. O ***ensaio radiográfico*** usa raios X ou radiação gama para detectar falhas internas no metal de solda. Ele proporciona o registro em filme fotográfico de quaisquer defeitos.

Os métodos de ***ensaios destrutivos*** são aqueles em que a solda é destruída durante o ensaio ou na preparação da amostra. Eles incluem ensaios mecânicos e metalúrgicos. Os ***ensaios mecânicos*** têm finalidade similar à dos métodos de ensaio convencionais, como os ensaios de tração e de cisalhamento (Capítulo 3). A diferença é que a amostra do ensaio é uma junta de solda. A Figura 26.36 apresenta exemplos dos ensaios mecânicos utilizados em soldagem. Os ***ensaios metalúrgicos*** envolvem a preparação de amostras metalúrgicas do conjunto soldado para examinar características, como a estrutura metálica, defeitos, extensão e condição da zona termicamente afetada, presença de outros elementos e fenômenos similares.

26.7 Soldabilidade

Soldabilidade é a capacidade de um material metálico ser soldado em uma estrutura adequadamente projetada, e de a(s) junta(s) de solda resultante(s) possuir as propriedades metalúrgicas necessárias para alcançar um desempenho satisfatório na aplicação pretendida. A boa soldabilidade é caracterizada pela facilidade com que é realizado o processo de soldagem, pela ausência de defeitos de solda e pela resistência, ductilidade e tenacidade aceitáveis na junta soldada.

Os fatores que afetam a soldabilidade são: (1) processo de soldagem, (2) propriedades do metal de base, (3) metal de adição, e (4) condições da superfície. O processo de soldagem é importante, e alguns materiais metálicos que podem ser imediatamente soldados por um processo são de difícil soldagem por outros. Por exemplo, o aço inoxidável pode ser facilmente soldado pela maioria dos processos de soldagem a arco, mas é considerado um material metálico difícil para o processo de soldagem oxicombustível.

As propriedades do metal de base afetam o desempenho da soldagem. As propriedades importantes incluem o ponto de fusão, a condutividade térmica e o coeficiente de expansão térmica. Pode-se pensar que um ponto de fusão menor significaria uma soldagem mais fácil. No entanto, alguns metais se fundem fácil demais para a boa soldagem (por exemplo, alumínio). Metais com condutividade térmica elevada tendem a transferir calor para longe da zona de solda, o que pode tornar difícil soldá-los (por exemplo, cobre). Elevada expansão térmica e contração no metal provocam problemas de empenamento no conjunto soldado.

Metais dissimilares apresentam problemas especiais em soldagem quando suas propriedades físicas e/ou mecânicas são substancialmente diferentes. As diferenças nas temperaturas de fusão são um problema óbvio. As diferenças na resistência ou no coeficiente de expansão térmica podem resultar em elevadas tensões residuais que provocam trincas. Se for utilizado um metal de adição, ele deve ser compatível com o metal (ou metais) base. Em geral, elementos misturados no estado líquido que formam uma solução sólida mediante a solidificação não vão causar problemas. A fragilização na junta de solda poderá ocorrer se os limites de solubilidade forem ultrapassados.

As condições da superfície dos metais de base podem afetar adversamente a operação. Por exemplo, a umidade pode resultar em porosidade na zona de fusão. Os óxidos e outros filmes sólidos nas superfícies metálicas podem evitar o contato adequado e a ocorrência de fusão.

26.8 Considerações de Projeto em Soldagem

Se uma montagem tiver que ser soldada em caráter permanente, o projetista deverá seguir certas orientações (compiladas de [2], [3] e outras fontes):

- ➢ ***Projeto de soldagem.*** A orientação mais básica é que o produto deve ser projetado, desde o começo, como um conjunto soldado, e não como um fundido ou forjado ou outra forma conformada.
- ➢ ***Mínimo de peças.*** Os conjuntos soldados devem consistir no menor número possível de peças. Por exemplo, normalmente é mais econômico executar operações de dobramento simples em uma peça do que soldar um conjunto a partir de placas e chapas planas.

As orientações a seguir se aplicam à soldagem a arco:

- ➢ O ***bom ajuste das peças*** que são soldadas é importante para manter o controle dimensional e minimizar a distorção. Às vezes, a usinagem é necessária para alcançar o ajuste satisfatório.
- ➢ A montagem deve proporcionar acesso para permitir que a pistola de soldagem alcance a área de soldagem.
- ➢ Sempre que possível, o projeto do conjunto deve permitir a execução da ***soldagem plana***, pois essa é a posição de soldagem mais rápida e conveniente. As possíveis posições de soldagem são definidas na Figura 26.37. A posição sobre cabeça é a mais difícil.

As seguintes orientações de projeto se aplicam à soldagem por resistência por pontos:

- ➢ A chapa de aço com baixo teor de carbono de até 3,2 mm é a ideal para a soldagem por pontos.
- ➢ É possível obter mais resistência e rigidez em componentes de chapas metálicas planas grandes (1) com soldagem por pontos reforçando essas peças ou (2) conformando seus flanges e relevos.
- ➢ O conjunto soldado por pontos deve proporcionar acesso para que os eletrodos alcancem a área de soldagem.

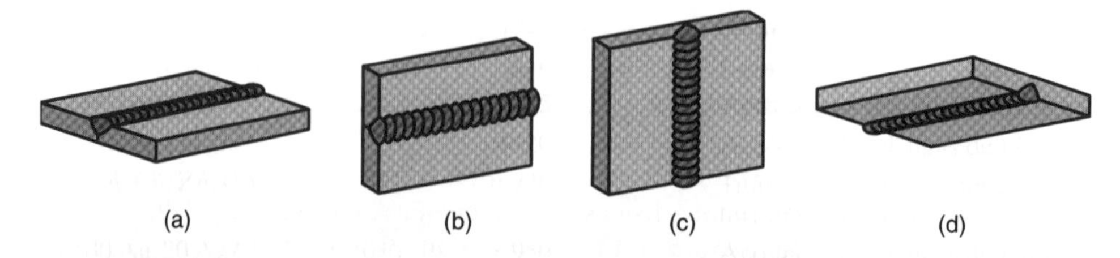

FIGURA 26.37 Posições de soldagem (definidas aqui para soldas de chanfro): (a) plana, (b) horizontal, (c) vertical e (d) sobre cabeça.

➢ É necessária uma sobreposição suficiente de peças metálicas para que a ponta do eletrodo faça o contato adequado em soldagem por pontos. Por exemplo, nas chapas de aço com baixo teor de carbono, a distância de sobreposição deve variar de aproximadamente seis vezes a espessura, no caso das chapas grossas de 3,2 mm, a 20 vezes a espessura, no caso das chapas finas de 0,5 mm.

Referência

[1] ***ASM Handbook***, Vol. 6, ***Welding, Brazing, and Soldering***. ASM International, Materials Park, Ohio, 1993.

[2] Bralla, J. G. (Editor in Chief). ***Design for Manufacturability Handbook***, 2nd ed. McGraw-Hill, New York, 1998.

[3] Cary, H. B., and Helzer S. C. ***Modern Welding Technology***, 6th ed. Pearson/Prentice-Hall, Upper Saddle River, New Jersey, 2005.

[4] Galyen, J., Sear, G., and Tuttle, C. A. ***Welding, Fundamentals and Procedures***, 2nd ed. Prentice-Hall, Inc., Upper Saddle River, New Jersey, 1991.

[5] Jeffus, L. F., ***Welding: Principles and Applications***, 6th ed. Delmar Cengage Learning, Clifton Park, New York, 2007.

[6] Messler, R. W., Jr. ***Principles of Welding: Processes, Physics, Chemistry, and Metallurgy***. John Wiley & Sons, New York, 1999.

[7] Stotler, T., and Bernath, J., "Friction Stir Welding Advances," ***Advanced Materials and Processes***, March 2009, pp 35–37.

[8] Stout, R. D., and Ott, C. D. ***Weldability of Steels***, 4th ed. Welding Research Council, New York, 1987.

[9] ***Welding Handbook***, 9th ed., Vol. 1, ***Welding Science and Technology***. American Welding Society, Miami, Florida, 2007.

[10] ***Welding Handbook***, 9th ed., Vol. 2, ***Welding Processes***. American Welding Society, Miami, Florida, 2007.

[11] Wick, C., and Veilleux, R. F. (eds.). ***Tool and Manufacturing Engineers Handbook***, 4th ed., Vol. IV, ***Quality Control and Assembly***. Society of Manufacturing Engineers, Dearborn, Michigan, 1987.

Questões de Revisão

26.1 Cite os principais grupos de processos incluídos na soldagem por fusão.

26.2 Qual é a característica fundamental que distingue a soldagem por fusão da soldagem no estado sólido?

26.3 Defina arco elétrico.

26.4 O que significam os termos *arc-on time* e duração do arco?

26.5 Os eletrodos em soldagem a arco são divididos em duas categorias. Mencione e defina os dois tipos.

26.6 Quais são os dois métodos básicos de proteção do arco?

26.7 Por que o fator de transferência de calor em processos de soldagem a arco que utilizam eletrodos consumíveis é maior do que naqueles que utilizam eletrodos não consumíveis?

26.8 Descreva o processo a arco com eletrodos revestidos (SMAW).

26.9 Por que o processo a arco com eletrodos revestidos (SMAW) é difícil de automatizar?

26.10 Descreva a soldagem a arco submerso (SAW).

26.11 Por que as temperaturas são muito maiores na soldagem a plasma do que em outros processos a arco (AW)?

26.12 Defina soldagem por resistência.

26.13 Quais são as propriedades desejadas de um material metálico que proporcionariam boa soldabilidade em soldagem por resistência?

26.14 Descreva a sequência das etapas do ciclo de operação da soldagem por resistência por pontos.

26.15 O que é soldagem por projeção?

26.16 Descreva soldagem com arames cruzados.

26.17 Por que o processo de soldagem oxiacetileno é preferido em relação aos outros processos de soldagem oxicombustíveis?

26.18 Defina soldagem a gás pressurizado.

26.19 A soldagem por feixe de elétrons tem uma desvantagem importante em aplicações de alta produtividade. Qual é essa desvantagem?

26.20 A soldagem a laser e a soldagem por feixe de elétrons são comparadas frequentemente porque produzem densidades de potência muito elevadas. O processo LBW tem certas vantagens em relação ao processo EBW. Quais são elas?

26.21 Existem diversas variações modernas de soldagem por forjamento, que é o processo de soldagem mais antigo. Cite essas variações.

26.22 Existem dois tipos básicos de soldagem por atrito (FRW). Descreva e diferencie os dois tipos.

26.23 O que é soldagem por atrito e mistura (FSW – *friction stir welding*) e em que ela é diferente da soldagem por atrito?

26.24 O que é sonotrodo na soldagem por ultrassom?

26.25 A distorção (empenamento) é um problema sério na soldagem por fusão, particularmente em soldagem a arco. Mencione algumas das técnicas que podem ser empregadas para reduzir a incidência e o grau de distorção.

26.26 Cite alguns dos defeitos de soldagem importantes.

26.27 Quais são as três categorias básicas de inspeção e técnicas de ensaios utilizadas para conjuntos soldados? Mencione algumas das inspeções e/ou ensaios em cada categoria.

26.28 Quais são os fatores que afetam a soldabilidade?

26.29 Mencione algumas das orientações de projeto para conjuntos soldados fabricados por soldagem a arco.

Problemas

As respostas para os Problemas indicados com **(A)** são apresentadas no Apêndice, no final do livro.

Soldagem a Arco

26.1 **(A)** Uma operação de soldagem a arco com eletrodos revestidos é realizada em uma célula de trabalho por um ajustador e um soldador. O ajustador leva 5,5 minutos para carregar os componentes nos fixadores de soldagem no início do ciclo de trabalho e 1,5 minuto para descarregar o conjunto soldado concluído no final do ciclo. O comprimento total das costuras de solda é de 1800 mm, e a velocidade de soldagem utilizada pelo soldador é, em média, 300 mm/min. A cada 750 mm do comprimento de solda, a vareta deve ser substituída, o que leva 0,8 minuto. Enquanto o ajustador está trabalhando, o soldador está ocioso (descansando); e enquanto o soldador está trabalhando, o ajustador está ocioso. (a) Determine a duração média do arco nesse ciclo de soldagem. (b) Qual seria a melhoria resultante na duração do arco se o soldador usasse soldagem com arame tubular (operada manualmente), dado que a bobina com arame tubular deve ser trocada a cada cinco soldagens e o soldador leva 4,0 minutos para fazer a troca? (c) Quais são as taxas de produção nesses dois casos (soldagens concluídas por hora)?

26.2 No problema anterior, foi feita uma proposta de instalar um robô industrial para substituir o soldador. A célula consistiria no robô, dois fixadores de soldagem, e no ajustador que carrega e descarrega as peças. Com os dois fixadores, o ajustador e o robô trabalhariam simultaneamente, o robô soldando em um fixador enquanto o ajustador descarrega e carrega no outro. No final de cada ciclo de trabalho, eles trocam de local. O robô usaria soldagem a arco com proteção gasosa em vez de soldagem a arco com eletrodos revestidos ou com arames tubulares, mas a velocidade de soldagem continuaria a mesma, 300 mm/min. A bobina de arame (eletrodo) seria trocada a cada cinco peças, levando 4,0 minutos e sendo executada pelo ajustador. Determine (a) a duração do arco e (b) a taxa de produção dessa célula de trabalho.

26.3 **(A)** Uma operação de soldagem a arco com eletrodos revestidos é feita em placas de aço com baixo teor de carbono com tensão elétrica de 25 V e corrente de 200 A. O fator de transferência de calor é 0,90 e o fator de fusão é 0,75. A unidade de energia de fusão para o aço com baixo teor de carbono pode ser determinada pelos métodos do capítulo anterior. Usando unidades SI, determine (a) a taxa de geração de calor na solda e (b) o fluxo, em volume, de metal soldado.

26.4 Uma operação de soldagem a arco com eletrodo de tungstênio e proteção gasosa é realizada em aço com baixo teor de carbono. A unidade de energia de fusão do aço com baixo teor de carbono pode ser determinada pelos métodos do capítulo anterior. A tensão elétrica de soldagem é 20 V, a corrente é 150 A, o fator de transferência de calor é 0,7 e o fator de fusão é 0,65. Um arame de metal de adição de 4,0 mm de diâmetro é adicionado à operação, de modo que o cordão de solda final consiste em 60 % de metal adição e 40 % de metal base. Se a velocidade de soldagem na operação é 5 mm/s, determine (a) a área da seção transversal do cordão de solda e (b) a taxa de avanço ou de alimentação (mm/s) na qual o arame de metal de adição precisa ser fornecido.

26.5 A soldagem a arco com arames tubulares é utilizada na soldagem de topo de duas placas de aço inoxidável austenítico. A tensão elétrica de soldagem é 20 volts e a corrente é 175 A. A área da seção transversal da costura de solda é 45 mm^2 e o fator de fusão do aço inoxidável é 0,60. Usando dados tabelados e equações deste capítulo e do capítulo anterior, determine o valor da velocidade de soldagem na operação.

Soldagem por Resistência

26.6 Problemas de qualidade estão ocorrendo em uma operação de soldagem por resistência por pontos na fabricação de contêineres de aço. A chapa de aço de baixo carbono possui 2,4 mm de espessura. O principal problema é a fusão incompleta no processo, em que os pontos de solda são muito pequenos e susceptíveis à separação. Em alguns casos, os pontos de solda não se formam. Sem nenhuma outra informação sobre a operação, faça recomendações que possam solucionar o problema.

26.7 **(A)** Uma operação de soldagem por pontos faz uma série de pontos de solda entre duas chapas de alumínio, cada uma com 3,0 mm de espessura. A unidade de energia de fusão do alumínio é 2,90 J/mm^3. A corrente de soldagem é de 6000 A, a resistência é de 75 $\mu\Omega$ e a duração de 0,15 s. Cada ponto de solda tem 5,0 mm de diâmetro, com uma espessura média de 3,5 mm. Que proporção da energia gerada total é utilizada para formar o ponto de solda?

26.8 A unidade de energia de fusão de uma determinada chapa metálica é de 9,5 J/mm^3. A espessura de cada uma das chapas a serem soldadas é 3,5 mm. Para alcançar a resistência necessária, é desejável formar um ponto de solda de 5,5 mm de diâmetro e 4,0 mm de espessura. A duração da soldagem será estabelecida em 0,3 s. Se a resistência elétrica entre as superfícies for 140 $\mu\Omega$, e apenas um terço da energia elétrica será utilizada para formar o ponto de solda (com o resto sendo dissipado), determine o nível mínimo de corrente necessário para essa operação.

26.9 Uma operação de soldagem por costura é realizada em duas peças de aço inoxidável austenítico de 2,5 mm de espessura para fabricar um contêiner. A corrente na operação é 10.000 A, a duração da soldagem é 0,2 s e a resistência na interface é 75 $\mu\Omega$. É utilizada a soldagem com movimento contínuo usando rodas (eletrodos) de 200 mm de diâmetro. Cada pepita de solda formada na operação RSEW tem diâmetro de 6 mm e espessura média de 3 mm (suponha que as pepitas de solda sejam discoides). As pepitas de solda devem ser contíguas para formar uma costura hermética. A unidade de alimentação que induz o processo necessita de um tempo de 1,0 s para ficar desligada entre os pontos de solda. Determine (a) a unidade de energia de fusão do aço inoxidável usando os métodos do capítulo anterior, (b) a proporção da energia total utilizada para formar a pepita de solda e (c) a velocidade de rotação dos eletrodos de roda.

26.10 Suponha, no problema anterior, que seja realizada uma soldagem por pontos intervalados em vez de uma soldagem por costura. A resistência da interface aumenta para 100 $\mu\Omega$ e a distância de centro a centro entre os pontos de solda é 25 mm. Dadas as condições do problema anterior, com as mudanças observadas aqui, determine (a) a proporção da energia gerada que vai para a formação de cada ponto de solda e (b) a velocidade de rotação dos eletrodos de roda. (c) Nessa velocidade de rotação maior, o quanto se move o eletrodo de roda durante a aplicação de corrente? Isso poderia ter o efeito de alongar o ponto de solda (tornando-o elíptico em vez de redondo)?

Soldagem Oxicombustível

26.11 **(A)** Suponha, no Exemplo 26.3, que o combustível utilizado na operação de soldagem é MAPP em vez de acetileno e que a proporção de calor concentrado no círculo de 9 mm é 60 % em vez de 75 %. Calcule (a) a taxa de calor liberado durante a combustão, (b) a taxa de calor transferido para a superfície da peça de trabalho e (c) a densidade de potência média na área circular.

26.12 Uma operação de soldagem oxiacetileno é utilizada para soldar uma junta de canto formada por duas placas de aço com baixo teor de carbono de 7,5 mm de espessura. Uma solda de filete é feita na junta, adicionando metal de adição de mesma composição do metal base, e a área de seção transversal do cordão de solda é 75 mm^2. A velocidade de soldagem em que o cordão é formado é 5 mm/s. A unidade de energia de fusão do aço é 10,3 J/mm^3. Segundo as operações de OAW anteriores, sabe-se que apenas 40 % da energia gerada pelo maçarico são utilizados para fundir o metal; o restante é dissipado. Determine a taxa de fluxo em volume (vazão volumétrica) do acetileno necessária para realizar essa operação de OAW. Uma taxa de fluxo em volume igual de oxigênio será utilizada.

Soldagem por Feixe de Elétrons

26.13 A tensão elétrica em uma operação de processo EBW é 45 kV. A corrente do feixe é 50 mA. O feixe de elétrons é restringido a uma área circular com 0,25 mm de diâmetro. O fator de transferência de calor é 0,87. Calcule a densidade de potência média na área, em W/mm^2.

26.14 Uma operação de soldagem por feixe de elétrons é feita em solda de topo de duas peças de chapa metálica com 3 mm de espessura. A unidade de energia de fusão é 5,0 J/mm^3. A junta de solda tem 0,35 mm de largura, de modo que a seção transversal do metal fundido é 0,35 mm por 3,0 mm. Se a tensão elétrica de aceleração = 25 kV, a corrente de feixe = 30 mA, o fator de transferência de calor f_1 = 0,85 e o fator de fusão f_2 = 0,75, determine a velocidade de soldagem na qual a solda pode ser realizada ao longo da costura.

27 Brasagem, Solda Branda e União por Adesivos

Sumário

27.1 Brasagem
27.1.1 Juntas Brasadas
27.1.2 Metais de Adição e Fluxos
27.1.3 Métodos de Brasagem

27.2 Solda Branda
27.2.1 Projetos da Junta em Solda Branda
27.2.2 Soldas e Fluxos
27.2.3 Métodos de Solda Branda

27.3 União por Adesivos
27.3.1 Projeto da Junta
27.3.2 Tipos de Adesivos
27.3.3 Tecnologia da Aplicação de Adesivo

Este capítulo cobre três processos de união similares à soldagem em certos aspectos: brasagem, solda branda e união por adesivos. A brasagem e a solda branda usam metais de adição para unir e ligar duas (ou mais) peças metálicas, proporcionando uma junta permanente. É difícil, embora não seja impossível, desmontar as peças após a criação de uma junta brasada ou por solda branda ser realizada. No espectro dos processos de união, a brasagem e a solda branda se situam entre a soldagem por fusão e a soldagem no estado sólido. Um metal de adição é adicionado na brasagem e na solda branda, como na maioria das operações de soldagem por fusão; no entanto, não ocorre fusão dos metais de base, condição similar à da soldagem no estado sólido. Apesar dessas particularidades, a brasagem e a solda branda geralmente são consideradas diferentes da soldagem. A brasagem e a solda branda são vistas como vantajosas em comparação com a soldagem nas circunstâncias em que (1) os metais têm baixa soldabilidade, (2) os metais dissimilares devem ser unidos, (3) o calor intenso da soldagem pode danificar os componentes que se pretende unir, (4) a geometria da junta não se presta a qualquer um dos métodos de soldagem e/ou (5) a elevada resistência mecânica não é um pré-requisito.

A união por adesivos compartilha certas características em comum com a brasagem e a solda branda. Ela utiliza as forças de ligação entre o material de adição e duas superfícies pouco espaçadas para unir as peças. As diferenças são que o material de adição na união por adesivos não é metálico, e o processo de união é executado à temperatura ambiente ou apenas um pouco acima desta.

27.1 Brasagem

Brasagem é um processo de união no qual um metal de adição é fundido e distribuído pela ação capilar entre as superfícies de contato das peças metálicas que estão sendo unidas. Não ocorre fusão dos metais de base na brasagem; somente dos metais de adição. Na brasagem o metal de adição (também chamado de

metal de brasagem) tem temperatura de fusão (temperatura *liquidus*) acima de 450 °C, mas abaixo do ponto de fusão (temperatura *solidus*) do metal (ou metais) de base a ser(em) unido(s). Se a junta for projetada corretamente e a operação de brasagem for adequadamente realizada, a junta brasada será mais resistente do que o metal de adição do qual foi formada mediante a solidificação. Esse resultado realmente notável se deve às pequenas folgas na peça utilizadas na brasagem, à ligação metalúrgica que ocorre entre os metais de base e de adição e às restrições geométricas que essas peças impõem à junta.

A brasagem tem várias vantagens em comparação com a soldagem: (1) quaisquer metais podem ser unidos, incluindo metais dissimilares; (2) certos métodos de brasagem podem ser executados de maneira rápida e consistente, permitindo com isso altas taxas de ciclo e produção automatizada; (3) alguns métodos permitem que múltiplas juntas sejam brasadas simultaneamente; (4) a brasagem pode ser aplicada na união de peças de espessuras finas que não podem ser soldadas; (5) em geral, a brasagem requer menos calor e potência em comparação com a soldagem por fusão; (6) os problemas com a zona termicamente afetada no metal base perto da junta são menores; e (7) as áreas da junta que são inacessíveis por muitos processos de soldagem podem ser brasadas, já que a ação capilar molda o metal de adição fundido na junta.

As desvantagens e limitações da brasagem incluem: (1) em geral, a resistência mecânica da junta é menor do que a de uma junta soldada; (2) embora a resistência mecânica de uma boa junta brasada seja maior que a do metal de adição, é provável que seja menor do que a dos metais base; (3) elevadas temperaturas de serviço podem fragilizar a junta brasada; e (4) a cor do metal na junta brasada pode não corresponder à cor das peças do metal base, o que é uma possível desvantagem estética.

A brasagem como um processo de produção é amplamente utilizada em uma série de indústrias, incluindo a automotiva (por exemplo, união de tubos e canos), equipamentos elétricos (por exemplo, união de fios e cabos), ferramentas de corte (por exemplo, insertos de carbeto cementado por brasagem para fresas) e fabricação de joias. Além disso, a indústria de processamento químico e as empresas de canalização e aquecimento unem tubos e conexões metálicas por meio de brasagem. O processo é aplicado extensamente em trabalhos de reparo e manutenção em quase todos os setores industriais.

27.1.1 JUNTAS BRASADAS

As juntas brasadas são normalmente de dois tipos: de topo e sobreposta (Subseção 25.2.1). No entanto, os dois tipos têm sido adaptados de várias maneiras para os processos de brasagem. A junta de topo convencional proporciona uma área limitada para brasagem, comprometendo assim a resistência da junta. Para aumentar as áreas de contato em juntas brasadas, as peças de encaixe frequentemente são biseladas ou escalonadas, ou alteradas de alguma outra maneira, como mostrado na Figura 27.1. É claro que um processamento adicional é geralmente necessário na preparação das peças dessas juntas especiais. Uma das dificuldades particulares associadas a uma junta biselada é o problema de manter o alinhamento das peças antes da brasagem e durante a brasagem.

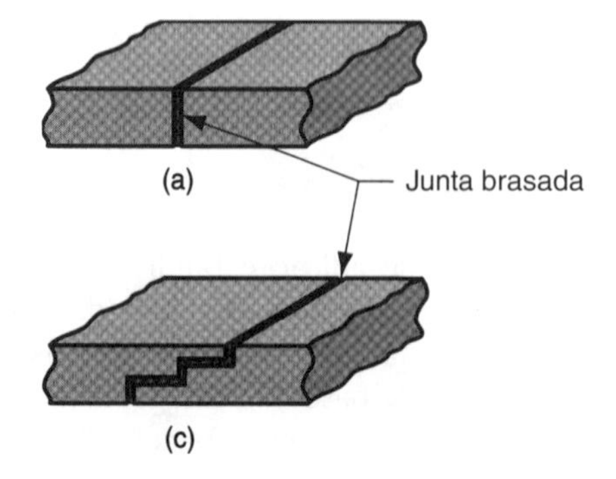

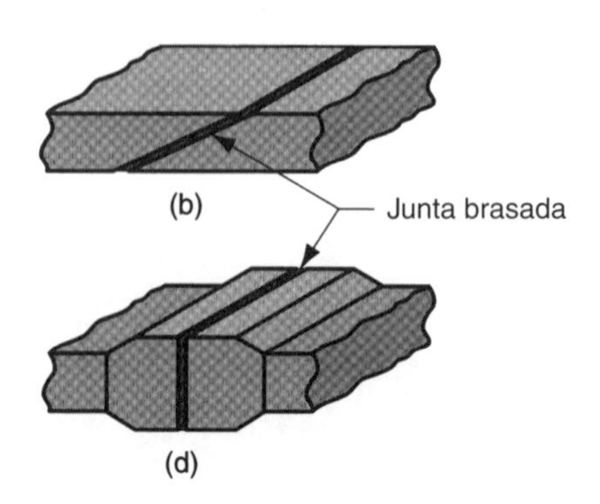

FIGURA 27.1 (a) Junta de topo convencional e adaptações da junta de topo para brasagem: (b) junta biselada, (c) junta escalonada, (d) aumento da seção transversal da peça na junta.

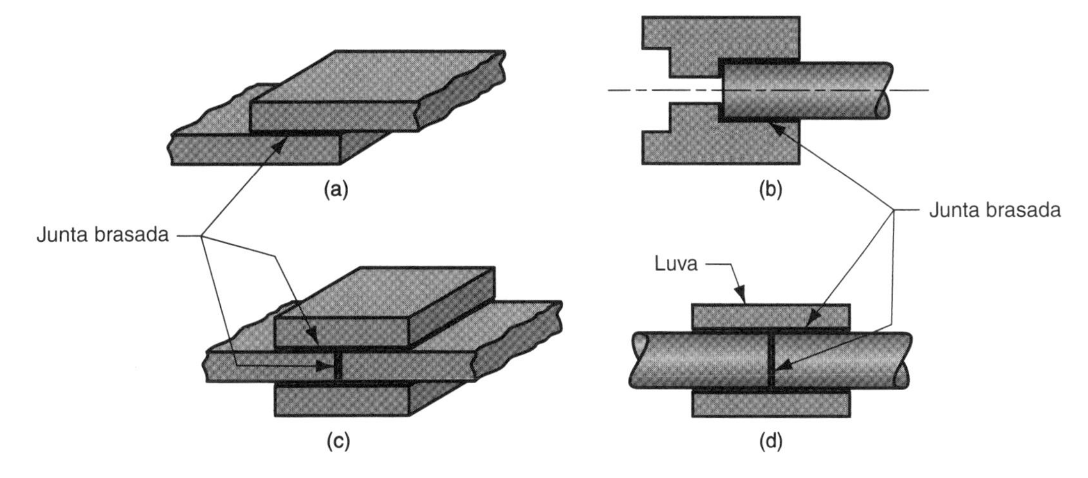

FIGURA 27.2 (a) Junta sobreposta convencional e adaptações da junta sobreposta para brasagem: (b) peças cilíndricas, (c) peças imprensadas e (d) uso de luva para converter junta de topo em junta sobreposta.

As juntas sobrepostas são mais utilizadas na brasagem, já que proporcionam uma área de interface relativamente grande entre as peças. Uma sobreposição de pelo menos três vezes a espessura da peça mais fina geralmente é considerada uma boa prática de projeto. Algumas adaptações da junta sobreposta para brasagem são ilustradas na Figura 27.2. Uma vantagem da brasagem em relação à soldagem em juntas sobrepostas é que o metal de adição é ligado às peças base por toda a área de interface entre as peças, em vez de apenas nas arestas (como em soldas de filete executadas por soldagem a arco) ou pontos discretos (como na soldagem por resistência por pontos).

A folga (ou espaçamento) entre as superfícies de união das peças base é importante na brasagem. A folga precisa ser suficientemente grande para não restringir o fluxo do metal de adição fundido por toda a interface. Contudo, se a folga da junta for grande demais, a ação capilar será reduzida e as peças terão áreas sem metal de adição. A resistência da junta é afetada pela folga, conforme retratado na Figura 27.3. Existe um valor de folga ótimo no qual a resistência da junta é maximizada. A questão é complicada pelo fato de que esse valor ótimo depende dos metais base e dos metais de adição, da configuração da junta e das condições de processamento. As folgas típicas na brasagem são de 0,025 a 0,25 mm. Esses valores representam a folga da junta na temperatura de brasagem, que pode ser diferente da folga à temperatura ambiente, dependendo da expansão térmica do metal (ou metais) base.

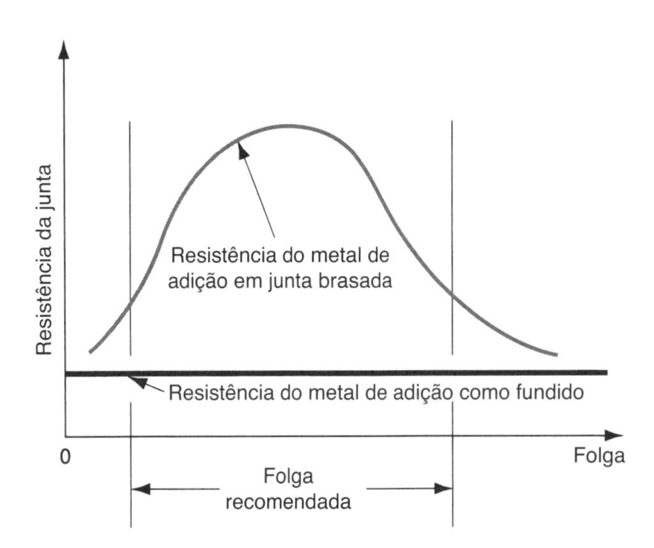

FIGURA 27.3 Resistência da junta em função da folga da junta.

A limpeza das superfícies da junta antes da brasagem também é importante. As superfícies devem estar livres de óxidos, óleos e outros contaminantes, para promover molhamento e atração por capilaridade durante o processo, bem como a ligação por toda a interface. Os tratamentos químicos como a limpeza com solvente (Subseção 24.1.1) e os tratamentos mecânicos, como a escovação com escova de arame e o jateamento de areia (Subseção 24.1.2), são utilizados para limpar as superfícies. Após a limpeza e durante a operação de brasagem, utilizam-se fluxos para manter a limpeza da superfície e promover molhamento para ação capilar na folga entre as superfícies de contato.

27.1.2 METAIS DE ADIÇÃO E FLUXOS

Os metais de adição comuns na brasagem estão listados na Tabela 27.1 junto com os principais metais base nos quais são utilizados. Para ser qualificado como um metal de brasagem, são necessárias as seguintes características: (1) a temperatura de fusão precisa ser compatível com o metal base, (2) a tensão superficial na fase líquida precisa ser baixa para a boa molhabilidade, (3) a fluidez do metal fundido precisa ser alta para penetração na interface, (4) capacidade de o metal poder ser brasado em uma junta de resistência adequada para a aplicação, e (5) as interações químicas e físicas com o metal base (por exemplo, reação galvânica) precisam ser evitadas. Os metais de adição são aplicados à operação de brasagem de várias formas, incluindo arame, vareta, folhas, tiras, pós, pastas, peças pré-fabricadas feitas de metal de brasagem projetadas para se adaptar a uma determinada configuração de junta e ao revestimento em uma das superfícies a serem brasadas. Várias dessas técnicas são ilustradas nas Figuras 27.4 e 27.5. As pastas de metal de brasagem, exibidas na Figura 27.5, consistem em pós de metal de adição misturados com fluxos fluidos e ligantes.

Os fluxos de brasagem atendem a um propósito similar ao da soldagem; eles se dissolvem, combinam com óxidos e outros subprodutos indesejáveis no processo de brasagem; caso contrário, inibem a formação desses materiais. O uso de um fluxo não substitui as etapas de limpeza descritas anteriormente. As características de um bom fluxo incluem (1) baixa temperatura de fusão, (2) baixa viscosidade para poder ser deslocado pelo metal de adição, (3) facilitar o molhamento e (4) proteger a junta até a solidificação do metal de adição. O fluxo também deverá ser fácil de remover após a brasagem. Os componentes comuns para os fluxos de brasagem incluem bórax, boratos, fluoretos e cloretos. Os agentes de molhamento também são incluídos na mistura para reduzir a tensão superficial do metal de adição fundido e melhorar a molhabilidade. As formas de fluxo incluem pós, pastas e lamas. Realizar a operação a vácuo ou atmosfera redutora que iniba a formação de óxido é uma alternativa para o uso de um fluxo.

TABELA • 27.1 Metais de adição comumente utilizados em brasagem e os metais base nos quais são utilizados.

		Temperatura de Brasagem Aproximada	
Metal de Adição	**Composição Típica**	**°C**	**Metais Base**
Alumínio e silício	90 Al, 10 Si	600	Alumínio
Cobre	99,9 Cu	1120	Níquel cobre
Cobre e fósforo	95 Cu, 5 P	850	Cobre
Cobre e zinco	60 Cu, 40 Zn	925	Aços, ferros fundidos, níquel
Ligas de níquel	Ni, Cr, outros	1120	Aço inoxidável, ligas de níquel
Ligas de prata	Ag, Cu, Zn, Cd	730	Titânio, Monel, Inconel, aço ferramenta, níquel
Ouro e prata	80 Au, 20 Ag	950	Aço inoxidável, ligas de níquel

Compilado de [5] e [7].

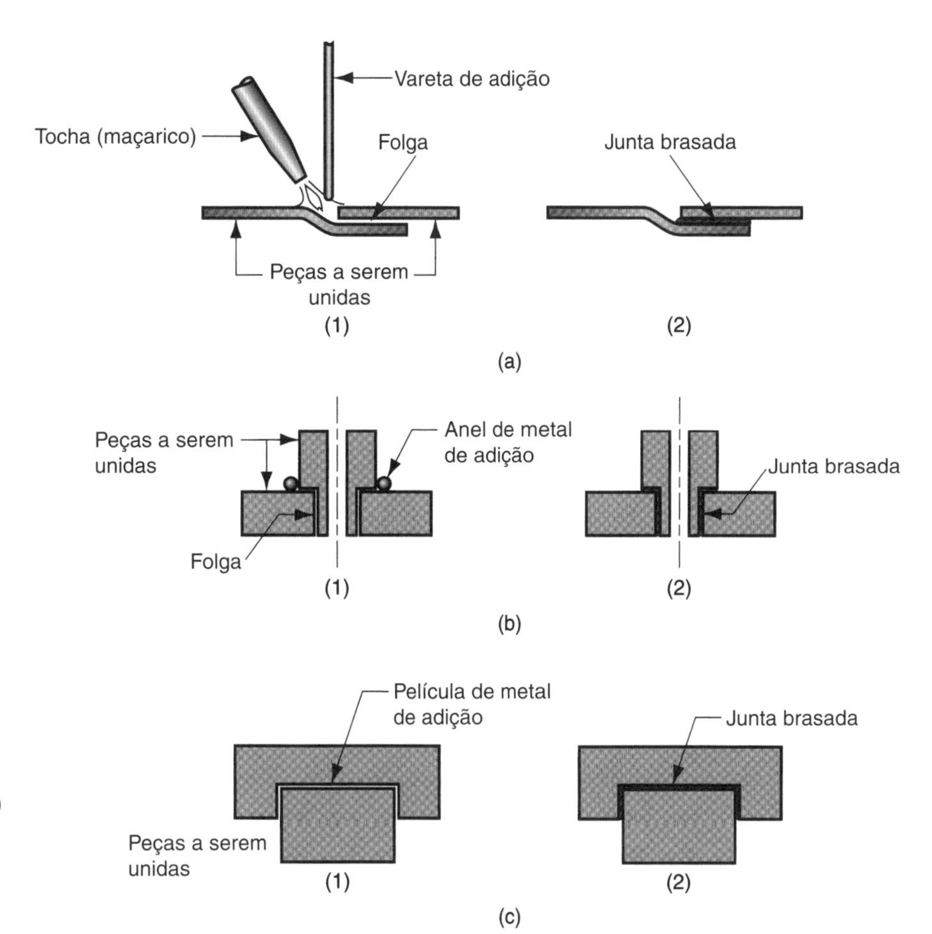

FIGURA 27.4 Diversas técnicas para aplicação de metal de adição na brasagem: (a) tocha e vareta de adição; (b) anel de metal de adição na folga; e (c) película de metal de adição entre as superfícies planas das peças. Sequência: (1) antes e (2) após.

27.1.3 MÉTODOS DE BRASAGEM

Existem vários métodos utilizados em brasagem. Chamados de processos de brasagem, eles são diferenciados por suas fontes de aquecimento.

Brasagem por Chama Na brasagem por chama, o fluxo é aplicado nas superfícies das peças, e uma tocha é utilizada para direcionar a chama contra a peça de trabalho nas vizinhanças da junta. Uma chama redutora é utilizada normalmente para inibir a oxidação. Após a região da junta das peças ter sido aquecida até a temperatura adequada, adiciona-se metal de adição à junta, normalmente na forma de arame ou vareta. Os combustíveis utilizados na brasagem por chama incluem acetileno, propano e outros gases, como ar ou oxigênio. A escolha da mistura depende das necessidades de aquecimento do trabalho. A brasagem por chama muitas vezes é realizada manualmente e requer trabalhadores especializados para controlar a chama, manipular a tocha e avaliar adequadamente as temperaturas; os reparos são uma aplicação comum. O método também pode ser utilizado em operações de produção mecanizadas, nas quais peças e metal de brasagem são colocados em uma esteira transportadora, ou mesa divisora, e passam sob uma ou mais tochas.

Brasagem em Forno A brasagem em forno utiliza um forno para fornecer calor para a brasagem e é mais indicada para produções médias ou altas. Na produção média, geralmente em lotes, as peças e o metal de brasagem são colocados no forno, aquecidos até a temperatura de brasagem e depois resfriados e removidos. As operações de alta produção usam fornos de fluxo contínuo, em que as peças são colocadas em uma esteira

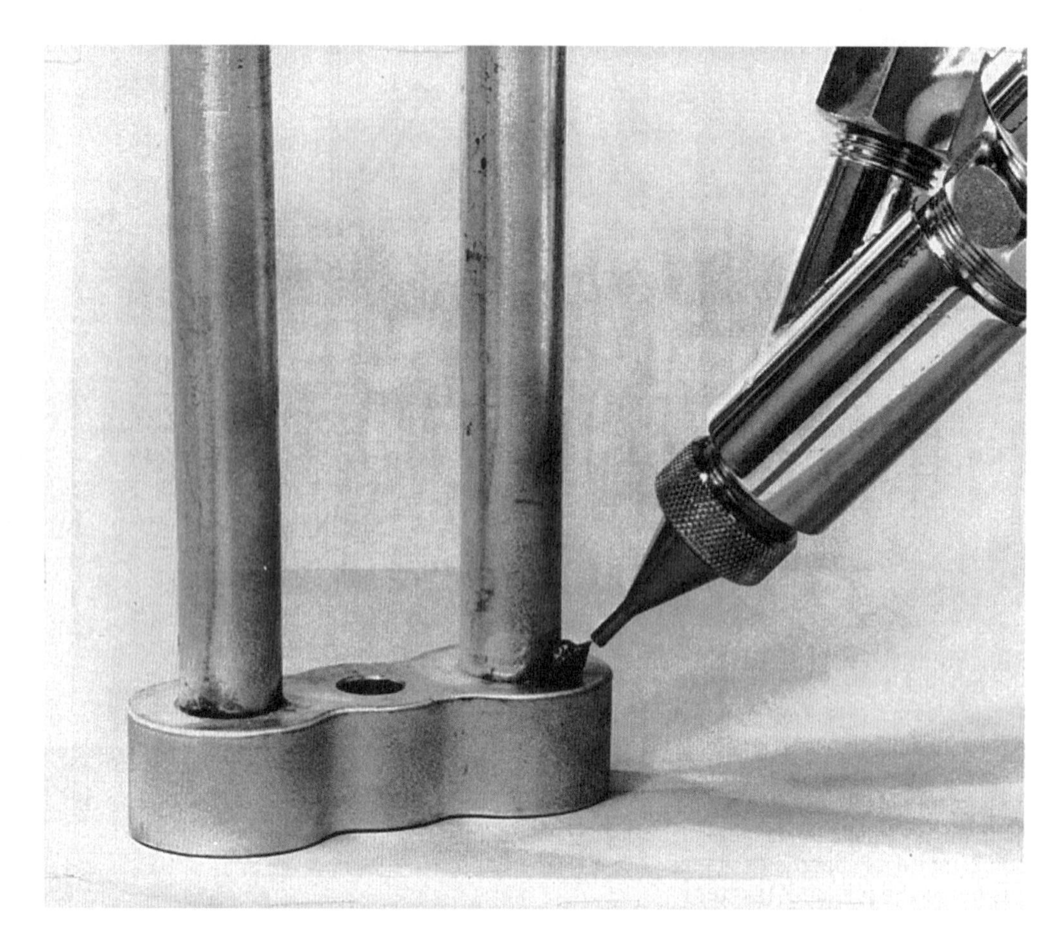

FIGURA 27.5 Aplicação da pasta de brasagem na junta pelo dosador. (Cortesia de Fusion, Inc.)

e transportadas pelas várias seções de aquecimento e resfriamento. A temperatura e o controle atmosférico são importantes na brasagem em forno; a atmosfera deve ser neutra ou de redução. Os fornos a vácuo são utilizados ocasionalmente. Dependendo da atmosfera e dos metais a serem brasados, a necessidade de um fluxo pode ser eliminada.

Brasagem por Indução A brasagem por indução utiliza calor resultante da resistência elétrica a uma corrente de alta frequência induzida na peça de trabalho. O metal de adição é colocado, com antecedência, nas peças e exposto a um campo CA (corrente alternada) de alta frequência – as peças não entram em contato direto com a bobina de indução. As frequências variam de 5 kHz a 5 MHz. Fontes de energia de alta frequência tendem a promover aquecimento da superfície, enquanto as frequências menores causam maior penetração do calor na peça de trabalho e são adequadas para seções mais pesadas. O processo pode ser utilizado para satisfazer requisitos de alta à baixa produção.

Brasagem por Resistência O calor para fundir o metal de adição nesse processo é obtido pela resistência ao fluxo de corrente elétrica através das peças. Diferente da brasagem por indução, as peças estão conectadas diretamente ao circuito elétrico na brasagem por resistência. O equipamento é similar ao utilizado na soldagem por resistência, exceto que é necessário um nível de energia inferior para a brasagem. As peças com metal de adição pré-colocado são mantidas entre eletrodos, enquanto se aplicam pressão e corrente. A brasagem por indução e a brasagem por resistência alcançam rápido os ciclos térmicos e são utilizadas para peças relativamente pequenas. A brasagem por indução parece ser de maior uso nos dois processos.

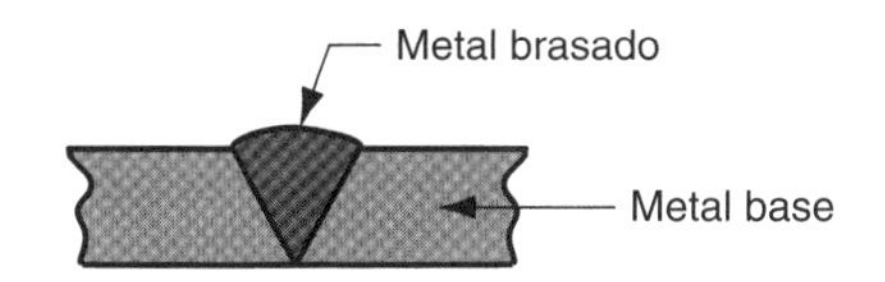

FIGURA 27.6 Solda brasagem. A junta consiste em metal (de adição) brasado; o metal base não é fundido na junta.

Brasagem por Imersão Na brasagem por imersão, um banho de sal fundido (banho químico) ou um banho de metal fundido realiza o aquecimento. Nos dois métodos, as peças montadas são imersas nos sais contidos em um cadinho aquecido. A solidificação ocorre quando as peças são removidas do banho. No ***método de banho de sal***, a mistura fundida contém elementos fluidificantes, e o metal de adição é pré-carregado na montagem. No ***método de banho metálico***, o metal de adição fundido é o meio de aquecimento; durante a imersão ele é atraído pela ação capilar até a junta. É mantida uma cobertura de fluxo na superfície do banho de metal fundido. A brasagem por imersão alcança ciclos de aquecimento rápidos e pode ser utilizada para brasar simultaneamente muitas juntas em uma única peça ou em várias peças.

Brasagem por Infravermelho Esse método utiliza o calor de uma lâmpada infravermelho de alta intensidade (*high-intensity infrared* – IR). Algumas lâmpadas IR são capazes de gerar até 5000 W de energia de calor radiante que pode ser direcionada para as peças de trabalho visando à brasagem. O processo é mais lento do que a maioria dos outros processos analisados anteriormente e geralmente se limita a seções finas.

Solda Brasagem Esse processo difere dos outros processos de brasagem quanto ao tipo de junta ao qual se aplica. Conforme retratado na Figura 27.6, a solda brasagem é utilizada para preencher uma junta de solda mais convencional, como a junta em V exibida. Uma quantidade de metal de adição maior que a da brasagem é depositada e não ocorre nenhuma ação de capilaridade. Na solda brasagem a junta consiste inteiramente em metal de adição; o metal base não se funde e, portanto, não se funde na junta, como ocorre no processo de soldagem por fusão convencional. A principal aplicação de solda brasagem é o trabalho de reparo.

27.2 Solda Branda

A soldagem branda é similar à brasagem e pode ser definida como um processo de união no qual um metal de adição com ponto de fusão (temperatura *liquidus*) inferior a 450 °C é fundido e distribuído pela ação da capilaridade entre as superfícies de contato das peças metálicas que estão sendo unidas. Assim como na brasagem, não ocorre fusão dos metais base, mas o metal de adição molha e combina com o metal base, formando uma ligação metalúrgica. Os detalhes da solda branda são similares aos da brasagem, e muitos dos métodos de aquecimento são os mesmos. As superfícies a serem soldadas devem ser previamente limpas para que fiquem livres de óxidos, óleos etc. Deve ser aplicado um fluxo adequado nas superfícies de contato, as quais são aquecidas. O metal de adição, chamado de ***solda***, é adicionado à junta, o qual se distribui uniformemente entre as peças.

Em algumas aplicações, a solda é pré-revestida em uma ou ambas as superfícies – um processo chamado de ***estanhagem***, independentemente de a solda conter ou não estanho. As folgas típicas para a solda branda variam de 0,075 a 0,125 mm, exceto quando as superfícies são estanhadas, situação em que é utilizada uma folga de aproximadamente 0,025 mm. Após a solidificação, o resíduo do fluxo deve ser removido.

Como processo industrial, a solda branda é mais estreitamente associada com montagem eletrônica (Capítulo 31). Também é utilizada em juntas mecânicas, mas não em juntas sujeitas a tensões ou temperaturas elevadas. As vantagens atribuídas à solda branda incluem (1) aporte baixo de energia em comparação com a brasagem e a soldagem por

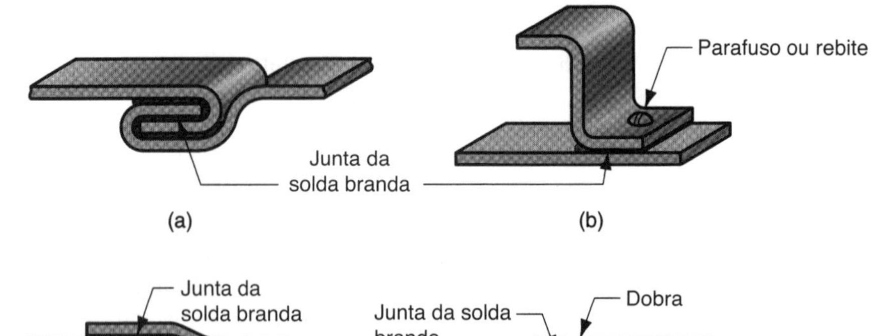

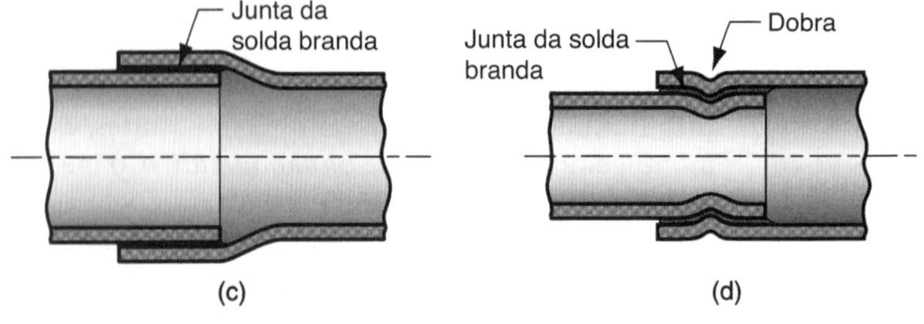

FIGURA 27.7 Intertravamento mecânico nas juntas de solda branda para maior resistência mecânica: (a) costura do tipo macho-fêmea; (b) junta aparafusada ou rebitada; (c) acessório de tubo de cobre – junta cilíndrica sobreposta; e (d) dobramento (conformação) de junta sobreposta cilíndrica.

fusão, (2) variedade de métodos de aquecimento disponíveis, (3) boas condutividades elétrica e térmica na junta, (4) capacidade para realizar costuras estanques a líquidos e ar em recipientes e (5) de fácil reparo e retrabalho.

As maiores desvantagens da solda branda são (1) baixa resistência mecânica da junta, a menos que seja reforçada por meios mecânicos, e (2) possível diminuição da resistência mecânica ou fusão da junta em temperaturas de serviço elevadas.

27.2.1 PROJETOS DA JUNTA EM SOLDA BRANDA

Assim como na brasagem, as juntas de solda branda se limitam aos tipos sobreposta e de topo, embora as juntas de topo não devam ser utilizadas em aplicações sujeitas a cargas mecânicas. Algumas das adaptações da brasagem dessas juntas também se aplicam à solda branda, cuja tecnologia acrescentou mais algumas variações próprias para lidar com geometrias especiais das peças que ocorrem nas conexões elétricas. Nas juntas mecânicas de solda branda, compostas de peças de chapas metálicas, as bordas das chapas frequentemente são dobradas e interligadas antes da solda branda, como mostrado na Figura 27.7, para aumentar a resistência da junta.

Nas aplicações eletrônicas, a função principal da junta de solda branda é proporcionar um caminho eletricamente condutor entre as duas peças que estão sendo soldadas. Outras considerações de projeto nesses tipos de juntas de solda branda incluem geração de calor (a partir da resistência elétrica da junta) e vibração. A resistência mecânica da solda branda em uma conexão elétrica é alcançada frequentemente pela deformação de uma ou ambas as peças metálicas para obter uma junta mecânica entre elas, ou tornando a área de superfície maior a fim de proporcionar suporte máximo da solda branda. Várias possibilidades são esboçadas na Figura 27.8.

27.2.2 SOLDAS E FLUXOS

As soldas e fluxos são os materiais utilizados na solda branda. Ambos são criticamente importantes no processo de união.

Soldas Muitas soldas consistem em ligas de estanho e chumbo, já que os dois metais têm pontos de fusão baixos. Essas ligas possuem uma gama de temperaturas *liquidus* e *solidus* para obter um bom controle do processo de soldagem branda em várias aplicações. O chumbo é tóxico e seu percentual é minimizado na maioria das composições das

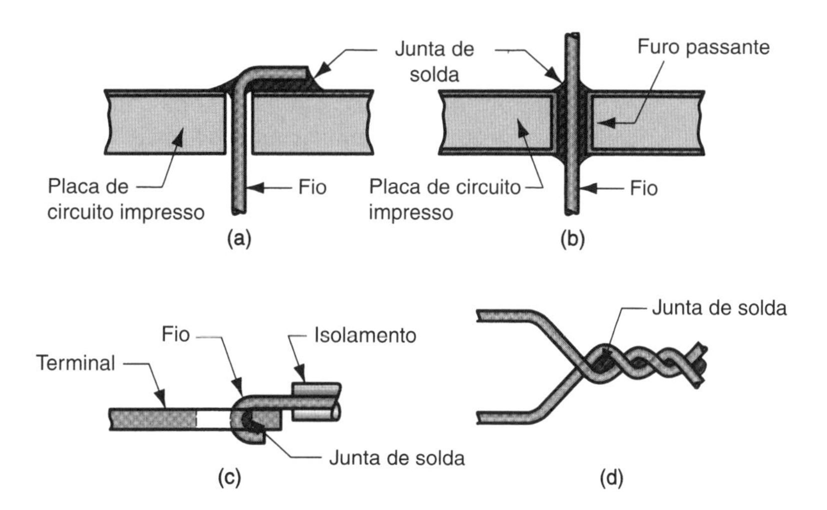

FIGURA 27.8 Técnicas para assegurar a união em conexões elétricas por meios mecânicos antes da solda branda: (a) fio de chumbo cravado na placa de circuito impresso; (b) furo passante na placa de circuito impresso para maximizar a superfície de contato da solda branda; (c) fio em forma de gancho no terminal plano; e (d) fios trançados.

soldas. O estanho é quimicamente ativo nas temperaturas de solda branda e promove a ação de molhamento necessária para o sucesso da união. Na solda branda com cobre, comum em conexões elétricas, compostos intermetálicos de cobre e estanho são formados, reforçando a ligação. A prata e o antimônio às vezes também são utilizados em ligas de solda. A Tabela 27.2 lista várias composições de ligas de solda, indicando suas temperaturas aproximadas de solda branda e suas aplicações principais. As soldas sem chumbo estão se tornando cada vez mais importantes, à medida que são promulgadas leis para eliminar esse elemento das soldas.

Fluxos para Solda Branda Os fluxos para solda branda devem fazer o seguinte: (1) fundir a temperaturas de solda branda, (2) remover filmes de óxidos e manchas das superfícies da peça base, (3) prevenir a oxidação durante o aquecimento, (4) promover o

TABELA • 27.2 Algumas composições comuns de liga de solda com suas temperaturas de fusão e aplicações.

Metal de Adição	Composição Aproximada	Temperatura de Fusão Aproximada °C	Principais Aplicações
Chumbo-prata	96 Pb, 4 Ag	305	Juntas para temperatura elevada
Estanho-antimônio	95 Sn, 5 Sb	238	Canalização e aquecimento
Estanho-chumbo	63 Sn, 37 Pb	183[a]	Elétrica/eletrônica
	60 Sn, 40 Pb	188	Elétrica/eletrônica
	50 Sn, 50 Pb	199	Uso geral
	40 Sn, 60 Pb	207	Radiadores de automóveis
Estanho-prata	96 Sn, 4 Ag	221	Recipientes para alimentos
Estanho-zinco	91 Sn, 9 Zn	199	União de alumínio
Estanho-prata-cobre	95,5 Sn, 3,9 Ag, 0,6 Cu	217	Eletrônicos: tecnologia de montagem em superfície

Compilado de [2], [3], [4] e [13].
[a]Composição eutética – ponto de fusão mais baixo das composições estanho-chumbo.

molhamento das superfícies de contato, (5) ser facilmente deslocados pela solda fundida durante o processo e (6) deixar um resíduo não corrosivo e não condutor. Infelizmente, não existe um único fluxo que atenda plenamente todas essas funções para todas as combinações de solda branda e metais base. A formulação do fluxo precisa ser escolhida para determinada aplicação.

Os fluxos de solda branda podem ser classificados como orgânicos ou inorgânicos. Os ***fluxos orgânicos*** são feitos de resina (isto é, resina natural como a da seringueira, que não é hidrossolúvel) ou de componentes solúveis em água (por exemplo, álcoois, ácidos orgânicos e sais halogenados). O tipo solúvel em água facilita a limpeza após a soldagem branda. Os fluxos orgânicos são utilizados com mais frequência em conexões eletrônicas e elétricas. Eles tendem a ser reativos quimicamente em temperaturas de solda branda elevadas, mas relativamente não corrosivos em temperatura ambiente. Os ***fluxos inorgânicos*** consistem em ácidos inorgânicos (por exemplo, ácido muriático) e sais (por exemplo, combinações de cloretos de zinco e amônio) e são utilizados para alcançar rápida e ativa fluidez, em que os filmes de óxido são um problema. Os sais se tornam ativos quando fundidos, mas são menos corrosivos que os ácidos. Quando o fio da solda branda é comprado com um ***núcleo ácido*** ele está nessa categoria.

Tanto os fluxos orgânicos quanto os inorgânicos devem ser removidos após a solda branda, mas isso é particularmente importante no caso de ácidos inorgânicos para prevenir a corrosão contínua das superfícies metálicas. A remoção do fluxo geralmente é obtida usando soluções aquosas, exceto no caso das resinas, que exigem solventes químicos. As tendências recentes na indústria favorecem os fluxos hidrossolúveis em relação às resinas, pois os solventes químicos utilizados com as resinas são nocivos para o meio ambiente e o homem.

27.2.3 MÉTODOS DE SOLDA BRANDA

Muitos dos métodos utilizados na solda branda são os mesmos utilizados em brasagem, exceto pela necessidade de menos calor e temperaturas mais baixas. Esses métodos incluem a solda branda por chama, solda branda em forno, solda branda por indução, solda branda por resistência, solda branda por imersão e solda branda por infravermelho. Existem outros métodos de solda branda, que não são utilizados em brasagem, que devem ser descritos aqui. Esses métodos são solda branda manual, solda branda por onda e solda branda por refluxo.

Solda Branda Manual A solda branda manual é feita usando um ferro de solda quente. Uma ***ponta de solda*** feita de cobre é a extremidade de trabalho do ferro de solda. Suas funções são: (1) fornecer calor às peças que estão sendo soldadas, (2) fundir a solda, (3) transmitir a solda fundida à junta e (4) retirar o excesso de solda. A maioria dos ferros de solda modernos são aquecidos por meio de resistência elétrica. Alguns são projetados como ***pistolas de solda*** de aquecimento rápido, que são comuns em montagem eletrônica para operação intermitente (*on-off*) acionada por um gatilho. Eles são capazes de fazer uma junta de solda em aproximadamente um segundo.

Solda Branda por Onda A solda branda por onda é uma técnica mecanizada que permite a soldagem simultânea de vários fios de chumbo a uma placa de circuito impresso (PCI), que atravessa uma onda de solda fundida. A configuração típica é aquela na qual a PCI, em que os componentes eletrônicos foram fixados por meio de seus fios de chumbo nos furos da placa-mãe, é movimentada por uma esteira através de equipamento de solda branda por ondas. Os suportes da esteira estão posicionados nas laterais da PCI, de modo que seu lado de baixo fica exposto às etapas de processamento, que consistem em: (1) aplicação do fluxo utilizando qualquer um dos vários métodos, incluindo espumação, pulverização ou escovação; (2) preaquecimento utilizando lâmpadas, bobinas de aquecimento e dispositivos de infravermelho para evaporar solventes,

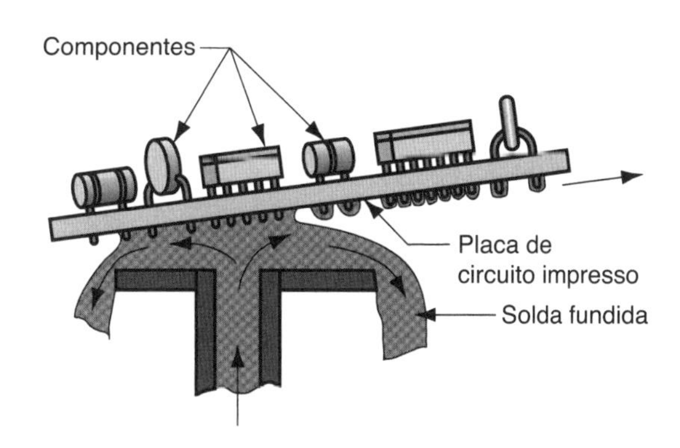

FIGURA 27.9 Solda branda por onda na qual a solda fundida é bombeada através de uma fenda na parte inferior da placa de circuito impresso, para conectar os fios de chumbo dos componentes.

ativar o fluxo e elevar a temperatura do conjunto; e (3) solda branda por onda, em que a solda líquida é bombeada de um banho fundido, passando por uma fenda na parte inferior da placa-mãe para fazer as conexões de solda branda entre os fios de chumbo e o circuito metálico na placa. Essa terceira etapa é ilustrada na Figura 27.9. A placa-mãe, em geral, é inclinada ligeiramente, conforme retratado no esboço, e um óleo de estanhagem especial é misturado com a solda fundida para reduzir sua tensão superficial. Essas duas medidas ajudam a inibir a formação de excesso de solda e a formação de "protuberâncias" na parte inferior da placa. A solda branda por ondas é amplamente aplicada em eletrônica para produzir conjuntos de placa de circuito impresso (Seção 31.1).

Solda Branda por Refluxo (ou por Refusão) Esse processo também é amplamente utilizado em eletrônica para componentes montados na superfície das placas de circuitos impressos. No processo, uma pasta de solda consistindo em pós de solda em um fluxo ligante é aplicada aos pontos na placa onde os contatos elétricos são estabelecidos entre os componentes montados na superfície e o circuito de cobre. Os componentes são, então, colocados nos pontos de colagem, e a placa-mãe é aquecida para fundir a solda, formando ligações elétricas e mecânicas entre os fios dos componentes e o cobre da placa de circuito.

Os métodos de aquecimento para a solda branda por refluxo incluem o refluxo da fase vapor e o refluxo de infravermelho. Na ***solda branda por refluxo da fase vapor***, um líquido de hidrocarboneto fluorado, inerte, é vaporizado pelo aquecimento em um forno; subsequentemente ele se condensa na superfície da placa, onde transfere seu calor de vaporização para fundir a pasta de solda e formar as juntas de solda nas placas de circuito impresso. Na ***solda branda por refluxo de infravermelho***, o calor da lâmpada é utilizado para fundir a pasta de solda e formar juntas entre os fios dos componentes e as áreas do circuito na placa. Outros métodos de aquecimento para refluxo das pastas de solda incluem o uso de placas quentes, ar quente e lasers.

27.3 União por Adesivos

O uso de adesivos remonta a tempos antigos (Nota Histórica 27.1) e a união adesiva provavelmente foi o primeiro dos métodos de união permanente. Hoje, os adesivos são utilizados em uma ampla gama de aplicações de união e vedações para unir materiais similares e dissimilares, como metais, plásticos, cerâmicas, madeira, papel e papelão. Embora bem estabelecida como uma técnica de união, a união por adesivos é considerada uma área em crescimento entre as tecnologias de montagem, em virtude do incremento de oportunidades para aplicações.

Nota Histórica 27.1 *União por adesivos*

Os adesivos remontam à Antiguidade. Entalhes de 3300 anos de idade exibem um pote de cola e um pincel para colagem de verniz em pranchas de madeira. Os antigos egípcios usavam goma da acácia para fins de montagem e vedação. O betume, um adesivo asfáltico, foi utilizado na Antiguidade como cimento e argamassa para construção na Ásia Menor. Os romanos usavam alcatrão de madeira de pinho e cera de abelha para calafetar seus navios. As colas derivadas de peixe, chifres de veado e queijo foram utilizadas nos primeiros séculos depois de Cristo para montagem de componentes de madeira.

Nos tempos mais modernos, os adesivos se tornaram um processo de união importante. A madeira compensada, que conta com o uso de adesivos para unir várias camadas de madeira, foi desenvolvida por volta de 1900. O fenol-formaldeído foi o primeiro adesivo sintético desenvolvido, por volta de 1910, e seu uso primário foi na ligação de produtos de madeira, como a chapa de compensado. Durante a Segunda Guerra Mundial, as resinas fenólicas foram desenvolvidas para ligação adesiva de certos componentes das aeronaves. Nos anos 1950, pela primeira vez foram formulados os epóxis e, desde essa época, têm sido desenvolvidos vários outros adesivos, incluindo anaeróbicos, vários polímeros novos e acrílicos de segunda geração.

A ***união por adesivos*** é um processo de união em que um material de adição é utilizado para manter duas peças (ou mais) pouco espaçadas juntas por ligação de superfície. O material de adição que une as peças é o ***adesivo***. Trata-se de uma substância não metálica – normalmente um polímero. As peças a serem unidas se chamam ***substratos*** (*aderentes*). Os adesivos de maior interesse em engenharia são os ***adesivos estruturais***, que são capazes de formar juntas permanentes e resistentes, entre substratos resistentes e rígidos. Uma grande quantidade de adesivos disponíveis comercialmente é curada por meio de vários mecanismos e adequada para a união de vários materiais. ***Cura*** se refere ao processo pelo qual as propriedades físicas do adesivo passam do estado líquido para sólido, geralmente por reação química, para obter a ligação da superfície das peças. A reação química pode envolver polimerização, condensação ou vulcanização. Frequentemente, a cura é motivada pelo calor e/ou o catalisador, ocasionalmente sendo aplicada pressão entre as duas peças para ativar o processo de ligação. Se for necessário o calor, as temperaturas de cura são relativamente baixas e então os materiais a serem unidos normalmente não são afetados – uma vantagem da união adesiva. A cura ou endurecimento do adesivo leva tempo, denominado ***tempo de cura*** ou ***tempo de preparo***. Em alguns casos esse tempo é significativo – geralmente uma desvantagem na fabricação.

A resistência da junta na união por adesivos é determinada pela resistência do próprio adesivo e pela resistência da ligação entre o adesivo e cada um dos substratos. Um dos critérios utilizados com frequência para definir uma junta adesiva satisfatória é que se tiver que ocorrer uma falha em virtude de tensões excessivas, que ela ocorra em um dos substratos em vez de na interface ou no próprio adesivo. A resistência da ligação resulta de vários mecanismos, todos dependendo das características do adesivo e dos substratos: (1) ligação química, na qual o adesivo se une aos substratos e forma uma ligação química principal no endurecimento; (2) interações físicas, nas quais resultam forças de ligação secundária entre os átomos das superfícies opostas; e (3) travamento mecânico, no qual a rugosidade superficial do substrato faz com que o adesivo endurecido fique encapsulado ou aprisionado em suas asperezas superficiais microscópicas.

Para que esses mecanismos de adesão proporcionem melhores resultados, devem prevalecer as seguintes condições: (1) as superfícies do substrato devem estar limpas – sem sujeira, óleo e filmes de óxido que poderiam interferir no contato entre o adesivo e o substrato; muitas vezes é necessária uma preparação especial das superfícies; (2) o adesivo em sua forma líquida inicial deve alcançar o molhamento completo da superfície do substrato; e (3) normalmente é útil que as superfícies não sejam perfeitamente lisas – uma superfície ligeiramente rugosa aumenta a área de contato efetiva e promove o travamento mecânico. Além disso, a junta precisa ser projetada para explorar os pontos fortes da união adesiva e evitar suas limitações.

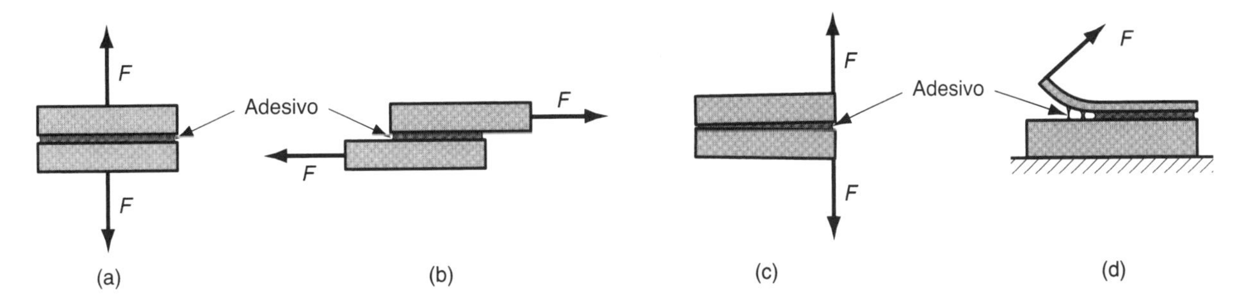

FIGURA 27.10 Tipos de tensões que devem ser consideradas nas juntas de união por adesivos: (a) tração, (b) cisalhamento, (c) clivagem e (d) descascamento.

27.3.1 PROJETO DA JUNTA

As juntas adesivas geralmente não são tão resistentes quanto as da soldagem, brasagem ou solda branda. Consequentemente, é preciso considerar o projeto das juntas que são unidas de forma adesiva. Os princípios de projeto, a seguir, são aplicáveis: (1) A área de contato da junta deve ser maximizada. (2) As juntas adesivas são mais resistentes sob tensão (de tração) e cisalhamento, como na Figura 27.10(a) e (b), e as juntas devem ser projetadas para que as tensões aplicadas sejam desses tipos. (3) As juntas criadas por união por adesivos são mais frágeis na clivagem ou descascamento, como na Figura 27.10(c) e (d), e as juntas de uniões adesivas devem ser projetadas para evitar esses tipos de tensões.

Os projetos de juntas típicas para união por adesivos que ilustram esses princípios de projeto são apresentados na Figura 27.11. Alguns projetos de junta combinam a união adesiva com outros métodos de união para aumentar a resistência e/ou proporcionar vedação entre os dois componentes. Algumas das possibilidades são exibidas na Figura 27.12. Por exemplo, a combinação da união adesiva e da soldagem por pontos se chama ***solda aglutinante*** (*weldbonding*).

Além da configuração mecânica da junta, a aplicação deve ser selecionada para que as propriedades físicas e químicas do adesivo e dos substratos sejam compatíveis com as condições de serviço às quais o conjunto estará sujeito. Os materiais do substrato

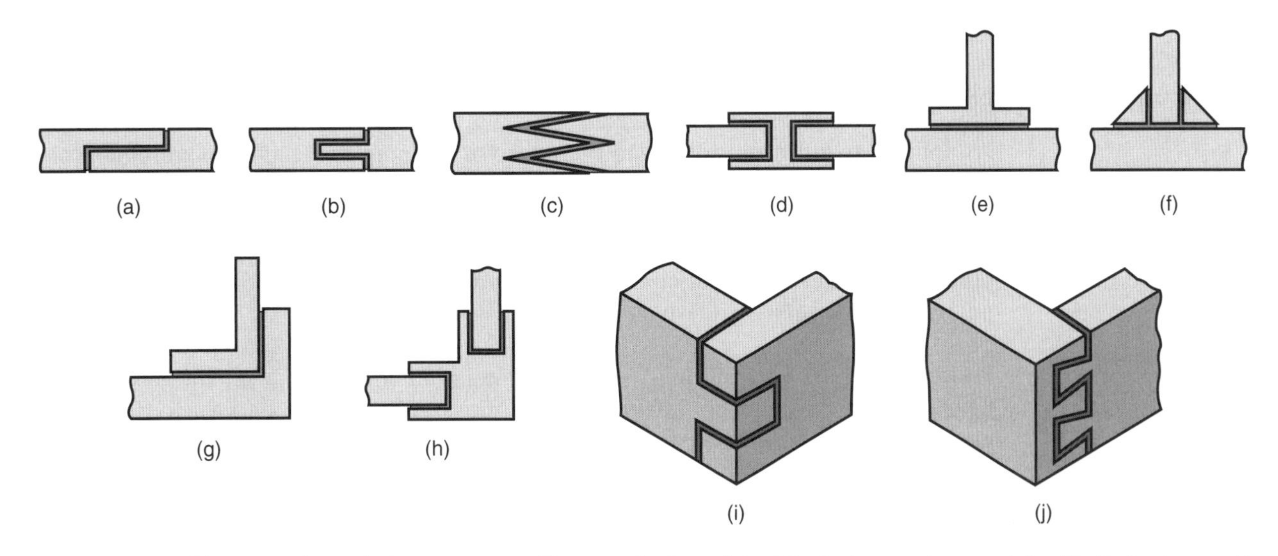

FIGURA 27.11 Alguns projetos de juntas para união por adesivos: (a) a (d) são juntas de topo; (e) e (f) são juntas em T; e (g) a (j) são juntas de canto.

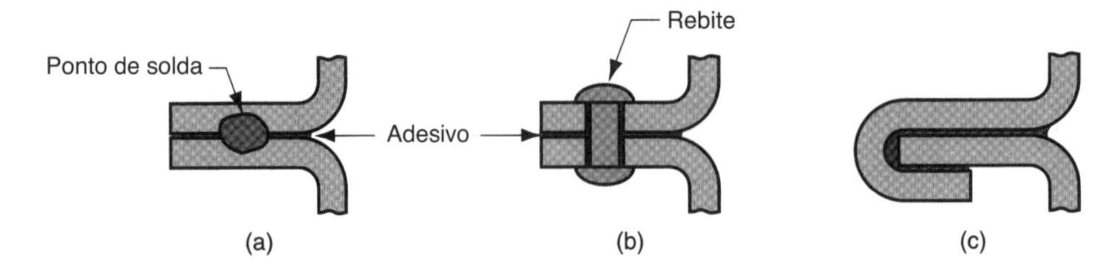

FIGURA 27.12 União adesiva combinada com outros métodos de união: (a) solda aglutinante (*weldbonding*) – soldagem por pontos e união adesiva; (b) rebite (ou parafuso) e união adesiva; e (c) conformação e união adesiva.

incluem metais, cerâmica, vidro, plásticos, madeira, borracha, couro, tecido, papel e papelão. Repare que a lista inclui materiais rígidos e flexíveis, porosos e não porosos, metálicos e não metálicos, e que substâncias similares ou dissimilares podem ser ligadas umas às outras.

27.3.2 TIPOS DE ADESIVOS

Existe uma grande quantidade de adesivos comerciais. Eles podem ser classificados em três categorias: (1) natural, (2) inorgânico e (3) sintético.

Os ***adesivos naturais*** são derivados de fontes naturais (por exemplo, plantas e animais), incluindo gomas, amido, dextrina, farinha de soja e colágeno. Essa categoria de adesivo geralmente se limita a aplicações de tensões baixas, tais como caixas de papelão, móveis e encadernação; ou onde grandes áreas de superfície estão envolvidas (por exemplo, madeira compensada). Os ***adesivos inorgânicos*** se baseiam principalmente em silicato de sódio e oxicloreto de magnésio. Embora de custo relativamente baixo, esses adesivos também têm pouca resistência – uma limitação séria em um adesivo estrutural.

Os ***adesivos sintéticos*** constituem a categoria mais importante na fabricação. Eles incluem uma série de polímeros termoplásticos e termofixos, muitos deles apresentados e descritos resumidamente na Tabela 27.3. Eles são curados por vários mecanismos, como (1) mistura de um catalisador ou componente reativo com o polímero imediatamente antes da aplicação, (2) aquecimento para iniciar a reação química, (3) radiação para curar, como luz ultravioleta e (4) cura por evaporação da água do líquido ou pasta adesiva. Além disso, alguns adesivos sintéticos são aplicados como filmes ou como revestimentos sensíveis à pressão sobre a superfície de um dos substratos.

27.3.3 TECNOLOGIA DA APLICAÇÃO DE ADESIVO

As aplicações industriais de união por adesivos são amplas e estão em crescimento. Os principais usuários são as indústrias automotiva e aeronáutica; produtos de construção civil e de embalagem; outras indústrias incluem calçados, móveis, encadernação, elétrica e naval. Na Tabela 27.3 são indicadas algumas das aplicações específicas nas quais são utilizados os adesivos sintéticos. Esta seção considera várias questões pertinentes à tecnologia de aplicação de adesivos.

Preparação da Superfície Para que uma união adesiva seja satisfatória, as superfícies da peça devem estar extremamente limpas. A resistência da ligação depende do grau de adesão entre o adesivo e o substrato, e isto depende da limpeza da superfície. Na maioria dos casos são necessárias outras etapas de tratamento para limpar e preparar a superfície, com os métodos variando de acordo com os diferentes materiais de substrato. Para metais, utiliza-se frequentemente a limpeza com solvente, e a abrasão da superfície com jato de areia ou outros processos geralmente melhoram a adesão. Nas peças não metálicas, a limpeza com solvente é utilizada geralmente, e as superfícies, às

TABELA • 27.3 Adesivos sintéticos importantes.

Adesivo	Descrição e Aplicações
Anaeróbico	Componente único, termofixo, à base de acrílico. Cura-se pelo mecanismo de radicais livres em temperatura ambiente. Aplicações: selador, montagem estrutural.
Acrílico modificado	Dois componentes, termofixos, consistindo em resina à base de acrílico e iniciador/endurecedor. Cura-se à temperatura ambiente após a mistura. Aplicações: fibra de vidro em barcos, chapas metálicas em carros e aeronaves.
Cianoacrilato	Componente único, termofixo, à base de acrílico, que se cura à temperatura ambiente em superfícies alcalinas. Aplicações: borracha para plástico, componentes eletrônicos em placas de circuito, estojos plásticos e metálicos de cosméticos.
Epóxi	Inclui uma série de adesivos muito utilizados, formulados a partir de resinas epóxi, agentes de cura e aditivos/modificadores que endurecem na mistura. Alguns são curados quando aquecidos. Aplicações: ligação de alumínio e painéis em colmeia para aeronaves, reforços de chapa metálica para carros, laminação de vigas de madeira, vedação em produtos eletrônicos.
Colagem a quente	Componente único, adesivo termoplástico endurece a partir do estado fundido após resfriamento das temperaturas elevadas. Formulado a partir de polímeros termoplásticos, incluindo o etileno acetato de vinila (EVA), polietileno, copolímero em bloco de estireno, borracha butílica, poliamida, poliuretano e poliéster. Aplicações: embalagens (caixas, rótulos), móveis, calçados, encadernação, carpetes e montagens em eletrodomésticos e automóveis.
Fitas e filmes sensíveis à pressão	Normalmente um componente na forma sólida que possui alta aderência resultando na ligação quando se aplica uma pressão. Formado a partir de vários polímeros de alto peso molecular. Pode ser de um lado ou de dupla face. Aplicações: painéis solares, conjuntos eletrônicos, plásticos, madeira e metais.
Silicone	Um ou dois componentes, líquido termofixo, baseado em polímeros de silício. Cura-se por vulcanização à temperatura ambiente até um sólido emborrachado. Aplicações: vedação em automóveis (por exemplo, para-brisas), vedação e isolamento em produtos eletrônicos, calafetagem, ligação de plásticos.
Uretano	Um ou dois componentes, termofixo, baseado em polímeros de uretano. Aplicações: ligação de fibra de vidro e plásticos.

Compilado de [8], [10] e [14].

vezes, sofrem abrasão (desgaste de forma mecânica) ou ataque químico para aumentar a rugosidade. Após esses tratamentos, é desejável realizar o processo de união adesiva o mais rápido possível, pois a oxidação da superfície e o acúmulo de sujeira aumentam com o tempo.

Métodos de Aplicação A efetiva aplicação do adesivo em uma ou ambas as superfícies da peça é feita de várias maneiras. A lista a seguir, embora incompleta, fornece uma amostra das técnicas utilizadas na indústria:

- ***Escovação***, efetuada manualmente, utiliza uma escova de cerdas duras. Os revestimentos frequentemente são desiguais.
- ***Escoamento***, utilizando pistolas para alimentação pressurizadas e operadas manualmente, tem controle mais consistente do que a escovação.
- ***Rolos manuais***, similares aos rolos de pintura, são utilizados para aplicar o adesivo a partir de uma face plana.
- ***Serigrafia*** (*silk screening*) envolve a escovação do adesivo através das áreas abertas da tela sobre a superfície da peça, de modo que apenas áreas selecionadas são revestidas.
- ***Pulverização*** (*spraying*) utiliza uma pistola pneumática (ou sem ar) para aplicação rápida sobre áreas de grandes dimensões ou difíceis de alcançar.
- ***Aplicadores automáticos*** incluem vários distribuidores automáticos e bocais para uso em aplicações de média a alta taxa de produção. A Figura 27.13 ilustra o uso de um distribuidor para montagem.

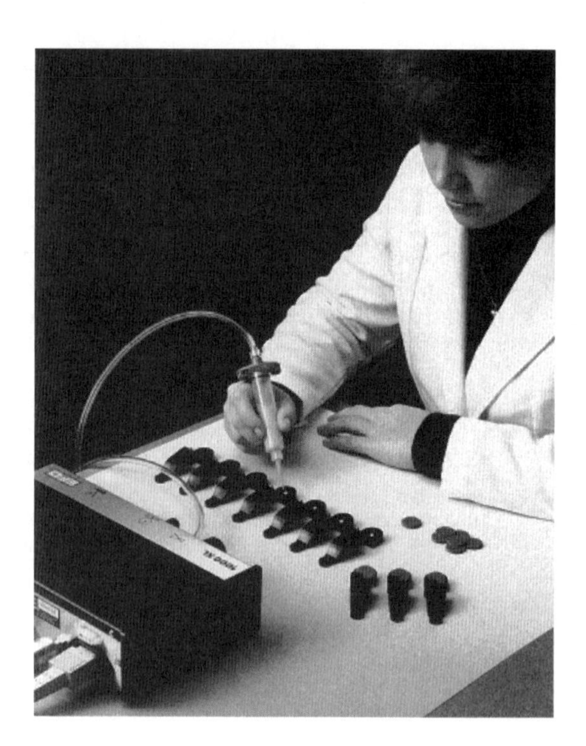

FIGURA 27.13 O adesivo é distribuído por um distribuidor controlado manualmente para unir peças durante a montagem. (Cortesia da Nordson, Inc.)

➢ ***Revestimento com rolo*** é uma técnica mecanizada na qual um rolo em rotação é parcialmente imerso em uma panela com líquido adesivo e absorve determinada quantidade de adesivo, que é, então, transferida para a superfície da peça de trabalho. A Figura 27.14 mostra uma aplicação possível na qual a peça de trabalho é de material fino e flexível (por exemplo, papel, tecido, couro, plástico). As variações do método são utilizadas para fabricar revestimento adesivo em madeira, compostos de madeira, papelão e materiais similares com grandes áreas de superfície.

Vantagens e Limitações As vantagens da união por adesivos são: (1) o processo é aplicável a uma ampla variedade de materiais; (2) peças de diferentes tamanhos e seções transversais podem ser unidas – peças frágeis podem ser unidas por união adesiva; (3) a união ocorre sobre toda a superfície da junta, em vez de em pontos discretos ou ao longo de costuras, como na soldagem por fusão, distribuindo com isso as tensões sobre a área total; (4) alguns adesivos são flexíveis após a união e, assim, são tolerantes a carregamentos cíclicos e às diferenças nas expansões térmicas dos substratos; (5) a cura em baixa temperatura evita danos às peças a serem unidas; (6) pode-se alcançar a vedação, além da união; e (7) o projeto da junta costuma ser simplificado (por exemplo, duas superfícies planas podem ser unidas sem precisar de características especiais nas peças, como furos para parafuso).

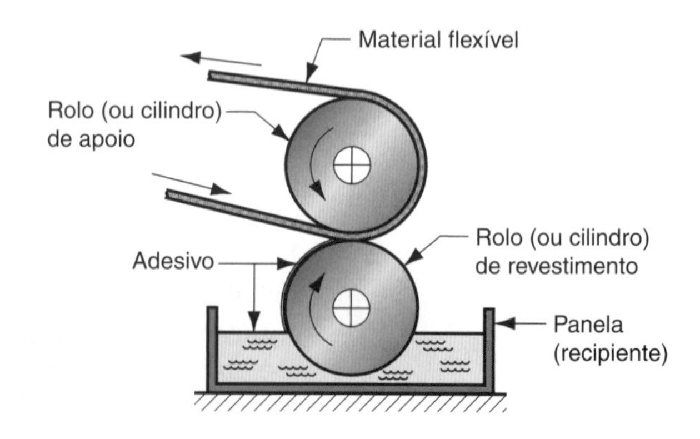

FIGURA 27.14 Revestimento com rolo de adesivo em material fino e flexível, tal como papel, tecido e polímero flexível.

As principais limitações dessa tecnologia incluem: (1) as juntas geralmente não são tão resistentes quanto as dos demais métodos de união; (2) o adesivo deve ser compatível com os materiais a serem unidos; (3) as temperaturas de serviço são limitadas; (4) a limpeza e a preparação da superfície antes da aplicação do adesivo são importantes; (5) os tempos de cura podem impor limitação a taxas de produção; e (6) a inspeção da junta é difícil.

Referências

[1] Adams, R. S. (ed.). ***Adhesive Bonding: Science, Technology, and Applications***. CRC Taylor & Francis, Boca Raton, Florida, 2005.

[2] Bastow, E. "Five Solder Families and How They Work," ***Advanced Materials & Processes***, December 2003, pp. 26–29.

[3] Bilotta, A. J. ***Connections in Electronic Assemblies***. Marcel Dekker, New York, 1985.

[4] Bralla, J. G. (ed.). ***Design for Manufacturability Handbook***, 2nd ed. McGraw-Hill, New York, 1998.

[5] ***Brazing Manual***, 3rd ed. American Welding Society, Miami, Florida, 1976.

[6] Brockman, W., Geiss, P. L., Klingen, J., and Schroeder, K. B. ***Adhesive Bonding: Materials, Applications, and Technology***. John Wiley & Sons, Hoboken, New Jersey, 2009.

[7] Cary, H. B., and Helzer, S. C. ***Modern Welding Technology***, 6th ed. Pearson/Prentice-Hall, Upper Saddle River, New Jersey, 2005.

[8] Doyle, D. J. "The Sticky Six—Steps for Selecting Adhesives," ***Manufacturing Engineering***, June 1991, pp. 39–43.

[9] Driscoll, B., and Campagna, J. "Epoxy, Acrylic, and Urethane Adhesives," ***Advanced Materials & Processes***, August 2003, pp. 73–75.

[10] Hartshorn, S. R. (ed.). ***Structural Adhesives, Chemistry and Technology***. Plenum Press, New York, 1986.

[11] Humpston, G., and Jacobson, D. M. ***Principles of Brazing***. ASM International, Materials Park, Ohio, 2005.

[12] Humpston, G., and Jacobson, D. M. ***Principles of Soldering***. ASM International, Materials Park, Ohio, 2004.

[13] Lambert, L. P. ***Soldering for Electronic Assemblies***. Marcel Dekker, New York, 1988.

[14] Lincoln, B., Gomes, K. J., and Braden, J. F. ***Mechanical Fastening of Plastics***. Marcel Dekker, New York, 1984.

[15] Petrie, E. M. ***Handbook of Adhesives and Sealants***, 2nd ed. McGraw-Hill, New York, 2006.

[16] Schneberger, G. L. (ed.). ***Adhesives in Manufacturing***. CRC Taylor & Francis, Boca Raton, Florida, 1983.

[17] Shields, J. ***Adhesives Handbook***, 3rd ed. Butterworths Heinemann, Woburn, UK, 1984.

[18] Skeist, I. (ed.). ***Handbook of Adhesives***, 3rd ed. Chapman & Hall, New York, 1990.

[19] ***Soldering Manual***, 2nd ed. American Welding Society, Miami, Florida, 1978.

[20] ***Welding Handbook***, 9th ed., Vol. 2, ***Welding Processes***. American Welding Society, Miami, Florida, 2007.

[21] Wick, C., and Veilleux, R. F. (eds.). ***Tool and Manufacturing Engineers Handbook***, 4th ed., Vol. 4, ***Quality Control and Assembly***. Society of Manufacturing Engineers, Dearborn, Michigan, 1987.

Questões de Revisão

27.1 Como a brasagem e a solda branda se diferenciam dos processos de soldagem por fusão?

27.2 Como a brasagem e a solda branda se diferenciam dos processos de soldagem no estado sólido?

27.3 Qual é a diferença técnica entre brasagem e solda branda?

27.4 Sob quais circunstâncias a brasagem ou a solda branda são preferíveis em relação à soldagem?

27.5 Quais são os dois tipos de juntas mais utilizados em brasagem?

27.6 Certas mudanças na configuração de juntas brasadas são feitas geralmente para aumentar a resistência mecânica das juntas. Cite algumas dessas mudanças.

27.7 O metal de adição fundido em brasagem é distribuído ao longo da junta por ação capilar. O que é ação capilar?

27.8 Quais são as características desejáveis de um fluxo de brasagem?

27.9 O que é brasagem por imersão?

27.10 Defina solda brasagem.

27.11 Cite algumas das desvantagens e limitações da brasagem.
27.12 Quais são os dois metais de liga mais comuns utilizados em soldas?
27.13 Quais são as funções supridas pela ponta do ferro de solda na solda branda manual?
27.14 O que é solda branda por onda?
27.15 Mencione as vantagens atribuídas frequentemente à solda branda como um processo industrial para união de peças.
27.16 Quais são as desvantagens e os inconvenientes da solda branda?
27.17 O que significa o termo adesivo estrutural?
27.18 Um adesivo precisa curar para unir. O que significa o termo cura?
27.19 Cite alguns dos métodos utilizados para curar adesivos.
27.20 Mencione as três categorias básicas de adesivos comerciais.
27.21 Qual é a condição essencial para o sucesso de uma operação de união por adesivos?
27.22 Cite alguns dos métodos utilizados para aplicar adesivos nas operações de produção industrial.
27.23 Identifique algumas das vantagens da união por adesivos em comparação com os métodos de união alternativos.
27.24 Quais são algumas das limitações da união por adesivos?

28 Montagem Mecânica

Sumário

28.1 Elementos de Fixação Roscados
28.1.1 Parafusos e Porcas
28.1.2 Outros Elementos de Fixação Roscados e Acessórios
28.1.3 Tensões e Resistência em Juntas Parafusadas
28.1.4 Ferramentas e Métodos para a Montagem de Elementos de Fixação Roscados

28.2 Rebites e Ilhoses

28.3 Métodos de Montagem Baseados em Ajustes com Interferência

28.4 Outros Métodos de Fixação Mecânica

28.5 Moldagem de Insertos e Elementos de Fixação Integrados

28.6 Projeto Orientado à Montagem (DFA)
28.6.1 Princípios Gerais de DFA
28.6.2 Projeto para Montagem Automatizada

A montagem mecânica utiliza vários métodos para acoplar mecanicamente dois (ou mais) elementos. Na maioria dos casos, o método envolve a utilização de componentes mecânicos, chamados de ***elementos de fixação***, que são acrescentados aos elementos durante a operação de montagem. Em outros casos, o método envolve a conformação ou alteração de forma de um dos componentes da montagem, não sendo necessários elementos de fixação adicionais. Muitos produtos são produzidos utilizando montagem mecânica: automóveis, dispositivos grandes ou pequenos, telefones, móveis, utensílios – até mesmo as peças de vestuário são "montadas" por meios mecânicos. Além disso, produtos industriais, como aviões, máquinas-ferramenta e equipamentos de construção, quase sempre envolvem montagens mecânicas.

Os métodos de montagem mecânica podem ser divididos em duas classes principais: (1) os que permitem a desmontagem e (2) os que produzem junção permanente. Os elementos de fixação com rosca (por exemplo, parafusos e porcas) são exemplos da primeira classe, e os rebites ilustram a segunda. Existem boas razões para a montagem mecânica muitas vezes ser preferida em relação aos demais processos de união discutidos nos capítulos anteriores. As principais razões são (1) a facilidade de montagem e (2) a facilidade de desmontagem (para métodos de fixação que permitem a desmontagem).

A montagem mecânica é realizada normalmente por trabalhadores não especializados, com ferramentas comuns e em um intervalo de tempo relativamente pequeno. A tecnologia é simples e os resultados podem ser inspecionados facilmente. Esses fatores são vantajosos não só na fábrica, mas também durante a instalação em campo. Produtos volumosos, que são grandes e pesados demais para serem transportados completamente montados, podem ser enviados em subconjuntos menores e depois montados no local do cliente.

A facilidade de desmontagem se aplica apenas, é claro, aos métodos de fixação mecânica que permitem desmontagem. A desmontagem periódica é necessária para muitos produtos para que as atividades de manutenção e reparo possam ser executadas; por exemplo, substituir componentes desgastados, efetuar ajustes etc. As técnicas de união permanente, como a soldagem, não permitem desmontagem.

Para fins de organização, os métodos de montagem mecânica são divididos nas seguintes categorias: (1) elementos de fixação roscados, (2) rebites, (3) ajustes com interferência, (4) outros métodos de fixação mecânica, e (5) insertos e elementos de fixação integrais. Essas categorias são descritas nas Seções 28.1 a 28.5. Na Seção 28.6, discute-se o importante tópico de projeto orientado à montagem. A montagem de produtos eletrônicos inclui técnicas mecânicas. No entanto, a montagem de eletrônicos representa um campo especializado, que é abordado no Capítulo 31.

28.1 Elementos de Fixação Roscados

Os elementos de fixação com rosca são componentes adicionais a um conjunto e possuem roscas externas ou internas para montagem das peças. Em quase todos os casos, eles permitem a desmontagem. Os elementos de fixação roscados são a categoria mais importante de montagem mecânica; os tipos comuns desses elementos são os parafusos e as porcas.

28.1.1 PARAFUSOS E PORCAS

Os parafusos são elementos de fixação roscados que possuem roscas externas. Há uma distinção técnica entre parafusos passantes e parafusos não passantes, a qual não é frequentemente aplicada. Os ***parafusos não passantes (screws)*** são geralmente montados em furos cegos (não passantes) e, portanto, não utilizam porcas. Alguns tipos de parafusos, chamados ***parafusos autoatarraxantes***, possuem geometrias que permitem a eles formar ou cortar roscas correspondentes no furo. Os ***parafusos passantes (bolts)*** são elementos de fixação com roscas externas que são inseridos através de furos passantes e aparafusados com porcas nas extremidades opostas. A ***porca*** é um elemento de fixação roscado internamente que possui rosca padrão correspondente a parafusos de mesmo diâmetro, passo e forma do filete. As montagens típicas que resultam da utilização de parafusos são ilustradas na Figura 28.1.

Os parafusos são fabricados em uma variedade de roscas, formas e tamanhos padronizados. Na Tabela 28.1 é apresentada uma seleção de tamanhos de elementos de fixação roscados, comuns, em unidades métricas (norma ISO).[1] A especificação métrica consiste no maior diâmetro nominal em mm, seguido pelo passo em mm. Como exemplo, uma especificação de 4 × 0,7 significa um diâmetro máximo de 4,0 mm e um passo de 0,7 mm. Os padrões de roscas grossas e roscas finas são fornecidos na Tabela 28.1.

Outros dados técnicos sobre essas e outras dimensões padronizadas de elementos de fixação roscados podem ser encontrados em manuais de projeto e catálogos de produtos de elementos de fixação. Os Estados Unidos passam por processo de conversão gradual para o sistema métrico, reduzindo com isso a proliferação de especificações. É preciso observar que as diferenças entre os elementos de fixação roscados têm implicações nas

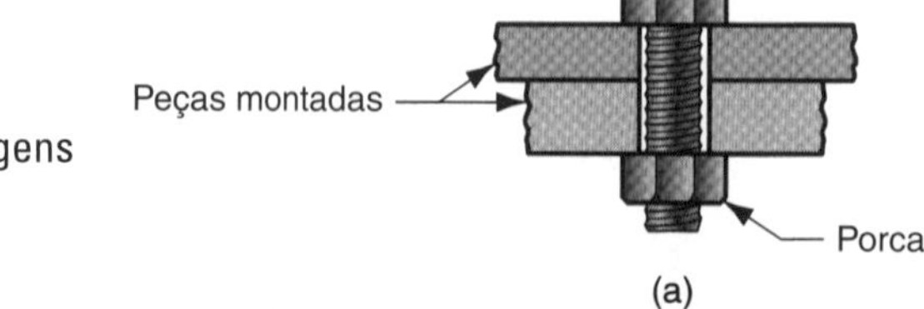

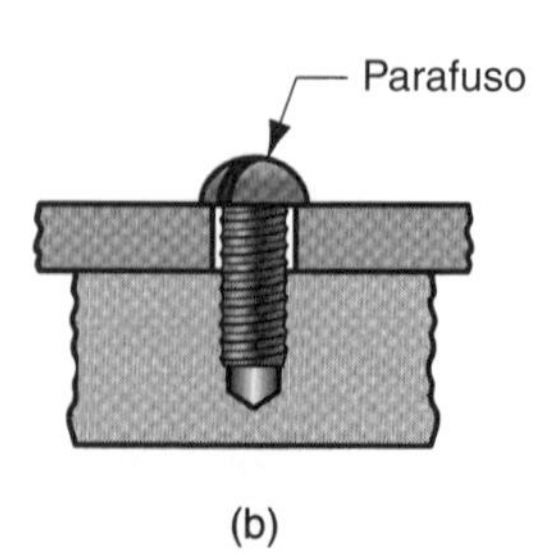

FIGURA 28.1 Montagens típicas utilizando (1) parafuso e porca e (b) parafuso.

[1] ISO é a abreviação de *International Standards Organization*.

TABELA • 28.1 Dimensões padrão selecionadas de elementos de fixação roscados, em unidades métricas.

Norma ISO (Métrico)		
Diâmetro Nominal, mm	**Passo de Rosca Grossa, mm**	**Passo de Rosca Fina, mm**
2	0,4	
3	0,5	
4	0,7	
5	0,8	
6	1,0	
8	1,25	
10	1,5	1,25
12	1,75	1,25
16	2,0	1,5
20	2,5	1,5
24	3,0	2,0
30	3,5	2,0

ferramentas utilizadas na fabricação. Para utilizar um determinado tipo de parafuso, o montador deve ter ferramentas projetadas para o tipo de elemento de fixação considerado. Por exemplo, existem muitos estilos de cabeça de parafusos disponíveis; os mais comuns são mostrados na Figura 28.2. As geometrias dessas cabeças, bem como a variedade de tamanhos disponíveis, exigem diferentes ferramentas manuais (por exemplo, chaves de fenda) para o trabalhador. Não se pode apertar um parafuso sextavado interno (*Allen*) com uma chave de fenda de lâmina chata.

Os parafusos sem porca estão disponíveis em maior variedade de configurações que os parafusos com porca, já que suas funções variam mais. Os tipos incluem parafusos de máquina, parafusos de fixação, parafusos de ajuste e parafusos autoatarraxantes. Os ***parafusos de máquina*** são um tipo genérico, projetados para montagem em furos roscados. Às vezes são montados em porcas e, com esse uso, eles se sobrepõem aos parafusos com porca. Os ***parafusos de fixação ou de alta resistência*** (*capscrews*) têm a mesma geometria dos parafusos de máquina, mas são fabricados com metais de resistência mais elevada e em tolerâncias mais apertadas. Os ***parafusos de ajuste*** (*setscrews*) são endurecidos e projetados para funções de montagem, como fixação de luvas, engrenagens e polias em eixos, como mostrado na Figura 28.3(a). Eles podem ser encontrados em várias geometrias, algumas delas ilustradas na Figura 28.3(b). Um ***parafuso autoatarraxante*** (*tapping screw*) é projetado para formar ou cortar uma rosca em um furo preexistente no qual será parafusado. A Figura 28.4 mostra duas das geometrias de rosca típicas dos parafusos autoatarraxantes.

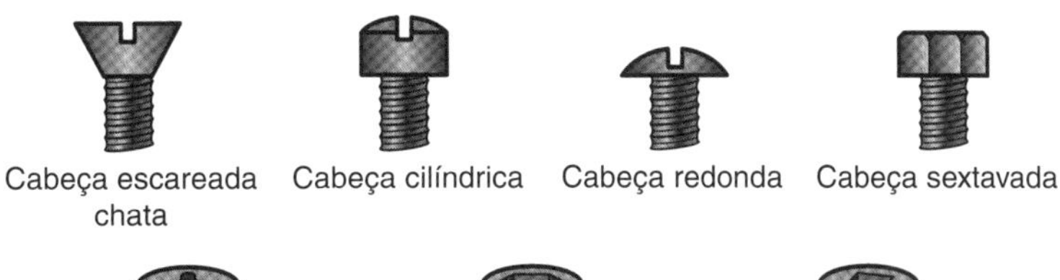

FIGURA 28.2 Vários estilos de cabeça de parafusos disponíveis. Existem outros estilos de cabeça não exibidos aqui.

FIGURA 28.3 (a) Montagem de uma luva em um eixo utilizando um parafuso de ajuste; (b) várias geometrias de parafusos de ajuste (tipos de cabeça e pontas).

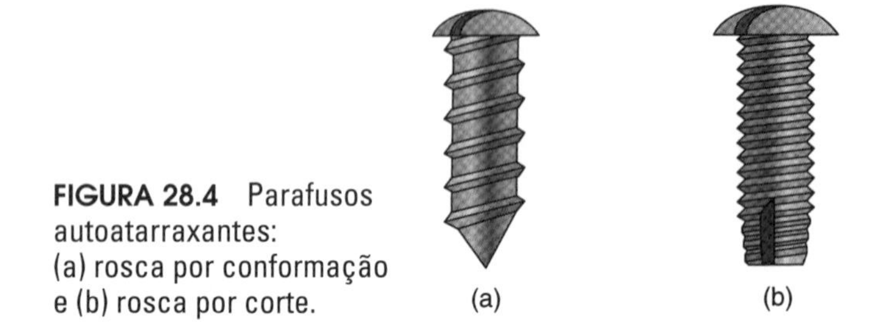

FIGURA 28.4 Parafusos autoatarraxantes: (a) rosca por conformação e (b) rosca por corte.

A maioria dos elementos de fixação roscados é produzida por laminação de roscas (Seção 15.2) e alguns são usinados (Subseções 18.2.2 e 18.7.1), o que geralmente é mais caro. Uma série de materiais é utilizada para fabricar os elementos de fixação roscados, com os aços sendo os mais comuns devido à sua boa resistência e ao seu baixo custo. Esses materiais incluem os aços com baixo e médio teor de carbono e os aços-liga. Os elementos de fixação com rosca fabricados de aço geralmente são chapeados ou revestidos para aumentar a resistência superficial à corrosão. Níquel, cromo, zinco, óxido negro e revestimentos similares são utilizados para essa finalidade. Quando a corrosão ou outros fatores inviabilizam a utilização de elementos de fixação roscados, de aço, outros materiais devem ser utilizados, incluindo aços inoxidáveis, ligas de alumínio, ligas de níquel, e plásticos (entretanto, os plásticos são adequados apenas para as aplicações com baixos níveis de tensão mecânica).

28.1.2 OUTROS ELEMENTOS DE FIXAÇÃO ROSCADOS E ACESSÓRIOS

Outros elementos de fixação roscados e acessórios incluem parafusos prisioneiros, insertos roscados, fixadores roscados cativos e arruelas. O ***parafuso prisioneiro*** (no contexto de elementos de fixação) é um elemento de fixação com rosca externa, mas sem a cabeça usual que um parafuso possui. Os parafusos prisioneiros podem ser utilizados para montar duas peças empregando duas porcas, como mostrado na Figura 28.5(a). Eles estão disponíveis com roscas em uma extremidade ou em ambas, como mostrado na Figura 28.5(b) e (c).

Os ***insertos roscados*** são plugues com rosca interna ou molas de arame feitos para ser inseridos em um furo sem rosca e receber um elemento de fixação com rosca externa. São montados em materiais de menor resistência (por exemplo, plástico, madeira e metais leves, como o magnésio) para proporcionar roscas resistentes. Há muitas formas de insertos roscados; um dos exemplos está ilustrado na Figura 28.6. Na montagem subsequente do parafuso no plugue, o corpo do inserto se expande pressionando a superfície do furo e fixando a montagem.

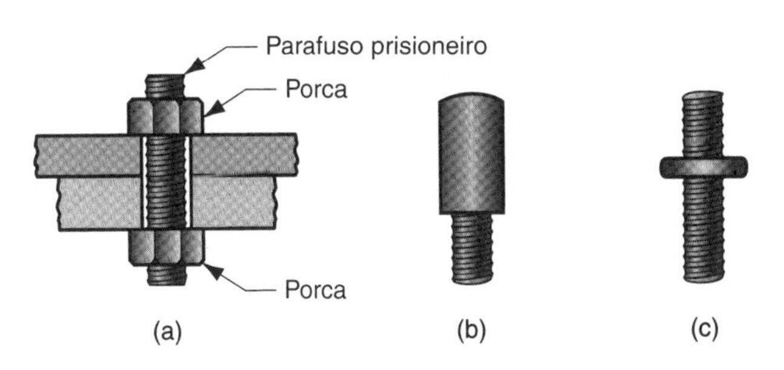

FIGURA 28.5 (a) Parafuso prisioneiro e porcas utilizados em uma montagem. Outros tipos de parafusos prisioneiros: (b) roscas em apenas uma extremidade e (c) em ambas as extremidades.

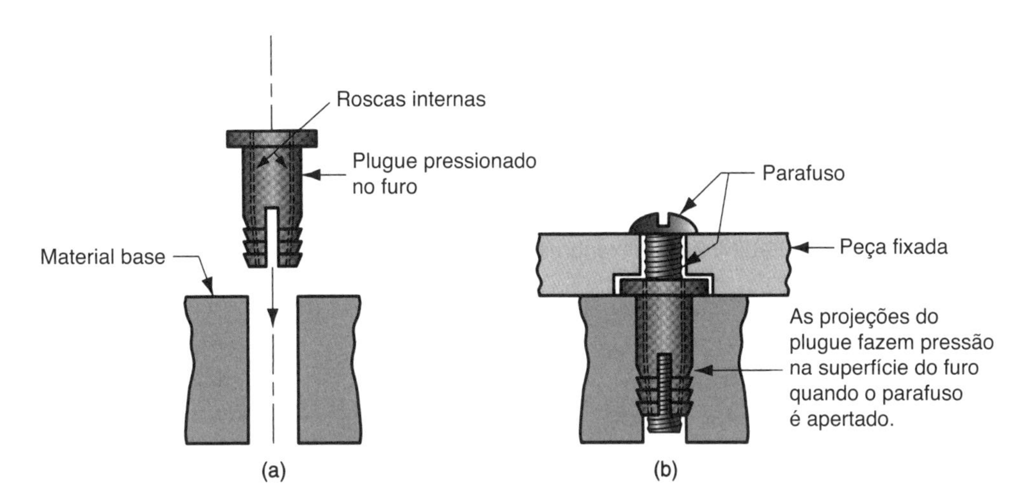

FIGURA 28.6 Insertos roscados: (a) antes da inserção e (b) após a inserção no furo e o parafuso é colocado no plugue.

Fixadores roscados cativos são elementos de fixação roscados, permanentemente pré-montados em uma das peças a serem unidas. Os possíveis processos de pré-montagem incluem soldagem, brasagem, ajuste com interferência ou conformação a frio. Dois tipos de fixadores roscados cativos são ilustrados na Figura 28.7.

A ***arruela*** é um componente acessório utilizado frequentemente com os parafusos para garantir o aperto da junta mecânica; em sua forma mais simples, é um anel plano e fino, feito de chapa metálica. As arruelas têm várias funções. Elas (1) distribuem as tensões que poderiam ficar concentradas na cabeça do parafuso com e sem porca e na própria porca, (2) fornecem suporte para furos com grandes folgas nas peças a serem montadas, (3) aumentam o efeito mola da junta, (4) protegem as superfícies da peça, (5) vedam a junta e (6) resistem ao desparafusamento inadvertido. Três tipos de arruelas estão ilustrados na Figura 28.8.

28.1.3 TENSÕES E RESISTÊNCIA EM JUNTAS PARAFUSADAS

As tensões típicas que atuam em uma junta parafusada incluem a tração e o cisalhamento, conforme retratado na Figura 28.9, que mostra a montagem com parafuso e porca. Depois de apertado, o parafuso é carregado em tração, e as peças ficam carregadas em compressão. Além disso, forças podem agir em sentidos opostos nas peças, resultando em uma tensão de cisalhamento na seção transversal do parafuso. Finalmente, há tensões aplicadas nos filetes da rosca por todo o comprimento acoplado com a porca, em uma direção paralela ao eixo do parafuso. Essas tensões de cisalhamento podem ocasionar o ***arrancamento*** dos filetes da rosca, e essa falha também pode ocorrer na rosca interna da porca.

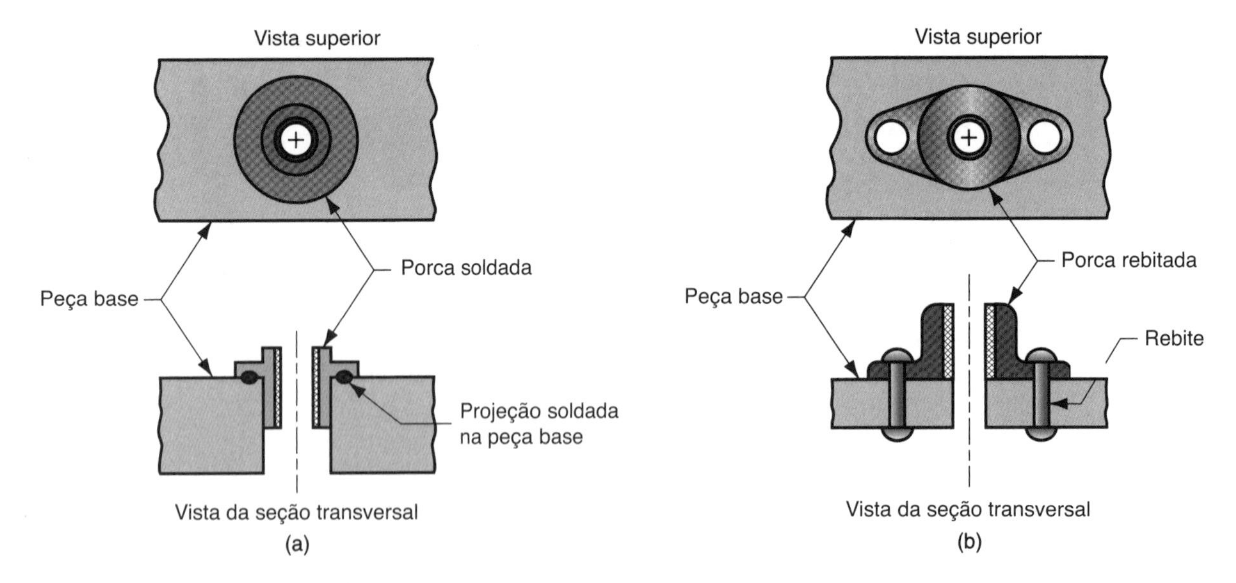

FIGURA 28.7 Fixadores roscados cativos: (a) porca soldada e (b) porca rebitada.

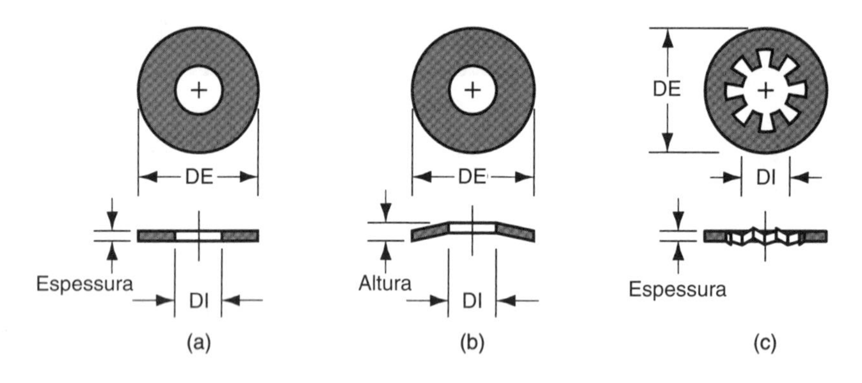

FIGURA 28.8 Tipos de arruelas: (a) arruela plana (lisa); (b) arruela de pressão, utilizada para amortecer a vibração ou compensar o desgaste; e (c) arruela de travamento, projetada para resistir a efeitos de perda de aperto do parafuso.

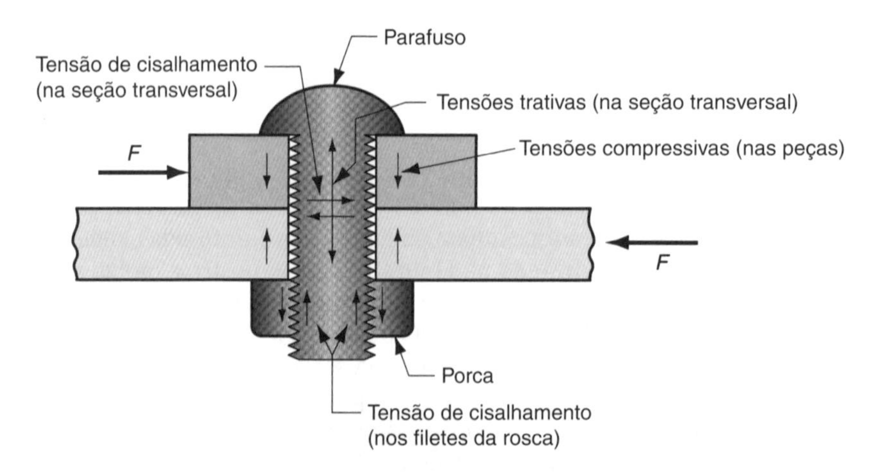

FIGURA 28.9 Tensões típicas agindo em uma junta parafusada.

TABELA • 28.2 Valores típicos de limite de resistência à tração e de resistência de prova para parafusos de aço com diâmetros de 6,4 mm a 38 mm.

	Resistência de Prova	Limite de Resistência à Tração
Material	**MPa**	**MPa**
Aço baixo/médio C	228	414
Aço-liga	830	1030

Fonte: [13].

A resistência de um elemento de fixação roscado geralmente é especificada por meio de duas medidas: (1) limite de resistência à tração, que tem a definição tradicional (Subseção 3.1.1), e (2) resistência de prova. A ***resistência de prova*** é, de forma simplificada, equivalente ao limite de escoamento; especificamente, é a tensão trativa máxima à qual um parafuso pode ser submetido sem deformação permanente. Os valores típicos de limite de resistência à tração e de resistência de prova para parafusos de aço são fornecidos na Tabela 28.2.

O problema que pode surgir durante a montagem é a aplicação de sobreaperto nos elementos de fixação roscados, provocando tensões que ultrapassam a resistência do material do elemento de fixação. Supondo a montagem parafuso e porca como exibida na Figura 28.9, a falha pode ocorrer de uma das seguintes maneiras: (1) a rosca externa (por exemplo, no parafuso) pode espanar, (2) a rosca interna (por exemplo, na porca) pode espanar, ou (3) o parafuso pode quebrar devido às tensões excessivas em sua área da seção transversal. O espanamento da rosca, indicado nas falhas (1) e (2), é uma falha por cisalhamento e ocorre quando o comprimento do acoplamento é pequeno demais (menos de 60 % do diâmetro nominal do parafuso). Isso pode ser evitado promovendo o acoplamento adequado da rosca no projeto da fixação. A falha por tensão trativa (3) é o problema mais comum. O parafuso quebra com aproximadamente 85 % do seu limite de resistência à tração nominal, em virtude da combinação entre tensões de tração e torção desenvolvidas durante o aperto [2].

A tensão trativa à qual um parafuso está submetido pode ser calculada como carga trativa aplicada na junta, dividida pela área efetiva:

$$\sigma = \frac{F}{A_s} \tag{28.1}$$

em que σ = tensão, MPa; F = carga, N; e A_s = área submetida à tensão trativa, mm^2. Essa tensão é comparada com os valores de resistência do parafuso apresentados na Tabela 28.2. A área submetida à tensão trativa por um elemento de fixação roscado é a área da seção transversal do menor diâmetro. Essa área pode ser calculada diretamente, com base na seguinte equação [2]:

$$A_s = \frac{\pi}{4}(D - 0{,}9382p)^2 \tag{28.2}$$

em que D = tamanho nominal (basicamente o maior diâmetro) do parafuso, mm; e p = passo da rosca, mm.

28.1.4 FERRAMENTAS E MÉTODOS PARA A MONTAGEM DE ELEMENTOS DE FIXAÇÃO ROSCADOS

A função básica das ferramentas e os métodos para montagem de elementos de fixação roscados é proporcionar rotação relativa entre as roscas externas e internas e aplicar torque suficiente para manter firme a montagem. As ferramentas disponíveis variam desde chaves de fenda manuais, ou chaves de boca, até ferramentas automáticas com sensores eletrônicos sofisticados, para assegurar o aperto adequado. É importante que a ferramenta seja compatível com o parafuso e/ou com a porca em tipo e tamanho, já que existem muitas cabeças disponíveis. As ferramentas manuais são feitas normalmente com uma única ponta ou lâmina, mas as ferramentas automáticas geralmente são projetadas para utilizar pontas intercambiáveis. As ferramentas automáticas operam por meio de potência pneumática, hidráulica ou elétrica.

Se um elemento de fixação roscado serve para sua finalidade prevista depende, em grande parte, da magnitude do torque aplicado para apertá-lo. Depois que o parafuso (ou porca) foi girado até ficar assentado na superfície da peça, um aperto adicional vai aumentar a tensão no parafuso (e simultaneamente a compressão nas peças que estão sendo unidas); e o aperto será resistido pelo aumento de torque. Desse modo, há uma correlação entre o torque necessário para apertar o elemento de fixação e a tensão trativa sofrida pelo mesmo. Para alcançar a função desejada na junta montada (por exemplo, para aumentar a resistência à fadiga) e travar os elementos de fixação roscados, o projetista do produto frequentemente irá especificar a força de tração que deve ser aplicada. Essa força se chama ***pré-carga***. A relação a seguir pode ser utilizada para determinar o torque necessário para a obtenção de uma pré-carga especificada [13]:

$$T = C_t DF \tag{28.3}$$

em que T = torque, N-mm; C_t = o coeficiente de torque, que tem um valor típico entre 0,15 e 0,25, dependendo das condições da superfície da rosca; D = diâmetro nominal do parafuso, mm; e F = força trativa de pré-carga especificada, N.

Exemplo 28.1
Parafusos

Um parafuso medindo 8 × 1,25 no sistema métrico deve ser apertado a uma pré-carga de 275 N. O coeficiente de torque = 0,22. Determine (a) o torque necessário para alcançar a pré-carga especificada, e (b) a tensão no parafuso quando pré-carregado.

Solução: Utilizando a Equação (28.3), o torque necessário T = 0,22(8)(275) = 484 N-mm = **0,484 N-m**

(b) A área do menor diâmetro do parafuso é obtida utilizando a Equação (28.2):

$$A_s = \frac{\pi}{4}(D - 0{,}9382p)^2 = \frac{\pi}{4}(8 - 0{,}9382(1{,}25))^2 = 36{,}6 \text{ mm}^2$$

$$\sigma = F/A_s = \frac{275}{36{,}6} = 7{,}51 \text{ N/mm}^2 = \mathbf{7{,}51 \text{ MPa}}$$

Vários métodos são utilizados para aplicar o torque necessário, incluindo (1) a intuição do operador – não muito precisa, mas adequada para a maioria das montagens; (2) chaves de torque, que medem o torque, à medida que o elemento de fixação é apertado; (3) parafusadeiras ou apertadeiras, que são chaves motorizadas projetadas para parar quando o torque desejado é atingido; e (4) torque de aperto por volta, em que o elemento de fixação é apertado inicialmente até um nível de torque baixo e depois girado em quantidade adicional especificada (por exemplo, um quarto de volta).

28.2 Rebites e Ilhoses

Os rebites são amplamente utilizados para alcançar uma junta mecânica permanente. O rebitamento é um método de fixação que oferece altas taxas de produção, simplicidade, confiabilidade e baixo custo. Apesar dessas aparentes vantagens, suas aplicações

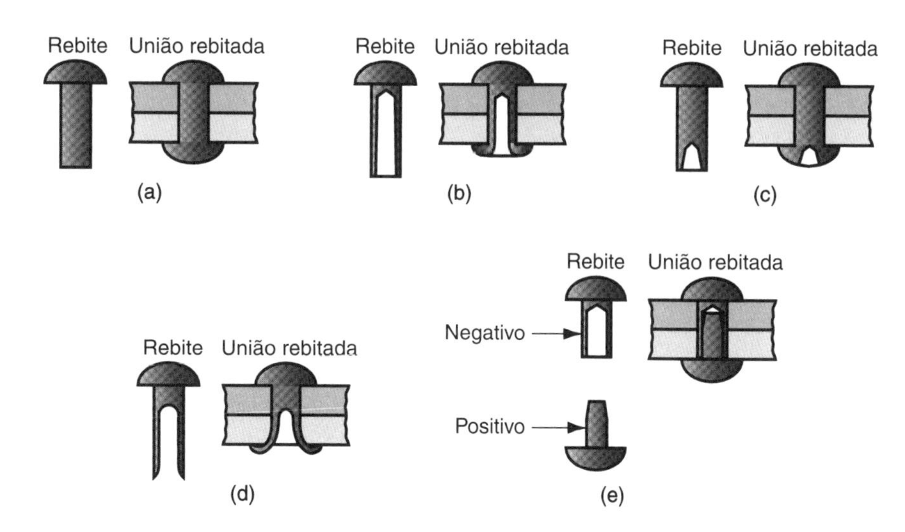

FIGURA 28.10 Cinco tipos básicos de rebite, exibidos também na configuração montada: (a) sólido, (b) tubular, (c) semitubular, (d) bifurcado e (e) compressão.

declinaram nas últimas décadas em favor de elementos de fixação roscados, soldagem e união por adesivos. A rebitagem é um dos processos de fixação primários nas indústrias aeronáutica e aeroespacial para fixar a cobertura às vigas e outros membros estruturais.

O ***rebite*** é um pino com cabeça e sem rosca, utilizado para unir duas (ou mais) peças, passando-se o pino pelos furos nessas peças e depois formando uma segunda cabeça na sua outra extremidade. A operação de conformação pode ser realizada a quente ou a frio (trabalho a quente ou trabalho a frio) e por meio de martelamento ou de prensagem. Depois que o rebite foi deformado, ele não pode ser removido, exceto quebrando-se uma das cabeças. Os rebites são especificados por seu comprimento, diâmetro, cabeça e tipo. Os tipos de rebites se referem a cinco geometrias básicas que afetam o modo como ele será conformado para formar a segunda cabeça. Os cinco tipos são definidos na Figura 28.10. Além disso, existem rebites especiais para aplicações especiais.

Os rebites são utilizados principalmente em juntas sobrepostas. O furo de passagem no qual o rebite é inserido deve ter um diâmetro próximo ao do rebite. Se o furo for pequeno demais, a inserção do rebite será difícil, reduzindo assim a taxa de produção. Se o furo for grande demais, o rebite não vai preencher o furo e pode fletir ou comprimir durante a conformação da cabeça oposta. Existem tabelas de projeto de rebites para especificar os tamanhos ótimos dos furos.

As ferramentas e os métodos utilizados na rebitagem podem ser divididos nas seguintes categorias: (1) impacto, no qual um martelo pneumático aplica uma sucessão de golpes para a conformação do rebite; (2) compressão uniforme, na qual uma ferramenta de rebitagem aplica uma pressão de aperto constante para conformar o rebite; e (3) uma combinação de impacto e compressão. Grande parte do equipamento utilizado na rebitagem é portátil e operada manualmente. Equipamentos automáticos de furação e rebitagem estão disponíveis para executar furos e depois inserir e conformar os rebites.

Ilhoses são fixadores tubulares de paredes finas com um flange em uma extremidade, feitos geralmente de chapa metálica, como na Figura 28.11(a). Eles são utilizados para produzir uma junta sobreposta permanente entre duas (ou mais) peças. Os ilhoses são substituídos por rebites nas aplicações de baixo nível de tensão para poupar material, peso e custo. Durante a fixação, o ilhó é inserido nos furos da peça, e a extremidade reta é conformada para fixar a montagem. A operação de conformação se chama ***fixação*** e é realizada por ferramentas opostas que seguram o ilhó na posição e conforma a porção estendida de seu tubo. A Figura 28.11(b) ilustra a sequência de um projeto de ilhó típico. As aplicações desse método de fixação incluem subconjuntos automotivos, componentes elétricos, brinquedos e roupas.

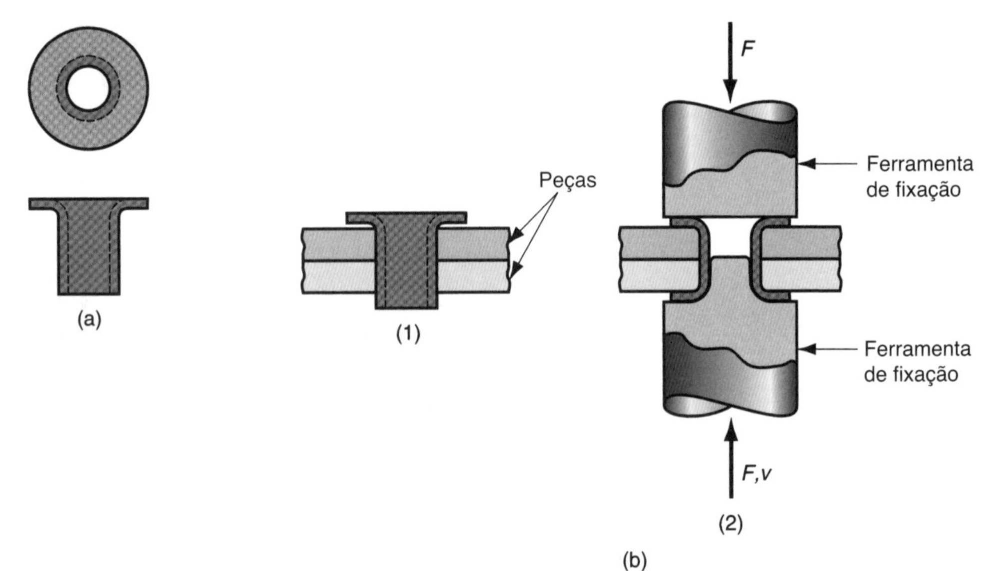

FIGURA 28.11 Fixação com um ilhó: (a) o ilhó, e (b) a sequência de montagem: (1) inserindo o ilhó no furo, e (2) operação de fixação.

28.3 Métodos de Montagem Baseados em Ajustes com Interferência

Vários métodos de montagem se baseiam na interferência mecânica entre duas peças a serem unidas. Essa interferência, que ocorre durante a montagem ou após as peças serem unidas, mantém as peças juntas. Os métodos incluem ajustes prensados, ajustes por contração e expansão, encaixe rápido e anéis de retenção.

Ajustes Prensados Uma montagem por ajuste prensado é aquela na qual os dois componentes têm um encaixe com interferência entre si. O caso típico é aquele no qual um pino (por exemplo, um pino reto, cilíndrico) de certo diâmetro é pressionado em um furo de diâmetro ligeiramente menor. Existem pinos de tamanhos padrão disponíveis comercialmente para realizar uma série de funções, como (1) posicionar e travar componentes – utilizado para acrescentar elementos de fixação roscados mantendo duas peças (ou mais) alinhadas, uma em relação à outra; (2) pontos de articulação, para permitir a rotação de um componente em relação ao outro; e (3) pinos de cisalhamento. Com exceção do caso (3), os pinos normalmente são temperados. Os pinos de cisalhamento são feitos de metais mais macios, para se romperem quando submetidos a uma carga de cisalhamento repentina ou severa, preservando o resto da montagem. Outras aplicações de ajustes prensados incluem a montagem de anéis, engrenagens, polias e componentes similares em eixos.

As pressões e as tensões em um ajuste com interferência podem ser estimadas utilizando várias equações específicas. Se o ajuste consistir em um pino sólido circular ou eixo dentro de um anel (ou componente similar), conforme retratado na Figura 28.12, e os componentes forem feitos do mesmo material, a pressão radial entre o pino e o anel pode ser determinada por [13]:

$$P_f = \frac{Ei(D_a^2 - D_p^2)}{D_p D_a^2} \tag{28.4}$$

em que p_f = pressão radial ou do ajuste com interferência, MPa; E = módulo de elasticidade do material; i = interferência entre o pino (ou eixo) e o anel; ou seja, a diferença inicial entre o diâmetro interno do furo do anel e o diâmetro externo do pino, mm; D_a = diâmetro externo do anel, mm; D_p = diâmetro externo do pino ou eixo, mm.

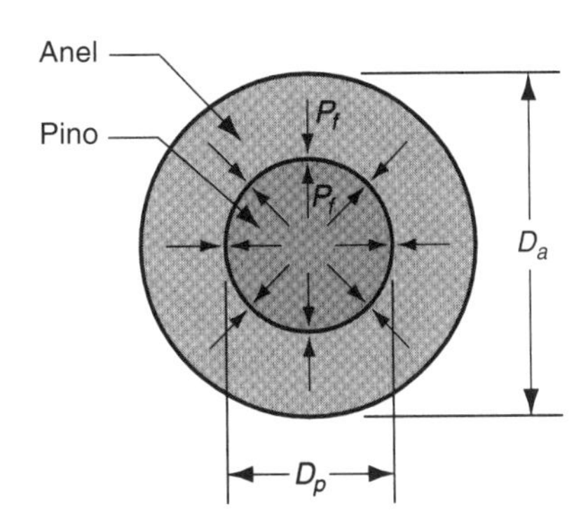

FIGURA 28.12 Seção transversal de um pino ou eixo sólido montado em um anel por ajuste com interferência.

A tensão efetiva máxima ocorre no anel em seu diâmetro interno e pode ser calculada como

$$\sigma_{ef\,\text{máx}} = \frac{2p_f D_a^2}{D_a^2 - D_p^2} \tag{28.5}$$

em que $\sigma_{ef\,\text{máx}}$ = tensão efetiva máxima, MPa, e p_f é a pressão do ajuste com interferência calculada a partir da Equação (28.4).

Em situações em que um pino reto ou eixo é pressionado contra um furo de uma peça grande com geometria diferente da geometria de um anel, as equações anteriores podem ser simplificadas considerando o diâmetro externo D_a como infinito, reduzindo assim a equação da pressão de interferência a

$$p_f = \frac{Ei}{D_p} \tag{28.6}$$

e a tensão efetiva máxima correspondente torna-se em

$$\sigma_{ef\,\text{máx}} = 2p_f \tag{28.7}$$

Na maioria dos casos, particularmente para materiais dúcteis, a tensão efetiva máxima deve ser comparada com a tensão de escoamento do material, aplicando um fator de segurança adequado, como em

$$\sigma_{ef\,\text{máx}} \leq \frac{LE}{FS} \tag{28.8}$$

em que LE = limite de escoamento do material, e FS é o fator de segurança aplicado.

Há várias geometrias de pinos para ajustes com interferência. O tipo básico é um ***pino reto***, feito geralmente de barra ou arame de aço-carbono trefilado (trabalhado a frio), com diâmetros variando de 1,6 a 25 mm. São pinos não retificados, com extremidades chanfradas ou quadradas (extremidades chanfradas facilitam o ajuste prensado). Os ***pinos guia*** são fabricados em especificações mais precisas que os pinos retos e podem ser retificados e temperados. São utilizados para fixar o alinhamento de componentes montados em matrizes, gabaritos e equipamentos. Os ***pinos cônicos*** possuem conicidade de 0,21 mm por cm e são introduzidos em um furo a fim de estabelecer uma posição relativa fixa entre as peças. Sua vantagem é que eles podem ser retirados rapidamente do furo.

Existem outras geometrias de pinos disponíveis comercialmente, incluindo ***pinos entalhados*** (ou ***cavilhas***) – pinos retos sólidos com três entalhes longitudinais que formam ressaltos na superfície para provocar interferência quando o pino é pressionado contra um furo; ***pinos recartilhados***, que são pinos com um padrão recartilhado que causa interferência no furo correspondente; e ***pinos espirais***, com o formato de mola espiral, os quais são fabricados de tiras laminadas.

Ajuste por Contração e Expansão Esses termos se referem à montagem de duas peças que têm uma interferência à temperatura ambiente. O caso típico é composto por um pino cilíndrico ou eixo montado em um anel. Na montagem por meio de ***ajuste por contração*** (ou ***encolhimento***), a peça externa é aquecida para aumentar suas dimensões por expansão térmica, e a peça interna permanece na temperatura ambiente ou é resfriada para reduzir seu tamanho. Depois as peças são montadas e levadas novamente à temperatura ambiente, de modo que a peça externa encolhe e, se tiver sido previamente resfriada, a peça interna se expande, formando um forte ajuste com interferência. Um ***ajuste por expansão*** é quando apenas a peça interna é resfriada para contrair; uma vez inserida no componente correspondente, ela aquece até a temperatura ambiente, expandindo-se para criar a montagem com interferência. Esses métodos de montagem são empregados para acoplar engrenagens, polias, luvas e outros componentes em eixos sólidos e vazados.

Vários métodos são empregados para aquecer e/ou resfriar as peças. Os equipamentos de aquecimento incluem maçaricos, fornos, aquecedores por resistência elétrica e aquecedores por indução elétrica. Os métodos de resfriamento incluem refrigeração convencional, acondicionamento em gelo-seco e imersão em líquidos frios, incluindo nitrogênio líquido. A mudança resultante no diâmetro depende do coeficiente de expansão térmica e da diferença de temperatura aplicada à peça. Se for presumido que o aquecimento, ou o resfriamento, produz temperatura uniforme ao longo da peça, então a mudança no diâmetro pode ser fornecida por

$$D_2 - D_1 = \alpha\, D_1(T_2 - T_1) \qquad (28.9)$$

em que α = coeficiente de dilatação linear (expansão térmica), mm/mm-°C para o material (veja a Tabela 4.1); T_2 = temperatura na qual as peças foram aquecidas ou resfriadas, °C; T_1 = temperatura ambiente inicial; D_2 = diâmetro da peça para T_2, mm; e D_1 = diâmetro da peça para T_1.

As Equações (28.4) a (28.8) utilizadas para calcular as pressões de interferência e as tensões efetivas podem ser utilizadas para determinar os valores correspondentes dos ajustes por contração e expansão.

Exemplo 28.2 Ajuste por Expansão

Um eixo de aço deve ser inserido em um anel de mesmo material por meio de ajuste por expansão. À temperatura ambiente (20 °C), os diâmetros externos e interno do anel são 50,00 mm e 30,00 mm, respectivamente, e o eixo tem um diâmetro de 30,015 mm. O eixo deve ter seu tamanho reduzido para montagem no anel por meio de resfriamento a uma temperatura suficientemente baixa para que haja uma folga de 0,03 mm. Determine (a) a temperatura na qual o eixo deve ser resfriado para montagem, (b) a pressão radial na temperatura ambiente após a montagem e (c) a tensão efetiva máxima no anel.

Solução: (a) Segundo a Tabela 4.1, o coeficiente de expansão térmica para o aço $\alpha = 12(10^{-6})\ ^{\circ}C^{-1}$. Rearranjando a Equação (28.9) para calcular a temperatura de resfriamento,

$$T_2 = \frac{(D_2 - D_1)}{\alpha\, D_1} + T_1 = \frac{(30{,}00 - 0{,}03) - 30{,}015}{12(10^{-6})(30{,}015)} + 20 = -124{,}9 + 20 = \mathbf{-104{,}9^{\circ}C}$$

(b) Segundo a Tabela 3.1, o módulo de elasticidade do aço $E = 209(10^3)$ MPa. Usando a Equação (28.4) para calcular a pressão radial, em que $D_a = 50{,}00$ mm e $D_p = 30{,}025$ mm

$$P_f = \frac{Ei(D_a^2 - D_p^2)}{D_p D_a^2} = \frac{209(10^3)(0{,}015)(50^2 - 30{,}015^2)}{30{,}015(50^2)} = \mathbf{66{,}8\ MPa}$$

(c) A tensão efetiva máxima é fornecida pela Equação (28.7):

$$\sigma_{ef\,máx} = \frac{2p_f D_a^2}{D_a^2 - D_p^2} = \frac{2(66{,}8)(50^2)}{(50^2 - 30{,}015^2)} = \mathbf{209\ MPa}$$

Encaixe Rápido e Anéis de Retenção Os encaixes rápidos são variações dos encaixes com interferência. Um ***encaixe rápido*** envolve a união de duas peças, na qual os elementos do par possuem uma interferência temporária enquanto estão pressionados entre si, mas depois de montados eles se travam para manter a montagem. Um exemplo típico é exibido na Figura 28.13: à medida que as peças são pressionadas entre si, os elementos do par se deformam elasticamente para acomodar a interferência, permitindo, subsequentemente, que as peças se encaixem; uma vez em posição, os elementos ficam conectados mecanicamente de modo a não poder ser desmontados facilmente. As peças normalmente são projetadas para que haja pequena interferência após a montagem.

As vantagens da montagem por encaixe rápido incluem: (1) as peças podem ser projetadas com características de autoalinhamento, (2) não são necessárias ferramentas especiais, e (3) a montagem pode ser realizada com muita rapidez. O encaixe rápido foi desenvolvido originalmente como um método que seria adequado para as aplicações com robôs industriais; no entanto, não é nenhuma surpresa que as técnicas de montagem que são mais fáceis para os robôs também são mais fáceis para os montadores humanos.

O ***anel de retenção***, também conhecido como ***anel elástico***, é um fixador que encaixa em uma ranhura circunferencial sobre um eixo ou tubo para formar um ressalto, como mostrado na Figura 28.14. A montagem pode ser utilizada para posicionar ou restringir o movimento das peças montadas sobre o eixo. Os anéis de retenção estão disponíveis para aplicações externas (eixo) e internas (furo). Eles são fabricados de chapas metálicas ou a partir de lâminas em bobinas, com tratamento térmico para assegurar a dureza

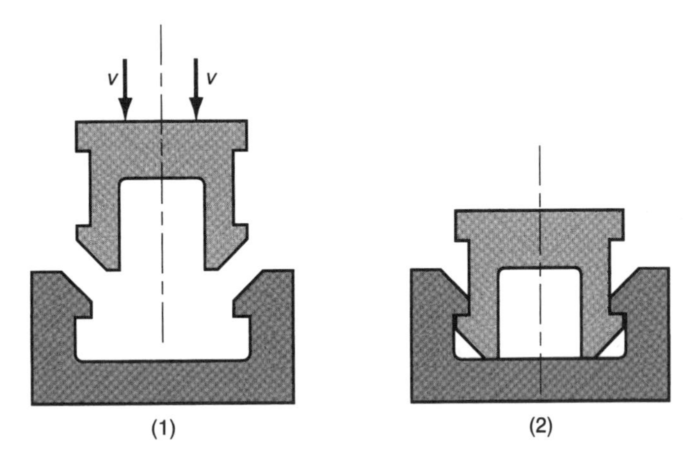

FIGURA 28.13 Montagem de um encaixe rápido, exibindo as seções transversais de duas peças que formam o par: (1) antes da montagem e (2) as peças encaixadas.

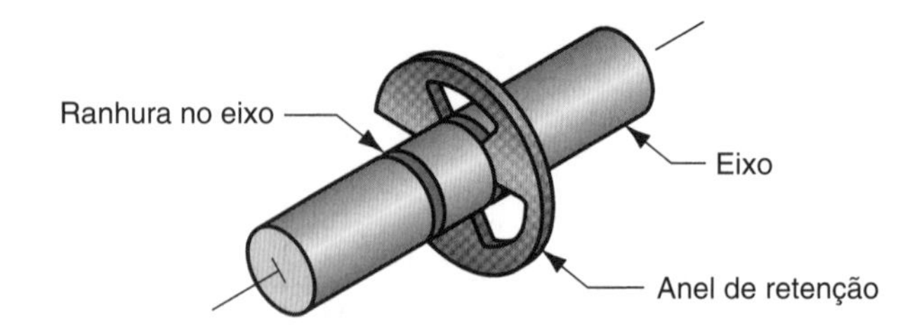

FIGURA 28.14 Anel de retenção montado sobre uma ranhura de um eixo.

e a rigidez. Para montar um anel de retenção, utiliza-se um alicate especial para deformar elasticamente o anel, de modo que ele se encaixe sobre o eixo (ou dentro do furo) e depois seja liberado na ranhura.

28.4 Outros Métodos de Fixação Mecânica

Além das técnicas de montagem mecânica discutidas anteriormente, existem vários outros métodos que envolvem o uso de elementos de fixação. Esses métodos incluem a utilização de grampos, costura e contrapinos.

Grampeamento por Máquina, Grampeamento Simples e Costura O grampeamento industrial envolve a utilização de fixadores metálicos na forma de U. ***Grampeamento em máquina*** (em inglês, *stitching*) é uma operação de fixação na qual um equipamento (máquina de grampear) é utilizado para formar grampos com a forma de U, um de cada vez, a partir de um arame de aço, e conduzi-los imediatamente através das duas peças a serem unidas. A Figura 28.15 ilustra vários tipos de grampos feitos a partir de arames contínuos. As peças a serem unidas devem ser relativamente finas, coerentes com o tamanho do grampo, e a montagem pode envolver várias combinações de materiais metálicos e não metálicos. As aplicações dessa montagem industrial incluem a união de chapas metálicas leves, dobradiças metálicas, conexões elétricas, encadernação de revistas, caixas de papelão e embalagem de produtos. As condições que favorecem o grampeamento com máquina nessas aplicações são (1) elevada velocidade de operação, (2) eliminação da necessidade de furos pré-fabricados nas peças e (3) conveniência de utilizar fixadores que envolvam as peças.

No ***grampeamento simples*** (em inglês, *stapling*), grampos na forma de U pré-fabricados são utilizados para unir as duas peças por meio de puncionamento de grampo. Os grampos são fornecidos em tiras. Os grampos individuais são levemente unidos para formar a tira, mas eles podem ser separados pelo grampeador durante a operação. Os grampos são fornecidos com vários tipos de ponta para facilitar sua penetração na peça. Geralmente, os grampos são aplicados por meio de pistolas pneumáticas portáteis (grampeadores industriais), nas quais podem ser carregadas tiras contendo várias centenas de grampos. As aplicações de grampeamento industrial incluem: móveis e estofados, montagem de assentos de automóveis e vários trabalhos leves de montagens de chapas metálicas e plásticos.

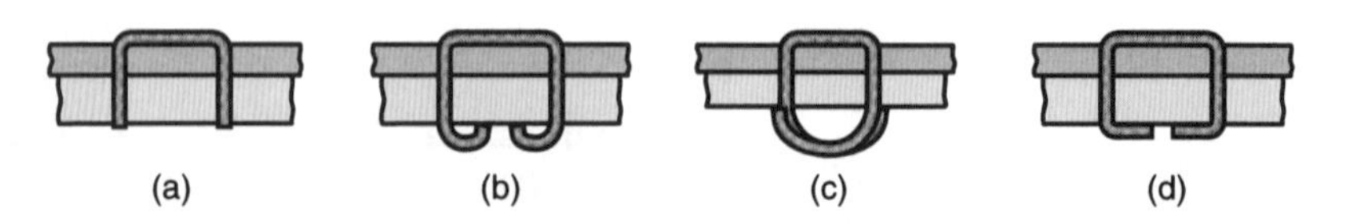

FIGURA 28.15 Tipos comuns de grampos formados de arames contínuos: (a) não rebitado, (b) com laço padrão (simples), (c) com laço trespassado e (d) com dobra chata.

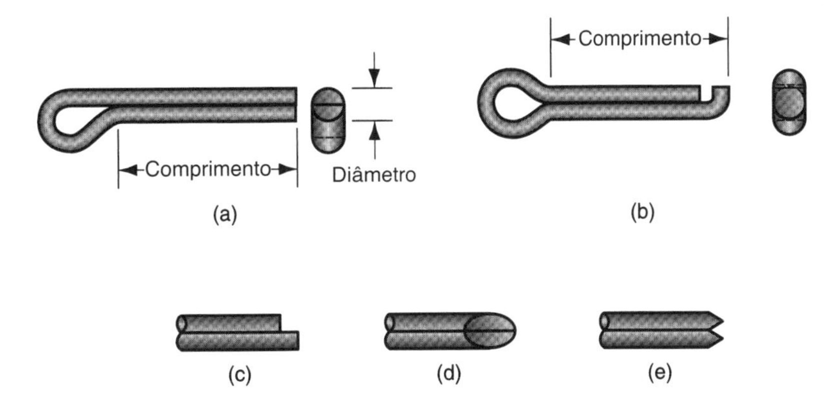

FIGURA 28.16 Contrapinos: (a) cabeça descentrada e ponta padrão (comum); (b) cabeça simétrica e ponta assimétrica do tipo *hammerlock*; (c) ponta quadrada; (d) ponta chanfrada; e (e) ponta cinzel.

Costura é um método de união comum para peças moles e flexíveis, como tecido e couro. O método envolve a utilização de um fio longo ou cordão entrelaçado com as peças, de modo a produzir uma costura contínua entre elas. O processo é amplamente utilizado na indústria da moda para montagem de roupas.

Contrapinos Os contrapinos ou cupilhas são fixadores formados por uma meia-volta de arame na forma de um pino com duas hastes, como mostrado na Figura 28.16. Eles têm diâmetro variável de 0,8 mm a 19 mm. Quanto ao estilo da ponta, vários deles são exibidos na figura. Os contrapinos são inseridos em furos das peças que formam o conjunto, e suas pernas são separadas para travar a montagem. São utilizados para manter fixas peças em eixos e aplicações similares.

28.5 Moldagem de Insertos e Elementos de Fixação Integrados

Esses métodos de fixação formam uma união permanente entre as peças modelando ou remodelando um dos componentes por meio de um processo de fabricação como fundição, moldagem ou estampagem de chapas metálicas.

Insertos em Moldagem e Fundidos Esse método envolve a introdução de um componente em um molde antes da moldagem de plásticos ou fundição de metais, para que ele se torne parte permanente e integrante da moldagem ou do fundido. É preferível inserir um componente separado a moldar ou fundir sua forma se as propriedades superiores (por exemplo, resistência mecânica) do material do inserto forem necessárias ou se a geometria alcançada por meio da utilização do inserto for complexa ou intricada demais para ser incorporada ao molde. Exemplos de insertos em peças moldadas ou fundidas incluem buchas e porcas com roscas internas, parafusos prisioneiros com roscas externas, mancais e contatos elétricos. Alguns desses exemplos são ilustrados na Figura 28.17. Os insertos com roscas internas devem ser colocados no molde com pinos roscados para evitar que o material da moldagem flua para dentro do furo roscado.

A colocação de insertos em um molde tem certas desvantagens na produção: (1) o projeto do molde torna-se mais complicado; (2) leva tempo manusear e colocar o inserto na cavidade, reduzindo a taxa de produção; e (3) o inserto introduz um material estranho no fundido ou na moldagem e, no caso de um defeito, o metal fundido ou plástico moldado não pode ser facilmente reaproveitado e reciclado. Apesar dessas desvantagens, a utilização dos insertos muitas vezes é a configuração mais funcional e o método de menor custo de produção.

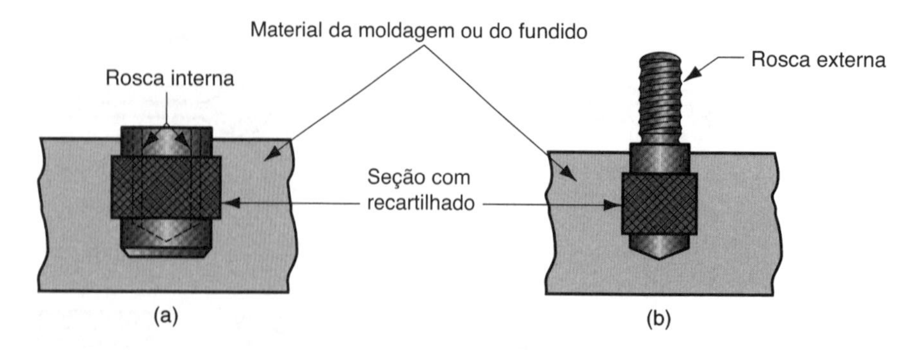

FIGURA 28.17 Exemplos de insertos em moldagens: (a) bucha com rosca interna e (b) parafuso prisioneiro.

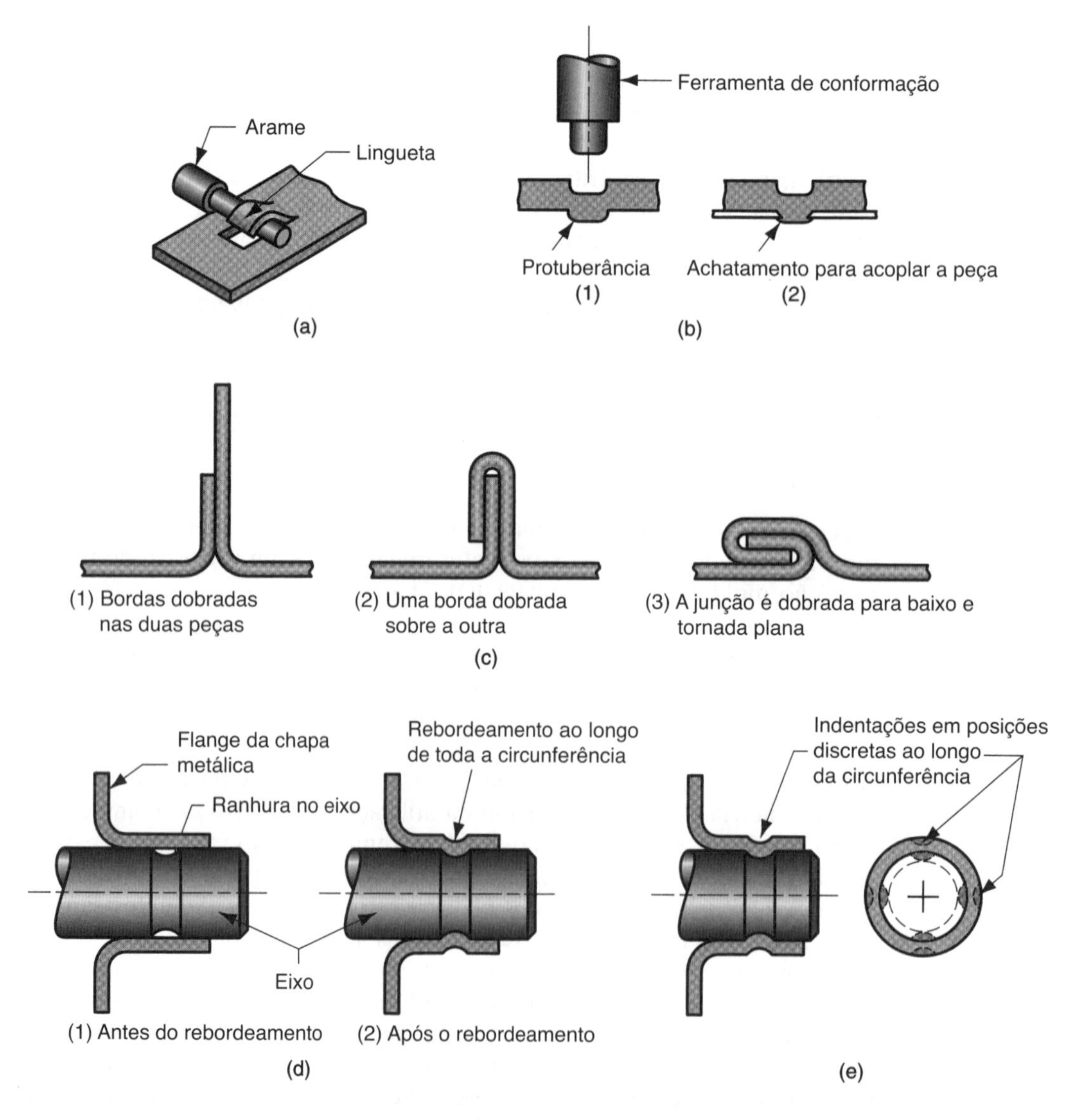

FIGURA 28.18 Fixações integrais: (a) linguetas para acoplar arames ou eixos a chapas metálicas, (b) protuberâncias por conformação, similar à rebitagem, (c) grafagem, (d) rebordeamento e (d) escareamento. Os números entre parênteses indicam a sequência de montagem nas operações (b), (c) e (d).

Elementos de Fixação Integrais A fixação integral envolve a deformação de partes do componente de modo a se interconectar e criar uma fixação mecânica. Esse método de montagem é mais comum para peças feitas de chapas metálicas. As possibilidades (Figura 28.18) incluem (a) ***linguetas*** para acoplar arames ou eixos a peças estampadas em chapas metálicas; (b) ***protuberâncias por conformação***, nas quais são encaixadas peças com a forma de baixo-relevo correspondente; (c) ***grafagem***, quando as bordas de duas chapas metálicas separadas ou as bordas opostas da mesma chapa metálica são dobradas para formar uma junção – o metal deve ser dúctil para viabilizar o dobramento; (d) ***rebordeamento***, no qual uma peça tubular é acoplada a um eixo menor (ou outra peça circular) deformando-se o diâmetro externo para dentro e ocasionando interferência ao longo de toda a circunferência; e (e) ***escareamento*** – formação de indentações circulares simples em uma peça externa para reter uma peça interna.

Crimpagem (*crimping*), processo no qual as extremidades de uma peça são deformadas sobre um componente de acoplamento, é outro exemplo de fixação integral. Um exemplo simples consiste em pressionar um tubo de um terminal elétrico em torno de um fio (Subseção 31.4.1).

28.6 Projeto Orientado à Montagem (DFA)

O projeto orientado à montagem (DFA, do inglês *design for assembly*) tem recebido muita atenção nos últimos anos porque as operações de montagem constituem custos elevados para muitas empresas de fabricação. A chave para o projeto bem-sucedido pode ser colocada em termos simples [3]: (1) projetar o produto com o mínimo possível de peças e (2) projetar as peças restantes para que sejam fáceis de montar. O custo da montagem é determinado em grande parte durante o projeto do produto, pois é quando o número de componentes diferentes do produto é determinado e são tomadas as decisões sobre como esses componentes serão montados. Depois que essas decisões foram tomadas, há pouco a fazer durante a fabricação para influenciar os custos da montagem (exceto, é claro, gerir bem as operações).

Esta seção considera alguns dos princípios que podem ser aplicados durante o projeto de produto para facilitar a montagem. A maioria dos princípios foi desenvolvida no contexto de montagem mecânica, embora alguns deles se apliquem a outros processos de montagem e união. Grande parte da pesquisa em projeto para montagem tem sido motivada pela utilização crescente de sistemas automáticos de montagem na indústria. Consequentemente, a discussão aqui desenvolvida é dividida em duas seções, a primeira tratando dos princípios gerais de DFA, e a segunda concentrada especificamente no projeto da montagem automatizada.

28.6.1 PRINCÍPIOS GERAIS DE DFA

A maioria dos princípios gerais se aplica à montagem manual e automatizada. Seu objetivo é alcançar a função desejada no projeto pelos meios mais simples e com o menor custo. As recomendações a seguir foram compiladas de [1], [3], [4] e [6]:

- ***Utilize o menor número possível de peças para reduzir a quantidade de montagens necessárias.*** Esse princípio é implementado combinando-se funções dentro da mesma peça, as quais poderiam ser realizadas por componentes diferentes (por exemplo, utilizando uma peça de plástico moldado em vez de uma montagem composta por peças de chapas metálicas).
- ***Reduza o número de elementos de fixação roscados necessários.*** Em vez de utilizar elementos de fixação roscados separados, projete o componente para utilizar encaixes rápidos, anéis de retenção, fixadores integrais e mecanismos de fixação similares que possam ser implementados mais rapidamente. Só utilize elementos de fixação

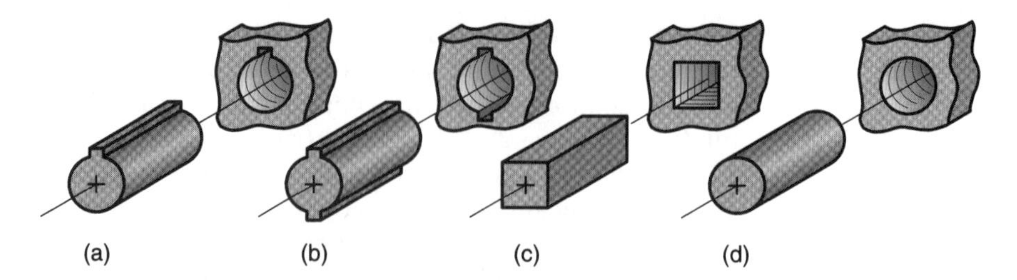

FIGURA 28.19 As peças simétricas geralmente são mais fáceis de inserir e montar: (a) somente uma orientação rotacional possível para a inserção; (b) duas orientações possíveis; (c) quatro orientações possíveis; e (d) infinitas orientações rotacionais.

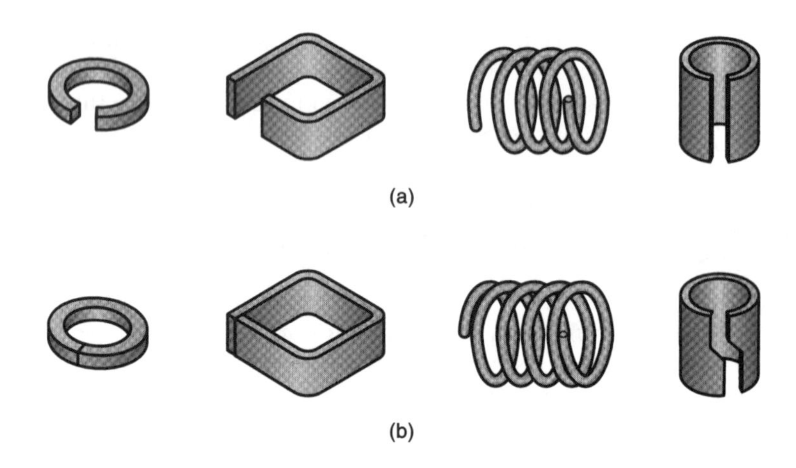

FIGURA 28.20 (a) Peças que tendem a travar e (b) peças projetadas para evitar o travamento.

roscados quando for justificável (por exemplo, quando for necessária a desmontagem ou o ajuste).

- ***Padronize os elementos de fixação.*** Isso se destina a reduzir o número de dimensões e de tipos dos fixadores necessários para a composição do produto. Problemas de fornecimento e inventário são menores, o montador não precisa distinguir entre tantos elementos de fixação diferentes, a estação de trabalho é simplificada e a variedade de ferramentas para os elementos de fixação é menor.
- ***Reduza as dificuldades associadas ao posicionamento das peças.*** Os problemas de orientação geralmente são menores ao projetar uma peça simétrica e ao minimizar o número de características assimétricas. Isso permite o manuseio e a inserção mais fáceis durante a montagem. Esse princípio é ilustrado na Figura 28.19.
- ***Evite peças que fiquem travadas.*** Certas configurações de peças são mais propensas a travar nas caixas de peças, frustrando os montadores ou entupindo alimentadores automáticos. Peças com ganchos, furos, fendas e ondulações exibem mais essa tendência do que as peças sem essas características (veja a Figura 28.20).

28.6.2 PROJETO PARA MONTAGEM AUTOMATIZADA

Os métodos adequados para a montagem manual não são necessariamente os melhores para a montagem automatizada. Algumas operações de montagem realizadas facilmente por um trabalhador humano são bem difíceis de automatizar (por exemplo, montagem utilizando parafusos e porcas). Para automatizar o processo de montagem, durante o projeto do produto devem ser especificados os métodos de fixação das peças de modo que sua inserção seja realizada por meio de equipamentos e técnicas de união e para que não dependam dos sentidos, destreza e inteligência de montadores humanos. A seguir, temos algumas recomendações e princípios que podem ser aplicados no projeto de produto para facilitar a montagem automatizada [6], [10]:

- ***Utilize modularidade no projeto do produto.*** Aumentar o número de tarefas diferentes que são realizadas por um sistema de montagem automatizada vai reduzir a confiabilidade do sistema. Para minimizar o problema de confiabilidade, Riley [10] sugere que o projeto do produto seja modular, com cada módulo ou submontagem tendo no máximo 12 ou 13 peças a serem produzidas em um único sistema de montagem. Além disso, a submontagem deve ser projetada em torno de uma peça base, à qual os outros componentes são adicionados.
- ***Reduza a necessidade de componentes múltiplos a serem manipulados de uma só vez.*** A prática preferível para a montagem automatizada consiste em separar as operações em diferentes estações de trabalho, em vez de manipular e fixar múltiplos componentes na mesma estação de trabalho.
- ***Limite o número de direções de acesso.*** Isso significa que o número de direções em que os novos componentes são adicionados a uma submontagem existente deve ser minimizado. Em condições ideais, todos os componentes devem ser adicionados verticalmente a partir de cima, se possível.
- ***Componentes de alta qualidade.*** O alto desempenho de um sistema de montagem automatizado requer que componentes consistentemente de boa qualidade sejam adicionados em cada estação de trabalho. Os componentes de baixa qualidade provocam a interrupção da alimentação e da montagem, o que resulta em paralisação de trabalho.
- ***Utilização de montagens com encaixe rápido.*** Isso elimina a necessidade de elementos de fixação roscados; a montagem é efetuada por inserção simples, geralmente por cima. Isso requer que as peças sejam projetadas com características especiais positivas e negativas para facilitar a inserção e a fixação.

Referências

[1] Andreasen, M., Kahler, S., and Lund, T. ***Design for Assembly***. Springer-Verlag, New York, 1988.

[2] Blake, A. ***What Every Engineer Should Know About Threaded Fasteners***. Marcel Dekker, New York, 1986.

[3] Boothroyd, G., Dewhurst, P., and Knight, W. ***Product Design for Manufacture and Assembly***. 3rd ed. CRC Taylor & Francis, Boca Raton, Florida, 2010.

[4] Bralla, J. G. (ed.). ***Design for Manufacturability Handbook***, 2nd ed. McGraw-Hill, New York, 1998.

[5] Dewhurst, P., and Boothroyd, G. "Design for Assembly in Action," ***Assembly Engineering***, January 1987, pp. 64–68.

[6] Groover, M. P. ***Automation, Production Systems, and Computer Integrated Manufacturing***, 3rd ed. Pearson Prentice-Hall, Upper Saddle River, New Jersey, 2008.

[7] Groover, M. P., Weiss, M., Nagel, R. N., and Odrey, N. G. ***Industrial Robotics: Technology, Programming, and Applications***. McGraw-Hill, New York, 1986.

[8] Nof, S. Y., Wilhelm, W. E., and Warnecke, H-J. ***Industrial Assembly***. Chapman & Hall, New York, 1997.

[9] Parmley, R. O. (ed.). ***Standard Handbook of Fastening and Joining***, 3rd ed. McGraw-Hill, New York, 1997.

[10] Riley, F. J. ***Assembly Automation, A Management Handbook***, 2nd ed. Industrial Press, New York, 1999.

[11] Speck, J. A. ***Mechanical Fastening, Joining, and Assembly***. Marcel Dekker, New York, 1997.

[12] Whitney, D. E. ***Mechanical Assemblies***. Oxford University Press, New York, 2004.

[13] Wick, C., and Veilleux, R. F. (eds.). ***Tool and Manufacturing Engineers Handbook***, 4th ed., Vol. IV, ***Quality Control and Assembly***. Society of Manufacturing Engineers, Dearborn, Michigan, 1987.

Questões de Revisão

28.1 De que forma a montagem mecânica difere dos outros métodos de montagem discutidos nos capítulos anteriores (por exemplo, soldagem, brasagem etc.)?

28.2 Indique algumas das razões para, às vezes, as montagens precisarem ser desmontadas.

28.3 Qual é a diferença técnica entre os dois tipos básicos de montagem de parafusos: (1) com parafusos passantes e (2) com parafusos não passantes?

28.4 O que é um parafuso prisioneiro (no contexto dos elementos de fixação roscados)?

28.5 O que é torque de aperto por volta?

28.6 Defina resistência de prova na forma como o termo se aplica aos elementos de fixação roscados.

28.7 Quais são as três formas que um elemento de fixação roscado pode falhar durante o aperto?

28.8 O que é um rebite?

28.9 Qual é a diferença entre um ajuste por contração (encolhimento) e um ajuste por expansão em uma montagem?

28.10 Quais são as vantagens do encaixe rápido?

28.11 Qual é a diferença entre grampeamento realizado por máquina de grampear e grampeamento simples, realizado com grampeador industrial?

28.12 O que são elementos de fixação integrais?

28.13 Identifique alguns dos princípios gerais e diretrizes do projeto orientado à montagem.

28.14 Identifique alguns dos princípios gerais e diretrizes que se aplicam especificamente à montagem automatizada.

Problemas

As respostas para os Problemas indicados com **(A)** são apresentadas no Apêndice, no final do livro.

Elementos de Fixação Roscados

28.1 **(A)** Um parafuso métrico $6 \times 1{,}0$ (6 mm de diâmetro, passo $p = 1{,}0$ mm) é apertado para produzir uma pré-carga de 200 N. O coeficiente de torque é 0,20. Determine (a) o torque aplicado e (b) a tensão resultante no parafuso.

28.2 Um parafuso métrico $10 \times 1{,}25$ (10 mm de diâmetro, passo $p = 1{,}5$ mm) de aço-liga está prestes a ser apertado em um furo com rosca até 40 % de sua resistência de prova (veja a Tabela 28.2). Determine o torque máximo que deverá ser utilizado se o coeficiente de torque for 0,18.

28.3 Um parafuso métrico $12 \times 1{,}75$ (12 mm de diâmetro, passo $p = 1{,}75$ mm) é submetido a um torque de 20 N-m durante o aperto. Se o coeficiente de torque for 0,24, determine a tensão trativa no parafuso.

28.4 Os elementos de fixação roscados em unidades métricas estão disponíveis em vários sistemas; dois deles são fornecidos na Tabela 28.1: passo de rosca grossa e passo de rosca fina. As roscas finas não são cortadas tão profundamente e, consequentemente, têm uma área de tensão trativa maior para o mesmo diâmetro nominal. Determine (a) a pré-carga máxima que pode ser alcançada com segurança para passo de rosca grossa e passo de rosca fina em parafuso de 12 mm e (b) o aumento percentual na pré-carga das roscas finas em comparação com as roscas grossas. Utilize uma resistência de prova de 600 MPa nos dois parafusos.

28.5 Uma chave de 300 mm de comprimento é utilizada para apertar um parafuso com rosca métrica de $20 \times 2{,}5$. A resistência de prova do parafuso para a liga em particular é 380 MPa. O coeficiente de torque = 0,21. Determine a força máxima que pode ser aplicada na extremidade da chave para que o parafuso não deforme em caráter permanente.

Ajustes com Interferência

28.6 Um pino guia, feito de aço (módulo de elasticidade = 209.000 MPa), deve ser montado em anel de aço por meio de ajuste prensado. Esse pino tem diâmetro nominal de 15,0 mm, e o anel tem diâmetro externo de 20,0 mm. (a) Calcule a pressão radial e a tensão efetiva máxima, se a interferência entre o diâmetro externo do eixo e o diâmetro interno do anel for 0,02 mm. (b) Determine o efeito de aumentar o diâmetro externo do anel para 30,0 mm na pressão radial e na tensão efetiva máxima.

28.7 **(A)** Uma engrenagem feita de liga de alumínio (módulo de elasticidade = 69.000 MPa) será montada em um eixo de alumínio por meio de ajuste prensado. A engrenagem tem diâmetro de 50 mm na base de seus dentes. O diâmetro interno nominal da engrenagem = 30 mm, e a interferência = 0,03 mm. Calcule (a) a pressão radial entre o eixo e a engrenagem e (b) a tensão efetiva máxima na engrenagem em seu diâmetro interno.

28.8 Um eixo feito de alumínio tem 25,0 mm de diâmetro à temperatura ambiente (21 °C). O coeficiente de expansão térmica do alumínio = 24×10^{-6} °C^{-1} (valor fornecido na Tabela 4.1). Se seu diâmetro precisa ser reduzido em 0,12 mm para que possa ser montado em um furo por meio de ajuste por expansão, determine até que temperatura o eixo deve ser resfriado.

28.9 Um anel de aço tem um diâmetro interno de 30 mm e um diâmetro externo de 50 mm à temperatura ambiente (21 °C). O coeficiente de expansão térmica do aço é 12×10^{-6} °C^{-1} (valor fornecido na Tabela 4.1). *Determine o diâmetro interno do anel quando for aquecido a* 400 °C.

28.10 Um pino deve ser inserido em um anel de mesmo metal por meio de ajuste por expansão. O coeficiente de expansão térmica do metal = $12{,}3 \times 10^{-6}$ m/m-°C, seu limite de escoamento = 400 MPa e seu módulo de elasticidade = 209 GPa. À temperatura ambiente (20 °C), os diâmetros externo e interno do anel = 95,00 mm e 60,00 mm, respectivamente, e o pino tem diâmetro = 60,03 mm. O pino deverá diminuir de tamanho para montagem no anel por resfriamento até uma temperatura suficientemente baixa para que haja uma folga de 0,06 mm. Determine (a) a temperatura à qual o pino deve ser resfriado para montagem e (b) a pressão radial à temperatura ambiente após a montagem. (c) Qual é o fator de segurança na montagem resultante?

Parte VIII Processos Especiais e Tecnologias de Montagem

29 Prototipagem Rápida e Manufatura Aditiva

Sumário

29.1 Fundamentos de Prototipagem Rápida e Manufatura Aditiva

29.2 Processos de Manufatura Aditiva
29.2.1 Processos Baseados em Líquido
29.2.2 Processos Baseados em Pó
29.2.3 Processos com Material Fundido
29.2.4 Processos Baseados em Lâmina ou Placa Sólida

29.3 Análise de Tempo de Ciclo e de Custos

29.4 Aplicações de Manufatura Aditiva

Nesta parte do livro é discutido um conjunto de processos e tecnologias de montagem que não se encaixam perfeitamente no esquema de classificação mostrado na Figura 1.5. Trata-se de tecnologias que foram adaptadas de processos e operações de fabricação convencionais ou que foram desenvolvidas a partir do zero para atender funções ou necessidades especiais de projeto e fabricação. A prototipagem rápida e a manufatura aditiva, cobertas no presente capítulo, são um conjunto de processos utilizados para fabricar peças diretamente a partir de um modelo de projeto assistido por computador (CAD, do inglês *computer-aided design*). Nos Capítulos 30 e 31, são discutidas as tecnologias utilizadas na fabricação de placas eletrônicas, uma atividade de grande importância econômica. No Capítulo 30 é abordada a fabricação de circuitos integrados. O Capítulo 31 trata do encapsulamento eletrônico e da montagem de placa de circuito impresso. Nos Capítulos 32 e 33, realiza-se um levantamento de algumas tecnologias utilizadas para produzir peças e produtos de pequenas dimensões. No Capítulo 32, descrevem-se tecnologias de microfabricação utilizadas para produzir itens medidos em micrometros (10^{-6} m); no Capítulo 33, discutem-se tecnologias de nanofabricação para produzir itens medidos em nanômetros (10^{-9} m). Os processos cobertos nesses cinco capítulos são relativamente novos. A prototipagem rápida data de 1988, aproximadamente. As técnicas modernas de produção de eletrônicos datam por volta de 1960 (Nota Histórica 30.1), embora tenha havido grandes avanços na fabricação de eletrônicos desde aquela época. As tecnologias de microfabricação discutidas no Capítulo 32 vieram logo depois da fabricação dos circuitos integrados. Finalmente, a nanofabricação representa um campo emergente nos dias de hoje, que remonta aos anos 1990.

A ***prototipagem rápida*** (PR) é a família de tecnologias utilizadas para produzir protótipos de engenharia de forma a reduzir, ao mínimo possível, os prazos de entrega com base no modelo CAD do item. O método tradicional de fabricação de um protótipo é a usinagem, que pode exigir prazos de entrega significativamente longos – de até várias semanas, às vezes mais, dependendo da complexidade da peça, da dificuldade de requisitar os materiais e de programar a produção. Uma série de técnicas de prototipagem rápida está disponível, permitindo que uma peça seja produzida em horas ou dias em vez de semanas, dado que um modelo da peça foi gerado na plataforma CAD.

À medida que as tecnologias de PR têm evoluído, elas estão sendo cada vez mais utilizadas para produzir peças, não apenas protótipos, e surgiu um termo mais geral: ***manufatura aditiva*** (MA), que se refere às mesmas tecnologias utilizadas na PR. Todas essas tecnologias funcionam adicionando camadas de material a uma peça ou substrato existente, de modo que o item é construído gradualmente uma camada por vez; daí o termo "aditivo". Poderíamos dizer que a prototipagem rápida é um subconjunto da manufatura aditiva quando o propósito é fabricar um modelo físico de uma peça

Nota Histórica 29.1 *Prototipagem Rápida e Manufatura Aditiva (4)*

É preciso observar que o desenvolvimento histórico da prototipagem rápida e da manufatura aditiva se baseia em várias tecnologias viabilizadoras, incluindo circuitos integrados, computadores, em particular a expressão gráfica por computador e o projeto assistido por computador, a impressão a laser ou a jato de tinta e outras tecnologias de impressão, e os sistemas de posicionamento altamente precisos, para citar as tecnologias mais óbvias. Sem essas tecnologias viabilizadoras, a PR e a MA não seriam tecnicamente viáveis.

Os primórdios da prototipagem rápida como uma área técnica identificável ocorreram em meados dos anos 1980, quando patentes similares foram requeridas por pesquisadores no Japão, França e Estados Unidos. O que esses pedidos de patente tinham em comum era a ideia de construir um objeto tridimensional adicionando uma sequência de camadas, uma sobre a anterior. A patente requerida por Charles Hull é considerada a mais importante porque resultou no desenvolvimento comercial da estereolitografia (SL) e na formação da empresa 3D Systems, Inc. SL utiliza um feixe de laser para endurecer fotopolímeros líquidos em um processo de construção camada por camada.

Várias outras patentes vieram em 1986 para a Cura Sólida na Base (SGC, Subseção 29.2.1); Sinterização Seletiva a Laser (SLS, Subseção 29.2.2); e Manufatura de Objetos em Lâminas (LOM, Subseção 29.2.4). SGC expõe polímeros fotossensíveis por meio de uma máscara física; SLS utiliza lasers para sinterizar ou fundir camadas de pó; e LOM corta folhas de papel no processo de construção da peça. Esses sistemas foram introduzidos comercialmente por três empresas iniciantes, respectivamente a Cubital, DTM e Helisys. A DTM foi a única sobrevivente; ela se fundiu com a 3D Systems em 2001.

Em 1989, a Modelagem por Deposição de Material Fundido (FDM, Subseção 29.2.3) foi patenteada, e a Stratasys Company foi formada para comercializar a tecnologia. A FDM utiliza um processo de extrusão para acrescentar camadas de material a uma estrutura existente. No mesmo ano, a Impressão 3D (3DP, Subseção 29.2.2), que utiliza jatos de tinta para depositar gotas de um ligante sobre camadas de material em pó, foi patenteada por pesquisadores do MIT. Eles licenciaram a tecnologia para várias empresas para desenvolvimento e comercialização. Em 1994, foi elaborada uma abordagem semelhante baseada na tecnologia de jato de tinta, em que ela apenas deposita o próprio material para formar camadas em vez de um ligante no pó.

O conjunto de processos discutidos aqui, com refinamentos ao longo de muitos anos, constitui a maioria das tecnologias de PR e MA utilizadas hoje em dia no mundo todo. Até mesmo a SGC e a LOM são utilizadas em formas alteradas, embora as empresas que as desenvolveram originalmente tenham sido malsucedidas.

recém-desenhada. Outros termos utilizados como sinônimos de MA incluem fabricação digital direta, fabricação rápida, fabricação baseada em camadas e fabricação de sólido de forma livre. Um breve histórico sobre prototipagem rápida e manufatura aditiva é apresentado na Nota Histórica 29.1.

29.1 Fundamentos de Prototipagem Rápida e Manufatura Aditiva

A necessidade especial que motivou o desenvolvimento da prototipagem rápida é que os projetistas de produto gostariam de ter um modelo físico de um novo projeto de peça em vez de um modelo computacional, ou as linhas de um desenho mecânico. A criação de um protótipo é uma das etapas do procedimento de projeto. Um ***protótipo virtual***, que é um modelo computacional do projeto da peça em uma plataforma CAD, pode não estar adequado para o projetista visualizar a peça. Certamente não é suficiente para conduzir testes físicos reais na peça, embora seja possível realizar simulações por análise de elementos finitos ou por outros métodos. Utilizando uma das tecnologias de PR disponíveis, pode ser criada uma peça física sólida em um tempo relativamente curto (horas, se a empresa possuir o equipamento de PR, ou dias, se para a fabricação da peça tiver que ser contratada uma empresa especializada em PR). Portanto, o projetista pode examinar visualmente e fisicamente a peça e começar a realizar os testes e experimentos para avaliar seus méritos e defeitos. Ao acelerar o processo de fabricação dos protótipos de peças, a duração do ciclo de projeto do produto inteiro é reduzida.

As tecnologias de prototipagem disponíveis podem ser divididas em duas categorias básicas: (1) processos com remoção de material e (2) processos com adição de material. A alternativa ***PR com remoção de material*** envolve usinagem, principalmente fresamento e furação, utilizando uma máquina de Comando Numérico Computadorizado (CNC), disponível para o setor de projetos. Para utilizar o CNC, deve ser preparado um programa para a peça a partir do modelo CAD (Subseção 34.3.3). A matéria-prima muitas vezes é um bloco sólido, de cera, que é muito fácil de usinar, e a peça e os cavacos podem ser fundidos e solidificados novamente para reutilização quando o protótipo atual não for mais necessário. Outras matérias-primas também podem ser utilizadas, como madeira, plásticos ou metais (por exemplo, grade usinável de alumínio ou latão). As máquinas CNC utilizadas para prototipagem rápida frequentemente são pequenas, e os termos ***fresadora de bancada*** ou ***usinagem de bancada*** às vezes são utilizados quando nos referimos a elas.

A ênfase principal neste capítulo está nas tecnologias de ***adição de materiais***; todas elas adicionam camadas de material, uma de cada vez, para construir a peça física de baixo para cima. As vantagens dessas tecnologias em relação à usinagem CNC incluem [4]: (1) velocidade de entrega da peça, como já foi mencionado; (2) eliminação da necessidade de programação CNC da peça, pois o modelo CAD faz parte do programa na PR; e (3) a complexidade da geometria da peça não é um problema na manufatura aditiva. Considerando o último ponto, a vantagem de tempo da MA aumenta com a complexidade da geometria da peça, pois as tecnologias aditivas operam da mesma forma em uma peça simples ou complexa, ao passo que o planejamento CNC deve incluir decisões sobre ferramentas, sequência e acesso, geralmente sendo necessária mais usinagem nas peças mais complexas.

A abordagem comum para preparar as instruções de controle (isto é, a programação da peça) em todas as técnicas de prototipagem rápida e manufatura aditiva envolve as seguintes etapas [7]:

1. ***Modelagem geométrica***. Consiste em modelar o componente em uma plataforma CAD para definir seu volume e os planos limites da extensão da peça. A modelagem sólida é a técnica preferida porque proporciona uma representação completa e matemática sem ambiguidades da geometria da peça. A questão importante é distinguir o interior (a massa) da peça da parte externa, e o modelo sólido promove essa distinção.

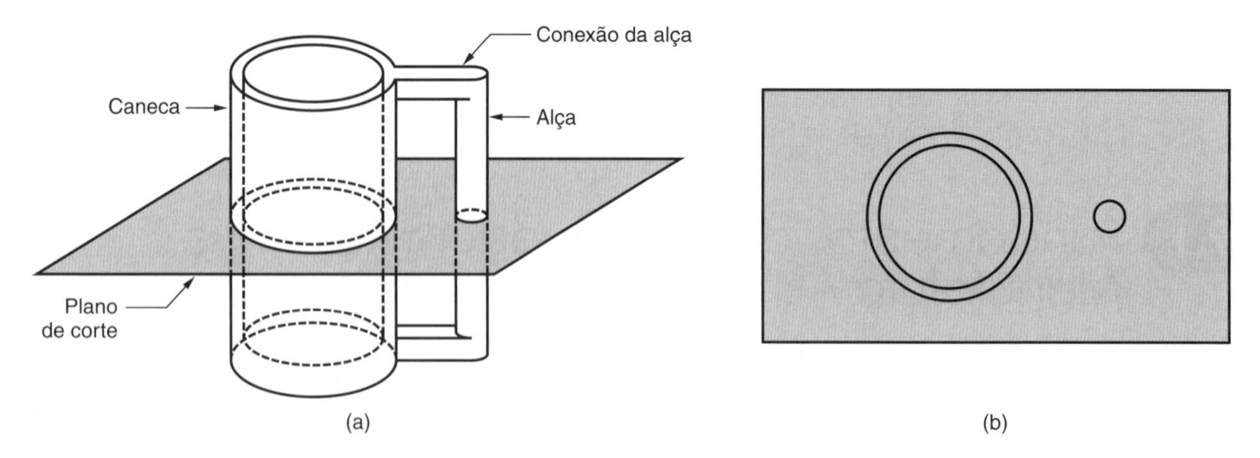

FIGURA 29.1 A transformação de um modelo sólido de um objeto formado por camadas (somente uma camada é exibida).

2. ***Tesselação do modelo geométrico***.[1] Nessa etapa, o modelo em CAD é transformado em um formato que aproxima suas superfícies por formas triangulares ou poligonais, com seus vértices dispostos de modo a distinguir o interior do objeto do seu exterior. O formato de tesselação mais comum utilizado na prototipagem rápida é o STL,[2] que se tornou o formato de entrada padrão, de fato, de quase todos os sistemas de PR.
3. ***Corte do modelo em camadas***. Nessa etapa, o modelo no formato de arquivo STL é fatiado em camadas horizontais paralelas pouco espaçadas. A transformação de um modelo sólido em camadas é ilustrada na Figura 29.1. Essas camadas são utilizadas subsequentemente pelo sistema de PR para construir o modelo físico. Por convenção, as camadas são formadas no plano x-y, e o empilhamento de camadas ocorre na direção do eixo z. Para cada camada, é gerada uma trajetória de cura, chamada de arquivo STI, que é a trajetória que será percorrida pelo sistema de PR até a cura (ou solidificação) da camada.

As formas da matéria-prima na manufatura aditiva incluem (1) polímeros líquidos que são curados, camada por camada, transformando-se em polímeros sólidos; (2) pós que são agregados e aderidos, camada a camada; (3) materiais fundidos que são solidificados, camada a camada; e (4) folhas laminadas sólidas que são combinadas para criar a peça sólida. Os tipos de material incluem cera, polímeros, metais e cerâmicas.

Além da matéria-prima, existem vários processos formadores de camada pelos quais cada camada é criada para construir a peça. Esses processos incluem (1) lasers, (2) cabeças de impressão que operam usando tecnologia de jato de tinta e (3) cabeçotes de extrusão. Outros processos se baseiam em feixes de elétrons, facas de corte, sistemas de luz ultravioleta etc.

Além do processo formador de camada, vários modos de operação são utilizados, os chamados modos de canal. Os três modos de canal básicos são (1) ponto móvel; por exemplo, um ponto de laser se movendo em um plano x-y para solidificar quimicamente uma camada de polímero líquido por fotopolimerização; (2) uma linha móvel consistindo em uma matriz linear de pontos que varre toda a camada em um movimento de translação, de modo parecido com o funcionamento das impressoras jato de tinta; e finalmente (3) um modo camada usando um sistema de projeção de máscara no qual a camada inteira é criada ao mesmo tempo. O tempo para completar cada camada pode

[1]Em termos mais gerais, o termo ***tesselação*** se refere à definição ou à criação de um mosaico, como um que consiste em pequenos azulejos coloridos afixados a uma superfície para fins de decoração.

[2]STL é abreviação original do inglês *STereoLithography*, que significa estereolitografia (representada também por SL ou SLA), uma das primeiras tecnologias utilizadas para prototipagem rápida, desenvolvida por 3D Systems, Inc.

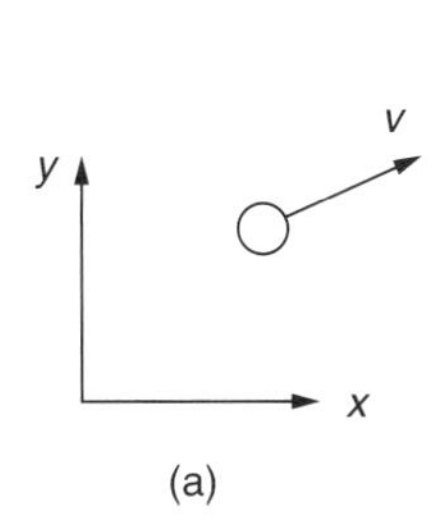

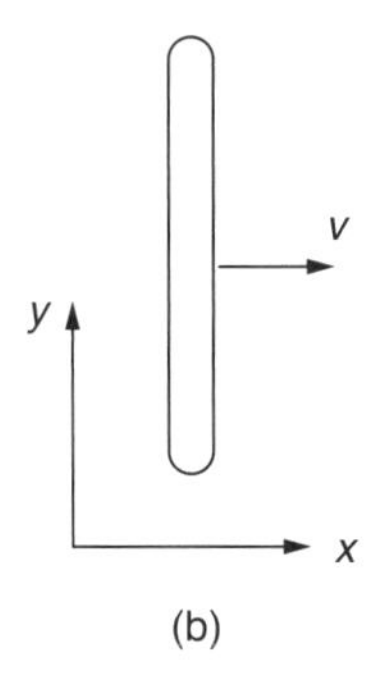

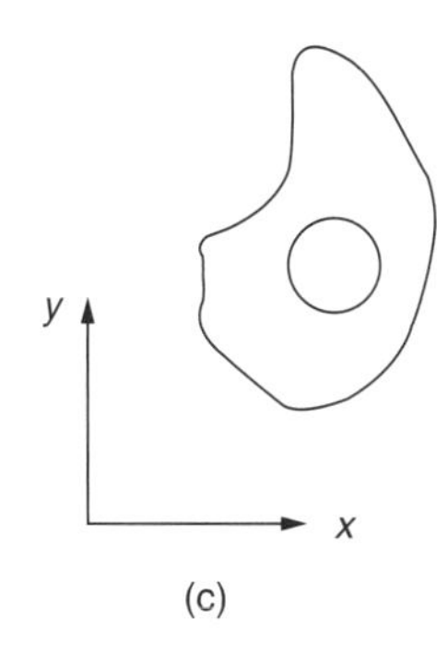

FIGURA 29.2 Os três modos básicos de construção por camadas: (a) modo ponto, (b) modo linha móvel e (c) modo camada.

ser significativo usando o modo ponto móvel. O modo de operação em linha móvel é mais rápido. E o modo camada, teoricamente, é o mais veloz. Os três modos de canal são retratados na Figura 29.2.

Um resumo dessas combinações de formas e tipos de matéria-prima, processos de formação de camadas e modos de canal é apresentado na Tabela 29.1, junto com sistemas de MA representativos.

29.2 Processos de Manufatura Aditiva

Os processos de MA podem ser classificados de várias maneiras. O sistema de classificação utilizado aqui se baseia no estado da matéria-prima utilizada no processo: (1) processos baseados em líquido, (2) baseados em pó, (3) com material fundido e (4) baseados em lâmina ou placa sólida. Essas matérias-primas estão sujeitas a vários processos formadores de camada e modos de canal.

29.2.1 PROCESSOS BASEADOS EM LÍQUIDO

A matéria-prima nesses processos é um polímero líquido. A estereolitografia é a principal tecnologia nessa categoria, embora inclua muitas variações, sendo uma delas discutida aqui.

TABELA • 29.1 Matérias-Primas, Processos de Formação de Camadas e Modos de Canal da Manufatura Aditiva.

Forma da matéria-prima	Sistema PR/MA	Tipos de material comuns	Processos de formação de camadas	Modo de canal
Polímero líquido	SL	Fotopolímero	Cura a laser	Ponto móvel
	MPSL	Fotopolímero	Cura a laser	Nível de camada
Pós	SLS	Polímeros, metais	Fusão ou sinterização a laser	Ponto móvel
	3DP	Ligante aplicado aos pós de polímero	Cabeçote de impressão baseada em gotas	Linha móvel
Material fundido	FDM	Polímeros, cera	Cabeçote de extrusão	Ponto móvel
	DDM	Polímeros, cera, metais de baixo ponto de fusão	Cabeçote de impressão baseada em gotas	Ponto móvel ou linha móvel
Chapas sólidas	LOM	Papel ou polímero	Laser ou faca	Ponto móvel

Legenda: SL = estereolitografia, MPSL = estereolitografia por máscara de projeção, SLS = sinterização seletiva a laser, 3DP = impressão tridimensional, FDM = modelagem por deposição de material fundido, DDM = fabricação por deposição em gotas, LOM = manufatura de objeto em lâminas.

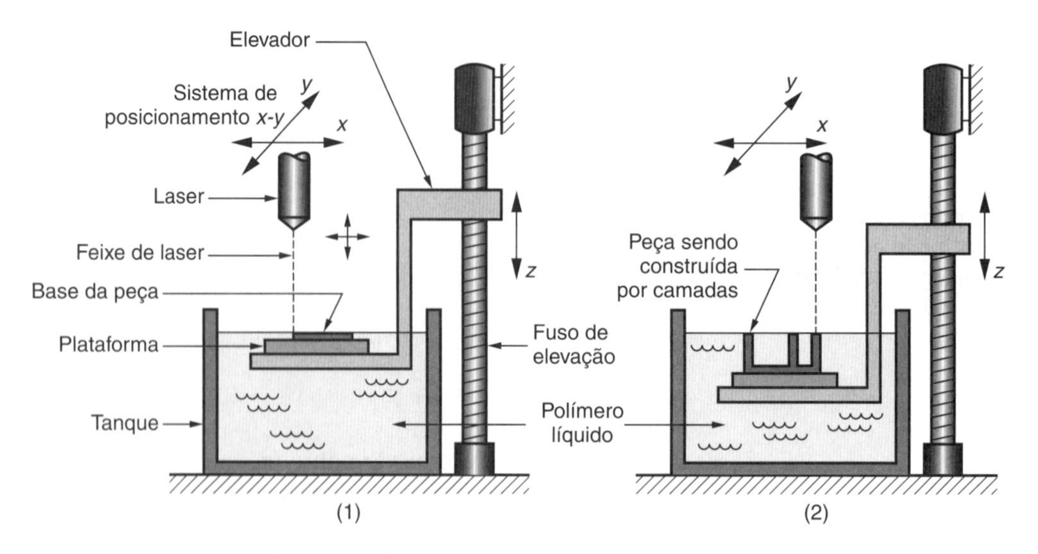

FIGURA 29.3 Estereolitografia: (1) no começo do processo em que a camada inicial é adicionada à plataforma; e (2) após várias camadas terem sido adicionadas, de modo que a geometria da peça toma forma gradualmente.

Estereolitografia Essa foi a primeira tecnologia de PR com adição de material, datando de 1988 e introduzida pela 3D Systems Inc., baseada no trabalho do inventor Charles Hull. É um dos métodos de manufatura aditiva mais utilizados. A estereolitografia (SL – *stereolithography* ou SLA – *stereolithography apparatus*) é o processo de fabricação de uma peça sólida de plástico a partir de um polímero líquido fotossensível utilizando um feixe direto de laser para solidificar o polímero. A configuração geral do processo é ilustrada na Figura 29.3. A fabricação da peça é feita em uma série de camadas, na qual cada camada é adicionada sobre a anterior para construir gradualmente a geometria tridimensional desejada. Uma peça fabricada por SLA é ilustrada na Figura 29.4.

O equipamento de estereolitografia consiste em (1) uma plataforma que se move verticalmente dentro de um tanque contendo um polímero fotossensível e (2) um gerador de laser cujo feixe pode ser controlado na direção *x-y*. No início do processo, a plataforma é posicionada verticalmente perto da superfície do fotopolímero líquido, e o feixe de laser é direcionado percorrendo uma trajetória de cura que compreende a área correspondente à

FIGURA 29.4 Uma peça produzida por estereolitografia. (Foto cortesia de 3D Systems, Inc.)

base (camada do fundo) da peça. Essa e as subsequentes trajetórias de cura são definidas pelo arquivo STI (passo 3 na preparação das instruções de controle descritas anteriormente). A ação do laser é endurecer (curar) o polímero fotossensível onde o feixe atinge o líquido, formando uma camada sólida de plástico que adere à plataforma. Quando a camada inicial é concluída, a plataforma é rebaixada uma distância igual à espessura da camada, e uma segunda camada é formada no topo da primeira pelo laser, e assim por diante. Antes de cada camada nova curar, uma lâmina de limpeza é passada sobre a resina líquida viscosa para garantir que sua altura seja a mesma por toda a superfície. Cada camada consiste em sua própria forma de área, de modo que a sucessão de camadas, uma sobre a anterior, cria o formato da peça sólida. A espessura de uma camada típica é 0,05 a 0,15 mm. As camadas mais finas proporcionam uma resolução melhor e permitem formas mais complexas; mas os tempos de processamento são maiores. Os fotopolímeros líquidos típicos incluem o acrílico e o epóxi, que são curados pela exposição a um laser ultravioleta. Após todas as camadas terem sido formadas, o excesso de polímero é removido e um lixamento leve às vezes é utilizado para melhorar a lisura e a aparência.

Dependendo do seu projeto e do posicionamento, a peça pode conter elementos não apoiados em camadas anteriores e, por isso, a abordagem de superposição de baixo para cima utilizada na estereolitografia não pode ser realizada. Por exemplo, na Figura 29.1, se a metade inferior da alça e a conexão inferior da alça forem eliminadas, a parte superior da alça ficaria sem apoio durante a fabricação. Nesses casos, pode ser necessário adicionar à peça pilares ou teias extras simplesmente para fins de sustentação. Senão, as saliências podem flutuar ou distorcer a geometria desejada da peça. Essas características extras devem ser retiradas após a conclusão do processo.

Estereolitografia por Máscara de Projeção A estereolitografia convencional descrita anteriormente utiliza um único feixe de laser em movimento para curar o fotopolímero em uma determinada camada. Conforme mencionado, isso pode ser bem demorado. Na estereolitografia por máscara de projeção (MPSL, do inglês *mask projection stereolithography*), a camada inteira do fotopolímero líquido é exposta de uma só vez a uma fonte de luz ultravioleta por meio de uma máscara, em vez de utilizar um feixe de laser. O processo de endurecimento de cada camada no processo MPSL é, portanto, muito mais curto do que o processo SLA convencional.

A chave para o processo MPSL é o uso de uma máscara dinâmica que é alterada digitalmente para cada camada por qualquer uma das várias tecnologias proprietárias, como o dispositivo digital de microespelhos (DMD, do inglês *digital micromirror device*™), um produto da Texas Instruments [14]. DMD é um circuito integrado com um *hardware* adicional consistindo em várias centenas de milhares de espelhos de alumínio dispostos em um padrão retangular. Os espelhos, que têm aproximadamente 16 μm de largura, podem ser girados individualmente entre os estados *on* e *off* correspondentes aos *pixels* claros e escuros na máscara dinâmica. A luz de uma fonte UV é focalizada no DMD, que reflete a imagem da máscara correspondente ao padrão de camada programado no polímero líquido.[3] O processo de estereolitografia por máscara de projeção é retratado na Figura 29.5.

29.2.2 PROCESSOS BASEADOS EM PÓ

A característica comum dos processos de manufatura aditiva descritos nesta seção é que a matéria-prima é pó.[4] Esses processos às vezes são chamados pelo nome ***Fusão em Leito de Pó*** (*Powder Bed Fusion*), todos eles operando em um leito de material em pó [4]. Dois processos de MA importantes nessa categoria são (1) sinterização seletiva a laser e (2) impressão 3D.

[3] É interessante observar que o precursor da MPSL foi desenvolvido em 1986 com o nome Cura Sólida na Base (SGC, do inglês *Solid Ground Curing*; Nota Histórica 29.1). O processo SGC acabou sendo um fracasso porque utilizava uma máscara física em vez de uma máscara dinâmica, como na MPSL. Uma nova máscara tinha que ser fabricada para cada nova camada na SGC, que tornou a tecnologia não competitiva em comparação com as outras tecnologias de PR e MA.

[4] A definição, as características e a produção dos pós são descritas nos Capítulos 12 e 13.

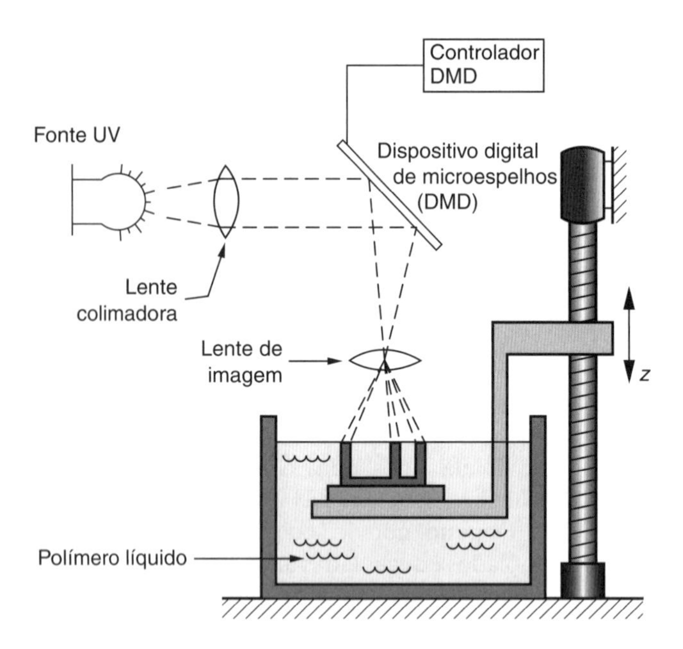

FIGURA 29.5 O processo de estereolitografia por máscara de projeção utiliza o modo camada.

Sinterização Seletiva a Laser A sinterização seletiva a laser (*selective laser sintering* – SLS) utiliza um feixe de laser que se move para sinterizar pós fusíveis por calor nas áreas correspondentes ao modelo em CAD, uma camada por vez, para construir a peça sólida. Após cada camada ter sido completada, nova camada de pó é espalhada sobre a superfície e nivelada usando um rolo de contrarrotação. Os pós são preaquecidos até um pouco abaixo de seu ponto de fusão para facilitar a ligação e reduzir a distorção do produto acabado. O preaquecimento também serve para reduzir os requisitos de energia do laser. Camada por camada, os pós são ligados gradualmente a uma massa sólida que forma a geometria tridimensional da peça. Nas áreas não sinterizadas pelo feixe de laser, os pós continuam soltos para que possam ser tirados para fora da peça concluída. Enquanto isso, os pós não sinterizados servem para apoiar as regiões sólidas da peça, à medida que a fabricação avança. A espessura da camada é de 0,075 a 0,50 mm. O processo SLS geralmente é realizado em um compartimento preenchido com nitrogênio para minimizar a degradação dos pós que poderiam ser susceptíveis à oxidação (por exemplo, metais).

A SLS foi desenvolvida por Carl Deckard, na Universidade do Texas (Austin), como uma alternativa para a estereolitografia, e as máquinas de SLS eram comercializadas originalmente pela DTM Corporation, uma empresa fundada por Deckard e dois parceiros [9].[5] É um processo mais versátil do que a estereolitografia em termos dos materiais de trabalho possíveis. Enquanto a SLA é limitada aos fotopolímeros líquidos, os materiais de sinterização seletiva a laser incluem polímeros, metais e cerâmicas, que geralmente são mais baratos que as resinas fotossensíveis.

Como mencionado, a SLS é um processo de Fusão em Leito de Pó (PBF, do inglês *Powder Bed Fusion*). Outras tecnologias PBF são diferentes da SLS quanto a: (1) técnicas de aquecimento ou fusão, (2) métodos de manuseio dos pós e (3) mecanismos pelos quais os pós são ligados nos objetos sólidos. Por exemplo, um processo alternativo utiliza um feixe de elétrons como fonte de aquecimento para fundir os pós, chamado de fusão por feixe de elétrons (EBM, do inglês *electron beam melting*). Outras variações incluem o uso de processos por linha ou por camada, ao contrário do processo por ponto na sinterização seletiva a laser.

[5]As iniciais DTM significam *desktop manufacturing*, ou manufatura de mesa [9]. A DTM se fundiu com a 3D Systems em 2001 [4].

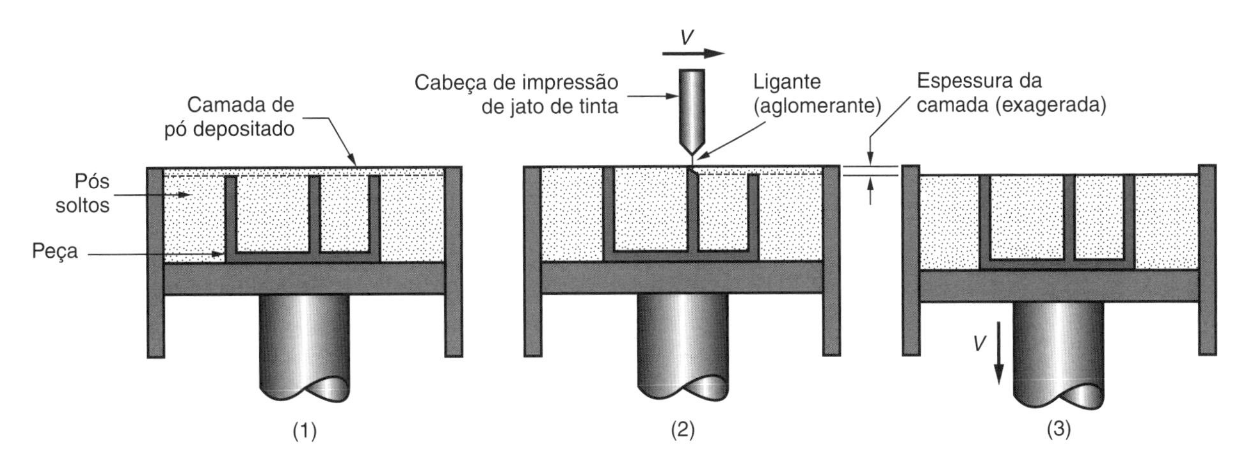

FIGURA 29.6 Impressão tridimensional: (1) a camada de pó é depositada, (2) a impressão a jato de tinta das áreas que farão parte da peça, e (3) o pistão é abaixado para a próxima camada (chave: v = movimento).

Impressão 3D Essa tecnologia (3DP, do inglês *Three-Dimensional Printing*) constrói a peça usando uma impressora jato de tinta para ejetar material adesivo de ligação entre sucessivas camadas de pó. O ligante é depositado em áreas correspondentes às seções transversais da peça sólida, conforme determinado pelo fatiamento do modelo CAD em camadas. O ligante une os pós para formar a peça sólida, e os pós não ligados permanecem soltos para serem removidos mais tarde. Enquanto os pós soltos estão aplicados no processo de construção, eles servem para suportar as características salientes e frágeis da peça. Quando o processo de construção está completo, os pós soltos são removidos. Para reforçar ainda mais a peça, pode ser realizada uma etapa adicional de sinterização para unir os pós ligados.

A peça é construída sobre uma plataforma cujo nível é controlado por um pistão. Considere o processo para uma seção transversal com referência à Figura 29.6: (1) Uma camada de pó é espalhada sobre a peça que está sendo processada. (2) A cabeça de impressão de jato de tinta se move sobre a superfície usando um modelo de canal por linha, lançando gotas de ligante sobre as regiões que se tornarão a peça sólida. (3) Quando a impressão da camada é concluída, o pistão abaixa a plataforma para a próxima camada.

A matéria-prima utilizada na 3DP pode ser composta de pós de cerâmica, metálicos ou cermetos, e ligantes que são poliméricos, sílica coloidal ou carboneto de silício [12], [19]. As espessuras típicas das camadas variam de 0,10 a 0,20 mm, aproximadamente. A cabeça de impressão de jato de tinta se movimenta pela camada de material a uma velocidade aproximada de 1,5 m/s, com a liberação do ligante líquido determinada durante a varredura por digitalização *raster*. O tempo de varredura, junto com a dispersão dos pós, permite tempo de ciclo por camada de aproximadamente 2 segundos [19]. Ao permitir atrasos no reposicionamento e no revestimento, isso possibilita que a máquina opere em um ritmo de duas a quatro camadas por minuto [4].

29.2.3 PROCESSOS COM MATERIAL FUNDIDO

Essas tecnologias de adição funcionam depositando material na camada perto do ponto de fusão do material. Embora o material seja fundido logo antes da deposição, ele deve estar em estado sólido ou semissólido imediatamente após ser depositado para manter a forma desejada. Como uma questão prática, o requisito de fusão limita os materiais que podem ser utilizados nesses sistemas aos polímeros termoplásticos ou cera. Dois sistemas representativos são descritos a seguir: (1) modelagem por deposição de material fundido, que usa um cabeçote de extrusão para distribuir o material; e (2) fabricação por deposição em gotas, que usa um cabeçote de impressão multicanal.

Modelagem por Deposição de Material Fundido A modelagem por deposição de material fundido (*fused-deposition modeling* – FDM) é um processo de PR em que um filamento de cera e/ou polímero termoplástico é extrudado sobre a superfície de uma peça existente a partir de um cabeçote para criar cada camada. O cabeçote é controlado no plano *x-y* durante cada camada e então se move para cima a uma distância igual a uma camada na direção *z*. A matéria-prima é um filamento sólido com diâmetro típico de 1,25 mm, acomodado em um carretel que alimenta o cabeçote, no qual o material é aquecido a aproximadamente 0,5 °C acima de seu ponto de fusão antes de extrudá-lo na superfície da peça. O material extrudado é solidificado e soldado a frio em uma superfície da peça mais fria em, aproximadamente, 0,1 s. Se for necessária uma estrutura de suporte, o material geralmente é extrudado por um segundo cabeçote usando um material diferente que pode ser facilmente separado da peça principal. A peça é fabricada da base para cima, usando um procedimento camada a camada, similar ao dos outros sistemas de PR. Uma desvantagem da FDM é sua velocidade relativamente baixa, pois o material depositado é aplicado em um modo de canal de ponto móvel, e o cabeçote de trabalho não pode ser movido com a alta velocidade de um ponto de laser. Além disso, o uso de um extrusor, com seu orifício de bocal circular, dificulta a formação de cantos vivos [4].

O processo FDM foi desenvolvido por Stratasys Inc., que vendeu sua primeira máquina em 1990. Hoje, há mais máquinas de FDM pelo mundo do que qualquer outro tipo de máquina de MA [4]. Os dados iniciais são oriundos de um modelo de CAD que é processado por módulos de *software* da Stratasys: QuickSlice® e SupportWork™. O QuickSlice® é utilizado para fatiar o modelo em camadas, e o SupportWork™ é utilizado para gerar quaisquer estruturas de suporte que sejam necessárias durante o processo de fabricação. A espessura da fatia (camada) é definida tipicamente de 0,25 a 0,33 mm, mas para detalhes mais finos, a espessura da camada pode ser definida em um mínimo de 0,076 mm [4]. Até aproximadamente 400 mm de filamento podem ser depositados, por segundo, pelo cabeçote. As matérias-primas são cera e vários polímeros, incluindo o ABS e o policarbonato. Esses materiais são não tóxicos, o que permite que a máquina de FDM possa funcionar em um ambiente administrativo. A Figura 29.7 exibe um conjunto de peças plásticas produzidas com modelagem por deposição de material fundido, e a máquina de FDM que fez essas peças é exibida na Figura 29.8.

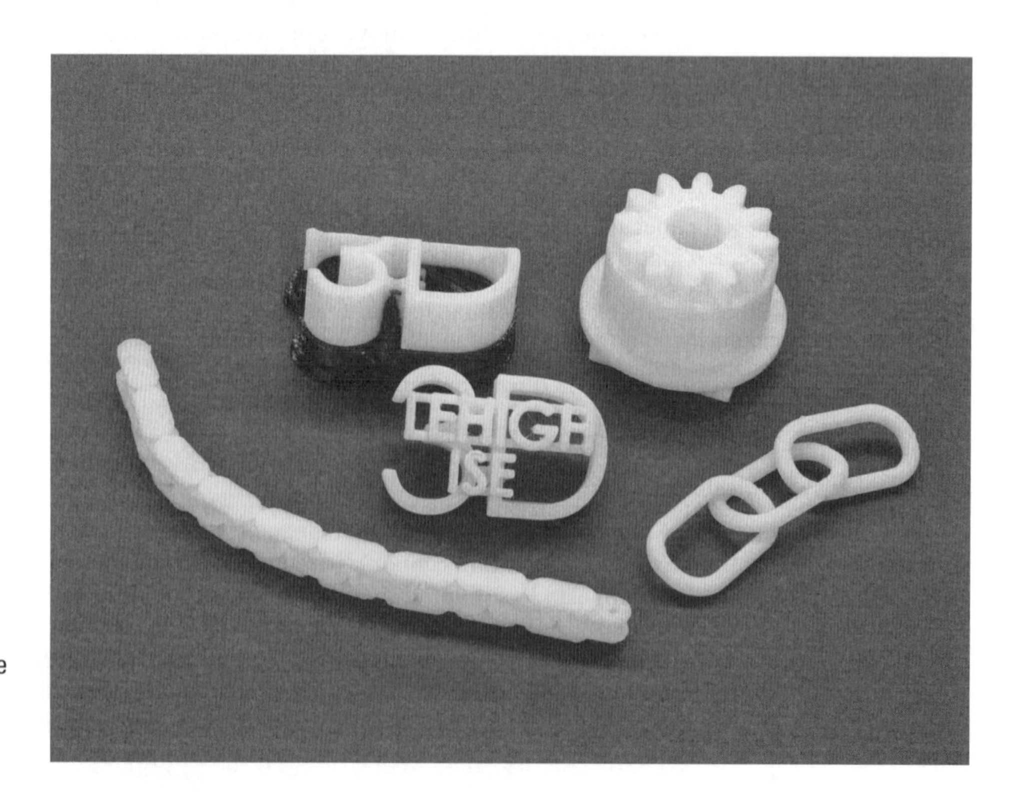

FIGURA 29.7 Conjunto de peças produzidas pela modelagem por deposição de material fundido. (Cortesia de George E. Kane Manufacturing Technology Laboratory, Lehigh University.)

FIGURA 29.8 Máquina de modelagem por deposição de material fundido. (Cortesia de George E. Kane Manufacturing Technology Laboratory, Lehigh University.)

Fabricação por Deposição em Gotas Esse processo, conhecido também como fabricação com partículas balísticas, opera fundindo a matéria-prima e atirando pequenas gotas sobre uma camada previamente formada. O termo fabricação por deposição em gotas (DDM, do inglês *droplet deposition manufacturing*) se refere ao fato de que pequenas partículas de material são depositadas e projetadas do bocal de trabalho. As gotas líquidas resfriam e se fundem na superfície formando uma nova camada. A deposição das gotas para cada nova camada é controlada por um cabeçote de pulverização móvel em *x-y* que opera em modo de ponto, no qual a trajetória se baseia na seção transversal do modelo geométrico CAD que foi fatiado em camadas. Para as geometrias que requerem uma estrutura de suporte, dois cabeçotes de trabalho são utilizados: um para distribuir o polímero e produzir o próprio objeto, e o segundo para depositar outro material para suporte. Após cada camada ter sido aplicada, a plataforma em que a peça está depositada desce até a distância correspondente à espessura da camada na preparação para a próxima camada.

Várias máquinas de manufatura aditiva disponíveis comercialmente se baseiam nesse princípio de operação geral, com as diferenças sendo o tipo de material que é depositado e a técnica correspondente com que o cabeçote atua para fundir e aplicar o material. Um critério importante que deve ser satisfeito pela matéria-prima é que ela seja prontamente fundida e solidificada. Os materiais utilizados em DDM incluem ceras e termoplásticos. Os metais com baixo ponto de fusão, como o estanho e o alumínio, também têm sido testados. As melhorias nos modos de canal incluem o uso de cabeçotes de impressão que se movem em linha operando de modo similar como as impressoras de jato de tinta.

29.2.4 PROCESSOS BASEADOS EM LÂMINA OU PLACA SÓLIDA

A característica comum nesses sistemas de manufatura aditiva é que a matéria-prima é uma lâmina ou placa sólida. Nesta seção é discutido um processo baseado em lâmina ou placa sólida chamado de manufatura de objeto em lâminas. As diferenças entre os produtos comerciais nessa categoria incluem os materiais, dos quais são feitas as lâminas, e os métodos de montagem das mesmas.

Manufatura de Objetos em Lâminas A manufatura de objetos em lâminas (*laminated-object manufacturing* – LOM) produz um modelo físico sólido empilhando camadas de chapas que são cortadas com um contorno correspondente à forma da seção transversal de um modelo CAD que foi fatiado em camadas. As camadas são empilhadas sequencialmente e unidas uma sobre a outra para produzir a peça. Após o corte, o excesso de material em cada camada continua no lugar para apoiar a peça durante a construção. As matérias-primas para o processo LOM incluem papel, papelão e plástico na forma de lâminas ou placas. A espessura das placas é de 0,05 a 0,50 mm. Em LOM, o material da lâmina geralmente é fornecido em rolos com adesivo na base e passa entre dois carretéis, como na Figura 29.9. Como alternativa, o processo LOM deve incluir um passo de recobrimento adesivo para cada camada.

A fase de preparação dos dados no processo LOM consiste em fatiar o modelo geométrico utilizando o arquivo STL da peça. Com referência à Figura 29.9, o processo LOM para cada camada pode ser descrito como a seguir, após a retirada da lâmina do estoque e efetuado seu posicionamento e colagem à pilha anterior: (1) O perímetro da seção transversal a partir do modelo STL é calculado com base na medida da altura da peça na referida camada. A função de fatiamento em LOM é realizada após cada camada ter sido adicionada fisicamente, e a altura vertical da peça ter sido medida. Isso promove um valor de correção para levar em conta a espessura real da lâmina de matéria-prima que estiver sendo utilizada, uma característica indisponível na maioria dos outros sistemas de PR. (2) Um feixe de laser é utilizado para cortar ao longo do perímetro, bem como para hachurar a porção exterior da lâmina visando à remoção subsequente. A trajetória de corte é controlada por meio de um sistema de posicionamento em x-y, e a profundidade do corte é controlada para que apenas a camada superior seja cortada. (3) A plataforma que apoia a peça é abaixada e a próxima lâmina é alimentada por meio do avanço da bobina e da rotação do carretel para posicionar a próxima camada. Então a plataforma é erguida a uma altura coerente com a espessura da lâmina, e um rolo aquecido se move pela nova camada para ligá-la à camada anterior. A altura da pilha física é medida para a preparação do cálculo do próximo corte.

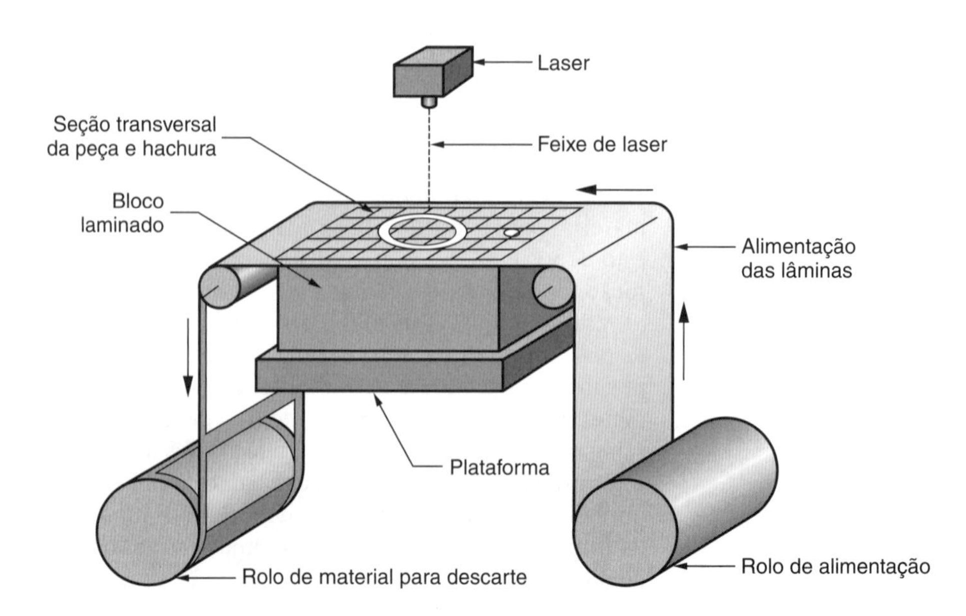

FIGURA 29.9 Manufatura de objetos em lâminas.

Quando todas as camadas estão concluídas, a nova peça é separada do material em excesso do exterior. A peça pode ser lixada para suavizar e adoçar as arestas das camadas. Recomenda-se a aplicação de um selante, pelo menos para matérias-primas de papel e papelão, para prevenir a absorção de umidade e danos à peça, usando um *spray* de uretano, epóxi ou de outro polímero. O tamanho das peças produzidas pelo processo LOM pode ser relativamente grande entre os processos de MA, com volumes de trabalho de até 800 mm × 500 mm × 550 mm. Os volumes de trabalho mais comuns são 380 mm × 250 mm × 350 mm. Desse modo, uma das vantagens de LOM em comparação com outras tecnologias de PR e MA é a capacidade para construir peças bem grandes.

A primeira empresa a oferecer os sistemas LOM foi a Helisys, Inc. Sua máquina processava lâmina de papel com o verso adesivo e utilizava uma sequência na qual a lâmina adicionada mais recentemente era colada à estrutura existente antes de cortar o contorno da camada. Um rolo aquecido era utilizado para fundir o adesivo termoplástico na operação de colagem. Modificações subsequentes em LOM introduzidas por outras empresas têm incluído (1) usar uma lâmina de corte em vez de um laser para realizar o corte, (2) usar placa polimérica em vez de papel como matéria-prima e (3) mudar a sequência do processo para cortar o contorno da camada antes de colar em vez de colar antes de cortar. A vantagem desta última modificação é que ela facilita a fabricação de objetos que possuem características internas [4].

29.3 Análise de Tempo de Ciclo e de Custos

Todas as tecnologias de manufatura aditiva descritas anteriormente funcionam de modo similar, que é produzir a peça ou protótipo adicionando camadas, uma de cada vez. O propósito desta seção é desenvolver modelos matemáticos dessa abordagem camada a camada para determinar o tempo de ciclo e o custo da peça.

Análise do Tempo de Ciclo O tempo de ciclo para produzir uma peça pelos processos de camadas da manufatura aditiva depende do tamanho da peça (volume de material na peça) e do número de peças produzidas em um ciclo de produção. Também depende dos processos de formação de camadas (por exemplo, laser, baseado em gotas, extrusão) e do modo de canal associado (ponto móvel, linha móvel ou camada). Os parâmetros de processo associados incluem a espessura da camada (camadas mais finas significam mais camadas e maior tempo de ciclo para o mesmo tamanho de peça), a velocidade com a qual o ponto ou linha móvel se desloca, e quaisquer atrasos que sejam inerentes ao processo, como reposicionamento e revestimento. A abordagem de modelagem utilizada aqui para estimar o tempo de construção consiste em determinar o tempo para completar cada camada e depois somar os tempos das camadas para obter o tempo de ciclo total. Uma abordagem alternativa e mais detalhada é descrita em Gibson e colaboradores [4].

Primeiro, o tempo para realizar uma única camada nos processos que usam um modo de canal de ponto móvel é fornecido pela seguinte equação:

$$T_i = \frac{A_i}{vD} + T_r \tag{29.1}$$

em que T_i = tempo para concluir a camada i, s, em que o subscrito i é utilizado para identificar a camada; A_i = área da camada i, mm^2; v = velocidade do ponto móvel sobre a superfície, mm/s; D = diâmetro do ponto (supostamente circular), mm; e T_r = tempo de reposicionamento e novo revestimento entre as camadas, s. O tempo de reposicionamento envolve baixar a mesa de trabalho para preparar para a próxima camada a ser fabricada. Também inclui o reposicionamento do cabeçote de trabalho no início e no fim de uma camada se não for feito em paralelo com o reposicionamento da mesa. Tempo de novo revestimento é o tempo para espalhar o material em uma camada nova; por exemplo, para espalhar a próxima camada de pós. O tempo de novo revestimento não é aplicável em todos os processos de MA. T_r pode também incluir atrasos embutidos associados a cada camada, como os atrasos por resfriamento ou aquecimento, e a limpeza de bocal.

Depois que os valores de T_r foram determinados para todas as camadas, então o tempo de ciclo da fabricação pode ser determinado como a soma desses tempos mais qualquer tempo de *setup* (configuração) ou de inicialização necessário para o processo. Por exemplo, a máquina pode necessitar de um período de aquecimento durante o qual a câmara é levada a uma temperatura especificada. Também pode ser desejável incluir o tempo para o operador carregar a matéria-prima e realizar quaisquer tarefas de configuração que estejam associadas com a produção. O tempo de ciclo total é fornecido por

$$T_c = T_{su} + \sum_{i=1}^{n_l} T_i \tag{29.2}$$

em que T_c = tempo de ciclo de construção, s; T_{su} = tempo de *setup*; e n_l = número de camadas utilizadas para chegar à peça.

Exemplo 29.1 Tempo de ciclo de construção em estereolitografia

O copo quadrado exibido na Figura 29.10 deve ser fabricado usando estereolitografia. A base do copo tem 40 mm em cada lado e 5 mm de espessura. As paredes têm 4 mm de espessura e a altura total do copo = 52 mm. A máquina SL usada para o trabalho utiliza um diâmetro de ponto = 0,25 mm, e o feixe é movimentado a uma velocidade de 950 mm/s. A espessura da camada = 0,10 mm. O tempo de reposicionamento e revestimento de cada camada = 21 s. Calcule e estime o tempo de ciclo para construir a peça se o tempo de *setup* = 20 minutos.

Solução: A geometria da peça pode ser dividida em duas seções: (1) base e (2) paredes. A área da seção transversal da base $A_1 = 40^2 = 1600$ mm^2 e sua espessura é fornecida como 5 mm. A área da seção transversal das paredes $A_2 = 40^2 - 32^2 = 576$ mm^2 e sua altura = 52 – 5 = 47 mm. Com uma espessura de camada = 0,10 mm, haverá 5,0/0,10 = 50 camadas para construir a base e 47/0,10 = 470 camadas para fabricar as paredes, um total de 470 + 50 = 520 camadas.

O tempo por camada para a base é

$$T_i = \frac{A}{vDE_p} + T_r = \frac{1600}{950(0,25)} + 21 = 6,737 + 21 = 27,737 \text{ s}$$

O tempo por camada para as paredes é

$$T_i = \frac{576}{950(0,25)} + 21 = 2,425 + 21 = 23,425 \text{ s}$$

O tempo total do ciclo de construção é

$$T_c = 20(60) + 50(27,737) + 470(23,425) = \mathbf{13.597\ s} = \mathbf{226,6\ min} = \mathbf{3,777\ h}$$

Se uma estrutura de suporte separada tiver que ser construída para a peça, algumas máquinas de PR vão precisar de uma segunda varredura para fazer isso em cada camada. Por exemplo, a modelagem por deposição de material fundido utilizará um segundo cabeçote, se o material de suporte for diferente do material da peça (por exemplo, cera

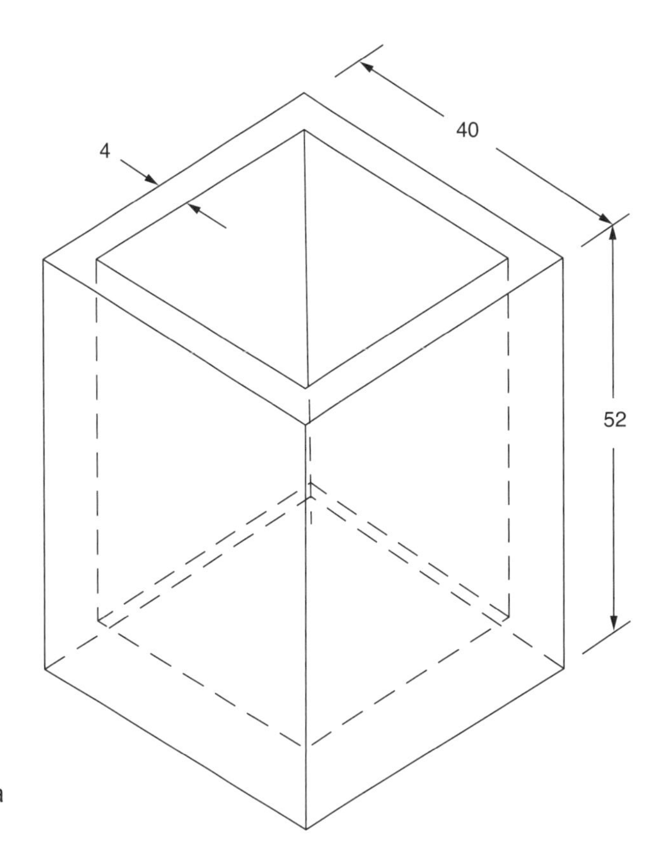

FIGURA 29.10 Amostra de peça utilizada no Exemplo 29.1.

de baixo ponto de fusão para suportar a peça de plástico). Nesse caso, o tempo consumido pelo cabeçote de trabalho secundário deve ser adicionado, caso os cabeçotes operem sequencialmente; então, a Equação (29.1) passa a ser

$$T_i = \frac{A_i}{vD} + \frac{A_{si}}{vD} + T_r \tag{29.3}$$

em que A_{si} = área de suporte na camada i, mm². Um termo separado é utilizado para permitir que a velocidade e o diâmetro do ponto utilizados no suporte possam ser diferentes da velocidade e do diâmetro utilizados na própria peça. Em alguns casos, os cabeçotes podem ser operados simultaneamente em vez de sequencialmente; então o tempo de produção das camadas depende do cabeçote de trabalho que demorar mais (normalmente o cabeçote da peça, pois mais material é depositado).

Para processos que usam um modo de canal de linha móvel, o tempo para concluir uma camada é o tempo necessário para a linha móvel varrer a mesa de trabalho mais o tempo de reposicionamento e revestimento:

$$T_i = v_s L_s + T_r \tag{29.4}$$

em que v_s = velocidade da linha móvel, à medida que ela varre a camada, mm/s; e L_s = comprimento da varredura, mm. Esses valores de v_s e L_s devem ser os mesmos para todas as camadas.

Finalmente, para processos usando o modo de canal em camada, o tempo para concluir uma camada é fornecido por

$$T_i = T_{ex} + T_r \tag{29.5}$$

em que T_{ex} = tempo de exposição para formar a camada, s. Esse tempo deve ser o mesmo para todas as camadas.

A tarefa de determinar A_i para cada camada pode ser tediosa até mesmo para uma peça de complexidade geométrica modesta. Nesses casos, pode ser mais fácil determinar o volume total da peça e dividir esse volume pelo número de camadas para determinar o volume médio por camada. Depois, dividir esse volume médio pela espessura da camada produz a área média por camada. Resumindo, a área média da camada é fornecida por

$$\overline{A}_i = \frac{V}{n_l t} \tag{29.6}$$

em que V = volume total da peça, mm³; n_l = número de camadas; e t = espessura da camada, mm. O tempo para completar a camada passa a ser

$$T_i = \frac{\overline{A}_i}{vD} + T_r = \frac{V}{n_l t v D} + T_r \tag{29.7}$$

em que $\overline{A}_i$ = área média por camada, mm²; e os outros termos são os mesmos da Equação (29.1). A equação do tempo de ciclo total, Equação (29.2), pode ser reduzida então para as seguintes formas:

$$T_c = T_{su} + n_l T_i = T_{su} + \frac{V}{tvD} + n_l T_r \tag{29.8}$$

em que os termos no final do lado direito são obtidos combinando as Equações (29.6) e (29.7) e expandindo o termo T_i.

Análise de Custos O custo por peça C_{pc} fabricada por qualquer uma das tecnologias de manufatura aditiva é a soma do material, mão de obra, e custo de operação da máquina. A terminologia e as unidades a seguir serão utilizadas para desenvolver equações para calcular o custo por peça: C_m = custo do material, \$/peça; C_L = custo da mão de obra, \$/h; C_{eq} = custo do equipamento, \$/h. O tempo de ciclo de construção T_c já foi definido nas Equações (29.2) e (29.8), mas as unidades de horas serão utilizadas aqui por uma questão de conveniência; ou seja, T_c = tempo de ciclo, h/ciclo. Em virtude da operação automatizada da máquina de MA, um fator de utilização U_L deve ser aplicado à tarifa e mão de obra durante o ciclo de construção. Finalmente, um tempo de pós-processamento por peça T_{pp} é o tempo após o ciclo de construção e que é necessário para a remoção de suportes (se suportes tiverem sido adicionados à peça), limpeza e acabamento. Combinando esses termos, o custo da peça pode ser calculado a partir da seguinte equação:

$$C_{pc} = C_m + (C_L U_L + C_{eq})\, T_c + C_L\, T_{pp} \tag{29.9}$$

O custo do equipamento por hora pode se basear no custo original do equipamento instalado, dividido pelo número total de horas de operação previstas para a máquina durante sua vida útil, conforme explicado na Subseção 1.5.2 e no Exemplo 1.1.

Exemplo 29.1
Custo por peça na manufatura aditiva

O custo da máquina de estereolitografia no Exemplo 29.1 = \$100.000, instalada. Ela trabalha cinco dias por semana, oito horas por dia, 50 semanas por ano, e a previsão de duração da mesma é de quatro anos. O custo de material do fotopolímero = \$120/litro. Suponha que todo o polímero no recipiente que não tenha sido utilizado na peça possa ser reutilizado. Tarifa de mão de obra = \$24,00/h, mas a mão de obra será utilizada em apenas 25 % do ciclo de construção, praticamente no *setup*. O tempo de pós-processamento = 6,0 minutos/peça. Usando o tempo de ciclo de 3,777 horas do Exemplo 29.1, determine o custo da peça.

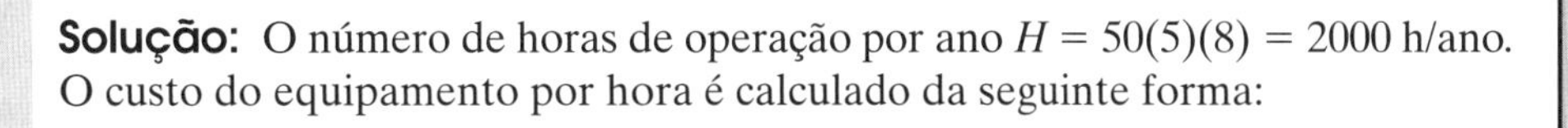

Solução: O número de horas de operação por ano $H = 50(5)(8) = 2000$ h/ano. O custo do equipamento por hora é calculado da seguinte forma:

$$C_{eq} = \frac{100.000}{4(2000)} = \mathbf{\$12,50/h}$$

Custo do material = \$120/L (1 L = 1 dm^3 = 1(10^6) mm^3). A peça no Exemplo 29.1 tem um volume composto de base quadrada em que $V_1 = 5(1600) = 8000$ mm^3 mais paredes, em que $V_2 = 47(576) = 27.072$ mm^3. Volume total = 35.072 mm^3.

$C_m = (\$120\ (10^{-6})/\text{mm}^3)(35.072\ \text{mm}^3) = \$4,21/\text{peça}$

Custo por peça $C_{pc} = 4,21 + (24,00(0,25) + 12,50)(3,777) + 24,00(6/60) =$ **\$76,48/peça**

Em muitas aplicações de manufatura aditiva utilizadas na produção, mais de uma peça é criada no ciclo de construção. Considere que n_b indica o tamanho do lote (número de peças construídas durante o ciclo de produção). A Equação (29.9) pode ser emendada da seguinte forma para levar em conta o tamanho do lote:

$$C_{pc} = C_m + \frac{(C_L U_L + C_{eq})T_c}{n_b} + C_L T_{pp} \tag{29.10}$$

29.4 Aplicações de Manufatura Aditiva

As aplicações de manufatura aditiva podem ser classificadas em quatro categorias: (1) projeto, (2) análise e planejamento de engenharia, (3) ferramentais e (4) fabricação de peças finais. Essas aplicações são discutidas nos parágrafos a seguir. O capítulo conclui com uma breve discussão dos problemas encontrados na manufatura aditiva.

Projeto Essa foi a área de aplicação inicial dos sistemas de prototipagem rápida. Os projetistas são capazes de confirmar seu projeto construindo um modelo físico real em tempo reduzido usando prototipagem rápida. As características e funções da peça podem ser demonstradas e discutidas com mais facilidade usando um modelo físico do que por meio de um desenho mecânico no papel ou exibido em um monitor de computador e de um sistema CAD. Os benefícios de projeto atribuídos à prototipagem rápida incluem [2]: (1) redução do tempo de produção de protótipos, (2) melhoria na capacidade de visualizar a geometria da peça devido à sua existência física, (3) detecção precoce e redução dos erros de projeto e (4) aumento da capacidade de calcular as propriedades de massa dos componentes e conjuntos.

Análise e Planejamento de Engenharia A existência de uma peça fabricada em PR permite que certos tipos de atividades de análise e planejamento de engenharia sejam realizadas e que seriam mais difíceis sem a peça física. Algumas das possibilidades são (1) comparação das diferentes formas e estilos para otimizar o apelo estético da peça; (2) análise de fluxo de fluidos através de orifícios de diferentes geometrias em válvulas fabricadas por PR; (3) teste em túnel de vento de diferentes formas aerodinâmicas usando modelos físicos criados por PR; (4) análise de tensões de um modelo físico; (5) fabricação de peças antes da produção como auxílio no planejamento do processo e no projeto de ferramental; e (6) combinação das tecnologias de diagnóstico médico por imagens, como a imagem por ressonância magnética, com a PR para criar modelos para auxiliar médicos no planejamento de procedimentos cirúrgicos ou fabricação de próteses ou implantes.

Ferramentais Quando a MA é adotada para fabricar ferramentas de produção, o termo ***ferramental rápido*** (FR) (RTM, do inglês *rapid tool making*) é utilizado com frequência. As aplicações de RTM se dividem em duas abordagens [5]: método ***indireto*** de ferramental rápido, no qual é criado um padrão por PR e utilizado para fabricar a ferramenta, e método ***direto*** de ferramental rápido, no qual a PR é utilizada para criar a própria ferramenta. Os exemplos de FR indireto incluem [7], [12]: (1) fabricação de modelo de borracha de silicone por PR que subsequentemente é utilizado para fazer o molde de produção; (2) a utilização de PR para fazer os modelos e usá-los para montar o molde na fundição em areia (Seção 8.1); (3) fabricação de modelos de materiais com baixo ponto de fusão (por exemplo, cera) em quantidades limitadas para fundição de precisão (Subseção 8.2.4); e (4) fabricação de eletrodos para EDM (Subseção 22.3.1).

Os exemplos de FR direto incluem [5], [7], [12]: (1) fabricação por PR de insertos para formar a cavidade do molde, que pode ser aspergida com metal para produzir moldes de injeção para uma quantidade limitada de produção de peças de plástico (Seção 10.6) e (2) impressão 3D para criar a geometria de uma matriz a partir de pós metálicos, seguida por sinterização e infiltração para completar a fabricação da matriz.

Fabricação de Peças Finais A manufatura aditiva está sendo cada vez mais utilizada para produzir peças e produtos, e o termo ***fabricação digital direta*** às vezes é utilizado para essas aplicações. Os exemplos de produção de peças finais incluem [4], [12]: (1) peças plásticas em pequenos lotes, as quais não são viáveis economicamente de produzir pela moldagem por injeção devido ao alto custo do molde; (2) peças com geometrias intricadas e/ou complexas, especialmente características geométricas internas que não podem ser feitas por processos convencionais sem montagem; (3) peças avulsas em circunstâncias em que é mais viável fabricar uma peça quando ela é necessária do que manter um estoque; e (4) peças customizadas que devem ser feitas no tamanho exato para cada aplicação individual. Exemplos de peças customizadas como essas são encontrados em aplicações médicas, como as próteses ósseas, aparelhos de audição que devem ser adaptados à orelha de um indivíduo, aparelhos dentários, e chuteiras de futebol personalizadas para atletas profissionais.

Como os exemplos precedentes ilustram, a fabricação digital direta não é substituta para a produção em massa. Em vez disso, é adequada para a produção de baixo volume e a customização em massa, na qual produtos são feitos em grande quantidade, mas cada produto é único de alguma forma. Generalizando, as características das situações de produção adequadas para a manufatura aditiva incluem [4]: (1) geometrias únicas; (2) formas complexas; (3) baixas quantidades, até mesmo uma unidade; (4) retorno rápido; e (5) é desejável evitar a fabricação de ferramentas duras especiais. O requisito é que um modelo CAD do item deve estar disponível.

Problemas Relacionados com a Manufatura Aditiva Os principais problemas relacionados com a MA incluem (1) precisão das peças, (2) variedade de materiais limitada e (3) desempenho mecânico das peças fabricadas.

São vários os motivos para a limitação da precisão da peça nos sistemas de MA: (1) erros matemáticos, (2) erros relacionados ao processo ou (3) erros relacionados ao material [19]. Os erros matemáticos incluem aproximações de superfícies de peça usadas em PR, a preparação de dados e as diferenças entre as espessuras das fatias no modelo geométrico e a espessura da camada real na peça física. Estas últimas diferenças resultam em erros dimensionais no eixo z. Uma limitação inerente ao processo é a própria divisão da peça em fatias e camadas, especialmente à medida que a espessura das camadas aumenta, resultando em uma aparência de degraus nas superfícies inclinadas das peças. Às vezes, os erros relacionados a processos resultam da tecnologia de construção da peça que está sendo utilizada pelo sistema de MA. Esses erros degradam a forma de cada camada e também o posicionamento entre as camadas adjacentes. Os erros relacionados a processo também podem afetar a dimensão do eixo z. Finalmente, os erros relacionados ao material incluem contração e distorção. Uma tolerância para contração pode ser feita aumentando as dimensões do modelo em CAD da peça com base em experiência prévia com o processo e os materiais.

Os sistemas atuais de prototipagem rápida são limitados quanto à variedade de materiais que conseguem processar. Por exemplo, a estereolitografia é limitada aos polímeros fotossensíveis. Em geral, os materiais utilizados nos sistemas de MA não são tão resistentes quanto os materiais das peças de produção que serão utilizados no produto real. Isso limita o desempenho mecânico dos protótipos e a quantidade de testes realistas que podem ser feitos para verificar o projeto durante o desenvolvimento do produto.

Referências

[1] Ashley, S. "Rapid Prototyping Is Coming of Age," ***Mechanical Engineering***, July 1995, pp. 62–68.

[2] Bakerjian, R., and Mitchell, P. (eds.). ***Tool and Manufacturing Engineers Handbook***, 4th ed., Vol. VI, ***Design for Manufacturability***. Society of Manufacturing Engineers, Dearborn, Michigan, 1992, Chapter 7.

[3] Destefani, J. "Plus or Minus," ***Manufacturing Engineering***, April 2005, pp. 93–97.

[4] Gibson, I., Rosen, D. W., and Stucker, B. ***Additive Manufacturing Technologies***. Springer, New York, 2010.

[5] Hilton, P. "Making the Leap to Rapid Tool Making," ***Mechanical Engineering***, July 1995, pp. 75–76.

[6] Kai, C. C., Fai, L. K., and Chu-Sing, L. ***Rapid Prototyping: Principles and Applications***, 2nd ed. World Scientific Publishing Co., Singapore, 2003.

[7] Kai, C. C., and Fai, L. K. "Rapid Prototyping and Manufacturing: The Essential Link between Design and Manufacturing," Chapter 6 in ***Integrated Product and Process Development: Methods, Tools, and Technologies***, J. M. Usher, U. Roy, and H. R. Parsaei (eds.). John Wiley & Sons, New York, 1998, pp. 151–183.

[8] Kochan, D., Kai, C. C. and Zhaohui, D. "Rapid Prototyping Issues in the 21st Century," ***Computers in Industry***, Vol. 39, pp. 3–10, 1999.

[9] Lorincz, J. "Masters of Manufacturing; Carl R. Deckard," ***Manufacturing Engineering***, July 2011, pp. 51–58.

[10] Noorani, R. I. ***Rapid Prototyping: Principles and Applications***, John Wiley & Sons, Hoboken, New Jersey, 2006.

[11] Pacheco, J. M. ***Rapid Prototyping***, Report MTIAC SOAR-93-01. Manufacturing Technology Information Analysis Center, IIT Research Institute, Chicago, Illinois, 1993.

[12] Pham, D. T., and Gault, R. S. "A Comparison of Rapid Prototyping Technologies," ***International Journal of Machine Tools and Manufacture***, Vol. 38, pp. 1257–1287, 1998.

[13] Tseng, A. A., Lee, M. H., and Zhao, B. "Design and Operation of a Droplet Deposition System for Freeform Fabrication of Metal Parts," ***ASME Journal of Eng. Mat. Tech.***, Vol. 123, No. 1, 2001.

[14] Website: en.wikipedia.org/wiki/Digital_micromirror_device.

[15] Website: en.wikipedia.org/wiki/Fused_deposition_modeling.

[16] Website: en.wikipedia.org/wiki/Selective_laser_sintering.

[17] Website: en.wikipedia.org/wiki/Stereolithography.

[18] Wohlers, T. "Direct Digital Manufacturing," ***Manufacturing Engineering***, January 2009, pp 73–81.

[19] Yan, X., and Gu, P. "A Review of Rapid Prototyping Technologies and Systems," ***Computer-Aided Design***, Vol. 28, No. 4, pp. 307–318, 1996.

Questões de Revisão

29.1 O que é prototipagem rápida? Forneça uma definição do termo.

29.2 Quais são os quatro tipos de matérias-primas na prototipagem rápida?

29.3 Além da matéria-prima, que outra característica distingue as tecnologias de prototipagem rápida?

29.4 Qual é a abordagem comum utilizada em todas as tecnologias de adição de material para preparar as instruções de controle para os sistemas de PR?

29.5 De todas as tecnologias de prototipagem rápida atuais, qual é a mais utilizada?

29.6 Descreva a tecnologia de PR chamada estereolitografia por máscara de projeção.
29.7 Descreva a tecnologia de PR chamada manufatura de objetos em lâminas.
29.8 Qual é a matéria-prima do processo de modelagem por deposição de material fundido?

Problemas

As respostas para os Problemas indicados com **(A)** são apresentadas no Apêndice, no final do livro.

29.1 **(A)** Um tubo com uma seção transversal retangular deve ser fabricado por estereolitografia. As dimensões externas do retângulo são 40 mm por 70 mm, e as dimensões internas correspondentes são 32 mm por 62 mm (espessura da parede = 4 mm, exceto nos cantos). A altura do tubo (direção z) = 50 mm. Espessura da camada = 0,10 mm e o diâmetro do ponto de laser = 0,25 mm. A velocidade do feixe sobre a superfície do fotopolímero = 750 mm/s. Calcule uma estimativa para o tempo de ciclo para construir a peça, se forem perdidos 20 s em cada camada para reposicionar e revestir. Ignore o tempo de *setup* (configuração).

29.2 Resolva o Problema 29.1, exceto que a espessura da camada = 0,20 mm.

29.3 A peça no Problema 29.1 é fabricada utilizando modelagem por deposição de material fundido em vez de estereolitografia. Espessura da camada = 0,25 mm e a largura do extrudado depositado na superfície da peça = 0,75 mm. O cabeçote se move no plano x-y a uma velocidade de 300 mm/s. Um atraso de 10 s acontece entre cada camada para reposicionar a mesa de trabalho. Calcule uma estimativa para o tempo necessário para construir a peça. Ignore o tempo de *setup* (configuração).

29.4 Solucione o Problema 29.3, exceto pelo fato de que a seguinte informação adicional é conhecida: O diâmetro do filamento alimentado no cabeçote é 1,5 mm e o filamento é alimentado no cabeçote, a partir de um carretel, a uma taxa de 31,75 mm de comprimento por segundo, enquanto o cabeçote está depositando material. Entre as camadas, a velocidade de avanço a partir do carretel é zero.

29.5 **(A)** O fotopolímero utilizado no Problema 29.1 custa \$150/litro. O custo da máquina SLA é \$15,00/hora. Suponha que todo o fotopolímero líquido não utilizado na peça possa ser reutilizado. Mão de obra = \$30,00/hora, mas a utilização de mão de obra durante o ciclo de construção é apenas = 10 %. Tempo de pós-processamento = 5,0 min/peça. Usando o tempo de ciclo do Problema 29.1, determine o custo da peça.

29.6 Uma peça em forma de cone deve ser fabricada usando estereolitografia. O raio do cone em sua base = 40 mm e sua altura = 40 mm. Para minimizar o efeito de degrau, espessura da camada = 0,05 mm. O diâmetro do feixe de laser = 0,22 mm e o feixe se move pela superfície do fotopolímero a uma velocidade de 1000 mm/s. Calcule uma estimativa para o tempo necessário para construir a peça, se 25 s forem perdidos em cada camada para reduzir a altura da plataforma que sustenta a peça. Despreze o tempo pós-cura. Tempo de *setup* da tarefa = 30 minutos.

29.7 A peça cuneiforme no Problema 29.6 é fabricada utilizando manufatura de objetos em lâminas. Espessura da camada = 0,20 mm. O feixe de laser pode cortar a chapa a uma velocidade de 500 mm/s. Calcule uma estimativa para o tempo necessário para construir a peça, se 25 s forem perdidos em cada camada para reduzir a altura da plataforma que segura a peça e avançar a lâmina de matéria-prima durante a preparação para a próxima camada. Ignore o corte das áreas hachuradas fora da peça, já que o cone deve sair facilmente da pilha devido à sua geometria. Tempo de *setup* para a tarefa = 30 minutos.

29.8 A estereolitografia deve ser utilizada para construir a peça na Figura 29.1 no texto. As dimensões da peça são: altura = 125 mm, diâmetro externo = 75 mm, diâmetro interno = 65 mm, diâmetro da alça = 12 mm, distância da alça até a caneca = 70 mm medidos a partir do centro (eixo) do copo até o centro da alça. As conexões da alça que conectam a caneca à alça em cima e embaixo da peça têm uma seção transversal retangular com 10 mm de espessura e 12 mm de largura. A espessura na base da caneca é 10 mm. O diâmetro do feixe de laser = 0,25 mm e o feixe pode ser movimentado pela superfície do fotopolímero a 2000 mm/s. Espessura da camada = 0,10 mm. Calcule uma estimativa do tempo necessário para construir a peça, se 30 s forem perdidos em cada camada para diminuir a altura da plataforma que segura a peça. Despreze o tempo de *setup* e o tempo de pós-processamento.

29.9 **(A)** O protótipo de uma peça deve ser fabricado usando estereolitografia. A base da peça tem a forma de um triângulo retângulo com dimensões 36 mm por 48 mm. Na aplicação, a peça ficará sobre essa base. A altura da peça é 30 mm. No processo de estereolitografia, a espessura da camada = 0,15 mm. O diâmetro do ponto do feixe de laser = 0,40 mm e o feixe é movimentado pela superfície do fotopolímero a uma velocidade de 2200 mm/s. Calcule o tempo mínimo possível necessário para criar a peça, se 25 s forem perdidos em cada camada para diminuir a altura da plataforma que sustenta a peça. Despreze o tempo de *setup* e o tempo de pós-processamento.

30 Processamento de Circuitos Integrados

Sumário

30.1 Visão Geral do Processamento de CIs
30.1.1 Sequência de Processamento
30.1.2 Salas Limpas (*Clean Rooms*)

30.2 Processamento do Silício
30.2.1 Produção de Silício de Grau Eletrônico
30.2.2 Crescimento de Cristal
30.2.3 Modificação de Forma do Silício em *Wafers*

30.3 Litografia
30.3.1 Litografia Óptica
30.3.2 Outras Técnicas de Litografia

30.4 Processos com Camadas Utilizados na Fabricação de CI
30.4.1 Oxidação Térmica
30.4.2 Deposição Química de Vapor
30.4.3 Introdução de Impurezas no Silício
30.4.4 Metalização
30.4.5 Decapagem (Corrosão)

30.5 Integrando as Etapas de Fabricação

30.6 Encapsulamento de CI
30.6.1 Projeto de Encapsulamento de CI
30.6.2 Etapas de Processamento no Encapsulamento de CI

30.7 Rendimento no Processamento de CIs

Um ***circuito integrado*** (CI, do inglês *integrated circuit* – IC) é um conjunto de dispositivos eletrônicos, como transistores, diodos e resistores, que foi fabricado e interconectado eletronicamente em um pequeno *chip*, plano, de material semicondutor. O silício (Si) é o material semicondutor mais utilizado em CIs, em virtude de sua combinação de propriedades e baixo custo. Os *chips* semicondutores menos comuns são feitos de arsenieto de gálio (GaAs) e germânio (Ge). Como os circuitos são fabricados em uma peça de material sólido, o termo eletrônica no ***estado sólido*** é utilizado para representar esses dispositivos. Os dispositivos semicondutores, como os circuitos integrados, são a base de praticamente todos os produtos eletrônicos modernos, que constituem a maior indústria mundial, superando a indústria automotiva em vendas brutas no ano de 1998 [15].

O CI foi inventado em 1959 e desde então vem evoluindo continuamente (Nota Histórica 30.1). O aspecto mais fascinante da tecnologia microeletrônica é o imenso número de dispositivos que podem ser encapsulados em um único *chip* pequeno. Vários termos têm sido desenvolvidos para definir o nível de integração e densidade de encapsulamento, como integração em grande escala (LSI, do inglês *large-scale integration*) e integração em escala muito grande (VLSI, do inglês *very-large-scale integration*). A Tabela 30.1 apresenta esses termos, suas definições (embora não haja um consenso total quanto às linhas divisórias entre os níveis) e o período durante o qual a tecnologia foi introduzida. Em 1975, Gordon Moore[1] formulou o que passou a ser conhecido como ***lei de Moore***, afirmando que o número de transistores (os elementos básicos dos dispositivos lógicos e de memória) em um circuito integrado dobra a cada dois anos [23]. A capacidade preditiva dessa lei continuou precisa até o momento presente. A gigaescala de tecnologia dos dias de hoje é capaz de fabricar milhões de transistores por milímetro quadrado de área processável na superfície do *chip*.

[1]Gordon Moore foi cofundador da Intel Corporation e, no momento da criação deste livro, é o Presidente Emérito da empresa.

TABELA • 30.1 Níveis de integração em microeletrônica.

Nível de Integração	Número de Dispositivos em um *Chip*	Ano de Introdução Aproximado
Integração em pequena escala (SSI)	10–50	1959
Integração em média escala (MSI)	50–10^3	1960s
Integração em grande escala (LSI)	10^3–10^4	1970s
Integração em escala muito grande (VLSI)	10^4–10^6	1980s
Integração em escala ultragrande (ULSI)	10^6–10^8	1990s
Integração em gigaescala (GSI)	10^8–10^{10}	2000s

Avanços recentes na tecnologia de semicondutores incluem circuitos integrados *system-on-chip* e tridimensionais [21]. ***System-on-chip*** se refere à fabricação de um circuito integrado que contém todos os componentes necessários em um computador. Os computadores convencionais incluem vários circuitos integrados e outros componentes que são interconectados em uma placa de circuito impresso (Capítulo 31). O conceito de *system-on-chip*[2] minimiza os custos de montagem e os requisitos de energia do computador. Um ***circuito integrado tridimensional*** é um CI que consiste em componentes que têm características verticais e horizontais, permitindo a operação mais rápida devido à menor distância média de condução entre os componentes, em comparação com uma camada bidimensional contendo o mesmo número de componentes. A tecnologia Tri-Gate da Intel Corporation usa transistores 3D com aletas verticais que se projetam para cima a partir da superfície do *chip* de silício, permitindo que as velocidades de comutação sejam maiores e os requisitos de energia menores.

Nota Histórica 30.1 *Tecnologia de circuitos integrados*

A história dos circuitos integrados envolve invenções de dispositivos eletrônicos e os processos para fabricar esses dispositivos. O desenvolvimento do radar, imediatamente antes da Segunda Guerra Mundial (1939 a 1945), identificou o germânio e o silício como elementos semicondutores importantes para os diodos utilizados nos circuitos dos radares. Devido à importância do radar na guerra, foram desenvolvidas fontes comerciais de germânio e silício.

Em 1947, foi desenvolvido o transistor na Bell Telephone Laboratories, por J. Bardeen e W. Brattain. Uma versão aperfeiçoada foi inventada subsequentemente por W. Shockley, da Bell Labs, em 1952. Esses três inventores compartilharam o Prêmio Nobel em Física de 1956 por sua pesquisa sobre semicondutores e a descoberta do transistor. O interesse da Bell Labs era desenvolver sistemas de comutação eletrônica que fossem mais confiáveis do que os relés eletromecânicos e as válvulas, utilizados à época.

Em fevereiro de 1959, J. Kilby, da Texas Instruments Inc., requisitou uma patente pela fabricação de múltiplos dispositivos eletrônicos e sua interconexão para formar um circuito em uma peça única de material semicondutor. Kilby estava descrevendo um circuito integrado (CI). Em maio de 1959, J. Hoerni, da Fairchild Semiconductor Corp., requisitou uma patente descrevendo o processo planar de fabricação de transistores. Em julho do mesmo ano, R. Noyce, também da Fairchild, entrou com um pedido de patente similar à invenção de Kilby, mas especificando o uso da tecnologia planar e das ligações (conexões) aderentes.

Embora solicitada após a de Kirby, a patente de Noyce foi concedida primeiro, em 1961 (a patente de Kilby foi concedida em 1964). Essa discrepância nas datas e a semelhança nas invenções resultaram em uma controvérsia considerável sobre quem realmente foi o inventor do CI. A questão foi disputada em ações na justiça que chegaram à Suprema Corte dos Estados Unidos. A alta corte se recusou a tratar da matéria, mantendo uma decisão de primeira instância que favorecia várias das reivindicações de Noyce. O resultado (correndo o risco de simplificar demais) é que Kilby é considerado geralmente o autor do conceito de circuito integrado monolítico, enquanto Noyce recebe os créditos pelo método de fabricá-lo.

Os primeiros CIs comerciais foram introduzidos pela Texas Instruments em março de 1960. Os primeiros circuitos integrados continham aproximadamente 10 dispositivos em um pequeno *chip* de silício – cerca de 3 mm^2. Por volta de 1966, o silício havia superado o germânio, como o material semicondutor preferido. Desde aquele ano, o Si tem sido o material predominante na miniaturização dos CIs. Desde os anos 1960, vem ocorrendo, na indústria eletrônica, uma tendência contínua para a miniaturização e maior integração de múltiplos dispositivos em um único *chip* (o progresso pode ser visto na Tabela 30.1), levando aos componentes descritos neste capítulo.

[2]Sistema em um único *chip*. (N.T.)

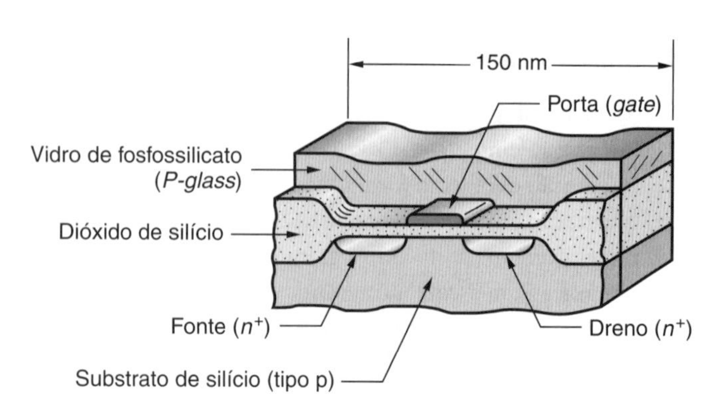

FIGURA 30.1 Seção transversal de um transistor (especificamente, um MOSFET) em um circuito integrado. O tamanho aproximado do dispositivo é o exibido na figura. As tecnologias de processamento à época da publicação estão produzindo recursos nos CIs com tamanhos de até 22 nm.

30.1 Visão Geral do Processamento de CIs

Estruturalmente, um circuito integrado consiste em centenas, milhares, milhões ou bilhões de dispositivos eletrônicos microscópicos fabricados e eletricamente interligados dentro da superfície de um *chip* de silício. Um ***chip***, também chamado ***die***, é uma placa plana, quadrada ou retangular, com aproximadamente 0,5 mm de espessura e tipicamente 5 a 25 mm de lado. Cada dispositivo eletrônico (isto é, transistor, diodo etc.) na superfície do *chip* consiste em camadas e regiões separadas com propriedades eletrônicas diferentes combinadas para desempenhar a função eletrônica específica do dispositivo. A seção transversal típica de um dispositivo MOSFET[3] é ilustrada na Figura 30.1. O tamanho aproximado do dispositivo é exibido, mas as dimensões dos elementos dentro dele são menores. A tecnologia atual permite dimensões mínimas de elementos como 32 nm, e em poucos anos serão alcançados elementos de 22 nm. Os dispositivos são eletricamente conectados uns aos outros por linhas muito finas de material condutor, de modo que os dispositivos interconectados (ou seja, o circuito integrado) funcionem da maneira especificada. Linhas e almofadas (*pads*) condutoras também são fornecidas para conectar eletricamente o CI aos terminais metálicos (pinos), o que por sua vez permite que o CI seja conectado a circuitos externos. O MOSFET é a tecnologia de dispositivo mais importante para a integração em escala ultragrande [15].

Para conectar o CI ao mundo exterior e protegê-lo de danos, o *chip* é preso a uma moldura de terminais e encapsulado dentro de um encapsulamento adequado, como na Figura 30.2. O encapsulamento é um compartimento, feito geralmente de plástico ou

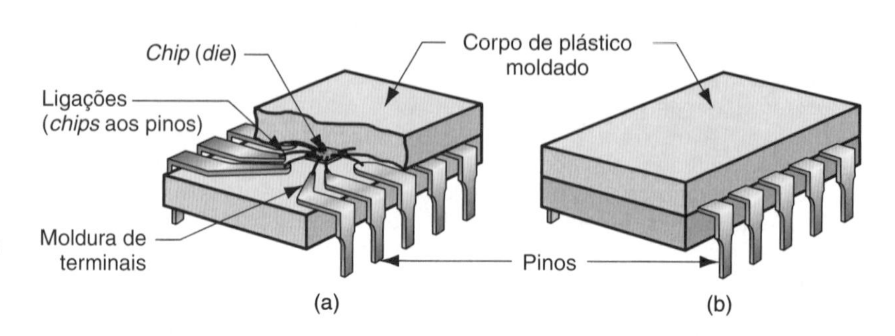

FIGURA 30.2 Encapsulamento de um *chip* de circuito integrado: (a) vista em corte exibindo o *chip* preso a uma moldura de terminais (*lead frame*) e encapsulado em um compartimento plástico, e (b) o encapsulamento como apareceria para um usuário. Esse tipo de encapsulamento se chama *dual in-line package* (DIP, ou pacote duplo em linha).

[3]MOSFET significa Transistor de Efeito de Campo de Semicondutor de Óxido Metálico (do inglês, *Metal-Oxide-Semiconductor Field-Effect Transistor*). Um transistor é um dispositivo semicondutor capaz de realizar várias funções, como amplificar, controlar ou gerar sinais elétricos. Um transistor de efeito de campo é aquele em que a corrente flui entre a fonte e as regiões de dreno através de um canal, com o fluxo dependendo da aplicação da tensão elétrica à porta (*gate*) do canal. Um transistor de efeito de campo (FET) de semicondutor de óxido metálico usa dióxido de silício para separar a metalização do canal e da porta.

cerâmica, que proporciona proteção mecânica e ambiental para o *chip* e inclui pinos por meio dos quais o CI pode ser conectado eletricamente aos circuitos externos. Os pinos são acoplados às almofadas condutoras no *chip* que acessam o CI.

30.1.1 SEQUÊNCIA DE PROCESSAMENTO

A sequência para fabricar um *chip* de CI à base de silício começa com o processamento do silício. Resumidamente, o silício de pureza muito alta é reduzido em várias etapas a partir da areia (dióxido de silício, SiO_2). O silício é produzido a partir de uma massa fundida em um grande lingote sólido de monocristal, com comprimento típico de 1 a 3 m e diâmetro de até 450 mm. O lingote, chamado de ***boule***, é fatiado em *wafers* (bolachas) finos, que são discos de espessura igual a 0,5 mm, aproximadamente.

Após o acabamento e limpeza adequados, os *wafers* estão prontos para a sequência de processos, pela qual as características microscópicas de vários produtos químicos serão criadas em sua superfície para formar os dispositivos eletrônicos e suas interconexões. A sequência consiste em vários tipos de processos, a maioria deles repetida muitas vezes. Pode ser necessário um total de 200 ou mais etapas de processamento para produzir um CI moderno. Basicamente, o objetivo na sequência é adicionar, alterar ou remover uma camada de material em regiões selecionadas da superfície do *wafer*. As etapas de formação de camadas na fabricação de CIs às vezes são chamadas de ***processos planares***, pois o processamento se baseia no fato de que a forma geométrica do *wafer* de silício é um plano. Os processos pelos quais as camadas são adicionadas incluem técnicas de deposição de filme fino, como a deposição física de vapor e a deposição química de vapor (Seção 24.5) e as camadas existentes são alteradas pela difusão e implantação iônica (Seção 24.2). Outras técnicas de formação de camadas, como a oxidação térmica, também são empregadas. As camadas são removidas em regiões selecionadas pela decapagem usando corrosivos químicos (normalmente soluções ácidas) e outras tecnologias mais avançadas, como a decapagem por plasma.

A adição, alteração e remoção de camadas devem ser feitas seletivamente; ou seja, somente em certas regiões extremamente pequenas da superfície do *wafer* para criar os detalhes do dispositivo, como na Figura 30.1. Para distinguir quais regiões serão afetadas em cada etapa de processamento, utiliza-se um procedimento envolvendo ***litografia***. Nessa técnica, formam-se máscaras na superfície para proteger certas áreas e permitir que outras fiquem expostas a processos particulares (por exemplo, deposição de filme, decapagem). Repetindo essas etapas muitas vezes, expondo diferentes áreas em cada etapa, o *wafer* de silício inicial é transformado gradualmente em muitos circuitos integrados.

O processamento do *wafer* é organizado de tal maneira que se formam muitas superfícies de *chip* em um único *wafer*. Como o *wafer* é redondo, com diâmetros variando de 150 a 450 mm, ao passo que o *chip* final pode ter apenas 12 mm^2, é possível produzir centenas de *chips* em um único *wafer*. Na conclusão do processamento planar, cada CI no *wafer* é testado visualmente e funcionalmente; o *wafer* é cortado em *chips* individuais, e cada *chip* que passa pelo teste de qualidade é encapsulado, como na Figura 30.2.

Resumindo a discussão anterior, a produção de circuitos integrados à base de silício consiste nos seguintes estágios, retratados na Figura 30.3: (1) ***Processamento do silício***, no qual a areia é reduzida a silício muito puro e depois conformada em *wafers*; (2) ***fabricação do CI***, consistindo em múltiplas etapas de processamento que adicionam, alteram e removem finas camadas em regiões selecionadas para formar os dispositivos eletrônicos; a litografia é utilizada para definir as regiões a serem processadas na superfície do *wafer*; e (3) ***encapsulamento do CI***, no qual o *wafer* é testado, cortado em *dies* (*chips* de CI), e os *dies* são encapsulados em um encapsulamento adequado. As seções subsequentes do capítulo se concentram nos detalhes desses estágios de processamento. Antes de começar a abordagem dos detalhes do processamento, é importante observar que as dimensões microscópicas dos dispositivos nos circuitos integrados impõem requisitos especiais sobre o ambiente em que é feita a fabricação do CI.

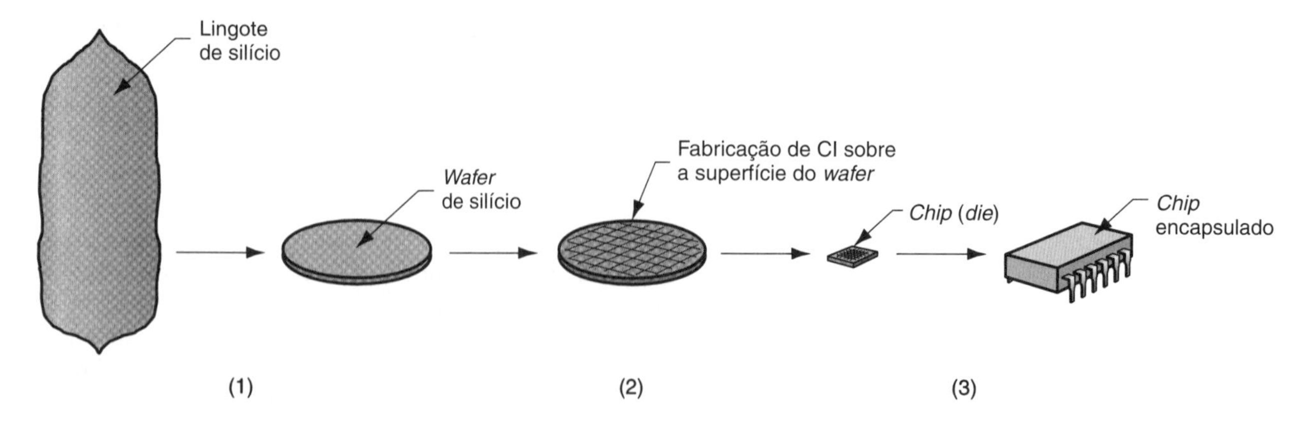

FIGURA 30.3 Sequência de etapas de processamento na produção de circuitos integrados: (1) o silício puro é formado a partir do estado fundido em um lingote e depois fatiado em *wafers*; (2) fabricação de circuitos integrados na superfície do *wafer*; e (3) o *wafer* é cortado em *chips* e encapsulado.

30.1.2 SALAS LIMPAS (*CLEAN ROOMS*)

Grande parte da sequência de processamento dos circuitos integrados deve ser executada em uma sala limpa, cuja ambientação é mais parecida com a da sala de cirurgia de um hospital do que com um ambiente fabril. A limpeza é ditada pelos tamanhos microscópicos dos elementos em um CI, cuja escala continua a diminuir a cada ano que passa. A Figura 30.4 mostra a tendência no tamanho dos elementos do dispositivo CI; também são exibidas as partículas comuns transportadas pelo ar, que são possíveis contaminantes no processamento do CI. Essas partículas podem provocar defeitos nos circuitos integrados, reduzindo o rendimento e aumentando o custo.

Uma sala limpa proporciona proteção contra esses contaminantes. O ar é purificado para remover a maior parte das partículas do ambiente de processamento; a temperatura e a umidade também são controladas. A sala limpa é climatizada a uma temperatura de 21 °C e 45 % de umidade relativa. O ar passa por um filtro particulado de alta eficiência (HEPA, do inglês *high-efficiency particulate air*) para capturar as partículas contaminantes. Vários sistemas de classificação são utilizados para especificar a limpeza de uma sala limpa. O sistema ISO é descrito aqui. Utilizamos um número para indicar a quantidade de partículas de 0,5 μm, ou mais, em 1 m^3 de ar. Por exemplo, uma sala limpa ISO classe 5 é necessária para manter uma contagem de partículas de 0,5 μm de tamanho, ou mais, em um nível inferior a 3520 partículas por metro cúbico. O processamento VLSI, moderno, requer salas limpas ISO classe 4, significando que o número de partículas de tamanho igual, ou maior que 0,5 μm, é menor do que 352/m^3. A título de comparação, o ar exterior em uma atmosfera urbana típica contém 35.000.000 de partículas por metro cúbico, de tamanho igual ou maior que 0,5 μm [18].

Os seres humanos são a maior fonte de contaminantes no processamento de CI; dos humanos emanam as bactérias, a fumaça de cigarro, os vírus, os pelos, e outras partículas. Os trabalhadores humanos nas áreas de processamento de CI devem utilizar vestimentas especiais, que consistem geralmente em aventais brancos, luvas e redes de cabelo. Nos locais em que a limpeza extrema é necessária, os funcionários ficam completamente envolvidos em roupas de sala limpa. O equipamento de processamento é uma segunda fonte importante de contaminantes; as máquinas (ou equipamentos) produzem partículas de desgaste, óleo, poeira e contaminantes similares. O processamento de CI é feito geralmente em áreas de trabalho com exaustores de escoamento laminar; essas áreas podem ser purificadas em níveis de limpeza mais elevados do que o ambiente geral da sala limpa.

Além da atmosfera muito pura proporcionada pela sala limpa, os produtos químicos e a água utilizada no processamento de CI devem ser limpos e isentos de partículas. A prática moderna exige que os produtos químicos e a água sejam filtrados antes de sua utilização.

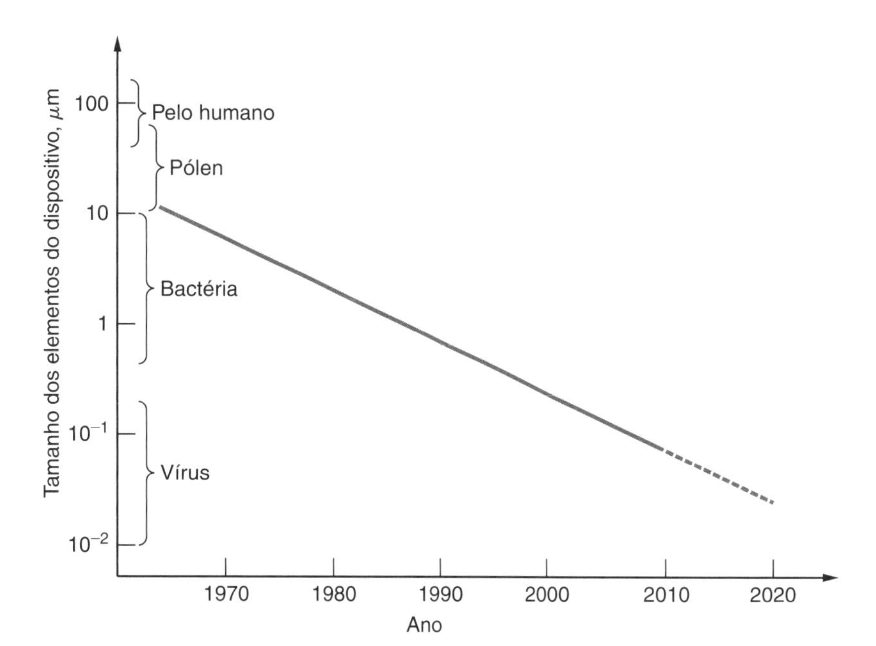

FIGURA 30.4 Tendência no tamanho dos elementos do dispositivo na fabricação de CIs; exibido também o tamanho das partículas comuns transportadas pelo ar que podem contaminar o ambiente de processamento. Tamanhos mínimos dos elementos para CIs do tipo lógico devem ser de, aproximadamente, 13 nm no ano de 2016 [10].

30.2 Processamento do Silício

Os *chips* microeletrônicos são fabricados em um substrato de material semicondutor. O silício (Si) é o principal material semicondutor atual, constituindo mais de 95 % de todos os dispositivos semicondutores produzidos no mundo. A discussão neste tratamento introdutório se limita ao Si. A preparação do substrato de silício pode ser dividida em três etapas: (1) produção do silício de grau eletrônico, (2) crescimento do cristal e (3) conformação do Si em *wafers*.

30.2.1 PRODUÇÃO DE SILÍCIO DE GRAU ELETRÔNICO

O silício é um dos materiais mais abundantes na crosta terrestre, ocorrendo naturalmente como sílica (por exemplo, areia) e silicatos (por exemplo, argila). O silício de grau eletrônico (EGS, do inglês *electronic grade silicon*) é um silício policristalino de pureza ultraelevada – tão puro que as impurezas estão na faixa de partes por bilhão (ppb). Elas não podem ser medidas pelas técnicas laboratoriais químicas convencionais, mas devem ser inferidas a partir das medições da resistividade em lingotes de teste. A redução do composto de Si de ocorrência natural para EGS envolve algumas etapas de processamento.

A primeira etapa é executada em forno elétrico a arco submerso. A principal matéria-prima para o silício é o ***quartzito***, que é o SiO_2 muito puro. A carga também inclui carvão, coque e cavacos de madeira como fontes de carbono para várias reações químicas que ocorrem no forno. O produto líquido consiste em silício de grau metalúrgico (MGS, do inglês *metallurgical grade silicon*) e nos gases SiO e CO. O MGS é apenas 98 % Si, que é adequado para as ligas metalúrgicas, mas não para os componentes eletrônicos. As principais impurezas (os restantes 2 % do MGS) incluem alumínio, cálcio, carbono, ferro e titânio.

A segunda etapa envolve moer o frágil MGS e reagir os pós de Si com HCl anídrico para formar triclorossilano:

$$Si + 3HCl\ (\text{gás}) \rightarrow SiHCl_3\ (\text{gás}) + H_2\ (\text{gás}) \qquad (30.1)$$

A reação é realizada em um reator de leito fluidizado em temperaturas de aproximadamente 300 °C. O triclorossilano ($SiHCl_3$), embora exibido como um gás na Equação (30.1), é um líquido à temperatura ambiente. Seu baixo ponto de ebulição de 32 °C permite que seja separado das impurezas restantes do MGS pela destilação fracionada.

A etapa final no processo é a redução do triclorossilano purificado por meio de gás hidrogênio. O processo é executado a temperaturas de até 1000 °C, e uma equação simplificada da reação pode ser escrita da seguinte forma:

$$SiHCl_3\ (gás) + H_2\ (gás) \rightarrow Si + 3HCl\ (gás) \qquad (30.2)$$

O produto dessa reação é o silício de grau eletrônico – Si quase 100 % puro.

30.2.2 CRESCIMENTO DE CRISTAL

O substrato de silício para os *chips* microeletrônicos deve ser feito de um monocristal cuja célula unitária é orientada em determinada direção. As propriedades do substrato e a maneira que ele é processado são influenciadas por esses requisitos. Consequentemente, o silício utilizado como matéria-prima na fabricação de dispositivos semicondutores deve ser, não só de pureza ultra-alta, como no silício de grau eletrônico; também deve ser preparado na forma de um monocristal e depois cortado em uma direção que alcance a orientação planar desejada. O processo de crescimento do cristal é descrito aqui, e a próxima seção detalha a operação de corte.

O método de crescimento de cristal mais utilizado na indústria de semicondutores é o ***processo Czochralski***, ilustrado na Figura 30.5, na qual um lingote monocristalino, chamado ***boule***, é puxado para cima de um cadinho com silício fundido.[4] A configuração inclui um forno, um sistema mecânico para puxar o cristal, um sistema de vácuo e controles de apoio. O forno consiste em um cadinho e sistema de aquecimento contido em uma câmara a vácuo. O cadinho é apoiado por um mecanismo que permite a rotação

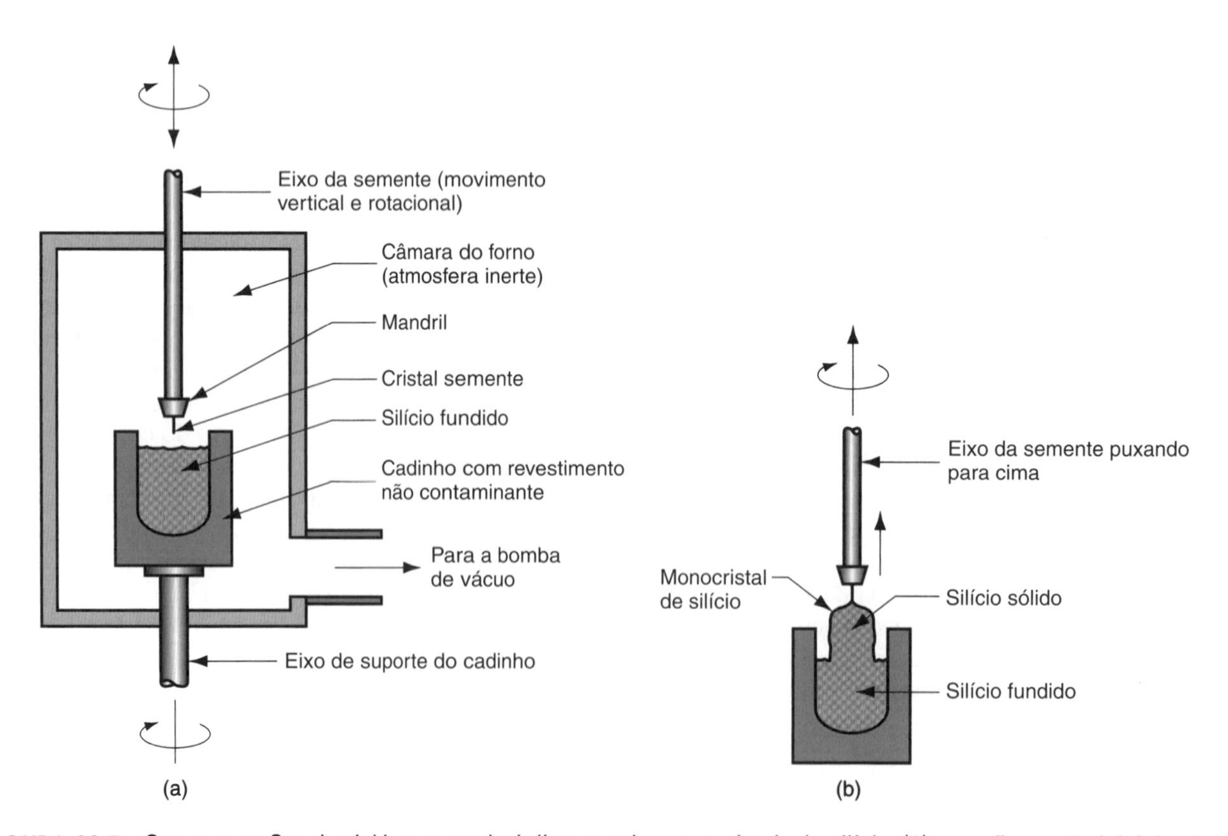

FIGURA 30.5 O processo Czochralski para produzir lingotes de monocristais de silício: (1) a configuração inicial antes do início do puxamento do cristal e (b) durante o puxamento do cristal para formar o lingote.

[4]O processo foi batizado em homenagem a J. Czochralski, um cientista polonês que o descobriu em 1916 enquanto pesquisava cristalização de metais [15].

durante o procedimento de puxamento do cristal. Pedaços de EGS são colocados no cadinho e aquecidos a uma temperatura ligeiramente superior ao ponto de fusão do silício: 1410 °C. O aquecimento é por indução ou resistência, sendo este último utilizado nas fusões maiores. O silício fundido é dopado[5] antes do início do puxamento para tornar o cristal tipo *p* ou tipo *n*.

Para iniciar o crescimento do cristal, um cristal de silício fazendo o papel de semente é mergulhado na poça de fusão e depois puxado para cima em condições cuidadosamente controladas. Primeiramente, a taxa de puxamento (velocidade vertical do sistema de puxamento) é relativamente rápida, fazendo com que um monocristal de silício se solidifique contra a semente, formando um pescoço (*neck*) fino. A velocidade é reduzida então, fazendo com que o pescoço cresça até o maior diâmetro desejado para o cristal, mantendo ao mesmo sua estrutura de monocristal. Além da taxa de puxamento, a rotação do cadinho e outros parâmetros de processo são utilizados para controlar o tamanho do cristal. Lingotes de monocristal com 450 mm de diâmetro e até 3 m de comprimento podem ser produzidos para a fabricação subsequente de *chips* microeletrônicos.

É importante evitar a contaminação do silício durante o crescimento do cristal, pois os contaminantes, mesmo em pequenas quantidades, podem alterar drasticamente as propriedades elétricas do Si. Para minimizar as reações indesejadas com o silício e a introdução de contaminantes nas temperaturas elevadas do crescimento do cristal, o procedimento é executado em um gás inerte (argônio ou hélio) ou sob vácuo. A escolha do material do cadinho também é importante; a sílica fundida (SiO_2), embora não seja perfeita para a aplicação, representa o melhor material disponível e é utilizada quase exclusivamente. A dissolução gradual do cadinho introduz oxigênio e impurezas indesejadas no lingote de silício. Infelizmente, o nível de oxigênio na fusão aumenta durante o processo, levando a uma variação na concentração da impureza em todo o comprimento e diâmetro do lingote.

30.2.3 MODIFICAÇÃO DE FORMA DO SILÍCIO EM WAFERS

Uma série de etapas (ou passos) de processamento é utilizada para reduzir o lingote a *wafers* (bolachas) discoides finos. As etapas podem ser agrupadas da seguinte forma: (1) preparação do lingote, (2) corte do *wafer* e (3) preparação do *wafer*. Na preparação do lingote, primeiro as extremidades são cortadas, bem como as partes do lingote que não satisfazem os requisitos rigorosos de resistividade e os requisitos cristalográficos para o processamento subsequente do CI. Em seguida, uma forma de retificação cilíndrica, como mostrado na Figura 30.6(a), é utilizada para transformar o lingote em um cilindro mais perfeito, pois o processo de crescimento do cristal não consegue alcançar controle suficiente sobre o diâmetro e a circularidade. Uma ou mais superfícies planas são retificadas ao longo do comprimento do lingote, como na Figura 30.6(b). Após os *wafers* terem sido cortados do lingote, esses planos servem para: (1) identificação, (2) orientação dos CIs em relação à estrutura do cristal e (3) localização mecânica durante o processamento.

Agora o lingote está pronto para ser fatiado em *wafers* usando o processo de corte abrasivo, ilustrado na Figura 30.7. Uma lâmina de serra muito fina com partículas de diamante ligadas ao diâmetro interno serve como aresta de corte. O uso do diâmetro interno para corte em vez do diâmetro externo da lâmina de serra proporciona um controle melhor sobre a planeza, espessura, paralelismo e características de superfície do *wafer*. Os *wafers* são cortados em uma espessura de 0,4 a 0,7 mm, aproximadamente, dependendo do diâmetro (espessuras maiores para diâmetros maiores de *wafers*). Para cada corte de *wafer*, uma certa quantidade de silício é desperdiçada devido à largura de corte da lâmina de serra. Para minimizar a perda pelo corte, as lâminas são feitas o mais finas possível – em torno de 0,30 mm.

[5]O termo ***dopar*** (dopado, dopagem) se refere à introdução de impurezas no material semicondutor para alterar suas propriedades elétricas, transformando o semicondutor em tipo *n* (excesso de elétrons em sua estrutura) ou tipo *p* (falta de elétrons em sua estrutura).

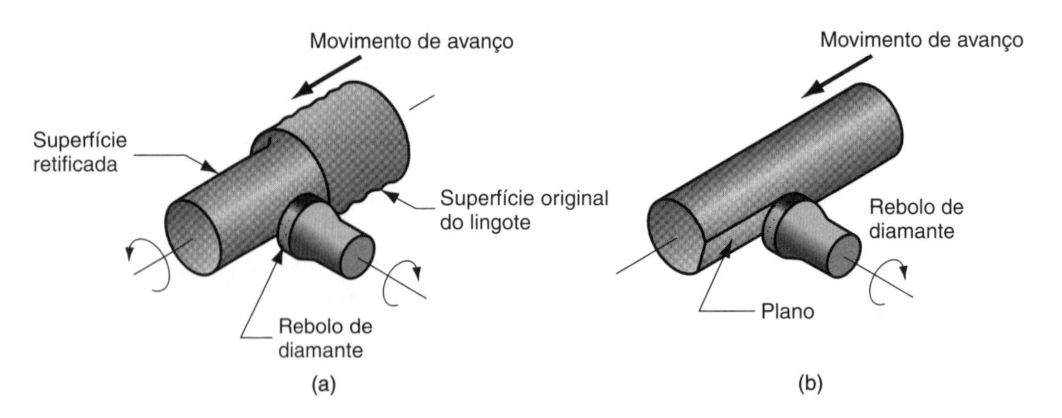

FIGURA 30.6 Operações de retificação utilizadas na fabricação do lingote de silício: (a) uma forma de retificação cilíndrica proporciona controle do diâmetro e da circularidade, e (b) retificação plana no cilindro.

Em seguida, o *wafer* deve ser preparado para os processos subsequentes e manuseio na fabricação do CI. Após o fatiamento, as bordas (extremidades) dos *wafers* são arredondadas usando uma operação de esmerilhamento de contorno, como na Figura 30.8(a). Isso reduz o lascamento (fragmentação) das bordas do *wafer* durante o manuseio e minimiza o acúmulo de soluções fotorresistivas nas bordas do *wafer*. Depois os *wafers* são corroídos quimicamente para remover o dano superficial que ocorreu durante o fatiamento. Isso é seguido por um processo de polimento que visa proporcionar superfícies muito lisas que irão aceitar os processos de litografia óptica subsequentes. A etapa de polimento, vista na Figura 30.8(b), usa uma lama (pasta semifluida) de partículas muito finas de sílica (SiO_2) em uma solução aquosa de hidróxido de sódio (NaOH). O NaOH oxida a superfície do *wafer* de Si, e as partículas abrasivas removem as camadas superficiais oxidadas – aproximadamente 0,025 mm é removido de cada lado durante o polimento. Finalmente, o *wafer* é limpo quimicamente para remover resíduos e filmes orgânicos.

Interessa saber quantos *chips* de CI podem ser fabricados em um *wafer* de determinado tamanho. O número depende do tamanho do *chip* em relação ao tamanho do *wafer*. Supondo que os *chips* são quadrados, a seguinte equação pode ser utilizada para estimar o número de *chips* no *wafer*:

$$n_c = 0{,}34\left(\frac{D_w}{L_c}\right)^{2{,}25} \tag{30.3}$$

em que n_c é o número estimado de *chips* no *wafer*; D_w = diâmetro da área processável do *wafer*, supostamente circular, mm; e L_c = dimensão lateral do *chip*, presumidamente quadrado, mm. O diâmetro da área processável do *wafer* será ligeiramente menor que o diâmetro externo do *wafer*. O número real de *chips* no *wafer* pode ser diferente do valor fornecido pela Equação (30.3), dependendo da maneira como os *chips* estão dispostos no *wafer*.

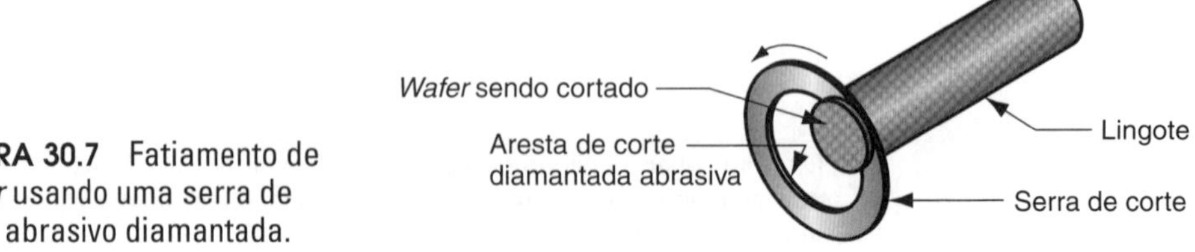

FIGURA 30.7 Fatiamento de *wafer* usando uma serra de corte abrasivo diamantada.

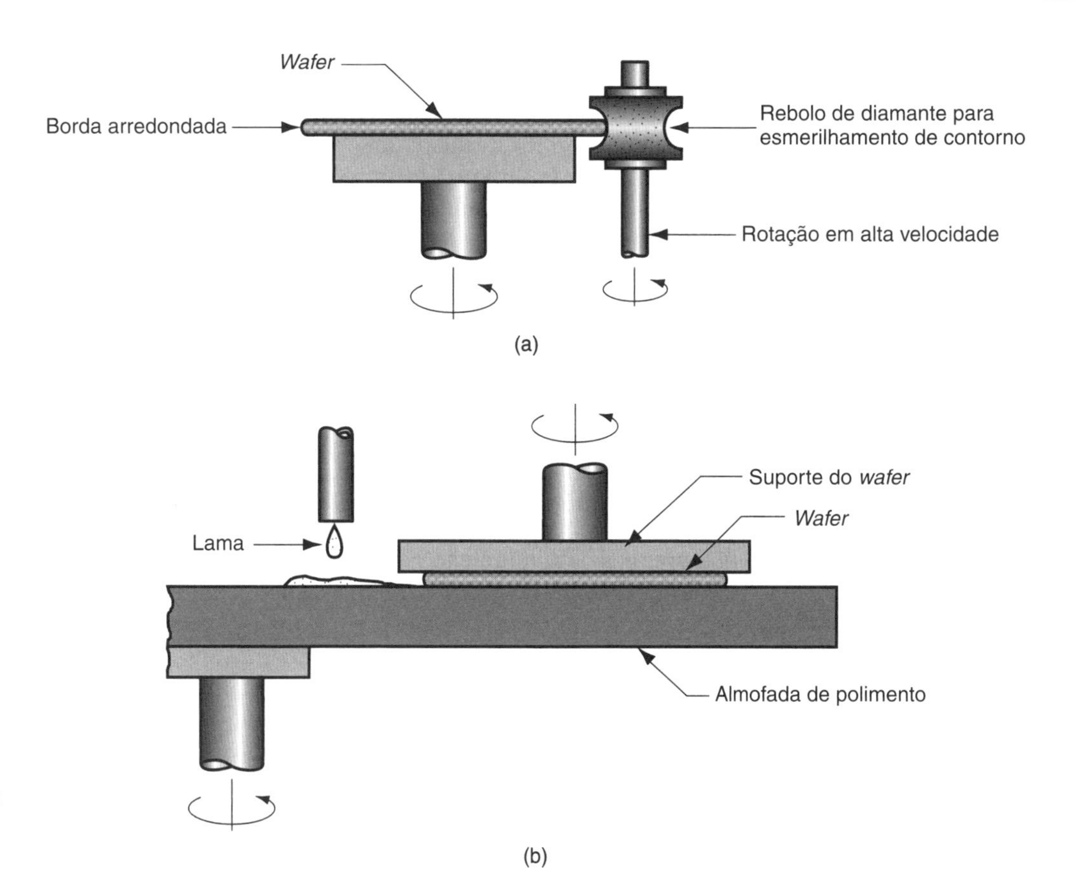

FIGURA 30.8 Duas das etapas na preparação do *wafer*: (a) esmerilhamento do contorno para arredondar a borda do *wafer* e (b) polimento da superfície.

Exemplo 30.1 Número de *chips* no *wafer*

Um *wafer* de silício de 200 mm de diâmetro tem uma área processável cujo diâmetro = 190 mm. Os *chips* de CI a serem fabricados na superfície do *wafer* são quadrados, com 18 mm de lado. Quantos *chips* de CI podem ser colocados no *wafer*?

Solução: $n_c = 0{,}34\left(\frac{190}{18}\right)^{2{,}25} = 0{,}34(10{,}56)^{2{,}25} = 68{,}3$ arredondar para **68 chips**.

30.3 Litografia

Um CI consiste em muitas regiões microscópicas na superfície do *wafer* que compõem os transistores, outros dispositivos e interconexões no projeto do circuito. No processo planar, as regiões são fabricadas por uma sequência de etapas que adicionam, alteram ou removem camadas em áreas selecionadas da superfície. A forma de cada camada é determinada por um padrão geométrico, representando as informações de projeto do circuito, que é transferido para a superfície do *wafer* por um procedimento conhecido como litografia – basicamente o mesmo procedimento utilizado pelos artistas e impressoras durante séculos.

Várias tecnologias litográficas são utilizadas no processamento de semicondutores: (1) litografia óptica, também conhecida como ***fotolitografia***, (2) litografia por feixe de elétrons, (3) litografia por raios X e (4) litografia por feixe de íons. Como seus nomes indicam, as diferenças estão no tipo de radiação utilizada para transferir o padrão da máscara para a superfície ao expor o fotorresiste. A técnica tradicional é a litografia óptica, e a maior parte da discussão será direcionada para esse tópico.

30.3.1 LITOGRAFIA ÓPTICA

A litografia óptica usa radiação luminosa para expor um revestimento fotorresistivo na superfície do *wafer* de silício; uma máscara contendo o padrão geométrico necessário para cada camada separa a fonte de luz do *wafer*, de modo que apenas as porções do fotorresiste não bloqueadas pela máscara sejam expostas. A ***máscara*** consiste em uma placa plana, de vidro transparente, sobre a qual foi depositado um filme fino de uma substância opaca em certas áreas para formar o padrão desejado. A espessura da placa de vidro é aproximadamente 2 mm, ao passo que o filme depositado tem apenas alguns micrômetros de espessura – em alguns materiais de filme, menos de um μm. A própria máscara é fabricada por litografia, com o padrão se baseando nos dados de projeto do circuito, normalmente na forma de saída digital do sistema CAD utilizado pelo projetista do circuito.

Fotorresistes (Resistes) Um fotorresiste é um polímero orgânico, sensível à radiação luminosa em certo intervalo de comprimentos de onda; as causas da sensibilidade são um aumento ou diminuição na solubilidade do polímero a certas substâncias químicas. A prática comum no processamento de semicondutores é usar substâncias fotorresistivas sensíveis à luz ultravioleta (UV). A luz UV tem um comprimento de onda curto em comparação com a luz visível, permitindo imagens mais nítidas dos detalhes microscópicos dos circuitos na superfície do *wafer*. Ela também permite que as áreas de fabricação e de fotorresiste na fábrica sejam menos iluminadas, ficando acima da banda UV.

Existem dois tipos de fotorresistes: positivo e negativo. Um ***resiste positivo*** se torna mais solúvel nas soluções de revelação após a exposição à luz. Um ***resiste negativo*** se torna menos solúvel (o polímero faz ligações cruzadas e endurece) quando exposto à luz. A Figura 30.9 ilustra a operação dos dois tipos de resistes. Os resistes negativos têm mais adesão ao SiO_2 e às superfícies metálicas, além de boa resistência à corrosão. No entanto, os resistes positivos alcançam uma resolução melhor, tornando-se, portanto, a técnica mais utilizada, à medida que os tamanhos dos elementos do CI ficaram cada vez menores.

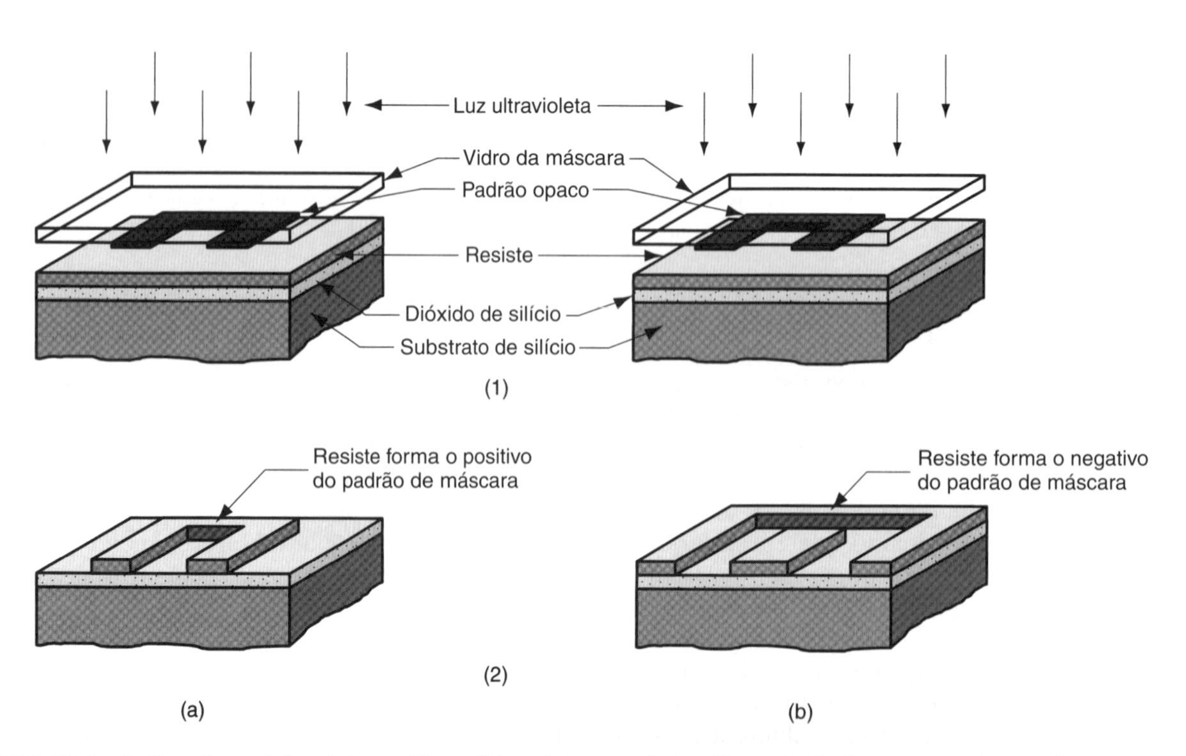

FIGURA 30.9 Aplicação de (a) resiste positivo e (b) resiste negativo na litografia óptica; para ambos os tipos, a sequência mostra: (1) exposição por meio da máscara e (2) resiste remanescente após a revelação.

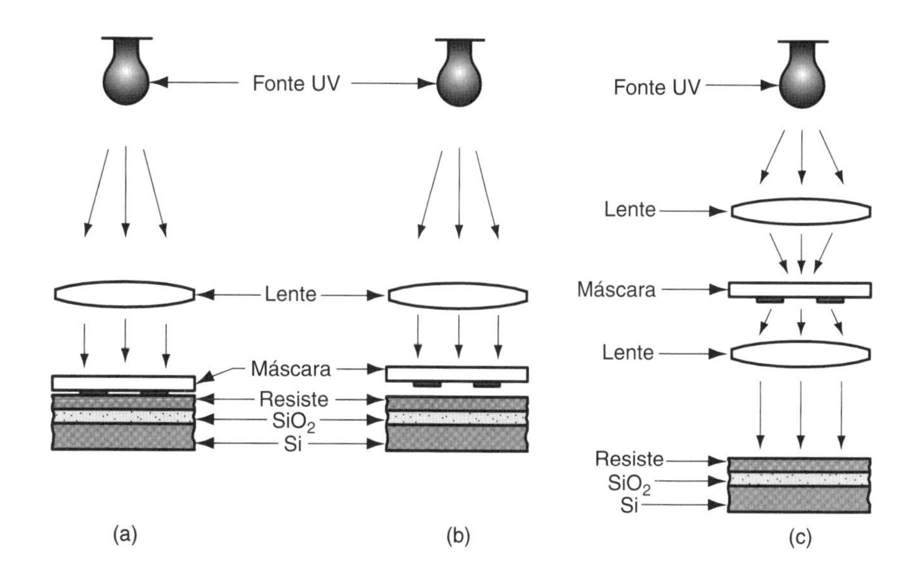

FIGURA 30.10 Técnicas de exposição da litografia óptica: (a) impressão por contato, (b) impressão por proximidade e (c) impressão por projeção.

Técnicas de Exposição Os resistes são expostos por meio da máscara por uma de três técnicas de exposição: (a) impressão por contato, (b) impressão por proximidade e (c) impressão por projeção, ilustradas na Figura 30.10. Na ***impressão por contato***, a máscara é pressionada contra o revestimento fotorresistivo durante a exposição. Isso resulta na alta resolução do padrão na superfície do *wafer*; uma desvantagem importante é que o contato físico com os *wafers* desgasta gradualmente a máscara. Na ***impressão por proximidade***, a máscara é separada do revestimento fotorresistivo por uma distância de 10 a 25 μm. Isso elimina o desgaste da máscara, mas a resolução da imagem é ligeiramente menor. A ***impressão por projeção*** envolve o uso de um sistema de lente de alta qualidade (ou espelho) para projetar a imagem por meio da máscara na superfície do *wafer*. Essa técnica se tornou a preferida, porque não envolve contato (portanto, nenhum desgaste da máscara), e o padrão da máscara pode ser reduzido por meio da projeção óptica para obter alta resolução.

Sequência de Processamento na Litografia Óptica Uma sequência de processamento típica começa com a superfície do silício tendo sido oxidada para formar um filme fino de SiO_2 no *wafer*. É desejável remover o filme de SiO_2 em certas regiões, como definido pelo padrão de máscara. A sequência de um resiste positivo procede do seguinte modo, conforme mostra a Figura 30.11. (1) ***Preparar a superfície***. O *wafer* é

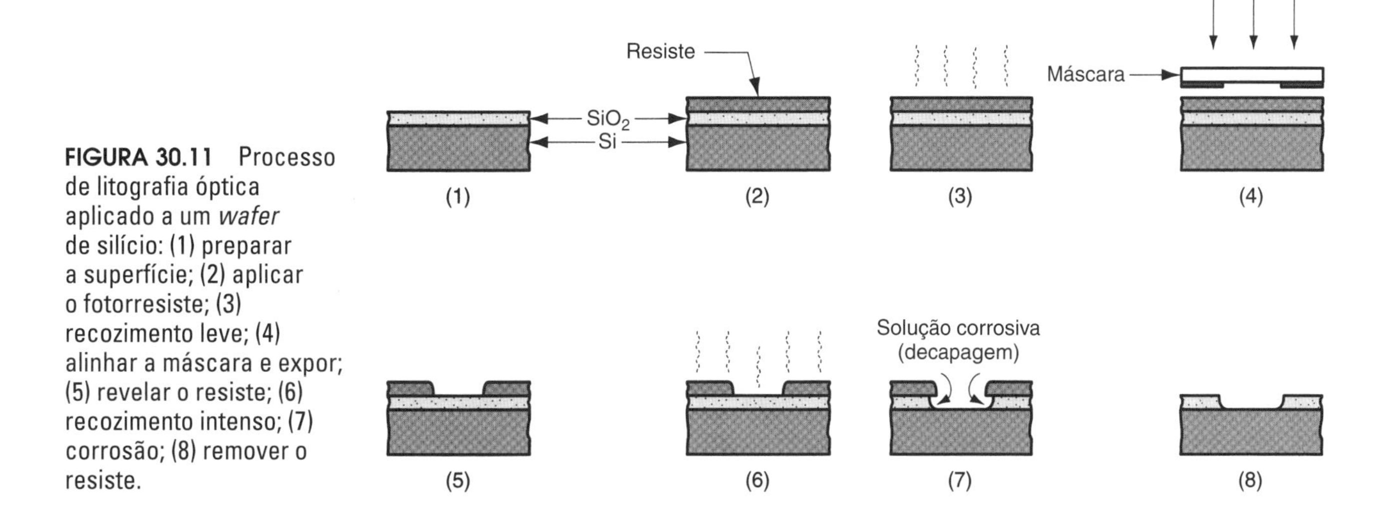

FIGURA 30.11 Processo de litografia óptica aplicado a um *wafer* de silício: (1) preparar a superfície; (2) aplicar o fotorresiste; (3) recozimento leve; (4) alinhar a máscara e expor; (5) revelar o resiste; (6) recozimento intenso; (7) corrosão; (8) remover o resiste.

limpo adequadamente para promover a molhagem e adesão do resiste. (2) ***Aplicar o material fotorresistivo***. No processamento de semicondutores, os fotorresistes são aplicados alimentando uma quantidade medida de material fotorresistivo líquido no centro do *wafer* e depois girando esse *wafer* para espalhar o líquido e alcançar uma espessura de revestimento uniforme. A espessura desejada é de aproximadamente 1 μm, que produz boa resolução e ainda minimiza os defeitos, como, por exemplo, pequenos furos. (3) ***Recozimento leve***. O propósito desse recozimento pré-exposição é remover solventes, promover a adesão e endurecer o material fotorresistivo. As temperaturas típicas do recozimento leve giram em torno de 90 °C, por 10 a 20 minutos. (4) ***Alinhar a máscara e expor***. A máscara de padrão é alinhada em relação ao *wafer*, e o material fotorresistivo é exposto por meio dessa máscara por um dos métodos descritos anteriormente. O alinhamento deve ser obtido com precisão muito elevada, usando equipamento óptico mecânico projetado especificamente para a finalidade. Se o *wafer* tiver sido previamente processado por litografia, de modo que o padrão já tenha se formado no *wafer*, então as máscaras subsequentes devem ser posicionadas precisamente em relação ao padrão existente. A exposição do material fotorresistivo depende da mesma regra básica da fotografia – a exposição é uma função da intensidade de luz × tempo. Uma lâmpada de arco de mercúrio ou outra fonte de luz UV é utilizada. (5) ***Revelar o material fotorresistivo***. Em seguida, o *wafer* exposto é imerso em uma solução reveladora, ou a solução é aspergida na superfície do *wafer*. Para o fotorresiste no exemplo, as áreas expostas são dissolvidas no revelador, deixando assim a superfície de SiO_2 descoberta nessas áreas. A revelação é seguida geralmente por um enxague para interrompê-la e remover as substâncias químicas residuais. (6) ***Recozimento intenso***. Essa etapa de recozimento expele os voláteis remanescentes da solução de revelação e aumenta a adesão do material fotorresistivo, especialmente nas arestas recém-criadas do filme fotorresistivo. (7) ***Corrosão***. A corrosão remove a camada de SiO_2 em regiões selecionadas em que o resiste foi removido. (8) ***Remoção do resiste***. Após a corrosão, o revestimento fotorresistivo que permanece na superfície deve ser removido. A remoção é feita usando técnicas por via úmida ou seca. A remoção por via úmida usa substâncias químicas líquidas; uma mistura de ácido sulfúrico e peróxido de hidrogênio ($H_2SO_4 - H_2O_2$) é comum. A remoção a seco usa corrosão a plasma com oxigênio como gás reativo.

Embora o exemplo descreva o uso da litografia óptica para remover um filme fino de SiO_2 de um substrato de silício, o mesmo procedimento básico é seguido por outras etapas do processamento. O propósito da litografia óptica em todas essas etapas é expor regiões específicas por baixo da camada fotorresistiva para que alguns processos possam ser executados nessas regiões expostas. No processamento de um determinado *wafer*, a litografia óptica é repetida quantas vezes forem necessárias para produzir o circuito integrado desejado, cada vez usando uma máscara diferente para definir o padrão apropriado. A Figura 30.12 mostra um *wafer* de silício que foi parcialmente processado usando litografia óptica.

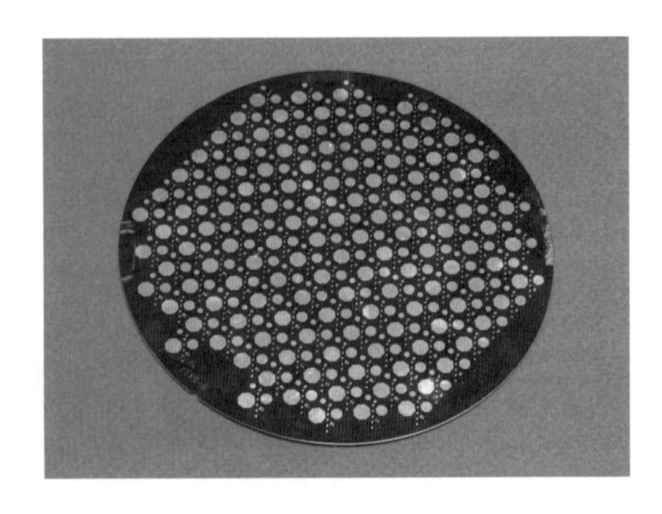

FIGURA 30.12 Um *wafer* de silício parcialmente processado após várias etapas de litografia óptica. (Cortesia de George E. Kane Manufacturing Technology Laboratory, Lehigh University.)

30.3.2 OUTRAS TÉCNICAS DE LITOGRAFIA

À medida que o tamanho dos elementos nos circuitos integrados continua a diminuir e a litografia óptica convencional por UV se torna cada vez mais inadequada, outras técnicas de litografia que oferecem resolução mais elevada estão se tornando mais importantes. Essas técnicas são a litografia por ultravioleta extremo, litografia por feixe de elétrons, litografia por raios X e litografia por feixe de íons. Os parágrafos a seguir fornecem descrições resumidas dessas alternativas. Para cada técnica, são necessários materiais fotorresistivos especiais para reagir com o tipo particular de radiação.

A ***litografia de ultravioleta extremo*** (EUV, do inglês *extreme ultraviolet*) representa um refinamento da litografia por UV convencional por meio do uso de comprimentos de onda mais curtos durante a exposição. O espectro do comprimento de onda do ultravioleta varia de aproximadamente 10 nm a 380 nm (nm = nanômetro = 10^{-9} m), cujo limite superior é próximo do espectro de luz visível (comprimentos de onda de ~ 400-700 nm). A EUV usa comprimentos de onda na faixa de 10 nm a 14 nm, o que permite que o tamanho do elemento (recurso) de um circuito integrado seja reduzido para aproximadamente 0,05 μm (50 nm) [15]. Isso se compara com cerca de 0,1 μm (100 nm) usando a exposição UV convencional.

Comparada com a litografia por UV e EUV, a ***litografia por feixe de elétrons*** praticamente elimina a difração durante a exposição do material fotorresistivo, permitindo com isso uma maior resolução da imagem. Outra possível vantagem é que um feixe de elétrons pode ser direcionado para expor apenas certas regiões da superfície do *wafer*, eliminando assim a necessidade de uma máscara. Infelizmente, os sistemas de feixe de elétrons de alta qualidade são caros. Além disso, em virtude da natureza sequencial demorada do método de exposição, as taxas de produção são baixas em comparação com as técnicas de máscara da fotolitografia. Consequentemente, o uso da litografia por feixe de elétrons tende a ser limitado à produção de pequenas quantidades. As técnicas de feixe de elétrons são amplamente utilizadas para criar as máscaras na litografia UV.

A ***litografia por raios X*** vem sendo desenvolvida desde 1972, aproximadamente. Assim como na litografia por feixe de elétrons, os comprimentos de onda dos raios X são muito menores que os da luz UV (o comprimento de onda dos raios X varia de 0,005 nm a várias dezenas de nm, sobrepondo-se ao limite inferior do espectro UV). Desse modo, eles são promissores quanto a imagens mais nítidas durante a exposição do material fotorresistivo. É difícil focar os raios X durante a litografia. Consequentemente, deve ser empregada a impressão por contato ou proximidade, e uma pequena fonte de raios X deve ser utilizada a uma distância relativamente grande da superfície do *wafer* para alcançar boa resolução de imagem por meio da máscara.

A ***litografia por feixe de íons*** se divide em duas categorias: (1) sistemas de feixe de íons focado, cuja operação é semelhante a um sistema de varredura por feixe de elétrons e evita a necessidade de uma máscara; e (2) sistemas de feixe de íons mascarado, que expõe o material fotorresistivo por meio de uma máscara pela impressão por proximidade. Assim como nos sistemas de feixe de elétrons e raios X, a litografia por íons produz uma imagem de resolução superior à da litografia óptica por UV convencional.

30.4 Processos com Camadas Utilizados na Fabricação de CI

As etapas necessárias para produzir um circuito integrado consistem em processos químicos e físicos que adicionam, alteram ou removem regiões no *wafer* de silício, as quais foram definidas pela litografia óptica. Essas regiões constituem as áreas isolante, semicondutora e condutora que formam os dispositivos e suas interconexões nos circuitos integrados. As camadas são fabricadas uma de cada vez, passo a passo, com cada camada tendo uma configuração diferente, e cada uma delas necessitando de uma máscara diferente, até que todos os detalhes microscópicos dos dispositivos eletrônicos e as trilhas condutoras tenham sido construídas na superfície do *wafer*.

Esta seção considera os processamentos de *wafer* utilizados para adicionar, alterar e subtrair camadas. Os processos que adicionam ou alteram camadas à superfície incluem (1) oxidação térmica, utilizada para produzir uma camada de dióxido de silício no substrato de silício; (2) deposição química de vapor, um processo versátil utilizado para aplicar vários tipos de camadas na fabricação de CIs; (3) difusão e implantação de íons, utilizadas para alterar a composição química de uma camada ou substrato existente; e (4) vários processos de metalização que adicionam camadas metálicas para promover regiões de condução elétrica no *wafer*. Finalmente, (5) vários processos de corrosão são utilizados para remover partes das camadas que foram adicionadas para alcançar os detalhes desejados do circuito integrado.

30.4.1 OXIDAÇÃO TÉRMICA

A oxidação do *wafer* de silício pode ser feita várias vezes durante a fabricação de um circuito integrado. O dióxido de silício (SiO_2) é um isolante, contrastado com as propriedades semicondutoras do Si. A facilidade com que um filme fino de SiO_2 pode ser produzido na superfície de um *wafer* de silício é uma das características atraentes do silício como um material semicondutor.

O dióxido de silício atende a uma série de funções importantes na fabricação dos CIs: (1) É utilizado como uma máscara para prevenir a difusão ou implantação iônica dos dopantes no silício. (2) É utilizado para isolar dispositivos em um circuito. (3) Proporciona isolamento elétrico entre os níveis em sistemas de metalização multiníveis.

Vários processos são utilizados para formar SiO_2 na manufatura de semicondutores, dependendo de quando deve ser adicionado o óxido durante a fabricação do *chip*. O processo mais comum é a oxidação térmica, apropriada para criar filmes de SiO_2 em substratos de silício. Na ***oxidação térmica***, o *wafer* é exposto a uma atmosfera oxidante em temperatura elevada; são utilizadas atmosferas de oxigênio ou vapor, com as seguintes reações, respectivamente:

$$Si + O_2 \rightarrow SiO_2 \tag{30.4}$$

ou

$$Si + 2H_2O \rightarrow SiO_2 + 2H_2 \tag{30.5}$$

As temperaturas típicas utilizadas na oxidação térmica do silício variam de 900 °C a 1200 °C. Filmes de óxido de espessuras previsíveis podem ser obtidos controlando a temperatura e o tempo. As equações mostram que o silício na superfície do *wafer* é consumido na reação, como mostra a Figura 30.13. Para desenvolver um filme de SiO_2 de espessura d é necessária uma camada de silício com $0{,}44d$ de espessura.

Quando um filme de dióxido de silício deve ser aplicado a superfícies diferentes do silício, então a oxidação térmica direta é inadequada. Deve ser utilizado um processo alternativo, como a deposição química de vapor.

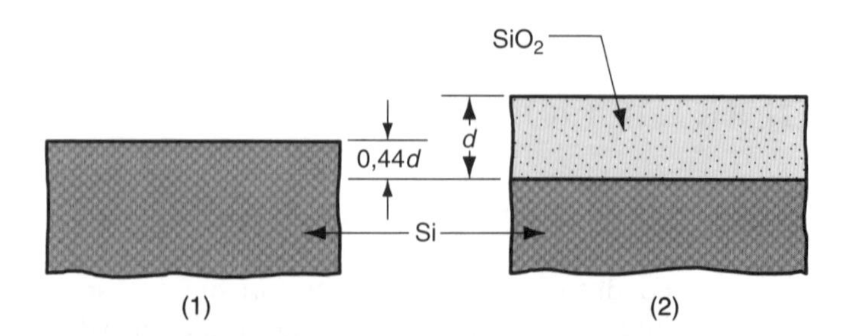

FIGURA 30.13 Crescimento do filme de SiO_2 em um substrato de silício por oxidação térmica, mostrando mudanças que ocorrem na espessura: (1) antes da oxidação e (2) após a oxidação térmica.

30.4.2 DEPOSIÇÃO QUÍMICA DE VAPOR

A deposição química de vapor (CVD, do inglês *chemical vapor deposition*) envolve o crescimento de um filme fino na superfície de um substrato aquecido por reações químicas ou decomposição de gases (Subseção 24.5.2). A CVD é amplamente utilizada no processamento de *wafers* de circuito integrado para acrescentar camadas de silício, dióxido de silício, nitreto de silício (Si_3N_4) e vários materiais de metalização (discutidos a seguir). A CVD melhorada por plasma é utilizada frequentemente porque permite que as reações ocorram em temperaturas mais baixas.

Reações CVD Típicas na Fabricação de CIs No caso do dióxido de silício, se a superfície do *wafer* for apenas silício (por exemplo, no início da fabricação do CI), então a oxidação térmica é o processo adequado para formar uma camada de SiO_2. Se a camada de óxido tiver que ser criada sobre materiais diferentes do silício, como o alumínio ou o nitreto de silício, então deve ser utilizada alguma técnica alternativa, como a CVD. A deposição química de vapor de SiO_2 é feita reagindo um composto de silício, como o silano (SiH_4), com o oxigênio sobre um substrato aquecido. A reação é executada a 425 °C, aproximadamente, e pode ser resumida como

$$SiH_4 + O_2 \rightarrow SiO_2 + 2H_2 \tag{30.6}$$

A densidade do filme de dióxido de silício e sua ligação com o substrato geralmente é mais pobre do que a obtida pela oxidação térmica. Consequentemente, a CVD é utilizada apenas quando o processo preferido não é viável; ou seja, quando a superfície do substrato não é o silício, ou quando as altas temperaturas utilizadas na oxidação térmica não podem ser toleradas. A CVD pode ser utilizada para depositar camadas de SiO_2 dopado, como o dióxido de silício dopado com fósforo (chamado de *P-glass*).

O nitreto de silício é utilizado como uma camada de mascaramento durante a oxidação do silício. O Si_3N_4 tem uma baixa taxa de oxidação, em comparação com o Si; logo, pode ser utilizada uma máscara de nitreto para prevenir a oxidação nas áreas revestidas na superfície do silício. O nitreto de silício também é utilizado como uma camada de passivação (protegendo contra a difusão de sódio e a umidade). Um processo CVD convencional para revestir um *wafer* de silício com Si_3N_4 envolve a reação do silano e da amônia (NH_3) a 750 °C, aproximadamente:

$$3SiH_4 + 4NH_3 \rightarrow Si_3N_4 + 12H_2 \tag{30.7}$$

A CVD melhorada por plasma também é utilizada basicamente para a mesma reação de revestimento, com a vantagem de que ela pode ser realizada em temperaturas muito mais baixas – em torno de 300 °C.

O silício policristalino (chamado de ***polissilício*** para distingui-lo do silício que tem uma estrutura monocristalina, como o *boule* ou o *wafer*) tem uma série de usos na fabricação de CI, incluindo [14]: material condutor para pinos, eletrodos de porta (*gate*) nos dispositivos MOS (à base de óxido semicondutor metálico), e material de contato nos dispositivos de junção superficial. A deposição química de vapor para revestir um *wafer* com polissilício envolve a redução do silano em temperaturas por volta de 600 °C:

$$SiH_4 \rightarrow Si + 2H_2 \tag{30.8}$$

Deposição Epitaxial Um processo relacionado para criar um filme em um substrato é a deposição epitaxial, na qual o filme tem uma estrutura cristalina que é uma extensão da estrutura do substrato. Se o material do filme for o mesmo do substrato (por exemplo, silício sobre silício), então sua estrutura cristalina será idêntica e ainda uma continuação do cristal do *wafer*. Duas técnicas básicas para realizar a deposição epitaxial são a epitaxia por fase vapor e a epitaxia por feixe molecular.

A ***epitaxia por fase vapor*** é a mais importante no processamento de semicondutores e se baseia na deposição química de vapor. No crescimento de silício sobre silício, o processo é feito em condições rigorosamente controladas em temperaturas mais altas que a CVD convencional do Si, usando gases reagentes diluídos para retardar o processo de modo que possa se formar uma camada epitaxial. Várias reações são possíveis, incluindo a Equação (30.8), mas o processo industrial mais utilizado envolve a redução do hidrogênio do gás tetracloreto de silício ($SiCl_4$) aproximadamente a 1200 °C:

$$SiCl_4 + 2H_2 \rightarrow Si + 4HCl \tag{30.9}$$

O ponto de fusão do silício é 1410 °C; então a reação anterior é executada em temperaturas abaixo desse ponto para o Si, o que é considerado uma vantagem para a epitaxia por fase de vapor.

A ***epitaxia por feixe molecular*** usa um processo de evaporação sob vácuo (Subseção 24.5.1), no qual o silício junto com um ou mais dopantes é vaporizado e transportado para o substrato em uma câmara a vácuo. Sua vantagem é que ela pode ser executada em temperaturas mais baixas que a CVD; as temperaturas de processamento são 400 °C a 900 °C. No entanto, o rendimento é relativamente baixo e o equipamento é caro.

30.4.3 INTRODUÇÃO DE IMPUREZAS NO SILÍCIO

A tecnologia de CI se baseia na capacidade para alterar as propriedades elétricas do silício introduzindo impurezas em regiões selecionadas na superfície. A adição de impurezas na superfície do silício se chama ***dopagem***. As regiões dopadas são utilizadas para criar junções *p-n* que formam os transistores, diodos e outros dispositivos no circuito. Uma máscara de dióxido de silício produzida por oxidação térmica e litografia óptica é utilizada para isolar as regiões do silício que devem ser dopadas. Os elementos comuns utilizados como impurezas são o boro (B), que forma regiões receptoras de elétrons no substrato de silício (regiões tipo *p*); e o fósforo (P), arsênico (As) e antimônio (Sb), que formam regiões doadoras de elétrons (regiões tipo *n*). A técnica predominante para dopar o silício com esses elementos é a implantação de íons.

Na implantação de íons (Subseção 24.2.2), os íons vaporizados do elemento de impureza são acelerados por um campo elétrico e direcionados para a superfície do substrato de silício. Os átomos penetram na superfície, perdendo energia e finalmente parando em alguma profundidade na estrutura cristalina, cuja profundidade média é determinada pela massa do íon e pela tensão elétrica de aceleração. As tensões elétricas mais elevadas produzem profundidades de penetração maiores, tipicamente várias centenas de Angstroms (1 Angstrom = 10^{-4} mm = 10^{-1} mm). As vantagens da implantação iônica são que ela pode ser obtida à temperatura ambiente e proporciona a densidade de dopagem exata.

O problema com a implantação de íons é que as colisões iônicas perturbam e danificam a estrutura cristalina. As colisões de energia muito alta podem transformar o material cristalino inicial em uma estrutura amorfa. Esse problema é solucionado pelo recozimento em temperaturas entre 500 °C e 900 °C, permitindo que a estrutura cristalina se autocorrija e volte a seu estado de cristal.

30.4.4 METALIZAÇÃO

Os materiais condutores devem ser depositados no *wafer* durante o processamento para cumprir várias funções: (1) formar certos componentes (por exemplo, portas) de dispositivos no CI; (2) proporcionar vias de condução entre os dispositivos no *chip*; e (3) conectar o *chip* a circuitos externos. Para satisfazer essas funções, os materiais condutores devem ser fabricados em padrões muito finos. O processo de fabricação desses padrões é conhecido como ***metalização***, e combina várias tecnologias de deposição de filme fino com litografia óptica. Esta seção se concentra nos materiais e processos utilizados na metalização. A conexão do *chip* com os circuitos externos envolve o encapsulamento do CI, que é descrito na Seção 30.6.

Materiais de Metalização Os materiais utilizados na metalização dos circuitos integrados a base de silício devem ter certas propriedades desejáveis, algumas das quais estão relacionadas com o funcionamento elétrico, ao passo que outras estão relacionadas com o processo de fabricação. As propriedades desejáveis de um material de metalização são [5], [14]: (1) baixa resistividade; (2) resistência de baixo contato com o silício; (3) boa adesão ao material subjacente (de base), geralmente Si ou SiO_2; (4) facilidade de deposição, compatível com a litografia óptica; (5) estabilidade química – não corrosiva, não reativa e não contaminante; (6) estabilidade física durante as temperaturas encontradas no processamento; e (7) boa estabilidade de vida (durabilidade).

Embora nenhum material satisfaça perfeitamente esses requisitos, o alumínio satisfaz a maioria deles e tem sido o material de metalização mais utilizado. Outros materiais de metalização incluem titânio, nitreto de titânio e cobre [15]. O alumínio normalmente é misturado com pequenas quantidades de (1) silício para reduzir a reatividade com o silício no substrato e (2) cobre para inibir a eletromigração dos átomos de Al ocasionada pelo fluxo de corrente quando o CI está em serviço. Outros materiais utilizados para metalização nos circuitos integrados incluem polissilício (Si); ouro (Au); metais refratários (por exemplo, W, Mo); silicetos (por exemplo, WSi_2, $MoSi_2$, $TaSi_2$); e nitretos (por exemplo, TiN, TaN e ZrN). Esses outros materiais são utilizados geralmente em aplicações tais como portas (*gates*) e contatos. O alumínio geralmente é o preferido para interconexões de dispositivos e conexões de nível superior com os circuitos externos.

Processos de Metalização Existem vários processos para obter a metalização na fabricação de CIs: deposição física de vapor, deposição química de vapor e eletrodeposição. Entre os processos PVD, a evaporação a vácuo e a pulverização catódica (*sputtering*) são aplicáveis (Subseção 24.5.1). A ***evaporação a vácuo*** pode ser aplicada na metalização do alumínio. A vaporização normalmente é obtida pelo aquecimento com resistência ou pela evaporação com feixe de elétrons. A evaporação é difícil ou impossível para depositar metais e compostos refratários. ***Sputtering*** pode ser utilizado para depositar alumínio e metais refratários, além de certos compostos metalizantes. Ele alcança uma cobertura melhor do que a da evaporação, frequentemente importante após muitos ciclos de processamento, quando o contorno da superfície fica mais irregular. No entanto, as taxas de deposição são mais baixas, e o equipamento é mais caro.

A ***deposição química de vapor*** também é aplicável como uma técnica de metalização. Suas vantagens de processamento incluem excelente cobertura e boas taxas de deposição. Os materiais adequados para a CVD incluem tungstênio, molibdênio, nitreto de titânio e a maioria dos silicetos utilizados na metalização de semicondutores. A CVD para metalização no processamento de semicondutores é menos comum que a PVD. Finalmente, a ***eletrodeposição*** (Subseção 24.3.1) é utilizada ocasionalmente na fabricação de CIs para aumentar a espessura dos filmes finos.

30.4.5 DECAPAGEM (CORROSÃO)

Todos os processos anteriores nesta seção envolvem a adição de material à superfície do *wafer*, seja na forma de um filme fino ou dopando a superfície com um elemento de impureza. Certas etapas na manufatura de CIs exigem remoção de material da superfície; isso é feito corroendo o material indesejado. A decapagem (corrosão) normalmente é feita de forma seletiva, revestindo as áreas de superfície que devem ficar protegidas e deixando outras áreas expostas para a decapagem. O revestimento pode ser um material fotorresistivo resistente à corrosão química ou pode ser uma camada previamente aplicada de material como o dióxido de silício. A decapagem foi encontrada brevemente na discussão anterior da litografia óptica. Esta seção fornece alguns dos detalhes técnicos dessa etapa na fabricação de CI.

TABELA • 30.2 Alguns reagentes químicos (ataques) comuns utilizados no processamento de semicondutores.

Material a Ser Removido	Ataque (normalmente em solução aquosa)
Alumínio (Al)	Mistura de ácido fosfórico (H_3PO_4), ácido nítrico (HNO_3) e ácido acético (CH_3COOH).
Silício (Si)	Mistura de ácido nítrico (HNO_3) e ácido fluorídrico (HF)
Dióxido de silício (SiO_2)	Ácido fluorídrico (HF)
Nitreto de silício (Si_3N_4)	Ácido fosfórico quente (H_3PO_4)

As duas categorias principais do processo de corrosão no processamento de semicondutores são a corrosão química por via úmida e a corrosão a seco por plasma.

Corrosão Química por Via Úmida A corrosão química por via úmida (decapagem úmida) envolve o uso de uma solução aquosa, normalmente um ácido, para corroer um material alvo. O reagente químico é selecionado porque ataca quimicamente o material específico a ser removido e não a camada protetora utilizada como uma máscara. Alguns dos ataques (reagentes químicos) comuns utilizados para remover materiais no processamento do *wafer* são apresentados na Tabela 30.2.

Em sua forma mais simples, o processo pode ser realizado pela imersão de *wafers* mascarados em um ataque adequado durante um tempo específico e depois transferindo esses *wafers* imediatamente para um procedimento de enxague completo para cessar a decapagem. As variáveis de processo, tais como o tempo de imersão, a concentração do reagente de ataque e a temperatura, são importantes na determinação da quantidade de material removido. Uma camada decapada adequadamente terá um perfil conforme mostrado na Figura 30.14. Repare que a reação de corrosão é ***isotrópica*** (avança igualmente em todas as direções), resultando em um corte por baixo da máscara protetora. Em geral, a corrosão química por via úmida é isotrópica, e então o padrão de máscara deve ser dimensionado para compensar esse efeito, assim como na usinagem química (Seção 22.4).

Repare também nessa ilustração que o reagente não ataca a camada abaixo do material alvo. Na situação ideal, uma solução de ataque pode ser formulada para reagir apenas com o material alvo e não com os outros materiais em contato com ele. Nas situações práticas, os outros materiais expostos ao reagente podem ser atacados, mas em um grau menor que o do material alvo. A ***seletividade corrosiva*** do ataque é a razão das taxas de ataque entre o material alvo e algum outro material, como uma máscara ou substrato. Por exemplo, a seletividade corrosiva do ácido fluorídrico para o SiO_2 em relação ao Si é infinita.

Se o controle do processo for inadequado, pode ocorrer subdecapagem ou excesso de decapagem, como na Figura 30.15. A subdecapagem, na qual a camada alvo não é completamente removida, resulta quando o tempo de decapagem é curto demais e/ou a solução de decapagem é fraca demais. O excesso de decapagem envolve a remoção de uma quantidade excessiva de material alvo, resultando na perda de definição do padrão e no possível dano à camada por baixo da camada alvo. O excesso de decapagem é ocasionado pela exposição excessiva ao decapante (reagente de ataque).

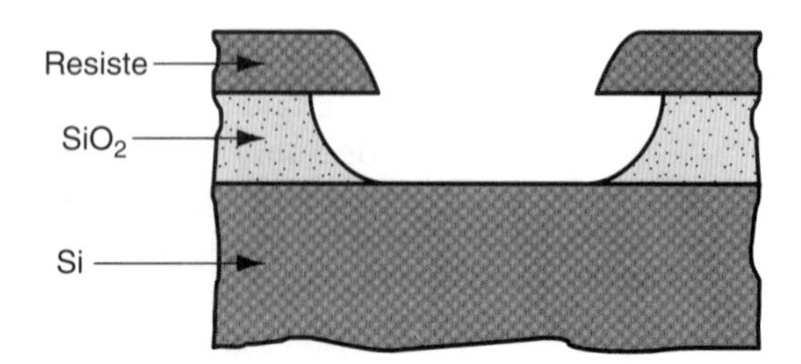

FIGURA 30.14 Perfil de uma camada decapada adequadamente.

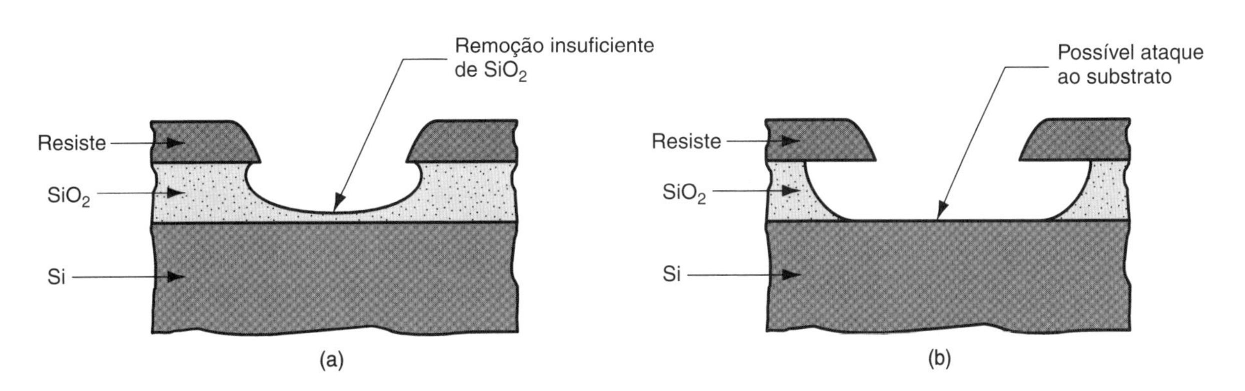

FIGURA 30.15 Dois problemas na decapagem: (a) subdecapagem e (b) excesso de decapagem.

Decapagem a Seco por Plasma Esse processo de decapagem usa um gás ionizado para decapar um material alvo. O gás ionizado é criado pela introdução de uma mistura gasosa adequada em uma câmara a vácuo e usando energia elétrica de radiofrequência (RF) para ionizar uma parte do gás, criando assim um plasma. O plasma de alta energia reage com a superfície alvo, vaporizando o material para removê-lo. Existem várias maneiras de um plasma poder ser utilizado para decapar um material; os dois processos principais na fabricação de CIs são a decapagem por plasma e a decapagem por íon reativo.

Na ***decapagem por plasma***, a função do gás ionizado é gerar átomos ou moléculas quimicamente muito reativas para que a superfície alvo seja corroída quimicamente mediante a exposição. Os decapantes por plasma normalmente se baseiam em gases de flúor ou cloro. A seletividade corrosiva geralmente é mais problemática na decapagem por plasma do que na decapagem química. Por exemplo, a seletividade corrosiva para o SiO_2 em relação ao Si em um processo típico de decapagem por plasma é 15, na melhor das hipóteses [4], comparada com infinito quando se utiliza a decapagem química.

Uma função alternativa do gás ionizado pode ser a de bombardear fisicamente o material alvo, fazendo com que os átomos sejam ejetados da superfície. Esse é o processo *sputtering*, uma das técnicas na deposição física de vapor. Quando utilizado para decapagem, o processo se chama ***decapagem por pulverização*** (***sputter etching***). Embora essa forma de decapagem tenha sido aplicada no processamento de semicondutores, é muito mais comum combinar *sputtering* com a decapagem por plasma, conforme descrito anteriormente, resultando em um processo conhecido como ***decapagem por íon reativo***. Isso produz decapagem química e física da superfície alvo.

A vantagem dos processos de decapagem por plasma em relação à corrosão química por via úmida é que eles são muito mais ***anisotrópicos***. Essa propriedade pode ser definida facilmente em referência à Figura 30.16. Em (a) é exibida uma decapagem totalmente anisotrópica; o corte inferior é zero. O grau em que um processo de decapagem é anisotrópico é definido como a razão:

$$A = \frac{d}{u} \tag{30.10}$$

em que A = grau de anisotropia; d = profundidade de decapagem, que na maioria dos casos será a espessura da camada decapada; e u = a dimensão do corte inferior, conforme ilustra a Figura 30.16(b). A corrosão química por via úmida produz normalmente valores de A em torno de 1,0, indicando decapagem anisotrópica. Na decapagem por pulverização (ou bombardeamento), o bombardeio de íons da superfície é quase perpendicular, resultando em valores de A próximos do infinito – quase totalmente anisotrópica. A decapagem por plasma e a decapagem por íon reativo têm altos graus de anisotropia, mas abaixo dos alcançados na decapagem por pulverização. À medida que o tamanho das características do CI continua a diminuir, a anisotropia se torna cada vez mais importante para alcançar as tolerâncias dimensionais necessárias.

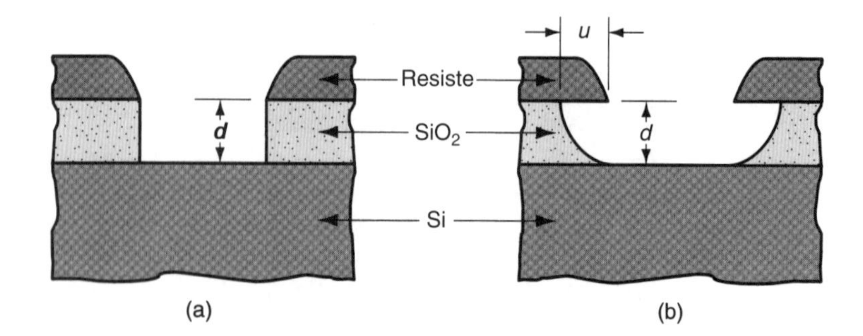

FIGURA 30.16 (a) Um decapante (ataque) totalmente anisotrópico, com $A = \infty$; e (b) um decapante (ataque) parcialmente anisotrópico, com $A =$ aproximadamente 1,3.

30.5 Integrando as Etapas de Fabricação

As Seções 30.3 e 30.4 examinaram as tecnologias de processamento individuais utilizadas na fabricação de CIs. Esta seção mostra como essas tecnologias são combinadas na sequência de etapas para produzir um circuito integrado.

A sequência de processamento planar consiste em fabricar uma série de camadas de vários materiais em áreas selecionadas de um substrato de silício. As camadas formam regiões isolantes, semicondutoras ou condutoras no substrato para criar os dispositivos eletrônicos particulares necessários no circuito integrado. As camadas poderiam atender também a função temporária de mascarar certas áreas para que um processo particular seja aplicado apenas nas partes desejadas da superfície. As máscaras são removidas subsequentemente.

As camadas são formadas por oxidação térmica, crescimento epitaxial, técnicas de deposição (CVD e PVD), difusão e implantação iônica. A Tabela 30.3 resume os processos utilizados tipicamente para adicionar ou alterar uma camada de determinado tipo de material. O uso da litografia para aplicar um determinado processo apenas a regiões selecionadas da superfície é ilustrado na Figura 30.17.

Aqui será útil um exemplo para mostrar a integração dos processos na fabricação de CIs. Um dispositivo lógico à base de semicondutor de óxido metálico de canal n (NMOS, do inglês *n-channel metal oxide semiconductor*) será utilizado para ilustrar a sequência de processamento. A sequência dos circuitos integrados NMOS é menos complexa que a das tecnologias CMOS ou bipolar, embora os processos para essas categorias de CI sejam basicamente similares. O dispositivo a ser fabricado é ilustrado pela Figura 30.1.

O substrato inicial é um *wafer* de silício tipo p altamente dopado, que irá formar a base do transistor de canal n. As etapas de processamento estão ilustradas na Figura 30.18 e descritas aqui (alguns detalhes foram simplificados), e o processo de metalização para interconectar os dispositivos foi omitido: (1) Uma camada de Si_3N_4 é depositada por CVD no substrato de Si usando litografia óptica para definir as regiões. Essa camada de Si_3N_4 vai servir como uma máscara para o processo de oxidação térmica na próxima etapa. (2) O SiO_2 é produzido nas regiões expostas da superfície por oxidação térmica. As regiões de

TABELA • 30.3 Materiais de camada adicionados ou alterados na fabricação do CI e processos associados.

Material da Camada (função)	Processos de Fabricação Típicos
Si, polissilício (semicondutor)	CVD
Si, epitaxial (semicondutor)	Epitaxia por fase vapor
Dopagem de Si (tipo n ou tipo p)	Implantação iônica, difusão
SiO_2 (isolante, máscara)	Oxidação térmica, CVD
Si_3N_4 (máscara)	CVD
Al (condutor)	PVD, CVD
P-glass (proteção)	CVD

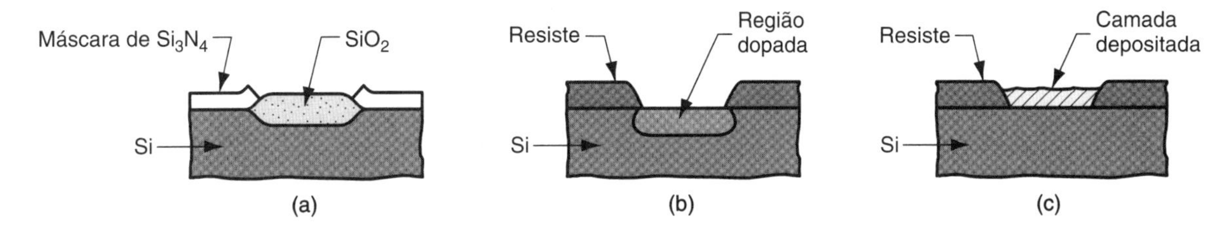

FIGURA 30.17 Formação de camadas seletivamente por meio do uso de máscaras: (a) oxidação térmica do silício, (b) dopagem seletiva e (c) deposição de um material sobre um substrato.

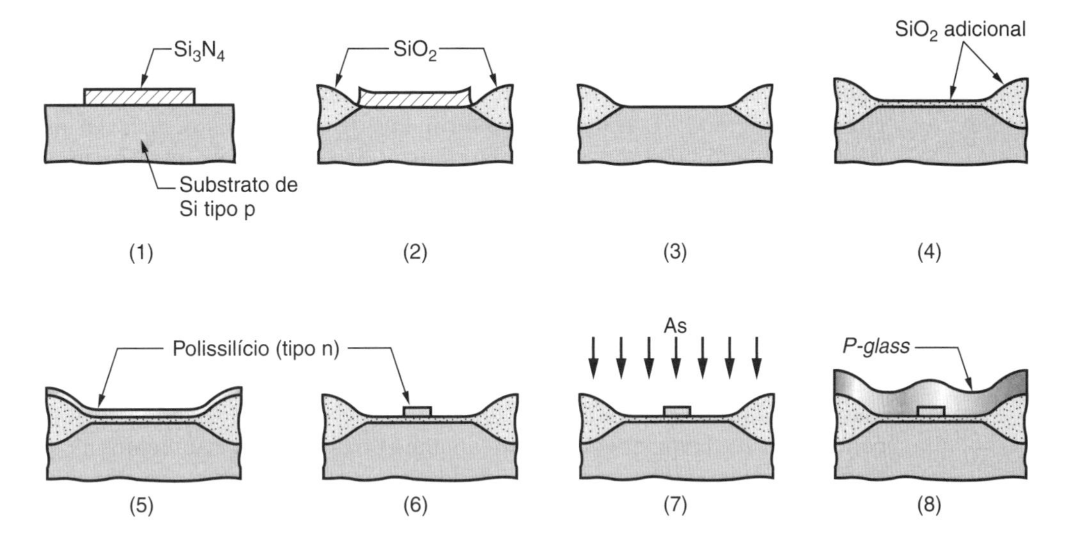

FIGURA 30.18 Sequência de fabricação do CI: (1) Máscara de Si_3N_4 depositada por CVD em substrato de Si; (2) SiO_2 criado por oxidação térmica nas regiões não mascaradas; (3) a máscara de Si_3N_4 é removida; (4) uma camada fina de SiO_2 é produzida por oxidação térmica; (5) polissilício é depositado por CVD e dopado n^+ usando implantação iônica; (6) o poli-Si é decapado seletivamente usando litografia óptica para definir o eletrodo de porta; (7) as regiões fonte e dreno são formadas dopando n^+ no substrato; (8) *P-glass* é depositado na superfície para proteção.

SiO_2 são isolantes e serão os meios pelos quais esse dispositivo é isolado dos outros dispositivos no circuito. (3) A máscara de Si_3N_4 é retirada por decapagem. (4) Outra oxidação térmica é feita para adicionar uma camada fina de óxido de porta (*gate*) às superfícies previamente não revestidas e aumentar a espessura da camada de SiO_2 prévia. (5) O polissilício é depositado por CVD na superfície e depois dopado no tipo n usando implantação iônica. (6) O polissilício é seletivamente corroído usando litografia óptica para deixar o eletrodo de porta do transistor. (7) As regiões de fonte e drenagem (n1) são formadas pela implantação iônica de arsênico (As) no substrato. Um nível energético de implantação é selecionado e irá penetrar a camada fina de SiO_2, mas não a porta de polissilício ou a camada mais espessa de isolamento de SiO_2. (8) O vidro de fosfossilicato (*P-glass*) é depositado na superfície por CVD para proteger o circuito subjacente.

30.6 Encapsulamento de CI

Após todas as etapas de processamento no *wafer* terem sido concluídas, uma série final de operações deve ser executada para transformar o *wafer* em *chips* individuais, prontos para se conectar a circuitos externos e preparados para suportar o ambiente hostil do mundo fora da sala limpa. Essas etapas finais são denominadas encapsulamento de CI.

O encapsulamento dos circuitos integrados tem a ver com as questões de projeto, como (1) as conexões elétricas com os circuitos externos; (2) materiais para embalar o *chip* e protegê-lo do ambiente (umidade, corrosão, temperatura, vibração, choque mecânico); (3) dissipação do calor; (4) desempenho, confiabilidade e vida útil de serviço; e (5) custo.

Também existem questões de manufatura no encapsulamento, incluindo o seguinte: (1) separação do *chip* – cortar o *wafer* em *chips* individuais, (2) conectá-lo ao encapsulamento, (3) encapsular o *chip* e (4) teste do circuito. As questões de manufatura são as de maior interesse nesta seção. Embora a maioria das questões de projeto seja convenientemente deixada para outros textos [8], [11], [13] e [15], alguns dos aspectos de engenharia de encapsulamentos de CI, também conhecidos como ***portadores de chip*** (***chip carriers***), e os tipos de encapsulamento são discutidos aqui, antes de descrever as etapas de processamento para produzi-los.

30.6.1 PROJETO DE ENCAPSULAMENTO DE CI

Esta seção considera três tópicos relacionados com o projeto de um encapsulamento de circuito integrado: (1) o número de terminais de entrada/saída necessários para um CI de determinado tamanho, (2) os materiais utilizados nos encapsulamentos de CI, e (3) os tipos de encapsulamento.

Determinação do Número de Terminais de Entrada/Saída O problema básico de engenharia no encapsulamento de CI é conectar os muitos circuitos internos aos terminais de entrada/saída (E/S, do inglês *input/output* – I/O) para que os sinais elétricos corretos possam ser comunicados entre o CI e o mundo exterior. À medida que o número de dispositivos em um CI aumenta, o número necessário de terminais (pinos) de E/S também aumenta. O problema, naturalmente, é agravado pelas tendências na tecnologia de semicondutores que levou a reduções no tamanho do dispositivo e aumentos na quantidade de dispositivos que podem ser encapsulados em um CI. Felizmente, o número de terminais de E/S não precisa ser igual ao número de dispositivos no CI. A dependência entre os dois valores é dada pela regra de Rent, assim batizada em homenagem ao engenheiro da IBM (E.F. Rent) que definiu a seguinte relação, por volta de 1960:

$$n_{es} = C\, n_{ci}^{\ m} \tag{30.11}$$

em que n_{es} = o número de terminais de entrada/saída ou conexões de sinal externo necessários; n_{ci} = o número de circuitos internos no CI, considerado normalmente o número de portas lógicas; e C e m são parâmetros na equação.

Os parâmetros na regra de Rent dependem do tipo de circuito e do projeto do CI. Os dispositivos de memória exigem muito menos terminais de E/S do que os microprocessadores, devido a suas estruturas de coluna e linha. Os valores típicos da constante C e do expoente m para vários dispositivos de circuitos integrados comuns são apresentados na Tabela 30.4.

Exemplo 30.2
Regra de Rent

Os *chips* de 18 mm^2 do Exemplo 30.1 têm uma área processável de 17 mm por 17 mm. A densidade de circuitos (por exemplo, transistores) dentro da área processável de cada *chip* é de 500 circuitos por mm^2. Determine (a) o número de circuitos (transistores) que podem ser colocados em cada *chip* e (b) o número de terminais de entrada/saída que seriam necessários no microprocessador encapsulado usando a regra de Rent. (c) Se o CI encapsulado fosse um dispositivo de memória estática de acesso aleatório em vez de um microprocessador, quantos terminais de entrada/saída seriam necessários? Consulte a Tabela 30.4 para obter os valores adequados dos parâmetros na regra de Rent.

Solução: (a) A área processável de cada *chip* = $(17)^2 = 289$ mm².

Número de circuitos $n_{ci} = 289(500) =$ **144.500**.

(b) Regra de Rent com $C = 0{,}89$ e $m = 0{,}45$.

$n_{es} = Cn_{ci}^{m} = 0{,}89(144.500)^{0,45} =$ **187 terminais de entrada/saída.**

(c) Regra de Rent com $C = 6{,}9$ e $m = 0{,}12$.

$n_{es} = Cn_{ci}^{m} = 6{,}9(144.500)^{0,12} =$ **29 terminais de entrada/saída.**

TABELA • 30.4 Valores típicos dos parâmetros *C* e *m* da regra de Rent para vários tipos de circuitos integrados.

Tipo de Circuito Integrado e Definição Concisa[a]	Valores Típicos[b] Constante *C*	Expoente *m*
Microprocessador. CI que funciona como a unidade de processamento central (CPU, do inglês *central processing unit*) do computador. É programável e opera com instruções armazenadas em memória interna para processar dados digitais de entrada e fornecer saída digital.	0,89	0,45
Arranjo de portas (*Gate array*). CI parcialmente concluído em que transistores e outros dispositivos são posicionados em locais predefinidos, assim eles podem ser interconectados por meio de um ou mais processos com camadas para fornecer a funcionalidade específica ao CI. Também conhecido como *uncommitted logic array* (ULA).	1,9	0,50
Memória de acesso randômico estática ou RAM estática (SRAM – *static random acess memory*). Um dispositivo de memória de CI que armazena bits de dados desde que a alimentação seja fornecida. Não necessita ser periodicamente atualizado como na RAM dinâmica.	6,9	0,12
Memória de acesso randômico dinâmica ou RAM dinâmica (DRAM – *dynamic random acess memory*). Um dispositivo de memória de CI que usa capacitores para armazenar dados. Os capacitores necessitam de recarga periódica; logo o termo dinâmico. RAM dinâmica é um dispositivo de armazenamento de dados mais lento, mas menos caro em comparação com a RAM estática.	7,8	0,07

[a]As definições foram compiladas de [19], [20], [22] e [24].
[b]Valores compilados de dados em [25].

Materiais de Encapsulamento de CI A vedação da embalagem envolve encapsular o *chip* de CI em um material adequado. Dois tipos de material dominam a tecnologia de encapsulamento atual: cerâmica e plástico. O metal era utilizado nos primeiros projetos de encapsulamento, mas hoje não é mais importante, exceto nos elementos de conexão.

O material cerâmico comum de encapsulamento é o óxido de alumínio (Al_2O_3). As vantagens do encapsulamento cerâmico incluem a vedação hermética do *chip* de CI e o fato de poderem ser produzidos encapsulamentos altamente complexos. As desvantagens incluem o mau controle dimensional em virtude do encolhimento durante a queima e a alta constante dielétrica do óxido de alumínio.

Os encapsulamentos plásticos de CI não são vedados hermeticamente, mas seu custo é menor que o da cerâmica. Geralmente eles são utilizados em CIs produzidos em massa, em que não é necessária uma confiabilidade muito alta. Os plásticos utilizados no encapsulamento de CI incluem epóxis, poliamidas e silicones.

Tipos de Encapsulamento de CI Existe uma grande variedade de tipos de encapsulamento de CI para satisfazer os requisitos de entrada/saída indicados anteriormente. Em quase todas as aplicações, o CI é um componente em um sistema eletrônico maior e deve ser fixado a uma placa de circuito impresso (PCB, do inglês *printed circuit board*).

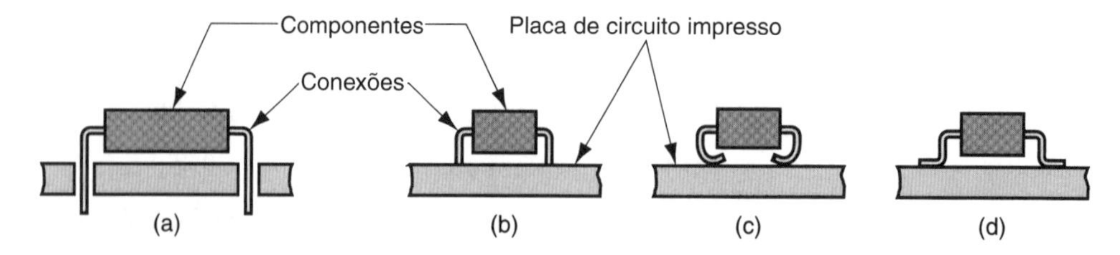

FIGURA 30.19 Tipos de fixação dos pinos em uma placa de circuito impresso: (a) furos passantes e vários tipos de tecnologia de montagem em superfície (SMT); (b) pino de topo; (c) pino em "J"; e (d) asa de gaivota (*gull-wing*).

Há duas amplas categorias de montagem de componentes em uma PCB, exibidas na Figura 30.19; a montagem por furos passantes (*through-hole*) e a montagem em superfície (*surface mount*). Na ***tecnologia de furos passantes***, também conhecida como ***pino no furo*** (PIH, do inglês *pin-in-hole*), o encapsulamento de CI e outros componentes eletrônicos (por exemplo, resistores e capacitores, ambos discretos) têm conexões inseridas através de furos na placa e soldadas na parte inferior. Na ***tecnologia de montagem em superfície*** (SMT, do inglês *surface-mount technology*), os componentes são fixados na superfície da placa (ou em alguns casos, em ambas as superfícies superior e inferior). Existem várias configurações de conexão na SMT, conforme ilustrado pelos elementos (b), (c) e (d) da figura. Hoje, a maioria dos portadores de *chip* se baseia na tecnologia de montagem em superfície porque ela permite densidades de encapsulamento maiores na montagem da placa de circuito.

Os principais tipos de encapsulamentos de CI incluem (1) *dual in-line*, (2) *square package* (encapsulamento quadrado) e (3) *pin grid array*. O ***encapsulamento dual in-line*** (DIP – *dual in-line package*) é uma forma comum de encapsulamento de CI, disponível nas configurações em furo passante e montagem em superfície. Esse encapsulamento possui duas fileiras de pinos (terminais) em ambos os lados de um corpo retangular, como na Figura 30.20. O espaçamento entre os pinos (distância centro a centro) no DIP convencional de furo passante é 2,54 mm, e o número de pinos varia entre 8 e 64. O espaçamento dos furos no tipo DIP de furo passante é limitado pela capacidade para perfurar os furos bem próximos uns dos outros em uma placa de circuito impresso. Essa limitação pode ser aliviada com a tecnologia de montagem em superfície porque os pinos não são inseridos na placa; o espaçamento padrão dos pinos nos DIPs de montagem em superfície é 1,27 mm.

O número de terminais em um DIP é limitado por sua forma retangular na qual os pinos se projetam apenas a partir dos dois lados; isso significa que o número de pinos em ambos os lados é $n_{es}/2$. Para altos valores de n_{es} (entre 48 e 64), as diferenças nos comprimentos dos condutores entre os pinos no meio do DIP e os pinos nas extremidades ocasionam problemas nas características elétricas de alta velocidade. Alguns desses problemas são abordados com um encapsulamento quadrado, no qual as conexões são dispostas em torno da periferia para que o número de terminais em um lado seja $n_{es}/4$. Um encapsulamento quadrado com montagem em superfície é ilustrado na Figura 30.21.

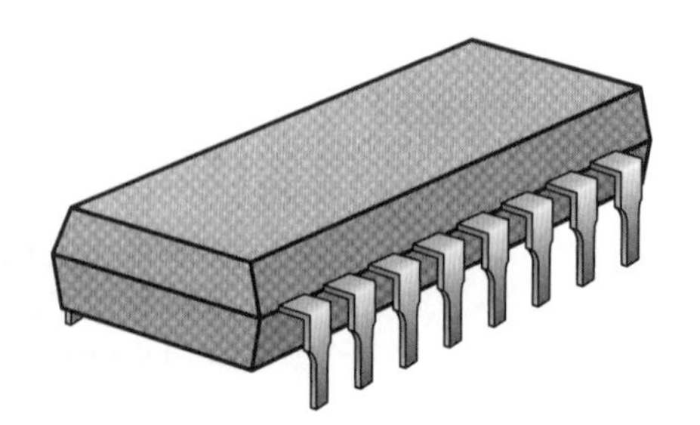

FIGURA 30.20 Encapsulamento *dual in line* com 16 terminais, exibido como uma configuração em furo passante.

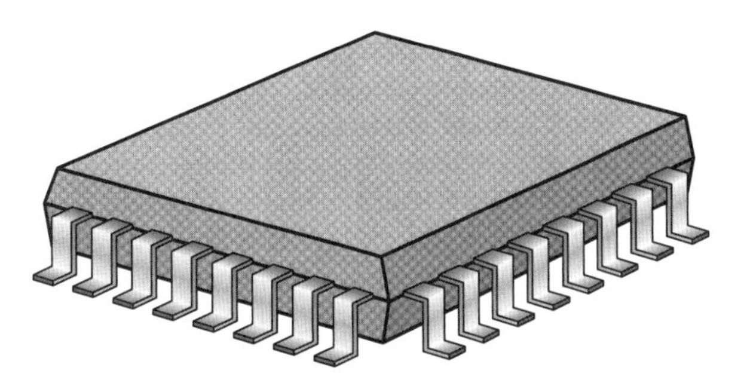

FIGURA 30.21 Encapsulamento quadrado para montagem em superfície com pinos (ou terminais) em asa de gaivota.

Mesmo com um encapsulamento quadrado, ainda há um limite superior prático na contagem de terminais, ditado pela maneira como os pinos no encapsulamento são alocados linearmente. O número de pinos em um encapsulamento pode ser maximizado usando uma matriz quadrada de pinos. Esse tipo de portador de *chip* se chama ***pin grid array*** (PGA) na tecnologia de furo passante e ***ball grid array*** (BGA) na tecnologia de montagem em superfície. Em ambos os casos, o encapsulamento consiste em uma matriz bidimensional de terminais no lado de baixo de um invólucro de *chip* quadrado. No PGA, os terminais são pinos inseridos em furos passantes na placa de circuito impresso, ao passo que, no BGA, minúsculas esferas de solda substituem os pinos e são soldadas diretamente em blocos de cobre na PCB. Em condições ideais, a superfície inferior inteira do encapsulamento é plenamente ocupada por terminais, de modo que a contagem de terminais em cada direção é a raiz quadrada de n_{es}. No entanto, por uma questão prática, a área central do encapsulamento não tem terminais, porque essa região contém o *chip* de CI.

30.6.2 ETAPAS DE PROCESSAMENTO NO ENCAPSULAMENTO DE CI

O encapsulamento de um *chip* de CI na manufatura pode ser dividido nas seguintes etapas: (1) teste do *wafer*, (2) separação do *chip*, (3) colagem de *die*, (4) união de fio e (5) vedação do encapsulamento. Após o encapsulamento, é realizado um teste final de funcionamento em cada CI encapsulado.

Teste do *Wafer* As técnicas atuais de processamento de semicondutores proporcionam muitos CIs por *wafer*. É conveniente realizar certos testes de funcionamento nos CIs enquanto ainda estão juntos no *wafer* – antes da separação dos *chips*. O teste é executado por um equipamento controlado por computador que usa um conjunto de sondas configuradas para corresponder aos blocos conectados na superfície do *chip*; ***multissonda*** é o termo utilizado para esse procedimento de teste. Quando as sondas entram em contato com os blocos, uma série de testes DC é executada para indicar curtos-circuitos e outras falhas; depois disso vem o teste de funcionamento do CI. Os *chips* que não passam no teste são marcados com um ponto de tinta; esses defeitos não são encapsulados. Cada CI é posicionado por sua vez sob as sondas para testes, usando uma tabela *x-y* de alta precisão para indexar o *wafer* de um local de *chip* para o próximo.

Separação dos Chips A próxima etapa após o teste é cortar o *wafer* em *chips* individuais (*dice*). Uma lâmina de serra fina e impregnada com diamante é utilizada para realizar a operação de corte. A máquina de corte é utilizada para executar essa operação, e ela é altamente automática, e seu alinhamento com as "ruas" entre os circuitos é muito preciso. O *wafer* é fixado a um pedaço de fita adesiva montado em uma moldura. A fita adesiva segura cada *chip* em seu lugar durante e após o serramento; a moldura é uma conveniência no manejo subsequente dos *chips*. Os *chips* com pontos de tinta são descartados.

Colagem de *Die* Cada *chip* deve ser fixado em seguida a seu encapsulamento, um procedimento chamado colagem de *die*. Em virtude do tamanho em miniatura dos *chips*, são utilizados sistemas de manuseio automatizado para pegar os *chips* separados na moldura de fita e posicioná-los para a colagem de *die*. Várias técnicas têm sido desenvolvidas para ligar o *chip* ao substrato do encapsulamento; dois métodos são descritos aqui: solda eutética de *die* e união de *die* por epóxi. A ***solda eutética de die***, utilizada em encapsulamentos cerâmicos, consiste em (1) depositar uma fina camada de ouro na superfície inferior do *chip*; (2) aquecer a base do encapsulamento cerâmico a uma temperatura acima de 370 °C, a temperatura eutética do sistema Au-Si; e (3) unir o *chip* ao padrão de metalização na base aquecida. Na ***união de die por epóxi***, utilizada em encapsulamentos plásticos de VLSI, uma pequena quantidade de epóxi é distribuída na base do encapsulamento (a moldura), e o *chip* é posicionado sobre o epóxi; depois o epóxi é curado, colando o *chip* na superfície.

União de Fio Após o *chip* ser ligado ao encapsulamento, são feitas as conexões elétricas entre os blocos de contato na superfície do *chip* e os pinos do encapsulamento. As conexões geralmente são feitas usando fios de pequeno diâmetro compostos de alumínio ou ouro, conforme ilustrado na Figura 30.22. Os diâmetros típicos dos fios de alumínio são 0,05 mm e os diâmetros dos fios de ouro são aproximadamente a metade desse diâmetro (o Au tem condutividade elétrica maior que o Al, mas é mais caro). Os fios de alumínio são ligados por união ultrassônica, enquanto os fios de ouro são ligados por termocompressão, termossônica ou ultrassônica. A ***união ultrassônica*** usa energia ultrassônica para soldar o fio à superfície da almofada (*pad*). A ***união por termocompressão*** envolve o aquecimento da extremidade do fio para formar uma bola derretida e depois a bola é pressionada na almofada para formar a ligação. A ***união termossônica*** combina as energias ultrassônicas e térmicas para formar a união. São utilizadas máquinas automáticas de união de fio para realizar essas operações em taxas de até 200 uniões por minuto.

Vedação do Encapsulamento Como foi mencionado, dois materiais de encapsulamento comuns são a cerâmica e o plástico. Os métodos de processamento são diferentes nos dois materiais. Os ***encapsulamentos cerâmicos*** são feitos de uma dispersão de pó de cerâmica (Al_2O_3 é o mais comum) em um ligante líquido (por exemplo, polímero e solvente). A mistura é primeiro formada em folhas finas e secas, depois cortada no tamanho. São feitos furos para as interconexões. Os caminhos de fiação necessários são fabricados em cada folha, e o metal é preenchido nos furos. As folhas são laminadas pressionando e sinterizando para formar um corpo monolítico (pedra única).

Existem dois tipos de ***encapsulamento plástico***: pós-moldado e pré-moldado. Nos ***encapsulamentos pós-moldados***, um plástico epóxi é moldado por transferência em volta do *chip* montado e da moldura (após a ligação de fio), transformando na verdade as partes em um corpo sólido. No entanto, o processo de moldagem pode danificar os fios de ligação delicados, e os encapsulamentos pré-moldados são uma alternativa. No

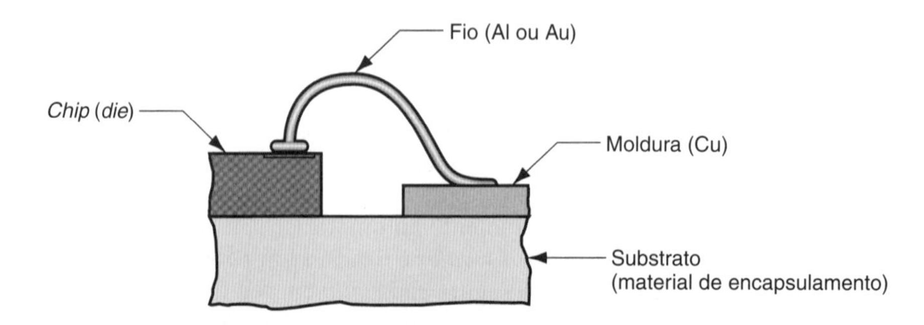

FIGURA 30.22 Conexão de fio típica entre a almofada de contato do *chip* e a moldura.

encapsulamento pré-moldado é moldada uma base para invólucro antes do encapsulamento e, depois, o *chip* e a moldura são ligados a essa base, acrescentando uma tampa sólida ou outro material para promover a proteção.

Teste Final Ao completar a sequência de encapsulamento, cada CI deve ser submetido a um teste final cuja finalidade é (1) determinar quais unidades foram danificadas durante o encapsulamento (se tiverem sido); e (2) medir as características de desempenho de cada dispositivo.

Os procedimentos de teste de *burn-in* às vezes incluem o teste em temperaturas elevadas, nos quais o CI encapsulado é colocado em um forno em temperaturas em torno de 125 °C, por 24 horas, e depois testado. Um dispositivo que não passa nesse teste provavelmente teria falhado precocemente durante o serviço. Se o dispositivo for destinado aos ambientes em que ocorrem grandes variações de temperatura, é conveniente realizar um teste de ciclo de temperatura. Esse teste submete cada dispositivo a uma série de inversões de temperatura, entre valores em torno de –50 °C no lado inferior e 125 °C no lado superior. Outros testes para dispositivos que exigem alta confiabilidade poderiam incluir testes de vibração mecânica e testes herméticos (vazamento).

30.7 Rendimento no Processamento de CIs

A fabricação dos circuitos integrados consiste em muitas etapas de processamento realizadas em sequência. No processamento de *wafers* em particular, pode haver centenas de operações diferentes pelas quais o *wafer* passa. Em cada etapa há uma chance de que alguma coisa possa dar errado, resultando na perda do *wafer* ou de partes do mesmo correspondendo a *chips* individuais. Um modelo de probabilidade simples para prever o rendimento final do bom produto é

$$Y = Y_1 Y_2 \ldots Y_n$$

em que Y = rendimento final; Y_1, Y_2, Y_n são os rendimentos de cada etapa de processamento; e n = quantidade total de etapas na sequência de processamento.

Por uma questão prática, esse modelo, embora perfeitamente válido, é difícil de usar devido ao grande número de etapas envolvidas e à variabilidade dos rendimentos em cada etapa. É mais conveniente dividir a sequência de processamento em principais fases (veja a Figura 30.3) e definir os rendimentos de cada fase. A primeira fase envolve o crescimento do lingote de monocristal. O termo ***rendimento de cristal*** Y_c se refere à quantidade de material monocristalino no lingote, comparada com a quantidade inicial de silício de grau eletrônico. O rendimento de cristal típico é aproximadamente 50 %. Após o crescimento do cristal, o lingote é fatiado em *wafers*, cujo rendimento é descrito como ***rendimento cristal-wafer*** Y_s. Isso depende da quantidade de material perdido durante a retificação do lingote, da largura da lâmina de serra relativa à espessura do *wafer* durante o corte, e de outras perdas. Um valor típico poderia ser 50 %, embora grande parte do silício perdido durante a retificação e o corte seja reciclável.

A próxima fase é o processamento do *wafer* para fabricar cada CI. De um ponto de vista do rendimento, isso pode ser dividido em rendimento de *wafer* e rendimento multissonda. O ***rendimento de wafer*** Y_w se refere ao número de *wafers* que sobrevivem ao processamento, comparado com a quantidade inicial. Certos *wafers* são designados como peças de teste ou para usos similares e, portanto, resultam em perdas e redução do rendimento; em outros casos, os *wafers* são quebrados ou as condições de processamento dão errado. Os valores típicos do rendimento de *wafer* são aproximadamente 70 %, caso as perdas de teste sejam incluídas. Nos *wafers* processados e testados com multissondas, somente uma pequena proporção passa no teste, chamado ***rendimento de multissonda*** Y_m. O rendimento de multissonda é altamente variável, de valores muito baixos ($<$ 10 %) a valores relativamente altos ($>$ 90 %), dependendo da complexidade do CI e da habilidade do trabalhador nas áreas de processamento.

Após o encapsulamento, o teste final do CI é realizado. Isso produz invariavelmente outras perdas, resultando em um ***rendimento de teste final*** Y_t, na faixa de 90 % a 95 %. Se os cinco rendimentos de fase forem combinados, o rendimento final pode ser estimado por

$$Y = Y_c Y_s Y_w Y_m Y_t \tag{30.12}$$

Dados os valores típicos em cada etapa, o rendimento final comparado com a quantidade inicial de silício é bem baixo.

O coração da fabricação de CIs é o processamento do *wafer*, cujo rendimento Y_m é medido no teste multissonda. Os rendimentos em outras áreas são bem previsíveis, mas não na fabricação de *wafers*. Dois tipos de defeitos de processamento podem ser distinguidos no processamento de *wafer*: (1) defeitos de área e (2) defeitos pontuais. Os ***defeitos de área*** são aqueles que afetam grandes áreas do *wafer*, possivelmente a superfície inteira. Esses defeitos são causados por variações ou configurações incorretas nos parâmetros de processo. Os exemplos incluem camadas adicionadas finas ou grossas demais, profundidades de difusão insuficientes na dopagem e excesso ou falta de decapagem. Em geral esses defeitos são corrigíveis pelo maior controle de processos ou pelo desenvolvimento de processos alternativos que são superiores. Por exemplo, a dopagem por implantação iônica substituiu, em grande parte, a difusão, e a decapagem a seco por plasma foi substituída pela decapagem química úmida para controlar melhor as dimensões dos elementos.

Os ***defeitos pontuais*** ocorrem em áreas muito localizadas na superfície do *wafer*, afetando apenas um CI ou uma quantidade limitada deles em uma determinada área. Eles são ocasionados frequentemente por partículas de poeira na superfície do *wafers* ou nas máscaras litográficas. Os defeitos pontuais também incluem discordâncias na estrutura cristalina (Subseção 2.3.2). Esses defeitos pontuais são distribuídos, de alguma maneira, sobre a superfície do *wafer*, resultando em um rendimento que é uma função da densidade dos defeitos, de sua distribuição sobre a superfície e da área processada do *wafer*. Se presumirmos que os defeitos de área são desprezíveis, e os defeitos pontuais forem uniformes sobre a área de superfície do *wafer*, o rendimento resultante pode ser modelado pela equação

$$Y_m = \frac{1}{1 + AD} \tag{30.13}$$

em que Y_m = rendimento de *chips* bons, determinado na multissonda; A = a área processada, cm²; e D = densidade dos defeitos pontuais, defeitos/cm². Essa equação se baseia nas estatísticas de ***Bose-Einstein*** e é considerada um bom indicador do desempenho de processamento de *wafer*, especialmente nos *chips* altamente integrados (VLSI e superior).

Exemplo 30.3 Rendimento no processamento de *wafer*

Um *wafer* de silício com diâmetro de 200 mm é processado sobre uma área circular cujo diâmetro = 190 mm. Os *chips* a serem fabricados são quadrados, com 10 mm de lado. A partir da experiência anterior, a densidade dos defeitos pontuais na área de superfície é 0,002 defeito/cm². Determine uma estimativa do número de *chips* bons usando o cálculo de rendimento de Bose-Einstein.

Solução: $n_c = 0{,}34(190/10)^{2{,}25} = 0{,}34(19)^{2{,}25} = 256$ chips.

Área processável do *wafer* $A = \pi(190)^2/4 = 28.353$ mm² = 283,53 cm².

$$Y_m = \frac{1}{1 + 283{,}53(0{,}002)} = \frac{1}{1 + 0{,}567} = 0{,}638 = 63{,}8\% \text{ rendimento}$$

Número de *chips* bons = 0,638(256) = arredondado, para baixo, para **163 *chips* bons**.

O processamento do *wafer* é fundamental para o sucesso da fabricação dos circuitos integrados. Para que a fabricação de CIs seja rentável, devem ser obtidos rendimentos elevados durante essa fase da manufatura. Isso é feito usando as matérias-primas mais puras possíveis, as tecnologias de equipamento mais recentes, fazendo um bom controle de processos sobre cada etapa de processamento, manutenção de condições de sala limpa, e inspeção eficaz e eficiente, além de procedimentos de teste.

Referências

[1] Bakoglu, H. B. ***Circuits, Interconnections, and Packaging for VLSI***. Addison-Wesley Longman, Reading, Massachusetts, 1990.

[2] Coombs, C. F., Jr. (ed.). ***Printed Circuits Handbook***, 6th ed. McGraw-Hill, New York, 2007.

[3] Edwards, P. R. ***Manufacturing Technology in the Electronics Industry***. Chapman & Hall, London, 1991.

[4] ***Encyclopedia of Chemical Technology***, 4th ed. John Wiley & Sons, New York, 2000.

[5] Gise, P., and Blanchard, R. ***Modern Semiconductor Fabrication Technology***. Prentice-Hall, Upper Saddle River, New Jersey, 1986.

[6] Harper, C. ***Electronic Materials and Processes Handbook***, 3rd ed. McGraw-Hill, New York, 2009.

[7] Jackson, K. A., and Schroter, W. (eds.). ***Handbook of Semiconductor Technology***, Vol. 2, ***Processing of Semiconductors***. John Wiley & Sons, New York, 2000.

[8] Manzione, L. T. ***Plastic Packaging of Microelectronic Devices***. AT&T Bell Laboratories, published by Van Nostrand Reinhold, New York, 1990.

[9] May, G. S., and Spanos, C. J. ***Fundamentals of Semiconductor Manufacturing and Process Control***. John Wiley & Sons, Hoboken, New Jersey, 2006.

[10] National Research Council (NRC). ***Implications of Emerging Micro- and Nanotechnologies***. Committee on Implications of Emerging Micro- and Nanotechnologies, The National Academies Press, Washington, D.C., 2002.

[11] Pecht, M. (ed.). ***Handbook of Electronic Package Design***. Marcel Dekker, New York, 1991.

[12] Runyan, W. R., and Bean, K. E. ***Semiconductor Integrated Circuit Processing Technology***. Addison-Wesley Longman, Reading, Massachusetts, 1990.

[13] Seraphim, D. P., Lasky, R., and Li, C-Y. (eds.). ***Principles of Electronic Packaging***. McGraw-Hill Book Company, New York, 1989.

[14] Sze, S. M. (ed.). ***VLSI Technology***. McGraw-Hill, New York, 2004.

[15] Sze, S. M., and Lee, M. K. ***Semiconductor Devices: Physics and Technology***, 3rd ed. John Wiley & Sons, Hoboken, New Jersey, 2011.

[16] Ulrich, R. K., and Brown, W. D. ***Advanced Electronic Packaging***, 2nd ed. IEEE Press and John Wiley & Sons, Hoboken, New Jersey, 2006.

[17] Website: en.wikipedia.org/wiki/Chip_carrier.

[18] Website: en.wikipedia.org/wiki/Cleanroom.

[19] Website: en.wikipedia.org/wiki/Dynamic_random_access_memory.

[20] Website: en.wikipedia.org/wiki/Gate_array.

[21] Website: en.wikipedia.org/wiki/Integrated_circuit.

[22] Website: en.wikipedia.org/wiki/Microprocessor.

[23] Website: en.wikipedia.org/wiki/Moore's_law.

[24] Website: en.wikipedia.org/wiki/Static_random_access_memory.

[25] Website: *sit.iitkgp.ernet.in/archive/teaching/ee497f/* ***rents_rule****.PDF.*

[26] Van Zant, P. ***Microchip Fabrication***, 5th ed. McGraw-Hill, New York, 2005.

Questões de Revisão

30.1 O que é um circuito integrado?

30.2 Mencione alguns materiais semicondutores importantes.

30.3 Descreva o processo planar.

30.4 Quais são os três estágios principais na produção de circuitos integrados à base de silício?

30.5 O que é uma sala limpa? Explique o sistema de classificação pelo qual as salas limpas são avaliadas.

30.6 Cite algumas fontes importantes de contaminantes no processamento de CIs.

30.7 Qual é o nome do processo mais utilizado para produzir lingotes de monocristal de silício para o processamento de semicondutores?

30.8 Quais são as alternativas à fotolitografia no processamento de CIs?

30.9 O que é um fotorresiste?

30.10 Por que a luz ultravioleta é preferida em relação à luz visível na fotolitografia?
30.11 Mencione três técnicas de exposição em fotolitografia.
30.12 Qual material de camada é produzido pela oxidação térmica na fabricação de CIs?
30.13 Defina deposição epitaxial.
30.14 Mencione algumas funções de projeto importantes do encapsulamento de CI.
30.15 O que é regra de Rent?
30.16 Mencione as duas categorias de montagem de componentes em uma placa de circuito impresso.
30.17 O que é um DIP?
30.18 Qual é a diferença entre pós-moldagem e pré-moldagem no encapsulamento plástico de *chip* de CI?

Problemas

As respostas para os Problemas indicados com (**A**) são apresentadas no Apêndice, no final do livro.

Processamento do Silício e Fabricação do CI

30.1 Um lingote de monocristal de silício é produzido pelo processo Czochralski até um diâmetro médio de 320 mm, com comprimento = 1500 mm. As extremidades são removidas, reduzindo o comprimento para 1150 mm. O diâmetro é retificado até 300 mm. Um trecho plano de 90 mm de largura é retificado na superfície, estendendo-se de uma ponta a outra. Depois o lingote é cortado em *wafers* de espessura = 0,50 mm, usando uma lâmina de serra abrasiva cuja espessura = 0,33 mm. Supondo que as extremidades cortadas do lingote inicial fossem cônicas, determine (a) o volume e o peso do lingote original; (b) quantos *wafers* são cortados do mesmo, supondo que o comprimento inteiro de 1150 mm pode ser cortado; e (c) a proporção volumétrica do silício no lingote inicial que é desperdiçada durante o processamento. (d) Quanto pesa um *wafer*?

30.2 **(A)** A área processável em um *wafer* de 156 mm de diâmetro é um círculo de 150 mm de diâmetro. Quantos *chips* de CI quadrados podem ser processados dentro dessa área, se cada *wafer* tiver 10 mm de lado? Suponha que as linhas (ruas) cortadas entre os *wafers* tenham largura desprezível.

30.3 **(A)** Solucione o Problema 30.2 usando apenas um tamanho de *wafer* de 312 mm, cuja área processável tem diâmetro = 300 mm. Qual é o aumento percentual (a) no diâmetro do *wafer*, (b) na área processável do *wafer* e (c) no número de *chips*, comparados com os valores no problema anterior?

30.4 **(A)** Um *wafer* de silício de 250 mm de diâmetro tem uma área processável cujo diâmetro = 225 mm. Os *chips* de CI que serão fabricados na superfície do *wafer* são quadrados, com 20 mm de lado. No entanto, a área processável em cada *chip* tem apenas 18 mm por 18 mm. A densidade dos circuitos dentro da área processável de cada *chip* é de 465 circuitos por mm^2. (a) Quantos *chips* de CI podem ser colocados no *wafer*? (b) Quantos circuitos podem ser fabricados em cada *chip*?

30.5 Um lingote de silício foi processado por retificação para proporcionar um cilindro cujo diâmetro = 285 mm e cujo comprimento = 900 mm. Em seguida, ele será cortado em *wafers* de 0,7 mm de espessura usando uma serra com corte de 0,5 mm. Os *wafers* assim produzidos serão utilizados para fabricar o máximo de *chips* de CI possíveis para o mercado de computadores pessoais. Cada CI tem um valor de mercado, para a empresa, de $98. Cada *chip* é quadrado, com 15 mm de lado. A área processável de cada *wafer* é definida por um diâmetro = 270 mm. Estime o valor de todos os *chips* de CI que poderiam ser produzidos, supondo um rendimento global de 80 % de produtos bons.

30.6 **(A)** A superfície de um *wafer* de silício é oxidada termicamente, resultando em um filme de SiO_2 com 100 nm de espessura. Se a espessura inicial do *wafer* era exatamente 0,400 mm, qual é a espessura final do *wafer* após a oxidação térmica?

30.7 Deseja-se decapar uma região de um filme de dióxido de silício na superfície de um *wafer* de silício. O filme de SiO_2 tem 100 nm de espessura. A largura da área decapada é especificada em 650 nm. (a) Se o grau de anisotropia do decapante no processo for 1,25, qual deve ser o tamanho da abertura na máscara por meio da qual o decapante vai operar? (b) Se for utilizada a decapagem por plasma em vez da decapagem úmida e o grau de anisotropia da decapagem por plasma for infinito, qual deve ser o tamanho da abertura da máscara?

Encapsulamento de CI

30.8 **(A)** Um circuito integrado utilizado em um microprocessador conterá 100.000 portas lógicas. Use a regra de Rent para determinar o número aproximado de terminais de entrada/saída necessários no encapsulamento. Consulte na Tabela 30.4 os valores adequados dos parâmetros.

30.9 Uma memória estática de acesso aleatório usa um encapsulamento *dual in-line* com 48 pinos no total. Use a regra de Rent para determinar o número aproximado de transistores que poderiam ser fabricados no *chip* para esse encapsulamento. Consulte na Tabela 30.4 os valores adequados dos parâmetros.

30.10 Deseja-se determinar o efeito do tipo de encapsulamento no número de circuitos (portas lógicas) que podem ser fabricados em um *chip* de CI no qual o encapsulamento é montado. Usando a regra de Rent, calcule o número estimado de dispositivos (portas lógicas) que poderiam ser colocados no *chip* nos seguintes casos: (a) DIP com 16 terminais de E/S em um lado – perfazendo um total de 32 terminais; (b) portador de *chip* quadrado com 16 terminais de lado – um total de 64 terminais de E/S; e (c) *ball grid array* com 16 por 16 terminais – um total de 256 terminais. Consulte na Tabela 30.4 os valores adequados dos parâmetros.

30.11 Um circuito integrado utilizado em um módulo de memória contém circuitos de memória de 2^{24}. Dezesseis desses circuitos integrados são encapsulados em uma placa para proporcionar um módulo de memória de 256 *bytes*. Use a regra de Rent com $C = 6{,}9$ e $m = 0{,}12$ para determinar o número aproximado de terminais de entrada/saída necessários em cada circuito integrado.

30.12 Use a regra de Rent para determinar os valores de n_{es} e n_{ci} nos quais o número de portas lógicas é igual a 10 vezes o número de terminais de E/S em um microprocessador. Consulte na Tabela 30.4 os valores adequados dos parâmetros da regra de Rent.

30.13 Um dispositivo de memória estática terá uma matriz bidimensional com 64 por 64 células em uma memória estática de acesso aleatório. Determine o número necessário de terminais de entrada/saída. Consulte na Tabela 30.4 os valores adequados dos parâmetros da regra de Rent.

30.14 Para produzir um *chip* de memória de 1 megabit, quantos terminais de E/S estão previstos por Rent para (a) uma memória estática de acesso aleatório, que requer seis transistores por *bit*, e (b) uma memória dinâmica de acesso aleatório, que requer apenas um transistor por *bit*? Consulte na Tabela 30.4 os valores adequados dos parâmetros da regra de Rent.

30.15 O primeiro computador pessoal da IBM se baseava na CPU Intel 8088, que foi lançada em 1979. O 8088 tinha 29.000 transistores e 40 terminais de E/S. A versão final do Pentium III (1 GHz) foi lançada em 2000. Ela continha 28.000.000 de transistores e tinha 370 terminais de E/S. (a) Determine os valores dos coeficientes m e C da regra de Rent, supondo que um transistor possa ser considerado um circuito. (b) Use o valor de m e C para prever o número de terminais de E/S necessários para o primeiro Pentium 4, supondo que ele seja produzido com 42.000.000 de transistores. (c) O primeiro Pentium 4, lançado em 2001, utilizava 423 terminais de E/S. Comente sobre a precisão de sua estimativa.

Rendimentos no Processamento de CI

30.16 Dado que o rendimento de cristal = 55 %, rendimento cristal *wafer* = 60 %, rendimento de *wafer* = 75 %, rendimento de multissonda = 65 % e rendimento de teste final = 95 %, se um lingote inicial pesar 500 kg, qual é o peso final do silício que é representado pelos *chips* não defeituosos após o teste final?

30.17 Em uma determinada linha de produção em uma fábrica de *wafers*, o rendimento de cristal é 60 %, o rendimento de cristal *wafer* é 60 %, o rendimento de *wafer* é 90 %, multissonda é 70 % e rendimento de teste final é 80 %. (a) Qual é o rendimento global da linha de produção? (b) Se o rendimento de *wafer* e o rendimento de multissonda forem combinados na mesma categoria, qual é o rendimento global esperado para as duas operações?

30.18 **(A)** Um *wafer* de silício com um diâmetro de 300 mm é processado sobre uma área circular cujo diâmetro = 285 mm. Os *chips* a serem fabricados são quadrados, com 15 mm de lado. A partir da experiência anterior, a densidade dos defeitos pontuais na área de superfície é de 0,03 defeito/cm^2. Determine uma estimativa do número de *chips* bons usando o cálculo de rendimento de Bose-Einstein.

30.19 O rendimento de *chips* bons na multissonda para certo lote de *wafers* é 743 %. Os *wafers* têm um diâmetro de 250 mm com uma área processável de 240 mm de diâmetro. Se os defeitos forem presumidamente pontuais, determine a densidade dos defeitos pontuais usando o método de Bose-Einstein para estimar o rendimento.

31 Montagem e Encapsulamento de Produtos Eletrônicos

Sumário

31.1 Encapsulamento de Produtos Eletrônicos

31.2 Placa de Circuito Impresso
31.2.1 Estruturas, Tipos e Materiais para PCIs
31.2.2 Produção das Placas Iniciais
31.2.3 Processos Utilizados na Fabricação de PCIs
31.2.4 Sequência de Fabricação de PCIs

31.3 Montagem da Placa de Circuito Impresso
31.3.1 Tecnologia de Montagem em Superfície
31.3.2 Tecnologia de Furos Passantes
31.3.3 Montagem Combinada SMT-PIH
31.3.4 Limpeza, Inspeção, Teste e Retrabalho

31.4 Tecnologia de Conectores Elétricos
31.4.1 Conexões Permanentes
31.4.2 Conectores Separáveis

Os circuitos integrados (CIs) constituem os cérebros de um sistema eletrônico, mas o sistema completo consiste em muito mais do que CIs encapsulados. Os CIs e outros componentes são montados e interconectados em placas de circuito impresso, que por sua vez são interconectadas e contidas em um chassi ou gabinete. O encapsulamento de *chip* (Seção 30.6) é apenas parte do encapsulamento eletrônico total. Este capítulo considera os níveis remanescentes de encapsulamento e como os encapsulamentos são produzidos e montados.

31.1 Encapsulamento de Produtos Eletrônicos

O encapsulamento eletrônico é o meio físico pelo qual os componentes em um sistema são interconectados eletricamente e interfaceados com dispositivos externos; ele inclui estrutura mecânica que abriga e protege os circuitos. Um encapsulamento eletrônico bem projetado atende às seguintes funções: (1) distribuição de energia e interconexão de sinais, (2) suporte estrutural, (3) proteção de circuito contra ameaças físicas e químicas no ambiente, (4) dissipação do calor gerado pelos circuitos, e (5) atrasos mínimos na transmissão do sinal dentro do sistema.

Em sistemas complexos contendo muitos componentes e interconexões, o encapsulamento eletrônico é organizado em níveis que compreendem uma ***hierarquia de encapsulamento***, ilustrada na Figura 31.1 e resumida na Tabela 31.1. O nível mais baixo é o ***nível zero***, que se refere às intraconexões no *chip* semicondutor. O *chip* encapsulado (portador do *chip*), consistindo no CI em um encapsulamento plástico ou cerâmico e conectado aos pinos condutores do encapsulamento, constitui o ***primeiro nível de encapsulamento***.

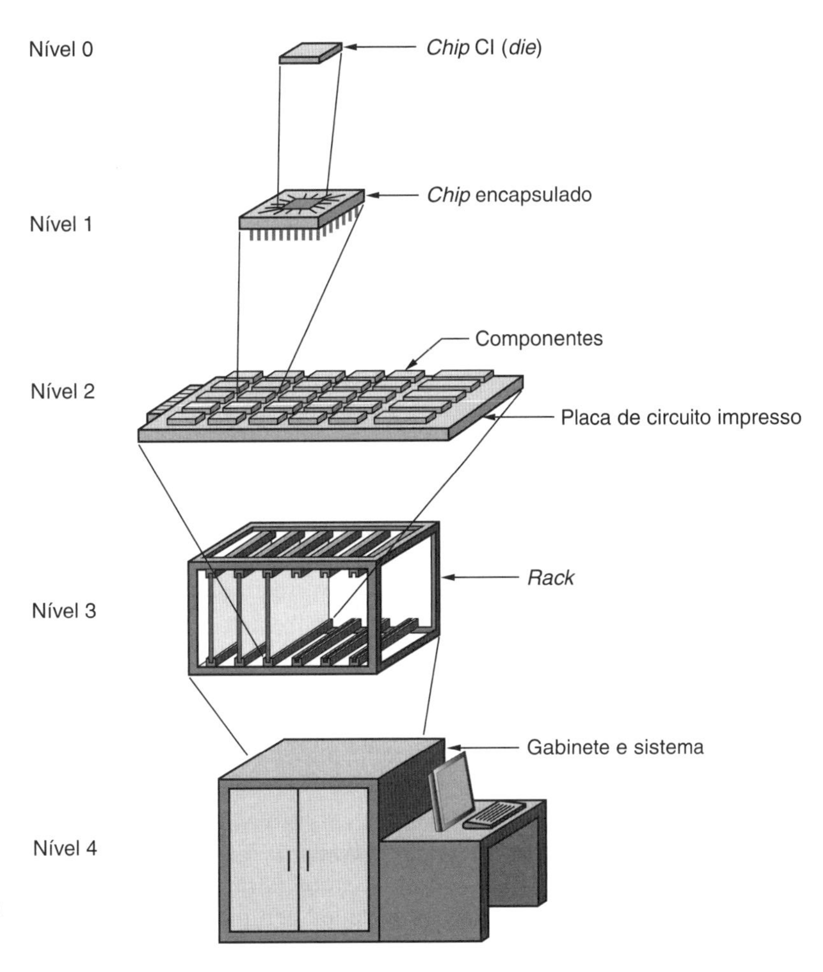

FIGURA 31.1 Hierarquia de encapsulamento em um grande sistema eletrônico.

Os *chips* encapsulados e outros componentes são montados em uma placa de circuito impresso (PCI, do inglês *printed circuit board* – PCB), utilizando duas tecnologias (Subseção 30.6.1): (1) ***tecnologia de montagem em superfície*** (SMT, do inglês *surface-mount technology*) e (2) ***tecnologia de furos passantes*** (*through-hole technology*), que também é conhecida como tecnologia ***pino no furo*** (PIH, do inglês *pin-in-hole*). Hoje, a SMT é muito mais utilizada na indústria, especialmente em produtos produzidos em massa. Os tipos de encapsulamento de *chip* e as técnicas de montagem são diferentes na SMT e na PIH. Em muitos casos, as duas tecnologias de montagem são empregadas na mesma placa. A montagem da placa de circuito impresso representa o ***segundo nível de encapsulamento***. A Figura 31.2 mostra duas montagens de PCI, ilustrando ambos os tipos PIH e SMT. Repare nos componentes de tamanho menor da placa SMT.

TABELA • 31.1 Hierarquia de encapsulamento.

Nível	Descrição da Interconexão
0	Intraconexões no *chip*
1	Interconexões entre o *chip* e o encapsulamento para formar um encapsulamento de CI
2	Interconexões entre o encapsulamento de CI e a placa de circuito
3	Placa de circuito para o *rack*; encapsulamento de cartão de memória
4	Conexões de fios e cabos no gabinete

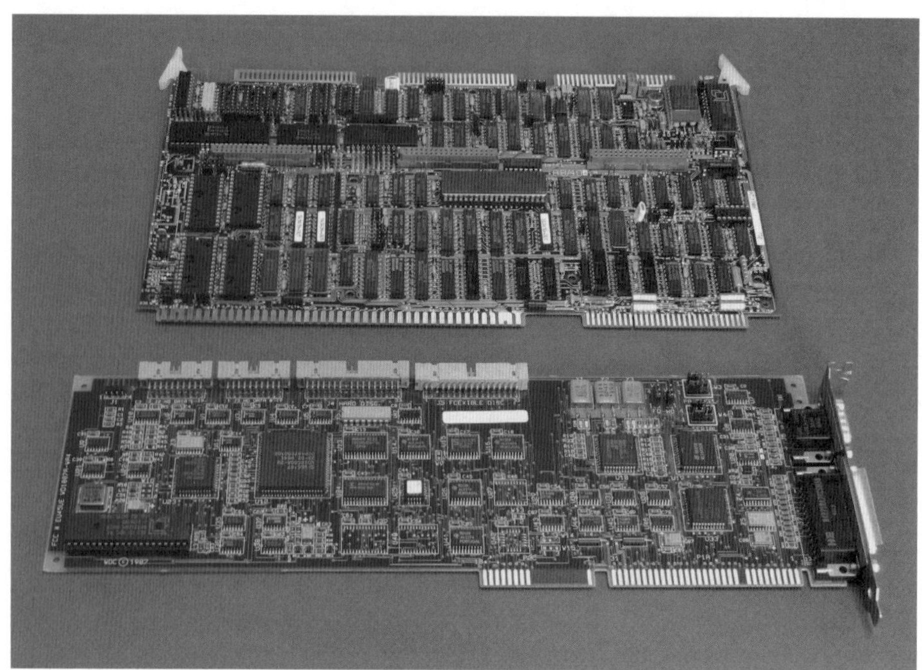

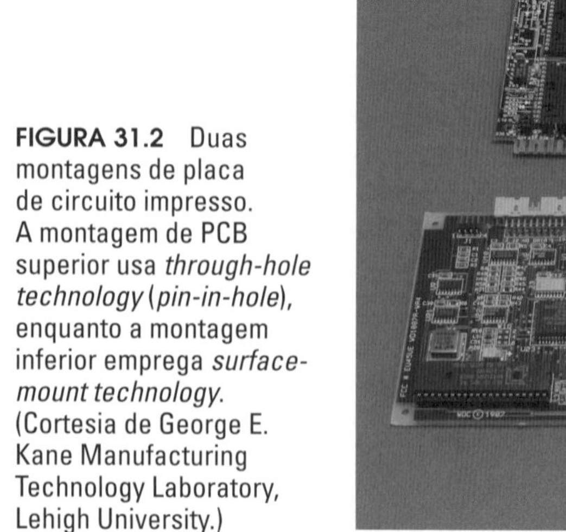

FIGURA 31.2 Duas montagens de placa de circuito impresso. A montagem de PCB superior usa *through-hole technology* (*pin-in-hole*), enquanto a montagem inferior emprega *surface-mount technology*. (Cortesia de George E. Kane Manufacturing Technology Laboratory, Lehigh University.)

As PCIs montadas, por sua vez, são conectadas a um chassi ou outra estrutura; esse é o ***terceiro nível de encapsulamento***. Esse terceiro nível pode consistir em um ***rack*** que segura as placas, usando cabos para fazer as interconexões. Nos principais sistemas eletrônicos, como os grandes computadores, as PCIs são montadas tipicamente em uma placa de circuito impresso maior, chamada de ***barramento*** (*back plane*), que tem trajetórias de condução para permitir a interconexão entre as placas menores a ela acopladas. Esta última configuração é conhecida como encapsulamento ***card-on-board*** (COB), na qual as PCIs menores se chamam cartões (*cards*) e o barramento se chama placa (*board*).

O ***quarto nível de encapsulamento*** consiste em fiação e cabos dentro do gabinete que contém o sistema eletrônico. Para sistemas de complexidade relativamente baixa, o encapsulamento pode não incluir todos os possíveis níveis na hierarquia.

31.2 Placa de Circuito Impresso

Uma placa de circuito impresso consiste em uma ou mais chapas (ou lâminas) finas de material isolante, com finas linhas de cobre em uma ou ambas as superfícies que interconectam os componentes presos à placa. Nas placas consistindo em mais de uma camada, trilhas condutoras de cobre são intercaladas entre as camadas. As PCIs são utilizadas nos sistemas eletrônicos encapsulados para segurar os componentes, promover interconexões elétricas entre eles e fazer conexões com circuitos externos. Elas se tornaram os elementos básicos padrão em praticamente todos os sistemas eletrônicos que contêm CIs encapsulados e outros componentes (Nota Histórica 31.1). As PCIs são tão importantes e tão utilizadas, porque (1) proporcionam uma plataforma estrutural conveniente para os componentes; (2) uma placa com interconexões corretamente roteadas pode ser produzida em massa, sem a variabilidade normalmente associada com a soldagem manual dos fios; (3) quase todas as conexões soldadas entre os componentes e a PCI podem ser feitas em uma operação mecanizada de uma etapa (passo); (4) uma PCI montada proporciona desempenho confiável; e (5) nos sistemas eletrônicos complexos, cada PCI montada pode ser desconectada do sistema para manutenção, reparo ou substituição.

Nota Histórica 31.1 *Placas de circuito impresso*

Antes das placas de circuito impresso, os componentes elétricos e eletrônicos eram fixados manualmente a um chassi de chapa metálica (normalmente alumínio) e depois cabeados e soldados para formar o circuito desejado. Isso se chamava construção ponto a ponto. No final dos anos 1950, várias placas de plástico foram disponibilizadas para venda. Essas placas, que proporcionavam isolamento elétrico, substituíram gradualmente o chassi de alumínio. Os primeiros plásticos eram fenólicos, seguidos por epóxis reforçados com fibra de vidro. As placas vinham com furos prontos, espaçados em intervalos padrão nas duas direções. Isso motivou o uso de componentes eletrônicos que se encaixavam nesses espaçamentos dos furos. O encapsulamento *dual-in-line* evoluiu durante esse período.

Os componentes nessas placas de circuito eram interconectados à mão, o que se mostrou cada vez mais difícil e propenso ao erro humano, à medida que as densidades dos componentes aumentavam e os circuitos ficavam mais complexos. A placa de circuito impresso, com lâmina de cobre gravada em sua superfície para formar as interconexões que substituíam os fios, foi desenvolvida nos anos 1950 para solucionar esses problemas com a fiação manual. As placas de circuito impresso durante esse período usavam tecnologia de furos passantes, e as PCIs tinham que ser perfuradas para acomodar as conexões dos componentes. A técnica original para "imprimir" o padrão de circuito na placa folheada com cobre era a serigrafia. No final dos anos 1980, a tecnologia de montagem em superfície começou a substituir a construção de furos passantes. A SMT não exigia furos para as conexões, e os componentes eram muito menores, permitindo densidades de circuito muito maiores nas placas de circuito impresso. À medida que a largura das trilhas se tornava cada vez mais fina, a fotolitografia foi substituída pela serigrafia.

As técnicas iniciais para projetar as máscaras de circuito envolviam um processo de tintagem manual no qual o projetista tentava encaminhar as trilhas condutivas para proporcionar as conexões necessárias e evitar curto-circuito em uma grande folha de papel ou velino. Isso ficou mais difícil, à medida que o número de componentes na placa aumentava e as linhas condutoras interconectando os componentes ficavam mais finas. Foram desenvolvidos programas de computador para ajudar o projetista a solucionar o problema de roteamento. Todavia, em muitos casos, era impossível encontrar uma solução sem cruzar as trilhas (curto-circuito). Para solucionar o problema, *jumpers* eram soldados à mão para fazer essas conexões. À medida que o número de *jumpers* aumentava, o problema do erro humano aparecia novamente. As placas de circuito impresso multicamadas foram introduzidas para lidar com essa questão do roteamento das trilhas.

31.2.1 ESTRUTURAS, TIPOS E MATERIAIS PARA PCIs

Uma ***placa de circuito impresso*** (PCI), também chamada de ***placa de fiação impressa*** (PWB, do inglês *printed wiring board*), é um painel plano, laminado, de material isolante, projetado para proporcionar conexões elétricas entre os componentes eletrônicos a ele acoplados. As interconexões são feitas por caminhos condutores finos na superfície da placa ou em camadas alternadas entre as outras camadas de material isolante. Os caminhos condutores são feitos de cobre e se chamam ***trilhas*** (*tracks*). Outras áreas de cobre, chamadas ***ilhas*** (*lands*), também estão disponíveis na superfície da placa para acoplar e conectar eletricamente os componentes.

Os materiais isolantes nas PCIs normalmente são compostos de polímero reforçados com fibra de vidro ou papel. Os polímeros incluem epóxi (o mais utilizado), fenólicos e poliamida. *E-glass* é a fibra usual nos tecidos reforçados com fibra, especialmente nas PCIs de epóxi; o papel à base de algodão é uma camada de reforço comum para as placas fenólicas. A espessura usual da camada de substrato é 0,8 a 3,2 mm, e a espessura da lâmina de cobre é aproximadamente 0,04 mm. Os materiais que formam a estrutura da PCI devem ser isolantes elétricos, resistentes mecanicamente e rígidos, resistentes ao empenamento, dimensionalmente estáveis, resistentes ao calor e retardantes de chama. Frequentemente são adicionadas substâncias químicas ao composto polimérico para obter as duas últimas características.

Existem três principais tipos de placa de circuito impresso, exibidos na Figura 31.3: (a) placa com ***face simples ou única***, na qual a lâmina de cobre está em apenas um lado do substrato isolante; (b) placa de ***face dupla***, na qual a lâmina de cobre está nos dois lados do substrato; e (c) placa ***multicamadas***, consistindo em camadas alternadas de lâmina condutora e isolamento. Em todas as três estruturas, as camadas de isolamento

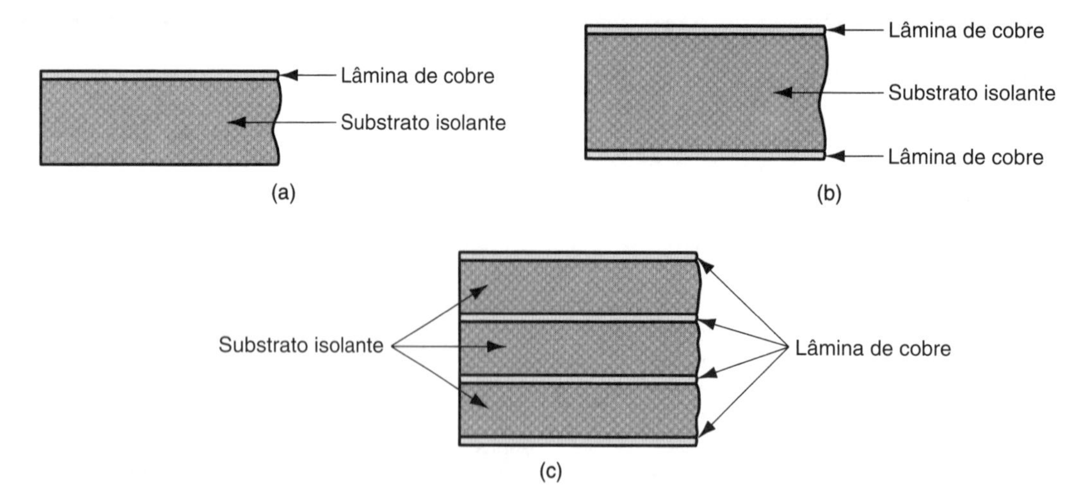

FIGURA 31.3 Três tipos de estrutura da placa de circuito impresso: (a) face simples, (b) face dupla e (c) multicamadas.

são construídas a partir de múltiplos laminados de lâminas de vidro epóxi (ou outro composto) ligadas para formar uma estrutura resistente e rígida. As placas multicamadas são utilizadas em montagens de circuitos complexos nas quais um grande número de componentes deve ser interconectado a muitas rotas de trilhas, exigindo assim mais caminhos condutores do que caberiam em uma ou duas camadas de cobre. Quatro camadas é a configuração multicamadas mais comum, mas são produzidas placas com até 24 camadas condutoras.

31.2.2 PRODUÇÃO DAS PLACAS INICIAIS

As placas de simples e de face dupla podem ser compradas de fornecedores que se especializam em produzi-las em massa nos tamanhos padrão. Depois as placas são customizadas por um fabricante de circuitos para criar um padrão de circuito especificado e determinado tamanho de placa para uma determinada aplicação. As placas multicamadas são fabricadas a partir de placas de simples e de face dupla. O fabricante de circuito processa as placas separadamente para formar o padrão de circuito necessário para cada camada na estrutura final e depois cada placa é colada às outras placas de epóxi-tecido. O processamento das placas multicamadas é mais envolvido e mais caro que os outros tipos; a razão para usá-las é que elas proporcionam um desempenho melhor para sistemas grandes do que usar um número muito maior de placas de densidade mais baixa de construção mais simples.

A lâmina de cobre utilizada para folhear as placas iniciais é produzida por um processo de eletroformação contínua (Subseção 24.3.2), no qual um tambor giratório de metal liso é parcialmente submerso em um banho eletrolítico contendo íons de cobre. O tambor é o catodo no circuito, fazendo com que o cobre revista a sua superfície. À medida que o tambor gira para fora do banho, a lâmina de cobre fina é removida de sua superfície. O processo é ideal para produzir a lâmina de cobre muito fina necessária para as PCIs.

A produção das placas iniciais consiste em pressionar múltiplas lâminas de fibra de vidro entremeadas que foram impregnadas com epóxi parcialmente curado (ou outro polímero termofixo). O número de lâminas utilizadas no sanduíche inicial determina a espessura da placa final. A lâmina de cobre é colocada em um ou ambos os lados da pilha laminada de epóxi-fibra de vidro, dependendo de serem feitas placas de simples ou de face dupla. Nas placas de face simples, utiliza-se um filme fino no lugar da lâmina de cobre para prevenir a colagem do epóxi na prensagem. A prensagem é feita entre duas placas aquecidas por vapor de uma prensa hidráulica. A combinação de calor e pressão compacta e cura as camadas de epóxi-vidro para colar e endurecer os laminados em uma placa monolítica. A placa é resfriada e aparada para remover o excesso de epóxi que foi espremido em volta das bordas.

A placa completa consiste em um painel de epóxi reforçado com fibra de vidro, folheada com cobre sobre sua área de superfície em um ou ambos os lados. Agora ela está pronta para o fabricante de circuito. Os painéis são produzidos normalmente em grandes larguras padrão projetadas para corresponder aos sistemas de manuseio das placas no equipamento de solda branda por onda, máquinas de inserção automática e outras instalações de processamento e montagem de PCIs. Se o projeto eletrônico exigir um tamanho menor, várias unidades podem ser processadas juntas na mesma placa maior e depois separadas mais tarde.

31.2.3 PROCESSOS UTILIZADOS NA FABRICAÇÃO DE PCIs

O fabricante de circuitos emprega uma série de operações de processamento para produzir uma PCI acabada, pronta para montagem dos componentes. As operações incluem limpeza, cisalhamento, furação ou puncionamento de furo, geração de imagem do padrão, decapagem e deposição eletrolítica ou química. A maioria desses processos foi discutida em capítulos anteriores. Esta seção enfatiza os detalhes que são relevantes para a fabricação das PCIs. A discussão avança aproximadamente na ordem em que os processos são realizados em uma placa. No entanto, existem diferenças na sequência de processamento entre diferentes tipos de placas, e essas diferenças são examinadas na Subseção 31.2.4. Algumas das operações na fabricação da PCI devem ser executadas em condições de sala limpa para evitar defeitos nos circuitos impressos, especialmente nas placas com trilhas e detalhes finos.

Preparação da Placa A preparação inicial da placa consiste em cisalhar, furar e outras operações de mudança de forma para criar abas, ranhuras e características similares na placa. Se for necessário, o painel inicial pode ter que ser cortado em um tamanho compatível com o equipamento do fabricante de circuitos. Os furos, chamados furos de ferramenta, são feitos por meio de furação ou puncionamento e são utilizados para posicionar a placa durante o processamento subsequente. A sequência das etapas de fabricação exige o alinhamento rigoroso de um processo para o outro, e esses furos são utilizados com pinos de posicionamento em cada operação para alcançar um registro preciso. Para essa finalidade, geralmente são suficientes três furos de ferramenta por placa; o tamanho do furo é aproximadamente 3,2 mm, maior que os furos de circuito a serem produzidos posteriormente.

A placa recebe um código de barras para fins de identificação nessa fase de preparação. Finalmente, utiliza-se um processo de limpeza para remover a poeira e a gordura da superfície da placa. Embora os requisitos de limpeza não sejam tão rigorosos quanto na fabricação dos CIs, pequenas partículas de sujeira e poeira podem provocar defeitos no padrão do circuito de uma placa de circuito impresso; e os filmes superficiais de gordura podem inibir a gravação e outros processos químicos. A limpeza é essencial para produzir PCIs confiáveis.

Perfuração de Furos Além dos furos de ferramenta, são necessários furos de circuito funcionais nas PCIs, como (1) ***furos de inserção*** para colocação de pinos de componentes baseados na tecnologia de furos passantes (PIH), (2) ***furos de vias***, que posteriormente são revestidos com cobre e utilizados como caminhos condutores de um lado para outro da placa, e (3) furos para fixar certos componentes, como dissipadores de calor e conectores à placa. Esses furos são perfurados ou puncionados, usando os furos de ferramenta para localização. Furos mais limpos podem ser produzidos por furação; então a maioria dos furos na fabricação de PCIs é perfurada. Uma pilha de três ou quatro painéis pode ser perfurada na mesma operação, usando uma furadeira de coluna com controle numérico computadorizado (CNC) que recebe as suas instruções de programação de um banco de dados de projeto. Para trabalhos de alta produção, às vezes são utilizadas furadeiras de múltiplos cabeçotes, permitindo que todos os furos na placa sejam perfurados em um único movimento de avanço.

As brocas helicoidais padrão (Subseção 19.3.2) são utilizadas para perfurar os furos, mas a aplicação impõe uma série de demandas incomuns na broca e no equipamento de furação. Talvez o maior problema seja o pequeno diâmetro do furo nas placas de circuito impresso; o diâmetro da broca geralmente é menor que 1,27 mm, mas algumas placas de alta densidade necessitam de furos com 0,15 mm de diâmetro ou até menos [8]. Brocas tão pequenas possuem pouca resistência, e sua capacidade para dissipar o calor é baixa.

Outra dificuldade é o material de trabalho exclusivo. Primeiro, a broca deve passar por uma fina cobertura de cobre e depois avançar através de um composto abrasivo de epóxi-vidro. Diferentes brocas normalmente seriam especificadas para esses materiais, mas uma única broca deve ser suficiente na furação da PCI. O metal duro ou o carboneto revestido são preferidos em relação ao aço rápido como material para a ferramenta.

O furo de pequeno diâmetro, combinado com o empilhamento de várias placas ou com placas em múltiplas camadas, resulta em uma relação profundidade/diâmetro elevada, agravando o problema da remoção de cavaco do furo. Outros requisitos colocados na operação incluem a alta precisão na localização do furo, furos com paredes lisas e ausência de rebarbas nos furos. As rebarbas se formam normalmente quando a broca entra em um furo ou sai dele; lâminas finas de material são colocadas frequentemente no topo e embaixo da pilha de placas para inibir a formação de rebarbas nas próprias placas.

Finalmente, qualquer ferramenta de corte deve ser utilizada em certa velocidade de corte para operar na melhor eficiência. Em uma broca, a velocidade de corte é medida no diâmetro. Nas brocas muito pequenas, isso significa velocidades de rotação extremamente altas – até 100.000 rpm em alguns casos. São necessários rolamentos de eixo e motores especiais para alcançar essas velocidades.

Geração de Imagem dos Padrões de Circuito e Decapagem Existem dois métodos básicos pelos quais o padrão de circuito é transferido para a superfície de cobre da placa: serigrafia e fotolitografia. Os dois métodos envolvem o uso de um revestimento fotorresistivo na superfície da placa que determina onde vai ocorrer a decapagem do cobre para criar as trilhas e ilhas do circuito.

A serigrafia foi o primeiro método utilizado para PCIs. Na realidade é uma técnica de impressão, e o termo *placa de circuito impresso* pode ser atribuído a esse método. Na ***serigrafia***, uma tela de estêncil contendo o padrão de circuito é colocada na placa, e um líquido fotorresistivo é espremido através da malha na superfície inferior. Esse método é simples e barato, mas sua resolução é limitada. Normalmente é utilizado apenas em aplicações em que as larguras da trilha são maiores que aproximadamente 0,25 mm.

O segundo método de transferência do padrão de circuito é a ***fotolitografia***, no qual um material fotorresistivo altamente sensível é exposto por meio de uma máscara para transferir o padrão de circuito. O procedimento é similar ao processo correspondente na fabricação de CIs (Subseção 30.3.1); alguns dos detalhes no processamento da PCI serão descritos aqui.

Os fotorresistes utilizados pelos fabricantes de circuitos estão disponíveis em duas formas: filme líquido ou seco. Os fotorresistes líquidos podem ser aplicados por rolo ou pulverização. Os fotorresistes de filme seco são utilizados com mais frequência na fabricação de PCIs. Eles consistem em três camadas: um filme de polímero fotossensível intercalado entre uma lâmina de suporte feita de poliéster em um lado e uma lâmina plástica removível de cobertura no outro lado. A lâmina de cobertura impede que o material fotossensível cole durante o armazenamento e o manuseio. Embora mais caros que os fotorresistes líquidos, os fotorresistes de filme seco formam revestimentos de espessura uniforme, e seu processamento na fotolitografia é mais simples. Para aplicar, a lâmina de cobertura é removida e o filme fotorresistivo é colocado na superfície de cobre à qual adere imediatamente. Rolos quentes são utilizados para pressionar e alisar o fotorresiste na superfície.

O alinhamento das máscaras em relação à placa se baseia no uso de furos de registro (alinhamento) que são alinhados com os furos de ferramenta na placa. A impressão por contato é utilizada para expor o fotorresiste embaixo da máscara. O fotorresiste é revelado, envolvendo a remoção das regiões não expostas do fotorresiste negativo da superfície.

Após a revelação do fotorresiste, certas áreas da superfície do cobre continuam cobertas pelo fotorresiste, enquanto outras áreas agora estão desprotegidas. As áreas cobertas correspondem a trilhas e ilhas circulares, enquanto as áreas não revestidas correspondem a regiões abertas nesses intervalos. A ***decapagem*** remove o revestimento de cobre nas regiões desprotegidas da superfície da placa, normalmente por meio de um decapante químico. A decapagem é a etapa que transforma o filme sólido de cobre nas interconexões para um circuito elétrico.

A decapagem é feita em uma câmara de decapagem na qual o decapante é pulverizado na superfície da placa que agora está parcialmente revestida com o material fotorresistivo. Vários decapantes são utilizados para remover o cobre, incluindo o persulfato de amônia ($(NH_4)_2S_2O_4$), o hidróxido de amônia (NH_4OH), o cloreto cúprico ($CuCl_2$) e o cloreto férrico ($FeCl_3$). Cada um tem suas vantagens e desvantagens relativas. Os parâmetros de processo (por exemplo, temperatura, concentração do decapante e duração) devem ser controlados cuidadosamente para evitar o excesso ou a falta de decapagem, como na fabricação de CIs. Após a decapagem, a placa deve ser enxaguada e o fotorresiste restante deve ser quimicamente removido da superfície.

Deposição Nas placas de circuito impresso, a deposição é necessária nas superfícies dos furos para promover caminhos condutivos de um lado para outro nas placas de face dupla ou entre as camadas nas placas multicamadas. São empregados dois tipos de processos de deposição na fabricação de PCIs: eletrodeposição e deposição química (Seção 24.3). A eletrodeposição tem maior taxa de deposição do que a deposição química, mas requer que a superfície revestida seja metálica (condutiva). A eletrodeposição é mais lenta, mas requer que a superfície revestida seja metálica (condutiva). A deposição química é mais lenta, mas não exige uma superfície condutora.

Após a perfuração dos furos de vias e dos furos de inserção, as paredes desses furos consistem em material isolante de epóxi-vidro, que é não condutor. Consequentemente, a deposição química deve ser utilizada inicialmente para proporcionar um revestimento de cobre fino nas paredes dos furos. Depois que o filme de cobre fino for aplicado, a deposição eletrolítica é utilizada para aumentar a espessura do revestimento nas superfícies do furo para um valor entre 0,025 e 0,05 mm.

O ouro é outro metal que às vezes é depositado nas placas de circuito impresso. Ele é utilizado como um revestimento muito fino nos conectores da borda da PCI para proporcionar um contato elétrico superior. A espessura do revestimento é de apenas 2,5 μm.

31.2.4 SEQUÊNCIA DE FABRICAÇÃO DE PCIs

Esta seção descreve a sequência de processamento de vários tipos de placas. A sequência se refere à transformação de uma placa de polímero reforçado revestida com cobre em uma placa de circuito impresso, um procedimento chamado de ***circuitização***. O resultado desejado é ilustrado na Figura 31.4 para uma placa de face dupla.

Circuitização Três métodos de circuitização podem ser utilizados para determinar quais regiões da placa serão revestidas com cobre [13]: (1) subtrativo, (2) aditivo e (3) semiaditivo.

No ***método subtrativo***, porções abertas do revestimento de cobre na placa inicial são decapadas da superfície, de modo que as trilhas e ilhas do circuito desejado permanecem. O processo é denominado "subtrativo" porque o cobre é removido da superfície da placa. As etapas no método subtrativo são descritas na Figura 31.5.

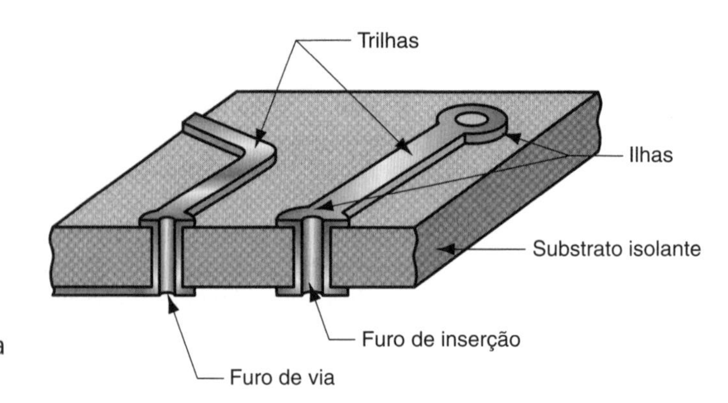

FIGURA 31.4 Seção de uma PCI de face dupla exibindo várias características obtidas durante a fabricação: trilhas e ilhas, e furos de inserção e de via revestidos de cobre.

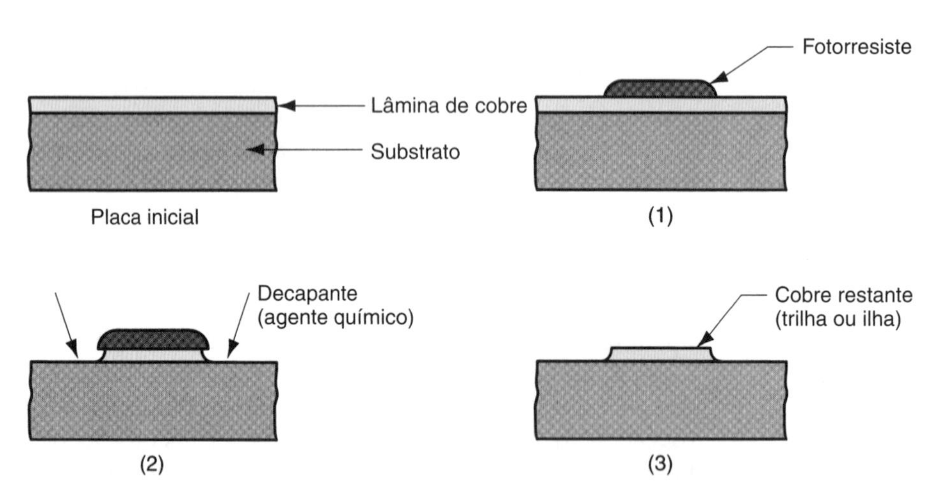

FIGURA 31.5 O método subtrativo de circuitização na fabricação da PCI: (1) aplicar o fotorresiste às áreas que não devem ser decapadas, usando fotolitografia para expor as áreas que devem ser decapadas, (2) decapar e (3) remover o fotorresiste.

O ***método aditivo*** começa com uma superfície de placa que não está revestida com cobre, como a superfície não revestida de uma placa de face simples. No entanto, a superfície não revestida é tratada com um produto químico, chamado de ***buttercoat***, que age como catalisador da deposição química. As etapas no método são esquematizadas na Figura 31.6.

O ***método semiaditivo*** usa uma combinação de etapas aditivas e subtrativas. A placa inicial tem um filme de cobre muito fino em sua superfície – 5 μm ou menos. O método prossegue conforme descrito na Figura 31.7.

Processamento de Diferentes Tipos de Placas Os métodos de processamento são diferentes nos três tipos de PCI: face simples, face dupla e multicamadas. Uma ***placa com face simples*** começa a fabricação como uma lâmina plana de revestimento de material isolante em um lado com filme de cobre. O método subtrativo é utilizado para produzir o padrão do circuito no revestimento de cobre.

Uma ***placa de face dupla*** envolve uma sequência de processamento um pouco mais complexa porque tem trilhas de circuito em ambos os lados, as quais devem ser conectadas eletricamente. A interconexão é obtida por meio de furos de vias revestidos com cobre, que vão desde as ilhas em uma superfície da placa até as ilhas da superfície oposta, como mostra a Figura 31.4. Uma sequência de fabricação típica de uma placa de face dupla (folheada a cobre nos dois lados) usa o método semiaditivo. Após a perfuração dos furos, utiliza-se a deposição química para revestir inicialmente os furos, seguida pela eletrodeposição para aumentar a espessura do revestimento.

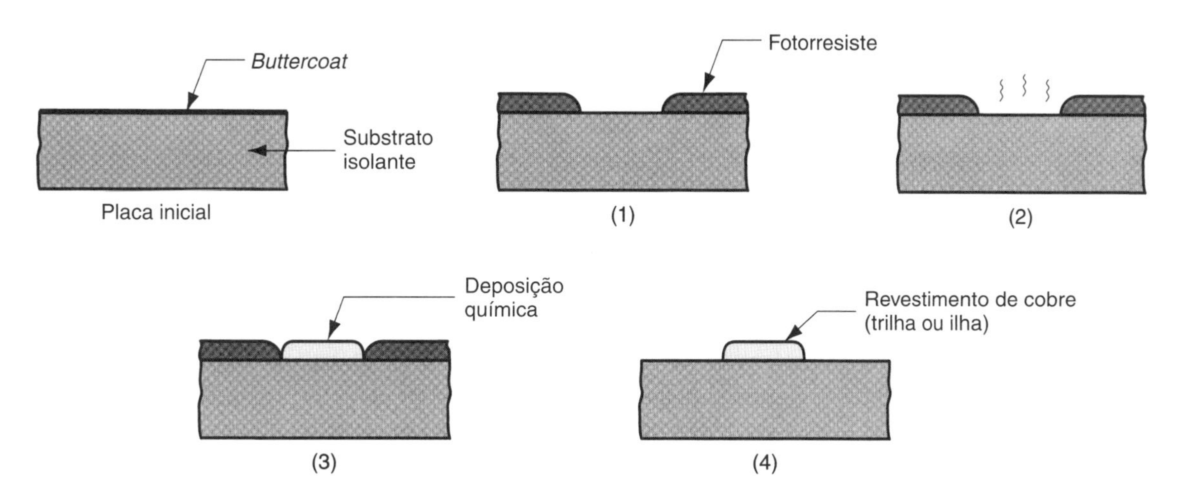

FIGURA 31.6 O método aditivo de circuitização na fabricação da PCI: (1) um filme fotorresistivo é aplicado à superfície usando fotolitografia para expor as áreas a serem revestidas com cobre; (2) a superfície exposta é quimicamente ativada para servir como um catalisador da deposição química; (3) o cobre é aplicado nas áreas expostas; e (4) o filme fotorresistivo é removido.

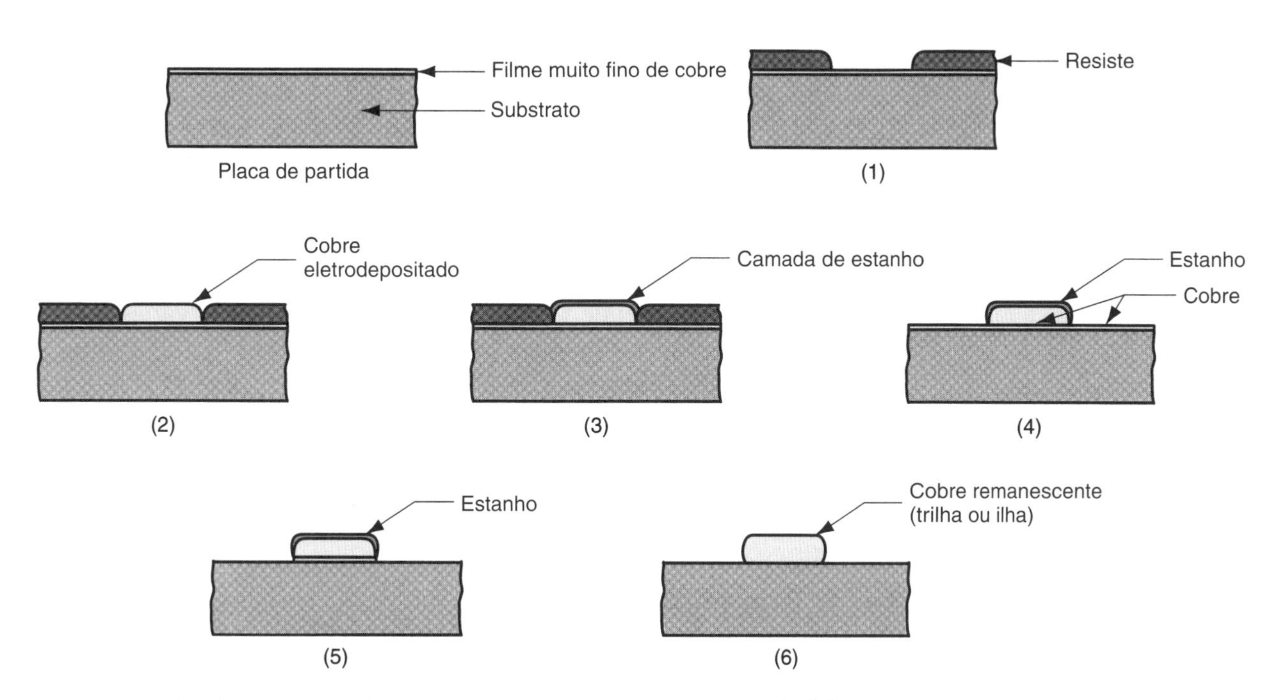

FIGURA 31.7 O método semiaditivo de circuitização na fabricação da PCI: (1) aplicar o fotorresiste às áreas que não serão depositadas; (2) eletrodeposição com cobre, usando o filme fino de cobre para condução; (3) aplicar estanho por cima do cobre depositado; (4) remover o fotorresiste; (5) decapar o filme fino de cobre na superfície, enquanto o estanho atua como fotorresiste para o cobre depositado; e (6) remover o estanho do cobre.

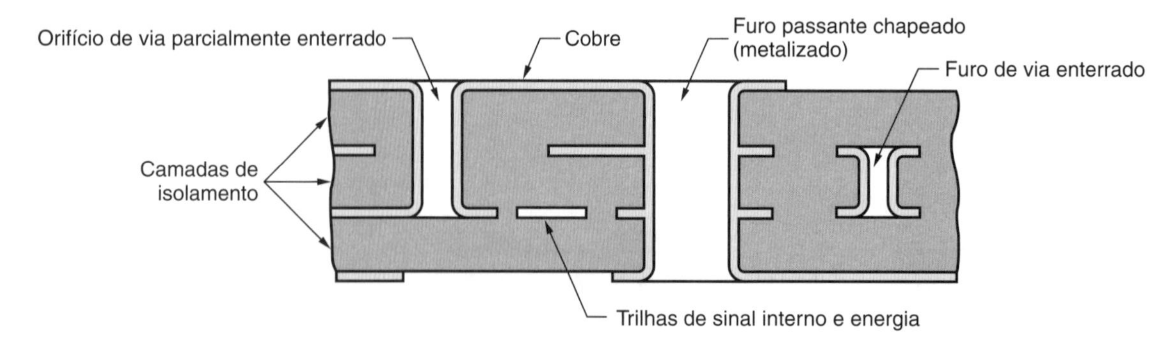

FIGURA 31.8 Seção transversal típica de uma placa de circuito impresso multicamadas.

Uma ***placa multicamadas*** é estruturalmente o mais complexo dos três tipos, e essa complexidade é refletida em sua sequência de produção. A construção laminada pode ser vista na Figura 31.8, que destaca algumas das características de uma PCI multicamadas. As etapas de fabricação de cada camada são basicamente as mesmas utilizadas em placas de simples ou de face dupla. O que torna a fabricação de uma placa multicamadas mais complicada é que, (1) primeiramente, todas as camadas, cada uma com seu projeto de circuito, devem ser processadas; depois (2) essas camadas devem ser reunidas para formar uma placa integral; e, finalmente, (3) a placa montada deve passar por sua própria sequência de processamento.

Uma placa multicamadas consiste em ***camadas lógicas***, que transmitem sinais elétricos entre os componentes na placa, e ***camadas de tensão (elétrica)***, que são utilizadas para distribuir energia. As camadas lógicas geralmente são fabricadas a partir de placas de face dupla, ao passo que as camadas de tensão geralmente são feitas de placas de face simples. Nas placas multicamadas são utilizados substratos isolantes mais finos que os das contrapartes de face simples e de face dupla, de modo que uma espessura conveniente pode ser obtida para a placa.

No segundo estágio, cada camada é reunida. O procedimento começa com a lâmina de cobre na parte inferior externa e depois adiciona cada camada, separando uma da outra por uma ou mais lâminas de fibra de vidro impregnada com epóxi parcialmente curado. Após todas as camadas terem sido intercaladas, uma lâmina de cobre final é aplicada na pilha, formando a camada superior externa. Depois as camadas são coladas em uma única placa pelo aquecimento do conjunto sob pressão para curar o epóxi. Após a cura, qualquer excesso de resina é espremido para fora das placas intercaladas, em volta das bordas, e removido.

No início do terceiro estágio de fabricação, a placa consiste em várias camadas coladas, com lâmina de cobre revestindo suas superfícies externas. Portanto, sua construção pode ser comparada com a construção de uma placa de face dupla; e seu processamento também é parecido. A sequência consiste em perfurar outros furos passantes, metalizar os furos para estabelecer caminhos de condução entre os dois filmes de cobre exteriores e também certas camadas de cobre internas, e o uso da fotolitografia e decapagem para formar o padrão de circuito nas superfícies de cobre externas.

Operações de Teste e Acabamento Após um circuito ter sido fabricado na superfície da placa, ele deve ser inspecionado e testado para garantir que funcione de acordo com as especificações do projeto e que não contenha defeitos de qualidade. Dois procedimentos são comuns: (1) inspeção visual e (2) teste de continuidade. Na ***inspeção visual***, a placa é examinada visualmente para detectar circuitos abertos e curtos-circuitos, erros de localização dos furos perfurados e outras falhas que podem ser observadas sem aplicar energia elétrica à placa. As inspeções visuais, feitas não só após a fabricação, mas também em vários estágios críticos durante a produção, são feitas pelo olho humano ou por visão de máquina (artificial) (Subseção 37.6.3).

O ***teste de continuidade*** envolve o uso de sondas de contato que são colocadas simultaneamente em contato com as áreas de trilha e ilha na superfície da placa. A configuração consiste em um conjunto de sondas que sofrem uma leve pressão para entrar em contato com pontos determinados na superfície da placa. As conexões elétricas entre os pontos de contato podem ser verificadas rapidamente nesse procedimento.

Várias outras etapas de processamento devem ser realizadas na placa nua (vazia) para prepará-la para a montagem. A primeira dessas operações de acabamento é a aplicação de uma fina camada de solda nas superfícies das trilhas e ilhas. Essa camada serve para proteger o cobre contra oxidação e contaminação. É executada por eletrodeposição ou colocando o lado do cobre em contato com rolos giratórios que são parcialmente submersos em solda fundida.

Uma segunda operação envolve a aplicação de um revestimento de solda fotorresistiva em todas as áreas da superfície da placa, exceto as ilhas que são soldadas subsequentemente na montagem. O revestimento de solda fotorresistiva é formulado quimicamente para resistir à adesão da solda; desse modo, nos processos de soldagem subsequentes, a solda adere apenas às áreas da ilha. A solda fotorresistiva normalmente é aplicada por serigrafia.

Finalmente, uma legenda de identificação é impressa na superfície, novamente por serigrafia. A legenda indica onde devem ser posicionados os diferentes componentes na placa durante a montagem final. Na prática industrial moderna, também é impresso um código de barras na placa para fins de controle da produção.

31.3 Montagem da Placa de Circuito Impresso

A montagem de uma placa de circuito impresso consiste em componentes eletrônicos (por exemplo, encapsulamentos de CI, resistores, capacitores) e também em componentes mecânicos (por exemplo, fixadores, dissipadores de calor) montados em uma placa de circuito impresso. Esse é o nível 2 no encapsulamento de eletrônicos (Tabela 31.1). Conforme indicado, a montagem da PCI se baseia na tecnologia de montagem em superfície (SMT) ou na tecnologia de furos passantes (veja a Figura 31.2). Algumas montagens de PCI incluem componentes SMT e de furos passantes. A discussão nesta seção inclui as duas categorias e também combinações das duas. O escopo da montagem de eletrônicos também inclui níveis maiores de encapsulamento, como montagens de múltiplas PCIs conectadas elétrica e mecanicamente, contidas em um chassi ou gabinete. A Seção 31.4 explora as tecnologias em que são feitas as conexões elétricas nesses níveis mais altos.

31.3.1 TECNOLOGIA DE MONTAGEM EM SUPERFÍCIE

Desde o final dos anos 1980, o uso da tecnologia de montagem em superfície cresceu a ponto de hoje ser o processo dominante na montagem de placas de circuito impresso. A tecnologia de furos passantes anterior tem as seguintes limitações inerentes em termos da densidade de encapsulamento: (1) os componentes podem ser montados em apenas um lado da placa, e (2) a distância centro a centro entre os pinos conectores nos componentes com esse tipo de conexão deve ser, no mínimo, de 1,0 mm, e normalmente é de 2,5 mm.

A tecnologia de montagem em superfície usa um método de montagem no qual os conectores são soldados às ilhas na superfície da placa em vez de furos que atravessam a placa (Nota Histórica 31.2). Ao eliminar a necessidade de pinos conectores inscridos em orifícios na placa, várias vantagens são adquiridas: (1) componentes menores, com conectores mais próximos uns dos outros; (2) densidades de circuito maiores; (3) componentes podem ser montados nos dois lados da placa; (4) PCIs menores podem ser utilizadas no mesmo sistema eletrônico; e (5) a perfuração de muitos furos durante a

Nota Histórica 31.2 *Tecnologia de montagem em superfície*

As montagens de placa de circuito impresso baseadas na tecnologia de furos passantes eram o método predominante de encapsulamento de produtos eletrônicos dos anos 1950 até a maior parte dos anos 1980, quando a tecnologia de montagem em superfície começou a ser amplamente utilizada.

A SMT tem sua origem nos sistemas eletrônicos dos setores aeroespacial e militar dos anos 1960, com a IBM Corporation responsável por grande parte do desenvolvimento original. Os primeiros componentes eram pequenos encapsulamentos cerâmicos planos com conectores em asa de gaivota. A razão inicial para explicar por que esses encapsulamentos eram atraentes em comparação com a tecnologia de furos passantes foi o fato de que eles podiam ser colocados nos dois lados de uma placa de circuito impresso – na verdade, duplicando a densidade de componentes. Além disso, o encapsulamento SMT podia ser menor do que um encapsulamento de furos passantes comparável, aumentando ainda mais as densidades de componentes na placa de circuito impresso.

No início dos anos 1970, ocorreram mais avanços na SMT quanto à forma dos componentes sem pinos – componentes com encapsulamentos cerâmicos que não tinham pinos discretos. Isso permitiu densidades de circuito ainda maiores na eletrônica militar e aeroespacial. No final dos anos 1970, os encapsulamentos SMT plásticos foram disponibilizados, motivando o uso disseminado da tecnologia de montagem em superfície. Os setores de informática e automotivo passaram a ser usuários importantes da SMT, e sua demanda por componentes SMT contribuiu para o crescimento significativo dessa tecnologia.

fabricação da placa é eliminada, embora os furos de vias para camadas interconectadas ainda sejam necessários [6]. As áreas típicas na superfície da placa ocupadas pelos componentes SMT variam entre 20 % e 60 %, em comparação com os componentes de furos passantes.

Apesar de suas vantagens, a SMT não foi plenamente adotada pela indústria eletrônica, a ponto de excluir a tecnologia de furos passantes. Existem várias razões para isso: (1) Em virtude de seu tamanho menor, os componentes de montagem em superfície são mais difíceis de manusear e montar por seres humanos; (2) inspeção, teste e retrabalho das montagens de circuito geralmente são mais difíceis na SMT devido à menor escala envolvida; e (3) certos tipos de componentes não estão envolvidos na forma de montagem de superfície. Essa limitação final resulta em algumas montagens de produtos eletrônicos que contêm componentes de montagem em superfície e componentes com pinos conectores.

A sequência de etapas para produzir a PCI montada é basicamente a mesma na tecnologia SMT e de furos passantes: (1) colocação dos componentes na PCI, (2) solda dos componentes às ilhas da PCI, (3) limpeza do conjunto, (4) inspeção, (5) teste e (6) retrabalho. Os detalhes das duas primeiras etapas são diferentes na SMT e nos furos passantes. As quatro etapas finais são as mesmas, exceto que a escala menor da SMT dificulta a inspeção, o teste e o retrabalho.

A colocação dos componentes na SMT significa posicionar corretamente o componente na PCI e fixá-lo suficientemente à superfície até a soldagem promover conexões mecânicas e elétricas permanentes. Existem dois métodos alternativos de posicionamento e soldagem: (1) pasta de solda e solda branda por refusão e (2) união adesiva dos componentes e solda branda por ondas. Acontece que certos tipos de componentes SMT são mais adequados para um método, ao passo que outros tipos são mais adequados para o outro método.

Pasta de Solda e Solda Branda por Refusão (ou Refluxo) As etapas nesse método são descritas na Figura 31.9. Uma pasta de solda é utilizada para fixar os componentes à superfície da placa de circuito. A ***pasta de solda*** é uma suspensão de pós de solda em um fluxo ligante. Ela tem três funções: (1) é a solda – tipicamente 80 % a 90 % do volume total da pasta, (2) é o fluxo, e (3) é o adesivo que prende temporariamente os componentes à superfície da placa. Os métodos de aplicação da pasta de solda à superfície da placa incluem a serigrafia e a distribuição com seringa.

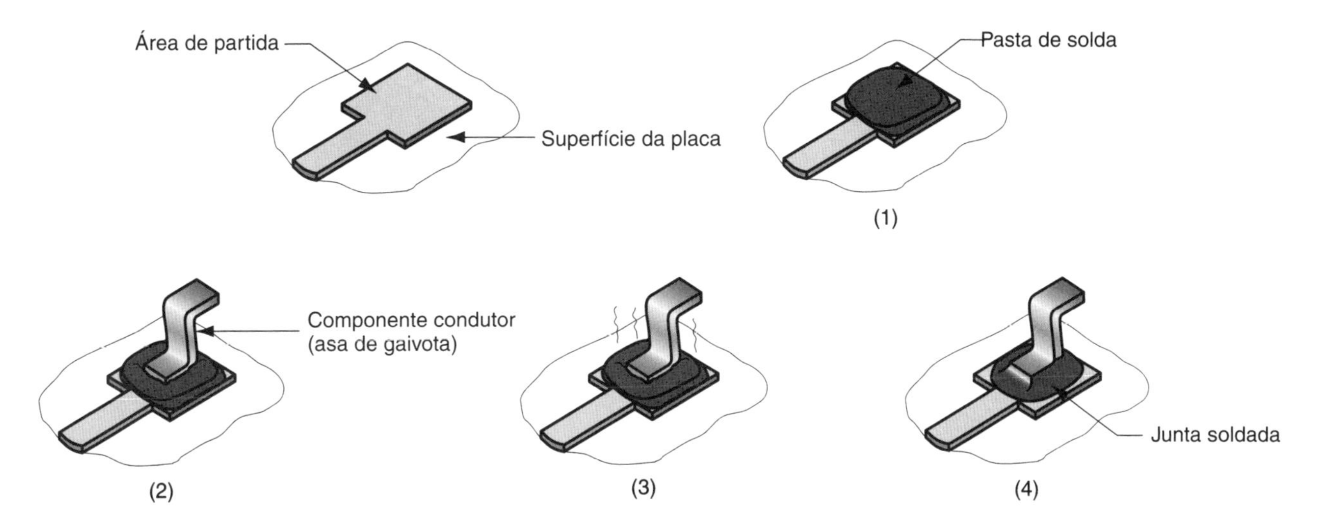

FIGURA 31.9 Método da solda em pasta e solda branda por refusão: (1) aplicação da pasta de solda nas áreas desejadas, (2) posicionamento dos componentes sobre a placa, (3) cozimento da pasta, e (4) solda branda por refusão.

As propriedades da pasta devem ser compatíveis com esses métodos de aplicação; a pasta deve escoar, não porém de forma tão líquida a ponto de se espalhar para além da área localizada em que é aplicada.

Após a aplicação da pasta de solda, os componentes são colocados na superfície da placa por máquinas de posicionamento automático ou semiautomático. As máquinas automáticas operam sob o controle numérico computadorizado (Seção 34.3). Os componentes (por exemplo, portadores de *chip*, capacitores, resistores) a serem colocados geralmente são fornecidos em carretéis, ou presos a fitas em bobinas que podem ser carregadas em alimentadores nas máquinas (ou equipamentos) automáticas. A PCI inicial em branco é movimentada e posicionada sob o cabeçote de trabalho seletor, que coloca os componentes em locais especificados na placa usando um sistema de posicionamento *x-y* de alta velocidade. O cabeçote de trabalho usa bocais de sucção para recuperar e manusear os componentes. As máquinas automáticas operam em ciclos de até 30.000 componentes por hora [20]. Para produção em massa, frequentemente elas são integradas às linhas de produção, de modo que a maioria ou todos os processos realizados na placa durante a montagem sejam concluídos em uma sequência automatizada.

As máquinas semiautomáticas ajudam um trabalhador na operação de posicionamento usando um sistema de visão de alta resolução. Os componentes a serem colocados são apresentados ao operador na sequência de colocação correta por um mecanismo de torre e depois o operador pega o componente e é guiado pelo monitor de visualização para colocá-lo na posição correta na placa. Os ciclos de 1000 componentes por hora são considerados por algumas máquinas semiautomáticas [15].

Após todos os componentes serem colocados na placa, é realizada uma operação de cozimento em baixa temperatura para secar o fluxo ligante; isso reduz a fuga de gás durante a soldagem. Finalmente, o processo de solda branda por refluxo (ou por refusão) (Subseção 27.2.3) aquece suficientemente a pasta de solda a ponto de as partículas de solda se fundir e formar uma junta mecânica e elétrica de alta qualidade entre os conectores do componente e as ilhas do circuito na placa.

União Adesiva e Solda Branda por Ondas A sequência de etapas é retratada na Figura 31.10. Vários adesivos (Seção 27.3) são utilizados para afixar os componentes à superfície da placa. Os mais comuns são os epóxis e acrílicos. O adesivo é aplicado por um de três métodos: (1) escovação de um adesivo líquido por meio de um estêncil de tela; (2) utilização de um equipamento de distribuição automática com um sistema de posicionamento *x-y* programável; ou (3) utilização de um método de transferência por

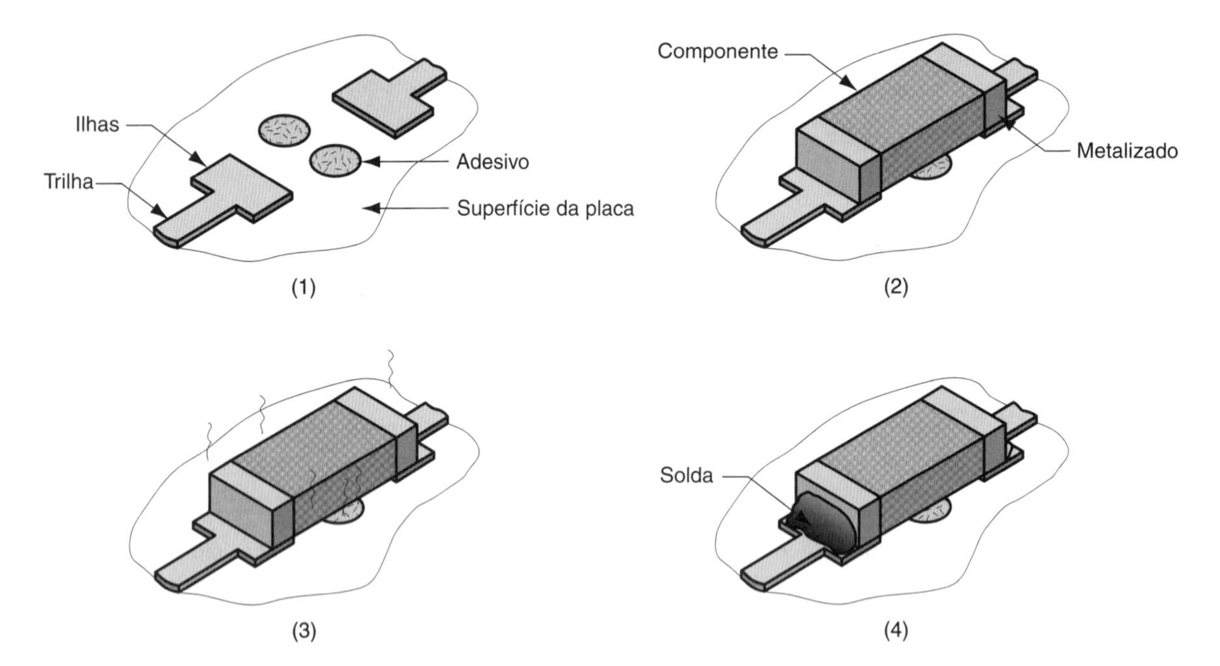

FIGURA 31.10 União adesiva e solda branda por ondas, exibida aqui para um capacitor ou resistor discreto: (1) o adesivo é aplicado às áreas na placa em que os componentes devem ser colocados; (2) os componentes são colocados nas áreas revestidas com adesivo; (3) o adesivo é curado; e (4) são produzidas juntas de solda por meio de solda branda por ondas.

pinos, no qual um dispositivo, consistindo em pinos organizados de modo correspondente ao local em que o adesivo deve ser aplicado, é mergulhado em um adesivo líquido e depois posicionado sobre a superfície da placa para depositar o adesivo nos pontos necessários.

Os componentes são posicionados na placa pelo mesmo tipo de máquinas de posicionamento utilizadas com o método de montagem por pasta de solda. Após o posicionamento do componente, o adesivo é curado. Dependendo do tipo de adesivo, a cura é por calor, luz ultravioleta (UV), ou uma combinação de radiação UV e infravermelho (IV). Com os componentes da montagem em superfície colados agora à superfície da PCI, a placa é submetida à solda branda por ondas. Os próprios componentes passam pela onda de solda fundida. Os problemas técnicos encontrados ocasionalmente na solda branda por ondas da SMT incluem componentes arrancados da placa, componentes mudando de posição e componentes maiores criando sombras que inibem a solda branda adequada dos componentes vizinhos.

31.3.2 TECNOLOGIA DE FUROS PASSANTES

Nas montagens das placas de circuito impresso usando a tecnologia de furos passantes, os pinos conectores devem ser inseridos em furos trespassados na placa de circuito. Depois de inseridos, os conectores são soldados nos furos na placa. Nas placas de face dupla e multicamadas, as superfícies dos furos em que os conectores são inseridos geralmente são revestidas com cobre, dando origem ao nome ***furo passante metalizado*** nesses casos. Após a soldagem, as placas são limpas e testadas, e as que não passam no teste são retrabalhadas, se possível.

Inserção de Componentes Na inserção de componentes, os conectores dos componentes são inseridos em seus furos passantes adequados na PCI. Nas montagens de PCI, baseadas exclusivamente na tecnologia de furos passantes (incomum hoje em dia), uma única placa pode ser povoada com centenas de componentes diferentes (DIPs, resistores etc.), todos eles precisando ser inseridos na placa. Nas instalações de montagem eletrônica modernas, a maioria das inserções de componentes é feita por máquinas de inserção automática. Os componentes são carregados nessas máquinas na forma de carretéis, rolos ou outros carregadores que mantêm a orientação correta dos componentes até a sua inserção. Uma pequena parcela é feita à mão, no caso de componentes fora do padrão que não podem ser acomodados nas máquinas automáticas. Esses casos incluem comutadores e conectores, bem como resistores, capacitores e certos outros componentes. Embora seja baixa a parcela de inserção de componentes realizada manualmente, seu custo é alto, devido às taxas de ciclo muito menores que as das inserções automáticas. Os robôs industriais (Seção 34.4) às vezes são utilizados para substituir o trabalho humano nessas tarefas de inserção de componentes.

A operação de inserção envolve (1) a moldagem prévia dos conectores, (2) a inserção dos conectores nos furos da placa, e depois (3) o recorte e travamento dos conectores no outro lado da placa. A moldagem prévia é necessária apenas para alguns tipos de componentes e envolve a dobragem dos conectores, que inicialmente são retos, formando um U para inserção. Muitos componentes vêm com conectores corretamente moldados e exigem pouca ou nenhuma moldagem prévia.

A inserção é feita por um cabeçote de trabalho projetado para o tipo de componente. Os componentes inseridos por máquinas automáticas são agrupados em três categorias básicas: (a) pino axial, (b) pino radial e (c) portador de *chip* [por exemplo, encapsulamento *dual-in-line* (DIP) – Subseção 30.6.1]. Os componentes axiais e radiais típicos são retratados na Figura 31.11. Os componentes axiais têm a forma de um cilindro, com os pinos se projetando de cada extremidade. Os componentes típicos desse tipo incluem resistores, capacitores e diodos. Seus pinos devem ser dobrados, como sugere a figura, para serem inseridos. Os componentes radiais têm pinos paralelos e várias formas de corpo, uma das quais é mostrada na Figura 31.11(b). Esse tipo de componente inclui diodos emissores de luz, potenciômetros, redes de resistores e porta-fusíveis. Essas configurações são suficientemente diferentes para que máquinas de inserção com diferentes cabeçotes de trabalho sejam utilizadas para lidar com cada categoria. O posicionamento preciso da placa embaixo do cabeçote de trabalho antes de cada inserção é feito por uma mesa de posicionamento *x-y* de alta velocidade.

Depois que os pinos foram inseridos nos furos da placa, eles são travados e cortados. O travamento envolve a dobragem dos pinos, conforme a Figura 31.12, para prender mecanicamente o componente na placa até a soldagem. Se isso não fosse feito, o componente correria o risco de ser retirado de seus furos durante o manuseio. No corte, os pinos são cortados no tamanho correto; senão, existe a possibilidade de que eles possam dobrar e provocar curto-circuito nas trilhas de circuito vizinhas ou nos componentes próximos. Essas operações são realizadas automaticamente no lado de baixo da placa pela máquina de inserção.

Os três tipos de máquinas de inserção, correspondentes às três configurações básicas de componentes, podem ser reunidos para formar uma linha de montagem de placas de circuito integrado. A integração é feita por um sistema de esteiras que transfere as pla-

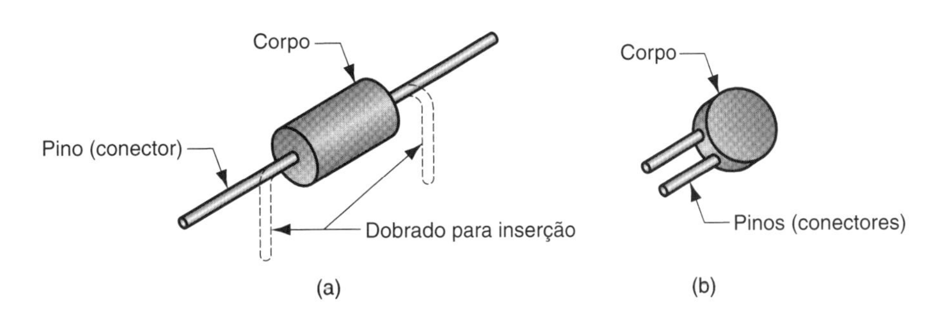

FIGURA 31.11 Dois dos três tipos de componentes básicos utilizados nas máquinas de inserção automática: (a) pino axial e (b) pino radial. O terceiro tipo, encapsulamento *dual in-line* (DIP), é ilustrado na Figura 30.20.

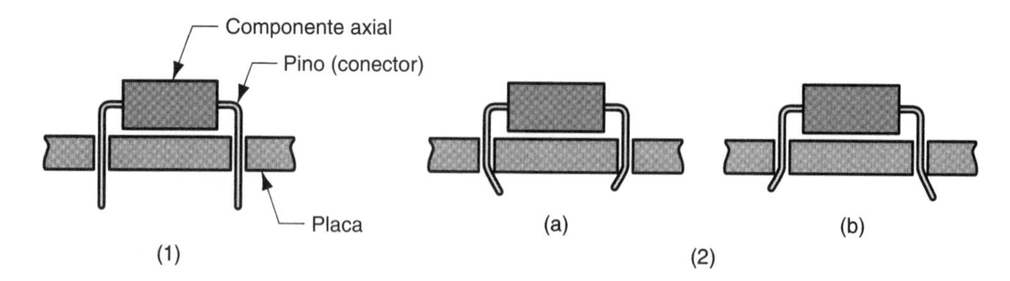

FIGURA 31.12 Travamento e recorte dos pinos dos componentes: (1) conforme inseridos, (2) após a dobragem e o corte; os pinos podem ser dobrados (a) para dentro ou (b) para fora.

cas de uma máquina para outra. Um sistema de controle computadorizado é utilizado para acompanhar o progresso de cada placa, à medida que ela passa pela célula, e para baixar os programas corretos para cada estação de trabalho.

Solda Branda A segunda etapa básica na montagem da PCI é a solda branda. Para os componentes inseridos, as técnicas de soldagem mais importantes são a solda branda por ondas e a solda branda manual. Esses métodos, bem como os outros aspectos da soldagem, são discutidos na Seção 27.2.

A solda branda por ondas é uma técnica mecanizada em que placas de circuito impresso contendo componentes inseridos são movidas por uma esteira sobre uma onda constante de solda fundida (Figura 27.9). A posição da esteira é tal, que apenas o lado debaixo da placa, com os pinos dos componentes se projetando pelos furos, está em contato com a solda. A combinação de ação capilar e força ascendente da onda faz com que a solda escoe para as folgas entre os pinos e os furos passantes para obter uma boa junta de solda. A enorme vantagem da solda branda por ondas é que todas as juntas de solda em uma placa são feitas em uma única passada pelo processo.

A solda branda manual envolve um operador qualificado usando um ferro de soldar para fazer a conexão dos circuitos. Comparada com a solda branda por ondas, a solda branda manual é lenta, já que as juntas de solda são feitas uma de cada vez. Como um método de produção, geralmente ela é utilizada na produção de pequenos lotes e no retrabalho. Assim como em outras tarefas manuais, pode haver erro humano resultando em problemas de qualidade. Às vezes a solda branda manual é utilizada após a solda branda por ondas, para adicionar componentes sensíveis que seriam danificados no ambiente hostil da câmara de solda branda por ondas. A solda branda manual tem certas vantagens na montagem de PCIs que devem ser observadas: (1) O aquecimento é focado e pode ser direcionado para uma pequena área alvo; (2) o equipamento é barato, em comparação com a solda branda por ondas; e (3) o consumo de energia é consideravelmente menor.

31.3.3 MONTAGEM COMBINADA SMT-PIH

A discussão anterior sobre métodos de montagem SMT presumiu uma placa de circuito relativamente simples, com componentes SMT em apenas um lado. Os casos são incomuns, levando em conta que a maioria das montagens de circuito SMT combina componentes de montagem em superfície com componentes de furos passantes (ou pino no furo, do inglês *pin-in-hole* – PIH) na mesma placa. Além disso, as montagens SMT podem ser povoadas em ambos os lados da placa, ao passo que os componentes PIH normalmente são limitados a apenas um lado. A sequência de montagem deve ser alterada para permitir essas possibilidades adicionais, embora as etapas de processamento básicas, descritas nas duas seções anteriores, sejam as mesmas.

Uma possibilidade é que os componentes SMT e de furos passantes fiquem no mesmo lado da placa. Nesse caso, uma sequência típica consistiria nas etapas descritas na Figura 31.13. As montagens de PCI mais complexas consistem em componentes SMT-PIH como na figura, mas com componentes SMT nos dois lados da placa.

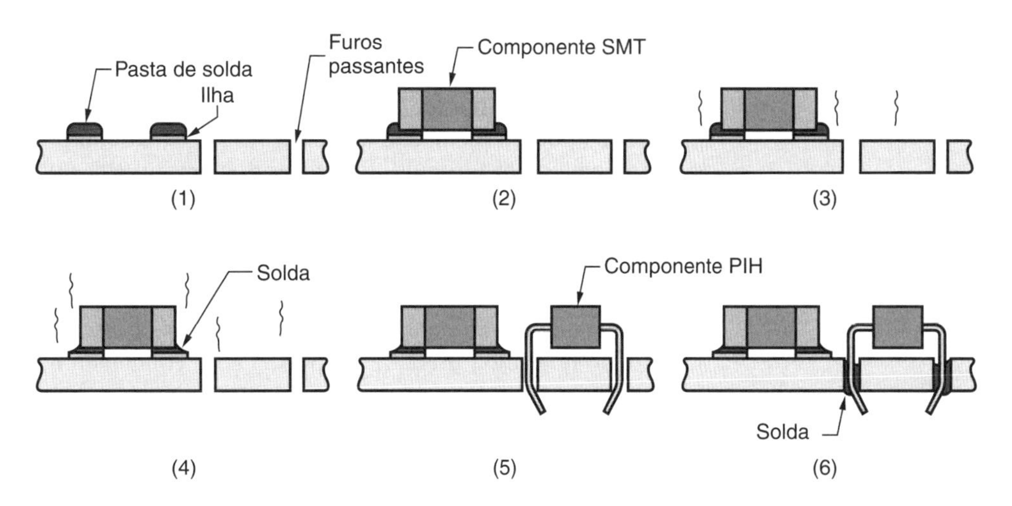

FIGURA 31.13 Sequência de processos típica das montagens combinadas de SMT-PIH com componentes no mesmo lado da placa: (1) aplicação da pasta de solda nas ilhas dos componentes SMT, (2) colocação dos componentes SMT na placa, (3) condução ao forno, (4) solda branda por refusão (ou refluxo), (5) inserção dos componentes PIH, e (6) solda branda por ondas dos componentes PIH. Depois disso viriam limpeza, teste e retrabalho.

31.3.4 LIMPEZA, INSPEÇÃO, TESTE E RETRABALHO

Após os componentes terem sido conectados à placa, o conjunto deve ser limpo, inspecionado quanto a falhas na solda, ter o circuito testado e, se necessário, retrabalhado.

Limpeza Após a soldagem, há contaminantes na placa de circuito impresso. Essas substâncias estranhas incluem fluxos, óleo e graxa, sais e poeira, alguns deles podendo ocasionar degradação química do conjunto ou interferir em suas funções eletrônicas. Deve-se realizar uma ou mais operações de limpeza química (Subseção 24.1.1) para remover esses materiais indesejáveis. Os métodos de limpeza tradicionais para montagens de PCI incluem a limpeza manual com solventes adequados e o desengorduramento a vapor com solventes clorados. A preocupação com os riscos ambientais nos últimos anos motivou a busca por solventes à base de água eficazes para substituir as substâncias químicas cloradas e fluoradas, utilizadas tradicionalmente no desengordurامento a vapor.

Inspeção Após a limpeza, a montagem da PCI é inspecionada quanto a juntas de solda defeituosas. A inspeção da qualidade da soldagem é um pouco mais difícil nos circuitos de montagem em superfície (SMCs, do inglês *surface-mount circuits*), pois essas montagens geralmente são encapsuladas de forma mais densa, as juntas de solda são menores e as geometrias das juntas são diferentes das encontradas nas montagens em furos passantes. Um dos problemas é a maneira como os componentes de montagem em superfície são mantidos no lugar durante a soldagem. Em uma montagem de furos passantes, os componentes são fixados mecanicamente por pinos (conectores) dobrados. Na montagem SMT, os componentes são seguros pela pasta de solda ou adesivo. Nas temperaturas de soldagem, esse método de fixação não é tão seguro e às vezes os componentes se deslocam. Outro problema com os tamanhos menores na SMT é uma maior probabilidade de formação de pontes de solda entre conectores adjacentes, resultando em curto-circuito.

A inspeção visual é empregada para detectar danos ao substrato da placa, componentes ausentes ou danificados, falhas de soldagem e defeitos de qualidade similares que podem ser observados a olho nu. Os sistemas de visão artificial estão sendo utilizados para realizar essas inspeções automaticamente em um número crescente de instalações.

Teste Os procedimentos de teste devem ser realizados no conjunto completo para verificar sua funcionalidade. O projeto da placa deve permitir esse teste ao incluir pontos de teste no *layout* do circuito. Esses pontos de teste são locais convenientes no circuito em que sondas podem fazer contato para testar. Cada componente no circuito é testado entrando em contato com os conectores do componente, aplicando sinais de teste de entrada e medindo os sinais de saída. Procedimentos mais sofisticados incluem testes de funcionamento digital nos quais o circuito inteiro ou os principais subcircuitos são testados usando uma sequência programada de sinais de entrada e medindo os sinais de saída correspondentes para simular as condições de operação.

Outro teste utilizado nas montagens de placas de circuito impresso é o teste de substituição, no qual uma unidade de produção é conectada a uma maquete (modelo) do sistema funcional e energizada para desempenhar suas funções. Se a montagem se sair de forma satisfatória, considera-se que foi aprovada no teste. Depois é desconectada, e a próxima unidade de produção é substituída na maquete.

Finalmente, um teste de *burn-in* é feito em certos tipos de montagem de PCI que podem se sujeitar à "mortalidade infantil". Algumas placas contêm defeitos que não são revelados nos testes de funcionamento normais, mas que são propensos a provocar falha do circuito durante o serviço inicial. Os testes de *burn-in* operam os conjuntos energizados por certo período de tempo, como 24 ou 72 horas, às vezes em temperaturas elevadas, como 40 °C, para obrigar esses defeitos a manifestar suas falhas durante o período de teste. As placas não sujeitas à mortalidade infantil vão sobreviver a esse teste e proporcionar uma vida de serviço longa.

A escala menor da SMT apresenta problemas no teste de circuito, porque há menos espaço em volta de cada componente. As sondas de contato devem ser fisicamente menores, e mais sondas são necessárias porque as montagens SMT são mais densamente povoadas. Uma maneira de lidar com essa questão é projetar o *layout* do circuito com ilhas extras, cuja única finalidade é proporcionar um sítio de contato para a sonda de teste. Infelizmente, a inclusão de ilhas de teste vai contra o objetivo de alcançar maior densidade de encapsulamento na placa SMT.

Retrabalho Quando a inspeção e o teste indicam que um ou mais componentes na placa são defeituosos, ou que certas juntas de solda são falhas, normalmente faz mais sentido tentar reparar a montagem do que descartá-la junto com todos os outros componentes que não são defeituosos. Essa etapa de reparo faz parte das operações de uma fábrica de montagem de produtos eletrônicos. As tarefas de retrabalho comuns incluem retoque (reparo das falhas de solda), substituição de componentes defeituosos ou ausentes, e reparo do filme de cobre que levantou da superfície do substrato. Essas tarefas são manuais, e exigem trabalhadores qualificados usando ferros de solda. O retrabalho dos conjuntos de montagem em superfície é mais difícil que nos conjuntos PIH convencionais, mais uma vez em virtude dos componentes de tamanho menor. São necessárias ferramentas especiais, como ferros de solda de ponta pequena, dispositivos de ampliação e instrumentos para pegar e manipular as peças pequenas.

31.4 Tecnologia de Conectores Elétricos

As montagens de PCI devem ser conectadas a barramentos (*back planes*) e em *racks* ou gabinetes, e esses gabinetes devem ser conectados a outros gabinetes e sistemas por meio de cabos. O uso crescente dos produtos eletrônicos em tantos tipos de produtos tornou as conexões elétricas uma tecnologia importante. O desempenho de qualquer sistema eletrônico depende da confiabilidade das conexões individuais que interligam os componentes do sistema. Esta seção trata da tecnologia de conectores que usualmente é aplicada no terceiro nível (ou superior) de encapsulamento de produtos eletrônicos.

Para começar, existem dois métodos básicos de produção de conexões elétricas: (1) solda branda e (2) conexão por pressão. A solda branda foi discutida na Seção 27.2 e durante o capítulo atual. É a tecnologia mais utilizada em eletrônica. As ***conexões por***

pressão são conexões elétricas nas quais as forças mecânicas são utilizadas para estabelecer a continuidade elétrica entre os componentes. Elas podem ser divididas em dois tipos: conexão permanente e conexão separável.

31.4.1 CONEXÕES PERMANENTES

Uma conexão permanente envolve contato de alta pressão entre duas superfícies metálicas em que uma ou as duas peças são deformadas mecanicamente durante o processo de montagem. Os métodos de conexão permanente incluem crimpagem, tecnologia de ajuste prensado e deslocamento do isolamento.

Crimpagem dos Terminais dos Conectores Esse método de conexão é utilizado para montar o fio nos terminais elétricos. Embora a montagem do fio no terminal forme uma junta permanente, o terminal em si é projetado para ser conectado e desconectado a seu componente de acoplamento. Existe uma série de tipos de terminal, alguns deles exibidos na Figura 31.14, e que estão disponíveis em vários tamanhos. Todos eles devem ser conectados a um fio condutor, e a crimpagem é a operação para fazer isso. A ***crimpagem*** envolve a deformação mecânica do tubo do terminal para formar uma conexão permanente com a extremidade desencapada de um fio nele inserido. A operação de crimpagem espreme e fecha o tubo em volta de um fio desencapado. A crimpagem é realizada por ferramentas manuais ou máquinas de crimpagem. Os terminais são fornecidos como pedaços individuais ou em tiras longas que podem ser alimentadas em uma máquina de crimpagem. Se for feita corretamente, a junta crimpada terá baixa resistência elétrica e alta resistência mecânica.

Tecnologia de Ajuste Prensado O ajuste por pressão nas conexões elétricas é similar ao das montagens mecânicas, mas as configurações das peças são diferentes. A tecnologia de ajuste prensado é muito utilizada na indústria de produtos eletrônicos para montar pinos terminais em furos passantes revestidos com metal em grandes PCIs. Nesse contexto, um ***ajuste prensado*** envolve um ajuste com interferência entre o pino terminal e o furo revestido no qual foi inserido. Existem duas categorias de pinos terminais: (a) sólidos e (b) adaptáveis, como na Figura 31.15. Dentro dessas categorias, os projetos de pinos variam entre os fornecedores. O pino sólido tem seção transversal retangular e é projetado para que seus cantos pressionem e até mesmo cortem no metal do furo revestido para formar uma boa conexão elétrica. O pino adaptável (ajustável) é projetado como um dispositivo com mola que se adapta ao contorno do furo, mas pressiona suas paredes para obter contato elétrico.

Deslocamento do Isolamento O deslocamento do isolamento é um método de produzir uma conexão elétrica permanente na qual um contato em forma de ponta aguda perfura o isolamento e espreme o condutor do fio para formar uma conexão elétrica. O método é ilustrado na Figura 31.16 e é utilizado comumente para fazer conexões

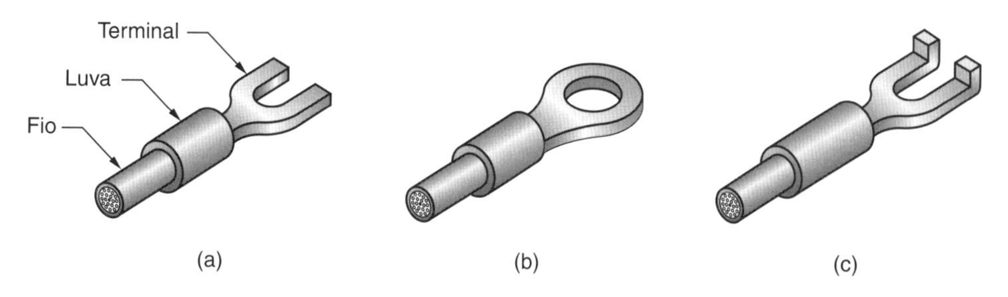

FIGURA 31.14 Alguns dos tipos de terminal disponíveis para fazer conexões elétricas separáveis: (a) garfo (ou forquilha), (b) anel (ou olhal) e (c) *flanged spade*.

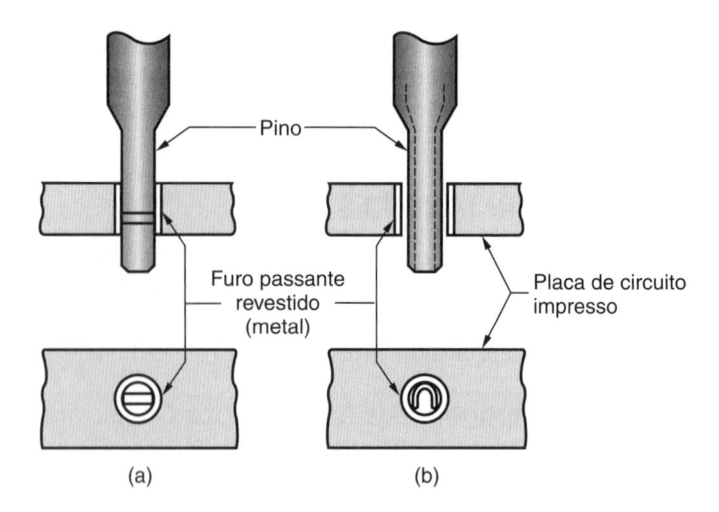

FIGURA 31.15 Dois tipos de pinos terminais na tecnologia de ajuste prensado em produtos eletrônicos: (a) sólido e (b) adaptável.

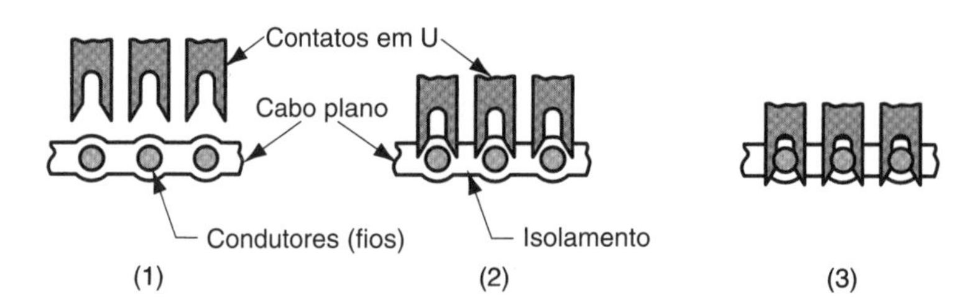

FIGURA 31.16 Método do deslocamento de isolamento para unir um contato conector a um cabo plano: (1) posição inicial, (2) contatos perfuram o isolamento, e (3) após a conexão.

simultâneas entre vários contatos e um cabo plano. O cabo plano, chamado de ***cabo em fita***, consiste em uma série de fios paralelos mantidos em uma organização fixa pelo isolamento que os circunda. Frequentemente sua terminação é em vários conectores de pino amplamente utilizados em eletrônica para fazer conexões elétricas entre submontagens importantes. Nessas aplicações, o método de deslocamento do isolamento reduz os erros de cabeamento e potencializa a velocidade de montagem. Para fazer a montagem, o cabo é colocado em um ninho, e uma prensa é utilizada para conduzir os contatos conectores através do isolamento e contra os fios metálicos.

31.4.2 CONECTORES SEPARÁVEIS

As conexões separáveis são projetadas para permitir a desmontagem e remontagem; elas são destinadas a ser conectadas e desconectadas várias vezes. Quando conectadas, elas devem promover contato metal com metal entre os componentes encaixados com alta confiabilidade e baixa resistência elétrica. Os dispositivos de conexão separável consistem geralmente em múltiplos contatos, contidos em uma caixa de plástico moldada, projetados para se encaixar em um conector compatível ou em fios ou terminais individuais. Esses dispositivos são utilizados para fazer conexões elétricas entre várias combinações de cabos, placas de circuito impresso, componentes e fios individuais.

Há grande variedade de conectores disponível para atender muitas aplicações diferentes. As questões de projeto na escolha dos conectores incluem: (1) nível de energia (por exemplo, se o conector é utilizado para alimentação ou transmissão de sinal);

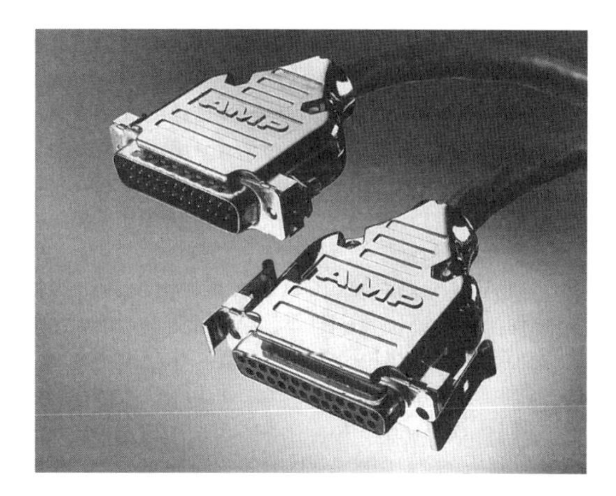

FIGURA 31.17 Conector de múltiplos pinos e alojamento correspondente, ambos presos a cabos. (Foto cortesia de Tyco Electronics Corporation, uma empresa da TE Connectivity Ltd.)

(2) custo; (3) número de condutores individuais envolvidos; (4) tipos de dispositivos e circuitos a serem conectados; (5) limitações de espaço; (6) facilidade de unir o conector a seus condutores; (7) facilidade de conectar com o terminal ou conector correspondente; e (8) frequência de conexão e desconexão. Alguns dos principais tipos de conectores são os conectores de cabo, blocos de terminais, soquetes e conectores com força de inserção baixa ou nula.

Os ***conectores de cabo*** são dispositivos permanentemente conectados a cabos (uma ou ambas as extremidades) e são projetados para serem plugados e desplugados de um conector correspondente. Um conector de cabo de alimentação plugado em uma tomada de parede é um exemplo familiar. Outros tipos incluem o conector de múltiplos pinos e o alojamento correspondente exibidos na Figura 31.17, utilizados para promover a transmissão de sinal entre subconjuntos eletrônicos. Outros tipos de conector de pinos múltiplos são utilizados para acoplar placas de circuito impresso a outros subconjuntos no sistema eletrônico.

Os ***blocos de terminais*** consistem em uma série de alojamentos uniformemente espaçados que permitem conexões entre terminais ou fios individuais. Os terminais ou fios frequentemente são acoplados ao bloco por meio de parafusos ou outros mecanismos de fixação mecânica para permitir a desmontagem. Um bloco de terminais convencional é ilustrado na Figura 31.18.

FIGURA 31.18 Bloco de terminais que utiliza parafusos para prender terminais. (Foto cortesia da Tyco Electronics Corporation, uma empresa da TE Connectivity Ltd.)

Um ***soquete*** em eletrônica se refere a um dispositivo de conexão montado a uma PCI, no qual podem ser inseridos encapsulamentos de CI e outros componentes. Os soquetes estão permanentemente acoplados à PCI por soldagem branda e/ou ajuste prensado, mas eles proporcionam um método de conexão separável para os componentes, que podem ser convenientemente adicionados, removidos ou substituídos na montagem da PCI. Portanto, os soquetes são uma alternativa à soldagem branda no encapsulamento eletrônico.

As forças de inserção e remoção podem ser um problema no uso de conectores de pino e soquetes de PCI. Essas forças aumentam na proporção do número de pinos envolvidos. Pode haver danos quando são montados componentes com muitos contatos. Esse problema motivou o desenvolvimento de conectores com ***baixa força de inserção*** (LIF, do inglês *low insertion force*) ou ***força de inserção nula*** (ZIF, do inglês *zero insertion force*), nos quais foram projetados mecanismos especiais para reduzir ou eliminar as forças necessárias para empurrar os conectores positivos e negativos um contra o outro e para desconectá-los.

Referências

[1] Arabian, J. ***Computer Integrated Electronics Manufacturing and Testing***. Marcel Dekker, New York, 1989.

[2] Bakoglu, H. B. ***Circuits, Interconnections, and Packaging for VLSI***. Addison-Wesley, Reading Massachusetts, 1990.

[3] Bilotta, A. J. ***Connections in Electronic Assemblies***. Marcel Dekker, New York, 1985.

[4] Capillo, C. ***Surface Mount Technology***. McGraw-Hill, New York, 1990.

[5] Coombs, C. F. Jr. (ed.). ***Printed Circuits Handbook***, 6th ed. McGraw-Hill, New York, 2007.

[6] Edwards, P. R. ***Manufacturing Technology in the Electronics Industry***. Chapman & Hall, London, 1991.

[7] Harper, C. ***Electronic Materials and Processes Handbook***, 3rd ed. McGraw-Hill, New York, 2009.

[8] Kear, F. W. ***Printed Circuit Assembly Manufacturing***. Marcel Dekker, New York, 1987.

[9] Lambert, L. P. ***Soldering for Electronic Assemblies***. Marcel Dekker, New York, 1988.

[10] Liu, S., and Liu, Y. ***Modeling and Simulation for Microelectronic Packaging Assembly***. Chemical Industry Press and John Wiley & Sons (Asia), Singapore, 2011.

[11] Marks, L. and Caterina, J. ***Printed Circuit Assembly Design***. McGraw-Hill, New York, 2000.

[12] Prasad, R. P. ***Surface Mount Technology: Principles and Practice***, 2nd ed. Springer, New York, 1997.

[13] Seraphim, D. P., Lasky, R., and Li, C-Y. (eds.). ***Principles of Electronic Packaging***. McGraw-Hill, New York, 1989.

[14] Ulrich, R. K., and Brown, W. D. ***Advanced Electronic Packaging***, 2nd ed. IEEE Press and John Wiley & Sons, Hoboken, New Jersey, 2006.

[15] Website: atco-us.com/products/info.

[16] Website: en.wikipedia.org/wiki/Printed_circuit_board.

[17] Website: en.wikipedia.org/wiki/Surface_mount_technology.

[18] Website: en.wikipedia.org/wiki/SMT_placement_equipment.

[19] Website: en.wikipedia.org/wiki/Through_hole_technology.

[20] Website: panasonicicfa.com.

Questões de Revisão

31.1 Quais são as funções de um encapsulamento eletrônico bem projetado?

31.2 Identifique os níveis da hierarquia de encapsulamento nos produtos eletrônicos.

31.3 Qual é a diferença entre uma trilha e uma ilha em uma placa de circuito impresso?

31.4 Defina placa de circuito impresso (PCI).

31.5 Mencione os três principais tipos de placa de circuito impresso.

31.6 O que é um furo de via em uma placa de circuito impresso?

31.7 Quais são os dois métodos básicos pelos quais o padrão de circuito é transferido para a superfície de cobre das placas?

31.8 Para que é utilizada a decapagem na fabricação de PCIs?
31.9 O que é teste de continuidade e quando é realizado na sequência de fabricação da PCI?
31.10 Quais são as duas principais categorias de montagens de placa de circuito impresso, conforme o método de acoplamento dos componentes à placa?
31.11 Mencione algumas das razões e defeitos que tornam o retrabalho parte integrante da sequência de fabricação das PCIs.
31.12 Identifique algumas vantagens da tecnologia de montagem em superfície sobre a tecnologia de furos passantes convencional.
31.13 Identifique algumas limitações e desvantagens da tecnologia de montagem em superfície.
31.14 Quais são os dois métodos de posicionamento de componentes e soldagem branda na tecnologia de montagem em superfície?
31.15 O que é pasta de solda?
31.16 Identifique os dois métodos básicos de produzir conexões elétricas.
31.17 Defina crimpagem no contexto das conexões elétricas.
31.18 O que é a tecnologia de ajuste prensado nas conexões elétricas?
31.19 O que é um bloco de terminais?
31.20 O que é um conector de pinos?

32 Tecnologias de Microfabricação

Sumário

32.1 Produtos de Microssistemas
32.1.1 Tipos de Dispositivos de Microssistemas
32.1.2 Aplicações dos Microssistemas

32.2 Processos de Microfabricação
32.2.1 Processos com Camadas de Silício
32.2.2 Processos LIGA
32.2.3 Outros Processos de Microfabricação

Uma tendência importante em engenharia de projetos e manufatura é o crescimento do número de produtos e/ou componentes de produtos cujas dimensões de características são medidas em micrometros (1 μm = 10^{-3} mm = 10^{-6} m). Vários termos têm sido aplicados a esses itens miniaturizados. O termo ***sistemas microeletromecânicos*** (MEMS, do inglês *microelectromechanical systems*) enfatiza a miniaturização dos sistemas que consistem em componentes eletrônicos e mecânicos. A palavra ***micromáquinas*** às vezes é utilizada para designar esses dispositivos. A ***tecnologia de microssistemas*** (MST, do inglês *microsystem technology*) é um termo mais geral que se refere aos produtos (não necessariamente limitado a produtos eletromecânicos) bem como às tecnologias de fabricação para produzi-los. Um termo relacionado é ***nanotecnologia***, que se refere a produtos ainda menores, cujas dimensões são medidas em nanômetros (1 nm = 10^{-3} μm = 10^{-9} m). Na Figura 32.1 são indicadas as dimensões relativas e outros fatores associados a esses termos. As técnicas de microfabricação são discutidas neste capítulo, e a nanofabricação é discutida no Capítulo 33.

32.1 Produtos de Microssistemas

Projetar produtos que são cada vez menores e compostos de peças e subconjuntos ainda menores significa redução na utilização de material, menor necessidade de energia, maior funcionalidade por espaço unitário, e acessibilidade a regiões proibidas para produtos maiores. Na maioria dos casos, os produtos menores devem significar preços mais baixos porque se utiliza menos material; no entanto, o preço de um determinado produto é influenciado pelos custos da pesquisa, desenvolvimento e produção, e como esses custos podem ser distribuídos pelo número de unidades vendidas. A economia de escala, que resulta em produtos com preços menores, ainda não foi realizada de modo amplo na tecnologia de microssistemas, exceto em um número limitado de casos que são examinados nesta seção.

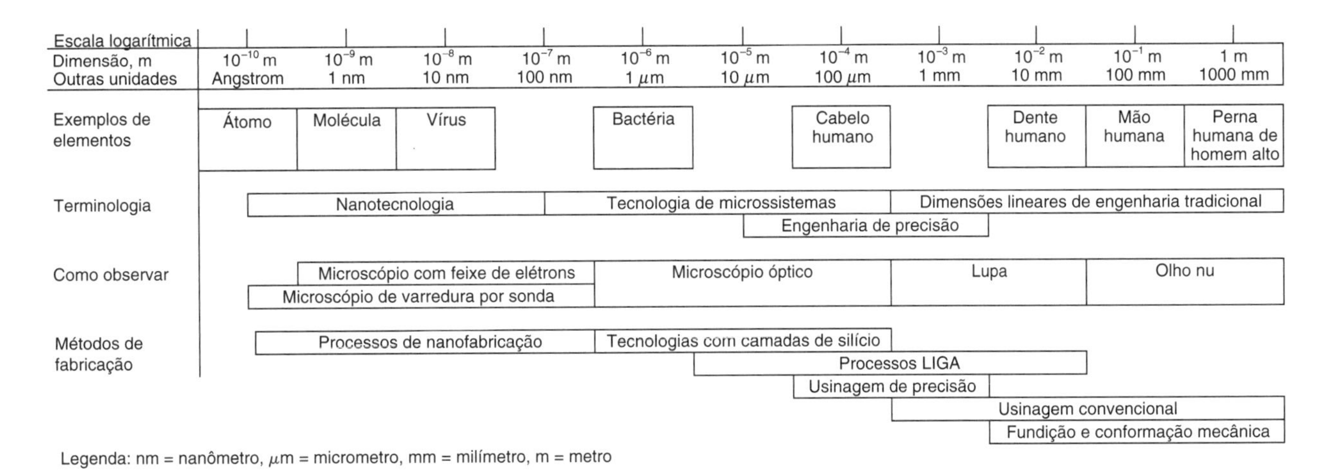

FIGURA 32.1 Terminologia e dimensões relativas dos microssistemas e as tecnologias relacionadas.

32.1.1 TIPOS DE DISPOSITIVOS DE MICROSSISTEMAS

Os produtos de microssistemas podem ser classificados pelo tipo de dispositivo (por exemplo, sensor, atuador) ou pela área de aplicação (por exemplo, médica, automotiva). As categorias de dispositivo são [1]:

- ➢ ***Microssensores.*** Um sensor é um dispositivo que detecta ou mede algum fenômeno físico, como calor ou pressão. Ele inclui um transdutor que converte uma forma de variável física em outra forma (por exemplo, um dispositivo piezelétrico converte força mecânica em corrente elétrica), além do encapsulamento físico e conexões externas. A maioria dos microssensores é fabricada em substratos de silício utilizando as mesmas tecnologias de processamento utilizadas nos circuitos integrados (Capítulo 30). Os sensores de tamanho microscópico têm sido desenvolvidos para medir força, pressão, posição, velocidade, aceleração, temperatura, vazão e uma série de variáveis ópticas, químicas, ambientais e biológicas. O termo ***microssensor híbrido*** é utilizado com frequência quando o elemento detector (transdutor) é combinado com componentes eletrônicos no mesmo dispositivo.
- ➢ ***Microatuadores.*** Como um sensor, um atuador converte uma variável física de um tipo para outro, mas a variável convertida envolve normalmente alguma ação mecânica (por exemplo, um dispositivo piezelétrico oscilando em resposta a um campo elétrico alternado). Um atuador provoca uma mudança na posição ou a aplicação de força. Exemplos de microatuadores incluem válvulas, posicionadores, interruptores, bombas e motores lineares e de rotação [1]. A Figura 32.2 mostra um mecanismo de catraca microscópica fabricada com silício.
- ➢ ***Microestruturas e microcomponentes.*** Esses termos são utilizados para indicar uma peça microdimensionada que não é um sensor ou atuador. Os exemplos de microestruturas e microcomponentes incluem engrenagens microscópicas, lentes, espelhos, bocais e vigas. Esses itens devem ser combinados com outros componentes (microscópicos ou não) para proporcionar funcionalidade. A Figura 32.3 mostra uma engrenagem microscópica ao lado de um cabelo humano para comparação.
- ➢ ***Microssistemas e microinstrumentos.*** Esses termos indicam a integração de vários dos componentes precedentes junto com o encapsulamento eletrônico adequado em um sistema ou instrumento em miniatura. Os microssistemas e microinstrumentos tendem a se voltar para aplicações muito específicas; por exemplo, microlasers, analisadores químicos ópticos e microespectrômetros. O custo de produção desses tipos de sistemas tende a tornar a comercialização difícil.

FIGURA 32.2 Mecanismo de catraca microscópica fabricada com silício. (A fotografia é uma cortesia de Paul McWhorter.)

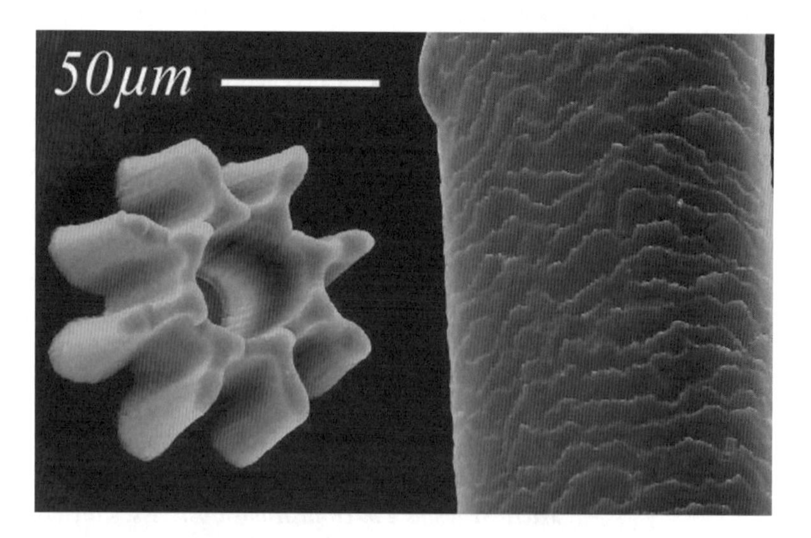

FIGURA 32.3 Uma engrenagem microscópica e um cabelo humano. A imagem foi feita usando um microscópio eletrônico de varredura. A engrenagem é de polietileno de alta densidade produzida por um processo similar ao processo LIGA (Subseção 32.2.2), exceto que a cavidade do molde foi fabricada usando um feixe de íon focado. (A fotografia é uma cortesia de M. Ali, International Islamic University Malaysia.)

32.1.2 APLICAÇÕES DOS MICROSSISTEMAS

Os microdispositivos e sistemas anteriores têm sido aplicados em uma ampla variedade de campos. Existem muitas áreas problemáticas que podem ser mais bem abordadas usando dispositivos muito pequenos. Alguns exemplos importantes são:

Cabeças de Impressão de Impressoras Jato de Tinta Atualmente essa é uma das aplicações de MST, pois uma impressora jato de tinta típica usa vários cartuchos por ano. A operação da cabeça de impressão de impressora jato de tinta é retratada na Figura 32.4. Um conjunto de elementos de aquecimento por resistência está situado acima de um conjunto de bocais correspondentes. A tinta é fornecida por um reservatório e escoa entre os aquecedores e bocais. Cada elemento de aquecimento pode ser ativado independentemente, sujeito ao controle de um microprocessador, em microssegundos. Quando ativada por um pulso de corrente, a tinta líquida imediatamente abaixo do aquecedor entra em ebulição e forma uma bolha de vapor, obrigando a tinta a ser expelida pela abertura do bocal. A tinta atinge o papel e seca quase imediatamente, formando um ponto que faz parte de um caractere alfanumérico ou de outra imagem. Enquanto isso, a bolha de vapor colapsa, extraindo mais tinta do reservatório para repor o fornecimento. Hoje, as impressoras jato de tinta possuem resoluções de 48 pontos por milímetro, que se traduz em um distanciamento entre bocais de aproximadamente 21 μm, certamente no espectro dos microssistemas.

Cabeçotes Magnéticos de Filmes Finos Os cabeçotes de leitura e gravação são componentes fundamentais nos dispositivos de armazenamento magnético. Esses cabeçotes eram fabricados anteriormente a partir de ímãs em forma de ferradura que eram enrolados manualmente com fio de cobre isolado. Uma vez que a leitura e a gravação dos meios magnéticos com maiores densidades de *bits* eram limitadas pelo tamanho do cabeçote de leitura e gravação, os ímãs em ferradura enrolados à mão eram uma limitação da tendência tecnológica para densidades de armazenamento maiores. O desenvolvimento de cabeçotes magnéticos de filmes finos da IBM Corporation foi uma inovação importante na tecnologia de armazenamento digital, assim como uma história de sucesso relevante para as tecnologias de microfabricação. Os cabeçotes de leitura e gravação de filmes finos são produzidos anualmente em centenas de milhões de unidades, com um mercado de vários bilhões de dólares por ano.

A Figura 32.5 apresenta um desenho simplificado do cabeçote de leitura e gravação, exibindo suas partes MST. As bobinas condutoras de cobre são fabricadas pela eletrodeposição do cobre em um molde resistivo. A seção transversal da bobina tem aproximadamente 2 a 3 μm em um lado. O revestimento de filme fino, com apenas alguns micrometros de espessura, é feito de liga níquel-ferro. O tamanho em miniatura do cabeçote de leitura e gravação tem permitido os aumentos significativos nas densidades de *bits* dos meios de armazenamento magnético. Os pequenos tamanhos são viabilizados pelas tecnologias de microfabricação.

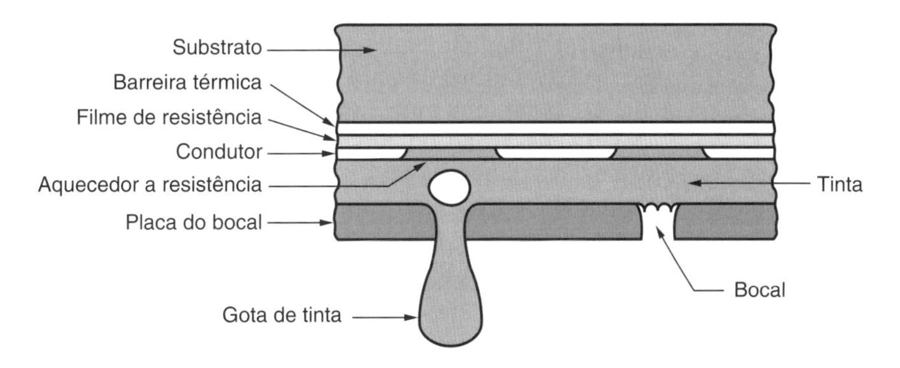

FIGURA 32.4 Diagrama de uma cabeça de impressora jato de tinta.

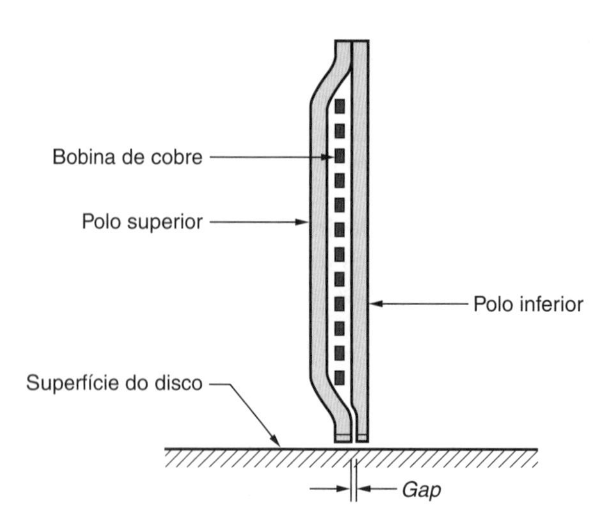

FIGURA 32.5 Cabeçote magnético de leitura e gravação de filme fino.

Discos Compactos Os discos compactos (CDs, do inglês *compact discs*) e os discos digitais versáteis (DVDs, do inglês *digital versatile discs*)[1] são produtos comerciais importantes nos dias de hoje, como mídia de armazenamento de áudio, vídeo, jogos, programas de computador e aplicações de dados. Um CD é moldado em policarbonato (Subseção 5.3.1), que tem propriedades ópticas e mecânicas ideais para a aplicação. O disco tem 120 mm de diâmetro e 1,2 mm de espessura. Os dados consistem em pequenas depressões em uma trajetória helicoidal, que começa com diâmetro de 46 mm e termina com aproximadamente 117 mm. As faixas na espiral são separadas por aproximadamente 1,6 μm. Cada depressão na trajetória tem aproximadamente 0,5 μm de largura e em torno de 0,8 a 3,5 μm de comprimento. Essas dimensões certamente qualificam os CDs como produtos da tecnologia de microssistemas. As dimensões correspondentes dos DVDs são ainda menores, permitindo capacidades de armazenamento de dados muito maiores.

Embora a maioria dos processos de microfabricação seja discutida na Seção 32.2, a sequência de produção dos CDs é descrita resumidamente aqui, pois é um tanto única e utiliza vários processos bem convencionais. Como produtos de consumo, os CDs de música são produzidos, em massa, pela moldagem de plástico por injeção (Seção 10.6). Para fazer o molde, cria-se um padrão (*master*) a partir de uma camada fina, lisa, de fotorresiste positivo revestido com uma placa vítrea de 300 mm de diâmetro. Um feixe de laser modulado grava os dados no fotorresiste, expondo regiões microscópicas na superfície, à medida que a placa é rotacionada e movimentada, lenta e precisamente, para criar a trajetória em espiral. Quando o fotorresiste é revelado (desenvolvido), as regiões expostas são removidas. Essas regiões no padrão corresponderão às depressões no CD. Uma fina camada de níquel é depositada na superfície do padrão por *sputtering* (bombardeamento catódico) [Subseção 24.5.1]. A eletroformação (Subseção 24.3.2) é utilizada para promover a espessura do níquel (até vários milímetros), criando assim uma impressão negativa do padrão. Essa impressão é conhecida como "pai" (*father*). São feitas várias impressões do pai pelo mesmo processo de eletroformação, criando na verdade uma impressão negativa do pai, cuja geometria de superfície é idêntica à do padrão da placa vítrea original. Essas impressões se chamam "mães" (*mothers*). Finalmente, as mães são utilizadas para criar as impressões reais do molde (chamado "*stamper*"), novamente por eletroformação, e são utilizadas para

[1]O DVD se chamava originalmente disco de vídeo digital (*digital video disc*) porque suas aplicações primárias foram os discos de vídeos. No entanto, hoje são utilizados DVDs de vários formatos para armazenamento de dados e outras aplicações informatizadas, jogos e áudio de alta qualidade.

TABELA • 32.1 Microssensores instalados em um automóvel moderno.

Microdispositivo	Aplicação(ões)
Acelerômetro	Liberação de *air-bag*, freios antibloqueio, sistema de suspensão ativa
Sensor de velocidade angular	Sistemas inteligentes de navegação
Sensores de nível	Sensor do nível de óleo e combustível
Sensor óptico	Controle automático de farol
Sensor de posição	Temporização da transmissão, motor
Sensores de pressão	Otimizar o consumo de combustível, detectar a pressão do óleo, as pressões do fluido de sistemas hidráulicos (por exemplo, sistemas de suspensão), pressão lombar no encosto do assento, controle climático, pressão nos pneus
Sensores de proximidade e alcance	Detectar as distâncias dos para-choques dianteiro e traseiro para controle de estacionamento e prevenção de colisão
Sensores de temperatura	Controle climático da cabine, sistema de gerenciamento do motor
Sensor de torque	Unidade de tração

Compilado de [1] e [5].

produzir os CDs em massa.[2] A sequência do processo é similar para os DVDs, porém mais envolvida, em virtude da menor escala e das diferentes necessidades de formato dos dados.

Depois de moldado, o lado gravado do disco de policarbonato é revestido com alumínio por meio de *sputtering* para criar uma superfície espelhada. Para proteger essa camada, um fino revestimento de polímero (por exemplo, acrílico) é depositado no metal. Desse modo, o disco compacto é um sanduíche com um substrato de policarbonato relativamente espesso em um lado, uma fina camada de polímero no outro lado e, entre essas camadas, outra camada fina de alumínio. Na operação subsequente, o feixe de laser de um reprodutor de CD (ou leitor de dados) é direcionado para o substrato de policarbonato na superfície refletiva, e o feixe refletido é interpretado como uma sequência de dígitos binários.

Aplicações Automotivas Microssensores e outros microdispositivos são amplamente utilizados nos produtos automotivos modernos. A utilização desses microssistemas é coerente com a maior aplicação da eletrônica embarcada para realizar funções de controle e segurança do veículo. As funções incluem o controle eletrônico do motor, o controle de velocidade, os sistemas antibloqueio dos freios, *air-bags*, controle automático da transmissão, direção elétrica, tração nas quatro rodas, controle automático de estabilidade, sistemas de navegação, e bloqueio e desbloqueio remoto, sem mencionar o condicionamento de ar e o rádio. Esses sistemas de controle e características de segurança exigem sensores e atuadores, e um número crescente desses componentes tem tamanho microscópico. Atualmente existem de 20 a 100 sensores instalados em um automóvel moderno, dependendo da marca e do modelo. Em 1970, praticamente não existiam sensores embarcados nos veículos. Alguns microssensores embarcados, específicos, estão apresentados na Tabela 32.1.

[2]A razão para a bastante envolvida sequência de fabricação do molde é que as superfícies deprimidas das impressões se degradam após muito uso. Um pai pode ser utilizado para fabricar de três a seis mães, e cada mãe pode ser utilizada para fabricar de três a seis *stampers*, antes de suas respectivas superfícies ficarem degradadas. Um *stamper* (molde) pode ser utilizado para produzir apenas alguns milhares de discos; então, se a produção for de várias centenas de milhares de CDs, mais de um *stamper* pode ser utilizado durante a tiragem para produzir todos os CDs com alta qualidade.

Aplicações Médicas As oportunidades para utilizar a tecnologia de microssistemas nessa área são imensas. Na realidade, foram feitos avanços significativos, e muitos dos métodos médicos e cirúrgicos tradicionais já foram transformados pela tecnologia de microssistemas. Uma das forças motrizes por trás da utilização dos dispositivos microscópicos é o princípio da terapia com mínima invasão, que envolve o uso de incisões muito pequenas ou até mesmo orifícios corporais já existentes para acessar o problema médico em questão. As vantagens dessa abordagem em relação ao uso de incisões cirúrgicas relativamente grandes incluem menos desconforto para o paciente, recuperação mais rápida, cicatrizes menores e em menor quantidade, internações hospitalares mais curtas, e menor custo de seguro-saúde.

Entre as técnicas baseadas na miniaturização da instrumentação médica está o campo da endoscopia,[3] hoje utilizada rotineiramente para fins de diagnóstico e com cada vez mais aplicações em cirurgia. Atualmente, a prática médica padrão utiliza o exame endoscópico acompanhado por cirurgia laparoscópica para correção de problemas de hérnia e remoção de órgãos, como a vesícula biliar e o apêndice. O uso crescente de procedimentos similares está previsto para cirurgia cerebral, operando por meio de um ou menores orifícios perfurados no crânio.

Outras aplicações da MST no campo médico incluem atualmente, ou estão previstas para incluir: (1) angioplastia, na qual os vasos sanguíneos danificados e as artérias são corrigidos usando cirurgia, lasers ou balões infláveis miniaturizados na extremidade de um cateter que é inserido na veia; (2) telemicrocirurgia, na qual uma operação cirúrgica é realizada remotamente usando um estereomicroscópio e instrumentos cirúrgicos microscópicos; (3) próteses artificiais, como marca-passos cardíacos e aparelhos auditivos; (4) sistemas sensores implantáveis para monitorar variáveis físicas no corpo humano, como a pressão arterial e a temperatura; (5) dispositivos de liberação de medicamentos que possam ser ingeridos por um paciente e depois ativados por controle remoto no local exato destinado para o tratamento, como o intestino; e (6) olhos artificiais.

Aplicações Químicas e Ambientais Um papel principal da tecnologia de microssistemas nas aplicações químicas e ambientais é a análise das substâncias para medir quantidades residuais de produtos químicos ou detectar contaminantes nocivos. Foi desenvolvida uma série de microssensores químicos. Eles são capazes de analisar amostras muito pequenas da substância de interesse. Às vezes, microbombas são integradas a esses sistemas para que as quantidades adequadas da substância possam ser fornecidas para o componente sensor.

Outras aplicações Existem muitas outras aplicações da tecnologia de microssistemas além das descritas anteriormente. Alguns exemplos são:

- ***Microscópio de varredura por sonda.*** Essa é uma tecnologia para medir detalhes microscópicos das superfícies, permitindo que as estruturas das superfícies sejam examinadas no nível nanométrico. Para operar nessa faixa dimensional, os instrumentos necessitam de apalpadores com apenas alguns micrometros de comprimento e que varram a superfície a uma distância medida em nanômetros. Esses apalpadores são produzidos usando técnicas de microfabricação.[4]
- ***Biotecnologia.*** Na biotecnologia, as amostras de interesse frequentemente são microscópicas. Para estudar essas amostras, são necessários manipuladores e outras ferramentas na mesma escala de tamanho. Estão sendo desenvolvidos microdispositivos para segurar, movimentar, classificar, dissecar e injetar as pequenas amostras de biomateriais sob o controle de um microscópio.

---

[3]A endoscopia envolve o uso de um pequeno instrumento (isto é, um endoscópio) para examinar visualmente o interior de um órgão do corpo, como o reto ou o cólon.

[4]Os microscópios de varredura por sonda (ou apalpador) são discutidos na Subseção 33.2.2.

- ➢ ***Eletrônica.*** As tecnologias de placas de circuito impresso (PCB, do inglês *printed circuit board*) e de conectores são discutidas no Capítulo 31, mas devem ser mencionadas aqui no contexto da MST. As tendências de miniaturização na eletrônica forçaram as PCBs, contatos e conectores a serem fabricados com detalhes físicos menores e mais complexos, e com estruturas mecânicas que são mais coerentes com os microdispositivos discutidos neste capítulo do que com os circuitos integrados discutidos no Capítulo 30.

32.2 Processos de Microfabricação

Muitos dos produtos na tecnologia de microssistemas são baseados no silício, e a maioria das técnicas de processamento utilizadas na fabricação de microssistemas tem origem na indústria da microeletrônica. Existem várias razões importantes para o silício ser um material desejável na MST: (1) Os microdispositivos na MST incluem frequentemente os circuitos eletrônicos, de modo que o circuito e o microdispositivo podem ser fabricados juntos, no mesmo substrato. (2) Além de suas propriedades eletrônicas desejáveis, o silício também possui propriedades mecânicas úteis, como alta resistência e elasticidade, boa dureza e massa específica relativamente baixa. (3) As tecnologias para processar o silício estão bem estabelecidas, graças a seu uso generalizado em microeletrônica. (4) O uso do monocristal de silício permite a produção de características físicas em tolerâncias muito estreitas.

A tecnologia de microssistemas necessita frequentemente que o silício seja fabricado junto com outros materiais para obter um determinado microdispositivo. Por exemplo, os microatuadores consistem frequentemente em vários componentes feitos de diferentes materiais. Consequentemente, as técnicas de microfabricação consistem em mais do que apenas o processamento do silício. A cobertura dos processos de microfabricação é organizada em três seções: (1) processos com camadas de silício, (2) processo LIGA e (3) outros processos realizados em escala microscópica.

32.2.1 PROCESSOS COM CAMADAS DE SILÍCIO

A primeira aplicação do silício na tecnologia dos microssistemas foi na fabricação de sensores piezorresistivos de silício para a medida de tensão (mecânica), deformação e pressão no início dos anos 1960 [5]. Hoje, o silício é amplamente utilizado na MST para produzir sensores, atuadores e outros microdispositivos. As tecnologias de processamento básicas são as usadas para produzir circuitos integrados (Capítulo 30). No entanto, deve-se observar que existem certas diferenças entre o processamento dos CIs e a fabricação dos microdispositivos abordada neste capítulo:

1. As razões de aspecto na microfabricação geralmente são muito maiores do que na fabricação do CI. A ***razão de aspecto*** é definida como a razão entre a altura e a largura dos elementos produzidos, conforme ilustrado na Figura 32.6. As razões típicas no processamento de semicondutores são de aproximadamente 1,0 ou menos, ao passo que na microfabricação a razão correspondente poderia ser tão elevada quanto 400 [5].
2. Os tamanhos dos dispositivos feitos em microfabricação frequentemente são muito maiores que no processamento de CI, no qual a tendência prevalente em microeletrônica é inexoravelmente para densidades de circuito maiores e para a miniaturização.
3. As estruturas produzidas na microfabricação costumam incluir vigas e pontes, além de outras formas que exigem *gaps* (espaços) entre as camadas. Esses tipos de estruturas são incomuns na fabricação de CI.
4. As técnicas usuais de processamento do silício às vezes são suplementadas para obter uma estrutura tridimensional ou outra característica física no microssistema.

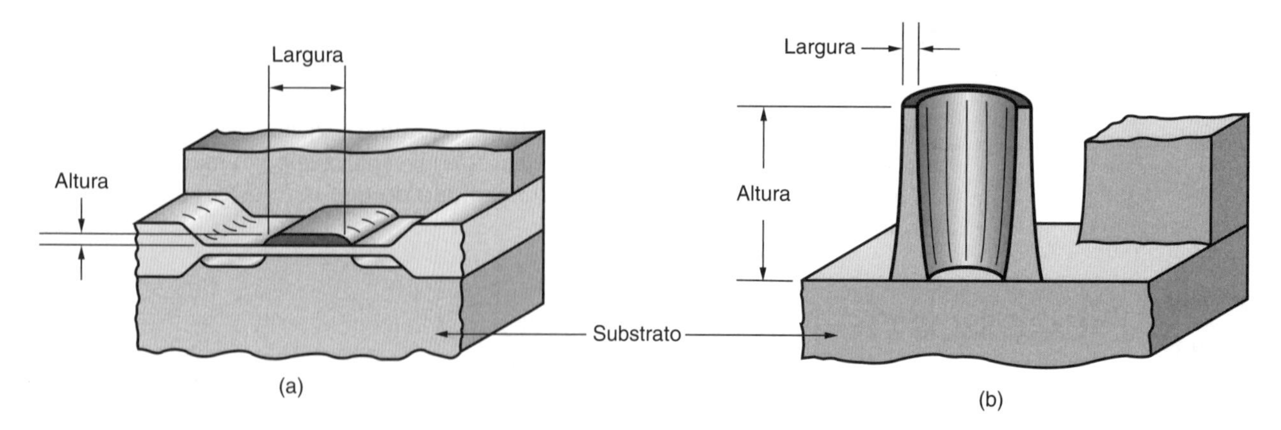

FIGURA 32.6 Razão de aspecto (relação entre altura e largura) típica (a) na fabricação de circuitos integrados e (b) em componentes microfabricados.

Apesar dessas diferenças, é preciso reconhecer que a maioria dessas etapas de processamento do silício utilizadas na microfabricação são as mesmas ou muito similares às utilizadas para produzir CIs. Afinal de contas, o silício é o mesmo material, seja ele utilizado em circuitos integrados ou em microdispositivos. As etapas de processamento são apresentadas na Tabela 32.2, junto com breves descrições e textos de referência em que o leitor pode obter descrições mais detalhadas. Todas essas etapas de processo foram discutidas nos capítulos anteriores. Assim como na fabricação de CIs, os vários processos na Tabela 32.2 adicionam, alteram ou removem camadas de material de um substrato de acordo com os dados geométricos contidos nas máscaras litográficas. A litografia é a tecnologia fundamental que determina a forma do microdispositivo que está sendo fabricado.

Quanto à lista anterior com as diferenças entre a fabricação de CIs e a fabricação de microdispositivos, a questão da razão de aspecto deve ser abordada em mais detalhes. As estruturas no processamento de CIs são basicamente planas, ao passo que as estruturas tridimensionais são mais susceptíveis a serem necessárias nos microssistemas. As características dos microdispositivos tendem a possuir relações maiores entre a altura e a largura. Essas características 3D podem ser produzidas em monocristal de silício por meio de corrosão química por via úmida (decapagem úmida), contanto que a estrutura cristalina esteja orientada para permitir que o processo de corrosão avance anisotropicamente. O processo de corrosão química por via úmida no silício policristalino é isotrópico, com a formação de cavidades sob as arestas do resiste, conforme ilustrado na Figura 30.16. Entretanto, no monocristal de Si, a velocidade de corrosão depende da orientação da estrutura cristalina. Na Figura 32.7, são ilustrados os três planos cristalográficos da estrutura cristalina cúbica do silício. Certas soluções corrosivas, como o hidróxido de potássio (KOH) e o hidróxido de sódio (NaOH), têm taxa de corrosão muito baixa no plano cristalográfico (111). Isso permite a formação de estruturas geométricas distintas com arestas afiadas (cantos vivos) em um substrato de Si monocristalino cuja estrutura é orientada para favorecer a penetração vertical da corrosão, ou em ângulos agudos no substrato. As estruturas como as da Figura 32.8 podem ser criadas utilizando esse procedimento. É preciso observar que a corrosão química por via úmida anisotrópica também é desejável na fabricação de CIs (Subseção 30.4.5), mas sua consequência é maior na microfabricação, em virtude das razões de aspecto maiores. O termo ***microusinagem por corrosão volumétrica*** é utilizado para o processo em via úmida com corrosão relativamente profunda no substrato do monocristal de silício (bolacha de Si), enquanto o termo ***microusinagem por corrosão superficial*** se refere à estruturação de planos sobre a superfície do substrato, processando camadas muito mais rasas.

A microusinagem por corrosão volumétrica pode ser utilizada para criar membranas finas em uma microestrutura. No entanto, é necessário um método para controlar a

TABELA • 32.2 Processos com camadas de silício utilizados em microfabricação.

Processo	Descrição Resumida	Texto de Referência
Litografia	Processo de impressão utilizado para transferir cópias de um padrão de máscara para a superfície de silício ou outro material sólido (por exemplo, dióxido de silício). A técnica usual em microfabricação é a fotolitografia.	Seção 30.3
Oxidação térmica	(Adição de camadas) Oxidação de superfície de silício para formar camada de dióxido de silício.	Subseção 30.4.1
Deposição química de vapor (CVD)	(Adição de camadas) Formação de um filme fino na superfície de um substrato por meio de reações químicas ou de decomposição de gases.	Subseções 24.5.2 e 30.4.2
Deposição física de vapor (PVD)	(Adição de camadas) Família de processos de deposição em que um material é convertido para a fase de vapor e condensado na superfície de um substrato como um filme fino. Os processos de PVD incluem evaporação e bombardeamento catódico a vácuo.	Subseção 24.5.1
Eletrodeposição e eletroformação	(Adição de camadas) Processo eletrolítico no qual íons metálicos em solução são depositados em um material de trabalho catódico.	Subseções 24.3.1 e 24.3.2
Deposição química	(Adição de camadas) Deposição em uma solução aquosa contendo íons do metal de revestimento sem corrente elétrica externa. A superfície de trabalho age como catalisador da reação.	Subseção 24.3.3
Difusão térmica (dopagem)	(Alteração de camadas) Processo físico no qual os átomos migram das regiões de alta concentração para regiões de baixa concentração.	Subseções 24.2.1 e 30.4.3
Implantação iônica (dopagem)	(Alteração de camadas) Incorporação de átomos de um ou mais elementos em um substrato utilizando feixe de alta energia de partículas ionizadas.	Subseções 24.2.2 e 30.4.3
Decapagem úmida	(Remoção de camadas) Aplicação de um decapante químico em solução aquosa para remover o material alvo, normalmente em conjunto com um padrão de máscara.	Subseção 30.4.5
Decapagem a seco	(Remoção de camadas) Erosão a seco por plasma usando um gás ionizado para retirar o material alvo.	Subseção 30.4.5

penetração da corrosão no silício, de modo a preservar a camada da membrana. Um método comum utilizado para esse fim é dopar o substrato de silício com átomos de boro, o que reduz significativamente a taxa de corrosão do silício. A sequência de processamento é exibida na Figura 32.9. Na etapa (2), a deposição epitaxial é utilizada para aplicar a camada superior de silício de modo que ela possua a mesma estrutura monocristalina e orientação cristalográfica do substrato (Subseção 30.4.2). Isso é um requisito da microusinagem por corrosão volumétrica que será utilizada para proporcionar a região

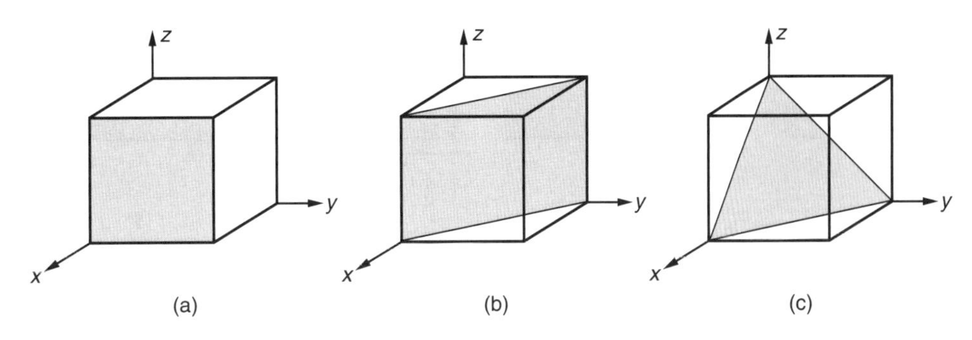

FIGURA 32.7 Três planos cristalográficos na estrutura cúbica do silício: (a) plano (100), (b) plano (110) e (c) plano (111).

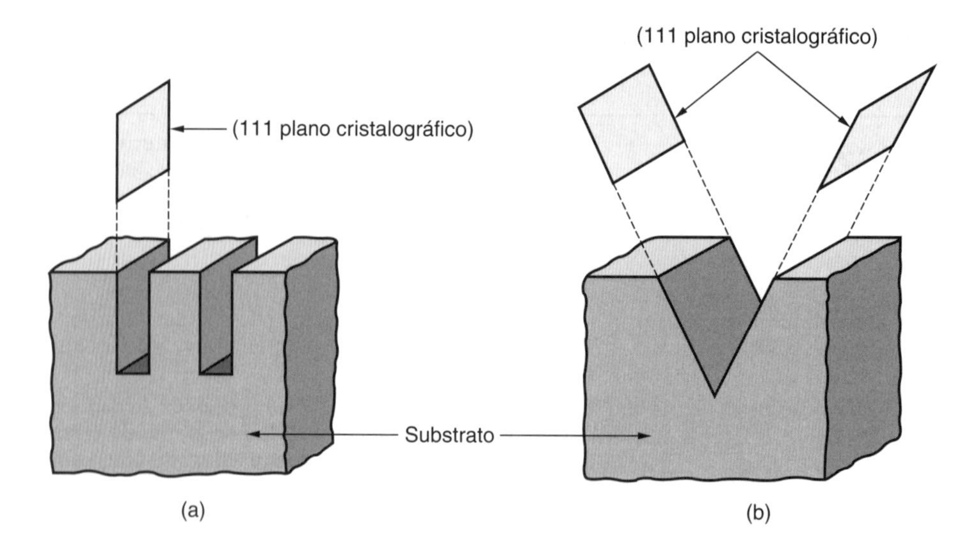

FIGURA 32.8 Diferentes estruturas que podem ser formadas em um substrato de silício monocristalino por meio de microusinagem por corrosão volumétrica: (a) silício (110) e (b) silício (100).

profundamente corroída no processamento subsequente. O uso da dopagem com boro para estabelecer a camada de silício resistente ao decapante químico se chama ***técnica p^+ etch-stop***.

A microusinagem por corrosão superficial pode ser utilizada para construir vigas, protuberâncias e estruturas similares em um substrato de silício, como mostrado na parte (5) da Figura 32.10. As vigas na figura são paralelas, mas separadas por um *gap* da superfície de silício. O tamanho do espaçamento (*gap*) e a espessura da viga estão na faixa de μm. A sequência do processo para fabricar esse tipo de estrutura é retratada nas primeiras partes da Figura 32.10.

A decapagem a seco (ou corrosão química a seco), que envolve a remoção de material por meio da interação física e/ou química entre os íons em um gás ionizado (um plasma) e os átomos de uma superfície que foi exposta ao gás ionizado (Subseção 30.4.5), promove a corrosão anisotrópica em quase qualquer material. Sua penetração anisotrópica característica não se limita a um substrato de silício monocristalino. Por outro lado, a corrosão seletiva é mais um problema na decapagem a seco; ou seja, quaisquer superfícies expostas ao plasma são atacadas.

Um procedimento chamado ***técnica de lift-off*** é utilizado em microfabricação para produzir texturas em metais, como a platina sobre um substrato. Essas estruturas são utilizadas em certos sensores químicos, mas são difíceis de produzir pela decapagem úmida. A sequência de processamento na técnica de *lift-off* é ilustrada na Figura 32.11.

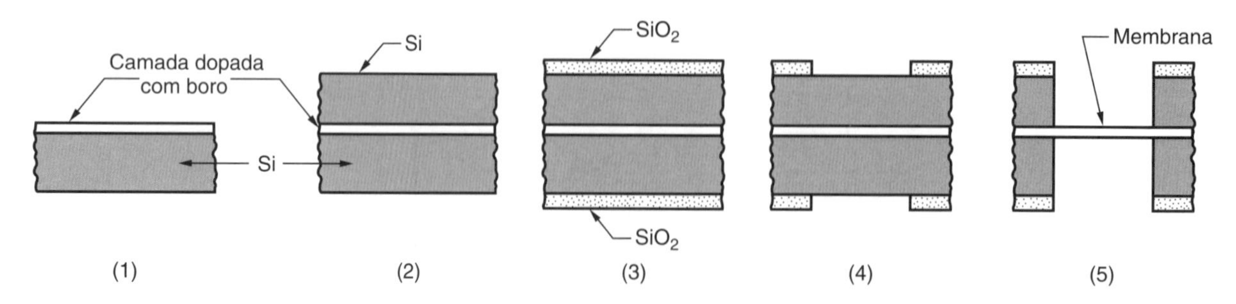

FIGURA 32.9 Formação de uma membrana fina em um substrato de silício: (1) o substrato de silício é dopado com boro; (2) uma camada espessa de silício é aplicada em cima da camada dopada por meio de deposição epitaxial; (3) os dois lados são oxidados termicamente para formar um resiste de SiO_2 nas superfícies; (4) o resiste tem seu padrão criado por litografia; e (5) a corrosão (decapagem química) anisotrópica é utilizada para remover o silício, exceto na camada dopada com boro.

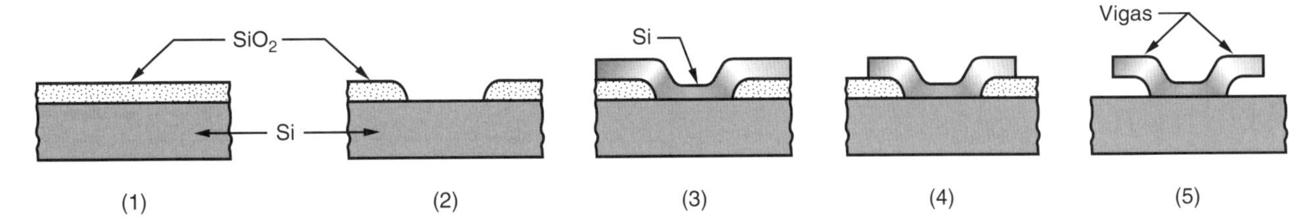

FIGURA 32.10 Microusinagem por corrosão de superfície para formar vigas: (1) sobre o substrato de silício é formada uma camada de dióxido de silício, cuja espessura vai determinar o espaçamento da viga com a superfície; (2) partes da camada de SiO_2 são corroídas usando litografia; (3) uma camada de polissilício é aplicada; (4) partes da camada de polissilício são corroídas usando litografia; e (5) a camada de SiO_2 por baixo das vigas é corroída seletivamente.

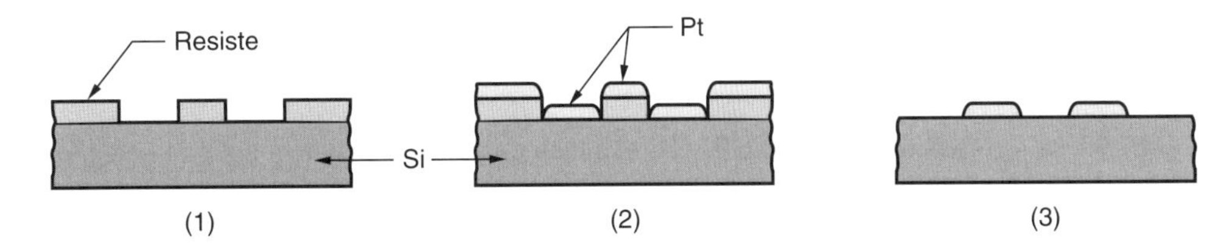

FIGURA 32.11 A técnica *lift-off*: (1) um resiste é aplicado ao substrato e estruturado por litografia; (2) a platina é depositada nas superfícies; e (3) o resiste é removido, levando com ele a platina em sua superfície, mas deixando a microestrutura de platina desejada.

32.2.2 PROCESSOS LIGA

LIGA é um processo importante em MST. Foi desenvolvido na Alemanha no início dos anos 1980, e as letras ***LIGA*** correspondem às palavras alemãs ***LI****thographie* (em particular, a litografia por raios X, embora também sejam utilizados outros métodos de exposição litográfica, como os feixes de íons na Figura 32.3), ***G****alvanoformung* (traduzida como eletrodeposição ou eletroformação), e ***A****bformtechnik* (moldagem de plástico). As letras também indicam a sequência de processamento LIGA. Essas etapas de processamento foram descritas nas seções anteriores deste livro: litografia por raios X, na Subseção 30.3.2; eletrodeposição e eletroformação, nas Subseções 24.3.1 e 24.3.2, respectivamente; e processos de moldagem de plásticos nas Seções 10.6 e 10.7. A integração dessas etapas na tecnologia LIGA é examinada nesta seção.

O processo LIGA é ilustrado na Figura 32.12. A descrição resumida fornecida na legenda da figura precisa ser ampliada: (1) Uma espessa camada de resiste sensível à radiação (raios X) é aplicada a um substrato. A espessura da camada pode variar de vários micrometros a centímetros, dependendo do tamanho da peça que vai ser produzida. O material comum do resiste utilizado no processo LIGA é o polimetilmetacrilato (PMMA, Subseção 5.3.1, no tópico "Acrílico"). O substrato deve ser um material condutor para que os processos de eletrodeposição subsequentes sejam realizados. O resiste é exposto, por meio de uma máscara, à radiação de raios X de alta energia. (2) As áreas irradiadas do resiste positivo são removidas quimicamente da superfície do substrato, deixando as partes não expostas como uma estrutura plástica tridimensional. (3) As regiões em que o resiste foi removido são preenchidas com metal utilizando eletrodeposição. O níquel é o metal de deposição comum utilizado no processo LIGA. (4) A estrutura do resiste restante é descascada (removida), produzindo uma estrutura metálica tridimensional. Dependendo da geometria criada, essa estrutura metálica pode ser (a) o molde utilizado para produzir peças plásticas por moldagem por injeção, moldagem por injeção reativa, ou moldagem por compressão. No caso da moldagem por injeção, na qual são produzidas peças termoplásticas, essas peças podem ser utilizadas como "moldes perdidos" (ou moldes não permanentes) na fundição de precisão (Subseção 8.2.4).

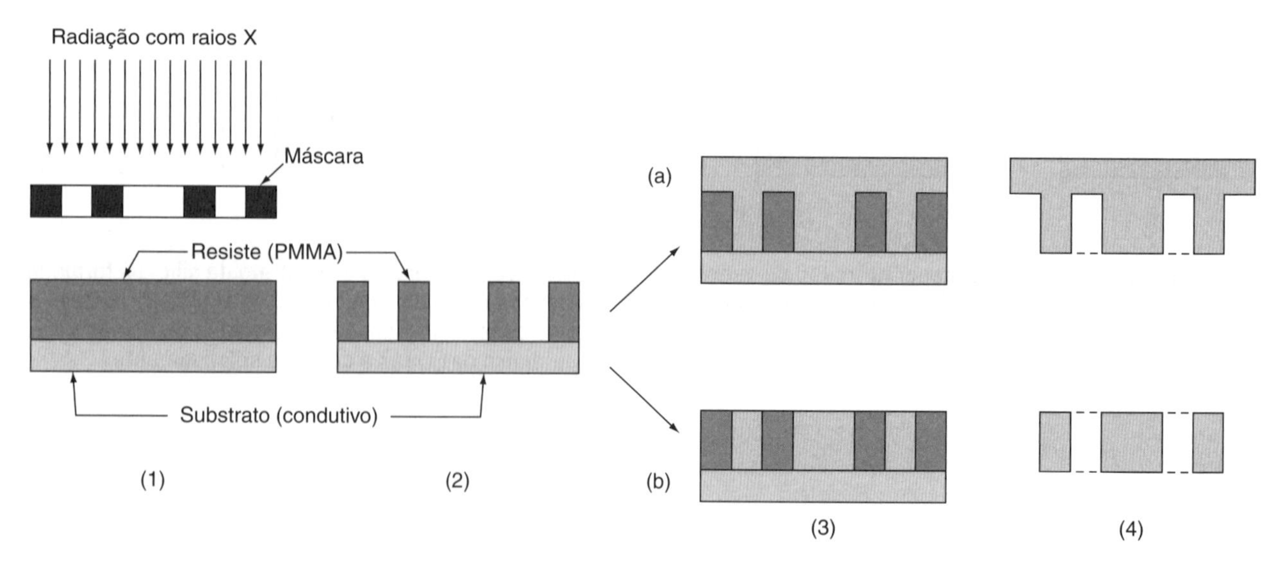

FIGURA 32.12 Etapas do processo LIGA: (1) espessa camada de resiste é aplicada e exposta aos raios X por meio de uma máscara; (2) as partes do resiste expostas são removidas; (3) eletroformação para encher as aberturas no resiste; (4) o resiste é retirado para proporcionar (a) um molde ou (b) uma peça metálica.

Como alternativa, (b) a peça metálica pode ser um modelo para fabricar moldes de plástico que serão utilizados para produzir mais peças metálicas por eletrodeposição.

Como a descrição indica, o processo LIGA pode produzir peças por vários métodos diferentes. Esta é uma das maiores vantagens desse processo de microfabricação: (1) LIGA é um processo versátil. Outras vantagens incluem (2) a viabilidade de elevadas razões de aspecto na peça fabricada; (3) a possibilidade de uma grande variedade dimensional de peças, com alturas variando de micrometros a centímetros; e (4) tolerâncias estreitas podem ser alcançadas. Uma desvantagem significativa do processo LIGA é que se trata de um processo muito caro; então, geralmente são necessárias grandes quantidades de peças para justificar sua aplicação. Além disso, a necessidade de uso dos raios X é uma desvantagem.

32.2.3 OUTROS PROCESSOS DE MICROFABRICAÇÃO

A pesquisa em MST está proporcionando várias outras técnicas de fabricação, a maioria delas sendo variações da litografia ou adaptações dos processos em escala macro. Nesta seção, são discutidas várias dessas técnicas adicionais.

Litografia Suave Esse termo se refere aos processos que utilizam molde elastomérico plano (similar a uma borracha de carimbo com tinta) para criar uma estampa na superfície do substrato. A sequência para criar o modelo é ilustrada na Figura 32.13. Um perfil padrão (ou estampa primária) é fabricado em uma superfície de silício utilizando um dos processos litográficos, como a fotolitografia com radiação ultravioleta (UV) ou a litografia por feixe de elétrons. Esse perfil padrão é utilizado então para produzir o molde plano do processo de litografia suave. O material comum do molde é o polidimetilsiloxano (PDMS, uma borracha siliconada). Após a cura do PDMS, ele é removido da estampa e afixado em um substrato para suporte e manuseio.

Dois dos processos de litografia suave são a litografia de microimpressão e a impressão por microcontato. Na ***litografia de microimpressão***, o molde é pressionado contra a superfície de um resiste flexível, que se desloca para outras regiões do substrato para a decapagem química subsequente. A sequência do processo é ilustrada na Figura 32.14. O molde plano consiste em regiões elevadas (ressaltos) e deprimidas

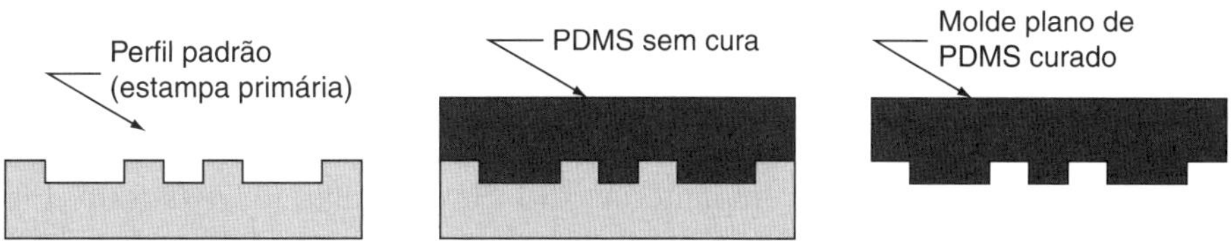

FIGURA 32.13 Etapas na produção de molde para litografia suave: (1) o perfil padrão fabricado pela litografia tradicional; (2) o molde plano de polidimetilsiloxano (PDMS), conformado a partir do perfil padrão; e (3) molde plano curado é removido do perfil padrão para uso.

(vales), e os ressaltos do molde correspondem a áreas da superfície do resiste que serão deslocadas para expor o substrato. O material do resiste é um polímero termoplástico que foi amolecido por aquecimento antes da compressão. A alteração da camada do resiste é por deformação mecânica e não por radiação eletromagnética, como nos métodos de litografia mais tradicionais. As regiões comprimidas da camada do resiste são subsequentemente removidas pela corrosão anisotrópica (Subseção 30.4.5). O processo de ataque também reduz a espessura da camada do resiste remanescente, mas permanece o suficiente para proteger o substrato do processamento subsequente. A litografia de microimpressão pode ser configurada para altas taxas de produção a um custo modesto. Não é necessária uma máscara no procedimento de impressão, embora o molde exija uma preparação análoga.

O mesmo tipo de carimbo plano pode ser utilizado em um modo de impressão, situação em que o processo é denominado ***impressão por microcontato***. Nessa forma de litografia suave, o molde é utilizado para transferir um padrão de uma substância para a superfície de um substrato, de modo parecido com a transferência da tinta para a superfície do papel. Esse processo permite que sejam fabricadas camadas muito finas no substrato.

Processos Convencionais e Não Convencionais em Microfabricação Uma série de processos não convencionais de usinagem (Capítulo 22), bem como processos convencionais de fabricação são importantes na microfabricação. A ***usinagem fotoquímica*** (PCM, do inglês *photochemical machining*, Subseção 22.4.2) é um processo essencial no processamento de CIs e na microfabricação, mas foi designada em descrições anteriores, aqui e no Capítulo 30, como corrosão química por via úmida (combinada com fotolitografia). A PCM é utilizada frequentemente com processos convencionais de ***eletrodeposição***, ***eletroformação*** e/ou ***deposição química*** (Seção 24.3) que adicionam camadas de materiais metálicos, de acordo com máscaras de padrão microscópico.

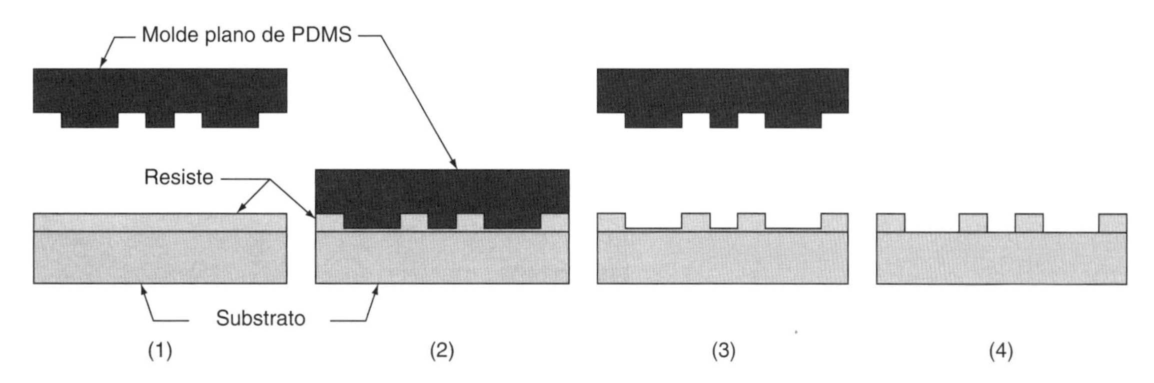

FIGURA 32.14 Etapas na litografia de microimpressão: (1) molde posicionado acima e (2) pressionado contra o resiste; (3) o molde é erguido e (4) o resiste remanescente é removido da superfície do substrato em regiões definidas.

Outros processos não convencionais capazes de fabricar em escala micrométrica incluem [5]: (1) ***usinagem por eletroerosão***, utilizada para fazer furos tão pequenos quanto 0,3 mm de diâmetro com razões de aspecto (relações profundidade-diâmetro) de até 100; (2) ***usinagem por feixe de elétrons***, para produzir furos de diâmetros menores que 100 μm em materiais difíceis de usinar; (3) ***usinagem a laser***, que pode produzir perfis complexos e furos da ordem de 10 μm de diâmetro, com razões de aspecto (profundidade-largura ou profundidade-diâmetro) próximas de 50; (4) ***usinagem por ultrassom***, capaz de executar furos em materiais duros e frágeis muito pequenos, na ordem de 50 μm de diâmetro; e (5) ***usinagem por eletroerosão a fio***, ou ***EDM a fio***, que pode cortar estrias muito finas com razões de aspecto (profundidade-largura) maiores que 100.

As tendências na usinagem convencional têm incluído sua capacidade para retirar dimensões de corte cada vez menores e suas tolerâncias associadas. Denominadas ***usinagem de ultra-alta precisão***, as tecnologias viabilizadoras incluem as ferramentas de diamante monocristalino e os sistemas de controle de posicionamento com resoluções tão altas de até 0,01 μm [5]. A Figura 32.15 retrata uma aplicação, o fresamento de ranhuras em uma folha de alumínio utilizando uma ferramenta monocortante de diamante. A folha de alumínio possui 100 μm de espessura, e as ranhuras têm 85 μm de largura e 70 μm de profundidade. A usinagem de ultra-alta precisão tem sido aplicada, hoje em dia, para produzir produtos como os discos rígidos dos computadores, cilindros de fotocopiadoras, insertos de moldes para cabeçotes de leitores de CDs e lentes de projeção de TVs de alta definição.

Tecnologias de Prototipagem Rápida Vários métodos de prototipagem rápida (PR) (Capítulo 29) foram adaptados para produzir peças de dimensões micrométricas [7]. Os métodos de PR usam uma abordagem de adição de camadas para construir componentes tridimensionais baseados em modelo geométrico CAD (desenho assistido por computador) do componente. Cada camada é muito fina, tipicamente de 0,05 mm de espessura, próxima da escala das tecnologias de microfabricação. Fazendo camadas cada vez mais finas, os microcomponentes podem ser fabricados.

Uma abordagem se chama ***fabricação por deposição eletroquímica*** (EFAB, do inglês *electrochemical fabrication*), que envolve a deposição eletroquímica de camadas metálicas em áreas específicas que são determinadas pelas máscaras de padrão criadas pelo "fatiamento" de um modelo CAD do objeto a ser fabricado (Seção 30.1). As camadas depositadas geralmente têm de 5 a 10 μm de espessura, com características tão pequenas quanto 20 μm de largura. Esse processo é executado em temperaturas abaixo

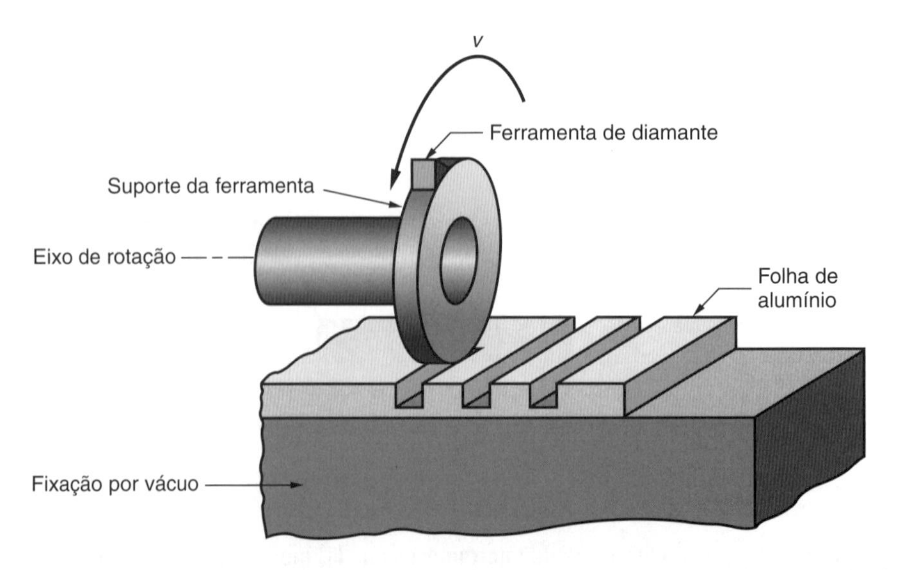

FIGURA 32.15 O fresamento de ultra-alta precisão de ranhuras em uma folha de alumínio.

de 60 °C e não requer ambiente de sala limpa (*clean room*). No entanto, o processo é lento, exigindo cerca de 40 minutos para aplicar cada camada, ou aproximadamente 35 camadas (com altura entre 180 e 360 μm) por período de 24 horas. Para superar essa desvantagem, a máscara para cada camada pode conter múltiplas cópias do padrão de fatiamento da peça, permitindo que muitas peças sejam produzidas simultaneamente em um processo em lote.

Outra abordagem de PR, chamada de ***microestereolitografia***, se baseia na estereolitografia (STL, Subseção 29.2.1), mas a dimensão das etapas de processamento tem tamanho reduzido. Considerando que a faixa de espessura da camada na estereolitografia convencional varia de 75 a 500 μm, a microestereolitografia (MSTL, do inglês *microstereolithography*) utiliza espessuras de camada entre 10 e 20 μm, sendo possíveis camadas ainda mais finas. A dimensão do foco do laser na STL é tipicamente 250 μm de diâmetro, enquanto o processo MSTL utiliza dimensões de foco de 1 ou 2 μm. Outra diferença em MSTL é que o material de trabalho não se limita a um polímero fotossensível. Pesquisadores relatam sucesso na fabricação de microestruturas 3D de materiais cerâmicos e metálicos. A diferença é que o material inicial está na forma de pó em vez de líquido.

Fotofabricação Esse termo se aplica a um processo industrial no qual a exposição à radiação ultravioleta por meio de uma máscara padrão provoca uma modificação significativa na solubilidade química de um material opticamente transparente. A mudança se manifesta na forma de um aumento na solubilidade a certos reagentes (corrosivos). Por exemplo, o ácido fluorídrico ataca o vidro fotossensível exposto a UV de 15 a 30 vezes mais rápido que o mesmo vidro que não foi exposto. O mascaramento não é necessário durante o ataque (remoção), com a diferença na solubilidade sendo o fator determinante no qual partes do vidro são removidas.

A origem da fotofabricação de fato precedeu o microprocessamento do silício. Atualmente, com o interesse crescente nas tecnologias de microfabricação, há um interesse renovado na tecnologia mais antiga. Exemplos de materiais utilizados na fotofabricação incluem os vidros Fotoform® e as cerâmicas Fotoceram® da Corning Glass Works e os polímeros sólidos fotossensíveis Dycril e Templex da DuPont. Durante o processamento desses materiais, podem ser obtidas razões de aspecto de aproximadamente 3:1, com os polímeros, e 20:1, com os vidros e cerâmicas.

Referências

[1] Fatikow, S., and Rembold, U. ***Microsystem Technology and Microrobotics***. Springer-Verlag, Berlin, 1997.

[2] Hornyak, G. L., Moore, J. J., Tibbals, H. F., and Dutta, J. ***Fundamentals of Nanotechnology***. CRC Taylor & Francis, Boca Raton, Florida, 2009.

[3] Jackson, M. J. ***Micro and Nanomanufacturing***. Springer, New York, 2007.

[4] Li, G., and Tseng, A. A. "Low Stress Packaging of a Micromachined Accelerometer," ***IEEE Transactions on Electronics Packaging Manufacturing***, Vol. 24, No. 1, January 2001, pp. 18–25.

[5] Madou, M. ***Fundamentals of Microfabrication***. CRC Press, Boca Raton, Florida, 1997.

[6] Madou, M. ***Manufacturing Techniques for Microfabrication and Nanotechnology***. CRC Taylor & Francis, Boca Raton, Florida, 2009.

[7] O'Connor, L., and Hutchinson, H. "Skyscrapers in a Microworld," ***Mechanical Engineering***, Vol. 122, No. 3, March 2000, pp. 64–67.

[8] National Research Council (NRC). ***Implications of Emerging Micro- and Nanotechnologies***. Committee on Implications of Emerging Micro- and Nanotechnologies, The National Academies Press, Washington, D.C., 2002.

[9] Paula, G. "An Explosion in Microsystems Technology," ***Mechanical Engineering***, Vol. 119, No. 9, September 1997, pp. 71–74.

[10] Tseng, A. A., and Mon, J-I. "NSF 2001 Workshop on Manufacturing of Micro-Electro Mechanical Systems," in ***Proceedings of the 2001 NSF Design, Service, and Manufacturing Grantees and Research Conference***, National Science Foundation, 2001.

Questões de Revisão

32.1 Defina sistema microeletromecânico.
32.2 Qual é a escala dimensional aproximada na tecnologia de microssistemas?
32.3 Por que é razoável acreditar que os produtos de microssistema poderiam estar disponíveis a custos mais baixos do que os produtos maiores, com dimensões convencionais?
32.4 O que é um microssensor híbrido?
32.5 Mencione alguns dos tipos básicos de dispositivos de microssistemas.
32.6 Mencione alguns produtos que representam a tecnologia de microssistemas.
32.7 Por que o silício é um material de trabalho desejável na tecnologia de microssistemas?
32.8 O que significa o termo razão de aspecto na tecnologia de microssistemas?
32.9 Qual é a diferença entre microusinagem por corrosão volumétrica e microusinagem por corrosão superficial?
32.10 Quais são as três etapas no processo LIGA?

33 Tecnologias de Nanofabricação

Sumário

33.1 Produtos e Aplicações de Nanotecnologia
- 33.1.1 Classificação dos Produtos e Aplicações
- 33.1.2 Nanoestruturas de Carbono
- 33.1.3 A Iniciativa Nacional de Nanotecnologia

33.2 Introdução à Nanociência
- 33.2.1 O Tamanho Importa
- 33.2.2 Microscópios de Varredura por Sonda

33.3 Processos de Nanofabricação
- 33.3.1 Abordagens de Processamento de Cima para Baixo (Micronano)
- 33.3.2 Abordagens de Processamento de Baixo para Cima (Piconano)

A tendência em miniaturização ultrapassou a barreira do micrometro e entrou no nanômetro (nm). ***Nanotecnologia*** se refere à fabricação e aplicação de itens cujas características têm dimensões que variam de menos de 1 nm a 100 nm (1 nm = 10^{-3} μm = 10^{-6} mm = 10^{-9} m).[1] Os itens incluem filmes (películas), revestimentos, pontos, linhas, fios, tubos, estruturas e sistemas. O prefixo "nano" é utilizado para esses itens; desse modo, novas palavras como nanotubo, nanoestrutura, nanoescala e nanociência entraram para o vocabulário. ***Nanociência*** é o campo de estudo científico que lida com objetos na mesma faixa de tamanho. ***Nanoescala*** se refere às dimensões dentro dessa faixa e um pouco abaixo, sobrepondo-se na extremidade inferior com os tamanhos dos átomos e moléculas. Por exemplo, o menor átomo é o hidrogênio, com um diâmetro próximo de 0,1 nm, enquanto o maior dos átomos com ocorrência natural é o urânio, com um diâmetro aproximado de 0,4 nm [4]. As moléculas tendem a ser maiores porque consistem em múltiplos átomos. As moléculas compostas de aproximadamente 30 átomos têm um tamanho aproximado de 1 nm, dependendo dos elementos envolvidos. Portanto, a nanociência envolve o comportamento das moléculas individuais e os princípios que explicam esse comportamento, e a nanotecnologia envolve a aplicação desses princípios para criar produtos úteis.

No capítulo anterior, foi fornecida uma visão geral dos produtos e dispositivos na tecnologia de microssistemas. Este capítulo fornece o mesmo tipo de visão geral sobre a nanotecnologia. Quais são os produtos e materiais disponíveis atualmente e possivelmente futuros? A nanotecnologia envolve não só uma redução na escala em três ordens de grandeza. A ciência é diferente quando os tamanhos dos itens se aproximam dos níveis molecular e atômico. Algumas dessas diferenças são discutidas na Seção 33.2. Finalmente, na Seção 33.3, são descritas as duas categorias principais de processos de fabricação utilizados em nanotecnologia.

---

[1] A linha divisória entre a nanotecnologia e a tecnologia de microssistemas (Capítulo 32) é considerada 100 nm = 0,1 μm [7]. Isso é ilustrado na Figura 32.1.

33.1 Produtos e Aplicações de Nanotecnologia

A maioria dos produtos em nanotecnologia não é apenas uma versão menor dos produtos criados com a tecnologia de microssistema (MST); eles também incluem novos materiais, revestimentos e itens exclusivos que não estão incluídos no escopo da MST. Os produtos e processos em nanoescala que estão por aí há algum tempo incluem:

- As janelas de vidro colorido das igrejas construídas na Idade Média se baseavam na escala nanométrica incorporada no vidro. Dependendo de seu tamanho, as partículas podem assumir várias cores diferentes.
- A fotografia química remonta a mais de 150 anos e depende da formação de nanopartículas de halogeneto de prata para criar a imagem na fotografia.
- As partículas de carbono em nanoescala são usadas como aditivos de reforço nos pneus de automóvel.
- Os conversores catalíticos nos sistemas de exaustão dos automóveis modernos usam revestimentos em nanoescala de platina e paládio em uma estrutura de colmeia cerâmica. Os revestimentos metálicos agem como catalisadores para converter a emissão nociva de gases em outros gases inócuos.

Também devemos mencionar que a tecnologia de fabricação dos circuitos integrados inclui atualmente características dimensionais na faixa de nanotecnologia. Naturalmente, os circuitos integrados vêm sendo produzidos desde os anos 1960, mas somente nos últimos anos foram alcançadas as características em nanoescala.

Outros produtos e aplicações mais recentes da nanotecnologia incluem cosméticos, protetores solares, pastas e ceras de automóvel, revestimentos das lentes de óculos e tintas antiarranhão. Todas essas categorias contêm partículas em nanoescala (nanopartículas), o que as qualifica como produtos de nanotecnologia. Uma lista de exemplos mais completa dos produtos e materiais atuais e futuros baseados em nanotecnologia é apresentada na Tabela 33.1.

33.1.1 CLASSIFICAÇÃO DOS PRODUTOS E APLICAÇÕES

Os produtos e aplicações de nanotecnologia podem ser organizados em três categorias: (1) incremental, (2) evolucionária e (3) radical [4].[2] ***Nanotecnologia incremental*** se refere aos produtos e aplicações em que as partículas em nanoescala são utilizadas em grande quantidade para produzir materiais com propriedades ou características únicas e compensadoras que não poderiam ser de modo tão satisfatório usando partículas maiores. É a presença de nanopartículas funcionando de forma agregada que distingue a nanotecnologia incremental. Todos os exemplos apresentados anteriormente estão nessa categoria, exceto a fotografia química e os circuitos integrados.

Nanotecnologia evolucionária envolve o uso de nanopartículas em grande quantidade, em que cada uma delas tem um propósito único e justificável. A presença de nanopartículas funcionando individualmente é o que distinguiu essa categoria de nanotecnologia. Poder-se-ia argumentar que a fotografia química é um exemplo de nanotecnologia evolutiva em virtude das respostas individuais das diferentes regiões da película (filme) à luz projetada pela imagem. Outros exemplos são difíceis de identificar. Poderíamos imaginar uma matriz de trilhões de nanopartículas sendo utilizadas em um dispositivo de armazenamento de dados ou em um dispositivo de imagem de ultra-alta resolução. Como dispositivo de armazenamento, cada partícula armazena um *bit* de dados individualmente endereçável. Como um dispositivo de imagem, cada partícula emite sua própria cor e brilho individualmente controláveis, que, juntos, formam uma imagem.

[2]O esquema de classificação é atribuído a R. A. L. Jones, ***Soft Machines Nanotechnology and Life***, Oxford University Press, Oxford, 2004.

TABELA • 33.1 Exemplos de produtos e materiais presentes e futuros baseados em nanotecnologia.

Computadores. Nanotubos de carbono (Subseção 33.1.2) são fortes candidatos a substituir os eletrônicos à base de silício, à medida que os limites da redução de tamanho são alcançados nos processos baseados em litografia para criar circuitos integrados em bolachas (*wafers*) de silício. Esses limites foram estimados para ser alcançados por volta do ano 2015.
Materiais. Partículas (nanopontos) e fibras (nanofios) em escala nanométrica podem se provar agentes de reforço úteis para os materiais compósitos. Por exemplo, a carroceria de um dos veículos Hummer, da General Motors, é feita com nanocompósitos. Sistemas de materiais inteiramente novos, desconhecidos hoje em dia, podem ser possíveis com a nanotecnologia.
Catalisadores de nanopartículas. Nanopartículas metálicas e revestimentos de metais nobres (por exemplo, ouro, platina) em substratos cerâmicos agem como catalisadores de certas reações químicas. Os conversores catalíticos nos automóveis são um exemplo importante.
Medicamentos para câncer. Os medicamentos em escala nano estão sendo desenvolvidos para corresponder ao perfil genético específico das células cancerosas de um paciente e atacar e destruir essas células. Por exemplo, Abraxine é um remédio em nanoescala à base de proteína produzido pela American Pharmaceutical que é utilizado para tratar o câncer de mama metastático.
Energia solar. Os filmes de superfície em nanoescala têm o potencial para absorver mais energia eletromagnética do Sol do que os receptáculos fotovoltaicos atuais. Os desenvolvimentos nessa área podem reduzir a dependência dos combustíveis fósseis para geração de energia.
Revestimentos. Estão sendo desenvolvidos revestimentos e filmes ultrafinos em nanoescala para aumentar a resistência das superfícies aos arranhões (lentes de óculos com esses revestimentos já estão disponíveis), resistência a manchas nos tecidos e capacidade autolimpante para janelas e outras superfícies (o "efeito lótus").
Monitores de tela plana para televisores e computadores. As telas de TV baseadas em nanotubos de carbono estão sendo desenvolvidas, cujo lançamento estava previsto para 2006. Essas telas devem ser mais brilhantes, mais baratas e energeticamente mais eficientes do que as atuais. Elas serão produzidas pela Samsung Electronics da Coreia do Sul
Laboratórios médicos portáteis. Instrumentos baseados em nanotecnologia vão promover a análise rápida de uma série de doenças, como o diabetes e a AIDS.
Baterias. Nanotubos de carbono podem ser futuros componentes nas baterias de alta energia e dispositivos de armazenamento de hidrogênio. O armazenamento de hidrogênio indubitavelmente vai desempenhar um papel na conversão dos motores de combustível fóssil em motores à base de hidrogênio.
Fontes de luz. Estão sendo desenvolvidas lâmpadas baseadas em nanotecnologia que usam uma fração da energia de uma lâmpada incandescente e que nunca queimam.

Baseado principalmente nas Referências [1] e [24].

Nanotecnologia radical (revolucionária) trata da construção de máquinas microscópicas que consistem em características e mecanismos em escala nanométrica. Essa categoria de nanotecnologia se subdivide em dois ramos: manufatura molecular e nanorrobôs. A ***manufatura molecular*** vislumbra a possibilidade de construir algum item macroscópico montando os átomos que o compreendem. Uma maneira de fazer isso é movendo os átomos ou moléculas um a um para locais controlados para realizar a montagem. Essa abordagem envolve o uso de técnicas de varredura por sonda, discutidas na Subseção 33.3.2. Isso é de interesse científico, mas não é um processo de produção prático. Uma abordagem alternativa e mais realista, também discutida na Subseção 33.3.2, envolve a formação espontânea, na qual os átomos e/ou moléculas são guiados por leis físicas ou químicas para construir o objeto macroscópico.

O outro ramo da nanotecnologia radical é mais futurístico. Ele projeta robôs em nanoescala (isto é, ***nanorrobôs*** ou ***nanobots***) que são equipados com alguma forma de inteligência e uma garra com a qual eles conseguem montar átomos e moléculas. Esses dispositivos poderiam ser utilizados para realizar uma manufatura molecular, se houvesse uma quantidade suficiente de nanorrobôs na tarefa. O aspecto assustador do conceito de nanorrobôs é que essas máquinas moleculares também poderiam se autorreproduzir, talvez aumentando sua quantidade a um ritmo exponencial a ponto de causar estragos no planeta.

A ideia de máquinas em nanoescala, que é a base da nanotecnologia radical, é reminiscente dos sistemas microeletromecânicos (MEMS, do inglês *microelectromechanical systems*), uma categoria de produto importante na tecnologia de microssistemas. Os MEMS encontraram muitas aplicações nas indústrias de computadores, médica e automotiva (Subseção 32.1.2). Com o advento da nanotecnologia, há um interesse crescente em estender o desenvolvimento desses tipos de dispositivos para a faixa de nanoescala. O termo para isso é ***sistemas nanoeletromecânicos*** (NEMS, do inglês *nanoelectromechanical systems*), que são as contrapartes em tamanho submicrométrico dos dispositivos MEMS; apenas seus tamanhos menores resultariam em vantagens potenciais ainda maiores. Um produto estrutural NEMS importante e produzido atualmente é a sonda utilizada nos microscópios de força atômica (Subseção 33.2.2). A ponta fina na sonda é nanométrica. Os nanossensores são outro tipo de aplicação que está sendo desenvolvida. Os nanossensores seriam mais precisos, responderiam mais rápido e operariam com requisitos de energia menores do que os sensores maiores. As aplicações de sensores NEMS atuais incluem acelerômetros e sensores químicos. Foi sugerido que vários nanossensores poderiam ser distribuídos pela área do objeto para coletar dados, proporcionando assim o benefício de várias leituras da variável de interesse, em vez de usar um único grande sensor em um local.

Surgem problemas técnicos formidáveis na tentativa de construir nanorrobôs e outras ***nanomáquinas***, definidos como nanossistemas que consistem em partes móveis e em pelo menos dois materiais diferentes [8]. Os problemas resultam do fato de que as superfícies das partes não podem ser lisas, e as arestas e cantos não podem ser afiados nos tamanhos atômico e molecular. Outras características da superfície também entram em cena, conforme discutido na Subseção 33.2.1.

33.1.2 NANOESTRUTURAS DE CARBONO

Duas estruturas de grande interesse científico e comercial em nanotecnologia são os fulerenos e os nanotubos de carbono. Trata-se basicamente de camadas de grafite que formam esferas e tubos, respectivamente.

Fulerenos (ou *Bucky balls*) O nome "fulereno" se refere à molécula de C_{60}, que contém exatamente 60 átomos de carbono e tem a forma de uma bola de futebol, conforme a Figura 33.1.

O nome original da molécula era ***buckminsterfullerene***, em homenagem ao arquiteto/inventor R. Buckminster Fuller, que projetou o domo geodésico que lembra a estrutura C_{60}. Hoje, C_{60} é chamado simplesmente de ***fulereno***, que se refere a quaisquer moléculas de carbono fechadas e ocas que consistem em 12 faces pentagonais e várias faces hexagonais. No caso de C_{60}, 60 átomos estão dispostos simetricamente em 12 faces pentagonais e 20 faces hexagonais para formar uma bola. Essas bolas moleculares podem ser ligadas por forças de van der Waals (Seção 2.2) para formar cristais cuja estrutura cristalina é cúbica de faces centradas (Figura 2.8(b), Subseção 2.3.1). A separação

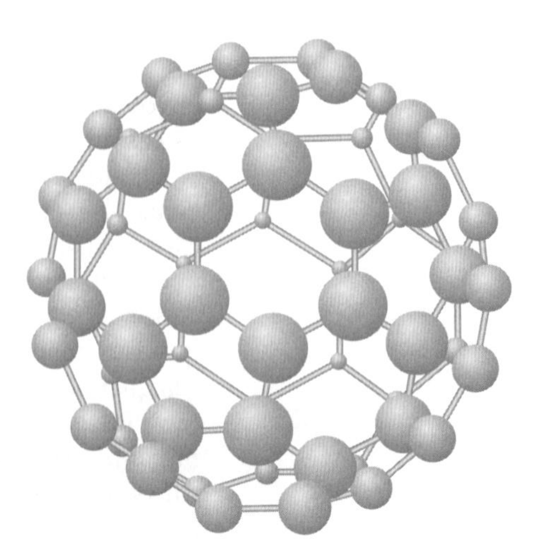

FIGURA 33.1 Estrutura de fulereno da molécula C_{60}. (Reimpresso com permissão de [18].)

entre qualquer molécula e seu vizinho mais próximo na estrutura cristalina do C_{60} é de 1 nm. O conjunto ligado de vários fulerenos se chama fulerita.

Os fulerenos e fuleritas são interessantes por uma série de razões. Uma delas diz respeito às suas propriedades elétricas e à capacidade para alterar essas propriedades. Um cristal C_{60} tem as propriedades de um isolante. No entanto, quando dopado com um metal alcalino como o potássio (formando K_3C_{60}), ele é transformado em um condutor elétrico. Além do mais, ele exibe propriedades de um supercondutor em temperaturas de aproximadamente 18 °K. Outra possível área de aplicação para os fulerenos C_{60} é o campo médico. A molécula de C_{60} tem muitos pontos de ligação possíveis para tratamentos com medicamentos focados. Outras possíveis aplicações médicas para os fulerenos incluem os antioxidantes, pomadas para queimaduras, e diagnóstico por imagem.

Nanotubos de Carbono Os nanotubos de carbono (CNTs, do inglês *carbon nanotubes*) são outra estrutura molecular consistindo em átomos de carbono ligados na forma de um tubo longo. Os átomos podem ser organizados em uma série de configurações alternativas, três delas ilustradas na Figura 33.2. Os nanotubos exibidos na figura são todos de parede simples (SWNT, do inglês *single-walled nanotubes*), mas também podem ser fabricados nanotubos com multicamadas (ou de parede múltipla) (MWNT, do inglês *multi-walled nanotubes*), que são tubos dentro de um tubo. O SWNT tem diâmetro típico de poucos nanômetros (até ~ 1 nm) e um comprimento de ~100 nm, sendo fechado nas duas extremidades. São possíveis os SWNTs muito maiores, e o maior deles registrado tem 18 mm de comprimento e 20 nm de diâmetro [4]. Isso significa uma relação comprimento-diâmetro de 900.000:1.

As propriedades elétricas dos nanotubos são incomuns. Dependendo da estrutura e do diâmetro, os nanotubos podem ter propriedades metálicas (condutoras) ou semicondutoras. A condutividade dos nanotubos metálicos pode ser seis vezes superior à do cobre [8]. A explicação para isso é que os nanotubos contêm pequena quantidade dos defeitos existentes nos metais que tendem a dispersar os elétrons, aumentando assim a resistência elétrica. Como os nanotubos têm essa resistência tão baixa, as correntes altas não aumentam sua temperatura da maneira que os metais aquecem submetidos

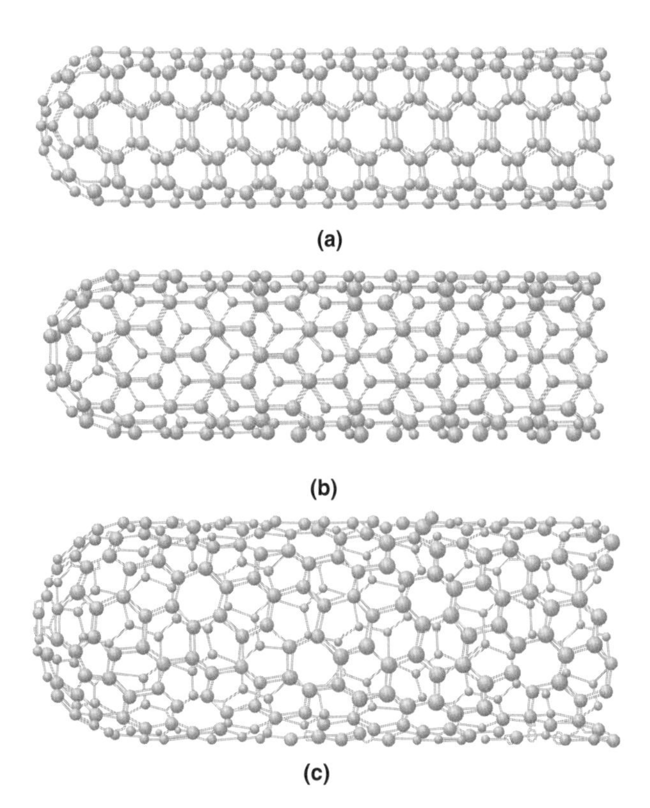

FIGURA 33.2 Várias estruturas possíveis de nanotubos de carbono: (a) *armchair*, (b) ziguezague e (c) quiral. (Reimpresso com permissão de [18].)

às mesmas cargas elétricas. A condutividade térmica dos nanotubos metálicos também é muito alta. Essas propriedades elétricas e térmicas são de interesse especial para os fabricantes de computadores e circuitos integrados, pois podem permitir velocidades de processamento maiores nos processadores sem os problemas de produção de calor encontrados atualmente, à medida que a densidade de componentes em um *chip* de silício aumenta. As velocidades de processamento 10^4 vezes maiores que as dos processadores atuais podem ser possíveis [18], junto com densidades muito mais altas.

Outra propriedade elétrica dos nanotubos de carbono é a emissão de campo, na qual os elétrons são emitidos a partir das extremidades dos tubos em taxas muito altas quando um campo elétrico é aplicado paralelamente ao eixo de um nanotubo. As possíveis aplicações comerciais das propriedades de emissão de campo dos nanotubos incluem monitores de tela plana para televisores e computadores.

As propriedades mecânicas são outra razão para o interesse nos nanotubos de parede simples. Comparados com o aço, a massa específica é de apenas 1/6, o módulo de elasticidade é cinco vezes maior, e a resistência à tração é ~ 100 vezes maior [8]. Contudo, quando os SWNTs são dobrados, eles exibem grande resiliência e retomam sua forma anterior, sem danos. Essas propriedades mecânicas representam oportunidades de uso em aplicações que variam desde materiais de reforço nos compósitos de matriz polimérica (Subseção 5.4.2) até os tecidos com fibra em coletes à prova de balas. Ironicamente, os nanotubos de parede múltipla não são tão resistentes.

33.1.3 A INICIATIVA NACIONAL DE NANOTECNOLOGIA

No ano 2000, uma iniciativa nacional em nanotecnologia foi promulgada pelo Congresso dos Estados Unidos em um nível de financiamento de US$400 milhões, começando em 2001. Os níveis de financiamento aumentaram no que hoje se chama de Iniciativa Nacional de Nanotecnologia (NNI, do inglês *National Nanotechnology Initiative*). Um total de US$3,7 bilhões foi alocado ao longo de um período de quatro anos, começando em 2005, transformando essa iniciativa no maior programa de pesquisa e desenvolvimento (P&D) financiado pelo governo federal desde o Programa Espacial Apollo. A lei da NNI determinou a coordenação da pesquisa e desenvolvimento em nanotecnologia, incluindo o Departamento de Defesa e Energia, a Fundação Nacional de Ciências, o Instituto Nacional de Saúde, o Instituto Nacional de Padrões e Tecnologia, e a Administração Nacional de Aeronáutica e Espaço (denominados NNI *Grand Challenges*) que irão afetar a vida de praticamente todos os cidadãos americanos. A Tabela 33.2 descreve resumidamente as nove áreas de desenvolvimento da nanotecnologia para proporcionar uma visão global das oportunidades futuras previstas para essa tecnologia.

33.2 Introdução à Nanociência

Os campos da nanociência e da nanotecnologia são interdisciplinares. Eles se baseiam nas contribuições sinérgicas da química, física, várias disciplinas da engenharia e ciência da computação. Os campos da biologia e ciência médica também estão envolvidos. A biologia opera na faixa nanométrica. As proteínas, substâncias básicas dos organismos vivos, são grandes moléculas com tamanho variando de 4 nm a 50 nm, aproximadamente. As proteínas são compostas de aminoácidos (ácidos orgânicos contendo o grupo amino NH_2), cujo tamanho molecular é aproximadamente 0,5 nm. Cada molécula de proteína consiste em combinações de várias moléculas de aminoácidos[3] interconectadas para formar uma cadeia longa (chamada de nanofio). Essa macromolécula longa consiste em voltas e reviravoltas para se autocompactar em uma massa com uma seção transversal na faixa de 4 a 50 nm. Outros itens biológicos de escala nanométrica incluem as moléculas de clorofila nas plantas (cerca de 1 nm), hemoglobina no sangue (7 nm)

[3]Existem mais de 100 aminoácidos diferentes que ocorrem naturalmente, mas a maioria das proteínas encontradas nos organismos vivos consiste em apenas 20 desses tipos de aminoácidos.

TABELA • 33.2 Nove áreas de desenvolvimento da nanotecnologia identificadas na Iniciativa Nacional de Nanotecnologia (NNI).

Materiais nanoestruturados desde o projeto. O objetivo é desenvolver materiais mais resistentes, duros, leves, seguros e inteligentes; e também projetar materiais que possuam características de autorreparação. A pesquisa vai se concentrar em (1) compreender as relações entre a nanoestrutura de um material e suas propriedades macroscópicas e (2) o desenvolvimento de novos métodos de fabricação e medição.

Nanoeletrônica, optoeletrônica e magnetismo. Os objetivos incluem o desenvolvimento de novos dispositivos e de tecnologias de fabricação nessas áreas para integração nos sistemas existentes e novas arquiteturas (por exemplo, novas arquiteturas de circuito para tratar dos limites das tendências atuais nas tecnologias de fabricação de circuitos integrados à base de silício).

Cuidados avançados, tratamentos e diagnósticos de saúde. Os objetivos são (1) melhorar a saúde dos seres humanos por meio do desenvolvimento de novos sensores biológicos e tecnologias de geração de imagens médicas, (2) desenvolver dispositivos nanométricos que possam ser utilizados para direcionar e liberar medicações para sítios-alvo no corpo humano, (3) melhorar os implantes biológicos por meio de processamento em nanoescala da interface do implante com o osso, (4) desenvolver dispositivos nanométricos para permitir a visão e a audição, e (5) elaborar técnicas de diagnóstico aperfeiçoadas usando métodos de sequenciamento genético.

Processos em nanoescala para melhoria ambiental. Os objetivos são (1) encontrar novos métodos para medir poluentes com base em nanotecnologia, (2) desenvolver novas maneiras de remover poluentes submicroscópicos do ar e da água, e (3) ampliar o conhecimento científico sobre os fenômenos em nanoescala que são importantes para manter a qualidade ambiental e reduzir as emissões indesejáveis.

Conversão e armazenamento eficiente de energia. Os objetivos incluem desenvolver (1) fontes de energia mais eficientes usando catalisadores de nanocristal, (2) células solares mais eficientes, (3) materiais fotoativos eficientes para conversão solar dos materiais em combustíveis e (4) fontes de luz de alta eficiência. Outras atividades incluem explorar o uso dos nanotubos de carbono para armazenamento de alta densidade de hidrogênio e melhorar a eficiência dos trocadores de calor utilizando fluidos com partículas nanocristalinas suspensas.

Exploração espacial em micronaves e industrialização. Os objetivos são (1) reduzir o tamanho da nave espacial em uma ordem de grandeza, (2) utilizar o pouco peso e a alta resistência dos materiais nanoestruturados para reduzir o consumo de combustíveis, (3) permitir a tomada de decisão autônoma e o maior armazenamento de dados por meio de nanoeletrônica e nanomagnetismo, e (4) utilizar materiais com capacidade de autorreparação para ampliar o alcance da exploração espacial.

Dispositivos bionanossensores para detecção de doenças transmissíveis e ameaças biológicas. Os objetivos incluem (1) melhoria da detecção e resposta às ameaças de guerra química e biológica e de doenças humanas, (2) aumentar a capacidade humana e melhorar a saúde por meio de dispositivos manométricos, e (3) realizar pesquisa sobre compatibilidade entre materiais nanométricos e tecido vivo.

Aplicação ao transporte econômico e seguro. Os objetivos incluem desenvolver (1) modos de transporte mais eficientes usando nanomateriais mais leves, com taxas de falha menores, (2) materiais mais duráveis para estradas e pontes, (3) materiais e dispositivos inteligentes capazes de detectar falha iminente e realizar processos de autorreparação, (4) revestimentos nanométricos com baixo atrito e baixa corrosão, e (5) sensores de desempenho nanométricos.

Segurança nacional. O objetivo geral é alcançar o domínio militar a um custo mais baixo e com uma força de trabalho menor, e reduzir os riscos do pessoal envolvido no combate. As atividades de pesquisa e desenvolvimento propostas incluem (1) aumentar a superioridade do conhecimento aumentando a velocidade do processador, a capacidade de armazenamento, a velocidade de acesso, a tecnologia de exibição e a capacidade de comunicação, (2) usar os materiais com propriedades melhores para os sistemas militares, e (3) tecnologias de sensor para proteger o pessoal em combate e aprimorar sua capacidade de luta.

Compilado de [14].

e vírus da gripe (60 nm). As células biológicas são ordens de grandeza maiores. Por exemplo, um glóbulo vermelho é discoide, com um diâmetro de aproximadamente 8000 nm (8 μm) e espessura de aproximadamente 1500 nm (1,5 μm). O diâmetro do cabelo humano exibido na Figura 32.3 é de aproximadamente 100.000 nm (0,1 mm).

O foco deste capítulo está nos itens em nanoescala (ou escala nanométrica) que são não biológicos. Assim como na biologia, a nanotecnologia lida com objetos que não são muito maiores que os átomos e moléculas que os compõem. A Subseção 33.2.1 discute três "efeitos do tamanho" e como as propriedades do material são afetadas quando as dimensões de um item são medidas em nanômetros. A incapacidade para "ver" os objetos em nanoescala inibiu os desenvolvimentos em nanotecnologia até pouco tempo atrás. O advento dos microscópios eletrônicos por sonda nos anos 1980 permitiu que os objetos no nível molecular sejam visualizados e medidos. Esses tipos de microscópios são descritos na Subseção 33.2.2.

33.2.1 O TAMANHO IMPORTA

Um dos efeitos físicos que ocorrem com objetos muito pequenos é que as propriedades de sua superfície se tornam muito mais importantes em relação às suas propriedades de volume. Considere a relação superfície/volume de uma determinada quantidade de material, à medida que suas dimensões são alteradas. Começando com um bloco cúbico de material com um metro em cada lado, sua área de superfície total é 6 m^2 e seu volume é 1 m^3, conferindo-lhe uma relação superfície/volume de 6 para 1. Se esse mesmo volume de material fosse comprimido em uma placa quadrada, plana, com 1 μm de espessura (cerca de 1/100 do diâmetro do cabelo humano), suas dimensões seriam 1000 m em cada lado, e sua área de superfície total (superior, inferior e arestas) seria 2.000.000,004 m^2 (1000×1000 m^2 em cada um dos dois lados, mais 0,001 m^2 em cada uma das quatro arestas). Isso lhe conferiria uma relação superfície/volume um pouco maior que 2.000.000 para 1.

Em seguida, suponha que a placa plana fosse fatiada em duas direções para criar cubos com 1 μm $\times$ 1 μm $\times$ 1 μm. O número total de cubos seria 10^{18} e a área de superfície de cada cubo seria 6 μm^2 ou $6(10^{-12})$ m^2. Multiplicando a área de superfície de cada cubo pelo número de cubos, temos a área de superfície total de 6.000.000 m^2 ou uma relação superfície/volume de 6.000.000 para 1 para a quantidade original de material.

Um cubo com 1 μm em cada lado certamente é pequeno, mas em nanômetros ele tem 1000 nm em cada aresta. Suponha que as moléculas desse material tenham forma de cubo e, a partir da discussão anterior, cada molécula mede 1 nm em um lado (reconhecidamente, a forma de cubo molecular é um exagero, mas o tamanho de 1 nm é plausível). Isso significa que o cubo de 1 μm contém 10^9 moléculas, das quais $6(10^6)$ estão na superfície do cubo. Isso deixa $10^9 - 6(10^6) = 994(10^6)$ moléculas que são internas (abaixo da superfície). A relação entre as moléculas internas e as superficiais é de 994 para 6 ou 165,667 para 1. Por comparação, a mesma relação para um cubo com 1 m de lado é aproximadamente 10^{27} para 1. À medida que o lado do cubo diminui, a relação das moléculas internas para as superficiais continua a ficar cada vez menor, até finalmente haver um cubo com 1 nm de lado (o tamanho da própria molécula) e não há moléculas internas.

O que esse exercício numérico demonstra é que, à medida que o tamanho de um objeto diminui, aproximando-se das dimensões nanométricas, as moléculas superficiais se tornam cada vez mais importantes em relação às moléculas internas, simplesmente em virtude de sua proporção numérica crescente. Desse modo, as propriedades de superfície dos materiais dos quais são feitos os objetos nanométricos se tornaram mais influentes na determinação do comportamento dos objetos, e a influência relativa das propriedades de volume do material é reduzida.

Lembre-se, da Seção 2.2, de que existem dois tipos de ligação atômica: (1) ligações primárias, que geralmente são associadas com combinações de átomos em moléculas, e (2) ligações secundárias, que atraem moléculas para formar materiais sólidos. Uma das implicações da grande relação entre superfície e volume dos objetos nanométricos é que as ligações secundárias que existem entre as moléculas assumem uma importância maior porque a forma e as propriedades de um objeto não muito maior que as moléculas que o compõem tendem a depender dessas forças de ligação secundárias. Consequentemente, as propriedades do material e os comportamentos das estruturas nanométricas são diferentes das propriedades e comportamentos das estruturas com dimensões em escala macrométrica ou até mesmo micrométrica. Às vezes essas diferenças podem ser aproveitadas para criar materiais e produtos com propriedades eletrônicas, magnéticas e/ou ópticas aprimoradas. Dois exemplos de materiais desenvolvidos recentemente nessa categoria são (1) nanotubos de carbono (Subseção 33.1.2) e (2) materiais magnetorresistivos para uso em memórias magnéticas de alta densidade. A nanotecnologia vai possibilitar o desenvolvimento de classes de materiais inteiramente novas.

Outra diferença que surge entre os objetos nanométricos e suas contrapartes macroscópicas é que o comportamento do material tende a ser influenciado pela mecânica quântica e não pelas propriedades volumétricas. A ***mecânica quântica*** é um ramo da física que lida com a ideia de que todas as formas de energia (por exemplo, eletricidade, luz) ocorrem em unidades discretas quando observadas em uma escala suficientemente pequena. As unidades discretas são denominadas *quanta* (plural de *quantum*), que não podem ser ainda mais subdivididas. Por exemplo, a eletricidade é conduzida em unidades de elétrons. Uma carga elétrica de menos de um elétron é impossível. Na energia luminosa, os *quanta* são fótons. Na energia magnética, eles se chamam *magnons*. Para cada tipo de energia existem unidades comparáveis. Todos os fenômenos físicos exibem comportamento quântico no nível submicroscópico. Em um nível macroscópico, a energia parece ser contínua porque está sendo liberada em quantidades muito grandes de *quanta*.

O movimento dos elétrons em microeletrônica é de interesse particular devido às reduções significativas no tamanho, que continuam a ser alcançadas na fabricação dos circuitos integrados. Os tamanhos das características dos dispositivos nos circuitos integrados produzidos em 2009 eram da ordem de 50 nm. Eles foram projetados para diminuir de tamanho, para aproximadamente 20 nm, por volta de 2015. Com uma característica de aproximadamente 10 nm, os efeitos da mecânica quântica se tornam significativos, mudando a maneira como um dispositivo trabalha. À medida que o tamanho das características continua a diminuir para apenas alguns nanômetros, a proporção dos átomos de superfície no dispositivo aumenta em relação aos átomos abaixo da superfície, significando que as características elétricas não são mais determinadas exclusivamente pelas propriedades volumétricas do material. À medida que o tamanho do dispositivo continua a diminuir e a densidade dos componentes em um *chip* continua a aumentar, a indústria eletrônica está se aproximando dos limites da viabilidade tecnológica dos processos de fabricação atuais descritos no Capítulo 30.

33.2.2 MICROSCÓPIOS DE VARREDURA POR SONDA

Os microscópios ópticos convencionais usam a luz visível focada por meio de lentes ópticas para proporcionar imagens ampliadas de objetos muito pequenos. No entanto, o comprimento de onda da luz visível é 400-700 nm, que é maior que as dimensões dos objetos nanométricos. Desse modo, esses objetos não podem ser vistos com microscópios convencionais. Os microscópios ópticos mais poderosos proporcionam ampliações de 1000 vezes, aproximadamente, permitindo resoluções de cerca de 0,0002 mm (200 nm). Os microscópios eletrônicos, que permitem que amostras sejam visualizadas utilizando um feixe de elétrons em vez da luz, foram desenvolvidos nos anos 1930. O feixe de elétrons pode ser considerado uma forma de movimento de onda, mas uma onda que tem um comprimento efetivo muito menor. (Os microscópios eletrônicos atuais permitem ampliações de 1.000.000 vezes, aproximadamente, e resoluções por volta de um nanômetro.) Para obter uma imagem de uma superfície, o feixe de elétrons percorre a superfície de um objeto em um padrão de varredura, similar à varredura do raio catódico na superfície de uma tela de televisor (de tubo ou projeção).

Para fazer observações em escala nanométrica, um aperfeiçoamento em relação ao microscópio eletrônico é a família de instrumentos de varredura por sonda que data dos anos 1980. Eles possuem capacidade de ampliação aproximadamente 10 vezes maior que a de um microscópio eletrônico. Em um microscópio de varredura por sonda (SPM, do inglês *scanning probe microscope*), a sonda (ou apalpador) consiste em uma agulha com uma ponta bastante afiada. O tamanho da ponta se aproxima do tamanho de um único átomo. Na operação, a sonda é movimentada ao longo da superfície de uma amostra a uma distância de apenas um nanômetro, mais ou menos, e qualquer uma das várias propriedades da superfície é medida, dependendo do tipo de dispositivo de varredura por sonda. Os dois microscópios de varredura por sonda de maior interesse em nanotecnologia são o microscópio de varredura por tunelamento e o microscópio de força atômica.

FIGURA 33.3 Uma imagem do microscópio de força atômica de letras feitas com dióxido de silício em um substrato de silício. As linhas oxidadas das letras têm aproximadamente 20 nm de largura. (A imagem é uma cortesia da IBM Corporation.)

O ***microscópio de varredura por tunelamento*** (STM, do inglês *scanning tunneling microscope*) foi o primeiro instrumento de varredura por sonda a ser desenvolvido. Ele se chama microscópio de tunelamento porque sua operação se baseia no fenômeno da mecânica quântica chamado de ***tunelamento***, no qual cada elétron em um material sólido salta além da superfície do sólido para o espaço. A probabilidade de os elétrons estarem nesse espaço além da superfície diminui exponencialmente na proporção da distância da superfície. Essa sensibilidade à distância é explorada no STM posicionando a ponta da sonda muito perto da superfície (isto é, 1 nm) e aplicando uma pequena tensão elétrica entre as duas. Isso faz com que os elétrons dos átomos da superfície sejam atraídos para a pequena carga positiva da ponta e formam um túnel através do *gap* até a sonda. À medida que a sonda é movimentada ao longo da superfície, ocorrem variações na corrente resultante devido às posições de cada átomo na superfície. Por outro lado, se a elevação da ponta acima da superfície puder variar mantendo uma corrente constante, então a deflexão vertical da ponta pode ser medida enquanto ela atravessa a superfície. Essas variações na corrente ou na deflexão podem ser utilizadas para criar imagens ou mapas topográficos da superfície em uma escala atômica ou molecular.

Uma limitação do microscópio de varredura por tunelamento é que ele só pode ser utilizado em superfícies de materiais condutores. A título de comparação, o ***microscópio de força atômica*** (AFM, do inglês *atomic force microscope*) pode ser utilizado em qualquer material; ele usa uma sonda fixada a uma delicada viga que deflete, em consequência da força exercida pela superfície na sonda, à medida que ela atravessa a superfície da amostra. O AFM responde a vários tipos de forças, dependendo da aplicação. As forças incluem as forças mecânicas, em virtude do contato físico da sonda com a superfície da amostra, e as forças de não contato, como as forças de van der Waals (Seção 2.2), forças de capilaridade, forças magnéticas,[4] e outras. A deflexão vertical da sonda é medida opticamente, com base no padrão de interferência de um feixe de luz ou na reflexão de um feixe de laser pela viga. A Figura 33.3 mostra uma imagem gerada por um AFM.

A discussão aqui se concentrou no uso dos microscópios de varredura por sonda para observar superfícies. A Subseção 33.3.2 descreve várias aplicações desses instrumentos para manipular átomos individuais, moléculas e outros aglomerados nanométricos de átomos ou moléculas.

---

[4]O termo *microscópio de força magnética* (MFM, do inglês *magnetic force microscope*) é usado quando as forças são magnéticas. O princípio de operação é similar ao do cabeçote de leitura em um disco rígido.

33.3 Processos de Nanofabricação

Criar produtos, uma vez que pelo menos alguns deles têm dimensões características em escala nanométrica, exige técnicas de fabricação que muitas vezes são bastante diferentes das utilizadas para processar materiais sólidos e produtos de tamanho macro. Os processos de fabricação de materiais e estruturas em escala nanométrica podem ser divididos em duas categorias básicas:

1. ***Abordagens de cima para baixo*** (***micronano***), que adaptam algumas das técnicas de microfabricação baseadas em litografia discutidas nos Capítulos 30 e 32 aos objetos em escala nanométrica. Elas envolvem principalmente os processos de subtração (remoção de material) para alcançar a geometria desejada.
2. ***Abordagens de baixo para cima*** (***piconano***), nas quais os átomos e moléculas são manipulados e combinados em estruturas maiores. Elas poderiam ser descritas como processos aditivos porque constroem o objeto nanométrico a partir de componentes menores.

A organização nesta seção se baseia nessas duas abordagens. Como os métodos de processamento associados às abordagens de cima para baixo (micronano) são discutidos nos dois capítulos anteriores, a cobertura na Subseção 33.3.1 enfatiza como esses processos devem ser modificados para a escala nanométrica. A Subseção 33.3.2 discute as abordagens de baixo para cima (piconano) que podem ser de maior interesse, em virtude de sua relevância especial para a nanotecnologia.

33.3.1 ABORDAGENS DE PROCESSAMENTO DE CIMA PARA BAIXO (MICRONANO)

As abordagens de cima para baixo para fabricar objetos em nanoescala envolvem o processamento de materiais sólidos (por exemplo, bolachas (*wafers*) de silício) e filmes finos usando técnicas litográficas como as empregadas no processamento dos circuitos integrados e microssistemas. As abordagens de cima para baixo também incluem outras técnicas de usinagem de precisão (Subseção 32.2.3) que foram adaptadas para criar nanoestruturas. O termo ***nanousinagem*** é usado para esses processos que envolvem remoção de material quando aplicados em escala submicrométrica. As nanoestruturas têm sido usinadas em materiais como silício, carboneto de silício, diamante e nitreto de silício [24]. A nanousinagem sempre deve ocorrer junto com processos de deposição de filme fino, como a deposição física ou química de vapor (Seção 24.5), para alcançar a estrutura desejada e a combinação de materiais.

À medida que o tamanho das características em um circuito integrado (CI, do inglês *integrated circuit* – IC) fica cada vez menor, as técnicas de fabricação baseadas em litografia óptica ficam limitadas, em virtude dos comprimentos de onda da luz visível. A luz ultravioleta (UV) é utilizada atualmente para fabricar CIs porque seus comprimentos de onda menores permitem que características menores sejam fabricadas, possibilitando, assim, densidades maiores de componentes no CI. A tecnologia atual que está sendo refinada para a fabricação de CIs é chamada de litografia ultravioleta profunda (EUV, do inglês *extreme ultraviolet*) (Subseção 30.3.2). A litografia EUV usa luz UV com um comprimento de onda curto, como 13 nm, que certamente está dentro da faixa da nanotecnologia. Entretanto, certos problemas técnicos devem ser tratados quando a litografia EUV é utilizada nesses comprimentos de onda UV muito curtos. Os problemas incluem: (1) novos fotorresistes sensíveis a esse comprimento de onda devem ser utilizados, (2) os sistemas de focalização devem se basear na óptica refletiva e (3) as fontes de plasma baseadas na irradiação laser do elemento xenônio [15] devem ser utilizadas.

Existem outras técnicas de litografia disponíveis para utilização na fabricação de estruturas nanométricas. Essas técnicas incluem litografia por feixe de elétrons, litografia por raios X e litografia por microimpressão ou nanoimpressão. A litografia por feixe de elétrons ou raios X é discutida no contexto do processamento de circuitos integrados (Subseção 30.3.2). A ***litografia por feixe de elétrons*** (EBL, do inglês *electron-beam litography*) atua direcionando um feixe de elétrons altamente focado sobre a superfície do material e contornando padrões predefinidos, expondo assim as áreas da superfície usando um processo sequencial sem a necessidade de uma máscara. Embora a EBL seja capaz de resoluções na ordem de 10 nm, sua operação sequencial a torna relativamente lenta, em comparação com as técnicas que utilizam máscaras, e, desse modo, inadequada para a produção em massa. A ***litografia por raios X*** consegue produzir amostras com resoluções em torno de 20 nm e usa técnicas de mascaramento, possibilitando a alta produtividade. No entanto, os raios X são difíceis de focar e exigem a impressão por contato ou proximidade (Subseção 30.3.1). Além disso, o equipamento é caro para as aplicações de produção, e os raios X são nocivos para os seres humanos.

Dois dos processos conhecidos como litografia suave são descritos na Subseção 32.2.3. Os processos são a ***litografia de microimpressão***, na qual um molde plano padronizado (similar a um carimbo de borracha) é utilizado para deformar mecanicamente um resiste termoplástico na superfície de um substrato na preparação para o ataque (corrosão), e a ***impressão por microcontato***, na qual o molde é mergulhado em uma substância e depois pressionado contra um substrato. Isso transfere uma camada muito fina de substância para a superfície do substrato no padrão definido pelo molde. O mesmo processo pode ser aplicado à nanofabricação, situação em que eles são chamados de ***litografia de nanoimpressão*** e ***impressão por nanocontato***. A litografia de nanoimpressão consegue produzir amostras com resoluções de aproximadamente 5 nm [24]. Uma das aplicações originais da impressão por nanocontato era na transferência de uma película fina de tióis (família de compostos orgânicos derivados do sulfeto de hidrogênio) para uma superfície de ouro. A singularidade dessa aplicação é o fato de o filme depositado ter apenas uma molécula de espessura (chamada monocamada, Subseção 33.3.2), o que certamente a qualifica como nanoescala.

33.3.2 ABORDAGENS DE PROCESSAMENTO DE BAIXO PARA CIMA (PICONANO)

Nas abordagens de baixo para cima (piconano), as matérias-primas são átomos, moléculas e íons. Os processos reúnem esses elementos básicos, em alguns casos um de cada vez, para fabricar a peça nanométrica desejada. A cobertura consiste em quatro abordagens que são de interesse considerável em nanotecnologia: (1) produção de fulerenos, (2) produção de nanotubos de carbono, (3) nanofabricação pelas técnicas de varredura por sonda, e (4) formação espontânea.

Produção de Fulerenos A matéria-prima para a manufatura dos fulerenos é o negro de fumo produzido por um arco elétrico entre dois eletrodos de grafite. O produto resultante contém 20 %, ou menos, de fulerenos de carbono misturados com outras formas de carbono e hidrocarbonetos. Aproximadamente 75 % do teor de fulereno é C_{60}, com o restante sendo fulerenos com maior peso molecular. O problema é separar o C_{60} e outros fulerenos da mistura. Acontece que os fulerenos são solúveis em certos solventes orgânicos, ao passo que outros produtos de carbono não são. Assim, o resultado inteiro está sujeito ao processo de solvente, e os sólidos de carbono insolúveis são filtrados, deixando os fulerenos na solução. Esses fulerenos são classificados em diferentes tamanhos usando uma técnica cromatográfica que distingue entre as moléculas por seu peso molecular.

Produção de Nanotubos de Carbono As propriedades notáveis e as possíveis aplicações dos nanotubos de carbono são discutidas na Subseção 33.1.2. Os nanotubos de carbono podem ser produzidos por meio de várias técnicas. Nos parágrafos a seguir são discutidas três dessas técnicas (1) ablação a laser, (2) técnicas de descarga por arco e (3) deposição química de vapor.

No ***método de ablação a laser***, a matéria-prima é uma peça de grafite contendo pequena quantidade de cobalto e níquel. Esses traços metálicos desempenham o papel de catalisador, agindo como sítios de nucleação para a formação subsequente de nanotubos. O grafite é colocado em um tubo de quartzo cheio de gás argônio e aquecido a 1200 °C. Um feixe de laser pulsado é focado sobre a peça, fazendo com que os átomos de carbono se evaporem do grafite. O argônio move os átomos de carbono para fora da região de alta temperatura do tubo e para uma área em que estão situados trocadores de calor de cobre resfriado à água. Os átomos de carbono condensam-se no cobre frio e, à medida que o fazem, formam nanotubos com diâmetros de 10 a 20 nm e comprimentos de aproximadamente 100 μm.

A ***técnica de descarga por arco*** utiliza dois eletrodos de carbono com 5 a 20 μm de diâmetro e separados por 1 mm. Os eletrodos estão situados em um contêiner parcialmente evacuado (aproximadamente 2/3 de 1 pressão atmosférica), com o hélio fluindo no mesmo. Para iniciar o processo, aplica-se uma tensão elétrica de aproximadamente 25 V entre os dois eletrodos, fazendo com que os átomos de carbono sejam ejetados do eletrodo positivo e levados para o eletrodo negativo, em que formam nanotubos. A estrutura dos nanotubos depende da utilização ou não de um catalisador. Se não for utilizado um catalisador, então são produzidos nanotubos com multicamadas. Se traços de cobalto, ferro ou níquel estiverem presentes no interior do eletrodo positivo, então o processo cria nanotubos de parede simples com 1 a 5 nm de diâmetro e aproximadamente 1 μm de comprimento.

A ***deposição química de vapor*** (Subseção 24.5.2) pode ser utilizada para produzir nanotubos de carbono. Em uma variação do CVD, a matéria-prima é um hidrocarboneto gasoso, como o metano (CH_4). O gás é aquecido a 1100 °C, fazendo com que se decomponha e libere átomos de carbono. Depois os átomos se condensam em um substrato frio, formando nanotubos com extremidades abertas, em vez das extremidades fechadas, características das outras técnicas de fabricação. O substrato pode conter ferro ou outros metais que agem como catalisadores do processo. O catalisador metálico age como um sítio de nucleação para a criação do nanotubo e também controla a orientação da estrutura. Um processo de CVD alternativo, chamado HiPCO,[5] começa com monóxido de carbono (CO) e usa o pentacarbonilo de carbono ($Fe(CO)_5$) como catalisador para produzir nanotubos de alta pureza e de parede simples entre 900 e 1100 °C e 40 a 50 atm [8]. A produção dos nanotubos por CVD tem a vantagem de poder ser operada continuamente, tornando-a economicamente atraente para a produção em massa.

Nanofabricação pelas Técnicas de Varredura por Sonda As técnicas de microscopia de varredura por sonda são descritas na Subseção 33.2.2 no contexto de medição e observação de elementos e objetos nanométricos. Além de visualizar uma superfície, o microscópio de varredura por tunelamento (STM) e o microscópio de força atômica (AFM) também podem ser utilizados para manipular átomos individuais, moléculas ou aglomerados (*clusters*) de átomos ou moléculas que aderem à superfície de um substrato pelas forças de adsorção (ligações químicas fracas). Os *clusters* de átomos ou moléculas são chamados de ***nanopartículas*** (*nanoclusters*), e seu tamanho é de apenas alguns nanômetros. A Figura 33.4(a) ilustra a variação na corrente ou deflexão da ponta da sonda do STM, à medida que é movida sobre a superfície na qual se encontra um átomo adsorvido. Enquanto a ponta se move sobre a superfície imediatamente acima do átomo adsorvido, há um aumento no sinal. Embora a força de ligação que atrai o átomo para a superfície seja fraca, ela é significativamente maior que a força de atração criada pela ponta, simplesmente porque a distância é maior. Entretanto, se a ponta da sonda for movimentada suficientemente perto do átomo adsorvido, esse átomo será arrastado ao longo da superfície, como sugere a Figura 33.4(b). Dessa maneira, cada átomo ou molécula pode ser manipulado para criar várias estruturas nanométricas. Um exemplo notável de STM foi realizado no Laboratório de Pesquisas da IBM com a fabricação do logotipo da empresa usando átomos de xenônio adsorvidos em uma superfície de níquel em uma

---
[5]HiPCO significa processo de decomposição do monóxido de carbono em alta pressão, do inglês *high-pressure carbon monoxide decomposition process*.

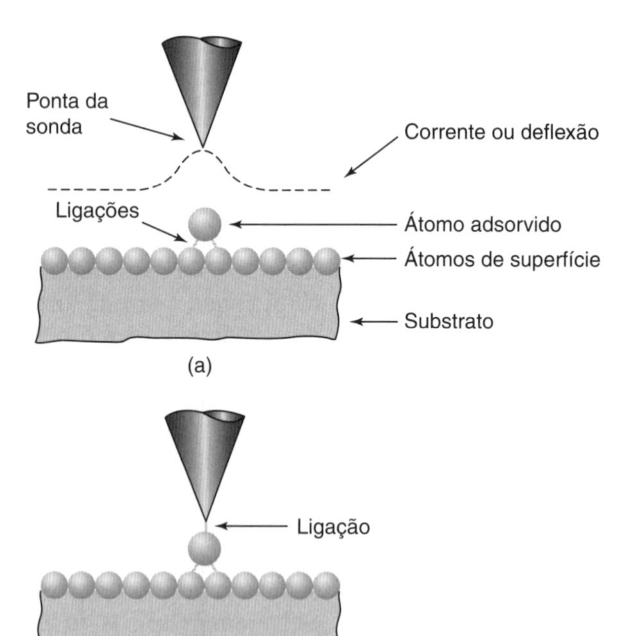

FIGURA 33.4 Manipulação dos átomos individuais por meio de técnicas de microscopia de varredura por tunelamento: (a) A ponta da sonda é mantida a uma distância da superfície que é suficiente para evitar perturbações no átomo adsorvido e (b) a ponta da sonda é movida para mais perto da superfície para que o átomo adsorvido seja atraído para a ponta.

área de 5 nm por 16 nm. Essa escala é consideravelmente menor que as letras na Figura 33.3 (que também é nanométrica, conforme observado na legenda).

A manipulação de cada átomo ou molécula pelas técnicas de microscopia de varredura por tunelamento pode ser classificada como manipulação lateral e manipulação vertical. Na manipulação lateral, os átomos ou moléculas são transferidos horizontalmente, ao longo da superfície, por forças de atração ou repulsão exercidas pela ponta da sonda do STM, como na Figura 33.4(b). Na manipulação vertical, os átomos ou moléculas são suspensos da superfície e depositados em um local diferente, formando uma estrutura. Embora esse tipo de manipulação por STM dos átomos e moléculas seja de interesse científico, existem limitações tecnológicas que inibem sua aplicação comercial, pelo menos na alta produção de produtos de nanotecnologia. Uma das limitações é que as técnicas de STM devem ser executadas em um ambiente sob alto vácuo para evitar que átomos ou moléculas dispersos interfiram no processo. Outra limitação é que a superfície do substrato deve ser resfriada a temperaturas próximas do zero absoluto (–273 °C) para reduzir a difusão térmica que iria distorcer gradualmente a estrutura atômica que estivesse sendo formada. Essas limitações tornam o processo muito lento e caro.

O microscópio de força atômica também é utilizado em manipulações em nanoescala similares. Na comparação entre aplicações de AFM e STM, o AFM é mais versátil porque não se restringe às superfícies condutoras como o STM e pode ser utilizado em condições ambiente normais. Por outro lado, o AFM tem uma resolução inferior à do STM. Consequentemente, o STM pode ser utilizado para manipular átomos individuais, enquanto o AFM é mais adequado para a manipulação de moléculas maiores e nanopartículas (*nanoclusters*) [24].

Outra técnica de varredura por sonda, uma que se mostra promissora para aplicações práticas, é chamada de nanolitografia tipo caneta-tinteiro. Na ***nanolitografia tipo caneta-tinteiro*** (DPN, do inglês *dip-pen nanolithography*), a ponta de um microscópio de força atômica é utilizada para transferir moléculas para a superfície de um substrato por meio de um menisco do solvente, conforme a Figura 33.5. O processo é bem parecido com a utilização de uma antiga caneta de pena para transferir a tinta para uma superfície de papel por meio de forças capilares. Na DPN, a ponta do AFM age como a ponta da caneta, e o substrato se transforma na superfície sobre a qual as moléculas dissolvidas (isto é, a tinta) são depositadas. As moléculas depositadas devem ter uma afinidade quí-

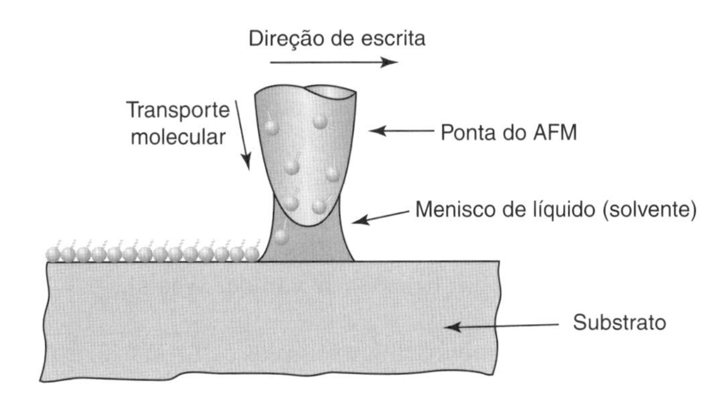

FIGURA 33.5 Nanolitografia tipo caneta-tinteiro, na qual a ponta de um microscópio de força atômica é utilizada para depositar moléculas por meio do menisco de água que se forma naturalmente entre a ponta e o substrato.

mica com o material do substrato, do mesmo modo que a tinta adere ao papel. A DPN pode ser utilizada para "escrever" padrões de moléculas sobre uma superfície, na qual os padrões são de dimensão submicrométrica. São relatadas larguras de linha de até 10 a 15 nm [27]. Além disso, a DPN pode ser utilizada para depositar diferentes tipos de moléculas em diferentes locais na superfície do substrato.

Formação Espontânea A formação espontânea é um processo fundamental na natureza. A formação natural de uma estrutura cristalina durante o resfriamento lento dos minerais fundidos é um exemplo de formação espontânea não biológica. O crescimento dos organismos vivos é um exemplo de formação espontânea biológica. Nos dois casos, elementos no nível atômico e molecular se combinam, por conta própria, em elementos maiores, avançando de maneira construtiva para a criação de alguma coisa deliberada. Se a coisa for um organismo vivo, as entidades intermediárias são células biológicas e o organismo cresce por meio de um processo aditivo que exibe replicação maciça de formações celulares individuais, ainda que o resultado final seja notavelmente intricado e complexo (por exemplo, um ser humano).

Uma das abordagens de cima para baixo (piconano) promissoras em nanotecnologia envolve a simulação de processos de formação espontânea da natureza para produzir materiais e sistemas com características ou elementos básicos nanométricos, mas o produto final pode ser maior que a nanoescala. Pode ser de tamanho micro ou macro, pelo menos em algumas de suas dimensões. O termo ***biomimético*** descreve esse processo de construção artificial, de entidades não biológicas, imitando os métodos da natureza. Os atributos desejáveis dos processos de formação espontânea, no nível atômico ou molecular, em nanotecnologia incluem os seguintes: (1) podem ser executados rapidamente; (2) ocorrem automaticamente e não requerem nenhum controle central; (3) exibem replicação maciça e (4) podem ser realizados em condições ambientais brandas (aproximadamente na pressão atmosférica e à temperatura ambiente). A formação espontânea tende a ser o mais importante dos processos de nanofabricação devido a seu baixo custo, sua capacidade de produzir estruturas em uma ampla gama de tamanhos (da nanoescala até a macroescala) e sua aplicabilidade geral a uma ampla gama de produtos [19].

Um princípio subjacente à formação espontânea é o princípio da mínima energia. Elementos da física, como átomos e moléculas, buscam o estado que minimize a energia total do sistema do qual são componentes. O princípio tem as seguintes implicações na formação espontânea:

1. Deve haver algum mecanismo para o movimento dos elementos (por exemplo, átomos, moléculas, íons) no sistema, fazendo com que eles fiquem bem próximos uns dos outros. Os possíveis mecanismos para esse movimento incluem a difusão, a convecção em um fluido e os campos elétricos.

2. Deve haver alguma forma de reconhecimento molecular entre os elementos. O reconhecimento molecular se refere à tendência de uma molécula (ou átomo, ou íon) para ser atraída por outra molécula (ou átomo, ou íon) e a ela se ligar; por exemplo, a maneira como o sódio e o cloro são atraídos um para o outro para formar o sal de mesa.
3. O reconhecimento molecular entre os elementos faz com que se unam de tal maneira que o arranjo físico resultante atinja um estado de energia mínima. O processo de união envolve ligações químicas, normalmente os tipos secundários mais fracos (por exemplo, ligações de van der Waals).

Pelo menos dois exemplos de formação espontânea no nível molecular foram encontrados anteriormente neste livro: (1) formação de cristal e (2) polimerização. A formação de cristal nos metais, cerâmicas e certos polímeros é uma forma de formação espontânea. O crescimento de cristais de silício no processo Czochralski (Subseção 30.2.2) para fabricação de circuitos integrados é uma boa ilustração. Usando um cristal inicial como semente, forma-se um silício derretido muito puro na forma de um grande cilindro sólido, cuja estrutura cristalina corresponde à da semente em todo o seu volume. O espaçamento do reticulado da estrutura do cristal tem proporções nanométricas, mas a replicação exibe uma ordenação de longo alcance.

Pode-se argumentar que os polímeros são produtos de formação espontânea em escala nanométrica. O processo de polimerização (Seção 5.3) envolve a união de monômeros individuais (moléculas individuais como o etileno C_2H_4) para formar moléculas muito grandes (macromoléculas como o polietileno), frequentemente na forma de uma longa cadeia com milhares de unidades repetidas. Os copolímeros representam um processo de formação espontânea mais complexo, no qual dois tipos diferentes de monômeros iniciais são unidos em uma estrutura repetida regular; um exemplo é o copolímero sintetizado a partir do etileno e propileno (C_3H_6). Nesses exemplos de polímero, as unidades repetidas são nanométricas e se formam por meio de um processo maciço de formação espontânea em materiais sólidos que têm valor comercial significativo.

As tecnologias para produzir cristais de silício e polímeros precedem o interesse científico atual em nanotecnologia. Neste capítulo, o assunto de maior importância são as técnicas de fabricação de formação espontânea que foram desenvolvidas sob a bandeira da nanotecnologia. Esses processos de formação espontânea, a maioria deles ainda no estágio de pesquisa, incluem as seguintes categorias: (1) fabricação de objetos em nanoescala, incluindo moléculas, macromoléculas, aglomerados de moléculas, nanotubos e cristais; e (2) formação de matrizes bidimensionais, como as monocamadas de formação espontânea (filmes superficiais com uma molécula de espessura) e redes tridimensionais de moléculas.

Alguns dos processos na categoria 1 já foram discutidos (por exemplo, fulerenos e nanotubos). A formação espontânea de filmes superficiais é um exemplo importante da categoria 2. Os filmes superficiais são revestimentos bidimensionais formados em um substrato sólido (tridimensional). A maioria dos filmes superficiais é inerentemente fina, ainda que a espessura seja medida tipicamente em micrometros ou até mesmo em milímetros (ou frações disso), bem acima da escala nanométrica. Aqui o que interessa são os filmes superficiais cujas espessuras são medidas em nanômetros. Em nanotecnologia, são especialmente interessantes os filmes superficiais com formação espontânea, com apenas uma molécula de espessura e em que as moléculas são organizadas de forma ordenada. Esses tipos de filmes são chamados monocamadas com formação espontânea (SAMs, do inglês *self-assembled monolayers*). Também são possíveis as estruturas multicamadas que possuem formação ordenada e com duas ou mais moléculas de espessura.

Os materiais de substrato para as monocamadas e as multicamadas formadas espontaneamente incluem uma série de materiais metálicos e outros materiais orgânicos. A lista inclui ouro, prata, cobre, silício e dióxido de silício. Os metais nobres têm a vantagem de não formar uma película de óxido na superfície, que poderia interferir nas reações que geram a camada desejada. Os materiais de camada incluem tióis, sulfetos e bissulfetos. O material de camada deve ser capaz de ser adsorvido pelo material da superfície. A sequência típica do processo para formação da monocamada de tiol em

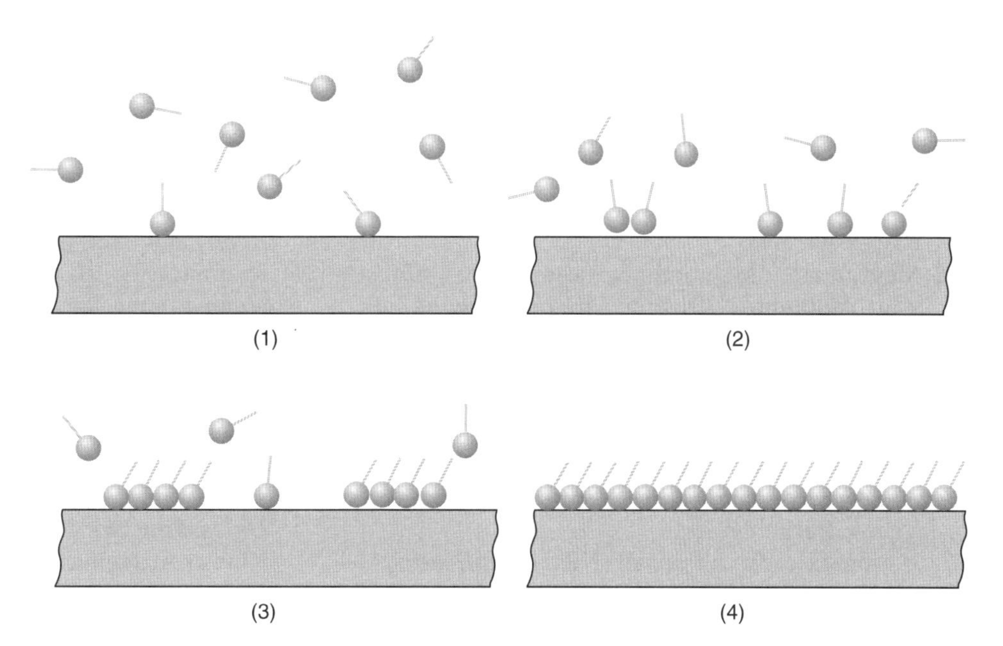

FIGURA 33.6 Sequência típica na formação de uma monocamada de tiol sobre o substrato de ouro: (1) Algumas das moléculas da camada em movimento acima do substrato são atraídas para a superfície, (2) são adsorvidas na superfície, (3) formam ilhas, (4) as ilhas crescem até a superfície ficar coberta. (Baseado na figura em [9]).

ouro é ilustrada na Figura 33.6.[6] As moléculas de camada se movem livremente acima da superfície do substrato e são adsorvidas na superfície. Ocorre o contato entre as moléculas adsorvidas na superfície, que formam ilhas estáveis. As ilhas ficam gradualmente maiores e se unem por meio da adição de mais moléculas lateralmente na superfície, até o substrato estar completamente coberto. A união à superfície do ouro é proporcionada pelo átomo de enxofre na camada de tiol, sulfeto ou bissulfeto. Em algumas aplicações, as monocamadas formadas espontaneamente podem constituir padrões desejados ou regiões na superfície do substrato, usando técnicas como a impressão de nanocontato e a nanolitografia tipo caneta-tinteiro.

[6]Essa combinação de tiol na superfície do ouro foi mencionada na Subseção 33.3.1, no contexto de impressão por nanocontato.

Referências

[1] Baker, S., and Aston, A. "The Business of Nanotech," ***Business Week***, February 14, 2005, pp. 64–71.

[2] Balzani, V., Credi, A., and Venturi, M. ***Molecular Devices and Machines—A Journey into the Nano World***. Wiley-VCH Verlag GmbH & Co. KGaA, Weinheim, Germany, 2003.

[3] Bashir, R. "Biologically Mediated Assembly of Artificial Nanostructures and Microstructures," Chapter 5 in ***Handbook of Nanoscience, Engineering, and Technology***, W. A. Goddard, III, D. W. Brenner, S. E. Lyshevski and G. J. Iafrate (eds.). CRC Press, Boca Raton, Florida, 2003.

[4] Binns, C. ***Introduction to Nanoscience and Nanotechnology***. John Wiley & Sons, Hoboken, New Jersey, 2010.

[5] Chaiko, D. J. "Nanocomposite Manufacturing," ***Advanced Materials & Processes***, June 2003, pp. 44–46.

[6] Drexler, K. E. ***Nanosystems: Molecular Machinery, Manufacturing, and Computation***. Wiley-Interscience, John Wiley & Sons, New York, 1992.

[7] Fujita, H. (ed.). ***Micromachines as Tools for Nanotechnology***. Springer-Verlag, Berlin, 2003.

[8] Hornyak, G. L., Moore, J. J., Tibbals, H. F., and Dutta, J. ***Fundamentals of Nanotechnology***. CRC Taylor & Francis, Boca Raton, Florida, 2009.

[9] Jackson, M. L. ***Micro and Nanomanufacturing***. Springer, New York, 2007.

[10] Kohler, M., and Fritsche, W. ***Nanotechnology: An Introduction to Nanostructuring Techniques***. Wiley-VCH Verlag GmbH & Co. KGaA, Weinheim, Germany, 2004.

[11] Lyshevski, S. E. "Nano- and Micromachines in NEMS and MEMS," Chapter 23 in ***Handbook of Nanoscience, Engineering, and Technology***,

W. A. Goddard, III, D. W. Brenner, S. E. Lyshevski, and G. J. Iafrate (eds.). CRC Press, Boca Raton, Florida, 2003, pp. 23–27.

[12] Maynor, B. W., and Liu, J. "Dip-Pen Lithography," ***Encyclopedia of Nanoscience and Nanotechnology***. American Scientific Publishers, 2004, pp. 429–441.

[13] Meyyappan, M., and Srivastava, D. "Carbon Nanotubes," Chapter 18 in ***Handbook of Nanoscience, Engineering, and Technology***, W. A. Goddard, III, D. W. Brenner, S. E. Lyshevski, and G. J. Iafrate (eds.). CRC Press, Boca Raton, Florida, 2003. pp. 18–1 to 18–26.

[14] Morita, S., Wiesendanger, R., and Meyer, E. (eds.). ***Noncontact Atomic Force Microscopy***. Springer-Verlag, Berlin, 2002.

[15] National Research Council (NRC). ***Implications of Emerging Micro- and Nanotechnologies***. Committee on Implications of Emerging Micro- and Nanotechnologies, The National Academies Press, Washington, D.C., 2002.

[16] Nazarov, A. A., and Mulyukov, R. R. "Nanostructured Materials," Chapter 22 in ***Handbook of Nanoscience, Engineering, and Technology***, W. A. Goddard, III, D. W. Brenner, S. E. Lyshevski, and G. J. Iafrate (eds.). CRC Press, Boca Raton, Florida, 2003. 22–1 to 22–41.

[17] Piner, R. D., Zhu, J., Xu, F., Hong, S., and Mirkin, C. A. "Dip-Pen Nanolithography," ***Science***, Vol. 283, January 29, 1999, pp. 661–663.

[18] Poole, Jr., C. P., and Owens, F. J. ***Introduction to Nanotechnology***. Wiley-Interscience, John Wiley & Sons, Inc., Hoboken, New Jersey, 2003.

[19] Ratner, M., and Ratner, D. ***Nanotechnology: A Gentle Introduction to the Next Big Idea***. Prentice Hall PTR, Pearson Education, Upper Saddle River, New Jersey, 2003.

[20] Rietman, E. A. ***Molecular Engineering of Nanosystems***. Springer-Verlag, Berlin, 2000.

[21] Rubahn, H.-G. ***Basics of Nanotechnology***, 3rd ed. Wiley-VCH, Weinheim, Germany, 2008.

[22] Schmid, G. (ed.). ***Nanoparticles: From Theory to Application***. Wiley-VCH Verlag GmbH & Co. KGaA, Weinheim, Germany, 2004.

[23] Torres, C. M. S. (ed.). ***Alternative Lithography: Unleashing the Potentials of Nanotechnology***. Kluwer Academic/Plenum Publishers, New York, 2003.

[24] Tseng, A. A. (ed.). ***Nanofabrication Fundamentals and Applications***. World Scientific, Singapore, 2008.

[25] Weber, A. "Nanotech: Small Products, Big Potential," ***Assembly***, February 2004, pp. 54–59.

[26] Website: en.wikipedia.org/wiki/nanotechnology.

[27] Website: www.chem.northwestern.edu/mkngrp/dpn.

[28] Website: www.nanotechproject.org/inventories/consumer.

[29] Website: www.research.ibm.com/nanscience.

[30] Website: www.zurich.ibm.com/st/atomic_manipulation.

Questões de Revisão

33.1 Qual é a faixa de tamanhos característicos dos elementos associados à nanotecnologia?

33.2 Mencione e defina as três categorias de produtos e aplicações de nanotecnologia.

33.3 Identifique alguns dos produtos atuais e futuros associados à nanotecnologia.

33.4 O que é um fulereno (ou *bucky ball*)?

33.5 O que é um nanotubo de carbono?

33.6 Quais são as disciplinas científicas e técnicas associadas à nanociência e à nanotecnologia?

33.7 Por que a biologia está intimamente associada à nanociência e à nanotecnologia?

33.8 O comportamento das estruturas de nanoescala é diferente do comportamento das estruturas em macroescala e até mesmo de microescala devido aos dois fatores mencionados no texto. Quais são esses dois fatores?

33.9 O que é um instrumento de varredura por sonda e por que ele é tão importante em nanociência e nanotecnologia?

33.10 O que é tunelamento no que diz respeito ao microscópio de varredura por tunelamento?

33.11 Quais são as duas categorias básicas de abordagens utilizadas em nanofabricação?

33.12 Por que a fotolitografia baseada na luz visível não é utilizada em nanotecnologia?

33.13 Quais são as técnicas de litografia utilizadas em nanofabricação?

33.14 Em que a litografia de nanoimpressão é diferente da litografia de microimpressão?

33.15 Quais são as limitações do microscópio de varredura por tunelamento na nanofabricação que inibem a sua aplicação comercial?

33.16 O que é formação espontânea em nanofabricação?

33.17 Quais são as características desejáveis dos processos de formação espontânea no nível atômico ou molecular em nanotecnologia?

Parte IX Sistemas de Manufatura

34 Tecnologias de Automação para Sistemas de Manufatura

Sumário

34.1 Fundamentos de Automação
- 34.1.1 Três Elementos de um Sistema Automatizado
- 34.1.2 Tipos de Automação

34.2 *Hardware* para Automação
- 34.2.1 Sensores
- 34.2.2 Atuadores
- 34.2.3 Dispositivos de Interface
- 34.2.4 Controladores de Processo

34.3 Controle Numérico Computadorizado
- 34.3.1 A Tecnologia do Controle Numérico
- 34.3.2 Análise dos Sistemas de Posicionamento do CN
- 34.3.3 Programação das Peças no CN
- 34.3.4 Aplicações do Controle Numérico

34.4 Robótica Industrial
- 34.4.1 Anatomia do Robô
- 34.4.2 Sistemas de Controle e Programação de Robôs
- 34.4.3 Aplicações dos Robôs Industriais

Esta parte do livro descreve os sistemas de manufatura que são utilizados frequentemente para implementar os processos de produção e montagem discutidos nos capítulos anteriores. Um ***sistema de manufatura*** pode ser definido como um conjunto de equipamentos e recursos humanos integrados que realiza uma ou mais operações de processamento e/ou montagem na matéria-prima, na peça ou em conjunto de peças. O equipamento integrado consiste em máquinas de produção, dispositivos de manuseio e posicionamento de materiais e sistemas computadorizados. Os recursos humanos são necessários em tempo integral ou parcial para manter os equipamentos em funcionamento. A posição dos sistemas de manufatura no sistema de produção como um todo é exibida na Figura 34.1. Como o diagrama indica, os sistemas de manufatura estão situados na fábrica. Eles realizam o trabalho que agrega valor às peças e produtos.

Os sistemas de manufatura incluem sistemas automatizados e manuais. A distinção entre as duas categorias nem sempre é clara, pois muitos sistemas de manufatura consistem em elementos de trabalho automatizados e manuais (por exemplo, uma máquina-ferramenta que opera em um ciclo de processamento semiautomático, mas que deve ser carregada e descarregada a cada ciclo por um trabalhador humano). A cobertura inclui as duas categorias e é organizada

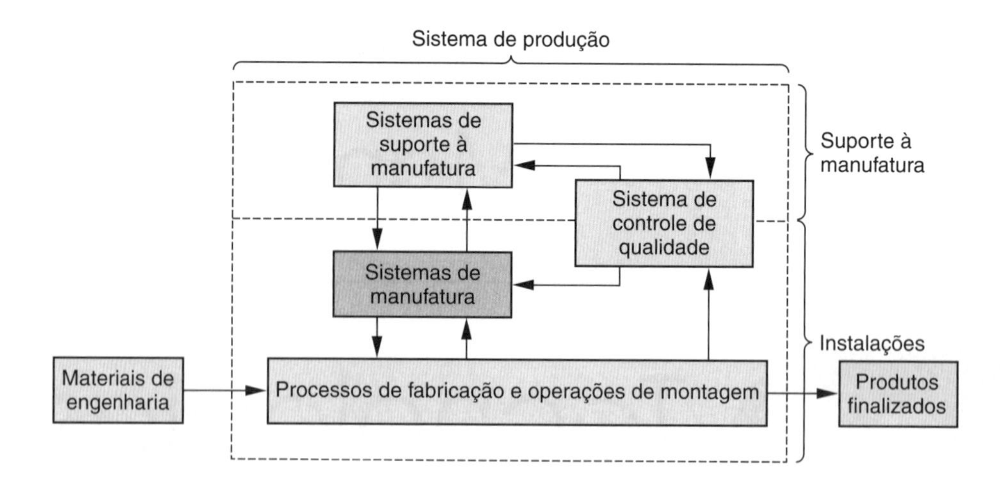

FIGURA 34.1 A posição dos sistemas de manufatura em um grande sistema de produção.

em dois capítulos: Capítulo 34, sobre tecnologias de automação, e Capítulo 35, sobre sistemas de manufatura integrados. No Capítulo 34 é fornecido um tratamento introdutório da tecnologia de automação e dos elementos que compõem um sistema automatizado. Além disso, são descritas duas tecnologias de automação importantes utilizadas na manufatura: controle numérico e robótica industrial. Examina-se no Capítulo 35 como essas tecnologias de automação são integradas em sistemas de manufatura mais sofisticados. Os tópicos incluem linhas de produção, manufatura celular, sistemas flexíveis de manufatura e manufatura integrada por computador. Uma discussão mais detalhada dos tópicos nesses dois capítulos pode ser encontrada em [5].

34.1 Fundamentos de Automação

Automação pode ser definida como a tecnologia por meio da qual um processo ou procedimento é realizado sem assistência humana. Os seres humanos podem estar presentes como observadores ou até mesmo como participantes, mas o processo em si opera sob a própria autodireção. A automação é implementada por meio de um sistema de controle que executa um programa de instruções. Para automatizar um processo, é necessário energia para operar o sistema de controle e para acionar o próprio processo.

34.1.1 TRÊS ELEMENTOS DE UM SISTEMA AUTOMATIZADO

Conforme indicado anteriormente, um sistema automatizado consiste em três elementos básicos: (1) energia, (2) um programa de instruções e (3) um sistema de controle para executar as instruções. A relação entre esses três elementos é exibida na Figura 34.2.

A forma de energia utilizada na maioria dos sistemas automatizados é a energia elétrica. As vantagens da energia elétrica incluem: (1) é amplamente disponível, (2) pode ser convertida facilmente para outras formas de energia, como mecânica, térmica ou hidráulica, (3) pode ser utilizada em níveis muito baixos para funções, como transmissão de sinal, comunicação, armazenamento de dados e processamento de dados e (4) pode ser armazenada em baterias de longa duração [5].

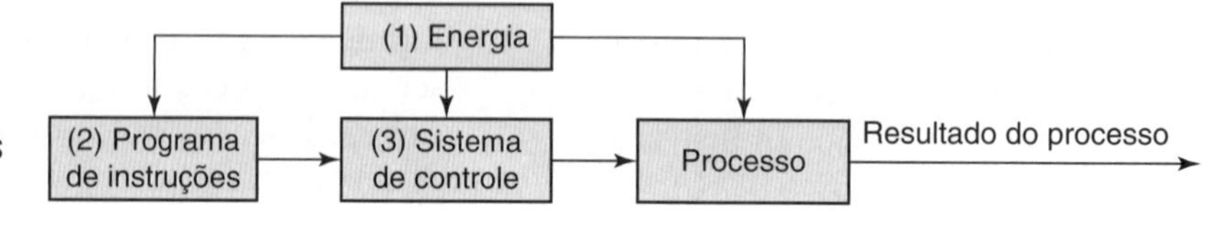

FIGURA 34.2 Elementos de um sistema automatizado: (1) energia, (2) programa de instruções e (3) sistema de controle.

Em um processo de fabricação, a energia é necessária para realizar ações associadas ao processo em particular. Exemplos dessas ações incluem (1) fundir um metal em uma operação de fundição, (2) acionar os movimentos de uma ferramenta de corte em relação a uma peça em uma operação de usinagem e (3) compactar e sinterizar peças em um processo de metalurgia do pó. A energia também é utilizada para realizar quaisquer ações de manuseio de materiais necessárias no processo, como carregamento e descarregamento de peças, se essas ações não forem executadas manualmente. Finalmente, a energia é utilizada para operar o sistema de controle.

As ações em um processo automatizado são determinadas por um programa de instruções. Nos processos automatizados mais simples, a única instrução pode ser manter uma determinada variável controlada em um determinado nível, como regular a temperatura em um forno de tratamento térmico. Em processos mais complexos, é necessária uma sequência de ações durante o ciclo de trabalho; e a ordem e os detalhes de cada ação são definidos pelo programa de instruções. Cada ação envolve mudanças em um ou mais parâmetros de processo, como mudar a posição da coordenada x da mesa de trabalho de uma máquina-ferramenta, abrir ou fechar uma válvula em um sistema de escoamento de fluido, ou ligar/desligar um motor. Os parâmetros de processo são entradas para o processo. Eles podem ser contínuos (continuamente variáveis ao longo de um dado intervalo, como a posição x de uma mesa de trabalho) ou discretos (ligar ou desligar). Seus valores afetam as saídas do processo, que são as variáveis do processo. Assim como os parâmetros do processo, as variáveis do processo podem ser contínuas ou discretas. Os exemplos incluem a posição real da mesa de trabalho da máquina, a velocidade de rotação do eixo de um motor, ou se uma luz de advertência está ligada ou desligada. O programa de instruções especifica as mudanças nos parâmetros do processo e quando elas devem ocorrer durante o ciclo de trabalho, e essas mudanças determinam os valores resultantes das variáveis de processo. Por exemplo, no controle numérico computadorizado o programa de instruções é chamado de programa CNC (ou, em inglês, *part program*). O programa CNC especifica a sequência individual das etapas necessárias para usinar uma determinada peça, incluindo as posições da mesa de trabalho e da ferramenta de corte, as velocidades de corte, os avanços e outros detalhes da operação.

Em alguns processos automatizados, o programa do ciclo de trabalho deve conter instruções para tomar decisões ou reagir a eventos inesperados durante o ciclo de trabalho. Exemplos de situações que exigem esse tipo de capacidade incluem (1) variações nas matérias-primas que requerem o ajuste de certos parâmetros do processo para compensar, (2) interações e comunicações com seres humanos, como responder a solicitações de informações de *status* do sistema, (3) requisitos de monitoramento da segurança e (4) mau funcionamento de equipamentos.

O programa de instruções é executado por um sistema de controle, o terceiro elemento básico de um sistema automatizado. Dois tipos de sistema de controle podem ser diferenciados: de malha fechada e ciclo aberto. Um ***sistema de controle de malha fechada***, também conhecido como ***sistema de controle por realimentação***, é aquele em que a variável de interesse do processo (de saída) é comparada com o parâmetro de processo correspondente (de entrada), e qualquer diferença entre eles é utilizada para conduzir o valor de saída em conformidade com a entrada. A Figura 34.3(a) mostra os seis elementos de um sistema de controle de malha fechada: (1) parâmetro de entrada, (2) processo, (3) variável de saída, (4) sensor por realimentação, (5) controlador e (6) atuador. O parâmetro de entrada representa o valor desejado da variável de saída. O processo é a operação ou função que está sendo controlada; mais especificamente, a variável de saída que está sendo controlada pelo sistema. Um sensor é utilizado para medir a variável de saída e realimentar seu valor para o controlador, que compara a saída com a entrada e faz o ajuste necessário para reduzir qualquer diferença. O ajuste é feito por meio de um ou mais atuadores, que são dispositivos de *hardware* que executam fisicamente as ações de controle.

O outro tipo de sistema de controle é o de malha aberta, apresentado na Figura 34.3(b). Conforme o diagrama, um ***sistema de controle de malha aberta*** executa o programa de instruções sem malha por realimentação. Não é feita nenhuma medição da

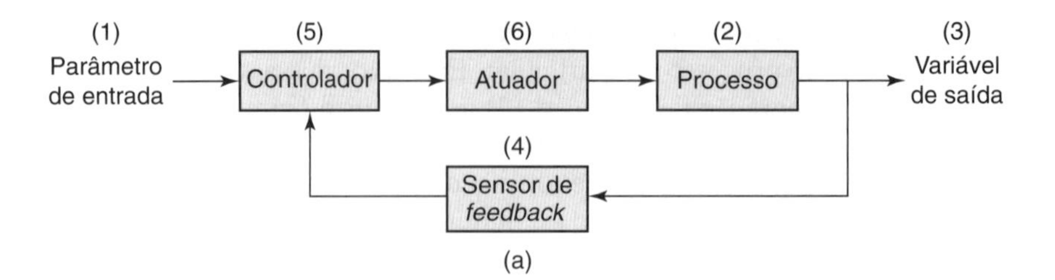

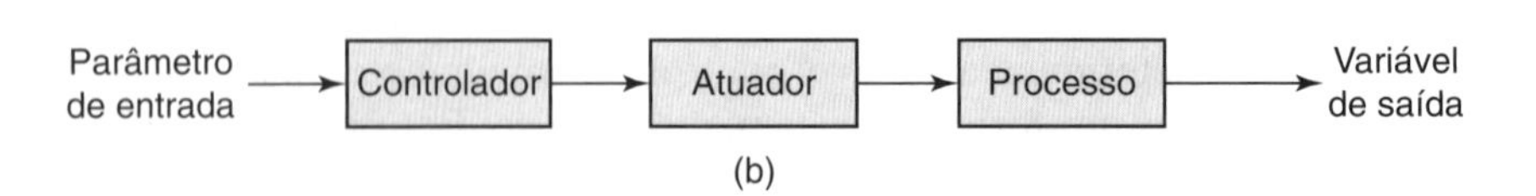

FIGURA 34.3 Dois tipos básicos de sistemas de controle: (a) de malha fechada e (b) de malha aberta.

variável de saída; então não há comparação entre a saída e a entrada nesse sistema de controle. Na verdade, o controlador se baseia na expectativa de que o atuador terá o efeito pretendido na variável de saída. Desse modo, sempre há o risco, em um sistema de controle de malha aberta, de que o atuador não venha a funcionar adequadamente ou que sua atuação não tenha o efeito previsto na saída. Por outro lado, a vantagem de um sistema de malha aberta é que seu custo é menor que o de um sistema de malha fechada comparável.

34.1.2 TIPOS DE AUTOMAÇÃO

Sistemas automatizados utilizados em manufatura podem ser classificados em três tipos básicos: (1) automação rígida, (2) automação programável e (3) automação flexível.

Automação Rígida Na automação rígida, as etapas de processamento ou montagem e sua sequência são predeterminadas pela configuração do equipamento. O programa de instruções é determinado pelo projeto do equipamento e não pode ser mudado facilmente. Cada etapa na sequência envolve normalmente uma ação simples, como avançar um eixo giratório ao longo de uma trajetória linear. Embora o ciclo de trabalho consista em operações simples, integrar e coordenar as ações pode resultar na necessidade de um sistema de controle bem sofisticado, e o controle computadorizado frequentemente é necessário.

As características típicas da automação rígida incluem (1) alto investimento inicial em equipamento especializado, (2) altas taxas de produção e (3) pouca ou nenhuma flexibilidade para acomodar variedade de produtos. Os sistemas automatizados com essas características podem se justificar para peças e produtos que são produzidos em quantidades muito grandes. O alto custo do investimento pode ser distribuído por muitas unidades, tornando assim o custo por unidade relativamente baixo em comparação com métodos de produção alternativos. As linhas de produção automatizadas discutidas no capítulo seguinte são exemplos de automação rígida.

Automação Programável Como seu nome sugere, o equipamento na automação programável é projetado com capacidade para mudar o programa de instruções a fim de permitir a produção de peças ou produtos diferentes. Novos programas podem ser preparados para novas peças, e o equipamento consegue ler cada programa e executar as instruções codificadas. Desse modo, os atributos que caracterizam a automação programável são (1) alto investimento em equipamento de propósito geral que pode ser reprogramado, (2) taxas de produção mais baixas que as da automação rígida, (3) capacidade para lidar com variedade de produtos reprogramando o equipamento e (4) adequabilidade para a produção, em lote, de várias peças ou estilos de produto. Os exemplos de automação programável incluem o controle numérico computadorizado e a robótica industrial, discutidos nas Seções 34.3 e 34.4, respectivamente.

Automação Flexível A adequabilidade para a produção em lote é mencionada como um dos atributos da automação programável. Conforme discutido no Capítulo 1, a desvantagem da produção em lote é que o tempo de produção perdido ocorre entre os lotes, em virtude da troca de equipamento e/ou ferramental, que é necessária para acomodar o próximo lote. Desse modo, a automação programável sofre geralmente dessa desvantagem. A automação flexível é uma extensão da automação programável em que praticamente não há tempo perdido em mudanças de *setup* e/ou reprogramação. Quaisquer mudanças necessárias no programa de instruções e/ou em *setup* podem ser feitas rapidamente; ou seja, dentro do tempo necessário para mover a próxima unidade de trabalho para a posição na máquina. Portanto, um sistema flexível é capaz de produzir uma mistura de diferentes peças ou produtos, um logo após o outro, em vez de produzi-los em lotes. Os atributos normalmente associados com a automação flexível incluem (1) alto custo de investimento para equipamento personalizado, (2) taxas de produção médias e (3) produção contínua de diferentes peças ou estilos de produto.

Utilizando a terminologia desenvolvida no Capítulo 1, poderíamos dizer que a automação rígida é aplicável em situações de variedade leve do produto, a automação programável é aplicável à variedade média do produto, e a automação flexível pode ser utilizada em situações de variedade intensa do produto.

34.2 *Hardware* para Automação

A automação e o controle de processos são implementados usando vários dispositivos de *hardware* que interagem com a operação de produção e o equipamento de processamento associado. Sensores são necessários para medir as variáveis do processo. Atuadores são utilizados para acionar os parâmetros do processo. E vários outros dispositivos são necessários para promover a interface dos sensores e atuadores com o controlador de processo, que normalmente é um computador digital.

34.2.1 SENSORES

Um sensor é um dispositivo que converte uma variável física ou variável de interesse (por exemplo, temperatura, força, pressão ou outra característica do processo) em uma forma mais conveniente (por exemplo, diferença de potencial ou tensão elétrica) com o propósito de medir a variável. A conversão permite que a variável seja interpretada como um valor numérico.

Existem sensores de vários tipos para coletar dados para controle por realimentação (*feedback*) na automação da manufatura. Frequentemente eles são classificados de acordo com o tipo de estímulo; desse modo, existem variáveis mecânicas, elétricas, térmicas, de radiação, magnéticas e químicas. Dentro de cada categoria, as variáveis físicas incluem posição, velocidade, força, torque e muitas outras. As variáveis elétricas incluem tensão elétrica, corrente e resistência. E assim por diante, nas outras categorias principais.

Além do tipo de estímulo, os sensores também são classificados como analógicos ou discretos. Os ***sensores analógicos*** medem uma variável analógica contínua e a convertem em um sinal contínuo, como, por exemplo, uma tensão elétrica. Termopares, extensômetros e potenciômetros são exemplos de sensores analógicos. Um ***sensor discreto*** produz um sinal que pode ter apenas uma quantidade de valores limitada. Dentro dessa categoria, existem sensores binários e sensores digitais. Um ***sensor binário*** pode ter apenas dois valores possíveis, como desligado e ligado, ou 0 e 1. Interruptores de limite funcionam dessa maneira. Um ***sensor digital*** produz um sinal de saída digital, seja na forma de um conjunto bits paralelos, como uma matriz de sensor fotoelétrico, seja uma série de pulsos que podem ser contados, como um *encoder* óptico. Os sensores digitais têm a vantagem de que podem ser facilmente interfaceados com um computador digital, ao passo que os sinais dos sensores analógicos devem ser convertidos para o formato digital para serem lidos pelo computador.

Para um dado sensor, há uma relação entre o valor do estímulo físico e o valor do sinal produzido pelo sensor. Essa relação de entrada/saída se chama ***função de transferência*** do sensor, que pode ser expressada como

$$S = f(s) \tag{34.1}$$

em que S = o sinal de saída do sensor (tipicamente uma tensão elétrica), s = o estímulo ou entrada, e $f(s)$ é a relação funcional entre eles. A forma ideal para um sensor analógico é uma relação proporcional:

$$S = C + ms \tag{34.2}$$

em que C = o valor da saída do sensor quando o valor do estímulo é igual a zero, e m = a constante de proporcionalidade entre s e S. A constante m indica quanto a saída S é afetada pela entrada s. Isso se chama ***sensibilidade*** do dispositivo de medição. Por exemplo, um termopar Chromel/Alumel padrão produz 40,6 microvolts por variação de °C na temperatura.

Um sensor binário (por exemplo, interruptor fim de curso, interruptor fotoelétrico) exibe uma relação binária entre estímulo e saída do sensor:

$$S = 1 \text{ se } s > 0 \text{ e } S = 0 \text{ se } s \leq 0 \tag{34.3}$$

Antes de um dispositivo de medição poder ser usado, ele deve ser calibrado, o que significa basicamente determinar a função de transferência do sensor; especificamente, qual é o valor do estímulo s determinado a partir do valor do sinal de saída S? A facilidade de calibração é um critério pelo qual um dispositivo de medição pode ser selecionado. Outros critérios incluem precisão, faixa de operação, velocidade de resposta, confiabilidade e custo.

34.2.2 ATUADORES

Nos sistemas automatizados, um atuador é um dispositivo que converte um sinal de comando em uma ação física, que normalmente se refere a uma mudança em um parâmetro de entrada do processo. A ação tipicamente é mecânica, como a mudança na posição de uma mesa de trabalho ou na velocidade de rotação de um motor. O sinal de comando geralmente é de baixo nível, podendo ser necessário um amplificador para aumentar a potência do sinal para acionar o atuador.

Os atuadores são classificados, de acordo com o tipo de amplificador, como (1) elétrico, (2) hidráulico ou (3) pneumático. Os atuadores elétricos incluem motores CA e CC, motores de passo e solenoides. As operações dos dois tipos de motores elétricos (servomotores e motores de passo) são descritas na Subseção 34.3.2, que lida com a análise dos sistemas de posicionamento. Os atuadores hidráulicos utilizam fluido hidráulico para amplificar o sinal de comando do controlador e frequentemente são especificados quando são necessárias grandes forças na aplicação. Os atuadores pneumáticos são acionados por ar comprimido, que é utilizado frequentemente nas fábricas. Todos os três tipos de atuadores estão disponíveis como dispositivos lineares ou rotacionais. Essa designação distingue se a ação de saída é um movimento linear ou um movimento de rotação. Os motores elétricos e os motores de passo são mais comuns como atuadores rotacionais, enquanto a maioria dos atuadores hidráulicos e pneumáticos fornece uma saída linear.

34.2.3 DISPOSITIVOS DE INTERFACE

Os dispositivos de interface permitem que o processo seja conectado ao controlador computadorizado, e vice-versa. Os sinais de sensor dos processos de fabricação são fornecidos ao computador e os sinais de comando são enviados para os atuadores que operam o processo. Nesta seção são descritos os dispositivos de *hardware* que permitem essa comunicação entre o processo e o controlador. Os dispositivos incluem conversores analógico-digital, digital-analógico, interfaces de contato de entrada/saída e contadores e geradores de pulsos.

Os sinais analógicos contínuos dos sensores ligados ao processo devem ser convertidos em valores digitais que podem ser utilizados pelo computador de controle, uma função que é realizada por um ***conversor analógico-digital*** (ADC, do inglês *analog-to-digital converter*). Conforme ilustrado na Figura 34.4, um ADC (1) extrai amostras do sinal contínuo em intervalos periódicos, (2) converte a amostra de dados para um entre um número finito de níveis de amplitude definidos e (3) codifica cada nível de amplitude em uma sequência de dígitos binários que podem ser interpretados pelo computador de controle. As características importantes de um conversor analógico-digital incluem a taxa de amostragem e a resolução. Taxa de amostragem é a frequência com que o sinal contínuo é amostrado. Uma alta taxa de amostragem significa que se pode chegar mais perto da forma real do sinal contínuo. Resolução se refere à precisão com a qual o valor analógico pode ser convertido em código binário. Isso depende do número de *bits* utilizados no procedimento de codificação; quanto mais *bits*, maior a resolução. Infelizmente, usar mais *bits* requer mais tempo para fazer a conversão, o que pode impor um limite prático para a taxa de amostragem.

Um ***conversor digital-analógico*** (DAC, do inglês *digital-to-analog converter*) executa o processo inverso do ADC. Ele converte a saída digital do computador para um sinal quase contínuo, capaz de acionar um atuador analógico ou outro dispositivo analógico. O DAC executa sua função em duas etapas: (1) decodificação, na qual a sequência dos valores de saída digital é transformada em uma série correspondente de valores analógicos em intervalos de tempo discretos, e (2) exploração de dados, em que o valor analógico é transformado em um sinal contínuo durante o intervalo de tempo. No caso mais simples, o sinal contínuo consiste em uma série de funções escalonadas, como na Figura 34.5, que são utilizadas para acionar o atuador analógico.

Muitos sistemas automatizados operam ligando e desligando motores, interruptores e outros dispositivos para responder a condições e em função do tempo. Esses dispositivos de controle usam variáveis binárias. Eles podem ter um de dois valores possíveis, 1 ou 0, interpretados como LIGADO ou DESLIGADO, objeto presente ou ausente, tensão elétrica alta ou baixa etc. Os sensores binários utilizados frequentemente nos sistemas de controle de processo incluem interruptores de limite e fotocélulas. Atuadores binários comuns: solenoides, válvulas, embreagens, luzes, relés de controle e certos motores.

As ***interfaces de contato de entrada/saída*** são componentes utilizados para comunicar dados binários do processo para o computador de controle, e vice-versa. Uma ***interface de contato de entrada*** é um dispositivo por meio do qual os dados binários são lidos pelo computador a partir de uma fonte externa. Consiste em uma série de contatos

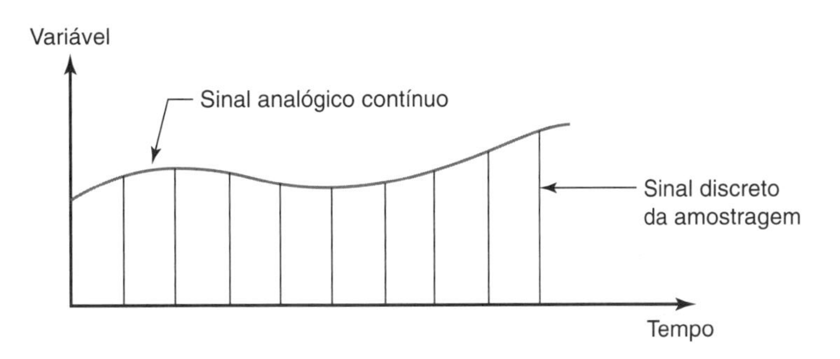

FIGURA 34.4 Um conversor analógico-digital funciona convertendo um sinal analógico contínuo em uma série de dados discretos de amostragem.

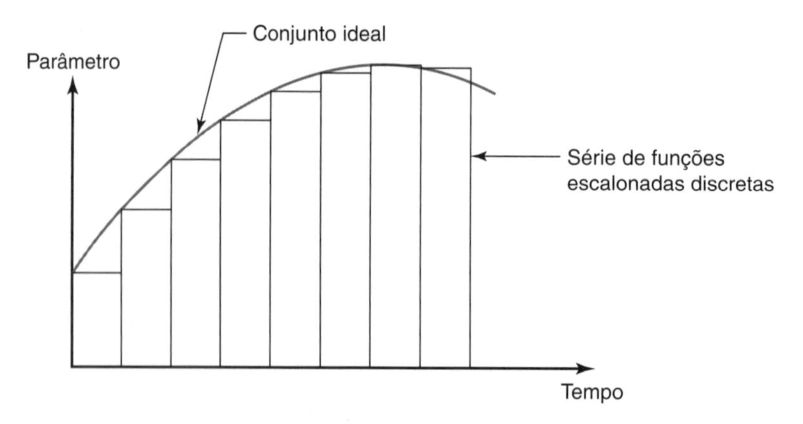

FIGURA 34.5 Um conversor analógico-digital funciona convertendo um sinal analógico contínuo em uma série de dados discretos de amostragem.

elétricos binários que indicam o estado de um dispositivo binário, como um interruptor de limite conectado ao processo. O estado de cada contato é verificado periodicamente pelo computador para atualizar os valores armazenados em memória. Uma ***interface de contato de saída*** é um dispositivo utilizado para comunicar os sinais ligados/desligados do computador para componentes binários externos, como solenoides, alarmes e luzes indicadoras. Também pode ser utilizado para ligar e desligar motores de velocidade constante.

Conforme mencionado anteriormente, às vezes os dados discretos existem na forma de uma série de pulsos. Por exemplo, um codificador óptico (*encoder*) (Subseção 34.3.2) emite sua medição de posição e velocidade como uma série de pulsos. Um ***contador de pulsos*** é um dispositivo que converte uma série de pulsos de uma fonte externa para um valor digital, que é fornecido para o computador de controle. Além de ler a saída de um *encoder* óptico, as aplicações dos contadores de pulso incluem contar o número de peças que fluem ao longo de uma esteira ou que passam por um sensor fotoelétrico. O oposto de um contador de pulso é um ***gerador de pulso***, um dispositivo que produz uma série de pulsos elétricos baseados nos valores digitais gerados por um computador de controle. Tanto o número quanto a frequência de pulsos são controlados. Uma aplicação importante do gerador de pulso é acionar motores de passo, que respondem a cada passo girando por meio de um pequeno ângulo incremental, chamado de ângulo de passo.

34.2.4 CONTROLADORES DE PROCESSO

A maioria dos sistemas de controle de processos usa algum tipo de computador digital como controlador. Independentemente de o controle envolver parâmetros e variáveis contínuos ou discretos, ou uma combinação de contínuos e discretos, um computador digital pode ser conectado ao processo para se comunicar e interagir com ele usando os dispositivos de interface discutidos na Subseção 34.2.3. Os requisitos geralmente associados com o controle computadorizado em tempo real incluem:

- Capacidade do computador para responder aos sinais de entrada provenientes do processo e, se for necessário, interromper a execução de um programa em andamento para atender o sinal de entrada.
- A capacidade para transmitir comandos para o processo que são implementados por meio de atuadores conectados ao processo. Esses comandos podem ser a resposta para os sinais de entrada provenientes do processo.
- A capacidade para executar certas ações em pontos específicos no tempo durante a operação do processo.

- A capacidade para se comunicar e interagir com outros computadores que podem ser conectados ao processo. O termo ***controle de processos distribuído*** é utilizado para descrever um sistema de controle no qual vários computadores são utilizados para compartilhar a carga de trabalho do controle de processo.
- A capacidade para aceitar a entrada do pessoal operacional para fins, como entrada de novos programas ou dados, edição de programas existentes e interrupção do processo em uma emergência.

Um controlador de processo amplamente utilizado que satisfaz esses requisitos é um controlador lógico programável. Um ***controlador lógico programável*** (CLP) é baseado em microcomputador que usa instruções armazenadas na memória programável para implementar lógica, sequenciamento, temporização, contagem e funções aritméticas por meio de módulos de entrada/saída digitais ou analógicos para controlar várias máquinas e processos. Os principais componentes de um CLP, exibido na Figura 34.6, são (1) ***módulos de entrada e saída***, que conectam o CLP ao equipamento industrial a ser controlado; (2) ***processador***, a unidade central de processamento (do inglês, *central processing unit* – UCP ou CPU), que executa as funções lógicas e de sequenciamento para controlar o processo operando nos sinais de entrada e determinando os sinais de saída adequados especificados pelo programa de controle; (3) ***memória do CLP***, que está conectada ao processador e contém as instruções de lógica e sequenciamento; (4) ***fonte de energia*** – 115 V CA é tipicamente utilizada para acionar o CLP. Além disso, (5) um ***dispositivo de programação*** é utilizado (normalmente destacável) para fornecer o programa para o CLP.

A programação envolve a entrada das instruções de controle para o CLP usando o dispositivo de programação. As instruções de controle mais comuns incluem operações lógicas, sequenciamento, contagem e temporização. Muitas aplicações de controle exigem instruções adicionais para controle analógico, processamento de dados e cálculos. Uma série de linguagens de programação de CLP foi desenvolvida, variando da lógica de contato de relés ao texto estruturado. Uma discussão dessas linguagens está além do escopo deste texto, e o leitor interessado deve consultar as referências citadas no final do capítulo.

As vantagens associadas com os controladores lógicos programáveis incluem: (1) programar um CLP é mais fácil do que cabear o painel de controle do relé; (2) o CLP pode ser reprogramado, ao passo que os controles convencionais devem ser recabeados e muitas vezes são destruídos nesse procedimento; (3) um CLP pode ser interfaceado com o sistema de computadores da fábrica com mais facilidade que os controles convencionais; (4) os CLPs exigem menos espaço no chão de fábrica do que os painéis de controle de relés, e (5) os CLPs oferecem maior confiabilidade e manutenção mais fácil.

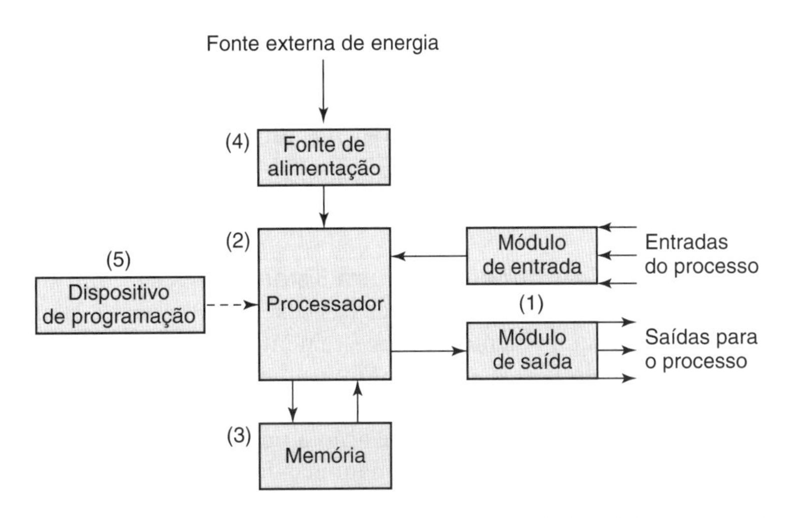

FIGURA 34.6 Principais componentes de um controlador lógico programável.

34.3 Controle Numérico Computadorizado

O controle numérico (CN, em inglês *numerical control* – NC) é uma forma de automação programável na qual as ações mecânicas de um equipamento são controladas por um programa contendo dados alfanuméricos codificados. Os dados representam as posições relativas entre um cabeçote e uma peça de trabalho. O cabeçote é um dispositivo com uma ferramenta de corte ou outro elemento de processamento, e a peça de trabalho é o objeto que está sendo processado. O princípio de operação do CN é controlar o movimento do cabeçote em relação à peça de trabalho e controlar a sequência na qual os movimentos são executados. A primeira aplicação do controle numérico foi em usinagem (Nota histórica 34.1), e esta ainda é uma área de aplicação importante. As máquinas-ferramenta com CN são exibidas nas Figuras 18.26 e 18.27.

Nota Histórica 34.1 *Controle numérico (3), (5)*

O trabalho de desenvolvimento inicial sobre controle numérico é creditado a John Parsons e Frank Stulen, da Parsons Corporation, em Michigan, no final dos anos 1940. Parsons foi um empreiteiro de usinagem da Força Aérea e concebeu um meio de usar dados de coordenadas numéricas para mover a mesa de trabalho de uma fresadora para produzir peças complexas para aeronaves. Com base no trabalho de Parsons, a Força Aérea dos Estados Unidos fechou um contrato com a empresa, em 1949, para estudar a viabilidade do novo conceito de controle das máquinas-ferramenta. O projeto foi terceirizado em parte para o Instituto de Tecnologia de Massachusetts (Massachusetts Institute of Technology – MIT) para desenvolver um protótipo de máquina-ferramenta que utilizasse o novo princípio de dados numéricos. O estudo do MIT confirmou que o conceito era viável e passou a adaptar uma fresadora vertical de três eixos utilizando controles analógico-digital combinados. O nome ***controle numérico*** (CN) foi dado ao sistema por meio do qual eram executados os movimentos da máquina-ferramenta. A máquina protótipo foi demonstrada em 1952.

A precisão e a repetibilidade do sistema de CN eram muito melhores em relação aos métodos de usinagem manual disponíveis à época. O potencial para reduzir o tempo não produtivo no ciclo de usinagem também era evidente. Em 1956, a Força Aérea patrocinou o desenvolvimento das máquinas-ferramenta com CN em várias empresas diferentes. Essas máquinas entraram em operação em várias fábricas de aviões entre 1958 e 1960. As vantagens do CN logo se tornaram claras, e as empresas do setor aeroespacial começaram a encomendar novas máquinas com CN.

A importância da programação das peças ficou evidente desde o início. A Força Aérea continuou a incentivar o desenvolvimento e a aplicação do CN patrocinando pesquisas no MIT para a linguagem de programação das peças para controlar máquinas com CN. Essa pesquisa resultou no desenvolvimento da ***APT*** em 1958 (APT significa ***automatically programmed tooling***, ou ferramenta automaticamente programada). A APT faz parte de uma linguagem de programação por meio da qual um usuário poderia escrever as instruções de usinagem em comandos simples da língua inglesa, e os comandos eram codificados para serem interpretados pelo sistema de CN.

34.3.1 A TECNOLOGIA DO CONTROLE NUMÉRICO

Nesta subseção, definiremos os componentes de um sistema de controle numérico e descreveremos o sistema de coordenadas e o controle de movimentos.

Componentes de um Sistema de CN Um sistema de controle numérico consiste em três componentes básicos: (1) programa, (2) unidade de controle de máquina e (3) equipamento de processamento. O ***programa*** é um conjunto detalhado de comandos a serem seguidos pelo equipamento de processamento. É o programa de instruções no sistema de CN. Cada bloco de comando especifica a posição ou movimento a ser realizado pelo cabeçote em relação à peça. Uma posição é definida por suas coordenadas x-y-z. Nas aplicações em máquinas-ferramenta, outros detalhes no programa de CN incluem velocidade de rotação do eixo, sentido da rotação, velocidade de avanço, instruções para troca de ferramentas, e outros comandos relacionados à operação. O programa da peça é preparado por um ***programador***, uma pessoa familiarizada com os detalhes da linguagem de programação e que também compreende a tecnologia do equipamento de processamento.

A ***unidade de controle de máquina*** (*machine control unit* – MCU) na moderna tecnologia de CN é um microcomputador que armazena e executa o programa, convertendo cada comando em ações do equipamento de processamento, um comando de cada vez. A MCU consiste em *hardware* e *software*. O *hardware* inclui o microcomputador, os componentes de interface com o equipamento de processamento e certos elementos de retroalimentação. O *software* da MCU inclui o sistema de controle, os algoritmos de cálculo e os compiladores para converter o programa do CN em formato reconhecido pela MCU. A MCU também permite que o programa da peça seja editado, caso o programa contenha erros, ou se for necessário fazer alterações nas condições de usinagem. Como a MCU é um computador, o termo ***controle ou comando numérico computadorizado*** (CNC) é utilizado com frequência para distinguir esse tipo de CN de seus predecessores tecnológicos que se baseavam inteiramente em eletrônica de componentes discretos.

O ***equipamento de processamento*** executa a sequência de passos de processamento para transformar a peça bruta em peça acabada. Ele opera sob o controle da MCU de acordo com as instruções contidas no programa. A variedade de aplicações e equipamentos de processamento é avaliada na Subseção 34.3.4.

Sistema de Coordenadas e Controle de Movimento no CN Um padrão de sistema de coordenadas é utilizado para especificar as posições no controle numérico. Esse sistema consiste em três eixos lineares (x, y, z) do sistema de coordenadas cartesianas, mais três eixos rotacionais (a, b, c), como mostrado na Figura 34.7(a). Os eixos rotacionais são utilizados para girar a peça a fim de apresentar as diferentes superfícies para a usinagem, ou para posicionar a ferramenta ou cabeçote em determinado ângulo relativo à peça. A maioria dos sistemas de CN não requer os seis eixos. Os sistemas de CN mais simples (por exemplo, *plotters*, prensas para corte de chapas e equipamentos de inserção de componentes) são sistemas de posicionamento cujas posições podem ser definidas em um plano x-y. A programação dessas máquinas envolve a especificação de uma sequência de coordenadas x-y. Por outro lado, algumas máquinas-ferramenta têm o controle em cinco eixos para modelar peças com geometria mais complexa. Esses sistemas incluem tipicamente três eixos lineares, além de dois eixos rotacionais.

As coordenadas de um sistema de CN rotacional são ilustradas na Figura 34.7(b). Esses sistemas estão associados a operações de torneamento em tornos CN. Embora a peça gire, esse eixo de rotação não é um dos eixos com controle numérico em um torno CNC. A trajetória de corte da ferramenta em relação à peça rotativa é definida no plano x-z, como mostrado na figura.

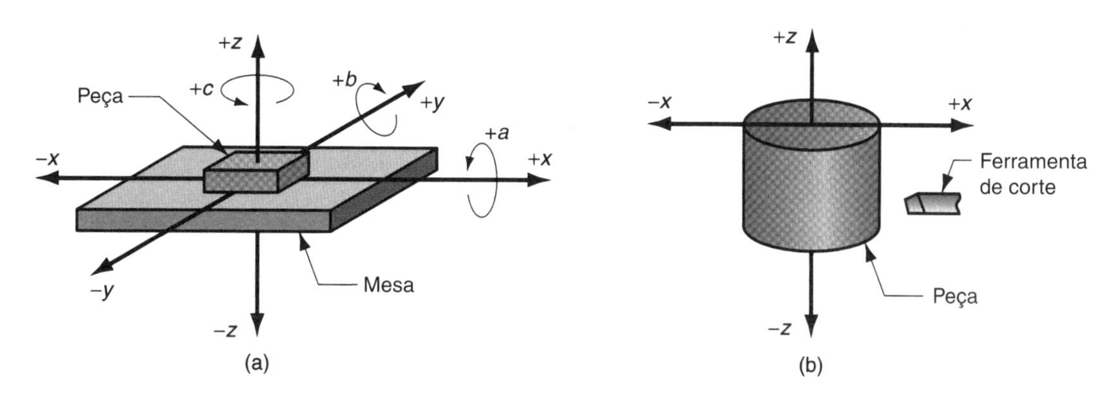

FIGURA 34.7 Sistemas de coordenadas usadas em controle numérico: (a) para operações em planos e prismas, e (b) para operações rotacionais.

Em muitos sistemas de CN, os movimentos relativos entre a ferramenta de processamento e a peça são realizados fixando a peça à mesa de trabalho e depois controlando as posições e movimentos da mesa em relação a um cabeçote estacionário ou semiestacionário. A maioria das máquinas-ferramenta e dos equipamentos de inserção de componentes se baseia nesse método de operação. Em outros sistemas, a peça é mantida estacionária e o cabeçote é movimentado ao longo de dois ou três eixos. Equipamentos de oxicorte, *plotters* *x-y* e equipamentos de medição de coordenadas operam desse modo.

O sistema de controle de movimento baseado em CN pode ser dividido em dois tipos: (1) ponto a ponto e (2) caminho contínuo. Os ***sistemas ponto a ponto***, também chamados de ***sistemas de posicionamento***, movem o cabeçote (ou a peça) para uma posição programada, sem considerar o registro da trajetória traçada até essa posição. Depois que o movimento é completado, alguma operação de processamento é realizada na posição, tal como furação. Desse modo, o programa consiste em uma série de posicionamentos pontuais em que as operações são realizadas.

Os ***sistemas de caminho contínuo*** proporcionam controle simultâneo de mais de um eixo, controlando assim a trajetória percorrida pela ferramenta em relação à peça. Isso viabiliza que a ferramenta execute o processo enquanto os eixos estão em movimento, permitindo ao sistema gerar superfícies angulares, curvas bidimensionais ou contornos tridimensionais na peça. Esse modo de controle é necessário em equipamentos de impressão, certas operações de fresamento, torneamento e oxicorte. Em usinagem, o controle de caminho contínuo também é denominado ***contorno***.

Um aspecto importante do movimento de caminho contínuo é a ***interpolação***, que diz respeito a calcular os pontos intermediários ao longo de uma trajetória a ser seguida pela ferramenta em relação à peça. Duas formas de interpolação comuns são a linear e a circular. A ***interpolação linear*** é utilizada em trajetos em linha reta, nos quais o programador especifica as coordenadas do ponto inicial e do ponto final da linha reta, bem como a velocidade de avanço a ser utilizada. Então o interpolador calcula as velocidades do movimento dos dois ou três eixos que irão cumprir a trajetória especificada. A ***interpolação circular*** permite que a ferramenta execute movimento de arco circular, especificando as coordenadas de seus pontos inicial e de término, junto com a posição do centro ou do raio do arco. O interpolador calcula uma série de pequenos segmentos de linha reta que irão aproximar o arco dentro de uma tolerância definida.

Outro aspecto do controle de movimentos é se as posições no sistema de coordenadas são definidas em termos absoluto ou incremental. No ***posicionamento absoluto***, o posicionamento do cabeçote sempre é definido em relação à origem do sistema de eixos. No ***posicionamento incremental***, a próxima posição do cabeçote é definida em relação à sua posição atual. A diferença é ilustrada na Figura 34.8.

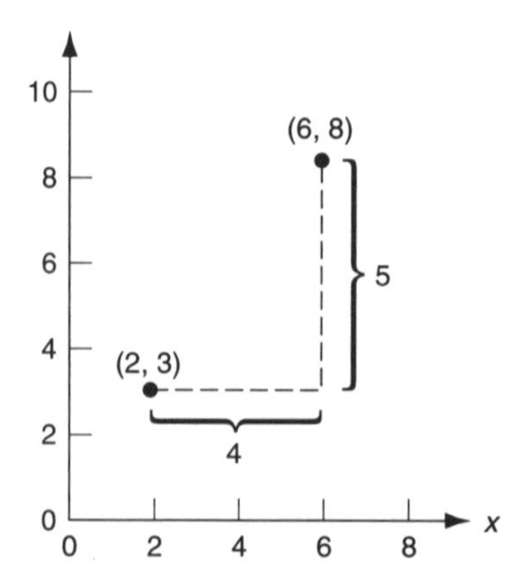

FIGURA 34.8 Posicionamento absoluto *versus* incremental. O cabeçote está no ponto (2, 3) e deve ser movido para o ponto (6, 8). No posicionamento absoluto, o movimento é especificado por $x = 6$, $y = 8$; enquanto no posicionamento incremental, o movimento é especificado por $x = 4$, $y = 5$.

34.3.2 ANÁLISE DOS SISTEMAS DE POSICIONAMENTO DO CN

A função do sistema de posicionamento é transformar as coordenadas especificadas no programa da peça do CN em posições relativas entre a ferramenta e a peça durante o processamento. Considere como um sistema de posicionamento simples, exibido na Figura 34.9, poderia funcionar. O sistema consiste em uma mesa na qual uma peça de trabalho é afixada. O propósito da mesa é mover a peça em relação a uma ferramenta. Para esse fim, a mesa é movida linearmente por meio da rotação de um fuso roscado acionado por um motor. Por uma questão de simplicidade, somente um eixo é exibido no desenho. Para proporcionar uma trajetória no plano *x-y*, o sistema exibido deveria estar apoiado no topo de um segundo eixo perpendicular ao primeiro. O fuso roscado tem um determinado passo *p*, mm/rosca ou mm/revolução. Desse modo, a mesa é movida uma distância igual ao passo do fuso para cada revolução (rotação). A velocidade na qual a mesa se move é determinada pela velocidade de rotação do eixo.

São utilizados dois tipos básicos de controle de posicionamento no CN: (1) malha aberta e (b) malha fechada, como mostra a Figura 34.10. A diferença é que um sistema em malha aberta funciona sem verificar se a posição da mesa de trabalho desejada foi alcançada. Um sistema em malha fechada usa medições por realimentação para verificar se a posição da mesa de trabalho é realmente a posição especificada no programa. Os

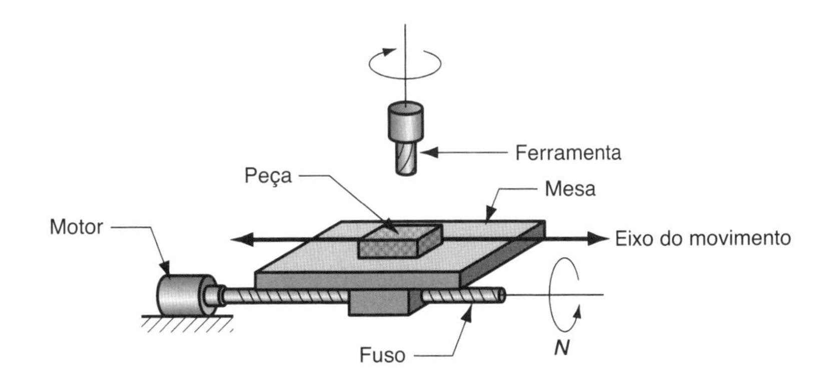

FIGURA 34.9 Disposição de motor e fuso em um sistema de posicionamento de CN.

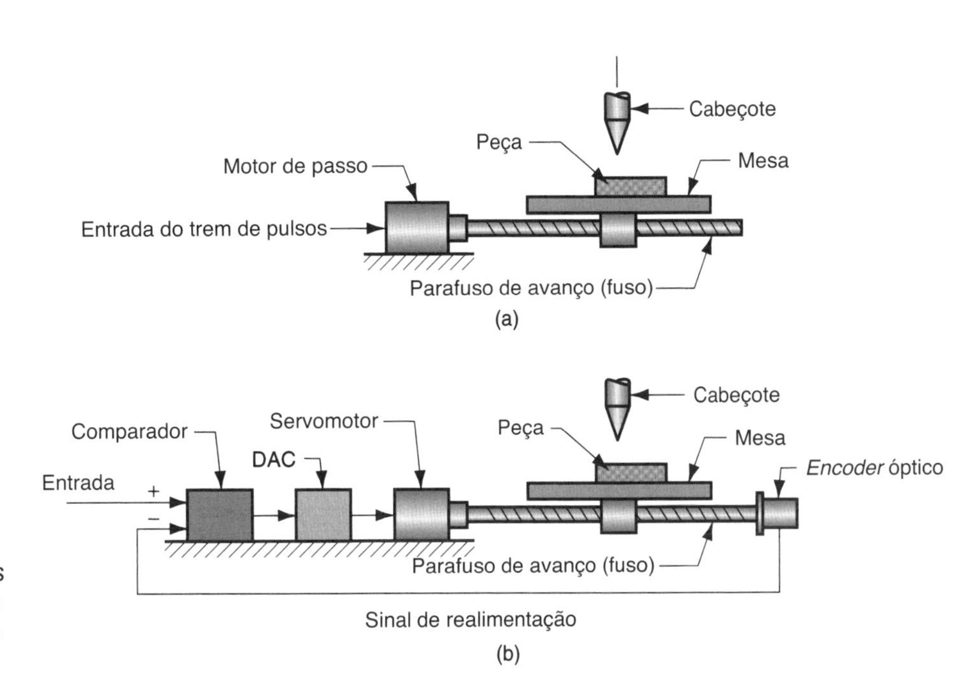

FIGURA 34.10 Dois tipos de controle de movimento em CN: (a) malha aberta e (b) malha fechada.

sistemas em malha aberta custam menos que os sistemas em malha fechada e são adequados quando a força de resistência ao movimento de acionamento é mínima, como na furação ponto a ponto, por exemplo. Os sistemas em malha fechada normalmente são especificados para máquinas-ferramenta que realizam operações de caminho contínuo, tais como fresamento ou torneamento, nas quais as forças de resistência ao movimento podem ser significativas.

Sistemas de Posicionamento em Malha Aberta Para acionar o fuso (parafuso de avanço), o sistema de posicionamento em malha aberta costuma utilizar um motor de passo. Em CN, o motor de passo é acionado por uma série de pulsos elétricos gerados pela unidade de controle. Cada pulso faz com que o motor gire uma fração de uma rotação, chamada ângulo de passo. Os ângulos de passo permitidos devem estar de acordo com a relação

$$\alpha = \frac{360}{n_s} \tag{34.4}$$

em que α = ângulo de passo, graus; e n_s = número de passos angulares do motor, que deve ser um valor inteiro. O ângulo a partir do qual o eixo do motor gira é fornecido por

$$A_m = \alpha n_p \tag{34.5}$$

em que A_m = ângulo de rotação do eixo do motor, graus; n_p = número de pulsos recebidos pelo motor; e α = ângulo de passo, aqui definido por graus/pulso. Finalmente, a velocidade de rotação do eixo do motor é determinada pela frequência de pulsos enviados para o motor:

$$N_m = \frac{60\,\alpha f_p}{360} \tag{34.6}$$

em que N_m = velocidade de rotação do eixo do motor, rpm (rotações por minuto); f_p = frequência de pulsos de acionamento do motor de passo, Hz (pulsos/s), a constante 60 converte pulsos/s para pulsos/min; a constante 360 converte graus de rotação para rotações completas; e α = ângulo de passo do motor, como antes.

O eixo de rotação do motor aciona o fuso que determina a posição e a velocidade da mesa de trabalho. A conexão é projetada frequentemente usando um redutor para aumentar a precisão do movimento da mesa. No entanto, o ângulo de rotação e a velocidade de rotação do fuso são reduzidos por essa relação de transmissão. As relações são:

$$A_m = r_g A_{ls} \tag{34.7a}$$

e

$$N_m = r_g N_{ls} \tag{34.7b}$$

em que A_m e N_m são o ângulo de rotação, em graus, e a velocidade de rotação, em rpm, do motor, respectivamente; A_{ls} e N_{ls} são o ângulo de rotação, em graus, e a velocidade de rotação, em rpm, do fuso, respectivamente; e r_g = relação de redução entre o eixo do motor e o fuso; por exemplo, uma taxa (ou relação) de redução de engrenagem igual a 2 significa que o eixo do motor gira duas vezes para cada volta do fuso.

A posição linear da mesa, em resposta à rotação do fuso, depende do passo desse fuso p e pode ser determinada da seguinte forma:

$$x = \frac{pA_{ls}}{360} \tag{34.8}$$

em que x = posição no eixo x relativa à posição inicial, mm; p = passo do fuso, mm/rev; e $A_{ls}/360$ = o número de rotações (e rotações parciais) do fuso. Combinando as Equações (34.5), (34.7a) e (34.8) e reorganizando, o número de pulsos necessários para alcançar uma posição x específica no sistema ponto a ponto pode ser encontrado como

$$n_p = \frac{360 r_g x}{p\alpha} = \frac{r_g n_s A_{ls}}{360} \quad (34.9)$$

A velocidade da mesa na direção do eixo do fuso pode ser determinada como

$$v_t = f_r = N_{ls}\, p \quad (34.10)$$

em que v_t = velocidade de movimentação da mesa, mm/min; f_r = velocidade de avanço da mesa, mm/min; N_{ls} = velocidade de rotação do fuso, rpm; e p = passo do fuso, mm/rev. A velocidade de rotação do fuso depende da frequência de pulsos que acionam o motor de passo:

$$N_{ls} = \frac{60 f_p}{n_s r_g} \quad (34.11)$$

em que N_{ls} = velocidade de rotação do fuso, rpm; f_p = frequência de pulsos, Hz (pulsos/s); n_s = passos/rev ou pulsos/rev, e r_g = relação de redução entre o motor e o fuso. Para uma mesa de dois eixos com controle de caminho contínuo, as velocidades relativas dos eixos são coordenadas para alcançar o sentido de movimento desejado. Finalmente, a frequência de pulsos necessária para acionar a mesa em uma determinada velocidade de avanço pode ser obtida combinando as Equações (34.10) e (34.11) e reorganizando para calcular f_p:

$$f_p = \frac{v_t n_s r_g}{60p} = \frac{f_r n_s r_g}{60p} = \frac{N_{ls} n_s r_g}{60} = \frac{N_m n_s}{60} \quad (34.12)$$

Exemplo 34.1 Posicionamento por malha aberta

Um motor de passo tem 48 passos. Seu eixo de saída está acoplado a um fuso com uma relação de redução de engrenagens 4:1. (Quatro voltas do eixo do motor para cada volta do fuso.) O passo do fuso = 5,0 mm. A mesa de trabalho de um sistema de posicionamento é acionada pelo fuso. A mesa deve se mover uma distância de 75,0 mm de sua posição atual a uma velocidade de avanço de 400 mm/min. Determine (a) quantos pulsos são necessários para mover a mesa pela distância especificada, (b) a velocidade do motor e (c) a frequência de pulsos necessária para alcançar a velocidade desejada da mesa.

Solução: (a) Para mover a mesa por uma distância x = 75 mm, o fuso deve girar por meio de um ângulo calculado da seguinte forma:

$$A_{ls} = \frac{360x}{p} = \frac{360(75)}{5} = 5400°$$

Com 48 ângulos de passo e relação de redução de engrenagem igual a 4, o número de pulsos para mover a mesa 75 mm é

$$n_p = \frac{4(48)(5400)}{360} = \mathbf{2880\ pulsos}$$

(b) A Equação (34.10) pode ser utilizada para encontrar a velocidade do fuso que proporciona a velocidade da mesa de 400 mm/min,

$$N_{ls} = \frac{v_t}{p} = \frac{400}{5,0} = 80,0 \text{ rpm}$$

A velocidade do motor será quatro vezes maior:

$$N_m = r_g N_{ls} = 4(80) = \mathbf{320\ rpm}$$

(c) Finalmente, a taxa de pulsos é fornecida pela Equação (34.12):

$$f_p = \frac{320(48)}{60} = \mathbf{256\ Hz}$$

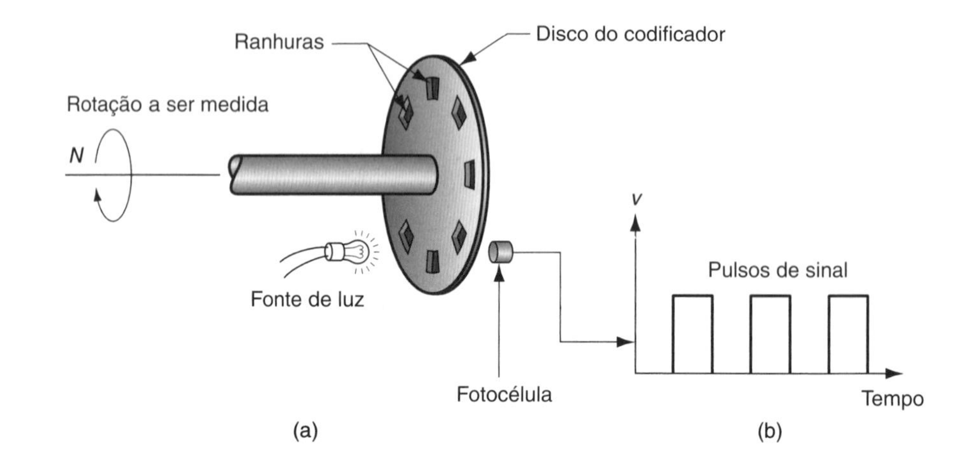

FIGURA 34.11 *Encoder* óptico: (a) dispositivo e (b) série de pulsos emitidos para medir a rotação do disco.

Sistemas de Posicionamento em Malha Fechada Os sistemas CN em malha fechada [Figura 34.10(b)] utilizam servomotores e realimentação para garantir que a posição desejada seja alcançada. Um sensor de realimentação comum utilizado em CN (e também em robôs industriais) é o *encoder* (codificador óptico), ilustrado na Figura 34.11. Ele consiste em uma fonte de luz, uma fotocélula e um disco contendo uma série de ranhuras por meio das quais uma fonte de luz energiza a fotocélula. O disco está acoplado a um eixo giratório, que por sua vez está conectado diretamente ao fuso. À medida que o fuso gira, as luzes passam pelas ranhuras e *flashes* de luz incidem na fotocélula, que são convertidos em uma série de pulsos elétricos. Pela frequência desses pulsos, o ângulo do fuso pode ser determinado e, assim, a posição da mesa e sua velocidade podem ser calculadas usando o passo do fuso.

As equações que descrevem a operação de um sistema de posicionamento em malha fechada são análogas às de um sistema de malha aberta. No *encoder* óptico básico, o ângulo entre as ranhuras no disco deve satisfazer os seguintes requisitos:

$$\alpha = \frac{360}{n_s} \tag{34.13}$$

em que α = ângulo entre as ranhuras, graus/ranhura; e n_s = o número de ranhuras do disco, ranhuras/rev; e 360 = graus/rev. Para um certo ângulo de rotação do fuso, o *encoder* gera um número de pulsos fornecido por

$$n_p = \frac{A_{ls}}{\alpha} = \frac{A_{ls} n_s}{360} \tag{34.14}$$

em que n_p = número de pulsos; A_{ls} = ângulo de rotação do fuso, graus; e α = ângulo entre as ranhuras do *encoder*, graus/pulso. A contagem de pulsos pode ser utilizada para determinar a posição linear da mesa no eixo x a partir do passo do fuso. Desse modo,

$$x = \frac{pn_p}{n_s} = \frac{pA_{ls}}{360} \quad (34.15)$$

De modo similar, a velocidade na qual a mesa de trabalho se move é obtida a partir da frequência do trem de pulsos:

$$v_t = f_r = \frac{60pf_p}{n_s} \quad (34.16)$$

em que v_t = velocidade da mesa, mm/min; f_r = velocidade de avanço, mm/min; p = passo, mm/rev; f_p = frequência do trem de pulsos, Hz (pulsos/s); n_s = número de ranhuras do disco codificador, pulsos/rev; e 60 converte segundos para minutos. A relação de velocidade fornecida pela Equação (34.10) também é válida para um sistema de posicionamento em malha fechada.

A série de pulsos gerada pelo *encoder* é comparada com as coordenadas da posição e da velocidade de avanço especificadas no programa da peça, e a diferença é utilizada pela unidade de controle (MCU) para acionar o servomotor, que por sua vez aciona o fuso e a mesa de trabalho. Assim como acontece com o sistema em malha aberta, pode ser utilizada uma redução de engrenagens (redutor) entre o servomotor e o fuso, de modo que as Equações (34.7a e 34.7b) são aplicáveis. Um conversor analógico-digital é utilizado para converter os sinais digitais utilizados pela MCU em sinal analógico e contínuo para acionar o motor. Os sistemas de CN em malha fechada do tipo descrito aqui são convenientes quando há uma resistência considerável ao movimento da mesa. A maioria das operações de usinagem de metais cai nessa categoria, particularmente as que envolvem controle de caminho contínuo, como o fresamento e o torneamento.

Exemplo 34.2 Posicionamento por malha fechada no CN

Uma mesa de CN é acionada por um sistema de posicionamento em malha fechada consistindo em servomotor, fuso e *encoder* óptico. O fuso tem um passo = 5,0 mm e está acoplado ao eixo do motor com uma relação de transmissão (de redução de velocidade) de 4:1. (Quatro voltas do motor para cada volta do fuso.) O *encoder* gera 100 pulsos/rev do fuso. A mesa foi programada para se mover uma distância de 75,0 mm a uma velocidade de avanço = 400 mm/min. Determine (a) quantos pulsos devem ser recebidos pelo sistema de controle para verificar se a mesa se moveu exatamente 75,0 mm (b) a frequência de pulsos e (c) a velocidade de rotação do motor que corresponde à velocidade de avanço especificada.

Solução: (a) Rearranjando a Equação (34.15) para encontrar n_p,

$$n_p = \frac{xn_s}{p} = \frac{75(100)}{5} = \mathbf{1500\ pulsos}$$

(b) A frequência de pulsos correspondente a 400 mm/min pode ser obtida rearranjando a Equação (34.16):

$$f_p = \frac{f_r n_s}{60p} = \frac{400(100)}{60(5)} = \mathbf{133{,}33\ Hz}$$

(c) A velocidade de rotação do fuso é a velocidade da mesa dividida pelo passo:

$$N_{ls} = \frac{f_r}{p} = 80 \text{ rpm}$$

Considerando uma relação de transmissão r_g = 4,0, a velocidade do motor N = 4(80) = **320 rpm**

Precisão no Posicionamento As três medidas de precisão críticas no posicionamento são a resolução do controle, a precisão e a repetibilidade do controle. Esses termos são explicados mais facilmente considerando um único eixo do sistema de posicionamento.

A resolução do controle se refere à capacidade do sistema de controle em dividir o curso total do movimento do eixo em pontos distribuídos de forma uniforme que possam ser distinguidos pela unidade de controle. A ***resolução do controle*** é definida como a distância que separa dois pontos de controle adjacentes ao movimento do eixo. Os pontos de controle às vezes são chamados de ***pontos endereçáveis*** porque são as posições ao longo do eixo para as quais a mesa de trabalho pode ser enviada. É desejável que a resolução do controle seja a menor possível. Isso depende das limitações impostas (1) pelos componentes eletromecânicos do sistema de posicionamento e/ou (2) pelo número de *bits* usados pelo controlador para definir a posição das coordenadas de localização no eixo.

Os fatores eletromecânicos que limitam a resolução incluem o passo do fuso, a relação de transmissão no sistema de acionamento e o ângulo de passo em um motor de passo (para um sistema em malha aberta). Juntos, esses fatores determinam a resolução de controle, ou distância mínima que a mesa de trabalho pode ser movimentada. Por exemplo, a resolução de controle de um sistema em malha aberta acionado por um motor de passo com uma redução de engrenagem entre o eixo do motor e o fuso é dada por

$$CR_1 = \frac{p}{n_s r_g} \tag{34.17a}$$

em que CR_1 = resolução do controle dos componentes eletromecânicos, mm; p = passo do fuso, mm/rev; n_s = número de passos/rev; e r_g = redução de engrenagem (relação de transmissão).

A expressão correspondente para um sistema de posicionamento em malha fechada é similar, mas não inclui a redução de engrenagem porque o codificador está conectado diretamente ao fuso. Não há redução de engrenagem. Desse modo, a resolução do controle de um sistema em malha fechada é definida como

$$CR_1 = \frac{p}{n_s} \tag{34.17b}$$

em que n_s nesse caso se refere ao número de ranhuras no *encoder* óptico.

Embora incomum na moderna tecnologia de computadores, o segundo fator possível que poderia limitar a resolução do controle é o número de *bits* que definem o valores das coordenadas no eixo. Por exemplo, essa limitação pode ser imposta pela capacidade de armazenamento de bits do controlador. Se B é o número de *bits* destinados ao eixo no registrador, o número de pontos de controle pelos quais o curso do eixo pode ser dividido é 2^B. Supondo que os pontos de controle são distribuídos uniformemente ao longo do curso, então

$$CR_2 = \frac{L}{2^B - 1} \tag{34.18}$$

em que CR_2 = resolução do controle do sistema de controle por computador, mm; e L = curso do eixo, mm. A resolução do controle do sistema de posicionamento é o máximo dos dois valores; ou seja,

$$CR = \text{Max}\{CR_1, CR_2\} \tag{34.19}$$

Geralmente é desejável que $CR_2 \leq CR_1$, significando que o sistema eletromecânico é o fator limitador na resolução do controle.

Quando um sistema de posicionamento é acionado para mover a mesa de trabalho até um determinado ponto de controle, a capacidade do sistema para mover essa mesa até esse ponto será limitada pelos erros mecânicos. Esses erros se devem a uma

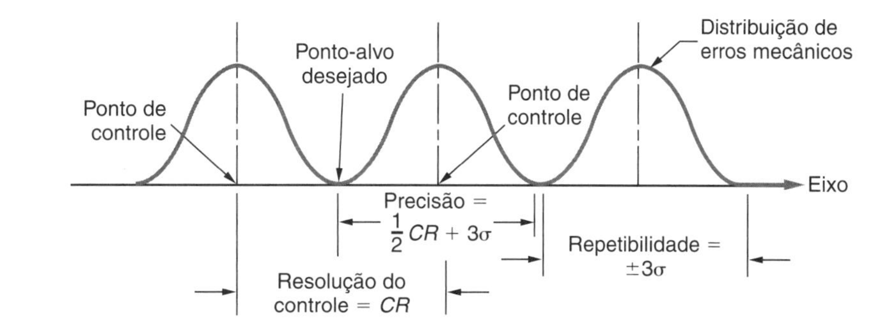

FIGURA 34.12 Uma porção de um eixo linear de sistema de posicionamento, com definição de resolução do controle, precisão e repetibilidade.

série de imprecisões e imperfeições do sistema mecânico, tais como folga entre o fuso e a mesa, folga nas engrenagens e deflexão dos componentes da máquina. É conveniente supor que os erros formam uma distribuição estatística sobre o ponto de controle que é uma distribuição normal imparcial com média igual a zero. Se se presume também que o desvio padrão da distribuição é constante ao longo do curso do eixo em consideração, então quase todos os erros mecânicos (99,73 %) estão contidos em ± 3 desvios padrão do ponto de controle. Isso é retratado na Figura 34.12 para uma porção do curso do eixo, que inclui três pontos de controle.

Dadas essas definições da resolução do controle e da distribuição dos erros mecânicos, considere a precisão e a repetibilidade. Precisão é definida sob as piores condições em que o ponto alvo desejado se situa exatamente entre dois pontos de controle adjacentes. Uma vez que a mesa só consegue se mover para um ou outro dos demais pontos de controle, haverá um erro na posição final da mesa de trabalho. Se o alvo estiver mais perto de um dos pontos de controle, então a mesa seria movida para o ponto de controle mais próximo e o erro seria menor. É conveniente definir precisão para o pior caso. A ***precisão*** de qualquer dado eixo de um sistema de posicionamento é o maior erro possível que pode ocorrer entre o ponto alvo desejado e a posição real assumida pelo sistema; na forma de equação,

$$\text{Precisão} = 0{,}5\ CR + 3\sigma \tag{34.20}$$

em que CR = resolução do controle, mm; e σ = desvio padrão da distribuição de erros, mm.

Repetibilidade se refere à capacidade do sistema de posicionamento para retornar a um determinado ponto de controle programado previamente. Essa capacidade pode ser medida em termos dos erros de posicionamento encontrados quando o sistema tenta se posicionar em um ponto de controle. Os erros de posicionamento são uma manifestação dos erros mecânicos do sistema de posicionamento, que são definidos por uma distribuição normal presumida, conforme descrito anteriormente. Desse modo, a ***repetibilidade*** de qualquer dado eixo de um sistema de posicionamento pode ser definida como o intervalo de erros mecânicos associados ao eixo; isso se reduz a

$$\text{Repetibilidade} = \pm 3\sigma \tag{34.21}$$

Exemplo 34.3 Resolução do controle, precisão e repetibilidade

Fazendo referência ao Exemplo 34.1, acima, as imprecisões mecânicas no sistema de posicionamento em malha aberta podem ser descritas por uma distribuição normal cujo desvio padrão = 0,005 mm. O curso do eixo da mesa de trabalho é de 550 mm e existem 16 *bits* no registrador binário utilizado por um controlador digital para armazenar a posição programada. Determine (a) a resolução do controle, (b) a precisão e (c) a repetibilidade do sistema de posicionamento.

Solução: (a) A resolução do controle é o maior valor entre CR_1 e CR_2, conforme definido pelas Equações (34.17a) e (34.18):

$$CR_1 = \frac{p}{n_s r_g} = \frac{5,0}{48(4)} = 0,0260 \text{ mm}$$

$$CR_2 = \frac{L}{2^B - 1} = \frac{550}{2^{16} - 1} = \frac{550}{65.535} = 0,0084 \text{ mm}$$

$$CR = \text{Max}\{0.0260, 0.0084\} = \mathbf{0,0260 \text{ mm}}$$

(b) A precisão é dada pela Equação (34.20):

$$\text{Precisão} = 0,5\ (0,0260) + 3(0,005) = \mathbf{0,0280 \text{ mm}}$$

(c) Repetibilidade = $\pm 3(0,005)$ = **±0,015 mm**

34.3.3 PROGRAMAÇÃO DAS PEÇAS NO CN

Nas aplicações de máquinas-ferramenta, a tarefa de programar o sistema se chama programação da peça no CN porque o programa é preparado para uma determinada peça. Normalmente essa tarefa é executada por alguém familiarizado com o processo de usinagem utilizado e que aprendeu o procedimento de programação do equipamento em particular. Em outros processos, podem ser utilizados outros termos para programação, mas os princípios são similares, exigindo um indivíduo treinado para desenvolver o programa. Os sistemas computacionais são utilizados amplamente para preparar programas de CN.

A programação da peça requer que o programador defina os pontos, retas e superfícies da peça no sistema de coordenadas e faça o controle do movimento da ferramenta de corte em relação a esses atributos definidos para a peça. Existem várias técnicas de programação de peças, e as mais importantes são (1) programação manual de peça, (2) programação da peça assistida por computador, (3) programação da peça assistida por CAD/CAM e (4) entrada manual de dados.

Programação Manual da Peça Nas tarefas de usinagem ponto a ponto simples, como as operações de furação, a programação manual costuma ser o método mais fácil e econômico. A programação manual da peça usa dados numéricos básicos e códigos alfanuméricos especiais para definir os passos do processo. Por exemplo, para realizar uma operação de furação deve ser inserida uma linha de comando do tipo a seguir:

n010 x70,0 y85,5 f175 s500

Cada "comando" especifica um detalhe na operação de furação. O comando *n* (*n010*) é simplesmente um número que indica a sequência de comandos do programa. Os comandos *x* e *y* indicam as posições de coordenadas *x* e *y* ($x = 70,0$ mm e $y = 85,5$ mm). Os comandos *f* e *s* especificam a velocidade de avanço e a velocidade de rotação a serem utilizadas na operação de furação (velocidade de avanço = 175 mm/min e velocidade de rotação = 500 rpm). O programa completo da peça no CN consiste em uma sequência de comandos similares ao comando citado anteriormente.

Programação da Peça Assistida por Computador A programação da peça assistida por computador envolve o uso de uma linguagem de programação de alto nível. É mais adequada para a programação de tarefas mais complexas do que a programação manual. A primeira linguagem de programação de peças foi Ferramenta Programada

Automaticamente (APT – *Automatically Programmed Tooling*), desenvolvida como uma extensão da pesquisa original de máquinas-ferramenta com CN e utilizada, pela primeira vez, em produção, por volta de 1960.

Na APT, a tarefa de programação da peça é dividida em duas etapas: (1) definição da geometria da peça e (2) especificação da trajetória da ferramenta e sequência de operações. Na etapa 1, o programador da peça define a geometria da peça por meio de elementos geométricos básicos, tais como pontos, linhas, planos, círculos e cilindros. Esses elementos são definidos usando comandos de geometria da APT, como

P1 = POINT/25.0, 150.0
L1 = LINE/P1, P2

P1 é um ponto definido no plano x-y, situado em $x = 25$ mm e $y = 150$ mm. L1 é uma linha que passa pelos pontos P1 e P2. Comandos similares podem ser utilizados para definir círculos, cilindros e elementos com outros formatos. A maioria das peças pode ser descrita usando comandos como esses para definir suas superfícies, cantos, bordas e locais de furos.

A especificação da trajetória da ferramenta é realizada pelos comandos de movimento da APT. Um comando típico para uma operação ponto a ponto é

GOTO/P1

Isso direciona a ferramenta para se mover de sua posição atual para uma posição definida por P1, em que P1 foi definido por um comando prévio de geometria da APT. Os comandos em caminho contínuo usam elementos de geometria como linhas, círculos e planos. Por exemplo, o comando

GORGT/L3, PAST, L4

direciona a ferramenta para a direita (GORGT) ao longo da linha L3 até se posicionar sobre a linha L4 (naturalmente, L4 deve ser uma linha que cruza L3).

Outros comandos de APT são utilizados para definir parâmetros de operação, como, por exemplo, velocidade de avanço, velocidade de rotação do eixo, dimensão de ferramentas e tolerâncias. Quando concluída a programação da peça, o programador compila o programa em um computador, que gera instruções de baixo nível (similares às instruções preparadas na programação manual da peça) que podem ser utilizadas por uma determinada máquina-ferramenta.

Programação de Peça Assistida por CAD/CAM O uso de sistemas CAD/CAM leva a programação de peças assistida por computador a um passo adiante, ao utilizar sistemas de computação gráfica (CAD/CAM) para interagir com o programador à medida que o programa da peça está sendo preparado. No uso convencional da APT é escrito um programa completo e depois introduzido no computador para processamento. Muitos erros de programação não são detectados até ocorrer o processamento do computador. Quando é utilizado um sistema de CAD/CAM, o programador recebe verificação visual imediata quando cada comando é inserido, para determinar se o comando está correto ou não. Quando a geometria da peça é fornecida pelo programador, o elemento é exibido graficamente no monitor. Quando o caminho da ferramenta é construído, o programador consegue ver exatamente como os comandos de movimento moverão a ferramenta em relação à peça. Os erros podem ser corrigidos imediatamente em vez de esperar o programa inteiro ser elaborado.

A interação entre o programador e o sistema de programação é um benefício significativo da programação assistida por sistemas CAD/CAM. Existem outros benefícios importantes do uso de CAD/CAM na programação CN de peça. Primeiro, os projetos do produto e seus componentes podem ter sido realizados em um sistema CAD/CAM. A base de dados de projeto resultante, incluindo a definição geométrica de cada peça, que pode ser recuperada pelo programador do CN para ser utilizada como geometria de partida para programação de peça. Esse acesso à base de dados poupa um tempo valioso, comparado a reconstruir a peça a partir do zero, usando os comandos de geometria em APT.

Segundo, existem rotinas de *software* especiais na programação assistida por CAD/CAM para automatizar partes da geração de trajetos da ferramenta, como perfis de fresamento de uma peça, de contorno de superfície e certas operações ponto a ponto. Essas rotinas são chamadas pelo programador da peça como ***macros*** especiais de comandos. Sua utilização resulta em economia significativa de tempo e esforço de programação.

Entrada Manual de Dados A entrada manual de dados (do inglês, *manual data input* – MDI ou EMD) é um método no qual um operador da máquina informa manualmente o programa da peça na fábrica. O método envolve o uso de um monitor CRT com capacidade gráfica para suportar os comandos de máquinas-ferramenta. Os comandos de programação da peça no CN são inseridos por meio de um console, o que exige um treinamento mínimo do operador da máquina-ferramenta. Como a programação da peça é simplificada e não requer uma equipe especial composta de programadores CN, o EMD é um meio para as pequenas fábricas poderem implementar de maneira econômica o controle numérico em suas operações.

34.3.4 APLICAÇÕES DO CONTROLE NUMÉRICO

A usinagem é uma área de aplicação importante para o controle numérico, mas o princípio de operação do CN pode ser aplicado também a outras operações. Existem muitos processos industriais nos quais a posição de um cabeçote deve ser controlado em relação à peça ou produto que está sendo processado. As aplicações são divididas em duas categorias: (1) aplicações de máquinas-ferramenta e (2) aplicações não destinadas às máquinas-ferramenta. Deve-se observar que as aplicações não são todas identificadas em suas respectivas indústrias pelo nome "controle numérico".

Na categoria de máquinas-ferramenta, o CN é amplamente utilizado em operações de usinagem, como torneamento, furação e fresamento (Seções 18.2, 18.3 e 18.4, respectivamente). O uso do CN nesses processos motivou o desenvolvimento de máquinas-ferramenta altamente automatizadas, chamadas de centros de usinagem, que modificam suas próprias ferramentas de corte para realizar várias operações de usinagem controladas pelo programa CN (Seção 18.5). Outras máquinas-ferramenta controladas numericamente incluem (1) retíficas (processo de usinagem) (Seção 21.1); (2) prensas de corte de chapas (Subseção 16.5.2); (3) dobradeiras de tubos (Seção 16.7); e (4) processos de corte por energia térmica (Seção 22.3).

Em aplicações não destinadas ao controle de máquinas-ferramenta, as aplicações do CN incluem (1) equipamentos para colocação de fitas e equipamentos para enrolamento filamentar para compósitos (Subseções 11.2.3 e 11.4.1); (2) máquinas de soldagem, tanto a arco (Seção 26.1) quanto por resistência (Seção 26.2); (3) máquinas de inserção automática de componentes para montagem de placas eletrônicas (Subseções 31.3.1 e 31.3.2); (4) *plotters*; e (5) máquinas de medição por coordenadas para inspeção (Subseção 37.6.1).

Os benefícios do CN em relação ao equipamento operado manualmente nessas aplicações incluem (1) redução do tempo não produtivo, que resulta em ciclos de operação menores; (2) menor tempo de execução da produção; (3) fixação mais simples das peças; (4) maior flexibilidade de produção; (5) maior precisão; e (6) redução do erro humano.

34.4 Robótica Industrial

Um robô industrial é uma máquina programável de propósito geral que possui certas características antropomórficas. A característica antropomórfica mais óbvia é o braço mecânico do robô, ou manipulador. A unidade de controle de um robô industrial moderno é um computador que pode ser programado para executar sub-rotinas bem sofisticadas, proporcionando ao robô uma inteligência que às vezes parece quase humana. O manipulador do robô, combinado com um controlador de alto nível, permite que um robô industrial realize várias tarefas, como carregamento e descarregamento de máquinas de produção, soldagem por pontos e pintura pulverizada. Os robôs são utilizados tipicamente como substitutos dos trabalhadores humanos nessas tarefas. O primeiro robô industrial foi instalado em uma operação de fundição na Ford Motor Company. O trabalho do robô era descarregar as peças fundidas da máquina de fundição.

Nesta seção consideram-se vários aspectos da tecnologia de robôs e suas aplicações, incluindo como os robôs industriais são programados para realizar suas tarefas.

34.4.1 ANATOMIA DO ROBÔ

Um robô industrial consiste em um manipulador mecânico e um controlador para movimentá-lo e realizar outras funções relacionadas. O manipulador mecânico consiste em articulações (ou juntas, do inglês, *joints*) e elos (ou vínculos, do inglês, *links*) que podem posicionar e orientar a extremidade do manipulador em relação à sua base. A unidade controladora consiste em *hardware* eletrônico e *software* para operar as articulações de maneira coordenada a fim de executar o ciclo de trabalho programado. A ***anatomia do robô*** diz respeito ao manipulador mecânico e à sua construção. A Figura 34.13 mostra uma das configurações de robô industrial comuns.

Articulações e Elos do Manipulador A articulação em um robô é similar a uma articulação no corpo humano. Ela proporciona movimento entre duas peças do corpo. Há um elo de entrada e um elo de saída conectado a cada articulação, que move seu elo de saída em relação a seu elo de entrada. O manipulador do robô consiste em uma série de combinações elo-articulação-elo. O elo de saída de uma articulação é o elo de entrada da próxima articulação. Os robôs industriais típicos têm cinco ou seis articu-

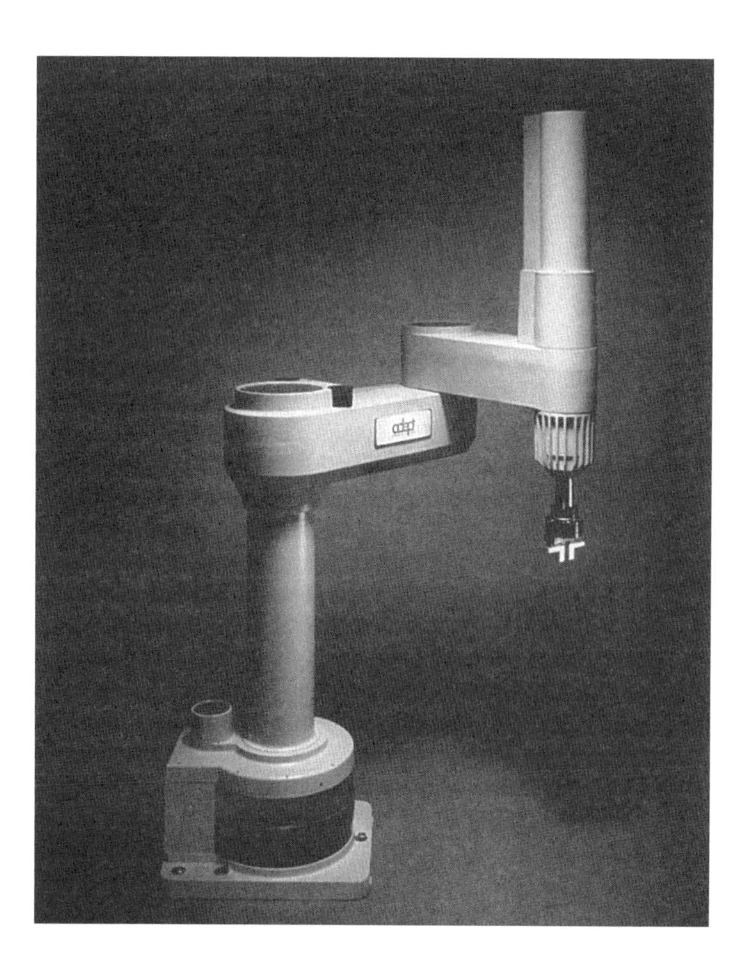

FIGURA 34.13 O manipulador de um robô industrial moderno. (Foto cortesia de Adept Technology, Inc.)

lações. O movimento coordenado dessas articulações confere ao robô sua capacidade para mover, posicionar e orientar objetos a fim de realizar trabalho útil. As articulações do manipulador podem ser classificadas como lineares e rotacionais, indicando o movimento do elo de saída em relação ao elo de entrada.

Configuração do Manipulador O manipulador é construído utilizando articulações dos dois tipos básicos, com cada uma delas separada da anterior por um elo. A maioria dos robôs industriais é montada no solo. A base é o elo 0; esse é o elo de entrada para a articulação 1, cuja saída é o elo 1, que é a entrada da articulação 2, cujo elo de saída é o elo 2; e assim por diante, para a quantidade de articulações no manipulador.

Os manipuladores robóticos podem ser divididos geralmente em duas seções: conjunto corpo e braço (chamado de estrutura ou simplesmente braço) e conjunto punho (do inglês, *wrist*). Caracteristicamente, existem duas articulações associadas ao conjunto corpo e braço e duas ou três articulações associadas ao punho. A função do conjunto corpo e braço é posicionar um objeto ou ferramenta, e a função do punho é orientar adequadamente o objeto ou ferramenta. Posicionamento diz respeito a movimentar a peça ou ferramenta de uma posição para outra. Orientação diz respeito a alinhar precisamente o objeto em relação a alguma posição estacionária na área de trabalho.

Para realizar essas funções, as configurações do conjunto corpo e braço diferem das configurações do punho. O posicionamento exige grandes movimentos espaciais, enquanto a orientação requer movimentos de torção e de revolução para alinhar a peça ou ferramenta em relação a uma posição fixa no local de trabalho. O conjunto corpo e braço consiste em grandes elos e articulações, enquanto o punho consiste em elos curtos. As articulações do braço consistem frequentemente nos tipos linear e rotacional, enquanto as articulações de punho quase sempre são do tipo rotacional.

Existem cinco tipos básicos de configurações de estrutura disponíveis nos robôs comerciais, identificadas na Figura 34.14. A configuração exibida na parte (e) da Figura 34.14 e na Figura 34.13 se chama robô SCARA (acronônimo para *selectively compliant assembly robot arm*), que significa "braço robótico para montagem com flexibilidade seletiva". É uma anatomia similar à do robô articulado, exceto que as articulações do ombro e do cotovelo têm eixos de rotação verticais, proporcionando assim rigidez na direção vertical, mas compatibilidade relativa na direção horizontal.

O punho é montado no último elo em qualquer uma dessas configurações de corpo e braço. O SCARA às vezes é uma exceção, pois quase sempre é utilizado em tarefas simples de manuseio e montagem envolvendo movimentos lineares verticais. Portanto, normalmente não há um punho na extremidade de seu manipulador. No SCARA, geralmente há uma pinça no lugar do punho para pegar componentes visando ao movimento e/ou à montagem.

Volume de Trabalho e Precisão do Movimento Uma das considerações técnicas importantes para um robô industrial é a dimensão de seu volume de trabalho. O ***volume de trabalho*** é definido como o envelope ou espaço tridimensional dentro do qual o manipulador do robô pode posicionar e orientar a extremidade de seu punho. Esse envelope é determinado pelo número de articulações do manipulador, bem como por seus tipos e raios de ação, e pelo tamanho dos elos. O volume de trabalho é importante porque desempenha um papel relevante na determinação de quais aplicações um robô pode realizar.

As definições de resolução do controle, precisão e repetibilidade desenvolvidas na Subseção 34.3.2 para sistemas de posicionamento por CN se aplicam aos robôs industriais. Um manipulador robótico é, no final das contas, um sistema de posicionamento. Em geral, os elos e articulações dos robôs não são, nem de longe, tão rígidos quanto suas máquinas-ferramenta correspondentes, e então a precisão e a repetibilidade de seus movimentos não são tão eficientes.

Efetuadores Finais Um robô industrial é uma máquina de propósito geral. Para que um robô seja útil em uma determinada aplicação, ele deve ser equipado com ferramentas especiais projetadas para a aplicação. Um ***efetuador final*** é uma ferramenta especial

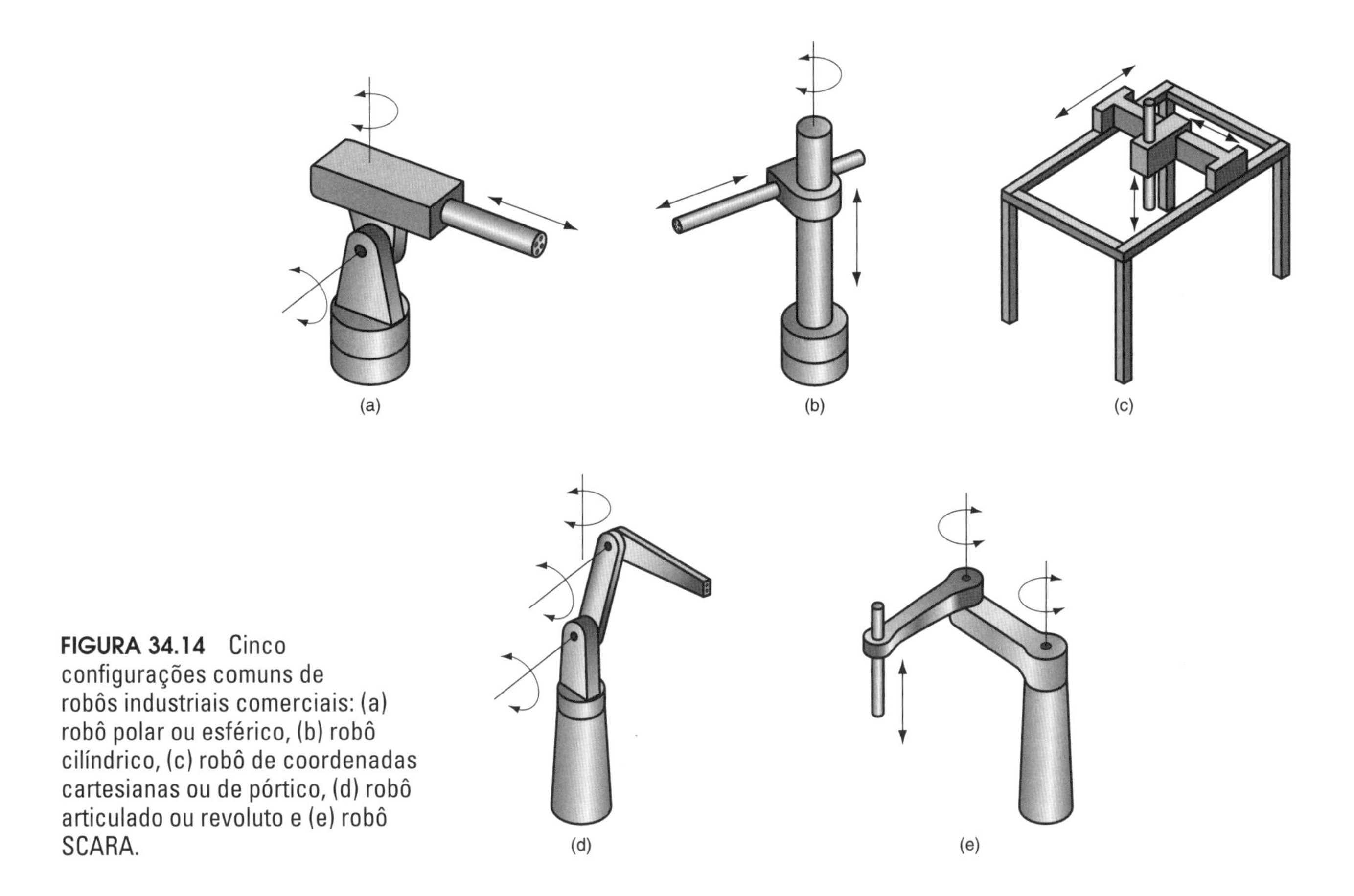

FIGURA 34.14 Cinco configurações comuns de robôs industriais comerciais: (a) robô polar ou esférico, (b) robô cilíndrico, (c) robô de coordenadas cartesianas ou de pórtico, (d) robô articulado ou revoluto e (e) robô SCARA.

que se conecta à extremidade do punho do robô para desempenhar a tarefa específica. Existem dois tipos gerais de efetuadores: ferramentas e garras. Uma ***ferramenta*** será utilizada quando o robô tiver que realizar uma operação de processamento. As ferramentas especiais incluem pistolas de solda por pontos, solda a arco, bicos de pulverização para pintura, dispositivos de furação, maçaricos e ferramentas de montagem (por exemplo, parafusadeira automática). O robô é programado para manipular a ferramenta em relação à peça de trabalho que está sendo processada.

As ***garras*** são projetadas para segurar e mover objetos durante o ciclo de trabalho. Os objetos normalmente são peças e o efetuador final deve ser projetado especificamente para a peça. As garras são utilizadas em aplicações de posicionamento de peças, carga e descarga das máquinas e acondicionamento em paletes. A Figura 34.15 exibe uma configuração de garra comum.

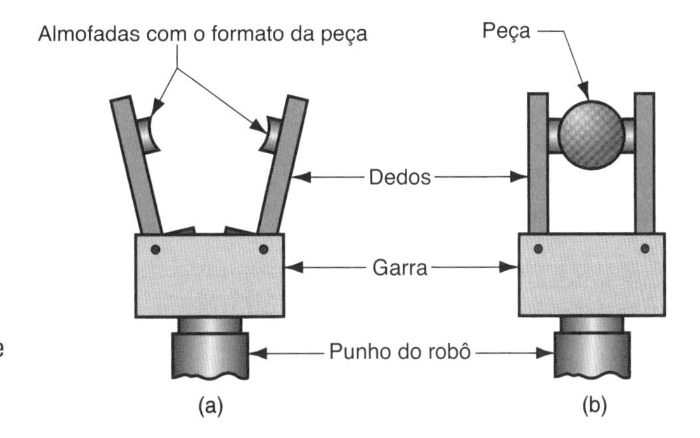

FIGURA 34.15 Uma garra robótica: (a) aberta e (b) fechada para preensão de uma peça.

34.4.2 SISTEMAS DE CONTROLE E PROGRAMAÇÃO DE ROBÔS

O controlador do robô consiste em *hardware* eletrônico e *software* para controlar as articulações durante a execução de um ciclo de trabalho programado. A maioria dos controladores de robôs atuais se baseia em microprocessadores. Esses controladores de robôs podem ser classificados como a seguir:

1. ***Reprodução com controle ponto a ponto (PTP – point to point).*** Assim como no controle numérico, os sistemas de movimento robótico podem ser divididos em ponto a ponto e caminho contínuo. O programa para o robô no controle ponto a ponto consiste em uma série de posições pontuais e a sequência em que esses pontos devem ser visitados durante o ciclo de trabalho. Durante a programação, esses pontos são gravados na memória e depois subsequentemente reproduzidos durante a execução do programa. Em um movimento ponto a ponto, o caminho escolhido para chegar à posição final não é controlado.
2. ***Reprodução com controle de percurso contínuo (CP – continuous path).*** O controle de percurso contínuo é similar ao PTP, exceto que são armazenados percursos de movimento e não pontos específicos na memória. Em certos tipos de movimentos regulares de CP, como o percurso em linha reta entre dois pontos, o percurso exigido pelo manipulador é calculado pela unidade de controle em cada movimento. Nos movimentos contínuos irregulares, como o percurso seguido na pintura por pulverização, o percurso é definido por uma série de pontos bem próximos uns dos outros, permitindo um movimento contínuo suave. Os robôs capazes de realizar movimentos de percurso contínuo também conseguem executar movimentos ponto a ponto.
3. ***Controle inteligente.*** Os robôs industriais modernos exibem características que frequentemente os fazem parecer estar agindo de modo inteligente. Essas características incluem a capacidade para responder a sensores sofisticados, como a visão de máquina, tomar decisões quando as coisas saem erradas durante o ciclo de trabalho, fazer cálculos e se comunicar com os seres humanos. A inteligência robótica é implementada usando microprocessadores poderosos e técnicas de programação avançadas.

Os robôs executam um programa de instruções armazenado que define a sequência de movimentos e posições no ciclo de trabalho, bem parecido com um programa CN. Além das instruções de movimento, o programa pode incluir instruções para outras funções, como interação com equipamentos externos, resposta a sensores e processamento de dados.

Existem dois métodos básicos para a programação dos robôs modernos: programação guiada e linguagens de programação. A ***programação guiada ou ensinada*** (do inglês, *leadthrough*) envolve um método de "ensino por demonstração" no qual o manipulador é movido pelo programador através de uma sequência de posições no ciclo de trabalho. O controlador registra cada posição na memória para a subsequente reprodução. Estão disponíveis dois procedimentos para realizar a programação guiada do robô: ensinamento acionado e ensinamento manual. No ***ensinamento acionado***, o manipulador é acionado por um painel de controle que possui chaves articuladas ou botões de contato para controlar os movimentos das articulações. Utilizando o painel de controle, o programador dirige o manipulador para cada posição, registrando as posições correspondentes na memória. O ensinamento acionado é o método comum para programar os robôs com controle ponto a ponto. O ***ensinamento manual*** é utilizado caracteristicamente em robôs com controle de percurso contínuo. Nesse método, o programador move fisicamente o punho do manipulador através da sequência do movimento. Na pintura por pulverização e determinadas outras tarefas, esse é o meio mais conveniente de programar o robô.

As ***linguagens de programação*** de robôs têm evoluído a partir da utilização de controladores implementados com microprocessadores. A primeira linguagem comercial foi introduzida em 1979, aproximadamente. As linguagens de programação proporcionam uma maneira conveniente de integrar certas funções não relacionadas ao movimento no ciclo de trabalho, como lógica decisória, interconexão com outro equipamento, e interface com sensores. Uma discussão mais abrangente sobre a programação de robôs é apresentada na Referência [6].

34.4.3 APLICAÇÕES DOS ROBÔS INDUSTRIAIS

Alguns trabalhos industriais se prestam às aplicações de robótica. A seguir, temos as características importantes de uma situação de trabalho que tendem a promover a substituição de um ser humano por um robô: (1) o ambiente de trabalho é perigoso para os seres humanos, (2) o ciclo de trabalho é repetitivo, (3) o trabalho é realizado em um local estacionário, (4) o manuseio da peça ou ferramenta será difícil para os seres humanos, (5) a operação de múltiplos turnos, (6) há longas etapas de produção e trocas esporádicas de ferramenta, e (7) o posicionamento e a orientação da peça são estabelecidos no início do ciclo de trabalho, já que a maioria dos robôs não tem capacidade de visão.

As aplicações dos robôs industriais que tendem a corresponder a essas características podem ser divididas em três categorias básicas: (1) manuseio de material, (2) operações de processamento e (3) montagem e inspeção.

As aplicações de ***manuseio de materiais*** envolvem a movimentação dos materiais ou peças de um lugar para outro. Para realizar essa tarefa de transferência, o robô é equipado com uma garra. Conforme foi observado anteriormente, a garra deve ser projetada sob medida para manusear a peça em questão na aplicação. As aplicações de manuseio de materiais incluem transferência de materiais (colocação de peças, acomodação em paletes, retirada dos paletes) e carga e/ou descarga de máquina (por exemplo, máquinas-ferramenta, prensas e máquinas injetoras para plásticos).

As ***operações de processamento*** requerem que o robô manipule uma ferramenta com seu efetuador final. As aplicações incluem soldagem por pontos, soldagem a arco, revestimento por aspersão (*spray*) e certas operações de corte e retirada de rebarbas metálicas para as quais o robô manipula uma ferramenta especial. Em cada uma dessas operações, a ferramenta é utilizada como efetuador final do robô. Uma aplicação de soldagem por pontos é ilustrada na Figura 34.16. A soldagem por pontos é uma aplicação comum dos robôs industriais na indústria automotiva.

FIGURA 34.16 Uma parte de uma linha de montagem de automóveis na qual os robôs realizam operações de soldagem por pontos. (Foto cortesia de Ocean/Corbis Images.)

As aplicações de montagem e inspeção não podem ser classificadas harmoniosamente em nenhuma das categorias anteriores; às vezes elas envolvem o manuseio das peças e outras vezes a manipulação da ferramenta. As aplicações de ***montagem*** costumam envolver o empilhamento de uma peça sobre outra – basicamente uma tarefa de manuseio de peças. Em outras operações de montagem, uma ferramenta é manipulada, como em uma parafusadeira automática. De modo similar, as operações de ***inspeção*** às vezes requerem que o robô posicione uma peça de trabalho em relação a um dispositivo de inspeção, ou que carregue uma peça em uma máquina de inspeção; outras aplicações envolvem a manipulação de um sensor para realizar a inspeção.

Referências

[1] Asfahl, C. R. ***Robots and Manufacturing Automation***, 2nd ed. John Wiley & Sons, New York, 1992.

[2] Bollinger, J. G., and Duffie N. A. ***Computer Control of Machines and Processes***. Addison-Wesley Longman, New York, 1989.

[3] Chang, C-H, and Melkanoff, M. A. ***NC Machine Programming and Software Design***, 3rd ed. Pearson Prentice-Hall, Upper Saddle River, New Jersey, 2005.

[4] Engelberger, J. F. ***Robotics in Practice: Management and Applications of Robotics in Industry***. AMACOM, New York, 1985.

[5] Groover, M. P. ***Automation, Production Systems, and Computer Integrated Manufacturing***, 3rd ed. Pearson Prentice-Hall, Upper Saddle River, New Jersey, 2008.

[6] Groover, M. P., Weiss, M., Nagel, R. N., and Odrey, N. G. ***Industrial Robotics: Technology, Programming, and Applications***. McGraw-Hill, New York, 1986.

[7] Hughes, T. A. ***Programmable Controllers***, 4th ed., Instrumentation, Systems, and Automation Society, Research Triangle Park, North Carolina, 2005.

[8] Pessen, D. W. ***Industrial Automation***, John Wiley & Sons, New York, 1989.

[9] Seames W. ***Computer Numerical Control, Concepts and Programming***. Delmar-Thomson Learning, Albany, New York, 2002.

[10] Webb, J. W., and Reis, R. A. ***Programmable Logic Controllers: Principles and Applications***, 5th ed., Pearson Prentice Hall, Upper Saddle River, New Jersey, 2003.

[11] Weber, A. "Robot dos and don'ts," ***Assembly***, February 2005, pp. 50–57.

Questões de Revisão

34.1 Defina o termo *sistema de manufatura*.

34.2 Quais são os três elementos básicos de um sistema automatizado?

34.3 Indique algumas das vantagens da utilização de energia elétrica em um sistema automatizado.

34.4 Qual é a diferença entre um sistema de controle em malha fechada e um sistema de controle em malha aberta?

34.5 Qual é a diferença entre automação rígida e automação programável?

34.6 O que é um sensor?

34.7 O que é um atuador em um sistema automatizado?

34.8 O que é uma interface de contato de entrada?

34.9 O que é um controlador lógico programável?

34.10 Identifique e descreva sucintamente os três componentes básicos de um sistema de controle numérico.

34.11 Qual é a diferença entre sistema ponto a ponto e sistema de caminho contínuo em um sistema de controle de movimento?

34.12 Qual é a diferença entre posicionamento absoluto e posicionamento incremental?

34.13 Qual é a diferença entre um sistema de posicionamento em malha aberta e um sistema de posicionamento em malha fechada?

34.14 Sujeito a quais circunstâncias um sistema de posicionamento em malha fechada é preferível em relação a um sistema em malha aberta?

34.15 Explique a operação de um *encoder* óptico.

34.16 Por que o sistema eletromecânico, e não a capacidade de armazenamento do controlador, seria o fator limitador na resolução do controle?

34.17 O que é entrada manual de dados na programação das peças no CN?

34.18 Identifique algumas das aplicações de CN não voltadas para máquinas-ferramenta.
34.19 Identifique alguns dos benefícios citados normalmente para o CN em comparação com a utilização de métodos manuais alternativos.
34.20 O que é um robô industrial?
34.21 Em que um robô industrial é similar ao controle numérico?
34.22 O que é um efetuador final?
34.23 Na programação de robôs, qual é a diferença entre ensinamento acionado e ensinamento manual?

Problemas

As respostas para os Problemas indicados com **(A)** são apresentadas no Apêndice, no final do livro.

Sistemas de Posicionamento em Malha Aberta

34.1 **(A)** Um fuso com passo de 8 mm conduz uma mesa de trabalho em um sistema de posicionamento de CN. O fuso é acionado por um motor de passo que tem 180 passos. A mesa de trabalho é programada para se mover uma distância de 150 mm de sua posição atual, a uma velocidade de 400 mm/min. Determine (a) o número de pulsos para mover a mesa pela distância especificada, (b) a velocidade do motor e (c) a taxa de pulsos para atingir a velocidade desejada para a mesa.

34.2 **(A)** Referindo-se ao Problema 34.1, as imprecisões mecânicas no sistema de posicionamento em malha aberta podem ser descritas por uma distribuição normal cujo desvio padrão = 0,006 mm. O curso do eixo da mesa de trabalho é 750 mm e há 12 bits no registrador binário utilizado pelo controlador digital para armazenar a posição programada. Para o sistema de posicionamento, determine (a) a resolução do controle, (b) a precisão e (c) a repetibilidade. (d) Qual é o número mínimo de bits que o registrador binário deve ter para que o sistema de acionamento mecânico seja a limitação na resolução do controle?

34.3 A unidade de acionamento do eixo x de uma mesa de posicionamento de uma furadeira CNC é um motor de passo e um mecanismo de fuso. A velocidade máxima da mesa para esse eixo é especificada como 25 mm/s ao longo de um curso de 500 mm, e a precisão deverá ser de 0,025 mm. O passo do fuso = 5 mm e a relação de transmissão = 2:1. (Duas voltas do motor para cada volta do fuso.) Os erros mecânicos no motor, na caixa de engrenagens, no fuso e nas junções da mesa são caracterizados por uma distribuição normal com desvio padrão = 0,005 mm. Determine (a) o número mínimo de ângulos de passo no motor de passo e (b) a frequência dos pulsos necessária para acionar a mesa na velocidade máxima. (c) Qual é a velocidade da mesa no eixo x quando a frequência de pulsos que aciona o motor de passo = 900 Hz?

34.4 **(A)** Cada eixo de uma mesa de posicionamento x-y é acionado por um motor de passo acoplado diretamente a um fuso (sem redução de engrenagem). O ângulo de passo em cada motor de avanço = 7,5°. Cada fuso tem passo = 5,0 mm e proporciona um curso de eixo de 500 mm. Existem 15 bits em cada registrador binário utilizado pelo controlador para armazenar os dados posicionais dos dois eixos. (a) Qual é a resolução do controle de cada eixo? (b) Quais são as velocidades de rotação necessárias e as frequências de pulsos correspondentes de cada motor de passo para acionar a mesa a 1000 mm/min em linha reta a partir do ponto (x = 0 mm, y = 0 mm) até o ponto (x = 100 mm, y = 150 mm)? Ignore a aceleração.

34.5 Os dois eixos de uma mesa de posicionamento x-y são acionados cada um por um motor de passo acoplado a um fuso com uma relação de transmissão redutora de velocidade de 4:1. (Quatro voltas do motor para cada volta do fuso.) Cada motor de passo tem 200 ângulos de passo. Cada fuso tem passo = 5,0 mm e curso de eixo = 400,0 mm. Existem 16 bits em cada registrador binário utilizado pelo controlador para armazenar dados posicionais para os dois eixos. (a) Qual é a resolução do controle de cada eixo? (b) Quais são as velocidades de rotação necessárias e as frequências de pulsos correspondentes de cada motor de passo para acionar a mesa a 600 mm/min, em uma linha reta, do ponto (x = 25 mm, y = 25 mm) até o ponto (x = 300 mm, y = 150 mm)? Ignore a aceleração.

Sistemas de Posicionamento em Malha Fechada

34.6 Um fuso ligado a um servomotor CC aciona uma mesa de posicionamento. O passo do fuso = 6 mm, e o *encoder* óptico acoplado ao fuso emite 240 pulsos/rev do fuso. Determine (a) a resolução do controle do sistema, expressada na distância de deslocamento linear do eixo da mesa; (b) a frequência dos pulsos emitidos pelo *encoder* óptico quando o servomotor opera a 15 rps (rotações por segundo); e (c) a velocidade de deslocamento da mesa na mesma velocidade de motor.

34.7 A mesa de uma máquina-ferramenta CNC é acionada por servomotor, fuso e *encoder* óptico. O passo do fuso = 6,0 mm. Ele está acoplado ao eixo do motor com uma relação de transmissão de 8:1. (Oito voltas do motor para cada volta do fuso.) O *encoder* óptico está acoplado ao fuso e gera 120 pulsos/rev do fuso. A mesa se move 250 mm a uma velocidade de avanço = 500 mm/min. Determine (a) o número de pulsos recebidos pelo sistema de controle para verificar se a mesa se moveu exatamente 250 mm; e (b) a frequência de pulsos e (c) a velocidade do motor que corresponde à velocidade de avanço de 500 mm/min.

34.8 **(A)** Uma operação de fresamento é realizada em um centro de usinagem CNC. A distância total percorrida = 300 mm em uma direção paralela a um dos eixos da mesa de trabalho. Velocidade de corte = 1,25 m/s e avanço por dente (*chip load*) = 0,07 mm. A fresa tem quatro dentes, e seu diâmetro = 20,0 mm. O eixo usa um servomotor CC cujo eixo de saída está acoplado diretamente a um fuso com passo = 6,0 mm (relação de transmissão de 1:1). O *encoder* óptico conectado ao fuso emite 180 pulsos por revolução. Determine (a) a velocidade de avanço durante a usinagem, (b) a velocidade de rotação do motor e (c) a frequência de pulsos do codificador na velocidade de avanço da parte (a).

34.9 Uma operação de fresamento de topo é realizada ao longo de uma trajetória retilínea com 325 mm de comprimento. O corte é em uma direção paralela ao eixo x em um centro de usinagem CNC. Velocidade de corte = 30 m/min e avanço por dente (*chip load*) = 0,06 mm. A fresa tem dois dentes, e seu diâmetro = 16,0 mm. O eixo x utiliza um servomotor CC acoplado diretamente a um fuso cujo passo = 6,0 mm. O *encoder* óptico emite 400 pulsos por revolução do fuso. Determine (a) a velocidade de avanço durante a usinagem, (b) a velocidade de rotação do motor e (c) a frequência de pulsos do codificador na velocidade de avanço indicada.

34.10 Um servomotor aciona o eixo x de uma mesa de fresadora CNC. O motor está acoplado ao fuso da mesa utilizando uma relação de transmissão de 4:1. (Quatro voltas do motor para cada volta do fuso.) O passo do fuso = 6,25 mm. O *encoder* óptico conectado ao fuso emite 500 pulsos por revolução. Para executar uma determinada instrução programada, a mesa deve se mover do ponto (x = 87,5 mm, y = 35,0 mm) para o ponto (x = 25,0 mm, y = 180,0 mm) em uma trajetória retilínea, a uma velocidade de avanço = 200 mm/min. Para o eixo x apenas, determine (a) a resolução do controle do sistema, (b) a velocidade de rotação correspondente do motor e (c) a frequência dos pulsos emitidos pelo *encoder* óptico na velocidade de avanço desejada.

34.11 O eixo x da mesa de uma fresadora com CNC é acionado por um parafuso de avanço acoplado a um servomotor DC com uma redução de engrenagem de 2:1. (Duas voltas do eixo do motor para cada volta do parafuso de avanço.) O parafuso de avanço tem duas roscas por centímetro, e o *encoder* óptico conectado diretamente a ele emite 100 pulsos por revolução. Para executar certa instrução programada, a mesa deve se mover do ponto (x = 25,0 mm, y = 28,0 mm) para o ponto (x = 155,0 mm, y = 275,0 mm) em uma trajetória retilínea, a uma velocidade de avanço = 200 mm/min. Apenas para o eixo x, determine: (a) a resolução do controle do sistema mecânico, (b) a velocidade de rotação do motor e (c) a frequência dos pulsos emitidos pelo *encoder* óptico na velocidade de avanço desejada.

Robótica Industrial

34.12 **(A)** O maior eixo de um robô de coordenadas cartesianas tem um curso total de 750 mm. Ele é acionado por um sistema de polias capaz de uma precisão mecânica de 0,25 mm e repetibilidade de ±0,15 mm. Determine o número mínimo de bits do registrador binário necessários na memória de controle do robô para esse eixo.

34.13 Um motor de passo é acoplado diretamente a um fuso que aciona a articulação linear de um robô industrial (sem redução de engrenagem). A articulação deverá ter uma precisão = 0,20 mm. O passo do fuso = 6,0 mm. Os erros mecânicos no sistema (devido à folga do fuso e do redutor de engrenagens) podem ser representados por uma distribuição normal com um desvio padrão = ±0,04 mm. Especifique o número de passos angulares que o motor deverá ter para satisfazer o requisito de precisão.

35 Sistemas Integrados de Manufatura

Sumário

35.1 Manuseio de Materiais

35.2 Fundamentos de Linhas de Produção
35.2.1 Métodos de Transporte de Itens
35.2.2 Variedade do Produto

35.3 Linhas de Montagem Manuais
35.3.1 Análise do Tempo de Ciclo
35.3.2 Balanceamento de Linha e Perdas por Reposicionamento

35.4 Linhas de Produção Automatizadas
35.4.1 Tipos de Linhas Automatizadas
35.4.2 Análise de Linhas de Produção Automatizadas

35.5 Manufatura Celular
35.5.1 Famílias de Peças
35.5.2 Células de Manufatura

35.6 Sistemas e Células Flexíveis de Manufatura
35.6.1 Integração dos Componentes do FMS
35.6.2 Aplicações dos Sistemas Flexíveis de Manufatura
35.6.3 Customização em Massa

35.7 Manufatura Integrada por Computador

Os sistemas de manufatura discutidos neste capítulo consistem em várias estações de trabalho e/ou máquinas cujas operações são integradas por meio de um subsistema de manuseio de materiais que movimenta as peças ou produtos entre as estações. Além disso, a maioria desses sistemas usa controle computadorizado para coordenar as ações das estações e dos equipamentos de manuseio de materiais e para coletar dados sobre o desempenho global do sistema. Desse modo, os componentes de um sistema de manufatura integrado são (1) estações de trabalho e/ou máquinas, (2) equipamentos de manuseio de materiais, e (3) controle computadorizado. Além disso, os trabalhadores humanos são necessários para gerenciar o sistema, podendo ser requisitados para operar estações de trabalho ou máquinas individuais.

Os sistemas integrados de manufatura incluem linhas de produção manuais ou automatizadas, células de manufatura (daí o termo "manufatura celular") e sistemas flexíveis de manufatura, todos descritos neste capítulo. A seção final define a manufatura integrada por computador (CIM, do inglês *computer integrated manufacturing*), que é o sistema integrado de produção. É conveniente começar este capítulo com um panorama global conciso do manuseio de materiais, o integrador físico nos sistemas integrados de manufatura.

35.1 Manuseio de Materiais

O manuseio de materiais é definido como "o movimento, o armazenamento, a proteção e o controle dos materiais por todos os processos de manufatura e distribuição..."[1] O termo normalmente está associado

[1]Esta definição é publicada anualmente no Relatório Anual da *Material Handling Industry of America* (MHIA), a associação mercantil para empresas de manuseio de materiais que realizam negócios na América do Norte.

a atividades que ocorrem dentro de uma instalação, em contraste com o transporte entre instalações envolvendo a entrega dos produtos por ferrovias, rodovias, transporte aéreo ou hidrovias.

Os materiais devem ser movimentados durante a sequência de operações de manufatura que os transformam em produtos finais. As funções de manuseio de materiais em manufatura incluem (1) carregamento e posicionamento das unidades (itens) em cada estação de trabalho, (2) descarregamento das unidades da estação e (3) transporte das unidades entre as estações. O carregamento envolve a movimentação das unidades para a máquina de produção de um local em grande proximidade com a estação de trabalho ou de dentro da mesma. Posicionamento significa localizar as unidades em uma orientação fixa relativa à operação de processamento ou montagem. No final da operação, as unidades são descarregadas e removidas da estação. O carregamento e o descarregamento são feitos manualmente ou por dispositivos automatizados, como os robôs industriais. Se as operações de manufatura exigirem várias estações de trabalho, então as unidades devem ser transportadas de uma estação para a próxima na sequência. Em muitos casos, deve ser fornecida uma função de armazenamento temporário pelo sistema de manuseio de materiais, enquanto as unidades aguardam sua vez em cada estação de trabalho. A finalidade do armazenamento nesse caso é assegurar que a peça de trabalho esteja sempre presente em cada estação, de modo a evitar tempo ocioso dos trabalhadores e equipamentos.

O equipamento de manuseio de materiais e os métodos utilizados na manufatura podem ser divididos nas seguintes categorias principais: (1) transporte de materiais, (2) armazenamento e (3) unitização.

O equipamento de transporte de materiais é utilizado para mover as peças e materiais entre as estações de trabalho na fábrica. Esse movimento pode incluir paradas intermediárias para armazenamento temporário de material em processo (*work-in-process*). Existem cinco tipos principais de equipamentos de transporte de materiais: (1) veículos industriais, cujo mais importante é a empilhadeira, (2) veículos guiados automaticamente, (3) veículos guiados por trilhos, (4) transportadores e (5) guindastes e guinchos. Os equipamentos são descritos resumidamente na Tabela 35.1.

Duas categorias gerais de equipamentos de transporte de materiais podem ser distinguidas, de acordo com o tipo de roteamento entre as estações de trabalho: fixo e variável. No ***roteamento fixo***, todas as unidades são movimentadas através da mesma

TABELA • 35.1 Cinco tipos de equipamentos de transporte de materiais.

Tipo	Descrição	Aplicações de Produção Típicas
Veículos industriais	Os carros motorizados incluem empilhadeiras, como na Figura 35.1(a). Os carros não motorizados incluem as carretas (plataformas sobre rodas) e os carrinhos de mão.	Movimento de paletes e cargas de contêineres nas fábricas e armazéns. Veículos não motorizados utilizados para cargas pequenas ao longo de distâncias curtas.
Veículos guiados automaticamente	Veículos operados de forma independente, com autopropulsão, guiados ao longo de caminhos definidos, como na Figura 35.1(b). Movidos a baterias a bordo.	Movimento de peças e produtos nas linhas de montagem e sistemas flexíveis de manufatura.
Veículos guiados por trilhos	Veículos motorizados guiados por um sistema de trilhos fixos. Movidos pelos trilhos eletrificados.	Monotrilhos utilizados para transporte aéreo de componentes grandes e subconjuntos.
Transportadores	Sistema para mover itens ao longo de caminho fixo usando correntes, esteira, roletes, como na Figura 35.1(c), ou outro meio mecânico.	Movimento de grandes quantidades de itens entre locais específicos. Movimento do produto em linhas de produção.
Guindastes e guinchos	Sistemas utilizados para içar verticalmente (guinchos) e movimentar horizontalmente (guindastes).	Elevação e transporte de materiais e cargas pesadas.

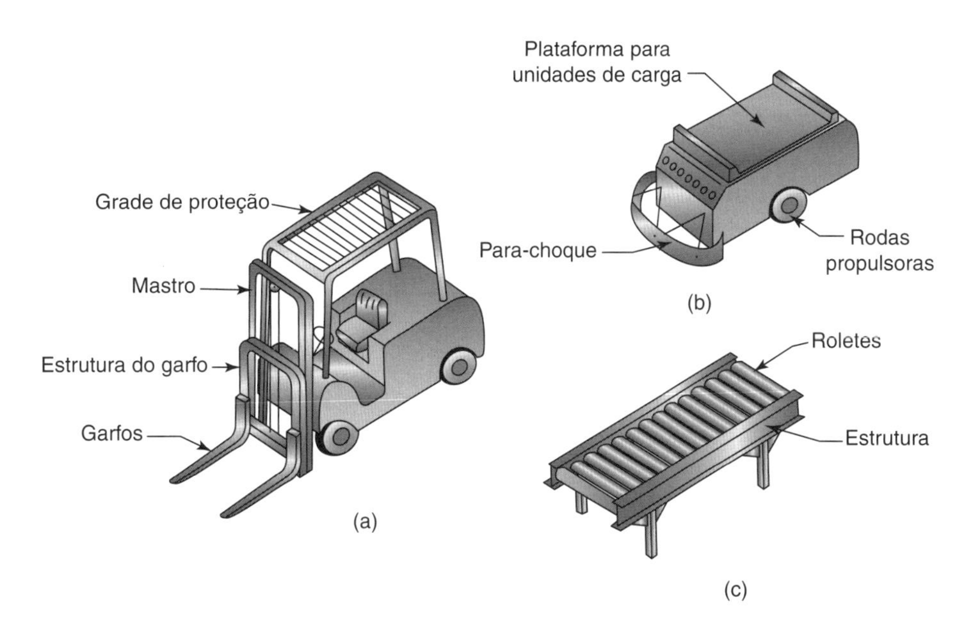

FIGURA 35.1 Vários tipos de equipamentos de manuseio de materiais: (a) empilhadeira, (b) veículo guiado automaticamente e (c) transportador de roletes.

sequência de estações. Isso implica que a sequência de processamento necessária em todas as unidades é idêntica ou muito parecida. O roteamento fixo é utilizado nas linhas de montagem manuais e nas linhas de produção automatizadas. Os equipamentos de manuseio de materiais típicos utilizados no roteamento fixo incluem esteiras e veículos guiados por trilhos. No ***roteamento variável***, diferentes unidades são movimentadas através de diferentes sequências de estações de trabalho, significando que o sistema de manufatura processa ou monta diferentes tipos de peças ou produtos. Geralmente, as células de manufatura e os sistemas flexíveis de manufatura operam dessa maneira. Os equipamentos de manuseio típicos encontrados no roteamento variável incluem veículos industriais, veículos guiados automaticamente e guindastes e guinchos.

Os sistemas de armazenamento nas fábricas são utilizados no armazenamento temporário de matérias-primas, trabalhos em andamento e produtos acabados. Os sistemas de armazenamento podem ser classificados em duas categorias principais: (1) métodos e equipamentos convencionais de armazenamento, que incluem o armazenamento de grande capacidade em uma área de piso aberto, sistemas de estantes e prateleiras; e (2) sistemas automatizados de armazenamento, que incluem sistemas de estantes atendidos por guindastes automáticos que armazenam e recuperam cargas em paletes.

Por fim, o equipamento de unitização se refere aos contêineres utilizados para abrigar itens individuais durante o transporte e o armazenamento, bem como aos equipamentos utilizados para carregar e acondicionar os contêineres. Os contêineres incluem paletes, tambores, caixas e cestas que contêm as peças durante o manuseio. O equipamento de unitização inclui paletizadoras, que são utilizadas para carregar e empilhar caixas de papelão em paletes, e despaletizadoras, que são utilizadas para realizar a operação de descarga. As paletizadoras e despaletizadoras geralmente estão associadas com caixas de papelão de produtos acabados que saem de uma instalação e caixas de matérias-primas que chegam à instalação, respectivamente.

A Subseção 1.4.1 descreve quatro tipos de *layout* (arranjo físico) de plantas de produção: (1) *layout* de posição fixa, (2) *layout* por processo, (3) *layout* celular e (4) *layout* por produto. Em geral, diferentes tipos de métodos e equipamentos de manuseio de materiais estão associados a esses quatro tipos, conforme resumido na Tabela 35.2.

TABELA • 35.2 Tipos de métodos de manuseio de materiais e sistemas geralmente associados a quatro tipos de *layout* de plantas.

Tipo de *Layout*	Atributos	Métodos e Equipamentos Típicos
Posição fixa	O produto é grande e pesado, baixa taxa de produção	Guindastes, guinchos, empilhadeiras
Processo	Variedade de produtos média e intensa, taxas de produção baixas ou médias	Empilhadeiras, veículos guiados automaticamente, carregamento manual nas estações de trabalho
Celular	Variedade de produtos leve, média taxa de produção	Esteiras, manuseio manual de carga e movimentação entre estações
Produto	Nenhuma ou leve variedade de produtos, alta taxa de produção	Esteiras para fluxo de produtos, empilhadeiras ou veículos guiados automaticamente para entrega de peças nas estações

35.2 Fundamentos de Linhas de Produção

As linhas de produção constituem uma classe importante de sistema de manufatura quando são produzidas grandes quantidades de produtos idênticos ou similares. Elas são convenientes em situações em que o trabalho total a ser realizado no produto ou peça consiste em muitas etapas diferentes. Os exemplos incluem produtos montados (por exemplo, automóveis e eletrodomésticos) e peças usinadas produzidas em massa nas quais são necessárias muitas operações de usinagem (por exemplo, blocos de motor e caixas de transmissão). Em uma linha de produção, o trabalho total é dividido em pequenas tarefas, e os trabalhadores ou máquinas realizam essas tarefas com grande eficiência. Para fins de organização, as linhas de produção são classificadas em dois tipos básicos: linhas de montagem manuais e linhas de produção automatizadas. Entretanto, as linhas híbridas consistindo em operações manuais e automatizadas não são incomuns. Antes de examinar esses sistemas em particular, são consideradas algumas das questões gerais envolvidas no projeto da linha de produção e operação.

Uma ***linha de produção*** consiste em uma série de estações de trabalho organizadas de modo que o produto passa de uma estação para a próxima, e em cada local uma parte do trabalho total é realizada, conforme a Figura 35.2. A taxa de produção da linha é limitada por sua estação mais lenta. As estações de trabalho cujo ritmo é mais rápido que o ritmo da estação mais lenta acabam ficando limitadas por essa estação gargalo. A transferência do produto ao longo da linha é feita normalmente por um sistema de esteiras ou por um dispositivo de transferência mecânica, embora algumas linhas manuais simplesmente passem o produto de um trabalhador para o outro à mão. As linhas de produção estão associadas à produção em massa. Se as quantidades de produtos forem altas e o trabalho puder ser dividido em tarefas diferentes que possam ser atribuídas a estações de trabalho individuais, então uma linha de produção é o sistema de manufatura mais adequado.

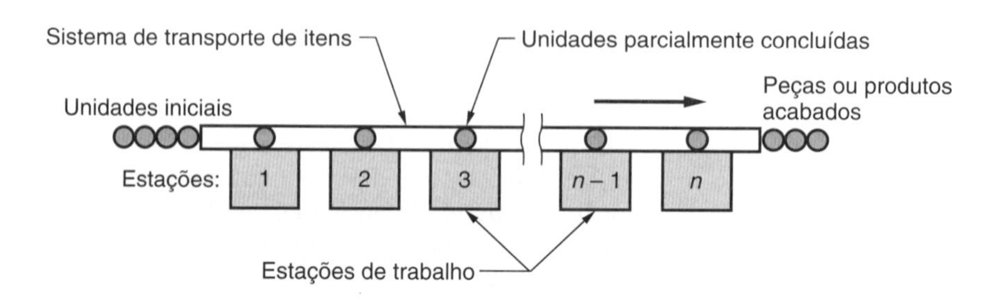

FIGURA 35.2 Configuração geral de uma linha de produção.

35.2.1 MÉTODOS DE TRANSPORTE DE ITENS

Existem várias maneiras de mover as unidades de uma estação para outra. As duas categorias básicas são: manual e mecanizada.

Métodos Manuais de Transporte de Itens Os métodos manuais envolvem passar as unidades entre as estações à mão. Esses métodos estão associados às linhas de montagem manuais. Em alguns casos, a saída de cada estação é coletada em uma caixa; quando a caixa fica cheia, é passada para a próxima estação. Isso pode resultar em uma quantidade significativa de estoque em processamento, o que é indesejável. Em outros casos, as unidades são movidas individualmente ao longo de uma mesa plana ou transportador não mecanizado (por exemplo, um transportador de roletes). Quando a tarefa é concluída em cada estação, o trabalhador simplesmente empurra a unidade para a estação seguinte. Normalmente, permite-se espaço para uma ou mais unidades serem coletadas entre as estações, amenizando com isso a exigência de todos os trabalhadores realizar suas respectivas tarefas de modo sincronizado. Um problema associado aos métodos manuais de transporte de itens é a dificuldade para controlar a taxa de produção na linha. Os trabalhadores tendem a executar as tarefas em um ritmo mais lento, a menos que seja fornecido algum meio mecânico para alterar o ritmo.

Transporte Mecanizado de Itens Os sistemas mecânicos motorizados são utilizados frequentemente para mover unidades ao longo de uma linha de produção. Esses sistemas incluem dispositivos de içamento e transporte, mecanismos de seleção e posicionamento, transportadores motorizados (por exemplo, transportadores de correntes aéreos, esteiras e transportadores de corrente no piso) e outros equipamentos de manuseio de materiais, às vezes combinando vários tipos na mesma linha. São utilizados três tipos principais de sistemas de transporte de itens nas linhas de produção: (1) transporte contínuo, (2) transporte síncrono e (3) transporte assíncrono.

O ***sistema de transporte contínuo*** consiste em um transportador em contínuo movimento que opera a uma velocidade constante. O sistema de transporte contínuo é mais comum nas linhas de montagem manuais. Dois casos se diferenciam: (1) as peças são fixadas ao transportador, e (2) as peças podem ser removidas do transportador. No primeiro caso, o produto normalmente é grande e pesado (por exemplo, automóvel, máquina de lavar roupas) e não pode ser removido da linha. Portanto, o trabalhador deve caminhar junto com o transportador em movimento para concluir a tarefa designada a essa unidade enquanto ela estiver na estação. No segundo caso, o produto é suficientemente pequeno para ser removido do transportador para facilitar o trabalho na estação. Alguns dos benefícios de ritmo são perdidos nessa configuração, pois cada trabalhador não precisa mais concluir as tarefas designadas dentro de um tempo de ciclo fixo. Por outro lado, esse caso permite maior flexibilidade para cada trabalhador lidar com quaisquer problemas técnicos que possam ser encontrados em uma determinada unidade a ser trabalhada.

Nos ***sistemas de transporte síncrono***, as unidades são movidas simultaneamente entre as estações com um movimento rápido, descontínuo. Esses sistemas também são conhecidos como ***transporte intermitente***, que descreve o tipo de movimento experimentado pelas unidades. O transporte síncrono inclui posicionar o item nas estações, que é uma exigência das linhas automatizadas que usam esse modo de transporte. O transporte síncrono não é comum nas linhas manuais, pois a tarefa em cada estação deve ser concluída dentro do tempo de ciclo, ou o produto sairá da estação como uma unidade incompleta. Essa disciplina de ritmo rigoroso é estressante para os trabalhadores humanos. Por outro lado, esse tipo de ritmo se presta à operação automatizada.

O ***transporte assíncrono*** permite que cada unidade a ser trabalhada saia de sua estação atual quando o processamento acabar. Cada unidade se move de modo independente, e não de modo síncrono. Assim, em qualquer dado momento algumas unidades na linha estão se movendo entre as estações, enquanto outras são posicionadas nas estações. Associado à operação de um sistema de transporte assíncrono está o uso tático das filas entre as estações. São permitidas pequenas filas de unidades em frente a cada estação, de modo que as variações nos tempos de execução das tarefas do trabalhador terão sua média calculada, e as estações sempre terão trabalho esperando por elas. O transporte assíncrono é utilizado em sistemas de manufatura manual e automatizado.

35.2.2 VARIEDADE DO PRODUTO

As linhas de produção podem ser projetadas para lidar com diferenças nos modelos de produto. Três tipos de linhas podem ser distinguidas: (1) linha de modelo único, (2) linha de modelo em lote, e (3) linha de modelo misto. Uma ***linha de modelo único*** é aquela que produz somente um modelo e não há variação no modelo. Assim, as tarefas realizadas em cada estação são as mesmas em todas as unidades de produto.

As linhas de modelo em lote e de modelo misto são projetadas para produzir dois ou mais modelos de produto diferentes na mesma linha, mas usam abordagens diferentes para lidar com as variações do modelo. Como seu nome sugere, uma ***linha de modelo em lote*** produz cada modelo em lotes. As estações de trabalho são configuradas para produzir a quantidade desejada do primeiro modelo; depois, as estações são reconfiguradas para produzir a quantidade desejada do próximo modelo, e assim por diante. O tempo de produção é perdido entre os lotes devido às mudanças na configuração. Produtos montados são criados frequentemente usando essa abordagem quando a demanda por cada produto é média e a diferenciação dos produtos também é média. A economia nesse caso favorece o uso de uma linha de produção para vários produtos em vez de usar linhas separadas para cada modelo.

Uma ***linha de modelo misto*** também produz vários modelos; no entanto, os modelos são intercalados na mesma linha em vez de serem produzidos em lotes. Enquanto um determinado modelo está sendo trabalhado em uma estação, um modelo diferente está sendo processado na estação seguinte. Cada estação é equipada com as ferramentas específicas e é suficientemente versátil para realizar a variedade de tarefas necessárias para produzir qualquer modelo que passe por ela. Muitos produtos de consumo são montados em linhas de modelo misto quando há pouca diferenciação dos produtos. Os exemplos principais são os automóveis e os eletrodomésticos, que são caracterizados por variações nos modelos e opções.

35.3 Linhas de Montagem Manuais

A linha de montagem manual foi um desenvolvimento importante nos sistemas integrados de manufatura. Sua importância nos dias de hoje é global na manufatura de produtos montados, incluindo automóveis e caminhões, produtos eletrônicos, eletrodomésticos, ferramentas elétricas e outros produtos fabricados em grande quantidade.

Uma ***linha de montagem manual*** consiste em várias estações de trabalho dispostas sequencialmente, nas quais são realizadas as operações de montagem por trabalhadores humanos, como na Figura 35.3. O procedimento usual em uma linha de montagem manual começa com o "lançamento" de uma peça base, ou inicial, no princípio da linha. Um carregador de peças é frequentemente necessário para movimentação da peça ao longo da linha. A peça base passa por cada uma das estações, onde trabalhadores desempenham tarefas que constroem progressivamente o produto. Componentes são acrescentados à peça base em cada estação, de modo que todas as tarefas estejam concluídas quando o produto sai da estação final. Os processos executados nas linhas de montagem manuais incluem operações de montagem mecânica (Capítulo 28), soldagem por pontos (Seção 26.2), solda branda manual (Seção 27.2) e união por adesivos (Seção 27.3).

35.3.1 ANÁLISE DO TEMPO DE CICLO

Podem ser desenvolvidas equações para determinar a quantidade necessária de trabalhadores e estações de trabalho em uma linha de montagem manual para satisfazer uma determinada demanda anual. Suponha que o problema é projetar uma linha de modelo

FIGURA 35.3 Uma parte de uma linha de montagem manual. Cada trabalhador executa uma tarefa em sua estação. Uma esteira move as peças em carregadores de uma estação para outra.

único para satisfazer a demanda anual por um determinado produto. A gerência deve decidir quantos turnos por semana vão operar e a quantidade de horas por turno. Presume-se que a fábrica trabalhe 50 semanas por ano; então a taxa de produção da linha, por hora, será dada por

$$R_p = \frac{D_a}{50S_wH_{sh}} \tag{35.1}$$

em que R_p = a taxa de produção real média, unidades/h; D_a = demanda anual para o produto, unidades/ano; S_w = número de turnos por semana; e H_{sh} = horas/turno. Se a linha funcionar 52 semanas em vez de 50, então $R_p = D_d/52S_wH_{sh}$. O tempo médio de produção correspondente, por unidade, é o inverso de R_p,

$$T_p = \frac{60}{R_p} \tag{35.2}$$

em que T_p = tempo de produção real médio, convertido para minutos.

Infelizmente, a linha pode não ser capaz de operar o tempo inteiro fornecido por 50 s_wH_{sh}, em virtude do tempo perdido devido a problemas de confiabilidade. Esses problemas de confiabilidade incluem falhas mecânicas e elétricas, desgaste de ferramentas, falta de energia e falhas similares. Consequentemente, a linha deve funcionar em um tempo menor do que T_p para compensar esses problemas. No caso de E = eficiência de linha, que é a proporção do tempo de funcionamento da linha, então o tempo de ciclo da linha T_c é dado por

$$T_c = ET_p = \frac{60E}{R_p} \tag{35.3}$$

Qualquer produto contém certo conteúdo de trabalho que representa todas as tarefas que devem ser executadas na linha. Esse conteúdo de trabalho requer uma quantidade de tempo chamada de ***tempo total de trabalho*** T_{wc}. Esse é o tempo total necessário para fabricar o produto na linha. Presume-se que o tempo total de trabalho é dividido igualmente entre os trabalhadores; então cada trabalhador tem uma carga de trabalho igual, cujo tempo para realizar é igual a T_c; portanto, a quantidade mínima possível de trabalhadores $w_{mín}$ na linha pode ser determinada como

$$w_{mín} = \text{Inteiro Mínimo} \geq \frac{T_{wc}}{T_c} \quad (35.4)$$

Se cada trabalhador for designado para uma estação de trabalho diferente, então o número de estações de trabalho é igual ao número de trabalhadores; ou seja, $n_{mín} = w_{mín}$.

Existem duas razões práticas pelas quais esse número mínimo de trabalhadores não pode ser alcançado: (1) ***balanceamento imperfeito***, no qual alguns trabalhadores são designados a uma determinada quantidade de trabalho que exige um tempo menor que T_c e essa ineficiência aumenta o número total de trabalhadores necessários na linha; e (2) ***perdas de reposicionamento***, nas quais algum tempo é perdido em cada estação para reposicionar o item a ser trabalhado, ou o trabalhador, de modo que o tempo de serviço realmente disponível em cada estação é menor que T_c e isso também vai aumentar o número de trabalhadores na linha.

35.3.2 BALANCEAMENTO DE LINHA E PERDAS POR REPOSICIONAMENTO

Um dos maiores problemas técnicos no projeto e operação de uma linha de montagem manual é o balanceamento da linha. Esse é o problema de atribuir tarefas a trabalhadores individuais para que todos eles tenham uma quantidade de trabalho igual. Lembre-se de que a totalidade do trabalho a ser realizado na linha é fornecida pelo conteúdo de trabalho. Esse conteúdo de trabalho total pode ser dividido em ***tarefas mínimas de trabalho racional***, com cada tarefa adicionando um componente ou realizando alguma pequena parte do conteúdo de trabalho total. A ideia da tarefa mínima de trabalho racional é a da menor quantidade prática de trabalho na qual o trabalho total pode ser dividido. Diferentes tarefas de trabalho requerem tempos diferentes e, quando são agrupadas em tarefas lógicas e designadas a trabalhadores, os tempos das tarefas não serão iguais. Desse modo, simplesmente devido à natureza variável dos tempos das tarefas, alguns trabalhadores vão acabar tendo mais trabalho, enquanto outros terão menos. O tempo de ciclo da linha de montagem é determinado pela estação com o tempo de tarefa mais longo.

Poderíamos pensar que, embora os tempos das tarefas de trabalho sejam diferentes, deveria ser possível encontrar grupos de tarefas cujas somas (tempos de tarefa) são quase iguais, se não forem perfeitamente iguais. O que dificulta encontrar grupos adequados é que existem várias restrições nesse problema combinatório. Primeiro, a linha deve ser projetada para alcançar alguma taxa de produção desejada, que estabelece o tempo de ciclo T_c no qual a linha deve operar, conforme a Equação (35.3). Portanto, a soma dos tempos das tarefas de trabalho atribuídas a cada estação deve ser menor ou igual a T_c.

Segundo, há restrições quanto à ordem na qual as tarefas de trabalho podem ser realizadas. Algumas tarefas devem ser feitas antes de outras. Por exemplo, um furo deve ser criado antes que possa ser rosqueado. Um parafuso que irá utilizar um furo com rosca para fixar um componente não pode ser inserido antes que o furo tenha sido feito e rosqueado. Esses tipos de pré-requisitos na sequência de trabalho se chamam ***restrições de precedência*** (ou relações de precedência). Eles complicam o problema de balanceamento da linha. Uma determinada tarefa que poderia ser alocada a um trabalhador para obter um tempo de tarefa $= T_c$ não pode ser adicionada porque viola uma restrição de precedência.

Essas e outras limitações tornam praticamente impossível alcançar um balanceamento perfeito da linha, significando que alguns trabalhadores vão precisar de mais tempo para realizar suas tarefas do que outros. Os métodos para solucionar o problema de balanceamento de linha, ou seja, métodos para alocar tarefas de trabalho às estações, são discutidos em outras referências – na realidade, excelentes referências, como [10]. A incapacidade para alcançar o balanceamento perfeito resulta em algum tempo ocioso na maioria das estações. Devido ao tempo ocioso, o verdadeiro número de trabalhadores necessários na linha será maior que o número de estações de trabalho fornecido pela Equação (35.4).

Uma medida do tempo ocioso total em uma linha de montagem manual é dada pela ***eficiência do balanceamento*** E_b, definida como o tempo total de trabalho dividido pelo tempo total de serviço disponível na linha. O tempo total de trabalho é igual à soma dos tempos de todas as tarefas a serem realizadas na linha. O tempo total de serviço disponível na linha = wT_s, em que w = número de trabalhadores na linha; e T_s = o tempo de serviço disponível máximo na linha; ou seja, $T_s = \text{Máx}\{T_{si}\}$ para $i = 1, 2, \ldots n$, em que T_{si} = tempo de serviço (tempo de tarefa) na estação i, min.

O leitor pode querer saber por que um novo termo T_s está sendo utilizado em vez do tempo de ciclo T_c previamente definido. A razão é que há outra perda de tempo na operação de uma linha de produção, além do tempo ocioso decorrente do balanceamento imperfeito. Chame-o de ***tempo de reposicionamento*** T_r. Este é o tempo necessário em cada ciclo para reposicionar o trabalhador, ou a unidade, ou ambos. Em uma linha de transporte contínuo, na qual as unidades estão presas à linha e se movem em uma velocidade constante, T_r é o tempo que o trabalhador leva para caminhar de uma unidade recém-concluída para a próxima unidade que chega à estação. Em todas as linhas de montagem manuais, haverá algum tempo perdido devido ao reposicionamento. Suponha que T_r seja o mesmo para todos os trabalhadores, embora na verdade o reposicionamento possa exigir tempos diferentes em estações diferentes. Então, T_s, T_c e T_r estão relacionados da seguinte forma:

$$T_c = T_s + T_r \tag{35.5}$$

A definição de eficiência do balanceamento E_b agora pode ser escrita na forma de equação, como

$$E_b = \frac{T_{wc}}{wT_s} \tag{35.6}$$

Um balanceamento de linha perfeito produz um valor de $E_b = 1{,}00$. As eficiências típicas do balanceamento na indústria variam de 0,90 a 0,95.

A Equação (35.6) pode ser reorganizada para obter o número mais realista de trabalhadores necessários em uma linha de montagem manual:

$$w = \text{Inteiro Mínimo} \geq \frac{T_{wc}}{T_s E_b} \tag{35.7}$$

A utilidade dessa relação é afetada pelo fato de que a eficiência do balanceamento E_b depende de w na Equação (35.6). Infelizmente, essa é uma equação em que a coisa a ser determinada depende de um parâmetro que, por sua vez, depende da coisa em si. Não obstante essa desvantagem, a Equação (35.7) define a relação entre os parâmetros em uma linha de montagem manual. Usando um valor típico de E_b baseado em linhas prévias similares, ele pode ser utilizado para estimar a quantidade de trabalhadores necessários para produzir uma determinada montagem.

Exemplo 35.1
Linha de montagem manual

Uma linha de montagem manual está sendo planejada para um produto cuja demanda anual = 90.000 unidades. Um transportador se movimentando continuamente será utilizado com unidades acopladas. O tempo total de trabalho = 55 minutos. A linha vai funcionar 50 semanas/ano, 5 turnos/semana e 8 horas/dia. Cada trabalhador será designado a uma estação de trabalho diferente. Com base na experiência prévia, suponha que a eficiência de linha = 0,95, eficiência do balanceamento = 0,93, e tempo de reposicionamento = 9 s. Determine (a) a taxa de produção por hora para satisfazer a demanda, (b) o número de trabalhadores e estações de trabalho necessários, e (c) a título de comparação, o valor mínimo ideal dado por $w_{mín}$ na Equação (35.4.).

Solução: (a) A taxa de produção, por hora, necessária para satisfazer a demanda anual é dada pela Equação (35.1):

$$R_p = \frac{90.000}{50(5)(8)} = \mathbf{45\ unidades/h}$$

(b) Com uma eficiência de linha de 0,95, o tempo de ciclo ideal é

$$T_c = \frac{60(0,95)}{45} = \mathbf{1,2667\ min}$$

Dado que o tempo de reposicionamento $T_r = 9$ s $= 0,15$ min, o tempo de serviço é

$$T_s = 1,2667 - 0,150 = 1,1167 \text{ min}$$

O número de trabalhadores necessários para operar a linha, pela Equação (35.7), é igual a

$$w = \text{Inteiro Mínimo} \geq \frac{55}{1,1167(0,93)} = 52,96 \rightarrow \mathbf{53\ trabalhadores}$$

Com um trabalhador por estação, n = **53 estações de trabalho**.

(c) Isso se compara ao número mínimo ideal de trabalhadores dado pela Equação (35.4):

$$w_{mín} = \text{Inteiro Mínimo} \geq \frac{55}{1,2667} = 43,42 \rightarrow \mathbf{44\ trabalhadores}$$

Está claro, a partir do Exemplo 35.1, que o tempo perdido devido ao reposicionamento e ao balanceamento imperfeito tem um forte impacto na eficiência global de uma linha de montagem manual.

O número de estações de trabalho em uma linha de montagem manual não é necessariamente igual ao número de trabalhadores. Para produtos grandes, pode ser possível designar mais de um trabalhador para uma estação. Essa prática é comum nas instalações de montagem final que montam carros e caminhões. Por exemplo, dois trabalhadores em uma estação poderiam desempenhar tarefas de montagem em lados opostos do veículo. O número de trabalhadores em uma determinada estação se chama ***nível de apoio humano*** M_i da estação. O nível médio de pessoas ao longo de toda a linha,

$$M = \frac{w}{n} \tag{35.8}$$

em que M = nível médio de pessoas na linha de montagem; w = número de trabalhadores na linha; e n = número de estações. Naturalmente, w e n devem ser inteiros. Múltiplos operários economizam o valioso chão de fábrica, pois reduzem o número de estações necessárias.

Outro fator que afeta o nível de apoio humano em uma linha de montagem é o número de ***estações automatizadas*** na linha, incluindo estações que empregam robôs industriais (Seção 35.4). A automação reduz a mão de obra necessária na linha, embora aumente a necessidade de pessoal tecnicamente treinado para atender e manter as estações automatizadas. A indústria automobilística utiliza amplamente as estações de trabalho robóticas para realizar soldagem por pontos e pintura por pulverização nas carrocerias metálicas dos automóveis. Os robôs executam essas operações com maior repetitividade que os trabalhadores humanos, traduzindo-se em maior qualidade do produto.

35.4 Linhas de Produção Automatizadas

Geralmente as linhas de montagem manuais usam um sistema mecanizado de transporte para movimentar as peças entre as estações de trabalho, mas as próprias estações são operadas por trabalhadores humanos. Uma ***linha de produção automatizada*** consiste em estações de trabalho automatizadas conectadas por um sistema de transferência de peças coordenado com as estações. Em condições ideais, não há operadores humanos na linha, exceto para realizar funções auxiliares, como troca de ferramentas, carga e descarga de peças no início e no fim da linha e atividades de reparo e manutenção. As linhas automatizadas modernas são sistemas altamente integrados, operando sob o controle de computadores.

As operações executadas pelas estações automatizadas tendem a ser mais simples que as realizadas por seres humanos nas linhas manuais. A razão é que as tarefas mais simples são mais fáceis de automatizar. As operações difíceis de automatizar são as que exigem várias etapas, bom senso ou capacidade sensorial humana. As tarefas fáceis de automatizar consistem em tarefas de trabalho únicas, movimentos de atuação rápida e movimentos de avanço linear, como na usinagem.

35.4.1 TIPOS DE LINHAS AUTOMATIZADAS

As linhas de produção automatizadas podem ser divididas em duas categorias básicas: (1) as que realizam operações de processamento, como a usinagem, e (2) as que realizam operações de montagem. Um tipo importante na categoria de processamento é a linha de transferência.

Linhas de Transferência e Sistemas de Processamento Similares Uma ***linha de transferência*** consiste em uma sequência de estações de trabalho que realizam operações de produção, com transferência automática das unidades entre as estações. A usinagem é a operação de processamento mais comum, conforme retratado na Figura 35.4. Os sistemas de transferência automáticos para conformação de chapas metálicas e montagem também estão disponíveis. No caso da usinagem, a peça metálica começa

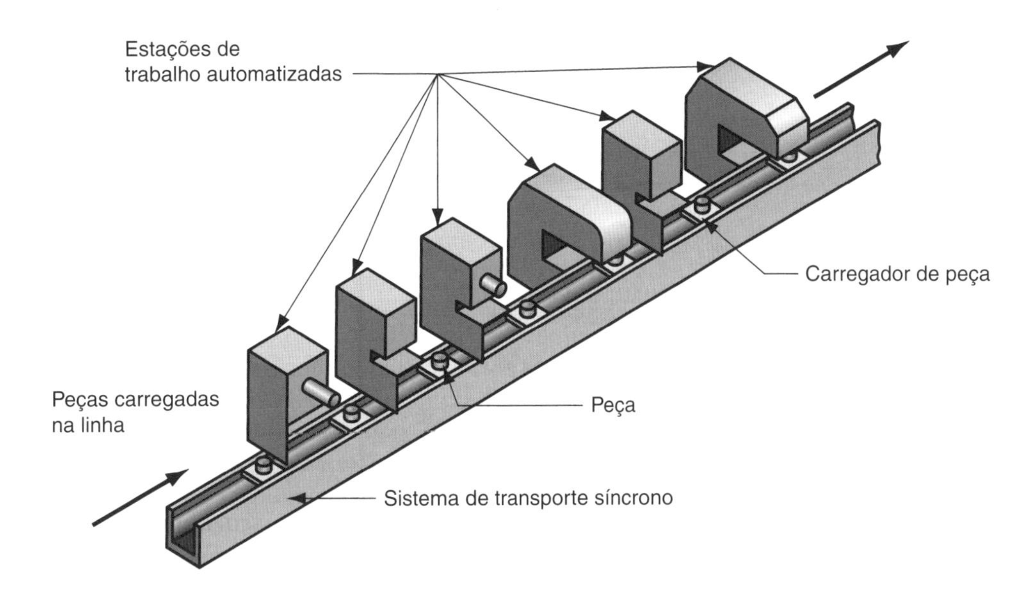

FIGURA 35.4 Uma linha de transferência de usinagem, um tipo importante de linha de produção automatizada.

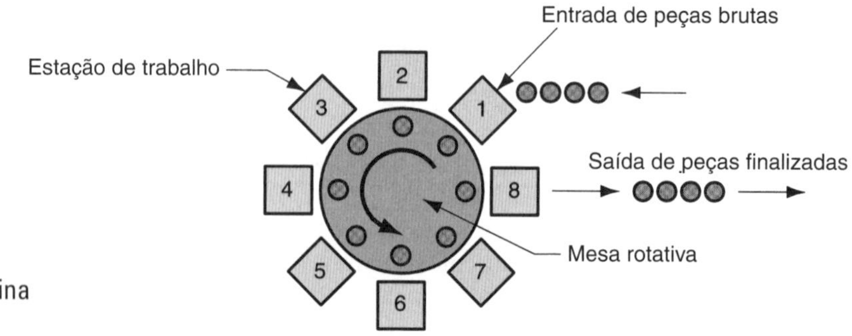

FIGURA 35.5 Configuração de uma máquina de mesa rotativa indexada.

tipicamente como um fundido ou forjado, sendo executada uma série de operações de usinagem para obter os detalhes de alta precisão (por exemplo, furos, roscas e superfícies planas acabadas).

As linhas de transferência normalmente são equipamentos caros, às vezes a um custo de milhões de dólares; elas são projetadas para grande quantidade de peças. O volume de usinagem realizada na peça costuma ser significativo, mas, como o trabalho é dividido entre muitas estações, as taxas de produção são elevadas e os custos unitários são baixos em comparação com os métodos de produção alternativos. O transporte síncrono das unidades entre as estações é utilizado frequentemente nas linhas de usinagem automatizadas.

Uma variação da linha de transferência automatizada é a ***máquina de mesa rotativa indexada*** (*dial-indexing machine*) (Figura 35.5), na qual as estações de trabalho estão dispostas em volta de uma mesa de trabalho circular, chamada mesa rotativa. A mesa de trabalho é acionada por um mecanismo que promove a rotação parcial da mesa em cada ciclo de trabalho. O número de posições rotacionais é projetado para corresponder ao número de estações de trabalho em volta da periferia da mesa. Embora a configuração de uma máquina de mesa rotativa seja bem diferente de uma linha de transferência, sua operação e aplicação são bem parecidas.

Sistemas de Montagem Automatizados Os sistemas de montagem automatizados consistem em uma ou mais estações de trabalho que realizam operações de montagem, como adicionar componentes e/ou afixá-los à unidade. Os sistemas de montagem automatizados podem ser divididos em células com uma estação e sistemas multiestação. As ***células de montagem com uma estação*** são organizadas frequentemente em volta de um robô industrial que foi programado para realizar uma sequência de etapas de montagem. O robô não consegue trabalhar tão rápido quanto uma série de estações automáticas especializadas; então as células com uma estação são utilizadas para tarefas na faixa média de produção.

Os ***sistemas de montagem multiestação*** são adequados para alta produção. São amplamente utilizados na produção, em massa, de pequenos produtos, como canetas esferográficas, isqueiros, lanternas e itens similares consistindo em uma quantidade limitada de componentes. O número de componentes e etapas de montagem é limitado porque a confiabilidade do sistema diminui rapidamente com o aumento da complexidade.

Os sistemas de montagem com várias estações estão disponíveis em várias configurações, retratadas na Figura 35.6: (a) em linha, (b) mesa rotativa e (c) carrossel. A configuração em linha é a linha de transferência convencional adaptada para realizar trabalho de montagem. Esses sistemas não são tão massivos quanto suas contrapartes de usinagem. Os sistemas rotativos são implementados geralmente como máquinas de mesa rotativa indexada. Os sistemas de montagem em carrossel são dispostos como um circuito fechado (circular). Podem ser projetados com um número maior de estações de trabalho que em um sistema rotativo. Em virtude da configuração circular, o carrossel permite que os carregadores de peça sejam devolvidos automaticamente para o ponto de partida para reutilização, uma vantagem compartilhada com os sistemas rotativos, mas não com as linhas de transferência, a menos que a condição de seu retorno seja feita no projeto.

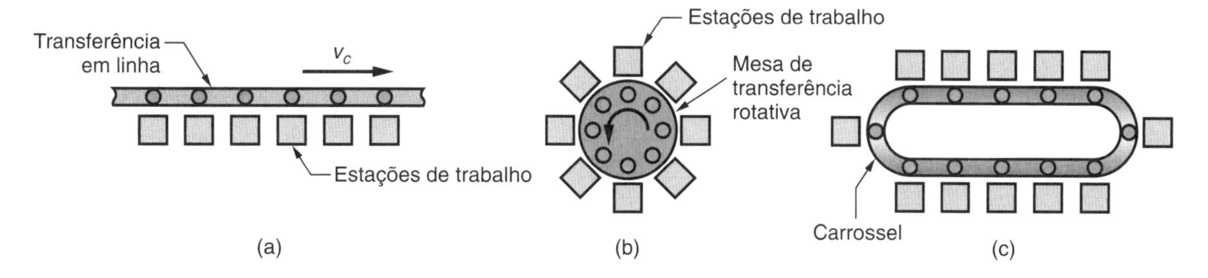

FIGURA 35.6 Três configurações comuns de sistemas de montagem com várias estações: (a) em linha, (b) mesa rotativa e (c) carrossel.

35.4.2 ANÁLISE DE LINHAS DE PRODUÇÃO AUTOMATIZADAS

O balanceamento de linha é um problema na linha automatizada, assim como em uma linha de montagem manual. O conteúdo de trabalho total deve ser alocado a estações de trabalho individuais. Entretanto, como as tarefas atribuídas às estações automatizadas geralmente são mais simples, e a linha contém frequentemente menos estações, o problema de definir qual trabalho deve ser feito em cada estação não é tão difícil para uma linha automatizada quanto para uma linha manual.

Um problema mais significativo nas linhas automatizadas é a confiabilidade. A linha consiste em várias estações, interconectadas por um sistema de transferência do trabalho. Ela funciona como um sistema integrado, e quando uma estação funciona mal, o sistema inteiro é adversamente afetado. Para analisar a operação de uma linha de produção automatizada, suponha um sistema que realize operações de processamento e use transporte síncrono. Esse modelo inclui linhas de transferência, bem como máquinas de mesa rotativa indexada. Ele não inclui sistemas de montagem automatizados, que requerem uma adaptação do modelo [10]. A terminologia vai tomar emprestados os símbolos das duas primeiras seções: n = número de estações de trabalho na linha; T_c = tempo de ciclo ideal na linha; T_r = tempo de reposicionamento, chamado tempo de transferência em uma linha de transferência; e T_{si} = o tempo de serviço na estação i. O tempo de ciclo ideal T_c é o tempo de serviço (tempo de processamento) da estação mais lenta na linha mais o tempo de transferência; ou seja,

$$T_c = T_r + \text{Máx}\,\{T_{si}\} \tag{35.9}$$

Na operação de uma linha de transferência, as falhas periódicas causam inatividade na linha inteira. Considere F = frequência com a qual ocorrem as falhas, ocasionando a paralisação da linha; e T_d = tempo médio de paralisação da linha quando ocorre uma falha. O tempo parado inclui o tempo que a equipe de reparos leva para entrar em ação, diagnosticar a causa da falha, consertar e reiniciar a linha.

Com base nessas definições, a seguinte expressão pode ser formulada para o tempo de produção real médio T_p:

$$T_p = T_c + FT_d \tag{35.10}$$

em que F = frequência das paradas da linha/ciclo; e T_d = inatividade média em minutos por parada da linha. Desse modo, FT_d = inatividade média por ciclo. A taxa de produção real média $R_p = 60/T_p$, conforme fornecido previamente pela Equação (35.2). É interessante comparar essa taxa com a taxa de produção ideal fornecida por

$$R_c = \frac{60}{T_c} \tag{35.11}$$

em que R_p e R_c são expressados em peças/hora, sabendo que T_p e T_c são expressados em minutos.

Usando essas definições, a eficiência de linha E para uma linha de transferência pode ser definida. No contexto dos sistemas de manufatura automatizados, E se refere à proporção do tempo de atividade na linha e é realmente uma medida da disponibilidade (Subseção 1.5.2) em vez da eficiência:

$$E = \frac{T_c}{T_c + FT_d} \tag{35.12}$$

Essa é a mesma relação da Equação (35.3), uma vez que $T_p = T_c + FT_d$. É preciso observar que a mesma definição de eficiência de linha se aplica às linhas de montagem manuais, exceto que as falhas tecnológicas não são um problema tão grande nas linhas manuais (os trabalhadores humanos são mais confiáveis que o equipamento eletromecânico, pelo menos no sentido discutido aqui).

A interrupção da linha normalmente está associada a falhas em estações de trabalho individuais. As razões para o tempo parado incluem trocas de ferramenta programadas ou não programadas, mau funcionamento mecânico e elétrico, falhas hidráulicas e desgaste normal do equipamento. Considere p_i = probabilidade ou frequência de uma falha na estação i; então

$$F = \sum_{i-1}^{n} p_i \tag{35.13}$$

Se presumirmos que todos os p_i são iguais, ou se for calculado um valor médio de p_i, em ambos os casos denominado p, então

$$F = np \tag{35.14}$$

Essas duas equações indicam claramente que a frequência de paralisações da linha aumenta com o número de estações na linha. Colocado de outra maneira, a confiabilidade da linha diminui com o aumento do número de estações.

Exemplo 35.2 Linha de transferência automatizada

Uma linha de transferência automatizada tem 20 estações e um tempo de ciclo ideal de 1,0 min. A probabilidade de falha em uma estação é $p = 0{,}01$, e o tempo de inatividade médio quando ocorre uma falha é 10 min. Determine (a) a taxa de produção média R_p e (b) a eficiência de linha E.

Solução: A frequência de falhas na linha é dada por $F = pn = 0{,}01(20) = 0{,}20$. O tempo de produção médio real é, portanto,

$$T_p = 1{,}0 + 0{,}20(10) = 3{,}0 \text{ min}$$

(a) Sendo assim, a taxa de produção é

$$R_p = \frac{60}{T_p} = \frac{60}{3{,}0} = \mathbf{20\ pc/h}$$

Repare que é bem menor que a taxa de produção ideal:

$$R_c = \frac{60}{T_c} = \frac{60}{1{,}0} = 60 \text{ pc/h}$$

(b) A eficiência de linha é calculada como

$$E = \frac{T_c}{T_p} = \frac{1{,}0}{3{,}0} = \mathbf{0{,}333\ (ou\ 33{,}3\%)}$$

Este exemplo demonstra claramente como uma linha de produção com muitas estações de trabalho, uma inatividade média elevada por falha e uma probabilidade aparentemente baixa de falha da estação podem gerar muito mais tempo inativo do que em atividade. Alcançar altas eficiências da linha é um problema real nas linhas de produção automatizadas.

O custo de operar uma linha de produção automatizada é o custo de investimento do equipamento e instalação, mais o custo de manutenção, serviços e mão de obra atribuída à linha. Esses custos são convertidos para um custo anual uniforme equivalente e divididos pelo número de horas de operação por ano para fornecer a taxa por hora. Esse custo horário pode ser utilizado para descobrir o custo unitário de processar uma peça na linha.

$$C_p = \frac{C_o T_p}{60} \qquad (35.15)$$

Aqui, C_p = custo de processamento unitário, \$/peça; C_o = custo horário de operação da linha, conforme definido acima, \$/hora; T_p = tempo de produção real médio por peça, min/peça; e a constante 60 converte o custo por hora para \$/min visando à coerência das unidades.

35.5 Manufatura Celular

Manufatura celular se refere ao uso de células de trabalho especializadas na produção de famílias de peças ou produtos em quantidades médias. As peças (e produtos) nesse volume são feitas tradicionalmente em lotes, e a produção em lotes requer tempo de inatividade para mudanças de configuração (preparação) e tem custos de estoque elevados. A manufatura celular se baseia em uma abordagem chamada tecnologia de grupo (TG) (do inglês, *technology group – TG*), que minimiza as desvantagens da produção em lotes ao reconhecer que, embora as peças sejam diferentes, elas também possuem semelhanças. Quando essas semelhanças são aproveitadas na produção, as eficiências de operação são melhoradas. A melhoria é alcançada tipicamente pela organização da produção em torno de células de manufatura. Cada célula é projetada para produzir uma família de peças (ou um número limitado de famílias de peças), seguindo com isso o princípio da especialização das operações. A célula inclui equipamentos de produção especiais, ferramentas e acessórios personalizados para que a produção das famílias de peças possa ser otimizada. Na verdade, cada célula se torna uma fábrica dentro da fábrica.

35.5.1 FAMÍLIAS DE PEÇAS

Um conceito central da manufatura celular e da tecnologia de grupo é a família de peças. Uma ***família de peças*** é um grupo de peças que possuem semelhanças na forma geométrica e no tamanho, ou nas etapas utilizadas em sua manufatura. Não é incomum uma fábrica que produz 10.000 peças diferentes ser capaz de agrupar a maioria dessas peças em 20 a 30 famílias de peças. Em cada família de peças, as etapas de processamento são semelhantes. Sempre há diferenças entre as peças em uma família, mas as semelhanças são suficientes para que as peças possam ser agrupadas na mesma família. As Figuras 35.7 e 35.8 mostram duas famílias de peças diferentes. As peças exibidas na Figura 35.7 têm o mesmo tamanho e forma; no entanto, seus requisitos de processamento são bem diferentes devido às diferenças no material empregado, volume de produção e tolerâncias de projeto. A Figura 35.8 mostra várias peças com geometrias diferentes, mas seus requisitos de manufatura são bem parecidos.

Existem várias maneiras pelas quais as famílias de peças são identificadas na indústria. Um método envolve efetuar a inspeção visual de todas as peças feitas na fábrica (ou fotos das peças) e usar o bom senso para agrupá-las nas famílias adequadas. Outra abordagem, chamada de ***análise de fluxo de produção***, utiliza informações contidas nos

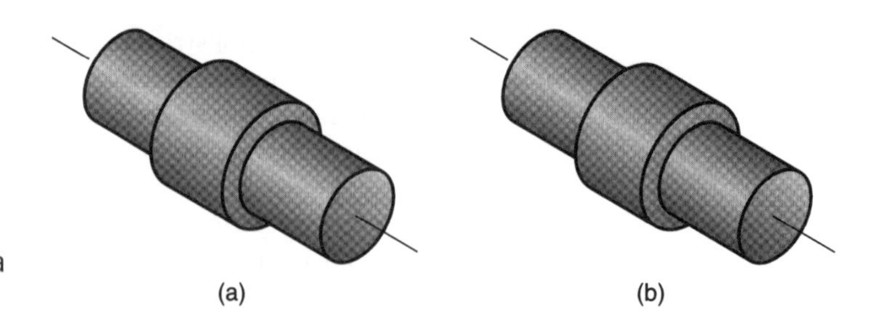

FIGURA 35.7 Duas peças de forma e tamanho idênticos, mas muito diferentes na fabricação: (1) 1.000.000 unidades/ano, tolerância = ±0,25 mm, aço cromo 1015 niquelado; e (b) 100/ano, tolerância = ±0,025 mm, aço inoxidável 18-8.

roteiros de produção (Seção 36.1) para classificar as peças. Na realidade, peças com etapas de manufatura similares são agrupadas na mesma família.

Um terceiro método, usualmente o mais caro, porém o mais útil, é a classificação e codificação das peças. A ***classificação e codificação das peças*** envolve identificar semelhanças e diferenças entre as peças e relacionar essas peças por meio de um esquema de codificação numérica. A maioria dos sistemas de classificação e codificação se enquadra em uma destas categorias: (1) sistemas baseados nos atributos de projeto das peças, (2) sistemas baseados nos atributos de manufatura das peças, e (3) sistemas baseados nos atributos tanto de projeto como de manufatura. Os atributos comuns de projeto e manufatura de peças utilizados nos sistemas de TG são apresentados na Tabela 35.3. Como cada empresa produz um conjunto único de peças e produtos, um sistema de classificação e codificação que pode ser satisfatório para uma empresa não é necessariamente conveniente para outra empresa. Cada empresa deve conceber seu próprio esquema de codificação. O sistema de classificação e codificação de peças é descrito, mais detalhadamente, em várias das Referências [8], [10], [11].

Os benefícios citados frequentemente em relação a um sistema de classificação e codificação bem concebido incluem: (1) facilitar a formação de famílias de peças, (2) permitir a recuperação rápida das informações de projeto da peça, (3) reduzir a duplicação de projetos, já que projetos de peça similares ou idênticos podem ser recuperados e reutilizados em vez de iniciados a partir do zero, (4) promover a padronização de projetos, (5) melhorar a estimativa de custo e contabilidade de custos, (6) facilitar a programação da peça por controle numérico (CN) ao permitir que novas peças usem o mesmo programa básico das peças existentes na mesma família, (7) permitir o compartilhamento

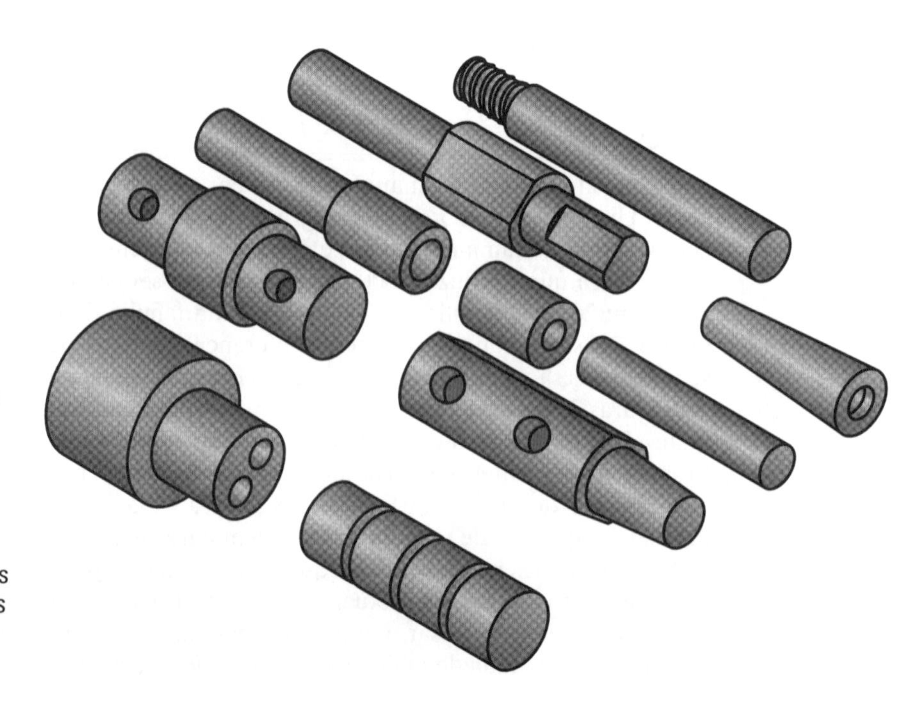

FIGURA 35.8 Dez peças diferentes em tamanho e forma, mas muito semelhantes em termos de manufatura. Todas as peças são usinadas a partir de barras cilíndricas por torneamento; algumas peças requerem furação e/ou fresamento.

TABELA • 35.3 Atributos de projeto e manufatura incluídos tipicamente em um sistema de classificação e codificação de peças.

Atributos de Projeto da Peça		Atributos de Manufatura da Peça	
Dimensões principais	Tipo de material	Processo principal	Dimensões principais
Formato externo básico	Funcionalidades da peça	Sequência de operação	Formato externo básico
Formato interno básico	Tolerâncias	Tamanho do lote	Razão comprimento/ diâmetro
Razão comprimento/ diâmetro	Acabamento superficial	Produção anual	Tipo de material
		Máquinas-ferramentas	Tolerâncias
		Ferramentas de corte	Acabamento superficial

de ferramentas e acessórios e (8) ajudar no planejamento do processo auxiliado por computador – CAPP (do inglês *computer-aided process planning*) (Subseção 36.1.3), já que os planos de processo padrão podem ser correlacionados com os códigos numéricos da família da peça para que os planos de processos existentes possam ser reutilizados ou editados para novas peças da mesma família.

35.5.2 CÉLULAS DE MANUFATURA

Para aproveitar plenamente as semelhanças entre as peças de uma família, a produção deverá ser organizada usando células de manufatura projetadas para a especialização na produção dessas peças em particular. Um dos princípios no projeto de uma célula de manufatura é o conceito da peça composta.

Conceito da Peça Composta Os membros de uma família de peças possuem características de projeto e/ou manufatura similares. Normalmente há uma correlação entre as características de projeto da peça e as operações de manufatura que produzem essas características. Furos redondos são feitos por furação; formas cilíndricas são feitas por torneamento; e assim por diante.

A ***peça composta*** de uma determinada família (não confundir com a peça produzida a partir de material compósito) é uma peça hipotética que inclui todos os atributos de projeto e manufatura da família. Em geral, uma peça individual na família terá algumas das características da família, mas nem todas. Uma célula de produção projetada para a família de peças incluiria as máquinas necessárias para fabricar a peça composta. Essa célula seria capaz de produzir qualquer membro da família, simplesmente omitindo as operações correspondentes às características não possuídas pela peça em particular. A célula também seria projetada para permitir variações em tamanho dentro da família, bem como variações de características.

Para ilustrar, considere a peça composta na Figura 35.9(a). Ela representa uma família de peças rotacionais com características definidas na parte (b) da figura. Cada característica tem uma determinada operação de usinagem associada, conforme resumido na Tabela 35.4. Uma célula de manufatura para produzir essa família de peças deveria ser projetada de forma a realizar todas as operações descritas na última coluna da tabela.

Projeto de Célula de Manufatura As células de manufatura podem ser classificadas de acordo com o número de máquinas e o nível de automação. As possibilidades são (a) máquina individual, (b) máquinas em grupo com manuseio manual, (c) máquinas em grupo com manuseio mecanizado, (d) células flexíveis de manufatura, ou (e) sistemas flexíveis de manufatura. Essas células de produção estão retratadas na Figura 35.10.

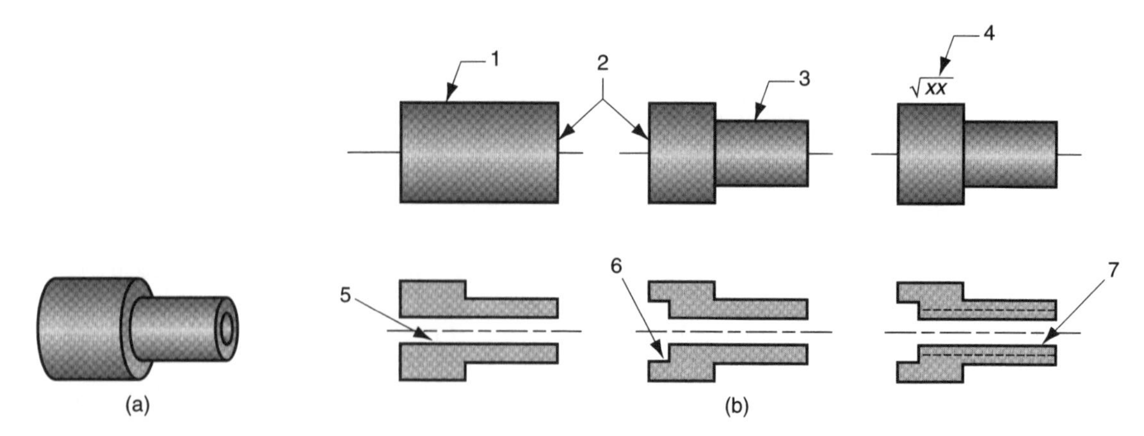

FIGURA 35.9 Conceito da peça composta: (a) a peça composta de uma família de peças rotacionais usinadas e (b) as características individuais da peça composta.

TABELA • 35.4 Características de projeto de peças compostas da Figura 35.3 e as operações de manufatura necessárias para essas características.

Rótulo	Característica do Projeto	Operação de Manufatura Correspondente
1	Cilindro externo	Torneamento
2	Face do cilindro	Faceamento
3	Degrau cilíndrico	Torneamento
4	Superfície lisa	Retificação cilíndrica externa
5	Furo axial	Furação
6	Escareado (rebaixo)	Alargamento, escareamento
7	Roscas internas	Rosqueamento

A célula de máquina individual (ou célula de manufatura simples) possui uma única máquina operada manualmente. A célula também inclui dispositivos e ferramentas para permitir variações nas características e nos tamanhos dentro da família de peças produzidas pela célula. A célula de manufatura necessária para a família de peças da Figura 35.9 provavelmente seria desse tipo.

As células de máquinas em grupo (ou células de manufatura em grupo) têm duas ou mais máquinas operadas manualmente. Essas células são diferenciadas pelo método de tratamento dado à peça na célula, que pode ser manual ou mecanizado. O manuseio manual significa que as peças são movidas dentro da célula pelos trabalhadores, normalmente os operadores da máquina. O manuseio mecanizado se refere à transferência das peças por transportadores de uma máquina para outra. Isso pode ser exigido pelo tamanho e peso das peças produzidas na célula, ou simplesmente para aumentar a taxa de produção. O esquema retrata o fluxo de trabalho em uma linha, mas é possível retratar outros *layouts*, como em forma de U ou circular.

As células flexíveis de manufatura e os sistemas flexíveis de manufatura consistem em máquinas automatizadas com manuseio automatizado. Considerando a natureza especial desses sistemas integrados de manufatura e sua importância, a Seção 35.6 é dedicada a esse tópico.

Benefícios e Problemas da Tecnologia de Grupo O uso de células de manufatura e tecnologia de grupo proporciona benefícios substanciais para as empresas que têm disciplina e perseverança para implementá-las. Os benefícios potenciais incluem: (1) a TG promove a padronização de ferramentas, dispositivos de fixação e *setups*; (2) o

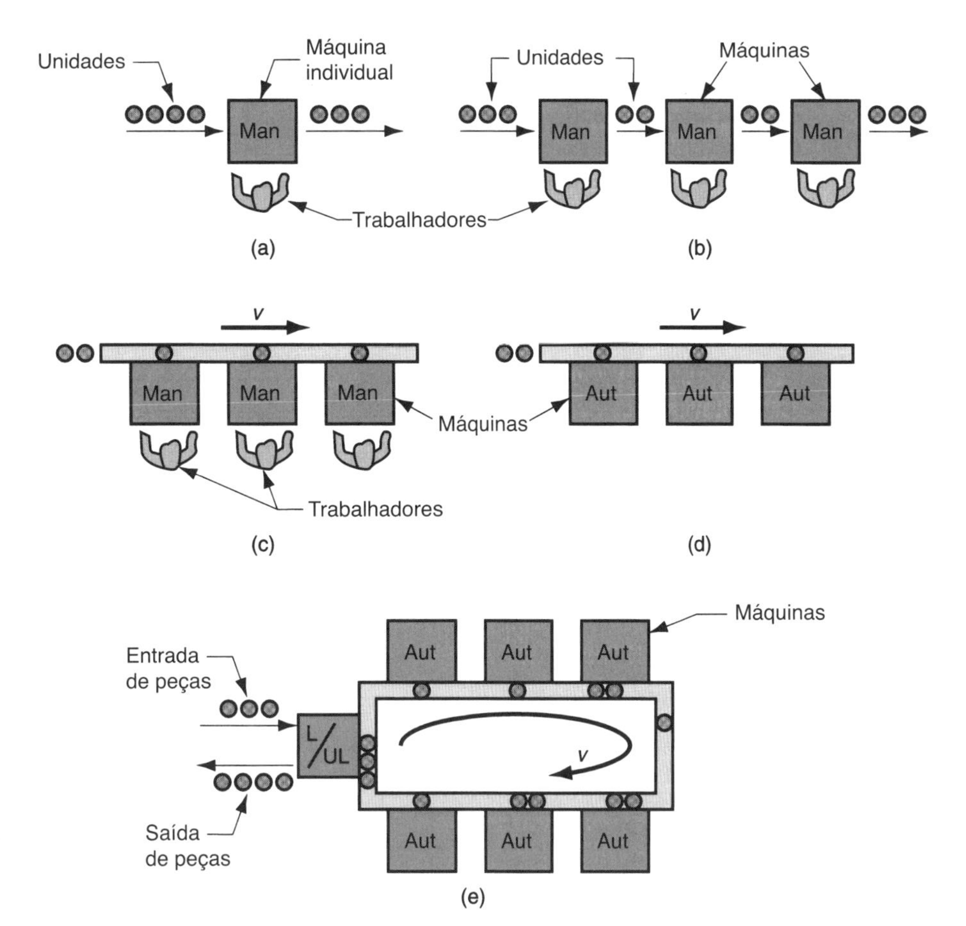

FIGURA 35.10 Tipos de células de manufatura: (a) máquina individual, (b) máquinas em grupo com manuseio manual, (c) máquinas em grupo com manuseio mecanizado, (d) célula flexível de manufatura e (e) sistema flexível de manufatura. Legenda: Man = operação manual; Aut = estação automatizada.

manuseio de material é reduzido porque as peças são movidas dentro de uma célula de manufatura em vez da fábrica inteira; (3) a programação da produção é simplificada; (4) o *lead time* de produção é reduzido; (5) o material em processo é reduzido; (6) o planejamento do processo é mais simples; (7) a satisfação do trabalhador geralmente é maior ao trabalhar em uma célula; e (8) é obtido um trabalho de melhor qualidade.

Existem vários problemas na implementação de células de manufatura. Um problema óbvio é a reorganização das máquinas de produção na fábrica em células de manufatura adequadas. Leva tempo para planejar e executar esse arranjo, e as máquinas não estão produzindo durante as mudanças de configuração. O maior problema em iniciar um programa de TG é identificar as famílias das peças. Se a planta produzir 10.000 peças diferentes, examinar todos os desenhos de peça e agrupar as peças em famílias são tarefas substanciais que consomem uma quantidade de tempo significativa.

35.6 Sistemas e Células Flexíveis de Manufatura

Um sistema flexível de manufatura (*flexible manufacturing system* – FMS) é uma célula de manufatura altamente automatizada, consistindo em várias estações de processamento (normalmente máquinas-ferramenta CNC), interligadas por um sistema automatizado de manipulação e armazenamento de materiais e controladas por um sistema computacional integrado. Um FMS é capaz de processar uma variedade de tipos diferentes de peças simultaneamente sob o controle do programa CNC em diferentes estações de trabalho.

Um FMS se baseia nos princípios da tecnologia de grupo. Nenhum sistema de manufatura pode ser completamente flexível, porque não consegue produzir uma gama infinita de peças ou produtos. Existem limites para o volume de flexibilidade que pode ser incorporado a um FMS. Consequentemente, um sistema flexível de manufatura é projetado para produzir peças (ou produtos) dentro de uma gama de tipos, tamanhos e processos. Em outras palavras, um FMS é capaz de produzir uma única família de peças ou uma gama limitada de famílias de peças.

Os sistemas flexíveis de manufatura variam em termos do número de máquinas-ferramenta e nível de flexibilidade. Quando o sistema tem somente algumas máquinas, o termo ***célula flexível de manufatura*** (*flexible manufacturing cell* – FMC) é utilizado ocasionalmente. Tanto a célula quanto o sistema são altamente automatizados e controlados por computador. A diferença entre um FMS e uma FMC nem sempre é clara, mas às vezes se baseia no número de máquinas (estações de trabalho) incluídas. O sistema flexível de manufatura consiste em quatro ou mais máquinas, enquanto uma célula de manufatura flexível consiste em três máquinas ou menos [10].

Para ser considerado flexível, um sistema de manufatura deve satisfazer vários critérios. Os testes de flexibilidade em um sistema de manufatura automatizado são a capacidade para (1) processar tipos de peças diferentes em um modo que não seja em lotes, (2) aceitar mudanças no cronograma de produção, (3) responder prontamente ao mau funcionamento de equipamentos e falhas no sistema e (4) acomodar a introdução de novas peças. Essas capacidades são possibilitadas pelo uso de um computador central que controla e coordena os componentes do sistema. Os critérios mais importantes são (1) e (2). Os critérios (3) e (4) são menos críticos e podem ser implementados em vários níveis de sofisticação.

35.6.1 INTEGRAÇÃO DOS COMPONENTES DO FMS

Um FMS consiste em *hardware* e *software* que devem ser integrados em uma unidade eficiente e confiável. Ele também inclui recursos humanos. Nesta subseção, examinam-se esses componentes e como são integrados.

Componentes de *Hardware* O *hardware* para FMS inclui estações de trabalho, sistema de manuseio de materiais, e computador de controle central. As estações de trabalho são máquinas CNC para usinagem, mais estações de inspeção, limpeza de peças e outras estações, conforme a necessidade. Um sistema central de transporte de cavacos costuma ser instalado abaixo do nível do chão.

O sistema de manuseio de materiais é o meio pelo qual as peças são movidas entre as estações. O sistema de manuseio de material costuma incluir uma capacidade limitada de armazenamento de peças. Os sistemas de manuseio adequados para a manufatura automatizada incluem transportadores de roletes, veículos guiados automaticamente e robôs industriais. O tipo mais adequado depende do tamanho e da geometria da peça, bem como de fatores relacionados à economia e compatibilidade com outros componentes do FMS. Em um FMS, as peças não rotativas são movidas frequentemente em dispositivos modulares de fixação em paletes, em que os paletes são projetados para o sistema de manuseio em particular, e os dispositivos de fixação são projetados para suportar as várias geometrias de peças da família. As peças rotativas são manipuladas quase sempre por robôs, se o peso não for um fator limitador.

O sistema de manuseio estabelece o *layout* básico do FMS. Cinco tipos de *layout* podem ser identificados: (1) em linha, (2) circular (*loop*), (3) escada, (4) campo aberto e (5) célula centralizada em robô. Os tipos 1, 3, 4 e 5 são exibidos na Figura 35.11. O tipo 2 é exibido na Figura 35.10(e). O ***layout em linha*** utiliza um sistema de transferência linear para movimentar as peças entre as estações de processamento e as estações de carga/descarga. O sistema de transporte em linha normalmente é capaz de realizar movimentos bidirecionais; se não for possível, então o FMS opera de modo bem parecido com o de transporte em linha, e os diferentes tipos de peças produzidos no sistema devem seguir a mesma sequência básica de processamento devido ao fluxo unidirecional. O ***layout circular*** (ou em *loop*) consiste em um circuito de transporte com as estações de trabalho situadas em sua periferia. Essa configuração permite qualquer sequência de processamento, pois qualquer estação é acessível a partir de qualquer outra estação. Isso também vale para o ***layout em escada***, no qual as estações estão situadas nos degraus de uma escada. O ***layout em campo aberto*** é a configuração de FMS mais complexa e consiste em vários *loops* amarrados. Finalmente, a célula centralizada em robô consiste em um robô cujo trabalho inclui carga/descarga de peças nas máquinas da célula.

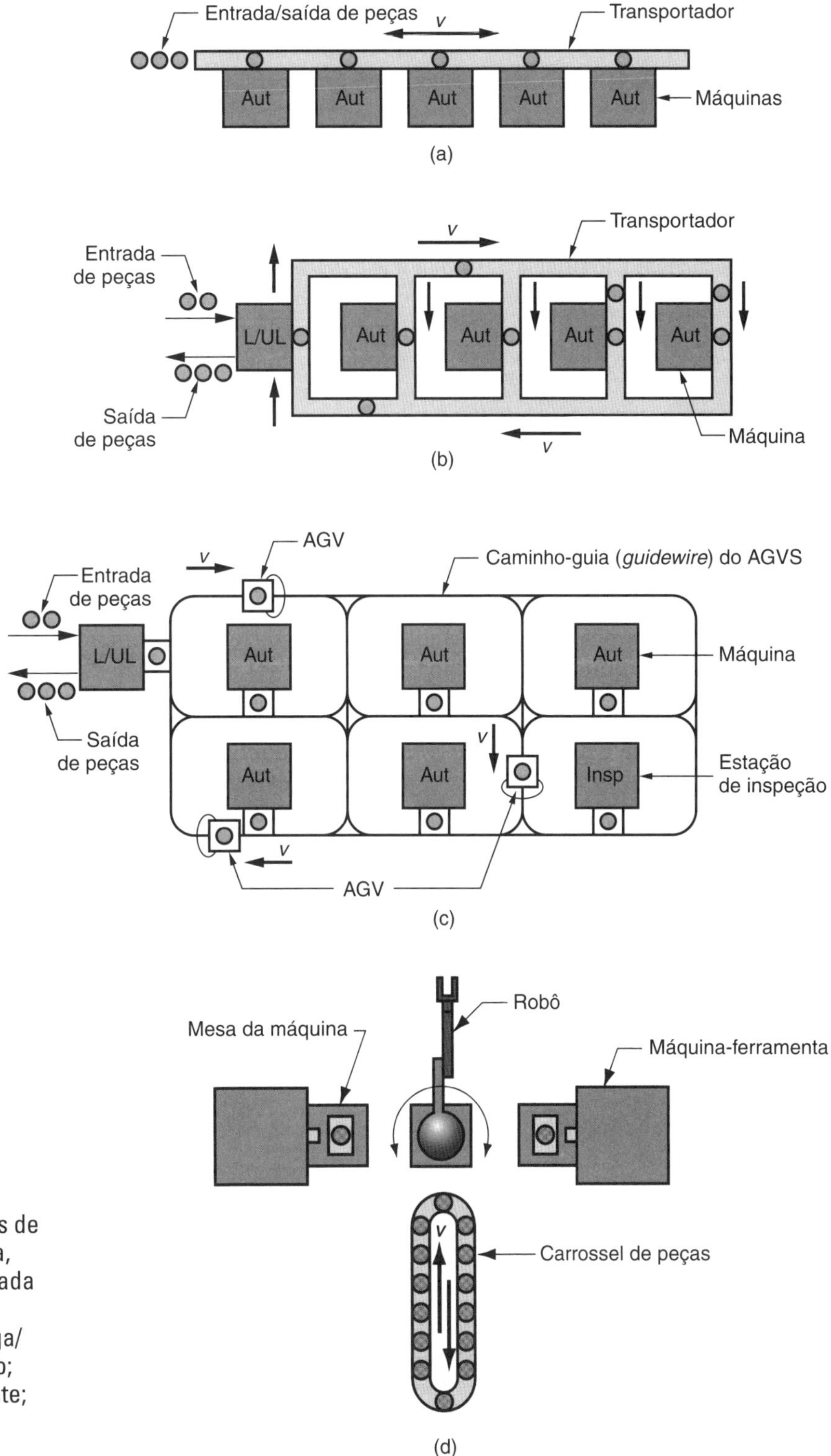

FIGURA 35.11 Quatro dos cinco tipos de *layout* de FMS: (a) em linha, (b) escada, (c) campo aberto e (d) célula centralizada em robô. Legenda: Aut = estação automatizada; L/UL = estação de carga/descarga; Insp = estação de inspeção; AGV = veículo guiado automaticamente; AGVS = sistema de veículo guiado automaticamente.

TABELA • 35.5 Funções típicas implementadas por *software* de sistema flexível de manufatura.

Função	Descrição
Programação de peças CNC	Desenvolvimento dos programas CNC para novas peças introduzidas no sistema. Isso inclui um pacote de linguagem de programação, tal como APT.
Controle da produção	*Mix* de produtos, programação das máquinas e outras funções de planejamento.
Download do programa CNC	Os comandos dos programas das peças devem ser "baixados" para cada estação do computador central.
Controle da máquina	As estações de trabalho individuais requerem controles, normalmente controle numérico computadorizado.
Controle da peça	O monitoramento do *status* de cada peça no sistema, *status* dos paletes, ordens de carga/descarga de paletes.
Gerenciamento de ferramentas	As funções incluem controle do estoque de ferramentas, ferramentas de *status* das condições de uso da ferramenta, troca e reafiação das ferramentas e transporte de/para retificação da ferramenta.
Controle de transporte	Programação e controle do sistema de manuseio de ferramentas.
Gerenciamento do sistema	Compilação de informações para gestão de desempenho (utilização, contagem de peças, taxas de produção etc.). A simulação de FMS às vezes é incluída.

Legenda: CNC = controle numérico computadorizado; APT = ferramenta automaticamente programada; FMS = sistema flexível de manufatura.

O FMS também inclui um computador central com interfaces com outros componentes de *hardware*. Além do computador central, cada máquina e demais componentes geralmente têm microcomputadores para controle de suas unidades individuais. A função do computador central é coordenar as atividades dos componentes para alcançar boa operação global do sistema. Ele realiza essa função por meio de *software*.

***Software* de FMS e Funções de Controle** O *software* de FMS consiste em módulos associados às várias funções realizadas pelo sistema de manufatura. Por exemplo, uma função envolve o *download* dos programas de peças de CNC para cada máquina-ferramenta; outra função diz respeito ao controle do sistema de manuseio de materiais; outra tem a ver com a gestão das ferramentas; e assim por diante. A Tabela 35.5 apresenta as funções incluídas na operação de um FMS típico. Existe um ou mais módulos de *software* associados a cada função. As funções e módulos são, em grande parte, aplicações específicas.

Trabalho Humano Um outro componente na operação de um sistema ou célula flexível de manufatura é o trabalho humano. As funções desempenhadas pelos trabalhadores humanos incluem (1) carregar e descarregar peças do sistema, (2) configurar e mudar ferramentas de corte, (3) manter e reparar equipamentos, (4) programar CNC de peças, (5) programar e operar o sistema computacional e (6) realizar a gestão global do sistema.

35.6.2 APLICAÇÕES DOS SISTEMAS FLEXÍVEIS DE MANUFATURA

Os sistemas flexíveis de manufatura são utilizados tipicamente para a produção em médio volume e variedade intermediária. Se a peça ou produto for fabricado em grande quantidade sem variações de tipo, então uma linha de transferência ou um sistema de manufatura dedicado, similar, é mais adequado. Se as peças são de baixo volume com intensa variedade, então uma máquina autônoma com CNC ou até mesmo os métodos manuais seriam mais adequados. Essas características de aplicação estão resumidas na Figura 35.12.

Os sistemas flexíveis de usinagem consistem na aplicação mais comum da tecnologia FMS. Em função das flexibilidades e capacidades inerentes ao controle numérico computadorizado, é possível conectar várias máquinas-ferramenta CNC em um pequeno computador central e elaborar métodos automatizados de manuseio de materiais para

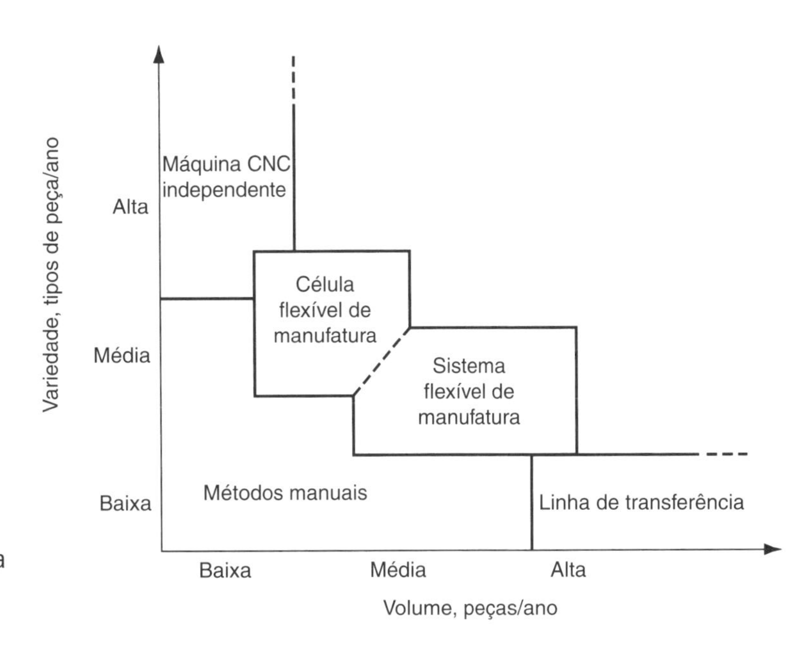

FIGURA 35.12 Características de aplicação dos sistemas e células flexíveis de manufatura relativos a outros tipos de sistemas de manufatura.

transportar peças entre máquinas. A Figura 35.13 mostra um sistema flexível de usinagem consistindo em cinco centros de usinagem CNC e um sistema de transferência em linha para selecionar as peças em uma estação central de carga/descarga e movê-las para as estações de usinagem adequadas.

Além dos sistemas de usinagem, outros tipos de sistemas flexíveis de manufatura também foram desenvolvidos, embora o estado da arte da tecnologia nesses outros processos não tenha permitido a implementação rápida que ocorreu na usinagem. Os outros tipos de sistemas incluem montagem, inspeção, processamento de chapas metálicas (furação, corte, dobra e conformação) e forjamento.

FIGURA 35.13 Um sistema flexível de manufatura com cinco estações. (Foto cortesia de Cincinnati Milacron.)

TABELA • 35.6 Comparação entre a produção em massa e customização em massa.

	Volume de Produção	Variedade de Produto
Produção em massa	Alta produção	1
Customização em massa	1	Grande

A maior parte da experiência nos sistemas flexíveis de manufatura foi adquirida nas aplicações de usinagem. Nos sistemas flexíveis de manufatura, os benefícios normalmente proporcionados são: (1) Maior utilização da máquina do que em sistemas tradicionais (as utilizações relativas são 40 % a 50 % nas operações fazendo uso de lotes convencionais, em comparação com aproximadamente 75 % em um FMS devido ao menor manuseio das peças, *setups* e melhoria da programação). (2) Tempo em processo reduzido devido à produção contínua em vez da produção em lotes. (3) Menores prazos de execução da fabricação. (4) Maior flexibilidade na programação da produção.

35.6.3 CUSTOMIZAÇÃO EM MASSA

Levada ao extremo, a manufatura flexível é capaz de produzir um produto exclusivo para cada cliente. Essa capacidade se chama customização em massa, na qual uma grande variedade de produtos é fabricada em eficiências que se aproximam das obtidas na produção em massa. Cada produto é customizado individualmente de acordo com as especificações de cada cliente. Recorrendo às definições de volume de produção e da variedade de produtos na Subseção 1.1.2, a distinção entre a produção em massa e a customização em massa é apresentada na Tabela 35.6. Na situação extrema, a produção em massa é a produção de quantidades muito grandes de um tipo de produto. De modo similar, a customização em massa envolve uma grande variedade de produtos e somente uma unidade de cada tipo de produto é produzida.

O desafio do customizador em massa é gerenciar suas operações de projeto e produção sem o desperdício associado à desnecessária proliferação de produtos, em que a empresa oferece a seus clientes tantas possibilidades entre os produtos e as opções disponíveis, que isso se torna não lucrativo. O exemplo a seguir ilustra a proliferação de produtos no pior caso.

Exemplo 35.3 Proliferação de produtos

Algumas décadas atrás, um dos fabricantes de caminhões nos Estados Unidos ofereceu a seus clientes uma grande variedade de modelos e opcionais. Qualquer um dos mais de 100 modelos de caminhões poderia ser encomendado, e cada modelo estava disponível em sete distâncias entre-eixos diferentes. O cliente poderia escolher entre 42 motores de base, 43 eixos dianteiros diferentes, 62 transmissões e 162 eixos traseiros diferentes. Assim, a empresa oferecia a seus clientes uma escolha entre

$$100(7)(42)(43)(62)(162) = 130(10^8) \text{ possíveis combinações.}$$

Em seu pico, a empresa tinha uma produção anual de 130.000 caminhões. Se cada cliente encomendasse um caminhão diferente, a empresa produziria caminhões por

$$\frac{130(10^8)}{130.000} = 10.000 \text{ anos sem jamais produzir um mesmo caminhão duas vezes.}$$

As consequências negativas da proliferação de produtos incluem (1) grandes estoques de matérias-primas, material em processo e produtos acabados; (2) altos custos de aquisição; (3) grandes requisitos de espaço físico no piso, (4) um número excessivo de configurações e ferramentas, (5) um gasto geral dispendioso para gerenciar a variedade, (6) muita literatura de *marketing* e dados de projeto; e (7) confusão dos clientes. Então, a questão é: Como uma empresa pode oferecer variedade de produtos customizados e, ao mesmo tempo, evitar as consequências negativas da proliferação de produtos?

O customizador em massa bem-sucedido consegue usar uma série de estratégias para operar eficientemente mediante uma grande variedade de produtos. Essas estratégias incluem: (1) leve variedade do produto, (2) modularidade do projeto, (3) postergação e (4) projetar o produto para que seja facilmente customizado.

A grande variedade de produto não significa variedade de produto intensa, relembrando a terminologia da Subseção 1.1.2. Na realidade, a customização em massa não seria viável, a menos que fosse praticada a leve variedade do produto pela empresa que oferecesse produtos customizados a seus clientes. Variedade do produto leve significa que há apenas pequenas diferenças entre os produtos disponíveis. As diferenças podem parecer significativas para o cliente, mas para a empresa elas são gerenciadas facilmente na produção. A estratégia da empresa é minimizar as diferenças reais entre seus produtos, enquanto seduz o cliente para apreciar a diferenciação do produto; por exemplo, oferecer um produto em que todos os componentes internos são idênticos, mas o produto está disponível em uma série de cores externas.

A modularidade no projeto do produto é outra abordagem utilizada pelos customizadores em massa, em que o produto consiste em módulos padrão que podem ser montados em combinações exclusivas para satisfazer as especificações de cada cliente. Os módulos são elementos básicos padronizados que talvez sejam produzidos em massa, mas se combinam de maneiras diferentes para obter um produto singular. Naturalmente, os módulos devem ser projetados de tal forma a facilitar sua montagem. Um exemplo é o computador pessoal (PC – *personal computer*). Cada cliente de PC especifica o seu computador a partir de uma série de características e opcionais, todos eles relacionados a módulos de *hardware* e *software* que são montados e carregados para satisfazer as especificações.

A postergação está intimamente relacionada com a modularidade do projeto. Significa que o customizador em massa espera até o último momento possível para concluir o produto, o que ocorre após o recebimento da encomenda do cliente. A alternativa é portar um grande estoque de produtos acabados que satisfaçam todas as combinações possíveis de especificações que os clientes poderiam querer.

Finalmente, o customizador em massa projeta o produto para que seja facilmente customizado. A customização pode ser obtida no último momento pelo fabricante, como na postergação, ou pode ser feita pelo negociante que lida diretamente com o cliente. Um exemplo de customização feita pelo fabricante é quando o cliente pode escolher entre parâmetros de projeto alternativos e opcionais disponíveis, e o produto é feito de acordo com essas especificações. Os automóveis às vezes são comprados dessa maneira. Um exemplo de customização por negociante é quando os vendedores de tinta misturam corantes com uma tinta de base neutra padrão para obter a cor exata desejada pelo cliente. O customizador em massa também pode projetar a ajustabilidade do produto para que os próprios clientes consigam individualizar o produto. Exemplos de ajustabilidade do produto incluem ajustes no banco do carro feitos pelo motorista e configurações de *software* criadas pelos usuários de computadores pessoais.

35.7 Manufatura Integrada por Computador

As redes de computadores distribuídos são amplamente utilizadas nas fábricas modernas para monitorar e/ou controlar os sistemas integrados descritos neste capítulo. Embora algumas das operações possam ser executadas manualmente (por exemplo, linhas de montagem manuais e células tripuladas), sistemas operacionais são utilizados para programar a produção, coletar dados, manter registros, acompanhar o desempenho e outras funções relacionadas à produção. Nos sistemas mais automatizados (por exemplo, linhas de transferência e células flexíveis de manufatura), os computadores controlam diretamente as operações. O termo ***manufatura integrada por computador*** (CIM – *computer integrated manufacturing*) se refere ao uso generalizado dos sistemas computacionais por toda a organização, não só para monitorar e controlar as operações, mas também para projetar o produto, planejar os processos de manufatura e realizar processos de negócios relacionados à produção. Poderíamos dizer que o CIM é o sistema integrado de produção. Nesta seção final da Parte IX, o escopo do CIM é descrito, sendo fornecida uma ponte para a Parte X sobre sistemas de apoio à manufatura.

Para começar, existem quatro funções gerais que devem ser executadas na maioria das empresas de manufatura: (1) projeto do produto, (2) planejamento de produção, (3) controle da produção e (4) processos de negócios. O projeto do produto normalmente é um processo iterativo que inclui o reconhecimento da necessidade de um produto, a definição de um problema, a síntese criativa de uma solução, análise e otimização, avaliação e documentação. A qualidade resultante do projeto tende a ser o fator mais importante do qual depende o sucesso comercial de um produto. Além disso, uma parte muito significativa do custo final é determinada pelas decisões tomadas durante o projeto do produto. O planejamento da produção diz respeito a converter os desenhos e especificações da engenharia que definem o projeto do produto em um plano de produção do produto. O planejamento da produção inclui decisões sobre quais peças serão adquiridas (a decisão de "fazer ou comprar"), como cada peça será produzida, o equipamento que será utilizado, como o trabalho será agendado, e assim por diante. A maior parte dessas decisões é discutida no Capítulo 36 sobre planejamento do processo e controle da produção. O controle da produção inclui não só o controle de cada processo e equipamento na fábrica, mas também as funções de apoio, como o controle de chão de fábrica (Subseção 36.3.4) e o controle de qualidade (Capítulo 37). Finalmente, os processos de negócios incluem entrada de pedidos, contabilidade de custos, folha de pagamento, faturamento e outras atividades orientadas para informações relacionadas à manufatura.

Os sistemas computacionais desempenham um papel importante nessas quatro funções gerais, e sua integração dentro da organização é uma característica marcante da manufatura integrada por computador, conforme retratado na Figura 35.14. Os sistemas computacionais associados ao projeto do produto são chamados de sistemas CAD (pro-

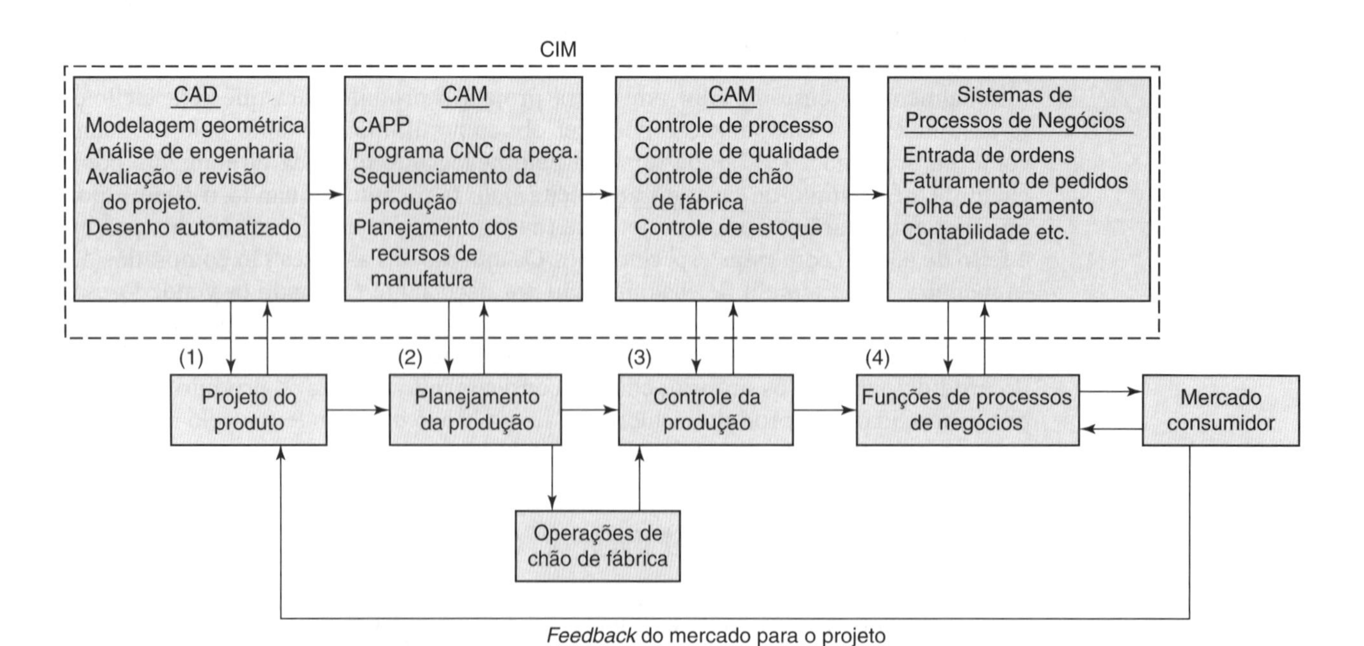

FIGURA 35.14 Quatro funções gerais de uma organização fabril integrada e como os sistemas de manufatura integrada por computador dão suporte a essas funções.

jeto auxiliado por computador). Os sistemas relacionados a projetos incluem modelagem geométrica, análise de engenharia, tal como a modelagem de elementos finitos, revisão e avaliação de projetos, e desenho automatizado. Os sistemas computacionais que dão suporte ao planejamento da produção se denominam sistemas CAM (manufatura auxiliada por computador) e incluem o planejamento do processo apoiado por computador (CAPP, Subseção 36.1.3), programação de peças no CN (Subseção 34.3.3), sequenciamento da produção (Subseção 36.3.1) e pacotes de planejamento, como planejamento de requisitos de material (Subseção 36.3.2). Os sistemas de controle da produção incluem os utilizados no controle de processos, controle de chão de fábrica, controle de estoque e inspeção auxiliada por computador para controle de qualidade. E os sistemas de processos de negócios são utilizados para entrada de pedidos, faturamento e outras funções de negócios. Os pedidos dos clientes são fornecidos pela equipe de vendas da empresa ou pelos próprios clientes no sistema informatizado de entrada de pedidos. As ordens incluem as especificações dos produtos que fornecem os insumos para o departamento de projetos da empresa. Com base nessas informações, novos produtos são projetados no sistema CAD da empresa. Os detalhes do projeto servem como insumos para o grupo de engenharia de produção, para quem o planejamento do processo apoiado por computador, o projeto das ferramentas assistido por computador e as atividades relacionadas se realizam antes da produção real. O resultado produzido pela engenharia de manufatura proporciona grande parte dos dados de entrada necessários para o planejamento dos recursos de produção e programação da produção. Desse modo, a manufatura integrada por computador fornece os fluxos de informação necessários para obter a produção real do produto.

Atualmente, a manufatura integrada por computador é implementada em muitas empresas a partir de sistemas de ***planejamento de recursos empresariais*** (ERP – *enterprise resource planning*), um sistema de *software* computacional que organiza e integra o fluxo de informações em uma organização por meio de uma base única de dados. O ERP é descrito na Subseção 36.3.5.

Referências

[1] Black, J. T. ***The Design of the Factory with a Future***, McGraw-Hill, New York, 1990.

[2] Black, J. T. "An Overview of Cellular Manufacturing Systems and Comparison to Conventional Systems," ***Industrial Engineering***, November 1983, pp. 36–84.

[3] Boothroyd, G., Poli, C., and Murch, L. E. ***Automatic Assembly***. Marcel Dekker, New York, 1982.

[4] Buzacott, J. A. "Prediction of the Efficiency of Production Systems without Internal Storage," ***International Journal of Production Research***, Vol. 6, No. 3, 1968, pp. 173–188.

[5] Buzacott, J. A., and Shanthikumar, J. G. ***Stochastic Models of Manufacturing Systems***. Prentice-Hall, Upper Saddle River, New Jersey, 1993.

[6] Chang, T-C, Wysk, R. A., and Wang, H-P. ***Computer-Aided Manufacturing***, 3rd ed. Prentice Hall, Upper Saddle River, New Jersey, 2005.

[7] Chow, W-M. ***Assembly Line Design***. Marcel Dekker, New York, 1990.

[8] Gallagher, C. C., and Knight, W. A. ***Group Technology***, Butterworth & Co., London, 1973.

[9] Groover, M. P. "Analyzing Automatic Transfer Lines," ***Industrial Engineering***, Vol. 7, No. 11, 1975, pp. 26–31.

[10] Groover, M. P. ***Automation, Production Systems, and Computer Integrated Manufacturing***, 3rd ed. Pearson Prentice-Hall, Upper Saddle River, New Jersey, 2008.

[11] Ham, I., Hitomi, K., and Yoshida, T. ***Group Technology***, Kluwer Nijhoff Publishers, Hingham, Massachusetts, 1985.

[12] Houtzeel, A. "The Many Faces of Group Technology," ***American Machinist***, January 1979, pp. 115–120.

[13] Luggen, W. W. ***Flexible Manufacturing Cells and Systems***, Prentice Hall, Englewood Cliffs, New Jersey, 1991.

[14] Maleki, R. A. ***Flexible Manufacturing Systems: The Technology and Management***, Prentice Hall, Englewood Cliffs, New Jersey, 1991.

[15] Moodie, C., Uzsoy, R., and Yih, Y. ***Manufacturing Cells: A Systems Engineering View***, Taylor & Francis, London, 1995.

[16] Parsai, H., Leep, H., and Jeon, G. ***The Principles of Group Technology and Cellular Manufacturing***, John Wiley & Sons, Hoboken, New Jersey, 2006.
[17] Pine II, B. J. ***Mass Customization***. Harvard Business School Press, Cambridge, Massachusetts, 1993.
[18] Riley, F. J. ***Assembly Automation, A Management Handbook***, 2nd ed. Industrial Press, New York, 1999.
[19] Weber, A. "Is Flexibility a Myth?" ***Assembly***, May 2004, pp. 50–59.

Questões de Revisão

35.1 Quais são os componentes principais de um sistema integrado de manufatura?
35.2 Quais são as principais funções de manuseio de materiais em manufatura?
35.3 Cite os cinco principais tipos de equipamento de transporte de materiais.
35.4 Qual é a diferença entre roteamento fixo e roteamento variável nos sistemas de transporte de materiais?
35.5 O que é uma linha de produção?
35.6 Quais são as vantagens de uma linha de modelo misto em relação a uma linha de modelo em lote para produzir tipos de produto diferentes?
35.7 Mencione algumas limitações de uma linha de modelo misto comparada com uma linha de modelo em lote.
35.8 Descreva como os métodos manuais são utilizados para mover peças entre estações de trabalho em uma linha de produção.
35.9 Defina resumidamente os três tipos de sistemas de transporte mecanizado de peças utilizados nas linhas de produção.
35.10 Por que às vezes as peças são fixadas no transportador em um sistema de transporte contínuo na montagem manual?
35.11 Por que uma linha de produção deve ter um ritmo maior que o necessário para satisfazer a demanda pelo produto?
35.12 O tempo de reposicionamento em uma linha de transporte síncrono é conhecido por um nome diferente; qual é o nome?
35.13 Por que as células de montagem com uma estação geralmente não são adequadas para tarefas de alta produção?
35.14 Mencione algumas das razões para o tempo de inatividade em uma linha de transferência de usinagem.
35.15 Defina tecnologia de grupo.
35.16 O que é família de peças?
35.17 Defina manufatura celular.
35.18 Qual é o conceito de peça composta na tecnologia de grupo?
35.19 O que é um sistema flexível de manufatura?
35.20 Quais são os critérios que devem ser satisfeitos para tornar flexível um sistema de manufatura automatizada?
35.21 Mencione alguns dos *softwares* para FMS e funções de controle.
35.22 Quais são as vantagens da tecnologia de FMS, comparada com as operações convencionais por lotes?
35.23 O que é customização em massa?
35.24 Mencione algumas das estratégias de projeto e operacionais utilizadas pelos customizadores em massa bem-sucedidos?
35.25 Defina manufatura integrada por computador.

Problemas

As respostas para os Problemas indicados com **(A)** são apresentadas no Apêndice, no final do livro.

Linhas de Montagem Manuais

35.1 **(A)** Uma linha de montagem manual produz um pequeno aparelho cujo tempo total de trabalho = 35,7 minutos. A taxa de produção = 50 unidades/hora, tempo de reposicionamento = 6 s, eficiência de linha = 95 %, e eficiência do balanceamento = 93 %. Quantos trabalhadores estão na linha?
35.2 Uma linha de montagem manual tem 17 estações de trabalho com um operador por estação. O tempo total de trabalho para montar o produto = 23,7 minutos. A taxa de produção = 36 unidades por hora. Um sistema de transporte síncrono é utilizado para passar os produtos de uma estação para a seguinte, e o tempo de transferência = 6 s. Os trabalhadores permanecem sentados ao longo da linha. Proporção de tempo em disponibilidade = 0,96. Determine a eficiência do balanceamento.
35.3 Um produto, cuja demanda anual = 80.000 unidades, é produzido em uma linha de mon-

tagem manual. A linha opera 50 semanas/ano, 5 turnos/semana e 7,5 horas/turno. Tempo total de trabalho = 48,0 minutos. Eficiência de linha = 0,97, eficiência do balanceamento = 0,93, e tempo de reposicionamento = 8 s. Determine (a) a taxa de produção por hora, (b) o número de trabalhadores e (c) o número de estações de trabalho se o nível de apoio humano for 1,4.

35.4 Um carrinho cortador de grama é produzido em uma linha de montagem manual. O tempo total de trabalho = 45,9 minutos. A linha tem 25 estações de trabalho com um nível de apoio humano = 1,2. O tempo de turno disponível por dia = 8 horas, mas o tempo de inatividade dos equipamentos durante o turno reduz o tempo de produção real para 7,5 horas em média. Isso resulta em uma produção diária média de 244 unidades/dia. O tempo de reposicionamento por trabalhador = 5 % do tempo de ciclo. Determine (a) a eficiência de linha, (b) a eficiência do balanceamento e (c) o tempo de reposicionamento.

35.5 Um produto, cujo tempo total de trabalho = 50 minutos, é montado em uma linha de produção manual a uma taxa de produção = 24 unidades por hora. A partir da experiência prévia com produtos similares, estima-se que o nível de apoio humano será próximo de 1,3. Suponha que a proporção de tempo produtivo e a eficiência do balanceamento de linha sejam 1,0 cada. Se forem perdidos 9 segundos do tempo de ciclo devido ao reposicionamento, determine (a) o tempo de ciclo e (b) as quantidades de trabalhadores e estações de trabalho na linha.

35.6 Uma linha de produção com quatro estações de trabalho automáticas (todas as outras estações são manuais) produz um produto cujo tempo total de trabalho = 55,0 minutos de trabalho manual direto. Taxa de produção = 45 unidades/hora. Incluindo o efeito das falhas nas estações automatizadas, a eficiência do tempo produtivo = 89 %. As estações manuais têm um trabalhador cada uma. Sabe-se que 10 % do tempo de ciclo é perdido em virtude do reposicionamento. Se a eficiência do balanceamento = 0,92 nas estações manuais, encontre (a) o tempo de ciclo, (b) o número de trabalhadores e (c) o número de estações de trabalho na linha. (d) Qual é o nível médio de apoio humano na linha, incluindo as estações automáticas na média?

35.7 **(A)** A taxa de produção de um produto montado = 47,5 unidades por hora. O tempo total de trabalho = 32 minutos de trabalho manual direto. A linha opera com 95 % de tempo produtivo. Dez estações de trabalho têm dois trabalhadores em lados opostos da linha para que os dois lados do produto possam ser trabalhados simultaneamente. As estações restantes têm um trabalhador. O tempo de reposicionamento perdido por cada trabalhador é 0,2 minuto/ciclo. Sabe-se que o número de trabalhadores na linha é duas vezes maior que o número necessário para o balanceamento perfeito. Determine (a) o número de trabalhadores, (b) o número de estações de trabalho, (c) a eficiência do balanceamento e (d) o nível de apoio humano médio.

35.8 O tempo total de trabalho de um produto montado em uma linha de produção manual = 48 min. O trabalho é transportado usando um transportador aéreo contínuo que se move a 0,85 m/min. Existem 24 estações de trabalho na linha, um terço das quais tem dois trabalhadores; as estações restantes têm um trabalhador cada uma. O tempo de reposicionamento por trabalhador é 9 s, e a eficiência de tempo produtivo da linha é 95 %. (a) Qual é a produção máxima possível, por hora, se a linha estiver perfeitamente balanceada? (b) Se a taxa de produção real for apenas 90 % da taxa possível máxima, qual é a eficiência do balanceamento na linha?

35.9 Uma instalação de montagem final de automóveis tem uma capacidade de produção anual de 200.000 caros. A fábrica funciona 50 semanas/ano, dois turnos/dia, cinco dias/semana e oito horas /turno. É dividida em três departamentos: (1) montagem de carroceria, (2) oficina de pintura e (3) montagem final. No departamento de montagem de carroceria, são soldadas as peças usando robôs, e na oficina de pintura as carrocerias são revestidas. Esses dois departamentos são altamente automatizados. A montagem final não possui estações de trabalho automatizadas. Os carros são movidos por um transportador contínuo. São 15 horas de tempo total de trabalho em cada carro nesse departamento. Se o nível de apoio humano médio = 2,2, a eficiência do balanceamento = 93 %, a proporção de tempo produtivo = 95 %, e um tempo de reposicionamento de 0,15 minuto for designado a cada trabalhador, determine (a) a taxa de produção, por hora, da fábrica, e (b) o número de trabalhadores e estações de trabalho na montagem final. (c) Qual é o custo médio da mão de obra, por carro, na montagem final, se o custo por hora do trabalhador = $ 35 e as vantagens adicionais acrescentarem $ 20/hora? Ignore o custo de supervisão, manutenção e outros trabalhos indiretos.

Linhas de Produção Automatizadas

35.10 Uma linha de transferência automatizada tem 18 estações e opera com um tempo de ciclo ideal de 1,25 minuto. A probabilidade de falha de uma estação = 0,007, e o tempo médio de inatividade quando ocorre uma falha é 8,0 minutos. Determine (a) a taxa de produção média e (b) a eficiência de linha.

35.11 **(A)** Uma linha de transferência de 20 estações opera com um tempo de ciclo ideal de 0,52 minuto. As falhas na estação ocorrem com uma frequência de 0,005. Tempo médio de inatividade = 5,6 minutos por parada da linha. Determine (a) a taxa de produção ideal por hora, (b) a frequência de paradas da linha, (c) a taxa de produção real média e (d) a eficiência de linha.

35.12 Uma linha de transferência de 12 estações tem um tempo de ciclo ideal = 0,64 minuto, que inclui o tempo de transferência de 6 segundos. As falhas ocorrem uma vez a cada 25 ciclos, e a inatividade média por falha é 7,5 minutos. A linha de transferência é programada para funcionar 16 horas por dia, 5 dias por semana. Determine (a) a eficiência de linha, (b) o número de peças que a linha de transferência produz em uma semana e (c) a quantidade de horas de inatividade por semana.

35.13 Uma mesa rotativa tem seis estações. Uma estação é utilizada para carga e descarga, que é feita por um trabalhador humano. As outras cinco realizam operações de processamento automatizadas. A operação mais demorada leva 11 s, e o tempo de indexação = 4 s. Cada estação automatizada tem uma frequência de falhas = 0,01 (suponha que a frequência de falhas na estação de carga/descarga = 0). Quando ocorre uma falha, são necessários três minutos, em média, para reparo e reinicialização. Determine (a) a taxa de produção por hora e (b) a eficiência de linha.

35.14 **(A)** Uma linha de transferência de sete estações foi observada ao longo de um período de 40 horas. Os tempos de processo em cada estação são: estação 1, 0,80 min; estação 2, 1,10 min; estação 3, 1,15 min; estação 4, 0,95 min; estação 5, 1,06 min; estação 6, 0,92 min; e estação 7, 0,80 min. O tempo de transferência entre as estações = 6 s. O número de ocorrências de tempo de inatividade = 110 e as horas de inatividade = 14,5 horas. Determine (a) o número de peças produzidas durante a semana, (b) a taxa de produção real média em peças/hora e (c) a eficiência de linha. (d) Se a eficiência do balanceamento fosse calculada para essa linha, qual seria ela?

35.15 Uma linha de transferência de 12 estações foi projetada para funcionar com uma taxa de produção ideal = 50 peças/hora. Entretanto, a linha não alcança essa taxa, pois a eficiência de linha = 0,60. O custo é de $75/hora para operar a linha, exclusivo de materiais. A linha opera 4000 horas por ano. Um sistema de monitoramento computadorizado foi proposto a um custo de $25.000 (instalado) e vai reduzir o tempo de inatividade da linha em 25 %. Se o valor agregado por unidade produzida = $4,00, o sistema computadorizado vai se pagar em um ano de operação? Use como critério o aumento previsto nas receitas resultantes do sistema computadorizado.

35.16 Uma linha de transferência automatizada deve ser projetada. Com base na experiência prévia, o tempo médio de inatividade por ocorrência = 5,0 min e a probabilidade de falha de uma estação que leve a uma ocorrência de inatividade = 0,01. O tempo total de trabalho = 9,8 min, que deve ser dividido igualmente entre as estações de trabalho, de modo que o tempo de ciclo ideal para cada estação = $9{,}8/n$, em que n = número de estações de trabalho. Determine (a) o número ótimo de estações na linha que irá maximizar a taxa de produção e (b) a taxa de produção e a proporção do tempo produtivo para sua resposta da parte (a).

Parte X Sistemas de Apoio à Manufatura

36 Planejamento de Processo e Controle de Produção

Sumário

36.1 Planejamento do Processo
- 36.1.1 Planejamento Tradicional do Processo
- 36.1.2 Decisão entre Fabricar ou Comprar
- 36.1.3 Planejamento do Processo Auxiliado por Computador (CAPP)

36.2 Outras Funções da Engenharia de Manufatura
- 36.2.1 Solução de Problemas e Melhoria Contínua
- 36.2.2 Projeto para Manufatura e Montagem
- 36.2.3 Engenharia Simultânea

36.3 Planejamento e Controle da Produção
- 36.3.1 Planejamento Agregado e o Plano Mestre de Produção
- 36.3.2 Planejamento das Necessidades de Material (MRP)
- 36.3.3 Planejamento das Necessidades de Capacidade
- 36.3.4 Controle do Chão de Fábrica
- 36.3.5 Planejamento de Recursos Empresariais (ERP)

36.4 Sistemas de Entrega *Just-In-Time*

36.5 Produção Enxuta
- 36.5.1 Autonomação
- 36.5.2 Envolvimento do Trabalhador

Esta parte final do livro refere-se aos ***sistemas de apoio à manufatura***, que são os procedimentos e sistemas utilizados por uma empresa para solucionar os problemas técnicos e logísticos encontrados no planejamento do processo, pedidos de materiais, controle da produção e garantia de que os produtos da empresa satisfazem as especificações de qualidade necessárias. A posição dos sistemas de apoio à manufatura nas operações globais da empresa é retratada na Figura 36.1. Assim como os sistemas de manufatura na fábrica, os sistemas de apoio à manufatura incluem pessoas. As pessoas fazem os sistemas funcionar. Ao contrário dos sistemas de manufatura nas fábricas, a maioria dos sistemas de apoio não entra em contato diretamente com o produto durante seu processamento e montagem. Em vez disso, eles planejam e controlam as atividades na fábrica para garantir que os produtos sejam feitos e entregues ao cliente no prazo, nas quantidades certas e nos padrões de qualidade mais elevados.

O sistema de controle de qualidade é um dos sistemas de apoio à manufatura, mas também consiste em instalações situadas na fábrica – equipamentos de inspeção utilizados para medir e calibrar os materiais que estão sendo processados e os produtos que estão sendo montados. O sistema de controle de qualidade

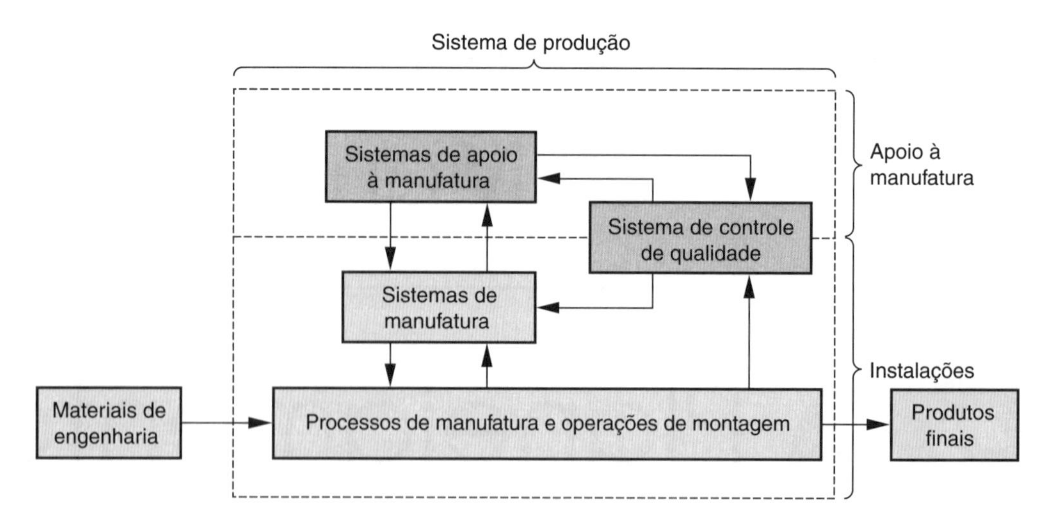

FIGURA 36.1 A posição dos sistemas de apoio à manufatura no sistema de produção.

é tratado no Capítulo 37. Muitas das técnicas tradicionais de medição e calibração utilizadas na inspeção são descritas no Capítulo 6. Outros sistemas de apoio à manufatura incluem planejamento do processo, planejamento e controle da produção, *just-in-time* e produção enxuta (*lean production*), apresentados neste capítulo.

Planejamento do processo é uma função técnica de pessoal que planeja a sequência de processos de manufatura para a produção econômica de produtos de alta qualidade. Sua finalidade é conceber a transição da especificação do projeto até o produto físico. O planejamento do processo inclui (a) decidir quais processos e métodos devem ser empregados e em que sequência, (b) determinar os requisitos de ferramental, (c) selecionar o equipamento e os sistemas de produção e (d) estimar os custos de produção dos processos, ferramentas e equipamentos selecionados.

O planejamento do processo normalmente é a principal função dentro do departamento de engenharia de manufatura, cujo objetivo global é otimizar as operações de produção em uma determinada organização. Além do planejamento do processo, o escopo da engenharia de manufatura inclui geralmente outras funções, como:

- ***Solução de problemas e melhoria contínua.*** A engenharia de manufatura fornece equipe de apoio para os departamentos operacionais (fabricação de peças e montagem de produtos) para solucionar problemas técnicos de produção. Também deve estar envolvida nos esforços contínuos para reduzir os custos de produção, aumentar a produtividade e melhorar a qualidade do produto.
- ***Projeto voltado para a capacidade de manufatura.*** Nessa função, que precede cronologicamente as outras duas, os engenheiros de manufatura servem como consultores de capacidade de manufatura para os projetistas de produto. O objetivo é desenvolver projetos de produtos que satisfaçam não só os requisitos funcionais e de desempenho, mas que também possam ser produzidos a um custo razoável e com problemas técnicos mínimos na maior qualidade possível e no menor tempo possível.

A engenharia de manufatura deve ser exercida em qualquer organização industrial envolvida em produção. O departamento de engenharia de manufatura se reporta geralmente ao diretor de manufatura em uma empresa. Em algumas empresas o departamento é conhecido por outros nomes, como engenharia de processos ou engenharia de manufatura. Frequentemente estão incluídos na engenharia de manufatura o projeto de ferramentas, a fabricação de ferramentas e vários outros grupos de suporte técnico.

36.1 Planejamento do Processo

O planejamento do processo envolve a determinação dos processos de manufatura mais adequados e a sequência em que eles devem ser realizados para produzir uma determinada peça ou produto especificado pela engenharia de projetos. Se for um produto montado, o planejamento do processo inclui decidir a sequência correta de etapas de montagem. O plano de processo deve ser desenvolvido dentro das limitações impostas pelos equipamentos de processamento disponíveis e pela capacidade produtiva da fábrica. As peças ou subconjuntos que não podem ser produzidos internamente devem ser adquiridos de fornecedores externos. Em alguns casos, itens que podem ser produzidos internamente podem ser adquiridos de fornecedores externos por motivos econômicos ou outros.

36.1.1 PLANEJAMENTO TRADICIONAL DO PROCESSO

Tradicionalmente, o planejamento do processo tem sido feito pelos engenheiros de manufatura conhecedores dos processos específicos utilizados na fábrica e capazes de ler e interpretar os desenhos de engenharia. Com base em seu conhecimento, habilidade e experiência, eles desenvolvem etapas de processamento na sequência mais lógica necessária para produzir cada peça. Na Tabela 36.1 são listados os muitos detalhes e decisões incluídos geralmente no escopo do planejamento do processo. Alguns desses detalhes são delegados frequentemente a especialistas, como os projetistas de ferramentas; mas a engenharia de manufatura é responsável por eles.

Planejamento do Processo para Produção de Peças Os processos necessários para produzir uma determinada peça são determinados, em grande parte, pelo material do qual ela é feita. O material é selecionado pelo projetista do produto com base nos requisitos funcionais. Depois que o material foi selecionado, a escolha dos possíveis processos é consideravelmente facilitada.

Uma sequência de processamento típica para fabricar uma peça discreta consiste em (1) um processo primário, (2) um ou mais processos secundários, (3) operações para melhoria das propriedades físicas e (4) operações de acabamento, conforme ilustrado na Figura 36.2. Os processos primários e secundários são os processos de mudança de

TABELA • 36.1 Decisões e detalhes necessários no planejamento do processo.

Processos e sequências. O plano de processo deve descrever resumidamente todas as etapas de processamento utilizadas na unidade de trabalho (por exemplo, peça, montagem) na ordem em que são realizadas.

Seleção dos equipamentos. Em geral, os engenheiros de manufatura tentam desenvolver planos de processo que utilizam equipamentos existentes. Quando isso não é possível, o componente em questão deve ser adquirido (Subseção 36.1.2), ou deve ser instalado um novo equipamento na fábrica.

Ferramentas, matrizes, moldes, acessórios e ***medidores.*** O planejador de processos deve decidir qual ferramental e necessário para cada processo. O projeto geralmente é delegado ao departamento de projeto de ferramentas, e a fabricação é feita pela ferramentaria.

Ferramentas de corte e ***condições de corte*** para operações de usinagem. São especificadas pelo planejador de processos, engenheiro industrial, mestre da ferramentaria ou operador de máquina, frequentemente com referência às recomendações de manual normativo.

Métodos. Os métodos incluem os movimentos de mão e de corpo, o *layout* do local de trabalho, ferramentas pequenas, guinchos para içar peças pesadas, e assim por diante. Devem ser especificados métodos para operações manuais (por exemplo, montagem) e para as partes manuais dos ciclos de máquina (por exemplo, carga e descarga de uma máquina de produção). O planejamento de métodos é feito tradicionalmente pelos engenheiros industriais.

Padrões de trabalho. As técnicas de medição do trabalho são utilizadas para estabelecer tempos padrão para cada operação.

Estimativa dos custos de produção. Isso é feito frequentemente pelos funcionários da área financeira, com a ajuda do planejador de processos.

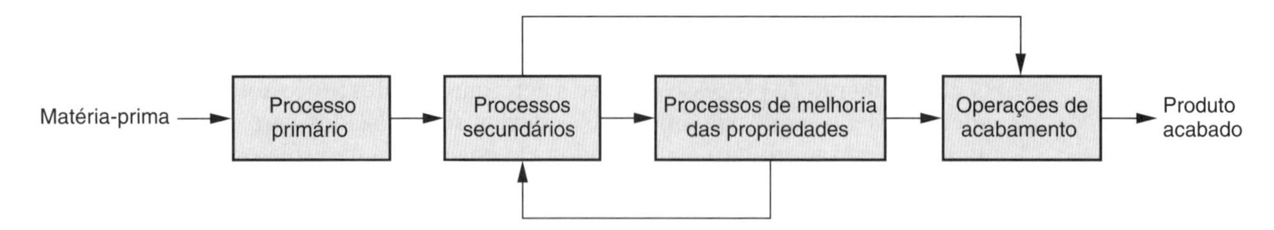

FIGURA 36.2 Sequência típica de processos necessários na fabricação de peças.

forma que alteram a geometria de uma peça de trabalho (Subseção 1.3.1). Um ***processo primário*** estabelece a geometria inicial da peça. Os exemplos incluem fundição, forjamento e laminação de metais. Na maioria dos casos, a geometria inicial deve ser refinada por uma série de ***processos secundários***. Essas operações transformam a forma básica na geometria final. Há uma correlação entre os processos secundários que poderiam ser utilizados e o processo primário que proporciona a forma inicial. Por exemplo, quando uma laminadora produz tiras ou bobinas de chapas metálicas, os processos secundários são as operações de estampagem, como corte, embutimento e dobramento. Quando a fundição ou o forjamento são os processos primários, geralmente os processos secundários são as operações de usinagem. A Figura 36.3 mostra uma conexão de encanamento, cuja produção consiste em fundição como processo primário seguido pela usinagem como processo secundário. A seleção de certos processos primários minimiza a necessidade de processos secundários. Por exemplo, se a moldagem de plástico por injeção for o processo primário, normalmente as operações secundárias não são necessárias porque a moldagem é capaz de proporcionar características geométricas detalhadas com boa precisão dimensional.

As operações de alteração de forma geralmente são seguidas por operações que melhoram as propriedades físicas e/ou fazem o acabamento do produto. As ***operações para aprimorar as propriedades*** incluem as operações de tratamento térmico em com-

FIGURA 36.3 Esta conexão de encanamento ilustra os processos primários e secundários. A fundição (processo primário) proporciona a geometria de partida à esquerda, seguida por uma série de operações de usinagem (processos secundários) que de forma precisa produzem os furos e as roscas da peça acabada à direita. (Cortesia de George E. Kane Manufacturing Technology Laboratory, Lehigh University.)

TABELA • 36.2 Algumas sequências de processos típicas.

Processo Primário	Processo(s) Secundário(s)	Processos de Melhoria das Propriedades	Operações de Acabamento
Fundição em areia	Usinagem	(nenhum)	Pintura
Fundição sob pressão	(nenhum, forma final)	(nenhum)	Pintura
Fundição de vidro	Prensagem, moldagem por sopro	(nenhum)	(nenhum)
Moldagem por injeção	(nenhum, forma final)	(nenhum)	(nenhum)
Laminação de barras	Usinagem	Tratamento térmico (opcional)	Eletrodeposição
Laminação de chapas metálicas	Estampagem	(nenhum)	Eletrodeposição
Forjamento	Usinagem (quase a forma final)	(nenhum)	Pintura
Extrusão de alumínio	Corte longitudinal (comprimento)	(nenhum)	Anodização
Atomização de pós metálicos	Prensagem da peça de pó metálico	Sinterização	Pintura

Compilado de [6].

ponentes metálicos e em artigos de vidro. Em muitos casos, as peças não necessitam dessas etapas de melhoria de propriedades em sua sequência de processamento. Isso é indicado pela seta de caminho alternativo em nossa figura. As ***operações de acabamento*** são as operações finais na sequência; elas promovem geralmente um revestimento na superfície da peça de trabalho (ou conjunto). Entre os exemplos desses processos, temos a eletrodeposição e a pintura.

Em alguns casos, os processos de melhoria das propriedades são seguidos por outras operações secundárias antes de passar para o acabamento, conforme sugerido pelo laço de retorno na Figura 36.2. Um exemplo é uma peça usinada endurecida por tratamento térmico. Antes do tratamento térmico, a peça é deixada ligeiramente acima do tamanho para permitir a distorção. Após o endurecimento, ela é reduzida ao dimensionamento e tolerância finais pelo acabamento por retificação. Outro exemplo, mais uma vez na fabricação de peças metálicas, é quando se utiliza o recozimento para restabelecer a ductilidade do metal após o trabalho a frio, visando permitir mais deformação da peça de trabalho.

A Tabela 36.2 apresenta algumas das sequências de processamento típicas de vários materiais e processos primários. A tarefa do planejador de processos começa geralmente após o processo primário ter promovido a forma inicial da peça. As peças usinadas começam como barras, fundidos ou forjados, e os processos primários dessas formas iniciais frequentemente são externos à instalação de fabricação. A estampagem começa com tiras ou bobinas de chapas metálicas adquiridas da laminação. São as matérias-primas obtidas de fornecedores externos para os processos secundários e as operações subsequentes a serem realizadas na fábrica. A determinação dos processos mais adequados e da ordem em que devem ser realizados se baseia na habilidade, experiência e bom senso do planejador de processos. Algumas das diretrizes básicas e considerações utilizadas pelos planejadores de processos para tomar essas decisões são descritas na Tabela 36.3.

A Folha de Rota (*Route Sheet*) O plano do processo é preparado em um formato chamado ***folha de rota***, cujo exemplo típico é exibido na Figura 36.4 (algumas empresas usam outros nomes para esse formato, por exemplo, registro de atividades). Ele se chama folha de rotas porque especifica a sequência de operações e equipamentos que serão utilizados durante a produção de determinada peça. A folha de rotas está para o planejador de processo assim como o desenho técnico está para o projetista do produto.

TABELA • 36.3 Diretrizes e considerações na decisão dos processos e sua sequência no planejamento do processo.

Requisitos de projeto. A sequência de processos deve satisfazer as dimensões, tolerâncias, acabamento de superfície e outras especificações estabelecidas pelo projeto do produto.
Requisitos de qualidade. Os processos devem ser selecionados satisfazendo os requisitos de qualidade em termos de tolerâncias, integridade de superfície, consistência e reprodutibilidade, além de outras medidas de qualidade.
Volume e ***taxa de produção.*** O produto está na categoria de baixa, média ou alta produção? A seleção dos processos e sistemas é fortemente influenciada pelo volume e taxa de produção.
Processos disponíveis. Se o produto e seus componentes tiverem que ser produzidos internamente, o planejador de processos deve selecionar os processos e os equipamentos já disponíveis na fábrica.
Utilização de material. É desejável que a sequência de processos use com eficiência os materiais e minimize o desperdício. Quando for possível, devem ser selecionados processos que produzam a forma final ou próxima da final.
Restrições de precedência. São requisitos tecnológicos de sequenciamento que determinam ou restringem a ordem em que as etapas de processamento podem ser realizadas. Um furo deve ser feito antes de ser escareado; uma peça fabricada por metal em pó deve ser prensada antes da sinterização; uma superfície deve ser limpa antes de ser pintada; e assim por diante.
Superfícies de referência. Certas superfícies da peça devem ser fabricadas (normalmente por usinagem) no início da sequência para que sirvam como superfícies de localização para outras dimensões que são fabricadas subsequentemente. Por exemplo, se um furo tiver que ser feito a certa distância da borda de uma peça, primeiro será preciso usinar essa borda.
Minimizar setups. O número de *setups* de máquina deve ser minimizado. Sempre que possível, as operações devem ser executadas na mesma estação de trabalho. Isso poupa tempo e reduz o manuseio de materiais.
Eliminar as etapas desnecessárias. A sequência de processos deve ser planejada com a quantidade mínima de etapas de processamento. As operações desnecessárias devem ser evitadas. As alterações de projeto devem ser requisitadas para eliminar os atributos que não sejam absolutamente necessários, eliminando com isso as etapas de processamento associadas a esses atributos.
Flexibilidade. Se for viável, o processo deve ser suficientemente flexível para acomodar as alterações do projeto de engenharia. Frequentemente isso é um problema quando ferramentas especiais devem ser projetadas para produzir a peça; se o projeto da peça for alterado, as ferramentas especiais se tornam obsoletas.
Segurança. A segurança do trabalhador deve ser considerada na seleção dos processos. Isso faz sentido economicamente, e é lei (Lei da Saúde e Segurança Ocupacional).
Custos mínimos. A sequência de processos deve ser o método de produção que satisfaz todos os requisitos anteriores e também consegue o menor custo de produção possível.

É o documento oficial que especifica os detalhes do plano de processo. A folha de rota deve incluir todas as operações de produção a serem realizadas na peça de trabalho, listadas na ordem correta em que devem ser executadas. Para cada operação, os itens a seguir devem ser apresentados: (1) uma breve descrição da operação indicando o trabalho a ser feito, as superfícies a serem processadas com referência ao desenho técnico da peça e às dimensões da mesma (e às tolerâncias, se não forem especificadas no desenho técnico da peça) a serem alcançadas; (2) o equipamento no qual o trabalho deve ser realizado; e (3) qualquer ferramenta especial necessária, como matrizes, moldes, ferramentas de corte, gabaritos ou acessórios, e escalas. Além disso, algumas empresas incluem tempos de ciclo padrão, tempos de *setup* e outros dados na folha de rota.

Às vezes, uma ***folha de operação*** (*operation sheet*) mais detalhada também é preparada para cada operação apresentada no encaminhamento. Isso fica sob responsabilidade do departamento específico em que a operação é realizada. Ela indica os detalhes específicos da operação, como velocidades de corte, avanços e ferramentas, e outras instruções úteis para o operador da máquina. Às vezes também são incluídos esboços de *setup*.

Planejamento do Processo para Montagens Para a produção baixa, a montagem é feita geralmente em estações de trabalho individuais, e um trabalhador ou equipe de trabalhadores realiza as tarefas de montagem para fabricar o produto. Na produção média e alta, a montagem é realizada geralmente em linhas de produção (Seção 35.2). Em ambos os casos, há uma ordem de precedência na qual o trabalho deve ser realizado.

Número da Peça: 031393	Nome da Peça: Alojamento da válvula			Rev. 2	Página 1 de 2	
Material: Aço inoxidável 416	Dimensão: 2,0 diâmetro × 5 comprimento			Planejador: MPG		Data: 13/3/XX

Nº	Operação	Dept.	Máquina	Ferramental, gabaritos	Tempo de *setup*	Tempo de ciclo
10	Face: torneamento de desbaste e acabamento para 1,473 ± 0,003 (diâmetro) × 1,250 ± 0,003 (comprimento); faceamento para 0,313 ± 0,002; torneamento de acabamento para 1,875 ± 0,002 (diâmetro); produzir três rasgos de 0,125 (largura) × 0,063 (profundidade).	L	325	G857	1,0 h	8,22 m
20	Face oposta: facear para 4,750 ± 0,005 (comprimento); torneamento de acabamento para 1,875 ± 0,002 (diâmetro); furar 1,000 + 0,006, −0,002 (diâmetro) furo axial.	L	325		0,5 h	3,10 m
30	Furar e escarear três furos radiais em 0,375 ± 0,002 (diâmetro).	D	114	F511	0,3 h	2,50 m
40	Fresar rasgo de 0,500 ± 0,004 (largura) × 0,375 ± 0,003 (profundidade).	M	240	F332	0,3 h	1,75 m
50	Fresar plan. com 0,750 ± 0,004 (largura) × 0,375 ± 0,003 (profundidade).	M	240	F333	0,3 h	1,60 m

FIGURA 36.4 Folha de rota típica para especificar o plano de processo.

O planejamento do processo para montagem envolve a preparação das instruções de montagens que devem ser executadas. Em estações individuais, a documentação é similar à folha de rota de processamento da Figura 36.4. Ela contém uma lista das etapas de montagem na ordem em que devem ser executadas. Na produção em linha de montagem, o planejamento do processo consiste em alocar tarefas a determinadas estações ao longo da linha, um procedimento denominado ***balanceamento da linha*** (Subseção 35.3.2). Com efeito, a linha de montagem encaminha as unidades de trabalho para estações individuais, e a solução de balanceamento de linha determina quais etapas de montagem devem ser realizadas em cada estação. Assim como no planejamento do processo para produção de peças, quaisquer ferramentas ou equipamentos necessários para realizar um determinado trabalho de montagem devem ser definidos, e o *layout* (arranjo físico) do local de trabalho deve ser projetado.

36.1.2 DECISÃO ENTRE FABRICAR OU COMPRAR

Inevitavelmente, surge a questão de se uma determinada peça deve ser comprada de um fornecedor externo ou fabricada internamente. Primeiro de tudo, é preciso reconhecer que, praticamente, todos os fabricantes compram suas matérias-primas de fornecedores. Um fabricante de equipamentos compra barras de um fornecedor de metais, e peças fundidas de uma fundição. Um moldador de plástico obtém a matéria-prima de uma empresa química. Uma empresa de estampagem compra chapas metálicas de uma usina de laminação. Muito poucas empresas são integradas de forma completa, desde matérias-primas até o produto acabado.

Visto que uma empresa adquire pelo menos parte de suas matérias-primas, é razoável perguntar se a empresa deveria comprar pelo menos algumas das peças que seriam feitas em sua própria fábrica. A resposta para a pergunta é a ***decisão entre fabricar ou comprar***. A questão de fabricar *versus* comprar provavelmente deveria ser feita para cada componente utilizado pela empresa.

O custo é o fator mais importante na decisão entre fabricar ou comprar a peça. Se o vendedor for muito mais proficiente nos processos necessários para produzir o componente, é provável que o custo de produção interna venha a ser maior que o preço de compra, mesmo quando o lucro estiver incluído no preço do fornecedor. Por outro lado, se comprar a peça resultar em equipamento ocioso na fábrica, então uma vantagem aparente do custo para o vendedor pode ser uma desvantagem para a fabricação interna. Considere o exemplo a seguir.

Exemplo 36.1 Comparação entre fabricar ou comprar

Suponha que o preço de um componente orçado em um fornecedor seja de \$8,00 por unidade para 1000 unidades produzidas. A mesma peça feita internamente custaria \$9,00. A composição do custo na alternativa de produzir internamente é:

Custo unitário do material =	\$2,25 por unidade
Trabalho direto =	\$2,00 por unidade
Gastos gerais do trabalho a 150 % =	\$3,00 por unidade
Custo fixo dos equipamentos =	\$1,75 por unidade
Total =	\$9,00 por unidade

O componente deve ser comprado ou fabricado internamente?

Solução: Embora o orçamento do fornecedor pareça favorecer a decisão de comprar, considere o possível efeito na fábrica se o orçamento for aceito. O custo fixo dos equipamentos é um custo alocado com base em um investimento que já foi feito (Subseção 1.5.2). Acontece que o equipamento fica ocioso com a decisão de comprar a peça; então poderíamos argumentar que o custo fixo de \$1,75 continua, mesmo se o equipamento não estiver em uso. Do mesmo modo, o custo com gastos gerais de \$3,00 consiste no espaço físico de chão de fábrica, trabalho indireto e outros custos que também continuam, mesmo se as peças forem compradas. Por essa lógica, a decisão de comprar custa à empresa \$8,00 + \$1,75 + \$3,00 = \$12,75 por unidade, se resultar em tempo ocioso na fábrica da máquina que teria sido utilizada para fabricar a peça.

Por outro lado, se o equipamento puder ser utilizado para produzir outros componentes para os quais os preços internos são menores que os orçamentos externos correspondentes, então a decisão de comprar faz um bom sentido econômico.

As decisões entre fabricar ou comprar raramente são tão claras quanto no Exemplo 36.1. Alguns dos outros fatores que entram na decisão estão listados na Tabela 36.4. Embora esses fatores pareçam ser subjetivos, todos eles têm implicações nos custos, direta ou indiretamente. Nos últimos anos, grandes empresas colocaram uma forte ênfase na construção dessas relações com fornecedores de peças. Essa tendência tem sido especialmente prevalente na indústria automobilística, em que foram firmados acordos de longo prazo entre cada montadora e uma quantidade limitada de fornecedores capazes de entregar componentes de alta qualidade, confiavelmente dentro do prazo.

36.1.3 PLANEJAMENTO DO PROCESSO AUXILIADO POR COMPUTADOR (CAPP)

Durante as últimas décadas, tem havido um interesse considerável pela automação da função de planejamento do processo por meio de sistemas de computador. O pessoal de chão de fábrica, conhecedor dos processos de produção, está se aposentando

TABELA • 36.4 Fatores-chave envolvidos na decisão entre fabricar ou comprar.

Fatores	Explicação e Efeito na Decisão entre Fabricar ou Comprar
Processo disponível internamente	Se determinado processo não estiver disponível internamente, então a decisão óbvia é comprar. Frequentemente os vendedores desenvolvem proficiência em um conjunto limitado de processos tornando-os competitivos em termos de custo nas comparações externas e internas. Há exceções a essa regra, em que uma empresa decide que, em sua estratégia de longo prazo, ela deve desenvolver habilidade na tecnologia de um processo de fabricação que ela atualmente não possui.
Quantidade a ser produzida	Número de unidades necessárias. O grande volume tende a favorecer as decisões de produzir. As pequenas quantidades tendem a favorecer as decisões de comprar.
Ciclo de vida do produto	Ciclo de vida longo do produto favorece a produção interna.
Itens padrão	Itens padrão catalogados, como parafusos, porcas e muitos outros tipos de componentes, são produzidos economicamente por fornecedores especializados nesses produtos. Quase sempre é melhor comprar esses itens padrão.
Confiabilidade do fornecedor	O fornecedor confiável ganha o negócio.
Fontes alternativas	Em alguns casos, as fábricas compram peças de fornecedores como uma fonte alternativa para suas próprias instalações de produção. Isso é uma tentativa de garantir o suprimento ininterrupto de peças, ou de regularizar a produção em períodos de pico de demanda

gradualmente. Uma abordagem alternativa para o planejamento do processo é necessária, e os sistemas de planejamento do processo auxiliado por computador (CAPP, do inglês *computer-aided process planning*) proporcionam essa alternativa. Os sistemas CAPP são projetados em torno de uma de duas abordagens: sistemas por recuperação e sistemas generativos.

Sistemas CAPP por Recuperação. Os sistemas CAPP por recuperação, também conhecidos como ***sistemas CAPP na forma variante***, baseiam-se na tecnologia de grupo e no sistema de classificação e codificação de peças (Seção 35.5). Nesses sistemas, um plano padrão de processo é armazenado em arquivos de computador para cada código da peça. Os planos padrão são baseados em roteiros das peças em uso na fábrica ou em um plano ideal, que é preparado para cada família. Os sistemas CAPP por recuperação funcionam conforme indicado na Figura 36.5. O usuário começa identificando o código TG da peça para a qual o plano de processo deverá ser determinado. É feita uma busca do arquivo da família da peça para determinar se existe uma rota padrão para o código da peça em questão. Se o arquivo contiver um plano de processo para a peça, ele é recuperado e exibido para o usuário. O plano de processo padrão é examinado para determinar se são necessárias modificações. Embora a nova peça tenha o mesmo código, pequenas diferen-

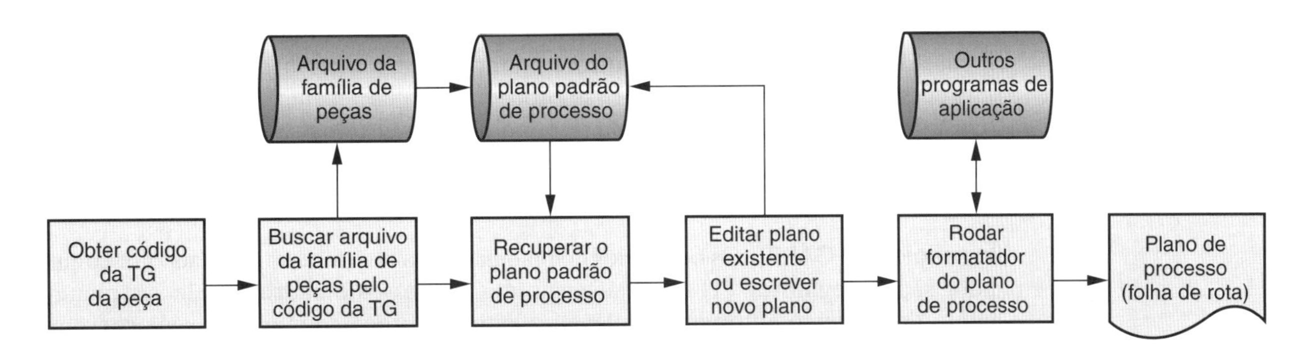

FIGURA 36.5 Operação de um sistema de planejamento de processo auxiliado por computador (CAPP) por recuperação. (Fonte: [6].)

ças nos processos podem ser necessárias para produzir a peça. O plano padrão é editado em conformidade. A capacidade de alterar um plano de processo existente é a razão pela qual os sistemas CAPP por recuperação são também chamados de sistemas variantes.

Se o arquivo não contiver um plano padrão de processo para o código em questão, o usuário pode pesquisar o arquivo de um código semelhante para o qual exista roteamento padrão. Editando o plano de processo existente, ou começando do zero, o usuário desenvolve um plano de processo para a nova peça, que passa a ser o plano padrão de processo para o novo código da peça.

A etapa final é o formatador do plano de processo, que imprime a folha de rota no formato apropriado. O formatador pode acessar outros programas de aplicação; por exemplo, para determinar as condições de usinagem das operações de máquinas-ferramenta, para calcular os tempos padrão das operações de usinagem, ou calcular estimativas de custo.

Sistemas CAPP Generativos Os sistemas CAPP generativos são uma alternativa aos sistemas por recuperação. Em vez de recuperar e editar planos existentes em um banco de dados, um sistema generativo cria o plano de processo utilizando procedimentos sistemáticos que poderiam ser aplicados por um planejador humano. Em um sistema CAPP totalmente generativo, a sequência do processo é planejada, sem assistência humana e sem planos padrão predefinidos.

Projetar um sistema CAPP generativo é um problema no campo dos sistemas especialistas, um ramo da inteligência artificial. ***Sistemas especialistas*** são programas de computador capazes de solucionar problemas complexos que normalmente exigem um ser humano com anos de formação e experiência. O planejamento do processo se enquadra nessa definição. Vários elementos são necessários em um sistema CAPP totalmente generativo:

1. ***Base de conhecimento.*** O conhecimento técnico da produção e a lógica utilizada pelos planejadores de processo bem-sucedidos devem ser capturados e codificados em um programa de computador. Um sistema especialista aplicado ao planejamento do processo requer que o conhecimento e a lógica dos planejadores de processo humanos sejam incorporados à base de conhecimento. Os sistemas CAPP generativos utilizam então a base de conhecimento para solucionar problemas de planejamento do processo; ou seja, para criar folhas de rota.
2. ***Computador compatível com a descrição da peça.*** O planejamento de processo generativo requer computador compatível com a descrição da peça. A descrição contém todos os dados necessários para planejar a sequência do processo. Duas descrições possíveis são (1) o modelo geométrico da peça desenvolvido em um sistema CAD durante o projeto do produto, ou (2) o código da tecnologia de grupo da peça definindo suas características em detalhes significativos.
3. ***Motor de inferência.*** Um sistema de CAPP generativo requer a capacidade para aplicar a lógica do planejamento e do conhecimento do processo contido na base de conhecimento para uma determinada descrição de peça. O sistema CAPP aplica sua base de conhecimento para solucionar um problema específico de planejamento de processo para uma nova peça. Esse procedimento de resolução de problemas é denominado motor de inferência na terminologia dos sistemas especialistas. Utilizando sua base de conhecimento e o motor de inferência, o sistema CAPP sintetiza um novo plano de processo para cada nova peça a ele apresentada.

Benefícios do CAPP Os benefícios do planejamento do processo auxiliado por computador são os seguintes: (1) racionalização dos processos e padronização – o planejamento de processo automatizado leva a planos de processo mais lógicos e coerentes do que quando se utiliza o planejamento do processo tradicional; (2) maior produtividade dos planejadores de processo – a abordagem sistemática e a disponibilidade dos planos de processo padrão nos arquivos de dados permitem que um maior número de planos de processo seja desenvolvido pelo usuário; (3) menor *lead time* para preparar planos de processo; (4) melhor legibilidade em comparação com as folhas de rota preparadas manualmente; e (5) capacidade para interagir os programas CAPP com outros programas de aplicação, como estimativa de custos, padrões de trabalho e outros.

36.2 Outras Funções da Engenharia de Manufatura

Embora o planejamento do processo seja a função principal da engenharia de manufatura, duas outras funções são (1) a solução de problemas e a melhoria contínua, e (2) o projeto para manufatura e montagem. Um tópico relacionado é a engenharia simultânea.

36.2.1 SOLUÇÃO DE PROBLEMAS E MELHORIA CONTÍNUA

Surgem problemas na manufatura que requerem o suporte de equipe técnica, além do que está disponível normalmente na organização linear dos departamentos de produção. Fornecer o suporte técnico é uma das responsabilidades da engenharia de manufatura. Os problemas normalmente são específicos para determinadas tecnologias dos processos realizados no departamento operacional. Em usinagem, os problemas podem estar relacionados com a escolha das ferramentas de corte, acessórios que não funcionam adequadamente, peças em condições fora da especificação, ou condições de usinagem distantes das consideradas ótimas. Na moldagem de plástico, os problemas podem ser a rebarba excessiva, peças aderindo ao molde ou qualquer um dos vários defeitos que podem ocorrer em uma peça moldada. Esses problemas são técnicos e frequentemente é necessário o conhecimento de engenharia para solucioná-los.

Em alguns casos, a solução pode exigir uma mudança de projeto; por exemplo, mudar a tolerância de uma dimensão da peça para eliminar a operação de retificação, ainda alcançando ao mesmo tempo a funcionalidade da peça. O engenheiro de manufatura é responsável por desenvolver a solução adequada para o problema e propor a alteração de engenharia para o departamento de projeto.

Uma das áreas propícias para melhorias é o tempo de *setup*. Os procedimentos envolvidos na alteração de uma configuração de produção para a próxima (isto é, na produção em lotes) são demorados e caros. Os engenheiros de manufatura são responsáveis por analisar os procedimentos de configuração e encontrar maneiras de reduzir o tempo necessário para realizá-los. Algumas das abordagens utilizadas na redução do tempo de *setup* são descritas na Seção 36.4.

Além de solucionar problemas técnicos ("combater incêndio", como poderíamos chamar), o departamento de engenharia de manufatura costuma ser responsável pelos projetos de melhoria contínua. Melhoria contínua significa buscar e implementar constantemente maneiras de reduzir o custo, melhorar a qualidade e aumentar a produtividade na manufatura. É realizado um projeto de cada vez. Dependendo do tipo de problema, pode envolver uma equipe de projeto cuja composição inclua não apenas engenheiros de manufatura, mas também outros profissionais, como projetistas de produto, engenheiros de qualidade e operadores da produção.

36.2.2 PROJETO PARA MANUFATURA E MONTAGEM

Grande parte da função de planejamento do processo, discutida na Seção 36.1, é precedida por decisões tomadas no projeto do produto. As decisões sobre o material, a geometria da peça, as tolerâncias, o acabamento de superfície, o agrupamento das peças em subconjuntos e as técnicas de montagem limitam os processos de manufatura disponíveis que podem ser utilizados para produzir uma determinada peça. Se o engenheiro de produto projetar uma peça de alumínio fundido em areia com características que possam ser alcançadas apenas pela usinagem (por exemplo, superfícies planas com acabamentos bons, tolerâncias estreitas e furos roscados), então o planejador de processo não tem escolha, a não ser planejar para fundição em areia, seguida pelas operações de usinagem necessárias. Se o projetista de produto especificar uma coleção de peças estampadas de chapas de metal a serem montadas por fixadores roscados, então o planejador do processo deve projetar uma série de etapas de recorte, puncionamento e conformação para fabricar as peças estampadas e depois montá-las. Nesses dois exemplos, uma peça moldada em plástico poderia ter um projeto superior, tanto funcionalmente quanto economicamente. É importante que o engenheiro de manufatura aja como um consultor para o engenheiro projetista no que diz respeito à viabilidade da produção, pois isso importa não só ao departamento de produção, mas também ao engenheiro projetista. Um projeto de produto funcionalmente superior e que ao mesmo tempo pode ser produzido a um custo mínimo detém a maior promessa de sucesso no mercado. As carreiras bem-sucedidas em engenharia de projetos são construídas em cima de produtos de sucesso.

Os termos associados frequentemente a essa tentativa de influenciar favoravelmente a viabilidade de fabricação de um produto são o ***projeto para manufatura*** (DFM, do inglês *design for manufacturing*) e ***projeto para montagem*** (DFA, do inglês *design for assembly*). Naturalmente, DFM e DFA estão intimamente ligados; então faça referência ao par DFM/A. O projeto para manufatura e montagem é uma abordagem ao projeto de produto que inclui sistematicamente considerações de viabilidade de fabricação e viabilidade de montagem no projeto. O DFM/A inclui alterações organizacionais, princípios e diretrizes de projeto.

Para implementar o DFM/A, a empresa deve mudar sua estrutura organizacional, quer formal, quer informalmente, para promover a interação mais próxima e a melhor comunicação entre o pessoal de projeto e o de produção. Frequentemente, isso é feito formando equipes de projeto consistindo em projetistas de produto, engenheiros de manufatura (ou de produção) e outras especialidades (por exemplo, engenheiros de qualidade, engenheiros de materiais) para projetar o produto. Em algumas empresas, os engenheiros de projeto precisam despender algum tempo de suas carreiras na fabricação para aprender sobre os problemas encontrados na confecção das coisas. Outra possibilidade é designar engenheiros de manufatura ao departamento de projeto de produtos como consultores em tempo integral.

O DFM/A também inclui princípios e diretrizes que indicam como projetar um determinado produto visando à viabilidade máxima de fabricação. Muitos desses princípios e diretrizes são universais, como os apresentados na Tabela 36.5. São regras básicas que podem ser aplicadas a quase qualquer situação de projeto de produto. Além disso, vários dos nossos capítulos sobre processos de fabricação incluem diretrizes de projeto que são específicas para esses processos.

Às vezes, as diretrizes entram em conflito umas com as outras. Por exemplo, uma diretriz para o projeto de peça é tornar a geometria mais simples possível. Contudo, no projeto para montagem frequentemente é desejável combinar características de várias peças montadas em um único componente para reduzir o número de peças e o tempo de montagem. Nesses casos, o projeto para manufatura entra em conflito com o projeto para montagem e deve ser encontrada uma solução que satisfaça os lados opostos do conflito.

Os benefícios normalmente encontrados no DFM/A incluem (1) menor tempo para levar o produto ao mercado, (2) transição mais suave para a produção, (3) menos componentes no produto final, (4) montagem mais fácil, (5) custos de produção menores, (6) maior qualidade do produto e (7) maior satisfação do cliente [1], [4].

36.2.3 ENGENHARIA SIMULTÂNEA

Engenharia simultânea refere-se a uma abordagem ao projeto de produto em que as empresas tentam reduzir o tempo necessário para levar um novo produto ao mercado ao integrar a engenharia de projetos, engenharia de manufatura e outras funções na empresa. Pode-se argumentar que a engenharia simultânea é uma extensão lógica do DFM/A porque inclui a colaboração de mais do que apenas o projeto e a produção, e tenta reduzir o tempo decorrido para lançamento do produto no mercado. A aborda-

TABELA • 36.5 Princípios gerais e diretrizes para projeto para manufatura e montagem.

Minimizar o número de componentes. Os custos de montagem são reduzidos. O produto final é mais confiável porque há menos conexões. A desmontagem para manutenção e o serviço de campo são mais fáceis. A menor quantidade de peças significa geralmente uma automação mais fácil de implementar. O material em processo é menor e há menos problemas de controle de estoque. É preciso comprar menos peças, reduzindo os custos de encomenda.

Utilizar componentes padronizados disponíveis no mercado. O tempo e esforço de projeto são reduzidos. O projeto de componentes customizados é evitado. Existe pouca variedade de peças. O controle de estoque é facilitado. Pode ser possível obter descontos por quantidade.

Utilizar peças comuns às linhas de produtos. Há uma oportunidade de aplicar tecnologia de grupo (Seção 35.5). A implementação de células de manufatura pode ser possível, além dos descontos por quantidade.

Projetar para facilitar a fabricação da peça. Os processos de forma final (*net shape*) e forma quase final (*near net shape*) podem ser viáveis. A geometria da peça é simplificada e as características desnecessárias são evitadas. Os requisitos de acabamento de superfície desnecessários devem ser evitados; senão, pode ser necessário mais processamento.

Projetar peças com tolerâncias dentro da capacidade do processo. As tolerâncias mais estreitas que a capacidade do processo (Seção 37.2) devem ser evitadas; senão, será necessário mais processamento ou triagem. Devem ser especificadas as tolerâncias bilaterais.

Projetar o produto para ser à prova de falhas durante a montagem. A montagem deve ser objetiva. Os componentes devem ser projetados para que possam ser montados de uma única maneira. Às vezes, devem ser acrescentadas características geométricas aos componentes para alcançar a montagem à prova de falhas.

Minimizar a utilização de componentes flexíveis. Os componentes flexíveis incluem peças feitas de borracha, correias, gaxetas, cabos etc. Os componentes flexíveis geralmente são mais difíceis de manusear e montar.

Projetar para facilitar a montagem. As características das peças, como os chanfros e a conicidade, devem ser projetadas em peças de encaixe. Projete a montagem utilizando peças a partir das quais outros componentes são adicionados. A montagem deve ser projetada para que os componentes sejam adicionados a partir de uma direção, geralmente a vertical. Os fixadores roscados (parafusos, porcas) devem ser evitados quando possível, especialmente quando for utilizada a montagem automatizada; em vez disso, devem ser empregadas técnicas de montagem rápida, como o encaixe rápido e a união adesiva. O número de fixadores diferentes deve ser minimizado.

Utilizar projeto modular. Cada subconjunto deve consistir em cinco a quinze peças. A manutenção e o reparo são facilitados. As montagens automatizada e manual são implementadas mais facilmente. Necessidades de estoque são menores. O tempo de montagem final é minimizado.

Utilizar formatos de peças e produtos visando à facilidade de embalagem. O produto deve ser projetado para que possa ser utilizado o padrão de embalagens, que é compatível com o equipamento de embalagem automatizada. O envio para os clientes é facilitado.

Eliminar ou reduzir ajustes necessários. Os ajustes são consumidores de tempo na montagem. Projetar ajustes sobre o produto significa mais oportunidades para eliminar ajustes pontuais que venham a surgir.

Compilado de [1], [4], [9].

gem tradicional ao lançamento de um novo produto tende a separar as duas funções, conforme ilustrado na Figura 36.6(a). O engenheiro de projeto de produto desenvolve o novo projeto, às vezes com pouca consideração à capacidade de produção possuída pela empresa. Não há interação entre os engenheiros de produto e os engenheiros de manufatura que possam fornecer informações sobre essa capacidade e sobre como o projeto do produto pode ser alterado para acomodar essa capacidade de produção. É como se houvesse um muro entre as duas funções; quando a engenharia de produto conclui o projeto, os desenhos e especificações são jogados sobre a parede para que o planejamento do processo possa começar.

Em uma empresa que pratica a engenharia simultânea, o planejamento da manufatura começa enquanto o projeto do produto está sendo desenvolvido, como retratado na Figura 36.6(b). A engenharia de manufatura passa a se envolver no início do ciclo de desenvolvimento de produto. Além disso, outras funções também estão cnvolvidas, como o serviço de campo, engenharia de qualidade, os departamentos de manufatura, fornecedores fornecendo componentes críticos e, em alguns casos, clientes que vão utilizar o produto. Todas essas funções podem contribuir para o projeto de um produto que não só tenha bom desempenho funcional, mas que também seja fabricável, montável,

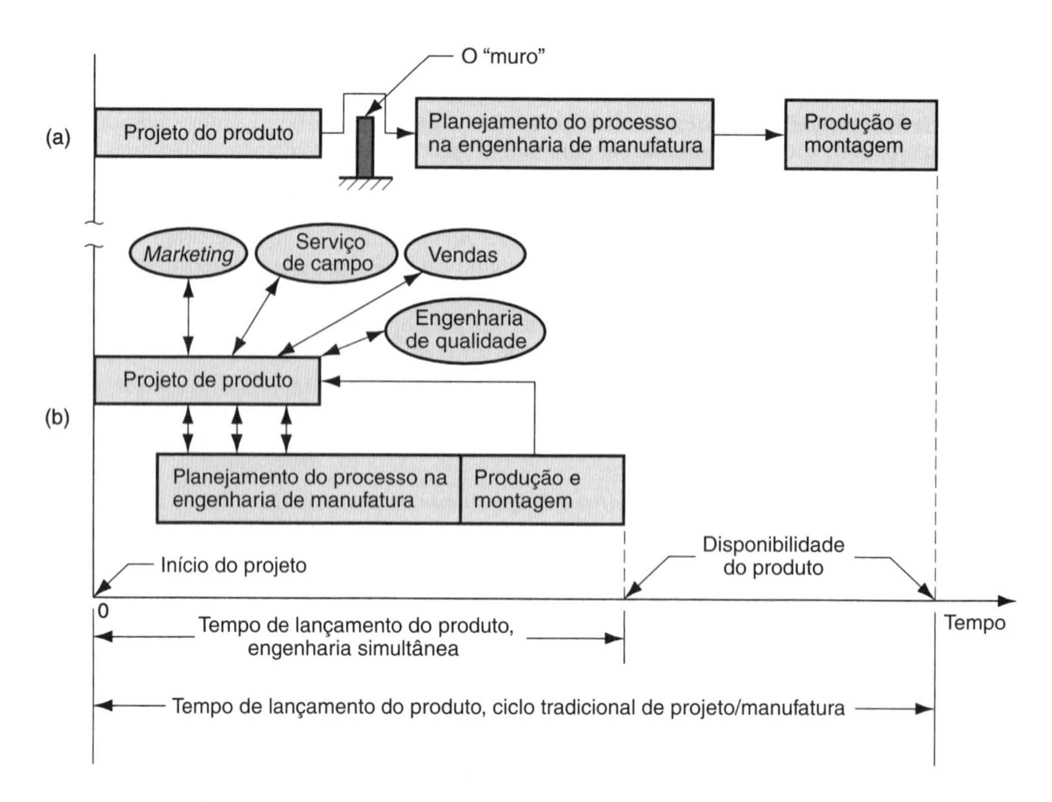

FIGURA 36.6 Comparação entre: (a) ciclo tradicional de desenvolvimento do produto; (b) desenvolvimento do produto por engenharia simultânea.

passível de inspeção, testável, passível de manutenção, livre de defeitos, e seguro. Todos os pontos de vista foram combinados para projetar um produto de alta qualidade que vai trazer satisfação ao cliente. E por meio do envolvimento no início, em vez de um procedimento de revisão do projeto final e sugestão de alterações depois de ser tarde demais para fazê-las de modo conveniente, o ciclo total de desenvolvimento do produto é substancialmente reduzido.

A engenharia simultânea abarca outros objetivos além do DFM/A, como o projeto para a qualidade, projeto para o ciclo de vida e projeto para o custo. Com a importância da qualidade na concorrência internacional e o sucesso demonstrado das empresas que têm sido capazes de produzir produtos de alta qualidade, deve-se concluir que o ***projeto para a qualidade*** é muito importante. O Capítulo 37 lida com o controle da qualidade e inclui uma discussão sobre várias abordagens de qualidade relacionadas ao projeto do produto.

O ***projeto para o ciclo de vida*** se refere ao produto após ter sido produzido. Em muitos casos, um produto pode envolver custos significativos para o cliente, além do preço de compra. Esses custos incluem instalação, manutenção e reparo, peças de reposição, atualização futura do produto, segurança durante a operação, e descarte do produto no final de sua vida útil. O preço pago pelo produto pode ser uma pequena parte de seu custo total quando os custos do ciclo de vida estiverem incluídos. Alguns clientes (por exemplo, governo federal) consideram os custos do ciclo de vida em suas decisões de compra. O fabricante deve incluir os contratos de serviço que limitam a vulnerabilidade do cliente aos custos excessivos de manutenção e serviço. Nesses casos, devem ser incluídas estimativas precisas desses custos do ciclo de vida no custo total do produto.

O custo de um produto é um fator importante na determinação de seu sucesso comercial. O custo afeta o preço cobrado pelo produto e o lucro auferido no mesmo. ***Projeto para o custo de produto*** refere-se aos esforços de uma empresa para identificar o impacto das decisões de projeto sobre os custos globais do produto e para controlar esses custos por meio do projeto ótimo. Muitas das diretrizes de DFM/A são voltadas para reduzir o custo do produto.

36.3 Planejamento e Controle da Produção

Planejamento e controle da produção são os sistemas de apoio à manufatura referentes aos problemas de logística na função de produção. O ***planejamento da produção*** se refere a planejar quais produtos devem ser produzidos, em que quantidades e quando. Considera também os recursos necessários para realizar o plano. O ***controle da produção*** determina se os recursos para executar o plano foram fornecidos e, se não foram, adota as medidas necessárias para corrigir as deficiências.

Os problemas no planejamento e controle da produção são diferentes para os diferentes tipos de manufatura. Um dos fatores importantes é a relação entre a variedade de produtos e o volume de produção (Subseção 1.1.2). Em um extremo está a ***produção por encomenda***, na qual diferentes tipos de produtos são produzidos em baixa quantidade de cada um. Os produtos costumam ser complexos, consistindo em muitos componentes, cada um deles devendo ser processado por meio de várias operações. Solucionar os problemas de logística em uma instalação como essa requer um planejamento detalhado – programar e coordenar grandes quantidades de componentes diferentes e etapas de processamento para produtos diferentes.

Em outro extremo está a ***produção em massa***, na qual um único produto (com talvez algumas variações de modelo) é produzido em quantidade muito grande (de até milhões de unidades). Os problemas de logística na produção em massa serão simples se o produto e o processo forem simples. Nas situações mais complexas, como a produção de automóveis e grandes eletrodomésticos, o produto é uma montagem consistindo em muitos componentes, e a instalação é organizada como uma linha de produção (Seção 35.2). O problema de logística na operação desse tipo de instalação é colocar cada componente na estação de trabalho certa no momento certo para que possa ser montado no produto, à medida que ele passa pela estação. A não resolução desse problema pode resultar na paralisação da linha de produção inteira por falta de uma peça crítica.

Para distinguir entre esses dois extremos em termos das questões no planejamento e controle da produção, a função de planejamento é enfatizada em uma produção sob encomenda, ao passo que a função de controle é enfatizada na produção em massa dos produtos montados. Existem muitas variações entre esses dois extremos, com diferenças associadas na maneira como o planejamento e controle da produção são implementados.

A Figura 36.7 apresenta um diagrama de blocos retratando as atividades de um moderno sistema de planejamento e controle da produção e suas inter-relações. As atividades podem ser divididas em três fases: (1) planejamento agregado de produção, (2) planejamento detalhado das necessidades de material e capacidade, e (3) compras e controle do chão de fábrica. Nossa discussão do planejamento e controle da produção nesta seção está organizada em torno desse arcabouço.

36.3.1 PLANEJAMENTO AGREGADO E O PLANO MESTRE DE PRODUÇÃO

Qualquer empresa de manufatura deve ter um plano de negócios, e esse plano deve incluir quais produtos serão produzidos, quantos e quando. O plano de produção deve levar em conta as encomendas atuais e as previsões de vendas, níveis de estoque e capacidade da fábrica.

O ***plano agregado de produção*** indica os níveis de saída da produção das principais linhas de produtos em vez de produtos específicos. Ele deve ser coordenado com o plano de vendas e *marketing* da empresa. O planejamento agregado é, portanto, uma atividade de planejamento corporativo de alto nível, embora os detalhes do processo de planejamento sejam delegados à equipe. O plano agregado deve conciliar os planos de *marketing* dos produtos atuais e dos novos produtos em desenvolvimento com os recursos de capacidade disponíveis para produzir esses produtos.

Os níveis planejados de saída das principais linhas de produtos no plano agregado devem ser convertidos em um cronograma específico de cada produto. Isso se chama ***plano mestre de produção*** (ou ***plano mestre***, abreviando) e apresenta os produtos a serem manufaturados, quando devem ser produzidos e em que quantidade.

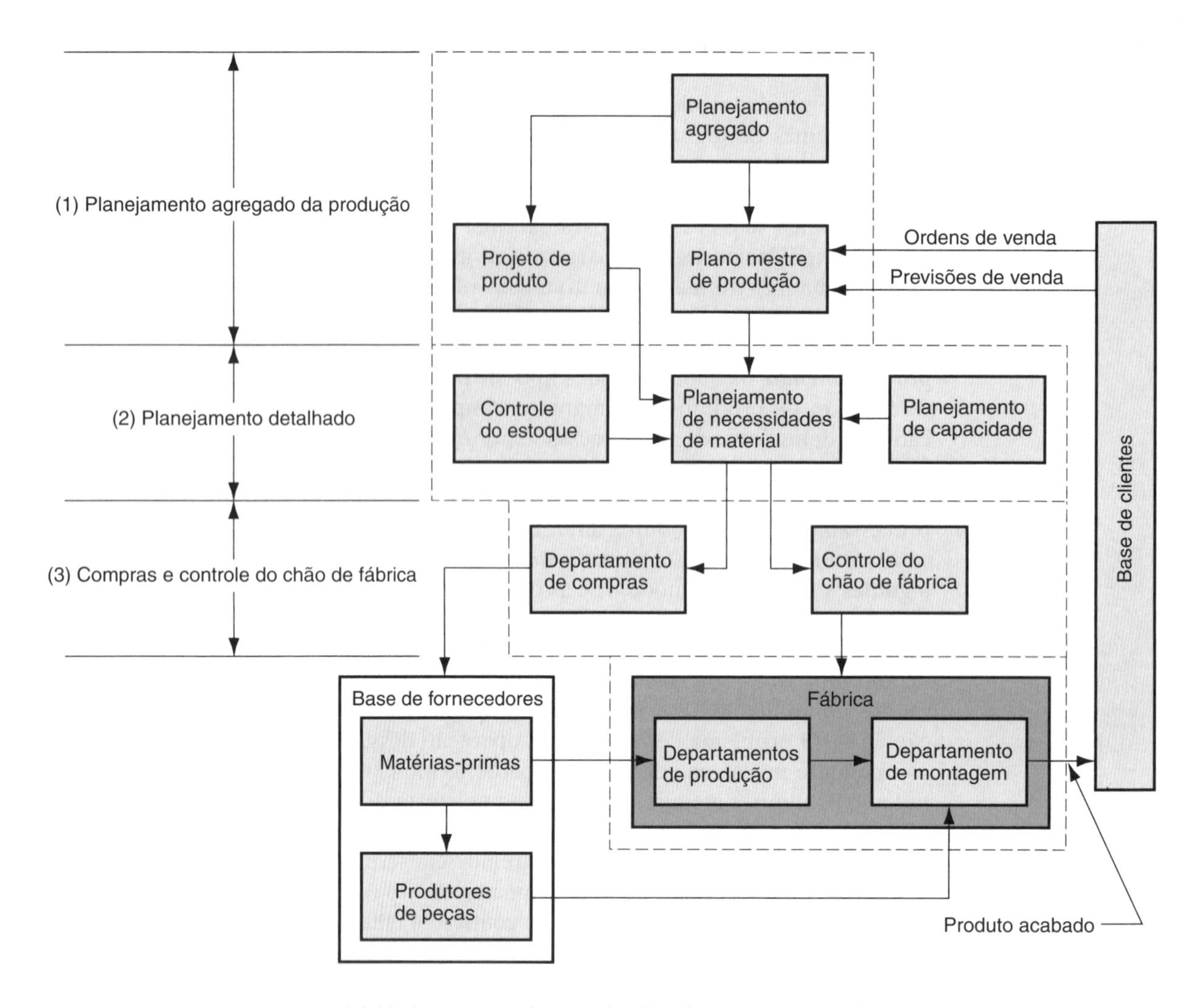

FIGURA 36.7 Atividades em um sistema de planejamento e controle da produção.

São apresentadas três categorias de itens no plano mestre: (1) pedidos firmes dos clientes (carteira de pedidos), (2) previsão da demanda e (3) peças sobressalentes. Os pedidos de clientes referentes a produtos específicos normalmente obrigam a empresa a trabalhar com um prazo de entrega que foi prometido ao cliente pelo departamento de vendas. A segunda categoria consiste nos níveis de saída da produção baseados na previsão da demanda, na qual as técnicas estatísticas de previsão são aplicadas a padrões de demanda prévia, estimativas feitas pela equipe de vendas e outras fontes. A terceira categoria é a demanda por partes componentes individuais – peças de reparo a serem estocadas no departamento de manutenção da empresa. Algumas empresas excluem essa terceira categoria do plano mestre porque ela não representa os produtos finais.

O plano mestre de produção deve considerar os prazos necessários para pedir as matérias-primas e os componentes, produzir as peças na fábrica e depois montar e testar os produtos finais. Dependendo do tipo de produto, esses prazos podem ir de meses a mais de um ano. Geralmente é considerado fixo no curto prazo, significando que as mudanças não são permitidas em um horizonte de aproximadamente seis semanas. No entanto, são possíveis ajustes no plano após seis semanas para lidar com as mudanças na demanda ou com novas oportunidades de produto. Portanto, deve-se observar que o plano agregado de produção não é o único insumo para o plano mestre. Outros fatores que podem fazer com que se desvie do plano agregado incluem novos pedidos de clientes e mudanças nas vendas no curto prazo.

36.3.2 PLANEJAMENTO DAS NECESSIDADES DE MATERIAL (MRP)

Duas técnicas para planejar e controlar a produção são utilizadas na indústria, dependendo da variedade de produtos e das quantidades produzidas (volume de produção). Nesta seção são discutidos os procedimentos para produção por encomenda e de média produção de produtos montados. Na Seção 36.4 são examinados os procedimentos adequados para a alta produção.

O planejamento das necessidades de material (MRP, do inglês *material requirements planning*) é um procedimento computacional utilizado para converter o plano mestre de produção dos produtos finais em um cronograma detalhado de matérias-primas e componentes utilizados nos produtos finais. O cronograma detalhado indica as quantidades de cada um dos itens, quando devem ser solicitados e quando devem ser entregues para implementar o plano mestre. O ***planejamento das necessidades de capacidade*** (Subseção 36.3.3) coordena os recursos de mão de obra e equipamentos com as necessidades de material.

O MRP é mais adequado para a produção sob encomenda e a produção em lotes que têm múltiplos componentes, cada um deles tendo que ser comprado e/ou fabricado. É uma técnica que determina as quantidades de itens utilizados nos produtos finais. Depois que a quantidade de produtos finais foi decidida e incluída no plano mestre de produção, então as quantidades de cada componente podem ser calculadas diretamente. Por exemplo, cada automóvel listado no plano mestre precisa de quatro pneus (cinco, se incluirmos o pneu reserva – o estepe). Desse modo, se o plano de produção pedir 1000 carros produzidos em uma determinada semana, a fábrica precisa encomendar 4000 pneus para esses carros. A demanda pelos produtos finais pode ser prevista, mas os materiais e peças utilizados nos produtos finais não podem.

O MRP é um conceito relativamente simples. Sua aplicação é complicada pela magnitude dos dados que devem ser processados. O plano mestre especifica a produção dos produtos finais em termos de entregas mensais. Cada produto pode conter centenas de componentes. Esses componentes são produzidos a partir de matérias-primas, algumas delas comuns entre os componentes (por exemplo, chapa de aço para estampagem). Alguns dos próprios componentes podem ser comuns a vários produtos diferentes (chamados ***itens de uso comum*** em MRP). Para cada produto, os componentes são montados em subconjuntos simples, que são adicionados para formar outros subconjuntos, e assim por diante, até que os produtos finais estejam concluídos. Cada etapa na sequência consome tempo. Todos esses fatores devem ser levados em conta no planejamento das necessidades de material. Embora cada cálculo seja simples, a grande quantidade de cálculos e a grande quantidade de dados exigem que o MRP seja implementado por computador.

O *lead time* para uma tarefa é o tempo que deve ser designado para completar a fabricação do início ao fim. Existem dois tipos de *lead times* em MRP: *lead times* de encomenda e *lead times* de fabricação. O ***lead time de encomenda*** é o tempo necessário para a iniciação da requisição de compra até o recebimento do item do fornecedor. Se o item for uma matéria-prima estocada pelo fornecedor, o *lead time* de encomenda deve ser relativamente curto, talvez de alguns dias. Se o item for fabricado, o prazo pode ser substancial, talvez de vários meses. O ***lead time de fabricação*** é o tempo necessário para produzir o item na própria instalação da empresa, da liberação do pedido até sua conclusão. Isso inclui os prazos para produzir as peças e montar os produtos finais.

Informações para o Sistema de MRP Para que o processador de MRP funcione adequadamente, ele deve receber entradas (*inputs*) de vários arquivos: (1) plano mestre de produção, (2) lista de materiais, (3) registros de estoque e (4) planejamento das necessidades de capacidade. A Figura 36.7 mostra o fluxo de dados para o processador do MRP e os receptores de seus relatórios de saída.

O plano mestre de produção foi discutido na Subseção 36.3.1 e o planejamento das necessidades de capacidade é tratado na Subseção 36.3.3. O ***arquivo de lista de materiais*** contém as partes componentes e os subconjuntos que compõem cada produto. É utilizado para calcular as necessidades de matérias-primas e componentes utilizados nos produtos finais listados no plano mestre. O ***arquivo de registros de estoque*** identifica cada item (pelo número da peça) e fornece um registro cíclico do *status* de seu estoque. Isso significa que não só a quantidade atual do item é listada, mas também quaisquer alterações futuras, no *status* do estoque, que irão ocorrer e quando irão ocorrer.

Como Funciona o MRP Com base nas informações do plano mestre, arquivo de lista de materiais e arquivo de registro de estoque, o processador de MRP calcula qual será a quantidade necessária de cada componente e matéria-prima em períodos de tempo futuros "explodindo" o cronograma do produto final para incluir esses itens. Quantos pneus e outros componentes devem ser solicitados para produzir as quantidades de carros listadas em cada período de tempo (por exemplo, cada semana) do plano mestre de produção?

Os cálculos do MRP devem lidar com vários fatores complicadores. Primeiro, as quantidades de componentes e subconjuntos devem ser ajustadas para quaisquer estoques em mãos ou encomendados. Segundo, as quantidades dos itens de uso comum devem ser combinadas durante a explosão das peças para obter uma necessidade total de cada componente e matéria-prima no plano. Terceiro, a entrega cíclica dos produtos deve ser convertida em necessidades cíclicas de componentes e materiais, levando em conta os *lead times* apropriados. Para cada unidade do produto final listada no plano mestre, o número de componentes de cada tipo necessários deve ser encomendado ou fabricado, levando em conta seus *lead times* de encomenda e/ou fabricação. Para cada componente, a matéria-prima deve ser pedida, levando em conta seu *lead time* de encomenda. E os prazos de montagem devem ser considerados na programação dos subconjuntos e produtos finais.

Relatórios de Saída O MRP gera vários relatórios de saída (*output*) que podem ser utilizados nas operações de planejamento e gerenciamento das operações da fábrica. Os relatórios incluem (1) liberações de pedidos, que autorizam os pedidos planejados pelo sistema MRP; (2) liberações de pedidos planejados em períodos futuros; (3) avisos de reprogramação, indicando mudanças nos prazos dos pedidos em aberto; (4) avisos de cancelamento, que indicam que certos pedidos em aberto foram cancelados devido a mudanças no plano mestre; (5) relatórios de *status* do estoque; (6) relatórios de desempenho; (7) relatórios de exceções, mostrando desvios do cronograma, pedidos atrasados, sucata, e assim por diante; e (8) projeções de estoque, que projetam os níveis de estoque em períodos futuros.

36.3.3 PLANEJAMENTO DAS NECESSIDADES DE CAPACIDADE

O planejamento das necessidades de capacidade trata da determinação dos requisitos de mão de obra e equipamentos necessários para realizar o plano mestre de produção. Também lida com a identificação das necessidades de capacidade de longo prazo da empresa. Finalmente, e ainda importante, o planejamento da capacidade serve para identificar as limitações nos recursos de produção para que possa ser feito um plano mestre de produção dentro da realidade.

Um plano mestre realista deve levar em conta a capacidade de produção da fábrica que vai fazer os produtos. A empresa deve estar a par de sua capacidade de produção e planejar para mudanças na capacidade para satisfazer às novas exigências de produção especificadas no plano mestre. A relação entre planejamento da capacidade e outras funções no planejamento e controle da produção é exibida na Figura 36.7. O plano mestre é reduzido às necessidades de materiais e componentes utilizando o MRP. Esses requisitos fornecem estimativas das horas de trabalho necessárias e de outros recursos necessários para produzir os componentes. Os recursos necessários são comparados com a capacidade da fábrica ao longo do horizonte de planejamento. Se o plano mestre não for compatível com a capacidade da fábrica, devem ser feitos ajustes no plano ou na capacidade da fábrica.

A capacidade da fábrica pode ser ajustada no curto prazo e no longo prazo. Os ajustes de capacidade de curto prazo incluem (1) ***níveis de emprego*** – aumentar ou diminuir o número de funcionários na fábrica; (2) ***horas do turno*** – aumentar ou diminuir o número de horas de trabalho por turno por meio do uso de horas extras ou horas reduzidas; (3) ***número de turnos de trabalho*** – aumentar ou diminuir o número de turnos trabalhados por período de produção, autorizando turnos noturnos e/ou nos finais de semana; (4) ***armazenamento de estoque*** – essa tática é utilizada para manter níveis de emprego estáveis durante períodos de baixa demanda; (5) ***carteira de encomendas*** – atrasar as entregas para os clientes durante os períodos atarefados quando os recursos de produção são insuficientes para acompanhar a demanda; e (6) ***terceirização*** – terceirizar trabalho para oficinas externas durante os períodos atarefados ou assumir trabalho extra durante os períodos de folga.

Os ajustes de capacidade de longo prazo incluem possíveis mudanças na capacidade de produção que geralmente requerem longos prazos, incluindo os seguintes tipos de decisões: (1) ***novos equipamentos*** – investimentos em outras máquinas, máquinas mais produtivas ou novos tipos de máquinas para corresponder às futuras mudanças no projeto do produto; (2) ***novas fábricas*** – construção de novas fábricas ou compra de fábricas existentes de outras empresas; e (3) ***fechamento de fábricas*** – fechar fábricas que não serão mais necessárias no futuro.

36.3.4 CONTROLE DO CHÃO DE FÁBRICA

A terceira fase no planejamento e controle da produção na Figura 36.7 diz respeito à liberação de ordens (pedidos) de produção, monitoramento e controle do progresso dos pedidos e aquisição de informações atualizadas sobre o *status* do pedido. O departamento de compras é responsável por essas funções entre os fornecedores. O termo ***controle do chão de fábrica*** é utilizado para descrever essas funções quando realizadas nas fábricas da própria empresa. Em termos básicos, o controle do chão de fábrica refere-se ao gerenciamento do material em processo na fábrica. É mais relevante na produção sob demanda e na produção em lotes, em que há uma série de pedidos diferentes que devem ser programados e monitorados de acordo com suas prioridades relativas.

Um sistema típico de controle do chão de fábrica consiste em três módulos: (1) liberação do pedido, (2) programação do pedido e (3) progresso do pedido. Os três módulos e o modo em que estão relacionados a outras funções na fábrica são retratados na Figura 36.8. O *software* de computador que apoia o controle do chão de fábrica é denominado ***sistema de execução da produção***, que inclui a capacidade para interagir em tempo real com os usuários que buscam informações de *status* em qualquer uma das três fases.

Liberação do Pedido A liberação do pedido no controle do chão de fábrica gera os documentos necessários para processar uma ordem de produção na fábrica. Às vezes os documentos são chamados de dossiê de fabricação (*shop packet*), e consistem, tipicamente, em (1) folha de rota, (2) requisições de material para extrair as matérias-primas dos estoques, (3) documentos de fabricação para relatar o tempo de trabalho utilizado no pedido, (4) fichas de movimentação para autorizar o transporte de peças para os centros de trabalho subsequentes no roteamento e (5) lista de peças – necessária para os trabalhos de montagem. Em uma fábrica tradicional, são documentos físicos (de papel) que acompanham a ordem de produção e que são utilizados para monitorar seu progresso pela fábrica. Nas fábricas modernas, são utilizados métodos automatizados, como a tecnologia de código de barras e os computadores de chão de fábrica para monitorar o *status* do pedido (ordem), tornando parte ou toda a documentação de papel desnecessária.

A liberação do pedido é induzida por duas informações principais, conforme indicado na Figura 36.8: (1) planejamento das necessidades de material, que fornece autorização para produzir; e (2) banco de dados de engenharia e produção, que indica a estrutura do produto e os detalhes de planejamento do processo necessários para gerar os documentos que acompanham o pedido pela fábrica.

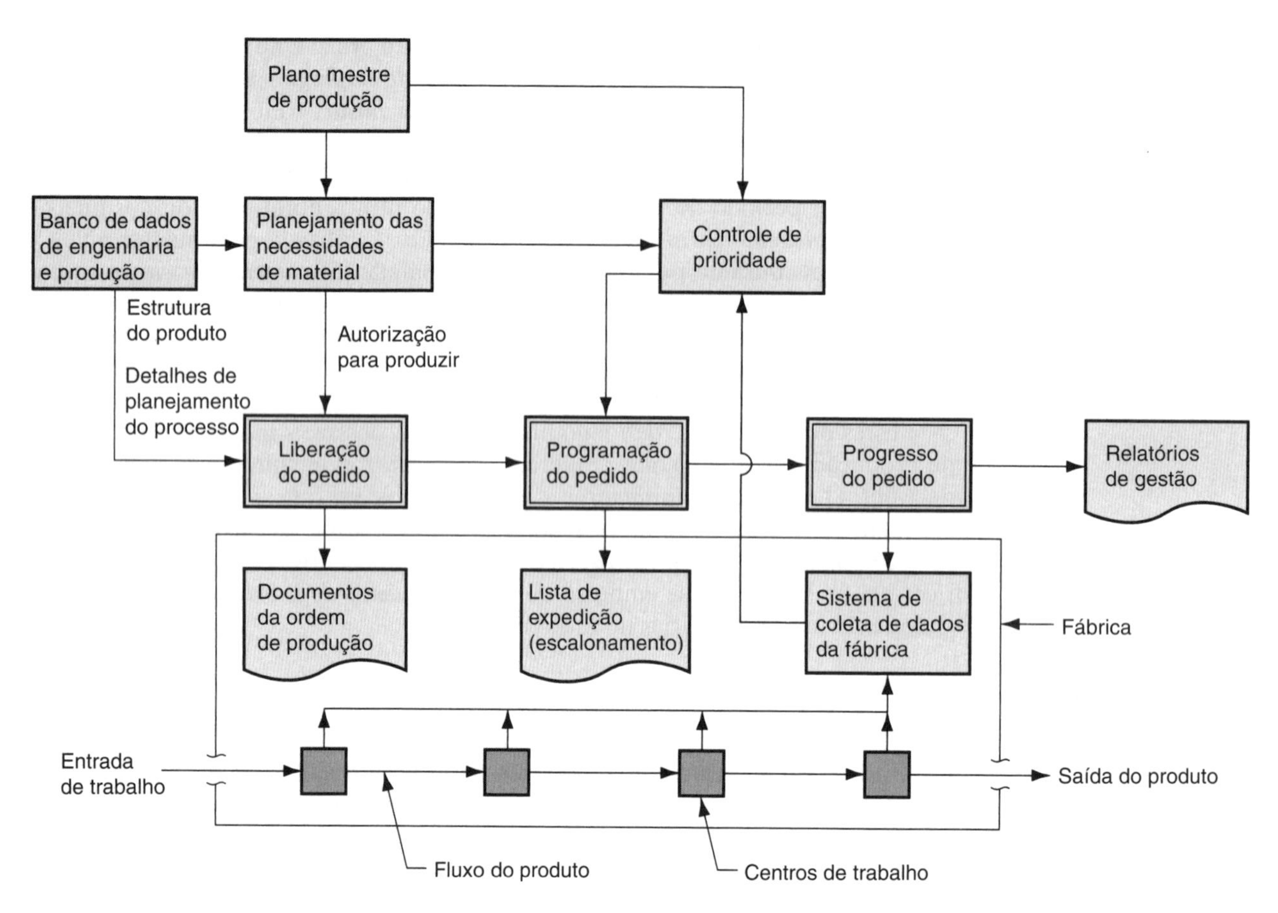

FIGURA 36.8 Três módulos em um sistema de controle do chão de fábrica e interconexões com outras funções de planejamento e controle da produção.

Programação do Pedido A programação do pedido atribui as ordens de produção aos centros de trabalho na fábrica. Essa programação serve como uma função de escalonamento no controle da produção. Na programação do pedido é preparada uma lista de escalonamento indicando quais pedidos devem ser executados em cada centro de trabalho. Ela também fornece as prioridades relativas para os diferentes trabalhos (por exemplo, exibindo os prazos de cada trabalho). A lista de escalonamento ajuda o supervisor do departamento a atribuir o trabalho e alocar recursos para realizar o plano mestre.

A programação do pedido aborda dois problemas no planejamento e controle da produção: carregamento de máquina e sequenciamento de ordens. Para programar as ordens de produção na fábrica, primeiro elas precisam ser designadas aos centros de trabalho. A designação das ordens aos centros de trabalho é chamada de ***carregamento de máquina***. Carregar todos os centros de trabalho na fábrica tem o nome de ***carregamento de oficina*** (*shop loading*). Uma vez que o número de ordens de produção tende a exceder o número de centros de trabalho, cada centro de trabalho terá uma fila de ordens aguardando o processamento.

O ***sequenciamento de trabalho*** lida com o problema de decidir a sequência das tarefas do processo em uma determinada máquina. A sequência de processamento é decidida por meio de prioridades entre as ordens na fila. As prioridades relativas são determinadas por uma função chamada de ***controle de prioridade***. Algumas regras utilizadas para estabelecer prioridades para ordens de produção em uma fábrica incluem (1) ***primeira a chegar, primeira a ser atendida*** – as ordens são processadas na sequência em que chegam ao centro de trabalho; (2) ***prazo mais próximo*** – as ordens com prazos mais próximos de vencer recebem as prioridades mais altas; (3) ***menor tempo de proces-***

samento – as ordens com tempo de processamento mais curto recebem prioridades mais altas; e (4) ***menor período de inatividade*** – as ordens com menor período de inatividade em seu cronograma recebem as prioridades mais altas (tempo de inatividade é definido como a diferença entre o tempo restante até a data de vencimento e o tempo de processamento restante). Quando uma ordem é concluída em um centro de trabalho, ela passa para a próxima máquina em seu roteamento. Passa a fazer parte do carregamento de máquina desse centro de trabalho, e mais uma vez é utilizado o controle de prioridade para determinar a sequência entre as ordens a serem processadas naquela máquina.

Progresso da Ordem O progresso da ordem no controle da produção monitora o *status* das ordens, o material em processo, e outros parâmetros na fábrica que indicam o progresso e o desempenho. O objetivo é fornecer informações para gerenciar a produção com base nos dados coletados da fábrica.

Existem várias técnicas para coletar dados das operações fabris. As técnicas variam de procedimentos administrativos exigindo que os funcionários enviem formulários físicos que são compilados posteriormente, até sistemas altamente automatizados exigindo participação humana mínima. O termo ***sistema de coleta de dados fabris*** é utilizado, às vezes, para denominar essas técnicas. A cobertura mais completa desse tópico é apresentada em [6].

As informações apresentadas à gestão costumam ser resumidas na forma de relatórios. Esses relatórios incluem (1) ***relatórios de status da ordem de trabalho***, que indicam o *status* das ordens de produção, incluindo o centro de trabalho no qual cada ordem se encontra, as horas de processamento restantes antes de cada ordem ser completada, se a ordem está dentro do prazo, e seu nível de prioridade; (2) ***relatórios de progresso*** que comunicam o desempenho da oficina durante certo período de tempo, como uma semana ou um mês – quantas ordens foram concluídas durante o período, quantas ordens deveriam ter sido concluídas durante o período, mas não o foram, e assim por diante; e (3) ***relatórios de exceções***, que indicam os desvios do cronograma de produção, como as ordens em atraso. Esses relatórios são úteis para a gestão decidir as questões de alocação de recursos, autorizar as horas extras e identificar áreas problemáticas que afetam adversamente a realização do plano mestre de produção.

36.3.5 PLANEJAMENTO DE RECURSOS EMPRESARIAIS (ERP)

Os primeiros sistemas MRP lançados nos anos 1970 se limitavam ao planejamento das ordens de compra e das ordens de trabalho de produção derivadas do plano mestre de produção. Eles não incluíam o planejamento da capacidade e os dados de *feedback* da fábrica. Essas deficiências ficaram aparentes nos anos 1980, e outras capacidades foram adicionadas aos pacotes básicos de MRP, incluindo o planejamento das necessidades de capacidade e o controle da produção. O termo planejamento de recursos de produção era utilizado para distinguir os sistemas melhorados do planejamento das necessidades de material inicial, e a abreviação MRP II foi adotada. O ***planejamento de recursos de produção*** pode ser definido como um "sistema baseado em computador para planejar, programar e controlar os materiais, recursos e atividades de apoio necessárias para manter o plano mestre de produção".[1] O MRP II integra o planejamento das necessidades de material, o planejamento das necessidades de capacidade e o controle da produção em um único sistema.

Outras melhorias foram feitas no MRP II durante os anos 1990, acrescentando características que foram além das simples atividades de produção de uma empresa, incluindo todas as operações de funções da empresa inteira. Além disso, novos pacotes, chamados de planejamento de recursos empresariais, eram aplicáveis às organizações prestadoras de serviços, bem como às empresas nas indústrias de produção. O ***planejamento de recursos empresariais*** (ERP, do inglês *enterprise resource planning*) é um

[1]M. P. Groover, ***Automation, Production Systems, and Computer-Integrated Manufacturing*** [6], p. 762.

"sistema informatizado que organiza e integra todos os dados e funções de negócio de uma organização mediante um único banco de dados central".[2] Para uma empresa de manufatura, o ERP realiza as funções do MRP II. Outras funções na maioria dos sistemas ERP incluem vendas e serviços, *marketing*, logística, distribuição, controle de estoque, contabilidade e finanças, recursos humanos e gestão de relacionamento com o cliente. Os sistemas ERP consistem em vários módulos de *software*, cada um deles dedicado à sua função específica. Uma empresa usuária pode optar por incluir apenas certos módulos de interesse particular em seu sistema ERP. Por exemplo, uma organização prestadora de serviços pode não precisar de módulos relacionados à produção.

Os sistemas ERP atuais baseiam-se em padrões de arquitetura aberta, significando que uma empresa usuária pode adquirir certos módulos de uma empresa e outros módulos de uma empresa diferente e integrá-los em seu próprio sistema ERP. Essa arquitetura aberta deu origem ao termo ERP II durante o início dos anos 2000. Além disso, o planejamento de recursos empresariais pode ser implementado como um sistema baseado na nuvem, no qual os dados da empresa usuária residem em grandes *data centers* externos à empresa e acessados por meio da Internet [19]. Isso lhes permite evitar despesas de investir e manter seu próprio banco de dados central.

O ERP II é instalado como um sistema cliente-servidor que atende a empresa inteira em vez de fábricas individuais, como o MRP e o MRP II fazem com frequência. Os funcionários acessam e trabalham com o sistema usando seus computadores pessoais. Como o ERP tem apenas um banco de dados, ele evita os problemas de redundância de dados e informações conflitantes que surgem quando uma organização mantém vários bancos de dados. Também minimiza os atrasos e as questões de compatibilidade associadas a diferentes bancos de dados e módulos de *software*. Com o ERP, todos os funcionários têm acesso aos mesmos dados, dependendo de suas responsabilidades individuais e de autorizações do tipo "necessidade de conhecimento".

36.4 Sistemas de Entrega *Just-In-Time*

Just-in-time (JIT) é uma abordagem ao controle da produção que foi desenvolvida pela Toyota Motors, no Japão, para minimizar estoques. O material em processo e outros inventários são encarados como desperdício, que deve ser eliminado. O estoque suspende os fundos de investimento e ocupa espaço. Para reduzir essa forma de desperdício, a abordagem JIT inclui uma série de princípios e procedimentos voltados para reduzir estoques de maneira direta ou indireta. JIT é um componente importante da produção enxuta, cujo objetivo principal é reduzir todas as formas de desperdício nas operações de produção. A produção enxuta é descrita na Seção 36.5.

Os procedimentos *just-in-time* se provaram mais eficazes na produção repetitiva de alto volume, como o setor automobilístico [10]. O potencial para acúmulo de estoque em processamento nesse tipo de produção é significativo porque tanto as quantidades de produtos quanto o número de componentes por produto são grandes. Um sistema *just-in-time* produz exatamente a quantidade certa de cada componente, necessária para satisfazer a próxima operação na sequência de produção, justamente quando o componente se faz necessário; ou seja, "*just in time*" (na hora certa, no momento exato). O tamanho ideal do lote é uma peça. Por uma questão prática, mais de uma peça é produzida por vez, mas o tamanho do lote se mantém pequeno. Em JIT, deve-se evitar a produção de unidades demais, tanto quanto a produção de unidades de menos. O sistema JIT foi adotado por muitas empresas norte-americanas no setor automotivo e em outros setores de produção.

Embora o tema principal no JIT seja a redução de estoque (inventário), isso não pode ser simplesmente imperativo. Vários requisitos devem ser cumpridos para tornar isso possível: (1) cronogramas estáveis de produção; (2) lotes pequenos e tempos de *setup* curtos; (3) entrega no prazo; (4) componentes e materiais sem defeitos; (5) equi-

[2]M. P. Groover, ***Automation, Production Systems, and Computer-Integrated Manufacturing*** [6], p. 763.

pamento de produção confiável; (6) sistema "puxado" de controle da produção (*pull system*); (7) uma força de trabalho que seja capaz, comprometida e cooperativa; e (8) uma base confiável de fornecedores.

Cronograma Estável Para o JIT ser bem-sucedido, o trabalho deve fluir regularmente com perturbações mínimas em relação às operações normais. As perturbações exigem mudanças nos procedimentos de operação – aumentos e reduções na taxa de produção, configurações não programadas, variações em relação à rotina de trabalho regular, e outras exceções. Quando ocorrem perturbações nas operações posteriores – *downstream operations* (isto é, montagem final) – elas tendem a ser amplificadas nas operações anteriores – *upstream operations* (isto é, fornecimento de peças). Um plano mestre de produção que permaneça relativamente constante ao longo do tempo é uma maneira de alcançar um fluxo de trabalho regular e minimizar as perturbações e mudanças na produção. O termo ***balanceamento da produção*** é utilizado ocasionalmente para denominar essa prática de manter um resultado constante da produção.

Lotes Pequenos e Redução dos Tempos de *Setup* Dois requisitos para minimizar estoques são os lotes pequenos e os tempos de *setup* curtos. Os lotes grandes significam ciclos de produção mais longos e níveis de estoque mais elevados, tanto de estoques em processamento quanto finais. Os tempos de *setup* mais longos são onerosos tanto em mão de obra quanto em tempo de produção perdido, mas necessitam de ciclos de produção longos para justificar economicamente as configurações. Desse modo, os lotes grandes e os tempos de *setup* longos estão intimamente correlacionados e resultam em custos de operação maiores na unidade produtiva. Em vez de tolerá-los, os esforços se concentram em reduzir o tempo de *setup*, permitindo assim lotes menores e níveis mais baixos de material em processo.

Algumas das abordagens utilizadas para reduzir o tempo de *setup* incluem (1) realizar o máximo de configuração possível enquanto o trabalho anterior ainda está sendo executado; (2) utilizar dispositivos de encaixe por ajuste em vez de parafusos e porcas; (3) eliminar ou minimizar ajustes na configuração; e (4) utilizar tecnologia de grupo e manufatura celular para que tipos de peças similares sejam produzidos no mesmo equipamento. Essas abordagens resultaram às vezes em reduções radicais nos tempos de *setup*. Foram relatadas na literatura reduções de 95 % ou mais.[3]

Fornecimento no Prazo, Zero Defeito e Equipamento Confiável O sucesso da produção *just-in-time* requer a quase perfeição na entrega dentro do prazo, na qualidade das peças e na confiabilidade do equipamento. Os lotes pequenos e os armazenamentos temporários de peças empregados no JIT exigem que as peças sejam fornecidas antes de zerar os estoques nas estações clientes (*downstream*). Senão, a produção deve ser suspensa nessas estações por falta de peças. Se as peças fornecidas forem defeituosas, elas não podem ser utilizadas na montagem. Isso tende a incentivar o zero defeito na fabricação das peças. Os trabalhadores inspecionam seu próprio resultado para se certificar de que está correto antes de passar para a próxima operação.

O baixo nível de material em processo também exige equipamento de produção confiável. As máquinas que quebram não podem ser toleradas em um sistema de produção JIT. Isso enfatiza a necessidade de projetos de equipamentos confiáveis e de manutenção preventiva. O programa de Manutenção Produtiva Total da Toyota é discutido na Subseção 36.5.1.

Sistema Puxado de Controle da Produção O JIT requer um ***sistema puxado*** de controle da produção no qual a ordem para produzir peças em uma determinada estação de trabalho vem da estação seguinte que usa essas peças. À medida que o fornecimento de peças se esgota em uma determinada estação de trabalho, "coloca-se uma

---

[3]Suzaki, K. ***The New Manufacturing Challenge: Techniques for Continuous Improvement***, Free Press, New York, 1987.

ordem" na estação fornecedora (*upstream*) para restabelecer o fornecimento. Essa ordem fornece a autorização para a estação fornecedora produzir as peças necessárias. Esse procedimento, repetido em cada estação de trabalho por toda a planta, tem o efeito de puxar as peças através do sistema de produção. Por outro lado, um ***sistema empurrado*** (*push system*) de produção opera fornecendo peças para cada estação na fábrica, na verdade conduzindo o trabalho das estações fornecedoras para as estações clientes. O MRP é um sistema empurrado. O risco em um sistema empurrado é sobrecarregar a fábrica, programando mais trabalho do que ela pode suportar. Isso resulta em grandes filas de peças na frente das máquinas, que não conseguem acompanhar o trabalho que chega. Um sistema MRP mal aplicado, que não inclua o planejamento da capacidade, manifesta esse risco.

Um sistema puxado, famoso, é o ***kanban*** utilizado pela Toyota Motors. *Kanban* é uma palavra japonesa que significa ***cartão***. O sistema *kanban* de controle da produção se baseia no uso de cartões para autorizar a produção e o fluxo de trabalho na fábrica. Existem dois tipos de *kanbans*: (1) *kanbans* de produção e (2) *kanbans* de transporte. Um ***kanban de produção*** autoriza a produção de um lote de peças. As peças são colocadas em contêineres; assim, o lote consiste apenas nas peças suficientes para encher o contêiner. A produção de outras peças não é permitida. O ***kanban de transporte*** autoriza o movimento do contêiner de peças para a próxima estação na sequência.

Consulte a Figura 36.9, à medida que a operação de um sistema *kanban* for explicada. A figura mostra quatro estações, mas B e C são as estações que vão ser focadas aqui. A estação B é o fornecedor nesse par, e a estação C é o consumidor. A estação C abastece a estação D (*downstream*). B é abastecida pela estação A (*upstream*). Quando a estação C começa a trabalhar em um contêiner cheio, um trabalhador remove o *kanban* de transporte do contêiner e o leva de volta à estação B. O trabalhador encontra um contêiner cheio de peças em B que acabaram de ser produzidas, remove o *kanban* de produção desse contêiner e o coloca em uma prateleira em B. Então, o trabalhador coloca o *kanban* de transporte no contêiner cheio, que autoriza o seu movimento para a estação C. O *kanban* de produção na prateleira da estação B autoriza a produção de um novo lote de peças. A estação B produz mais de um tipo de peça, talvez para várias outras estações a jusante além da estação C. A programação do trabalho é determinada pela ordem em que os *kanbans* de produção são colocados na prateleira.

O sistema puxado de *kanban* entre as estações A e B e entre as estações C e D opera do mesmo modo que entre as estações B e C, descrito aqui. Esse sistema de controle da produção evita papelada desnecessária. Os cartões são utilizados repetidamente em vez de gerar novas ordens de produção e transporte a cada ciclo. Uma desvantagem aparente é o envolvimento considerável da mão de obra no manuseio de materiais (mover os cartões e contêineres entre as estações); no entanto, diz-se que isso promove o trabalho em equipe e a cooperação entre os trabalhadores.

Força de Trabalho e Base de Fornecedores Outro requisito importante de um sistema de produção JIT é que os trabalhadores sejam cooperativos, comprometidos e capazes de realizar várias tarefas. Os trabalhadores devem ser flexíveis para produzir uma série de tipos de peças em suas respectivas estações, inspecionar a qualidade do seu trabalho e lidar com problemas técnicos menores com o equipamento de produção para que não ocorram quebras importantes.

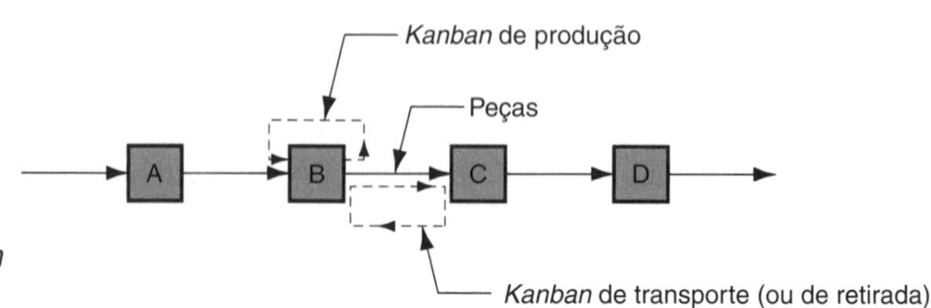

FIGURA 36.9 Operação de um sistema *kanban* entre as estações de trabalho.

Just-in-time estende-se aos fornecedores da empresa, que são mantidos nos mesmos padrões de fornecimento no prazo, zero defeito e outros requisitos de JIT da própria empresa. Algumas políticas de fornecedores utilizadas pelas empresas para implementar o JIT incluem (1) reduzir o número total de fornecedores, (2) selecionar os fornecedores com histórico comprovado de satisfazer os padrões de qualidade e entrega, (3) estabelecer parcerias de longo prazo com os fornecedores e (4) selecionar fornecedores situados perto da unidade produtiva da empresa.

36.5 Produção Enxuta

Os sistemas de entrega *just-in-time* constituem um aspecto importante da produção enxuta, que se concentra em reduzir o desperdício nas operações de produção, e o *just-in-time* reduz o desperdício de manter estoque demais. A ***produção enxuta*** (*lean production*) pode ser definida como "uma adaptação da produção em massa na qual os trabalhadores e as células de trabalho se tornam mais flexíveis e eficientes quando são adotados métodos que reduzem o desperdício em todas as formas".[4] Suas origens remontam ao Sistema Toyota de Produção, com a japonesa Toyota Motors, que começou nos anos 1950. (Nota Histórica 36.1.) Embora suas aplicações iniciais fossem na indústria automotiva, o objetivo de minimizar o desperdício é importante em todas as indústrias.

Nota Histórica 36.1 *Sistema Toyota de Produção e produção enxuta (7)*

Taiichi Ohno (1912-1990) é o homem ao qual é creditado o desenvolvimento do Sistema Toyota de Produção, no Japão, após a Segunda Guerra Mundial. Ele foi engenheiro e vice-presidente da Toyota Motors quando a empresa estava lutando para superar o impacto devastador da guerra na indústria automotiva japonesa. O mercado de automóveis no Japão, nos anos 1950, era muito menor que nos Estados Unidos; então as técnicas americanas de produção em massa não podiam ser utilizadas. Ohno reconheceu que as fábricas da Toyota tinham que operar em uma escala muito menor e ser mais flexíveis. A situação, assim como sua própria aversão ao desperdício, o motivou a desenvolver alguns dos procedimentos do Sistema Toyota de Produção para reduzir o desperdício e aumentar a eficiência e a qualidade dos produtos. Ohno e seus colegas fizeram experiências e aperfeiçoaram os procedimentos ao longo de décadas, incluindo a entrega *just-in-time*, o sistema *kanban*, a redução do tempo de *setup* e o controle da qualidade da produção.

Ohno não utilizava o termo "produção enxuta" para se referir a seu sistema. Na verdade, ele morreu antes do termo se destacar; portanto, ele jamais pôde tê-lo escutado. Em seu livro, Ohno o chamou de "Sistema Toyota de Produção" [12]. O termo *produção enxuta* foi cunhado pelos pesquisadores do Instituto de Tecnologia de Massachusetts para se referir às técnicas e procedimentos utilizados na Toyota, que explicavam seu sucesso na produção de carros eficientes com uma qualidade tão elevada. A pesquisa ficou conhecida como Programa Internacional de Veículos Automotores e documentada no livro ***The Machine that Changed the World*** (publicado em 1991). O termo produção enxuta apareceu no subtítulo do livro.

Na verdade, produção enxuta significa realizar mais trabalho com menos recursos, eliminando o desperdício nas operações de manufatura. As atividades na manufatura podem ser classificadas em três categorias: (1) atividades de trabalho efetivo que agregam valor, como as etapas de processamento que alteram o produto de uma maneira positiva, (2) atividades auxiliares de trabalho que apoiam o trabalho efetivo, como carregamento e descarregamento de uma máquina de produção, e (3) as atividades desnecessárias que não agregam valor e não apoiam as atividades que agregam valor. Se essas atividades desnecessárias fossem omitidas, o produto não seria adversamente afetado.

O Sistema Toyota de Produção identificou várias formas de desperdício na manufatura: (1) produção de peças defeituosas, (2) produção de mais peças do que o necessário, (3) estoques excessivos, (4) etapas de processamento desnecessárias, (5) movimento

[4]M. P. Groover, ***Automation, Production Systems, and Computer-Integrated Manufacturing*** [6], p. 834.

desnecessário de trabalhadores, (6) manuseio e transporte desnecessário de materiais e (7) trabalhadores esperando [12]. Os vários sistemas e procedimentos desenvolvidos na Toyota foram concebidos para reduzir ou eliminar essas formas de desperdício.

Os componentes principais do Sistema Toyota de Produção foram a entrega *just-in-time*, a autonomação (que foi definida como "automação com um toque humano")[5] e o envolvimento do trabalhador. A entrega *just-in-time* é descrita na Seção 36.4. Os outros dois componentes são discutidos nas seções seguintes. Tratamentos mais completos da produção enxuta e/ou do Sistema Toyota de Produção são fornecidos em várias de nossas Referências: [3], [6], [7], [10] e]12].

36.5.1 AUTONOMAÇÃO

Autonomação refere-se ao projeto de equipamentos de produção que operam de maneira autônoma, contanto que funcionem da maneira que deveriam. Se e quando elas não operarem da maneira que deveriam, elas serão interrompidas. As circunstâncias que desencadeariam a parada de um equipamento incluem a produção de peças defeituosas e a produção de mais peças do que a quantidade necessária. Outros aspectos da autonomação incluem a prevenção de falhas e a alta confiabilidade.

Interrupção do Processo O princípio subjacente é que, quando algo dá errado, o processo deve ser interrompido para que se possa tomar a atitude corretiva. Isso se aplica aos processos com equipamentos automáticos e aos processos operados manualmente. Os equipamentos de produção no Sistema Toyota de Produção são projetados com sensores e dispositivos de parada automática que são ativados quando uma unidade defeituosa é produzida ou quando foi produzido o número de unidades necessárias. Consequentemente, quando um equipamento para, ele chama atenção, seja para fazer ajustes ao processo a fim de evitar defeitos futuros, seja para mudar o processo para o próximo lote de peças. A alternativa à autonomação é que o equipamento continuaria a produzir peças ruins ou produziria peças demais.

A noção de "interromper o processo" também pode ser aplicada à produção manual, como linha de montagem final em uma montadora de automóveis. Os trabalhadores na linha têm autorização para parar a linha quando descobrir um problema, como um defeito de qualidade. Eles o fazem por meio de cordões interruptores situados ao longo da linha. O tempo de parada em uma linha de montagem chama atenção e é caro para a empresa. São feitos esforços significativos para solucionar o problema que fez com que a linha parasse. Os componentes defeituosos devem ser evitados na busca pelo objetivo de zero defeito.

Prevenção de Falhas Um segundo objetivo da autonomação é prevenir falhas. Os erros na manufatura incluem usar ferramenta inadequada, começar o processo com a matéria-prima errada, omitir uma etapa do processamento em uma peça, esquecer-se de adicionar um componente em uma operação de montagem, posicionar incorretamente uma peça em um suporte, e situar incorretamente o suporte na máquina. Para evitar esses e outros tipos de erros, são projetados dispositivos para detectar condições anormais em uma determinada operação. Os exemplos incluem instrumentos para detectar peças acima do peso, dispositivos de contagem para determinar se foi feito o número correto de pontos de solda, e sensores para determinar se uma peça foi situada adequadamente em um suporte. Quando o dispositivo encontra um erro, ele é projetado para responder interrompendo o processo ou emitindo um alerta audível ou visível de que ocorreu um erro.

Manutenção Produtiva Total A entrega abastecimento *just-in-time* requer equipamento de produção altamente confiável. Quando um equipamento de produção quebra, ele rompe o fornecimento das peças para a estação de trabalho a jusante, obrigando a

[5]Essa é a maneira pela qual Taiichi Ohno descreveu a autonomação.

máquina a ficar ociosa. O JIT não proporciona estoques temporários para manter a produção quando ocorrem as quebras. A ***manutenção produtiva total*** (TPM, do inglês *total productive maintenance*) é um programa que objetiva minimizar as perdas de produção decorrentes de falhas de equipamento, mau funcionamento e má utilização. Um dos elementos do programa é manter os trabalhadores, que operam o equipamento, responsáveis pelas tarefas de rotina, como inspecionar, limpar e lubrificar suas máquinas. Em alguns casos, eles também fazem pequenos reparos em seu equipamento.

Três categorias de manutenção são realizadas no equipamento de uma fábrica por especialistas treinados: (1) manutenção corretiva, que envolve o reparo imediato de uma máquina quebrada; (2) manutenção preventiva, que consiste em reparos de rotina projetados para evitar ou minimizar as quebras; e (3) manutenção preditiva, que tenta antecipar o mau funcionamento das máquinas monitorando o equipamento quanto a sinais de problemas e comportamento anormal. A manutenção corretiva é indesejável porque significa que o equipamento está inativo e a produção cessou. A manutenção preventiva pode ser agendada durante o período em que o equipamento não está operando. Por exemplo, durante o terceiro turno em uma fábrica que funciona em dois turnos. A manutenção preditiva é realizada enquanto o equipamento está operando. Um programa TPM integra a manutenção preventiva e a manutenção preditiva para evitar a manutenção corretiva.

Uma das métricas empregadas pela TPM é a eficiência global do equipamento, que combina várias medidas individuais da operação de um equipamento de produção, da seguinte forma:

$$EGE = DURr_{vo} \tag{36.1}$$

em que EGE = eficiência global do equipamento; D = *disponibilidade*, uma medida da confiabilidade definida como a proporção de tempo ativo no equipamento; U = *utilização*, a proporção do tempo disponível em que a máquina está realmente funcionando; R = *rendimento* do produto aceitável, uma medida de qualidade definida como a proporção de produtos bons em relação à produção total; e r_{vo} = razão da velocidade de operação real do equipamento em relação à sua velocidade de operação projetada. O objetivo da TPM é tornar a EGE o mais próximo possível de 100 %.

36.5.2 ENVOLVIMENTO DO TRABALHADOR

Este é o terceiro componente da produção enxuta, conforme praticada no Sistema Toyota de Produção. Três aspectos do envolvimento do trabalhador são discutidos nos parágrafos seguintes: (1) melhoria contínua, (2) gerenciamento visual, e (3) procedimentos padrão de trabalho.

Melhoria Contínua Este tópico foi discutido abreviadamente no contexto da engenharia de manufatura na Subseção 36.2.1. Na produção enxuta, os projetos de melhoria contínua são executados por equipes de trabalhadores. Os projetos se concentram nos problemas relacionados com produtividade, qualidade, segurança, manutenção e qualquer outra área que seja do interesse da organização. Os membros de cada equipe são selecionados com base em seu conhecimento da área do problema em questão. As equipes podem consistir em trabalhadores de mais de um departamento. Eles realizam suas obrigações regulares em seus respectivos departamentos e atendem à equipe em período parcial, fazendo várias reuniões por mês, com cada reunião durando aproximadamente uma hora. A empresa se beneficia quando os problemas são solucionados, e os trabalhadores se beneficiam ao serem reconhecidos por suas contribuições e melhorando suas habilidades técnicas.

Gerenciamento Visual Isto se refere à noção de que o *status* de uma situação de trabalho normalmente é óbvio apenas olhando para ela. Se houver algo errado, deve ser óbvio para o observador. Isso se aplica a cada uma das estações de trabalho individualmente. Se uma máquina parou, isso pode ser visto. Também se aplica à fábrica inteira. Deve ser possível visualizar todo o interior da fábrica; portanto, os objetos que obstruem desnecessariamente a visão são removidos. Por exemplo, o acúmulo de material em processo se limita a uma certa altura máxima na fábrica (naturalmente, o JIT deve limitar o acúmulo de inventário de qualquer maneira).

Os trabalhadores estão envolvidos no gerenciamento visual de várias maneiras. Por exemplo, os *kanbans* utilizados nos sistemas de entrega *just-in-time* são um mecanismo visual para controlar a produção e movimentação de materiais na fábrica. Além disso, os trabalhadores e supervisores podem observar o *status* das operações da fábrica por meio do uso de ***painéis andon***, que são painéis luminosos suspensos, situados acima dos setores da fábrica. Por exemplo, o verde indica operação normal, vermelho indica paralisação de uma linha. Outros códigos de cor podem ser utilizados para indicar falta iminente de material, necessidade de troca de ferramentas, e assim por diante. Outros elementos do gerenciamento visual incluem o uso extensivo de desenhos, figuras e diagramas nos programas de treinamento do trabalhador e promoção de boas práticas de manutenção nas estações de trabalho dos funcionários (para que eles trabalhem em um ambiente de trabalho limpo e visível).

Procedimentos Padrão de Trabalho Os procedimentos de trabalho padronizados e os tempos padrão são utilizados no Sistema Toyota de Produção com os objetivos de aumentar a produtividade, balancear as cargas de trabalho e minimizar o material em processo. Os procedimentos documentam os elementos de trabalho e seus tempos em cada tarefa repetitiva realizada pelos trabalhadores. Para os trabalhadores responsáveis por várias máquinas operando em ciclo semiautomático, os procedimentos indicam a sequência de máquinas e a tarefa necessária em cada máquina. A sequência é concebida para minimizar os tempos ociosos do trabalhador e das máquinas. Um dos objetivos em projetar essas tarefas e sequências de trabalho é igualar as taxas de produção de peças nessas operações com as respectivas taxas de demanda pelas peças. No momento em que isso é alcançado, a superprodução é evitada e o inventário de material em processo é minimizado, coerente com a entrega *just-in-time*.

Frequentemente a produção é organizada dentro de células de trabalho, que são equipes de trabalhadores e equipamentos (máquinas) organizados em ordem sequencial para produzir peças em pequenos lotes. As células costumam ter a forma de U, como mostrado na Figura 36.10, em vez de em linha reta. Diz-se que essa configuração promove o trabalho em equipe e a camaradagem entre os trabalhadores. Cada trabalhador pode operar mais de uma máquina na célula, conforme sugerido na figura, e as tarefas são atribuídas aos trabalhadores, de modo que suas cargas de trabalho sejam balanceadas e o tempo do ciclo de produção seja coerente com a taxa de demanda pela peça.

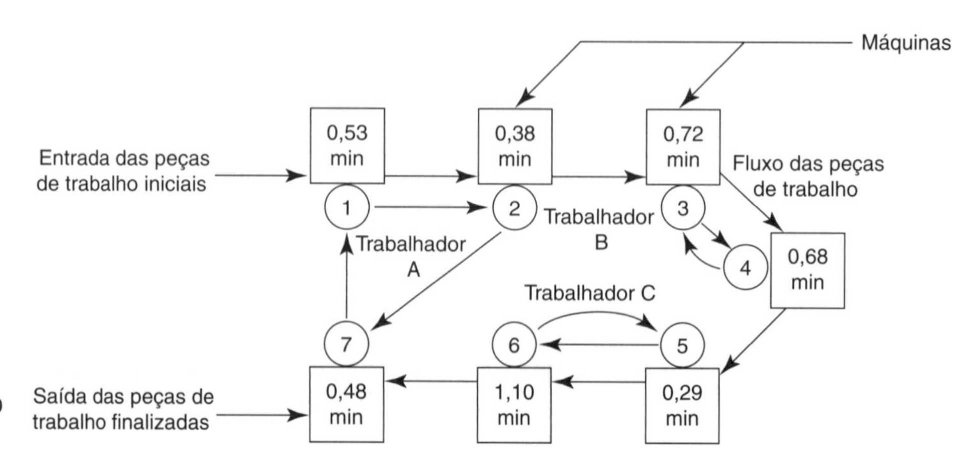

FIGURA 36.10 Célula de trabalho em forma de U com três trabalhadores realizando sete operações em sete máquinas. As setas indicam os caminhos seguidos por cada trabalhador durante cada ciclo de trabalho, e os números nos círculos indicam as operações que cada trabalhador realiza. Os tempos de tarefa em cada máquina são rotulados dentro do bloco de cada máquina.

Referências

[1] Bakerjian, R., and Mitchell, P. ***Tool and Manufacturing Engineers Handbook***, 4th ed., Vol. VI, ***Design for Manufacturability***. Society of Manufacturing Engineers, Dearborn, Michigan, 1992.
[2] Bedworth, D. D., and Bailey, J. E. ***Integrated Production Control Systems***, 2nd ed. John Wiley & Sons, New York, 1987.
[3] Black, J T., and Kohser, R. A. ***DeGarmo's Materials and Processes in Manufacturing***, 11th ed. John Wiley & Sons, Hoboken, New Jersey, 2012.
[4] Chang, C-H, and Melkanoff, M. A. ***NC Machine Programming and Software Design***, 3rd ed. Prentice Hall, Upper Saddle River, New Jersey, 2005.
[5] Eary, D. F., and Johnson, G. E. ***Process Engineering for Manufacturing***. Prentice-Hall, Inc., Englewood Cliffs, New Jersey, 1962.
[6] Groover, M. P. ***Automation, Production Systems, and Computer Integrated Manufacturing***, 3rd ed. Pearson Prentice Hall, Upper Saddle River, New Jersey, 2008.
[7] Groover, M. P. ***Work Systems and the Methods, Measurement, and Management of Work***, Pearson Prentice-Hall, Upper Saddle River, New Jersey, 2007.
[8] Kusiak, A. (ed.). ***Concurrent Engineering: Automation, Tools, and Techniques***. John Wiley & Sons, New York, 1993.
[9] Martin, J. M. "The Final Piece of the Puzzle." ***Manufacturing Engineering***, September 1988, pp. 46–51.
[10] Monden, Y. ***Toyota Production System***, 3rd ed. Engineering and Management Press, Norcross, Georgia, 1998.
[11] Nevins, J. L., and Whitney, D. E. (eds.). ***Concurrent Design of Products and Processes***. McGraw-Hill, New York, 1989.
[12] Ohno, T. ***Toyota Production System, Beyond Large Scale Production***, New York, Productivity Press, 1988; original Japanese edition published by Diamond, Inc., Tokyo, 1978
[13] Orlicky, J. ***Material Requirements Planning***. McGraw-Hill, New York, 1975.
[14] Silver, E. A., Pyke, D. F., and Peterson, R. ***Inventory Management and Production Planning and Control***, 3rd ed. John Wiley & Sons, New York, 1998.
[15] Tanner, J. P. ***Manufacturing Engineering***, 2nd ed. CRC Taylor & Francis, Boca Raton, Florida, 1990.
[16] Usher, J. M., Roy, U., and Parsaei, H. R. (eds.). ***Integrated Product and Process Development***. John Wiley & Sons, New York, 1998.
[17] Veilleux, R. F., and Petro, L. W. (eds.). ***Tool and Manufacturing Engineers Handbook***, 4th ed. Vol. V, ***Manufacturing Management***. Society of Manufacturing Engineers, Dearborn, Michigan, 1988.
[18] Vollman, T. E., Berry, W. L., Whybark, D. C., and Jacobs, F. R. ***Manufacturing Planning and Control Systems for Supply Chain Management***, 5th ed. McGraw-Hill, New York, 2005.
[19] Waurzyniak, P. "Managing Factory-Floor Data," ***Manufacturing Engineering***, October 2011, pp 77-85.
[20] Website: en.wikipedia.org/wiki/Lean_manufacturing.

Questões de Revisão

36.1 Defina engenharia de manufatura.
36.2 Quais são as principais atividades na engenharia de manufatura?
36.3 Identifique alguns dos detalhes e decisões incluídos no escopo do planejamento do processo.
36.4 O que é folha de rota?
36.5 Qual é a diferença entre um processo primário e um processo secundário?
36.6 O que é uma restrição de precedência no planejamento do processo?
36.7 Na decisão de fabricar ou comprar, por que a compra de um componente de um fornecedor pode custar mais do que a produção do componente internamente, embora o preço orçado pelo fornecedor seja menor que o preço interno?
36.8 Identifique alguns fatores importantes que deveriam entrar na decisão de fabricar ou comprar.
36.9 Mencione três dos princípios gerais e diretrizes em projeto para capacidade de manufatura.
36.10 O que é engenharia simultânea e quais são seus componentes importantes?
36.11 O que quer dizer o termo projeto para o ciclo de vida?

36.12 Em que o planejamento agregado difere do plano mestre de produção?

36.13 Quais são as categorias de produto listadas geralmente no plano mestre de produção?

36.14 No MRP, o que são itens de uso comum?

36.15 Identifique as entradas para o MRP no planejamento das necessidades de material.

36.16 Mencione algumas das alterações de recursos que podem ser feitas para aumentar a capacidade da instalação (fábrica) no curto prazo.

36.17 Quais são as três fases no controle do chão de fábrica?

36.18 O que é planejamento de recursos empresariais (ERP)?

36.19 Identifique o objetivo principal de um sistema de produção *just-in-time*.

36.20 Qual é a diferença entre um sistema puxado e um sistema empurrado na produção e no controle de estoque?

36.21 O que é produção enxuta?

36.22 O que é autonomação no Sistema Toyota de Produção?

37 Controle de Qualidade e Inspeção

Sumário

37.1 Qualidade do Produto

37.2 Capabilidade do Processo e Tolerâncias

37.3 Controle Estatístico de Processo
37.3.1 Gráficos de Controle para Variáveis
37.3.2 Gráficos de Controle para Atributos
37.3.3 Interpretando os Gráficos

37.4 Programas de Qualidade em Manufatura
37.4.1 Gestão da Qualidade Total
37.4.2 Seis Sigma
37.4.3 Métodos Taguchi
37.4.4 ISO 9000

37.5 Princípios de Inspeção
37.5.1 Inspeção Manual e Automatizada
37.5.2 Inspeção por Contato *Versus* Inspeção sem Contato

37.6 Tecnologias Modernas de Inspeção
37.6.1 Máquinas de Medição por Coordenadas
37.6.2 Medições a Lasers
37.6.3 Visão Artificial
37.6.4 Outras Técnicas de Inspeção sem Contato

Tradicionalmente, o ***controle de qualidade*** [CQ (do inglês, *quality control* – QC)] diz respeito a detectar a baixa qualidade em produtos manufaturados e adotar ações corretivas para eliminá-la. O CQ limitava-se a inspecionar o produto e seus componentes e em decidir se as dimensões e outras características estavam em conformidade com as especificações do projeto. Se estivessem, o produto era despachado. A visão moderna do controle de qualidade abrange um escopo de atividades mais amplo, incluindo vários programas de qualidade, como o controle estatístico de processo e a metodologia Seis Sigma, bem como as modernas tecnologias de inspeção, como as máquinas de medição por coordenadas e a visão de máquina (ou sistema de visão artificial). Neste capítulo, serão discutidos estes e outros tópicos de qualidade e inspeção que são relevantes atualmente nas modernas operações de manufatura. A cobertura começa pelo tópico da qualidade do produto.

37.1 Qualidade do Produto

O dicionário define qualidade como "o grau de excelência que uma coisa possui", ou "as características que fazem alguma coisa ser o que é" – seus elementos e atributos característicos. A Sociedade Americana para a Qualidade (*American Society for Quality* – ASQ) define qualidade como "a totalidade de atributos e características de um produto ou serviço que dizem respeito à sua capacidade de satisfazer determinadas necessidades" [2].

Em um produto manufaturado, a qualidade tem dois aspectos [4]: (1) características do produto e (2) ausência de deficiências. ***Características do produto*** são as suas características que resultam do projeto. São as características funcionais e estéticas do item destinadas a atrair e proporcionar satisfação para o cliente. Em um automóvel, essas características incluem o tamanho do carro, seu modelo, acabamento da carroceria, consumo de combustível, confiabilidade, reputação do fabricante e aspectos similares. Também incluem os opcionais disponíveis para o cliente escolher. A soma das características de um produto geralmente define o seu ***valor***; isso está relacionado com o nível no mercado para o qual o produto é voltado. Carros (e a maioria dos outros produtos) são lançados em diferentes valores. Alguns carros promovem o transporte básico porque é isso que alguns clientes desejam, enquanto outros são de alto padrão, destinados a consumidores dispostos a gastar mais para possuir um "produto melhor". As características de um produto são decididas no projeto e geralmente determinam o custo inerente ao produto. Características superiores e maior quantidade delas significam custo mais elevado.

Ausência de deficiências significa que o produto faz o que se espera dele (dentro das limitações de suas características de projeto), que não possui defeitos e condições fora da tolerância e que não há peças faltando. Esse aspecto da qualidade inclui componentes e submontagens do produto, bem como o produto em si. A ausência de deficiências significa estar em conformidade com as especificações do projeto, o que é realizado na manufatura. Embora o custo inerente para fabricar um produto seja uma função de seu projeto, minimizar o custo do produto ao menor nível possível dentro dos limites estabelecidos por seu projeto é, em grande parte, uma questão de evitar defeitos, desvios em relação à tolerância e outros erros durante a produção. Os custos dessas deficiências, na realidade, consistem em uma longa lista: peças refugadas, aumento do lote de refugo, retrabalho, reinspeção, separação, reclamações e devoluções dos clientes, custos de garantia e subsídios para os clientes, vendas perdidas e perda do valor de mercado da empresa.

Desse modo, as características do produto são o aspecto da qualidade pelo qual o departamento de projetos é responsável. As características do produto determinam, em grande parte, o preço que uma empresa pode cobrar por seus produtos. A ausência de deficiências é o aspecto da qualidade pelo qual os departamentos de produção são responsáveis. A capacidade para minimizar essas deficiências tem uma influência importante no custo do produto. Essas generalidades simplificam muito o modo como as coisas funcionam, pois a responsabilidade pela alta qualidade vai bem além das funções de projeto e manufatura em uma organização.

37.2 Capabilidade do Processo e Tolerâncias

Em qualquer operação de manufatura existe variabilidade na saída do processo. Em uma operação de usinagem, que é um dos processos mais precisos, as peças usinadas podem parecer idênticas, mas a inspeção detalhada pode revelar diferenças dimensionais de uma peça para outra. As variações na manufatura podem ser divididas em dois tipos: aleatórias e atribuíveis (ou causais).

As ***variações aleatórias*** são causadas por muitos fatores: variabilidade humana dentro de cada ciclo de operação, variações nas matérias-primas, vibração da máquina etc. Individualmente, esses fatores podem não ter grande significado, mas coletivamente os erros podem ser suficientemente importantes para causar problemas, a menos que estejam dentro das tolerâncias da peça. As variações aleatórias formam caracteristicamente uma distribuição estatística normal. Os dados de saída do processo tendem a se agrupar em torno do valor médio, em termos da característica de interesse da qualidade do produto (por exemplo, comprimento, diâmetro). Uma grande proporção da população de peças é centralizada em torno da média, com poucas peças afastadas da média. Quando as únicas variações no processo são desse tipo, diz-se que o processo está sob ***controle estatístico***. Esse tipo de variabilidade vai continuar, contanto que o processo esteja operando normalmente. É quando o processo se desvia de sua condição de operação normal que as variações do segundo tipo aparecem.

As ***variações atribuíveis*** (*ou causais*) indicam exceção em relação às condições normais de operação. Alguma coisa aconteceu no processo que não foi levada em conta pelas variações aleatórias. As razões para variações atribuíveis incluem erros do operador, matérias-primas defeituosas, falhas de ferramentas, mau funcionamento de máquinas etc. As variações atribuíveis na manufatura normalmente provocam um desvio na distribuição normal. O processo não está mais sob controle estatístico.

A capabilidade do processo está relacionada com as variações normais inerentes aos valores de saída quando o processo está sob controle estatístico. Por definição, ***capabilidade do processo*** é igual a ± 3 desvios padrão em torno do valor médio de saída (um total de 6 desvios padrão),

$$CP = \mu \pm 3\,\sigma \tag{37.1}$$

em que CP = capabilidade do processo; μ = média do processo, que é estabelecida pelo valor nominal da característica do produto quando é utilizado o sistema de tolerâncias bilateral (Subseção 6.1.1); e σ = desvio padrão do processo. As suposições que dão base a essa definição são: (1) a operação de estado de equilíbrio foi alcançada, e o processo está sob controle estatístico; e (2) a saída tem distribuição normal. Sob esses pressupostos, 99,73 % das peças produzidas terão valores de saída que caem em $\pm 3{,}0\sigma$ da média.

A capabilidade do processo de uma determinada operação de manufatura nem sempre é conhecida, e devem ser feitos experimentos para avaliá-la. Existem métodos para estimar os limites naturais de tolerância, baseados em uma amostragem do processo.

A questão das tolerâncias é crítica para a qualidade do produto. Os engenheiros de projeto tendem a atribuir tolerâncias dimensionais a componentes e montagens com base em sua experiência de como as variações de tamanho irão afetar o funcionamento e o desempenho. A sabedoria convencional é que as tolerâncias mais apertadas geram melhor desempenho. Pouca importância é dada ao custo resultante das tolerâncias que são indevidamente estreitas em relação à capabilidade do processo. À medida que a tolerância é reduzida, o custo de alcançar a tolerância tende a aumentar, pois podem ser necessárias etapas de processamento adicionais e/ou máquinas de produção mais precisas e caras. O engenheiro de projeto deve estar a par dessa relação. Embora se deva considerar principalmente a função na atribuição de tolerâncias, o custo também é um fator, e qualquer alívio que possa ser dado aos departamentos de produção na forma de tolerâncias mais amplas, sem sacrificar a função do produto, é valioso.

As tolerâncias de projeto devem ser compatíveis com a capabilidade do processo. Não há nenhuma utilidade em especificar uma tolerância de $\pm 0{,}025$ mm em uma dimensão, se a capabilidade do processo é significativamente maior do que $\pm 0{,}025$ mm. A tolerância deve ser mais aberta (se a funcionalidade do projeto permitir), ou deve ser selecionado um processo de manufatura diferente. Em condições ideais, a tolerância especificada deve ser maior que a capabilidade do processo. Se a função e os processos disponíveis impedirem isso, então uma operação de separação (triagem) deve ser incluída na sequência de manufatura para inspecionar cada unidade e separar as que satisfazem a especificação das que não satisfazem.

As tolerâncias de projeto podem ser especificadas como iguais à capabilidade do processo, conforme define a Equação (37.1). Os limites superior e inferior desse intervalo são conhecidos como os ***limites naturais de tolerância***. Quando as tolerâncias de projeto forem especificadas como iguais aos limites naturais de tolerância, então 99,73 % das peças estarão dentro da tolerância e 0,27 % estará fora dos limites. Qualquer aumento no intervalo de tolerância vai reduzir o percentual de peças defeituosas.

As tolerâncias geralmente não são especificadas em seus limites naturais pelos engenheiros de projeto de produto; as tolerâncias são especificadas com base na variabilidade permitida que alcançará a função e o desempenho necessários. É útil saber a razão da variação de tolerância especificada em relação à capabilidade do processo. Isso é indicado pelo ***índice de capabilidade do processo***

$$ICP = \frac{T}{6\sigma} \tag{37.2}$$

em que ICP = índice de capabilidade do processo; T = intervalo de tolerância – a diferença entre os limites superior e inferior da tolerância especificada; e 6σ = limites naturais de tolerância. As suposições relacionadas a essa definição são de que a média do processo é definida como igual à especificação nominal do projeto, tal que o numerador e o denominador na Equação (37.2) são centrados em torno do mesmo valor.

TABELA • 37.1 Taxa de defeito quando a tolerância é definida em termos do número de desvios padrão do processo, dado que o processo está operando sob controle estatístico.

Nº de Desvios Padrão	Índice de Capabilidade do Processo	Taxa de Defeito, %	Peças Defeituosas por Milhão
±1,0	0,333	31,74%	317.400
±2,0	0,667	4,56%	45.600
±3,0	1,00	0,27%	2.700
±4,0	1,333	0,0063%	63
±5,0	1,667	0,000057%	0,57
±6,0	2,00	0,0000002%	0,002

A Tabela 37.1 mostra o efeito de vários múltiplos do desvio padrão na taxa de defeito (isto é, a proporção de peças fora da tolerância). O desejo de alcançar frações muito baixas de taxas de defeito levou à percepção dos limites "Seis Sigma" no controle de qualidade. Alcançar os limites Seis Sigma elimina praticamente os defeitos em um produto manufaturado, supondo que o processo seja mantido sob controle estatístico. Como veremos mais adiante neste capítulo, os programas de qualidade Seis Sigma não correspondem por completo aos seus nomes. Antes de tratar desse assunto, na próxima seção discute-se uma técnica de controle de qualidade que é amplamente utilizada na indústria: o controle estatístico de processo.

37.3 Controle Estatístico de Processo

O controle estatístico de processo [CEP (do inglês, *statistical process control* – SPC)] envolve o uso de vários métodos estatísticos para avaliar e analisar variações no processo. Os métodos de CEP incluem simplesmente manter registros dos dados de produção, histogramas, análise de capabilidade do processo e gráficos de controle (ou cartas de controle). O gráfico de controle (do inglês, *control chart*) é o método de CEP mais utilizado, e esta seção vai se concentrar nele.

O princípio básico do gráfico de controle é que as variações em qualquer processo se dividem em dois tipos: (1) variações aleatórias, que são as únicas variações presentes se o processo estiver sob controle estatístico, e (2) variações atribuíveis (ou causais), que indicam um afastamento do controle estatístico (Seção 37.2). É objetivo de um gráfico de controle identificar quando o processo saiu do controle estatístico, sinalizando com isso que alguma ação corretiva deve ser tomada.

Um ***gráfico de controle*** é uma técnica gráfica na qual as estatísticas calculadas a partir de valores medidos de uma determinada característica do processo são representadas pelo tempo para determinar se o processo continua sob controle estatístico. O modelo geral do gráfico de controle é ilustrado na Figura 37.1. O gráfico consiste em três linhas horizontais que permanecem constantes com o tempo: um centro (linha central, *LC*), um limite inferior de controle (*LIC*) e um limite superior de controle (*LSC*). O centro normalmente é estabelecido como o valor nominal de projeto. Os limites de controle superior e inferior geralmente são estabelecidos em ±3 desvios padrão da média da amostra.

É altamente improvável que uma amostra aleatória extraída do processo venha a ficar fora dos limites de controle superior e inferior enquanto o processo está sob controle estatístico. Desse modo, se um valor de amostra ficar fora desses limites, ele é interpretado como o processo estando fora de controle. Portanto, é feita uma investigação para determinar a razão da condição fora de controle, com a ação corretiva apropriada para eliminar a condição. Por um raciocínio similar, se o processo for considerado como estando

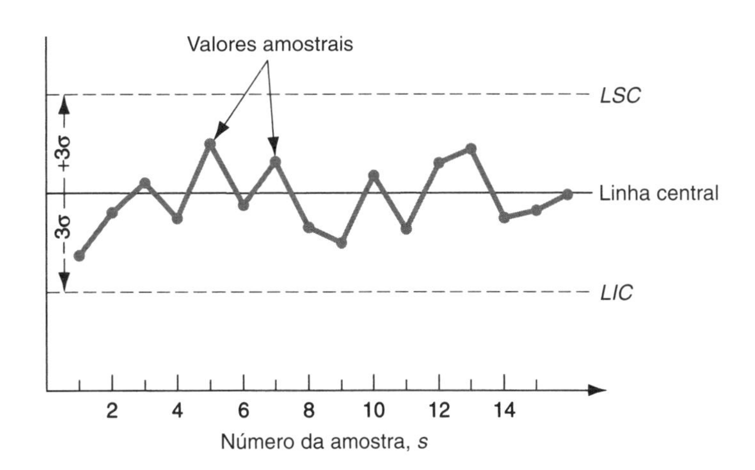

FIGURA 37.1 Gráfico de controle.

sob controle estatístico e não houver evidência de tendências indesejáveis nos dados, então nenhum ajuste deve ser feito, uma vez que introduziriam uma variação atribuível para o processo. A filosofia "Se não está quebrado, não conserte" é aplicável aos gráficos de controle.

Existem dois tipos básicos de gráficos de controle: (1) gráficos de controle para variáveis e (2) gráficos de controle para atributos. Os gráficos de controle para variáveis exigem a medição da característica de qualidade de interesse. Os gráficos de controle para atributos necessitam simplesmente da determinação de que a peça seja, ou não, defeituosa, ou de quantos defeitos existem na amostra.

37.3.1 GRÁFICOS DE CONTROLE PARA VARIÁVEIS

Um processo fora de controle estatístico manifesta essa condição na forma de alterações significativas na média e/ou na variabilidade do processo. Existem dois tipos principais de gráficos de controle para variáveis correspondendo a essas possibilidades: gráfico $\bar{x}$ e gráfico R. O ***gráfico $\bar{x}$*** (chamado de "gráfico x barra") é utilizado para representar o valor médio medido de uma determinada característica de qualidade para cada amostra de uma série obtida no processo de produção. Ele indica como a média do processo varia com o tempo. O ***gráfico R*** representa a variação de cada amostra, monitorando assim a variabilidade do processo e indicando se ela muda com o tempo.

Uma característica adequada de qualidade do processo deve ser escolhida como a variável a ser monitorada nos gráficos $\bar{x}$ e R. Em um processo mecânico, isso poderia ser o diâmetro de um eixo ou outra dimensão crítica. As medições do processo em si devem ser utilizadas para construir os dois gráficos de controle.

Com o processo operando sem problemas e sem variações causais, um conjunto de amostras (por exemplo, $m = 20$ ou mais geralmente é recomendado) de tamanho pequeno (por exemplo, $n = 4, 5$ ou 6 peças por amostra) é coletado, e a característica de interesse é medida para cada peça. O procedimento a seguir é utilizado para construir o centro (linha central), o LIC e o LSC para cada gráfico:

1. Calcule a média $\bar{x}$ e a amplitude R para cada uma das amostras m.
2. Calcule a média principal $\bar{\bar{x}}$, que é a média dos valores das amostras m; ela será o centro do gráfico $\bar{x}$.
3. Calcule $\bar{R}$, que é média dos valores R para as amostras m; ela será o centro do gráfico R.
4. Determine os limites de controle superior e inferior, LSC e LIC, para os gráficos $\bar{x}$ e R. A abordagem se baseia nos fatores estatísticos marcados na Tabela 37.2 que foram

TABELA • 37.2 Constantes para os gráficos $\bar{x}$ e R.

Tamanho da Amostra n	A_2 do Gráfico $\bar{x}$	Gráfico R	
		D_3	D_4
3	1,023	0	2,574
4	0,729	0	2,282
5	0,577	0	2,114
6	0,483	0	2,004
7	0,419	0,076	1,924
8	0,373	0,136	1,864
9	0,337	0,184	1,816
10	0,308	0,223	1,777

derivados especificamente para esses gráficos de controle. Os valores dos fatores dependem do tamanho da amostra n. Para o gráfico $\bar{x}$:

$$LIC = \bar{\bar{x}} - A_2\bar{R} \quad \text{e} \quad LSC = \bar{\bar{x}} + A_2\bar{R} \tag{37.3}$$

e para o gráfico R:

$$LIC = D_3\bar{R} \quad \text{e} \quad LSC = D_4\bar{R} \tag{37.4}$$

Exemplo 37.1 Gráficos $\bar{x}$ e R

Oito amostras ($m = 8$) de tamanho 4 ($n = 4$) foram coletadas de um processo de produção que está sob controle estatístico, e a dimensão de interesse foi medida para cada peça. Deseja-se determinar os valores do centro, LIC e LSC para os gráficos $\bar{x}$ e R. Os valores calculados de $\bar{x}$ (unidades em cm) das oito amostras são 2,008; 1,998; 1,993; 2,002; 2,001; 1,995; 2,004; e 1,999. Os valores calculados de R (cm) são, respectivamente, 0,027; 0,011; 0,017; 0,009; 0,014; 0,020; 0,024; e 0,018.

Solução: O cálculo anterior dos valores de $\bar{x}$ e R compreendem o passo 1 no procedimento. No passo 2, a média geral resultante das médias amostrais é calculada:

$$\bar{\bar{x}} = (2{,}008 + 1{,}998 + \cdots + 1{,}999)/8 = 2{,}000$$

No passo 3, o valor médio de R é calculado:

$$\bar{R} = (0{,}027 + 0{,}011 + \cdots + 0{,}018)/8 = 0{,}0175$$

No passo 4, os valores de LIC e LSC são determinados com base nos fatores apresentados na Tabela 37.2. Primeiro, utilizando a Equação (37.3) para o gráfico $\bar{x}$,

$$LIC = 2{,}000 - 0{,}729(0{,}0175) = 1{,}9872$$
$$LSC = 2{,}000 + 0{,}729(0{,}0175) = 2{,}0128$$

e para o gráfico R, utilizando a Equação (37.4),

$$LIC = 0(0{,}0175) = 0$$
$$LSC = 2{,}282(0{,}0175) = 0{,}0399$$

Os dois gráficos de controle são construídos na Figura 37.2, com os dados amostrais traçados nos gráficos.

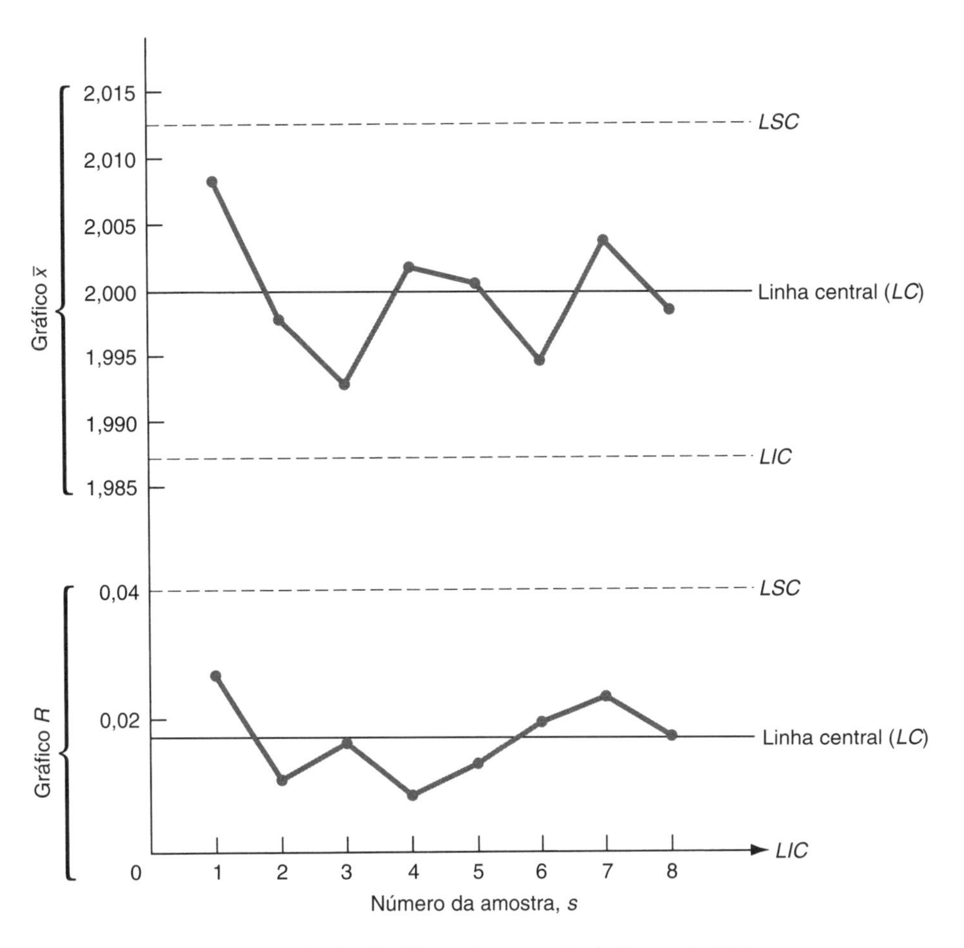

FIGURA 37.2 Gráficos de controle do Exemplo 37.1.

37.3.2 GRÁFICOS DE CONTROLE PARA ATRIBUTOS

Os gráficos de controle para atributos não utilizam uma variável de qualidade medida; em vez disso, eles monitoram o número de defeitos presentes na amostra ou a taxa de defeitos como a estatística representada graficamente. Exemplos desses tipos de atributos incluem o número de defeitos por automóvel, a fração de peças ruins em uma amostra, a existência ou ausência de rebarbas em moldagens de plásticos e o número de falhas em um rolo de chapa de aço. Os dois tipos principais de gráficos de controle para atributos são o ***gráfico p***, que representa graficamente a taxa de defeitos em amostras sucessivas, e o ***gráfico c***, que representa graficamente o número de defeitos, falhas ou outras não conformidades por amostra.

Gráfico *p* No gráfico p, a característica de qualidade de interesse é a proporção (p se refere à proporção) de unidades não conformes ou defeituosas. Para cada amostra, essa proporção p_i é a razão entre o número de itens não conformes ou defeituosos d_i e o número de unidades na amostra n (suponhamos amostras de tamanhos iguais ao construir e utilizar o gráfico de controle)

$$p_i = \frac{d_i}{n} \tag{37.5}$$

em que i é utilizado para identificar a amostra. Se for calculada a média dos valores de p_i de um número suficiente de amostras, o valor da média $\bar{p}$ é uma estimativa razoável do valor verdadeiro de p no processo. O gráfico p se baseia na distribuição binomial, em que p é a probabilidade de uma unidade não conforme. O centro (linha central) no gráfico p é o valor de $\overline{p}$ calculado para amostras m de tamanho igual a n, coletadas enquanto o processo está operando sob controle estatístico.

$$\overline{p} = \frac{\sum_{i=1}^{m} p_i}{m} \tag{37.6}$$

Os limites de controle são calculados como três desvios padrão em ambos os lados do centro. Assim,

$$LIC = \overline{p} - 3\sqrt{\frac{\overline{p}(1-\overline{p})}{n}} \quad \text{e} \quad LSC = \overline{p} + 3\sqrt{\frac{\overline{p}(1-\overline{p})}{n}} \tag{37.7}$$

em que o desvio padrão de $\overline{p}$ na distribuição binominal é dado por

$$\sigma_p = \sqrt{\frac{\overline{p}(1-\overline{p})}{n}}$$

Se o valor de $\overline{p}$ for relativamente baixo e o tamanho da amostra n for pequeno, então o limite inferior de controle calculado pela primeira dessas equações pode ser um valor negativo. Nesse caso, considere $LIC = 0$ (a fração da taxa de defeito não pode ser menor do que zero).

Gráfico *c* No gráfico c (c se refere a contagem), o número de defeitos na amostra é representado ao longo do tempo. A amostra pode ser um único produto, como um automóvel, e c = número de defeitos de qualidade encontrados durante a inspeção final. Ou a amostra pode ser um comprimento de tapete na fábrica antes de cortar e c = número de imperfeições descobertas nessa tira. O gráfico c se baseia na distribuição de Poisson, em que c = parâmetro que representa o número de eventos que ocorrem dentro de um espaço amostral definido (defeitos por carro, imperfeições por unidade de comprimento de tapete). A melhor estimativa do verdadeiro valor de c é o valor médio em um grande número de amostras extraídas enquanto o processo está sob controle estatístico:

$$\overline{c} = \frac{\sum_{i=1}^{m} c_i}{m} \tag{37.8}$$

Esse valor de $\overline{c}$ é usado como o centro do gráfico de controle. Na distribuição de Poisson, o desvio padrão é a raiz quadrada do parâmetro c. Desse modo, os limites de controle são:

$$LIC = \overline{c} - 3\sqrt{\overline{c}} \quad \text{e} \quad LSC = \overline{c} + 3\sqrt{\overline{c}} \tag{37.9}$$

37.3.3 INTERPRETANDO OS GRÁFICOS

Quando os gráficos de controle são utilizados para monitorar a qualidade da produção, são retiradas amostras aleatórias de mesmo tamanho n do processo, utilizadas para construir os gráficos. Nos gráficos $\overline{x}$ e R, os valores $\overline{x}$ e R da característica medida são representados no gráfico de controle. Por convenção, os pontos normalmente estão conectados, como nas figuras. Para interpretar os dados, procura-se por sinais que indicam que o processo não está sob controle estatístico. O sinal mais óbvio é quando $\overline{x}$ ou R (ou ambos) estão fora dos limites LIC ou LSC. Isso indica uma causa atribuível, como, por exemplo, matérias-primas ruins, operador novo, ferramentas quebradas ou fatores similares. Um $\overline{x}$ fora do limite indica uma mudança na média do processo.

Um R fora do limite mostra que a variabilidade do processo mudou. O efeito usual é que R aumenta, indicando que a variabilidade aumentou. Condições menos óbvias podem revelar problemas de processo, embora os pontos da amostra recaiam nos limites $\pm 3\sigma$. Essas condições incluem (1) tendências ou padrões cíclicos nos dados, que podem significar desgaste ou outros fatores que ocorrem em função do tempo; (2) mudanças súbitas no nível médio dos dados; e (3) pontos seguidamente próximos dos limites superior ou inferior.

Os mesmos tipos de interpretações que se aplicam ao gráfico x e ao gráfico R também são aplicáveis ao gráfico p e ao gráfico c.

37.4 Programas de Qualidade em Manufatura

O controle estatístico de processo é amplamente utilizado para monitorar a qualidade de peças e produtos manufaturados. Vários outros programas de qualidade também são utilizados na indústria, e, nesta seção, são descritos abreviadamente quatro deles: (1) gestão da qualidade total, (2) Seis Sigma, (3) métodos Taguchi e (4) ISO 9000. Esses programas não são alternativas ao controle estatístico de processo; na verdade, as ferramentas utilizadas no CEP estão incluídas nas metodologias de gestão da qualidade total e Seis Sigma.

37.4.1 GESTÃO DA QUALIDADE TOTAL

A gestão da qualidade total [GQT (do inglês, *total quality management* – TQM)] é uma abordagem de gestão à qualidade que persegue três metas principais: (1) assegurar a satisfação do cliente, (2) incentivar o envolvimento de toda força de trabalho, e (3) melhoria contínua.

O cliente e sua satisfação são o foco central da GQT, e os produtos são projetados e produzidos com esse foco em mente. O produto deve ser projetado com as características que os clientes desejam, e deve ser produzido sem deficiências. Dentro do escopo da satisfação do cliente está o reconhecimento de que existem duas categorias de clientes: (1) clientes externos e (2) clientes internos. Os clientes externos são os que compram os produtos e serviços da empresa. Os clientes internos estão dentro da empresa, como o departamento de montagem final que é cliente dos departamentos de produção de peças. Para que a organização seja eficaz e eficiente, a satisfação deve ser alcançada nas duas categorias de clientes.

Na GQT, o envolvimento dos trabalhadores nos esforços de qualidade da organização se estende desde os executivos principais, até todos os níveis abaixo. Há o reconhecimento da importante influência exercida pelo projeto do produto na qualidade desse produto e em como as decisões tomadas durante o projeto afetam a qualidade que pode ser alcançada na produção. Além disso, os trabalhadores de produção são responsabilizados pela qualidade do seu próprio resultado, em vez de contarem com inspetores para descobrir defeitos nas peças produzidas. O treinamento em GQT, incluindo o uso de ferramentas de controle estatístico de processos, é fornecido a todos os trabalhadores. A busca pela alta qualidade é adotada por todos os membros da organização.

O terceiro objetivo da GQT é a melhoria contínua; ou seja, adotar a atitude de que é sempre possível fazer algo melhor, seja um produto, seja um processo. A melhoria contínua em uma organização geralmente é implementada usando equipes de trabalhado que foram organizadas para solucionar problemas específicos identificados na produção. Os problemas não se limitam a questões de qualidade. Eles podem incluir produtividade, custo, segurança ou qualquer outra área de interesse na organização. Os membros da equipe são selecionados com base em seu conhecimento e experiência na área de problema. Eles são provenientes de vários departamentos e trabalham em período parcial na equipe, reunindo-se várias vezes por mês até conseguir fazer recomendações e/ou solucionar o problema. Depois a equipe é desfeita.

37.4.2 SEIS SIGMA

O programa de qualidade Seis Sigma surgiu e foi utilizado pela primeira vez na Motorola Corporation, nos anos 1980. Ele foi adotado por muitas outras empresas nos Estados Unidos e foi discutido resumidamente na Seção 1.6 como um dos desenvolvimentos recentes na manufatura. O Seis Sigma é bem similar à gestão da qualidade total em sua ênfase no envolvimento de gestão, nas equipes de trabalho para solucionar problemas específicos e no uso de ferramentas de CEP, como os gráficos de controle. A principal diferença entre o Seis Sigma e a GQT é que o primeiro estabelece alvos mensuráveis para a qualidade, baseados no número de desvios padrão (sigma σ) fora da média na distribuição normal. O Seis Sigma implica a quase perfeição no processo da distribuição normal. Um processo operando no nível 6σ em um programa Seis Sigma produz não mais do que 3,4 defeitos por milhão, em que um defeito é qualquer coisa que poderia resultar na não satisfação do cliente.

Assim como na GQT, equipes de trabalho participam de projetos de resolução de problemas. Um projeto requer que a equipe de Seis Sigma (1) defina o problema, (2) meça o processo e avalie o desempenho atual, (3) analise o processo, (4) recomende melhorias e (5) desenvolva um plano de controle para implementar e manter as melhorias. A responsabilidade da gestão Seis Sigma é identificar problemas importantes em suas operações e apoiar equipes para cuidar desses problemas.

Base Estatística do Seis Sigma Uma suposição básica no Seis Sigma é que os defeitos em qualquer processo podem ser medidos e quantificados. Uma vez quantificados, as causas dos defeitos podem ser identificadas, e as melhorias podem ser feitas para eliminar ou reduzir os defeitos. Os efeitos de quaisquer melhorias podem ser avaliados usando as mesmas medidas em uma comparação do tipo antes e depois. A comparação frequentemente é resumida como um nível sigma; por exemplo, o processo agora está operando no nível Sigma 4,8, ao passo que antes estava operando apenas no nível Sigma 2,6. A relação entre o nível sigma e os defeitos por milhão (do inglês, *defects per million* – DPM) é mostrada na Tabela 37.3 para um programa Seis Sigma. Consequentemente, o DPM anteriormente era de 135.666 defeitos por 1.000.000 neste exemplo, e agora foi reduzido para 483 DPM.

Uma medida tradicional da boa qualidade do processo é $\pm 3\sigma$ (nível 3 sigma). Isso implica que o processo é estável e que está sob controle estatístico; além disso, a variável que representa a saída do processo é normalmente distribuída. Sob essas condições, 99,73 % das saídas estarão dentro do intervalo $\pm 3\sigma$ e 0,27 % ou 2700 peças por milhão estarão fora desses limites (0,135 % ou 1350 peças por milhão além do limite superior

TABELA • 37.3 Níveis Sigma e os Correspondentes Defeitos por Milhão em um Programa Seis Sigma.

Nível Sigma	Defeitos por Milhão	Nível Sigma	Defeitos por Milhão
6,0σ	3,4	3,8σ	10.724
5,8σ	8,5	3,6σ	17.864
5,6σ	21	3,4σ	28.716
5,4σ	48	3,2σ	44.565
5,2σ	108	3,0σ	66.807
5,0σ	233	2,8σ	96.801
4,8σ	483	2,6σ	135.666
4,6σ	968	2,4σ	184.060
4,4σ	1.866	2,2σ	241.964
4,2σ	3.467	2,0σ	308.538
4,0σ	6.210	3,8σ	10.724

e o mesmo número aquém do limite inferior). Mas espere um pouco; se olharmos o 3,0 sigma na Tabela 37.3, existem 66.807 defeitos por milhão. Por que há uma diferença entre o valor da distribuição normal padrão (2700 DPM) e o valor fornecido na Tabela 37.3 (66.807 DPM)? Existem duas razões para essa discrepância. Primeiro, os valores na Tabela 37.3 se referem apenas a uma cauda da distribuição, de modo que uma comparação adequada com as tabelas de distribuição normal seria utilizar apenas uma cauda da distribuição (1350 DPM). Segundo, e muito mais importante, é que, quando a Motorola concebeu o programa Seis Sigma, eles consideraram a operação dos processos em períodos de tempo longos, e os processos em longos períodos tendem a sofrer mudanças em relação a sua média original de processo. Para compensar essas mudanças, a Motorola decidiu ajustar os valores normais padrão para 1,5σ. Resumindo, a Tabela 37.3 inclui apenas uma cauda da distribuição normal e desloca a distribuição de 1,5 sigma em relação à distribuição normal padrão. Esses efeitos podem ser vistos na Figura 37.3.

Medindo o Nível Sigma Em um projeto Seis Sigma, o nível de desempenho do processo de interesse é reduzido a um nível sigma. Isso é feito em dois pontos durante o projeto: (1) após as medições terem sido feitas no processo conforme está operando atualmente e (2) após as melhorias no processo terem sido feitas para avaliar o efeito das mesmas. Isso proporciona uma comparação de antes com depois. Os valores sigma elevados representam um bom desempenho; os valores sigma baixos significam um desempenho ruim.

Para encontrar o nível sigma, o número de defeitos por milhão deve ser determinado em primeiro lugar. Existem três medidas dos defeitos por milhão utilizadas no Seis Sigma. A primeira e mais importante é a correspondente aos defeitos por milhão de oportunidades (*DPMO*), que considera que pode haver mais de um tipo de defeito capaz de ocorrer em cada unidade (produto ou serviço). Os produtos mais complexos tendem a ter mais oportunidades para apresentar defeitos, enquanto os produtos simples têm menos oportunidades. Desse modo, *DPMO* leva em conta a complexidade do produto e permite a comparação entre tipos de produtos ou serviços totalmente diferentes. A variável defeitos por milhão de oportunidades é calculada usando a seguinte equação:

$$DPMO = 1.000.000\frac{N_d}{N_u N_o} \tag{37.10}$$

em que N_d = número total de defeitos encontrados, N_u = número de unidades na população de interesse, e N_o = número de oportunidades para um defeito por unidade. A constante 1.000.000 converte a relação em defeitos por milhão.

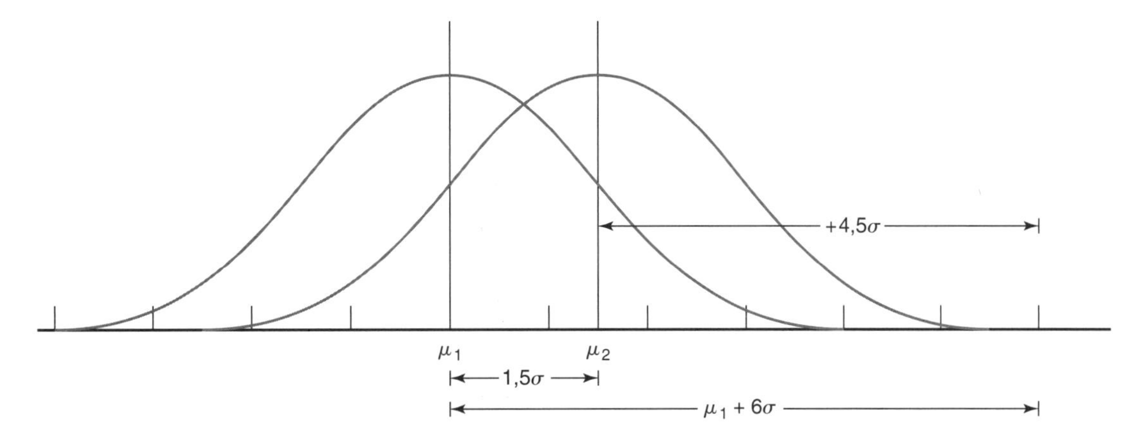

FIGURA 37.3 Deslocamento da distribuição normal de 1,5σ da média original, considerando apenas uma cauda da distribuição (à direita). Legenda: μ_1 = média da distribuição original, μ_2 = média da distribuição alterada, σ = desvio padrão.

Outras medidas além do *DPMO* são os defeitos por milhão (*DPM*), que medem todos os defeitos encontrados na população, e as unidades defeituosas por milhão [*UDPM* (do inglês, *defective units per million* – *DUPM*)], que levam em conta o número de unidades defeituosas na população e reconhecem que existe mais de um tipo de defeito em qualquer unidade defeituosa. As duas equações a seguir podem ser empregadas para calcular *DPM* e *UDPM*:

$$DPM = 1.000.000\frac{N_d}{N_u} \tag{37.11}$$

$$UDPM = 1.000.000\frac{N_{ud}}{N_u} \tag{37.12}$$

em que N_{ud} = número de unidades defeituosas na população e os outros termos são os mesmos da Equação (37.10). Assim que os valores de *DPMO*, *DPM* e *UDPM* tiverem sido determinados, a Tabela 37.3 pode ser utilizada para converter esses valores em seus níveis sigma correspondentes.

Exemplo 37.2 Determinando o nível sigma de um processo

Uma planta de montagem final que produz lavadoras de louças inspeciona 23 características que são consideradas críticas para a qualidade global. No mês passado foram produzidas 9056 lavadoras de louças. Durante a inspeção, foram encontrados 479 defeitos das 23 características, e 226 lavadoras de louças tinham um ou mais defeitos. Determine *DPMO*, *DPM* e *UDPM* desses dados e converta cada um para o seu nível sigma correspondente.

Solução: Resumindo os dados, $N_u = 9056$, $N_o = 23$, $N_d = 479$ e $N_{ud} = 226$.

Sendo assim,

$$DPMO = 1.000.000\frac{479}{9056(23)} = 2300$$

O nível sigma correspondente é aproximadamente 4,3, segundo a Tabela 37.3.

$$DPM = 1.000.000\frac{479}{9056} = 52.893$$

O nível sigma correspondente é aproximadamente 3,1.

$$UDPM = 1.000.000\frac{226}{9056} = 24.956$$

O nível sigma correspondente é aproximadamente 3,4.

37.4.3 MÉTODOS TAGUCHI

Genichi Taguchi teve uma influência importante no desenvolvimento da engenharia de qualidade, especialmente na área de projetos – tanto no projeto do produto quanto na concepção do processo. Nesta seção analisamos dois dos métodos Taguchi: (1) a função perda e (2) o projeto robusto. Cobertura mais completa pode ser encontrada nas Referências [5], [10].

A Função Perda Taguchi define qualidade como "a perda que um produto custa para a sociedade a partir do momento em que ele é liberado para ser despachado" [10]. Perda inclui custos para operar, falha ao funcionar, custos de manutenção e reparo, insatisfação dos clientes, lesões ocasionadas por projeto ruim, e custos similares. Algumas dessas

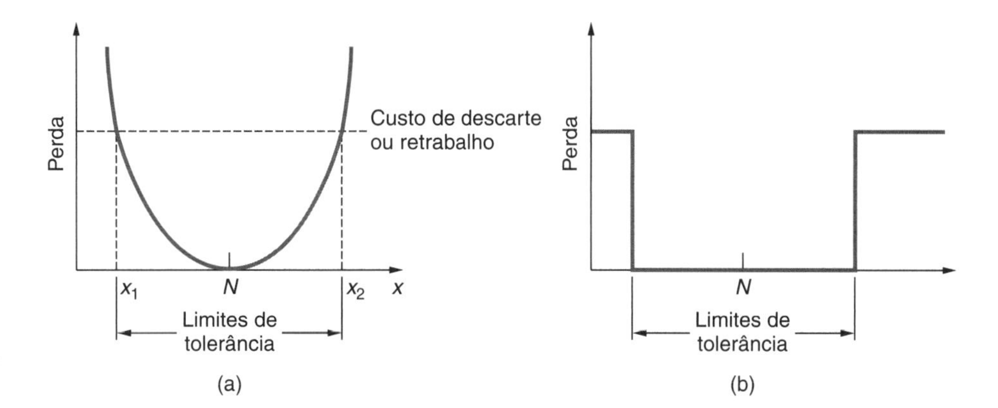

FIGURA 37.4 (a) A função quadrática de perda de qualidade. (b) Função perda implícita na especificação de tolerância tradicional.

perdas são difíceis de quantificar em termos monetários; no entanto, são reais. Os produtos defeituosos (ou seus componentes) que são detectados antes do despacho não são considerados parte dessa perda. Em vez disso, qualquer despesa, para a empresa, resultante de descarte ou retrabalho do produto defeituoso é um custo de manufatura e não uma perda de qualidade.

A perda ocorre quando a característica funcional de um produto difere de seu valor nominal ou de seu valor meta. Embora as características funcionais não se traduzam diretamente em características dimensionais, a relação de perda é mais prontamente compreendida em termos de dimensões. Quando a dimensão de um componente se afasta de seu valor nominal, a função do componente é afetada adversamente. Independentemente de quão pequeno seja o desvio, há alguma perda na função. A perda aumenta em um ritmo acelerado, à medida que o desvio cresce, segundo Taguchi. Considerando x a característica de qualidade de interesse, e N seu valor nominal, então a função de perda será uma curva em forma de U, como na Figura 37.4(a). Uma equação quadrática pode ser utilizada para descrever essa curva:

$$L(x) = k(x - N)^2 \tag{37.13}$$

em que $L(x)$ = função de perda; k = constante de proporcionalidade; e x e N seguem as definições anteriores. Em algum nível de desvio $(x_2 - N) = -(x_1 - N)$, a perda será proibitiva e é necessário descartar ou retrabalhar o produto. Esse nível identifica uma maneira possível de especificar o limite de tolerância para a dimensão.

Na abordagem tradicional para o controle de qualidade, os limites de tolerância são definidos, e qualquer produto dentro desses limites é aceitável. Seja a característica de qualidade (por exemplo, a dimensão) próxima do valor nominal ou próxima de um dos limites de tolerância, ela é aceitável. Ao tentar visualizar essa abordagem em termos análogos aos da relação precedente, obtém-se a função de perda descontínua na Figura 37.4(b). A realidade é que os produtos mais próximos da especificação nominal são de melhor qualidade e vão proporcionar mais satisfação ao cliente. Para melhorar a qualidade e a satisfação do cliente, deve-se tentar reduzir a perda, projetando o produto e o processo para ficar o mais próximo possível do valor meta.

Exemplo 37.3 Função perda de Taguchi

Um determinado produto possui uma dimensão crítica, que é especificada como 20,00 ± 0,04 cm. Os registros de reparo indicam que, se a tolerância for ultrapassada, há uma probabilidade de 75 % de que o produto seja devolvido para o fabricante a um custo de $ 80 para substituição e despacho. (a) Estime a constante k na função perda de Taguchi, Equação (37.13). (b) Utilizando a constante da função perda determinada em (a), qual seria o valor da função perda se a empresa pudesse manter uma tolerância de ±0,01 cm em vez de ±0,04 cm?

Solução: Na Equação (37.13), o valor de $(x - N)$ é a tolerância de 0,04 cm. A perda é o custo previsto para substituição e despacho, que é calculado da seguinte forma:

$$E\{L(x)\} = 0{,}75(\$80) + 0{,}25(0) = \$60$$

Utilizando esse custo previsto na função perda, o valor de k pode ser determinado como a seguir:

$$60 = k(0{,}04)^2 = 0{,}0016k$$

$$k = 60/0{,}0016 = \$37.500$$

Consequentemente, a função perda de Taguchi é $\boldsymbol{L(x) = 37.500(x - N)}$

(b) Para uma tolerância de $\pm 0{,}01$ cm, a função perda é determinada da seguinte forma:

$$L(x) = 37.500(0{,}01)^2 = 37.500(0{,}0001) = \mathbf{\$3{,}75}$$

Essa é uma redução significativa em relação a $60,00 utilizando uma tolerância de $\pm 0{,}04$ cm.

Projeto Robusto Uma finalidade básica do controle de qualidade é minimizar as variações. Taguchi chama as variações de fatores de ruído. Um ***fator de ruído*** é uma fonte de variação impossível ou difícil de controlar e que afeta as características funcionais do produto. Três tipos de fatores de ruído podem ser distinguidos: (1) entre unidades, (2) interno e (3) externo.

Fatores de ruído entre unidades consistem em variações aleatórias inerentes ao processo ou produto, causadas pela variabilidade das matérias-primas, maquinário e participação humana. São fatores de ruído que eram chamados anteriormente de variações aleatórias no processo. Eles estão associados a um processo de produção que está sob controle estatístico.

Fatores de ruído interno são fontes de variação internas ao produto ou processo. Eles incluem fatores dependentes do tempo, como desgaste de componentes mecânicos, deterioração de matérias-primas e fadiga de peças metálicas; e erros operacionais, como ajustes inadequados no produto ou máquina-ferramenta. Um ***fator de ruído externo*** é uma fonte de variação que é externa ao produto ou processo, como a temperatura ambiente, umidade, suprimento de matérias-primas e tensão elétrica de entrada. Os fatores de ruído interno e externo constituem o que antes se chamava de variações atribuíveis (causais).

Um ***projeto robusto*** é aquele em que a função e o desempenho do produto são relativamente insensíveis às variações no projeto e nos parâmetros de manufatura. Ele envolve o projeto do produto e do processo de modo que o produto manufaturado permaneça relativamente imune a todos os fatores de ruído. Um exemplo de projeto de produto robusto é um automóvel cujo motor de arranque funcione tão bem em Minneapolis, Minnesota, no inverno, quanto em Meridian, Mississippi, no verão. Um exemplo de projeto robusto de processo é uma operação de extrusão de metal que produz um bom produto apesar das variações de temperatura nos tarugos iniciais.

37.4.4 ISO 9000

ISO 9000 é um conjunto de normas internacionais relacionadas à qualidade dos produtos (e serviços, se for aplicável) entregues por uma determinada empresa. As normas foram desenvolvidas pela Organização Internacional para Padronização (*International*

Organization for Standardization – ISO), sediada em Genebra, Suíça. A ISO 9000 estabelece padrões para os sistemas e procedimentos utilizados pela empresa que determinam a qualidade de seus produtos. A ISO 9000 não é um padrão para os produtos em si. Seu foco está nos sistemas e procedimentos, que incluem a estrutura organizacional da empresa, as responsabilidades, os métodos e os recursos necessários para a gestão da qualidade. A ISO 9000 diz respeito às atividades utilizadas pela empresa, visando garantir que seus produtos alcancem a satisfação do cliente.

A ISO 9000 pode ser implementada de duas maneiras: formal e informal. A implementação formal significa que a empresa passa a ser certificada, o que garante que a mesma satisfaz os requisitos da norma. A certificação é obtida por meio de uma agência independente que conduz inspeções no local e analisa os sistemas e procedimentos de qualidade da empresa. Um benefício da certificação é que ela qualifica a empresa a fazer negócios com companhias que exigem a certificação ISO 9000, que é comum na comunidade econômica europeia, onde certos produtos são regulados e a certificação ISO 9000 é exigida das empresas que produzem esses produtos.

A implementação informal da ISO 9000 significa que a empresa pratica a norma, ou partes dela, simplesmente para melhorar seus sistemas de qualidade. Essas melhorias valem a pena, mesmo sem a certificação formal, para empresas que desejam fornecer produtos de qualidade superior.

37.5 Princípios de Inspeção

A ***inspeção*** envolve o uso de técnicas de medição e calibração para determinar se um produto, seus componentes, submontagens ou matérias-primas estão em conformidade com as especificações de projeto. As especificações de projeto são estabelecidas pelo projetista do produto, e em produtos mecânicos elas se referem a dimensões, tolerâncias, acabamento superficial e características similares. As dimensões, tolerâncias e acabamento superficial foram definidos no Capítulo 6, e muitos dos instrumentos de medição e calibres para avaliar essas especificações foram descritos naquele capítulo.

A inspeção é feita antes da manufatura, durante e após a manufatura. As matérias-primas e as peças iniciais são inspecionadas no recebimento dos fornecedores; as unidades de trabalho são inspecionadas em vários estágios durante a sua produção; e o produto final deve ser inspecionado antes do envio para o cliente.

Há uma diferença entre inspeção e ensaio, que é um tópico intimamente relacionado. Enquanto a inspeção determina a qualidade do produto em relação às especificações de projeto, o ensaio se refere geralmente aos aspectos funcionais do produto. O produto opera da maneira que deveria? Vai continuar a operar por um período de tempo razoável? Vai operar em ambientes de temperatura e umidade extremas? No controle de qualidade, ***ensaio*** é um procedimento em que o produto, a submontagem, peça ou material são observados sob condições que poderiam ser encontradas durante o serviço. Por exemplo, um produto poderia ser ensaiado usando-o por certo período a fim de determinar se funciona adequadamente. Se passar no teste, é aprovado para envio ao cliente.

O ensaio de um componente ou material às vezes danifica ou destrói o elemento considerado. Nesses casos, os itens devem ser ensaiados com base em amostragem. O custo com ensaios destrutivos é significativo e são feitos grandes esforços para desenvolver métodos que não destruam o item. Esses métodos são denominados ***ensaios não destrutivos*** ou ***avaliação não destrutiva***.

As inspeções se dividem em dois tipos: (1) ***inspeção por variáveis***, na qual as dimensões do produto ou peça de interesse são medidas por instrumentos de medição adequados; e (2) ***inspeção por atributos***, na qual as peças são verificadas com calibres para determinar se estão dentro dos limites de tolerância. A vantagem de medir a dimensão de uma peça é que são obtidos dados sobre seu valor real. Os dados poderiam ser registrados ao longo do tempo e utilizados para analisar tendências no processo de manufatura. Podem ser feitos ajustes no processo com base nos dados para que as futuras peças sejam produzidas mais próximas do valor nominal de projeto. Quando a dimensão de uma peça é simplesmente verificada por meio de um calibre, tudo o que se sabe é se está dentro da tolerância ou se é grande ou pequena demais. No lado positivo, a verificação pode ser feita rapidamente e a um custo baixo.

37.5.1 INSPEÇÃO MANUAL E AUTOMATIZADA

Os procedimentos de inspeção são realizados frequentemente de modo manual. Normalmente o trabalho é tedioso e monótono; contudo, a necessidade de precisão e exatidão é grande. Às vezes são necessárias horas para medir as dimensões importantes de apenas uma peça. Devido ao tempo e ao custo da inspeção manual, geralmente são utilizados procedimentos de amostragem estatística para diminuir a necessidade de inspecionar cada peça.

Amostragem *Versus* Inspeção de 100 % No caso de ser utilizada a inspeção por amostragem, o número de peças na amostra geralmente é pequeno, em comparação com a quantidade de peças produzidas. O tamanho da amostra pode ser de apenas 1 % do ciclo de produção. Como nem todos os itens na população são medidos, há um risco, em qualquer procedimento de amostragem, de que as peças defeituosas passem despercebidas. Um dos objetivos na amostragem estatística é definir o risco esperado; ou seja, determinar a taxa média de defeitos que vai passar pelo procedimento amostral. O risco pode ser reduzido, se aumentar o tamanho da amostra e a frequência em que as amostras são coletadas. Mas, é verdade que a qualidade 100 % boa não pode ser assegurada em um procedimento de inspeção por amostragem.

Teoricamente, a única maneira de alcançar uma qualidade 100 % boa é pela inspeção de 100 % dos itens; assim, todos os defeitos são avaliados e apenas as peças boas são aprovadas pelo procedimento de inspeção. Entretanto, quando a inspeção de 100 % é feita manualmente, dois problemas são encontrados. O primeiro é o custo envolvido. Em vez de dividir o custo de inspecionar a amostra pelo número de peças no ciclo de produção, o custo de inspeção unitário é aplicado a cada peça no lote. Às vezes o custo de inspeção ultrapassa o custo de produzir a peça. Segundo, na inspeção manual de 100 % dos itens, quase sempre há erros associados ao procedimento. A taxa de erro depende da complexidade e da dificuldade da tarefa de inspeção e da quantidade de bom senso exigida do inspetor humano. Esses fatores são agravados pela fadiga do operador. Erros significam que certo número de peças de qualidade ruim será aceito, e certo número de peças de boa qualidade será rejeitado. Portanto, a inspeção de 100 % dos itens usando métodos manuais não é garantia de produto com 100 % de boa qualidade.

Inspeção 100 % Automatizada A automação do processo de inspeção oferece uma maneira possível de superar os problemas associados à inspeção manual de 100 % dos itens. A ***inspeção automatizada*** é definida como a automação de uma ou mais etapas no procedimento de inspeção, como (1) apresentação automatizada das peças por um sistema de manuseio automático, com um operador humano ainda realizando o processo de inspeção (por exemplo, examinando visualmente as peças em busca de falhas); (2) carregamento manual das peças em uma máquina de inspeção automática; e (3) célula de inspeção totalmente automatizada na qual as peças são apresentadas e inspecionadas automaticamente. A automação da inspeção também pode incluir (4) coleta de dados computadorizada de instrumentos eletrônicos de medição.

A inspeção 100 % automatizada pode ser integrada com o processo de manufatura para realizar alguma ação relativa ao processo. As ações podem ser uma ou ambas das seguintes: (1) triagem de peças e/ou (2) realimentação de informações ao processo. ***Triagem (separação) de peças*** significa separar as peças em dois ou mais níveis de qualidade. A separação básica inclui dois níveis: aceitável e inaceitável. Algumas situações exigem mais de dois níveis, como aceitável, retrabalhável e refugo. A separação e inspeção podem ser combinadas na mesma estação. Uma abordagem alternativa é posicionar uma ou mais inspeções ao longo da linha de processamento, enviando instruções para uma estação de separação no final da linha indicando qual ação é necessária para cada peça.

Realimentação (feedback) das informações de inspeção para a operação de manufatura a montante permite ajustes compensatórios no processo a fim de reduzir a variabilidade e melhorar a qualidade. Se as medições de inspeção indicarem que a saída está se movendo em direção a um dos limites de tolerância (por exemplo, devido ao desgaste de ferramenta), podem ser feitas correções nos parâmetros de processo para mover a saída para o valor nominal. A saída é mantida assim dentro de um intervalo de variabilidade menor possível com os métodos de inspeção por amostragem.

37.5.2 INSPEÇÃO POR CONTATO *VERSUS* INSPEÇÃO SEM CONTATO

Existe uma série de tecnologias de medição e calibração disponíveis para inspeção. As possibilidades podem ser divididas em métodos de inspeção por contato e inspeção sem contato. A ***inspeção por contato*** envolve o uso de um sensor mecânico ou outro dispositivo que faz contato com o objeto que está sendo inspecionado. Por sua natureza, a inspeção por contato normalmente se refere a medir ou calibrar alguma dimensão física da peça. Ela é feita manualmente ou automaticamente. A maior parte dos dispositivos tradicionais de medição e calibração descritos no Capítulo 6 está relacionada com a inspeção por contato. Um exemplo de sistema de medição automatizada por contato é a máquina de medição por coordenadas (Subseção 37.6.1).

Os métodos de ***inspeção sem contato*** utilizam um sensor situado a certa distância do objeto para medir ou calibrar a(s) característica(s) desejada(s). As vantagens normais da inspeção sem contato são (1) ciclos de inspeção mais rápidos e (2) ausência de danos à peça, que poderiam resultar do contato. Os métodos sem contato podem ser executados frequentemente na linha de produção, sem nenhum manuseio especial. Por outro lado, a inspeção por contato requer normalmente um posicionamento especial da peça, necessitando de sua remoção da linha de produção. Além disso, os métodos de inspeção sem contato são inerentemente mais rápidos porque empregam um sensor estacionário que não requer o posicionamento de cada peça. Por outro lado, a inspeção por contato requer o posicionamento do sensor de contato contra a peça, o que leva tempo.

As tecnologias de inspeção sem contato podem ser classificadas como ópticas ou não ópticas. Os lasers (Subseção 37.6.2) e a visão artificial (Subseção 37.6.3) se destacam entre os métodos ópticos. Os sensores de inspeção não óptica incluem técnicas de campo elétrico, técnicas de radiação e ultrassom (Subseção 37.6.4).

37.6 Tecnologias Modernas de Inspeção

As tecnologias avançadas estão substituindo as técnicas manuais de medição e calibração nas fábricas modernas. Elas incluem métodos de detecção por contato e sem contato. A abordagem deste tópico começa com uma importante tecnologia de inspeção por contato: as máquinas de medição por coordenadas.

37.6.1 MÁQUINAS DE MEDIÇÃO POR COORDENADAS

Uma máquina de medição por coordenadas [MMC (do inglês, *coordinate measuring machine* – CMM)] consiste em uma sonda de contato (apalpador) e um mecanismo para posicioná-la em três dimensões relativas às superfícies e características de uma peça. Veja a Figura 37.5. As coordenadas de posição da sonda podem ser registradas precisamente, à medida que entra em contato com a superfície da peça para obter seus dados de geometria.

Em uma MMC, a sonda é fixada em uma estrutura que permite o movimento da mesma em relação à peça, que é fixada em uma mesa conectada à estrutura da máquina. A estrutura deve ser rígida para minimizar os desvios que contribuem para os erros de

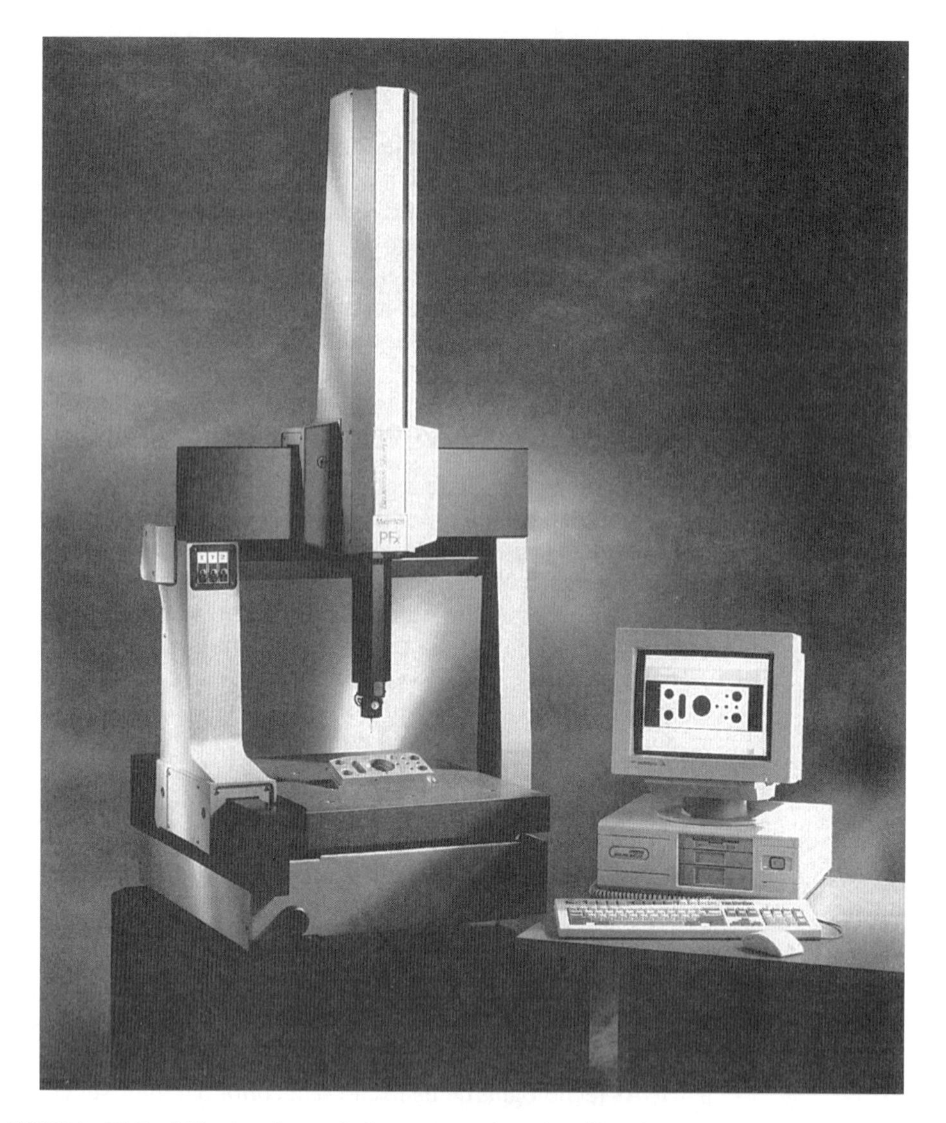

FIGURA 37.5 Máquina de medição por coordenadas. (Cortesia da Hexagon Metrology.)

medição. A máquina da Figura 37.5 tem uma estrutura do tipo ponte, um dos tipos mais comuns. São utilizados recursos especiais nas estruturas de MMC para produzir alta exatidão e precisão na máquina de medição, incluindo o uso de rolamentos hidrostáticos de baixo atrito e isolamento mecânico da MMC para reduzir as vibrações. Um aspecto importante em uma MMC é o apalpador e sua operação. O moderno apalpador do tipo "*touch-trigger*" tem contato elétrico sensível que emite sinal quando ele é desviado minimamente de sua posição neutra. No contato, as posições das coordenadas são registradas pelo controlador da MMC, ajustando-o para seu fim de curso e para o tamanho do apalpador.

O posicionamento do apalpador em relação à peça pode ser feito manualmente ou sob controle computadorizado. Os métodos de operar uma MMC podem ser classificados como (1) controle manual, (2) manual assistido por computador, (3) motorizado assistido por computador e (4) controle direto por computador.

No ***controle manual***, um operador humano move fisicamente o apalpador ao longo dos eixos para entrar em contato com a peça e registrar as medições. O apalpador é do tipo flutuante para facilitar o movimento. As medições são indicadas por leitura digital, e o operador pode registrar a medição manualmente ou automaticamente (impressão em papel). Quaisquer cálculos trigonométricos devem ser feitos pelo operador. A MMC

manual assistida por computador é capaz de processar dados por computador para realizar esses cálculos. Os tipos de cálculos incluem conversões simples das unidades inglesas para as métricas do SI, determinação do ângulo entre dois planos e determinação da posição do centro de um furo. O apalpador ainda é flutuante para permitir que o operador coloque-o em contato com as superfícies da peça.

As MMCs ***motorizadas assistidas por computador*** acionam o apalpador ao longo dos eixos da máquina sob a orientação do operador. Um *joystick* ou um dispositivo similar é utilizado para controlar o movimento. Motores de passo de baixa potência e embreagens de atrito são utilizados para reduzir os efeitos das colisões entre o apalpador e a peça. A MMC com ***controle direto por computador*** opera como uma máquina-ferramenta CNC (controle numérico computadorizado). É uma máquina de inspeção computadorizada que opera sob as ordens de um programa de controle. A capacidade básica de uma MMC é determinar os valores das coordenadas em que o apalpador entra em contato com a superfície de uma peça. O controle computadorizado permite que a MMC realize medições e inspeções mais sofisticadas, como (1) determinação da localização do centro de um furo ou cilindro, (2) definição de um plano, (3) medição da planicidade de uma superfície ou paralelismo entre duas superfícies e (4) medição de um ângulo entre dois planos.

As vantagens da utilização das máquinas de medição por coordenadas sobre os métodos de inspeção manual incluem (1) produtividade mais elevada – uma MMC pode realizar procedimentos de inspeção complexos em muito menos tempo do que os métodos manuais tradicionais; (2) maior exatidão e precisão inerentes do que os métodos convencionais; e (3) redução do erro humano por meio da automação do procedimento de inspeção e cálculos associados [8]. Uma MMC é uma máquina de propósito geral que pode ser utilizada para inspecionar uma série de configurações de peças.

37.6.2 MEDIÇÕES A LASERS

Lembre-se de que laser significa amplificação de luz por emissão estimulada de radiação (do inglês, *light amplification by stimulated emission of radiation*). As aplicações dos lasers incluem corte (Subseção 22.3.3) e soldagem (Seção 26.4). Essas aplicações envolvem o uso de lasers de estado sólido capazes de focar energia suficiente para derreter ou sublimar o material de trabalho. Os lasers para aplicações de medição são lasers gasosos de baixa potência, como o hélio neônio, que emite luz no espectro visível. O feixe de luz de um laser é (1) altamente monocromático, significando que a luz tem um único comprimento de onda, e (2) altamente colimado, significando que os raios de luz são paralelos. Essas propriedades motivaram uma lista crescente de aplicações do laser na medição e inspeção. Duas delas são descritas aqui.

Sistemas de Varredura a Laser A varredura a laser utiliza um feixe de laser defletido por um espelho rotativo para produzir um feixe de luz que varre um objeto, como na Figura 37.6. Um fotodetector do outro lado do objeto detecta o feixe luminoso durante a sua varredura, exceto no curto período de tempo em que é interrompido pelo objeto. Esse período de tempo pode ser medido rapidamente com grande precisão. Um sistema de microprocessador mede o tempo em que a interrupção está relacionada com o tamanho do objeto na trajetória do feixe de laser, e converte esse tempo para uma dimensão linear. A varredura por feixes de laser pode ser aplicada na inspeção e calibração *online* de alta produção. Sinais podem ser enviados para o equipamento de produção para fazer ajustes no processo e/ou ativar um dispositivo de triagem na linha de produção. As aplicações dos sistemas de varredura a laser incluem operações de laminação, extrusão de arame, usinagem e retífica.

Triangulação a Laser A triangulação é utilizada para determinar a distância de um objeto em relação a dois locais conhecidos por meio de relações trigonométricas de um triângulo retângulo. O princípio pode ser aplicado nas medições dimensionais uti-

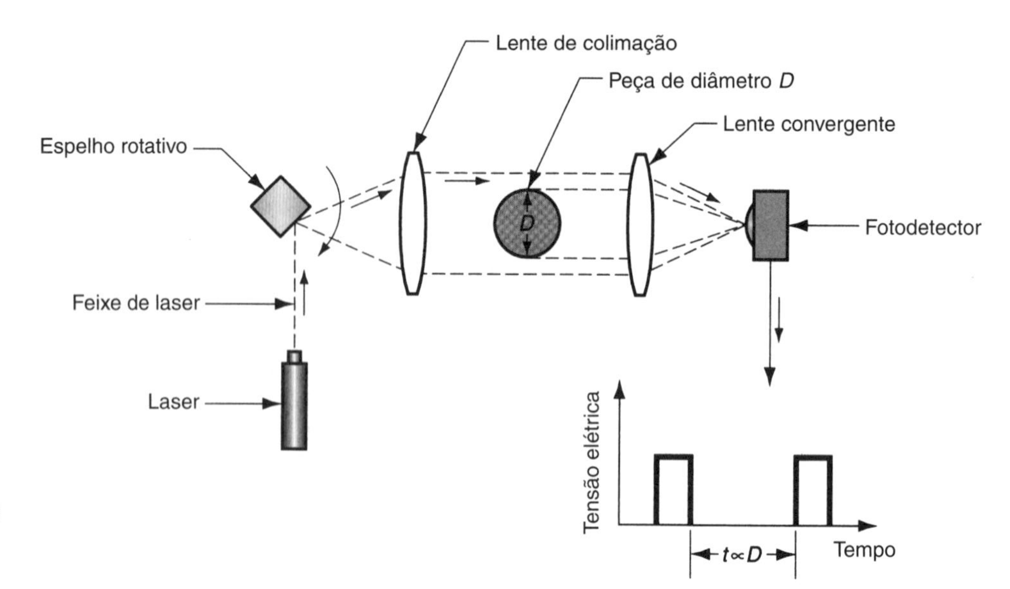

FIGURA 37.6 Sistema de varredura a laser para medir o diâmetro da peça cilíndrica; o tempo de interrupção do feixe de luz é proporcional ao diâmetro *D*.

lizando um sistema a laser, como na Figura 37.7. O feixe de laser é focalizado em um objeto para formar um ponto de luz na superfície. Um detector sensível à posição é utilizado para determinar a localização do ponto. O ângulo A do feixe direcionado ao objeto e a distância H são fixos e conhecidos.

Dado que o fotodetector está situado a uma distância fixa acima da mesa, a profundidade D (do inglês, *deep*) da peça na configuração da Figura 37.7 é determinada a partir de

$$D = H - R = H - L \cot A \tag{37.14}$$

em que L é determinado pela posição do ponto de luz na peça.

37.6.3 VISÃO ARTIFICIAL

A visão artificial (ou visão de máquina) envolve a aquisição, processamento e interpretação dos dados de imagem pelo computador para alguma aplicação útil. Os sistemas de visão podem ser classificados como bidimensionais e tridimensionais. Os sistemas bidimensionais veem a cena como uma imagem em 2D, o que é bem adequado para aplicações envolvendo um objeto plano. Os exemplos incluem a medição e a calibração dimensional, verificação da presença de componentes e a verificação do aspecto de uma superfície plana (ou quase plana). Os sistemas de visão tridimensional são necessários

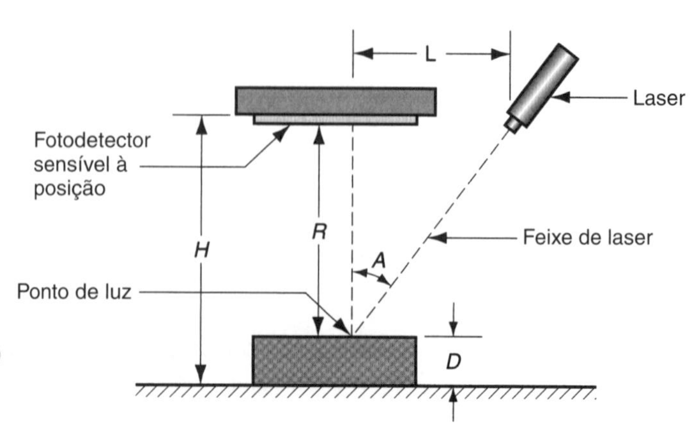

FIGURA 37.7 Triangulação a laser para medir a dimensão *D* da peça.

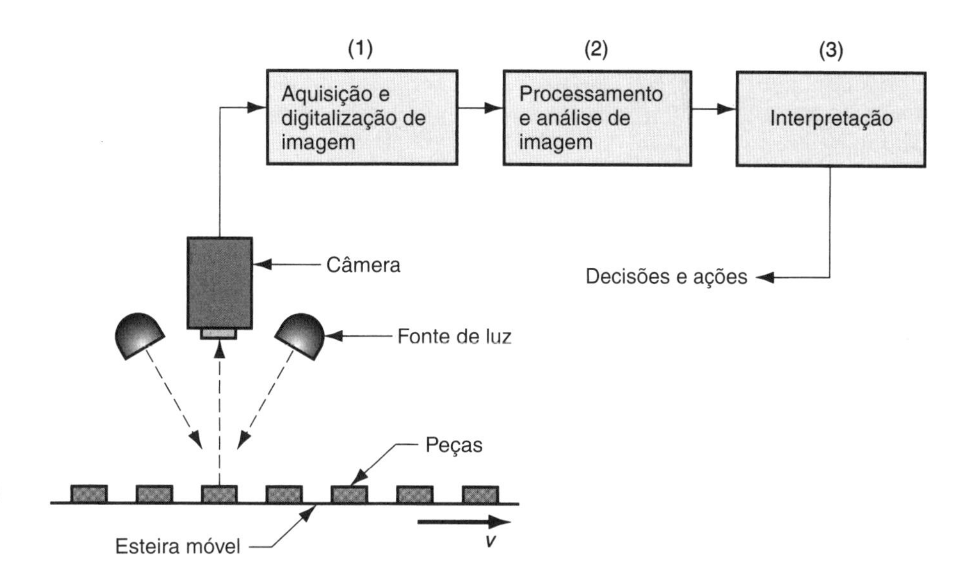

FIGURA 37.8 Operação de um sistema de visão artificial.

para aplicações que requeiram uma análise em 3D da cena, em que estejam envolvidos contornos ou formas. A maioria das aplicações atuais é 2D e a discussão vai focar (desculpe pelo trocadilho) nessa tecnologia.

Operação dos Sistemas de Visão Artificial A operação de um sistema de visão artificial consiste em três etapas, retratadas na Figura 37.8: (1) aquisição e digitalização de imagem, (2) processamento e análise de imagem e (3) interpretação.

A aquisição e digitalização de imagem são feitas por uma câmera de vídeo conectada a um sistema digitalizador para armazenar os dados da imagem para o processamento subsequente. Com a câmera focada no objeto, uma imagem é obtida dividindo a área de visualização em uma matriz de elementos discretos de imagem (chamados ***pixels***), na qual cada elemento assume um valor proporcional à intensidade luminosa daquela parte da cena. O valor da intensidade de cada *pixel* é convertido em seu valor digital equivalente por meio da conversão de analógico para digital. A aquisição e digitalização da imagem é ilustrada na Figura 37.9 para um sistema de ***visão binária***, no qual a intensidade de luz é reduzida a um de dois valores (preto ou branco = 0 ou 1), como na Tabela 37.4. A matriz de *pixel* na ilustração é de apenas 12 × 12; um sistema de visão real teria muito mais *pixels* para alcançar uma resolução melhor. Cada conjunto de valores de *pixel* é um ***quadro***, que consiste em um conjunto de valores dos *pixels* digitalizados. O quadro é armazenado na memória do computador. O processo de ler todos os valores de *pixel* em um quadro é feito 30 vezes por segundo nos sistemas americanos, 25 ciclos/segundo nos sistemas europeus.

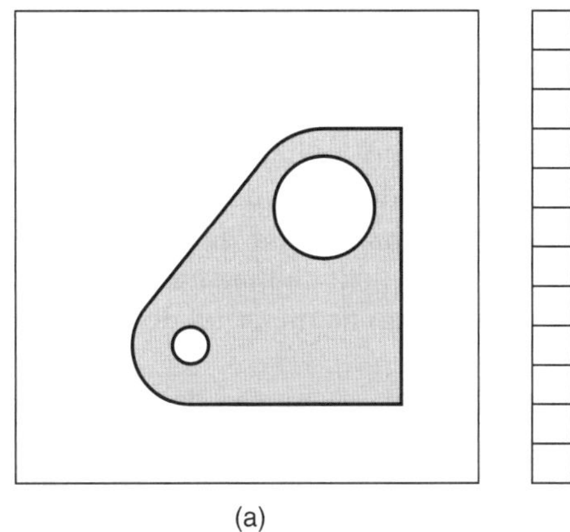

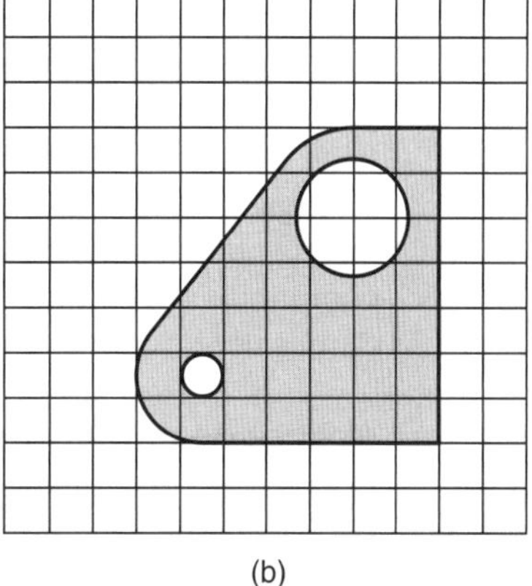

FIGURA 37.9 Aquisição e digitalização de imagem: (a) a cena consiste em uma peça de cor escura contra a luz de fundo; (b) uma matriz de *pixels* de 12 × 12 é aplicada à cena.

TABELA • 37.4 Valores de *pixel* em um sistema de visão binária para a imagem da Figura 37.9.

1	1	1	1	1	1	1	1	1	1	1	1
1	1	1	1	1	1	1	1	1	1	1	1
1	1	1	1	1	1	1	1	1	1	1	1
1	1	1	1	1	1	1	0	0	0	1	1
1	1	1	1	1	1	0	1	1	0	1	1
1	1	1	1	1	0	0	1	1	0	1	1
1	1	1	1	0	0	0	0	0	0	1	1
1	1	1	0	0	0	0	0	0	0	1	1
1	1	1	0	1	0	0	0	0	0	1	1
1	1	1	1	0	0	0	0	0	0	1	1
1	1	1	1	1	1	1	1	1	1	1	1
1	1	1	1	1	1	1	1	1	1	1	1

A ***resolução*** de um sistema de visão é sua capacidade para detectar características e detalhes finos na imagem. Isso depende do número de *pixels* utilizados. As disposições comuns de *pixels* incluem 640 (horizontal) × 480 (vertical), 1024 × 768 ou 1040 × 1392 elementos por quadro. Quanto mais *pixels* no sistema de visão, maior sua resolução. No entanto, o custo do sistema aumenta com a quantidade de *pixels*. Além disso, o tempo necessário para ler os elementos do quadro e processar os dados aumenta com o número de *pixels*. Além dos sistemas de visão binária, sistemas de visão mais sofisticados distinguem vários níveis de cinza na imagem que lhes permitem determinar características da superfície, como textura. Chamados de ***visão em escala cinza***, esses sistemas usam normalmente quatro, seis ou oito *bits* de memória. Outros sistemas de visão conseguem reconhecer cores.

A segunda função na visão artificial é o ***processamento e a análise da imagem***. Os dados de cada quadro devem ser analisados dentro do tempo necessário para completar uma varredura (1/30 s ou 1/25 s). Várias técnicas foram desenvolvidas para analisar dados de imagem, incluindo a detecção de aresta e a extração de característica. A ***detecção de arestas*** envolve determinar as localizações das fronteiras entre um objeto e seu entorno. Isso é feito identificando o contraste na intensidade de luz entre os *pixels* adjacentes às bordas do objeto. A ***extração de característica*** diz respeito à determinação dos valores da característica de uma imagem. Muitos sistemas de visão de máquina identificam um objeto na imagem por meio de suas características. As características de um objeto incluem área, comprimento, largura, ou diâmetro do mesmo, perímetro, centro de gravidade e razão de aspecto. Os algoritmos de extração de característica são projetados para determinar essas características com base na área e nas fronteiras do objeto. A área de um objeto pode ser determinada pela contagem do número de *pixels* que compreendem o objeto. O comprimento pode ser encontrado medindo a distância (em *pixels*) entre duas arestas opostas na peça.

A ***interpretação*** da imagem é a terceira função. Ela é feita por meio das características extraídas. A interpretação normalmente reconhece o objeto – identifica o objeto na imagem comparando-o a modelos predefinidos ou valores padrão. Uma técnica de interpretação comum é a ***correspondência de padrões***, que se refere aos métodos que comparam um ou mais características de uma imagem com as características correspondentes de um modelo armazenado na memória do computador.

Aplicações da Visão Artificial A função de interpretação na visão artificial geralmente está relacionada com as aplicações que se dividem em quatro categorias: (1) inspeção, (2) identificação da peça, (3) orientação e controle visual e (4) monitoramento de segurança.

A ***inspeção*** é a categoria mais importante, correspondendo a cerca de 90 % de todas as aplicações industriais. As aplicações estão na produção em massa, em que o tempo para programar e instalar o sistema pode ser dividido por muitos milhares de unidades. As tarefas típicas da inspeção incluem: (1) ***medição ou calibração dimensional***, que envolve medir ou calibrar certas dimensões das peças ou produtos que se movem ao longo de uma esteira; (2) ***funções de verificação***, que incluem verificar a presença de componentes em um produto montado, presença de um furo em uma peça, e tarefas similares; e (3) ***identificação de falhas e defeitos***, como a identificação de falhas em um rótulo impresso fora da posição correta, texto, numeração ou gráficos mal impressos no rótulo.

As aplicações de ***identificação da peça*** incluem contar as diferentes peças que passam pelo transportador, classificação de peças e reconhecimento de caracteres. A ***orientação e controle visual*** envolvem um sistema de visão que trabalha em equipe com um robô ou máquina similar para controlar o movimento da máquina. Os exemplos incluem rastreamento de solda na soldagem a arco contínuo, posicionamento da peça, reorientação da peça e busca de peças em uma bandeja. Nas aplicações de ***monitoramento da segurança***, o sistema de visão monitora a operação de produção para detectar irregularidades que poderiam indicar uma condição de risco para o equipamento ou seres humanos.

37.6.4 OUTRAS TÉCNICAS DE INSPEÇÃO SEM CONTATO

Além dos métodos de inspeção óptica, existem várias técnicas não ópticas utilizadas na inspeção. Elas incluem técnicas de sensores baseadas em campos elétricos, radiação e ultrassom.

Em certas condições, os ***campos elétricos*** criados por uma sonda elétrica podem ser utilizados para inspeção. Os campos incluem relutância, capacitância e indutância; eles são afetados por um objeto na vizinhança da sonda. Em uma aplicação típica, a peça é posicionada em uma relação fixa com a sonda. Medido o efeito do objeto no campo elétrico, pode ser feita uma medição indireta de certas características da peça, como as características dimensionais, espessura de uma folha de metal, e falhas (trincas e vazios internos) no material.

As ***técnicas de radiação*** utilizam radiação de raios X para inspecionar metais e conjuntos soldados. A quantidade de radiação absorvida pelo objeto metálico indica a espessura e a presença de falhas na peça ou na seção soldada. Por exemplo, a inspeção com raios X é utilizada para medir a espessura de uma folha de metal na laminação (Seção 15.1). Os dados da inspeção são utilizados para ajustar o espaço entre os rolos na laminação.

As ***técnicas de ultrassom*** utilizam a alta frequência do som (> 20.000 Hz) para realizar várias tarefas de inspeção. Uma das técnicas analisa as ondas ultrassônicas emitidas por um elemento emissor (transdutor) e refletidas pelo objeto. Durante a configuração do procedimento de inspeção, uma peça de teste ideal é posicionada na frente do transdutor para obter um padrão sonoro refletido. Esse padrão de som é utilizado como referência para as peças de produção serem comparadas subsequentemente. Se o padrão refletido por uma determinada peça corresponder ao padrão, a peça é aceita. Se não for obtida uma correspondência, a peça é rejeitada.

Referências

[1] DeFeo, J. A., Gryna, F. M., and Chua, R. C. H. ***Juran's Quality Planning and Analysis for Enterprise Quality***, 5th ed. McGraw-Hill, New York, 2006.

[2] Evans, J. R., and Lindsay, W. M. ***The Management and Control of Quality***, 6th ed. Thomson/South-Western College Publishing Company, Mason, Ohio, 2005.

[3] Groover, M. P. ***Automation, Production Systems, and Computer Integrated Manufacturing***, 3rd ed. Prentice Hall, Upper Saddle River, New Jersey, 2008.
[4] Juran, J. M., and Gryna, F. M. ***Quality Planning and Analysis***, 3rd ed. McGraw-Hill, New York, 1993.
[5] Lochner, R. H., and Matar, J. E. ***Designing for Quality***. ASQC Quality Press, Milwaukee, Wisconsin, 1990.
[6] Montgomery, D. C. ***Introduction to Statistical Quality Control***, 6th ed. John Wiley & Sons, Hoboken, New Jersey, 2008.
[7] Pyzdek, T., and Keller, P. ***Quality Engineering Handbook***. 2nd ed. CRC Taylor & Francis, Boca Raton, Florida, 2003.
[8] Schaffer, G. H. "Taking the Measure of CMMs." Special Report 749, ***American Machinist***, October 1982, pp. 145–160.
[9] Schaffer, G. H. "Machine Vision: A Sense for CIM." Special Report 767, ***American Machinist***, June 1984, pp. 101–120.
[10] Taguchi, G., Elsayed, E. A., and Hsiang, T. C. ***Quality Engineering in Production Systems***. McGraw-Hill, New York, 1989.
[11] Wick, C., and Veilleux, R. F. ***Tool and Manufacturing Engineers Handbook***, 4th ed. Vol. IV, ***Quality Control and Assembly***. Society of Manufacturing Engineers, Dearborn, Michigan, 1987.

Questões de Revisão

37.1 Quais são os dois principais aspectos da qualidade do produto?
37.2 De que forma um processo operando sob controle estatístico é diferenciado de um processo que não opera sob controle estatístico?
37.3 Defina capabilidade do processo.
37.4 Quais são os limites naturais de tolerância?
37.5 Qual é a diferença entre gráficos de controle para variáveis e gráficos de controle para atributos?
37.6 Identifique os dois tipos de gráficos de controle para variáveis.
37.7 Quais são os dois tipos básicos de gráficos de controle para atributos?
37.8 Quando interpretamos um gráfico de controle, o que devemos procurar para identificar problemas?
37.9 Quais são os três principais objetivos na gestão da qualidade total (GQT)?
37.10 Qual é a diferença entre clientes externos e clientes internos na GQT?
37.11 Em que empresa o programa de qualidade Seis Sigma foi utilizado pela primeira vez?
37.12 Por que em um programa Seis Sigma é utilizada uma tabela estatística da distribuição normal diferente das tabelas da distribuição normal encontradas nos livros sobre probabilidade e estatística?
37.13 Um programa Seis Sigma utiliza três medidas de defeitos por milhão (DPM) para avaliar o desempenho de um determinado processo. Mencione as três medidas de DPM.
37.14 O que quer dizer projeto robusto, conforme definido por Taguchi?
37.15 A inspeção automatizada pode ser integrada ao processo de manufatura para realizar certas ações. Quais são essas possíveis ações?
37.16 Forneça um exemplo de técnica de inspeção sem contato.
37.17 O que é uma máquina de medição por coordenadas?
37.18 Descreva um sistema de digitalização a laser.
37.19 O que é um sistema de visão binária?
37.20 Mencione algumas das tecnologias não ópticas de sensor sem contato disponíveis para inspeção.

Problemas

As respostas para os Problemas indicados com (**A**) são apresentadas no Apêndice, no final do livro.

Capabilidade do Processo e Tolerâncias

37.1 **(A)** Uma operação de torneamento produz peças com um diâmetro médio = 5,620 cm. O processo está sob controle estatístico, e a saída é normalmente distribuída com um desvio padrão = 0,005 cm. Determine a capabilidade do processo.
37.2 Uma operação de dobramento em V de uma chapa metálica dobra peças em um ângulo de

46,1°. O processo está sob controle estatístico e os valores do ângulo incluído são normalmente distribuídos, com um desvio padrão = 0,33°. (a) Determine a capabilidade do processo. (b) A especificação de projeto para o ângulo é 45° ± 1°. Se o processo puder ser ajustado para que sua média seja de 45,0°, determine o valor do índice de capabilidade do processo. Além disso, utilizando a Tabela 37.1, estime a proporção de defeitos que seriam produzidos na média de 45°.

37.3 Um processo de extrusão de plástico produz extrudado tubular redondo com um diâmetro externo médio = 25,5 mm. O processo está sob controle estatístico e a saída é normalmente distribuída com um desvio padrão = 0,40 mm. (a) Determine a capabilidade do processo. (b) A especificação de projeto sobre o DE é 25,0 mm ± 0,75 mm. Se o processo fosse ajustado para que sua média fosse 45,0°, determine o valor do índice de capabilidade do processo. Além disso, utilizando a Tabela 37.1, estime a proporção de defeitos que seriam produzidos na média de 45°.

Gráficos de Controle

37.4 **(A)** Em 20 amostras de tamanho $n = 6$, o valor médio das médias amostrais é $\bar{\bar{x}} = 3{,}781$ cm para a dimensão de interesse, e a média das amplitudes das amostras é $\bar{R} = 0{,}033$ cm. Determine (a) os limites de controle inferior e superior para (a) o gráfico $\bar{x}$ e (b) o gráfico R.

37.5 Em 15 amostras de tamanho $n = 9$, a média geral das amostras é $\bar{\bar{x}} = 97$ para a característica de interesse, e a média das amplitudes das amostras é $\bar{R} = 7{,}2$. Determine (a) os limites de controle inferior e superior para (a) o gráfico $\bar{x}$ e (b) o gráfico R.

37.6 Dez amostras de tamanho $n = 7$ foram coletadas de um processo sob controle estatístico, e a dimensão de interesse foi medida para cada peça. Os valores calculados de $\bar{x}$ para cada amostra são (em mm) 9,22, 9,15, 9,20, 9,28, 9,19, 9,12, 9,20, 9,24, 9,17 e 9,23. Os valores de R são (em mm) 0,24, 0,17, 0,30, 0,26, 0,26, 0,19, 0,21, 0,32, 0,21 e 0,23, respectivamente. (a) Determine os valores da linha central, *LIC* e *LSC* para os gráficos $\bar{x}$ e R. (b) Construa os gráficos de controle e marque os dados amostrais nos mesmos.

37.7 Em um gráfico $\bar{x}$ utilizado em um processo industrial, *LSC* = 53,5 e *LIC* = 39,9 para uma variável de interesse crítica para o processo. As dez médias amostrais a seguir foram coletadas em momentos aleatórios do processo: 45,6, 47,2, 49,3, 46,8, 48,8, 51,0, 46,7, 50,1, 49,5 e 48,9. (a) Represente graficamente os dados junto com a linha central, *LIC* e *LSC* em uma folha de papel quadriculado. (b) Interprete os dados. Falta alguma coisa?

37.8 **(A)** Um gráfico p se baseia em seis amostras de 40 peças cada. A quantidade média de defeitos por amostra é 1,6. Indique o centro, *LIC* e *LSC* do gráfico p.

37.9 Oito amostras de tamanhos iguais são obtidas para preparar um gráfico p. O número total de peças nessas oito amostras = 480, e o número total de defeitos contados foi de 72. Determine o centro, *LIC* e *LSC* do gráfico p.

37.10 O rendimento de *chips* bons durante uma etapa crítica no processamento do silício dos circuitos integrados é, em média, 96 %. O número de *chips* por *wafer* é 250. Determine o centro, *LIC* e *LSC* do gráfico p que poderiam ser utilizados no processo.

37.11 Os limites de controle inferior e superior de um gráfico p são: *LIC* = 0,15 e *LSC* = 0,27. Determine o tamanho da amostra n que é utilizada com esse gráfico de controle.

37.12 Os limites de controle inferior e superior de um gráfico p são *LIC* = 0 e *LSC* = 0,30. Determine o menor tamanho da amostra n possível que seja compatível com esse gráfico de controle.

37.13 Doze carros foram inspecionados após a montagem final. O número de defeitos encontrados variou de 87 a 139 por carro, com uma média de 110. Determine o centro e os limites de controle superior e inferior do gráfico c que poderiam ser utilizados nessa situação.

Programas de Qualidade

37.14 **(A)** Uma fundição que funde pás de turbina inspeciona seis características consideradas críticas para a qualidade. Durante o mês anterior, 948 peças fundidas foram produzidas. Durante a inspeção, foram encontrados 37 defeitos entre as seis características, e 21 peças tinham um ou mais defeitos. Determine *DPMO*, *DPM* e *UDPM* em um programa Seis Sigma para esses dados e converta cada uma dessas variáveis para seus correspondentes níveis sigma.

37.15 No problema anterior, se a fundição desejasse melhorar sua qualidade para o nível sigma 5,0 nas três medidas de *DPM*, quantos defeitos e unidades defeituosas ela produziria em uma produção anual de 10.000 peças? Suponha que as mesmas seis características são utilizadas para avaliar a qualidade.

37.16 O departamento de inspeção em uma fábrica de automóveis inspeciona os carros que vêm da linha de produção quanto a 55 características de qualidade, consideradas importantes para a satisfação do cliente. O departamento conta o número de defeitos encontrados por 100 carros, que é o mesmo tipo de métrica utilizada por uma agência nacional de defesa do consumidor. Durante o período de um mês, um total de 16.582 carros passou pela linha de montagem. Esses carros incluíam 6045 defeitos de 55 características, que se traduzem em 36,5 defeitos por 100 carros. Além disso, um total de 1955 carros tinha um ou mais defeitos durante o mês. Determine *DPMO*, *DPM* e *UDPM* em um programa Seis Sigma para esses dados e converta cada uma dessas variáveis para seus correspondentes níveis sigma.

Tecnologias de Medição a Laser

37.17 Um sistema de triangulação a laser é utilizado para determinar a altura de um bloco de aço. O sistema tem um detector fotossensível situado 750.000 mm acima da superfície de trabalho, e o laser está montado em um ângulo de 30,00° em relação à vertical. Sem nenhuma peça sobre a mesa, a posição da reflexão do laser na fotocélula é registrada. Após uma peça ser colocada sobre a mesa, a reflexão do laser desvia 70.000 mm na direção do laser. Determine a altura do objeto.

APÊNDICE

Respostas para os Problemas Selecionados

Capítulo 17 TEORIA DA USINAGEM DE METAIS

17.1 (a) ϕ = 24,7°, (b) γ = 2,399

17.4 (a) S = 95,9 MPa, (b) μ = 1,291

17.6 F_c = 566 N, força de penetração F_p = 474 N

17.10 P_g = 14,6 kW

17.15 T = 550°C

Capítulo 18 OPERAÇÕES DE USINAGEM E MÁQUINAS-FERRAMENTA

18.1 (a) T_c = 5,24 min, (b) φ_{RM} = 2250 mm³/s

18.5 (a) T_c = 0,845 min, (b) φ_{RM} = 9,526 mm³/min

18.6 (a) T_c = 1,23 min, (b) φ_{RM} = 110,825 mm³/min

18.9 (a) T_p = 8,55 min, (b) T_p = 6,00 min, (c) aumento na taxa horária de produção de 42,5%

18.11 T_c = 75 min

Capítulo 19 TECNOLOGIA DE FERRAMENTAS DE CORTE

19.3 n = 0,3894, C = 404,46 m/min

19.6 (a) n = 0,212, C = 159 m/min, (b) T = 5,7 min, (c) v_c = 84 m/min

19.11 v_c = 220 m/min

19.13 v_c = 365,7 m/min

19.19 Aumento = 206%

Capítulo 20 CONSIDERAÇÕES ECONÔMICAS E SOBRE O PROJETO DE PRODUTO EM USINAGEM

20.2 (a) IU = 108%, (b) IU = 164%

20.3 R_a = 1,64 μm

20.4 f = 0,277 mm (interpretado como mm/rev)

20.9 (a) $v_{máx}$ = 48,9 m/min, (b) $T_{máx}$ = 26,85 min, (c) T_p = 7,88 min/peça, C_p = $5,44/peça

Capítulo 21 RETIFICAÇÃO E OUTROS PROCESSOS ABRASIVOS

21.1 (a) l_c = 3,0 mm, (b) φ_{RM} = 5400 mm³/min, (c) n_c = 4.000.000 cavacos/min

Capítulo 22 PROCESSOS NÃO CONVENCIONAIS DE USINAGEM

22.7 (a) φ_{RM} = 2216 mm³/min, (b) g = 0,104 mm

22.9 φ_{RM} = 2159 mm³/h

Capítulo 23 TRATAMENTO TÉRMICO DE METAIS

Não há problemas neste capítulo

Capítulo 24 OPERAÇÕES DE TRATAMENTO DE SUPERFÍCIE

24.1 A espessura de galvanização d = 0,022 mm

24.3 Tempo para a operação de revestimento t = 22,58 min

Capítulo 25 FUNDAMENTOS DE SOLDAGEM

25.1 P = 442 J/s = 442 W

25.3 (a) U_f = 2,88 J/mm³, (b) U_f = 41,4 Btu/in³

25.6 (a) Q_s = 51.600 J na solda, (b) Q_T = 107.500 J na fonte

25.10 v = 16,7 mm/s

Capítulo 26 PROCESSOS DE SOLDAGEM

26.1 (a) Duração do arco = 40,2%, (b) duração do arco = 46,2%, (c) para SMAW a taxa de produção = 4,02 peças/h, para FCAW a taxa de produção = 4,62 peças/h

26.3 (a) q_s = 3375 J/s = 3375 W, (b) q_v = 327,7 mm³/s

26.7 Proporção da energia para a solda = 49,2%

26.11 (a) q_s = 7642 J/s, (b) $f_1 q_s$ = 1910 J/s, (c) DP = 18,0 W/mm²

Capítulo 27 BRASAGEM, SOLDA BRANDA E UNIÃO POR ADESIVOS

Não há problemas neste capítulo

Capítulo 28 MONTAGEM MECÂNICA

28.1 (a) T = 240 N-mm = 0,24 N-m, (b) σ = 9,94 MPa

28.7 (a) p_f = 44,16 MPa, (b) $\sigma_{ef\,máx}$ = 138 MPa

Capítulo 29 PROTOTIPAGEM RÁPIDA E MANUFATURA ADITIVA

29.1 T_c = 202,93 min

29.5 C_{pc} = $62,10/peça

29.9 T_c = 92,06 min

Capítulo 30 PROCESSAMENTO DE CIRCUITOS INTEGRADOS

30.2 n_c = 150 chips

30.3 (a) 100%, (b) 300%, (c) 377%

30.4 (a) n_c = 78 chips, (b) n_{ci} = 150.660

30.6 t_f = 0,400056 mm

30.8 n_{es} = 158 terminais

30.18 Número de chips bons = 88

Capítulo 31 MONTAGEM E ENCAPSULAMENTO DE PRODUTOS ELETRÔNICOS

Não há problemas neste capítulo

Capítulo 32 TECNOLOGIAS DE MICROFABRICAÇÃO

Não há problemas neste capítulo

Capítulo 33 TECNOLOGIAS DE NANOFABRICAÇÃO

Não há problemas neste capítulo

Capítulo 34 TECNOLOGIAS DE AUTOMAÇÃO PARA SISTEMAS DE MANUFATURA

34.1 (a) n_p = 3375 pulsos, (b) N_m = 50 rpm, (c) f_p = 150 Hz

34.2 (a) CR = 0,183 mm (b) precisão = 0,1096 mm, (c) repetibilidade = ±0,018 mm

34.4 (a) CR = 0,104 mm, (b) N_{mx} = 110,94 rpm, (c) f_{px} = 88,75 Hz, (d) N_{my} = 166,4 rpm, (e) f_{py} = 133,1 Hz

34.8 (a) f_r = 5,569 mm/s, (b) N_m = 55,69 rpm, (c) f_p = 167,07 Hz

34.12 B = 11,87 arredondado para 12 bits

Capítulo 35 SISTEMAS INTEGRADOS DE MANUFATURA

35.1 w = 36,7 arredondado para 37 trabalhadores

35.7 (a) w = 34 trabalhadores, (b) n = 24 estações, (c) E_b = 94,1%, (d) M = 1,417

35.11 (a) R_c = 115,4 peças/h, (b) F = 0,10, (c) R_p = 55,56 peças/h, (d) E = 48,1%

35.14 (a) Q = 1224 peças durante a semana, (b) R_p = 30,6 peças/h, (c) E = 63,75%, (d) E_b = 84,2%

Capítulo 36 PLANEJAMENTO DE PROCESSO E CONTROLE DE PRODUÇÃO

Não há problemas neste capítulo

Capítulo 37 CONTROLE DE QUALIDADE E INSPEÇÃO

37.1 CP = 5,620 ±0,015 mm

37.4 (a) LIC = 3,765 mm, LSC = 3,797 mm, (b) LIC = 0, LSC = 0,0661 mm

37.8 $\bar{p}$ = 0,04 = LC, LIC = −0,053 interpretado como 0, LSC = 0,133

37.14 $DPMO$ = 6505, nível sigma ~ 4,0; DPM = 39,030, nível sigma ~ 3,2; $UDPM$ = 22,152, nível sigma ~ 3,5

ÍNDICE

A
Abrasivos, 122
Acabamento
  de superfície. *Veja* Rugosidade
    superficial, 107
  em massa, 190
  em tambor, 191
  engrenagens, 59
  metalurgia do pó, 175
  vibratório, 191
Acetileno, 163
Aço(s)
  baixa liga, 80
  -carbono comuns, 79
  ferramenta, 78, 124
  inoxidável(is), 84
    austenítico, 83
  rápido, 80
  tratamentos térmicos, 175
Acrílicos, 206
Aderência (atrito), 283
Afiadoras de ferramentas, 138
Ajuste(s)
  com interferência, 298
  (encaixe) por expansão, 298
  por contração, 290
  prensado, 381
Alargamento, 39
Alumina, 84
Alumínio, 204
Aluminização, 193
Análise
  de custo(s)
    linhas de produção
      automatizadas, 461
    manufatura aditiva, 324
    prototipagem rápida, 310
    usinagem, 462
  de fluxo de produção, 465
  de tempo de ciclo, geral, 321
    linhas de produção
      automatizadas, 461
      manuais, 451
    manufatura aditiva, 325
    prototipagem rápida, 310
    usinagem, 348
Anel
  de retenção, 299
  elástico, 299
Ângulo
  de folga, 5
  de saída, 4
    forjamento, 3
    fundição, 3
    laminação, 26
    moldagem de plástico, 301
    trefilação, 3
Anodização, 199
Aplainamento (usinagem), 51
APT, 430
Aquecimento
  por indução, 184
  por resistência de alta
    frequência, 184
Aresta postiça de corte (usinagem), 11
Argila, 335
Arredondamento, 190
Arruela, 291
Aspersão (revestimento), 207
  metálica, 209
  térmica, 209
Ataque
  circuitos integrados, 331
  placas de circuito impresso, 365
  usinagem química, 166
Atarraxamento, 39
Atomização, 485
Atrito
  conformação de metal, 6
  corte de metal, 91
  extrusão de metal, 524
  laminação, 254
Atuadores, 425
Austenita, 178
Austenitização, 178
Automação
  controle numérico, 139
  fundamentos, 422
  inspeção, 372
  linhas de produção, 454
  robótica industrial, 442
  soldagem, 213
  tipos, 424
Automatizada
  inspeção, 526
  linhas de produção, 461
  montagem, 304
Autonomação, 506
Avanço (corte)
  fresamento, 166
  furação, 37
  por dente (fresamento), 44
  rugosidade superficial, 120
  torneamento, 4
  usinagem eletroquímica, 151

B
Bailarina, 41
Bainita, 177
Balanceamento de linha, 458
Ball grid array, 355
Banho de chumbo, 198
Biomimético, 417
Bloco, 61
Borazon, 78
Boretação, 182
Borracha, 282
  Butílica, 283
Brasagem, 269
Broca
  canhão, 92
  espada, 92
  helicoidal, 90
Brochamento, 54
Bronze, 214
Brunimento, 140

C
CAD/CAM, 441
Calor
  de fusão, 227
  específico
    definição, 96
    volumétrico. *Veja* Calor
      específico, 96
Calorização, 193
Capabilidade do processo, 512
Carbeto(s) (ou carboneto(s))
  de titânio, 84
  de tungstênio
    ferramentas de corte, 78
    geral, 78
    história, 78
  sinterizados. *Veja* Carbetos (ou
    carbonetos), 82
Carboneto de silício, 124
Carbonitretação, 182
Carbono
  diamante, 85
  em aço, 182
    rápido, 102
  em ferro fundido, 78
  fibras, 405
  nanoestruturas, 406
Carl Deckard, 316
Cavaco (usinagem de metais), 7
Célula(s)
  de manufatura, 467
  unitária, 336
Cementação (carbonetação), 182
Cementita, 177
Centrifugação (fundição), 153
Centro
  de torno fresamento, 51
  de usinagem, 49

Cerâmica(s)
  definição, 84
  dureza, 76
  encapsulamento de CI, 351
  ferramentas de corte, 84
  matérias-primas, 117
  processamento de, 356
  revestimentos, 208
  vidros, 209
Cermetos
  definição, 81
  ferramentas de corte, 84
Chanframento, 29
Chips, circuito integrado, 330
Cilindricidade, 117
Cinta abrasiva, 140
Circuitização, 369
Circularidade, 338
Cisalhamento, 9
Classificação e codificação das peças, 466
Clivagem, 281
CN. *Veja* Controle numérico
CNC. *Veja* Controle numérico
Cobre, 196
Colagem de *die*, 356
Compósitos
  cermetos, 81
  de matriz polimérica, 408
    definição, 408
    matérias-primas, 423
    processos de conformação, 198
  definição, 81
Compressão, 291
  cisalhamento, 7
  conformação de metais, 30
  tração, 88
Conceito da peça composta, 467
Concentricidade, 137
Condições
  de corte (usinagem)
    definição, 5
    fresamento, 41
    furação, 30
    retificação, 6
    torneamento, 4
  econômicas em usinagem, 116
Condutividade
  (elétrica), 209
  (térmica), 263
Conectores elétricos, 380
Conformação(ões)
  de chapas
    dobramento, 264
    estampagem, 157
    outras operações, 59
    prensas, 431
  de metal
    chapas metálicas, 461
    geral, 6
  plástica (cerâmicas), 176
Considerações
  econômicas em manufatura
    linhas de produção automatizadas, 461
    manufatura aditiva, 310
    prototipagem rápida, 310
    usinagem, 2
  sobre o projeto do produto
    decisão entre fabricar ou comprar, 487
    metalurgia do pó, 423
    para manufatura e montagem, 491
    plásticos, 517
    soldagem, 461
    usinagem, 430
    vidros, 199
Contorno, 432
Contração
  fundição, 24
  moldagem por injeção, 397
Contrapino, 301
Controladores de processo, 428
Controle
  de qualidade, 511
  do chão de fábrica, 499
  estatístico de processo, 514
  numérico
    aplicações, 442
    centro de usinagem, 49
    colocação de fitas, 442
    definição, 430
    enrolamento filamentar, 442
    fresamento, 43
    furação, 432
    história, 430
    prensas, 431
    programação de peças, 440
    tecnologia, 430
    torneamento, 442
  (ou comando) numérico computadorizado. *Veja* Controle numérico, 436
Conversor
  analógico-digital, 427
  digital-analógico, 427
Coríndon, 191
Corte
  a arco, 161
    plasma, 162
  abrasivo, 337
  chapa metálica, 241
  de metal. *Veja* Usinagem
  de tiras, sangramento, 29
  ortogonal, 7
  oxicombustível, 163
  por chama, 163
  por jato d'água, 148
  vidro, 148
Cossinete de abrir roscas, 57
Costura, 301
Crimpagem, 303
Cromagem (cromação), 182
Cromatização, 196
Cromo, 196
Cúbica
  de corpo centrado (CCC), 179
  de faces centradas (CFC), 406
Cunhagem, 148
Cura
  adesivos, 282
  revestimentos orgânicos, 206
Curva
  de transformação tempo-temperatura, 177
  TTT, 177
Customização em massa, 474

D

Decapagem
  a seco por plasma, 349
  por plasma, 349
Decisão entre fabricar ou comprar, 487
Defeitos
  circuitos integrados, 330
  estampagem de chapas metálicas, 301
  extrusão
    (metal), 524
    (plástico), 535
  fundição, 261
  moldagem por injeção, 397
  soldagem, 261
Deformação
  definição, 2
  extrusão de metal, 524
  forjamento, 3
  laminação, 26
  plástica, 72
  trefilação, 3
  usinagem, 2
Densidade de potência (soldagem), 220
Deposição
  epitaxial, 345
  física de vapor, 199
  iônica, 202
  mecânica, 210
  química, 345
    de vapor
      circuitos integrados, 203
      definição, 202
      produção de nanotubo, 414
Desbaste (usinagem), 6
Desengraxamento com vapor, 189
Desgaste
  de cratera, 70
  de ferramenta (usinagem), 457
  de flanco, 70
  ferramenta de corte, 4
  rebolo de retificação, 124
Diagrama de fases, ferro-carbono, 176

Diamante
- abrasivo, 123
- ferramentas de corte, 85
- policristalino sinterizado, 85

Dielétrico, 156
Difusão
- definição, 72
- desgaste de ferramenta, 72
- tratamento superficial, 175

Dimensões, 3
Disponibilidade, 507
Dispositivo de fixação, 40
Dobramento
- de tubos, 442
- em V, 534

Dopagem, 337
Dressagem (retificação), 132
Ductilidade, 76
Dureza
- a quente, 76
- abrasivos, 122
- Brinell, 105
- definição, 76
- Knoop, 124
- materiais de ferramenta de corte, 78
- Rockwell, 178

E

EBM. *Veja* Usinagem por feixe de elétrons
ECM. *Veja* Usinagem eletroquímica
EDM. *Veja* Usinagem por eletroerosão
Efeito de escala (usinagem), 129
Efetuador final, 444
Elastômeros
- termoplásticos, 319
- vulcanização, 280

Elementos, 288
- de fixação, 287
  - roscados, 288

Eletrodeposição, 347
Eletrodo de carbono
- corte a arco com, 162
- soldagem a arco com, 238

Eletroerosão a fio, 157
Eletroformação, 196
Eletrólise, 194
Eletrônica no estado sólido, 330
Eletroquímica
- deposição, 194
- rebarbação, 154
- retificação, 154
- usinagem, 154

Eli Whitney, 25
Encaixe rápido, 299
Encapsulamento
- *dual in-line*, 354
- eletrônico, 362
  - circuitos integrados, 351
  - conectores elétricos, 380
  - montagem de placas de circuito impresso, 373

Encharque, 176
Encoder óptico, 436
Encruamento, 63
Endurecimento
- por envelhecimento, 181
- por precipitação, 180
- superficial, 182

Energia
- automação, 424
- específica
  - retificação, 129
  - usinagem, 17
- extrusão, 310
- laminação, 254
- soldagem
  - a arco, 231
  - por feixe de elétrons, 250
  - por resistência, 239
- usinagem, 23

Engenharia
- de manufatura (produção), 482
- simultânea, 492

Enrolamento (reviramento), 442
- filamentar, 442

Ensaio(s)
- circuitos integrados, 330
- compressão, 256
- definição, 262, 263
- dureza, 264
- Jominy, 180
- não destrutivos, 262
- placas de circuito impresso, 365
- soldas, 218
- torção, 444
- tração, 408

Entrada manual de dados, 442
Epitaxial
- por fase vapor, 346
- por feixe molecular, 346

Epóxis, 375
Equação
- de Merchant, 14
- de Taylor para a vida da ferramenta, 73

Equipamento. *Veja* Máquinas-ferramenta, 6
Escareamento, 39
Esmalte de porcelana, 208
Esmerilhadeira, 139
Espelhamento, 142
Estampagem, 6, 166
- em relevo, 167
- química, 166

Estanhagem, 198
Estanho, 196
Estatísticas de Bose-Einstein, 358
Estereolitografia, 314
Evaporação a vácuo, 200
Extrusão
- metais, 524
  - duros, 81
- metalurgia do pó, 423
- plásticos, 535

F

Fabricação
- digital direta, 326
- por deposição em gotas, 319

Faceamento, 29
- duro, 209

Família de peças, 465
Fase(s)
- compósitos, 258
- endurecimento por precipitação, 180

Fator de ataque, 166
Feldspato, 208
Fenol-formaldeído, 280
Fenólicos, 365
Ferramenta(s)
- de corte
  - geometria da, 85
  - materiais, 78
  - rebolos de retificação, 126
  - tecnologia, 69
  - tipos básicos, 5
  - vida da ferramenta, 69
- monocortante(s), 85
- máquina, 6

Ferramental rápido, 326
Ferrita, 177
Ferro fundido, 78
- cinzento, 82
- maleável, 64
- nodular, 83

Fiação (filamentos plásticos), 19
Fibra(s)
- de vidro, 85, 365
- definição, 405
- plásticos, 365

Filamento. *Veja* Fibras
Fixação de peças
- furação, 37
- mandrilamento, 35
- torneamento, 50

Fluidez, 278
Fluido(s) de corte
- retificação, 96
- usinagem, 96

Fluxo
- brasagem, 269
- solda branda, 275
- soldagem
  - a arco, 215
  - a gás oxicombustível, 246

Folga
- brasagem, 269
- estampagem, 485

Folha de rotas, 485

Força(s)
de van der Waals, 406
estampagem, 166
extrusão, 321
forjamento, 485
laminação, 254
metalurgia do pó, 59
retificação, 63
Forjamento
em matriz fechada, 117
metal(is), 484
líquido, 252
pós (metalurgia do pó), 423
Formação espontânea, 417
Fornos
brasagem, 269
elétricos, 183
fundição, 183
tratamento térmico, 183
fundição, 484
por deposição de material fundido, 318
sinterização, 209
tratamento térmico, 183
Fosfatização, 198
Fotofabricação, 401
Fotolitografia, 368
Fotorresistência, 164
Fresamento
de moldes e matrizes, 44
de perfil, 43
definição, 4
fresas, 93
máquinas-ferramenta, 6
operações, 42
químico, 166
Fulerenos, 406
de carbono, 414
Fundição
borracha, 161
de precisão, 59
definição, 24
em areia, 326
metais, 301
moldes, 81
plásticos, 190
qualidade, 70
sob pressão, 59
vidro, 485
Furação
brocas, 90
CNC, 40
de centro, 39
definição, 4
furadeiras, 40
operações relacionadas, 27
placas de circuito impresso, 365
Furadeira
em série, 40
radial, 40
Furo
cego (furação), 38
passante (furação), 354
Fusão em leito de pó, 315

G

Gabarito de furação, 40
Galvanização, 198
Gastos gerais, 488
Geometria
da ferramenta (usinagem), 85
broca, 90
brocha, 54
corte ortogonal, 7
efeito do material da ferramenta, 87
ferramentas multicortantes, 5
fresa, 93
guia de solução de problemas, 86
lâmina de serra, 55
monocortante, 70
da peça (usinagem), 24
peças usinadas, 118
processos não convencionais, 146
Geração por fresa caracol, engrenagem, 62
Geradora de engrenagens, 53
Gerenciamento visual, 507
Gestão da qualidade total, 519
Grafagem, 303
Gráfico de controle, 514
Grampeamento
em máquina, 300
simples, 300
Gravação química, 167

I

Ilhoses, 295
Imersão a quente, 197
Implantação iônica, 193
Impressão
3D, 317
por microcontato, 399
Indústrias, 505
Iniciativa Nacional de Nanotecnologia, 408
Insertos
ferramentas de corte, 88
moldagem, 301
roscados, 290
Inspeção
com raios X, 533
definição, 319
placas de circuito impresso, 365
princípios, 525
soldagem, 379
tecnologias, 309
visão artificial, 530
Integridade de superfície, 486
Interpolação, 432
ISO 9000, 524
Isolantes (elétrica), 365

J

Jateamento
abrasivo, 190
de areia, 190
Junta(s)
brasada, 270
solda branda, 275
soldada(s), 217
Just-in-time, 502

K

Kanban, 504

L

Lâmina dentada da serra, 55
Laminação
a frio, 254
a quente, 254
de roscas, 290
engrenagem, 59
rosca, 56
Lâminas de serra, 94
Lapidação, 141
Lasers, 529
medição a, 536
soldagem a, 216
usinagem a, 160
visão artificial, 530
Latão, 83
Lei de Moore, 330
Leito fluidizado, 183
Liga fundida de cobalto, 77
Ligação(ões)
atômica, 253, 410
colagem de *die*, 356
cruzada, 207
primárias, 410
secundárias, 410
união
de fio, 356
por adesivos, 279
Limite(s)
de escoamento, 293
de resistência à tração, 293
naturais de tolerância, 513
Limpeza
mecânica, 188
química, 188
Linha(s)
de montagem, 456
automatizada, 304
história, 331
manuais, 456
de produção, 451
de transferência, 461
Liquidus, 276
Litografia, 339
de microimpressão, 398
de nanoimpressão, 414
de ultravioleta extremo, 343
óptica, 340

por feixe
de elétrons, 414
de íons, 343
por raios X, 343
suave, 398

M
Macho (fundição), 39
Magnésio, 188
Malhas, 124
Mandril, 33
Mandrilamento, 35
Manufatura
aditiva, 309
celular, 465
de objetos em lâminas, 320
flexível, 474
integrada por computador, 475
Manuseio de materiais
geral, 470
linhas de produção, 471
robótica, 229
Manutenção produtiva total, 506
Máquina de medição por coordenadas (MMC; do inglês, *coordinate measuring machine* — CMM), 527
Máquinas
de medição por coordenadas, 527
de produção. *Veja* Máquinas-ferramenta, 94
-ferramenta, 6
aplainamento, 51
brochamento, 54
centros de usinagem, 49
definição, 6
estampagem, 166
extrusão de plástico, 535
forjamento, 3
fresamento, 4
fundição sob pressão, 59
furação, 4
prensas, 447
retificação, 6
serramento, 55
taxa de custo, 113
trefilação, 105
Martensita, 177
Massa específica, 227
Massalote (fundição), 163
Materiais
de engenharia, 83
cerâmicas, 84
compósitos, 3
metais, 78
polímeros, 312
para ferramentas (usinagem), 76
Matriz(es)
circuitos integrados (*die* ou *chip*), 331
estampagem, 158
extrusão
metal, 524
plástico, 535
forjamento, 117
rosqueamento (cossinete ou tarraxa), 29
trefilação, 157
Mecânica quântica, 411
Medição
máquinas de medição por coordenadas, 527
temperaturas de corte, 19
Melhoria contínua, 491
MEMS, 386
Metais
duro
definição, 81
ferramentas de corte, 81
processamento de, 88
ferrosos, 210
não ferrosos, 163
Metalização, 346
Metalurgia do pó, 423
Métodos Taguchi, 522
Microeletrônica
circuitos integrados, 330
encapsulamento, 330
tendência, 386
Microestereolitografia, 401
Microfabricação, 386
Micrômetro, 386
Microscópios, 411
de força atômica, 412
de varredura
por sonda, 411
por tunelamento, 412
Microssensores, 387
Microssistemas, 387
Microusinagem, 170
por corrosão
superficial, 394
volumétrica, 394
Módulo
de elasticidade, 296
elástico. *Veja* Módulo de elasticidade
Moldagem
compósitos de matriz polimérica, 408
compressão, 295
de insertos, 301
injeção, 57
moldagem, rotacional, 444
pneus, 497
por compressão, 397
por injeção, 397
reativa, 397
por sopro, 485
transferência, 206
Molde(s), 483
compósitos de matriz polimérica, 408
fundição em areia, 326
injeção de plásticos, 157
pneus, 497
Molibdênio, 80
Monocamada, 414
Montagem
automatizada, 304
de placas de circuito impresso, 373
definição, 213
espontânea (nanofabricação), 413
mecânica, 287
processo plano, 489
robótica, 450
Motor de passo, 434

N
Nanociência, 408
Nanofabricação, 403
Nanolitografia tipo caneta-tinteiro, 416
Nanorrobôs, 405
Nanotecnologia, 404
Nanotubos, 407
de carbono, 405
Near net shape, 493
Negro de fumo, 414
Níquel, 196
Nitretação, 182
Nitretos, 347
cúbicos de boro, 85
de boro, 147
de silício, 345
de titânio, 84
Normalização (tratamento térmico), 176
Notas históricas
circuitos integrados, 310
controle numérico, 430
extrusão (metal), 310
forjamento, 214
fundição de precisão, 117
laminação, 254
manufatura aditiva, 310
máquinas-ferramenta, 6
materiais de ferramentas de corte, 78
placas de circuito impresso, 365
processos
abrasivos, 123
de fabricação, 175
produção enxuta, 505
prototipagem rápida, 310
sistemas de manufatura, 421
soldagem, 213
tecnologia de montagem em superfície, 373
união por adesivos, 280
vidro, 365

O
Ondulação (textura de superfície), 110
Operações
de processamento, 447
relacionadas, 29
Oxidação térmica, 344

Óxidos, 272
  de alumínio, 84

P

Panelas (fundição), 188
Parafuso(s), 288
Paralelismo, 337
Pasta de solda, 374
Perfilamento (retificação), 29
  radial, 29
Perfuração, 367
Perlita, 177
Pescoço, 337
Pin grid array, 355
Pinça, 32
Pintura. *Veja* Revestimento orgânico
Placa
  de castanhas, 32
  de circuito impresso, 365
  plana (torneamento), 30
Planejamento
  das necessidades
    de capacidade, 498
    de material, 497
  de recursos
    de produção, 501
    empresariais, 201
  do processo, 483
    auxiliado por computador, 488
  e controle da produção, 495
Planeza (planicidade), 529
Plano
  de cisalhamento (usinagem), 7
  mestre de produção, 495
Poli(metilmetacrilato), 397
Poliamidas, 353
Policarbonato, 390
Poliéster, 208
Polietileno, 208
Polimento, 142
Polimerização, 418
Polímeros
  ciência, 403
  compósitos. *Veja* Compósitos de matriz polimérica, 408
  definição, 418
  encapsulamento de CI, 351
  história, 280
  processos de conformação, 198
  termoplásticos
    compósitos, 408
    definição, 282
    processos de conformação, 198
  termorrígidos, compósitos processos de conformação, 198
Polipropileno, 208
Poliuretano, 283
Ponta
  fixa, 32
  rotativa, 32
Ponto
  a ponto, 432
  de fusão, 157
Porcelana (cerâmica), 208
Porosidade (metalurgia do pó), 261
Pós metálicos, 231
Posicionamento
  absoluto, 432
  incremental, 432
Potência unitária (usinagem), 14
Precisão, 438
Prensa(s)
  estampagem, 485
  extrusão (metal), 524
  forjamento, 117
  furadeira, 40
  metalurgia do pó, 423
Processamento de partículas
  metalurgia do pó, 59
  visão geral, 332
Processo(s)
  abrasivos, 1
  com remoção de material, 311
  Czochralski, 336
  de conformação, 198
    chapa metálica, 219
    volumétrica
      laminação, 56
      trefilação, 105
  de deposição, 199
    em fase vapor, 199
  de limpeza, 188
  de sobreposição flexível, 210
  de solidificação, compósitos de matriz polimérica, 408
  de união
    brasagem. *Veja* Brasagem
    definição, 213
    solda branda. *Veja* Solda branda, 275
    soldagem. *Veja* Soldagem
    união por adesivos. *Veja* União por adesivos
  LIGA, 397
  Mond, 203
  não convencionais, 146
  por energia térmica, 155
Produção
  baixa, 486
  em lote, 425
  em massa, 495
  enxuta, 505
Produtos manufaturados, 519
Profundidade de usinagem
  definição, 128
  fresamento, 164
  furação, 146
  retificação, 154
  torneamento, 146
  usinagem química, 164
Programa(s) e programação
  controle numérico, 430
  robôs industriais, 447
Programação
  CN, 440
  guiada ou ensinada, 446
Projeto(s)
  para manufatura, 491
  para montagem, 304
  robusto, 524
Propriedades
  do fluido
    fundição, 24
    viscosidade, 98
  elétricas, 408
  físicas, 206
  mecânicas, 408
  térmicas
    calor
      de fusão, 222
      específico, 96
    condutividade, 96
    difusividade, 20
    expansão, 259
Prototipagem rápida, 309
Punção e matriz, 166
Puncionamento, 367

Q

Qualidade
  definição, 70
  extrusão
    de metal, 524
    de plástico, 535
  programas, 519
  solda, 250
Quartzo, 123
Quebra-cavaco, 87
Queima (sinterização), 209

R

Razão de espessura do cavaco, 8
Rebaixamento, 39
  de faces, 39
Rebarba, 63
  forjamento, 254
  fundição sob pressão, 57
  moldagem por injeção, 397
Rebarbação, 154
Rebite, 294
Recalque, 245
Recartilhado, 30
Recorte, 378
Recozimento, 176
  metal, 78
  vidro, 148
Recristalização, 176
Redução
  estampagem, 166
  extrusão, 524

laminação, 26
trefilação, 105
Refrigerantes
retificação, 123
usinagem, 123
Regra de Rent, 352
Rendimento (circuitos integrados), 357
Resiste, 397
Resistência à flexão, 77
Resistividade, 240
Resolução do controle, 438
Ressaltos, 398
Retificação, 123
cilíndrica, 135
creep feed, 137
fluidos de retificação, 133
plana, 134
profunda, 138
razão de, 132
rebolos de, 126
sem centros (*centerless*), 136
Retificadoras
de disco, 139
de gabarito, 138
Revestimento(s)
à base de pós, 207
borracha, 255
conversão, 198
química, 198
orgânico, 206
plásticos, 187
Reviramento (ou rebordeamento), 303
Revolução Industrial, 3
Robôs (industriais). *Veja* Robótica industrial
Robótica industrial, 442
Rosqueamento, 29
Rugosidade superficial
definição, 107
processos
abrasivos, 123
de manufatura, 482, 483
retificação, 51
usinagem, 110
química, 164

S
Sala limpa, 334
Secagem
cerâmicas, 207
revestimentos orgânicos, 206
Seis Sigma, 520
Semicondutor, 193
Sensores, 425
Serigrafia, 283
Serra de fita, 55
Serramento, 55
por fricção, 56
Shot peening, 190
Sialon, 85
Sílica, 189
Silício
processamento de circuitos integrados, 330
processos de microfabricação, 393
Siliconização, 193
Silk screening, 283
Sinterização
cerâmicas, 84
cermetos, 84
esmalte de porcelana, 208
fase líquida, 272
metais duros, 81
metalurgia do pó, 423
seletiva a laser, 316
Sistemas
de apoio à manufatura, 481
de controle, 446
de manufatura, 421
de posicionamento, 432
de produção, 482
de varredura a *laser*, 529
especialistas, 490
flexíveis de manufatura, 470
microeletromecânicos, 386
Solda
aglutinante, 281
autógena, 215
branda, 275
por onda, 278
por refluxo, 279
de acabamento, 220
por ponto, 219
Soldabilidade, 263
Soldagem
a arco, 214
com arame tubular, 234
com eletrodo de tungstênio e proteção gasosa, 237
com eletrodos revestidos, 231
com proteção gasosa, 233
plasma, 237
submerso, 236
a gás
e pressão, 249
oxiacetileno, 246
oxicombustível, 220
autógena a golpe, 245
automática, 217
com arames cruzados, 244
com eletrodos, 231
considerações de projeto, 264
de pinos, 238
de ponteamento, 260
defeitos, 261
história, 214
mecânica, 217
no estado sólido, 253
por aluminotermia, 251
por atrito, 258
e mistura, 258
por centelhamento, 245
por costura, 242
por difusão, 216
por eletroescória, 251
por eletrogás, 235
por explosão, 255
por feixe de elétrons, 250
por forjamento, 254
por fusão, 215
por indução por alta frequência, 246
por laminação, 254
por pressão a quente, 254
por projeção, 244
por resistência, 245
por alta frequência, 245
pura, 245
processos, 214
qualidade, 217
robótica, 217
TIG, 237
WIG, 237
Solidus, 276
Sopro, vidro, 485
Sputtering, 347
Sulco (textura de superfície), 107
Superacabamento, 142
Superaquecimento, 99
Supercondutor, 407
Superfícies de atrito, 215
Superligas, 11

T
Tamboreamento, 190
Tarugos, 524
Taxa
de defeitos, 517
de produção
definição, 111
linhas
de montagem manuais, 456
de transferência, 461
usinagem, 111
Técnica de *lift-off*, 396
Tecnologia
de furos passantes, 376
de grupo, 468
de montagem em superfície, 373
pino no furo, 363
Têmpera, 181
por chama, 184
por feixe de elétrons, 185
resistência à tração, 104
revenimento (aço), 179
têmpera (vidro), 185
Temperabilidade, 179
Temperatura
conformação de metais, 30
de corte, 19
usinagem, 20
Tempo
de *setup*, 491

total de trabalho, 457
usinagem
eletroquímica, 151
fresamento, 166
furação, 311
minimização, 113
torneamento, 146
Tensão
de cisalhamento
definição, 14
usinagem de metal, 9
de escoamento (limite de escoamento), 14
Terceirização, 499
Termopar cavaco-ferramenta, 20
Titânio, 199
Tolerância(s), 106
bilateral, 106
cisalhamento (corte), 9
definição, 106
limites naturais de tolerância, 513
moldagem de plástico, 491
processos de manufatura, 313
usinagem (fundição), 117
Torneamento
cônico, 29
curvilíneo, 29
Torno(s) 33
automático, 34
com avanço manual, 33
com fixação
por mandril, 33
por pinça, 34
mecânico, 31
revólver, 33
Trabalho
a frio, 176
a quente, 257
de metais, usinagem, 1
Tratamento
de superfície, 187
térmico
fundição, 183
metais, 175
metalurgia do pó, 175
vidro, 175
Trefilação, 3, 105
Tunelamento, 412
Tungstênio, 237

U
Ultrassom
soldagem por, 258
usinagem por, 147
União
de fio, 356
por adesivos, 269
por termocompressão, 356
termossônica, 356
ultrassônica, 356
Unidade de energia (soldagem), 222
Usinabilidade, 103
Usinagem
a *laser*, 400
a seco, 99
considerações econômicas, 103
de bancada, 311
de ultra-alta precisão, 400
eletroquímica, 151
em alta velocidade, 64
ferramentas de corte, 118
fotoquímica, 399
geometria da peça, 24
máquinas-ferramenta, 6
metalurgia do pó, 175
por eletroerosão, 400
por feixe de elétrons, 159
por fluxo abrasivo, 150
por jato
abrasivo, 150
d'água abrasivo, 122
por ultrassom, 400
processos, 146
química, 164
teoria, 1
vantagens e desvantagens, 369
visão global, 408

V
Vanádio, 80
Variedade do produto, 456
Velocidade de corte
definição, 5
fresamento, 6
furação, 5
retificação, 6
rugosidade superficial, 107
torneamento, 4
vida da ferramenta, 69
Vida da ferramenta (usinagem), 69
Vidros
fibras, 405
processos de conformação, 198
projeto do produto, 476
Visão artificial, 530
Viscosidade, 272
Vitrocerâmicas, 175
Volume de produção, 495
Vulcanização, 280

W
Wafers, silício, 337
WC-Co, 78

Z
Zero defeito, 503
Zinco, 196
Zona termicamente afetada, 225

PREFIXOS PARA AS UNIDADES NO SI:

Prefixo	Símbolo	Multiplicador	Exemplo (e símbolos)
nano-	n	10^{-9}	nanômetro (nm)
micro-	μ	10^{-6}	micrômetro, mícron (μm)
mili-	m	10^{-3}	milímetro (mm)
centi-	c	10^{-2}	centímetro (cm)
deci-	d	10^{-1}	decímetro (dm)
quilo-	k	10^{3}	quilômetro (km)
mega-	M	10^{6}	megapascal (MPa)
giga-	G	10^{9}	gigapascal (GPa)

Pré-impressão, impressão e acabamento

grafica@editorasantuario.com.br
www.editorasantuario.com.br
Aparecida-SP

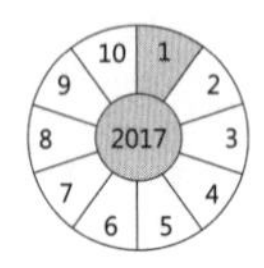